全国执业兽医资格考试推荐用书

2025年 执业兽医资格考试

（兽医全科类）

综合应用科目 应试指南

《执业兽医资格考试应试指南》编写组　编

中国农业出版社
北　京

图书在版编目（CIP）数据

2025年执业兽医资格考试（兽医全科类）综合应用科目应试指南 /《执业兽医资格考试应试指南》编写组编. 北京：中国农业出版社，2025. 1. -- ISBN 978-7-109-33027-6

Ⅰ. S851.63

中国国家版本馆CIP数据核字第2025CX5093号

2025年执业兽医资格考试（兽医全科类）综合应用科目应试指南

2025 NIAN ZHIYE SHOUYI ZIGE KAOSHI（SHOUYI QUANKE LEI）ZONGHE YINGYONG KEMU YINGSHI ZHINAN

中国农业出版社出版

地址：北京市朝阳区麦子店街18号楼

邮编：100125

策划编辑：武旭峰　刘　伟　　责任编辑：武旭峰

版式设计：杨　婧　　责任校对：吴丽婷

印刷：中农印务有限公司

版次：2025年1月第1版

印次：2025年1月北京第1次印刷

发行：新华书店北京发行所

开本：787mm×1092mm　1/16

印张：42

字数：1048千字

定价：90.00元

编委会

本书编写组

编写人员

猪病

主编　罗满林
编者　罗满林　袁子国　韩庆月　贾杏林

禽病

主编　曹伟胜
编者　曹伟胜　袁子国　潘家强

牛羊病

主编　赵光辉
编者　赵光辉　丁　轲　董　强　潘家强　陈界蕾　鲁文赓

犬猫病

主编　陈义洲
编者　陈义洲　罗满林　周　沛　赵光辉　张　辉　贾　坤　胡莲美
　　　吴志文　廖新权　朱学良　文健恒

马病

主编　陈界蕾
编者　陈界蕾　曹伟胜　赵光辉

毛皮动物（狐、貉、貂）病

主编　鲁文赓
编者　鲁文赓　丁　轲　袁子国

鹿病

主编　贾杏林
编者　贾杏林　罗满林　赵光辉

审稿人员

石达友

目录

第一篇

猪　病

第一单元 传 染 病

第一节 病毒性传染病

一、非洲猪瘟

非洲猪瘟是由非洲猪瘟病毒（ASFV）引起猪的一种急性、致死性传染病。其临床特征是高热、皮肤发绀，以及淋巴结和内脏器官严重出血。一旦感染，猪群的发病率和病死率均可高达100%。

【诊断】

1. 流行病学 家猪、野猪、丛林猪、疣猪等均可感染，但仅家猪和野猪感染后发病。本病可经虫媒（蜱）传播，钝缘软蜱为中间宿主，也可通过呼吸道、消化道等途径以及病健猪直接接触传播，或经人员、车辆、器具等间接接触传播。饲喂带毒的猪肉残羹是造成非洲猪瘟传播的重要原因。

2. 症状与病变

（1）最急性 多表现为突然死亡，很少能见临床症状。

（2）急性 高热（40～41℃）稽留，伴随精神沉郁，鼻端、耳、腹部等处皮肤出现红疹、发绀、鼻腔或直肠出血。病程4～7d，在死亡前体温下降，昏迷，呼吸困难。病死率高达 80%以上。急性表现为广泛性出血和淋巴组织损伤，心包、胸膜出血、消化道、膀胱黏膜出血；脾脏呈黑红色、肿大数倍，梗死；淋巴结出血、水肿，严重时像血瘤，切面呈大理石状；肾脏皮质、肾盂切面出血；心包积液，胸、腹水增多。

(3) 亚急性和慢性型　症状不明显，病情相对较轻，病程较长（6～10d)，妊娠母猪流产、关节肿大、跛行。皮肤溃疡、坏死，病程 1 个月以上；有的仅表现生长缓慢；病变也见于淋巴结、肾脏、脾脏出血；肺脏淤血、水肿等。

3. 实验室诊断　在临床上，要特别注意与猪瘟、高致病性猪蓝耳病和圆环病毒病等相区别。

(1) 病毒抗原与核酸检测　采集淋巴结、肾脏、脾脏、肺脏等组织器官制作冰冻切片或触片，进行直接荧光抗体技术（FA）检测组织中 ASFV 抗原，适用于急性型的诊断。基于 *p72* 基因设计引物建立的 PCR 诊断法，是 WOAH 推荐的国际贸易产品的检测方法。另外，还有荧光定量 PCR 法。

(2) 红细胞吸附试验　利用红细胞能够吸附在感染 ASFV 的巨噬细胞表面，并形成玫瑰花环的特性，可作为确诊方法，但一些 ASFV 低毒株和急性 ASFV 不出现红细胞吸附现象。

(3) 血清学诊断法　有间接荧光抗体技术（IFA)、ELISA 等。除检测血清外，也可检测组织渗出液。

【防控】

(1) 加强生物安全防控　因缺少有效疫苗预防，生物安全是第一要务。采取全进全出的饲养方式，加强消毒，严格控制进出养殖场的人员、车辆、饲料、物品器械等；饲养场发现疫情应立即上报并采取应急防范措施。

(2) 加大宣传力度、提高群防能力　广泛宣传非洲猪瘟的防控知识，让一线饲养员、防疫员和临床兽医熟知和认识，及时发现病猪，同时采用敏感特异的方法以迅速确诊。一旦发现疫情，要扑杀疫点内所有猪只，并进行无害化处理。

(3) 加强生猪养殖管理　加强对运输、买卖、屠宰等环节的管理，加强产地和运输检疫，严厉打击贩卖病猪的行为，避免饲养猪与野猪和软蜱等虫媒接触。

二、猪　瘟

猪瘟（CSF）也称猪霍乱（HC），是由猪瘟病毒引起的猪的一种高度接触性传染病。其特征为高热稽留和全身各组织器官的广泛出血、梗死及坏死等病变。

【诊断】

1. 流行病学　猪是唯一的自然宿主，不同品种、日龄和性别的猪均可感染。猪瘟的传播途径有多种，水平传播中有消化道、交配等途径，其中病健猪之间直接接触是最常见的传播方式；此外，妊娠母猪感染后可经胎盘垂直传播给胎儿，并引起繁殖障碍。本病不分季节均可发生，但春秋两季发生更多。在猪瘟疫苗强化免疫条件下，猪瘟流行形式上已变为散发为主或偶尔地方性流行。

2. 症状

(1) 最急性型　临床上少见，病猪多突然发病，体温达 41℃以上，稽留 1～2d 死亡，可视黏膜和腹部皮肤有针尖大密集出血点。

（2）急性型与亚急性型 发热、体温达41℃及以上，稽留不退，畏寒扎堆。眼结膜炎，有脓性分泌物，严重时眼睑完全粘连在一起。初便秘，后腹泻，便秘时粪球呈算盘珠状，粪便带有黏液或血液。病初皮肤充血发红，继而发绀发紫，后期可在耳、颈部、腹下、外阴、四肢内侧等处皮肤出现出血点。耳尖及尾巴由红色变成紫色甚至黑色，逐渐干枯。少数病猪出现神经症状，磨牙，抽搐、惊厥，昏睡。病程10～20d。

（3）慢性型 症状较为缓和，体温时高时低，食欲时有时无，便秘腹泻交替进行，病程通常在一个月以上。

（4）迟发型 由于先天性感染所致。妊娠猪感染低毒株后多无明显临床症状，但可长期带毒，并引起流产，产死胎、木乃伊胎、弱仔或外表健康的仔猪。有的仔猪在生后短时间内发病，死亡率高，有的能够存活较长时间。

（5）温和型 多是中、低毒力毒株感染引起，病情温和，症状与病变均不典型。病猪多见有耳、尾、四肢末端皮肤坏死。

3. 病变 最急性型猪瘟通常无明显病变；急性型或亚急性型的病变较为典型。白细胞和血小板减少。全身多个组织和器官出血明显，除全身的皮肤、黏膜、浆膜、心包膜有出血外，内脏组织以脾、肾、淋巴结病变较为典型，淋巴结呈弥漫性出血或周边出血，红白相间、呈大理石样。肾脏皮质、髓质、肾盂部均有出血，肾皮质可见密集的小点状出血，看似麻雀蛋样肾。脾脏可见紫黑色边缘突起的出血梗死灶。慢性猪瘟突出的病变是回肠末端、盲肠或结肠发生纽扣状溃疡。温和型常见扁桃体出血、溃疡。

4. 实验室诊断

（1）病原学检测 取冰冻组织（如扁桃体）做直接荧光抗体染色、免疫酶染色，取血清或全血进行双抗夹心法ELISA，均可对病毒抗原检测。

（2）基因检测 RT-PCR、荧光定量RT-PCR及LMP-PCR均可用于猪瘟病毒的特异性基因检测。

（3）病毒分离 取病猪扁桃体制作成组织悬液，接种PK15细胞，可用于病毒的分离鉴定。

（4）血清学检测 主要用于疫苗免疫效果的评价。方法有荧光抗体技术、病毒中和试验和ELISA。此外，正向间接血凝试验在我国基层也得到广泛应用。

（5）兔体交互免疫试验 可靠，但用时较长，可用于区分野毒和疫苗毒。

【防控】

（1）平时预防 加强检疫和监测，严禁从疫区购入种猪及产品，从源头上防止疾病的传入。疫苗免疫后，要监测群体的免疫效果。发现疫情，要隔离或扑杀病猪，对疫点封锁，对污染地严格消毒，做好无害化处理，对全群用猪瘟疫苗作紧急接种。

（2）疫苗免疫接种 现有的疫苗有兔化弱毒冻干苗，ST传代细胞苗、猪瘟脾淋组织苗及杆状病毒表达的E2蛋白亚单位灭活疫苗。免疫程序通常为，种猪每年免疫2～3次或跟胎免疫，仔猪20～25日龄初免，60～65日龄再免。在受威胁地区，可考虑超前（零时，哺乳前）免疫，在35日龄、70日龄再分别进行加强免疫。

三、猪繁殖与呼吸综合征

猪繁殖与呼吸综合征（PRRS），是由猪繁殖与呼吸综合征病毒（PRRSV）引起的一种高度传染性疾病，以妊娠母猪流产、产死胎、木乃伊胎和弱仔等繁殖障碍，仔猪发生呼吸系统疾病和高死亡率为特征。

【诊断】

1. 流行病学　各种年龄、品种的猪均可感染。以妊娠母猪和1月龄以内的仔猪最易感。本病的传播方式主要是呼吸道传播，还可经垂直传播。饲养管理用具、运输工具等均可成为传播媒介。病毒的高度变异性和持续性感染导致疫情周期性发生，是猪场的不稳定因素。

2. 症状　母猪表现为体温升高，沉郁、嗜睡、厌食、消瘦、皮肤苍白；少数感染猪四肢末端、尾部、阴户发绀，特别是耳尖发绀或呈现“铁锈样”出血点；怀孕中后期的母猪和胎儿对 PRRSV 非常易感，因此感染后出现流产、早产、产死胎、木乃伊胎、弱仔。

仔猪以 2～28 日龄症状明显，主要表现为体温升高，被毛粗乱，皮肤苍白，两耳尖及肢体末端发紫，眼睑水肿，结膜炎，打喷嚏，呼吸困难；有的猪四肢呈外八字形张开，肌肉震颤及后肢麻痹；腹泻增多；育成猪表现双眼肿胀、结膜炎、肺炎、明显呼吸困难及腹泻。种公猪常表现厌食、呼吸道症状，性欲减弱及精液质量下降。

3. 病变　主要为弥漫性间质性肺炎，并伴有细胞浸润和卜他性肺炎，肺脏充血、淤血、水肿，有弹性，呈橡胶样；肺小叶间增宽，病灶呈棕褐色到暗紫色。淋巴结肿胀、淤血或出血。

4. 实验室诊断

（1）*基因检测技术*　主要有 RT－PCR、荧光定量 RT－PCR、环介导等温扩增技术（LAMP）及原位杂交（ISH）等。除后者外，上述方法广泛应用于临床检测。

（2）*免疫学方法*　包括荧光抗体技术、免疫过氧化物酶染色法、免疫胶体金法及 ELISA（包括间接 ELISA 和阻断 ELISA）等，可分别用于 PRRS 病毒抗原或感染后血清中抗体水平的测定。

（3）*病毒分离鉴定*　患病猪死前的血清样本、病死猪的肺脏和淋巴组织可用于 PRRSV 分离。

【防控】

（1）*加强生物安全体系建设*　为防止 PRRSV 传入，要建立引种隔离制度，注重精液检测、对出入车辆的消毒、进场人员控制与清洁、杀灭吸血昆虫等环节。

（2）*免疫接种*　市场上已有灭活疫苗和弱毒疫苗供使用。在阴性场或不活动猪场，可使用灭活苗进行防疫。在稳定/活动猪场，妊娠母猪在 30～80d 时进行免疫，以后每 3～4 个月免疫一次。或后备母猪在配种前 1～3 月，经产母猪在配种前，仔猪于断奶前 1～2 周时分别接种；对不稳定的猪场，采取每 30d 普遍免疫一次，以提升免疫力和减少排毒。避免频繁更换疫苗毒株，减少病毒的重组概率。

（3）*防止继发感染*　受疫情威胁的猪场，做好其他重大疫病的基础免疫，并在饲料或饮水中添加抗生素，防止继发感染。

（4）*根除与净化*　清群和再建群操作简单，但成本较高。也可以采取部分清群法，即疫情后，通过抗体和核酸检测淘汰种猪群中 PRRSV 感染猪（拔牙技术）。或采取封群方法，即疫情过后用 PRRSV 活疫苗对全场种猪群进行免疫，并封群 12～42 周，此期间不得向猪场中引进后备母猪。经封闭期结束后，采取检测的方法淘汰和扑杀感染猪，最后再引入替换的阴性后备母猪。

四、伪狂犬病

伪狂犬病是由伪狂犬病病毒引起的多种动物和野生动物的一种以发热、奇痒（除猪外）及脑脊髓炎为主要临床症状的疾病。该病对猪的危害最大，初生仔猪（特别是1周龄内的仔猪）表现为神经症状和大批死亡（发病率与病死率几乎达100%），妊娠母猪表现为流产、产死胎、木乃伊胎。

【诊断】

1. 流行病学 猪和鼠为自然宿主。牛、绵羊、犬、猫和兔易感性高，感染后均以死亡告终。水貂和狐狸等其他多种动物也易感。本病的传播途径主要是接触性传播和经空气传播，也可通过消化道、交配、精液及其他间接方式传播。在怀孕母猪，可通过胎盘垂直传播，引起繁殖障碍。

2. 症状 潜伏期一般3～6d。症状随猪只的年龄不同而有较大差异。哺乳仔猪主要表现为体温升高、腹泻、呼吸困难、神经症状明显，如发抖、倒地四肢划水样，终以昏迷死亡，15日龄内仔猪其病程不超过72h，病死率100%。3～4周龄幼猪临床症状相似，但病程略长，发病率40%～60%，病死率也较高，耐过者生长发育受阻；2月龄以上育肥猪常见发热、咳嗽、便秘，一般临床症状和神经症状较幼猪轻，病死率也低，病程多为4～8d。成猪常呈隐性感染，常表现为微热、打喷嚏或咳嗽，少见到神经症状。妊娠母猪感染，在妊娠后期经常发生繁殖障碍，表现为产死胎或木乃伊胎及分娩延迟等。

3. 病变 淋巴结特别是肠系膜淋巴结和下颌淋巴结充血肿大，间有出血。脑膜充血、出血、水肿。病程较长者，心包液、胸腹液、脑脊髓液均明显增多。病死仔猪和流产胎儿的肝、脾表面有灰白色或黄白色坏死病灶。

4. 实验室诊断

（1）*病毒分离鉴定* 采取脑组织、扁桃体制成10%悬液或鼻咽洗液接种猪、牛肾细胞或鸡胚成纤维细胞，待细胞出现病变后，用HE染色、镜检，可看到嗜酸性核内包涵体。也可用荧光抗体染色或接种家兔的方法证实。家兔接种处出现剧痒，啃咬注射部位皮肤，导致皮肤脱毛和出血，继而抽搐死亡。现有多种PCR方法更为迅速，可以代替上述试验。

（2）*血清学诊断* 有微量血清中和试验（MSN）、ELISA、乳胶凝集试验（LA）和间接荧光抗体技术（IFA）等。其中，与基因缺失疫苗配合使用的ELISA检测试剂盒（gE-ELISA）能区分野毒自然感染和疫苗免疫动物。

【防控】

（1）*加强猪场管理，建立生物安全体系* 应自繁自养。如需要引种，从伪狂犬病阴性种猪场引入，并严格隔离饲养2个月，采取血样进行检测，野毒感染抗体为阴性者，方可与本场猪群混群。定期杀虫、灭鼠。严禁不同动物混养，做好卫生消毒和粪尿无害化处理。控制人流和物流。禁止外来人员与车辆进入猪场。

（2）*免疫接种* 疫苗有灭活疫苗和基因缺失疫苗等。建议免疫程序：种用的仔猪在断奶时首免后或种猪（包括公猪）首免后，均间隔4～6周加强免疫1次，以后种猪在每胎产前一个月加强免疫1次。育肥猪断奶时注射1次，可保护至出栏。滴鼻免疫是一种较好的接种途径，不仅所产生的中和抗体滴度和免疫保护力高，还可避开母源抗体的干扰，推荐在首次免疫时采用。

五、猪圆环病毒病

猪圆环病毒病是由猪圆环病毒2型（PCV2）引起猪的多种疾病的总称，包括断奶仔猪多系统衰竭综合征（PMWS）、猪皮炎肾病综合征（PDNS）、繁殖障碍、肠炎和仔猪先天震颤等，其中，PMWS最为常见。本病可导致猪群产生严重的免疫抑制，从而容易继发或并发其他传染病。

【诊断】

1. 流行病学　家猪和野猪是自然宿主。PCV2有a～f等多个基因亚型。各种年龄的猪都可以感染，但以5～12周龄的仔猪最为易感。本病可经直接接触方式（口鼻接触为主）传播，也可以通过污染的饲料、饮水、空气及精液等经消化道、呼吸道及交配等途径间接传播。怀孕母猪感染后，还可经胎盘或产道垂直感染胎儿，引起繁殖障碍。猪群中PCV2感染率虽很高，但多为隐性感染，仅少数出现临床发病。通风不良、不同日龄猪混群饲养、油佐剂疫苗免疫接种、猪舍温差变化过大、应激及其他病原的混合感染等因素可增强PCV2的致病性。

2. 症状与病变

（1）PMWS　主要表现为进行性消瘦，厌食、咳嗽、呼吸困难，皮肤苍白、被毛粗乱，生长发育迟缓，有的出现腹泻、贫血、黄疸等症状。疾病早期常见体表淋巴结，特别是腹股沟浅淋巴结肿大。发病率和病死率差异很大，发病率为4%～60%，病死率为4%～20%。突出的病变是全身淋巴结炎、肺炎、肝炎、肾炎和肠炎，其中常见淋巴结肿大，特别是腹股沟淋巴结显著肿大，切面呈均质白色或灰黄色。肾脏表现为间质性肾炎，肾脏灰白、肿大，表面可见灰白色坏死点。肺脏肿胀，坚硬或似橡皮样，间质增宽，呈斑驳样外观。

（2）PDNS　皮炎肾病综合征多见于12～16周龄育肥猪。病猪突出表现为后躯、会阴和腹部皮肤表面出现圆形或不规则形的隆起、紫红色病灶，病灶中央为发黑的斑点及丘疹，随后发展至全身。其后形成黑色的结痂，逐渐消退，或留下疤痕。严重感染的猪发热、厌食，在临床症状出现后几天内死亡。发病率为0.15%～2%，有时达7%，年幼猪病死率约为50%，大于3月龄的猪病死率接近100%。剖检的病变有出血性坏死性皮炎、血管炎、坏死性肾小球性肾炎。主要见两侧肾脏苍白肿大（可达正常的3～4倍），皮质部有出血、淤血点或坏死点。

3. 实验室诊断

（1）*病原检测法*　可用原位杂交、免疫组织化学法对组织中的PCV2进行定量。荧光定量PCR除检测组织外，还可用于血清中PCV2的定量。

（2）*血清学检测*　抗体检测方法有间接荧光抗体技术（IFA）和ELISA等方法，其中阻断ELISA作为国家标准，适合于规模化应用。

（3）*病毒分离鉴定*　因耗时长，不适于常规诊断。猪群中PCV2感染普遍，普通PCR和抗体检测均不宜作为诊断方法。

【防控】

（1）*加强饲养管理*　实施全进全出，两地或三地饲养。注意饲料营养全面、充足，避免饲喂发霉变质的饲料。保持舍内干燥、卫生，注意通风换气，做好消毒工作。

（2）减少各种应激，控制其他疫病 不同年龄、不同来源和批次的猪要分别饲养，做好其他重大疾病的预防工作，防止继发感染。

（3）疫苗免疫 国内外现用疫苗有 3 种：PCV2 全病毒佐剂灭活苗、亚单位疫苗和 PCV1－PCV2 嵌合病毒灭活苗。临床上对 2～3 周龄仔猪首免，间隔 3 周再免。后备母猪于配种前免疫 2 次，经产母猪跟胎免疫，产前 1 个月再加强免疫一次。

六、猪流行性腹泻

猪流行性腹泻（PED）是由猪流行性腹泻病毒（PEDV）引起猪的一种高度接触性肠道传染病，其主要特征为腹泻、呕吐和迅速消瘦。各种年龄的猪都易感，以哺乳仔猪受害最严重，母猪发病率也较高。

【诊断】

1. 流行病学 不同性别、年龄、品种的猪均可感染，但以哺乳仔猪和育成猪易感性强，消化道是主要的传播途径，还可经呼吸道感染。污染的饲料、车辆、用具、靴鞋、工作服等均可传播本病。本病传播迅速，多在寒冷的冬、春季发生，在数日内可波及全群。发病率为 100%，病死率平均为 10%～65%。

2. 症状与病变 临床上发病猪主要表现为水样腹泻，腹泻物为灰黄色、灰色。有些还伴有呕吐。病猪眼窝下陷、脱水、消瘦，日龄越小，发病越重。1 周龄以下的新生仔猪常严重脱水死亡。日龄较大的断乳仔猪、育肥猪及母猪症状较轻，4～7d 恢复正常。

剖检死亡猪可见胃内有多量黄白色的乳凝块。小肠肠管扩张、肠壁变薄，肠腔充满黄色液体或带有气体，肠系膜充血，肠系膜淋巴结水肿。背部肌肉坏死。

3. 实验室诊断

（1）组织学检查 镜检可见小肠绒毛缩短，绒毛高度与隐窝深度的比值由正常 7∶1 变为 3∶1 以下。

（2）免疫学诊断 可用 ELISA、免疫组化法、直接荧光抗体技术等方法检测病原。

（3）RT－PCR 单个 RT－PCR 或多重 RT－PCR 及荧光定量 PCR 均可快速、准确做出诊断或鉴定。

【防控】

（1）加强饲养管理，防止病毒入侵 应严格控制人员、动物和交通工具流动。冬季猪舍产房的温度应控制在 20～24℃，仔猪保温箱要求 28～32℃。

（2）疫苗免疫 所用的疫苗有弱毒活疫苗和灭活疫苗。在母猪进行跟胎免疫，在产前 40d 和 20d 用 PED 和 TGE 二联油佐剂灭活疫苗在后海穴注射，通过提高乳汁抗体水平以使新生仔猪获得保护。尽量选用近年流行毒株或变异毒株制备的疫苗。

（3）防治 发现病猪立即进行隔离。育肥猪禁食 1～2d，发生疫情时要加强消毒，防止向产房的扩散。对感染的妊娠母猪要采取治疗措施。补充葡萄糖盐水、甘氨酸和电解质，如有细菌继发感染，应添加抗生素治疗。

七、口 蹄 疫

口蹄疫（FMD）是由口蹄疫病毒引起的猪等偶蹄动物的一种急性、热性、高度接触性传染病。成年动物（如猪）的口腔黏膜、蹄部和乳房皮肤发生水疱和溃烂，幼龄动物（包括仔猪）以心肌炎导致的高死亡率为特征。中兽医将其称为“口疮”“蹄癀”。

【诊断】

1. 流行病学　口蹄疫病毒的易感宿主达30余种，但以偶蹄动物易感性高，猪不分年龄、性别和品种均可感染。病猪破溃的蹄部水疱皮含毒量最高，约为牛舌面水疱皮含毒量的10倍，病猪经呼吸道排出的病毒量是牛的20倍。本病具有高度接触传染性，可经直接接触传播，更多是经各种媒介进行间接接触传播。可经消化道、呼吸道和损伤的皮肤黏膜传播。本病的季节性不明显，但冬季似乎更多发生。

2. 症状与病变　病猪急性发热，体温40～41℃，食欲不振、精神沉郁。病猪的蹄冠、蹄踵及趾间隙先是出现发红，之后出现米粒至蚕豆大小的水疱，并扩展到蹄后部的球节处和蹄叉部，水疱破裂后形成糜烂，如无细菌感染，则1周左右痊愈，严重时继发细菌感染，则蹄部出现蹄匣脱落。常因蹄部疼痛导致患病猪跛行。口腔黏膜（舌、唇、齿龈、咽、腭）及鼻周围也形成小的水疱和破溃。此外，感染的母猪可导致流产，患病母猪乳房皮肤有明显水疱性病变。哺乳仔猪因急性心肌炎多突然死亡，其心包膜有弥漫性或点状出血，心肌松软似煮肉样，心室肌肉出现坏死，切面有灰白色或淡黄色斑纹，称为“虎斑心”。病死率可达60%～80%。

3. 实验室诊断　采集咽部黏液及血清，将病料（血清除外）浸入50%甘油磷酸盐缓冲液（0.04mol/L，pH 7.2～7.6）中密封低温保存，或采取未破裂或刚破裂的水疱皮或者水疱液。

（1）*分子生物学检测*　运用RT-PCR进行病毒的检测和血清型鉴定。

（2）*病毒分离鉴定*　可将病料接种于易感宿主，或通过细胞培养分离病毒，腹腔接种乳鼠及豚鼠。采用微量补体结合试验、食道探杯查毒试验、RT-PCR进行病毒的血清型鉴定。

（3）*血清学检测*　包括补体结合试验（CFT，国际贸易推荐的口蹄疫的检测方法）、病毒中和试验（VN）、液相阻断ELISA（LPB-ELISA）、琼脂凝胶试验（AGID）、反向间接血凝试验等方法均可用来鉴定感染病毒的血清型。其中ELISA可以检测病料或血清，用于直接鉴定病毒的亚型，并且能与水疱性口炎病毒（VSV）和水疱病病毒（SVDV）鉴别，该方法逐步替代了补体结合试验。反向间接血凝试验适合于基层的使用。

【防控】

（1）*平时的预防措施*　坚持预防为主，免疫和扑杀相结合，其中包括强制免疫、监测预警、检疫监管和无疫区评估认证等内容。

（2）*灭活疫苗免疫接种*　我国的FMD疫苗效力标准要大于国际上规定的高效疫苗（每头份＞$6PD_{50}$）标准，我国的高效疫苗可超过$10PD_{50}$，并且其纯净度和抗原含量达到国际先进水平，成为全面占领国内市场的动物疫苗。此外，我国还推出了合成肽疫苗。参考一些大场经验，提出如下免疫程序：无母源抗体的仔猪1月龄首免，有母源抗体的仔猪2月龄（至70日龄）首免，首免后均是隔1个月加强免疫，以后每隔3～4个月免疫1次。母猪最好跟胎免疫，分别在配种前3～4周及产前3～4周各免疫1次。

（3）*发生疫情时的扑灭措施*　必须立即上报疫情，确立诊断，划分疫点、疫区和周围的受威胁区，采取隔离、封锁等举措。禁止人、动物和物品的流动，扑杀疫区内的患病动物和同群动物，并进行无害化处理，对污染的环境进行严格消毒。

八、猪轮状病毒病

轮状病毒感染

本病是由轮状病毒感染多种幼龄动物（包括仔猪）而引起的一种消化道传染病。临床上以厌食、呕吐、腹泻、脱水和体重减轻为特征。

【诊断】

1. 流行病学 各种日龄的猪均可感染，但发病多见于5日龄至3周龄的仔猪，或断奶后的仔猪。经消化道传播。冬春寒冷季节较多发生。呈地方性流行，发病率10%～20%，病死率低于30%。与消化道其他腹泻病原常混合感染，且加重症状。

2. 症状与病变 病猪精神委顿，少食，时有呕吐，腹泻（排出灰色或黑灰色水样或粥样未消化的稀粪）常持续2～5d。如果继发感染，由于脱水和酸中毒而使病死率攀升，可高达50%。死亡仔猪胃壁迟缓，小肠（尤其是空肠和回肠）绒毛短缩而肠壁变薄。胃和肠腔内充满凝乳块，乳汁黄绿色、灰黄色。

3. 实验室诊断

（1）组织学检查 可见小肠绒毛变短，隐窝细胞增生，柱状绒毛上皮细胞被鳞状或立方形的细胞所取代。

（2）电镜检查 可观察具有形态上酷似车轮的病毒粒子。

（3）免疫学诊断 可用ELISA、荧光抗体技术及琼脂扩散试验等方法诊断。

（4）RT－PCR 单个RT－PCR或多重RT－PCR及荧光PCR技术均可快速、准确做出诊断或鉴定。

【防控】分娩后尽早吃初乳。发现病猪要立即停止哺乳，放到清洁、干燥和温暖的猪舍内进行隔离和护理，让其自由饮用葡萄糖生理盐水。可用收敛止泻药进行对症治疗，可使用抗菌药、静脉注射葡萄糖生理盐水和碳酸氢钠。常发地区可考虑用猪轮状病毒弱毒苗或流行性腹泻-传染性胃肠炎-轮状病毒三联苗免疫。

九、猪细小病毒病

猪细小病毒病（PPD）是由猪细小病毒引起种猪的一种传染病。临床特征是受感染的母猪，特别是初胎母猪发生流产，产死胎、木乃伊胎、畸形胎、弱仔及屡配不孕等繁殖障碍，而公猪和其他年龄的猪感染后无明显的临床症状。

【诊断】

1. 流行病学 猪是易感宿主，不分年龄、性别、品种的家猪、野猪都可感染，但只影响妊娠母猪，特别是初胎母猪。其他类型的猪呈隐性感染。通过消化道和呼吸道或交配传播，危害最大的是经胎盘传播感染胎儿造成繁殖障碍。

2. 症状 母猪于怀孕10d以内感染猪细小病毒，可能表现出再度发情；怀孕35d左右受感染，妊娠母猪可完全流产或腹围减小，至怀孕期满时只产出很少的仔猪；怀孕中期和后期感染，母猪往往产木乃伊胎或产死胎。上述情况多见于初产母猪。PPV感染对种公猪的生产性能和性欲无明显影响。

3. 实验室诊断

（1）病毒核酸检测 采集病料样品后，提取总DNA，用PCR技术来检测病毒DNA。

（2）病毒抗原检测 采取木乃伊胎或死胎的肺脏或其残存组织等，制备冰冻切片，荧光抗体技术检测 PPV 抗原。

（3）病毒的分离和鉴定 通常采取死产胎儿的肾、肺、肝、肠系膜淋巴结等进行病毒分离。病料经研磨制成乳剂，接种原代猪肾细胞或 SK 细胞系培养物，接种后 24～72h 观测核内包涵体或细胞病变。

（4）血清学诊断 常用的方法包括血凝抑制试验（HI）、乳胶凝集试验、ELISA、中和试验、琼脂扩散试验和补体结合试验等。

【防控】

（1）有繁殖障碍的同窝猪不留作种用。

（2）必须引进种猪时，应从未发生过本病的猪场引进。

（3）后备母猪和后备公猪的疫苗接种首免时间应选择在 5～6 月龄进行（在配种前 2 个月）。间隔 2 周后加强免疫。

十、猪乙型脑炎

流行性乙型脑炎简称“乙脑”，又名日本乙型脑炎（Japanese B encephalitis），是由日本脑炎病毒引起的蚊媒传播的人兽共患传染病。

【诊断】

1. 流行病学

（1）本病经蚊传播。蚊作为病毒的储存宿主，在本病的发生与传播中起主要作用。发病呈明显季节性，多集中在每年 7—9 月发生。

（2）猪多数呈隐性感染。猪作为乙脑病毒的自然储存和增幅宿主，在促进病毒扩散中起重要的作用。

2. 症状

（1）主要侵害夏秋季分娩的初产母猪，妊娠母猪感染后常无明显症状，常在妊娠后期出现轻度的发热和减食，之后突然发生流产，造成死胎、畸形胎或木乃伊胎，有的全身水肿，也有的可健活。流产后母猪临床症状减轻而恢复正常。

（2）感染公猪常有体温升高，随后发生一侧睾丸或两侧睾丸肿大，热痛，数天后恢复或变小、变硬而失去生精能力。

（3）其他猪，有少数猪会突然发热，体温升至 40～41℃，稽留数天到 2 周左右。患病猪沉郁、黏膜潮红，粪便干燥呈球状，粪便表面有灰白色的黏液，尿色深黄。患猪后肢关节肿胀、疼痛而跛行。个别病猪表现为视力障碍、运步踉跄、乱冲乱撞等神经症状。

3. 病变

（1）死产的仔猪中枢神经系统发育不全，剖检可见脑室积水，又称为“水脑症”。胎儿大小不等，皮下有血样浸润，胸、腹腔积液，肝、脾内有坏死病灶。

（2）患病公猪的睾丸有充血、出血和坏死灶。

4. 实验室诊断

（1）基因诊断 应用 RT－PCR 对病料或分离病毒的培养物进行乙脑病毒 *M* 或 *E* 基因检测和诊断。

（2）病毒分离 采集流产或早产的胎儿脑组织，并将其制成悬液，接种于鸡胚卵黄囊内或1～5日龄乳鼠脑内，进行病毒分离。

(3) 血清学诊断　可用的方法有多种，如中和试验、血凝抑制试验、ELISA、乳胶凝集试验（LA）、补体结合试验和间接荧光抗体技术（IFA）等。分别采集发病初期和后期的双份血清，进行抗体效价测定，抗体前后效价升高4倍以上即可确诊。

【防控】

(1) 做好猪场内的灭蚊工作　应用灭蚊剂或驱避剂等药物，有效地减少环境中蚊的数量。可用20%氰戊菊酯加水1∶250倍稀释直接对猪和栏舍喷雾。

(2) 免疫预防　每年春季在蚊活动前的1～2个月（即3—4月份），对后备猪、生产用猪（公、母）进行2次（间隔2周）乙型脑炎弱毒疫苗或油乳剂灭活疫苗的免疫接种。

十一、塞内卡病

塞内卡病是由A型塞内卡病毒（Senecavirus A，SVA）感染引起的临床上与口蹄疫极为相似的一种新发传染病，临床上以猪鼻吻部、蹄部发生水疱及蹄部冠状带周围皮肤损伤为主要特征。

【诊断】

1. 流行病学

(1) 猪不分品种和日龄均可感染。该病主要以病健猪直接接触方式传播，但也可经污染的饲料、饮水，通过消化道和呼吸道传播，目前尚无垂直传播的证据。

(2) 3日龄内哺乳仔猪病死率高达70%～80%，随着日龄增高，死亡率有所降低。断奶仔猪和育肥猪的发病率低于30%。母猪发病率可达90%，但病死率仅约为0.2%。

(3) 该病在我国以零星散发为主，且逐年增多。一年四季均可发生，以春、秋季节多发。

2. 症状与病变

(1) 症状　成年猪病初发热达40℃，有厌食、嗜睡等症状，随后在口腔上皮、舌和鼻吻部及蹄冠等部位的皮肤、黏膜产生水疱，继而水疱发生破溃，如继发细菌感染则出现溃疡，严重时溃疡从蹄冠部蔓延至蹄底部，造成蹄匣脱落，病猪蹄部严重出血并跛行。新生仔猪体温无变化，但会造成急性死亡，偶尔伴有腹泻症状。

(2) 病理变化　全身性淋巴结肿大、出血，心脏出血、浆液性纤维素腹膜炎和心包炎、局灶性间质性肺炎，肝脏坏死、小脑和肾表面出血。大体剖检的病变无证病性意义。临床上特别要注意与口蹄疫进行区分。

3. 实验室诊断

(1) 病毒基因检测　有多种RT-PCR检测方法，如实时荧光定量PCR、数字PCR、LAMP-PCR等用于该病毒特异性基因检测。

(2) 免疫学检测　免疫电镜用于观测分离的病毒培养物形态，病毒中和试验、荧光抗体技术和竞争性ELISA等用于抗体检测或病毒分离物的鉴定。

【防控】

(1) 平时预防措施　目前尚无疫苗可用，因此做好生物安全防范措施尤其重要。引种时隔离检疫，注意外来车辆、人员进入猪场的消毒。防止鼠、吸血昆虫与猪的接触。

(2) 发生疫情后的扑灭措施　上报疫情，及时确诊，隔离病猪。

(3) 治疗　黄芪多糖注射液（1mL/kg）、猪用干扰素（1mL/40kg）、复合免疫球蛋白

（1mL/50kg），三种混合肌内注射，每日1次，连用3d。

防止继发感染，可用头孢噻呋钠注射液（2mL/kg）肌内注射。鼻部、蹄冠部及口唇部溃疡病灶，先用0.1%高锰酸钾溶液清洗，后涂擦碘甘油，每日1次。

十二、猪　　痘

猪痘是由痘病毒引起的人和多种动物的一种急性、热性、接触性传染病。猪痘可由两种病毒（猪痘病毒和痘苗病毒）引起，其特点是在皮肤和黏膜上形成痘疹或水疱，本病多为局部性反应，通常取良性经过。

【诊断】 主要根据流行病学和临床症状进行诊断。

1. 流行病学　由猪痘病毒引起的常发生于3～6周龄的仔猪，成年猪有抵抗力。由痘苗病毒引起的猪痘可发生于各种年龄的猪。呈地方性流行。本病主要通过病健猪直接接触传播，与吸血昆虫（如血虱）的出没相关，卫生不良的猪场更易发生。

2. 症状与病变　平均潜伏期4～7d，病初发热，可达41℃以上，在腹下、体侧、大腿内侧及面部出现典型丘疹，病初可见深红色结节，继之出现水疱、脓疱，其后迅速结痂而痊愈。猪痘病毒引起的皮肤损伤，镜检可见表皮棘细胞水肿、变性，胞质内包涵体。

3. 实验室诊断　主要根据流行病学和临床症状进行诊断。取有病变的皮肤，做组织切片，可见表皮棘细胞胞质内包涵体。荧光抗体技术也可以鉴定病毒抗原。

【防控】 通常采用局部对症治疗法。皮肤溃烂处可用0.1%～0.5%的高锰酸钾溶液或1%～2%的硼酸溶液清洗，然后涂以碘酊。为防止继发感染，可使用抗生素如环丙沙星、氟苯尼考等肌内注射。

十三、猪捷申病

猪捷申病，又称猪传染性脑脊髓炎（SEM），是由猪捷申病毒（PTV）引起的临床症状多样化的猪传染病，包括脑脊髓灰质炎、繁殖障碍、肺炎、腹泻、心包炎和心肌炎等多种症候群。因本病1929年首次在捷克斯洛伐克捷申地区报道，故称为捷申病。

【诊断】

1. 流行病学　猪是PTV的唯一宿主，不同年龄的猪均易感，其中仔猪最易感。主要通过消化道传播，也可通过呼吸道、眼结膜和生殖道黏膜等途径传播。除水平传播外，还能经胎盘垂直传播。目前PTV有11个血清型，只有血清1型强毒株可引起严重的脑脊髓炎和较高的病死率。血清1型的其他毒株或其他血清型的毒株则大多引起隐性感染，有时也能引起温和型疾病。

2. 症状

（1）*脑脊髓灰质炎*　表现为精神沉郁，发热，体温升高可达40～41℃，厌食，后肢麻痹，很快转为共济失调。严重病例出现眼球震颤，抽搐，角弓反张，四肢强直，犬坐姿势，不能站立；继而发生瘫痪、昏迷。受声音刺激或接触可引起肢体不协调运动。病程经过迅速，发病后3～4d死亡。部分病猪经过精心照料可以恢复，但耐过猪可能出现肌肉萎缩、麻痹或瘫痪等后遗症。

（2）*繁殖障碍*　临床上与猪细小病毒病类似，妊娠母猪感染后出现SMEDI繁殖障碍综合征，即表现为死产（S）、产木乃伊胎（M）、死胎（ED）和不孕（I）。

（3）*其他病症* 还有腹泻，诱发肺炎、心包炎、心肌炎的报告。

3. 病变 死亡胎儿可见皮下水肿和大肠等处肠系膜水肿，胸腔和心包积液；脑膜和肾皮质可见针尖大小出血点。有的猪在肺的心叶、尖叶及中间叶有灰色实变区，肺泡及支气管内有渗出液。严重的有心肌坏死和浆液性纤维素性心包炎病变。

4. 实验室诊断

（1）*病毒核酸检测* 采集病料样品后，提取总 RNA，用 RT－PCR 技术来检测病毒 RNA。

（2）*病毒抗原检测* 采集流产或死亡胎儿的肺脏、扁桃体等病料组织，制备冰冻切片，采用荧光抗体技术或免疫过氧化物酶染色检测病毒抗原。利用特异性中和试验可确定病毒的血清型。

（3）*病毒分离鉴定* 采取病猪的脊髓、脑组织，胎儿肺脏，制备组织悬液，离心除菌后接种细胞，观察细胞病变。进一步可用荧光抗体技术、病毒中和试验、补体结合试验等方法对细胞分离物鉴定。

（4）*血清学诊断* 有荧光抗体技术、ELISA 及病毒中和试验等方法。需要有双份血清和已知血清型阳性血清，确定血清型对疾病诊断才有意义。

【防控】 禁止从有 PTV 血清 1 型的国家和地区引进生猪和猪肉产品。在配种前 1～2 个月将后备母猪主动接触当地经产母猪，通过风土驯化感染病毒而建立免疫力。国外已有商品化的 PTV1 型弱毒疫苗与灭活疫苗。通过免疫以预防 PTV1 型强毒的感染。

十四、猪流感

猪流感

猪流感是由猪流感病毒引起的一种急性、热性、高度接触性呼吸道传染病。临床上多以发热、流涕、咳嗽和呼吸困难等为特征。本病在全球广泛分布，从猪流感病例中分离的病原，最常见的亚型有 H1N1、H3N2 、H1N2 和 H2N3，因猪是流感的混合器，故本病在公共卫生上具有重要意义。

【诊断】

1. 流行病学 猪不分年龄均可感染，人、禽类和其他动物也能感染。主要经鼻咽途径传播。发病多由于从外引进感染猪只引起。猪流感发病率高，病死率低，传播迅速，康复快，但如果有混合感染，则病死率升高。地方流行性暴发多见于寒冷季节。

2. 症状 潜伏期很短，几小时至数天。发病突然，1～3d 全群常同时感染。病猪体温升高（40.5～41.7℃），表现厌食或食欲不振，结膜炎、鼻炎、流鼻涕、打喷嚏，肌肉和关节疼痛，不愿走动，喜扎堆，反应迟钝，夹杂阵发性、痉挛性咳嗽，呼吸困难或呈腹式呼吸。病程通常为 3～7d。发病率高达 100%，但病死率不到 1%。

3. 病变 单纯感染时，大体病变主要表现为病毒性肺炎，以尖叶和心叶最常见，肺炎区界限明显，塌陷、呈淡紫色。周围正常肺组织气肿、苍白。但在严重病例时，可扩展至整个肺脏，发生纤维素性胸膜炎。支气管淋巴结和纵隔淋巴结常见水肿。在有并发感染时，病变则变得复杂。

4. 实验室诊断

（1）*病毒分离鉴定* 采取发热期的鼻黏膜或咽黏膜拭子，也可以取有病变的肺组织。接种 10 日龄鸡胚，35℃孵育 72h 后，测定凝集鸡红细胞的能力。用 HI 试验确定 H 亚型，

NI 试验确定 N 亚型。

（2）HI 试验 用 HI 试验测定急性期和恢复期（或间隔 3～4 周）的双份猪血清，如抗体水平升高 4 倍以上，可以确立诊断。

（3）其他检测方法 荧光抗体技术、免疫组化法、ELISA、免疫过氧化物酶试验、PCR 等技术被广泛应用于病毒抗原、基因或血清抗体的检测。

【防控】

（1）构建生物安全体系 猪场不混养其他动物，如禽类，犬猫。加强平时消毒。从外引进种猪，做好隔离检疫工作，避免疫病由外传入。

（2）加强饲养卫生管理 合理密度，适当通风换气，防止尘埃、减少各种应激，避免风寒和潮袭。患病猪可用祛痰药对症治疗。

（3）免疫接种 现有猪流感的多价灭活苗（H3N2 、H1N2），在常发地区可考虑应用。

第二节 细菌性传染病

一、猪传染性胸膜肺炎

猪传染性胸膜肺炎（PCP）是由胸膜肺炎放线杆菌（App）引起猪的一种高度接触性的呼吸道传染病。临床上以急性出血性纤维素性胸膜肺炎和慢性纤维素性坏死性胸膜肺炎为特征，急性型呈现高死亡率，慢性者可耐过。

【诊断】

1. 流行病学 2～5 月龄的生长猪和育肥猪发病较多，保育猪较少发生。主要经飞沫传染。病健猪相互接触是常见传播方式。饲养密度大、气候突变和通风不良等是诱发因素。发病急，病程短，急性型的发病率和病死率均很高。有其他呼吸道病时，能加重临床症状，增高病死率。在首次暴发本病时母猪还可能出现流产。

2. 症状

（1）最急性型 猪群中一头或几头突然发病，并在无任何明显征兆时就已死亡。患病猪体温升高至 41.5℃，精神沉郁，厌食，并出现短期腹泻或呕吐。鼻、耳、眼及后躯皮肤发绀，后期有严重的呼吸困难。死前口鼻流出带有血色的泡沫液体。初生仔猪多为败血症致死。

（2）急性型 较多的猪发病，病猪体温上升到 40.5～41℃，皮肤发红，精神沉郁，不愿站立，厌食。咳嗽，呼吸困难，呈犬坐势，有时张口伸舌，四肢皮肤发绀，心衰。可逐渐康复或转为亚急性或慢性型。

（3）亚急性型和慢性型 多于急性型后出现。病猪轻度发热，食欲减退，间歇性咳嗽。病猪不爱活动，驱赶猪群时常常掉队。慢性期的猪群症状表现不明显，消瘦、生长缓慢。其他呼吸道病原（如支原体、细菌、病毒）感染时，可使症状加重。

3. 病变 主要见于呼吸道，表现为严重的纤维素性坏死性肺炎和出血性肺炎，并常出现纤维素性胸膜肺炎。肺炎多为双侧性，并多在肺的心叶、尖叶和膈叶出现病灶。肺炎区颜色灰暗，切面有血样液体渗出。在气管、支气管内有血样泡沫。随着病程的延长，病灶会变小，成为慢性期的结节状或脓肿，外周由结缔组织形成包囊。

4. 实验室诊断

（1）细菌的分离鉴定 从患病猪的支气管、鼻腔分泌物、扁桃体和有病变的肺部很容易分离到病原菌，而从陈旧的病变组织分离病原菌往往较为困难。分离培养时需添加V因子或与金黄色葡萄球菌共培养。

(2) 分子生物学检测　利用PCR技术可以检出App，并快速分型。

(3) 血清学方法　已建立了许多用于检测的方法，如补体结合试验、琼脂扩散试验、凝集试验（乳胶凝集试验、间接血凝试验、协同凝集试验）和ELISA。基于ApxⅣ为诊断抗原的ELISA，不仅能用于猪传染性胸膜肺炎的特异性诊断，还可以用于灭活疫苗或亚单位疫苗免疫猪与自然感染猪的区分与鉴别。

【防控】

(1) 加强饲养管理，减少应激　注意夏季防暑降温，冬季防寒保暖，饲养适宜密度，减少各种不良诱因和应激。平时坚持对猪舍和环境预防消毒。

(2) 免疫接种　现有灭活的多价菌苗可以用于本病的预防。关键是病原菌血清型较多，流行的血清型最好与菌苗包含的菌型一致。我国目前已有的多价苗是1、2、7和1、3、7菌型。以Apx毒素和外膜蛋白制作的亚单位疫苗在国外也有应用。

(3) 药物防治　对于发病猪群，及早用药治疗能有效降低损失，因而对受到威胁的猪群预防性给药。最好进行药敏试验，对生长和育肥阶段进行阶段性给药，有饮欲的，可在饮水中添加适量的多种维生素和板蓝根注射液。注意休药期。

(4) 根除与净化　利用基于ApxⅣ的ELISA检测方法，结合使用灭活疫苗或亚单位疫苗免疫猪，剔除App感染猪，并建立健康的阴性种猪群，结合建立生物安全体系，可实现在种猪群中对本病的根除与净化。

二、猪格拉瑟病

猪格拉瑟病又称为副猪嗜血杆菌病，是由副猪格拉瑟菌引起猪的一种接触性传染病，以多发性浆膜炎、关节炎和脑膜炎为特征。临床上主要表现为发热、咳嗽、呼吸困难、关节肿大、跛行、共济失调等。

【诊断】

1. 流行病学　本病主要发生在5～8周龄的保育猪，发病率一般在10%～15%，严重时病死率可达50%。

2. 症状　人工发病时表现有发热、被毛粗乱、食欲不振、厌食、咳嗽、呼吸困难等呼吸道症状，其次是关节肿胀、疼痛、跛行，少数猪有神经症状，反应迟钝、颤抖、共济失调、可视黏膜发绀、侧卧，随之可能死亡。急性感染后可能留下后遗症，即公猪慢性跛行。母猪流产，哺乳母猪母性行为极端弱化。中等毒力菌株感染后往往出现浆膜炎和关节炎。

3. 病变　以纤维素性多发性浆膜炎、关节炎和脑膜炎为特征。肉眼变化是在心包液、胸水和腹水增多，可见浆液性和化脓性纤维蛋白渗出物，这些损伤也可能波及脑膜和关节表面，尤其是腕关节和跗关节。心包内常有干酪样渗出物，使心包膜与心脏粘连在一起，形成“绒毛心”。有时可见肺与胸膜的粘连，腹腔中肝、脾、肠浆膜之间的粘连。

4. 实验室诊断

(1) 细菌分离鉴定　采集处于疾病急性期且没有用抗生素治疗的猪病料，最好选择浆膜表面物质或渗出的脑脊髓液及心血。用巧克力琼脂平板或含NAD和血清的TSA培养基，或用绵羊血液琼脂与葡萄球菌做交叉划线接种，培养48h。副猪格拉瑟菌在葡萄球菌菌落周围生长良好，呈卫星现象。

（2）*PCR检测* 根据副猪格拉瑟菌16S rRNA序列设计引物，可以对菌的血清型进行鉴定。

（3）*血清学方法* 琼脂扩散试验、补体结合试验和间接血凝试验等血清学方法均可用于流行病学调查。

【防控】

（1）*加强饲养管理，减少应激* 不要将不同批次、不同大小的猪进行混群。

（2）*药物治疗* 应按群治疗，通常采用替米考星和氟苯尼考拌料或饮水给药，阿莫西林肌内注射。最好是通过药敏试验确定最适药物。

（3）*免疫接种* 我国已有4、5型菌株制作的二价灭活苗，国外有1、6型菌株二价灭活苗。如果与当地流行的血清型一致，则能产生较好的保护作用。因该菌的血清型较多，当商品疫苗效果不理想时，可考虑从当地分离细菌制作自家灭活疫苗。

三、猪肺疫

猪肺疫即猪巴氏杆菌病，是由多杀性巴氏杆菌感染猪引起猪的一种急性呼吸道传染病，也是多种动物共患的一种常发传染病。不同动物之间有时也会互相传染。发病多与内源性传染有关。

【诊断】

1. 流行病学 主要通过消化道和呼吸道传播，也可通过吸血昆虫和损伤的皮肤、黏膜传播。在秋冬、早春寒冷季节，冷热交替，气候剧变，闷热，潮湿，多雨的时期多发。长途运输，突然更换饲料，营养缺乏，发生寄生虫感染等常可以诱发此病。

2. 症状与病变

（1）*最急性型* 俗称“锁喉风”，突然发病，有的猪未见症状就迅速死亡。病程稍长的病猪，体温升高达41～42℃，厌食，呼吸困难，口鼻黏膜发紫，耳根、颈部、腹部及四肢内侧皮肤等处出现出血性红斑，咽喉肿胀，坚硬而热；病猪后期高度呼吸困难，呈犬坐姿势，张口呼吸，口鼻流出白色泡沫，可视黏膜发绀，病程短促，多在数小时到1d内窒息死亡。剖检可见皮肤、皮下组织、浆膜等有大量出血点，咽喉部黏膜及周围组织有急性炎症，出血性浆液浸润。全身淋巴结肿胀、出血。肺水肿。胸腔、腹腔和心包液体增多。

（2）*急性型* 体温升高至40～41℃，呼吸困难，咳嗽，气喘，流鼻涕，有黏液性或脓性结膜炎。皮肤出现出血性红色紫斑或者小出血点。初便秘，后腹泻，多在5～8d内死亡。病变主要为纤维素性胸膜肺炎，肺有水肿、气肿、出血，红色和灰色肝变；胸膜常有纤维素黏附，并与肺粘连。支气管淋巴结肿大，呼吸道有多量泡沫黏液。

（3）*慢性型* 多见于流行的后期，主要呈现慢性肺炎或者慢性胃肠炎临床症状。病猪表现为持续咳嗽，呼吸困难，进行性营养不良和消瘦。个别猪表现为关节肿胀。多持续腹泻，病程持续2周左右，死亡率为60%～70%。病变主要表现为尸体消瘦，肺有多处坏死灶。胸膜及心包有纤维素絮状物附着，胸膜常与肺发生粘连。

3. 实验室诊断

（1）*病原菌检查* 采取患病动物的肝、肺、脾等组织、分泌物及局部病灶的渗出液；并对其涂片进行革兰氏染色，镜检，可发现革兰氏阴性杆菌，用瑞士或吉姆萨等染料染色，可见两极染色的卵圆形杆菌。

（2）分离培养 将病料接种鲜血琼脂和麦康凯琼脂培养基，37℃培养 24h，观察细菌的生长情况，菌落特征、溶血性，并染色镜检；必要时进行生化试验鉴定生物型。可用间接血凝试验、凝集试验鉴定荚膜血清群和血清型。

（3）动物试验 常用的实验动物有小鼠和家兔。接种动物死亡后立即剖检，并取心血和实质脏器分离和涂片染色镜检，见大量两极浓染的细菌即可确诊。

【防控】新引进的猪要隔离观察 30d 再合群。平时定期对猪舍及周边环境消毒。做好猪气喘病等其他呼吸系统疫病的预防工作。每年春秋用猪肺疫氢氧化铝甲醛菌苗或猪肺疫口服弱毒菌苗免疫接种。在本病暴发流行时，立即对病猪实行隔离、消毒，结合药敏试验进行对症治疗。

四、猪传染性萎缩性鼻炎

猪传染性萎缩性鼻炎（AR）又称猪萎缩性鼻炎，是主要由支气管败血波氏杆菌（*Bb*）和/或产毒素多杀性巴氏杆菌（T^+ *Pm*）引起的一种慢性接触性呼吸道疾病。临床上的主要特征是颜面部变形、鼻炎、鼻甲骨尤其是鼻甲骨下卷曲发生萎缩和生长迟缓。

根据病原及发病特点，可将该病分为进行性萎缩性鼻炎和非进行性萎缩性鼻炎，前者由产毒素多杀性巴氏杆菌（T^+ *Pm*）引起，后者由支气管败血波氏杆菌（*Bb*）和其他病原引起。

【诊断】

1. 流行病学 各种年龄阶段的猪均可感染，但以 2～5 月龄幼猪最为易感。成年猪大多呈隐性带菌。发病率高，死亡率低。本病的传播途径主要是呼吸道，通过飞沫或病健猪直接接触或间接方式进行传播。本病是一种慢性传染病，在猪群内传播比较缓慢，多为散发或呈地方性流行，无明显的季节性。各种应激因素是本病的诱因。

2. 症状 仔猪发生鼻炎，因鼻泪管阻塞，故泪液增多，在眼内眦下皮肤上形成“泪斑”。有时可见鼻的出血。感染的后果是引起鼻甲骨萎缩，致使鼻梁和面部变形，临床上可见歪鼻、翘鼻或短鼻。此外，感染猪生长发育迟滞或成为僵猪，上市时间推迟。

3. 病变 最特征的病变是鼻腔软骨和鼻甲骨的软化和萎缩，最常见的是下鼻甲骨的下卷曲受损，鼻甲骨上下卷曲及鼻中隔失去原有的形状，弯曲或萎缩。鼻甲骨严重萎缩时，上下鼻道的界限消失，鼻甲骨结构完全消失，腔隙增大，常形成空洞。

4. 实验室诊断

（1）病理学检查 沿两侧第一、二对前臼齿间的连线锯成横断面，观察鼻甲骨的形状和变化，可以确诊 AR。

（2）微生物学诊断 主要是对 *Bb* 和 T^+ *Pm* 两种病原菌的分离鉴定。用长柄棉拭子无菌操作从鼻腔深部采样，接种特殊的选择培养基。接种小鼠可提高多杀性巴氏杆菌分离率。PCR 已取代病原菌的分离检测法，也可用于病原菌的快速鉴定。

（3）血清学诊断 乳胶凝集试验、荧光抗体技术和 ELISA 均可检出感染猪的血清抗体。

（4）X 线检查 鼻 X 线影像检查，若发现异常变化，有助于本病的早期诊断。

【防控】

（1）构建生物安全体系　执行严格的检疫制度，新购入的猪只要隔离观察。加强饲养管理和卫生消毒，保持猪舍干燥清洁，适时通风换气，减少粉尘。

（2）疫苗免疫　通过免疫接种母猪使仔猪获得被动保护，以预防仔猪的早期感染。现有的菌苗有支气管败血波氏杆菌单苗及与多杀性巴氏杆菌联合的二联苗，多杀性巴氏杆菌类毒素苗及菌苗与类毒素混合苗，均有不错的效果。通常在产前 4 周和 2 周各免疫 1 次，或仔猪在 1 周和 4 周各免疫 1 次。仔猪还可用多杀性巴氏杆菌弱毒苗喷鼻免疫。

（3）药物防治　在妊娠母猪产前 1 个月的饲料中添加广谱高效药物，以有效防止母仔的垂直传递，如土霉素、金霉素、泰乐菌素、阿莫西林、氟苯尼考、磺胺二甲基嘧啶、多西环素等。仔猪出生后连续 3 周，每周 1 次注射多西环素或磺胺嘧啶钠。育肥猪的用药要注意休药期。对鼻面部已严重变形的猪不宜治疗，应做淘汰和无害化处理。

五、大肠杆菌病

大肠杆菌病是由大肠埃希氏菌的一些致病性血清型菌株引起的一种人兽共患病。猪大肠杆菌病主要危害哺乳仔猪、断奶前后仔猪，临床表现以腹泻、败血症以及肠毒血症为特征。本病多是由母猪肠道排出的病原引起，经消化道传播。

【诊断】

1. 流行病学、症状与病变　按发病日龄和发病机制及临床表现不同一般分为 3 种。

（1）仔猪黄痢　是发生于生后 1 周龄（特别是 3～5 日龄）以内的新生仔猪急性腹泻，排出黄灰色带有腥臭气味、稀薄如水样的粪便；成窝发生，很快由于脱水、酸中毒而死亡。发病率与病死率较高。剖检见脱水严重，胃肠道膨胀，肠壁菲薄，肠道内有多量黄色液状内容物。

（2）仔猪白痢　是发生于 10～30 日龄的哺乳仔猪；传染性较强；以排灰白色、糊状稀粪为特征。病程短的 2～3d，长达 1 周。发病率高，病死率较低。剖检肠壁菲薄，呈灰白色半透明，肠黏膜容易剥脱，有时见有充血、出血等变化。

（3）猪水肿病　多发生于断奶后 1～2 周、体况明显健壮的仔猪；发病率不高（散发于春秋季节），但病死率很高。病猪体温不高，突出表现神经症状：倒地抽搐、四肢划水样、流涎、呼吸衰竭、共济失调（倒退、冲撞舍栏、转圈）等症状。体表水肿多见于眼睑、头、颈部，甚至全身；内脏水肿则以胃壁常见，尤其是胃大弯、贲门及胃底部。

2. 实验室诊断　一般根据上述临床资料判定，必要时通过荧光抗体技术检测肠黏膜刮面上细菌的纤毛抗原，并取小肠前段或肠系膜淋巴结进行细菌的分离鉴定，或 PCR 检测。

【防控】

（1）加强饲养管理　分娩舍温度应保持在 22～27℃，初生仔猪周边环境的温度应在 30～32℃，新生仔猪在哺乳前应对母猪乳头进行消毒，每日清洁干净猪舍内的粪便，避免大肠杆菌的滋生。

（2）免疫接种　仔猪出生后，预防仔猪白痢、水肿病，可以选择大肠杆菌双价基因工程苗，如 K88、K99 菌苗，大肠杆菌灭活菌苗联合使用进行免疫接种，预防仔猪黄痢则采取在母猪产前 45d 与 15d 分别接种 1 次的方法。

（3）药物防治　最好通过药敏试验选择敏感药物。对于仔猪白痢的治疗，除用抗生素外，采用白痢灵注射液、辣蓼注射液、十滴水、羊红膻等治愈率均在 90%以上。另外，针灸治疗、二氧化碳激光治疗也有很好的效果。

(4) 微生态疗法　采用蜡样芽孢杆菌、乳酸杆菌等制剂，可有效预防猪大肠杆菌病。

六、仔猪副伤寒

仔猪副伤寒即猪沙门氏菌病，是由沙门氏菌引起的一种传染病。它的主要特点是发热、肠炎和败血症。引起临床疾病的多是鼠伤寒沙门氏菌和猪霍乱沙门氏菌。此外，沙门氏菌污染屠宰场的禽蛋、奶产品是个突出问题，具有公共卫生学意义。

【诊断】

1. 流行病学　本病主要影响6月龄以下的仔猪，特别是1～4月龄的仔猪。主要通过消化道感染，交配或用患病种猪的精液也会传播。健康猪带菌现象也很普遍，在不良因素的作用下，容易发生内源性传染。

2. 症状与病变

(1) 急性型　又称败血型，多发生于仔猪断奶前后，常猝死。病程稍长的猪，体温升高达40.5～41.6℃，呼吸困难，耳部、胸部和下腹部皮肤有紫色斑块，3～4d通常出现腹泻，以死亡告终。病死率较高。剖检时，可见耳部、腿、尾、腹部皮肤发绀，并有黄疸；全身浆膜、黏膜（喉、膀胱等）有出血点。脾肿大，硬如橡皮；肝肿大，表面有白色坏死点，肠系膜淋巴结呈索样肿大，全身淋巴结不同程度肿大。胃黏膜出现卡他性炎症。

(2) 亚急性型和慢性型　为常见病型。它的特征是体温升高、结膜发炎和脓性分泌物。初期便秘后腹泻，大便呈灰白色或黄绿色恶臭。病猪瘦弱，皮肤上有斑点状的湿疹。本病可以持续数周，直到死亡或生长不良，成为僵猪。剖检多见盲肠、结肠及回肠后段。肠黏膜被一层淡黄色的腐乳样的假膜所覆盖，强行剥离会留下红色的、边缘不整齐的溃疡面。若滤泡周围黏膜坏死，常形成同心轮状溃疡面；肠系膜淋巴索状肿，有的干酪样坏死。

3. 实验室诊断　确诊需要采集病死猪的肝、脾，接种选择培养基，进行沙门氏菌的分离和鉴定。

【防控】

(1) 加强饲养管理　隔离带菌猪，避免饲料和环境的污染，减少猪群与病原菌的接触，减少各种应激，包括合适的密度、干燥的猪舍环境、良好的通风、舒适的温度等，提高猪的抗病力。酸化的饲料或饮水有一定预防效果。

(2) 免疫接种　本病的免疫以细胞免疫为主，弱毒苗效果优于灭活苗。我国使用的仔猪副伤寒C 500口服弱毒株免疫效果确实，优于国外同类产品。

(3) 其他　微生态制剂用于鸡沙门氏菌病取得了一定预防效果，可以在猪体试用。另外，在饲料饮水中添加药物可能减少猪的带菌量。因易于产生耐药性，需在药敏试验基础上进行药物选择。

七、产气荚膜梭菌病

仔猪梭菌性肠炎，又称仔猪传染性坏死性肠炎或仔猪红痢，是初生仔猪（3日龄以内）的高度致死性肠毒血症。其特征是排出血色粪便，小肠黏膜弥漫性出血和坏死，发病快，病程短，死亡率高。

【诊断】

1. 流行病学 除猪易感外，梭菌还可感染绵羊、马、牛、兔、鸡等动物。本病主要侵害1～3日龄仔猪。通过消化道传播，发病率可达90%～100%，死亡率一般为20%～70%。本病常顽固地存在于猪场，难以根除。

2. 症状

(1) 最急性型 仔猪出生后数小时到1～2d发病，发病后数小时可死亡。最急性病例可见个别猪不见腹泻便倒地死亡。其他仔猪突然不吃奶，后躯沾满血样稀粪，精神沉郁，虚弱，很快进入濒死状态。

(2) 急性型 为最常见病型。可见病仔猪不吃奶，离群独处，畏寒怕冷，不愿站立，腹泻，排出含有灰色组织碎片及大量小气泡的红褐色液状稀粪。病猪迅速变得消瘦与虚弱，病程多为2～3d，即死亡。

(3) 亚急性型 病仔猪表现为持续腹泻，病初排出黄色软粪，后变成水样稀粪，内含坏死组织碎片。发病仔猪极度消瘦、虚弱和脱水，5～7d死亡。

(4) 慢性型 病程在1～2周或以上，间歇性或持续性腹泻，排出黄灰色糊状的粪便。尾部及肛门周围有粪污黏附。病猪逐渐消瘦，生长停滞，于数周后死亡或被淘汰。

3. 病变 小肠出血性坏死病变有特征性，肠系膜和浆膜下有数量不等的气肿。最急性显著的病变是小肠严重出血和腹腔内有血样液体。急性病例肠道可见局灶性淡红色区，肠壁增厚，肠内容物呈血样，含有坏死组织碎片。亚急性病例的肠黏膜表面覆盖一层紧密黏着的坏死膜。慢性型有上述多种病变，但不明显。

4. 实验室诊断

(1) 涂片镜检 肠内容物涂片、黏膜病灶和肠壁的组织切片中，可见大量革兰氏阳性大杆菌。

(2) 细菌分离培养 取病变肠内容物接种于鲜血琼脂培养基上，37℃厌氧培养24h，观察菌落形态，溶血性。进一步做生化试验鉴定。

(3) 肠内容物毒素检查 取病死猪的空肠内容物制作滤液接种小鼠，证明空肠内容物中有毒素。

(4) 细菌毒素的分子检测 可通过PCR、多重PCR等方法检测细菌毒素基因，也可用Western blot等方法检测细菌的毒素表型。

【防控】本病散发或呈地方性流行。预防上主要通过免疫母猪2次（产前第4周、第2周）传递母源抗体的方法，使新生仔猪获得免疫力。注射C型和A型魏氏梭菌氢氧化铝二价菌苗及仔猪红痢干粉菌苗有预防作用。对发病猪尽早用抗血清治疗，或一出生就尽快口服氨苄西林，连续3d。

八、胞内劳森菌病

胞内劳森菌病

胞内劳森菌病是由胞内劳森菌引起的一种接触性肠道传染病，又称猪增生性出血性肠病，还有“猪局限性回肠炎”“猪坏死性回肠炎”“猪肠腺瘤病”等。临床表现以进行性消瘦、腹泻为特征。病理上以回肠炎和结肠隐窝未成熟的肠细胞发生腺瘤样增生为特征。

【诊断】

1. 流行病学 本病多发生于6～20周龄的猪群。肠腺瘤病、坏死性回肠炎和局部性回肠炎多发生于断乳后的仔猪，特别是6～12周龄的猪最为常见；猪增生性出血性肠病多见于育肥猪和种猪，尤其是16周龄以上的架子猪和后备阶段的种猪多发。本病主要经污染饲料、饮水和饲养用具等方式，通过消化道传播。带菌猪一般不发病，但抵抗力因转群、混群、应激等多种因素作用会下降而引发临床疾病。

2. 症状 病猪体况下降，体重减轻，食欲不振，多不发热，轻度腹泻，常排出混合有较多黏液的软便或黏液块。由于长期持续腹泻，导致病猪渐进性消瘦，贫血，腹部膨大，消化不良，生长发育受阻而被淘汰。当病情发展到增生性出血性肠病时，临床以突然发生严重腹泻，粪便中含有较多的血丝或小血块为特征。病猪贫血严重，可视黏膜苍白，多在8～24h内死亡。

3. 病变 局限于整个肠道，以回肠最明显。肠壁增厚、肠系膜水肿、肠系膜淋巴结肿大，黏膜增厚，皱褶增多。黏膜上覆盖有黄棕色的假膜。在出血性病例中，结肠内有红色或黑焦油样的粪便。

4. 实验室诊断

（1）涂片镜检 取病变黏膜做抹片，通过改良抗酸染色或吉姆萨染色镜检。

（2）组织学检查 对感染肠组织做切片染色检查，采用免疫组化技术对固定包埋的组织进行染色，采用银染色技术可清楚地显示组织中存在的胞内菌。细菌呈现为一种直或弯曲状，带有革兰氏阴性菌特有的波浪状三层外壁。

（3）分子诊断技术 PCR及荧光定量PCR可检测猪肠黏膜内是否存在该菌及其含量。

【防控】

（1）加强饲养管理 提供良好的生长环境。尽量减少外界不良因素的刺激。猪调运时，要提前添加抗应激药物。减少疾病的交叉感染，采用全进全出制度。空栏时必须严格消毒，空栏时间要在1周以上。粪便要及时清理干净，进行彻底的消毒。

（2）免疫接种 国外已有无毒活疫苗和灭活疫苗，有很好的免疫保护作用。口服疫苗的猪只生长率和饲料转化率均有明显提高，效果优于使用抗生素防治。

（3）药物防治 可使用红霉素、青霉素、泰妙菌素和硫黏菌素等治疗病猪。对急性感染猪宜注射治疗，对同群其他猪宜饲料或饮水中加药。

九、猪链球菌病

猪链球菌病是由多种致病性猪链球菌感染引起的一种人兽共患传染病，其临床特征表现多样，能导致败血症、典型的脑膜炎、多发性浆膜炎和多发性关节炎。病原菌分布甚广，对养畜业的危害较大。

【诊断】

1. 流行病学 猪不分年龄、品种、性别均可感染，以30～70kg架子猪最常见。没有明显的季节性，但在5—10月多出现大规模传播。本病的传播途径较多，可以通过消化道、呼吸道和损伤的皮肤黏膜传播。新生仔猪还可经脐带、吮乳及分娩被感染。规模化猪场常呈地方性流行。各种诱因，如光照不足、密度过大、通风不良、卫生条件差、寒冷潮湿等均可加重病情。

2. 症状

（1）败血型 多突然发病，倒地不表现任何症状突然死亡。或体温升高至41～42℃、精神沉郁、食欲废绝、呼吸迫促，于12～18h内死亡。

（2）急性型与慢性型 急性型全身症状表现明显，体温呈稽留热型（可高达42～43℃），眼结膜潮红，鼻液呈浆液性或脓性，呼吸困难，粪便干硬；排黄色或赤褐色尿液；双耳，颈背部、腹下及四肢内侧均呈紫红色且有出血点；后期站立困难，有的呈犬坐姿势。病程2～3d死亡，死前天然孔流暗红色血液，病死率达80%～90%。急性可转变为慢性，病程一般1个月以上，多发关节炎，关节周围肌肉肿胀。最后侧卧，四肢划动死亡。

（3）脑膜脑炎 多见于2～6周龄仔猪，表现为无目的走动，或转圈，空嚼或磨牙，接触外界时，发生尖叫或口吐白沫，倒地后做游泳状，一般在30～36h内死亡。

（4）淋巴结脓肿 多由E群链球菌感染所致，猪体温升高，食欲下降，主要特征为颌下、咽颈部淋巴结化脓或脓肿。淋巴结触碰时坚硬有热。一般脓肿于成熟后破溃，猪的全身症状减轻，经过2～3周康复。

3. 病变 急性死亡猪天然孔流暗红色血液，血凝不良。败血症病变明显。心包积液，心肌呈煮肉样，心内膜有出血点，心瓣膜有赘生物；胸腔内有大量积液，伴纤维素性渗出液；脾脏出血、肿胀，可肿大1～3倍；肝脏边缘钝厚，切面模糊；肾肿大出血，皮、髓质界限不清；全身淋巴结肿大、出血、化脓；胃、小肠黏膜均有充血出血；有的出现纤维素性浆膜炎。

多发性关节炎病例，关节皮下有胶冻样水肿，关节囊壁增厚，囊膜面充血，滑液混浊，含有黄白色干酪样物，严重的关节化脓、坏死。脑膜炎型病例，脑膜充血、出血，个别可见脑膜下水肿。脑部有脓性纤维素性渗出物，脑切面可见白质和灰质小点状出血。

4. 实验室诊断

（1）涂片镜检 采集发病动物的肝、脾、肾和心血或脓汁、关节液、乳汁等。制成涂片镜检。可见革兰氏染色阳性，呈球形或椭圆形短链状排列的细菌。

（2）分离培养 将上述病料接种于含血液琼脂平板上，37℃培养24h，观察菌落形态，溶血环类型。将上述分离物接种在马丁肉汤培养24h后，将培养物皮下注射小鼠或家兔，可从病死实验动物的实质脏器中分离到链球菌。

（3）其他诊断法 PCR、限制性片段长度多态性分析（RFLP）、随机扩增核酸片段多态性分析（RAPD）、脉冲场凝胶电泳法（PFGE）、多位点序列分析图谱（MLST）均可用于猪链球菌的检测，2型猪链球菌的ELISA抗体检测试剂盒已商品化。

【防控】

（1）预防措施 建立隔离检疫和消毒制度，保持猪舍清洁卫生和干燥通风，及时清除粪便。严禁私自屠宰。做好平时的免疫接种，我国已研制出用于预防猪链球菌病的灭活苗和弱毒苗。使用时按疫苗说明书使用。

（2）扑灭措施 当本病暴发时应立即确诊疫病，划定疫区，隔离传染源、封锁疫区，关闭市场。对疫区圈舍、用具全面消毒。对死淘猪须在兽医监督下进行无害化处理。对疫区受威胁的动物进行紧急预防接种。

十、布鲁氏菌病

布鲁氏菌病是由布鲁氏菌引起的人兽共患传染病，家畜中牛、羊和猪均易感，其特征是生殖器官和胎膜发炎，引起流产、不育和各种组织的局部病灶。

【诊断】

1. 流行病学 易感性是随性成熟年龄接近而增高。母畜的易感性高于公畜。受感染的妊娠母畜在流产或分娩时将大量病原菌随着胎儿、胎水和胎衣排出。流产后的阴道分泌物以及乳汁中都含有布鲁氏菌。感染的公猪睾丸精囊中也有布鲁氏菌。本病的主要传播途径是消化道，但其他如通过皮肤、结膜、交媾也可感染。吸血昆虫也能传播。

2. 症状 猪最明显的临床症状是流产，多发生在妊娠第4～12周。有的在妊娠第2～3周即流产，有的接近妊娠期满时早产。早期流产常不易发现。流产有前兆症状，如沉郁、食欲不振、体温升高，阴唇和乳房肿胀，有时阴道流出黏性或黏脓性分泌液。流产后少见胎衣滞留，少数因胎衣滞留，引起子宫炎和不育。公猪常见睾丸炎和附睾炎。较少见有皮下脓肿、关节炎、腱鞘炎等。

3. 病变 胎儿可见干尸化。胎儿绒毛叶出血、水肿或杂有小出血点，还可能覆有灰色渗出物。胎衣呈黄色胶冻样浸润，有些部位覆有纤维蛋白絮片和脓液、杂有出血点。脐带常呈浆液性浸润、肥厚。胎儿有肺炎病灶。睾丸和附睾实质有大小不等的坏死和化脓灶。有时有皮下脓肿、精囊发炎或关节炎、化脓性腱鞘炎或滑液囊炎。

4. 实验室诊断

（1）细菌涂片检查与病原分离 取流产胎儿的胃内容物、肺、肝和脾以及流产胎盘、羊水等标本涂片，经柯兹洛夫斯基鉴别染色，发现红色细菌，可初步诊断。将标本划线接种10%马血清的马丁琼脂培养基进行分离，确定为可疑菌后进行纯培养，再进一步用阳性血清做玻片凝集试验鉴定。

（2）血清凝集试验 是布鲁氏菌病诊断和检疫的常用方法，在国际贸易中，我国常用虎红平板凝集试验和试管凝集试验，前者作为初筛，阳性者用后者做复核试验。

近年来，不少新方法被用来诊断本病，如间接血凝试验、抗球蛋白（Coombs）试验、荧光抗体技术、聚合酶链反应（PCR）及荧光偏振试验等。

【防控】

（1）平时预防措施 做好引进种猪的检疫，对种猪做好常规的定期检疫和疫病监测，发现流产等应对污染的环境及用具进行严格消毒，对患病动物进行诊断和检测。

（2）对污染群体要坚持检疫，淘汰阳性动物，直至全群阴性。

（3）做好免疫接种 我国猪用疫苗是猪布鲁氏菌2号（S2）弱毒苗，多采用饮水或口服进行接种。也可皮下注射、气雾等方法接种。

十一、猪丹毒

猪丹毒是由猪丹毒丝菌引起猪的一种急性、热性、人兽共患传染病。其特征为急性型呈败血症症状，亚急性型在皮肤上出现紫红色疹块，慢性型常发生心内膜炎和关节炎。

【诊断】

1. 流行病学 猪最易感，各种年龄均可感染，但以4～6月龄架子猪发病率最高，而小于3月龄或大于3岁的猪很少感染。牛、羊、马、犬、鼠、家禽、鸟类及人也能感染发病。实验动物中鸽、小鼠最敏感。本病可经消化道、损伤的皮肤及蚊、蝇、虱、蜱等吸血昆虫传播。流行有明显的季节性，多发生5—8月，特别是在气候闷热、暴雨之后常暴发流行，有的地区以4—5月和11月发生较多。本病多呈现地区性，在寒冷地区很少见。其发病率与饲养环境、气候变化等因素有密切的关系。

2. 症状与病变

（1）急性败血型 初期个别猪无症状突然死亡，随后多数猪表现高热（42～43℃）稽留，寒战；结膜充血，很少有分泌物；食欲下降，粪便干硬，似板栗状，外表附有黏液，后期可能出现腹泻；呼吸急促，黏膜发绀；部分猪耳尖、鼻端、腹下、股内侧皮肤出现大小、形状不一的红斑，指压褪色；病程多为2～4d，病死率可达80%～90%。剖检见全身淋巴结充血肿胀，有小点出血，呈浆液性出血性炎症变化。脾脏充血性肿大，呈樱桃红色，在白髓周围有红晕，脾髓易于刮下，呈典型的急性脾炎变化。肾常发生出血性肾小球肾炎变化，肾肿大，呈弥漫性暗红色，有“大红肾”之称，皮质部有小出血点。

（2）亚急性疹块型（荨麻疹型） 其特征是在皮肤表面出现疹块。病初少食、口渴、便秘呕吐，体温升高至41℃以上。通常于发病后2～3d在颈部、背部、胸腹侧、四肢外侧等处皮肤上出现疹块，俗称“打火印”，形态以菱形、方形多见，大小、数量不一，起初疹块色淡红，后变为紫蓝色，可于数日内消退恢复。

（3）慢性型 常见的有慢性关节炎、慢性心内膜炎和皮肤坏死。慢性关节炎时可见关节肿大，关节囊内充满多量浆液、纤维素性渗出物，滑膜充血，水肿，病程较长者，关节囊肥厚。慢性心内膜炎时，常见在房室瓣表面形成一个或多个灰白色的菜花样疣状物，以致使瓣口狭窄，变形，闭锁不全。皮肤坏死常发生于背、肩、耳、蹄、尾等部位，局部皮肤变黑，干硬如皮革状，最后坏死的皮肤脱落遗留瘢痕。

3. 实验室诊断

（1）微生物学检查 采集发热期的耳静脉血、疹块部的渗出液，死后可采取心血、脾、肝、肾、淋巴结，心瓣膜、滑液组织或关节液等进行涂片染色、镜检，或接种于血液琼脂平板，进行细菌分离培养。进一步可做血清型的鉴定。

（2）血清学试验 如荧光抗体技术、琼脂扩散试验、ELISA等。

【防控】

（1）防控措施 防止带菌猪的引入，加强检疫。有疫情时，要淘汰慢性感染猪，猪圈及用具要彻底消毒，粪便、垫草最好烧毁，病尸要无害化处理，受威胁猪立即预防注射。

（2）疫苗免疫 GC42弱毒株和G4T10弱毒株及氢氧化铝甲醛灭活疫苗，每半年免疫1次。后者免疫2次，免疫期可达9～12个月。我国还研发了猪丹毒-猪肺疫氢氧化铝二联疫苗，猪丹毒-猪瘟-猪肺疫弱毒三联苗，根据需要可选择使用。

（3）治疗 发现病猪后，隔离感染猪，及时治疗，以青霉素首选，早期治疗效果好，配合高免血清效果更好。

十二、渗出性皮炎

猪渗出性皮炎（皮脂溢）是由表皮葡萄球菌引起的一种仔猪高度接触性皮肤病。

【诊断】

1. 流行病学 多发生于3～30日龄的仔猪。感染途径较多，临床上以破损的皮肤或黏膜最为多见。也可经消化道、呼吸道、汗腺、毛囊等感染。在环境不良、卫生和饲养管理条件差等因素作用下，动物的机体抵抗力下降，可导致本病的发生和流行。本病以夏、秋季发生较多。发病率（10%～90%）和死亡率（5%～90%）变化很大。

2. 症状与病变

（1）急性型　多发生于仔猪，病初在肛门、眼睛周围、耳郭和腹部无毛处发生红斑，继而出现直径大小为3～4mm的微黄色水疱。水疱迅速破裂，可流出清亮的浆液或脂肪，然后结痂，痂块脱落后露出鲜红的创面。病变通常于1～2d内蔓延至全身表皮。

（2）慢性型　多发生于较大仔猪，有时也可见于育成猪或母猪。病变多局限于鼻突、耳、四肢等局部，病程缓慢。可在无被毛的皮肤形成棕色渗出性皮炎区，无全身症状。剖检可见脾和全身淋巴结肿大、出血，肺充血，肾肿大，子宫内出现黏液。

3. 实验室诊断　采取脓汁、渗出液等病料涂片，革兰氏染色后镜检，可见呈阳性的葡萄球菌。同时将标本接种于血琼脂平板进行分离培养，挑取可疑菌落进行涂片、染色、镜检。根据生物学特性鉴别葡萄球菌的致病性。PCR方法可扩增葡萄球菌特异性的基因片段。

【防控】加强饲养管理，保持环境卫生和干燥、通风良好，防止饲养密度过大使细菌大量繁殖；避免皮肤擦伤。加强消毒，减少病原的感染机会。

仔猪发病时，应及时进行药敏试验，选用敏感的抗生素及磺胺类药物治疗。皮肤创伤应及时处理，合理用药。

第三节　支原体、衣原体、螺旋体和真菌病

一、猪支原体肺炎

猪支原体肺炎，俗称猪气喘病，是由猪肺炎支原体引起猪的一种慢性呼吸道传染病。临床特点是病猪咳嗽、气喘，生长发育缓慢，饲料报酬低，剖检以病猪肺脏尖叶、心叶、中间叶和膈叶前缘呈对称性的“肉样”或“虾肉样”实变为特征。

【诊断】

1. 流行病学　猪不分年龄、性别和品种均易感，但50日龄内仔猪易感性最高，发病率和死亡率也较高。其次是怀孕后期和哺乳期的母猪。其他母猪和成年猪多呈慢性或隐性经过。

主要经感染猪的咳嗽、气喘或喷嚏形成飞沫，通过呼吸道传播。本病一旦传入，在猪群中很难彻底清除。在寒冷、多雨、潮湿或气候骤变时较为多见。如果继发或并发其他疾病，常导致临床症状加剧和死亡率增高。

2. 症状

（1）急性型　常见于新发生本病的猪群，以哺乳仔猪、保育猪和怀孕后期母猪多见。病猪常见无前驱症状，突然呼吸次数剧增，每分钟达60～120次以上。病猪呼吸困难，严重者张口伸舌，口鼻流沫，犬坐式，不愿卧地。咳嗽次数少。体温一般正常，急性型的病程一般为1～2周，致死率较高。

（2）慢性型　本型常见于老疫区的生长猪、肥育猪和后备母猪。病猪常于清晨、晚间、运动后及进食后发生咳嗽，咳嗽时站立不动，颈伸直，甚或咳至呕吐。有时出现呼吸困难。这些症状时而明显，时而缓和。病猪可视黏膜发绀。病势严重时食欲大减或完全不食。慢性型病程很长，可拖延长达半年以上。

（3）隐性型　这些猪体内存在着不同程度的肺炎病灶，用X线检查或剖杀时可以发现。

3. 病变　主要病变在肺、肺门淋巴结和纵隔淋巴结。全肺均显著膨大，有不同程度的

水肿，出现融合性支气管肺炎变化。病变以心叶、尖叶、中间叶最为显著，而膈叶的病变则多集中于其前下部。病变的颜色多为淡灰红色，半透明状。病变部界限明显，像鲜嫩的肌肉样，俗称“肉变”。随着病程延长，病变部的颜色变深，坚韧度增加，俗称“胰变”或“虾肉样变”。

4. 实验室诊断

（1）X 线检查　对本病的早期诊断有重要价值。病猪在肺野的内侧以及心膈角区呈现不规则的云絮状渗出性阴影。

（2）病原分离培养　只作为研究用，不作为常规诊断。PCR 技术可替代，肺脏或气管冲洗液作为被检样品。

（3）血清学试验　可用的方法有 ELISA、荧光抗体技术、补体结合试验及间接血凝试验，尤其以 ELISA 应用普遍，可取代后两种试验。

【防控】

（1）加强饲养管理　坚持自繁自养，尽量不从外地引进猪，必须引进时，要严格实施隔离和检疫；推广人工授精，避免母猪与种公猪直接接触，以保护健康母猪群；采取全进全出和早期隔离断奶技术，加强平时的消毒和清洁卫生，提高全场的生物安全水准。科学饲养，提供适宜的生活环境和营养需求。做好其他重大疾病及呼吸道传染病的预防工作。

（2）免疫接种　我国现有弱毒疫苗、猪气喘病乳兔化弱毒冻干苗和 168 株弱毒菌苗。另有国外进口的灭活疫苗等。根据需要按说明书进行适时免疫。

（3）药物防治　目前多种抗生素药物如恩诺沙星、土霉素、泰乐菌素、泰妙菌素、林可霉素、替米考星、大观霉素等对猪气喘病有一定疗效。临床上往往采用多种药物联合用药治疗，以提高效果。或轮换使用多种广谱抗生素，一个疗程不低于 5～7d。抗生素只能抑制支原体的生长，缓解病情，降低继发感染的严重程度。

（4）建立健康猪群　自然分娩或剖腹取胎，以人工哺乳或健康母猪带仔培育健康新猪群。利用各种检疫方法不断清除病猪和可疑病猪，逐步扩大健康猪群。

二、猪衣原体

衣原体病是由衣原体感染引起的一种人兽共患病。衣原体感染猪在临床上表现为从不明显发病到慢性感染甚至急性发病等多种病型，特征性临床症状主要是流产、肺炎、肠炎等。

【诊断】

1. 流行病学　经消化道感染，亦可经呼吸道或眼结膜感染。患病猪与健康猪交配或用患病公猪的精液人工授精可能发生传染，子宫内传播也有可能。一般呈地方性流行。

2. 症状　妊娠母猪感染后可表现发热、体温升高 1～2 ℃。流产是最显著的症状，多发生于怀孕后期，死产或产弱仔，初产流产率从 40%～90% 不等。分娩后胎衣滞留，有的继发感染细菌性子宫内膜炎而死亡。公猪感染后出现睾丸炎、附睾炎和尿道炎。

仔猪常表现为鼻流浆液黏液性分泌物，流泪，咳嗽及支气管肺炎，有时出现胸膜炎或心包炎；有的表现关节炎，关节肿胀、跛行或腹泻等多种表现的一种或多种。

3. 病变　肠系膜和淋巴结肿胀充血；肺有灰红色病灶，有时见有胸膜炎；肝与大肠、小肠及腹膜发生纤维素性粘连；关节浆液性炎症，内有大量琥珀色液体。流产胎儿均有不同程度的水肿，腹腔积液。胎儿皮肤上有瘀斑，心内膜有出血点，肝脾肿大。

4. 实验室诊断

(1) 染色镜检 取病料制片，用 Gimenez 染色，病理组织切片中能观察到组织细胞胞质中的衣原体包涵体，呈圆形或不规则形。

(2) 分离培养 用无衣原体抗体的胎牛血清和对衣原体无抑制作用的抗生素，如链霉素、杆菌肽、庆大霉素，制成盖玻片单层细胞，然后将病料悬液接种于细胞，2～7d 后取出感染细胞盖玻片，Gimenez 染色镜检。也可将样品悬液接种于 6～7 日龄鸡胚卵黄囊内，在 39 ℃孵育。接种后 3～10d 内死亡。无菌取鸡胚卵黄囊膜涂片，镜检发现有大量衣原体则可确定。

(3) PCR 针对 MOMP 的实时荧光定量 PCR 可用于猪流产衣原体的诊断。

(4) 血清学试验 补体结合试验、间接血凝试验和荧光抗体技术可用于猪衣原体抗体的检测。

【防控】

(1) 加强饲养管理 坚持自繁自养。避免因从外地购买种畜禽而带入衣原体病。建立严格的防疫消毒制度，加强圈舍消毒工作，对用具进行清洗消毒，消灭蚊、蝇和老鼠。每年春秋季用衣原体间接血凝试验各进行一次检测。对衣原体阳性和疑似病例应及时淘汰和隔离处理，逐步进行净化。

(2) 疫苗免疫 我国有猪鹦鹉热衣原体病灭活疫苗，可用预防猪的流产。

(3) 防治 乙酰螺旋霉素、卡巴霉素、多西环素用于治疗，效果较好。有报道用车前草、旱莲草等中草药与四环素等抗生素的中西医结合疗法，也有较好疗效。

三、猪 痢 疾

猪痢疾（SD）俗称猪血痢，是由猪痢疾短螺旋体引起的猪的一种肠道传染病。其临床上以黏液性或黏液出血性腹泻，大肠黏膜发生卡他性、出血性及纤维素性坏死性肠炎为特征。

【诊断】

1. 流行病学 猪不分年龄和品种均易感，主要是生长发育阶段（7～12 周龄）的猪发生较多，其发病率和死亡率比成年猪高。经消化道传播。有多种因素如运输、拥挤、寒冷、过热或环境卫生不良等可以诱发本病。

该病在规模化猪群中发生时，流行缓慢，往往从一个猪舍开始逐渐蔓延到全场。持续时间长，常常延续多个月，很难根除。无明显季节性。发病率为 75%，病死率为 5%～25%。

2. 症状 腹泻是猪痢疾最为一致的症状，但严重程度差别很大。流行初期，有的猪呈最急性感染，几乎没有腹泻出现就在数小时内发生死亡。急性病猪，症状典型。病初体温升高，精神、食欲不振，多数排黄灰色的稀软粪便，重症猪排出带有大量黏液和血液的粪便。腹泻同时出现腹痛。随着病程发展，病猪渴欲增加、迅速脱水消瘦，粪便恶臭并带有血液、黏液和坏死的上皮组织碎片。病猪拱背缩腹，站立无力，最后极度衰弱死亡，病程约 1 周。亚急性和慢性病例病情较轻，表现反复腹泻，粪便中黏液和坏死组织碎片较多，血液较少。进行性消瘦，生长停滞。不少病猪能自然恢复，但病程达 1 个月以上。

3. 病变 局限于大肠。猪痢疾急性期的典型变化是卡他性、出血性肠炎，大肠肠壁和肠系膜发生充血和水肿。肠腔内容物稀软，充满黏液、血液和组织碎片。病程稍长者主要表现为纤维素性、坏死性肠炎，大肠壁水肿程度减轻。猪消瘦明显。

4. 实验室诊断

（1）涂片镜检 取急性病例的粪便和肠黏膜制成涂片染色，在暗视野显微镜下检查，每视野可见3～5个短螺旋体，可以做定性诊断。也可用PCR方法快速检测和鉴定病原菌。

（2）病原分离 多采用添加大观霉素（400μg/mL）等抑菌剂的胰胨大豆鲜血琼脂，病料接种培养基后，在适宜条件下厌氧培养。挑取培养基上出现β溶血的菌落，然后经纯化后，进一步做肠致病性试验（口服感染和肠结扎试验）鉴定。

（3）血清学试验 可用凝集试验、间接荧光抗体技术、被动溶血试验、琼脂扩散试验和ELISA等方法检测感染猪血清抗体，以ELISA和凝集试验较多应用。

【防控】严禁从疫区引进种猪，必须引进时，应隔离检疫2个月，应用ELISA等方法进行检疫。猪场采取综合性防疫措施。平时加强饲养管理和卫生消毒工作，实行全进全出饲养制度。防鼠灭鼠，粪便做无害化处理。对发病猪场要彻底清理和消毒，空舍2～3个月，再引进健康猪。对易感猪群可选用如乙酰甲喹（痢菌净）、新霉素、林可霉素、泰妙菌素等药物进行预防，结合清除粪便、消毒、干燥及隔离措施，可以控制甚至净化猪群。

四、钩端螺旋体病

钩端螺旋体病，简称钩体病，是由钩端螺旋体属的不同血清型致病性钩端螺旋体引起的一种人兽共患传染病。临床上主要表现发热、黄疸、出血、血红蛋白尿、水肿，皮肤黏膜坏死和流产为特征。

【诊断】

1. 流行病学 猪、牛、犬、马、羊等多种动物均易感，以幼畜发病率较高。人也具有较高的易感性。主要通过皮肤、黏膜和消化道传播，也可通过交配和吸血昆虫及鼠类传播。本病流行有明显的季节性，一般在温暖、潮湿、多雨和鼠类活动频繁的季节为流行高峰期。

2. 症状

（1）黄疸型 体温突然升高，食欲废绝，呼吸和心跳加速，黏膜发黄，尿色呈红褐色，有大量白蛋白、血红蛋白和胆色素，并常见皮肤干裂、坏死和溃疡。猪还出现奇痒，用力擦蹭直至出血，常于发病后数小时至几天内死亡，死亡率很高。

（2）亚急性型或慢性型 常呈地方性流行，断奶仔猪多发，可见体温升高，精神沉郁、食欲下降、黏膜发生黄染，头颈或全身水肿，尿黄或血红蛋白尿或血尿，死亡率50%以上，恢复者生长不良。

（3）流产型 妊娠母猪发生流产、死胎、木乃伊胎或产弱仔，生后不久死亡。

3. 病变 尸体苍白。口腔黏膜溃疡，皮肤上有干裂坏死灶。皮下、浆膜和黏膜黄染。体腔有积液。出血性素质，肾、脾、肺、心脏等实质器官有出血斑点。有的水肿，以头颈、四肢明显。脾脏淤血肿大。肝肿大，呈黄褐色。肾表面有灰白色小坏死灶。淋巴结肿胀多汁，肠系膜淋巴结肿胀明显。

4. 实验室诊断

（1）病原体检测 采取发热期血液、中后期的尿液、脑脊液等病料，制成压滴标本，暗视野检查。死后采取肝、肾、脾等制成悬液，离心，用沉淀物制片，镜检，可见钩端螺旋体。

(2) *动物接种试验* 取新鲜血液和尿或肝、肾及胎儿组织制成乳剂 1～3mL 接种于幼龄豚鼠，死前体温下降时扑杀；肝、肾涂片，镜检，可检出钩端螺旋体。

(3) *血清学诊断* 可用凝集溶解试验、补体结合试验、ELISA、间接荧光抗体技术、间接血凝试验检测。

(4) *分子生物学诊断* 常用的有多重 PCR，可区别致病性与非致病性钩端螺旋体。实时荧光定量 PCR 技术能用于环境及临床样品中钩端螺旋体的定量检测。

【防控】

(1) *预防措施* 平时要加强饲养管理，注意消除带菌和排菌的各种动物；消毒和清理被污染的水源、场地、圈舍、用具、清除污水、粪便，灭鼠；实施预防接种和加强饲养管理，提高动物的抵抗力。

(2) *扑灭措施* 当畜群发生本病时，应立即隔离治疗病畜及带菌畜，用双季铵盐对病畜污染的饲槽、圈舍、饮水器及饲养用具等进行消毒，清除污水、淤泥、积粪，捕杀舍内、饲料库内的鼠。

(3) *治疗* 对本病的早期诊断和治疗是提高治疗效果的关键。根据各地临床治疗经验，应依具体情况选用不同抗生素；对猪可用青霉素、四环素、土霉素等；口服或静脉注射多西环素有治疗疾病和清除病原的双重功效。

五、皮肤真菌病

皮肤真菌病，简称皮霉病，俗称钱癣、秃毛癣、毛癣，是由皮肤癣菌（又称为皮肤丝状菌）引起的人和畜、禽等多种动物共患的一类慢性皮肤传染病。引起猪的皮肤真菌病的病原通常为矮小孢子菌，主要特征是患部皮肤呈圆形或不规则形状的脱毛、脱屑、上皮渗出、结痂及痒感。

【诊断】

1. 流行病学 本病主要是通过病猪与健猪直接接触传播，或在污染的环境中，通过摩擦或蚊虫叮咬，因损伤的皮肤发生感染。在饲养管理不善、卫生不良、环境潮湿及饲料中缺乏 B 族维生素、维生素 C、微量元素等情况下，均可诱发并促进该病的发生。地方流行性或散发，秋季发生较多。

2. 症状与病变 面部、耳朵、四肢和躯干等部位，表现为剧痒，有不同程度的脱屑、脱毛和结痂。被毛脱落是典型的皮肤病变，呈圆形炎症环并迅速向四周扩展（直径 1～6cm），严重的表现为大面积脱毛，皮肤上可见到红疹，脱毛区覆盖油性结痂，刮去痂皮裸露潮红或溃烂的表皮，褪色成褐色。真皮、表皮有慢性炎症。

3. 实验室诊断 病料镜检和病原菌分离：取病变部位的皮屑、癣痂、被毛或渗出物，将病料少许置于载玻片上，加一滴 10%氢氧化钾，盖上盖玻片，必要时微微加温使标本透明，在显微镜下观察，可见分枝的菌丝及各种孢子。必要时将病料接种沙堡劳氏琼脂平板上进行分离。

【防控】加强饲养管理，保持猪舍清洁卫生及用具、垫料、饲料和环境的干燥。定期除去污物和粪尿。使用制霉菌素、克霉唑等药物防治。

第二单元　寄生虫病

第一节　原 虫 病

一、猪球虫病

猪球虫病

猪球虫病是由艾美耳属（*Eimeria*）和囊等孢球虫属（*Isospora*）的多种球虫寄生于猪肠上皮细胞引起的一种原虫病。该病只发生于仔猪，多呈良性经过；成年猪感染后不出现任何临床症状，成为隐性带虫者。

【诊断】

1. 流行病学 该病主要发生在仔猪，以 7～21 日龄多见，成年猪多为隐性感染。病猪和带虫猪是主要的传染源。该病通过消化道传播。卵囊随病猪或带虫猪的粪便排出体外，污染饲料、饮水、土壤或用具等，在适宜的温度和湿度下发育为具有感染性的孢子化卵囊，仔猪食入后发生感染。猪球虫病的发生常与气温和雨量的关系密切，通常多在温暖的月份发生，而寒冷的季节少见，在我国北方 4—9 月为流行季节，其中以 7—8 月最为严重，而在南方一年四季均可发生。

2. 症状与病变 发病仔猪主要症状是腹泻，持续 4～6d，粪便呈水样或糊状，显黄色至白色，偶尔由于渗血而呈棕色。病猪逐渐消瘦和发育受阻。仔猪球虫病一般呈良性经过，可自行耐过而逐渐康复；但感染球虫的数量多，腹泻严重的仔猪，以死亡而告终。成年猪感染时一般不出现明显的症状。仔猪球虫病的病理变化主要是急性肠炎，局限于空肠和回肠。特征性病变是空肠和回肠出现黄色纤维素性、坏死性假膜，松弛地附着在充血的黏膜上，但只有在严重感染的仔猪中出现。

3. 实验室诊断

（1）病原学检查 确诊要利用饱和盐水漂浮法在粪便中找到卵囊，或利用空肠或回肠的涂片或压片染色查出内生性发育阶段的虫体。

（2）分子生物学检测 PCR 方法。

（3）免疫学检测 荧光抗体技术检测血清中抗原。

【防治】

（1）做好环境卫生是迄今为止最好的办法。要将产房污物清除干净，并严格消毒。

（2）新生仔猪应初乳喂养，保持幼龄猪舍内环境清洁干燥，饲槽和饮水器应定期消毒，防止粪便污染。

（3）将药物添加在饲料中预防哺乳仔猪球虫病，效果不理想。把药物加入饮水中或将药物混于铁剂中有较好的效果。

二、弓形虫病

弓形虫病（Toxoplasmosis）是由刚地弓形虫（*Toxoplasma gondii*）引起的人和多种温血脊椎动物共患的寄生虫病，呈世界性分布。弓形虫几乎能够寄生于宿主的所有有核细胞中，对不同宿主造成不同形式和不同程度的危害。弓形虫感染后可造成动物的急性发病甚至死亡，或成为无症状的病原携带者；弓形虫感染人不仅会引起生殖障碍，还常有弓形虫性脑炎和眼炎发生。对免疫力低下的动物和人的危害更大。

【诊断】

1. 流行病学 弓形虫病呈世界性分布，温暖潮湿地区人群感染率较寒冷干燥地区为高。我国猪弓形虫病流行十分广泛，全国各地均有报道，发病率可高达 60%以上，严重影响畜牧业发展。各种动物感染弓形虫后都是弓形虫病重要的传染源，病畜和带虫动物的血液、肉、乳汁、内脏、分泌液以及流产胎儿、胎盘及羊水中均有大量弓形虫的存在，以速殖子或包囊（缓殖子）方式存在，其中包囊是重要的感染来源，猫粪便中的孢子化卵囊污染饲料、饮水或食具是感染的另一重要来源。

2. 症状与病变 猪弓形虫病可呈急性发病经过。病猪突然废食，高热稽留，精神沉郁，食欲减退或废绝，便秘或腹泻、呕吐、呼吸困难、咳嗽、肌肉强直、体表淋巴结肿大、耳部和腹下有瘀斑或较大面积发绀。孕猪发生流产或死产。慢性感染猪或耐过病猪生长发育受阻。

3. 实验室诊断

（1）病原学检查　生前检查可采集病畜发热期的血液、脑脊液、眼房水、尿、唾液以及淋巴结穿刺液作为检查材料；死后采取心血、心、肝、脾、肺、脑、淋巴结及胸、腹水等；慢性或隐性感染患畜应采集脑神经组织。

（2）分子生物学检测　最常用的是通过 PCR 方法扩增特异性基因片段。

（3）免疫学检测　从血清或脑脊液内检测弓形虫特异性抗体是弓形虫感染和弓形虫病诊断的重要辅助手段，特异性 IgM 阳性代表早期感染，特别适用于流行病学调查和早期诊断。检测循环抗原亦具有病原学诊断价值。间接血凝试验和微量凝集试验方法检出结果易于判断，敏感性较高，适于大规模流行病学调查时使用。

【防治】

（1）禁止猫自由出入圈舍；严防猫粪，特别是大风季节空气携带孢子化卵囊污染饲料、饮水和饲养场地；扑灭圈舍内外的鼠类及节肢动物。

（2）屠宰废弃物必须煮熟后才能作为饲料。

（3）对种猪场、重点疫区的猪群进行定期流行病学监测，阳性动物及时隔离治疗或有计划地淘汰，以消除传染来源。密切接触家畜的人群及兽医工作者应注意个人防护，并定期做血清学检测。对免疫功能低下和免疫功能缺陷者，要注意进行血清学监测与防护。

三、隐孢子虫病

猪的隐孢子虫病是由隐孢子虫科、隐孢子虫属的猪隐孢子虫（*Cryptosporidium suis*）寄生于猪消化道上皮细胞表面刷状缘引起的人兽共患的寄生虫病。隐孢子虫因能引起严重腹泻而具有重要经济意义。

【诊断】

1. 流行病学　传染来源是患病动物和向外界排卵囊的动物或人。卵囊对外界环境有很强的抵抗力。隐孢子虫卵囊可保持活力达很长时间。初始感染是随食物、水或与感染病人、动物或污染的地表密切接触而摄入卵囊；卵囊对大多数消毒剂有明显的抵抗力。一般通过污染的饲料和饮水而传播，也可能有空气传播。各种动物的感染率都很高，呈全球性分布。水源污染是造成隐孢子虫病暴发流行的重要原因。隐孢子虫感染呈现一定的季节性，潮湿、温暖的季节发病较多。

2. 症状与病变　隐孢子虫大量感染时，可引起仔猪精神沉郁、食欲缺乏、虚弱无力、腹泻、粪便带有大量的纤维素，有时含有血液。体重下降，严重可发生死亡。

3. 实验室诊断

（1）病原学检查　粪便（水样或糊状便为好）直接涂片染色，检出卵囊即可确诊。常用的检查方法有金胺酚染色法、改良抗酸染色法及金胺酚-改良抗酸联合染色法。

（2）分子生物学检测　采用 PCR 和 DNA 探针技术，针对隐孢子虫特异 DNA 的基因检测方法，具有特异性强、敏感性高的特点，检测的下限可降至单个卵囊。

（3）免疫学检测 荧光抗体技术、抗原捕获 ELISA 等方法已作为实验室的常用方法。

（4）辅助诊断对可疑的病例也可采用实验动物接种加以确诊。

【防治】

（1）有效控制措施必须针对减少或预防卵囊的传播。应用各种可用方法控制隐孢子虫病卵囊污染环境、饲料和饮水。

（2）粪便的有效处理和环境卫生的控制等是最有效的控制手段。

四、肉孢子虫病

肉孢子虫病是由多种肉孢子虫（*Sarcocysitis* spp.）寄生于哺乳动物、鸟类、爬行类、鱼类等多种动物和人所引起的寄生虫病，分布广泛，感染率高，对人畜危害较大。

【诊断】

1. 流行病学 中间宿主和终末宿主均是经口感染住肉孢子虫。中间宿主吞食了终末宿主粪便中的卵囊和孢子囊引起感染。终末宿主犬、猫以及人均是由于吞食了生的或未煮熟的含有缓殖子的包囊而感染。包囊破裂，缓殖子可循血流到达肠壁并进入肠管随粪便排出体外，亦可见于其他分泌物中。不同的肉孢子虫的宿主不同，大多数种肉孢子虫是以犬、猫为终末宿主，有些虫种以人为终末宿主，在终末宿主体内均寄生于小肠。猪可以作为中间宿主，在中间宿主体内寄生于心肌和骨骼肌细胞内。住肉孢子虫广泛分布于世界各地，主要发生于热带和亚热带地区，卫生条件差及喜食生肉的地区更为多见。国内报道猪的感染率为7.76%～80%。同一地区同种动物感染率随年龄不同呈上升的趋势。该病在亚洲地区除我国外，也流行于泰国。

2. 症状与病变 主要引起猪贫血、消瘦、泌乳量降低、流产，甚至死亡。在肉检过程中肉眼可见肌肉中有大小不一的黄白色或灰白色线状与肌纤维平行的包囊。若压破包囊，在显微镜下观察，则可见大量香蕉形慢殖子。另外，可见嗜酸性脓肿、各种肉芽肿的病变，患部肌纤维常呈不同程度的变性、坏死、断裂、再生和修复等现象，并有间质增生。

3. 实验室诊断

（1）病原学检查 主要是检查肌肉中肉孢子虫的包囊。当人或动物作为终末宿主时，通过检查粪便可以做出诊断，即检出粪便中的卵囊或孢子囊。

（2）分子生物学检测 PCR 已作为研究性实验室常规技术。

（3）免疫学检测 已经应用的方法包括间接血凝试验（IHA）、ELISA、间接荧光抗体技术（IFA）及免疫组化等，一般以包囊或缓殖子为诊断抗原，检测动物血清中的特异性抗体。

【防治】

（1）预防切断传播途径是预防动物和人肉孢子虫病的关键措施。

（2）严禁犬、猫等终末宿主接近家畜，避免其粪便污染饲料和饮水。人粪必须发酵处理后才能施肥用，禁止人粪中的卵囊或包囊污染蔬菜、水果以及水源等。

（3）寄生有肉孢子虫的动物肌肉、内脏和组织应按肉品检验的规定处理，不要将其饲喂犬、猫或其他动物。防止从肉孢子虫病疫区引进家畜，对于引进动物应进行检疫，防止在引进动物时引入肉孢子虫病。

五、新孢子虫病

新孢子虫病是由新孢子虫（*Neospora* spp.）引起的多种温血动物共患的原虫病。猪可作为新孢子虫的中间宿主。新孢子虫病已在世界范围内广泛流行，给养猪业造成了一定的经济损失。

【诊断】

1. 流行病学 动物通过水平传播和垂直传播两种方式感染新孢子虫。广泛流行于世界各地。

2. 症状与病变 主要集中在中枢神经系统和骨骼肌中，同时伴有坏死性肺化脓性脑炎以及心肌炎和心肌变性等，可引起严重的神经肌肉损伤，有些还可发生心力衰竭，一般有脑炎、肌炎、肝炎或持续性肺炎等。母猪主要出现后肢麻痹、运动障碍、共济失调和流产。

3. 实验室诊断

（1）*病原学检查* 病原分离和鉴定是最为有力的感染证据，但新孢子虫的分离较为困难，成功率很低，直接从病料涂片检查检出率更低。一般情况下新孢子虫包囊较多集中在流产胎牛神经组织内。

（2）*分子生物学检测* PCR技术检测组织内的新孢子虫DNA。

（3）*免疫学检测* 间接荧光抗体技术（IFA）、直接凝集试验（DAT）和ELISA是最常用的血清学检测方法。

【防治】

（1）尚未发现治疗新孢子虫病的特效药物，复方新诺明、羟基乙磺胺戊烷脒、四环素类、磷酸克林霉素以及鸡球虫的离子载体抗生素类等可能有一定的疗效，可试用于临床，但需对疗效进行观察。

（2）已经有商业化新孢子虫灭活疫苗，但应用范围较窄，只在少数国家小部分应用。

（3）淘汰病猪和血清抗体阳性猪是防止该病继续扩散的有效方法。此外，防止犬与猪等中间宿主之间的传播可有效阻断外源性感染（水平传播）。主要采取的措施是对猪场内及其周围的犬进行严格的管理，禁止犬进入猪的饲养环境，禁止犬接触饲料间和饮水环境，减少犬与猪群接触的机会。

六、巴贝斯虫病

猪巴贝斯虫病是由巴贝斯虫属（*Babesia*）的陶氏巴贝斯虫（*B. trautmanni*）寄生于猪的红细胞内引起的一种原虫病。

【诊断】

1. 流行病学 病猪具有发病急、死亡率高等特点。本病的流行与传播媒介蜱的滋生和消长密切相关，因此有一定的季节性，即夏、秋季多发。

2. 症状与病变 病猪体重多在30～75kg，部分猪场见有母猪和哺乳仔猪发病。主要表现为发热、食欲下降、逐渐消瘦、皮肤苍白、粪干硬、尿液初期呈黄色，后期呈茶水样。可视黏膜苍白或黄染，有的猪呕吐，呕吐物呈黄色；用过多种抗菌药治疗无效；发病率8%～60%，死亡率3%～5%。早期病猪，剖检可见淋巴结水肿，脾肿胀，尿液黄色；病程长的病死猪，剖检可见可视黏膜苍白或黄染，血液稀薄，肌肉苍白，淋巴结水肿，肺水肿，心肌松软，肝呈土黄色且肿胀，胆囊充盈，内充满黏稠胆汁，肾脏色淡呈黄色斑驳状，膀胱积尿，尿色黄或呈茶水样。最明显的变化是脾呈紫黑色、肿胀，为正常的2～3倍。

3. 实验室诊断

(1) 病原学检查 采血涂片，瑞氏染色，镜检，见红细胞内有蓝紫色虫体，呈环形、杆状、半月状，有的呈梨籽形，虫体数量1～8个不等。根据临床症状、剖检变化及实验室检验结果，诊断为猪巴贝斯虫病。

(2) 分子生物学检测 PCR已作为研究性实验室常规技术。

(3) 免疫学检测 间接荧光抗体技术和酶联免疫吸附试验。

【防治】

(1) 加强饲养管理，将发病猪与临床健康猪隔离。

(2) 加强猪舍与周围环境消毒。

(3) 做好猪外寄生虫的防治工作，每周用1%敌百虫喷洒，以消灭体外寄生虫。

七、结肠小袋虫病

猪小袋纤毛虫病由小袋属（*Balantidium*）的结肠小袋虫（*B. coli*）寄生于猪的大肠（主要是结肠）引起。轻度感染时不显症状，严重感染时有肠炎症状，甚至可导致死亡。结肠小袋虫还可感染牛、羊等动物和人。

【诊断】

1. 流行病学 本病呈世界性分布，以热带和亚热带地区多发。我国南方地区多发。各种年龄猪均易感，感染率均较高，可达20%～100%。对仔猪致病力强，往往造成严重疾病，甚至死亡，成年猪常为带虫者。

2. 症状与病变 一般情况下，猪感染结肠小袋虫后不表现出临床症状，但当宿主的消化功能紊乱、抵抗力下降，特别是并发细菌感染时，可造成溃疡性肠炎。病程有急性和慢性两种类型。急性型多突然发病，可于2～3d内发生死亡；慢性型可持续数周至数月。患猪表现为精神沉郁，食欲减退或废绝，喜躺卧，有颤抖现象，体温有时升高；腹泻为常见的症状，粪便先为半稀，后水泻，带有黏膜碎片和血液，并有恶臭。重症病猪可发生死亡。结肠小袋虫侵害的主要部位是结肠，其次是直肠和盲肠。病理表现为溃疡性结肠炎和直肠炎，肠黏膜充血、水肿、糜烂和溃疡，溃疡呈火山口状，边缘呈锯齿状。

3. 实验室诊断 生前诊断可根据临床症状和在粪便中找到小袋虫的滋养体和包囊而确诊。在急性病例，粪便中常有大量滋养体，慢性病例粪便中以包囊为主。死后剖检时着重观察结肠和直肠有无溃疡性肠炎病变，并做肠黏膜涂片检查找到虫体。黏膜上的虫体要比肠内容物中多。

【防治】

(1) 甲硝唑（灭滴灵）按每头0.25g口服，每日2次，连用3d。其他药物，如土霉素、四环素、金霉素等也可应用。

(2) 预防应搞好猪场环境卫生和消毒工作及粪便的发酵处理。

第二节　吸虫病

一、姜片吸虫病

猪姜片吸虫病

姜片吸虫病是由片形科姜片属（*Fasciolopsis*）的布氏姜片吸虫（*F. buski*）寄生于猪和人的十二指肠引起的影响仔猪生长发育和儿童健康的一种重要的人兽共患寄生虫病。

【诊断】

1. 流行病学　该病的发生与流行与猪和人吃含有姜片吸虫囊的水生植物密切相关。而水生植物生长茂密的池塘为中间宿主扁卷螺生长的最佳环境，所以本病的流行地区，在我国除吉林、辽宁、黑龙江、内蒙古、新疆、西藏、青海、宁夏等省（自治区）外，其他各地均有报道，但感染率下降明显，尤其是规模化猪场很少发生。感染多在春、夏两季，而发病多在冬、秋季。猪患该病也与品种、年龄密切相关。如纯种猪比土种猪及杂种猪易感，约克夏猪比其他品种猪易感，幼龄猪比成年猪易感。

2. 症状与病变　姜片吸虫多侵害仔猪，少量寄生时无症状，但生长、发育受阻。因虫体较大，吸盘发达，吸附力强，造成小肠机械性损伤，可发生炎症、出血、水肿、坏死、脱落以至溃疡。大量寄生时，猪常出现腹痛，腹泻，食欲减退和呕吐，营养不良，消化功能紊乱。后期贫血、水肿、精神萎靡，严重时阻塞肠道，引起肠破裂或肠套叠而死亡。

3. 实验室诊断

（1）*病原学检查*　采集新鲜粪便用水洗沉淀法查虫卵，如发现虫卵，或剖检时找到虫体即可确诊。因姜片吸虫虫卵较大，颜色较黄，易于识别。

（2）*免疫学检测和血清免疫学诊断方法*　如ELISA和IFA等。

【防治】

（1）加强粪便管理，防止人、猪粪便通过各种途径污染水体。

（2）大力开展卫生宣传教育，人勿生食未经刷洗及沸水烫过的水生植物，如菱角、茭白等。不用池塘水喂猪，也不用被囊污染的青饲料喂猪。

（3）在流行区开展人和猪的姜片吸虫病普查普治工作。如有可能，选择适宜的杀灭扁卷螺的措施。

二、华支睾吸虫病

华支睾吸虫病是由华支睾吸虫（*Clonorchis sinensis*）寄生于人、犬、猫、猪等肝脏胆囊及胆管内引起的人兽共患病，可导致肝脏肿大并导致其他肝病变。该病呈世界性分布。

【诊断】

1. 流行病学　感染的人和动物均为传染源。能够感染华支睾吸虫的动物除了犬、猫和猪外，还有狐狸、野猫、獾及鼠类等多种，这些动物均可排出虫卵而成为传染源。食入含有囊蚴的第二中间宿主是主要感染途径。猪常因用鱼虾作为猪饲料而感染。饲喂生鱼的猪的阳性率为50%，不饲喂者为7.4%。放养猪感染率为55.6%，圈养者为7.3%。人畜粪便不经处理直接排入鱼塘会促进本病的流行。

2. 症状与病变　多数动物为隐性感染，临床症状不明显。严重感染时，主要表现为消化不良、腹泻、贫血、水肿、消瘦，甚至腹水。虫体寄生于动物的胆管和胆囊内，因机械性刺激，引起胆管和胆囊发炎，管壁增厚。虫体分泌毒素，引起贫血、消瘦和水肿。大量寄生时，虫体阻塞胆管，使胆汁分泌障碍，出现黄疸。随着寄生时间的延长，肝脏结缔组织增生，肝细胞变性萎缩，毛细胆管栓塞形成，引起肝硬化。

3. 实验室诊断

（1）*病原学检查* 主要为粪便检查虫卵，以离心法检出率最高。

（2）*免疫学检测* 免疫学方法在临床辅助诊断和疫区流行病学调查中占有一定的地位，常采用 ELISA 方法进行检测。

【防治】

（1）对流行区的猪有计划地分期分批开展普查，控制传染源。

（2）深入广泛开展宣传教育，使人们了解本病的感染方式、传播途径以及危害性，自觉改变不良生活习惯，不吃半生不熟的鱼、虾，避免感染。禁止以生的或未煮熟的鱼、虾饲喂动物。结合乡镇建设规划，修建无害化厕所，杜绝在水源旁、池塘边、渠岸附近建厕围圈，防止粪便入水。

三、片形吸虫病

猪的片形吸虫病是由片形科片形属（*Fasciola*）的肝片形吸虫（*F. hepatica*）和大片形吸虫（*F. gigantica*）寄生于猪的肝脏胆管中引起的一种寄生虫病。它们在形态上稍有不同，前者更多见一些。

【诊断】

1. 流行病学 肝片形吸虫分布最广，全国各地都有；大片形吸虫主要见于我国南方地区。本病呈地方性流行，多发生于低洼、沼泽或有河流和湖泊的放牧地区。因春末夏秋季节气候适合肝片吸虫卵的发育，而且此季节中间宿主——椎实螺活跃，且繁殖数量较多，散布甚广，故感染流行多在每年春末夏秋季节，特别是多雨和洪水的年份，感染严重。肝片形吸虫的中间宿主约有 20 多种椎实螺科的淡水螺蛳，主要为小土窝螺（*Gulba pervia*）和斯氏萝卜螺（*Radir suoinhoei*），在我国分布极其广泛的是小土窝螺。大片形吸虫的主要中间宿主是耳萝卜螺（*Radix auricularia*）。

2. 症状与病变 急性期，幼虫可导致急性肝炎、腹腔炎和内出血，这是动物患本病时急性死亡的重要原因。虫体进入胆管后，由于虫体长期的机械性刺激和代谢产物的毒性作用，可引起慢性胆管炎、肝硬化、贫血、体温升高等症状。患畜一般表现为营养障碍、贫血和消瘦。急性型病例（童虫移行期）多发于夏末、秋季及初冬季节，患畜病势急，表现为体温升高，精神沉郁，食欲减退，衰弱，贫血迅速，肝区压痛明显，严重者几天内死亡。慢性型临床多见，主要发生于冬末初春季节，特点是逐渐消瘦，贫血和低蛋白血症，眼睑、颌下和胸腹下部水肿，腹水。

3. 实验室诊断

（1）*病原学检查* 根据粪便虫卵检查、病理剖检及流行病学资料进行综合判定。虫卵检查可用沉淀法和锦纶筛集卵法。死后剖检急性病例可在腹腔和肝实质中发现幼虫；慢性病例可在胆管内检获成虫。

（2）*分子生物学检测* 常用的有双重 PCR、实时荧光定量 PCR 等。

【防治】

（1）定期驱虫。

（2）防控中间宿主。

（3）加强饲养卫生管理。驱虫后的粪便应堆积发酵以杀灭虫卵。在放牧地区，尽可能选择高燥地区放牧。动物饮水最好用自来水、井水或流动的河水。

四、分体吸虫病

猪血吸虫病又称日本分体吸虫病。病原为日本分体吸虫（*Schistosoma japonicum*），寄生于猪的门静脉和肠系膜静脉内。日本分体吸虫病一年四季均可感染，但以春夏季感染机会最多，冬季感染机会较少。

【诊断】

1. 流行病学　在流行区有疫水接触史的猪均有感染的可能。

2. 症状与病变　少量感染日本分体吸虫病时，一般不出现明显症状，但能排出虫卵。日本分体吸虫病的基本病变是由虫卵沉着在组织中所引起的虫卵结节。初期结节中央为虫卵，周围聚积大量嗜酸性粒细胞，并有坏死，外围有新生肉芽组织与各种细胞浸润。之后，卵内毛蚴死亡，虫卵破裂或钙化，外围围绕上皮细胞、巨细胞和淋巴细胞，以后肉芽组织长入结节内部。最后结节发生纤维化。病变主要出现于肠道、肝脏。

3. 实验室诊断

（1）病原学检查　采集猪的粪便检查，可用直接涂片法、集卵法和毛蚴孵化法，在粪便中发现虫卵或毛蚴即可确诊。

（2）分子生物学检测　PCR与片段分析相结合的荧光PCR技术用于检测。

（3）免疫学检测　用于日本分体吸虫病诊断的免疫学方法较多，常用的有环卵沉淀试验（COPT）、间接血球凝集试验（IHA）、ELISA、胶体染料试纸条法（DDIA）等。由于血清学方法存在诸多不确定因素，一般不用于效果评价，有辅助诊断价值。

【防治】

（1）钉螺调查与控制。目的是通过对钉螺分布和感染性钉螺密度的调查与控制，减轻或消除对动物的危害。灭螺药物为可选择硝柳胺乙醇胺盐可湿性粉剂和4%氯硝柳胺乙醇胺盐粉剂。环境改造灭螺的主要措施有水田改旱地、水旱轮作、沟渠硬化、蓄水养殖、有螺洲滩翻耕种植，以及退耕还林、兴林抑螺、湿地保护等。

（2）禁止动物到钉螺分布丰富的水域活动。

五、后睾吸虫病

后睾吸虫病又称猫后睾吸虫病、微口吸虫病，是由后睾科的次睾属（*Methorchis*）、后睾属（*Opisthorchis*）和对体属（*Amphimerus*）的多种吸虫寄生于家鸭、鸡、鹅、野鸭的肝脏胆管或胆囊内引起的一类吸虫病。

【诊断】

1. 流行病学　吸虫寄生于猪、猫、犬的肝脏胆管。我国的四川、江西、湖南、台湾及上海等地均有发生。

2. 症状与病变　虫体寄生在胆管和胆囊内刺激黏膜，引起发炎，影响胆汁分泌，导致消化机能受到影响，大量虫体寄生时阻塞胆管，胆汁分泌受阻，可引起黄疸。虫体分泌的毒素可引起贫血，虫体长时间寄生可引起肝脏结缔组织增生，肝细胞变性萎缩，引起肝硬化。临床上多呈慢性经过，表现消化不良，食欲不佳和腹泻症状，全身水肿，腹水增多。最后出现贫血、消瘦，常继发其他疾病而死亡。剖检胆囊肿大，胆管变粗，胆汁浓稠，呈草绿色。胆管和胆囊内可发现大量虫体，肝表面结缔组织增生，有时引起肝硬化或脂肪变性。

3. 实验室诊断 病原学检查主要根据粪便检查和剖检变化确诊，粪便检查用沉淀法。

【防治】

（1）定期进行驱虫。口服吡喹酮 25mg/kg，每日 3 次，连服 2d；口服阿苯达唑 10mg/kg，每日 2 次，连续 7d。

（2）流行地区不以生的或未煮熟的淡水鱼类作为饲料。

（3）粪便应堆积发酵处理，杀灭虫卵。

（4）结合农业生产进行灭螺。

六、横川后殖吸虫病

横川后殖吸虫（*Metagonimus yokogawai*）成虫可寄生在人、猫、犬、猪、狐等动物体内。虫体前半部有很密的小刺。猪感染后，横川后殖吸虫寄生在小肠，表现为不定位腹痛、间歇性腹泻等，少量寄生无明显症状。

【诊断】

1. 流行病学 横川后殖吸虫是人兽共患性寄生虫，为东南亚地区常见的吸虫。一般通过口传播，冬季和春季是感染高峰期。

2. 症状与病变 横川后殖吸虫主要寄生在猪的小肠里，吸附在小肠的黏膜上或埋藏在黏膜内，由于长期受虫的刺激，导致黏膜分泌过多，肠黏膜表层糜烂发炎。如虫被带到心肌、大脑和脊椎等处，可引起这些器官的病变。

3. 实验室诊断

（1）*病原学检查* 当前诊断方法主要是粪便虫卵计数法。采集病猪粪便，在实验室用沉淀集卵法或涂片法，显微镜下能够看到粪便中的虫卵，发现虫体即可确诊。

（2）*分子生物学检测* 常用双重 PCR、实时荧光定量 PCR 等。

（3）*免疫学检测* 常用 ELISA 等。

【防治】

（1）不进食半生不熟的鱼，或者对受该虫寄生的淡水鱼经过腌渍处理后食用。

（2）对患有囊蚴的淡水鱼，必须将其煮熟或经腌渍、干制后食用。

（3）对患有该虫的动物小肠发炎部分，应予废弃，其他部分可食用。

（4）治疗可用吡喹酮，按照每千克体重 30～50mg 的剂量，将药物混在精料中饲喂，连续使用 2～3d，治疗效果明显。可用敌百虫，按照每千克体重 100mg 的剂量将药物均匀添加在饲料中，早晨空腹时饲喂，每 2d 饲喂 1 次，治疗效果明显；还可用氯硝柳胺等药物。

（5）采用综合防治措施，包括定期驱虫、控制中间宿主、切断生活史环节、加强饲养管理等。最好定期驱虫，粪便堆积发酵，消灭螺类。

七、胰阔盘吸虫病

猪胰阔盘吸虫病主要由胰阔盘吸虫（*Eurytrema pancreaticum*）寄生于猪的胰脏及胰管内，引起机体的胰腺坏死或胰管阻塞的一类疾病。虫体有时也可寄生在胆管和十二指肠，猪感染此病后主要表现出消瘦、贫血、水肿及消化功能障碍等症状。

【诊断】

1. 流行病学 该病呈全球性分布，主要流行于南美洲、欧洲和亚洲，其中以巴西、中国、日本三个国家流行最为严重。在我国，该病主要分布在东北、西北牧区及南方各省，主要发生在有水和潮湿的环境地区。

2. 症状与病变 虫体的机械性刺激和排出的毒性物质作用，使胰管发生慢性增生性炎症。胰管增厚，管腔狭小，重度感染时管腔完全闭塞，导致患畜胰脏功能异常，引起消化不良。患畜表现为消瘦、贫血、水肿、腹泻和粪便常含有黏液，严重时可导致死亡。

3. 实验室诊断 可用水洗沉淀法进行粪便检查，发现虫卵作为诊断的依据；剖检时发现虫体即可确诊。

【防治】

（1）消灭中间宿主 尽量消灭养殖场周围环境中胰阔盘吸虫的中间宿主蜗牛和草螽，切断胰阔盘吸虫的生长发育链。

（2）药物预防 每年在春秋两季，轮换使用吡喹酮等驱虫药物对猪群进行定期性驱虫。

第三节 绦虫病及绦虫蚴病

一、伪裸头绦虫病

猪伪裸头绦虫病是由克氏伪裸头绦虫（*Pseudanoplocephala crawordi*）寄生于猪小肠引起的一种绦虫病。患病仔猪生长发育受阻、消瘦、腹痛和腹泻，甚至死亡，饲料转化率降低，对养殖业造成重大的经济损失。偶见寄生于人。最初于斯里兰卡野猪体内发现本虫，之后在印度、中国和日本的猪体内也有发现。

【诊断】

1. 流行病学 此病在我国陕西、甘肃、辽宁、山东、河南、江苏、上海、福建、广东、云南、贵州等地呈地方性流行。主要感染仔猪。赤拟谷盗等昆虫为常见的仓库害虫，大量滋生于米、麦、面粉、玉米粉、混合饲料和酒曲等堆积处，尤以阴暗潮湿、发霉饲料的堆放处滋生最盛，猪因摄食饲料而遭受感染。饲料堆积处不但是中间宿主的滋生地，也是鼠类大量出没之处，它们在病原体的扩散上起着重要作用。此外，粮食运输和加工过程亦可导致病原体的扩散。猪是本虫的主要终末宿主。中间宿主为鞘翅目的一些昆虫，它们滋生于米、面、糠麸的堆积处。猪感染是由于误食含似囊尾蚴的甲虫所致。褐家鼠在病原体的散布上起重要作用，其感染率可达21.88％。

2. 症状与病变 轻度感染不显症状，重度感染时，患病猪被毛粗乱无光泽，生长发育受阻，消瘦，甚至引起肠阻塞；间或有阵发性腹痛、腹泻、呕吐、厌食等症状。寄生部位可见黏膜充血、细胞浸润，黏膜上皮细胞变性、坏死、脱落和黏膜水肿。

3. 实验室诊断 猪粪中找到虫卵或孕节即可确诊为本病。

【防治】

（1）*治疗* 硫双二氯酚按 30～125mg/kg，混入饲料中喂服；或吡喹酮按 15mg/kg，拌入饲料中喂服；或硝硫氰醚按 20～40mg/kg，安全有效。

（2）*预防* 猪粪应堆积发酵，行无害化处理后方可作为肥料；尽力杀灭仓库害虫和鼠。

二、双叶槽绦虫病

猪双叶槽绦虫病是由假叶目双叶槽科的绦虫引起的一类寄生虫病。

【诊断】

1. 流行病学 阔节双槽头绦虫的成虫寄生于犬、猫、狐、熊、狼、狮、虎、豹、水獭、水貂、猪以及人类的小肠。主要分布在亚寒带和温带地区，在我国的黑龙江、吉林、辽宁、北京、天津、新疆、四川、湖北、江苏、上海、湖南、福建、台湾、广东、贵州、云南等地均有报道。多为隐性感染。

2. 症状与病变 阔节双槽头绦虫寄生于猪和其他动物肠道内，由于虫体会吸取大量宿主营养，以及头节上钩的刺激作用和毒素作用可导致终末宿主出现腹泻、皮毛无光泽、消瘦、发育不良等症状，但很少导致死亡。剖检病变主要是肠管肿大明显，肠壁增厚，肠内出现卡他性肠炎，并检出中大型扁平绦虫。

3. 实验室诊断 粪便中检出相应的虫卵可做出初步诊断。鉴于双叶槽科绦虫的虫卵都比较相似，不易区别，要确诊是哪一种绦虫（如阔节双槽头绦虫、孟氏迭宫绦虫、蛙双槽头绦虫等），需检出成虫，并对其头节、长度、孕节片内部形态进行鉴定。

【防治】

（1）*药物治疗* 可采用吡喹酮对病猪进行治疗。

（2）*切断传染源* 妥善处理屠宰废弃物，严禁给猪饲喂未煮熟的肉类。

（3）*注意生活环境卫生* 保持舍栏和活动场所的清洁，及时对粪便进行合理化处理，避免粪便污染水源与饲料。

三、猪囊尾蚴病

猪囊尾蚴病是由寄生在人体内的猪带绦虫（*Taenia solium*）的幼虫——猪囊尾蚴（*Cysticercaus cellulosae*）寄生于猪的肌肉和其他器官中引起的一种人兽共患寄生虫病。猪囊尾蚴检查是肉品卫生检验的重要项目之一。猪囊尾蚴病呈全球性分布，但主要流行于亚洲、非洲、拉丁美洲的一些国家和地区。

【诊断】

1. 流行病学 在我国东北、华北和西北地区及云南和广西部分地区常发，个别地区有地方性流行，其余省份均为散发。该病的发生和流行与人的生活方式和卫生习惯、烹饪与食肉的方法有关。如人喜吃未煮熟的含猪囊虫的猪肉而感染。在自然条件下，猪是易感动物，囊尾蚴可在猪体内存活 3～5 年。

2. 症状与病变 猪患轻微的囊尾蚴病一般无明显症状，严重感染的猪会出现营养不良、贫血、生长迟缓、逐渐消瘦、水肿等症状。某些器官严重感染时则可能出现相应的症状，如猪囊虫寄生在肺和喉头时，会出现呼吸困难、声音嘶哑和吞咽困难等症状。寄生在舌部，采食困难。寄生于心肌中，因心肌无力，会出现血液循环障碍。若寄生于脑中，则出现癫痫和急性脑炎症状，甚至死亡。

3. 实验室诊断

（1）病原学检查　生前诊断比较困难，只有当舌部浅表寄生时，触诊可发现结节，但阴性病猪并不能排除感染。确诊只有通过宰后检验尾蚴，才可确诊，尤以前臂外侧肌肉群的检出率最高。

（2）免疫学检测　免疫学检查方法有多种，可用于筛查或流行病学调查，有些已在实践中应用，但目前缺乏一致公认的免疫学检测方法。

【防治】

（1）积极普查猪带绦虫病患者。

（2）对患者进行驱虫。

（3）做好肉品卫生检验工作，严格按照国家有关规程处理有病猪肉，严禁未经检验的猪肉供应市场或自行处理。

（4）管好厕所，管好猪，防止猪吃病人粪便。做到人有厕所、猪有圈。

（5）改变饮食习惯，不吃生的或未煮熟的猪肉。

四、棘球蚴病

棘球蚴病又名包虫病（*Hydatidosis*），是由寄生于犬、狼、狐狸等动物小肠的棘球绦虫（*Echinococcaus*）中绦期幼虫——棘球蚴感染中间宿主而引起的人兽共患寄生虫病。该病可分为泡型包虫病（多房棘球蚴病）和囊型包虫病（细粒棘球蚴病）。棘球蚴寄生于牛、羊、猪、马、骆驼等家畜及多种野生动物和人的肝、肺及其他器官内，对人畜危害严重，甚至引起死亡。在各种动物中，对绵羊的危害最为严重。细粒棘球蚴病呈全球性分布。我国是世界上棘球蚴病高发的国家之一，主要以新疆、西藏、宁夏、甘肃、青海、内蒙古、四川 7 省（自治区）最为严重。

【诊断】

1. 流行病学　在适宜的环境下，孕节可保持其活力达几天之久，虫卵对外界环境的抵抗力较强，0℃下 4 个月内不死亡，50℃经 1h 才死亡。日光照射对虫卵有致死作用，但虫卵对化学药物和常用消毒剂不敏感。有时体节遗留在犬肛门周围的皱褶内。体节的伸缩活动，使犬瘙痒不安，到处摩擦，或以嘴啃舐，这样在犬的鼻部和脸部，就可黏染虫卵，随着犬的活动，可把虫卵散播到各处，从而增加了人和家畜感染棘球蚴的机会。此外，虫卵还可借助风力散布，鸟类、蝇、甲虫及蚂蚁也可作为搬运宿主而散播本病。作为中间宿主，猪的平均感染率为 13%。

2. 症状与病变　棘球蚴对人和动物的致病作用为机械性压迫、毒素作用及过敏反应等。症状的轻重取决于棘球蚴的大小、寄生部位及数量。棘球蚴多寄生于动物的肝脏，其次为肺脏，机械性压迫可使寄生部位周围组织发生萎缩和功能严重障碍，代谢产物被吸收后，使周围组织发生炎症和全身过敏反应，严重者可致死。

3. 实验室诊断

（1）病原学检查　对动物尸体剖检时，在肝、肺等处发现棘球蚴可以确诊。

（2）免疫学检测　采用皮内变态反应、间接血细胞凝集试验（IHA）和 ELISA 等方法对动物和人的棘球蚴病有较高的检出率。

【防治】

(1) 禁止用感染棘球蚴的动物肝、肺等组织器官喂犬。

(2) 对牧场上的野犬、狼、狐狸进行监控，可以试行定期在野生动物聚居地投药。

(3) 犬定期驱虫可用吡喹酮，以根除传染源。驱虫后的犬粪，要进行无害化处理，杀灭其中的虫卵。在疫区每个月需要对犬进行一次驱虫。

(4) 保持畜舍、饲草、料和饮水卫生，防止犬粪污染。

(5) 定点屠宰，加强检疫，防止感染有棘球蚴的动物组织和器官流入市场。

(6) 加强科普宣传，注意个人卫生，在人与犬等动物接触或加工狼、狐狸等毛皮时，防止误食孕节和虫卵。

五、细颈囊尾蚴病

猪细颈囊尾蚴病是由泡状带绦虫的幼虫——细颈囊尾蚴寄生于猪的肺脏、肝脏、肠系膜、网膜和浆膜，甚至腹膜及心外膜所引起的一种寄生虫疾病。此病分布范围很广，在世界各地均有细颈囊尾蚴病的存在。虫体消耗诸多养料，对育肥效果产生了极大的影响，一定程度上导致猪营养严重缺失，体质也呈现出明显的下降趋势，生长发育速度极其缓慢。

【诊断】

1. 流行病学 细颈囊尾蚴分布很广，在各地均有发生。感染泡状带绦虫的犬和其他肉食动物排出的妊娠节片，污染了饲料、饲草、水源，被中间宿主猪、羊、兔等家畜采食后就得到感染。对仔猪的致病力较强，有时可呈区域性和地方性流行。

2. 症状与病变 细颈囊尾蚴主要对仔猪、羔羊和犊牛的致病力较强，有时可引起死亡。症状以感染数量的多寡而异，一般少量感染时不表现显著的病状，多量寄生时可引起病畜虚弱、消瘦和黄疸。如引起急性肝炎、腹膜炎时，则体温升高，呼吸呈胸式而短促，心悸亢进，按压腹部表现疼痛。有的病例由于腹腔内出血，呈现腹围下半部增大、下垂。有时幼虫侵入胸腔，亦可引起肺炎、胸膜炎。在急性病程时，可见肝脏体积增大，肝表面粗糙无光，覆有纤维性薄膜，在肝脏表面散布有出血点。在肝实质中可以观察到有虫体移行的虫道，初期虫道内充满血液，后期则呈黄灰色。同时可见有急性腹膜炎，腹腔内腹水较多并混有渗出的血液，液体内含有幼小的囊尾蚴虫体。

3. 实验室诊断 猪宰后，打开胸腔和腹腔，视检肺表面、心包、肝表面、肠系膜、网膜、浆膜。剥离肝脏上细颈囊尾蚴囊泡置于洁净的平皿，无菌注射器抽取囊泡中囊液，滴加于载玻片，镜检。

【防治】

(1) 加强管理、消灭病原 目前，对细颈囊尾蚴病尚无有效的诊断和治疗方法。在养殖生产中，主要是做好预防措施，防止此病的发生。抓好散播病原的动物管理，尤其是做好犬的管理，养殖场内最好不要饲养犬，对野犬要进行捕杀，对警犬、牧羊犬等每年要定期进行驱虫。驱虫药可以内服槟榔碱，也可以用吕宋楸荚粉。畜舍、饲料、饮水要防止被犬粪污染，这是防治本病的一个重要环节。

(2) 提高机体的抵抗力 在养殖生产中，要确保营养平衡、全价，适当的增加饲料中蛋白质、维生素、微量元素的含量，增加青绿饲料的饲喂量，提高机体的抗感染能力。

(3) 做好病畜的屠宰管理 小心处理带有细颈囊尾蚴的病畜内脏，勿将有病的内脏喂犬。如果要把这些器官当作饲料，必须煮熟才能利用。防止犬进入屠宰场和肉品加工场内偷吃带虫内脏。

六、多头蚴病

多头蚴病是由多头绦虫的幼虫寄生在猪的脑部而引起的一系列神经症状为主的体内寄生虫疾病。该种疾病多发于脑部，少见于其他部位，在临床上主要表现以神经机能障碍为主要症状。

【诊断】

1. 流行病学　该疾病与自然环境卫生问题和饮食卫生问题有较大关系，各年龄段的猪都容易感染。没有明显的季节特征，但主要容易出现在春季、秋季。犬科动物是多头蚴的终末宿主，孕节片脱落后随粪便排出体外。孕节片和虫卵散布在草场中，污染牧草、土壤和饮用水。当健康动物摄食了含有孕节片或虫卵的饲料、饮用水后，经消化道感染。

2. 症状与病变　多头蚴病会对病猪的运动功能、神经功能带来损伤，共性特征为营养不良、神经胶质增生、细胞坏死、脑部充血及细胞浸润等。病猪会出现磨牙、流口水、反应迟钝、精神沉郁、精神兴奋、体温升高、单侧失明、角弓反张、头部晃动及原地转圈等症状。随着病情的发展，病猪开始出现贫血、消瘦、肌肉痉挛、卧地不起及瘫痪等，最终导致病猪死亡。由于病猪的体质存在差异，其临床症状也存在些许差异。

3. 实验室诊断

（1）病原学检查　对病死猪进行解剖，确定其脑膜当中是否存在寄生虫、寄生虫的种类及体态特征。

（2）免疫学检测　将多头蚴的囊壁和原头蚴研制成乳剂变应原，于猪的上眼睑注入。患猪在注射1h后发生皮肤肥厚肿大，并且持续数小时。

【防治】

（1）药物治疗　发现病猪后可采取药物治疗方法。目前，一般以吡喹酮口服治疗连续3～5d，治疗效果良好。如果超出该期限，病猪仍没有好转的情况，为了保证环境卫生和其他猪的健康，则必须要对病猪及时进行无害化处理。

（2）手术治疗　兽医可以根据疾病的严重程度选择进行开刀手术，主要的方式包括开颅法以及穿刺包囊法。通过这种方式将寄生虫从脑部摘除，需要确保虫子及虫卵全部摘除干净，整个治疗流程相对较为复杂。

（3）规范家犬饲养　养殖场内部严禁饲养家犬。如果饲养，要对家犬做好定期驱虫工作。对于家犬粪便要及时清理，严禁随意堆积在养殖场周围。坚决杜绝用猪脑、脊髓饲喂家犬。

第四节　线虫病和棘头虫病

一、猪蛔虫病

猪蛔虫病（*Ascariasis*）是由猪蛔虫（*Ascaris suum*）寄生于猪的小肠中而引起的一种分布广泛、感染普遍的线虫病。猪蛔虫病呈世界性流行，不论是在集约化、规模化养殖场，还是在普通的散养户，感染率均较高。

【诊断】

1. 流行病学 猪蛔虫分布流行比较广，属土源性寄生虫。仔猪易感且发病严重，而且与饲养管理方式密切相关。猪可通过吃奶、拱土、采食、饮水经口感染，还可经母体胎盘感染。

2. 症状与病变 猪蛔虫幼虫和成虫阶段引起的临床症状不同。幼虫移行过程中会造成猪肝肺等组织损伤，引起肝出血、肺炎，同时易伴发或继发其他一些传染病。在肝脏表面往往会形成云雾状的乳斑。幼虫在肺脏时仔猪出现咳嗽、体温升高、气喘等症状。成虫期往往导致猪营养不良，严重时成为僵猪。寄生数量多时，会造成肠阻塞或肠破裂。

3. 实验室诊断 粪便检查可采用直接涂片法或饱和盐水漂浮法检查粪便中有无虫卵。猪蛔虫幼虫可剖检患病猪肝肺组织，进行幼虫分离而确诊。

【防治】

(1) 平时保持猪圈的干燥与清洁，定时清理粪便并堆积发酵，以杀死虫卵。

(2) 对流行本病的猪场或地区，坚持预防为主的原则，定期驱虫。

(3) 断奶仔猪要多给富含维生素和矿物质的饲料，以增强抗病力。

二、类圆线虫病

类圆线虫病（Strongyloidiasis）又称杆虫病，是兰氏类圆线虫（*Strongyloides ransomi*）寄生于宿主肠道引起的一种线虫病，对幼畜危害很大，特别是仔猪，常使仔猪消瘦，生长迟缓，甚至大批死亡。该病世界性分布，在我国各地均有报道。本病可从患畜传染给人。

【诊断】

1. 流行病学 兰氏类圆线虫寄生于猪的小肠，特别是多在十二指肠的黏膜内。皮肤感染是主要的感染途径。仔猪可经母乳、皮肤、胎盘或口腔感染。温暖和潮湿的环境有利于虫体发育和存活，在夏季和雨季，畜舍的清洁卫生不良并且潮湿时，流行特别普遍。主要侵害仔猪，1月龄左右的仔猪感染最严重，2～3月龄后逐渐减少。春产仔猪较秋产仔猪感染严重。

2. 症状与病变 轻度感染时不显症状，感染早期当幼虫经过皮肤进入宿主体内，能引起皮肤湿疹；进入肺脏引起支气管炎和胸膜炎；在肠内大量寄生时，能引起肠黏膜的剧烈炎症而发生腹痛，消瘦，腹部膨大，精神不振，腹泻甚至呕吐等。此外，当幼虫侵入时可能带入细菌，使病情恶化，甚至导致死亡。大量虫体寄生在仔猪时，能导致死亡，死亡率可达50%。幼虫侵入皮肤处可引起局部红斑、丘疹、浮肿。在肺内移行时，可引起肺泡出血，细支气管炎性细胞浸润。肠道病变有所不同，轻度病变的主要特征为卡他性肠炎，黏膜充血。中度病变的特征为水肿性肠炎，肠壁增厚，水肿。重度病变时以溃疡性肠炎为主，肠壁增厚，黏膜萎缩并有许多溃疡。深及浆膜层的溃疡可引起肠穿孔。

3. 实验室诊断

(1) 病原学检查 对具有可疑症状的动物，可检查刚排出的粪便，发现虫卵，即可确诊。也可用粪便培养法检查幼虫。对于仔猪的类圆线虫病，除做虫卵检查外，往往结合病理剖检做出诊断。

(2) 免疫学检测 ELISA 方法可用于诊断该病。

【防治】

（1）猪舍和运动场应保持清洁、干燥、通风，避免阴暗潮湿。

（2）患猪应及时驱虫。怀孕母猪和哺乳母猪应及时驱虫，以防感染仔猪。

（3）应及时清扫粪便，将粪便堆积在固定场所发酵，杀死虫卵并防止污染水源。

（4）幼畜与母畜、病畜和健康畜均应分开饲养。

三、后圆线虫病（肺线虫病）

猪肺线虫病是由后圆科后圆属（*Metastrongylus*）的线虫寄生于猪的支气管和细支气管引起的一种呼吸系统寄生虫病。本病遍及全国各地，呈地方性流行，对仔猪危害很大。

【诊断】

1. 流行病学　野猪后圆线虫在我国23个省份都有报道，分布甚广。后圆线虫的虫卵和第1期幼虫对外界的抵抗力较强，感染性幼虫可在蚯蚓体内长期保持感染性。猪的发病季节与蚯蚓的活动季节是一致的，一般在夏秋季发生感染。后圆线虫感染主要发生于6～12月龄的散养猪，规模化圈养猪场少见。

2. 症状与病变　轻度感染时症状不明显，但影响生长发育。严重感染时，表现强有力的阵咳，呼吸困难，特别在运动、采食或遇冷空气刺激时更加剧烈；病猪贫血，食欲丧失，即使病愈，生长仍缓慢。剖检时，肉眼病变常不显著。膈叶腹面边缘有楔状肺气肿区，支气管增厚，扩张，靠近气肿区有坚实的灰色小结。支气管内有虫体和黏液。幼虫移行对肠壁及淋巴结的损害是轻微的，主要损害肺，呈支气管肺炎的病理变化。猪肺线虫幼虫还可携带流感、猪瘟等病毒，从而加重病情。

3. 实验室诊断　可进行粪便检查，主要检查含黏液部分，因虫卵比重较大，用饱和硫酸镁（或硫代硫酸钠）溶液浮集为佳。

【防治】

（1）猪舍、运动场应保持干燥，舍内最好铺设水泥地面。

（2）及时清扫粪便，并将粪便堆积发酵。

四、圆线虫病（胃线虫病）

猪胃线虫病是由六翼泡首线虫、圆形似蛔线虫、有齿似蛔线虫、奇异西蒙线虫和刚棘颚口线虫等寄生于猪的胃内而引起的线虫病，各种年龄的猪都可感染。

【诊断】

1. 流行病学　本病广泛分布于世界各地，可以感染各种年龄的猪，但主要是仔猪、架子猪。有研究表明，停止哺乳的母猪有自愈现象。哺乳期的仔猪由于接触感染性幼虫的机会不多，因而感染的概率很低。在干燥环境里，猪一般不容易感染本病，而猪饲养于受污染的潮湿的牧场、运动场和圈舍时，感染的概率大大升高。

2. 症状与病变　一般不显症状。严重感染时，可引起胃黏膜发炎、增厚，有时形成溃疡。病猪，特别是幼猪，出现慢性或急性胃炎症状，食欲减退，渴欲增加，增重下降；严重时呕吐，生长发育受阻，消瘦甚至死亡。病理剖检时可见胃黏膜尤其是胃底黏膜红肿，有时覆有假膜。假膜下的组织明显发红，并有溃疡。

3. 实验室诊断　病理剖检时可见胃内容物少，有大量黏液，胃黏膜尤其是胃底黏膜红肿，有时覆有假膜。假膜下的组织明显发红，并有溃疡。在病变处见到游离或部分埋入胃黏膜的大量虫体即可确诊。

【防治】 每日需清扫猪舍，粪便堆积发酵。防止猪吃到中间宿主食粪甲虫。

五、似蛔线虫病（胃线虫病）

似蛔线虫寄生于猪胃内引起的以胃炎症状为特征的寄生虫病。旋尾目似蛔科似蛔线虫属（*Ascarops*）有 2 个种，即圆形似蛔线虫（*A. strongylina*）和有齿似蛔线虫（*A. dentata*）。

【诊断】

1. 流行病学 本病主要发生于我国南方某些地区的散养猪。发育过程中以食粪甲虫为中间宿主。猪吞食了含感染幼虫的食粪甲虫而被感染。

2. 症状与病变 一般不显症状。严重感染时，可引起胃黏膜发炎、增厚，有时形成溃疡。病猪，特别是仔猪，出现慢性或急性胃炎症状，食欲减退，渴欲增加，增重下降；严重时呕吐，生长发育受阻，消瘦甚至死亡。病理剖检时可见胃黏膜尤其是胃底黏膜红肿，有时覆有假膜。假膜下的组织明显发红，并有溃疡。

3. 实验室诊断 病理剖检时可见胃内容物少，有大量黏液，胃黏膜尤其是胃底黏膜红肿，有时覆有假膜。假膜下的组织明显发红，并有溃疡。在病变处见到游离或部分埋入胃黏膜的大量虫体即可确诊。

【防治】

（1）每日需清扫猪舍，搞好环境卫生。

（2）及时清除粪便并堆积发酵，防止猪吃到中间宿主。

（3）在流行地区进行计划性驱虫，通常每年 1～2 次。

六、西蒙线虫病（胃线虫病）

西蒙线虫病是由奇异西蒙线虫（*Simondsia paradoxa*）寄生于猪胃黏膜内引起的寄生虫病。严重感染本病的猪会引起死亡，给养猪业带来经济损失。

【诊断】

1. 流行病学 本病广泛分布于世界各地，可以感染各种年龄的猪，但主要是仔猪、架子猪。有研究表明，停止哺乳的母猪有自愈现象，但此刻由于母猪体质较差导致自愈延缓或受抑制。哺乳期的乳猪由于接触感染性幼虫的机会不多，因而感染的概率很低。在干燥环境里，猪一般不容易感染本病，而猪饲养于受污染的潮湿的牧场、运动场和圈舍处，则感染的概率大大升高。

2. 症状与病变 猪轻微感染时，无明显的临床症状。猪严重感染时，由于幼虫或成虫钻入胃黏膜和毒素作用导致胃炎，形成溃疡，从而对胃的正常机能造成影响，病猪出现食欲减退或消失，渴欲增加，腹痛呕吐，发育受阻，消瘦贫血，排混血黑便，甚至出现死亡。

3. 实验室诊断 收集粪便检查虫卵，或将灰白色虫卵培养到第 3 期幼虫后则可鉴别，但是如果虫卵数量不多，则较难确诊。结合临床症状和粪便检查，再进行剖检，从胃内找到成虫做出确诊。

【防治】

(1) 药物治疗　猪感染本病后治疗可选用丙硫苯咪唑进行驱虫。也可采用磷酸左旋咪唑。在饲料中拌敌百虫对本病有不错的疗效。用敌百虫的过程中若猪出现精神萎靡、食欲不佳、肌肉或全身发抖等现象，应立即停药，同时及时注射阿托品和静脉注射葡萄糖。

(2) 定期驱虫　定期对猪进行驱虫，每年驱虫 2～3 次。猪舍内粪便要及时清扫，堆积发酵妥善处理粪便。

七、颚口线虫病（胃线虫病）

颚口属（*Gnathostoma*）线虫是世界上分布比较广泛的寄生虫，对人、猪、犬、猫以及禽类有比较大的危害。颚口线虫主要分布于亚洲，中国、日本、泰国、越南、马来西亚、印度尼西亚、菲律宾、印度、孟加拉国和巴基斯坦均有人感染的报道。我国发现的颚口线虫种类有棘颚口线虫（*G. spiingerom*）、刚棘颚口线虫（*G. hispidum*）及多氏颚口线虫（*G. doloresi*）。猪的颚口线虫病是由刚刺颚口线虫寄生在猪胃中所引起。

【诊断】

1. 流行病学　生活史需要两个中间宿主，第一中间宿主是一些水蚤类，第二中间宿主是一些淡水鱼类及两栖动物。猪食入含有幼虫的鱼类等而感染。

2. 症状与病变　分为急性和慢性炎症，伴有大量嗜酸性粒细胞、中性粒细胞、浆细胞和淋巴细胞聚集。感染严重时，患猪食欲不振，呕吐、瘦弱，还可引起胃炎。当猪出现胃炎症状时，可怀疑为本病，但确诊需要在粪便中找到虫卵。

3. 实验室诊断　幼虫在体内移行入肝而造成肝的病变。成虫寄生于猪的胃内，头部深陷入胃壁，寄生部位可见有红色炎症出血带，胃黏膜显著增厚。

【防治】猪颚口线虫病的控制主要采取综合性防治措施。首先要控制和消灭感染源，应有计划地进行定期预防性驱虫。阿苯达唑、甲苯达唑及复方伊维菌素等广谱驱虫药对成虫有较好的疗效。其次要切断疾病的传播途径，尽可能地减少宿主与感染源的接触机会。防止猪吃入生的鱼类及两栖动物等。避免猪到水边吃到剑水蚤和第二中间宿主。保持环境卫生，对有可能感染颚口线虫的食物进行加热处理，避免传染源的传入。

八、球首线虫病

猪球首线虫病是由钩口科、球首属（*Globocephalus*）的多种线虫寄生于猪的小肠引起的寄生虫病。常见猪球首线虫的种类有长尖球首线虫（*G. longemucronatus*）、萨摩亚球首线虫（*G. samoensis*）、锥尾球首线虫（*G. urosubulatus*）。严重感染可引起消瘦和消化紊乱，造成猪群饲料转化效率下降、生长发育不良、生长缓慢，影响猪的经济价值。

【诊断】

1. 流行病学　感染期幼虫生活在土壤中经皮肤或经口侵入猪体。

2. 症状与病变　猪感染猪球首线虫轻微时，一般不表现出症状。当感染严重时，虫体导致病猪大肠黏膜产生结节，表现为肠炎症状，如肠道卡他性炎症，肠黏膜有时会出现出血点，还会导致腹泻，消化紊乱，体表消瘦，其他症状为贫血等。

3. 实验室诊断　通过漂浮集卵法与沉淀集卵法收集粪便检查虫卵。

【防治】

（1）不给猪食入生的和没煮熟的食物，食物要彻底消毒。

（2）不饲喂未消毒的饮水。

（3）避免猪与土壤和带病原体的粪便接触。

（4）进行种猪剖宫产净化，防止猪与携带病原体的猪及其他动物接触。

（5）饲养人员不携带人猪共患寄生虫。

（6）加强饲养管理，注意微量元素和维生素的供应，提高机体抵抗力。圈舍经常清扫，保持清洁干燥，并且粪便要堆积发酵，以杀死虫卵、球虫卵囊和其他病原微生物等。

九、毛尾线虫病

毛尾线虫病是由毛尾属的线虫寄生于家畜大肠（主要是盲肠）引起的，又称毛首线虫病或鞭虫病。我国各地均有报道。主要危害幼畜，严重感染时，可引起仔猪死亡。

【诊断】

1. 流行病学 猪毛尾线虫寄生于猪的盲肠。幼畜感染较多。1.5月龄的猪即可检出虫卵；4月龄的猪，虫卵数和感染率均急剧增高，以后渐减；14月龄的猪极少感染。由于卵壳厚，抵抗力强，故感染性虫卵可在土壤中存活5年。在清洁卫生好的猪舍，多为夏季放牧感染，秋、冬出现临床症状。在不卫生的畜舍内，一年四季均可感染，但夏季感染率最高。

2. 症状与病变 轻度感染时，有间歇性腹泻，轻度贫血，因而影响猪的生长发育。严重感染时，食欲减退，消瘦，贫血，腹泻；死前数日，排水样血色便，并有黏液。病变局限于盲肠和结肠。虫体的头部深入黏膜，广泛地引起盲肠和结肠的慢性卡他性炎症。有时有出血性肠炎，通常是瘀斑性出血。严重感染时，盲肠和结肠黏膜有出血性坏死、水肿和溃疡，还有和结节虫病时相似的结节。结节有两种：一种质软有脓，虫体前部埋入其中；另一种在黏膜下，呈圆形包囊状物。组织学检查时，见结节中有虫体和虫卵，并伴有显著的淋巴细胞、浆细胞和嗜伊红白细胞浸润。其他部分的黏膜血管扩张，淋巴细胞浸润。

3. 实验室诊断 用粪便检查法发现大量虫卵或剖检时发现虫体，即可确诊。

【防治】

（1）预防性定期驱虫 在本病流行的猪场，每年定期进行两次全面驱虫，以减少仔猪体内的载虫量和降低外界环境的虫卵污染。

（2）保持饲料和饮水的清洁 饲料和饮水要新鲜清洁，避免猪粪污染。

（3）保持猪舍和运动场的清洁 猪舍应通风良好，阳光充足，避免阴暗、潮湿和拥挤。猪圈要勤打扫、勤冲洗，减少虫卵污染。定期消毒。运动场地面应保持平整，排水良好。

（4）猪粪无害化处理 猪的粪便和垫草清除出圈后，堆积发酵，以杀死虫卵。

（5）预防病原的传入 引入猪只时，应先隔离饲养，进行1～2次驱虫后再并群饲养。

十、食道口线虫病

猪食道口线虫分类上属于食道口属（*Oesophagostomum*），寄生于猪的大肠，主要是结肠。由于食道口线虫幼虫可钻入宿主肠黏膜，使肠壁形成结节病变，故又称结节虫病。猪常见的种类包括有齿食道口线虫（*O. dentatum*）、长尾食道口线虫（*O. longicaudum*）和短尾食道口线虫（*O. brevicaudum*）。

【诊断】

1. 流行病学　猪食道口线虫病流行普遍。感染性幼虫可以越冬。潮湿的环境有利于虫卵和幼虫的发育和存活。集约化饲养的猪场常年有该病发生。

2. 症状与病变　食道口线虫幼虫和成虫引起的临床症状不同。幼虫钻入宿主肠壁引起炎症，刺激机体产生免疫反应导致局部组织形成大量结节。结节破溃后形成顽固性肠炎。成虫寄生会影响增重和饲料转化率。

3. 实验室诊断　粪便检查可采用直接涂片法或饱和盐水漂浮法，检查粪便中有无虫卵。

【防治】

（1）平时保持猪圈的干燥与清洁，定时清理粪便并堆积发酵，以杀死虫卵。

（2）对流行本病的猪场或地区，坚持以预防为主的原则，定期驱虫。

（3）断奶仔猪要多给富含维生素和矿物质的饲料，以增强抗病力。

十一、鲍杰线虫病（大肠线虫病）

猪的鲍杰线虫病是由毛圆科、鲍杰属的双管鲍杰线虫（*Bourgelatia diducta*）寄生于猪的大肠内所引起的一种寄生虫病。

【诊断】

1. 流行病学　该虫感染猪后5～9周可以排卵，虫卵随宿主粪便排出体外。

2. 症状与病变　该虫对猪只有轻度致病，但感染性幼虫进入大肠黏膜引起结节，起初大肠黏膜没有明显的病理变化，后期肠壁变得水肿且重度充血，可发展为坏死性肠炎。

3. 实验室诊断　将病猪大肠纵向切割，并将整个内容物在125μm筛子上洗净。将收集在筛子上的物质与生理盐水溶液冲洗到500mL容器中。随后，将溶液倒入黑色托盘上，并从悬浮液中收集线虫。

【防治】

（1）根据流行情况，有计划地进行定期预防性驱虫。

（2）搞好环境卫生，尽可能地减少宿主与感染源接触的机会。

（3）实行科学化养殖，加强日常饲养管理。

十二、冠尾线虫病

猪冠尾线虫病又称猪肾虫病（Stephanurosis），是由有齿冠尾线虫（*S. dentatus*）寄生于猪的肾盂、肾周围脂肪和输尿管等处引起的一种寄生虫病。

【诊断】

1. 流行病学　成虫在结缔组织形成的包囊中产卵，包囊有管道与泌尿系统相通，卵随尿液排到外界，在适宜的温度下（28℃）经16～21h孵出第一期幼虫，第2天发育为第二期幼虫，第3天发育为第三期幼虫（感染性幼虫）。感染性幼虫经口或皮肤侵入宿主。幼虫经口感染后进入胃，穿过胃壁，进入血管，随血流入门脉而进入肝。经皮肤感染的幼虫，随血流进入右心，经肺、左心、主动脉、肝动脉而达肝。感染幼虫在肝脏里大约生活2个多月后蜕皮变为第五期幼虫。约在感染后3个月，第五期幼虫即从肝脏经体腔向肾区移行。从幼虫进入猪体到发育成熟产卵，需128～278d。本病分布广泛，危害性大，常呈地方性流行，是热带和亚热带地区猪的主要寄生虫病。

2. 症状与病变　幼虫对肝组织的破坏相当严重（第四期、第五期幼虫的大小已经接近于成虫，虫体数量多时，机械性地损伤就可达到相当严重的程度）。临诊表现为病猪消瘦、生长发育停滞和腹水等。当幼虫误入腰肌或脊髓时，腰部神经受到损害，病猪可出现后肢步态僵硬、跛行、腰背部软弱无力，以至后躯麻痹等症状。

病理变化可见皮肤上有丘疹或结节，淋巴结肿大。肝肿大、变硬，结缔组织增生，切面上可看到幼虫钙化的结节。肾盂有脓肿，结缔组织增生。输尿管管壁增厚，有时膀胱外围也有类似的包囊。在胸膜和肺脏中也可发现结节和脓肿，后肢瘫痪的病猪可见幼虫压迫脊髓。

3. 实验室诊断　对 5 月龄以上的猪，可在尿沉渣中检查虫卵，即可做出初步诊断。5 月龄以下的仔猪，只能在剖检时，在肝、肺、脾等处发现虫体。

【防治】治疗多使用阿苯达唑、左旋咪唑和多拉菌素。通过预防也可达到对本病控制的目的，猪舍及运动场所经常清扫，保持地面的清洁和干燥，定期消毒。猪应经常进行尿检，发现阳性猪，立即隔离治疗。对买进的猪只和外运的猪只进行严格的检疫，防止本病的感染和传播。将患病猪和假定健康猪分开饲养，将断乳仔猪饲养在未经污染的圈舍内。注意补充维生素和矿物质，以增强猪对疾病的抵抗力。

十三、旋毛虫病

旋毛虫病是由旋毛虫（*Trichinella spiralis*）寄生于人、猪、犬、猫等多种动物而引起的一种人兽共患寄生虫病。该病呈世界性分布，造成了严重的公共卫生问题。该病是肉品卫生检验项目之一。

【诊断】

1. 流行病学　猪感染旋毛虫主要是由于吞食了鼠。鼠为杂食性动物，常互相残食，一旦旋毛虫侵入鼠群就会长期地在鼠群中保持平行感染。因此，鼠是猪旋毛虫病的主要感染来源。某些动物的尸体、蝇蛆、步行虫以及动物粪便中未被消化的肌纤维都能成为猪的感染源。另外，用生的废肉屑和含有生肉屑的泔水喂猪也会引起猪的感染。

2. 症状与病变　旋毛虫对猪和其他动物的致病力轻微，往往不显症状。旋毛虫侵入肠黏膜时可导致急性卡他性肠炎，黏膜增厚、水肿、黏液增多和瘀斑性出血。幼虫进入肌肉可导致肌细胞横纹消失、萎缩、肌纤维膜增厚等。同时可见嗜酸性粒细胞增多，从感染后第 3 天开始，到第 12 天达高峰，以后逐渐下降，但在感染后第 46 天仍高出正常值的 1 倍以上。

3. 实验室诊断

（1）*病原学检查*　生前诊断困难，以肌肉检查发现幼虫为主要诊断手段，常用的有压片镜检法和肌肉消化法。

（2）*免疫学检测*　主要方法有间接血凝试验和酶联免疫吸附试验等。该类方法通常作为虫体检查的辅助手段。

【防治】

（1）科学养猪，提倡圈养。不用含有旋毛虫的动物碎肉、内脏和泔水喂猪。猪粪堆肥发酵处理。

(2) 开展灭鼠工作，防止猪、犬等动物吃到鼠尸。

(3) 加强肉品卫生检验，未获卫生许可的猪肉不准上市。实行定点屠宰，集中检疫。定点屠宰场的废水、血液、碎肉屑、废弃物等应该无害化处理。

十四、浆膜丝虫病

猪浆膜丝虫病由猪浆膜丝虫（*Selofilaria suis*）感染所致。虫体主要寄生于家猪的心脏、肝、胆囊、膈肌、子宫及肺动脉基部的浆膜淋巴管内。

【诊断】

1. 流行病学　猪浆膜丝虫是近年国内在家猪体内发现的一新种，分布于江苏、山东、安徽、北京、河南、湖北、四川、福建等地。在稳定有规律的饲养环境中，感染猪病症不明显，死亡率极低；经长途运输、遇突变恶劣气候，造成应激后，病猪免疫力会下降，导致心肺功能障碍，病情急剧变化，引起猝死。

2. 症状与病变　病猪多为精神委顿，眼结膜严重充血，有黏性分泌物，心区疼痛，心收缩无节律，易产生惊恐反应，呈心悸状，汗液分泌多，黏膜发绀，呼吸极度困难，鼻翼牵动快，呈腹式呼吸，伴有肺炎症状，突然惊厥倒地，四肢痉挛抽搐而死，从发生症状到死亡仅几分钟时间。病变多在心脏纵沟和冠状沟血管丰富处附近浆膜内，可见形状不一、大如赤豆、小如粟粒或长条弯曲的透明包囊，有些包囊形成寄生性结节，在心纵沟附近或其他部位的心外膜表面形成稍微隆起的绿豆大、灰白色、小泡状的乳斑；或为长短不一、质地坚实的迂曲的条索状物。病理切片可见到虫体寄生的淋巴管内的嗜酸性粒细胞增多，钙化灶内有肉芽组织增生。

3. 实验室诊断　耳静脉采血，以悬滴法、厚涂片法、薄涂片法、薄膜过滤法等检查血液中的微丝蚴。剖检在心脏等处发现病灶并找到活的虫体，或将病灶压成薄片，镜检发现虫体。

【防治】饲养环境和气候突变的情况下，对长途运输中的猪要加强管理，防发生猝死。做好卫检工作。

十五、棘头虫病

猪棘头虫病是由巨吻棘头虫属猪巨吻棘头虫（*Macracanthorhynchus hirudinaceus*）寄生于猪的小肠内引起的寄生虫病，以空肠为最多。棘头虫也感染野猪、犬和猫，偶见于人。

【诊断】

1. 流行病学　本病呈散发或地方性流行。严重时可达 60%～80%。有季节性，虫卵抵抗力强，在高温、低温以及干燥潮湿的气候下均可长时间存活。中间宿主是金龟子及其幼虫。散养和放牧猪感染率高。

2. 症状与病变　病猪食欲减退，出现刨地、互相对咬或匍匐爬行、不断哼哼等腹痛症状，腹泻，粪便带血。1～2 个月后，日益消瘦和贫血，生长发育迟缓，有的成为僵猪。有的因肠穿孔起腹膜炎而死亡。

3. 实验室诊断　虫卵检查可采用直接涂片法或水洗沉淀法检查。剖检在小肠壁发现成虫即可确诊。

【防治】消灭中间宿主是预防该病的关键，可以在猪场以外的适宜地点设置诱虫灯，捕杀金龟子等。在流行地区，尽可能改放养为圈养，尤其在6—7月甲虫活跃季节，以防猪吃中间宿主天牛、金龟子等。猪粪发酵无害化处理。

第五节 外寄生虫侵袭与外寄生虫病

一、硬蜱病

硬蜱属节肢动物门（Arthropoda）蛛形纲（Arachnida）蜱螨亚纲（Acari）寄螨目（Parasitiformes）蜱总科，是家畜体表的一种吸血性外寄生虫，世界范围内均有分布。

【诊断】

1. 流行病学 硬蜱的活动有明显的季节性，大多数是在温暖季节活动；越冬场所因种类而异，一般在自然界或在宿主体上过冬；各种蜱均有一定的地理分布区，与气候、地势、土壤、植被及动物区系等有关。

2. 症状与病变 硬蜱可吸食宿主大量血液，幼虫期和若虫期吸血时间一般较短，而成虫期较长。尤其是雌蜱吸血后膨胀很大。寄生数量多时可引起动物贫血、消瘦、发育不良、皮毛质量降低以及产乳量下降等。由于蜱的叮咬可使宿主皮肤发生水肿、出血。蜱的唾液腺能分泌毒素，使家畜产生厌食、体重减轻、肌萎缩性麻痹和代谢障碍。此外，蜱又是许多种病原体的传播媒介或储存宿主。

3. 实验室诊断 病原学检查在动物身体上发现硬蜱，即可确诊。

【防治】

（1）消灭畜体上的蜱 消灭畜体上的蜱可采用人工捕捉或药物杀灭的方法。人工捕捉适应于感染数量少、畜少人多的情况。

（2）控制环境中的蜱 可采用深翻牧地、清除杂草灌木、对蜱滋生场所进行药物喷洒等措施，消灭或控制外界环境中的蜱。

二、软蜱病

猪的软蜱病是由软蜱科（Argasidae）锐缘蜱属（*Argas*）和钝缘蜱属（*Ornithodoros*）软蜱寄生于猪体表引起的一类吸血性寄生虫病。

【诊断】

1. 流行病学 软蜱生活在畜禽舍的缝隙、洞穴等处，只在吸血时才到宿主身上，吸完血后就落下来。成虫吸血多半在夜间，生活习性和臭虫相似；幼虫则不受昼夜限制，吸血时间长些。软蜱寿命长，一般为6～7年，甚至可达15～25年。各活跃期均能长期耐饥饿，对干燥有较强的适应能力。

2. 症状与病变 与硬蜱相似。

3. 实验室诊断 在动物身体上发现软蜱，即可确诊。

【防治】

（1）消灭畜体上的蜱 消灭畜体上的蜱可采用人工捕捉或药物杀灭的方法。人工捕捉适应于感染数量少、畜少人多的情况。

（2）控制环境中的蜱 可采用深翻牧地、清除杂草灌木、对蜱滋生场所进行药物喷洒等措施，消灭或控制外界环境中的蜱。

三、疥 螨 病

疥螨病是由疥螨科、疥螨属的疥螨（*Sarcoptes scabiei*）寄生在动物表皮内而引起的慢性寄生性皮肤病。剧痒、湿疹性皮炎、脱毛、患部逐渐向周围扩展和具有高度传染性为本病特征。

【诊断】

1. 流行病学　疥螨呈世界性分布，疥螨病可通过直接接触而传播，也可通过污染虫体的畜舍和用具而间接传播。寒冷季节和家畜营养不良时均可促使本病发生和蔓延。

2. 症状与病变　主要表现为剧痒、结痂、脱毛、皮肤增厚及消瘦衰竭。虫体寄生时首先在寄生局部出现小结节，而后变为小水疱，病变部奇痒。由于擦痒，使表皮破损，皮下渗出液体，形成痂块，被毛脱落，皮肤增厚，病变逐渐向四周蔓延扩张。仔猪多发，病初从眼周、颊部和耳根开始，以后蔓延到背部、体侧和股内侧。

3. 实验室诊断　在健康与病变皮肤交界处采集病料，显微镜下检查发现虫体即可确诊。采集病料时应刮至稍微出血。

【防治】

(1) 在流行地区，控制本病应定期有计划地进行药物预防。

(2) 加强饲养管理，保持圈舍干燥清洁，勤换垫草，对圈舍定期消毒（10%～20%石灰乳）。

(3) 发现患病动物后，立即隔离并进行治疗。

(4) 新引进动物要隔离观察一段时间后，方可合群。

四、蠕形螨病

蠕形螨病又称毛囊虫病或脂螨病，由蠕形螨科的各种蠕形螨寄生于毛囊或皮脂腺而引起。各种家畜均有固定的蠕形螨寄生，呈世界性分布。

【诊断】

1. 流行病学　主要由家畜间互相接触而感染。当机体应激或抵抗力下降时，大量繁殖，引发疾病。

2. 症状与病变　蠕形螨钻入毛囊、皮脂腺内，吸取宿主细胞内含物。由于虫体及其排泄物的刺激导致组织出现炎性反应。细菌侵入引起毛囊破坏和化脓。一般先发生于眼周围、鼻部和耳基部，尔后逐渐向其他部位蔓延。痒觉轻微。病变部位呈现小米大小的泡囊，囊内含有很多蠕形螨、表皮碎屑及脓细胞。细菌感染严重时成为小脓肿。皮肤增厚、凹凸不平，覆以皮屑，皲裂。

3. 实验室诊断　病原学检查挤压结节或脓疱，取其内容物，显微镜检查，发现虫体即可确诊。

【防治】

(1) 对患畜应进行隔离。

(2) 对污染场所及用具应用杀螨药进行消毒。同时，保持圈舍、运动场等地的环境卫生。

五、虱 病

猪虱病是由寄生于猪的昆虫纲虱目的一种永久性外寄生虫——猪血虱引起的寄生虫病。

【诊断】

1. 流行病学 猪血虱常寄生在猪的耳根、颈部及后肢内侧。除引起猪虱病外，还可以成为某些传染病的传播媒介。雌雄虱交配后，雌虱在猪毛上产卵，经12～15d孵出稚虫，稚虫吸血，每隔4～6d蜕化一次，经3次蜕变后变为成虫。自卵发育为成虫需30～40d，每年能繁殖6～15个世代。雌虫的产卵期持续2～3周，共产卵50～80个，雌虱产完卵后死亡，雄虱于交配后死亡。一只成虫每天吮血0.1～0.2mL，猪虱常为败血性传染病和猪痘的传播者。

2. 症状与病变 猪血虱寄生于猪体所有部位，但以颈部、颊部、体侧及四肢内侧皮肤皱褶处为多。猪虱吮吸猪的血液，引起猪搔痒和不安。经常摩擦和啃咬，造成被毛粗乱，脱落及皮肤损伤；严重侵袭时，影响仔猪生长发育。在患猪体表可观察到黄白色的虫卵和深灰色的虫体。

3. 实验室诊断 病原学检查猪虱个体较大，易于鉴别，检查猪体表，尤其是耳根后、腋下、股内侧等部位皮肤和近毛根处，找到虫体或虫卵即可确诊。

【防治】可用生桃树叶、扁柏叶、烟草、敌百虫水溶液喷洒或药浴1～2次，也可用阿维菌素或伊维菌素皮下注射治疗。同时搞好猪舍卫生工作，经常保持清洁、干燥、通风。引入猪时，应隔离观察，防止引进螨病病猪。发现病猪应立即隔离治疗，防止蔓延。在治疗病猪的同时，应用杀螨药彻底消毒猪舍和用具，将治疗后的病猪安置到已消毒过的猪舍内饲养。定期按计划驱虫。

六、伊蝇蛆病

猪伊蝇蛆病是由三色伊蝇（*Idiella tripartita*）幼虫在猪舍里夜间钻进猪皮肤吸吮血液引起的一种蝇蛆病。

【诊断】

1. 流行病学 三色伊蝇是完全变态的昆虫，在发育过程中有卵、幼虫、蛹和成蝇四个时期，雌蝇飞进猪舍，喜在阴暗的石缝中或垫草下产卵，在室温30℃条件下，经20h孵出幼虫。为昼伏夜出，夜间活动爬在猪体表上吸血，饱食后离开宿主落地，躲藏在垫草下或泥土隙缝中，引起猪蝇蛆病流行，国内主要见于江苏省的江都、武进和宜兴；福建省的闽清、仙游、同安、光泽、宁德和南靖等地。除1—2月、7—8月最冷和最炎热季节较少见外，其他各月份均多见，并出现两个高峰期，即6月和10月虫数最多，说明其流行季节长，严重危害猪的生长和发育。

2. 症状与病变 蝇蛆对宿主的危害主要是叮咬猪体，吸食血液，消耗营养而引起宿主贫血、消瘦、生长停滞，有的伤口出血，有的局部炎症化脓，惊叫不安，无法安静休息，晚上不愿进圈。仔猪受害，生长发育不良，夜间被刺痛惊叫，不得安宁，无法充分休息。消瘦行动不灵活。

3. 实验室诊断 在病变皮肤处采集幼虫，常温下1～2d成蛹，约1周后孵出成蝇，显

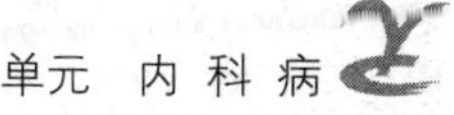

微镜下观察成蝇形态特征，即可确诊病原。

【防治】可用敌敌畏、敌百虫、来苏儿和石灰乳泼洒灭虫。在蝇蛆病流行季节，每天冲洗猪舍一次，保持猪舍清洁干燥，冬季垫草经常更换打扫，使越冬蛹期无藏匿之地。

第三单元　内 科 病

第一节 消化系统主要疾病

一、口 炎

口炎是口腔黏膜及其深层组织的炎症，临床上以流涎及口腔黏膜潮红、肿胀为特征。按炎症的性质分为卡他性、水疱性和溃疡性口炎，以卡他性口炎较多见。各种家畜都可发生。

【诊断】病畜表现采食小心，拒食粗硬饲料，咀嚼缓慢，甚至咀嚼几下又将食团吐出。口腔湿润，唾液或呈白色泡沫状附于口唇边缘，或呈牵丝状流涎，重症口炎则唾液大量流出，可污染饲槽或圈舍。口腔检查时，病猪抗拒，并见口腔黏膜潮红、肿胀，口温增高，舌面被覆多量舌苔，有腐败臭味，有的唇、颊、硬腭及舌等处有损伤或烂斑。

一般根据食少、流涎、口腔黏膜潮红、出现小红疹、水疱、溃疡等特征，即可做出诊断。

【防治】

1. 治疗 首先应加强护理，除去致病原因，如拔去刺在口腔黏膜上的异物，修整锐齿等，在护理上，喂给柔软易消化的饲料，供给清洁的饮水，饲喂后最好用清水冲洗口腔。

药物疗法，主要是根据病情变化，选用适当的药液冲洗口腔。一般可用1%食盐水，或2%～3%硼酸溶液，或2%～3%碳酸氢钠溶液；口腔恶臭时，用0.1%高锰酸钾溶液；口腔内分泌物过多时，可用1%明矾或鞣酸溶液。口腔黏膜或舌面发生烂斑或溃疡时，在口腔洗涤后，还要用碘甘油（5%碘酊1份，甘油9份），或2%龙胆紫溶液，或1%磺胺甘油乳剂涂布创面。对严重的口炎，口衔磺胺明矾合剂或用中药青黛散。另外，针刺玉堂、通关等穴，也有一定效果。

2. 预防 预防本病，主要在于合理调制饲料，及时修整病牙或剪牙时留下的锐齿，防止误食毒物；经口投服刺激性药物时，避免浓度过大。

二、胃 炎

胃炎

猪胃炎分急性和慢性两种。急性胃炎是胃表层黏膜的一种炎症，由于胃的神经支配、运动机能和分泌机能发生障碍，出现消化障碍、食欲减退及精神委顿。慢性胃炎是一种以胃肠机能紊乱为特征的疾病。由于胃黏膜发生轻度萎缩或肥厚，或胃黏膜虽无炎性变化，但胃的分泌机能和运动机能发生长期紊乱，以致引起慢性消化不良。

【诊断】病猪具有消化不良的表现，食欲减退或废绝，饮水量增加；被毛粗乱，常常拒食，或少量采食菜叶，或喜食泥土和煤块、墙灰，有时喜饮污水，偶见伸颈张口做哈欠状；体温稍升高（升高 0.20～0.60℃）或正常，个别病猪体温稍下降（下降0.20～0.60℃），四肢及耳尖冷厥，体表温度不均匀；结膜及其他黏膜发绀，血管呈树枝状充血，有时出现轻度黄染；粪便干稀不均匀，猪常常伏卧于垫草中。部分病猪，特别是 50kg 以下的病猪，有呕吐症状，呕吐多发生在吃食后，也有在早晨进食前发生呕吐的，随着呕吐可排出混有大量黏液的饲料，当无胃内容物时，呕吐物多是透明的黏液，有时混有胆汁和少量条状血液，极个别病例可见呕吐酱油色黏稠液体，呕吐物中常可见脱落的胃黏膜和胃黏膜上皮细胞。触诊及压迫胃区，病猪有疼痛感。胃酸增多性胃炎，口腔有一种难闻的、带有甘臭的气味，口腔稍湿润。胃酸减少性或胃酸缺乏的胃炎，口腔有腐败的气味，口腔黏膜干燥。猪继发性胃炎，除具有上述症状外，并有原发病的症状。

【防治】

1. 治疗　治疗急性猪胃炎时，首先催吐，以便清除胃内容物，可用绿藜芦碱 0.01～0.03g，吐根 1～2g。洗胃后，为了清除胃肠内容物，改善胃肠的活动和分泌机能，可饲喂缓泻剂人工盐 50～100g，投喂时多加温水。

胃酸过多的胃炎，饲养上应采用含蛋白质丰富的饲料，不可用饥饿疗法和盐酸、槟榔碱或毛果芸香碱等药物治疗。可选用下列处方：①人工盐 30～100g，龙胆碳酸氢钠 6～12g，灌服。②呕吐严重时，加维生素 B_6 0.05～0.10g，甲氧氯普胺片（胃复安）0.05～0.20g。③有黄疸或呕吐黄色黏液时，适当应用抗生素，一次性灌服 5～10g 电解多维。

胃酸过少的胃炎，宜采用饥饿疗法。用油类泻剂清除胃内容物，可内服稀盐酸或食醋。主要治疗方法为：①为增强胃肠运动，肌内注射氯贝胆碱 2～5mL。②将稀盐酸 5mL、胃蛋白酶 5mL、龙胆酊 15mL、陈皮酊 15mL、水 200mL 混合，每次灌服 50mL，一日 3 次。③酵母粉 6g、多酶粉 3g、电解多维 2g，一日 3 次。④陈皮、当归、炒山楂、炒建曲、炒麦芽、川朴各 10g，干姜、甘草各 8g，槟榔 6g，混合后研为末，开水冲调后灌服。

2. 预防　平时应加强饲养管理，采取科学的饲喂方式，保证定时定量饲喂，饮水充足，饲料干净卫生，不要骤然变换饲料，饲料配方要合理，避免进食后剧烈运动，保持猪体及猪舍和用具清洁卫生。发病后，应改善饲养管理，加强护理。为了防止胃黏膜受刺激，初期应绝食 1～2d，只饲喂足量温水，以后可饲喂少量易消化的饲料，如奶、麦麸、稀粥、米汤、青贮胡萝卜等，逐渐恢复正常。

三、胃 溃 疡

胃溃疡又称食管区溃疡、胃食道溃疡及胃溃疡综合征等，主要是指胃食管区黏膜出现角化、糜烂和坏死，或自体消化，形成圆形溃疡面，甚至胃穿孔等病理特征的胃病。

本病可侵害各种日龄的猪，但多见于 50kg 以上（3～6 月龄）生长迅速的猪及饲养在单体限位栏内的妊娠后期和哺乳早期的母猪。常呈散发，引起个别猪死亡。本病一年四季都有发病，但以炎热的夏、秋季较多见。外来种猪，以大约克猪的发病率最高，其次为长白和大长杂交猪，在众多的本地黑色猪种中，未曾发现本病。该病的病因复杂，目前尚无定论，主要包括饲料因素、环境应激、饲养管理因素及遗传因素。

临床上可分为急性型、慢性型和隐性型 3 种。

（1）急性型　本病可在猪强烈运动、相互撕咬、分娩前后等情况下突然发生，表现为吐血、排煤焦油样血便、体温下降、呼吸急促、腹痛不安、体表和黏膜苍白、体质虚弱、甚至死亡。或表现看上去很健康的猪而突然死亡。

(2) 慢性型　表现明显的贫血症状，如黏膜苍白，精神委顿，虚弱，呼吸频率增快，食欲下降或废绝，肠道运动异常；有时出现黑粪；有些猪出现腹痛症状，如磨牙、弓腰，饮食时常出现“吭吭”声，偶有呕吐；体温多低于正常；病猪可存活几周。亚临床症状的猪，主要表现为在预期内达不到发育成熟，在此情况下，溃疡通常愈合并留下瘢痕，并进而形成食管至胃入口处的狭窄；患有此狭窄症的猪，常表现采食后不久即呕吐，然后因饥饿又立即采食，尽管食欲良好，但生长缓慢，病程长达 8～50d。

(3) 隐性型　与健康猪无异，无明显症状，生长速度和饲料转化率几乎不受影响，通常在屠宰后才被发现。

【诊断】一般根据病史、临床症状和病理剖检建立初步诊断。应与出血性肠炎综合征、急性猪痢疾、沙门氏菌病、肠出血性综合征、肠扭转及铜中毒鉴别诊断。

【防治】

1. 治疗　宜消除病因、中和胃酸、保护胃黏膜、促进溃疡愈合和对症治疗（镇静、止痛、止血、补血、收敛、抗菌、补液）。

消除病因：如果能查明病因，可采取针对性治疗措施，如用中等粗糙的、含纤维素的谷物饲料替代精细的颗粒饲料。营养缺乏或维生素 E 及硒缺乏时，可调整日粮，补充相应的营养物质；对于继发呼吸道疾病，应采取药物治疗。

中和胃酸：减少胃酸的分泌常用小苏打，以及其他非吸收性的抗酸剂，如氢氧化铝、硅酸镁、氧化镁、硅酸锰等。

保护胃黏膜：可口服碱式硝酸铋或鞣酸蛋白；果胶可用于溃疡病变区，以形成保护膜，并促进愈合；硫糖铝能黏附在溃疡灶表面并促进愈合，同时可阻止进一步的感染和侵袭。

促进溃疡愈合：可用欣洛维或赛姆斯（由健康乳猪新鲜胸腺提取，是具有较强促细胞增殖活性功能的蛋白类口服制剂），能增强大鼠胃黏膜细胞 H^+-K^+-ATP 酶及黏液细胞活力，增加前列腺素的合成及黏液分泌，并能降低血浆内皮素水平，治疗消化性溃疡比传统的抗酸、抑酸药能更有效地降低该病的复发。

2. 预防

(1) 饲料方面　避免饲料粉碎得太细，饲料颗粒度宜在 500μm 以上，同时要保证饲料颗粒的均匀度。减少日粮中玉米数量，饲喂粉料而不是颗粒饲料。饲料中加入优质青干草（草粉）、胡萝卜或燕麦壳等使日粮中粗纤维含量达到 7%～9%。保证饲料中维生素 E、B 族维生素、硒的含量［对初生至 60 日龄的仔猪每隔 15d 注射 1 次亚硒酸钠注射液（0.3mg/kg），对 2 月龄至成年猪在饲粮中添加硒制剂，硒的含量为 0.12～0.15mg/kg］。60 日龄以后的猪，饲料中铜、铁和锌元素含量分别保持在 150mg/kg、130mg/kg 和 110mg/kg。在饲料中加入 0.1%～0.2%聚丙烯酸钠，以改变饲料的物理状态，使之能在胃内停留时间正常，减少猪胃溃疡的发生。在饲料中添加健胃药物，如健胃消食片、酵母片等。避免在饲料中添加酸败脂肪、酸败的酒糟等。在饲喂以玉米、豆粕为基础的饲料中加入 1% $NaHCO_3$ 或 1% $KHCO_3$，可观察到胃溃疡的程度有所减轻。

(2) 环境应激及饲养管理方面　保持猪舍冬暖夏凉，加强通风，饲养密度适宜，猪舍要留有足够的空间便于猪的自由活动。

对于断奶仔猪胃食道溃疡，应改善饲喂制度、改进断奶方法、适时断奶、合理分群、做好保温防寒，以及添加适量的抗应激感染药物。具体操作是：从仔猪5～7日龄开始诱食或强制诱食，保证20日龄左右大部分仔猪能自由采食，30日龄左右全部仔猪进入旺食。饲喂采取少食勤添措施，避免饲料受到污染，同时保证自由饮用清洁饮水。断奶后1周内仍饲喂哺乳期间饲喂的仔猪前期饲料，而且断奶后1～3d内必须将日喂量控制在断奶前日喂最大量的70%～80%。饲料中添加适量的维生素C、亚硒酸钠或维生素E粉和适量的肠道用抗生素。3d后逐渐加喂至正常日喂量。断奶采取三三逐渐断奶法，即母猪在断奶前3d日粮减质减量，同时控制饮水量，断奶期3d将母猪赶离仔猪，减少日喂奶次数，仔猪在原圈内再饲养1周。分群并圈一般在断奶后1周再转入保育舍时进行。一般采取撤大留小、强弱分群的原则分群并圈，目的是减少仔猪间的争斗和相互攻击，使其尽快建立起群居等级顺位。

（3）疾病方面　认真做好猪场各种常见疾病的综合防疫及驱虫等工作，并使其制度化。

四、肠　炎

肠炎是肠黏膜及黏膜下深层组织发生重剧炎性疾病的总称。按炎症类型分为黏液性、化脓性、出血性、坏死性、纤维素性；按病因分为原发性和继发性；按病程经过，又有急性和慢性之分。临床上以腹泻、脱水为特征，偶尔伴有腹痛及不同程度的酸碱平衡失调。原发性肠炎的发病原因：饲养管理不善，猪采食发霉变质、冰冻腐烂的饲料或不洁的饮水；突然更换饲料，冷热不均，不定时定量；或采食有毒植物、刺激性化学物质，或气候突变、卫生条件不良、运输应激等。继发性肠炎常见于各种病毒性传染病、细菌性传染病、寄生虫病及某些内科疾病等。

【诊断】病初多呈急性肠胃卡他的症状，往后逐渐或迅速出现以下症状。

（1）全身症状重剧　精神沉郁，闭目呆立；食欲废绝而饮欲亢进；结膜潮红，巩膜黄染；体温升高至40℃以上，少数病猪后期发热，个别病猪始终不见发热；脉搏增数，每分钟80～100次，初期充实有力，之后很快减弱。

（2）胃肠机能障碍重剧　表现为口腔干燥，口色潮红、红紫或蓝紫，有多量舌苔，口臭难闻。常有轻微腹痛，喜卧。仔猪常发生呕吐。持续而重剧的腹泻是肠炎的主要症状，频频排粪，粪便稀软，呈粥状、糊状或水样，常混有数量不等的黏液、血液或坏死组织片，有恶臭或腥臭味。肠音初期增强，后期减弱或消失。后期有排粪失禁和里急后重的现象。

（3）脱水体征明显　腹泻重剧的病猪，在临床上多于腹泻发作后18～24h可见明显（占体重10%～12%）的脱水特征。包括皮肤干燥、弹性降低，眼球塌陷、眼窝深凹，尿少色暗，血液黏稠、暗黑色。

（4）自体中毒体征明显　病猪衰弱无力，耳尖、鼻端和四肢末梢发凉，局部或全身肌肉震颤，脉搏细数或不感于手，结膜和口色蓝紫，微血管再充盈时间延长，有时出现兴奋、痉挛或昏睡等神经症状。

继发性肠炎的病因和原发病的确定比较复杂和困难。主要依据流行病学调查，血、粪、尿或其他病料的检验，饲料和胃内容物的毒物分析加以区分。必要时可进行有关病原学的特殊检查。

慢性肠炎病猪眼结膜轻度黄染，食欲不定，舌苔黄厚，异嗜，喜食沙土、粪尿，便秘与腹泻交替出现，肠音不整。

【防治】

1. 治疗　治疗原则是去除病因，抑菌消炎，清理胃肠道，以及补液、解毒、强心。

(1) 抑菌消炎 抑制肠道内致病菌增殖，抑制炎症过程，是治疗急性肠炎的根本措施，适用于各种病型，应贯穿于整个病程。可依据病情和药物敏感试验，选用抗菌消炎药物。

(2) 缓泻与止泻 缓泻，适用于病猪排粪迟滞，或排恶臭稀粪而肠内仍有大量异常内容物积滞时。病初期常用人工盐、硫酸钠等，加适量防腐消毒药内服。晚期病例，以灌服液状石蜡为好。止泻，适用于肠内积粪已基本排净，粪的臭味不大而仍剧泻不止的非传染性肠炎病猪。常用吸附剂和收敛剂，如木炭末，或用硅碳银片30～50g，鞣酸蛋白20g，碳酸氢钠40g，加水适量灌服。

(3) 补液、解毒和强心 这是抢救危重肠炎患猪的三项关键措施。补液以用复方氯化钠或生理盐水为宜；输注5%葡萄生理盐水，兼有补液、解毒和营养心肌的作用；加输一定量10%低分子右旋糖酐溶液，兼有扩充血容量和疏通微循环的作用。补液数量和速度，依据脱水程度和心、肾的机能而定。常以血细胞比容（PCV）测定值为估算指标，一般而言，病猪PCV测定值比正常数值每增加1%，应补液800～1 000mL；临床上，一般以开始大量排尿作为液体基本补足的监护措施。为纠正酸中毒而补碱，常用5%碳酸氢钠溶液。补碱量依据血浆CO_2结合力测定值估算，按病猪血浆CO_2结合力测定值比正常值每降低3.5%，补给5%碳酸氢钠溶液500mL。当病猪心力极度衰竭时，既不宜大量快速输液，少量慢速输液又不能及时补足循环容量时，可施行5%葡萄糖生理盐水或复方氯化钠溶液的腹腔补液，或用1%温盐水灌肠。对于中毒性、寄生虫性和传染性肠炎，除采用上述综合疗法外，重点应根据病因，加强针对性治疗。

(4) 中兽医疗法 将神曲15g、山楂15g、麦芽15g、槟榔3g、蒲公英10g，研碎成末并与西药混匀，拌料饲喂，每天2次，连用3～5d。或用炒苦参20g、炒麦芽15g、炒山楂15g、葛根40g、赤芍22g、陈皮22g、茶叶40g、马齿苋40g，水煎取汁，候温灌服，供成年猪1次服完，每天1次，连服3～5次。或用赤芍30g、焦地榆30g、郁金30g、山药30 g、大黄30g、白扁豆30g、侧柏叶30g、槐花30g，共粉碎为细末，开水冲调，候温灌服，同时肌内注射1%仙鹤草素注射液10～20mL，效果良好。

2. 预防 坚持合理的饲养管理，日粮供应要合理，应根据猪的生理阶段和生产性能的不同而及时调整，营养供应要满足营养需要。平时做好猪场的消毒、疫苗接种、病猪隔离等工作，防止继发性肠炎的发生。

五、肠变位

肠变位是由于肠管自然位置发生改变，致使肠系膜或肠间膜受到挤压或缠绞，肠管血液循环发生障碍，肠腔陷于部分或完全阻塞的一组重剧性腹痛病。临床特征是腹痛由剧烈狂暴转为沉重稳静，全身症状逐渐增重，腹腔穿刺液量多，红色浑浊，病程短急，直肠变位肠段有特征性改变。肠变位病势急，发展快，病期短，发病率较低，病死率很高。肠变位分为肠扭转、肠缠结、肠嵌闭和肠套叠四种类型。

【诊断】根据病史以及腹痛表现和直肠检查情况，可建立初步诊断，必要时剖腹探查，可以确诊。

【防治】

1. 治疗 根本的治疗在于早期确诊后进行开腹整复。为提高整复手术的疗效，在手术前可实施常规疗法，如镇痛、补液和强心，并适当纠正酸中毒。少数轻度肠套叠病猪，经对症治疗，能自行恢复。疑似肠套叠时，可试用镇痛解痉剂，如1%阿托品1～3mL，皮下注射，以解除肠痉挛，缓解疼痛，有时可使病猪获得治愈。

2. 预防　加强饲养管理，饲料饮水要清洁，猪圈要卫生，防止误食泥沙和污物。在运动时要防止剧烈奔跑和摔倒；发现有阴囊疝、脐疝或腹壁疝时，要及时治疗。去势时，手术要规范，防止发炎并引起肠管粘连等。

六、肠阻塞

猪的肠阻塞是一种由于各种机械性原因，致使肠内容物后送障碍，临床出现急性腹痛和死亡的疾病。急性发作的主要有肠套叠和肠扭转。急性肠梗阻发生的主要原因是突然应激，多见天气突变、异常音响、突然换料、冷水应激、猪只打斗、蹦高跳跃等。常见吃料正常，在采食过程中或食后不久随即出现症状。

【诊断】

(1) *临床特征*　突然发病、伏卧不动、呻吟努责、不食呕吐，肠套叠可见排血便。

(2) *剖检变化*　发现腹膜炎、肠坏死、套叠部和扭转索，即可确诊。

【防治】 该病主要靠加强管理来预防，天气突变时要注意保温，主要是防止温差过大；猪舍周围要注意安静，避免突发的极强音响；改换饲料要有过渡期，以防发生应激等。该病药物治疗无效，确诊后应立即手术。由于发病突然，5h左右即可死亡，加之诊断较困难，所以往往不能及时正确地给以治疗。

七、肠便秘

肠便秘

肠便秘是由于肠管运动机能和分泌机能紊乱，内容物滞留不能后移，水分被吸收，致使一段或几段肠管发生阻塞的一种腹痛性疾病。各种年龄的猪都可发生，便秘常发部位是结肠。按病因分为原发性和继发性肠便秘。

【诊断】 主要依据临床症状进行诊断，如减食、停食，体温不高，腹胀、不安等腹痛症状，肠音减弱或消失，排粪初干小、后停止；深部腹腔触诊可触摸到圆柱状或串珠状干硬粪球；结合饲养管理上的原因可做出初步诊断。必要时，借助一般检查和特殊检查，如胃管探查、腹腔穿刺及X线检查等方法，可判定肠阻塞的性质和部位。凡起病较急，腹痛较剧烈，排粪很快停止，肠音迅速消失，且主要症状在发病后不久即明显表现的，为完全阻塞性便秘。凡是起病较缓、腹痛较轻微、全身症状不明显的，通常表现出不完全阻塞性便秘。鉴别诊断应与肠变位、肠胀气等相区别。

【防治】

1. 治疗　治疗原则为消除病因，加强护理，疏通导泻，镇痛减压，补液强心。

(1) *改善饲养，加强护理*　对病猪应停止饲喂或仅给少量青绿多汁的饲料，同时饮用大量温水。

(2) *疏通导泻*　是关键性措施。硫酸钠（镁）30～100g或液状石蜡、植物油50～200mL，或大黄末50～100g，加入适量的水，胃管一次投服；同时用温水、2%小苏打水或肥皂水，反复深部灌肠，配合腹部按摩，一般均能奏效。另外，在投服泻药数小时后皮下注射新斯的明2～5mg或2%毛果芸香碱0.5～1mL，或者在泻药中配合鱼石脂3～5g、酒精30mL等，均可提高疗效。

(3) 镇痛减压　疼痛不安时，肌内注射20%安乃近注射液或5%盐酸异丙嗪。

(4) 强心补液　纠正脱水失盐，调整酸碱平衡，缓解自体中毒，维护心脏功能。当心脏衰弱时，皮下或肌内注射强心剂20%安钠咖或强尔心注射液；病猪极瘦、衰弱时，静脉或腹腔注射1%葡萄糖液，每日2～3次。

2. 预防　给予营养全面、搭配合理的日粮；给予充足的饮水和适当运动；仔猪断奶初期、母猪妊娠后期和分娩初期应加强饲养管理，给予易消化的饲料；在饲料中添加适量的食盐和矿物质、多种维生素可防止猪肠便秘的发生。

八、肝　炎

肝炎又称急性实质性肝炎，是以肝细胞变性、坏死和肝组织炎性病变为病理特征的一组肝脏疾病。按病程，有急性和慢性之分。按病理变化，分为黄色肝萎缩和红色肝萎缩。导致肝组织坏死和炎症的原因很多很杂，通常归类于中毒、感染、侵袭、营养缺乏和循环障碍五类因素。

【诊断】可依据临床表现、肝功能试验及肝活体组织病理学检验进行诊断。病因诊断较难，有时需要进行实验室血清学诊断。应首先做出上述病因类型的归属，然后逐个确定其具体病因。

【防治】要点是除去病因，保肝利胆。除去病因，在大多数情况下指的是治疗原发病。常用的疗法包括：静脉注射25%葡萄糖溶液、5%维生素C溶液和5%维生素B_1溶液；服用蛋氨酸、葡醛内酯（肝泰乐）等保肝药，内服人工盐等盐类泻剂配合鱼石脂等制酵剂，以清肠利胆；有出血倾向的，可用止血剂和钙制剂；狂躁不安的，应给予镇静安定药等，做对症处置。加强猪场的生物安全防控措施，预防原发病发生。

九、腹膜炎

腹膜炎是腹膜壁层和脏层各种炎症的统称。按疾病的经过，分为急性和慢性腹膜炎；按病因，分为原发性和继发性腹膜炎。猪腹膜炎可由于腹膜受到物理性因素、化学因素刺激或者感染细菌而导致。临床上，病猪主要表现出腹壁紧张，胸式呼吸，体温升高，心跳加速，呼吸急促。通常，进行腹腔手术后的母猪由于感染致病细菌而出现发病，也可由猪肺疫、猪瘟、子宫炎、胃肠炎等疾病继发引起。

【诊断】根据临床症状结合血液学检查结果综合诊断。

【防治】

1. 治疗　治疗原则是治疗原发病，抗菌消炎，制止渗出，纠正水盐代谢紊乱。

(1) 抗菌消炎　腹膜炎常因多种病原菌混合感染而引起，广谱抗生素或多种抗生素联合使用的效果较好。如四环素、卡那霉素、庆大霉素、红霉素、青霉素、链霉素等静脉注射、肌内注射或大剂量腹腔内注入。

(2) 消除腹膜炎性刺激的反射性影响　可用0.25%盐酸普鲁卡因液150～200mL做两侧肾脂肪囊内封闭，或0.5%～1%盐酸普鲁卡因液80～120mL做胸膜外腹部交感神经干封闭或阻断。

(3) 制止渗出　静脉注射10%氯化钙溶液，20～50mL，每日1次。

(4) 纠正水、电解质与酸碱平衡失调　可用5%葡萄糖生理盐水或复方氯化钠液（每千克体重 20～40mL)，静脉注射，每日 2 次。对出现心律失常、全身无力及肠弛缓等缺钾症状的病猪，可在糖盐水内加适量 10%氯化钾溶液，静脉滴注（氯化钾的总用量应依据血钾恢复程度确定)。腹腔渗出液蓄积过多而明显影响呼吸和循环功能时，可穿刺引流。对出现内毒素休克危象的病猪，应依据情况，按中毒性休克施行抢救。

(5) *手术治疗* 选择在病猪下腹部或者腹侧做一切口，接着对术部进行常规消毒，然后用手术刀打开腹腔，就会暴露出粘连的肠管等组织，并从切口流出炎性腹水。清理干净腹水后，对粘连部位进行充分剥离，然后对腹腔全部脏器使用温生理盐水冲洗干净，接着在粘连部位注入 30～50mL 经过灭菌的液状石蜡进行润滑，最后对切口采取常规缝合。术后要进行 2～3d 的抗感染治疗，一般经过 1～2d 病猪食欲就开始有所恢复。

2. 预防 主要在于防止腹膜继发感染，如对腹壁透创，要彻底清洗；腹部手术要严密消毒，精心护理，防止创口感染等。

十、鼻 炎

鼻炎是鼻黏膜发生充血、肿胀而引起以流鼻液和打喷嚏为特征的急性或慢性炎症。鼻液根据性质不同分为浆液性、黏液性和脓性。各种动物均可发生。该病主要影响的猪的生长速度。该病发病率高、病死率低。虽然该病不会导致感染猪群明显的死亡，但其所致的生长速度迟缓、饲料报酬降低、养殖时间延长、对其他呼吸道病原的易感性增加，给养猪业造成严重的经济损失。

【诊断】单纯鼻炎，根据鼻黏膜充血、肿胀及打喷嚏和流鼻液等特征性症状即可确诊。

鉴别：流行性感冒传染性极强，发病率很高，病猪体温升高，眼结膜水肿，黏膜卡他性炎症症状明显。利用鼻液或咽喉拭子样本，经鸡胚接种培养后分离，可获得血凝性流感病毒。副鼻窦炎多为一侧性鼻液，特别在猪低头时大量流出。鼻内肿瘤通过临床症状、鼻窦部叩诊可做出初步诊断；内镜检查、X 线技术有助于确诊。

【防治】

1. 治疗

(1) *去除病因* 将患病猪安置在温暖、通风良好的场所。

(2) *局部用药* 对有黏稠鼻液的病例，选用温热生理盐水或 1%碳酸氢钠溶液冲洗鼻腔，每日 1～2 次。对有大量稀薄鼻液的病例，选用 1%明矾溶液、2%～3%硼酸溶液、0.1%高锰酸钾溶液或 0.1%鞣酸溶液冲洗鼻腔，每日 1～2 次。

(3) *对症疗法* ①当鼻黏膜严重肿胀、呼吸困难时，可用 0.1%肾上腺素 2mL 注入两侧鼻腔内。对慢性鼻炎、变态反应性鼻炎病例，可进行激素治疗，口服或肌内注射地塞米松，按每千克体重 0.125～1mg 用药，每日 1 次，连用 3～5d。②出现全身症状的，可以肌内注射抗生素。在选择抗生素时，要选择全身各个组织药物分布广的药物。③猪场内发病数量较多时，可以考虑用 2%克辽林进行蒸汽吸入，每天 2～3 次，每次 15～20min。

2. 预防 防止受寒感冒和其他致病因素的刺激是预防本病发生的关键。

十一、支气管炎与支气管肺炎

(一) 支气管炎

支气管炎是各种致病因素引起的支气管黏膜表层和深层炎症的总称，临诊上以咳嗽、呼吸困难、流鼻液及不定型热为特征。多发生于冬春季节及气候多变时，以幼猪常见。可分为急性和慢性支气管炎。

猪舍空间狭小、猪群拥挤、卫生状况不良、营养不良等使机体抵抗力下降的因素，是支管炎的诱因。猪舍寒冷或天气突变，猪受寒感冒而抵抗力降低，导致病毒和细菌感染。环境中空气不洁，猪吸入刺激性气体或冷空气后直接刺激支气管黏膜。除此之外，支气管炎也常常继发于喉炎、咽炎和胸膜炎等疾病。

【诊断】

（1）*急性支气管炎* 体温正常或升高，呼吸加快，胸部听诊呼吸音增强。人工诱咳呈阳性。发生干性、疼痛性咳嗽，咳出较多的黏液或痰液。后期疼痛减轻，伴有呼吸困难表现。同时可视黏膜发绀，产生湿润的分泌物而出现湿性咳嗽，两侧鼻孔流出浆液性、黏液性或脓性分泌物。

（2）*慢性支气管炎* 病猪精神不振、消瘦，咳嗽持续时间较长，流鼻液，症状时轻时重，采食和运动时咳嗽剧烈，体温变化不大，肺部听诊早期有湿啰音，后期出现干啰音。

【防治】

1. 治疗原则 加强护理、消除病因、祛痰镇咳、抑菌消炎等。

（1）*急性支气管炎* ①抑菌消炎，可用抗生素或磺胺类药物，如氨苄西林、头孢拉定、盐酸环丙沙星、磺胺嘧啶等。0.1mL/kg 肌内注射或者口服罗红霉素，对治疗支气管炎都有很好的疗效。②祛痰止咳，可用复方甘草合剂 10～30mL，强力枇杷止咳露 5～10mL 灌服。呼吸困难时，可肌内注射 3%的盐酸麻黄碱或氨茶碱。

（2）*慢性支气管炎* 主要是消炎平喘，可用盐酸异丙嗪、盐酸氯丙嗪针剂或片剂，与复方甘草合剂、人工盐混合内服，有较好的疗效。

2. 预防 加强饲养管理，避免受冷、风、潮湿的侵袭，防止感冒。保持猪舍清洁卫生，空气清新，防止各种因素引起的应激。

（二）支气管肺炎

支气管肺炎，又称小叶性肺炎或卡他性肺炎，是因各种刺激因子刺激支气管和肺组织而引发支气管及肺（一个肺小叶或多个肺小叶）的卡体性炎症，各种年龄的猪均可发生，以幼龄及老龄猪多发，其病理特征是病灶内有浆液性分泌物和脱落的上皮细胞和白细胞。

原发病因主要是寒冷刺激、猪舍卫生不良、饲养不良等应激因素使机体抵抗力降低，内源性或外源性细菌大量繁殖以致发病。因饲养管理不当，机体抵抗力下降可引发此病，但多由支气管炎转变而来。异物及有害气体刺激，亦可致病。继发或并发于其他疾病，如仔猪的流行性感冒、猪肺疫、猪丹毒、猪副伤寒、肺丝虫等。

【诊断】根据临床症状、剖检病变和 X 线检查，即可做出诊断。

临诊表现为弛张热，呼吸增数，叩诊有局灶浊音区，听诊有捻发音。病初呈现急性支气管炎的症状；病猪表现精神沉郁，食欲减退或废绝，体温升高 1.5～2℃，呈现弛张热型，有时为间歇热；脉搏随体温变化而变化；咳嗽，流浆液性、黏液性或脓性鼻液，呼吸困难；胸部听诊，病灶部位肺泡呼吸音减弱，可听到捻发音。

剖检：在肺实质内有散在的肺炎病灶，并且每个病灶为一个或一群肺小叶，病变部位为实质性组织，气体含量少，投入水中下沉。切面呈红色或灰暗红色，挤压流出血性或浆液性液体，肺炎灶周围可发生代偿性气肿。

【防治】

1. 治疗 治疗原则为抑菌消炎、祛痰止咳、制止渗出、对症治疗。

(1) 抑菌消炎 临诊上主要应用抗生素和磺胺类制剂，治疗前最好采取鼻液做细菌药敏试验。如为肺炎链球菌感染，青霉素和链霉素联合应用效果最好，160 万～200 万 U，肌内注射，每日 2 次，连用 3～4d；也可用链霉素、卡那霉素、土霉素。感染绿脓杆菌的，可使用庆大霉素和多黏菌素。

(2) 祛痰止咳 常用氯化铵、碳酸氢钠，混合后服用。频发痛咳且分泌物不多时，可内服复方樟脑酊。

(3) 制止渗出 用 10%氯化钙液或 10%葡萄糖酸钙静脉注射，具有较好的效果。

(4) 对症治疗 体质衰弱时，可静脉注射 25%葡萄糖液；心脏衰竭时，肌内注射 10%安钠咖。

2. 预防 加强饲养管理，保护猪免受寒冷刺激。改善猪舍环境卫生，通风透光，保持猪舍空气新鲜；供给营养丰富、易消化的饲料，提高猪体抵抗力。

十二、肺气肿、肺充血和肺水肿

（一）肺气肿

1. 肺泡气肿 肺泡气肿是肺泡腔在致病因素作用下，发生扩张并常伴有肺泡隔破裂，引起以呼吸困难为特征的疾病。

根据其发生的过程和性质，分为急性肺泡气肿和慢性肺泡气肿两种。急性肺泡气肿是肺组织弹力一时性减退，肺泡极度扩张，充满气体，肺体积增大的一种急性肺脏疾病。本病主要的临床表现为呼吸困难，但肺泡结构无明显病理变化。慢性肺泡气肿是肺泡持续性扩张，肺泡壁弹性丧失，导致肺泡壁、肺间质及弹力纤维萎缩甚至崩解的一种慢性肺脏疾病。临床上以高度呼吸困难、肺泡呼吸音减弱及肺脏叩诊界后移为特征。

【诊断】根据病史，结合二重式呼气为特征的呼气性呼吸困难，以及肺部的叩诊和听诊变化、X 线检查，即可确诊。急性肺泡气肿发病迅速，但病因消除后，症状随即消失，病猪恢复健康。

【治疗】治疗原则为加强护理，缓解呼吸困难，治疗原发病。病猪应置于通风良好和安静的猪舍，供给优质饲草料和清洁饮水。缓解呼吸困难，可用 1%硫酸阿托品、2%氨茶碱或 0.5%异丙肾上腺素雾化吸入，每次 2～4mL。也可用皮下注射 1%硫酸阿托品溶液。出现窒息危险时，有条件的应及时输入氧气。选用有效的抗菌药，如青霉素、庆大霉素、头孢类药物等。

2. 间质性肺气肿 间质性肺气肿是由于肺泡和细支气管破裂，空气进入肺间质，在小叶间隔与肺膜连接处形成串珠状小气泡，呈网状分布于肺膜下的一种疾病。临床特征为突然表现呼吸困难，皮下气肿，迅速发生窒息。

【诊断】根据病史，结合临床症状，即可诊断。间质性肺气肿一般突然发病，肺脏叩诊界不扩大，肺部听诊出现破裂性啰音，气喘明显，皮下发生气肿，常见于颈部和肩部，严重时迅速扩散到全身皮下组织。

【治疗】 本病尚无特效疗法。治疗原则为加强护理，消除病因，治疗原发病，制止空气进入间质组织及对症治疗。

首先将病猪置于安静的环境中，供给清洁饮水和优质饲草料。对极度不安和剧烈咳嗽的病猪，应用镇静剂，如皮下注射吗啡或阿托品，也可内服可待因，可预防咳嗽而使空气不再进入肺间质。用肾上腺素、氨茶碱及皮质类固醇，也有一定效果。对严重缺氧并危及生命的病猪，有条件的应及时输氧。

（二）肺充血和肺水肿

肺充血是指肺毛细血管内血液过度充满。一般分主动性充血和被动性充血。肺水肿是指由于肺充血持续时间过长，血液的液体成分渗漏到肺实质和肺泡。肺充血和肺水肿在临床上均以呼吸困难、黏膜发绀和泡沫状的鼻液为特征，严重程度与不能进行气体交换的肺泡数量有关。在炎热的季节，猪可突然发病。引起猪肺水肿的疾病有猪肺疫、猪伪狂犬病、猪弓形虫病等。

【诊断】 根据过度劳累、吸入烟尘或刺激性气体的病史，结合呼吸困难、鼻孔流泡沫状鼻液及X线检查，即可诊断。

【防治】

1. 治疗 治疗原则为保持病猪安静，减轻心脏负荷，制止液体渗出，缓解呼吸困难。

首先将病猪安置在清洁、干燥和凉爽的环境中，避免运动和外界因素的刺激。对极度呼吸困难的严重病猪，颈静脉大量放血有急救功效。

制止渗出，可静脉注射10%氯化钙溶液，20～50mL，每日2次。因血管通透性增加引起的肺水肿，可适当应用大剂量的皮质激素，如泼尼松龙每千克体重5～10mg，静脉注射。因弥散性血管内凝血引起的肺水肿，可应用肝素或低分子右旋糖酐溶液。过敏反应引起的肺水肿，通常将抗组胺药与肾上腺素结合使用。有机磷中毒引起的肺水肿，应立即使用阿托品减少液体漏出。

对症治疗包括用强心剂加强心脏机能，对不安的病猪选用镇静剂等。

2. 预防 主要是加强饲养管理，保持环境清洁卫生，避免刺激性气体和其他不良因素的影响，在炎热的季节应减轻运动或使用强度。长途运输的猪，应避免过度拥挤，并注意通风，供给充足的清洁饮水。

十三、胸膜炎

胸膜炎是胸膜伴有炎性渗出和纤维蛋白沉着的炎症过程。原发病因：突遇严寒、雨淋等强烈刺激而发病；邻近器官炎症的蔓延，如各种肺炎或传染病（结核病、猪肺疫、蓝耳病、猪放线杆菌感染、胸膜肺炎放线杆菌感染、副猪嗜血杆菌病、巴氏杆菌病和链球菌等）。在感染时，胸膜（包围肺脏和胸腔的黏膜）发炎并相互摩擦。呼吸时可能会引起疼痛。

【诊断】 患有急性胸膜炎时，病猪可能不愿行走。仔细观察可经常发现，伴有痛苦的腹式呼吸。触诊、叩诊胸壁表现疼痛、咳嗽，听诊水平浊音，听诊有胸膜摩擦音，穿刺液为渗出液（蛋白质多、相对密度大）。

【防治】

1. 治疗 治疗原则是治疗原发病，抗菌消炎，制止渗出，促进渗出物的吸收和排出。

（1）*抗菌消炎* 可选用广谱抗生素或磺胺类药物，如青霉素、链霉素、庆大霉素、四环

素、土霉素等。也可根据细菌培养后的药敏试验结果，选用更有效的抗生素。支原体感染可用四环素，某些厌氧菌感染可用甲硝唑（灭滴灵）。

（2）制止渗出　可静脉注射5%氯化钙溶液或10%葡萄糖酸钙溶液。

（3）促进渗出物的吸收和排出　可用利尿剂、强心剂等。当胸腔有大量液体存在时，穿刺抽出液体可使病情暂时改善，并可将抗生素直接注入胸腔。化脓性胸膜炎，在穿刺排出积液后，可用0.1%雷佛奴耳溶液、2%～4%硼酸溶液或0.01%～0.02%呋喃西林溶液反复冲洗胸腔，然后直接注入抗生素。

2. 预防　做好猪场细菌病的防控。加强饲养管理，供给平衡日粮，以增强机体的抵抗力。同时要防止胸部创伤，及时治疗原发病。

十四、心力衰竭

心力衰竭又称心脏衰弱、心功能不全，是因心肌收缩力减弱或衰竭，引起外周静脉过度充盈，使心脏排血量减少，动脉压降低，静脉回流受阻等引起的呼吸困难，皮下水肿、发绀，甚至心搏骤停和突然死亡的一种全身血液循环障碍综合征。心力衰竭的表现形式因病程长短而异，可分为急性心力衰竭和慢性心力衰竭，根据发病起因，可分为原发性心力衰竭和继发性心力衰竭。

【诊断】主要根据发病原因、静脉怒张、脉搏增数、呼吸困难、垂皮和腹下水肿，以及心率加快、第一心音增强、第二心音减弱等症状做出诊断。心电图检查、X线检查和M型超声心动图检查有助于判定心脏肥大和扩张，对本病的诊断有辅助意义。

【防治】

1. 治疗　治疗原则是治疗原发病；同时加强病猪护理，减轻心脏负担，缓解呼吸困难，增强心肌收缩力，增加排血量，实施对症疗法等。

对于急性心力衰竭，往往来不及救治，病程较长的可参照慢性心力衰竭使用强心苷药物。麻醉时发生的室纤颤或心搏骤停，可采用心脏按压或电刺激起搏，也可试用极小剂量肾上腺素心内注射。

对于慢性心力衰竭，首先应将患猪置于安静厩舍休息，给予柔软易消化的饲料，以减少机体对心脏排血量的要求，减轻心脏负担。同时也可根据患猪体质、静脉淤血程度以及心音、脉搏强弱，酌情放血（贫血患猪切忌放血），放血后呼吸困难迅即解除，此时缓慢静脉注射25%葡萄糖溶液，增强心脏机能，改善心肌营养。为消除水肿和钠、水滞留，最大限度地减轻心室容量负荷，应限制钠盐摄入，给予利尿剂，常用氢氯噻嗪（双氢克尿噻），0.05～0.1g，内服；或用呋塞米（速尿），按每千克体重2～3mg内服，或每千克体重0.5～1.0mg肌内注射，每日1～2次，连用3～4d，停药数日后再用数日。为缓解呼吸困难，可用樟脑兴奋心肌和呼吸中枢；也可用1.5%氧化樟脑注射液10～20mL，肌内或静脉注射。为了增加心肌收缩力，增加心排血量，可用洋地黄类强心苷制剂。但应注意洋地黄类药物长期应用易蓄积中毒，且由心肌炎损伤引起的心力衰竭禁用。临床上应用时，一般先在短期内给予足够的洋地黄化剂量，以后每天给予一定的维持量。

此外，应针对出现的症状，给予健胃、缓泻、镇静等药物，还可使用腺嘌呤核苷三磷酸（ATP）、辅酶A、细胞色素C、B族维生素和葡萄糖等营养合剂，进行辅助治疗。

2. 预防　在输液或静脉注射刺激性较强的药液时，应掌握注射速度和剂量。对于其他疾病而引起的继发性心力衰竭，应及时根治原发病。

十五、心肌炎与心内膜炎

（一）心肌炎

心肌炎是指以伴发心肌兴奋性增强和心肌收缩机能减弱为特征的心肌局灶性和弥漫性心脏肌肉炎症。本病很少单独发生，多继发或并发于各种传染性疾病、脓毒败血症或中毒性疾病过程中。按炎症的病程，心肌炎可分为急性和慢性两种。临床上以急性非化脓性心肌炎为常见。慢性心肌炎，实质上是心肌的营养不良过程，常见于猪的伪狂犬病、猪瘟、猪丹毒、猪口蹄疫和猪肺疫等经过中。

【诊断】根据病史（是否同时伴有急性感染或中毒病）和临床表现进行初步诊断，结合化验结果和心电图描记可以确诊。临床表现应注意心率增速与体温升高不相适应，以及心动过速、心律异常、心力衰竭等。心功能试验也是诊断本病的一项指标。这是因为心肌兴奋性增高，往往导致心脏收缩次数发生变化。首先测定患猪安静状态下的脉搏次数，后令其步行5min，再测其脉搏数。患猪突然停止运动后，甚至2～3min以后，其脉搏仍会增加，经过较长时间才能恢复原来的脉搏次数。

【防治】

1. 治疗 治疗原则是治疗原发病；同时减少心脏负担，增加心脏营养，提高心脏收缩机能等。

为促使心肌代谢，可静脉滴注ATP 15～20mg，辅酶A 35～50U，细胞色素C 15～30mg。当黏膜发绀和高度呼吸困难时，为改善氧化过程，可进行氧气吸入，剂量为80～120L，吸入速度为每分钟4～5L。对尿少而明显水肿的患猪，可肌内注射呋塞米（速尿），利尿消肿。

2. 预防 加强饲养管理，增强抵抗力，防止发病和根治原发病。当患猪基本痊愈后，仍需加强护理，防止复发。

（二）心内膜炎

心内膜炎是指由病原微生物直接侵袭心内膜或其他致病因素引起的心脏瓣膜及心内膜的炎症过程，并在心瓣膜表面形成血栓（疣赘物），以血液循环障碍和心内器质性杂音为特征。心瓣膜上疣赘物中含有病原微生物的为感染性心内膜炎，不含微生物的为非感染性心内膜炎。

1. 感染性心内膜炎 感染性心内膜炎常继发或伴发于某些传染病（如流行性感冒、口蹄疫、猪丹毒或传染性胸膜肺炎等）或化脓性感染性疾病，病原体侵入血流，引起菌血症、败血症或脓毒血症，并侵袭心内膜所致。

常见可引起感染性心内膜炎的致病菌有化脓性放线菌、链球菌、葡萄球菌、巴氏杆菌、结核杆菌、念珠菌属病菌、曲霉菌属病菌和组织胞浆菌等。

【诊断】根据流行病学特点及血液循环障碍、心动过速、发热和心内器质性杂音等临床症状可做出初步诊断。经血液培养细菌呈阳性结果和超声检查可确诊，心脏超声显像和M型超声心动图检查能够确定病变部位。

虽然感染性心内膜炎与非感染性心内膜炎较难鉴别，但应仔细鉴别（因为错误地对感染性心内膜炎使用抗凝治疗会增加出血的发生率）。

【治疗】本病的发热是由感染引起，因此要控制体温，必须首先控制感染，这是本病治疗的关键所在。抗感染药物应用原则如下：①明确病原，尽早抗感染给药。②选用合适的杀菌剂。或参考致病菌的药物敏感试验结果选择有效药物。③用药剂量要大，按体外杀菌浓度的 4～8 倍给药。④疗程要足，一般需 2 周或更长，对抗生素敏感性差的细菌或有并发症的顽固病例宜延长疗程。病情必要时行手术治疗。

辅助措施：加强饲养管理，保证圈舍卫生舒适，患猪安静休息，供给富含营养且易消化的日粮，必要时采取输血等辅助治疗措施。

2. 非感染性心内膜炎 非感染性心内膜炎亦称为非细菌性栓塞性心内膜炎，是指对创伤、局部血液涡流、循环中免疫复合物、血管炎和高凝状态的反应，在心瓣膜和邻近的心内膜上形成无菌性血栓。非感染性心内膜炎不是由病原体直接引起的心内膜炎，在心瓣膜上形成的血栓性疣赘物为无菌性的。该赘生物可成为循环中微生物停留的核心，或产生栓子和损害瓣膜功能。常见的非感染性心内膜炎有风湿性心内膜炎和赘疣性血栓性心内膜炎等。

【诊断】非细菌性血栓性心内膜炎的临床诊断三联征：①已知可发生非细菌性血栓性心内膜炎的疾病；②心脏出现新杂音或原有杂音发生变化；③发生多发性栓塞。同时，伴发静脉血栓症、弥散性血管内凝血（DIC）。实验室诊断及多次血培养呈阴性结果，有助于非细菌性血栓性心内膜炎的鉴别诊断。结合超声心动图发现赘生物对该病诊断具有重要意义。

【治疗】治疗原发病，如恶性肿瘤、慢性消耗性疾病、引发 DIC 的疾病、风湿性疾病或变态反应性疾病等。

抗凝治疗可注射肝素，选用阿司匹林、双嘧达莫或华法林等亦可能有一定的治疗价值。因原发疾病往往较严重，故非感染性心内膜炎预后较差。

十六、贫　血

贫血指外周血液中单位容积内红细胞数、血红蛋白浓度及血细胞比容（PCV）低于正常值，产生以运氧能力降低、血容量减少为主要特征的临床综合征。贫血按骨髓反应情况可分为再生性和非再生性贫血两类。

再生性贫血发生原因常包括：失血性贫血（急性失血，如外伤、创伤性内脏破裂、各器官疾病性出血；慢性出血，如胃肠溃疡、各器官炎性出血、出血性素质、出血性肿瘤、某些寄生虫感染等）；溶血性贫血（生物因素，包括病毒、细菌和寄生虫感染，如溶血性梭菌病、锥虫病、血孢子虫病；异型输血；遗传性疾病，如磷酸果糖激酶缺乏、丙酮酸激酶缺乏等）。

非再生性贫血发生原因常包括：缺铁性贫血（铁吸收障碍、铁丢失过多）；慢性病性贫血（慢性炎症、肿瘤、脓肿、结核病）；肾病性贫血（肾脏衰竭，如间质性肾炎、慢性肾小球肾炎）；营养缺乏性贫血（叶酸或甲钴胺缺乏）；低增生性贫血（骨髓坏死、骨髓纤维化、骨髓瘤）；再生障碍性贫血（化学物质、生物因素及电离辐射等）。

仔猪缺铁性贫血是指 5～30 日龄哺乳仔猪因缺铁所发生的一种营养性贫血。多发生于寒冷的冬末、春初季节，特别是以木板或水泥为猪舍地面且不采取补铁措施的集约化养猪场。本病在一定地区群发，给养猪业造成严重的损失。临床上以红细胞数减少、血红蛋白含量降低、皮肤和可视黏膜苍白、疲劳、活力下降及生长受阻为主要特征。

【诊断】发生于封闭式饲养的 5～20 日龄的哺乳仔猪。病猪表现精神沉郁，食欲减退，离群伏卧，营养不良，被毛粗乱，体温不高，突出症状是可视黏膜呈淡蔷薇色，轻度黄染。重症病例黏膜苍白如白瓷，光照耳壳呈灰白色，几乎见不到明显的血管，针刺也很少出血，呼吸、脉搏均增数，心区听诊可听到贫血性杂音，稍加活动则心悸亢进，喘息不止。有的仔猪外观很肥胖，生长发育也较快，可在奔跑中突然死亡。有的仔猪外观消瘦，食欲不振，便秘和腹泻交替出现，异嗜。

根据仔猪生长环境、饲养条件及发病日龄，结合临床表现，病理变化和测定的血红蛋白、红细胞、血细胞比容及用铁剂治疗是否有效进行诊断。

【防治】

1. 治疗 治疗原则为补充外源铁质，充实铁质贮备，通常采用铁剂口服，经济有效，在大型集约化生产条件下，多采用铁剂注射。

口服常用的制剂有硫酸亚铁、焦磷酸铁及还原铁等，其中以硫酸亚铁为首选药物。为促进铁的利用，常配伍硫酸铜，常用的处方是：硫酸亚铁 2.5g，硫酸铜 1g，温水 1 000mL，每千克体重用混合液 0.25mL，每日 1 次，连服 1～2 周。也可以用硫酸亚铁 10g，硫酸铜 20g，磨碎成细末后混于 5kg 细沙中，撒在猪舍内，任仔猪舔食。焦磷酸铁每日内服 30mg，连服 1～2 周。还原铁对胃肠几乎无刺激性，可一次内服 0.5～1g，每周 1 次，比较省事。结合补给氯化钴 50mg/次或维生素 B_{12} 0.3～0.4mg/次，配合应用叶酸 5～10mg，则效果更好。

肌内注射铁制剂疗效迅速而确实，用右旋糖酐铁 2mL（每 mL 含铁 5mg），深部肌内注射，一般 1 次即可，必要时隔周再注射 1 次；或葡聚糖铁钴注射液，2 周龄内深部肌内注射 2mL，重症者隔 2d 重复注射 1 次，并配合应用叶酸、维生素 B_2 等；或后肢深部肌内注射血多素 1mL（含铁 200mg）。

2. 预防 改善仔猪饲养管理，经常让仔猪接触垫草、土壤。口服或肌内注射铁制剂，能有效防止仔猪缺铁性贫血。

十七、肾炎与肾病

（一）肾炎

肾炎是指肾小球、肾小管或肾间质组织发生炎症性病理变化的统称。该病的主要特征是肾区敏感和疼痛，尿量减少，尿液含有病理产物。临床上根据病程分为急性肾炎和慢性肾炎；根据炎症侵害的主要部位分为肾小球肾炎、肾小管肾炎和间质性肾炎。

【诊断】根据病史（有罹患某些传染病或中毒，或有受寒、感冒的病史），典型的临床症状有少尿或无尿，肾区敏感、疼痛，血压升高，主动脉第二心音增强，水肿，尿毒症。特别是通过尿液的变化（蛋白尿、血尿、管型尿，尿沉渣中有肾上皮细胞）进行诊断。必要时，亦可进行肾功能测定（酚红排泄试验，尿液浓缩、稀释试验以及肌酐清除率测定），以助确诊。在鉴别诊断方面，应注意与肾病的区别。肾病是由于细菌或毒物直接刺激肾脏而引起肾小管上皮变性的一种非炎性疾病，通常伴有肾小球轻微损害。临床上见有明显的水肿、大量蛋白尿及低蛋白血症，但无血尿及肾性高血压现象。

【防治】

1. 治疗 治疗原则主要是清除病因，加强护理，消炎利尿，抑制免疫反应及对症疗法。

（1）消除炎症，控制感染 一般选用抗感染类药物，如青霉素类、头孢菌素类、喹诺酮类。青霉素 80 万～160 万 U，肌内注射或静脉注射，每隔 6～ 8h 注射一次。链霉素 0.5～1g，肌内注射，每日 2 次。阿莫西林 4～15mg/kg，肌内注射或皮下注射，每日 3 次。头孢唑林 25mg/kg，肌内注射。

(2) 抑制免疫反应 在临床上主要应用激素类或抗恶性肿瘤类药物，如肾上腺皮质激素类药物（醋酸泼尼松或氢化泼尼松）。此外，亦可应用醋酸可的松或氢化可的松，肌内注射或静脉注射，或地塞米松（氟美松）肌内注射或静脉注射。

(3) 利尿 当有明显水肿时，可酌情选用利尿剂。内服双氢克尿噻，或氯噻酮，或利尿素，或醋酸钾。氨茶碱 25%注射液，静脉注射。

(4) 尿路消毒 可根据病情选用尿路消毒药。乌洛托品，内服；或应用其 40%注射液，静脉注射。

(5) 对症疗法 当心脏衰弱时，可应用强心剂，如安钠咖、樟脑磺酸钠或洋地黄制剂。当出现尿毒症时，可应用 5%碳酸氢钠注射液，或应用 11.2%乳酸钠溶液，溶于 5%葡萄糖溶液 500～1 000mL 中，静脉注射。必要时，亦可应用水合氯醛，静脉注射。当有大量蛋白尿时，为补充机体蛋白，可应用蛋白合成药物。若有大量血尿，可应用止血剂。

2. 预防

(1) 加强管理，防止猪受寒、感冒，以减少病原微生物的侵袭和感染。

(2) 注意饲养，保证饲料的质量，禁止喂饲有刺激性或发霉、腐败、变质的饲料，以免中毒。

(3) 对患急性肾炎的病猪，应及时采取有效的治疗措施。彻底消除病因以防复发或转为慢性。

（二）肾病

肾病是指肾小管上皮发生弥漫性变性的一种非炎性肾脏疾患。肾病的临床特征是：大量蛋白尿、明显的水肿、低蛋白血症，但不见有血尿及血压升高现象。病理变化特点是：肾小管上皮发生混浊肿胀变性（脂肪和淀粉变性 ），甚至坏死，通常肾小球的损害轻微。肾病主要发生于某些急性、慢性传染病（如口蹄疫、结核病、猪丹毒等）的经过中；某些有毒物质的侵害［化学毒物（如汞、磷、砷、氯仿等）中毒；真菌毒素中毒，如采食腐败、发霉饲料引起的真菌毒素中毒；体内的有毒物质中毒，如消化道疾病、肝脏疾病、蠕虫病、大面积烧伤和化脓性炎症等疾病时，所产生的内毒素中毒］进程中。

【诊断】诊断依据为：蛋白尿沉渣中有肾上皮细胞透明及颗粒管型，但无红细胞和红细胞管型。血中尿素氮及 γ-谷氨酰转移酶升高。

鉴别诊断：应与肾炎相区别。肾炎除有低蛋白血症、水肿外，尿液检查可发现红细胞、红细胞管型及血尿。肾炎时，肾区疼痛明显。

【防治】治疗原则是消除病因、改善饲养、利尿、防止水肿。

(1) 消除病因 由于感染因素引起的，可选用抗生素或喹诺酮类药物（参看肾炎的治疗）；中毒因素引起的，可采取相应的治疗措施（参考中毒性疾病的治疗）。

(2) 改善饲养 为补充机体蛋白质的不足，可应用苯丙酸诺龙 0.05～0.1g，肌内注射。在饲养上，应适当给予高蛋白性饲料，以补充机体丧失的蛋白质。

(3) 利尿 可选用利尿剂。

(4) 防止水肿 应适当地限制饮水和饲喂食盐。

十八、尿道炎

尿道炎是指尿道黏膜的炎症。临床特征为尿频、尿痛、局部肿胀。各种年龄的猪均可发生。

【诊断】病猪频频排尿，排尿时尿液呈断续状流出，病猪疼痛不安，此时公猪阴茎频频勃起，母猪阴唇不断开张，严重时可见到黏脓性分泌物不时自尿道口流出。尿液混浊，其中含有黏液、血液或脓液，甚至混有坏死、脱落的尿道黏膜。触诊或导尿检查时，病猪表现疼痛不安，并抗拒或躲避检查。

根据尿频、尿痛，尿道肿胀、敏感，导尿管插入受阻及疼痛不安等表现，以及尿液中存在炎性产物但无管型和肾、膀胱上皮细胞，可以诊断为尿道炎。

【防治】参考有关“膀胱炎”防治措施的相关内容。

十九、膀胱炎与膀胱麻痹

（一）膀胱炎

膀胱炎膀胱黏膜或黏膜下层的炎症称为膀胱炎。临床特征为疼痛性的尿频和尿液中出现较多的膀胱上皮细胞、脓细胞、血细胞以及碳酸钙等结晶。

【诊断】急性膀胱炎特征性症状是排尿频繁和疼痛。由于膀胱黏膜敏感性增高，病猪频频排尿或呈排尿姿势，但每次排出尿量较少或呈点滴状断续流出。排尿时表现疼痛不安，出现终末血尿。严重者膀胱（颈部）黏膜肿胀。

（1）膀胱括约肌痉挛收缩，黏膜肿胀，引起尿闭。此时，患猪表现极度疼痛不安（肾性腹痛），呻吟。公猪阴茎频频勃起，母猪摇摆后躯，阴门频频开张。全身症状通常不明显，若炎症波及深部组织，可有体温升高，精神沉郁，食欲减退或废绝。严重的出血性膀胱炎，也可有贫血现象。

（2）慢性膀胱炎症状与急性膀胱炎基本相似，但程度较轻，当伴有尿路阻塞时，则出现排尿困难，但病程较长。病猪消瘦，被毛粗乱，无光泽。

根据典型的临床症状（如尿频、排尿疼痛、膀胱空虚）和尿液实验室检查，不难诊断，必要时可采用膀胱镜检查。尿液成分变化（卡他性膀胱炎时，尿液浑浊，尿中含有大量黏液和少量蛋白；化脓性膀胱炎时，尿中混有脓液；出血性膀胱炎时，尿中含有大量血液或血凝块；纤维蛋白性膀胱炎时，尿中混有纤维蛋白膜或坏死组织碎片，并具氨臭味）和尿沉渣的检查结果（见有大量白细胞、脓细胞、红细胞、膀胱上皮细胞、组织碎片，有时可见病原菌，在碱性尿中常发现有碳酸钙等结晶）有助于确诊。

【防治】

1. 治疗 治疗原则是加强护理、抑菌消炎、防腐消毒及对症治疗。

首先应使病猪适当休息，饲喂无刺激性、富含营养且易消化的优质饲料，并给予清洁的饮水。对高蛋白质饲料及酸性饲料，应适当地加以限制。为了缓解尿液对黏膜的刺激作用，可增加饮水量或输液量。

可根据病情施行局部或全身疗法。全身疗法与肾炎的治疗基本一致。局部疗法，首先是膀胱灌洗。方法是在灌洗前，先用导尿管将膀胱内积尿排出，然后经导尿管向膀胱内注入生理盐水进行灌洗，将生理盐水排出后，再注入消毒或收敛性药液，如此反复灌洗 2～3 次，最后将药液排出或留于膀胱内待其自行排出。常用的消毒、收敛药液有 1%～3%硼酸溶液、

0.1%高锰酸钾溶液、0.1%雷佛奴耳溶液、0.5%～1%氯化钠溶液、1 %～2%明矾溶液或0.5%鞣酸溶液。

对慢性膀胱炎，还可应用 0.02%～0.1%硝酸银溶液、0.1%～0.5%胶体银或蛋白银溶液。

对重剧的膀胱炎，最好在膀胱冲洗后，灌注青霉素。还可内服尿路消毒剂，如磺胺类或抗生素。当确定为绿脓杆菌感染时，可应用吖啶黄、雷佛奴耳。当发现为变形杆菌感染时，宜应用四环素。当怀疑为大肠杆菌感染时，可应用卡那霉素或新霉素。

中兽医称膀胱炎为气淋，主证排尿艰涩，不断努责，尿少淋漓。治宜行气通淋，方用沉香、石韦、滑石（布包）、当归、陈皮、白芍、冬葵子、黄柏、枸杞、甘草、王不留行，水煎服。

对于出血性膀胱炎，可选用秦艽散。

2. 预防 建立严格的卫生管理制度，防止病原微生物的侵袭和感染，导尿时，应严格遵守操作规程和无菌原则。猪患其他泌尿生殖器官疾病时，应及时采取有效的防治措施，以防转移蔓延。

（二）膀胱麻痹

膀胱麻痹是指膀胱的紧张度减弱或消失，致尿液不能随意排出而积滞的一种非炎性疾病。长期劳累，膀胱收缩力降低或未能及时将尿液排出导致膀胱过度伸张而弛缓，支配膀胱的神经功能障碍或受损都可引起膀胱麻痹。

【诊断】临床上以不随意排尿，膀胱充盈且无疼痛为特征。表现为屡有排尿姿势，尿液呈线状或滴状流出。直肠检查可发现膀胱充盈，用手压迫时，有大量尿液流出。

【防治】对于体型较大的猪，直肠内膀胱按摩是一种有效治疗方法，每日 2～3 次，每次5～10 min。也可用导尿管导尿。排出部分尿液后注射硝酸士的宁 2～4mg。或电针百会、后海穴，每日 1 次，每次 20 min。为防止继发感染，可使用尿道消毒剂和抗生素等。

二十、尿石症

尿石症又称尿结石，是指尿路中形成的盐类结晶凝结物，刺激尿路黏膜而引起出血、炎症和阻塞的一种泌尿器官疾病。临床上根据阻塞部位分为肾结石、输尿管结石、膀胱结石和尿道结石。临床上以排尿困难和血尿为特征。

【诊断】尿石症因无特征性的临床症状，若不导致尿道阻塞，则诊断较为困难。一般均根据病史（对饲料及饮水质量的调查分析结果），临床症状（排尿障碍、肾性腹痛），尿液变化（尿中混有血液及微细沙砾样物质），以及尿道触诊（公猪尿道阻塞部位膨大，压迫时疼痛不安）的结果进行综合诊断。如有条件时，可施行 X 线透视或造影检查。

【防治】

1. 治疗 治疗原则是控制感染，排出结石，对症治疗。当怀疑有尿石症时，可通过改善饲养，即给予病猪以流体饲料和大量饮水。必要时可投服利尿剂，以期形成大量稀释尿，借以冲淡尿液晶体浓度，减少析出并防止沉淀。同时，也可以冲洗尿路以使体积细小的尿石随尿排出，动作要轻柔，防止损伤尿道。

对体积较大的膀胱结石，特别是伴发尿路阻塞或并发尿路感染时，需施行尿道切开手术或膀胱切开手术以取出结石。

当出现尿潴留时，为了防止尿道阻塞引起的膀胱破裂，可施行膀胱穿刺排尿。对膀胱破裂的病猪可施行膀胱修补手术。

中药治疗，中兽医称尿结石为砂石淋，治则为清热利湿，通淋排石，一般多用排石汤加减：海金沙、鸡内金、石韦、海浮石、滑石、瞿麦、车前子、泽泻、生白术等。

2. 预防

(1) 保证日粮营养全价、平衡，防止日粮中钙、磷比例不当或维生素（尤其是维生素A）不足。

(2) 对泌尿器官疾病（肾炎、肾盂肾炎、膀胱炎、膀胱痉挛等）应及时给予治疗，以免尿液潴留。

(3) 保证饮水，平时应适当增喂多汁饲料或增加饮水，以稀释尿液，减少尿液对泌尿器官的刺激，并保持尿中胶体与晶体间的平衡。

二十一、脑膜脑炎

脑膜脑炎是脑膜及脑实质的一种炎性疾病。脑膜脑炎主要是因传染性或中毒性因素的侵害，首先软脑膜及整个蛛网膜下腔发生炎性变化，继而通过血液和淋巴途径侵害到脑，引起脑实质的炎症，或者脑膜与脑实质同时发生炎症。本病以高热、脑膜刺激症状、一般脑症状及局灶性脑症状为特征。

【诊断】根据一般脑症状、局灶性脑症状及脑脊液检查，并结合病史调查和病情发展过程，一般不难诊断。

脑膜脑炎引起的神经症状包括一般脑症状和局灶性脑症状。

(1) *一般脑症状* 脑膜脑实质充血、水肿，神经系统兴奋和抑制过程破坏，表现为过度兴奋或过度抑制或两者交替出现，往往为先过度抑制，突然发生过度兴奋的表现。

①过度兴奋：神志不清，狂躁不安，攀登饲槽，无目的冲撞，不避障碍物，常有攻击行为，严重时全身痉挛，以后转为高度抑制。

②过度抑制：精神抑制，意识障碍，闭目垂头，目光无神，不听使唤，站立不动，甚至呈现昏睡状态。

(2) *局灶性脑症状* 由于脑组织的病变部位不同，特别是脑干受到侵害时，所表现的局灶性症状也不一样。主要表现为缺失性症状和释放性症状两个方面。

①缺失性症状：咽及舌肌麻痹，吞咽困难，舌脱垂；面神经和三叉神经麻痹，唇歪向一侧或弛缓下垂；眼肌和耳肌麻痹，斜视，上眼睑下垂，耳弛缓下垂；单瘫或偏瘫，一组肌肉或某一器官麻痹，或半侧机体麻痹。

②释放性症状：眼肌痉挛，眼球震颤，斜视，瞳孔左右不同（散大不均匀），瞳孔反射机能消失；咬肌痉挛，牙关紧闭（咬牙切齿），轧齿（磨牙）；唇、鼻、耳肌痉挛，唇、鼻、耳肌收缩；项肌和颈肌痉挛，项和颈部的肌肉强直，头向后上方或一侧反张，倒地时，四肢做有节奏的游泳样运动。

上述局灶性症状有时单独出现，有时混合出现，有时只表现为缺失性症状，有时则以释放性症状为主。同时还往往伴有视觉、听觉的减退或丧失，以及味觉和嗅觉障碍。

【防治】

1. 治疗 措施治疗原则为加强护理、消除病因、降低颅内压（控制脑膜及脑实质的充血和水肿)、杀菌消炎、解毒、控制神经症状和对症治疗。

(1) 加强护理、消除病因　根据发病情况，及时消除致病因素。

(2) 降低颅内压

①冷水淋头：对体温升高、颅部灼热的猪，可用冷水淋头，以促进血管收缩，降低颅内压。

②使用脱水剂和利尿剂：20%甘露醇或25%山梨醇溶液，或利尿素。

(3) 杀菌消炎　应选择能透过血脑屏障的抗菌药物，如磺胺类药物。当发生炎症时能够通过血脑屏障的抗菌药物包括青霉素类和头孢菌素类药物。

(4) 解毒　根据不同毒物及中毒时间选择解毒方法。

(5) 控制神经症状　对兴奋不安的病猪应进行镇静。使用水合氯醛、地西泮或硝西泮。

对过度神经抑制的猪，应进行镇静。使用20%安钠咖(苯甲酸钠咖啡因)或5%氨茶碱注射液。当呼吸衰竭时，可使用尼克刹米以兴奋呼吸中枢。

(6) 对症治疗　心功能不全时可应用安钠咖、氧化樟脑等强心剂。对不能哺乳的仔猪，应适当补液，维持营养。如果大便迟滞，宜用硫酸钠或硫酸镁，加适量防腐剂，内服，以清理肠道，防腐止酵，减少腐解产物吸收，防止发生自体中毒。

2. 预防　加强平时饲养管理，注意防疫卫生，防止传染性与中毒性因素的侵害。猪群中猪只相继发生本病时，应隔离观察和治疗，防止传播。

二十二、日射病和热射病

日射病和热射病又称中暑，是由于急性热应激引起的体温调节机能障碍的一种急性中枢神经系统疾病。日射病是指在炎热季节，猪的身躯，尤其是头部，受到日光直接照射，引起脑及脑膜充血和脑实质的急性病变，导致中枢神经系统发生严重机能障碍的疾病。热射病是指在炎热季节，潮湿闷热的环境中，猪新陈代谢旺盛，产热多，散热少，体内积热，引起严重的中枢神经系统功能紊乱的疾病。

【诊断】

根据发病的原因和临床症状可做出初步诊断。

1. 病因　盛夏酷暑，日光直射头部，气温高，湿度大，气压低，风速小，机体吸热增多或散热减少，是主要致病因素。猪舍狭小，通风不良，潮湿闷热，饲养密度过大；体躯肥胖及幼龄和老龄猪对热耐受力低，是诱发因素。猪舍朝向不正确、高度不够、结构不合理，影响舍内的通风；畜舍的屋面材料易吸热、传热，导致舍内的温度升高；高温气候条件下通风不良时在舍内喷水，造成高温高湿，常引起热射病。

2. 症状

(1) 日射病　精神沉郁，有时眩晕，四肢无力，步态不稳，共济失调，突然倒地，四肢做游泳样运动。目光狞恶，眼球突出，神情恐惧，有时全身出汗。病情发展急剧，心血管运动中枢、呼吸中枢、体温调节中枢的机能紊乱，甚至麻痹，表现心力衰竭，静脉怒张，脉微欲绝，呼吸急促，节律失调，出现毕欧氏或陈-施二氏呼吸现象。有的体温升高，皮肤干燥，汗液分泌减少或无汗。瞳孔初散大，后缩小。神情狂暴不安，兴奋发作。有的突然全身性麻痹，皮肤、角膜、肛门反射减退或消失，腱反射亢进，常常发生剧烈的痉挛或抽搐，迅速死亡。

(2) 热射病　体温急剧上升，可达到42～43℃，甚至更高。皮温增高，直肠内温度高，灼手，全身出汗。特别是在潮湿闷热环境中运动的猪，突然停步不前，鞭策不走，剧烈喘息，晕厥倒地，酷似电击。大多数的病猪精神沉郁，运步缓慢，步样不稳，呼吸加快，全身大汗。当体温达到41℃时，精神抑郁加深，站立不稳，有的可呈现短时间的兴奋不安，乱冲乱撞，强迫运动，但很快转为抑制；出汗停止，呼吸高度困难，鼻翼开张，两肋扇动，或舌伸于口外，张口喘气；心音亢进，脉搏疾速，每分钟可达百次以上。体温达42℃以上时，病猪呈昏睡或昏迷状态，卧地不起，意识障碍，四肢划动；呼吸浅表疾速，节律不齐，脉搏微弱不感于手，第一心音微弱，第二心音消失，血压下降；结膜发绀，血液黏稠，口吐白沫；濒死前，体温下降，常在痉挛发作期间死亡。

【防治】

1. 治疗 日射病、热射病多突然发生，病情重，过程急，应及时将病猪放置在阴凉通风的地方，先用凉水浇头、冷敷、灌肠，头颈部放置冰袋，并饮服适量1%～2%凉盐水，以促进体温散发和补充体液。宜采取镇静安神、改善心肺动能、纠正水盐代谢和酸碱平衡紊乱等措施，防止病情恶化。

(1) *镇静安神* 肌内注射或静脉滴注2.5%盐酸氯丙嗪。当病猪狂躁不安，心搏动加快时，可用水合氯醛灌肠，或安乃近皮下注射；亦可用安定注射液，静脉注射，增强大脑皮层保护性抑制作用。

(2) *对症治疗* 肌内注射或静脉滴注安钠咖或洋地黄制剂，以调整心肺功能。心衰昏迷者，肌内注射10%安钠咖或10%樟脑磺酸钠。同时做好补液等，但在没有判明酸碱平衡失调的类型之前，应慎重使用5%碳酸氢钠等碱性药物，以防用药失误。

(3) *中兽医疗法* 以清热解暑、安神开窍为治则。取生石膏24g，鲜芦根、鲜荷叶各60g，藿香、佩兰、青蒿各9g，薄荷3g，煎汤灌服（用于25kg左右的猪）。或用香薷、黄连、天花粉、熟地、姜炭、黑黄芩、黑栀子、黑柴胡、黑荆芥、黑防风各150g，当归、甘草各45g，水煎，分3d灌服（用于母猪产后中暑）。或用藿香正气水或十滴水内服。

2. 预防措施 制定饲养管理制度，在炎热季节给猪供应充足饮水，栏内猪群密度不宜过大，保证栏舍通风良好，常用冷水喷洒猪体，中午让猪在阴凉处休息；夏季运输时注意车船通风，不要过于拥挤，防止日光直晒，途中定时给猪喷淋凉水。

第二节 营养代谢性疾病

一、佝偻病

佝偻病是快速生长的仔猪维生素D缺乏及钙、磷缺乏或者是它们中的某一种缺乏或比例失调引起代谢障碍所致的骨营养不良。病理特征是成骨细胞钙化作用不足、持久性软骨肥大及骨增大的暂时钙化作用不全。

【诊断】根据饲喂情况、临床症状及猪的年龄可做出初步诊断，确诊要结合血液学检查（血清碱性磷酸酶活性增高对该病有重要的诊断意义）。尾椎骨X线检查显示骨密度降低，皮质变薄，髓腔增宽，骨小梁结构紊乱，骨关节变形，椎体移位、萎缩、尾端椎体消失。临床上以消化功能紊乱、异嗜癖、跛行、骨骼弯曲变形为特征。

【防治】

1. 治疗 维丁胶性钙注射液，肌内注射，每千克体重0.2mg，隔日1次。维生素A注射液，肌内注射 2～3mL，隔日 1 次。维生素 D 注射液，肌内注射 1～2mg，每日 1 次，连用 5～7d。10%葡萄糖酸钙注射液，静脉注射 50～150mg，每日 1 次，连用 3d。3%次磷酸钙注射液，静脉注射 60～70mL。乳酸钙，内服，每次 0.3～1g。碳酸钙，内服，每次 3～10g。饲料中添加适量的骨粉、石粉或磷酸氢钙等。

2. 预防 合理配制日粮，保证有充足的钙，并且钙、磷的比例要适当（1.5∶1）。有条件的地方，可以饲喂豆科青饲料。加强运动，给予充足的光照。

二、骨 软 症

软骨病又称“弱腿病”，是发生于猪的一种以骨生长板软骨和骨骺生长软骨的软骨内骨化障碍为基本病理变化，以骨关节变形和运动障碍为主要临床特征的自发性软骨发育不良病。本病广泛发生于现代商品猪，尤其是在快速增重阶段（5～6 月龄，体重小于 100kg），这是由于选育后的瘦肉型猪肌肉量增加，肌肉与骨骼的比值增大，饲喂高能量的饲料或自由采食的猪增重快，发病率高，病情重；反之，则发病率低，病情轻。

【诊断】 本病的发生主要是由于体重的增加要比肢蹄的生长快得多，因此，不断增加的体重压迫腿骨血管床，使血液供应遭到破坏，引起软骨骨化受阻，这是导致软骨病发生的一个重要机制。主要表现为慢性、进行性、多发性肢蹄变形和运动障碍。体温、脉搏、呼吸、食欲、营养等全身状况无明显异常，早期病猪逐步强拘，弓腰，肢蹄无明显变形。中期病猪喜卧，起立困难，轰赶时嚎叫，易摔倒，站立时弓腰，蹄尖着地，运步时步幅短小，体躯摇摆，跛行明显，尤以后肢为重，患肢变形，腕、系、冠部背侧常因磨损而肿胀、破溃，后期病猪高度运动障碍，肢蹄明显变形，腕部着地爬行，或呈犬坐姿势，以至卧地不起，长骨弯曲扭折，关节肿大敏感，蹄形不正，重症病猪常消瘦、衰竭、卧地不起而继发褥疮，死于败血症。X 线影像显示生长板边缘不整，宽窄不一，生长板内散在有密影，骨骺端边缘及深部出现不规则形透亮区，骨骺的骨小梁增生致密，关节面不平滑，有小的缺损。根据发病情况，结合骨关节变形、运动障碍等临诊特征及 X 线检查结果可做出诊断。

【防治】 目前尚无有效治疗措施。病猪大多急宰或淘汰。预防应从饲养管理等多方面着手，如扩大圈舍面积，加大运动量，可减少发病。

三、纤维素性骨营养不良

纤维素性骨营养不良是一种钙磷比例失调引起的新陈代谢障碍疾病。与饲养管理有很大关系，如日粮中糠麸多、粗饲料少，易发生纤维素性骨营养不良。由于磷多钙少引起局部骨组织被破坏，并伴以脱钙、由肿瘤状的纤维组织所代替。本病常与骨质疏松和骨软化相伴行。猪很少发生纤维素性骨营养不良。

【诊断】 通过临床症状、病理剖检变化和实验室诊断，可确诊纤维素性骨营养不良。

取病猪的病变骨进行病理骨组织切片。用苏木精-伊红染色，在低倍镜下观察，可见到纤维组织明显增生。在高倍镜下检查，发现细胞的形态不一，有圆形、不规则形，细胞核为长椭圆形。间质中的胶纤维分布不均，有的质密，有的松散。

【治疗】

（1）暂停饲喂麦麸，减少米糠用量，增加青饲料。

（2）用维生素和钙片治疗明显。分 3 期进行投药，连续服用 2 个月左右。一期：鱼肝油丸、葡萄糖酸钙片，每头猪每次各服5片，日服2次。二期：维生素D、葡萄糖酸钙片，每头猪每次各服5片，日服2次。三期：维丁钙片，每头猪每次服用5片，日服2次。

四、维生素A缺乏症

维生素A缺乏症是体内维生素A或胡萝卜素摄入不足或吸收障碍而引起的一种营养代谢疾病。以生长缓慢、视觉障碍、上皮角化、器官黏膜损伤、繁殖机能障碍及神经症状为主要特征。以仔猪和育肥猪发病居多。

【诊断】根据饲养管理病史（如长期饲喂含胡萝卜素和维生素A不足的饲料，饲料的加工调制与储存方法不当）、临床症状（如视觉障碍、生长发育不良、上皮角化、繁殖障碍等），以及维生素A的治疗效果，可初步进行诊断，确诊须参考病理损害特征及实验室检查。

【防治】

1. 治疗 应用维生素A制剂，对病猪应用鱼肝油，分点皮下注射或内服；或肌内注射维生素A注射液或维生素A、D注射液。

2. 预防 主要是保证饲喂富含维生素A或胡萝卜素的饲料，日粮中应有足够的青绿饲料、优质干草、胡萝卜、块根类等富含维生素A的饲料；消除影响维生素A吸收利用的不利因素；妊娠母猪需在分娩前40～50d注射维生素A或给予鱼肝油、维生素A浓油剂，可有效预防母猪和新生仔猪的维生素A缺乏症。

五、维生素K缺乏症

维生素K缺乏症是以维生素K依赖性凝血因子合成障碍为病理生理学基础，以出血性素质为主要临床表现的一种营养代谢病和血液病。

【诊断】临床表现主要是轻度或中度出血倾向，鼻出血或创伤出血不止，凝血时间显著延长，在施行外科手术时，患猪常出血不止，新生仔猪脐带出血和母猪分娩性损伤出血不止等，根据临床病史可做出诊断。

【防治】

1. 治疗 治疗可应用维生素K_3注射液，肌内注射，对猪出血不止有良好的止血作用。同时给予钙剂治疗效果更佳。

2. 预防 给予充足的青绿饲料，保证饲料中维生素K的足够含量；控制磺胺和广谱抗生素的使用时间及用量；及时治疗胃肠道及肝胆疾病。

六、B族维生素缺乏症

维生素B缺乏症是由B族维生素缺乏引起的多种疾病的总称。B族维生素包括维生素B_1、维生素B_2、维生素B_6、维生素B_{12}、维生素PP、叶酸、泛酸、肌醇和胆碱等，其分布和水溶性都大体相同，在体内主要作为细胞酶的辅酶，催化物质代谢中的各种反应，但它们之间在化学结构和生理功能上都是互不相同的。维生素B的来源很广泛，在青绿饲料、酵母、麸皮、米糠及发芽的种子中含量最高，只有玉米中缺乏烟酸。B族维生素短期缺乏或不足可以降低体内某些酶的活性，抑制相应的代谢过程，影响动物的健康。

【诊断】主要依据临床症状、病理变化，并结合饲养情况与病史调查以及防治效果，综合分析做出诊断。

1. 硫胺素（维生素 B_1）缺乏症　硫胺素缺乏症是体内硫胺素缺乏所引起的一种以神经机能障碍为主要特征的营养代谢病。硫胺素缺乏时，碳水化合物代谢不完全，造成丙酮酸在体内的堆积，由此引起临床上一系列的症状。病初表现为食欲显著下降，呕吐，腹泻，生长不良，行走摇晃，虚弱无力，心动过缓，心肌肥大；后期，体温低下，心搏亢进，皮肤和黏膜发绀，呼吸困难，突然死亡。在详细的研究中还发现心脏扩张、心跳减慢、心肌纤维坏死和明显的心电图异常。

2. 核黄素（维生素 B_2）缺乏症　核黄素缺乏症是由核黄素缺乏所致的以生长缓慢、皮炎、胃肠及眼的损害为其病理和临床特征的疾病。核黄素缺乏特别影响外胚层组织。猪发病初期表现生长缓慢，消化紊乱，呕吐，白内障，皮肤粗干，继而发生红斑疹及鳞屑性皮炎，局部脱毛，溃疡，脓肿等。这些变化主要见于鼻和耳后、背中线及其附近、腹股沟区、腹部及蹄冠部等处。母猪还可引起繁殖及泌乳性能下降。

3. 泛酸缺乏症　泛酸在体内与三磷酸腺苷和半胱氨酸合成辅酶 A，参与脂肪、碳水化合物和蛋白质的合成代谢。病猪食欲减退甚至废绝，生长不良，腹泻，咳嗽，脱毛，运动失调或踱步。特征的剖检病变出现在肠道，尤其是结肠水肿、充血和发炎。结肠的组织学检查显示变性、淋巴细胞浸润和固有层充血，神经组织中见有外周神经、脊根神经节、背根神经和脊髓神经根变性。猪表现泌乳和繁殖性能下降。

4. 维生素 B_6 缺乏症　维生素 B_6，系吡哆醇、吡哆胺和吡哆醛的总称，它以酶的形式在蛋白质代谢、特别是在蛋白质合成中起作用。病猪表现为生长缓慢，腹泻，严重的小红细胞低色素性贫血、抽搐、运动失调以及肝脂肪浸润。在癫痫型抽搐之前，猪常表现激动和神经质。组织学检查见管神经、坐骨神经及外周神经脱髓鞘。

5. 生物素（维生素 H）缺乏症　生物素缺乏症是由生物素缺乏所引起的以皮炎、脱毛和蹄壳开裂为临床特征的营养代谢性疾病。表现为脱毛、皮肤病、皮肤溃疡、后腿痉挛、蹄横向开裂、出血及口腔黏膜炎症。

6. 叶酸（维生素 B_{11}）缺乏症　叶酸缺乏症是体内叶酸缺乏或不足所引起的一种以造血机能障碍、皮肤病变、生长缓慢以及繁殖功能低下为主要特征的营养代谢疾病。叶酸为红细胞生产所必需。病猪表现为发育不良，机体衰弱，腹泻，巨幼红细胞性贫血。一般认为，在实际饲养管理条件下不会发生叶酸缺乏症。

7. 烟酸（维生素 PP）缺乏症　病猪主要表现为食欲废绝，消瘦，严重腹泻，皮炎，神经紊乱和贫血。剖检见肠壁，特别是结肠和盲肠壁增厚、变脆，肠道黏膜变色，结肠内容物紧密附在肠壁上，很难用水冲掉。肠系膜淋巴结水肿。

8. 胆碱（维生素 B_4）缺乏症　胆碱缺乏症又称胆碱缺少症，主要以生长发育受阻，肝、肾脂肪变性，消化不良，运动障碍为临床特征。仔猪较为多见。临床症状表现为衰弱乏力，共济失调，跗关节肿胀并有压痛，肝脂肪变性引起消化不良，死亡率较高。仔猪生长发育极慢，衰弱，被毛粗糙，关节屈曲不全，运步不协调，有的仔猪先天四肢外张（八字腿）。

【防治】关键措施是在日粮中添加维生素预混剂，人工添加往往比依靠天然来源更可靠、更经济。猪核黄素的需要量为每千克体重 6～8mg，每吨饲料可补充 3～4g；泛酸缺乏症的治疗可口服或注射泛酸制剂，随后在饲料中补充泛酸钙以维持疗效，每千克饲料中泛酸含量应保持在 11～16mg；发生维生素 B_6 缺乏症时，日粮中可增喂酵母、糠麸或含植物性蛋白质丰富的饲料，每天口服维生素 B_6，每千克体重 60μg；生物素缺乏症的预防，8 周龄的猪采用日注射生物素 100μg 的方法，也可在每 100g 饲料中添加生物素 200μg；每千克饲料中添加 0.5～1.0mg 叶酸可防止缺乏症；烟酸缺乏症的治疗可口服烟酸 100～200mg。

七、硒和维生素 E 缺乏症

硒缺乏症是硒缺乏或不足所致的一种营养代谢障碍综合征。临床表现为猪白肌病、仔猪桑葚心、仔猪营养性肝病等。该病具有明显的地域性和群体选择性特点，主要发生于幼龄猪。

【诊断】可根据发病的地域性（所在地区是否缺硒）、动物生长发育速度、年龄（仔猪多发）、特征性的临床症状、病理变化及用硒制剂治疗有特效等进行诊断。

为进一步确诊，可测定基础日粮、血液或被毛的含硒量，也可测定全血含硒 GSH－Px 酶活性。

【防治】

1. 治疗　治疗原则为补充硒制剂与维生素 E，加强护理。

（1）加强护理　对卧地不起的病猪要勤翻畜体，多铺垫草，防止褥疮，喂以优质饲料。

（2）补硒和维生素 E　成年猪 0.1％亚硒酸钠 10～20mL，醋酸生育酚 1.0g/头；仔猪 0.1％亚硒酸钠 1～2mL，醋酸生育酚 0.1～0.5g/头。猪群中已发现有桑葚心或肝营养不良者，全部仔猪肌内注射硒制剂，硒的用量按每千克体重 0.06mg（1 周龄时用），断乳时重复注射 1 次；母猪在分娩前 21d 注射亚硒酸钠，剂量同仔猪。维生素 E 的用量应为 50～100mg/头，皮下注射。也可全群立即在饲料中添加硒 0.2mg/kg（以亚硒酸钠的形式），充分拌匀进行饲喂，同时在饲料中添加维生素 E 30mg/kg，可以提高硒的治疗效果。

2. 预防　目前，预防主要是在日粮中添加亚硒酸钠（含硒量为 0.1～0.3mg/kg）。对缺硒病的治疗，多用亚硒酸钠溶液或硒-维生素 E 注射液以及其他的含硒添加剂，也可用富硒益生菌和富硒酵母等。

八、铁缺乏

铁缺乏症是铁缺乏或不足所致的一种以仔猪贫血、疲劳、活力下降及生长受阻为特征的疾病。多见于 3～6 周龄仔猪，故又名仔猪营养性贫血或仔猪缺铁性贫血。

【诊断】根据病理变化和临床病理学检查进行诊断。

病理变化：皮肤、黏膜苍白，血液稀薄如红墨水样，不易凝固，全身轻度或中度水肿。肌肉苍白，心肌尤为明显，心肌松弛，心脏扩张，心包液增多。肺水肿，胸腹腔充满淡黄色清亮液体。肝脏肿大，呈淡黄色，肝实质少量淤血。脾肿大。

临床病理学检查：新生仔猪血红蛋白浓度为 80g/L，生后 10d 内可低至 40～50g/L，属于生理性血红蛋白浓度下降。缺铁性仔猪血红蛋白浓度可由正常的 80～120g/L 降至 40g/L，红细胞数由正常的（5～8）$\times 10^{12}$个/L 降至（3～4）$\times 10^{12}$个/L，呈现典型的低染性小细胞性贫血。

【防治】

1. 预防　改善仔猪的饲养管理，在猪舍内放置土盘，装红土或深层干燥泥土让仔猪自由拱食，即使每天仅食进几克普通泥土或几颗带泥的新鲜蔬菜，也可防止仔猪缺铁性贫血。或仔猪应随同母猪到舍外活动或放牧。或给予富含蛋白质、矿物质和维生素的全价饲料，保证充分的运动。仔猪生后 3～5d 可开始补饲铁制剂，补铁方法参照治疗方法，也可用硫酸亚铁溶液（硫酸亚铁 450g、硫酸铜 75g、糖 450g、水 2L），每天涂擦于母猪的乳头上。

2. 治疗 主要是补充铁制剂。仔猪可肌内注射铁制剂，或葡聚糖铁钴注射液，或后肢深部肌内注射血多素（含铁 200mg）1mL；也可用硫酸亚铁溶液涂在母猪乳头上，或混于饮水中或掺入代乳料中，让仔猪自饮、自食，对大群猪场较适用；或口服硫酸亚铁溶液。

九、锰缺乏症

锰缺乏症是由于日粮中锰供给不足或锰的吸收受干扰而引起的一种以生长停滞、骨骼畸形、生殖机能障碍（发情异常、不易受胎或容易流产）以及新生畜运动失调为特征的疾病。

【诊断】根据发病的原因和临床症状可做出初步诊断。日粮中补充锰以后，食欲改善，青年猪开始发情受孕，可做出进一步诊断。如能配合对环境、饲料和猪体内锰水平调查，并进行综合分析，有利于确诊。

【防治】改善饲养，供给含锰丰富的青绿饲料。日粮中至少供给 40mg/kg 锰，才可防止锰缺乏症。一般认为青绿饲料和块根饲料对锰缺乏有良好的预防和治疗作用。此外，精饲料如大麦、小麦和糠麸等含有较丰富的锰，可作为猪的基础日粮或在饲料中适量配合使用。

十、锌缺乏症

锌缺乏症是由于饲料中锌含量绝对或相对不足所引起的一种营养缺乏病，其基本特征是生长缓慢、皮肤角化不全、繁殖机能紊乱及骨骼发育异常。

【诊断】依据低锌或高钙日粮的生活史，生长缓慢、皮肤角化不全、繁殖机能障碍及骨骼异常等临床症状可做出初步判断，补锌效果迅速、确实，可建立诊断。测定血清、组织锌含量有助于确定诊断。必要时可分析饲料中锌、钙等相关元素的含量。

【防治】

1. 治疗 治疗原则为补锌，对症治疗。

（1）*补锌* 一旦出现疾病，应迅速调整饲料锌的含量。在饲料中加入硫酸锌，使日粮中锌达到 100mg/kg。或肌内注射碳酸锌，剂量为每千克体重 2～4mg 锌，连续 10d。或每日给母猪 0.4～0.8g 氧化锌，根据病情可连续用药 10～15d。

（2）*对症治疗* 皮肤病变可涂擦 10%氧化锌软膏。

2. 预防 猪饲料内含钙量在 0.5%～0.6%，应给予 30mg/kg 的锌就可预防锌缺乏病；饲料中钙的含量提高到 0.9%～1.1%时，锌的含量应以 90～110mg/kg 为宜。给猪使用高铜饲料时应考虑提高锌的添加量。

十一、钴缺乏症

钴缺乏症是由于饲料和饮水中钴元素不足而引起的代谢病，以猪只厌食、消瘦为特征。

【诊断】剖检可见病猪脂肪和横纹肌萎缩，肝脂肪变性，心纤维萎缩，肾小管上皮脱落等。

【防治】 如土壤含钴量仅为0.3～2.0mg/kg，可施加磷石灰，以促进植物对钴的吸收，同时应控制日粮中镍、锶、钡、铁的含量不要超标。治疗时用钴盐添加剂（主要成分为氧化钴、硫酸钴、硝酸钴），成年猪10～20mg，仔猪1～2mg，连用1.0～1.5个月。严重贫血时，用钴胺素注射液300～400μg，肌内注射，每天1次或隔天1次。仔猪出生后4～10d内，用葡萄糖铁钴注射液2mL，后肢深部肌内注射，起到预防铁、钴缺乏性贫血的作用。每吨饲料补充钴胺素1～5mg，可预防猪的钴缺乏。

十二、碘缺乏症

碘缺乏又称地方性甲状腺肿，是由于碘相对或绝对不足而引起的一种慢性营养缺乏症，临床上以甲状腺机能减退，甲状腺肿大，新陈代谢紊乱，小猪生长发育缓慢，繁殖力和生产力降低，母猪新生仔猪无毛，颈部呈黏液性水肿等为主要特征。

【诊断】 在缺碘地区，根据群发、发病呈地区性、甲状腺肿大等做出诊断。血清内蛋白结合碘浓度检查以及病理剖检有助于确诊。

【防治】 补碘是根本性防治措施。内服碘化钾或碘化钠，或内服复方碘溶液。也可给猪应用含碘食盐，还可用含碘的盐砖让猪自由舔食，或者在饲料中添加海藻、海带等物质。

此外，在配制猪日粮时，应按猪对碘的需要量进行，减少饲料中干扰碘吸收利用的因素和致甲状腺肿的植物成分。

十三、异食癖（咬尾症与食仔癖）

异食癖是由营养代谢紊乱、味觉异常和饲养管理不当等引起的一种综合征，表现为咬耳朵、咬尾巴，舔食墙壁，啃食槽、泥土等异物。此处介绍常见的两种异食癖：咬尾症和食仔癖。

（一）咬尾症

咬尾症主要发生在舍饲的肥育猪。猪群发生咬尾的时间大都在下午。一般认为由贫血，维生素、矿物质或蛋白质缺乏，或饲养管理不善等所引起。

【诊断】 有时只见被害猪的尾巴被咬伤，而加害猪不一定能被发现。加害猪常为一群中的较小猪，举动不安，体表敏感，食欲减退，发育不良。咬伤尾部常发炎肿胀，反复咬伤则尾巴变短，有的甚至整个脱落。常引起继发化脓感染，患猪发育不良。若脊髓感染，则可引发后躯麻痹。

【防治】 加强饲养管理，补充维生素、矿物质和蛋白质，保持合适的饲养密度。加害猪应加以隔离。被害猪的咬伤部参照一般创伤治疗。对尾部损伤严重或已化脓者，应用抗菌药物进行全身治疗，或将尾巴从尾根部切除，切口用烙铁加以烧烙。集约化、工厂化养猪场可以在仔猪出生3d内对其施行断尾（可结合补铁进行）等措施。及时将有咬癖的仔猪隔离，同时在猪栏内撒黄泥土让仔猪自由采食。

（二）食仔癖

食仔癖是指母猪在产后咬食仔猪。病因可能为母猪的先天性恶癖，也可能由于无乳、吞食胞衣及某些矿物质或维生素的慢性缺乏所引起，多见于初产母猪，一般较少发生。

【诊断】 母猪不安静，甚至分娩时就起立。有的还未分娩完毕就吃食仔猪，一般在分娩完毕后吃食仔猪。有的一下子把整窝仔猪吃掉，或陆续把仔猪吃掉。

【防治】在母猪分娩时应加强管理，发现母猪吃食仔猪时，应将仔猪与母猪隔离，定时哺乳。必要时给予母猪镇静剂（内服溴化钾 5～10g，或注射氯丙嗪 2mg/kg）。也可试行在仔猪身上搽点煤油或母猪的乳汁、尿液等，防止母猪食仔。

十四、猝死综合征

猪的猝死综合征是指猪在生长过程中突然死亡的一种疾病现象。本病呈地方流行性或散发，冬、春季节多发。

本病可能由多种因素引起：①环境因素：高温、湿度大、通风不良等环境条件不佳会增加猪的热应激，导致猪体温升高，进而影响其正常生理功能，甚至引发猝死。②饲养管理不当：饲料质量不合格、饲喂不均衡、饮水不洁净、饲养密度过高等都可能对猪的健康产生不良影响，增加猪的疾病风险和猝死的可能性。③疾病感染：猪在生长过程中容易受到各种疾病的感染，如猪瘟、猪流行性腹泻等，引发死亡。

【诊断】多数患猪无前兆症状，在采食中或采食后，突然起病，全身颤抖，迅速倒地，四肢痉挛，不久死亡，病程多在数分钟或 1h 内；病程稍长的，还表现耳鼻发凉，呼吸急促，有的口鼻流涎，可视黏膜发绀，体温正常或偏低，有的体温升高，站立不稳，倒地抽搐，有的兴奋不安，运动过程中不知躲避障碍物。

【防治】治疗的关键在于查明病因，采取针对性措施。提供良好的饲养环境，保持适宜的温度、湿度和通风条件。确保饲料质量良好，合理搭配饲料成分，避免饲喂不均衡。维持饮水设施的清洁卫生，保证猪群有足够的干净饮水。合理控制饲养密度，避免过度拥挤。定期进行疫苗接种和消毒，预防常见猪病。如果发现异常情况，如食欲减退、呼吸困难、体温异常等，及时请兽医进行诊断和治疗。

第三节　中毒性疾病

一、硝酸盐与亚硝酸盐中毒

俗称“烂菜叶中毒”，是指猪采食富含硝酸盐或亚硝酸盐的饲料，使血红蛋白变性，失去携氧功能，导致组织缺氧的一种急性、亚急性中毒。临床上以黏膜发绀、血液褐变、呼吸困难、胃肠道炎症为特征。

【诊断】根据群体性发病急的病史，结合黏膜发绀、血液褐变、呼吸困难等主要临床症状和病理变化可做出初步诊断。确诊需要依据亚硝酸盐检测和高铁血红蛋白检查结果。

【防治】

1. 治疗　治疗采取切断毒源、应用特效解毒药及对症治疗。

（1）*应用特效解毒药*　通常用 1%亚甲蓝溶液（1g 亚甲蓝加 10mL 无水乙醇，然后加灭菌生理盐水至 100mL，每千克体重 1～2mg）静脉注射。此外，可用 5%的甲苯胺蓝液或 1%亚甲蓝溶液。

（2）*促进胃肠内容物排出*　可用 0.05%～0.1%高锰酸钾溶液洗胃或灌服，或投服植物油，或硫酸钠。

（3）*对症治疗*　对呼吸困难、喘息不止的患畜，可注射洛贝林、尼可刹米等呼吸兴奋剂；对心脏衰弱者可注射安钠咖等；对严重溶血者，放血后输液并口服或静脉滴注肾上腺皮质激素，同时内服碳酸氢钠等药物。对重症的病例应及时输液、强心，以提高疗效。

（4）中兽医疗法 取耳尖、尾尖、蹄头等穴位适量放血，然后灌服十滴水 5～15mL。

2. 预防 切实注意青绿饲料的采集时间、运输方式和存放条件；不宜将青绿饲料用小火焖煮，或将其焖在锅里隔夜存放；对可疑饲料和饮水应进行临用前的简易化验。

二、棉籽与棉籽饼粕中毒

棉籽与棉籽饼粕中毒是因长期连续饲喂或过量饲喂棉籽或棉籽饼粕，致使摄入过量的棉酚而引起的中毒性疾病，临床上以出血性胃肠炎、肺水肿、神经紊乱等为特征。

【诊断】 根据长期或单独饲喂棉籽或棉籽饼粕的病史，结合出血性胃肠炎、肺水肿、频尿、血尿、神经紊乱等临床症状和病理变化可做出初步诊断，确诊需要测定棉籽或棉籽饼粕、血液和血清中游离棉酚的含量。

【防治】

1. 治疗 本病尚无特效解毒药。一旦发生中毒，宜进行导胃、洗胃、催吐、下泻等排除胃肠内毒物，以及使棉酚色素灭活的治疗措施。

（1）改善饲养条件 发现中毒，立即停喂棉籽或棉籽饼粕，禁饲 2～3d，给予青绿多汁饲料和充足的饮水。

（2）排除胃肠内容物 用1：（4 000～5 000）的过氧化氢溶液或 0.05%～0.1%高锰酸钾溶液，或 3%～5%碳酸氢钠溶液进行洗胃和灌肠；内服盐类泻剂硫酸钠或硫酸镁。

（3）解毒 内服铁盐（硫酸亚铁、枸橼酸铁胺）、钙盐（乳酸钙、葡萄糖酸钙）或静脉注射钙剂，同时配合补给维生素 A、维生素 C 等。

（4）对症治疗 对出现出血性胃肠炎的病猪，可用止泻剂和黏浆剂，内服 1%的鞣酸溶液 100～200mL。硫酸亚铁 1～2g，一次内服。为了保护胃肠黏膜，可内服藕粉、面粉等。

2. 预防

（1）限量饲喂 猪每天喂量不得超过 0.5kg。怀孕猪不得饲喂未脱毒棉籽或棉籽饼粕。

（2）棉籽或棉籽饼粕脱毒处理后饲喂 如棉籽或棉籽饼粕中添加硫酸亚铁，或小苏打去毒法，或加热去毒法。

（3）供应平衡日粮 在长期饲喂棉籽或棉籽饼粕时，要注意日粮配合。防止饲料单纯化，供给丰富的蛋白质、维生素和矿物质饲料，特别是维生素 A、钙。

三、菜籽饼粕中毒

菜籽饼粕中含有的硫葡萄糖苷可水解成有毒的异硫氰酸酯、硫氰酸酯、噁唑烷硫酮等，被猪过量采食后发生的以胃肠炎、肺气肿和肺水肿、血红蛋白尿及甲状腺肿大为特征的中毒性疾病。

【诊断】 根据有采食菜籽饼粕的病史，结合胃肠炎、肺气肿、肺水肿、肾炎等临床综合征可建立初步诊断，确诊需要进行毒物检验和动物饲喂试验。

【防治】

1. 治疗 目前缺乏特效的解毒方法，立即停喂可疑饲料，大量采食应尽早采用催吐、洗胃和下泻等排毒措施。

(1) 催吐 用硫酸铜或酒石酸锑钾（吐酒石）。

(2) 洗胃 灌服 0.05%～0.1%高锰酸钾溶液 2 000mL，或用 0.5%～1.0%鞣酸溶液。

(3) 保护胃肠黏膜 用 2%鞣酸洗胃，内服牛奶、蛋清或面粉糊以保护胃肠黏膜。

(4) 对症疗法 肌内注射或皮下注射樟脑磺酸钠注射液；保护肝、肾功能，预防肺水肿，可静注高渗葡萄糖注射液、维生素 C、维生素 K 注射液、肾上腺素等；对肺水肿和肺气肿病猪，可试用抗组胺药物和肾上腺皮质激素，如盐酸苯海拉明、地塞米松等肌内注射。

2. 预防 菜籽饼粕去毒后饲喂，可采用硫酸亚铁、硫酸铜等进行化学脱毒，同时控制饲喂量（生长肥育猪 8%～12%，母猪<5%，种猪和仔猪最好不喂）。

四、氢氰酸中毒

氢氰酸中毒是家畜通常因喂食大量富含氰苷的植物或籽实如高粱、玉米幼苗、亚麻籽、杏叶等而引起以呼吸困难、震颤、惊厥综合征的组织中毒性缺氧症为特征的中毒。

【诊断】根据食入含被氰化物污染的饲料和饮水的病史，发病急，呼吸困难，呼出气有苦杏仁味，血液呈鲜红色等临床特征可初步判断为本病。可通过毒物分析确诊。快速普鲁士蓝法是检查氢氰酸的常用方法。

【防治】

1. 治疗

(1) 特效疗法 发病后立即静脉注射 3%亚硝酸钠溶液，随后再注射 5%～10%硫代硫酸钠溶液；或亚硝酸钠 1.0g、硫代硫酸钠 2.5g，蒸馏水 50mL，混合，静脉注射。

(2) 对症疗法 注射兴奋剂、强心剂，吸入氧气，静脉注射 5%葡萄糖盐水等。

2. 预防 含氰苷的饲料，最好放于流水中浸渍 24h，或漂洗加工后利用。此外，不要在含有氰苷植物的地区放牧。对氰化物农药应严加保存。

五、黄曲霉毒素中毒

黄曲霉毒素（AFT）引起的以全身出血、消化机能紊乱、腹水、神经症状等为临床症状，以肝细胞变性、坏死、出血、胆管和肝细胞增生为主要病理变化的中毒性疾病。

【诊断】根据饲喂发霉饲料的病史，结合临床表现（黄疸、出血、水肿、消化障碍及神经症状）和病理变化（肝细胞变性、坏死，肝细胞增生，肝癌）等，可做出初步诊断。确诊必须对可疑饲料进行产毒霉菌的分离培养，饲料中 AFT 含量测定和动物试验。

【防治】

1. 治疗

(1) 切断毒源，解毒保肝和止血 一旦发现猪中毒，立即停喂该饲料，改喂其他饲料，同时供给充足的青绿多汁饲料。对病重成年猪及时将胃内有毒物质排出，可投服硫酸镁、硫酸钠等泻剂。采取解毒保肝和止血疗法，可采用10%葡萄糖注射液1 000mL，三磷酸腺苷75mg，维生素C 40mL，10%樟脑磺酸钠20mL，一次静脉注射或用25%～50%葡萄糖溶液，混合5%氯化钙溶液、40%乌洛托品注射液、维生素C等静脉注射。小猪酌减。心力衰竭应皮下或肌内注射樟脑油等强心剂。

(2) 中兽医疗法　用黄连15g、黄柏15g、栀子23g、黄芩30g、连翘23g、菊花15g、双花15g、黄药子30g、玄参15g、天花粉30g、山豆根30g、郁金30g、大黄30g、芒硝150g、泽泻23g、甘草15g，水煎取汁，候温灌服。

2. 预防

(1) 谷物成熟后要及时收获，尤其是玉米在收获时应注意天气变化，及时收割，彻底晒干，通风贮藏，避免发霉。

(2) 加强饲料的保管，注意保持干燥，特别是在温暖多雨地区或季节，更应防止饲料发霉。

(3) 定期检查储存的饲料，对已有霉变者，应及时挑出，防止霉菌扩散。不用已发霉变质的谷物或食品喂猪。

(4) 轻度污染的粮食及其他食品，可以采用水洗去毒、高温去毒、物理吸附法脱毒等方法将毒素破坏掉或除去。

六、呕吐毒素中毒

呕吐毒素是一种单端孢霉烯族毒素，主要由禾谷锭刀尖孢镰刀菌、串珠镰刀菌和雪腐镰刀菌等产生，对人和动物有着广泛的毒性效应。

【诊断】主要根据病史、环境调查、临床症状及病理剖检结果进行综合诊断。如不能确诊时，可进行毒物的实验室分析、确诊。

猪急性中毒时，一般在采食后1h左右发病，表现拒食、呕吐、精神不振、步态蹒跚。接触污染饲料的唇、鼻周围皮肤发炎、坏死，口腔、食道、胃肠黏膜出现炎性病变，临床上多表现为流涎、腹泻及出血性胃肠炎症状。慢性病例，多数表现生长发育缓慢，形成僵猪，多伴有慢性消化不良和再生障碍性贫血。

【防治】

(1) 控制饲料储存条件　严格控制饲料水分，饲料及原料应在库房内分类分等储存，库房应通风良好，保持环境干燥，缩短储存时间，特别是在南方梅雨季节，饲料不宜储存过久。

(2) 添加脱霉剂　选用优质功能性脱霉剂，能最大限度吸附霉菌毒素，同时在体内调理机体的功能，减小毒素对机体造成的损伤。

七、T2毒素中毒

单端孢霉烯（T2毒素）中毒是指猪采食被单端孢霉毒素污染的饲草饲料，引起的以呕吐、腹泻等消化机能障碍为特征的一种中毒病。此外，本病为人兽共患病，人与病猪接触后还会引起皮肤过敏、厌食和流产等症状。本病以猪多发，家禽次之，牛、羊等反刍动物发生较少。

猪急性中毒时，一般在采食后1h左右发病，表现拒食、呕吐、精神不振、步态蹒跚。

接触污染饲料的唇、鼻周围皮肤发炎、坏死，口腔、食道、胃肠黏膜出现炎性病变，临床上多表现为流涎、腹泻及出血性胃肠炎症状。慢性病例，多数表现生长发育缓慢，形成僵猪，多伴有慢性消化不良和再生障碍性贫血。

【诊断】主要通过临床症状及病理变化，结合接触史等进行综合诊断。

【防治】

1. 做好防霉工作　饲料和饲草在田间和贮藏期间易被产毒霉菌污染。因此，在生产过程中除加强田间管理、防止污染外，收割后应充分晒干，防止堆积发热、雨淋。贮藏期要勤翻晒、严防受潮、通风良好，以保持其含水量不超过13%。

2. 去毒或减少饲料中毒素含量　可采取下列方法：①水浸去毒；②去皮减毒毒；③稀释法制成混合饲料，减少单位饲料中毒素含量，使其降到安全水平。

八、玉米赤霉烯酮中毒

玉米赤霉烯酮中毒又称F-2毒素中毒，是指动物采食了被玉米赤霉烯酮污染的饲料引起的一种中毒病。临床上以阴户肿胀、乳房隆起和慕雄狂等雌激素综合征为特征。本病主要发生于猪，尤其是3～5月龄的仔猪，牛羊等反刍动物偶见报道。

【诊断】F-2中毒母猪假发情，母猪阴户充血、肿胀，阴道分泌物增多，阴道脱垂，乳腺增大；公猪与肥育猪乳腺增大，包皮水肿，公猪睾丸萎缩。母猪不孕，妊娠母猪流产，产木乃伊胎等。本病诊断主要通过临床症状及病理变化，结合所喂的饲料是否有霉变等综合进行分析。

【防治】

1. 预防

(1) *妥善保存饲料，防止饲料发霉变质*　收购原料时，要控制水分的含量，水分大时尽快进行干燥处理，并储存在干燥、低温及通风良好的地方。

(2) *严禁饲喂严重发霉变质的饲料*　对轻微发霉的饲料必须经过去霉处理后限量饲喂。去霉的方法有：①用碱液（1.5%氧化钠或草木灰水等）或用清水多次浸泡，直到浸泡液清澈无色为止。②添加脱霉剂。

(3) *防霉*　在气温较高，湿度较大的季节，饲料中添加防霉剂，防止饲料霉变。

2. 治疗　无特效解毒药物和疗法，立即停止现有可疑饲料，换新料，饲喂青绿饲料，加强饲养护理。同时采用相应的支持疗法和对症处理。

(1) *急性中毒*

①灌肠与洗胃：0.1%高锰酸钾溶液或1%过氧化氢溶液。

②缓泻：硫酸镁，或硫酸钠，或液状石蜡，口服。亦可用豆浆、蛋清水或牛奶等。

(2) *酸中毒*　采用5%碳酸氢钠或5%～20%硫代硫酸钠注射液。或40%乌洛托品。

(3) *呼吸困难*　采用10%安钠咖注射液，静脉注射。

(4) *阴道脱垂*　用0.02%的高锰酸钾溶液清洗。

九、赭曲霉毒素中毒

赭曲霉毒素A（OTA）主要污染谷物，人畜食用被OTA污染的谷物后会发生中毒，OTA对人畜的毒性主要是肾脏毒性，并有致畸作用。

【诊断】结合主要症状诊断。仔猪出现水肿、弓背僵直、步态失调和四肢无力。仔猪中毒后，可见肾脏肥大，肾脏表面凹凸不平，有小泡，肾实质坏死，近曲小管退化，通透性变差。肝细胞核膜增厚，胞浆内出现许多大小不等的异物，肝细胞索排列紊乱，结缔组织增生。

【防治】发现动物中毒后，应立即停喂霉变饲料，并更换容易消化且维生素含量丰富的饲料。同时采取有效的措施（如采用水洗法、排除法、脱胚去毒法，或者高热和高压的物理方法，用氢氧化钠或石灰水共煮和清洗的化学方法，或采用生物学方法）去除毒素，将损失降到最低。

十、伏马菌素中毒

伏马菌素主要是由轮状镰刀霉菌和层生镰刀菌产生的一种霉菌毒素。这也是玉米、水稻和高粱等一些农产品中易污染的霉菌毒素。动物饲料中玉米及其副产品中的伏马菌素的限量标准为20mg/kg。伏马菌素可显著降低猪群的采食量和增长速度，其严重程度主要取决于浓度、接触时间和是否存在其他类型的霉菌毒素。在伏马菌素存在的情况下，猪群更容易出现继发感染或并发感染，以及一些寄生虫病，从而导致生产性能和繁殖能力下降。

【诊断】病猪精神沉郁、食欲减弱、咳嗽、流鼻涕，大多数病猪气喘，呼吸困难，体温达41.5～42℃。有的猪不能站立。有少数猪呕吐、腹泻、粪便呈黄色、耳朵发红。综合发病情况、临床症状、病理剖检、实验室诊断，确诊为伏马菌素中毒。

【治疗】立即停用有问题的玉米及其混合料，换用优质新鲜的饲料，在饲料中添加制霉菌素，加倍添加维生素C、维生素E、维生素A，并补喂一些青绿饲料。

十一、镰刀菌素中毒

镰刀菌毒素是镰刀菌属真菌产生的多种次生代谢产物的总称，在自然界中分布极为广泛，是危险的食品污染物，对人畜健康危害十分严重。它广泛存在于自然界，在环境条件适宜时大量生长繁殖，污染饲料能产生多种毒素。猪采食污染镰刀菌素的饲料而发生中毒。

镰刀菌属产生的毒素种类很多，其中主要是玉米赤霉烯酮、单端孢霉毒素、串珠镰刀菌素和伏马菌素等。单端孢霉毒素分为A和B两类，单端孢霉毒素A包括T2毒素、HT2毒素、新茄病镰刀菌烯醇和蛇形霉素（DAS）；单端孢霉毒素B包括脱氧雪腐镰刀菌烯醇（DON）和雪腐镰刀菌烯醇（NIV）。

最常见引起中毒的有两种，一种是主要由粉红色镰刀菌产生的玉米赤霉烯酮（F2毒素），作为一种类雌激素物质，可导致猪的生殖器官机能和形态上的变化；另一种是单端孢霉烯（T2毒素）及其衍生物，可导致猪拒食、呕吐、流产和内脏器官的出血性损伤。

【诊断】请阅读T2毒素中毒、玉米赤霉烯酮中毒、伏马菌素中毒的相关内容。

【防治】禁止用受镰刀菌污染的饲料喂猪。对受潮发霉可能有镰刀菌污染的饲料原料（如玉米、小麦等），在配饲料以前要进行脱毒处理（如淘洗、日晒或加药物脱毒），确认无毒后再用作饲料。

十二、食盐中毒

钠盐中毒是指猪过量摄入食盐或其他钠盐（如碳酸钠、丙酸钠、乳酸钠等）饲料，同时饮水又受限制时所产生的以消化紊乱和神经症状为特征的中毒性疾病，主要的病理变化为嗜酸性粒细胞性脑膜炎。猪的食盐摄入量超过每千克体重2.2g，就有引起中毒的风险。

【诊断】 根据过量饲喂钠盐和/或限制饮水的病史、结合临床癫痫样发作等典型的神经症状和脑水肿、变性、嗜酸性粒细胞血管袖套等病理变化可做出初步诊断。确诊可测定血清及脑脊液中的钠离子（Na^+）浓度。当脑脊液中 Na^+ 浓度超过160mmol/L，脑组织中 Na^+ 超过1 800μg/g时，就可认为是钠盐中毒。

【防治】

1. 治疗　目前无特效解毒药宜采取促进钠盐排出，恢复阳离子平衡和对症疗法。

（1）*发现中毒，立即停喂食盐*　对尚未出现神经症状的病猪给予少量多次的新鲜饮水，对不能饮水的后期病例，应通过胃管和腹腔注射等方法给水，以利血液中的盐经尿排出；已出现神经症状的病猪，应严格限制饮水，以防加重脑水肿。

（2）*恢复血液中一价和二价阳离子平衡*　可用溴化钙1～2g（或每千克体重氯化钙0.2g）溶于10～20mL蒸馏水中，过滤，煮沸灭菌后，耳静脉注射。

（3）*缓解脑水肿，降低颅内压*　可静脉注射25%山梨醇液或50%的高渗葡萄糖液。

（4）*促进毒物排出*　可先内服1%的硫酸铜催吐；用利尿剂和油类泻剂促进毒物排出。

（5）*对症治疗*　缓解兴奋和痉挛发作可用硫酸镁等镇静解痉药，或用2.5%盐酸氯丙嗪肌内注射；心脏衰弱者，皮下或肌内注射20%安钠咖注射液；如出现牙关紧闭而不能进食，用0.5%普鲁卡因作两侧牙关、锁口穴封闭注射。

（6）*中兽医疗法*　生石膏25g、天花粉25g、鲜芦根35g、绿豆40g，煎汤候温灌服（15kg左右种猪的用量）；或取耳尖、尾尖、百会、天门、脑俞等穴位用血针、白针进行针灸。

2. 预防　日粮中添加食盐含量应控制在0.3%～0.5%；限用腌菜水和饭店食堂下脚料等饲喂猪；饲喂钠盐含量较高的饲料时，在控制其用量的同时，应给予充足饮水；用钠盐治疗疾病时，应考虑猪体况，掌握好用量和浓度。

十三、铅 中 毒

铅中毒是指猪摄入过量的铅化合物或金属铅所引起的以神经机能紊乱和胃肠炎症状为特征的一种中毒病。猪大剂量摄入铅可引起食欲废绝、流涎，腹泻带血，失明，肌肉震颤等。妊娠母猪可能流产。

【诊断】 本病诊断主要通过临床症状及病理变化，结合接触史等综合进行分析。

【防治】 急性铅中毒常来不及救治而死亡。若发现较早，可采取催吐、洗胃、导泻等急救措施，并及时应用巯基络合剂类特效解毒药。慢性铅中毒则可用特效解毒药——乙二胺四乙酸二钠钙，剂量为每千克体重110mg，配成12.5%溶液或溶于5%葡萄糖盐水100～500mL，静脉注射，每日2次，连用4d为一疗程。同时灌服适量硫酸镁等盐类缓泻剂，有较好效果。

防止猪接触含铅的油漆、涂料。在工业环境铅污染区，加大治理污染的力度，减少工业生产向环境中铅的排放，是预防环境对猪危害的根本措施。另外，在铅污染区给猪补硒，可明显减轻铅对猪组织器官机能和结构的损伤。

十四、砷中毒

砷中毒是因砷化物污染环境、采食被砷制剂污染的饲料，或含砷药物用法不当所引起的猪的一种中毒性疾病。其主要临床特征为急性中毒表现出呕吐、腹泻、腹痛等症状，慢性中毒则呈现消化障碍、食欲不良、咳嗽、呼吸困难和日渐消瘦等症状。

【诊断】主要根据病史、环境调查（附近有无生产砷化物或有关的工厂）、临床症状以及病理解剖结果进行综合诊断。如不能确诊时，可进行毒物的实验室分析、确诊。

【防治】

1. 预防 严格遵守毒物保管制度，妥善储存，防止含砷农药污染饲料、植物或饮水，并避免猪误食。应用砷剂治疗时，应严格控制剂量，外用时注意防止病猪舔食；如发现有中毒现象时，应立即停药，进行救治。喷洒含砷农药的农作物或牧草，在一定期间内（30～45d）禁止食用。如需要饲用时，应在碱水中充分浸泡后，再行饲喂。

2. 治疗

（1）急性中毒时，采用洗胃、灌服解毒剂和泻下剂。经消化道吸收的急性中毒，应及早用温水、生理盐水或1%～2%碳酸氢钠液洗胃。洗后投服活性炭及氧化镁，或投服解毒剂（如硫酸亚铁）。待胃、肠症状缓解后，再给予硫酸镁导泻。亦可用蛋清或牛奶灌服。

（2）应用特效解毒药——巯基类化合物（如二巯基丙醇、二巯基丙磺酸钠、二巯基丁二酸钠等），应尽快开始足量使用，首选二巯基丙磺酸钠。在应用特效解毒药剂的同时，可根据病情适当地选用对症疗法（强心、补液、保护胃肠黏膜、缓解腹痛、防止麻痹等措施）。但值得注意的是，砷化物中毒时，禁忌应用碱性药剂，以避免形成易溶性亚砷酸盐，而有利于砷的吸收。慢性中毒时，除可应用上述解毒剂外，还应给予利尿剂，以促进毒物的排除。

十五、汞中毒

汞中毒指猪摄入汞或汞化合物或吸入汞蒸气而发生的中毒，临床上主要以消化、呼吸和泌尿等系统的急、慢性炎症和神经系统损害为特征。

【诊断】急性汞中毒的诊断主要根据摄入毒物史，以及出现以呼吸系统、消化系统、肾脏及皮肤改变为主的临床表现，不难做出判断。尿汞明显增多有重要的诊断价值，但应注意与急性胃肠炎、急性呼吸系统感染、急性泌尿系统感染及其他急性传染病鉴别，结合临床表现和尿汞或血汞测定而确定。慢性汞中毒的诊断，应强调接触史，临床有精神神经症状、口腔炎和震颤等主要表现，并需排除其他病因引起的类似临床表现，尿汞和血汞的测定值升高对诊断有辅助意义。

【防治】

1. 治疗

（1）解毒　经口服中毒者，摄入初期可用炭末混悬液或2%碳酸氢钠溶液洗胃；若摄入时间较长，可灌服适量浓茶、豆浆、牛乳等。随后用汞的竞争性制剂5%二巯基丙磺酸钠注射液，皮下、肌内或静脉注射。

（2）对症治疗　10%～25%葡萄糖注射液200～500mL、10%维生素C注射液4～

10mL、氢化可的松注射液 50～100mg、维生素 B_1 注射液 0.1～1g，静脉注射，以补液保肝解毒、抗炎、抗休克；同时，肌内注射 0.5%盐酸氯丙嗪注射液，以镇静；肌内注射 10%安钠咖注射液，以强心。

2. 预防 妥善保管有机汞杀虫剂或医用汞制剂；合理处理“汞三废”的排放，综合治理汞污染区，最好不用污染区的饲草或原料制成饲料，严禁猪饮用污染区的水。

十六、硒 中 毒

硒中毒是猪采食含硒过多的饲料或注射过量的硒制剂而引起的中毒，临床上以腹痛、呼吸困难、运动失调和脱毛等为主要特征。

【诊断】根据猪采食富硒饲草和应用硒制剂治疗疾病的病史，结合脱毛、肢蹄变形、跛行等临床症状可做出初步诊断。确诊需对饲草、血液及被毛和组织进行硒含量测定分析。

【防治】该病预防的关键是在日粮中添加硒时，要根据猪体实际情况决定用量，并且要与饲料混合均匀；治疗硒缺乏症时，要严格控制用量和浓度；富硒地区，适当增加日粮中的蛋白质含量，饲料中添加阿散酸或洛克沙胂可预防硒中毒。本病无特效疗法，发现猪发生中毒，应立即停止饲喂富硒饲草，积极采取对症治疗和支持疗法。可皮下注射 0.1%砷酸钠溶液，或饲料中添加氨基苯胂酸（10mg/kg），有一定的治疗效果。慢性中毒猪，可应用高蛋白、高含硫氨基酸和富铜饲料，可逐渐恢复。

十七、无机与有机氟中毒

氟多以化合物的形式存在，氟中毒分无机氟化物中毒和有机氟化物中毒两类。通常所称氟中毒一般指无机氟化物中毒，有机氟化物中毒则主要有氟乙酰胺、氟乙酸钠等中毒。

（一）无机氟化物中毒

无机氟化物中毒是猪摄入含氟化物过多的饲料或饮水或吸入含氟气体而引起的急、慢性中毒的总称。急性氟中毒以胃肠炎、呕吐、腹泻和肌肉震颤、瞳孔扩大、虚脱死亡为特征；慢性氟中毒又称氟病，是因长期连续摄入超过安全限量的无机氟化物引起的一种以骨、牙齿病变为特征的中毒病，常呈地方性群发，猪发病较少。

【诊断】根据骨骼、牙齿病理变化及其相关症状、流行病学特点，可做出初步诊断。急性氟中毒多在食入过量氟化物半小时后出现临床症状。一般表现为厌食、流涎、呕吐、腹痛、腹泻，呼吸困难，肌肉震颤、阵发性强直痉挛，虚脱而死。慢性氟中毒（氟病）常呈地方性群发，表现为异嗜，生长发育不良，主要表现牙齿和骨骼损害有关的症状，且随年龄的增长而病情加重。为了确诊、查清氟源与确定病区，应进行尿氟、饮水氟及骨氟含量的测定。

【防治】本病治疗较困难，首先要停止摄入高氟饲料或饮水，并给予富含维生素的饲料及矿物质添加剂。对跛行病猪，可静脉注射葡萄糖酸钙。

（二）有机氟化物中毒

有机氟化物主要有氟乙酰胺（FAA）、氟乙酸钠（SFA）及 N-甲基-N-萘基氟乙酸盐（MNFA）等，为一类药效高、残效期较长、使用方便的剧毒农药，主要用于杀虫（蚜螨）、灭鼠。其中，氟乙酰胺使用及其引起的中毒较为常见，中毒后以突然发病、痉挛、鸣叫、疾速奔跑、迅速死亡为特征。这里仅介绍氟乙酰胺中毒，猪氟乙酰胺口服致死量为每千克体重0.3～0.4mg。

病猪食入氟乙酰胺的量不同，其发病的潜伏期不同，症状的轻重也有差异。一次性食入过量氟乙酰胺的急性中毒潜伏期4～12h，猪突然发病；多次食入少量氟乙酰胺的累积中毒潜伏期可达3～5d，初期表现为食少、活动减少、结膜充血，多因外界刺激而突然发病。病猪口吐白沫、鸣叫，口鼻发干、苍白，腹部严重臌胀，全身肌肉震颤；心动过速，突然狂奔乱跑，有时不顾障碍物向前直冲，撞物倒地，时而在平地做圆圈运动，倒地后四肢做游泳状划动，瞳孔放大；直肠温度36.5～37.5℃，肢端、耳尖发凉；呕吐、腹泻，呕吐物有恶臭味，有的粪便中混有少许鲜血或黏液块。病猪多因呼吸困难，在数小时内衰竭而亡，死亡猪多为体大健壮者。

【诊断】依据病史，并结合有神经兴奋和心律失常为主的临床症状和病理变化，一般可做出初步诊断。确诊尚需测定血液内的柠檬酸含量，并采集少量可疑饲料、饮水、呕吐物、胃内容物、肝脏或血液，做羟肟酸反应或薄层层析，以证实氟乙酰胺的存在。

【防治】

1. 治疗

(1) 及时使用解氟灵（50%乙酰胺）。若没有解氟灵，亦可灌服乙二醇乙酸酯（醋精）；或用5%酒精和5%醋酸，内服。

(2) 灌服0.5%的硫酸铜溶液催吐，有条件者用0.02%～0.05%的高锰酸钾溶液反复洗胃，然后灌服鸡蛋清。

(3) 进行强心补液、镇静、兴奋呼吸中枢等对症治疗。痉挛严重者，肌内注射氯丙嗪；呼吸困难者，肌内注射尼可刹米或氨茶碱；脱水严重者，静脉注射0.9%的生理盐水和10%维生素C。

2. 预防 注意农药和鼠药管理，防止猪摄食被氟乙酰胺污染的饲料和植物。

十八、有机磷农药中毒

有机磷农药中毒是由于猪接触、吸入或误食有机磷化合物，或摄入被有机磷农药污染的饲料和饮水等所引起的一种中毒性疾病，临床上以流涎、腹泻和神经机能紊乱为主要特征。

【诊断】根据接触有机磷农药的病史，结合临床上呈现的以胆碱能神经机能亢进为基础的综合征候群和病理变化，可做出初步诊断。确诊需要测定全血胆碱酯酶活力以及对可疑饲料或胃内容物进行有机磷农药的检验。

【防治】

1. 治疗 发现猪中毒后立即停喂可疑饲料和饮水，尽早实施特效解毒，尽快除去尚未吸收的毒物。

(1) 实施特效解毒 主要是指应用胆碱酯酶复活剂和乙酰胆碱对抗剂，前者治本，后者治标，双管齐下，疗效确实。常用的胆碱酯酶复活剂有解磷定（PAM，解磷毒）、氯解磷定（PAM－Cl）、双复磷和双解磷。

(2) 尽快除去尚未吸收的有机磷农药 利用碱性药物可使有机磷农药毒性减弱的特性，经消化道染毒的，可投服2%～3%碳酸氢钠溶液或1%～2%石灰水，并灌服活性炭；经皮肤染毒者，可用5%石灰水、0.5%氢氧化钠溶液或肥皂水洗刷皮肤。

（3）*对症治疗*　根据具体情况进行镇静解痉、强心补液和兴奋呼吸等辅助治疗。

（4）*中兽医疗法*　取甘草 50g、滑石 50g、绿豆（去壳）250g，共为细末，开水冲调，候温 1 次灌服。

2. 预防　妥善保管农药，防止猪接触或误食，保证饲料、饮水不被农药污染；喷洒过农药的青绿饲料 7d 后方可饲喂；用有机磷农药进行驱虫时，应严格控制用量。

十九、灭鼠药（茚满二酮类、香豆素类、硫脲类、磷化锌和毒鼠强等）中毒

灭鼠药中毒系因患猪误吃灭鼠用的毒饵或吃了中毒而死亡的鼠而中毒。常见的灭鼠药有茚满二酮类、香豆素类、硫脲类、磷化锌和毒鼠强等。

【诊断】根据误食毒饵的病史，可做出初步诊断。为了确诊，应取呕吐物、胃内容物、肝脏或残剩饲料进行毒物检验。

【防治】

1. 治疗　无特效解救药。一旦发现中毒病猪，应立即停喂可疑饲料，迅速给予维生素 K 制剂，有特效作用。治疗用量：10mg/mL 维生素 K_1，50kg 重的猪 5mL，仔猪 1～2mL。或维生素 K（15～75mg）溶于 5%葡萄糖溶液中，做成 5%混悬液静脉注射，同时给予足量的维生素 C 和可的松类激素，效果良好。

急性中毒时，采用洗胃、催吐和导泻等措施。根据具体情况进行镇静解痉、强心补液、输血和兴奋呼吸等对症治疗。

2. 预防　应加强灭鼠药、毒饵的管理和保管，防止猪误食。

二十、维生素 A 中毒

维生素 A 中毒是指由于动物采食过量的维生素 A 而引起的骨骼发育障碍，以生长缓慢、跛行、外生骨疣等为临床特征的一种中毒病。各种年龄的动物均可发生。

仔猪大量饲喂维生素 A 可导致大面积出血而突然死亡。妊娠早期过量使用维生素 A 可导致胎儿异常。

【诊断】本病诊断主要通过临床症状及病理变化，结合饲喂史等进行综合分析。

【防治】治疗原则主要是更换饲料，降低维生素 A 的添加量。中毒较轻者可以恢复；中毒较重者，还应该给予消炎止痛的药物，同时补充维生素 D、维生素 E、维生素 K 和复合维生素 B 等。如果已出现关节骨性增生或外生骨疣，则无法根治。由于脂溶维生素在体内可以蓄积，代谢缓慢，更换饲料后，血液中维生素 A 含量几周内降为正常，但肝脏中储备的维生素 A 在更长的时间内仍能保持高水平。

二十一、磺胺类药物中毒

磺胺类药物摄入过多而发生中毒，多以肾脏损伤和免疫抑制为主要特征。

【诊断】剖检可见肾脏皮质萎缩，肾盏、肾盂扩张，内含大量磺胺结晶。生前不易做出明确诊断，病理剖检可做出确切诊断。

【防治】

1. 治疗

（1）5%碳酸氢钠注射液 40～60mL、5%葡萄糖注射液 250～1 000mL，静脉注射，

每天1～2次，连用2～3d。双氢氯噻嗪2～3mg/kg，一次内服，每天1～2次，连用1～2d。

(2) 5%葡萄糖注射液250～1 000mL、10%维生素C注射液5～10mL，腹腔注射，每天1～2次，连用2～3d。碳酸氢钠2～5g/头，拌料喂给，连用3～5d。

2. 预防 用磺胺类药物治疗传染病时，要严格控制其用量和疗程，不得随意增加其用量和使用时间，拌料或饮水要均匀。使用磺胺类药物时给予等量的碳酸氢钠，以碱化尿液，提高磺胺类药物在尿液中的溶解度。

二十二、利巴韦林中毒

利巴韦林又名三氮唑核苷、病毒唑，具有广谱抗病毒作用，对流感病毒、副流感病毒、甲型肝炎病毒、口蹄疫病毒、新城疫病毒、轮状病毒等均有抗病毒活性，在医学上广泛使用。

利巴韦林对猪毒性大，极易引起中毒，兽医临床已经禁止使用。当前广大养殖户面对复杂的猪病束手无策，病急乱投医，违规使用药物时有发生，造成严重损失。

【诊断】全群猪大批死亡，出现黄疸，尿血，贫血，消瘦，胆汁充溢，红细胞数量减少，血凝不良，肾脏肿大、淤血等。由于长时间、大剂量使用利巴韦林，才导致发病。

【防治】

1. 治疗 青霉素、头孢菌素等药物肌内注射，控制继发感染。饲料中添加葡萄糖、保肝护肾中药，连续使用直到恢复，停止使用其他一切药物。治疗3～4d后，临床症状缓解，基本无死亡病例。治疗结果印证了利巴韦林药物中毒的可能性。

2. 预防 当前养猪，依赖药物控制疾病，是舍本逐末，必须从管理下手。冬季改善保温措施，提高圈舍温度，加强通风，降低感染率，杜绝违规用药。

二十三、替米考星中毒

替米考星是一种以泰乐菌素为前体半合成的大环内酯类畜禽专用抗生素。对细菌包括革兰氏阳性菌以及部分革兰氏阴性菌、支原体、螺旋体均有很强的抑制作用，特别对猪的胸膜肺炎放线杆菌、畜禽巴氏杆菌及支原体具有更强的抗菌活性。

替米考星副作用：①味苦：替米考星本身非常苦，严重影响采食量。没有包被的替米考星拌料饲喂，中大猪采食量下降40%～50%；②对胃有刺激，会加重胃溃疡；③易被胃酸破坏，导致药效损失；④有心脏毒性。

【诊断】根据临床症状及用药史怀疑是替米考星使用过量导致过敏性皮炎和中毒。

【治疗】停止用药，饮水中添加人工盐、葡萄糖、电解多维。病猪全部注射肌苷、维生素C、呋塞米，每天2次，连用2d。瘙痒严重的注射苯海拉明。治疗3d后猪的情况明显好转，采食量逐渐恢复。

二十四、硫化氢中毒

硫化氢（H_2S）是一种潜在的致死性气体，是由厌氧细菌分解蛋白质和其他含硫有机物产生的。对猪危害最大的H_2S来源是液态粪坑。猪舍内H_2S浓度小于10 mg/kg，是无毒的；H_2S的浓度超过500 mg/kg，有严重的危急性威胁；浓度达500～1 000 mg/kg，对神经系统产生永久性效应，猪可能会死于窒息。

当猪舍内 H_2S 浓度很低时（0.025 mg/kg），人可嗅察到臭味。但当浓度大于200 mg/kg时，H_2S 对嗅觉器官呈现明显的麻痹效应，使人失去警觉能力。

【诊断】根据接触硫化氢的病史，结合眼睛、呼吸道黏膜和肺部的局部炎症（如深部肺结构炎症可表现为肺水肿），进行综合诊断。

【防治】

1. 治疗 本病无特效解毒药。治疗原则为迅速切断中毒源，加强中毒区域的通风换气。加强护理，对症治疗和辅助治疗。

2. 预防 加强管理，保持猪舍通风良好，是防止猪死于 H_2S 的重要措施。

二十五、五氯酚中毒

五氯酚中毒是五氯酚化合物通过消化道、呼吸道或皮肤进入动物机体后，作为氧化磷酸化过程的强解偶联剂，导致机体代谢过程旺盛，ADP 转化为 ATP 障碍，干扰破坏了机体能量的产、供、消的动态平衡，引起以呼吸困难、神经兴奋、体温升高、呕吐和后躯麻痹为主要临床症状的一种中毒性疾病。各种动物均可发生。

【诊断】根据接触五氯酚钠的病史，结合呼吸困难、神经兴奋、体温升高等临床症状，可初步诊断。确诊应检测血液、尿液和组织中五氯酚钠的含量。一般认为，血液五氯酚钠含量为 40～80mg/L 出现临床症状，血液和组织中分别达 100mg/L 和 200mg/kg 时可引起死亡。

五氯酚钠的检测方法有比色法、薄层色谱法和气相色谱法等。

【防治】

1. 治疗 本病无特效解毒药。治疗原则为迅速切断中毒源，加强护理，对症治疗和辅助治疗。

首先应根据不同的中毒途径切断中毒源。皮肤接触中毒者，可用2%碳酸氢钠溶液或肥皂洗涤，如已发炎，可涂布红霉素软膏。经口服中毒之初期，可用5%碳酸氢钠溶液洗胃，并口服盐类泻剂。立即输氧，以满足组织对氧的需要。降温常用物理法，如冷水浴、头部置冰袋，退热药无明显作用；也可肌内注射氯丙嗪，有助于降温和减少组织对氧的需要，但不宜应用于已严重抑制和昏迷的动物。同时给予三磷酸腺苷（ATP）、辅酶 A 或能量合剂，并静脉注射生理盐水、5%葡萄糖溶液和复方氯化钠溶液，以补充血容量和纠正电解质紊乱，如果出现严重肺水肿或肾功能衰竭，不宜大量、快速输液。必要时可用肾上腺皮质激素。

治疗中禁用阿托品和巴比妥类药物，阿托品抑制出汗散热，可使体温升高；而巴比妥类药物对五氯酚钠有增毒作用。

2. 预防 应加强五氯酚钠农药的管理和使用，以过量五氯酚钠处理的木材修建的动物圈舍或制作的饲槽要充分通风挥发后再饲养动物。喷洒五氯酚钠的农作物和牧草，10d 以上才能饲喂动物或放牧。严禁在动物饮用水源和饮水处使用五氯酚钠，尽量避免使用五氯酚钠清塘。

二十六、阿维菌素类药物中毒

阿维菌素是一种高效、广谱抗寄生虫药物，对动物体内线虫和螨虫有很强的驱杀作用。

剂量计算错误和盲目增大剂量是造成阿维菌素中毒的主要原因。

【诊断】根据超量使用阿维菌素病史，并结合发病症状及病变可做出诊断。阿维菌素蓄积中毒的猪，初期表现步态不稳，舌肌麻痹，舌尖露出口腔外。而后瞳孔散大，眼睑水肿，全身肌肉松弛无力，前肢跪地。腹胀，头部出现不自主的颤抖，呼吸加快，心音减弱。中毒严重的昏迷不醒，全身反射减弱或消失，最后在昏迷中死亡。

【防治】预防阿维菌素中毒，应准确测定猪的体重并严格按使用剂量用药。阿维菌素中毒没有特效解毒药。以补液、强心、利尿和兴奋肠蠕动为治疗原则。可用10%葡萄糖500～1 000mL，地塞米松2.5～5mg，维生素C 1～2g，三磷酸腺苷注射液2～4mL，辅酶A 100～300U，混合后静脉注射；强心可用安钠咖。

第四节 其他疾病

一、新生仔猪低血糖症

本病是由多种原因引起的仔猪血糖降低的一种营养代谢疾病。多发生于仔猪出生后最初几天。大多数是由于母猪无乳引起的。

【诊断】根据妊娠母猪饲养管理不良，哺乳母猪乳汁分泌少或不分泌乳汁，发病仔猪的临床表现、病理变化，以及用葡萄糖治疗的情况可初步诊断。实验室血糖含量的测定可确诊。

【防治】

1. 治疗 5%～10%葡萄糖注射液，腹腔注射，或口服20%葡萄糖液。由于母猪的疾病造成的，在治疗仔猪的同时，应对母猪进行治疗。

2. 预防

（1）加强妊娠母猪的饲养管理，妊娠期饲喂全价饲料，多喂多汁青绿饲料。

（2）加强哺乳母猪的管理，做好接产工作，防止阴道炎和乳腺炎的发生；供给富含营养物质、易消化的饲料，保证乳汁的正常分泌。

（3）注意仔猪的保温，出生第一天35℃，以后每周降低2℃。及时固定乳头，使仔猪吃足初乳。

（4）仔细观察，发现母猪无乳或乳汁分泌不足时，及时给仔猪饲喂人工乳或补充葡萄糖。

（5）母猪产前要对产房进行彻底消毒，封闭猪舍最佳的消毒方法是用福尔马林熏蒸。整个哺乳期要定期消毒，每周至少1次。

二、新生仔猪溶血症

由于某种原因使红细胞平均寿命缩短，破坏增加，并超过骨髓造血代偿能力所引起的贫血是溶血性贫血，是一大类疾病的总称。主要临床特征为黄疸，肝脏及脾脏增大，血液学检查呈血红蛋白过多的巨细胞性贫血。

【诊断】根据贫血、黄疸、肝脾肿大等临床症状，结合血液生化分析和血液学检查结果（血浆游离血红蛋白增高，血清胆红素间接反应明显，尿胆素增加等进行综合分析，血液学检查可见红细胞减少，大小不等，尤其是网织红细胞增多）可以确诊。

【防治】可采用肾上腺皮质激素疗法，泼尼松注射液 0.01～0.02g，肌内注射或静脉注射。

三、猪应激综合征

猪应激综合征（PSS）是机体在受到内外环境因素的刺激后所发生的非特异性全身反应。其发生较为常见，严重地影响养猪业的经济效益，有时会带来严重后果。最常发生于封闭式饲养厂或者肉联厂里饲养的待宰猪只，其中肌肉发达的皮特兰猪和长白猪发病率最高。

PSS 病猪的特点是体温升高，呼吸困难，肌肉抽搐及轻度发绀。患本病的猪屠宰后肌肉苍白、多汁而且有酸味（Pale soft exudative meat，简称 PSE 肉）。其发生与猪对应激的易感性有密切关系。当猪在环境温度较高而受到兴奋刺激时，出现明显的代谢性、呼吸性酸中毒，静脉血液中氧饱和度降低，心动过速及呼吸加快，进而导致心脏和呼吸系统功能衰竭。

【诊断】

1. 临床诊断　根据临床症状和病变，如突然体温升高，呼吸困难，尾巴或肌肉震颤，心动过速，皮肤苍白或出现红斑，突然发生休克和死亡，迅速发生尸僵，死后肌肉苍白、松软、无弹性并有液汁渗出等，可做出初步诊断。

2. 实验室检查

（1）*血液检查*　可见血液酸度增高（pH＜6），血乳酸和丙酮酸增高，血浆儿茶酚胺浓度升高，血糖、血钾和磷含量升高。

（2）*氟烷激发试验*　在典型氟烷激发试验中，2～3 月龄猪在人工保定下通过面罩吸入 3%～6%氟烷加氧气，4～5min 或直至出现伸肌强直反应，出现肌肉强直的猪被认为是阳性反应。

（3）*DNA 检测法*　DNA 检测法的基本原理是辨别 PSS 缺陷蛋白，进而对 PSS 基因突变位点进行确切定位，这种方法特异性高，是根除和控制 PSS 的有效方法。

【防治】

1. 治疗　患猪要给予安静休息，减少或避开应激原的刺激。注射镇静剂，使用肌松剂或类似物；应用皮质激素、水杨酸钠、苯海拉明、维生素 C 等抗过敏药物。同时，应对症治疗酸中毒、高热、高血钾、缺氧及心律不齐等。另外，降低环境温度及静脉注射碳酸氢钠也有一定的治疗效果。

2. 预防　首先，要注意选育繁殖工作，减少遗传性，在经济允许的情况下彻底根除 PSS 突变基因。其次，应加强饲养管理，供给全价营养物质，屠宰前限制饲喂以降低肌肉糖原的含量，尽量减少屠宰前后的应激因素，以及及时冷冻屠宰后的胴体等，会显著降低 PSE 肉的产量。此外，还要注意饲养过程中外界环境的不利因素；对反应敏感猪，在出栏前可注射抗应激药，以利于长途运输，降低死亡率。

第四单元 外科病

第一节 外科感染与损伤

一、猪脓肿

在任何组织或器官内形成外有脓肿膜包裹，内有脓汁潴留的局限性脓腔称为脓肿。它是致病菌感染后所引起的局限性炎症过程。如果在解剖腔内（胸膜腔、喉囊、关节腔、鼻窦）有脓汁潴留时则称之为蓄脓，如关节蓄脓、上额窦蓄脓、胸膜腔蓄脓、子宫蓄脓等。

【诊断】

1. 病因 多数脓肿是由细菌感染引起。引起脓肿的致病菌主要是葡萄球菌，其次是化脓性链球菌、化脓性棒状杆菌、大肠杆菌、绿脓杆菌和腐败性细菌等。猪的脓肿绝大多数是金黄色葡萄球菌感染的结果，有时因结核分枝杆菌、放线菌感染形成冷性脓肿。除感染因素外，静脉内注射水合氯醛、氯化钙、高渗盐水及砷制剂等刺激性强的化学药品时，如将它们误注或漏注到静脉外也能引发脓肿；其次是注射时不遵守无菌操作规程而引起注射部位脓肿。有的是由于血液或淋巴将致病菌由原发病灶转移至新的组织或器官内所形成转移性或多发性脓肿。

2. 症状

（1）浅在性热性脓肿 常发生于皮下结缔组织、筋膜下及表层肌肉组织内。初期局部肿胀无明显的界限而稍高出于皮肤表面。触诊时局部温度增高，坚实有剧烈的疼痛反应。以后肿胀的界限逐渐清晰并在局部组织细胞、致病菌和白细胞崩解破坏最严重的地方开始软化并出现波动。由于脓汁溶解表层的脓肿膜和皮肤，脓肿可自溃排脓。但常因皮肤溃口过小，脓汁不易排尽。

(2) 浅在性冷性脓肿　一般发生缓慢，局部缺乏急性炎症的主要症状，即虽有明显的肿胀和波动感，但缺乏或仅有非常轻微的温热和疼痛反应。

(3) 深在性脓肿　常发生于深层肌肉、肌间、骨膜下、腹膜下及内脏器官。由于脓肿部位深，局部肿胀增温的症状不常见。但常出现皮肤及皮下结缔组织的炎性水肿，触诊时有疼痛反应并常有指压痕。深在性脓肿未能及时切开，其脓肿膜在脓汁的作用下容易发生变性坏死，最后在脓汁的压力下可自行破溃。脓汁沿解剖学通路下沉形成流注性脓肿。这时新的流注性脓肿和原发性脓肿之间经常有一个或多个通道互相连通。由于患病猪从局部吸收大量的有毒分解产物而出现明显的全身症状，严重时还可能引起败血症。

(4) 内脏器官脓肿　常常是转移性脓肿或败血症的结果。患病猪慢性消瘦，体温升高，食欲和精神不振，血常规检查时白细胞数明显增多，特别是分叶核白细胞显著增多。

3. 实验室检查　根据上述症状对浅在性脓肿比较容易确诊，深在性脓肿可进行诊断性穿刺和超声波检查后确诊。当脓汁稀薄时可从针孔直接排出，脓腔内脓汁过于黏稠时常不能排出，但可见到针孔内常有干涸黏稠的脓汁或脓块附着。

脓肿诊断时，还必须与其他肿块性疾病如血肿、淋巴外渗、挫伤和某些疝、肿瘤等相区别，而且不能盲目穿刺，以免损伤重要器官组织。

【治疗】

1. 消炎、止痛及促进炎症产物消散吸收　局部肿胀正处于急性炎性细胞浸润阶段可局部涂擦樟脑软膏，或用冷疗法（如复方醋酸铅溶液、鱼石脂酒精、栀子酒精冷敷），以抑制炎症渗出并具有止痛作用。病灶周围可用0.5%普鲁卡因青霉素溶液进行封闭。当炎性渗出停止后，可用温热疗法（热敷、红外线、TDP照射等）、短波透热疗法、超短波疗法，以促进炎症产物的消散吸收或促进脓肿的成熟。

2. 促进脓肿的成熟　当局部炎症产物已无消散吸收的可能时，局部可用鱼石脂软膏、鱼石脂樟脑软膏、超短波疗法、温热疗法等以促进脓肿的成熟。待局部出现明显的波动、脓肿成熟时，立即进行手术治疗。

3. 手术疗法　脓肿形成后其脓汁常不能自行消散吸收，脓肿自溃排脓也很难自愈，因此，当脓肿成熟后应及时进行手术排脓或手术摘除脓肿。

二、蜂窝织炎

在疏松结缔组织内发生的急性弥漫性化脓性炎症称为蜂窝织炎。它常发生在皮下、筋膜下及肌间的组织内，以在其中形成浆液性、化脓性和腐败性渗出液并伴有明显的全身症状为特征。

引起蜂窝织炎的致病菌主要是葡萄球菌和链球菌等化脓性球菌，也能见到腐败菌或化脓菌和腐败菌的混合感染。疏松结缔组织内误注或漏入刺激性强的化学制剂后（如氯化钙、高渗盐水、松节油等），也能引起蜂窝织炎的发生。一般是经皮肤的微细创口而引起的原发性感染，也可继发于邻近组织或器官化脓性感染的直接扩散，或通过血液循环和淋巴管的转移而发生。

【分类】临床上按蜂窝织炎发生部位的深浅可分为浅在性蜂窝织炎（皮下、黏膜下蜂窝织炎）和深在性蜂窝织炎（筋膜下、肌间、软骨周围、腹膜下蜂窝织炎）。按渗出液的性状和组织的病理学变化，分为浆液性、化脓性、厌氧性和腐败性蜂窝织炎。如化脓性蜂窝织炎伴发皮肤、筋膜和腱坏死时，则称为化脓性坏死性蜂窝织炎。在临床上也常见到化脓菌和腐败菌混合感染而引起的化脓性腐败性蜂窝织炎。按蜂窝织炎发生的部位，分关节周围蜂窝织炎、食管周围蜂窝织炎、淋巴结周围蜂窝织炎、股部蜂窝织炎、直肠周围蜂窝织炎等。

【诊断】

蜂窝织炎病程发展迅速。主要根据症状进行诊断。其局部症状主要表现为大面积肿胀、局部温度增高、疼痛剧烈和机能障碍。其全身症状主要表现为患病猪精神沉郁、体温升高、食欲不振并出现各系统（循环、呼吸及消化系统等）的机能紊乱。由于发病的部位不同其症状亦有差异。

（1）皮下蜂窝织炎　常发生于四肢（特别是后肢），主要是由于外伤感染所引起。病初局部出现弥漫性渐进性肿胀。触诊时热痛反应非常明显，初期呈捏粉状，有指压痕，后变为稍坚实感。局部皮肤紧张。随着炎症的进展，局部的渗出液由浆液性转变为化脓性浸润。此时患部肿胀更加明显，热痛反应剧烈，患病猪体温显著升高。随着局部坏死组织的化脓性溶解而出现化脓灶，触诊柔软而有波动感。病程经过良好者，化脓过程局限化或形成蜂窝织炎性脓肿，脓汁排出后患病猪局部和全身症状减轻；病程恶化时，化脓灶继续往周围和深部蔓延使病情加重。

（2）筋膜下蜂窝织炎　常发生于前肢的前臂筋膜下、鬐甲部的深筋膜和棘横筋膜下，以及后肢的小腿筋膜下和阔筋膜下的疏松结缔组织中。其临床特征是患部热痛反应剧烈，机能障碍明显，患部组织呈坚实性炎性浸润。感染根据发病筋膜的局部解剖学特点而向周围蔓延。全身症状严重恶化，甚至发生全身化脓性感染而引起猪的死亡。当颈静脉注射刺激性强的药物时，如误注和漏入颈部皮下或颈深筋膜下时，都能引起筋膜下的蜂窝织炎。注射后经 1～2d 局部出现明显的渐进性的肿胀，有热痛反应，但无明显的全身症状。如并发化脓性或腐败性感染，则经过 3～4d 后局部出现化脓性浸润，继而出现化脓灶。如未及时切开则可自行破溃而流出微黄白色较稀薄的脓汁。它能继发化脓性血栓性颈静脉炎。当猪采食时，由于饲槽对患部的摩擦或其他原因，常造成颈静脉血栓的脱落而引起大出血。

（3）肌间蜂窝织炎　常继发于开放性骨折、化脓性骨髓炎、关节炎及腱鞘炎之后。有些是皮下或筋膜下蜂窝织炎蔓延的结果。感染可沿肌间和肌群间大动脉及大神经干的径路蔓延。首先是肌外膜，然后是肌间组织，最后是肌纤维。先发生炎性水肿，继而形成化脓性浸润并逐渐发展成为化脓性溶解。患部肌肉肿大、肥厚、坚实、界限不清，机能障碍明显，触诊和运动时疼痛剧烈。表层筋膜因组织内压增高而高度紧张，皮肤可动性受到很大的限制。肌间蜂窝织炎时全身症状明显，体温升高，精神沉郁，食欲不振。局部已形成脓肿时，切开后可流出灰色、常带血样的脓汁。有时化脓性溶解可引起关节周围炎、血栓性血管炎和神经炎。

【治疗】应按照减少炎性渗出、抑制感染扩散、减轻组织内压、改善全身状况、增强机体抗病能力，局部和全身疗法并举的原则进行治疗。

(1) *局部疗法*

①控制炎症发展，促进炎症产物消散吸收。患病猪安静休息。最初24～48h以内，当炎症继续扩散，组织尚未出现化脓性溶解时，为了减少炎性渗出可用冷敷（50%硫酸镁溶液、10%鱼石脂酒精、90%酒精、0.1%雷佛奴耳、醋酸铅明矾液、栀子浸液等），涂以醋调制的醋酸铅散。用0.5%盐酸普鲁卡因青霉素溶液做病灶周围封闭。当炎性渗出已基本平息（病后3～4d），为了促进炎症产物的消散吸收可用上述溶液温敷，也可用红外线、紫外线、超短波等进行治疗。亦可外敷雄黄散，内服连翘散。

②手术切开。如冷敷后炎性渗出不见减轻，组织出现增进性肿胀，患病猪体温升高和其他症状都有明显恶化的趋向时，不需等待脓肿成熟，应立即进行手术切开以减轻组织内压，排出炎性渗出液。局限性蜂窝织炎性脓肿时可等待其出现波动后再行切开。

手术切开时应根据情况做局部或全身麻醉。浅在性蜂窝织炎应充分切开皮肤、筋膜、腱膜及肌肉组织等。为了保证渗出液的顺利排出，切口必须有足够的长度和深度，做好纱布引流。必要时应造反对孔。四肢应做多处切口，最好是纵切或斜切。组织切开时，应避免损伤大血管、神经、关节囊和腱鞘等。伤口止血后可用中性盐类高渗溶液做引流液以利于组织内渗出液的外流。

如经上述治疗后体温暂时下降复而升高，肿胀加剧，全身症状恶化，则说明可能有新的病灶形成，或存有脓窦及异物，或引流纱布干涸堵塞因而影响排脓，或引流不当所致。此时应迅速扩大创口，消除脓窦，摘除异物，清洗创腔，更换引流纱布，保证渗出液或脓汁能顺利排出。待局部肿胀明显消退，体温恢复正常，局部创口继续按化脓创处理，直至愈合。

(2) *全身疗法* 早期应用抗生素疗法（青霉素G、氨苄西林、头孢类抗生素等），必要时可联合用药。局部应用盐酸普鲁卡因封闭疗法。患病猪加强饲养管理。注意补液，纠正水、电解质及酸碱平衡的紊乱。

三、血肿与淋巴外渗

（一）血肿

血肿是由于各种外力作用，导致血管破裂，溢出的血液分离周围组织，形成充满血液的腔洞。

血肿常见于软组织非开放性损伤，但骨折、刺创、火器创也可形成血肿。血肿常发生于胸前和腹部，还可发生在耳部、颈部等。血肿也可发生于皮下、筋膜下、肌间、骨膜下及浆膜下。根据损伤的血管不同，血肿分为动脉性血肿、静脉性血肿和混合性血肿。

血肿形成的速度较快，其大小取决于受伤血管的种类、粗细和周围组织性状，一般均呈局限性肿胀，且能自然止血。较大的动脉断裂时，血液沿筋膜下或肌间浸润，形成弥漫性血肿。较小的血肿，由于血液凝固而缩小，其血清部分被组织吸收，凝血块在蛋白分解酶的作用下软化、溶解和被组织逐渐吸收。其后由于周围肉芽组织的新生，使血肿腔结缔组织化。较大的血肿周围，可形成较厚的结缔组织囊壁，其中央仍储存未凝的血液，时间较久则变为褐色，甚至无色。

【诊断】一般根据临床症状进行诊断。血肿的临床特点是肿胀迅速增大，肿胀呈明显的波动感或饱满有弹性。4～5d 后肿胀周围坚实，并有捻发音，中央部有波动，局部增温。穿刺时，可排出血液。有时可见局部淋巴结肿大和体温升高等全身症状。另外，血肿感染后可形成脓肿，应注意鉴别。

【治疗】治疗的基本原则是制止溢血、防止感染和排除积血。尽早应用止血剂，静脉注射 10%氯化钙溶液 50～100mL，肌内注射维生素 K 注射液或 0.5%止血敏注射液。可在患部涂碘酊，装压迫绷带。经 4～5d 后可穿刺或切开血肿，清理积血或凝血块和挫灭组织，如发现继续出血，可进行结扎止血，清理创腔后，再缝合或开放治疗。

（二）淋巴外渗

淋巴外渗是在钝性外力作用下，由于淋巴管断裂，致使淋巴液聚积于组织内的一种非开放性损伤。

病因主要是钝性外力在猪体上强行滑擦，致使皮肤或筋膜与其下部组织发生分离，淋巴管发生断裂。淋巴外渗常发生于淋巴管较丰富的皮下结缔组织，而筋膜下或肌间则较少。

【诊断】主要根据症状诊断。淋巴外渗在临床上发生缓慢，一般于伤后 3～4d 出现肿胀，并逐渐增大，有明显的分界，呈明显的波动感，皮肤不紧张，炎症反应轻微。穿刺液为橙黄色、稍透明的液体，或其内混有少量的血液。时间较久，形出纤维素块，如囊壁有结缔组织增生，则呈明显的坚实感。

【治疗】首先使猪安静，有利于淋巴管断端的闭塞。较小的淋巴外渗可不必切开，于波动明显部位，用注射器抽出淋巴液，然后注入 95%酒精或酒精福尔马林液，停留片刻后，将其抽出，以期淋巴液凝固堵塞淋巴管断端，制止淋巴液流出。应用一次无效时，可行第二次注入。

较大的淋巴外渗，可行切开，排出淋巴液及纤维素，用酒精福尔马林液冲洗，并将浸有上述药液的纱布填塞于腔内做假缝合。等淋巴管闭塞后按创伤治疗。

治疗时应注意，长时间的冷敷可造成皮肤的坏死，而热疗、刺激疗法和按摩能促进淋巴液的流出和破坏已经形成的淋巴栓塞，都不宜采用。

四、烧　伤

烧伤即热力损伤，包括火焰和灼热的气液、固体作用于机体所产生的物理性损伤，其中热液引起的损伤称为烫伤。

【症状】主要包括：①原发性休克，1～2h 内由剧痛而引起休克，猪表现为寒战、发冷，体温可表现为升高；②继发性休克，伤后 6h 烧伤部位开始有体液渗出，36～48h 达到渗出高峰，大量体液的丢失会造成低血容量性休克。此时猪一般表现为少尿或无尿、血沉变慢、红细胞计数升高；③中毒性休克，一般发生在烧伤 2d 后，机体因感染及坏死组织溶解和毒素被大量吸收而造成机体中毒；④败血症；⑤肾功能障碍；⑥其他症状，如疼痛等。

【治疗】

（1）现场急救，如灭火，去除致伤物，并消除烟尘对呼吸道的持续性损伤。

（2）远离火场，开展紧急处置方案，主要包括保护创面、应急处理以维持正常生命体征（如为了保证足够的血氧饱和度，可以进行气管切开术或紧急插管）。

(3) 开展疼痛管理，烧伤时的止痛药首选盐酸吗啡。其他如5%溴化钠静脉注射、0.25%盐酸普鲁卡因按1mL/kg缓慢静脉注射。

(4) 局部处理，主要包括生理盐水清洗异物、3%龙胆紫清洁创面并消毒。

(5) 防止继发性休克，主要包括根据体况选择适宜的液体进行补液。如可采用复方生理盐水与右旋糖酐按2∶1另加维生素C等静脉注射。输液量可根据烧伤面积予以计算，还可以根据血气分析及离子分析结果予以精确计算补液量及选择合适的液体。

(6) 防止感染、中毒性休克和败血症，如全身使用抗生素。局部可使用银花甘草汤外洗（金银花30g，甘草3g，煎水）或生理盐水清洗创面；2%硼酸冲眼；外涂药膏，猪可使用清凉膏（风化石灰500g、凉开水200g，混合沉淀取上清液加麻油少许）、紫草膏、烧伤膏、大黄地榆膏等。

五、损伤与并发症（溃疡、坏疽、休克）

（一）溃疡

溃疡是指皮肤或黏膜上经久不愈的病理性肉芽创。

溃疡一般是由外伤、微生物感染、肿瘤、循环障碍、神经功能障碍、免疫功能异常或先天皮肤缺损等引起的局限性皮肤组织缺损。

【症状】其表面常覆盖有脓液、坏死组织或痂皮，愈后遗有瘢痕，可由感染、外伤、结节或肿瘤的破溃等所致，其大小、形态、深浅、发展过程等也不一致。常合并慢性感染，可能经久不愈。

【治疗】消除病因、解除症状、愈合溃疡、防止复发和避免并发症。根据损伤的病因不同，溃疡的表现也可能不尽相同，发病机制亦各异，所以对每个病例应分析其可能涉及的致病因素及病理生理，给以适当的处理。

（二）坏疽

大块组织坏死后，由于合并不同程度的继发性改变，如腐败菌感染等而形成的特殊形态变化，称为坏疽。常见的腐败菌有梭杆菌、产气荚膜梭菌、螺旋体等。坏疽常呈现灰绿色、棕黑色，甚至黑色。其特殊颜色改变，这是由于坏死组织被腐败菌分解产生硫化氢，与血红蛋白分解出来的铁相结合，形成黑色的硫化铁，使坏死组织变为黑色。坏疽可分为干性坏疽、湿性坏疽和气性坏疽三种。

【症状】

(1) 干性坏疽　坏死皮肤逐渐干涸、变薄、皱起，失去原有弹性，变成致密。病变部的颜色由苍白至淡蓝绿色而后变黑色。触诊患部发冷，无知觉。当四肢下部发生干性坏疽时，则末梢的脉搏消失。经过3～4d，活组织与坏疽部分出现反应性的炎症分界线，其分界线上是肉芽组织带，肉芽组织带上被覆有少量浓稠淡黄色脓汁，它不仅限制坏疽过程的蔓延、扩大，阻止湿性物质的被吸收，并且进一步促进坏疽部分自行离断。但在临床上应注意，在软组织内的分界线形成较快，而在血管较少的致密结缔组织内（肌腱、肌膜、韧带和腱膜）的分界线，则形成较慢。

干性坏疽通常不伴发全身性中毒现象和菌血症，因为干性坏疽的组织并非是细菌发育的良好环境，且血液供给路径的破坏，又能阻碍组织分解产物的吸收。

(2) 湿性坏疽　最初呈现淤血、水肿。触诊厥冷，无知觉。病初黏膜呈微绀色，皮肤无色素，经若干小时就变成红紫蓝色、灰绿色或直至黑色，其后组织逐渐发生软化和崩解，分泌血样灰色液体，并产生大量靛基质和粪臭素，而有奇臭。分解的软部组织发生高度水肿，并呈淡黄灰色或肉桂色。坏死的肌膜、肌腱和腱膜亦发生水肿，纤维分离，常呈棕黑色。坏死的骨呈凹凸不平及多孔，因湿性坏疽常伴发化脓性、厌氧性或腐败性感染，所以腐败过程较严重，蔓延快，分界线不明显或不形成分界线。有毒产物常被吸收，可引起患病猪全身中毒。表现为精神沉郁，体温升高，食欲减退或废绝，严重者甚至死亡。存活的病猪，坏死组织逐渐与健康组织分离。

(3) 气性坏疽　最常发生于去势后。猪颈环伤引起周围组织的感染，感染扩散到颈部侧方和肩部皮下组织内引起广泛性肿胀。感染破坏了皮肤的血液供应。而当皮肤坏疽时，皮肤逐渐地脱落。如猪能存活，尽管皮肤有大面积的脱落，感染仍能痊愈，皮肤也能覆盖患部。

【治疗】

(1) 干性坏疽　应防止它转为湿性坏疽，常采用促进结痂形成的消毒药，如3%龙胆紫，并用干燥绷带加以保护，同时在处理过程中应注意不要损伤分界线。分界线形成后，可用手术方法切除坏死组织，然后按肉芽创处理，禁用热浴、湿绷带，保持干燥可减少感染的机会。

(2) 湿性坏疽　制止患部病变的蔓延，根据情况应用高渗剂促进炎症净化，并使其尽快地转为干性坏疽。对严重的湿性坏疽，应彻底切除坏死灶。术后撒布磺胺嘧啶：碘仿（9：1）、磺胺嘧啶：高锰酸钾（95：5）。全身疗法，可选用各种解毒药和抗生素，应特别注意保护心脏功能。

（三）休克

休克是指机体有效循环血量（单位时间内通过循环系统的循环血量，不包括储存于肝、脾、淋巴窦或停留于毛细血管中的血量）锐减，导致组织灌流量不足，以及创伤、细菌感染和代谢紊乱所致的多器官功能衰竭的综合征。由于有效循环血量的锐减，导致组织缺氧和废弃物的积聚，从而破坏了细胞的代谢，最终导致循环恶化，器官衰竭乃至死亡。

外科主要常见的休克有失血性休克、损伤性休克和感染性休克三类。

【诊断】凡遇大量失血、失水、较严重的损伤或感染时，都应想到有休克发生的可能。要动态地观察临床表现，并参考实验室检查结果，进行综合分析，才能做出早期诊断。

一般休克的共有症状为表情淡漠，反应较为迟钝，皮肤湿润，四肢发凉，脉搏细速呈丝状脉，呼吸快而浅，体温与血压下降，少尿，血浓缩（出血性休克除外）。中毒性休克还包括在休克发生前后出现高热，持续低血压、昏迷以及在早期即有肾功能障碍。

此外，还可通过红细胞计数，测定血红蛋白，以了解血容量和血浆丧失情况。测定静脉血二氧化碳结合力、动脉血 pH、动脉血乳酸含量，以反映细胞是否缺氧，有否代谢性酸中毒存在。

【治疗】

1. 消除病因　要根据休克发生的不同原因，给以相应的治疗。如为出血性休克，关键是止血，在止血的同时也必须迅速地补充血容量。如为中毒性休克，要尽快消除感染源，对化脓灶、脓肿、蜂窝织炎要切开引流。

2. 补充血容量　在贫血和失血的病例，需要输全血，根据需要补给血浆、生理盐水或右旋糖酐等。这样做既可防止携氧能力不足，又能降低血液黏稠度，改善微循环。新鲜全血中含有多种凝血因子，可补充由于休克带来的凝血因子不足。补充血容量的指标使体内电解质失衡得到改善，表现在病情开始好转，末梢皮温由冷变温，齿龈由紫变红，口腔湿润而有光泽，血压恢复正常，心率减慢，排尿量逐渐增多等。血压可作为休克进入低血压的一个重要指标，但不应作为唯一的指标。中心静脉压对输液量有一定的指导意义。

3. 改善心脏功能　当静脉灌注适当量液体之后，患病动物情况没有好转，中心静脉压反而增高，应该增添直接影响血管和强心的药物。中心静脉压高、血压低是心功能不全的表示，应采用提高心肌收缩力的药物，β受体兴奋剂如异丙肾上腺素和多巴胺是首选药物。多巴胺除可加强心肌收缩力外，并有轻度收缩皮肤和肌肉血管，以及选择性扩张肾血管的作用，在抗休克中有其独特的作用。洋地黄能增强心肌收缩，缓慢心率，在休克的早期很少需要洋地黄支持，于长期休克和心肌有损伤时使用。大剂量的皮质类固醇，能促进心肌收缩，降低周围血管阻力，有改善微循环的作用，并可减轻内毒素的作用，较多用于中毒性休克。中心静脉压高，血压正常，心率正常，是容量血管（小静脉）过度收缩的结果，用α受体阻断药如氯丙嗪，可解除小动脉和小静脉的收缩，纠正微循环障碍，改善组织缺氧，从而使休克好转，适用于中毒性休克、出血性休克。使用血管扩张剂，要同时进行血容量的补充。

4. 调节代谢障碍　休克发展到一定阶段，矫正酸中毒十分重要。纠正代谢性酸中毒可增强心肌收缩力；恢复血管对异丙肾上腺素、多巴胺等的反应性；除去产生播散性血管内凝血的条件。从根本上改变酸中毒主要是改善微循环的血流障碍，所以应合理地恢复组织的血液灌注，解除细胞缺氧，恢复氧代谢，使积聚的乳酸迅速转化。

外伤性休克常合并有感染，因此在休克前期或早期，一般常给广谱抗生素。如果同时应用皮质激素时，抗生素首剂量加倍。

休克患病动物要加强管理，指定专人护理，使动物保持安静，要注意保温，但也不能过热，保持通风良好，给予充分饮水。输液时使液体保持同体温相同的温度。

第二节　头、颈部疾病

一、角膜炎与结膜炎

（一）角膜炎

角膜炎是角膜组织发生炎症的总称。临床上分为非化脓性角膜炎和化脓性角膜炎。

【诊断】

1. 病因　外伤性角膜炎由于物理损伤和化学刺激而引起，有的角膜炎是由结膜炎蔓延而来，有的属于传染病和寄生虫病的症状。

2. 症状

（1）非化脓性角膜炎　临床上表现为畏光、流泪、敏感、疼痛，眼睑闭锁，角膜出现不同程度的混浊（角膜翳），角膜缺损或坏死。其后症状逐渐减轻，只要损伤部位的组织能被吸收，常可不留任何痕迹而自愈。

（2）化脓性角膜炎　角膜损伤部分发生变性形成混浊，角膜上出现絮状的翳，严重时可呈点状、星芒状或斑块状，有时斑块内还有血管。角膜损伤严重的可发生穿孔，眼房水流出，由于眼前房内压力降低，虹膜前移，常常与角膜粘连，或后移与晶状体粘连，从而丧失视力。

【治疗】 主要是除去病因，消炎，明目，退翳。

消除病因如可清洗眼内不洁分泌物或异物。对病原体感染引起的角膜炎，应分析和检查，以确立病因，选用敏感的药物进行治疗。

凡属轻度角膜炎，可使用青霉素、普鲁卡因、氢化可的松液做球结膜下注射，或用于滴眼。

对发生角膜损伤者，角膜穿孔时应严密消毒防止感染，对虹膜脱出的新病例可将虹膜还纳展平；脱出久者，可用灭菌的虹膜剪将脱出部分剪去，并涂黄降汞眼膏，外装眼绷带。角膜损伤可用1%三七液，煮沸消毒后滴眼，配合抗生素同时使用。

角膜混浊或角膜翳可用甘汞、乳糖粉，或青霉素、普鲁卡因、氢化可的松球结膜下注射。或2%～5%碘化钾（或碘化钠）球结膜下注射。疼痛剧烈时可用10%颠茄软膏或狄奥宁（盐酸乙基吗啡）软膏涂至角膜上，可使疼痛减轻。

（二）结膜炎

结膜炎是指眼结膜受外界刺激和感染而引起的炎症。各种年龄猪均可发生，是一种常见病、多发病。根据病理性质划分，有卡他性、化脓性、滤泡性、假膜性、水疱性等型。一般属机械、化学、细菌等因素造成的单纯性结膜炎，也有些结膜炎是某些传染病的一种症状。

【诊断】

1. 病因 常见的病因有机械性刺激、化学性刺激及微生物感染三种。

（1）机械性刺激　常见的有眼外伤、眼睑畸形、异物、寄生虫等。

（2）化学性刺激　猪舍内不洁，氨气浓度过高、石灰、熏烟、消毒药、驱蚊农药等刺激结膜而发生结膜炎。

（3）微生物感染　可分为两种情况：一种是患传染病，结膜炎作为一种原发性症状之一；另一种是原来在眼结膜内就存在的非致病细菌，当眼结膜受损伤或机体抵抗力降低时，非特异性细菌感染促使结膜炎进一步发展。

2. 症状 按临床病程与特点可分为急性、慢性和化脓性三种。

（1）急性结膜炎　单眼或双眼一先一后发生，眼睑肿胀，畏光，流泪，敏感，结膜潮红、肿胀，分泌物呈浆液性，以后可变得黏稠，呈混浊的絮状积于眼内眦。若结膜炎侵及结膜下，则结膜高度肿胀，疼痛剧烈。

（2）慢性结膜炎　多因急性结膜炎迁延不愈所致。结膜轻度出血，呈暗红色，分泌物呈浆液或黏液性。由于分泌物经常刺激皮肤，在眼内眦的下方发痒，故被毛脱落，形成湿疹。

（3）化脓性结膜炎　多由急性结膜炎继发感染而引起。眼睑增温、肿胀，流泪，畏光等。开始是混合有较黏稠脓汁的泪液，以后逐渐变成纯脓样，滞留在眼睑或结膜囊内，或干涸后粘在睫毛、眼睑上，严重者上、下眼睑粘连。

【治疗】 主要是消除病因，镇痛消炎，清洗患眼，对症治疗。

1. 急性结膜炎 主要是清洗眼内异物和炎性分泌物，适当选用抗菌药或中草药。

任选2%硼酸液、1%生理盐水、1%～2%的明矾水中的一种洗眼，没有药液时也可用一般灭菌水冲洗。

分泌物黏稠时可用0.5%～1%的硝酸银溶液滴眼，每日1～2次，滴药后10min用生理盐水或蒸馏水冲洗。

分泌物已见减少或将趋向于吸收过程时可用收敛药，常用0.5%～2%硫酸锌（每日2～3次）、2%～5%蛋白银、眼药膏等。

消除炎症也可选下列处方：黄柏30g加水500mL，煮沸20min，滤过后用上清液滴眼；或用10%～30%的板蓝根液滴眼。

2. 慢性结膜炎　以刺激与温敷为主。可用2%～5%蛋白银液点眼，或用硫酸铜棒轻擦上、下眼睑，擦后立即用硼酸水冲洗。也可用5%磺胺噻唑软膏。

二、中耳炎与内耳炎

（一）中耳炎

中耳炎是中耳的炎症，各种年龄的猪均可发生。中耳炎能迅速地转为内耳炎，其结果可出现耳聋和平衡不稳。

【诊断】

1. 病因　多在呼吸道感染，如流行性感冒之后发生。有些病例，链球菌与葡萄球菌为最常见的病原体。

2. 症状　有些病猪体温升高，食欲废绝。非两侧性中耳炎时，则头倾斜于一侧，患耳下垂。如果两耳同时发病，则头伸长，鼻靠近地面。发病猪头扭转直至耳竖直或下垂，并向耳下垂的一侧转圈。病猪继续转圈直至倒地而不能起来。有些病猪的体温正常，当患猪能接触食物时，食欲正常。

【治疗】有效治疗应当趁炎症局限于欧氏管或中耳时进行。治疗应该是减轻欧氏管及中耳的炎症，从而使咽与中耳之间可以自由相通。

用一根细长而硬的探针穿通鼓膜，穿刺以前应该用等量的盐酸可卡因、薄荷脑与结晶石炭酸的混合物进行麻醉。当穿刺时鼓膜仅有轻微的抗力。

注入防腐药以前，应将鼻液滴下来，使冲洗液可以很好地流出来。防腐药可使用液体铋泼糊剂。该制剂由碘仿60g、碱式硝酸铋30g、适量的液状石蜡制成，可用注射器灌注。当引流经欧氏管时不需再做其他治疗。有些慢性病例采用此法治疗是有益的，因为病猪肥育后仍有食用价值。磺胺类药物与抗生素对这些病例有相当的效果。

（二）内耳炎

内耳炎是内耳的炎症，各种年龄的猪均可发生。内耳炎常由中耳炎发展而来，其结果可出现耳聋和平衡不稳。大多数内耳炎因严重的外耳炎所致。最常见的病原菌为葡萄球菌、链球菌、假单胞菌及变形杆菌等。细菌通过外耳道、咽鼓管蔓延至鼓膜和内耳，或通过血源性途径感染中耳和内耳。

【症状】晕眩，周围的景物似乎不停地在旋转，步态不稳或跌倒，恶心、呕吐。头部及全身活动加剧，听力完全丧失，耳深部疼痛。自发性眼震初期向患侧，迷路破坏后可转向健侧。前庭功能检查，冷热试验患侧无反应。一般3周后可由对侧代偿其功能，除耳聋外症状逐渐消失。

【治疗】抗生素控制感染，适当应用镇静剂（如安定等），呕吐频繁时可适当输液。在抗生素控制下行乳突根治术，清除病变时，不宜扰动瘘管内的纤维结缔组织，以免感染扩散，瘘管口可覆盖颞肌筋膜。化脓性迷路炎疑有颅内并发症时，应立即行迷路切开术，以利通畅引流，防止感染向颅内扩展。伴有迷路损害的全身性真菌感染，常用两性霉素B和口服其他抗真菌药物治疗，但治疗困难且常有复发。对外伤性病例，可应用皮质类固醇和支持疗法；对迷路或尾窝的肿瘤，一般不予治疗，因确诊时已多为晚期。

三、齿　病

猪齿病多发生在哺乳期和5～7月龄的架子猪。齿病的类型以齿生长异常、牙齿更替困难、龋齿等为多见。

【症状】

（1）*齿生长异常*　是指缺少一个或几个牙齿，或多生长一个或几个牙齿，或牙齿生长的速度、部位和方向不正常，这三者都会引起猪食欲减退、采食困难等症状。萌出困难的异常牙齿往往牙苞突出于齿龈，引起齿龈红、肿、热、痛，咀嚼机能障碍。萌出过长牙齿而刺伤相对的牙龈、颊部等组织，影响吮吸和摄食功能。

（2）*牙齿更替困难*　正常猪生长到一定的年龄，除后臼齿和第一臼齿外，乳齿均按一定的顺序更替为恒牙。然而，猪牙齿在更替过程中往往发生困难，引起牙齿周围软组织炎症。其中以切齿第二、三、四及前臼齿为多见。更替齿多为左右对称进行，有的切齿和前臼齿同时更换，更替困难齿的牙釉多数呈黄色或褐色，甚至黑色，称“黑齿”。病牙周围的齿龈红肿，严重的炎症波及附近腭褶，周围膜呈卡他性变化，敏感性增加。用探针检查病牙时，有摇动及疼痛反应。更替臼齿因齿冠被磨损而变薄、切齿被磨损变短，磨面变平滑。而新更替的切齿和臼齿往往在齿冠下而露出牙苞。犬齿更替困难时，常是乳犬齿未掉下，恒犬齿从其旁侧萌出，或恒犬齿牙苞托在乳犬齿的齿冠底部。

（3）*龋牙*　龋齿常发生在臼齿，腔洞中有污物充塞，恶臭，触诊时剧烈疼痛、挣扎，齿龈红肿，流涎。不及时治疗或拔除，往往在牙根部形成脓肿，并突出于齿龈表面。

【治疗】对于更替困难的牙齿采取拔除根治法。拔除方法是用3%碘酊把病牙及其周围齿龈进行涂抹消毒，再用齿龈分离器剥离齿龈，露出牙颈，然后用牙钳拔除病牙。同时注射20%磺胺嘧啶以防感染。若是牙齿固着很牢难以拔除，可用牙挺撬除，或撬松后用牙钳拔除。对于萌出困难的恒齿，可用手术刀在恒齿牙苞顶部做“十”字形的切口，排除牙苞对恒齿萌出的阻力，让恒齿自由长出。对于哺乳仔猪生长的牙齿可以用电工尖嘴钳把过长部分剪掉。龋齿的治疗应按轻重处理。若弱齿已经失去咀嚼能力，应予拔除；轻度的龋齿，可把龋洞中的污物清除干净，然后用小块棉花沾上少许石炭酸塞于龋洞中杀菌止痛；对于病齿发展为脓包时，应待脓包成熟，及时切开排脓；对于牙齿生长异常、妨碍咀嚼功能的，应予拔除。

第三节　胸腹部疾病

一、胸腔积液

胸腔积液指胸腔积聚多量液体。病因如下：

（1）*循环系统疾患*　当猪的上腔静脉受阻，引起充血性心力衰竭、缩窄性心包炎等循环系统疾病时，会造成猪胸腔积液。

（2）*感染性胸腔积液*　多为浆液性、化脓性，如结核性胸膜炎或结核性脓胸、非特异性感染性胸膜炎、真菌性胸膜炎、寄生虫感染（如肺吸虫病、阿米巴病、丝虫病等）。

（3）肿瘤性胸腔积液　多为出血性，其中以肺癌最为常见，其次是胸膜肿瘤如恶性间皮瘤等。

（4）漏出性胸腔积液　多见于肝硬化、心力衰竭、肾病等。

（5）风湿性疾病与变态反应疾病　多见于系统性红斑狼疮、风湿热、嗜酸性粒细胞浸润性胸膜炎。

【诊断】依据呼吸困难的症状，结合胸腔穿刺进行诊断。胸腔穿刺术是用中空的针头或套管针刺入胸腔，其目的是从胸腔移去多量的液体，或作诊断之用。也可通过B超和X线检查诊断。

【治疗】胸腔穿刺术：胸腔穿刺可在胸部肋间，胸壁皮下静脉的直上方并紧靠在肋骨的前缘进行。术部应剃毛并用有效的皮肤消毒药涂擦。将皮肤推向上方，以便皮肤穿刺点与肌肉穿刺点不直接相通。将器械慢慢地推进组织，直至不再感到有阻力为止，并用手指紧紧抓牢。当液体停止流出时，即应在末端装上橡皮管，将橡皮管的另一端置于液体内。这样可避免空气进入胸腔。拔出器械后皮肤上的开口应该涂以弹性火棉胶。

治疗引起胸腔积液的疾病，消除病因。

二、腹壁透创

腹壁透创指开放性腹壁损伤和腹膜破损（多伴有内脏损伤）。腹壁透创常因刺伤、咬伤、枪伤所引起。大多见于拳击、脚踢或其他钝性物体打击。

【诊断】对于开放性损伤的诊断，应更慎重考虑是否为穿透伤。有内脏自腹壁创口突出时腹膜已穿透，易于诊断。然而，在刺创、枪伤时，因创口小而周围有炎性肿胀及异物的覆盖，有时不易确诊。

1. 触诊、叩诊、听诊　从后向前依次触诊腹部，如有压痛和肌紧张或不适感，可能为内脏损伤。应仔细做直肠检查，评估骨盆及骨盆部器官有无损伤。结合触诊进行叩诊，检查有无腹腔流动性液体。叩诊也可用于诊断异常腹壁音，如反响过强或鼓音（如空腔内脏臌气）或浊音增加（如器官移位或腹腔部分充满液体）等。听诊对诊断腹腔损伤有用。肠音为肠内液体和气体流动时产生。腹膜炎和肠炎早期，肠蠕动音增强，腹膜炎继续发展，则会发生疼痛加剧及肠蠕动明显减弱。听诊应结合其他临床症状如疼痛、呕吐、倦怠及发热等进行分析，便于确定腹部损伤的程度和是否采用剖腹探查。

2. 腹腔穿刺　对诊断腹腔内脏有无损伤和哪一种脏器损伤意义很大，诊断阳性率较高。猪站立保定，腹底部剑状软骨与耻骨间剃毛、消毒和局部浸润麻醉后，选择适宜针头从腹底壁刺入腹腔。猪可自行流出或抽出腹腔液。抽出的液体进行肉眼和显微镜观察，必要时做肌酐和淀粉酶等的测定。

3. X线检查　腹部X线检查可观察腹腔积气、积液及某些脏器大小、形态和位置。但是，对有些病情危急或处于休克状态的猪，X线检查因需移动猪而受到限制，故慎用。只有伤情平稳、发展缓慢、一时不能确诊者，才可进行X线检查。

4. B超检查　主要用于诊断肝、脾、胰、肾的损伤，能根据脏器的形状和大小提示损伤的有无、部位和程度，以及周围积血、积液情况。

5. 剖腹探查　上述方法未确诊或未能排除腹内脏器损伤，或证实腹腔有连续出血、积气、腹部扩张、脓性污染或有胆汁等，需施剖腹探查。

【治疗】腹壁透创急救主要应根据全身性变化来决定，如制止腹腔脏器突出，采取止血措施，立即输血或补液，防止失血性休克。

对单纯性腹壁创伤，应严密消毒创围，彻底清理创腔，分层缝合腹壁。

穿透性创伤如伴有肠管或其他脏器突出，可用消毒的大块纱布覆盖突出的脏器，加以保护，切勿强行还纳，以免加重腹腔污染。脏器还纳应在手术室麻醉后进行。①麻醉常用全身麻醉，猪仰卧或侧卧保定，切口选择腹底正中。②腹腔打开后，如有出血，应立即吸出积血，清除凝血块，迅速查明出血脏器，予以控制。如有泄漏的胃肠道内容物，应清洗腹腔，找到泄露的肠道，并根据其损伤程度采取相应的手术治疗。③若没有大出血，则应对腹腔脏器进行系统、有序的探查。探查顺序为：先探查肝、脾等实质性器官，同时探查膈肌有无破损；接着，从胃开始，逐段探查十二指肠、胰腺、空肠、回肠盲肠、结肠及其系膜；然后，探查盆腔脏器，包括远端结肠、膀胱、前列腺或子宫体等。④若突出的肠管没有损伤，色泽接近正常，仍能蠕动，可用温热灭菌生理盐水或含有抗生素的溶液冲洗后送回腹腔。若肠管因充气或积液而整复困难，可穿刺放气、排液。对坏死肠管或已暴露时间较长、缺乏蠕动力，即使用灭菌生理盐水纱布温敷后也不能恢复蠕动者，则应考虑做肠部分切除术，再进行肠管端端吻合。⑤如突出的为网膜，且被污染，可将网膜向外拉出一部分，在健康部结扎，将突出的部分剪掉，再将健康的网膜送回腹腔。如腹腔内被污染，可先用生理盐水纱布尽量蘸出，再用生理盐水清洗干净。⑥腹壁闭合前，为预防腹膜炎及脏器间的粘连，可向腹腔内注入抗生素。必要时放置引流管。术后加强管理，给予易消化的食物。为了控制感染，防止急性腹膜炎，应用足量的抗生素，直到体温、食欲基本正常为止。

第四节 疝

一、脐 疝

脐疝

腹腔脏器经扩大的脐孔脱至脐部皮下，称脐疝。多发于仔猪。分先天性和后天性两种，一般以先天性为主。

【诊断】

1. 病因 先天性脐疝多因脐孔发育闭锁不全或没有闭锁，脐孔异常扩大，同时因腹压增加以及内脏本身的重力等因素所致。后天性脐疝多因出生后脐孔闭锁不全，断脐时过度牵引、脐部化脓，以及因腹内压增大（如便秘时的努责、肠臌气或用力过猛的跳跃等），肠管等容易通过脐孔而进入皮下形成脐疝。

2. 症状 可复性脐疝：脐部呈现局限性球形肿胀，质地柔软，也有的紧张，但缺乏红、痛、热等炎性反应。病初，在挤压疝囊或改变体位时疝内容物可还纳到腹腔，并可摸到疝轮。仔猪在饱腹或挣扎时其脐疝可增大。听诊可听到肠蠕动音。脱出的网膜常与疝轮粘连，或肠壁与疝囊粘连，也有疝囊过大使皮肤与地面摩擦破裂而形成肠瘘。嵌闭性脐疝：病猪有显著的全身症状，极度不安，出现程度不等的疼痛，食欲废绝，呕吐。

【治疗】

1. 保守疗法 对于较小的脐疝可用绷带压迫患部，使疝轮缩小、组织增生而痊愈。也可用95%酒精、碘溶液或10%～15%氯化钠溶液在疝轮四周分点注射，每点3～5mL，对促进疝轮愈合有一定效果。

2. 手术疗法 术前禁食，按常规无菌技术施行手术。

（1）可复性脐疝 仰卧保定，局部常规处理并局部麻醉，在疝囊基部靠近脐孔处纵向切开皮肤（最好不切开腹膜），稍加分离，还纳内容物，在靠近脐孔处结扎腹膜，将多余部分剪除。对疝轮做纽孔状缝合，切除多余皮肤并结节缝合。涂碘酊，装保护绷带。

（2）嵌闭性脐疝 仰卧保定，局部常规处理麻醉。先在患部皮肤上切一小口（勿伤内容物），手指探查内容物种类及是否粘连、坏死等。按需要剪开疝轮，暴露疝内容物，剥离粘连部分。如肠管坏死即切除并做肠吻合术，再将肠管送回腹腔并注入适量抗生素，荷包缝合或纽孔状缝合疝轮，结节缝合皮肤，装压迫绷带。

二、阴 囊 疝

脏器经腹股沟管脱出并下降至阴囊鞘膜腔内，称为腹股沟阴囊疝。脏器经腹股沟前方腹壁破裂孔脱入阴囊内膜与总鞘膜之间，称为鞘膜外阴囊疝。临床上以腹股沟阴囊疝较为多见，常发生于公猪。

【诊断】

1. 病因 先天性的阴囊疝是由于腹股沟管口过大引起；后天性的多由于腹压增高，使腹股沟管扩大所致（爬跨、跳跃、后肢过度开张及努责等）。

2. 症状

（1）可复性阴囊疝 多为一侧性，患侧阴囊明显增大，皮肤紧张、增大、下垂、无热痛、柔软、有弹性，提起病猪两后肢并压挤增大的阴囊，内容物能还纳于腹腔，阴囊随即缩小，但患侧阴囊皮肤与健侧相比，显得松弛、下垂。可摸到腹股沟外环，腹压增大时阴囊部膨大，如肠管进入阴囊部，此处可听见肠蠕动音。

（2）嵌闭性阴囊疝 患猪突然腹痛，患侧阴囊增大、皮肤紧张、水肿、发凉，摸不到睾丸。运步时患侧后肢向外伸展，步样强拘。随着炎症的发展，全身出汗，呼吸困难，体温升高，预后不良。

3. 确诊 对于可复性阴囊疝：依据阴囊一侧或两侧增大，触诊柔软、无热无痛，倒提猪在压挤阴囊时疝内容物可还纳入腹腔，即可确诊。

4. 鉴别诊断 嵌闭性阴囊疝：应注意与睾丸炎进行鉴别。急性睾丸炎也表现阴囊一侧或两侧增大，与阴囊疝外观相似。但触诊患侧阴囊为睾丸自身肿大，且热痛明显。阴囊内无其他实质性内容物，与阴囊疝不难区别。

【治疗】手术治疗是本病的根治方法。

1. 腹股沟管外环切开法 局部剪毛、消毒及麻醉，先在患部表面将疝内容物送回腹腔；然后，在患侧腹股沟管外环处与体轴平行切开皮肤，露出总鞘膜，将其剥离至阴囊底，提起睾丸及总鞘膜；再将睾丸向同一方向捻转数圈，在靠近腹股沟管外环处贯穿结扎总鞘膜及精索，在结扎线下方1～2cm处剪断总鞘膜，除去睾丸及总鞘膜；将断端塞入腹股沟管内，然后缝合腹股沟管外环，使其密闭；清理创部，撒消炎粉，缝合皮肤，涂碘酊。为防止创液潴留，可在阴囊底部切一小口。

2. 阴囊底部切开法 先还纳疝内容物，纵向切开阴囊底部皮肤，剥离总鞘膜至腹股沟管外环处，提起睾丸，捻转数圈，闭锁腹股沟管外环。用上述方法摘除睾丸和闭锁腹股沟外环。

疝内容物发生嵌闭时，可切开疝囊或总鞘膜，分离粘连部分，还纳疝内容物，然后再用上述方法闭锁腹股沟外环。

三、腹股沟疝

脏器通过腹股沟管口脱出至腹股沟处形成局限性隆起，称为腹股沟疝，多见于母猪。

【诊断】

1. 病因 先天性的腹股沟疝是由于腹股沟管口过大引起；后天性的多腹压增高，使腹股沟管扩大所致（爬跨、跳跃、后肢过度开张及努责等）。

2. 症状 在股内侧腹股沟处出现大小不等的局限性卵圆形隆肿。疝内容物若为网膜或一小段肠管，隆肿直径为 2～3cm；若为妊娠子宫或膀胱，隆肿直径可达 10～15cm。疝发生早期多具可复性，触之柔软、有弹性、无热无痛。如将猪倒立上下抖动或挤压隆肿部，疝内容物易还纳入腹腔，隆肿随之消失。当压挤隆肿或如前改变猪体位均不能使隆肿缩小时，多是由于疝内容物已与鞘膜发生粘连或被腹股沟内环嵌闭所致。嵌闭性腹股沟疝一般少见，但一旦发生肠管嵌闭，局部显著肿胀，皮肤紧张，疼痛剧烈，猪迅即出现食欲废绝、体温升高等全身反应。如不及时修复，很快因嵌闭肠管发生坏死，猪转入中毒性休克而死亡。

3. 确诊 对于可复性腹股沟疝容易诊断。将猪两后肢提举并压挤隆肿部，隆肿缩小或消失，恢复猪正常体位后隆肿再次出现，即可确诊。当疝内容物不可复时，应考虑与腹股沟处可能发生的其他肿胀（如血肿、脓肿、肿瘤、淋巴结肿大等）进行鉴别。通过仔细询问病史，细致触摸肿胀部，并结合猪全身表现，可与上述肿胀进行区别，同时也可对疝内容物做出初步判断。必要时应用 X 线摄片或造影技术对隆肿部进行检查，有助于确定疝内容物的性质。

【治疗】应采取还纳内容物、密闭疝轮、消炎镇痛的方法。

1. 绷带压迫法 适用于刚发生的、较小的，疝孔位于腹侧壁的 1/2 以上，为可复性，尚不存在粘连的病例。根据疝囊大小做一压迫绷带（可用竹片编一个竹帘，用绷带卷连接，或较厚而韧性好的胶皮，也可用橡胶轮胎制成），另外准备一个厚棉垫。装压迫绷带时，先在患部涂消炎剂，待将疝内容物送回腹腔后，把棉垫覆盖在患部。将压迫绷带压在棉垫上。再用绷带将腹部缠绕固定。随着炎性肿胀的消退，疝轮即可自行愈合。随时检查压迫绷带使其保持在正确位置上，经固定 15d 后，如已愈合，可解除压迫绷带。

2. 手术疗法 为本病的根治疗法。病猪仰卧保定，局部浸润麻醉。

局部按常规处理，在疝囊纵轴上将皮肤捏起形成皱囊，切开疝囊，手指探查疝内容物有无粘连、坏死。术前最好先对皮肤切口进行定位，提举病猪两后肢并压挤疝内容物观察其是否可复，如疝内容物可完全还纳入腹腔，切口选在腹中线旁侧倒数第 1 对乳头附近腹股沟外环处，切口长 2～3cm；如疝内容物不可复，切口则应自腹股沟外环向后延伸，切口长度为疝囊长度的 1/2～2/3，以便于在切开疝囊后对粘连部分进行剥离。将正常的疝内容物还纳腹腔。如脱出物与疝囊发生粘连，应细心剥离，用温生理盐水冲洗，撒上青霉素粉或涂上油剂青霉素，再将脱出物送回腹腔。对嵌闭性疝，切开疝囊后，如肠管变为暗紫色，疝轮紧紧钳住脱出的肠管，可用手术剪扩大疝轮，用温生理盐水清洗温敷肠管，如肠管颜色很快恢复正常，出现蠕动，可将肠管还纳腹腔。如肠管已坏死，切除坏死肠管，然后进行肠管吻合术，再将其还纳腹腔。

闭锁疝轮，依据具体病例而异，先缝合腹膜，然后缝合腹肌。如缝合腹膜较困难，可将腹膜和腹横肌一起缝合。

第五节　直肠与肛门疾病

一、锁　肛

锁肛是肛门被皮肤所封闭而无肛门孔的先天性畸形。仔猪最常见。

【症状】 锁肛通常发生于初生仔猪，一时不易发现，数天后患病猪腹围逐渐增大，频频做排粪动作，发出刺耳的叫声，拒绝吸吮母乳，此时可见到在肛门处的皮肤向外突出，触诊可摸到胎粪。如在发生锁肛的同时并发直肠、肛门之间的膜状闭锁，则可感觉到薄膜前面有胎粪积存所致的波动。若并发直肠、阴道瘘或直肠尿道瘘，则稀粪可从阴道或尿道排出。如排泄孔道被粪块堵塞，则出现肠闭结症状，最后导致死亡。

【治疗】 施行锁肛造孔术（人造肛门术）。可行局部浸润麻醉，倒立或侧卧保定。在肛门突出部或相当于正常肛门的部位，行外科常规处理，然后按正常仔猪肛门孔的大小切割成一圆形皮瓣，暴露并切开直肠盲端，将肠管的黏膜缝在皮肤创口的边缘上。若直肠盲末端下降至会阴皮肤处，可在切开、剥离皮瓣后，继续分离皮下组织直达直肠盲端，在直肠盲端缝上牵线，充分剥离直肠壁并拖至肛门口外2～3cm，使之与皮肤对接缝合；然后，以细丝线将直肠壁与四周皮下组织缝合固定，再环切盲肠端，掏出胎粪，冲洗消毒；最后，将直肠断端黏膜结节缝合于皮肤切口边缘上。

二、直肠与肛门脱

直肠和肛门脱是指直肠末端的黏膜层脱出肛门（脱肛）或直肠一部分，甚至大部分向外翻转脱出肛门（直肠脱）。严重的病例在发生直肠脱的同时并发肠套叠或直肠疝。

【诊断】

1. 病因　主要原因是直肠韧带松弛，直肠黏膜下层组织、肛门括约肌松弛和机能不全。直肠壁全层脱出，则是由于直肠发育不全、萎缩或神经营养不良松弛无力，不能保持直肠正常位置所引起。直肠脱的诱因为长时间泻痢、便秘、病后瘦弱、病理性分娩，或用刺激性药物灌肠后引起强烈努责，腹内压增高促使直肠向外凸出。

2. 症状　轻症者，猪在卧地或排粪后直肠部分脱出，站立或梢候片刻可缩回，症状消失。如直肠黏膜的皱襞在一定的时间内不能自行复位，则脱出的黏膜发炎，很快地在黏膜下层形成高度水肿。临床诊断可在肛门口处见到圆球形、淡红或暗红色的肿胀。

直肠壁全层脱出，即直肠完全脱垂，可见到由肛门内凸出呈圆筒状下垂的肿胀物。由于脱出的肠管被肛门括约肌挤压而导致血液循环障碍，水肿更加严重，同时因受外界的污染，表面污秽不洁，沾有泥土和草屑等，甚至发生黏膜出血、糜烂、坏死。此时，猪常伴有全身症状，如体温升高、食欲减退、精神沉郁，并且频频努责，做排粪姿势。

【治疗】 采用消除病因、整复、固定、手术的治疗方法。

1. 整复　是治疗直肠脱的关键，其目的是使脱出的肠管恢复到原位。对发病初期或黏膜性脱垂，且直肠壁及肠周围蜂窝组织未发生水肿的病例，先用温热的0.25%高锰酸钾溶液或1%明矾溶液清洗患部，除去污物或坏死黏膜，然后用手指谨慎地将脱出的肠管还纳原位。为了保证顺利地整复，可将猪两后肢提起。为了减轻疼痛和挣扎，最好给病猪施行荐尾硬膜外腔麻醉或交巢穴（后海穴）注射普鲁卡因麻醉。在肠管还纳复原后，可在肛门处给予温敷，以防再脱。

对脱出时间较长、水肿严重、直肠黏膜干裂或坏死的病例，先用温水洗净患部，继以温防风汤（防风、荆芥、薄荷、苦参、黄柏、花椒）冲洗患部。然后，用剪刀剪除或用手指剥除干裂坏死的黏膜，再用消毒纱布兜住肠管，撒上适量明矾粉末揉擦，挤出水肿液，用温生理盐水冲洗后，涂1%～2%的碘石蜡油或抗生素软膏。然后，从肠腔口开始，谨慎地将脱出的肠管向内翻入肛门内。在送入肠管时，术者应将手指随之伸入肛门内，使直肠完全复位，最后在肛门外进行温敷。

2. 固定 肛门周围缝合，缩小肛门孔，防止再脱出：距肛门孔1～3cm处，做一肛门周围的荷包缝合，收紧缝线，保留1～2指大小的排粪口，打成活结，以便根据具体情况调整肛门口的松紧度，经7～10d猪不再努责时，将缝线拆除。

直肠周围注射药物，使直肠周围结缔组织增生，借以固定直肠：临床上常用70%酒精溶液或10%明矾溶液注入直肠周围结缔组织中；在距肛门孔2～3cm处，病猪肛门上方和左、右两侧直肠旁组织内分点注射70%酒精3～5mL或10%明矾溶液5～10mL，另加2%盐酸普鲁卡因溶液3～5mL；注射的针头沿直肠侧直前方刺入3～10cm；为了保证进针方向与直肠平行，避免针头远离直肠或刺破直肠，在进针时应将食指插入直肠内引导进针方向，操作时应边进针边用食指触知针尖位置并随时纠正方向。

3. 手术 对脱出过多、整复有困难、脱出的直肠发生坏死、穿孔或有套叠而不能复位的病例，可施行切除手术。

（1）*直肠部分切除术* 荐尾间隙硬膜外腔麻醉或局部浸润麻醉。在充分清洗、消毒脱出肠管的基础上，取两根灭菌的兽用麻醉针头或细编织针，紧贴肛门外的健康肠管上相互垂直成十字形刺穿脱出的肠管将其固定。对于仔猪，可用带胶套的肠钳夹住脱出的肠管进行固定，且兼有止血作用。在固定针后方约2cm处，将直肠环形横切，充分止血后，用细丝线和圆针把肠管两层断端的浆膜和肌层分别做结节缝合，然后，用单纯连续缝合法缝合内外两层黏膜层。缝合结束后，用0.25%高锰酸钾溶液充分冲洗、蘸干，涂以碘甘油或抗生素药物，除去固定针，还纳剩余的直肠于肛门内。

（2）*黏膜下层切除术* 适用于单纯性直肠脱。在距肛门周缘约1cm处，环形切开至黏膜下层，向下剥离，并翻转黏膜层，将其剪除，最后顶端黏膜边缘与肛门周缘黏膜边缘用肠线做结节缝合，整复脱出部，肛门口做荷包缝合。

三、直肠损伤

【病因】

1. 机械性损伤 如直肠检查不按常规，操作粗暴，或检查时猪突然骚动、强烈努责而被手指戳破；测体温时体温计破裂；粗暴地插入灌肠器；直肠内膀胱穿刺不当划破直肠，引起机械性的完全或不完全破裂。

2. 配种损伤 配种时阴茎误入直肠而引起母猪直肠损伤。

3. 病理性损伤 如骨盆骨折、病理性分娩、肛门附近发生创伤而并发直肠损伤等。

【治疗】

1. 一般处理 首先要使病猪安静，及时保护破裂口，严防肠内容物漏进腹腔。为了使病猪安静，可静脉内注射5%水合氯醛溶液200～300mL。在仅仅损伤直肠黏膜和出血不多的病例，可不予以治疗。如损伤直肠黏膜和肌层且创口较大，出血较多，则需用增强血液凝固性药物止血，并在轻微压力下向直肠内注入收敛剂。直肠损伤部分可用白及糊剂涂敷，方法：白及粉适量，用80℃热水冲成糊剂，候温至40℃时，用纱布蘸取涂敷于直肠损伤部，每日3～4次。当直肠内有积粪时，应及时仔细地掏出积粪，以减少对损伤部的刺激和压迫，并喂给柔软的饲料和适量盐类泻剂。当直肠周围发生蜂窝织炎或脓肿时，可在肛门侧方肿胀的低位处，切开排脓。

2. 保守疗法 适用于无浆膜区的损伤和前部有浆膜区较小范围的损伤，目的在于保护局部创面，防止造成破裂孔。方法是在直肠破损处创面的创囊内，填塞浸有抗生素的脱脂棉，借以保护局部创面，防止粪便蓄积而将浆膜撑破。为了提高治疗效果，要及时地将直肠内的粪便掏出，并给予少量柔软的饲料和适量的盐类泻剂，以使粪便稀软而减少刺激。为了促进病猪早日康复，在治疗的同时，要注意饲养管理，加强营养，以增强抗病能力，并配合必要的对症疗法或全身抗生素的应用。在治疗过程中，应每天检查创口的变化情况，并根据病情的发展而采取相应的治疗措施。

3. 手术疗法 凡直肠全破裂的病例均应及早施行手术治疗。

(1) 直肠内单手缝合法 适用于直肠后段破裂或人工直肠脱出有困难的病例。

麻醉：取2%盐酸普鲁卡因注射液30～40mL，行荐尾硬膜外腔麻醉。

手术：选小号或中号全弯针，穿以1～1.5m长的10号缝线，以拇指和食指持针尖，手掌保护针身，将缝线送入直肠内，用中指和无名指触摸和固定创缘，以掌心推动针尾，穿透肠壁全层，从一侧创缘至对侧创缘，第一针缝毕后，将针线握在手掌中，谨慎地拉出体外，两个线尾在肛门外打第一结扣，助手牵引线尾，术者用食指将线结推送到直肠内缝合部位，再由助手在外打一个结，送到直肠内缝合部，使之形成一针结节缝合，用同样方法对整个破裂口进行全层单纯连续缝合，每缝一针均需拉紧缝线。缝完破裂口后应做细致检查，必要时可做补充缝合，最后打结并剪除线尾，用白及糊剂涂敷缝合处。

(2) 长柄全弯针缝合法 本缝合法使用特制长柄缝针。全弯针弧度的直径约3cm，距针尖0.6cm处有一挂线针孔。缝合方法与直肠内单手缝合基本相同。术者在直肠内的手只需固定创缘和确定进针部位，推针动作则由另一手在体外转动针柄进行。

(3) 直肠缝合器缝合法 是长柄全弯针缝合法的一种改进法，是应用特制的T64型直肠缝合器，结合应用直肠手术镜，进行直肠破裂处缝合，其操作方法基本与上述缝合法类同，由于缝合器内配有线梭、刀片、线导，从而简化了在直肠内打结、剪线等操作。

(4) 肛门旁侧切开缝合法 适应于直肠各部位破裂的缝合，但手术难度大，需对直肠壁及其周围组织进行广泛的分离，易误伤血管和神经，为此，要求术前熟知局部解剖结构，术中操作仔细，否则易导致直肠麻痹、蜂窝织炎等后遗症的发生。

(5) 人工直肠脱出术 本法适用于直肠壶腹前段狭窄部的损伤。

麻醉：全身麻醉，同时做阴部神经与直肠后神经传导麻醉。也可行荐尾硬膜外腔麻醉，同时做阴部神经与直肠后神经传导麻醉。

手术：麻醉后15～20min，针刺肛门反应减弱时即可施行人工直肠脱出术。方法是在探寻到破裂口后，术者手指夹持小块纱布进入直肠内，拇指与中指夹住破裂口创缘两侧，谨慎而徐缓地向外牵引破裂口的黏膜，使其翻至肛门外，形成人工直肠脱。直肠脱出后，助手手指隔着纱布夹持破裂口使之固定，并用青霉素生理盐水冲洗破裂口，术者迅速而准确地连续缝合外翻的黏膜和肌层后，还纳直肠腔内。缝合时参照直肠损伤的保守疗法进行处理。

第六节 四肢与脊柱疾病

一、骨膜炎

骨膜炎是指骨膜的炎症，常发生于表在性而无软组织被覆的骨膜，如下颌骨的游离缘、掌骨、跖骨、系骨及冠骨等。病因如下：用力不当，长期不运动的猪突然加大运动量导致的慢性劳损等，可能导致骨膜炎的发生；感染因素，外伤后病原体经伤口进入躯体最终导致骨膜发生炎症；肿瘤侵犯或者自身免疫性疾病均可导致骨膜炎的发生；短时间内的剧烈运动，也可以造成骨膜炎。如果年龄较大的种猪有骨质增生，也会导致骨膜炎。

【诊断】

1. 急性骨膜炎 病初以骨膜的急性浆液性浸润为特征。病变部充血、渗出，呈局限性扁平肿胀，质地硬固，皮下出现不同程度的水肿。触诊有痛感，指压留痕。机能障碍程度不一。四肢骨膜炎可发生明显跛行，跛行随运动而加重。严重者，常不愿站立而卧地。腰部骨膜炎病猪出现弓腰症状，不让触摸。一般无全身症状，经 10～15d 炎症逐渐平息。

2. 慢性骨膜炎 由急性骨膜炎转变而来，或因骨膜长期遭到频繁、反复的刺激而发生，又分为纤维素性骨膜炎和骨化性骨膜炎两种。纤维素性骨膜炎以骨膜表层和表、深层之间的结缔组织增生为特征。患部出现坚实而有弹性的局限性肿胀，触诊有轻微热、痛。肿胀紧贴于骨面，但患部皮肤仍可移动，多数病例机能障碍不显著或无。骨化性骨膜炎以病理过程由骨膜表层向深层蔓延为特征。由于成骨细胞的成骨作用，首先在骨表面形成骨样组织，以后钙盐沉积，形成新生的骨组织。小的称骨赘。大的称外生骨瘤。视诊可见患部呈界限明显、突出于骨面的肿胀。触诊硬固坚实，无疼痛。表面显凹凸不平的结节状，或呈显著突出的骨隆起，大小不定，由拇指到核桃大或更大些。多数病猪仅造成外貌上的变化而无机能障碍。只有当骨赘发生于关节韧带部或肌腱附着点时，才发生跛行。X 线检查，早期骨赘呈刺状或毛刷状突起，后期致密、均质、边缘平滑。

3. 化脓性骨膜炎 由化脓性病原菌（如葡萄球菌、坏死杆菌、链球菌）感染所致。初期局部出现弥漫性、热性肿胀，有剧痛，皮肤紧张，可动性变小或消失。随着皮下组织脓肿形成和破溃，伴有化脓性窦道，流出混有骨屑的黄色稀脓。探诊时，可感知骨表面不平或有腐骨片。局部淋巴结肿大，触诊疼痛。四肢化脓性骨膜炎时，跛行显著，病肢不能负重。病初全身体温升高，精神沉郁，饮、食欲废绝。严重者可继发败血症。血常规检查有助于确诊。

【治疗】急性骨膜炎时，初期冷疗，后改用温热疗法和消炎剂，如外用复方醋酸铅散、10%～20%鱼石脂软膏等。局部用普鲁卡因加青霉素封闭，可获得良好效果。局部可装压迫绷带，以限制关节活动，使患肢有较长时间休息，对恢复有帮助。

慢性骨膜炎时，早期可用温热疗法及按摩，跛行严重的可用刺激剂。可在患都涂敷

20%碘酊、10%碘化汞软膏，但应用时应注意局部变化，不能长期使用，防止皮肤坏死。经过3～4周治疗后跛行可望消失，如仍无效，可行骨赘切除术，在骨赘周围2～3mm宽的骨膜做环形切除。骨赘摘除后，在其底部用锐匙刮平，缝合皮肤。

化脓性骨膜炎时，应让病猪保持安静。病初局部应用酒精热绷带，以盐酸普鲁卡因溶液封闭，全身应用抗生素。随着脓肿局部软化，应及时切开排脓，形成窦道的要扩创，以充分排出脓液，用锐匙刮净骨损伤表面的死骨，用中性盐类高渗液引流条，并包扎吸收绷带。急性化脓期后，改用10%磺胺鱼肝油、青霉素鱼肝油等纱布引流条。密切注意全身变化，防止败血症的发生。

二、关节创伤、扭伤及关节炎

（一）关节创伤

关节创伤是指各种不同外界因素作用于关节囊导致关节囊的开放性损伤。有时并发软骨和骨的损伤。常由钝性物体强力打击引起，跌倒在硬地时也可发生关节损伤。

【诊断】受损关节有创口，当创口较小时，有胶冻样纤维素块堵塞创口。当创口较大时，从创口内流出淡黄色、透明黏性滑液。诊断时，要排除黏液囊损伤，可向关节腔内注射0.25%普鲁卡因青霉素溶液，如能从创口流出，可确诊为关节创伤。诊断时，不得进行关节腔内探诊，以减少感染机会。

【治疗】治疗原则为防治感染，增强抗病力，及时合理地处理伤口，力争在关节腔未出现感染之前闭合关节囊伤口。

伤口处理准备：创伤周围皮肤剃毛，用防腐剂彻底消毒。

伤口处理：①对新鲜创彻底清理伤口，切除坏死组织和异物以及游离软骨和骨片，排出伤口内盲囊，用防腐剂穿刺洗净关节创，由伤口的对侧向关节腔穿刺注入防腐剂，禁忌由伤口向关节腔冲洗，防止污染关节腔。最后涂碘酊，包扎伤口，对关节透创应包扎固定绷带。②限制关节活动，控制炎症发展和渗出。对于关节切创，在清净关节腔后，可用肠线或丝线缝合关节囊，其他软组织可不缝合，然后包扎绷带，或包扎有窗石膏绷带。如伤口被凝血块堵塞，滑液停止流出，关节腔内尚无感染征兆时，不应除掉血凝块，注意全身疗法和抗生素疗法。③陈旧伤口发生感染化脓时，应洗净伤口，除去坏死组织，用防腐剂穿刺洗涤关节腔，清除异物、坏死组织和骨的游离块，用碘酊凡士林敷盖伤口，包扎绷带，此时不缝合伤口。如伤口炎症反应严重，可用青霉素溶液敷布，外缠绷带包扎保护。

局部理疗：为改善局部的新陈代谢，促进伤口早期愈合，可应用温热疗法，如温敷、石蜡疗法、紫外线疗法、红外线疗法、超短波疗法及激光疗法，用低功率氦氖激光或二氧化碳激光扩焦局部照射等。

（二）关节扭伤

关节扭伤是指关节在突然受到间接外力作用下，超越了生理正常活动范围，瞬时间的过度伸展、屈曲或扭转，从而引起关节囊及韧带等组织部分断裂或全断裂的关节疾病。由于失足蹬空、急转急停、跳跃障碍、滑跌等，在上述间接外力的突然作用下可引起关节扭伤。另外，蹄形、肢势不正也容易引发关节扭伤。

【诊断】

1. 病因分析　突然发生，有受间接外力的病史。

2. 临床症状 轻者患关节肿胀不明显，关节侧韧带的径路上有压痛点，他动运动时有疼痛反应。站立时减负体重，运动时出现轻微跛行。重者患关节温热，疼痛，肿胀。站立时免负体重，运动时跛行显著，或呈三肢跳跃前进。他动运动时，疼痛反应剧烈，并感到关节活动范围增大。

3. X线检查 对损伤程度和性质判断有困难时，可用X线检查确诊。

【治疗】治疗原则是制止渗出，促进吸收，消炎镇痛，预防组织增生，恢复关节机能。

1. 安静休息 病猪停止运动，安静休息，禁止患部活动。

2. 制止渗出 病初（伤后2d内）为了制止溢血和渗出，患部装着压迫绷带，并配合冷却疗法，如用冷水、2%～4%明矾水或10%～20%硫酸镁溶液等冷敷。

3. 促进吸收 当急性炎症缓解后，为了促进吸收，可用温热疗法和涂擦刺激剂疗法，如温敷、石蜡疗法、鱼石脂酒精或樟脑酒精热绷带疗法等。也可涂布用醋调制的复方醋酸铅散或外敷中药散剂（大黄、雄黄、冰片）。

4. 消炎镇痛 选用安痛定、水杨酸钠等药物注射，或用0.25%盐酸普鲁卡因青霉素溶液30～50mL，在关节扭伤部位上方做环状封闭或穴位注射。疼痛剧烈的可将局麻药液直接注入关节腔内，可收到良好效果。

对转为慢性经过的病例，患部可涂擦碘樟脑醚合剂（碘、95%酒精、乙醚、精制樟脑、薄荷脑、蓖麻油），每天涂擦5～10min，涂药同时进行按摩，连用3～5d。

5. 针灸疗法 前肢关节扭伤可取抢风、冲天、膊尖、天宗、蹄头等穴；后肢关节扭伤可取百会、巴山、大胯、小胯、邪气、汗沟、蹄头等穴。

6. 中药疗法 内服中药跛行散（当归、乳香、没药、土虫、醋炙自然铜、地龙、大黄、血竭、胆南星、红花、骨碎补、甘草）。

（三）关节炎

关节炎又称关节滑膜炎，是以关节囊滑膜层的病理变化为主的渗出性炎症，常发于猪。引起关节炎的常见病因有关节损伤，或过度运动、肢势不正、某些传染病（流感、布鲁氏菌病）、急性风湿病、滑膜由于外伤或其他途径被化脓杆菌感染。

【诊断】急性浆液性关节炎时，关节腔内积聚大量浆液性炎性渗出物，关节肿大、热痛，渗出液含纤维蛋白量多时，有捻发音；运动时，表现以支跛为主的混合跛。慢性浆液性关节炎时，关节囊高度膨大，无热无痛，触诊有波动感；运动时，随着关节液的波动，关节外形随之改变；患病关节不灵活，但跛行不明显。化脓性关节炎时，患关节热痛、肿胀，关节囊高度紧张，有波动；站立时患肢屈曲，呈混合跛；全身症状明显，体温升高，精神沉郁。

【治疗】急性炎症初期，应用冷疗，装压迫绷带，之后改用温热疗法或装关节加压绷带（如布绷带或石膏绷带）。全身应用磺胺制剂，有良好的效果。关节也可装湿绷带（饱和盐水、10%硫酸铜溶液、樟脑酒精等）。用10%氯化钙溶液、10%水杨酸钠溶液静脉注射。

慢性炎症时，无菌操作放出关节滑液，之后注入普鲁卡因青霉素或可的松，并包扎压迫绷带。

关节腔内蓄脓时，应抽出脓汁，用5%碳酸氢钠、0.1%新洁尔灭溶液、0.1%高锰酸钾溶液、生理盐水等反复冲洗关节腔，直至抽出的药液变透明为止。抽净药液后，再向关节腔性内注入普鲁卡因青霉素溶液。如有创口，按化脓创处理，有脓肿应及时切开排脓，对蜂窝织炎切开的创口要大些，但不得伤及关节囊及韧带。全身应用抗生素及磺胺类药物控制感染。

治疗时，应注意采用关节腔穿刺的方法注射药液冲洗腔内，以防经创口洗涤关节腔加重感染，关节腔内不应填塞纱布引流物。

三、关节脱位

在暴力作用下，关节头脱离关节窝，失去正常结合时，称为关节脱位（脱臼）。多发生于膝关节、髋关节、系关节。

【诊断】

1. 病因 强烈间接或直接外力作用于关节，使关节韧带和关节囊遭到破坏而引起。也有先天性和病理习惯性脱位。

2. 症状

（1）共同症状

①关节变形：关节失去原来的轮廓和形状，出现异常隆起和凹陷。

②异常固定：关节头离开关节窝，因韧带、肌肉的牵张，而使关节头固定于异常位置，不能自动活动，他动运动时受到限制并有弹拨性。

③肢势改变：在患关节的下方发生肢势改变，出现内收、外展、屈曲和伸展等状态。

④患肢延长或缩短：不全脱位时患肢延长，全脱位时患肢缩短。

⑤机能障碍：由于疼痛和关节头移位，致使患肢出现运动障碍或完全不能运动。本病与骨髓骨折难区别时，可用 X 线检查确诊。

（2）常见关节脱位症状特点

①髋关节脱位：前方脱位表现大转子向前方突出，患肢缩短、内收容易、外展困难；运动时患肢拖曳前进。后方脱位可见股二头肌前有凹陷，大转子塌陷；患肢外展、变长；运动时患肢外展，拖拉前进。外上方脱位时股骨头脱离原位而被固定于髋关节上方，大转子明显向上突出；患肢变短，呈内收或伸展状态；肢外旋，蹄尖向外而跟骨端向内；运动时患肢拖拉前进，同时向外划弧。内方脱位时由于股骨头移位于闭孔内，髋关节部出现凹陷；患肢变短，向外展；外展活动范围增大，内收受限制；运动时患肢拖拉前进，向外划弧；直肠检查可在闭孔内摸到股骨头。

②膝盖骨脱位：上方脱位时膝盖骨转位于股骨内侧滑车嵴上端，被膝内直韧带张力固定，不能自行复位；患肢向后方伸直而不能屈曲；运动时以蹄尖着地拖拉前进；膝内直韧带高度紧张。习惯性膝盖骨上方脱位常突然发生，能自然复位，反复发生。外方脱位时患肢极度屈曲，膝直韧带向外上方倾斜。内方脱位时膝关节极度屈曲，膝直韧带向内方倾斜。

3. 综合诊断 由于脱位的位置和程度的不同，以上五种共同症状会有不同的变化。根据视诊、触诊他动运动与双肢比较不难做出初步诊断。当关节严重肿胀时，X 线检查可做出正确诊断。同时，应当检查肢的感觉和脉搏等情况，尤其是骨折是否存在。

【治疗】 治疗原则是整复，固定，功能锻炼。

1. 整复 越早越好，整复前最好麻醉。整复方法是牵拉患肢，拉开异常固定的关节，同时采用按、揣、抬、揉等手法，使脱位的骨端还纳到正常的解剖位置。

（1）髓关节外上方脱位 整复较困难，采用健侧卧保定，全身麻醉，用绳向前及向下牵引患肢，用木杠置于股内侧向上抬举，术者用力从前向后按压大转子进行复位。

（2）*膝盖骨上方脱位* 给病猪注射肌松剂后，驱赶患猪，强迫做前进运动或后退运动，可使其自行复位。或用绳向前牵引患肢，推压膝盖骨，或侧卧保定后，采用后肢前方转位的方法进行整复。

（3）*膝盖骨外方脱位* 采用向下方推压膝盖骨的方法复位。局部热敷或涂擦刺激剂，全身用消炎、镇痛药物，配合运动，数天内可复位。

2. 固定 有些病例整复后，即可恢复正常功能。有的病例则需进行固定，可向患部注射95%酒精或10%氯化钠溶液、自家血液，或皮肤涂擦刺激剂（如芥子泥、鱼石脂等），诱发急性炎症，起到固定作用。肢的中、下部关节可装石膏绷带或夹板绷带，3～4周后，损伤的关节即可修复。仔猪装着固定绷带的时间可缩短。

四、蹄叶炎

蹄叶炎是蹄壁真皮的局限性或弥漫性的无菌性炎症。

【诊断】

1. 病因 常见的诱因有以下几种：

（1）饲料骤变而缺乏运动时，可引起消化障碍，产生有毒物质被吸收后造成血液循环紊乱，蹄真皮淤血发炎。

（2）突然剧烈运动，可使组织中产生大量乳酸与二氧化碳，吸收后导致末梢血管淤血，引起蹄真皮炎症。

（3）继发于其他疾病，如便秘、胃肠炎、感冒、肺炎、难产、胎衣不下、子宫内膜炎、严重的乳腺炎等。

2. 症状

（1）*急性蹄叶炎* 突然发病，出现特异的肢势。若两前蹄发病，站立时两前肢前伸，以蹄踵着地，蹄尖翘起，两后肢伸于腹下，头颈高举。强迫运动时，两前肢呈急促短步和走走停停的紧张步样，两后肢各关节做屈曲姿势。若两后蹄发病，站立时头颈低下，两前肢置于腹下，两后肢前伸，以蹄踵着地。背腰拱起，后躯下沉。强迫运动时，两后肢呈紧张步样。若四蹄发病，站立时间甚短，四肢频频交替负重，尽可能以蹄踵着地。强迫运动时，走几步就急于卧下，严重者卧地不起。病蹄增温，叩诊时表现疼痛，指（趾）动脉亢进。全身肌肉震颤，出汗，体温升高，脉搏和呼吸增数。

（2）*慢性蹄叶炎* 蹄形改变，形成芜蹄，即蹄匣狭长，蹄尖壁近于水平，蹄踵壁几乎垂直。蹄骨转位，蹄骨尖向下，严重者蹄底穿孔。

3. 实验室检查 血细胞比容可达39%，白细胞特别是中性粒细胞明显增多，核型左移。谷草转氨酶、乳酸脱氢酶活性增高。

【治疗】 治疗原则是除去病因，解除疼痛，改善循环，防止蹄骨转位。

1. 急性蹄叶炎

（1）*放血疗法* 为改善血液循环，在发病后36～48h内，对体壮的病猪，可前腔静脉适量放血，然后静脉注射等量糖盐水，内加0.1%肾上腺素溶液1～2mL或10%氯化钙注射液100～150mL。也可蹄头穴放血50～100mL。

（2）*冷敷及温敷疗法* 病初2～3d内，可行冷敷、冷蹄浴或浇注冷水。每天2～3次，以后改为温敷或温蹄浴，可用温水加醋酸铅进行温蹄浴，每次60min，每天2次，连用

5～7d。

(3) *封闭疗法*　用0.25%普鲁卡因溶液100～200mL，静脉注射；或3%普鲁卡因溶液10mL进行掌（跖）神经指（趾）支封闭。

(4) *苯氧苄胺疗法*　适用于急性蹄叶炎，可使血管舒张24h，按0.6mg/kg加入500mL生理盐水中，静脉注射。

(5) *肾上腺皮质激素疗法*　醋酸可的松肌内注射或氢化可的松静脉注射。

(6) *脱敏疗法*　内服苯海拉明0.5～1.0g，每天1～2次；或用10%氯化钙溶液100～150mL，10%维生素C注射液10～20mL，分别静脉注射；或皮下注射0.1%盐酸肾上腺素溶液3～5mL，每天1次。

(7) *缓泻疗法*　硫酸钠400g、福尔马林20mL、水5 000mL，一次内服，清理胃肠。

(8) *中药疗法*　内服茵陈散（茵陈、当归、制没药、红花、白药子、桔梗、柴胡、青皮、陈皮、紫菀、杏仁、甘草），或红花散（红花、黄药子、白药子、山楂、厚朴、陈皮、甘草、制没药、桔梗、当归、神曲、麦芽、枳壳）。

2. 慢性蹄叶炎　可进行温蹄浴，注意修整蹄形，防止形成芜蹄。

五、骨 髓 炎

骨髓炎是指骨及骨髓的炎症。细菌、真菌和病毒感染都可引起本病，但临床上以细菌感染多见，其中3-内酰胺酶性链球菌感染约占骨髓炎的50%。按其发病情况分急性和慢性骨髓炎。

【诊断】

1. 病因

(1) *外源性感染*　多数骨髓炎病例经此途径感染。病原菌经骨的咬创、深刺创、枪伤、开放性骨折、骨矫形手术等感染骨组织，也可由骨周围软组织的化脓性炎症蔓延引起。

(2) *血源性感染*　系身体其他部位病原菌通过血液循环转移到骨组织后引起的感染。常见原发性感染灶有脐带炎、肺炎、胃肠炎、关节炎等。

2. 症状　急性骨髓炎患部热、痛、肿胀明显，患肢跛行，常伴有体温升高、精神沉郁、食欲不振、体重下降、中性粒细胞增多、核左移、血沉加快等全身反应。之后，肿胀变软、有波动，切开或自行破溃后形成脓窦。此时全身反应一般减轻，疼痛和跛行减弱，但经常有脓汁流出。慢性骨髓炎病猪患部形成一个或多个脓性窦道，并伴有淋巴结病、肌萎缩、纤维变性和机体消瘦，但血细胞变化不常见。

3. 综合诊断　根据病史、临床表现易诊断。X线检查对确定病变范围、死骨和死腔位置、大小、包壳形成情况有意义。急性期X线检查仅见患部软组织肿胀，无骨组织变化，但青年猪的干骺端骨髓炎例外。慢性骨髓炎早期骨周围新骨形成，呈针尖状、放射状。皮质骨变薄，骨髓溶解，骨折端变圆。以后新生骨质硬化，形成包壳，内有小而致密的死骨片。青年猪的干骺端皮质完全被吸收，以包壳替代。也可用造影剂或放射性核素影像检查。有脓窦者，可用探针探明窦道方向、深度及骨粗糙面。

【治疗】急性骨髓炎时应全身大剂量应用广谱抗生素，如头孢菌素。局部出现脓肿或持续数日，用药无效者应扩创排脓，冲洗引流。疑有髓腔积脓者应手术钻通骨皮质排脓减压。慢性骨髓炎且包壳已形成者，必须施行清创术。清除死骨、瘢痕和肉芽组织，创口开放，取第二期愈合，并配合应用抗生素；若因骨折内固定感染，清创时，应保护内固定材料，固定不稳者应加强固定；如患肢炎症无法控制或无法阻止其蔓延，可考虑从病灶近端截肢。

六、猪蹄裂

猪蹄裂亦称猪裂蹄，是指蹄壁角质分裂形成各种状态的裂隙。按照蹄壁角质分裂延长的状态可分为负缘裂、蹄冠裂和全裂；按照裂隙的方向，蹄裂可分为蹄纵裂和蹄横裂，沿角细管方向的裂口谓之纵裂，与角细管方向成直角的裂口谓之横裂；根据裂缝的深浅，可分为表层裂、深层裂；按发生部位则有蹄尖裂、蹄侧裂、蹄踵裂和蹄支裂。

【诊断】

1. 病因 肢势不正、蹄形不良，蹄的各部位对体重的负担不均；蹄角质干燥、脆弱以及发育不全，营养代谢有缺陷等，均为发生蹄裂的原因。在不平的石子路上行走或奔跑、爬跨、跌倒，蹄受到剧烈震荡，以及蹄冠部直接受到损伤，都可引起蹄裂。

2. 症状 新发生的角质裂隙，裂缘比较平滑，裂缝较小，多沿角细管方向裂开；陈旧性的裂隙则裂缝开张，裂缝不整齐，有的裂隙发生交叉。

蹄角质的表层裂不引起疼痛，不妨碍蹄的正常生理机能；深层裂，特别是全层裂，负重时在离地或着地的瞬间，裂缘开裂，若蹄真皮发生损伤，可导致剧痛或出血，伴发跛行。如有细菌侵入，则并发化脓性蹄真皮炎，也可感染破伤风。病程较长的易继发角壁肿。

本病跛行发生突然，在裂开的蹄冠部有明显的肿胀，有时形成化脓性过程，深部组织感染时，可扩延到指（趾）关节。许多全裂通常裂线是细而短的，不仔细检查，很难判定。当异物、泥土、粪尿等从裂口进入时，可引起感染和跛行，引起深部组织的压迫和坏死。裂缘之间有肉芽组织长入时，或裂开的角质尚与真皮小叶相连时，以及运动时病猪可感到非常疼痛。横裂还可呈现角质从蹄冠分开，当新角质从老角质层下形成时，则缺损逐步向下退。

【治疗】 患蹄彻底清洗消毒后，用防腐剂绷带包扎。如有跛行，将蹄角质泡软，在麻醉后用手术方法去除部分离断角质，可使疼痛减轻，因这时减少了松动壁的活动。蹄冠处有急性病变，并在裂开处形成脓肿时，为了使病变不蔓延到关节，可在麻醉后从蹄冠真皮脓肿部位去除一块三角形角质，三角形底部接皮肤，而三角形顶点延伸到裂口最远处。手术时病变内严禁搔刮，清洁处理后用防腐剂绷带包扎，如不包扎，肉芽组织可过度生长。治疗时应限制猪的活动，以免感染蔓延到关节。

第七节 皮肤病

一、真菌性皮肤病

【诊断】

1. 病原 真菌性皮肤病又称癣病，是由于真菌感染皮肤、毛发后所致的疾病。真菌性皮肤病主要是由小孢子菌感染引起的，其次是石膏样小孢子菌和须毛癣菌。

本病是人兽共患病。传染的方式是直接接触感染，幼年、衰老、瘦弱及有皮肤缺陷的猪易感染。病原菌在失活的角化组织中生长，当感染扩散到活组织细胞时立即停止，一般病程1～3个月，良性常自行消退。

2. 症状 患部断毛、掉毛或出现圆形脱毛区，皮屑较多；也有不脱毛、无皮屑而患部有丘疹、脓包或脱毛区皮肤隆起、发红、结节化，这是真菌急性感染或继发性细菌感染所致。慢性感染的猪患处皮肤表面伴有鳞屑或呈红斑状隆起，有的结痂，痂下因细菌继发感染而化脓。痂下的皮肤呈蜂巢状，有许多小的渗出孔。

3. 实验室诊断　真菌感染常用 Wood's 灯检查、镜检和真菌培养。

Wood's 灯检查是用该灯在暗室里照射患部的毛、皮屑或皮肤缺损区，出现荧光为小孢子菌感染，而石膏样小孢子菌感染不易看到荧光，须毛癣菌感染则无荧光出现。

镜检的简单方法是刮取患部鳞屑、断毛或痂皮置于载玻片上，加数滴 10%KOH 溶液于载玻片样本上，微加热后盖上盖玻片。显微镜下见到真菌孢子即可确认真菌感染阳性。

真菌的培养在真菌培养基上进行。

【治疗】治疗真菌感染主要根据病的轻重。轻症、小面积感染可敷克霉唑或癣净等软膏，内服特比萘芬的临床疗效好。患部周围剪毛，洗去皮屑、痂皮等污物，用硫黄香皂洗患部，再将软膏涂在患部皮肤上，每日 2 次，直到病愈。对于重症或慢性感染的病猪，应该外敷软膏配合内服特比萘芬效果好；也可以口服灰黄霉素，每千克体重 40～120mg，拌油腻性食物（可促进药物吸收），连用 2 周。但要注意怀孕的猪忌服灰黄霉素，易造成胎儿畸形；避免空腹给药，以防呕吐。患病猪应隔离。由于病猪能传染其他猪或人，患病的人也能传染给猪，因此，人与猪的消毒也是预防真菌感染的重要一环。

二、湿　疹

湿疹是致敏物质作用于动物的表皮细胞引起的一种炎症反应。皮肤患处出现红斑、血疹、水疱、糜烂及鳞屑等，并伴发痒、痛、热等症状。

【诊断】

1. 病因　外因主要是皮肤卫生差、猪生活环境潮湿、过强阳光照射、外界物质的刺激、昆虫叮咬等。内因包括各种因素引起的变态反应、营养失调、某些疾病等使猪体的免疫力和抵抗力下降等。

2. 症状　分急性和慢性两种。急性湿疹的主要表现为皮肤红疹或丘疹。病变常开始于面、背部，尤其鼻梁、眼及面颊部，而且易向周围扩散，形成小水疱。水疱破溃后，局部糜烂。由于瘙痒和患部湿润，猪不安，舔咬患部，造成皮肤丘疹症状加重。

慢性湿疹由于病程长，皮肤增厚、苔藓化，有皮屑。虽然皮肤的湿润有所缓解，但瘙痒症状仍然存在，并且可能加重。

3. 确诊　通过问诊、临床症状、皮肤刮取物分析及相关实验室检查等，一般可以确诊。急性湿疹表现为小圆形、手掌大或更大的疹面，红肿，并有渗出倾向；慢性湿疹多引起被毛稀疏、皮肤增厚、剧痒。急性湿疹应与接触性皮炎相区别；慢性湿疹应与神经性皮炎相鉴别。

【治疗】在确诊的基础上，采取综合措施治疗本病，如应用止痒、消炎、脱敏等药物，同时应加强营养，保持环境的洁净。

（1）除去病因，保持皮肤清洁和干净。猪舍内通风良好、阳光充足、清清和干燥。猪经常运动，及时治疗发生的疾病。

（2）脱敏止痒，肌内注射或口服盐酸异丙嗪，或肌内注射或口服盐酸苯海拉明。

（3）消除炎症，根据湿疹的不同时期，采用不同的治疗方法。急性期无渗出时，剪去被毛，用炉甘石洗剂（炉甘石、氧化锌、甘油、水），或用麻油和石灰水等量混合涂于患部。有糜烂渗出时，小面积者可用皮质类固醇软膏，也可用生理盐水，3%硼酸液冷湿敷。当渗液减少后，可外用氧化锌滑石粉（1∶1）、碘仿鞣酸粉（1∶9）或10%～20%氧化锌油等。慢性湿疹者，一般选用焦油类药物较好，如煤焦油软膏等。也可用含有抗生素的皮质类固醇软膏。

三、过敏性皮炎

由于过敏原引起的皮肤的炎症统称过敏性皮炎。

【诊断】

1. 病因 临床上主要有药物过敏、食物过敏、细菌性过敏或者跳蚤过敏等。

2. 症状与检查 过敏性皮炎的主要症状是红疹和瘙痒。

临床上药物过敏的现象时常出现，如皮下注射维丁胶性钙、维生素K或静脉注射鱼腥草注射液等药物，会使猪发生皮肤红疹，流涎，眼部、口唇或者腹部肿、瘙痒和搔抓等症状。

食物过敏属于变态反应性疾病，主要表现出皮肤脱毛、瘙痒等症状。

细菌性过敏因瘙痒使得猪搔抓皮肤，引起继发性细菌性皮肤病。

发生跳蚤过敏性皮炎时，猪感到非常瘙痒，并脱毛，患部皮肤上有粟粒大小的结痂，同时，在体表被毛深处发现硬、黑、发亮的跳蚤粪便。

过敏性皮炎的确诊需要做过敏原的免疫学诊断试验。

【治疗】药物过敏发生快，静脉注射时应立即停止用药，对已经注射药物的猪尽快给予脱敏药物，如肾上腺素、地塞米松等，同时监测猪的表现。对于食物过敏者应当改变饲料成分，在短时间内首先喂给低过敏性饲料，然后选择适合此猪的饲料。驱除跳蚤可以用有机磷酸酯类药物，同时使用抗生素软膏，严重者全身使用抗生素。

第五单元 产 科 病

第一节 妊娠期疾病

一、流 产

流产是指由于胎儿或母体的生理过程发生紊乱，或它们之间的正常关系受到破坏而导致的妊娠中断。流产的主要表现形式或者是胚胎被吸收，或者是排出死胎或未足月的胎儿。流产可以发生在怀孕的各个阶段，但以母猪怀孕早期较为多见。

【诊断】

1. 病因 流产的病因包括普通流产、传染性流产和寄生虫性流产，每类流产又可分为自发性流产与症状性流产。自发性流产的原因：胎膜和胎盘异常导致胚胎死亡；胚胎过多引起流产；胚胎发育停滞引起妊娠早期的流产。症状性流产的原因：母猪生殖器官疾病造成流产，如患局限性子宫内膜炎时胎盘受到侵害，患阴道脱出或阴道炎时引起胎膜炎；先天性子宫发育不全、子宫粘连，胎水过多、胎膜水肿等也可能引起流产；饲养性流产如矿物质含量不足、硒缺乏、维生素E缺乏、饲喂发霉和腐败饲料，均可使怀孕母猪流产；损伤及管理性流产以猪产床湿滑、运动不足、进出猪舍时通道修建不合理者导致的流产较多。传染性流产和寄生虫性流产，如布鲁氏菌病、结核病、胎毛滴虫病、猪伪狂犬病、蓝耳病等均可导致流产。

2. 症状与检查 除隐性流产之外，其他的流产均不同程度地表现拱腰、屡做排尿姿势，自阴门流出红色污秽不洁的分泌物或血液，病猪有腹痛现象。

（1）隐性流产 发生于妊娠初期，胎儿死亡后组织液化、胎儿的大部分或全部被母体吸收，常无临床症状。猪发生隐性流产可能是全部流产，也可能是部分流产，发生部分流产时，怀孕仍能继续维持下去。

（2）排出未足月的胎儿 排出不足月的死胎，临床上叫小产，此时胎儿及胎膜很小，多数在无分娩征兆的情况下排出胎儿；排出不足月的活胎，临床上叫早产，有类似的正常分娩的征兆，但不太明显，常在排出胎儿前2～3d乳腺及阴唇稍肿胀。

（3）胎儿干尸化 胎儿死在子宫中，胎儿不腐败分解，以后胎儿及胎膜的水分被吸收，体积缩小，变硬，犹如干尸，病猪表现发情周期停止。在给猪接生时，发现正常胎儿之间夹有干尸化胎儿，可能是胎儿得不到足够的营养、中途停止发育变成干尸。发生胎儿干尸化时，母猪临床表现不明显，所以不易发现。若经常注意母猪的全身状况，则可发现母猪妊娠至某一时间后，妊娠的外表现象不再发展。干尸化胎儿的大小依死亡时间的不同而异，且较妊娠月份应有的体积小得多。一般大如拳头，但也有较大或较小的。

（4）胎儿浸溶 指胎儿死于子宫内，非腐败性微生物侵入，使胎儿软组织液化分解，排出红褐色或棕黄色的腐臭黏液及脓汁，且偶尔带有小短骨片，直肠检查发现子宫内有残存的胎儿骨片。胎儿浸溶比干尸化少。

（5）胎儿腐败分解（胎儿气肿） 胎儿死于子宫内，腐败菌侵入，使胎儿软组织腐败分解，产生硫化氢、氨、二氧化碳等气体，积于胎儿软组织、胸腹腔内，病猪表现腹围增大，精神不振，不安，频频努责，从阴门流出污红色恶臭的液体，食欲减退，体温升高，阴道检查有炎症表现，子宫颈开张，触诊胎儿皮下有捻发音。

【防治】

1. 治疗 首先应确定属于何种流产及妊娠能否继续进行，在此基础上，根据症状确定治疗原则。

（1）*对先兆流产的处理* 怀孕母猪出现轻微腹痛、起卧不安、呼吸脉搏稍加快等临床症状。处理的原则为安胎，使用抑制子宫收缩药。主要采取以下措施：

①肌内注射黄体酮：10～30mg，每日或隔日一次，连用数次。

②静脉注射镇静剂：对出现流产预兆的母猪（胎儿仍活着），应及时采取保胎措施，制止母猪阵缩和努责，可静脉注射5%水合氯醛200mL或安定注射液。

③阴道检查：子宫颈已经开放，甚至胎囊已进入阴道或已经破水，流产已难避免，应尽快促使子宫内容物排出。

（2）*对于胎儿干尸化或浸溶的处理* 可使用前列腺素制剂，继之或同时应用雌激素，溶解黄体并促使子宫颈扩张。因为产道干涩，应在子宫及产道内灌入润滑剂，以利于死胎排出体外。对胎儿浸溶，应尽可能将胎骨逐块取净，分离骨骼有困难时，应根据情况先将它破坏后再取出。取出干尸化及浸溶胎儿后，因为子宫中留有胎儿的分解组织，必须用消毒液或5%～10%盐水冲洗子宫，并注射缩宫素，促使液体排出。对于胎儿浸溶，有严重的子宫炎，必须在子宫内放入抗生素，同时重视全身治疗。

2. 预防 母猪舍流产常常是成批的，损失严重。因此在发生流产时，除了采用适当治疗方法，还应对整个猪群的情况进行详细调查分析，观察排出的胎儿及胎膜，必要时采样进行实验室检查，尽量做出确切的诊断。杜绝传染性疾病及自发性寄生虫性流产的传播，以减少损失。预防流产主要在于加强饲养管理，防止意外伤害。怀孕后饲喂品质良好及富含维生素的饲料。

二、阴道脱出

阴道脱出是指阴道壁的一部分或全部脱出于阴门之外。本病多发生于母猪怀孕末期，但也可发生于妊娠3个月后的各个阶段及产后期。

【诊断】

1. 病因 主要原因是固定阴道的组织及阴道壁本身松弛。其次为腹内压过高。妊娠母猪年老经产，衰弱、营养不良、缺乏钙、磷等矿物质及运动不足，常引起全身组织紧张性降低，骨盆韧带松弛。妊娠末期，胎盘分泌的雌激素较多，可使骨盆内固定阴道的组织及外阴松弛，易使母猪阴道脱出。怀孕母猪胎儿较多，使腹内压升高，子宫及内脏压迫阴道而引起阴道脱出。严重腹泻或便秘，引起母猪强烈努责时，也可发病。猪患卵泡囊肿时，因分泌雌激素较多，也能继发阴道脱出。

2. 症状 因阴道脱出的程度不同分为阴道部分脱出和阴道全部脱出。

（1）阴道部分脱出 主要发生在产前。病初仅当母猪卧下时，可见前庭及阴道下壁形成拳头大小，粉红色瘤样物，夹在阴门之间，或露出于阴门之外；母猪起立后，脱出部分能自行缩回。之后，如病因未除，会经常脱出，有的母猪每次怀孕末期均发生，称为习惯性阴道脱出。

（2）阴道全部脱出 外观可见一排球大小的囊状物从阴门中突出，表面光滑，呈粉红色；母猪起立后，脱出的阴道壁不能缩回。全部脱出时由于努责强烈，病猪疼痛不安。脱出之初，呈球状脱出于阴门之外，黏膜呈粉红色、湿润、柔软。久不缩回者，脱出的阴道壁黏膜呈紫红色，随后因黏膜下层水肿而呈苍白色，阴道壁变硬，有时黏膜外粘有粪便而污秽不洁，黏膜有伤口时常有血渍。脱出的阴道压迫尿道外口时，因排尿受阻则努责更强烈，可能引起直肠脱出、胎儿死亡及流产等。病猪精神沉郁，脉搏快而弱，食欲减少。

【治疗】阴道部分脱出的病猪因起立后能自行缩回，防止其脱出部分继续增大，避免损伤及感染即可。给予易消化、营养丰富的饲料。对便秘、腹泻及时治疗。

阴道全部脱出时必须迅速整复、固定，防止复发。治疗时将猪前低后高保定，努责强烈时可用2%普鲁卡因进行后海穴或尾椎硬膜外麻醉，用0.1%的高锰酸钾或0.05%～0.1%新洁尔灭将脱出的阴道充分洗净，去除坏死组织，大的伤口进行缝合，并涂以消炎药。水肿严重时，可先用毛巾浸以2%～3%明矾水进行冷敷，并适当压迫15～20min，亦可针刺水肿黏膜后，挤压排液，并涂以3%过氧化氢液，以使水肿减轻，黏膜发皱。整复时可用消毒纱布将脱出的阴道托起，再用手将脱出的阴道向阴门内推送，全部推入阴门后，再用拳头将阴道推回原位，最后阴道腔内注入5～10g土霉素原粉混悬液（用注射水稀释成10～20mL）。为抑制或减轻努责，整复后可热敷阴门20～30min，亦可在阴道内注入2%普鲁卡因10～20mL。为防止阴道重复脱出，可将阴门做2～3针内翻缝合，以不影响排尿为宜。同时在阴道两侧深部组织内各注入95%酒精20mL左右，刺激组织发炎肿胀，压迫阴门，阻止阴道再脱。

上述方法仍不能将阴道固定或仍发生习惯性阴道脱出时，可采用阴道侧壁与臀部皮肤固定缝合的方法。方法是：在臀中部剪毛消毒，用1%普鲁卡因皮下局部麻醉后，用刀尖将皮肤切一小口，术者一手伸入阴道内，将阴道壁尽量贴紧骨盆侧壁，另一只手将穿有粗缝线的长直针倒着将有针孔的一端从皮肤切口刺入，钝性用力穿过肌肉和阴道侧壁，然后在阴道内将缝线的一端从针孔内抽出并拉至阴门外，随即在皮肤外拔出缝针，在缝线的阴道端上，拴以大块纱布，再将缝线的皮肤端向外拉紧，至阴道侧壁紧贴骨盆侧壁，拴上大纱布进行打结固定。同法将另侧阴道壁与臀部皮肤也缝合起来。缝合后，肌内注射抗生素3～4d，阴道内涂红霉素软膏。病猪如不努责，10d后即可拆线。有时皮肤缝合后伤口有化脓，拆线后做适当外科处理，很快即可愈合。这种缝合，可使缝针穿过处的组织发炎增生，与阴道壁发生粘连，因而固定比较确实。

脱出阴道整复固定后，可内服中药加味补中益气汤（人参、白术、黄芪、当归、甘草、陈皮、升麻、柴胡、芍药、半夏、生姜、熟地、大枣）或八珍散（当归、川芎、熟地黄、白芍、人参、甘草、茯苓、白术），补气举陷。

三、妊娠毒血症

本病又称肥胖综合征。多发生于过度肥胖的高产母猪的围产期，当肝脏内脂肪代谢过程受影响，使脂肪在肝脏中蓄积，并超过肝脏中正常含量时，称为脂肪肝，故本病又称围产期脂肪肝，也有人称其为分娩综合征。本病的发病率与母猪年龄及饲养管理有关。患病母猪不仅肝脏的正常功能受到影响，胆汁分泌障碍，影响消化功能，而且常伴发其他围产期疾病，如胎衣不下、生产瘫痪和子宫内膜炎等。

【诊断】

1. 病因

（1）饲养管理不当　母猪产后停奶时间过早；分娩后由于泌乳，致使体内的糖和其他营养物质不断随乳排出。此时，猪损失的能量如不能从食入的饲料中得到弥补，便动用体内储备的脂肪。体脂分解产生大量的游离脂肪酸随血液入肝脏后，一方面不断被酯化成甘油三酯，再生成脂蛋白；另一方面被氧化生成酮体，然后被运输到各组织，经三羧酸循环产生ATP，为这些组织提供能量。肝中脂蛋白是以极低密度脂蛋白的形式被清除出肝脏，但因进入肝脏的游离脂肪酸过多，或因病猪低血糖而使肝脏组织清除极低密度脂蛋白的能力降低，使这种蛋白运出肝脏过程受阻，最终使甘油三酯在肝脏中蓄积而形成脂肪肝。

（2）*内分泌机能障碍* 母猪受妊娠、分娩及泌乳等因素连续作用，使垂体、肾上腺负担过重，陷于衰竭状态，由于肾上腺机能不全，引起糖的异生作用降低，结果使血糖降低而发病。

2. 症状与病变 病猪无明显的典型临床症状，多表现食欲减退和奶水减少。病猪食欲减少，体重迅速减轻，皮肤弹性减弱，粪便干而硬，严重的出现稀便，可视黏膜黄染，部分病猪有目光凝视、呻吟、头颈肌肉震颤、抬头和神经兴奋等症状。部分病猪精神中度沉郁，不愿走动和采食，有时表现轻度腹痛。体温、脉搏和呼吸次数正常，胃肠运动稍有减弱；病程长时，胃肠运动可消失。重度脂肪肝病猪若得不到及时、正确的治疗及护理，可能死于过度衰弱、中毒或伴发的其他疾病；患轻度和中度脂肪肝的患病猪，约经1.5个月可能自愈。脂肪肝病猪血糖含量下降，游离脂肪酸（FFA）的浓度上升，天门冬氨酸氨基转移酶（AST）上升，血中胆红素的含量也有所升高。

剖检，病死猪的肝脏明显增大，增大程度视肝脏内脂肪浸润的程度而异。肝脏呈暗黄色，边缘肿胀变钝，切口外翻，小叶形状明显，质地变脆，触之易碎。其他内脏外附有脂肪，子宫壁上有脂肪沉积。

【防治】 该病治疗效果不佳，且费用较高，应以预防为主。

1. 治疗

（1）*注射葡萄糖* 静脉注射50%的葡萄糖500mL，每日1次，连用4d为一个疗程。也可腹腔内注射20%的葡萄糖1 000mL。应用葡萄糖的同时，肌内注射倍他米松20mg，随饲料口服丙二醇或甘油250mL，每日2次，连服2d，随后每日100mL，再服3d，效果较好。

（2）*中药治疗* 病猪症状轻度者，可以中药当归芍药汤（当归、白术、芍药、茯苓、泽泻、黄芩、辛夷花、白菊花、干地龙、川芎、甘草、薄荷）或强肝汤（当归、白芍、郁金、党参、泽泻、黄精、生地、山药、板蓝根、山楂、神曲、秦艽、丹参、黄芪、茵陈、甘草）治疗，严重者可以配合西药进行治疗。

（3）*其他疗法* 口服烟酸、胆碱烟酸具有降低血浆中游离脂肪酸、酮体含量和抗脂肪分解的作用。另外，用肾上腺皮质激素和胰岛素，同时配合应用高糖和2%～5%的碳酸氢钠注射液，取得了较满意的效果。

2. 预防 加强饲养管理。对空怀期母猪应减少采食，以免产前过肥；对分娩后母猪要加强护理，改善母猪饲料的适口性，特别要注意增加碳水化合物的摄入量，避免发生因产后泌乳等所造成的能量负平衡。

第二节 分娩期疾病

难 产

难产是指在分娩过程中，分娩过程受阻，胎儿不能正常排出。主要见于初产母猪、老龄母猪。难产的发生主要取决于产力、产道及胎儿3个因素中的一个或多个。产力性难产主要是子宫收缩微弱引起的。怀孕母猪营养不良、疾病、运动不足、激素分泌不足、外界刺激等因素都会造成难产。不适时给予子宫收缩剂，也可引起产力异常。产道性难产常见有子宫颈狭窄、阴道及阴门狭窄、骨盆变形及狭窄。胎儿性难产常见于胎儿的姿势、位置、方向异常，胎儿过大、畸形或两个胎儿同时楔入产道等。另外，饲养管理和繁殖管理不当，母猪过肥及过早交配等也可造成难产。

【诊断】根据母猪分娩时的临床症状，不难做出诊断。

不同原因造成的难产，临床症状不尽相同，有的在分娩过程中时起时卧，痛苦呻吟，母猪阴户肿大，有黏液流出，时做努责，但不见小猪产出，乳房膨大而滴奶，有时产出部分小猪后，间隔很长时间不能继续排出，有的母猪不努责或努责微弱，生不出胎儿，若时间过长，仔猪可能死亡，严重者可致母猪衰竭死亡。

【治疗】确定难产的种类，查明原因，并采取相应的措施。

1. 娩出力微弱　当子宫颈未充分开张、胎囊未破时，可隔着腹壁按摩子宫，促进子宫肌的收缩；子宫颈已经开张时，可向产道注入温肥皂水或油类润滑剂，然后将手伸入产道抓住胎儿头或两后肢慢慢拉出；如子宫颈已开，胎儿产出无障碍时，可注射垂体后叶素或催产素。

2. 骨盆狭窄及胎儿头过大　胎儿过大或母猪产道狭窄所致难产多见于初产母猪，可将产道涂少量的润滑剂，用手牵引，缓缓拖出，必要时可行截肢术或剖宫产。

3. 胎位、胎势、胎向异常　如横腹位、横背位、倒生以及两个胎儿同时挤入产道等，首先应将胎儿推入腹腔，纠正胎儿的位置，采取正生或倒生，牵引两前肢或后肢，慢慢拉出。助产的注意事项：所用器械必须煮沸消毒，术者应修剪指甲、洗手、消毒并涂润滑油。助产时，先将母猪外阴用0.1%高锰酸钾洗净，手伸入产道必须小心触摸，胎儿取出后，应及时擦净胎儿口鼻中黏液，如有假死，应将仔猪后肢提起轻拍或人工呼吸。难产母猪经过助产尚不能将仔猪全部产出的，可考虑剖腹术。

第三节　产后期疾病

一、产道损伤

临床上常见的产道损伤有阴门及阴道损伤；亦见骨盆部分的损伤，包括骨盆韧带和神经的损伤及骨盆骨折等。

对于轻微的损伤，如果给予及时、正确的治疗，一般不易造成严重的后果，有的可自行痊愈；严重损伤可引起出血及某些并发症，如不及时治疗，易伴发坏死性或化脓性感染，造成不孕甚至死亡。

【诊断】

1. 病因　阴门损伤多发生于初产母猪。分娩时，由于阴门未充分松软，开张不够大，或者胎儿通过时助产人员未采取保护措施，容易发生撕裂伤；胎儿过大，强行拉出胎儿时，也能造成阴门撕裂。

阴道损伤多发生于难产过程中，如胎儿过大；胎位、胎势不正且产道干燥时，未经完全矫正并灌入润滑剂即强行拉出胎儿；母猪阴道壁脂肪蓄积过多，分娩时胎儿通过困难；助产时使用产科器械不慎；截胎之后未将胎儿骨骼断端保护好即拉出等，都能造成阴道损伤；胎儿的蹄及鼻端姿势异常，抵于阴道上壁，努责强烈或强行拉出胎儿时可能穿破阴道，甚至使直肠、肛门及会阴亦发生破裂。

此外，母猪配种年龄过早，生殖器官在怀孕期间未能充分发育，分娩时胎儿相对过大而强行拉出，造成阴门和阴道损伤。

救助难产时，手臂、助产器械及绳索等对阴门及阴道反复刺激，可造成阴道水肿及黏膜的损伤，甚至造成阴门血肿。

为促使胎衣排出而在外露的部分坠以重物，导致胎衣呈索状，也能勒伤阴道底壁。

阴道检查时，开膣器使用不当，也可能夹伤阴道黏膜。

2. 症状 阴门及阴道损伤的病猪表现出极度疼痛的症状，尾根高举，骚动不安，拱背并频频努责。

阴门损伤时症状明显，可见撕裂口边缘不整齐，创口出血，创口周围组织肿胀。助产时间过长及刺激严重时，可使阴门及阴道发生剧烈肿胀，阴门内黏膜外翻，阴道腔变狭小，有时可见阴门内黏膜下有紫红色血肿。阴门血肿有时在几周内由于液体的吸收而自愈。少数情况下，可能发生细菌感染、化脓，炎症治愈后可能出现组织纤维化，使阴门扭曲，出现吸气现象。

阴道创伤时从阴道内流出血水及血凝块，及时检查阴道可见黏膜充血、肿胀，有新鲜创口。如为陈旧性溃疡，溃疡面上常附有污黄色坏死组织及脓性分泌物。阴道壁发生穿透创时，症状随破口位置不同而异。透创发生在阴道后部时，阴道壁周围的脂肪组织或膀胱可能经破裂口突入阴道腔内或露出阴门外。有些母猪的尿道口较宽，分娩努责强烈时可发生膀胱外翻。膀胱脱出时，随尿液增加而增大，此时应与阴道脱出、阴道囊肿或肿瘤及阴门血肿和阴道周围脂肪脱出区别。陈旧性阴道后部透创会发生阴道周围组织蜂窝织炎或脓肿。有时还出现阴道上壁与直肠穿透创，形成阴道直肠瘘，也有的发生会阴部严重撕裂导致肛门同时也破裂，使得粪便流入阴道腔并从阴门流出。

3. 综合诊断 阴门损伤可以直接观察确诊。阴道损伤需要借助一定的方法和器械进行判断。发现阴道外部有出血时，要判断是不是鲜血。如果是鲜血，可以首先将手伸入阴道内触摸，严重创伤可以直接触摸到。如果还不能确定，则使用开膣器打开阴道，可以观察到是否有损伤部位及损伤程度，是否有脂肪组织、膀胱或肠管突入阴道腔内，是否发生阴道直肠瘘等，依据这些情况可以做出正确的判断。

【治疗】 阴门及会阴损伤按照常规外科缝合处理，需要整形的进行整形，一般治疗及时可以痊愈。新鲜撕裂创口可用组织黏合剂将创缘粘接起来，也可按褥式缝合法缝合。在缝合前应清除坏死及损伤严重的组织和脂肪。如不缝合，不但延长愈合时间，容易造成感染，而且即使愈合，形成的瘢痕也将妨碍阴门的正常屏障功能，出现吸气现象，结果由于不断吸入空气而易造成阴道炎和子宫内膜炎。阴门血肿较大时，可在产后3～4d切开血肿，清除血凝块；形成脓肿时，应切开脓肿并引流。

对阴道黏膜肿胀并有创伤的患猪，可向阴道内投入碘仿磺胺或乳剂消炎药，或在阴门两侧注射抗生素。蜂窝织炎时，应待脓肿形成后，切开排脓并按外伤处理。

对阴道壁发生透创的病例，应迅速将突入阴道内的肠管、网膜用消毒溶液洗净，涂以抗菌药液推回原位。膀胱脱出时，应将膀胱表面洗净，用皮下注射针头穿刺膀胱，排出尿液，撒上抗生素粉，轻推复位。阴道周围脂肪脱出时可将其剪掉。硬膜下麻醉有利于送回脱出的器官。将脱出器官及组织复位处理后，应立即缝合创口。缝合的方法是：左手在阴道内固定创口并使创缘对齐，尽可能向外拉。右手拿长柄持针器，夹上穿有长线的缝针带入阴道内，小心仔细地将缝针穿过创口两侧；抽出针后，在阴门外打结，然后左手再伸入阴道，将缝线拉紧使创口边缘吻合。创口大时，需做几道结节缝合。缝合前不要冲洗阴道，以防药液流入腹腔。缝合后，除按外科方法处理外，仍需连续肌内注射大剂量抗生素 4～5d，防止发生腹膜炎而死亡。对于直肠穿透创，应在全身麻醉或硬膜外麻醉下迅速缝合。为此可将穿有长线的缝针带入直肠内进行缝合，或试将创口边缘拉出阴门外缝合。

二、子宫破裂

子宫破裂见于各种难产救助不当造成的意外，以及难产或子宫扭转时，使用催产素或垂体后叶素所致。

【症状】子宫不全破裂，主要症状是阴道流血。子宫完全破裂，特征性症状是努责突然停止，子宫灌注液体不回流。有时从产道中流出血液。破口大的，子宫内容物（包括胎儿）进入腹腔，肠袢进入子宫，病猪继发致死性腹膜炎和内毒素休克，表现食欲不振，精神沉郁，虚弱，体温早期升高并后期降低，脉搏和呼吸加快，肢端发凉，黏膜苍白，于1～3d 内死亡。猪的子宫颈全破裂，由于缝合较困难，预后不良。

【治疗】子宫不全破裂或破裂孔较小的全破裂，一旦发生，首先应尽快取出胎儿及胎衣。确认子宫内不存在感染，破口小或在子宫上后方的，要立即重复使用催产素或子宫收缩剂（垂体后叶素等），使子宫复旧。也可用浸透药液的纱布填塞子宫，同时采用抗生素治疗。大的子宫破裂，应及早采用手术疗法，缝合或摘除子宫。

三、子宫脱出

子宫角前端翻入子宫腔或阴道内，称为子宫套叠；子宫全部翻出于阴门外，称为子宫全脱。两者为同一个病理过程，但程度不同。子宫脱出通常发生在分娩后数小时内，因为此时子宫尚未收缩，子宫颈仍开放着，子宫体及子宫角容易翻转和脱出。

【诊断】

1. 病因 怀孕期间运动不足、饲养不当及母猪年老体弱，致使全身组织弛缓无力，子宫肌弛缓；胎儿过多及过大等可使子宫过度伸张，都易发生子宫脱出。母猪分娩之后努责过强，胎衣不下时用力牵拉，也可引起此病。

2. 综合诊断 根据子宫脱出程度，可分为子宫套叠及子宫全脱两种。子宫套叠：病猪站立时常弓背、举尾，频频努责，做排尿姿势，有时排出少量粪尿。以手伸入产道，可摸到套叠的子宫角突入子宫颈或阴道内。病猪卧下时，有时可发现阴道内突出红色的球状物。子宫全脱：病猪脱出的子宫角像两条肠管，但较为粗大，且黏膜表面状似平绒，颜色紫红，因其有横皱襞容易和肠管的浆膜区别开来。猪子宫脱出后症状特别严重，卧地不起，反应极为迟钝，很快出现虚脱症状。

【防治】

1. 治疗 猪发生子宫脱出后，必须立即进行整复和固定。

（1）子宫套叠的整复 应将病猪后躯抬高，以利整复。术者要彻底清洗和消毒手臂，并涂上灭菌的凡士林或其他油类，将手伸入产道，小心地推压套叠的子宫角后端，使之退回原位。如果不能整复，可向子宫内注入灭菌生理盐水，借水的压力使子宫恢复原位。

（2）子宫全脱的整复和固定 为了有利于整复，应将母猪仰卧缚在梯子上，然后使梯子斜立成45°～65°，使猪头部朝下。整复前用0.1%高锰酸钾液冲洗子宫，除去污物和胎衣。水肿严重者可用3%明矾液冲洗，子宫黏膜的小损伤应涂以2%碘酊，较大和较深的创口应缝合。整复时由助手将子宫托起，术者以左手握子宫角，然后用捏成锥状的右手或子宫棒抵住子宫角，如同翻肠子一样，在病猪努责间歇期，向内推压，依次内翻，直到将两子宫角先后推入产道乃至腹腔内。如未完全恢复原位，应注入灭菌生理盐水2 000～4 000mL（每500毫升灭菌生理盐水加入1g青霉素），以使子宫角恢复原位。为了防止再脱出，应行阴门缝合法加以固定，大致在3d后即可拆线。为了防止感染，整复后肌内注射青霉素，连用3～5d。

（3）脱出子宫截除术 脱出子宫无法整复，或有大的损伤和坏死时，为了留作肥育，可行此术。先于子宫后方缓慢拉紧并充分结扎。在结扎处后方4～5cm切掉子宫，断端烧烙至结痂为止，并涂以碘酊，送回阴道。术后可肌内注射抗生素，每天用明矾液冲洗阴道。断端及结扎线经7～15d即可脱落。

2. 预防 对怀孕母猪要加强饲养管理。母猪应适当增加运动，提高全身组织的紧张性。患猪要给予易消化的饲料。及时防治便秘、腹泻、胃肠炎等疾病。

四、子宫内膜炎

产后子宫内膜炎指子宫内膜的急性炎症，常发生于分娩后的数天之内。如不及时治疗，炎症易于扩散，引起子宫浆膜或子宫周围炎，并常转为慢性炎症，最终导致长期不孕。

【诊断】

1. 病因 分娩时或产后期，微生物可以通过各种感染途径侵入。当母猪产后首次发情时，子宫可排出其腔内的大部分或全部感染细菌。而首次发情延迟或子宫弛缓不能排出感染菌的母猪，可能发生子宫炎。尤其是在发生难产、胎衣不下、子宫脱出、流产（胎儿浸溶）或当猪的死胎遗留在子宫内时，使子宫弛缓、复旧延迟，均易引起子宫发炎。患布鲁氏菌病、沙门氏菌病及其他侵害生殖道的传染病或寄生虫病的母猪，子宫及其内膜原来就存在慢性炎症，分娩之后由于抵抗力降低及子宫损伤，可使病程加剧，转为急性炎症。

2. 症状 致病微生物在未复旧的子宫内繁殖，一旦其产生的毒素被吸收，将引起严重的全身症状。有时病猪出现败血症或脓毒血症，全身症状明显。病猪频频从阴门内排出少量黏液或黏液脓性分泌物，病重者分泌物呈污红色或棕色，且带有臭味，卧下时排出量多。病猪体温升高，精神沉郁，食欲及奶量明显降低，猪常不愿给仔猪哺乳。

3. 检查 阴道检查所见变化不明显，子宫颈稍开张，有时可见胎衣或有分泌物排出。阴门及阴道肿胀并高度充血。若子宫内有脓液或渗出物蓄积，则触诊有波动感。

【治疗】应用抗菌消炎药物防止感染扩散，清除子宫腔内渗出物并促进子宫收缩。

对患病猪应用广谱抗生素全身治疗及其他辅助治疗。可直接向母猪子宫内注入抗菌药物。可应用温热的低刺激性消毒液冲洗子宫，利用虹吸作用将子宫内冲洗液排出。反复冲洗几次，尽可能将子宫腔内容物冲洗干净。冲洗子宫后，全身症状很快得到改善，但应禁止用刺激性药物冲洗子宫。

但对伴有严重全身症状的病猪，体温超过39.5℃时，为了避免引起感染扩散而致病情加重，应禁止冲洗疗法。

伴有胎衣不下者，应轻轻牵拉露在外面的胎衣，将胎衣除掉，但禁止用手探查子宫和阴道，因为此时子宫壁质地较脆并含有大量的腐败性物质。粗暴地清除胎衣，甚至轻微地探查阴道和子宫，都会引起严重损伤和毒素的吸收。

为了促进子宫收缩，排出子宫腔内容物，可静脉注射催产素，也可肌内注射麦角新碱、PGF 或其类似物，禁止应用雌激素。

五、阴门炎及阴道炎

【诊断】

1. 病因 微生物通过各种途径侵入阴门及阴道组织，是发生该病的常见原因。产道狭窄，胎儿通过时困难或强行拉出胎儿，使产道受到过度挤压或裂伤；难产时助产时间过长或手术助产的刺激，造成阴门炎及阴道炎。少数病例是由于用高浓度、强刺激性防腐剂冲洗阴道或是坏死性厌氧丝杆菌感染而引起的坏死性阴道炎。

2. 症状 由于损伤及发炎程度不同，表现的症状也不完全一样。

黏膜表层受到损伤而引起的发炎，无全身症状，仅见阴门内流出黏液性或黏液脓性分泌物，尾根及外阴周围常黏附有这种分泌物的干痂。阴道检查，可见黏膜微肿、充血或出血，黏膜上常有分泌物黏附。

黏膜深层受到损伤时，病猪拱背，尾根举起，努责，并常做排尿动作，但每次排出的尿量不多。有时在努责之后从阴门中流出污红、腥臭的稀薄液体。阴道检查，送入开膣器时，病猪疼痛不安，甚至引起出血；阴道黏膜，特别是阴瓣前后的黏膜充血、肿胀、上皮缺损，黏膜坏死部分脱落，露出黏膜下层。有时见到创伤、糜烂和溃疡。阴道前庭发炎者，往往在黏膜上可以见到结节、疱疹及溃疡。在全身症状方面，有时体温升高，食欲及泌乳量稍降低。

【治疗】炎症轻微时，可用温防腐消毒液冲洗阴道，如 0.1%高锰酸钾、0.05%～0.1%新洁尔灭或生理盐水等。阴道黏膜严重水肿及渗出液多时，可用 1%～2%明矾或 5%～10%鞣酸溶液冲洗。对阴道深层组织的损伤，冲洗时必须防止感染扩散。冲洗后，可撒布碘仿磺胺粉（1∶10）或注入其他防腐抑菌的乳剂或糊剂，连续数天，直至症状消失为止。在局部治疗的同时，于阴门两侧注射抗生素，并配合封闭疗法，效果很好。

第四节 不孕与不育

一、卵巢机能不全

卵巢机能不全是卵巢的机能暂时受到扰乱，以致出现不完全发情周期，或者卵巢处于静止状态，不出现发情现象。若卵巢机能长期减退，则易引起卵巢组织萎缩和硬化。

【诊断】

1. 病因 卵巢机能不全的原因比较复杂，所有引起繁殖机能障碍的因素都会导致卵巢机能减退或不全。饲料不足或品质不良，尤其是缺乏含维生素 A 和维生素 E；长期舍饲而缺乏运动；长期未愈的卵巢炎等，都能引起卵巢机能减退或不全。此外，遗传和近亲繁殖也常引起本病。

2. 症状 发情周期紊乱，发情表现不明显，或长期不发情。

3. 直肠检查 触摸不到卵泡及黄体，且卵巢变小及变硬。

【治疗】

(1) 改善饲养管理，增强卵巢机能 主要是改善饲料质量，增加维生素、蛋白质和微量元素的含量，喂给优质饲料，适当增加运动。

(2) 治疗原发病 对由于生殖器官或其他方面的疾病所引起的卵巢机能障碍，应积极治疗原发病。

(3) 激素疗法 促卵泡激素（FSH）肌内注射，至出现发情为止。出现发情后，再肌内注射黄体生成素（LH）效果更好。也可用孕马血清促性腺激素（PMSG）颈部皮下注射，或绒毛膜促性腺激素（HCG）肌内注射。

(4) 辅助疗法 除此以外，还可选用按摩卵巢和子宫的方法作为辅助治疗。

二、持久黄体与卵巢囊肿

(一) 持久黄体

黄体超过正常时间而不消失，称为持久黄体。由于持久黄体持续分泌黄体酮，抑制卵泡发育，致使母猪久不发情，从而引起不孕。

【诊断】

1. 病因 饲料单纯，缺乏维生素和矿物质，母猪舍饲而运动不足，冬季寒冷且饲料不足时，常常发生持久黄体。患子宫内膜炎、子宫积液或积脓，产后子宫复旧不全，子宫内滞留部分胎衣，以及子宫内有死胎或肿瘤等，均会影响黄体的退缩和吸收，从而成为持久黄体。

2. 检查 母猪发情周期停止，长时间不发情。一侧卵巢增大，持久黄体的一部分呈圆锥状或蘑菇状凸出于卵巢表面，较卵巢实质稍硬。有时黄体不突出于卵巢表面，只是卵巢增大而稍硬。检查子宫无怀孕现象，但有时发现子宫疾病。

【治疗】首先应消除病因，以促使黄体自行消退，为此，必须根据具体情况改进饲养管理；如果伴有子宫疾病，激素疗法一般选用前列腺素及其合成类似物，如前列腺素、氟前列烯醇或氯前列烯醇。

(二) 卵巢囊肿

卵巢囊肿，又称卵巢囊肿变性。卵泡囊肿和黄体囊肿是卵巢囊肿的两种特殊形式。卵泡囊肿的标准是卵泡在卵巢上持续存在至少 10d，表现为频繁的、持续的发情（慕雄狂）。黄体囊肿是不排卵的卵泡黄体化，持续存在较长时间，母猪不发情。

【诊断】

1. 病因

(1) 缺乏黄体生成素 排卵前或排卵时黄体生成素的释放量不足。

(2) 医源性原因 应用雌激素治疗母猪生殖性疾病。干扰正常的黄体生成素释放而产生卵巢囊肿。

(3) 饲料的影响 摄取含雌激素量高的饲料可致卵巢囊肿。发霉的饲料中含有霉菌毒素赤霉烯酮，也可能导致卵巢囊肿。

(4) 遗传因素 卵巢囊肿有遗传性。

2. 检查 母猪卵巢囊肿多见于产后。一般检查应了解母猪的繁殖史，然后进行临床检查。发现有慕雄狂的病史、发情周期短或不规则、乏情时，即可怀疑患有此病。B超检查，卵泡壁的厚度差别很大，多数母猪子宫弹性较弱。

【治疗】可选用绒毛膜促性腺激素、黄体生成素。促性腺激素释放激素（GnRH）、前列腺素均可视情况选用。

中药疗法以行气活血、破血祛瘀、消肿散结为治疗原则。处方为：香附30g，三棱30g，莪术30g，青皮25g，藿香30g，陈皮25g，桔梗25g，益智25g，肉桂15g，甘草9g，共为细末，开水冲调，候温灌服。

三、睾丸发育不全

睾丸发育不全指公猪睾丸中生殖细胞数量不足及一侧或双侧睾丸的全部或部分曲细精管生精上皮不完全发育或缺乏生精上皮，间质组织可基本维持正常。

【诊断】

1. 病因 遗传性因素导致双侧睾丸发育和精子生成受到抑制。此外，初情期前营养不良、阴囊脂肪过多和阴囊系带过短，也可引起睾丸发育不全。

2. 症状 病猪在出生后生长发育正常，周岁时生长发育测定能达到标准，第二性征、性欲和交配能力也基本正常，但睾丸较小，质地软，缺乏弹性，多次检测精液呈水样，无精或少精，精子活力差，畸形精子百分率高。有的病例精液品质接近正常，但受精率低，精子不耐冷冻和储存。

3. 检查 根据睾丸大小、质地，间隔多次精液品质检查结果和参考公猪配种记录（一开始使用即表现生育力低下和不育），即可做出初步诊断。由于患病公猪睾丸周长小于正常水平，该病可以通过测量阴囊周长来诊断。若患病猪睾丸外形正常且能够在阴囊内移动，触诊可判断是否为小而松软的发育不良睾丸。睾丸发育不全引起的少精症、无精症，以及精子形态和活力的异常可以通过精液分析检查。由于睾丸发育，猪性欲基本正常，生产中通常是在发现母猪受孕率下降后才注意检查公猪的病情。睾丸组织活检，可见整个性腺或性腺的一部分曲细精管缺乏生殖细胞，仅有一层没有充分分化的支持细胞，间质组织比例增加；部分公猪生殖细胞不完全分化，生精过程常终止于初级精母细胞或精细胞阶段，几乎见不到正常发育的精子；有的个体虽有正常形态的精子生成，但精子质量差，不耐冷冻和储存。染色体检查有助于本病的确诊。

【治疗】一般治疗无效或效果不佳。对于睾丸发育不全的公猪，可在去势后肥育。

四、隐 睾

隐睾指在阴囊内缺少一个或两个睾丸。正常情况下睾丸在出生后逐渐降至阴囊内，但在公猪性成熟前之前，睾丸可以自由地在腹股沟管内上、下活动。但在性成熟时睾丸应下降停留在阴囊内。患病公猪睾丸有的位于腹股沟皮下，有的位于腹腔内，少数在腹股沟内。隐睾有明显的遗传倾向性。单侧隐睾猪一般仍有生殖能力，但生殖能力下降。

【诊断】一侧隐睾时，无睾丸侧的阴囊皮肤松软而不充实，触摸时阴囊内只有1个睾丸；两侧隐睾时，阴囊缩小，触摸阴囊内无睾丸。如果睾丸在皮下，在阴茎旁或腹股沟区可摸到比正常体积小，但形状正常的异位睾丸。注射人绒毛膜促性腺激素或促性腺激素释放激素前后分别测定血液睾酮浓度（用药后血液睾酮浓度升高）或X线技术可用于辅助诊断。

【治疗】一般公猪可以不治疗，但隐睾易发生肿瘤，因此，建议做去势术，可消除发生肿瘤的可能性。单侧隐睾公猪不宜做种用，双侧隐睾公猪无生殖能力。如为皮下隐睾，可切开皮肤，分离出睾丸，双重结扎精索，将睾丸切除即可；对腹腔隐睾病猪，切开腹底壁，在腹股沟内环处、膀胱背侧和肾脏后方等部位探查隐睾，剪断睾丸韧带，双重结扎精索，除去睾丸即可。

五、睾丸炎与附睾炎

（一）睾丸炎

【诊断】

1. 病因

（1）由损伤引起感染　常见损伤为打击、啃咬、蹴踢、尖锐硬物刺伤和撕裂伤等，继之由葡萄球菌、链球菌和化脓棒状杆菌等引起感染，多见于一侧。外伤引起的睾丸炎常并发睾丸周围炎。

（2）血源性感染　某些全身性感染如布鲁氏菌病、结核病、放线菌病、鼻疽、腺疫沙门氏菌病、乙型脑炎等，以及衣原体、支原体、立克次氏体和某些疱疹病毒都可以经血流引起睾丸感染。在布鲁氏菌病流行地区，布鲁氏菌感染可能是睾丸炎最主要的原因。

（3）炎症蔓延　睾丸附近组织或鞘膜炎症蔓延；副性腺细菌感染沿输精管蔓延均可引起睾丸炎症。附睾和睾丸紧密相连，常同时感染和互相继发感染。

2. 症状

（1）急性睾丸炎　睾丸肿大、发热、疼痛；阴囊发亮；公猪站立时拱背，后肢广踏、步态强拘，拒绝爬跨；触诊睾丸紧张，鞘膜腔内有积液，精索变粗，有压痛。病情严重者体温升高、呼吸浅表、脉频、精神沉郁、食欲减少。并发化脓感染者，局部和全身症状加剧。在个别病例，脓汁可沿鞘膜管上行入腹腔，引起弥漫性化脓性腹膜炎。

（2）慢性睾丸炎　睾丸不表现明显热痛症状，睾丸组织纤维变性、弹性消失、硬化、变小，产生精子的能力逐渐降低或消失。

【治疗】急性睾丸炎病猪应停止使用，安静休息；早期（24h 内）可冷敷，后期可温敷，加强血液循环，使炎症渗出物消散；局部涂擦鱼石脂软膏、复方醋酸铅散；阴囊可用绷带吊起；全身使用抗生素药物；局部可在精索区注射盐酸普鲁卡因青霉素溶液（2%盐酸普鲁卡因 20mL，青霉素 80 万 U），隔日注射 1 次。

无种用价值者可去势；单侧睾丸感染而欲保留做种用者，可考虑尽早将患侧睾丸摘除；已形成脓肿、摘除有困难者，可从阴囊底部切开排脓；由传染病引起的睾丸炎，应首先考虑治疗原发病，无治疗价值的公猪可淘汰。

（二）附睾炎

附睾炎是公猪的一种生殖系统疾病，该病呈进行性接触性传染，以附睾出现炎症并可能导致精液变性和精子肉芽肿为特征。病变可能单侧出现，也可能双侧出现。双侧感染常引起不育。

【诊断】

1. 病因　主要病因是流产布鲁氏菌和马耳他布鲁氏菌感染。放线杆菌、棒状杆菌、巴氏杆菌感染也可引起。阴囊损伤也可引起附睾化脓性葡萄球菌感染。猪在腹压突然增加的情况下（如冲撞、压迫），尿液被迫返入输精管而进入附睾，也可以引起附睾炎。

2. 症状　附睾感染一般都伴有不同程度的睾丸炎，呈现特殊的化脓性附睾及睾丸炎症状。公猪不愿交配，叉腿行走，后肢强拘，阴囊内容物紧张、肿大、疼痛，睾丸与附睾界限不明。布鲁氏菌感染一般不波及睾丸鞘膜，炎性损伤常局限于附睾，特别是附睾尾。通常在急性感染期睾丸和阴囊均呈水肿性肿胀，附睾尾明显增大，触摸时感觉柔软。慢性期附睾尾内纤维化，可能增大4～5倍，并出现粘连和黏液囊肿，触摸时感觉壅实，睾丸可能萎缩变性。精液放线杆菌感染常引起睾丸鞘膜炎，睾丸明显肿大并可能破溃流出灰黄色脓汁。

3. 致病菌的确诊　附睾的损伤和炎症通过观察和触摸均不难发现，困难的是要确定没有外部损伤的附睾炎的致病菌。通常采用精液细菌培养检查、补体结合测定和对死亡猪剖检及病理组织学检查等方法确诊致病菌，并可同时进行病菌的药物敏感性试验。

4. 鉴别诊断　由放线杆菌和棒状杆菌引起的附睾炎通常出现脓肿，触诊坚实但有波动感。另外，应注意与精索静脉曲张区别，后者总是定位于精索革状丛的近体端。

【防治】

1. 治疗　对处于感染早期、具有优良种用价值的种公猪，每日使用金霉素和硫酸双氢链霉素，3周后可能消除感染并使精液质量得到改善。治疗无效者，最终可能导致睾丸变性或精子肉芽肿。优良种猪在单侧感染时可及时将患侧附睾连同睾丸摘除，可能保持生育力。

2. 预防　根本措施是及时鉴定所有感染公猪，严格隔离或淘汰。

第五节　新生仔畜疾病

一、新生仔猪假死

本病是指刚出生的仔猪呈现无呼吸，仅有心跳，可视黏膜呈苍白色，全身松软不动，反射消失的假死状态。如不及时抢救，则往往死亡。

【诊断】

1. 病因　分娩时产出期拖长或胎儿排出受阻，胎盘水肿、胎盘过早分离和胎囊破裂过晚，倒生时胎儿产出缓慢和脐带受到挤压，脐带前置时受到压迫或脐带缠绕，以及子宫痉挛性收缩等，均会导致胎盘血液循环减弱或停止，引起胎儿过早地呼吸，以致吸入羊水而发生窒息。母猪体重和分娩持续时间与新生仔猪窒息死亡数呈正相关。另外，在猪的产仔间隔超过35min时，随后生出的仔猪常为死产或发生窒息。

此外，分娩前母猪过度疲劳，发生贫血及大出血，患有某种严重的热性疾病或全身性疾病，使胎儿缺氧和血中二氧化碳量增高，也可导致胎儿过早呼吸而引发窒息。

2. 症状　轻度窒息时，仔猪软弱无力，发绀，舌脱出口外，口腔和鼻孔充满黏液。呼吸不匀，有时张口呼吸，呈喘气状。心跳快而弱；肺部有湿啰音，特别是在喉及气管更为明显。严重窒息时，仔猪呈假死状态，全身松软，卧地不动，反射消失，黏膜苍白。呼吸停止，仅有微弱心跳。

【防治】

1. 治疗　施治原则：一旦发生，立即抢救，越早越好。

具体方法如下：

（1）清除口腔和鼻孔内的羊水、黏液　提举后肢，使仔猪头朝下，拍打或轻度压迫胸腹部，抖动身体，使吸入呼吸道的羊水排出，并用纱布将口腔、鼻孔擦干净。

（2）诱发呼吸　为诱发仔猪的呼吸反射，可用草秆刺激仔猪的鼻腔黏膜，或在其身上泼洒冷水（天冷时禁用）。如还不出现呼吸，则立即肌内注射山梗菜碱或尼可刹米，同时输入氧气，并进行人工呼吸。人工呼吸的方法是有节奏地按压胸腹壁，使胸腔交替地扩张和缩小，同步拉推两前肢，使其向外扩张和向里压拢。有呼吸动作后，不要马上停止，再持续2min，以防再次发生假死。也可捂住仔猪的嘴及一个鼻孔，每隔数秒钟用橡胶管从另一鼻孔吹入空气1次，然后再压迫胸壁，使空气排出。如果心跳刚刚停止，体外按摩心脏数分钟至30min可帮助心脏恢复跳动。

（3）辅助治疗　经过抢救恢复了呼吸的仔猪，可静脉注射10%葡萄糖，加入3%过氧化氢溶液30mL；纠正酸中毒时，静脉注射5%碳酸氢钠100mL；防止继发肺炎，肌内注射抗生素。

2. 预防　应建立产房值班制度，保证母猪分娩时能及时正确地进行接产和护理仔猪。接产时应特别注意，对分娩过程延滞、胎儿倒生及胎囊破裂过晚者，及时进行助产。大型母猪产程规律是在产出第3头仔猪后表现产力不足，产仔间隔延长（35min以上），应立即注射垂体后叶素5～10IU。

二、新生仔猪窒息

新生仔猪窒息是指刚出生的仔猪发生呼吸障碍，或无呼吸而仅有心跳。如不及时抢救，往往死亡。

【诊断】

1. 病因　分娩时产出期延长或胎儿排出受阻，胎盘分离过早和胎囊破裂过晚，倒生时胎儿产出缓慢和脐带受到挤压，脐带前置时受到压迫或脐带缠绕，以及子宫痉挛性收缩等，均会导致胎盘血液循环减弱或停止，引起胎儿过早地呼吸，以致吸入羊水而发生窒息。

此外，母猪分娩前过度疲劳，或患有高热性疾病、肺炎、贫血等，使胎儿缺氧，在胎儿娩出后易发生窒息。

2. 症状　根据程度不同可分为两种：一种是青紫窒息，一种是苍白窒息。

（1）青紫窒息（也称轻度窒息）　仔猪软弱无力，可视黏膜发绀，舌脱出口外，口腔和鼻孔充满黏液。呼吸不匀，张口呼吸，肺部有湿啰音。心跳快而弱。

（2）苍白窒息（也称严重窒息）　仔猪呈假死状态，全身松软，卧地不动，反射消失，黏膜苍白。呼吸停止，仅有微弱心跳。

【防治】

1. 治疗　首先用布擦净鼻孔及口腔内的羊水。为了诱发呼吸反射，可用草秆刺激鼻腔黏膜，或用浸有氨水的棉花放在鼻孔上，或在仔猪身上泼冷水（天冷时禁用）等。如仍无呼吸，可将仔猪后肢提起来抖动，并有节律地轻压胸腹部，以诱发呼吸，同时促使呼吸道内的黏液排出。可吸出鼻腔及气管内的黏液及羊水、进行人工呼吸或输氧，还可使用刺激呼吸中枢的药物，如尼可刹米。

2. 预防　应建立产房值班制度，保证母猪分娩时能及时正确地进行接产和护理仔猪。接产时应特别注意，对分娩过程延滞、胎儿倒生及胎囊破裂过晚者，及时进行助产。

三、新生仔猪发育异常

本病指仔猪生理功能不全，出生后衰弱无力、生活能力低下而长久躺卧不起等先天性发育不良，出生后在数小时或几天之内死亡。

【诊断】

1. 病因　主要是由于妊娠期间饲料中蛋白质缺乏，维生素 A、B 族维生素及维生素 E 严重不足，或者矿物质（主要是铁、钙、钴、磷）缺乏。另外，可见于母猪患妊娠毒血症、产前截瘫、慢性胃肠疾病以及布鲁氏菌病和沙门氏菌病等传染病时。此外，母猪早产、近亲繁殖、仔猪受冻时，也表现为孱弱。

2. 症状　仔猪出生后软弱无力，站立困难或卧地不起，心跳快而弱，呼吸浅表而不规则，有的闭眼，对外界刺激反应迟钝，耳、鼻、唇及四肢末梢发凉，吮乳反射微弱。

【治疗】治疗原则是保温、人工哺乳、补给维生素和钙盐，以及采用强心、补液等对症疗法。保温及人工哺乳：把新生仔猪放置 20℃的温室内，对不能吮乳的仔猪进行人工喂养，待食欲较好后，转喂正常母乳。病猪可静脉注射 4%碳酸氢钠、10%氯化钙，随后注射 5%葡萄糖。

四、胎粪停滞

新生仔猪通常在出生后数小时内排出胎粪，如果出生后一天仍不排粪，并伴有腹痛现象，称为胎粪停滞。此病主要发生于体弱的新生仔猪。

【诊断】

1. 病因　母猪营养不良、引起初乳分泌不足或品质不佳，仔猪吃不到初乳。此外，新生仔猪孱弱、先天性发育不良或患有某些疾病，都易发生。

2. 症状　发病仔猪出生后一天之内不排胎粪，之后表现不安，拱背努责，回顾腹部，拒绝吃奶。以后出现全身弛缓和无力状态，精神沉郁，脉搏快而弱。如用手指进行直肠检查，触到硬固的粪块，即可确诊。

【防治】

1. 治疗　治疗原则是滑润肠道和促进肠道蠕动。为此可用温肥皂水深部灌肠，或给予轻泻剂。可口服液状石蜡或硫酸钠，但不宜给予缓泻剂，以免引起顽固性腹泻。在骨盆入口处有较大粪块阻塞而无法灌肠时，可试行将粪块拉出后再灌肠。

若上述方法无效，可施行剖腹术，挤、压肠壁使粪便排出，或切开肠壁取出粪块。病猪如有自体中毒症状，必须及时采取补液、强心、解毒及抗感染等治疗措施。

2. 预防　为了预防仔猪胎粪停滞，妊娠后期必须改善母猪饲养质量，给予全价饲料，以保证胎儿的正常生长发育。仔猪出生后，应使其尽快吃到足够的初乳，以增强其抵抗力，促进肠蠕动机能。

第六节　乳房疾病

乳 腺 炎

乳腺炎是哺乳母猪较为常见的一种疾病，常发生于产后 5～30d，多发于一个或几个乳房，临诊上以红、肿、热、痛及泌乳减少、拒绝哺乳为特征。母猪的肠道菌性乳腺炎发病率较高。

【诊断】该病根据猪舍的卫生管理情况及临床症状不难做出诊断。

1. 病因 引起母猪乳房感染的病原体有链球菌、葡萄球菌、大肠杆菌、坏死杆菌、化脓棒状杆菌等。感染途径如下：

（1）*仔猪咬伤母猪乳头* 母猪分娩后，泌乳不足，窝产仔猪较多时，个别仔猪为争食某个乳头而打架。母猪乳头因被仔猪咬伤而感染。

（2）*排乳不畅* 仔猪少、母乳多，吮乳不尽，余乳蓄积；奶头堵塞，泌乳不畅；乳头发育不良，乳头管口呈漏斗状且弹性小，不利于排乳；母猪在产前及产后突然喂给大量高营养饲料，泌乳过多，乳汁积滞而引起乳腺炎。

（3）*饲养管理不当* 猪舍门栏尖锐、地面不平或过于粗糙，由于母猪腹部松垂，乳房经常受到挤压、摩擦；圈舍潮湿、天气过冷、乳房冻伤等而被细菌感染；或乳房受到外伤时也可引起乳腺炎。

（4）*环境卫生不良* 栏舍潮湿、污秽，乳房不洁，尤其是在梅雨季节和酷暑末期易发生乳腺炎。

（5）*其他疾病继发* 母猪胎衣滞留，患子宫内膜炎，有毒物质被吸收，也可继发乳腺炎。

2. 症状

（1）*急性乳腺炎* 母猪患病初期乳房充血、发红、肿胀、疼痛，拒绝哺乳，若仔猪接触到乳房，母猪会立即站立或呻吟、不安、烦躁、乱动，有恶癖的母猪还会攻击仔猪乃至吃掉仔猪（吃仔癖）。病猪泌乳量减少或泌乳不畅，泌乳减少或停止，乳汁稀薄，内含乳凝块或絮状物，有的混有血液或脓汁，甚至化脓溃烂，流出腥臭脓液。严重者常伴有精神沉郁、食欲减退、体温升高等全身症状。

（2）*慢性乳腺炎* 结缔组织大量增生，乳房发硬，甚至奶头封闭。母猪乳房组织弹性降低，触摸有硬块，或整个乳腺变硬，泌乳减少，甚至丧失泌乳能力。患病母猪形体消瘦，断奶后发情期延长、乏情或不发情。仔猪因缺乳而消瘦衰竭，甚至饿死或脱水死亡。

【防治】

1. 治疗

（1）*全身疗法* 抗菌消炎，常用的有青霉素、链霉素、庆大霉素、恩诺沙星、环丙沙星及磺胺类药物，或青霉素与新霉素联合使用。

（2）*局部疗法* 急性乳腺炎时，青霉素 50 万～100 万 U，溶于 0.25%普鲁卡因溶液 200～400mL 中，做乳房基部环形封闭，每日 1～2 次。慢性乳房炎时，将乳腺洗净擦干后，选用鱼石脂软膏（或鱼石脂鱼肝油）、樟脑软膏、5%～10%碘酊，涂擦于乳房患部皮肤，或用温毛巾热敷。另外，可向乳管内注入抗生素。在用药期间，吃奶的仔猪应人工哺乳，减少对母猪的刺激，同时使仔猪免受乳汁感染。

如乳房化脓或出现坏疽时须切开脓肿排脓，排脓后用 3%过氧化氢或 0.1%高锰酸钾水冲洗，并涂以青霉素油膏。无治疗意义的母猪淘汰。

（3）*中药治疗* 当归、赤芍、白芍、丝瓜络、王不留行各 30g，陈皮、青皮各 25g，甘草 15g，共粉碎为末，每天 1 剂，分 2～3 次灌服。

2. 预防 加强母猪舍的卫生管理，保持圈舍干燥清洁，做好猪体乳房清洁消毒工作。母猪分娩时，尽可能使其侧卧，助产时间要短，并防止哺乳仔猪咬伤乳头。

根据仔猪数量及母猪泌乳量控制母猪饲喂量，防止营养不足或过剩。充分供给母猪饮水，适当补充青绿饲料和多汁饲料。分娩前后数天，不要突然喂给过量蛋白含量高的母猪饲料，以免使乳汁过多过浓。

仔猪实行人工接产。剪掉犬齿，防止其咬伤母猪引起乳腺炎。及时给仔猪喂初乳，并帮助其固定乳头。经常按摩母猪乳房，促进血液循环和保证泌乳通畅。

第二篇

禽 病

第一单元　传 染 病

第一节　禽的病毒性传染病

一、禽流感

禽流感

禽流感（AI）是由A型流感病毒（AIV）引起的家禽和野生禽类感染的高度接触性传染病，可表现为无症状感染、不同程度的呼吸道症状、产蛋率不同程度降低、急性大量死亡等。禽流感具有重要的公共卫生意义。高致病性禽流感（HAPI）是我国一类动物疫病，也是WOAH法定报告疫病。

【诊断】

1. 流行病学　在自然条件下，AIV可感染家禽、野禽和多种候鸟；家禽中以火鸡和鸡最为易感。水禽，尤其是野生水禽是AIV的主要储存宿主，部分AIV可引起鸭、鹅等水禽和野禽感染发病，甚至大批死亡。主要传染源为患病禽（野鸟）和带毒禽（野鸟）；可通过粪便及污染的饲料、饮水、用具等多种途径水平传播，也可经气溶胶等方式传播。该病一年四季流行，以冬春季节多发。

2. 症状

（1）*高致病性禽流感（HPAI）*　在鸡群的潜伏期从几个小时到3～5d，急性经过，体温升高，精神沉郁，食欲和饮水量锐减，死亡明显增多，头部肿胀，冠与肉髯紫黑色，流泪，呼吸困难、呼吸啰音，腹泻，排黄绿色带黏液或血液的粪便；产蛋量急剧下降或完全停止，蛋品质下降；脚鳞片下呈紫黑色，发病后1周内死亡率极高。感染鸭鹅主要表现为肿头、流血泪，腹泻，产蛋率和孵化率下降，神经症状，头颈扭曲。

（2）*低致病性禽流感（LPAI）*　感染禽无明显症状；产蛋量不同程度下降，蛋壳褪色、变薄，少数鸡眼鼻分泌物增多，轻度呼吸啰音，精神不振，腹泻，死亡数增多，但一般不会大批量死亡。

3. 病变

（1）HPAI　皮下、浆膜、黏膜以及多脏器广泛性出血，腺胃乳头、肌胃腺胃交界处、肌胃角质膜下、肌胃食道交界处、十二指肠黏膜、喉气管黏膜出血，心肌坏死，胰腺有坏死斑点，卵泡充血、出血、萎缩或破裂，输卵管有黏液或干酪样物，肠壁有黄豆般大小的出血斑或坏死灶，部分病例可见头颈部皮下和腿部皮下充血、出血、胶冻样浸润。

（2）LPAI　严重的H9N2禽流感病例，可见喉气管充血、出血，气管叉处有黄色干酪样物阻塞，纤维素性腹膜炎，肠黏膜充血、出血，输卵管黏膜充血、水肿，卵泡充血变形。

4. 实验室诊断

（1）*病毒分离鉴定*　这是禽流感诊断的金标准；取病死禽气管、支气管、肺、胰、咽拭子、肛拭子等病料分离病毒；经预处理后，接种9～10日龄SPF鸡胚或非免疫鸡胚，收集24h后死胚卵囊液和羊水进行HA试验；若HA阳性，再进行HI试验鉴定。

（2）*核酸检测技术*　主要有RT-PCR、荧光定量RT-PCR。在RT-PCR后进行HA和NA片段测序可实现病毒亚型快速鉴定等。

注意：HPAI的确诊由国家禽流感参考实验室做出。

【防控】

（1）做好养殖场生物安全体系建设。场址选择应远离水塘或者野鸟候鸟栖息地；启用防鸟网或者建立封闭式鸡舍；对于出入场区和生产区的车辆、人员和物品等分别做好清洁消毒。

（2）做好免疫接种和监测评估。我国目前对HPAI实行强制免疫制度，要求群体免疫密度常年保持在90%以上，应免免疫密度应达到100%，免疫抗体合格率常年保持在70%以上。我国已全面推进“先打后补”政策，即各省份可采用养殖场（户）自行免疫、第三方服务主体免疫、政府购买服务等多种形式。任何单位和个人发现禽类出现发病急、传播迅速、死亡率高等异常情况，应及时向当地农业农村主管部门或者动物疫病预防控制机构报告。相关主管部门应按高致病性禽流感疫情应急实施方案进行疫情处置。在2025年年底前逐步实现全面停止政府招标采购强制免疫疫苗。定期的抗体水平监测有助于改进免疫程序和疫情预警。

（3）一旦发生HPAI，应立即按要求划定疫点、疫区和受威胁区。对流行病学关联场所内的所有感染禽只和可疑禽只进行扑杀、无害化处理，并严格消毒；扑灭程序按农业农村部相关处置方案进行。

二、新城疫

新城疫（ND）又称亚洲鸡瘟，是由新城疫病毒（NDV）引起的一种急性、高度接触性传染病。典型ND主要特征是发病急，呼吸困难，腹泻，排绿色粪便，神经症状，腺胃乳头、腺胃肌胃交界处以及十二指肠出血。目前新城疫是我国二类动物疾病，也是WOAH法定报告疫病。随着疫苗的广泛使用，大中型鸡场已少见急性新城疫，但是仍要关注非典型新城疫。鸽新城疫强毒株流行强度有所增加，鹅新城疫强毒株污染面有扩大趋势。

【诊断】

1. 流行病学　多种禽为NDV天然易感宿主，以鸡、火鸡、珍珠鸡、鹌鹑、鸽等禽易感性高；不同年龄的鸡均易感。近年来我国部分地区出现对鹅有一定致病力的NDV。病禽及带毒禽是主要传染源，主要经消化道和呼吸道途径传播，媒介物包括气溶胶，粪便，污染的人、设备、用具、饲料和疫苗等。该病一年四季均可流行，以冬春季节多发。

2. 症状　自然感染的潜伏期为3～5d。

（1）按病程划分

①最急性型：鸡群无明显异常而突然出现急性死亡，主要见于无抗体鸡群的流行初期。

②急性型：见于突然死亡病例出现后几天时，鸡群内病鸡显著增多。鸡冠暗红色或暗紫色，闭眼嗜睡状，头颈卷缩、两翅和尾翼下垂，食欲废绝，初期体温升高，饮水增加，随着病情加重而废饮；嗉囊内充满未消化的饲料或充满酸臭的液体，口角常有分泌物流出；呼吸困难，有啰音，发出怪叫声；粪便稀薄、黄绿色，其中混有黏液或血液；泄殖腔充血、出血、糜烂。产蛋鸡产蛋量显著下降或完全停止，蛋壳褪色或变成灰色，软壳蛋、畸形蛋明显增多，种蛋受精率和孵化率明显下降。

③慢性型：见于急性期后仍存活的鸡，陆续出现神经症状，盲目前冲、后退、转圈，啄食不准确，头颈后仰望天或扭曲在背上方等，其中一部分鸡因采食不到饲料而逐渐衰竭死亡，但也有少数出现神经症状的鸡能存活并基本正常生长和增重。

（2）按症状划分　可分为典型新城疫和非典型新城疫。前者相当于上述的急性型和最急性型新城疫。而非典型新城疫无论从症状和病理变化上均不易诊断为新城疫，但当进行病原分离时，却往往能分离到有致病性的NDV。

3. 病变

（1）急性或典型的新城疫　病死鸡冠及肉髯紫黑色，口腔内充满黏液，嗉囊内充满饲料或充满气体和液体；腺胃乳头出血，腺胃与肌胃交界处以及腺胃与食道交界处呈带状出血，肌胃角质膜下出血；十二指肠甚至整个肠道黏膜充血、出血；泄殖腔充血、出血、坏死、糜烂；喉气管黏膜充血、出血；心冠沟脂肪出血；输卵管充血、水肿。

（2）非典型新城疫　喉气管黏膜不同程度充血、出血；输卵管充血、水肿；后期病死鸡有时可发现腺胃乳头和肌胃角膜下出血，十二指肠黏膜轻度出血。

4. 实验室诊断　典型新城疫的症状、病变与HPAI、禽霍乱相似；非典型新城疫经常要与传染性支气管炎等多种呼吸道传染病相鉴别。

（1）病毒分离与初步鉴定　取新鲜病死鸡的气管、支气管、肺、肝、脾和脑等器官组织或咽拭子、肛拭子，经除菌处理后接种9～10日龄SPF鸡胚，置37℃恒温箱培养，取24h后死亡的鸡胚尿囊液和羊水进行HA试验和HI试验，进行病毒鉴定。如果新城疫抗血清能抑制分离病毒的HA活性，而其他血清不能将其抑制，则分离的病毒为NDV。

（2）病毒毒力测定　为区分分离株为强毒株或弱毒株，取分离毒株接种非免疫鸡或SPF鸡，若病毒能致死敏感鸡，则为强毒株；通过鸡胚平均死亡时间（MDT）、脑内接种指数

(ICPI)、静脉接种指数(IVPI)、病毒基因序列分析等也有助于判定毒株毒力。

(3) 其他诊断方法 RT-PCR、基因测序、荧光抗体技术、ELISA等可用于ND辅助诊断。

【防控】 免疫接种是预防新城疫的有效手段，目前国家许可使用的疫苗包括弱毒疫苗和油佐剂灭活疫苗；弱毒苗可经点眼、滴鼻、饮水、卵内、气雾或肌内注射等途径接种。免疫程序应根据鸡群的实际情况来确定，但要特别注意加强鸡群的局部免疫力。在免疫接种后，必须定期对免疫效果进行监测和分析。一般地说，HI效价在 $6\log_2$ 以上时，可以避免大量的死亡损失，$8\log_2$ 以上基本可以避免死亡损失，而 $10\log_2$ 以上时，基本上可避免产蛋的急剧下降。在评价免疫效果时要注意HI抗体的均匀度及平均滴度。

三、禽传染性支气管炎

禽传染性支气管炎(IB)是由传染性支气管炎病毒(IBV)引起的一种急性、高度接触性传染病。呼吸型IB以喷嚏、气管啰音和呼吸道黏膜浆液性卡他性炎症为特征；肾型IB病鸡的肾肿大、肾小管和输尿管内有尿酸盐沉积；腺胃型IB以腺胃肿大、腺胃壁增厚、腺胃乳头出血溃疡、死亡率偏高为主要特征。雏鸡感染可表现流鼻液等呼吸道症状；产蛋鸡感染可表现为产蛋量减少和蛋品质下降。

【诊断】

1. 流行病学 鸡是IBV的天然宿主，各龄期的鸡均易感，但以雏鸡和产蛋鸡发病较多，尤其1月龄以内的雏鸡发病严重。主要通过呼吸道和消化道排毒，经空气、污染的饲料和饮水等媒介传播，传播速度快，潜伏期短，病鸡带毒时间长，康复鸡仍可带毒。一年四季流行，以冬春寒冷季节多发。高密度、过热过冷、通风不良、缺乏维生素和矿物质不足等应激因素可诱发本病。

2. 症状 表现比较复杂，既与IBV毒株本身血清型多且变异快有关，也与是否有混合感染以及饲养管理等因素有关。

(1) 呼吸型 发病突然，1月龄以内的雏鸡主要表现为伸颈、张口呼吸、打喷嚏、呼吸啰音等症状。14日龄以内的鸡还可见流鼻液、流泪、频频甩头等。病鸡可进一步表现为精神沉郁、食欲废绝、羽毛松乱、体温升高、怕冷扎堆，甚至死亡。1月龄以上的鸡发病症状与雏鸡相似，但因气管有异物而呼吸音明显，尤以夜间更清晰，持续7～14d，同时有黄白色或绿色稀便，死亡率低。成年鸡感染后的呼吸道症状较轻，相比之下产蛋性能的变化更明显，表现为开产期延迟，产蛋量降幅达25%～50%，可持续1～2个月，软壳蛋、粗壳蛋、畸形蛋增多；蛋品质也下降，蛋清稀薄如水，蛋黄与蛋清分离。

(2) 肾型 主要发生于2～4周龄的鸡，初期轻微呼吸道症状，包括啰音、喷嚏等，但只有在夜间才较明显。呼吸道症状消失后不久，鸡群会突然大量发病，出现食欲减退、饮欲增加、精神不振、拱背扎堆等症状，同时排出水样白色稀粪，内含大量尿酸盐，肛门周围羽毛污浊。病鸡因脱水而体重减轻、胸肌发绀，重者鸡冠、面部及全身皮肤颜色发暗。发病10～12d达到死亡高峰，21d后死亡停止，死亡率可达30%。

(3) 腺胃型 多发生于20～90日龄鸡，病程10～25d，病鸡消瘦，有时有呼吸道症状，拉稀，陆续死亡，发病率可达100%，死亡率3%～95%不等。

3. 病变

(1) 呼吸型 感染雏鸡的鼻腔、喉头、气管、支气管内有浆液性、卡他性和干酪样分泌物。上呼吸道被水样或黏稠的黄白色分泌物附着或堵塞。鼻窦、喉头和气管黏膜充血、水肿、增厚。气囊轻度混浊、增厚。产蛋鸡表现为卵泡充血、出血、变形、破裂，甚至发生卵黄性腹膜炎。若雏鸡感染过 IBV，则成年后有些鸡的输卵管发育不全，长度减半，管腔狭小闭塞。

(2) 肾型 肾脏苍白、肿大，小叶突出；肾小管和输尿管扩张，沉积大量尿酸盐，使肾脏外观呈现“花斑肾”；有时白色尿酸盐除了弥散性分布于肾表面，还沉积于其他组织器官表面，形成内脏型“痛风”。形成尿石症的鸡一侧肾高度肿大，同时另一侧肾萎缩。

(3) 腺胃型 腺胃肿大，呈球状，腺胃壁增厚，黏膜出血、腺胃乳头溃疡，部分毒株可引起产蛋下降和肾脏病变。

4. 实验室诊断

(1) 病毒分离 取新鲜病死鸡的喉头分泌物、泄殖腔内容物、气管、肺组织和肾脏等。将病料适当处理后接种于 9～11 日龄 SPF 鸡胚，37℃孵育 36～48h，取出部分鸡胚收获尿囊液和羊水进行血清学或分子生物学检测；其余鸡胚继续孵化 6～7d，定期观察胚体变化。若病料中有 IBV，则部分鸡胚在接种后 3～5d 死亡，胚体比同日龄正常鸡胚矮小，呈“侏儒胚”，其羊膜及尿囊膜增厚，胚体充血。初次分离的野毒往往要经过鸡胚盲传 2～3 代后，才能见到明显和规律的鸡胚病变。也可通过鸡胚气管环培养法分离 IBV。

(2) 病毒鉴定 可采取的方法有干扰试验（IBV 在鸡胚中能够干扰 NDV - B1 株产生血凝素）、血清学试验（病毒中和试验、间接荧光抗体技术、ELISA、琼脂扩散试验）、分子生物学方法（RT - PCR、反转录巢式 PCR、荧光定量 PCR）、人工发病试验等。

【防控】 改善兽医卫生防疫条件，加强免疫接种。因 IBV 频变异，最好事先了解当地流行 IBV 的血清型，尽量使用与当地流行毒株抗原性一致的疫苗，有更好预防效果。以 H_{120} 和 H_{52} 弱毒疫苗应用广泛，其中 H_{120} 毒力较弱，可对 5～7 日龄肉鸡通过滴鼻点眼的方式接种，25～30 日龄时用 H_{52} 弱毒苗加强免疫一次。蛋鸡和种鸡群开产前应至少接种一次 IB 油乳剂灭活疫苗。本病高发地区或流行季节，可将首免提前到 1 日龄，二免在 7～10 日龄进行。饲养周期长的鸡群定期用弱毒苗喷雾或饮水免疫。

发病鸡群应注意改善饲养条件，减少应激，降低密度，加强消毒，控制继发感染或混合感染。对肾脏病变明显的鸡群，要注意降低饲料中的蛋白含量，并适当补充 K^+ 和 Na^+，可缓解病情，减少损失。

四、禽传染性喉气管炎

禽传染性喉气管炎（ILT）是由传染性喉气管炎病毒（ILTV）引起的，以危害育成鸡和成年产蛋鸡为主的一种急性、高度接触性呼吸道传染病，以呼吸困难、喘气，咳出带血分泌物，喉头和气管黏膜肿胀、糜烂、坏死和大面积出血为主要特征。

【诊断】

1. 流行病学 主要侵害鸡，不同品种均可感染，褐羽褐壳蛋鸡品种发病相对严重；龄期以育成鸡和成年产蛋鸡多发。病鸡、无症状的带毒鸡和康复的带毒鸡是主要传染源。主要通过呼吸道、消化道、眼部感染。病毒污染的垫草、饲料、饮水及用具可成为传播媒介，员工和野生动物也可机械传播病毒。一年四季均可发生，尤以秋、冬、春季多发。鸡群饲养管理不良和应激均可诱发本病。本病传播速度快，感染率高达 90%以上，死亡率 5%～70%不等，产蛋率下降。一旦有疫情，则该地区常呈地方性流行。近年来“温和型”病例有增多趋势。

2. 症状 潜伏期的长短与毒株毒力有关，自然感染潜伏期为6～12d，常常突然发病和迅速传播。

（1）急性型 由强毒株引起。病初感染鸡鼻孔有分泌物，眼流泪，伴有结膜炎。然后，呼吸困难或极度困难，病鸡伸颈张口吸气，低头缩颈呼气，闭眼痛苦状，蹲伏于地；精神沉郁，食欲下降或废绝，有湿性啰音和喘鸣音；频甩头，甩出带血的黏液或血凝块，在喙角、颜面及头部羽毛、鸡背羽毛、邻近鸡身上及鸡舍墙壁、垫草、笼具有血迹；喉部有灰黄色或带血的黏液或干酪样渗出物。病鸡迅速消瘦，鸡冠发紫，有时排出绿色稀粪，衰竭死亡。产蛋鸡群产蛋量下降，幅度可达35%或停产，病程历时半个月。

（2）温和型 由弱毒株引起，发病率较低，症状轻。眼结膜充血，眼睑肿胀，1～2d后流眼泪及鼻液，分泌黏性或干酪样物，上下眼睑粘连，眶下窦肿胀，部分病鸡失明。病程长达1个月，死亡率低，大部分鸡可耐过。

3. 病变

（1）急性型 病初喉头气管黏膜肿胀、充血、出血，甚至坏死，喉头、气管可见带血的黏性分泌物或条状血凝块；中后期死亡鸡的喉头、气管黏膜有黄白色纤维素性假膜，并形成栓塞，患鸡多因窒息而死亡。内脏器官无特征性病变。

（2）温和型 浆液性结膜炎，结膜充血、水肿，伴发点状出血，眶下窦肿胀，鼻腔有多量黏液。

4. 实验室诊断

（1）病毒分离与鉴定 采集发病鸡的喉头、气管黏膜及其分泌物、肺组织，适当处理后经绒毛尿囊膜接种9～12日龄SPF鸡胚；若接种后4～5d鸡胚死亡，绒毛尿囊膜增厚且有灰白色痘斑样坏死灶，则取绒毛尿囊膜检查有无细胞核内包涵体。也可接种鸡胚肾细胞，24h后检查有无合胞体、核内包涵体等细胞病变。

（2）血清学诊断 间接荧光抗体技术（IFA）、琼脂扩散试验、病毒中和试验、ELISA等。

（3）分子检测技术 已建立检测ILTV和区分强弱毒的PCR、核酸探针技术、DNA酶切图谱分析等。

5. 鉴别诊断 要注意与黏膜型鸡痘、维生素A缺乏症、禽传染性支气管炎、鸡慢性呼吸道病、传染性鼻炎、鸡新城疫等区别。

【防控】严格执行兽医防疫制度，坚持严格隔离、消毒卫生，加强饲养管理，提高鸡群健康水平，改善鸡舍通风条件，执行全进全出饲养制度，严防病鸡和带毒鸡的引入。不主张在从未发生过本病的鸡场接种疫苗。在疫区和受威胁地区，用ILT弱毒疫苗进行滴鼻、点眼免疫，首免在30～60日龄，二免在首免后6周进行。无特异的治疗方法，对症治疗，控制继发感染，投喂电解多维增强鸡的抵抗力。

五、禽传染性法氏囊病

禽传染性法氏囊病（IBD）是由传染性法氏囊病病毒（IBDV）引起的、严重危害雏禽的免疫抑制性、高度接触性传染病；以发病率高，病程短，腹泻、颤抖、极度衰弱，法氏囊出血、水肿，肾脏肿胀，腿肌和胸肌出血，腺胃和肌胃交界处呈条状出血为特征。

【诊断】

1. 流行病学 自然宿主是鸡和火鸡；各品系均易感，3～6周龄鸡易感性最高，随日龄增长，易感性降低。雏鸡早期感染后免疫抑制严重；成鸡和火鸡多呈隐性感染。病鸡和带毒鸡是主要传染源，病鸡粪便含病毒多；可直接接触传播，也可经病毒污染的饲料、饮水、器具、垫料、人员、衣物、昆虫、车辆等媒介物间接传播。感染途径有消化道、呼吸道和眼结膜等。

2. 症状 潜伏期一般为2～3d。

（1）典型感染 多见于新疫区和高度易感鸡群，呈急性暴发。病初可见个别鸡突然发病，精神不振，1～2d迅速波及全群。病鸡表现精神沉郁，食欲下降，羽毛蓬松，翅下垂，闭目打盹；很快腹泻，排白色稀粪或蛋清样稀粪，内含细石灰渣样物，干涸后呈石灰样，肛门周围羽毛污染严重；畏寒、挤堆，垂头、伏地，严重脱水，极度虚弱，后期体温下降。发病后呈尖峰式的死亡曲线，并在1周内迅速平息。

（2）非典型感染 见于老疫区和有一定免疫力的鸡群，主要由IBDV变异毒株引起。感染率高，发病率低，症状不典型。少数鸡精神不振，食欲减退，轻度腹泻，死亡率一般在3%以下。本病主要引起免疫抑制，感染鸡群对其他疫苗免疫效果差，对多种疾病易感性增加。

3. 病变 病死鸡尸体脱水现象明显，胸肌、腿肌有不同程度的条状或斑点状出血。法氏囊肿大、出血，体积增大，重量增加，是正常2～3倍，囊壁增厚数倍，质地变硬，外形变圆，法氏囊黏膜皱褶上有出血点或出血斑。IBDV超强毒株可引起法氏囊严重出血，外观呈“紫葡萄样”；变异毒株可引起法氏囊迅速萎缩，脾肿大。腺胃和肌胃交界处有横向出血斑点或溃疡。肾脏不同程度肿大，有尿酸盐沉积。

4. 实验室诊断

（1）病毒分离与鉴定 取病死鸡的法氏囊、脾脏和肾脏，适当处理后经绒毛尿囊膜接种9～11日龄SPF鸡胚，感染胚多在3～5d死亡，胚体水肿、出血；也可用鸡胚成纤维细胞（CEF）培养，盲传2～3代后出现细胞病变。

（2）血清学试验 有琼脂凝胶扩散试验（AGP）、荧光抗体技术、双抗体夹心ELISA、病毒中和试验等。其中以AGP快速简便，可用于流调中的抗体或抗原检测。

（3）分子生物学技术 有RT-PCR、限制性片段长度多态性（RFLP）、核酸探针等，用于检测血清和组织中的病毒，实现基因分型，并区分经典强毒株和疫苗毒株。

【防控】应采取综合性防控措施。

（1）严格卫生消毒措施 全进全出，彻底消毒鸡舍，防止IBDV早期感染。

（2）免疫接种 是预防IBD的有效手段。现有活疫苗和灭活疫苗两大类。活疫苗有低毒力（弱毒）、中等毒力和中等偏强等三种类型。应根据IBD流行特点、禽场病毒污染程度、养殖场卫生状况、鸡群1日龄母源抗体水平及其均匀度、鸡品种等确定疫苗种类。有母源抗体的鸡群可选用中等毒力疫苗；没有母源抗体或抗体水平偏低的鸡群可选用弱毒疫苗，二免时再用中等毒力疫苗；对IBDV污染程度较高的鸡场，可考虑使用中等毒力活疫苗。对种鸡场，在开产前和产蛋期间适时用灭活疫苗免疫，使雏鸡获得整齐且高水平的母源抗体，以防止IBDV早期感染和免疫抑制。如果存在IBDV变异株和超强毒株，则应考虑使用多价疫苗进行免疫。

（3）发病禽群处置 加强消毒，用IBD中等毒力活疫苗对全群鸡紧急接种，可减少死亡。发病早期用高免血清、高免蛋黄液或康复鸡血清给每只鸡注射0.2～0.3mL。适当降低饲料中蛋白质含量，提高维生素含量，使用抗菌药物控制鸡群继发感染。

六、禽传染性脑脊髓炎

禽传染性脑脊髓炎（AE）也称流行性震颤，是由禽传染性脑脊髓炎病毒（AEV）引起的一种主要侵害雏鸡的传染病，以共济失调和头颈震颤为主要特征。

【诊断】

1. 流行病学　鸡、雉、日本鹌鹑和火鸡易感，各种龄期均易染，但雏禽才有明显症状；主要以垂直传播为主，也可水平传播；流行无明显季节性。

2. 症状　潜伏期为1～11d。龄期越小，症状越明显。雏鸡在1～20d内陆续出现典型症状。病初雏鸡较为迟钝，不爱走动，蹲坐于跗关节上，驱赶时才勉强走动，但步态和速度已失控，摇摇摆摆或向前猛冲后倒下，侧卧不起。共济失调之后出现肌肉震颤，腿、翼和头颈部可见到明显的阵发性震颤，尤其是受刺激或惊扰时更明显。病雏在发病中后期往往不能走动和站立，使死亡渐增。部分病雏眼球增大，眼睛失明。本病感染率高，死亡率不定。

3. 病变　病雏唯一肉眼可见的病变是肌胃肌层中有细小的灰白区。组织学变化主要见于中枢神经系统和腺胃、肌胃、胰腺等一些脏器中。中枢神经系统中主要显示病毒性脑炎的病变，腺胃黏膜肌层及肌胃、肝、肾、胰腺中可见到密集的淋巴细胞增生灶。

4. 实验室诊断

（1）病原分离与鉴定　采样可选择有症状的雏鸡的脑组织，将脑组织悬液经颅内接种1日龄敏感鸡，在接种后1个月出现类似的典型症状；或将脑组织悬液经卵黄囊接种5～7日龄的敏感鸡胚，观察接种死亡胚肌肉萎缩、脑水肿或者出壳雏鸡1月龄内有无典型症状等。对共济失调或震颤的病鸡均应扑杀后进行病理组织学检查。

（2）血清学试验　可进行中和试验和荧光抗体技术。

【防控】

1. 治疗　本病无有效的治疗方法，通常将发病鸡群扑杀并做无害化处理。

2. 预防　除了一般性兽医防疫措施外，主要对风险禽群进行免疫预防。可用的疫苗有弱毒活苗和灭活苗。活苗通常在10周龄至开产前1个月内接种，使母鸡在开产前获得免疫力，并经蛋将免疫力传递到下一代雏鸡；在种鸡开产前1个月免疫一次油乳剂灭活疫苗。

七、鸡产蛋下降综合征

鸡产蛋下降综合征也称减蛋综合征（EDS），是由禽腺病毒Ⅲ亚群（EDSV）引起的产蛋鸡的一种急性传染病；以饲养管理正常情况下，蛋鸡群产蛋量达到高峰时产蛋量突然急剧下降，同时在短期内出现大量无壳蛋、薄壳蛋或蛋壳不整的畸形蛋，褐壳蛋蛋壳颜色变浅，有些薄壳蛋表面不光滑、沉积有大量的灰白色或灰黄色物质为特征。

【诊断】

1. 流行病学　易感动物主要是鸡，有品种易感性差异，易感龄期以处于性成熟期的26～35周龄多发；鸭、鹅、珠鸡等也可感染并带毒排毒。可通过病毒感染的精液和受精种蛋而垂直传播，也可经消化道而水平传播。

2. 症状　症状较为缓和，短时绿色水样腹泻，死亡率低。产蛋量达到高峰时突然发病，产蛋量急剧下降，降幅为10%～50%不等，一般在30%左右，并可持续1～3周或更长。产蛋总数减少，出现大量的无壳蛋、薄壳变形蛋及表面有灰白、灰黄粉末状物质的畸形蛋；所有异常褐壳蛋均失去棕色素；蛋量减轻、体积变小；蛋清 pH 只有 7.2～8.0，蛋清呈透明水样稀薄、黏稠性降低。产蛋量多数难以恢复，种蛋孵出率下降，出现大量弱雏。

3. 病变 缺乏特征性的病变。重症病例多因腹膜炎或输卵管炎而死亡。输卵管无深部组织病变，黏膜固有层有浆细胞、淋巴细胞和中度异嗜性白细胞浸润，血管周围淋巴细胞浸润；子宫部黏膜上皮细胞变性、坏死、脱落，细胞核内有包涵体。

4. 实验室诊断

（1）*病毒分离* 采样可选择发病 15d 以内的无壳软蛋或薄壳蛋。样品经适当处理后接种无 EDSV 病毒感染的鸭胚或鹅胚，或者是鸭或鹅的细胞培养物，盲传 2～3 代后观察细胞病变。

（2）*血清学试验* 根据 EDSV 可凝集鸡、鸭、鹅红细胞且这种凝集可被相应的 EDSV 抗血清所抑制的特点，可通过血凝（HA）和血凝抑制（HI）试验鉴定病毒；也选择琼脂扩散试验、病毒中和试验、荧光抗体技术、ELISA 等方法。

（3）*分子生物学方法* PCR、荧光定量 PCR 已用于样品的快速检测。

【防控】主要采取综合防控措施：防止从感染鸡群引进种蛋或鸡苗；加强对鸡群的饲养管理，提供全价日粮；搞好兽医卫生和消毒工作；做好多联灭活疫苗的免疫接种和血清学监测。

八、禽 痘

禽痘是由禽痘病毒（Avipox virus）引起的家禽和鸟类的一种高度接触性传染病。以体表无羽毛部位出现散在的、结节状的增生性皮肤病灶为特征（皮肤型），也可表现为上呼吸道、口腔和食管部黏膜的纤维素性坏死性增生病灶（黏膜型），也有表现为混合型。

【诊断】

1. 流行病学 主要发生于鸡和火鸡等家禽。多种鸟类，如金丝雀、麻雀、鸽、鹌鹑等都有易感性。各种品种、性别和龄期的鸡都能感染，以雏鸡和中雏多发。成鸡较少患病。可直接接触传播；也可经头部、冠和肉垂因外伤损伤的皮肤和黏膜而感染；库蚊、疟蚊等吸血昆虫，以及鸡刺皮螨等体表寄生虫对本病传播起着重要的作用。本病无明显季节性，但夏、秋季多发生皮肤型禽痘，冬季以黏膜型禽痘多见。我国南方地区春末夏初病情更为严重。不良的环境和管理因素，可促进禽痘发生或病情加重。

2. 症状 鸡痘潜伏期为 4～6d，鸽痘 4～14d。病程 3～4 周。

（1）*皮肤型* 在身体的无羽毛部位（如冠、肉垂、嘴角、眼皮）等处形成一种特殊的痘疹，初期为细小的灰白色小点，随后体积迅速增大，形成豌豆大、灰色或灰黄色的结节。痘疹表面凹凸不平，结节坚硬而干燥，结节可互相联结而融合成为痂块。眼部痘痂可使眼缝完全闭合；口角痘痂影响采食。皮肤痘痂从形成至脱落需 3～4 周，脱落后留下一个平滑的灰白色瘢痕。

（2）*黏膜型* 痘疹多发生于口腔、咽部、喉部、鼻腔、气管及支气管。病鸡精神委顿、厌食；眼和鼻孔初留出浆液黏性液体，后变为淡黄色脓液；眼睑肿胀，结膜充满脓性或纤维蛋白性渗出物。鼻炎出现 2～3d 后，口腔和咽喉等处的黏膜发生痘疹，初呈圆形黄色斑点，黏膜上面逐渐形成一层黄白色的、由坏死的黏膜组织和炎症渗出物凝固而成的假膜，类似人的“白喉”，亦称白喉型鸡痘或鸽痘。假膜不断扩大和增厚会影响病禽吞咽和呼吸，甚至引起呼吸困难或窒息死亡。

（3）混合型　病禽的皮肤、口腔和咽喉黏膜同时形成痘斑，有败血症表现及肠炎，病禽迅速死亡，或急性症状消失后，转为慢性肠炎，腹泻而亡。

3. 病变

（1）皮肤型　病鸡局部表皮及其下层的毛囊上皮增生，形成结节。结节初湿润，后干燥，外观呈圆形或不规则形，皮肤变得粗糙，呈灰色或暗棕色。结节干燥前切开，切面出血、湿润。结节结痂后易脱落，并出现瘢痕。

（2）黏膜型　禽痘见于口腔、鼻、咽、喉、眼或气管黏膜。病初黏膜表面出现稍微隆起的白色结节，后期连片成为干酪样可以剥离的假膜。病变可蔓延到支气管和肺部。

4. 实验室诊断　镜下观察上皮细胞内的大型嗜酸性包涵体和原生小体有一定的诊断价值。无菌操作采集痘痂或口咽的假膜，制成悬浮液后接种 10～11 日龄鸡胚的绒毛尿囊膜上，5～7d 后绒毛尿囊膜上有致密的增生性痘斑；或者将病料擦入已划破的冠、肉垂、无毛部皮肤或拔去羽毛的毛囊内，接种鸡在 5～7d 内出现典型的皮肤痘疹。

【防控】做好卫生防疫工作；夏、秋季应加强鸡舍驱虫灭蚊；分群饲养；保证良好通风，给予全价饲料，避免啄癖或机械性外伤。对种禽场和有发病风险的养禽场，及时接种禽痘疫苗，可采用翼膜刺种法和毛囊涂擦法。翼膜刺种法是用消毒的钢笔尖或注射针头蘸取疫苗，刺种于翅膀内侧皮下无血管处，在接种后 3～5d 可发痘疹，7d 后达高峰，以后逐渐形成痂皮，3 周内完全恢复；疫苗接种后 2～3 周产生免疫力，免疫期可持续 4～5 个月。

目前尚未有治疗禽痘的特效药物，必要时可对症治疗，以减轻病禽症状和防止继发细菌感染。先用 0.1%高锰酸钾溶液冲洗皮肤痘痂，用镊子剥离痘痂，在伤口处涂上碘酊、龙胆紫或石炭酸凡士林；对于口腔、咽喉黏膜上的病灶，用镊子剥离假膜，经高锰酸钾溶液冲洗，再用碘甘油涂擦口腔。可在饲料或饮水中添加适当抗菌药物可防止继发感染。剥离的痘痂、假膜或干酪样分泌物应集中销毁，以防病原扩散。

九、禽病毒性关节炎

禽病毒性关节炎也称禽呼肠孤病毒感染，是一种由呼肠孤病毒引起的禽的传染性疾病，以主要侵害关节滑膜、腱鞘和心肌，使胫跗关节上方的腱索肿大，趾屈腱鞘和跖伸腱鞘肿胀，病鸡蹲坐，不愿走动或跛行为主要特征。

【诊断】

1. 流行病学　鸡和火鸡是自然宿主，可垂直传播和水平传播。自然感染后，以关节腱鞘及消化道的含毒量较高，主要经消化道排毒。

2. 症状　多发生于肉鸡或肉蛋兼用型等体型较大的鸡，4～6 周龄多发。多数感染鸡呈隐性经过。病鸡食欲和活力减退，不愿走动，驱赶时可勉强移动，但步态不稳，继而出现跛行或单脚跳跃。病鸡日渐消瘦、贫血、发育迟滞，单侧或双侧跖部、跗关节肿胀。慢性病例跖骨歪扭，趾向后屈曲。种鸡群或蛋鸡群产蛋量下降 10%～15%，种蛋受精率下降。

3. 病变　急性病例的关节囊及腱鞘水肿、充血或点状出血，关节腔内含有少量淡黄色或带血色的渗出物，少数为脓性渗出物。慢性病例的关节腔内渗出物较少，关节硬固，跗关节不可伸直到正常状态，关节软骨糜烂，滑膜出血，肌腱破裂、出血、坏死，腱和腱鞘粘连等。有时可见心外膜炎，肝、脾和心肌上有细小坏死灶。

4. 实验室诊断

(1) 病原分离培养 采样取自肿胀的腱鞘、跗关节或股关节的关节液、气管和支气管及肠内容物、脾脏等，适当处理后经鸡胚卵黄囊内接种 SPF 鸡胚，置 35.5℃恒温孵化。如果鸡胚于接种后 3～5d 内死亡，且胚体出血、内脏器官充血出血、胚体呈淡紫色，则提示分离株为呼肠孤病毒强毒株。也可经绒毛尿囊膜途径接种，其胚胎死亡规律和胚体变化与卵黄囊接种途径基本相同，其特征性变化是绒毛尿囊膜水肿增厚、有白色或淡黄色的痘斑样病变。也可通过原代鸡肝细胞或鸡肾细胞培养物分离，往往需要传 3～5 代次才有典型细胞病变。

(2) 致病性试验 取细胞培养物、含毒的蛋黄或绒毛尿囊膜，经适当处理后足垫内接种 1 日龄或 14 日龄的敏感鸡，1～4d 后，足垫肿胀并蔓延到跖和跗关节上。4～6 周龄有些鸡跛行。

(3) 血清学试验 琼脂扩散法可检测群特异性抗原。自然感染鸡群中 85%～100%的鸡呈抗体阳性反应。间接荧光抗体技术和 ELISA 可检测特异性抗体。病毒血清型的鉴定选用中和试验。

【防控】无有效的特异性治疗方法。在常规生物安全措施基础上，可选择使用灭活疫苗或弱毒疫苗。免疫前最好先了解当地流行株的血清型，也可选择抗原谱较广的疫苗。弱毒疫苗可经饮水免疫，灭活疫苗经肌内注射。

十、鸡传染性贫血

鸡传染性贫血（CIA）是由鸡传染性贫血病毒（CIAV）引起的一种以侵害雏鸡为主的免疫抑制性和蛋传递性传染病，以再生障碍性贫血和全身淋巴组织萎缩、感染鸡群免疫抑制为特征。

【诊断】

1. 流行病学 鸡是唯一自然宿主。无品种易感性差异，有龄期相关抵抗力，2～4 周龄雏鸡易感性高，随日龄增长其易感性、发病率和死亡率逐渐降低。公雏比母雏更易感。隐性感染的育成鸡、成鸡及种鸡是重要的传染源。本病主要感染途径是消化道，可通过病鸡排泄物及污染的器具、饲料、饮水等传播；其次是呼吸道。水平传播致病性低；垂直传播有重要意义，可引起新生雏鸡的典型病例。垂直传播主要见于感染后 3～6 周，但 15 周龄前感染病毒的母鸡一般不发生垂直传播。若 CIAV 与马立克氏病病毒、IBDV 及网状内皮组织增殖病病毒等病原混合感染，其致病性增强，可突破龄期及母源抗体保护，引起疾病暴发。

2. 症状 潜伏期不确定。特征性症状是贫血。病鸡感染后 14～16d 贫血最严重，红细胞比容降到 20%以下。病鸡精神沉郁、厌食、衰弱、消瘦、体重减轻，喙、肉髯和可视黏膜苍白，皮下和肌肉出血，翅尖出血。血液稀薄，血凝时间延长，红、白细胞数量显著减少。发病后 5～6d 病鸡大量急性死亡，但死亡率通常不超过 30%；感染后 20～28d 存活的鸡逐渐恢复健康，但大多生长迟缓渐成僵鸡。CIAV 感染造成免疫抑制后，鸡群常继发其他疾病，并出现第二个死亡高峰。

3. 病变 特征性剖检病变是骨髓萎缩。大腿骨的骨髓呈脂肪色、淡黄色或粉红色；胸腺萎缩、充血，严重时完全退化；随病鸡日龄的增加，胸腺萎缩比骨髓的病变更常见，法氏囊萎缩不太明显，大多数病鸡法氏囊呈半透明状态。

4. 实验室诊断

（1）病毒分离　无菌操作取病鸡肝脏，匀浆后离心取上清液，适当处理后，可分别接种1日龄SPF雏鸡、4～5日龄SPF鸡胚或敏感细胞培养。其中以接种1日龄SPF雏鸡是初次分离CIAV特异且有效的动物试验方法。MDCC-MSB1被作为体外分离鉴定CIAV的常用细胞，经5～6代盲传出现典型细胞病变。

（2）血清学诊断　病毒中和试验、间接荧光抗体技术（IFA）、ELISA可用于检测感染鸡血清中的抗体；荧光抗体技术和免疫过氧化物酶试验可用于检测发病鸡组织或细胞培养物中的病毒。

（3）分子生物学诊断　核酸探针、PCR、荧光定量PCR可用于组织或细胞中CIAV的检测。

【防控】

1. 预防　加强和重视鸡群的日常饲养管理和兽医卫生措施。应加强种鸡引种时检疫。目前有商品化弱毒疫苗可供使用，应严格按照弱毒疫苗使用说明书进行免疫接种。特别值得注意的是，残留一定毒力的活疫苗不能在产蛋前3～4周免疫接种，以防止通过种蛋传播病毒。

2. 治疗　目前尚无特异治疗方法。对发病鸡群，可选用广谱抗生素控制细菌性继发感染。

十一、马立克氏病

马立克氏病（MD）是由马立克氏病病毒（MDV）引起的鸡的一种高度传染性、免疫抑制性肿瘤病，以多形性淋巴细胞浸润周围神经和多组织脏器为重要特征。

【诊断】

1. 流行病学　鸡和鹌鹑是重要的自然宿主，火鸡、野鸡、鸽、鸭、鹅等也有感染发病。本病可直接或间接接触传播；也可通过空气传播，因为感染鸡羽毛囊部上皮可以产生大量感染性病毒，脱落后形成带毒皮屑飘浮于空气。不同品种、不同羽色的鸡对MD的易感性有差异，母鸡易感性略高于公鸡。年龄相关的遗传抵抗力与抗病品系有关。环境管理水平和混合感染影响MD发生率。

2. 症状　潜伏期范围大，自然发病大多发生在8～9周龄以后的鸡。产蛋鸡通常在16～20周龄以后发生，甚至到24～30周龄。典型症状有感染鸡不对称性、进行性轻瘫，使一条或两条腿全瘫。特征性姿势是一只腿伸向前方，另一只腿伸向后方，呈"劈叉状"。急性病例中大多数鸡精神极度委顿，数天后才有特征性瘫痪出现；多数鸡脱水、消瘦、昏迷，部分鸡未完全出现症状即死亡。有些病鸡虹膜呈同心环状或点状褪色，或弥散性带青蓝色褪色到弥散性带灰色；病初瞳孔变化不规则，后期仅见针尖大的小孔，致视觉消失。

3. 病变　大多数病鸡有神经病变，半数病鸡的坐骨神经丛和臂神经丛单侧不对称性肿大，神经干明显肿胀。颈部两侧的迷走神经可发现病变小结节。淋巴瘤可涉及几乎所有脏器，如性腺（尤其是卵巢）、心脏、肝脏、脾脏、肺脏、肾脏、肠系膜、法氏囊、胸腺，其次为肾上腺、胰腺、肠、虹膜、骨骼肌和皮肤。最急性病例可能没有可见的神经病变，主要是内脏肿瘤。内脏器官中淋巴瘤的病变是进行性增生，呈多灶性和弥散性。组织病理学变化主要是外周神经和多脏器中的多形性淋巴细胞浸润；病鸡肾脏肾小球病变，法氏囊皮质和髓质萎缩、坏死，滤泡间的淋巴样细胞浸润；胸腺皮质和髓质萎缩。

4. 实验室诊断

(1) 病毒分离　病毒分离可作为诊断参考。可用抗凝全血、白细胞、羽毛囊上皮、肾和脾细胞、肿瘤细胞等，适当处理后接种鸭胚成纤维细胞（DEF）和 CK 细胞，一般盲传 3～5 代。用特异型单克隆抗体做 IFA 或者 PCR 鉴定。

(2) 血清学方法　AGP、ELISA、免疫组化法、病毒中和试验、荧光抗体技术等可用于禽群监测或病原学鉴定。

(3) 分子生物学　核酸探针、PCR、荧光定量 PCR 等方法可以鉴定 MDV，区别疫苗株及强毒株。

【防控】在良好的环境卫生基础上，鸡群采取全进全出饲养模式，再结合科学使用疫苗是防控 MD 的有效措施。MDV 疫苗都是弱毒活疫苗，必须在雏鸡 1 日龄或鸡胚 18～19 日龄时进行接种。常用 MDV 疫苗主要包括可冻干保存的火鸡疱疹病毒（HVT）疫苗、血清Ⅱ型毒株疫苗、血清Ⅰ型毒株疫苗和基因工程重组载体疫苗。目前在西方一些养禽业发达的国家，已基本普及对 18 日龄鸡胚的卵内免疫，该技术可使免疫保护提早几天。在疫苗接种后到产生免疫保护力之前这段时间，应特别注意防止早期感染 MDV。

十二、禽白血病

禽白血病（AL）是由禽白血病病毒（ALV）引起的禽类多种肿瘤性疾病的总称。该病有淋巴细胞白血病、成红细胞白血病、成髓细胞白血病、骨髓细胞瘤、结缔组织瘤、血管瘤、骨硬化病等多种肿瘤病型，以病鸡呈现渐进性发生和持续的低死亡率为特征，病鸡肝脏、脾脏和肾脏等内脏器官常有肿瘤，鸡群生产性能下降。目前我国以 J 亚群禽白血病最为常见。

【诊断】

1. 流行病学　鸡是自然宿主。不同品种鸡的 ALV 易感性和肿瘤发生率有很大差异。鸭和野鸟可能会传播外源性 ALV。病鸡、隐性感染鸡、污染胚蛋、污染精液和污染疫苗是主要传染源。含病毒的胎粪有很强的传染性。可垂直传播和水平传播，前者实现 ALV 在不同世代间的持续感染，后者可通过直接或间接的接触传播、翻肛性别鉴定和早期疫苗注射接种等途径实现。

2. 症状　潜伏期长，自然病例多见于 14 周龄后，通常在性成熟时发病率最高。病鸡食欲不振或废绝，消瘦和虚弱，鸡冠苍白、皱缩，腹部增大。产蛋率下降，且蛋壳较薄。血管瘤病鸡主要表现为趾、翼、胸部皮肤有米粒大至豆粒大小的血疱，血疱破损后出血不止，或在皮下形成血肿；多数病鸡因出血不止而衰竭死亡。

3. 病变

(1) 淋巴细胞白血病　多个脏器有肿瘤，尤其以肝脏、肾脏、卵巢、脾脏和法氏囊中最为常见；肿瘤大小不一，呈结节性、粟粒性或弥漫性。结节状肿瘤质地柔软、光滑，切面略呈淡灰色到乳白色。

(2) 成红细胞白血病　增生型的特征性病变主要是肝脏和脾脏肿大；肾脏呈弥散性增大，呈樱桃红到暗红色，质地脆软；骨髓增生、软化或呈水样，暗红或樱桃红色。贫血型的病变特征为贫血和点状出血，常见内脏器官（尤其是脾脏）萎缩，骨髓色淡呈胶状，髓空隙大多被海绵状骨质替代。

（3）成髓细胞白血病　病变与成红细胞白血病相似。

（4）骨髓细胞瘤　病死鸡肝脏、脾脏、肾脏和其他器官可见肿瘤；在肋骨和肋软骨接合处、胸骨内侧有奶油状肿瘤形成，下颌骨、鼻腔的软骨上及头盖骨上也常受到侵害而异常隆起；骨髓细胞瘤呈暗淡黄白色，脆弱或呈干酪样，弥漫性或结节性，有时肿瘤表面有一层薄而易破碎的骨膜。

（5）血管瘤　皮肤有多处血疱或出血斑，胴体瘦削，肌肉苍白，血液异常，稀薄呈水样、粉红色，血液凝固不良或不凝固，肝脏肿大，表面有出血斑，脾脏肿大，肾肿大，法氏囊肿大，胸腔、腹腔内充满血液。

4. 实验室诊断　病原学诊断和血清学诊断可作为辅助诊断依据，更主要的是结合流行病学信息及肿瘤病理组织学检查进行确诊。

（1）病毒分离　采样最好选用血浆、肿瘤病灶、蛋清，经适当处理后接种鸡胚成纤维细胞和 DF1 细胞系，多数不产生明显细胞病变，可再通过 p27 ELISA、IFA 、PCR 和囊膜基因测序鉴定。

（2）亚群分型　主要基于 *gp85* 基因序列分析、病毒中和试验等进行。

（3）血清学方法　ALV 单克隆抗体已得到广泛应用。针对抗原的 ELISA 方法，其样品处理量大，在禽白血病流行病学监测和净化中得到广泛使用；针对抗体的 ELISA，可检测血浆、血清和卵黄，其结果的解读结合流行病学和病原学检测结果。

（4）分子生物学技术　常规 PCR、荧光定量 PCR、核酸探针可为辅助诊断手段或者病毒亚群分类依据。

【防控】本病无有效的药物和疫苗。在采取严格生物安全措施的基础上，首先加强种源引进的管理和定期监测，杜绝从有外源性 ALV 污染的种禽场引种。自繁自养的原种鸡场和祖代鸡场必须承担种禽企业主体责任，采取严格净化程序，逐步建立无本病的种鸡群：多频次对污染的核心群逐只进行病毒分离、及时淘汰阳性鸡；同时通过蛋清 ELISA 试验，选择阴性母鸡的受精蛋进行孵化；在隔离条件下小批量出雏，经胎粪 ELISA 检测，淘汰阳性鸡及其同胞，防止相互接触和交叉感染；隔离饲养无外源性 ALV 的鸡群，做好鸡舍的环境控制；使用未被外源性 ALV 污染的禽用弱毒疫苗。

十三、禽网状内皮组织增殖病

禽网状内皮组织增殖病（RE）是由网状内皮组织增殖病病毒（REV）引起的传染性肿瘤性疾病，可形成急性网状细胞肿瘤、矮小综合征、淋巴组织与其他组织形成的慢性肿瘤等表型，易造成免疫抑制和继发感染。

【诊断】

1. 流行病学　自然宿主有鸡、火鸡、日本鹌鹑、鸭、鹅和雉等。可通过与感染禽、污染的鸡舍和垫料接触而水平传播，也可垂直传播。媒介昆虫，特别是环缘库蚊有利于 REV 传播。REV 的病毒宿主还包括禽痘病毒和马立克氏病病毒等。因此要特别注意 REV 污染活疫苗这一特殊的传播途径。血清学调查表明，我国鸡群中 REV 感染与其他病原的多重感染较为普遍。

2. 症状　呈多种表现形式。

（1）矮小综合征　由多种非缺陷 REV 毒株引起的非肿瘤病变，感染禽明显矮小、增重减慢、苍白、羽毛发育不良、贫血，但饲料消耗未见明显减少。感染禽免疫抑制，同时表现神经症状。

（2）慢性肿瘤　与污染 REV 的禽痘疫苗有关，潜伏期长（15～93 周），多见于鸡、火鸡，感染禽消瘦。

（3）急性网状内皮细胞增殖病　由缺陷型 T 株引起。潜伏期短，死亡率相对高，增重减少、迟钝、抑郁、严重消瘦、排白色稀便及体重下降等。

3. 病变　REV 相关的矮小综合征主要表现为胸腺和法氏囊萎缩、腺胃炎、肠炎、贫血等。慢性肿瘤病鸡的病变主要为肝脏、脾脏肿大，有时有增生性肿瘤结节，在胰腺、性腺、心脏、肠道、肾脏也常见到类似的变化。鸭和鹅等其他禽种 REV 感染的慢性肿瘤病变与鸡的 REV 慢性肿瘤病变相似。

4. 实验室诊断

（1）分离病毒　可采取组织悬液、抗凝血、血浆等接种鸡胚成纤维细胞，接种后培养 7d，盲传 2～7 代，用 REV 特异性多抗或单抗做 IFA 检测证实。

（2）血清学试验　IFA、VN、AGP、ELISA 等。

（3）分子检测技术　PCR、荧光定量 PCR、核酸探针用于辅助诊断肿瘤和检测 REV 污染的疫苗。

【防控】坚持严格的兽医卫生防疫制度，做好引种前的监测；尽量单一品种饲养，避免接触其他家禽和候鸟；做好鸡舍内外蚊子等媒介昆虫的控制；有条件的禽场使用活疫苗前先检测有无污染 REV。

十四、鸭　瘟

鸭瘟（DP）也称鸭病毒性肠炎，俗称“大头瘟”或“肿头瘟”，是由鸭瘟病毒（DPV）引起的鸭、鹅和其他雁形目禽类的一种急性败血性传染病，以肿头、流泪，软脚，排绿色稀粪，体温升高，食道有假膜性坏死性炎症，泄殖腔充血、水肿和坏死，肝有大小不等的出血点和坏死灶为特征。目前该病是我国二类动物疫病。

【诊断】

1. 流行病学　鸭、鹅、天鹅敏感性高。不同龄期、性别、品种的鸭均可发生，以成鸭发病较多。病鸭和隐性带毒鸭是主要传染源。水在 DPV 传播中起着重要作用。鹅和某些野生水禽及水生动物可能成为病毒传递者；易感鸭与病鸭直接接触传播，或通过被污染的饲料、饮水、用具和运输工具等间接接触传播。主要感染途径是消化道，也可经交配、眼结膜或呼吸道传染。吸血节肢动物是潜在的传染媒介。无明显的季节性，以夏、秋两季较多。

2. 症状　自然感染潜伏期为 3～5d。病初体温急剧升达 43℃以上，呈稽留热。病鸭精神沉郁，离群独处，不愿下水；头颈卷缩，羽毛松乱，翅膀下垂；饮欲增加，食欲减退或废绝；腿软无力，强行驱赶时常以双翅扑地行走，走几步即倒地；腹泻，排出绿色或灰白色稀粪，泄殖腔周围羽毛沾污；肛门肿胀，严重者外翻，泄殖腔黏膜充血、出血及水肿，黏膜上有绿色假膜，剥离后可留下溃疡；部分病鸭头部肿大或下颌水肿，触之有波动感；眼有分泌物，初为浆液性，使眼睑周围羽毛湿润，后变为脓性，常造成眼睑粘连，眼结膜充血、水肿；鼻中流出稀薄或黏稠的分泌物，呼吸困难，并发生鼻塞音，叫声嘶哑；倒提病鸭时从口腔流出污褐色液体；病后期体温降至常温以下，精神衰竭，不久死亡。本病多呈急性经过，病程一般为 2～5d。鹅感染鸭瘟的症状多与病鸭相似。

3. 病变 特征性病变为口腔及食道黏膜上有粗糙的、呈条纹状纵向排列成片的黄色假膜，假膜剥离后发现有出血或溃疡瘢痕；食道黏膜上有时可见出血点。胸腺有大量出血点和黄色病灶区，其周围的结缔组织与食道膨大部分交界处有一条灰黄色坏死带或出血带；腺胃黏膜多有不同程度的出血斑点；肌胃角质膜下层充血或出血；肠黏膜充血、出血；小肠的外、内表面可见有 4 个出血性的小肠环状带，并散在针尖大小的黄色病灶，后期转为深棕色，与黏膜分界明显；泄殖腔黏膜有出血斑点、假膜和溃疡，坏死处呈灰绿色，夹有较坚硬的物质，剪切时发出磨砂声；大部分病例肝脏有不规则的、大小不一的灰黄色或灰白色坏死点，有时坏死点中间有小点出血，或其外围有环状出血环。鹅感染鸭瘟病毒后的病变与病鸭相似。

4. 实验室诊断

（1）病原分离鉴定 采集病死鸭的肝、脾等组织，适当处理后接种 9～14 日龄非免疫鸭胚的绒毛尿囊膜或 9～11 日龄 SPF 鸡胚的尿囊腔。病料中的 DPV 可使鸭胚于 4～6d 内死亡，胚胎有典型病变。对培养物可用抗鸭瘟血清进行中和试验而确诊。

（2）血清学试验 VN、AGP、ELISA 和 Dot-ELISA（斑点酶联免疫吸附试验）等。

（3）分子生物学方法 针对 DPV 基因组保守基因的 PCR 和荧光定量 PCR 有诊断价值。

【防控】

1. 预防 避免从疫区引进鸭苗和种蛋鸭。新引进的鸭苗要隔离饲养 2 周以上，证明健康后才能合群饲养。搞好饲养管理，加强对禽场栏舍、运动场和工具的清洁与消毒。禁止在鸭瘟流行区域和野水禽出没区域放牧也很重要。在受威胁地区，应对所有鸭、鹅接种鸭瘟弱毒疫苗。肉鸭 20 日龄左右免疫 1 次即可。种鸭和蛋鸭除首次免疫外，开产前加强免疫一次。普通鸭瘟疫苗也能有效预防鹅发生鸭瘟，但接种剂量宜增大 5～10 倍。

2. 治疗 发生鸭瘟时应立即采取隔离和消毒措施，扑杀并无害化处理病鸭；对发病禽群紧急预防接种弱毒疫苗，必要时剂量加倍。发病鸭群停止放牧。

十五、鸭病毒性肝炎

鸭病毒性肝炎（DVH）是由鸭肝炎病毒（DHV）引起雏鸭的一种急性、高度致死性传染病，以发病急、传播迅速、病程短、死亡率高、角弓反张、肝肿大且有大量出血性斑点为特征。

【诊断】

1. 流行病学 在自然条件下仅发生于雏鸭。带毒雏鸭是主要传染源，传染性强，主要通过消化道和呼吸道传播；污染的人员、用具和车辆等可成为媒介。带毒的鼠类和池塘鱼有重要的流行病学意义。没有明显的季节性，以冬、春季更易发生。鸭场饲养管理和环境卫生条件等应激因素是重要诱发因素。

2. 症状 潜伏期为 1～2d，病程快，发病率急剧上升，短期内即可达到高峰，死亡常在 4～5d 内发生。病初精神委顿、食欲废绝、昏睡状，以头触地，有神经症状，运动失调，两脚痉挛，死前头向背部扭曲，呈角弓反张状，两腿伸直向后张开呈特殊姿势。病死鸭常体况良好，绒毛外观较好，但喙端和爪尖淤血而呈暗紫色。未进行免疫接种的鸭场，发病率高达

100%，死亡率10%～95%不等；1周龄以内雏鸭死亡率最高，呈龄期相关抵抗力，5周龄以上鸭基本不死亡。

3. 病变 肝脏肿大、质脆、色暗淡或发黄，表面有大小不等的出血斑点；胆囊肿胀呈长卵圆形，充满胆汁，胆汁呈褐色、淡茶色或淡绿色；脾有时肿大，呈斑驳状；多数病例肾灰暗色、肿胀，血管充血呈树枝状。

4. 实验室诊断

（1）*病毒分离* 无菌操作采集病死鸭肝，适当处理后接种9～11日龄SPF鸡胚或10～12日龄无母源抗体的鸭胚，观察24h后胚体死亡情况，收集死亡胚尿囊液进行病原学或血清学鉴定。

（2）*病原鉴定* 病毒中和试验和血清保护试验特异性高。

（3）*血清学方法* ELISA和Dot-ELISA可用于鉴定分离物和病料中的DHV或检测抗体；胶体金免疫电镜技术和SPA协同凝集试验可以快速检测DHV。

（4）*分子生物学方法* RT-PCR、荧光定量PCR可以快速检测病原和鉴别不同基因型。

【防控】重点做好环境卫生控制和种鸭的免疫预防工作。进苗前对鸭舍实施严格消毒是前提。可选用弱毒疫苗和灭活疫苗进行免疫。收集种蛋前1个月，以1周为间隔对种鸭进行两次灭活疫苗免疫，使种鸭获得均匀的母源抗体以保护雏鸭，一般免疫期4～6个月，4～6个月后应考虑进行第2次免疫；在强化生物安全措施的基础上用弱毒疫苗免疫1日龄雏鸭，3～7d可产生免疫力，但应注意母源抗体可能影响免疫效果。对于无母源抗体的雏鸭，于1～2日龄每只鸭皮下注射0.5～1mL高免血清或高免蛋黄液可起预防作用；DVH发病期，给每只鸭皮下注射1.5～3mL高免血清或高免蛋黄液有治疗价值；同时用适宜抗菌药物控制继发细菌感染。

十六、小鹅瘟

小鹅瘟（GP）又称鹅细小病毒感染、雏鹅病毒性肠炎，是由小鹅瘟病毒（GPV）引起的3～20日龄雏鹅和雏番鸭的一种急性或亚急性败血性传染病，以传染快、高发病率、高死亡率、严重腹泻及渗出性肠炎为特征。目前该病是我国二类动物疫病。

【诊断】

1. 流行病学 各品种鹅和番鸭均为易感动物，多发于3～20日龄，近年来发病及死亡有日龄增大趋势。病鹅及其分泌物、排泄物是重要传染源，主要经消化道感染；经直接接触或间接接触传播，尤其是病鹅排泄物污染的饲料和饮水、用具、场地等；病毒污染的种蛋、孵化房和孵化器有助于水平传播。

2. 症状 潜伏期为2～7d。日龄越小，潜伏期越短。

（1）*最急性型* 多见于7日龄内的雏鹅或雏番鸭，发病突然，死亡和传播迅速，易感雏发病率可达100%，病死率高达95%以上。病雏精神沉郁后数小时内倒地，两腿划动并迅速死亡，或在昏睡中衰竭死亡；死亡雏鹅喙端、爪尖发绀。

（2）*急性型* 多见于1～2周龄内的雏鹅，精神委顿，食欲减退或废绝，饮欲增加，严重腹泻，排青绿色或灰白色稀粪，粪中有未消化的饲料等，死前头触地、两腿麻痹或抽搐。

(3) 亚急性型　多见于2周龄以上的雏鹅，以精神沉郁、拉稀和消瘦为主要症状，常见于流行后期或母源抗体少的雏鹅。病程一般为5～7d或更长。有些病鹅可以自然康复。

3. 病变　病初肠道轻度充血、肿胀，随后小肠各段充血和明显肿胀，黏液增多，肠黏膜有少量黄白色蛋花样的纤维素性渗出物；而后渗出物明显增多，并在中下肠段形成淡黄色的假膜或形成细条状的凝固物，黏膜明显充血、发红，并见小点出血。感染后期病鹅肠内的纤维素性渗出物和坏死组织增多，肠道出现特征性的凝固性栓子；这些肠段膨大增粗，外观如香肠状，有呈灰白色或灰褐色的、粗大的栓塞物，形状不一，由纤维素性渗出物和坏死物凝固而成，这些栓塞物均不与肠壁粘连，很易从肠腔中拉出，肠壁仍保持平整，但黏膜面明显充血、出血，有的肠段出血严重，黏膜面成片染成红色。盲肠和直肠早期可见充血、发红、肿胀、出血，后期有黏液附着，泄殖腔扩张发红、肿胀，有黄褐色稀薄的内容物。

4. 实验室诊断

(1) 病毒分离和鉴定　无菌操作采集新鲜病死雏鹅的肝、脾、肾等脏器或血液，适当处理后接种12～14日龄无母源抗体的鹅胚或番鸭胚，收获5～8d死亡胚的尿囊液和羊水鉴定；或接种鹅胚或番鸭胚的原代细胞，培养3～5d并观察细胞病变。

(2) 血清学试验　病毒中和试验、琼脂扩散试验、SPA协同凝集试验、反向间接血凝试验、免疫过氧化物酶技术、荧光抗体技术、ELISA可用于GPV抗原或抗体的检测。

(3) 分子生物学诊断　核酸探针、PCR均可用于GPV的快速鉴定。

【防控】加强兽医卫生管理措施，禁止从疫区购进种蛋、种苗及种鹅，新引进雏鹅应至少安全隔离20d再混群；种蛋入孵前应先用福尔马林熏蒸消毒；定期对孵化室进行消毒。用鸭胚化弱毒疫苗在产蛋前1个月注射接种母鹅，使雏鹅获得被动免疫。对受到威胁的或病初的雏鹅群，立即给每只雏鹅肌内注射适量的小鹅瘟抗血清或抗小鹅瘟卵黄抗体，可起到预防或治疗作用。

十七、雏番鸭细小病毒病

雏番鸭细小病毒病（MDPD）又称雏番鸭细小病毒感染、雏番鸭“三周病”，是由雏番鸭细小病毒（MDPV）引起3周龄以内雏番鸭的一种高度败血性传染病，以肠道严重发炎、肠黏膜坏死脱落、肠管肿大出血、死亡率高为特征。

【诊断】

1. 流行病学　番鸭为易感动物，无性别差异，有龄期相关抵抗力，多发于3周龄以内的雏番鸭；病鸭、孵化场和隐性带毒鸭是主要传染源；主要经消化道传播，带病毒的种蛋、污染的用具和人员均可促进在场内的快速传播；无明显季节性，集约化养殖场以秋、冬季更为常见；饲养管理因素影响本病的发病率和死亡率。

2. 症状　潜伏期为4～16d。

(1) 最急性型　多发生于1周龄以内，起病急，病程短，发病率低（4%～6%）。多数病雏数小时内衰竭倒地死亡。临死时两脚乱划，头颈向一侧扭曲。

(2) 急性型　多发生于7～21日龄，此型最常见，病程2～4d。病雏精神委顿，羽毛蓬松、直立，两翅下垂，尾端向下弯曲，脚软无力，不愿走动，离群独立，啄而不吃，排出灰白或淡绿色稀粪，喙、蹼间不同程度发绀，蹲伏于地，张口呼吸，临死前两脚麻痹，倒地抽搐，衰竭死亡。

(3) 亚急性型 相对少见，精神委顿，常蹲伏，排黄绿色或灰白色稀粪，并黏附于泄殖腔周围。

3. 病变

(1) 最急性型 仅见肠道内急性卡他性炎症、肠黏膜出血，其他内脏病变不明显。

(2) 急性型 呈败血症表现，心脏变圆，心房扩张，心肌多呈瓷白色。胆囊显著肿大，胆汁充盈，呈暗绿色。肾、脾稍肿大。肠道病变具有特征性：十二指肠前段有多量胆汁渗出，空肠前段及十二指肠后段呈急性卡他性炎症，黏膜表面有大量出血点；空肠中后段和回肠前段黏膜不同程度脱落，回肠中后段有显著膨大的肠带，剖检有小段质地松软的黏稠性聚合物，未见有真正的栓子形成；两侧盲肠均有不同程度的炎性渗出和出血，直肠黏膜有明显出血点。

4. 实验室诊断

(1) 病毒分离鉴定 取濒死期雏番鸭的肝、脾、胰腺等组织，适当处理后经尿囊腔接种11～13日龄番鸭胚，可使胚胎于3～7d内死亡；盲传数代后胚体病变更稳定、明显。收集鸭胚尿囊液进行PCR或中和试验鉴定。

(2) 血清学试验 如ELISA、琼脂凝胶扩散试验（AGP）、病毒中和试验等。

(3) 分子生物学技术 PCR和荧光定量PCR可用于MDPV的快速诊断及鉴别诊断。

【防控】加强环境控制。做好孵化室各种用具、物品、器械等的清洗、消毒，在种蛋入孵前进行福尔马林熏蒸消毒，定期消毒育雏室。选用弱毒疫苗开展番鸭的免疫接种工作。对发病雏番鸭群，每只皮下注射适量的高免血清可起到一定的预防或治疗效果。

十八、禽坦布苏病毒感染

禽坦布苏病毒感染是由坦布苏病毒（TMUV）引起的以雏鸭、育成鸭瘫痪和蛋鸭产蛋下降为主要特征的一种传染病。

【诊断】

1. 流行病学 鸭为主要易感动物，不同品种、不同日龄均可感染发病，但10～25日龄肉鸭和产蛋鸭最易感。病鸭和带毒鸭是主要传染源，可通过污染的饲料、饮水、器具、运输工具等快速传播。无明显季节性，以夏、秋季节多发，蚊子和鸟类可能起到重要媒介作用。本病发病率高，死亡率较低。饲养管理不良和气候突变等应激因素可诱发本病。

2. 症状

(1) 雏鸭、育成鸭 病鸭头部震颤；采食困难，排绿色、白色或褐色稀便；站立不稳或瘫痪，步态不稳且双脚向外叉开，有些病鸭倒地不起，腹部朝上、两腿呈游泳状挣扎，最后衰竭死亡。

(2) 产蛋鸭 突然发病，体温升高，精神沉郁，较正常鸭采食量下降40%～50%，排绿色稀便；部分鸭瘫痪，喙出血，流泪；产蛋率急剧下降至10%以下，每天降幅可达20%～30%，产蛋率恢复需1个月以上。

3. 病变

(1) 雏鸭、育成鸭 心包、胸腔有积液；腺胃出血，肠黏膜有弥漫性出血；肺出血、水肿；脑水肿，脑膜有弥散性大小不一的出血点。

(2) 产蛋鸭 腺胃出血；心冠沟脂肪有出血点；气管环和肺出血；肝肿大；脾肿大、出

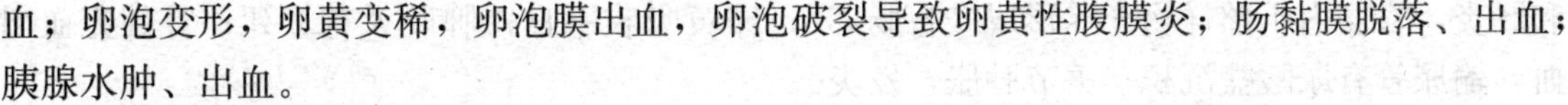

血；卵泡变形，卵黄变稀，卵泡膜出血，卵泡破裂导致卵黄性腹膜炎；肠黏膜脱落、出血；胰腺水肿、出血。

4. 实验室诊断

（1）病毒分离鉴定　取病鸭的脑、卵巢和肝组织，适当处理后经尿囊腔或绒毛尿囊膜途径接种9～12日龄鸭胚或鸭胚成纤维细胞，3～6d后通过中和试验、间接荧光抗体技术、RT-PCR进行鉴定。

（2）分子生物学方法　PCR或荧光定量PCR可用于TMUV的快速检测和鉴别诊断。

【防控】加强饲养管理和生物安全，减少应激；封闭式饲养；适时做好疫苗免疫预防；对症治疗，并用合适的抗菌药物控制继发细菌感染。

第二节　禽的细菌性传染病

一、沙门氏菌病

禽沙门氏菌病是由沙门氏菌属中的某种或多种沙门氏菌引起的禽类急性或慢性疾病的总称。已知沙门氏菌有2 500多个血清型。家禽是沙门氏菌重要的储存宿主。目前对家禽业有重要意义的是鸡白痢、禽伤寒、禽副伤寒、亚利桑那菌病等。沙门氏菌病是家禽最重要的蛋传递性细菌病之一，其中禽副伤寒和亚利桑那菌病还有重要的公共卫生意义。

沙门氏菌病

（一）鸡白痢

鸡白痢是由鸡白痢沙门氏菌引起的一种禽类感染，主要危害鸡和火鸡，以雏鸡拉白色糊状稀粪，死亡率高，成年禽多为慢性经过或呈隐性感染为特征。

【诊断】

1. 流行病学　鸡和火鸡最为易感，鸭、雏鹅、珍珠鸡、鹌鹑等也可自然感染。各品种、龄期和性别的鸡均有易感性，以2～3周龄以内雏鸡发病率与病死率高。有龄期相关抵抗力，成年禽感染后呈局限性、慢性感染或隐性感染。褐羽产褐壳蛋鸡、轻型鸡和母鸡相对敏感。经蛋垂直传播是主要传播途径，也通过多种途径水平传播。饲养管理不良，空气潮湿、冷热应激以及其他病原体感染等，都可诱发本病。

2. 症状

（1）雏鸡　种蛋内感染者大多在孵化期死去，或者孵出病弱雏后不久死亡；出壳后感染者多见于4～5d，呈无症状急性死亡；7～10d发病日渐增多，2～3周龄达到高峰。雏鸡精神沉郁，绒毛松乱，怕冷扎堆，食欲减退甚至废绝。其特征性症状是拉白色糊状稀粪，沾污肛周绒毛，因粪便封住肛门影响排粪而发出怪叫声；可见呼吸困难，眼盲，肝、脾肿胀，跛行等症状。病程一般为4～10d，死亡率一般为40%～70%。3周龄以上病鸡较少死亡。耐过病雏多发育不良。火鸡的表现与鸡相似。

（2）成鸡　成鸡感染后多呈慢性经过，精神不振，冠和眼黏膜苍白，食欲减退，渴欲增加，腹泻，卵黄性腹膜炎，“垂腹”，母鸡产蛋率、受精率和孵化率下降，死淘率增加。

3. 病变

（1）雏鸡　急性死亡雏鸡无明显肉眼可见病变。典型病例可见心、肝、肌胃等脏器有黄白色坏死灶或大小不等灰白色结节；肝肿大，条状出血，胆囊充盈；心脏变形，可见心包炎和肠炎，盲肠内干酪样物充斥形成“盲肠芯”；卵黄吸收不良；脾肿大有坏死；肾脏充血出血，输尿管有尿酸盐沉积；关节肿胀，发炎。

（2）成鸡 卵巢和卵泡变形、变色、变质。卵泡内容物变成油脂样或干酪样。病变卵泡脱落入腹腔，广泛性卵黄性腹膜炎，与其他器官粘连，常见腹水和心包炎。

4. 实验室诊断

（1）细菌分离鉴定 用于实验室确诊。取新鲜病死鸡的肝、脾、未吸收的卵黄、病变明显的卵泡和睾丸等，分别接种胰胨肉汤琼脂、SS琼脂或麦康凯琼脂平板；同时接种于亮绿四硫磺酸盐或亚硒酸盐增菌液中，经37℃培养24h和48h，对可疑分离物做进一步生化鉴定和血清学鉴定。

（2）血清学诊断 全血平板凝集试验最为常用，其次ELISA。

（3）分子生物学诊断 PCR、荧光定量PCR、核酸探针、LAMP等已用于快速诊断。

【防控】

（1）预防 入孵种蛋应来自无病鸡群；种蛋入孵前要做好孵化房、孵化机及所有用具的清扫、冲洗和消毒；全进全出，入鸡前都要对鸡舍、设备、用具及周围环境进行彻底消毒，并至少空置两周；育雏室要做好保温与通风工作；加强饲养管理，提供优质日粮；做好饮水的消毒；做好防鸟、灭鼠、灭蚊、灭蝇工作；使用高温制粒饲料；定期带鸡消毒；合理使用药物预防。

（2）净化 挑选和引进健康种鸡、种蛋。到10～12周龄时通过全血或血清平板凝集试验进行第一次检验，及时剔除阳性鸡及可疑鸡；最好每隔一个月检查一次，直至全群无阳性鸡，再隔两周做最后一次检查，此时若无阳性鸡，则视为健康群。以后每个世代在14～16周龄、20～35周龄时对种鸡检查两次，凡检出一只阳性鸡，应立即进行细菌学复核，如确有阳性则立即重复净化过程。对已感染的鸡群可每隔3～4周检疫一次，直至把阳性鸡全部检出淘汰。

（3）治疗 基于现场分离菌株的药敏试验结果，选择合法合规的药物对患病鸡群进行治疗。

（二）禽伤寒

禽伤寒是由鸡伤寒沙门氏菌引起鸡、火鸡等禽类的一种急性或慢性败血性传染病，以黄绿色稀便及肝脏肿大、呈青铜色为特征。

【诊断】

1. 流行病学 鸡和火鸡最易感，雉、珍珠鸡、鹌鹑、孔雀等也能感染。病鸡和带菌鸡是主要的传染源，粪便含菌量大，可通过污染的饮水、土壤、饲料、用具、车辆等进行水平传播，也可经蛋垂直传播。传播途径以消化道为主。鼠类是重要的传播媒介；呈散发或地方性流行。

2. 症状 潜伏期一般为4～5d，多发于产蛋鸡和3周龄以上的青年鸡。突然发病，精神委顿，食欲减退，体温升高1～3℃，两翅下垂，冠和肉髯苍白，排出黄绿色稀粪。雏鸡和雏火鸡发病时症状与鸡白痢相似。

3. 病变 肝脏充血肿大，染有胆汁呈青铜色或绿色，表面有散在性的灰白色粟米状坏死小点；脾脏与肾脏显著充血肿大，表面有细小坏死灶；心包发炎、积水；卵巢和卵泡变形、变色、变性，腹膜炎；肺和肌胃有灰白色小坏死灶；小肠有卡他性肠炎，盲肠有土黄色干酪样栓塞物，大肠黏膜有出血斑，肠管间粘连。病死雏鸡病变与雏鸡白痢基本相似。

4. 实验室诊断 其方法与鸡白痢沙门氏菌相同。

【防控】可参考鸡白痢防控。

（三）禽副伤寒

禽副伤寒是由多种能运动的泛嗜性沙门氏菌引起的家禽疾病的总称，主要危害雏鸡和火鸡，引起感染禽生长障碍，幼禽死亡，母禽感染影响产蛋率和受精率。此类沙门氏菌可感染人，故该病具有重要的公共卫生意义。

【诊断】

1. 流行病学 禽副伤寒菌广泛存在于环境、禽类、啮齿类、爬虫类及哺乳动物（包括人）体内，可引起不同动物间交互感染，并通过食物链等途径传染给人，引起人的胃肠炎或败血症。

常见于鸡、火鸡、鸭、鸽等，呈地方流行性。幼禽对副伤寒最为易感，常在2～5周龄内感染发病。1月龄以上的家禽有较强的抵抗力。感染禽及其粪便是最主要的传染源，病愈禽仍可带菌。主要通过消化道和呼吸道传播，也可经种蛋及损伤的皮肤感染；传染媒介包括污染的饲料、饮水和蛋壳；机械传播者包括野鸟、猫、鼠、蛇、苍蝇、饲养人员等。应激因素和混合感染会促进本病的发生。

2. 症状 幼禽的禽副伤寒多呈急性或亚急性经过，与鸡白痢相似，而成禽一般为慢性经过，呈隐性感染。

3. 病变

（1）鸡和火鸡 最急性死亡病雏通常没有明显病变。可见卵黄凝固状、吸收不良，肝和脾充血并有条纹状出血斑或针尖大小的灰白色坏死点，肾脏充血，心包炎并常有粘连，肠道炎症明显。成鸡或火鸡的急性病例一般可见肝、脾和肾充血性肿胀，肠道有出血性炎症；慢性病例可见卵巢脓性或坏死性病变，卵泡变形、变色、变性，输卵管也有坏死性和增生性病变。

（2）鸭 雏鸭肝脏呈青铜色，有出血点和粟米状灰白色坏死灶，胆囊充满胆汁。脾肿大，肾充血，心包积液，心包炎等。

（3）鸽 有内脏型、肠炎型、关节炎型和神经型等。

4. 实验室诊断 病原分离鉴定是确诊的重要基础，对细胞培养物进行菌落形态观察、生化鉴定，必要时进行PCR等分子检测。

【防控】应严格做好饲养管理、卫生消毒、隔离检疫工作。重视禽场及禽场产品（如鸡肉、鸡蛋）等的生物安全工作，做好饲养、屠宰、加工、包装、运输、贮藏、消费等环节的卫生工作。药物治疗可降低感染引起的死亡和控制疾病传播，但不能完全消灭本病。最好在药敏试验基础上筛选敏感有效的药物。恢复后的家禽往往成为长期带菌者，不宜再留作种用。

（四）亚利桑那菌病

亚利桑那菌病，亦称为阿利桑那菌症或副大肠菌病，是由肠沙门氏菌亚利桑那亚种引起的一种急性败血性传染病，以主要危害雏鸡和火鸡，引起腹泻、腿麻痹、颈扭转、运动失调、身体震颤为主要特征。本病有重要的公共卫生意义。

【诊断】

1. 流行病学 鸡、鸭、鹅均易感，尤其是雏火鸡和雏鸡最易感，死亡率高。病菌在自然界分布广泛，其宿主谱广，一些鸟类、爬行动物、哺乳动物等都可成为亚利桑那菌的常见来源。成鸡隐性感染成为带菌者，带菌禽是主要的传染源，可长期携带与散播病菌。可直接接触传播，也可经公鸡精液及患禽的分泌物、排泄物和被污染的饲料、垫料、饮水传播。

2. 症状　急性型病例发病突然，全身颤抖，翅下垂，步态不稳，突然前冲或后退，尖叫，有部分转圈运动，继而角弓反张，数分钟内死亡。亚急性型病例食欲减退或废绝，饮水量增多，可转圈运动，尖叫，跳跃前冲数次后卧地不起，跗关节伏地并扎堆。眼结膜炎，有白色分泌物，腹泻。慢性型精神不振，食欲不佳，尖叫，跳跃奔跑或转圈运动，然后卧地、腿麻痹、颈扭曲，但不表现痉挛和颤抖，数分钟后精神恢复正常后开始进食，反复发作多次，数日不死。

3. 病变　肝呈土黄色斑驳状，肿大2～3倍，其表面有砖红色条纹，质地松脆，切面有针尖大灰白色坏死灶和出血点，胆囊肿大。心脏表面有小出血点；气管内有少量浆液性分泌物，肺淤血，肺部有绿豆大小干酪样坏死灶；脾肿大；脑充血或出血，脑血管怒张，大脑明显积水，打开头盖骨有白色混浊液体流出。眼混浊，视网膜覆有一层黄色干酪样渗出物。雏火鸡一侧或两侧眼球玻璃体有渗出物；雏鸡腹腔有未吸收的卵黄及干酪样渗出物。

4. 实验室诊断　通过细菌分离和鉴定进行确诊。取病死雏鸡的肝、心、脑组织，接种于普通琼脂和麦康凯琼脂培养基，细菌生长良好。可用多价的抗亚利桑那菌血清做凝集试验有助于病菌的鉴定，也可选用PCR、荧光定量PCR等分子生物学技术快速诊断。

【防控】定时清扫消毒鸡舍及其运动场，防止饲料和饮水的污染。对收集的种蛋尽快用福尔马林熏蒸消毒。鸡场内杀灭鼠类和爬行类动物，及时装好防鸟网。对发病雏鸡，可肌内注射卡那霉素等敏感抗生素进行治疗。

二、大肠杆菌病

禽大肠杆菌病是由某些致病性或条件致病性大肠杆菌引起的局部或全身感染的疾病总称；该病临床表现复杂，可引起败血症、肉芽肿、气囊炎、肿头综合征、蜂窝组织炎、心包炎、肝周炎、脐炎、肠炎、腹膜炎、输卵管炎、滑膜炎、全眼球炎等疾病，是导致禽类胚胎和雏鸡死亡的重要病因。

【诊断】

1. 流行病学　多种家禽易感，常见于鸡、火鸡、鸭；不同品种和日龄均可感染，以雏鸡多发。蛋内和蛋表面的大肠杆菌可造成鸡胚在孵化中早期死亡、后期死胚、弱雏增多。病禽和带菌禽是主要的传染源，可通过污染的蛋壳，病禽分泌物、排泄物及被污染的饲料、饮水、用具、垫料而传播。鼠类、鸟类和家蝇是重要携带者；可经呼吸道、消化道、蛋壳穿透和交配感染等途径进行传播。本病无明显的季节性，但以冬春寒冷和气温多变季节多发。其他传染病、应激、管理不善等诱因可促进本病发生。

2. 症状　因疾病表现往往与日龄、菌株致病性、有无并发或继发因素、药物使用情况等相关，表现为精神沉郁，食欲下降，羽毛粗乱，消瘦；有些病鸡呼吸困难，黏膜发绀；有些病鸡腹泻，排绿色或黄绿色稀便；有些病鸡跛行；有些病例眼前房积脓；有些病例有阵发性神经症状，头颈震颤，角弓反张。

3. 病变

(1) *败血症型*　急性死亡，皮肤肌肉淤血；血液凝固不良，呈紫黑色；肝肿大，肝表面散在白色小坏死灶；肠黏膜弥漫性充血出血；肾脏肿大呈紫红色；肺脏出血水肿。

(2) 纤维素性心包炎型　心包膜增厚，心包腔有分泌物，心包膜及心外膜上有纤维素性蛋白物附着，严重者心包膜与心外膜粘连。

(3) 肝周炎型　肝肿大，肝表面有黄白色纤维蛋白附着。肝硬化，其表面有许多大小不一的坏死点；脾肿大。

(4) 肉芽肿型　在肝脏、盲肠、十二指肠和肠系膜等多处发生粟粒大的肉芽肿结节，结节切面呈黄白色，呈现放射状、环状波纹或多层性。

(5) 气囊炎型　胸气囊壁增厚且混浊，气囊内有黏稠的黄色干酪样分泌物。

(6) 肿头综合征　头部皮下组织及眼眶发生急性或亚急性蜂窝组织炎。

(7) 鸡胚与幼雏早期死亡型　鸡胚在孵出前或出壳后死亡。卵黄囊内容物变为干酪样物或黄棕色水样物。多数病雏有脐炎。

(8) 关节炎型　跗关节和趾关节肿大，关节腔中有纤维素性渗出或有混浊关节液，滑膜增厚。

(9) 卵黄性腹膜炎型　腹腔中充满淡黄色腥臭液体或卵黄液；腹腔脏器表面覆盖一层淡黄色、凝固的纤维素性渗出物；肠系膜发炎，肠袢粘连，肠黏膜散在针头大出血点；卵泡变形变色，有些卵泡皱缩；输卵管黏膜发炎，管腔中纤维素性渗出物。

(10) 眼炎型　单侧或双侧眼肿胀，有干酪样渗出物，眼结膜潮红。

(11) 脑炎型　脑膜充血出血，脑实质水肿或有黄白色坏死灶。

(12) 输卵管炎型　输卵管高度扩张，内积异形蛋样渗出物，表面不光滑，切面呈轮层状，输卵管黏膜充血、增厚。

(13) 混合型　同时有以上两种或多种病型的病变。

4. 实验室诊断　无菌操作采集濒死期鸡病料，可直接涂片后革兰氏染色，或用普通平板或血平板进行划线分离培养。对培养物进行种属鉴定；可通过动物试验确定其致病性；也可通过 PCR 检测快速区别禽致病性与非致病性大肠杆菌。

【防控】除了采取一般性的生物安全以及综合防控措施以外，必要时进行相应血清型的菌苗免疫。最好基于药敏试验进行本病的治疗，采取轮换用药或交替用药方案，确保剂量及疗程合适。大肠杆菌病经常是多种疾病的并发或继发症，要透过大肠杆菌病的表象，找准疾病的本质，采取标本兼治。

三、禽霍乱

禽霍乱，或称为禽出血性败血症、禽巴氏杆菌病，是由多杀性巴氏杆菌引起的主要侵害鸡、鸭、鹅、火鸡等禽类的一种接触性传染病，以发病突然、腹泻、败血症、高死亡率、全身黏膜浆膜小点状出血、肝脏均匀分布针头大的坏死点等为主要特征；其慢性病例主要表现冠和肉髯水肿，关节炎。

【诊断】

1. 流行病学　多种家禽和野禽均易感，雏鸡较少感染，3～4 月龄的鸡和成鸡相对容易感染。病鸡和带菌鸡是主要的传染源，主要通过呼吸道、消化道和黏膜或皮肤外伤传播。病鸡及其分泌物排泄物、被污染的饲料、饮水、用具、土壤、吸血昆虫、苍蝇、鼠、猫等均可成为传播媒介。一年四季可流行，以高温高湿多雨的夏秋两季多发。因多杀性巴氏杆菌是一种条件性致病菌，在某些健康鸡的呼吸道存在该菌，在饲养管理不当、应激因素或者其他疾病的作用下，可激发本病。

2. 症状 潜伏期由数小时到2～5 d。

(1) 最急性型 多见于流行初期的高产蛋鸡。无明显症状情况下突然倒地死亡。

(2) 急性型 精神不振，翅膀下垂，缩颈闭眼，呆立，羽毛松乱；体温升高到43～44℃，食欲废绝，饮欲增加；呼吸急促，口鼻流出有泡沫的黏液；拉绿色或灰黄色粪便；鸡冠和肉髯水肿发绀呈黑紫色。鸡群产蛋量明显减少或停止。1～3 d死亡。

(3) 慢性型 多发于流行后期。病鸡精神不振，食欲减退，冠和肉髯苍白，或水肿变硬，或干酪样变，甚至坏死脱落；关节发炎肿大，跛行。

3. 病变

(1) 最急性型 无明显的剖检变化，偶见到冠、髯呈紫红色，心外膜小出血点。

(2) 急性型 肝脏肿大质脆，表面有很多针头大小的灰白色或灰黄色的坏死点；心冠沟脂肪和心外膜上有出血点，有淡黄色心包积液；皮下组织、肠系膜、浆膜、黏膜有大小不等的出血点；十二指肠黏膜充血出血；胸腹腔、气囊和肠浆膜上有纤维素性或干酪样的渗出物。

(3) 慢性型 病变多局限于某些脏器，有些可见呼吸道呈卡他性炎症；有些病例的肉髯水肿坏死；有些病例关节肿大变形，有炎性渗出物和干酪样坏死；有些病例卵巢出血，卵黄破裂。

4. 实验室诊断 取新鲜病死禽的心血、肝脏、脾脏等组织涂片，经美蓝染色或瑞氏染色，镜检可见两极着色的卵圆形短杆菌；或者取新鲜病料接种鲜血琼脂、血液琼脂、普通肉汤培养基。对分离出的菌落可镜检、荧光特性检查、生化特性鉴定、PCR扩增16S rRNA和序列测定等鉴定。也可将培养物做动物试验确定其致病性。

【防控】加强鸡群的饲养管理，减少应激和其他诱因；严格执行消毒卫生制度；在禽霍乱多发或流行严重的地区，可以考虑接种适合该地区的菌苗进行预防；最好根据药敏试验结果筛选敏感的抗菌药物进行治疗。

四、鸡传染性鼻炎

鸡传染性鼻炎是由副鸡禽杆菌引起鸡的一种急性呼吸道传染病，以患鸡鼻腔和鼻窦炎症，颜面肿胀，打喷嚏，流鼻液，结膜炎，流泪为主要特征。

【诊断】

1. 流行病学 鸡为易感动物，以1月龄以上的鸡更易感。病鸡、隐性带菌鸡和康复带菌鸡是主要传染源。可通过飞沫、尘埃经呼吸道感染；也可通过污染的饲料和饮水、麻雀等途径水平传播。本病传播迅速，很快波及全群；发病率高，死亡率多数较低。疾病的发生及严重性常与应激、混合感染等因素密切相关。四季均可流行，以秋冬季多见。

2. 症状 潜伏期一般为1～3d。以鼻炎和鼻窦炎为主要表现。病初流浆液性鼻液，后转为黏液性或脓性。病鸡频甩头，喷嚏。单侧或双侧面部、眶下窦肿胀，眼睑水肿，眼结膜发炎，流泪，或有黏性或脓性干酪样分泌物，臭味难闻。部分鸡张口呼吸，有啰音，可因窒息而死。有些病鸡头颈部肿胀；蛋鸡产蛋率明显下降，蛋品质变化不大。病程1～2周。

3. 病变　面部、眼睑、肉髯明显水肿，眼、鼻流恶臭黏性或脓性分泌物，鼻部结痂。鼻腔和窦黏膜充血肿胀，表面覆有大量黏液、鼻窦内有渗出物凝块或干酪样坏死物。眼结膜充血肿胀，严重眼睛失明。有时因混合感染导致病变复杂多样。

4. 实验室诊断

（1）病原分离与鉴定　用灭菌棉拭子从病鸡鼻窦深部或气管气囊采取病料，直接在血琼脂平板上划竖线，再用葡萄球菌在平板上划横线，置蜡烛罐或厌氧培养箱37℃培养24～28h。如果在葡萄球菌菌落边缘可长出一种细小的卫星菌落，而其他部位不见或很少见有细菌生长，则这些小的卫星菌落就有可能是副鸡禽杆菌。再挑取单菌落经鲜血琼脂平板或马丁肉汤琼脂平板扩增后镜检或生化鉴定。

（2）血清学诊断　可用血清平板凝集试验、补体结合试验、琼脂双向扩散试验、血凝抑制试验、荧光抗体技术、ELISA等进行诊断。

（3）PCR诊断　简便，敏感性高，适于临床病料的快速检测。

【防控】全进全出，自繁自养，做好环境卫生和鸡舍内外的消毒，加强饲养管理，保持良好通风和适当的密度。可选择三价（A+B+C）或二价（A+C）灭活菌苗在好发日龄前2～3周进行免疫。在种鸡开产前建议免疫2次，之后每半年免疫1次。病菌对多种抗菌药物敏感，可选择庆大霉素和磺胺类药物等。药物不能完全根除病原，可减少体内病原负荷，减少并发感染。

五、弯曲菌病

弯曲菌病是由弯曲菌引起的家禽、野禽及哺乳动物共患的一种人兽共患病，以感染症状不明显，幼鸡发育不良，肝脾肿大，腹水增多，肠炎和红色腹泻为主要特征。通常弯曲菌不是家禽主要病原体，但对食品安全和公共卫生有重要意义。

【诊断】

1. 流行病学　多种家禽、珍禽和鸟类可感染，且家禽带菌率高。家禽带菌率随日龄、季节而变，带菌率可随日龄增大而升高。禽类是弯曲菌重要的储存宿主，可定植于禽类肠道，鸡源弯曲菌分离株以空肠弯曲菌最常见，其次是结肠弯曲菌。一旦禽群被感染，数天内迅速传播到全群。温暖季节多发。主要通过污染的饲料、饮水及用具、昆虫媒介等水平传播。

2. 症状　自然或试验均可感染，但通常无症状。

3. 病变　主要局限于胃肠道，且病变轻微，十二指肠到盲肠间的肠管扩张，可见黏液和水样液体。

4. 实验室诊断　用雏鸡肝、脾触片后革兰氏染色镜检，可见弯曲状或逗点状菌。从粪便、十二指肠和盲肠的内容物中取样进行细菌分离培养，微需氧环境下，42℃培养48～72h。从菌落形态、菌体形态和细菌镜下运动特点做出初步鉴定。进一步用多重PCR、荧光PCR对弯曲菌培养物进行快速鉴定。

【防控】规范的生物安全防护措施是控制弯曲菌感染水平的关键。加强饲养管理，对鸡舍环境、笼具等要做好消毒，及时清除粪便。必要时选择适当的抗菌药物治疗。用0.5%乙酸或乳酸冲洗待上市的肉鸡胴体或分割品可降低加工污染。

六、链球菌病

禽链球菌病是由链球菌感染引起的多种禽类的一种急性或慢性传染病，可呈急性败血症，或表现为纤维素性关节炎、腱鞘炎、输卵管炎、腹膜炎、纤维素性心包炎、肝周炎、坏死性心肌炎、心瓣膜炎和脑膜炎等多种病型。

【诊断】

1. 流行病学 链球菌可引起成鸡发病。主要经消化道和呼吸道感染，也经受损的皮肤传播。气候突变、潮湿拥挤、管理不当、不洁饮水及劣质垫料等应激因素是本病的诱因。

2. 症状 潜伏期从1d到几周不等。病鸡消瘦，精神不振，排黄色稀便，冠和肉髯苍白或发绀。产蛋鸡产蛋量下降。有些病鸡患急性纤维素性或脓性结膜炎。

3. 病变 由链球菌感染引起的急性病例的主要病变有脾肿大；肝肿大、淤血，部分病例肝破裂出血；肾肿大，输尿管内有尿酸盐沉着；心包纤维素性炎症；腹膜炎；皮下组织充血。慢性病例的主要病变为纤维素性关节炎、腱鞘炎、骨髓炎、输卵管炎、纤维素性心包炎、肝周炎、坏死性心肌炎、心瓣膜炎等。

4. 实验室诊断 本病诊断相对困难；血涂片或病变组织触片有助于诊断。确诊要细菌分离培养。无菌操作采取新鲜病死禽的肝、脾、血液、卵黄或其他病变组织接种于血液琼脂培养基，根据菌落特征、溶血特点和涂片检查进行鉴定。

【防控】链球菌广泛存在于自然环境中和鸡体肠道内，是条件性致病菌。做好鸡舍及周围环境的卫生，定期带鸡消毒，保持饮水卫生，减少应激因素。必要时，最好基于药敏试验筛选出敏感药物对病鸡进行治疗。

七、葡萄球菌病

禽葡萄球菌病是主要由金黄色葡萄球菌引起的鸡和其他禽类的各种疾病总称，可引起禽类腱鞘炎、化脓性关节炎、败血症、黏液囊炎、脐炎、眼炎等多种病型。

【诊断】

1. 流行病学 鸡、鸭、鹅均易感，以雏禽最易感；纯种鸡比杂种鸡易感，肉鸡比蛋鸡易感；多见于地面平养和网上平养。孵化后期鸡胚可感染金黄色葡萄球菌而出现死胚。葡萄球菌可经受伤的皮肤和黏膜侵入体内，也可经脐孔侵入而发病。长途运输、气温骤变、通风不良等应激因素或其他疾病可成为本病诱因。一年四季均可发生，以潮湿和多变的雨季多发。

2. 症状

（1）*败血症* 病鸡精神沉郁，缩颈低头，少运动。1～2d死亡。

（2）*皮炎* 精神沉郁，羽毛松乱，食欲减退，部分鸡腹泻，胸腹部、翅、大腿内侧的皮肤紫红色或青紫色，有些破溃出血。死亡率高，病程2～5d。

（3）*关节炎* 多发生于跗关节，一侧关节肿大，有热痛感，不愿走动。采食困难。

（4）*脐炎* 脐环发炎、肿大，腹部膨胀，1～2d内死亡。

（5）*鸡胚葡萄球菌病* 孵化17～20日龄死亡，已出壳雏鸡腹部膨大、脐部肿胀、软脚，出壳后1～2d死亡。

3. 病变 败血型表现为肝脾肿大出血；心包积液，心内外膜和心冠状沟脂肪有出血点或出血斑；肺充血；肠道黏膜充血出血。皮炎表现为病死鸡皮下有胶冻样黄色或粉红色液体，胸肌及大腿肌肉有出血斑点或带状出血，或肌肉呈紫红色。关节炎型表现为关节肿胀，关节液增多，关节腔内有干酪样渗出物。鸡胚葡萄球菌病可表现为死胚表面附着灰褐色黏液，胚头顶部及枕部皮下显著水肿和点状出血；死胚腹部膨大，脐部肿胀，脐环闭合不全；软脑膜和心外膜点状出血等。

4. 实验室诊断 无菌操作采取病死鸡的皮下渗出液、关节腔渗出液或雏鸡卵黄囊以及内脏器官作为病料，接种培养基；同时涂片染色镜检。仅分离出葡萄球菌并不能作为确诊依据，通常还要确定分离菌株的致病性。一般致病性葡萄球菌的血浆凝固酶试验阳性，可产生金黄色色素，在血液琼脂上呈β型溶血，可发酵甘露糖。PCR 技术结合测序等可用于检测葡萄球菌的毒力基因。

【防控】尽量消除使鸡发生外伤的风险因素，确保垫料或鸡笼质量，做好环境控制，定期用 0.3%过氧乙酸喷雾消毒，注意对储存前和入孵前的种蛋消毒，以及对孵化厅、孵化器的消毒，避免或减轻应激因素。必要的地区，灭活菌苗免疫有助于控制本病的发生。可基于药敏试验选择有效药物做全群口服给药，严重时肌内注射给药。

八、李氏杆菌病

禽李氏杆菌病是由产单核细胞李氏杆菌引起的一种人兽共患传染病，具有重要的公共卫生意义。

【诊断】

1. 流行病学 鸡、鸭、鹅等多种禽类易感，不同日龄均可感染，但雏禽病情严重。鸽有较强的抵抗力。病禽和带菌禽是主要传染源，多种野禽是本菌的储存宿主。可通过病禽的分泌物和排泄物、污染的垫料和土壤经呼吸道、消化道或受损的皮肤等途径传播。本病以散发为主，发病率低，致死率高。

2. 症状 主要呈败血症和脑炎的表现。前者表现为突然死亡，腹泻；后者有共济失调、角弓反张等神经症状。

3. 病变 败血症病鸡的腿肌有米粒大小的出血斑，心肌变性坏死，心包炎；肝脾肿大；十二指肠黏膜弥漫性出血；两侧坐骨神经水肿且纹路模糊。脑炎型病禽多缺乏肉眼可见病变，但脑组织神经胶质细胞增生、大脑髓质血管套。

4. 实验室诊断 无菌操作采取病鸡心血和肝组织，分别接种于琼脂平板、血平板和麦康凯培养基上，37℃培养 24h 后可进行菌落形态观察、生化鉴定、雏鸡接种试验、针对β-溶血素的 PCR 或荧光定量 PCR 检测。

【防控】做好环境卫生，定期消毒，改善饲养管理条件，尤其是雏禽的管理。做好防鸟、灭鼠、灭蝇等工作，场内不养其他动物。及时隔离患病动物，选用敏感的抗生素进行治疗。因产单核细胞李氏杆菌为重要的食源性致病菌，在 4℃仍可生长，因此禽业工作人员要做好职业防护，消费者要正确加工处理禽类产品和冰箱存放过久的食品，以免感染后发生脑膜炎等疾病。

九、溃疡性肠炎

溃疡性肠炎，也称鹌鹑病，是由鹌鹑梭菌引起的一种急性传染病，以发病突然，死亡迅速增多，肝表面有大小不一的黄白色坏死灶，肠黏膜出血且有黄白色溃疡灶为特征。

【诊断】

1. 流行病学 鹌鹑、鸡、火鸡、鹧鸪、珍珠鸡等禽类均可感染，其中鹌鹑是最为敏感的自然宿主；本病好发于幼禽。病禽为主要传染源，且由于鹌鹑梭菌可形成芽孢，因此一旦禽场发生本病，往往难以根除。主要通过粪口途径传播，也可经污染垫料而感染。本病常发生于球虫病或其他肠道应激性疾病之后，也可能与免疫抑制性疾病有关。

2. 症状 潜伏期短，感染后5～14d出现死亡高峰。多数急性死亡的病禽体格健壮，通常无明显不适症状，嗉囊充盈饲料；病程稍长者精神不振、羽毛松乱、弓背、缩颈、垂翼。病程更长者机体消瘦，胸肌萎缩。排白色水样稀粪，严重时粪便带血。幼鹌鹑的本病死亡率可达100%，鸡死亡率一般不到10%。

3. 病变 多数病死禽的小肠和盲肠有黄白色坏死灶，有凹陷的圆形溃疡，有时肠壁穿孔，肠内容物流入腹腔而引起腹膜炎；肝肿大，有灰黄色或黄色坏死灶；脾肿大，充血与出血。

4. 实验室诊断 无菌操作取病禽肝组织，可组织压片后直接镜检，也可接种于含8%马血浆的胰蛋白胨磷酸盐葡萄糖琼脂培养基中厌氧培养，也可接种于7日龄SPF鸡胚卵黄囊内；再取纯培养物进行染色镜检、生化鉴定和PCR检测。

【防控】做好常规的生物安全和兽医防疫措施，做好球虫病的防控有利于预防本病的发生。为预防和治疗本病，有条件的规模化养禽场可经药敏试验来筛选敏感药物。

十、坏死性肠炎

坏死性肠炎是由A型或C型产气荚膜梭菌及其所产毒素引起的一种急性、非接触性、散发性传染病，以主要危害2～6周龄雏鸡，发病突然，高死亡率，小肠黏膜坏死为主要特征。

【诊断】

1. 流行病学 多种禽类均可感染，主要危害雏鸡和青年鸡，尤其是2～6周龄的地面平养肉鸡和笼养鸡。产气荚膜梭菌广泛分布于自然界，如土壤、不洁饮水、饲料及肠道内。污染的饲料、垫料是重要的传播媒介，其中肠道黏膜损伤是主要的诱发因素，尤其是当球虫病、组织滴虫病等引起肠黏膜受损时，较易诱发本病；另外日粮蛋白含量过高、饲养密度过大、突然改换饲料等情况也会加剧本病。

2. 症状 精神沉郁、食欲减退、羽毛蓬乱、呆立、腹泻，排红褐色至煤焦油样粪便，粪便中常含脱落的肠黏膜；多数鸡急性死亡。慢性病例增重减慢，贫血。死亡率可高达50%。

3. 病变 肉眼病变是空肠、回肠等小肠及部分盲肠的肠管扩张，肠腔臌气，肠内容物带血，肠黏膜充血坏死，附着黄绿色假膜；有些病例因肠穿孔导致腹膜炎。少数病例肝脏肿大，表面有圆形的黄白色坏死灶。其特征性组织学病变是肠黏膜的严重坏死。

4. 实验室诊断 无菌操作取病变肠黏膜的刮取物或肝脏进行涂片镜检；同时接种葡萄

糖血液琼脂平板，37℃厌氧培养 24h，对具有双层溶血环的菌落进行鉴别培养、染色镜检、生化鉴定和 PCR 检测。必要时用分离菌株进行动物回归试验。对回肠内容物的毒素检测有助于疾病诊断。球虫常与产气荚膜梭菌混合感染。

【防控】应采用综合性防治措施，尽量减少诱发风险因素，尤其是预防小肠球虫病及其他肠道疾病，以防止肠黏膜受损；饲喂全价饲料，不建议突然更换饲料，不盲目添加鱼粉、猪油、黄豆、小麦等高蛋白高脂肪物质；加强饲养管理，及时清粪，及时更换垫料，做好鸡舍内外卫生消毒。适当添加泰乐菌素、杆菌肽、林可霉素等抗菌药物有助于预防或治疗本病。

十一、坏疽性皮炎

坏疽性皮炎，也称为坏死性皮炎、坏疽性蜂窝组织炎，是一种由腐败梭菌、A 型产气荚膜梭菌及金黄色葡萄球菌单独或混合感染而引起的一种细菌性传染病，以主要侵害 3～7 周龄雏鸡，皮肤或皮下组织坏死为主要特征。

【诊断】

1. 流行病学　多种动物可自然感染。禽类中以鸡和火鸡相对易感；肉鸡以 4～8 周龄多发。本病的发生可能与品系或品种相关，公禽比母禽多发。梭菌广泛分布于粪便、土壤、灰尘、污染的垫料和饲料，以及肠道内容物中；金黄色葡萄球菌则广泛分布于正常鸡的体表、黏膜、禽舍以及孵化室。当皮肤受损或机体免疫功能下降时易发生本病。当禽类发生免疫抑制性疾病后易继发本病。一年四季流行，以温暖潮湿的季节多发。

2. 症状　精神不振，共济失调，食欲减退，脚软无力，病程短，急性死亡的病禽通常体格健壮。发病率在 5%～10%。

3. 病变　病鸡的头颈部、胸、背、翼尖、翼下和下腹部的皮肤呈紫黑色，部分皮肤坏死溃烂，流难闻液体。羽毛脱落。特征性组织学变化为皮下组织水肿坏死。

4. 实验室诊断　取皮下组织水肿液直接涂片，革兰氏染色后镜检，若观察到革兰氏阳性大杆菌即确诊。必要时进行细菌分离鉴定，同时注意有无其他病原混合感染的可能性。

【防控】加强饲养管理，做好消毒工作，尽量消除鸡舍内致使皮肤或黏膜损伤的各种风险因素，如降低鸡舍密度、正确断喙、防止打斗和互啄、消除暴露的铁丝条等。饲喂全价饲料，保证充足的维生素和微量元素，可添加有效的抗球虫药以防止肠壁受损。多种抗菌药物均可用于本病的治疗。柠檬酸或丙酸酸化的饮水可一定程度降低禽群死亡率。

十二、鸭浆膜炎

鸭浆膜炎也称鸭疫里氏杆菌病、鸭疫败血症、鸭疫巴氏杆菌病等，鹅的鸭疫里氏杆菌病曾被称为鹅流感、鹅渗出性败血症。该病是由鸭疫里氏杆菌引起的雏鸭、雏鹅、雏火鸡和其他多种禽类的一种常见的急性败血性传染病，以纤维素性心包炎、肝周炎、气囊炎、干酪样输卵管炎和脑膜炎为主要特征。

【诊断】

1. 流行病学　家禽中以雏鸭最为易感，尤其是 2～7 周龄幼鸭，表现症状后 1～2d 急性死亡。耐过的鸭生长不良。成鸭和种鸭较少发生。对雏鹅、火鸡等也有一定致病性。病禽和隐性带菌禽是主要传染源。可通过空气、污染的饲料、垫料、饮水等经呼吸道、消化道及损伤的皮肤等途径传播。一年四季可流行，以气温低、湿度大的季节多发。本病在环境卫生条件和饲养管理好的鸭场一般呈散发，其发病率和死亡率不超过5%；环境卫生和管理水平低劣的鸭场常会暴发本病。

2. 症状 精神不振、食欲减退、缩颈闭眼、眼鼻有浆液性或黏液性分泌物，常打喷嚏，眼部羽毛黏结形成“眼圈”；排淡黄色、绿色或黄绿色稀粪；软脚无力，呆立或伏卧，以喙抵地；部分病鸭不自主点头或摇头晃尾，头颈歪斜，倒地，两腿乱划。病鸭临死前抽搐，死后常呈角弓反张姿势。雏鹅症状与鸭相似。

3. 病变 特征性病理变化为浆膜表面有广泛性纤维素渗出，表现为纤维素性心包炎，心包液增多，心外膜覆盖纤维性渗出物，心包增厚混浊或粘连；气囊混浊增厚，附着纤维素性渗出物；肝肿大，土黄色或红褐色，表面附着一层灰白色或淡黄色纤维素膜；脾肿大呈斑驳状，表面有灰白色坏死点；脑膜充血、出血，附着纤维素渗出物；鼻窦内充满分泌物。后背部或肛周围皮肤常呈坏死性皮炎病变。

4. 实验室诊断 无菌操作取急性期病鸭的心血、脑、气囊、肺脏、肝脏和病变渗出物等病料，划线于血液琼脂或含0.05%酵母浸出物的胰酶大豆琼脂，置于蜡烛罐或厌氧培养箱37℃培养24～72h。再对纯培养物进行染色镜检、生化鉴定、血清型鉴定、PCR和荧光定量PCR检测。

【防控】采取综合性的防控措施，加强饲养管理，搞好环境卫生和日常消毒，减少各种应激因素。如提供优质饲料，保持适当通风，控制适当密度，及时清粪，减少冷热应激等。频受本病困扰的鸭场，可在其多发日龄前2～3d用敏感药物进行预防。免疫接种是预防本病的重要措施，最好使用与当地流行的血清型较为一致的疫苗，以提供有效的免疫保护。已有商品化灭活疫苗可用于雏鸭和成鸭。有条件的鸭场，最好基于药敏试验选择敏感药物对病鸭群进行治疗；应注意交替使用各种抗菌药物，以避免出现耐药菌株。

十三、支原体病

支原体病

已知禽类有近30种支原体，其中明显有致病性的主要是鸡毒支原体、滑液囊支原体和火鸡支原体。

（一）鸡毒支原体感染

鸡毒支原体感染，也称慢性呼吸道病、传染性窦炎（火鸡），以呼吸啰音、流鼻液、气囊浑浊、气管壁增厚、上呼吸道有黏性或干酪样渗出物为主要特征。

【诊断】

1. 流行病学 多种家禽和珍禽易感，主要发生于鸡和火鸡，火鸡相对更易感。各种龄期均可感染，以4～8周龄的肉鸡和5～16周龄的火鸡最多见。一旦发病时，几乎全群感染，病程绵长。成鸡多数呈隐性感染。病鸡和隐性感染鸡是主要的传染源，可水平传播和垂直传播。病原体可通过病禽喷嚏随呼吸道分泌物排出，随飞沫和尘埃经呼吸道感染；可经污染的饲料、饮水、公鸡精液传播。感染本病的母禽可产出带菌蛋，使胚胎易在14～21d死亡，或不能破壳；孵出的弱雏若感染了鸡毒支原体，可迅速在雏鸡群中传播。支原体还可经人员、设备、用具、苍蝇、昆虫、鼠类等机械传播。少数感染鸡可能终生带菌。

多种应激因素可激发本病，造成群体性发病。比如对带菌鸡进行气雾免疫，维生素A不足，饲养密度大，卫生条件差，通风不良，氨气浓度过高，冷应激等可诱发本病。支原体还常与大肠杆菌、副鸡禽杆菌等多种家禽病原体混合感染。单纯感染鸡毒支原体死亡率不高，若协同感染或某些应激因素存在，死亡率可达30%以上。

2. 症状 潜伏期为4～21d或者更长。易感鸡群感染后，呼吸道症状一般较轻微，若有应激因素作用或其他病原体混合感染时，呼吸道症状更为明显。病初鼻孔周围常沾有脏污的饲料和垫料；随后鼻窦和眶下窦发炎肿胀，呼吸困难，张口呼吸，喘气，结膜炎，严重时喘气及气管啰音更为明显；鼻腔和眶下窦明显肿胀，眼炎甚至失明。食欲不振；产蛋率下降，死淘鸡增多；肉鸡饲养期延长，饲料报酬差，增生缓慢，渐消瘦。肉鸡胴体等级下降。本病呈慢性经过，病程长，可绵延数月之久。

3. 病变 单纯感染鸡毒支原体的病鸡，鼻和眶下窦轻度炎症；若为混合感染，则呼吸道黏膜充血水肿，气管黏膜内有渗出物，早期气囊浑浊增厚，有黄色泡沫样物或干酪样物附着，一侧或双侧眼炎，眶下窦肿胀，有大量黄白色渗出物，严重者可从窦内挤压出黄白色的干酪样硬块。后期少数病鸡关节肿胀、滑膜炎、输卵管炎。

4. 实验室诊断

（1）血清学检查 血清学诊断结果可作为鸡群感染的参考，可通过平板凝集试验、试管凝集反应、血凝抑制试验、ELISA等方法。平板凝集试验的使用最广泛，有结晶紫染色抗原和虎红染色抗原，但有一定比例的假阳性。血凝抑制试验特异性较好，具体操作方法与新城疫血凝抑制试验基本相同。ELISA方法适于鸡群批量样品检测。

（2）病原分离和鉴定 病原培养要用特殊培养基，如FM-4培养基。用棉签拭子无菌操作蘸取鼻腔、眶下窦、气管、气囊等处的分泌物放入液体培养基中培养；或直接无菌操作采集气管、鼻甲骨、肺、气囊等组织直接投入液体培养基中培养。经37.0～38.5℃培养3～5d，待培养基颜色变黄后，取培养物涂抹在固体培养基，再培养3～5d后，经支原体染色后显微镜检、菌落红细胞吸附试验、生长抑制试验、代谢抑制试验、表面荧光抗体技术和16S rRNA扩增测序鉴定。

【防控】

（1）综合性兽医防疫措施 全进全出，清栏后彻底清洁消毒，足够时间的空栏；引进洁净的种苗；喂给全价日粮，注意补充多维；控制适当密度，减少应激，注意保温和通风；正确气雾免疫；做好大肠杆菌病、传染性鼻炎、传染性支气管炎、新城疫等其他疾病的防控。

（2）免疫接种 目前活苗和灭活苗可以使用，但是要注意活疫苗株的筛选。活疫苗使用前后一段时间要注意避免多种抗生素和呼吸道疾病活疫苗的使用。

（3）药物治疗 对鸡毒支原体感染的用药应剂量足、疗程合适，可连续用药5～7d，并注意多种药物联合或交替使用，以避免形成耐药性菌株；同时要注意消除诱因，控制并发或继发因素。常用的药物有金霉素、多西环素、利高霉素、泰乐菌素、泰妙菌素、替米考星、林可霉素和壮观霉素等。需要注意的是药物治疗并不能将体内病原体完全杀灭，但能减轻症状，促进肉鸡体重增加，促进蛋鸡或种鸡的产蛋率回升。

（4）种鸡群净化 在严格的生物安全条件下，通过检疫及适当投药的方法挑选阴性鸡及其种蛋。对于阳性种鸡群所产的种蛋，可用加热处理法、药浴法、药物注射法或真空法进行处理，但可能会使孵化率下降。

(二) 滑液囊支原体感染

滑液囊支原体感染是发生于鸡和火鸡的一种急性或慢性传染病，以损害关节的滑液囊膜及腱鞘，引起渗出性滑膜炎、腱鞘炎及滑液囊炎为主要特征。

【诊断】

1. 流行病学 鸡和火鸡是自然宿主，以4～16周龄鸡和10～24周龄火鸡多发，成鸡较少发病。急性感染可转为慢性感染，病禽体内长期带菌。可通过空气呼吸道传播，常使全群感染；也经污染的笼具、饲料、饮水和人员传播；也可经蛋垂直传播。近年来，该病在我国蛋鸡、肉种鸡、地方品种鸡等流行，并呈扩大趋势。

2. 症状 潜伏期一般为10～21d。病鸡最初冠苍白萎缩，羽毛松乱，生长迟缓；继而跛行，跗关节及趾跖部肿胀，肿胀部位有热感和波动感；病鸡脱水和消瘦，胸部有囊肿。火鸡的症状通常与鸡相似。

3. 病变 病初鸡的关节滑液囊膜及腱鞘上有黏稠的乳白色渗出物。病鸡消瘦。随后渗出物逐渐变成干酪样。慢性病例的关节面呈黄色或橘黄色，约有半数病例脾、肝、肾肿大。

4. 实验室诊断 无菌操作取急性病禽的关节渗出液，直接接入液体培养基；或者无菌操作取一小块关节滑膜、气囊膜、气管、肝、肺、脾等内脏直接投入液体培养基中，37℃ 24h后盲传一次，同时接入固体培养基。再通过菌落形态观察、染色镜检、生长抑制试验、代谢抑制试验、PCR和荧光定量PCR进行鉴定。

【防控】可参照鸡毒支原体感染的防控方法。

十四、禽衣原体病

禽衣原体病，也称为鹦鹉病、鸟疫，是由鹦鹉热亲衣原体引起的一种禽类急性或慢性传染病。因衣原体可感染人类，故本病具有重要的公共卫生意义。

【诊断】

1. 流行病学 多种家禽和鸟类对衣原体易感。家禽对衣原体的易感性高低依次是火鸡、鸭和鸽；鸡对鹦鹉热亲衣原体具有较强抵抗力；幼禽比成禽更易感。海鸥和白鹭携带鹦鹉热亲衣原体强毒株，能大量排菌而无症状。我国禽类衣原体的主要感染对象有鸭、鸽、虎皮鹦鹉和鹌鹑等。病禽和带菌禽是主要传染源。主要经消化道或呼吸道途径传播，可定植于多种组织器官。被感染的家禽是呈隐性感染还是引起疾病，主要受宿主龄期、宿主抵抗力、菌株毒力和感染量等综合作用。宿主在应激或抵抗力下降时可促进衣原体活化繁殖；肠道潜伏感染的衣原体可长期随粪便排出体外。

2. 症状 潜伏期可为2～8周。

(1) 鸭 病雏鸭食欲下降，共济失调，排绿色水样稀粪，眼和鼻孔周围有污物污染。病鸭极度消瘦，死前痉挛。发病率为10%～80%，死亡率为0～30%。

(2) 鸽 病鸽厌食、精神委顿、腹泻；有些病鸽结膜炎，眼睑肿胀，鼻炎；呼吸困难，病鸽消瘦。

(3) 鸡 幼鸡可急性感染，大多数自然感染鸡无明显症状。

3. 病变

(1) 鸭 全身浆膜炎；胸肌萎缩；浆液性或纤维素性心包炎；肝肿大，肝周炎；脾肿大；部分病例肝脏和脾脏有灰白或黄色坏死灶。

（2）鸽 气囊、腹腔浆膜或心外膜增厚，表面有纤维素性渗出物；肝、脾常见肿大，变软变暗。

（3）鸡 急性病鸡可见纤维素性心包炎和肝肿大。

4. 实验室诊断

（1）病原学检查 无菌操作采取病死禽的气囊、脾、心包、心肌、肝和肾等组织，或采取活禽的粪便、泄殖腔棉拭子、发热期的肝素抗凝血、结膜分泌物和腹水，可直接抹片染色镜检，或经适当处理后接种 6 日龄 SPF 鸡胚和 HeLa 等细胞系，再吉姆萨染色镜检。

（2）血清学试验 现有直接荧光抗体技术、ELISA 和免疫层析法（IC）可快速检测衣原体抗原。这些方法适合于群体性诊断，不适合个体禽鹦鹉热亲衣原体的确诊。

（3）分子生物学检测 经 PCR 或荧光 PCR 检测衣原体 *ompA* 基因或 16S rRNA 基因。

【防控】平时做好综合性防疫措施，避免野鸟进入禽舍。发生衣原体感染时，可及时用金霉素、多西环素、红霉素等药物进行治疗。禽业工作者应注意做好个人防护，定期体检，如有肺炎、结膜炎、尿道炎等不适，尽快就医。

十五、禽曲霉菌病

禽曲霉菌病是由多种曲霉菌引起的发生于鸡、火鸡、鹅、鸭和鸽等的真菌性传染病，可使幼禽急性暴发、呈高发病率和高死亡率，而成禽为散发病例，以肺及气囊等部位发生炎症和霉菌性小结节为主要特征。

【诊断】

1. 流行病学 曲霉菌孢子在自然界分布广泛。在不通风的情况下，垫料和饲料极易霉变，尤其是在我国南方春夏之间的阴雨潮湿季节。幼禽易感性最高，若幼禽接触或食用霉变垫料、霉变饲料，则极易暴发本病。主要经呼吸道和消化道传播，也可经眼部、公鸡阉割、污染的包装材料和运输工具等途径传播。若孵化前或孵化时因蛋壳被曲霉菌污染，则曲霉菌可穿透蛋壳而发生胚胎感染，使得孵化期间出现死胚或新生雏禽出现病状。

2. 症状 急性型病禽精神沉郁，食欲减少或废绝，呆滞，眼炎；伸颈张口，呼吸困难，冠和肉髯发绀；眼睛瞬膜下有黄色干酪样小球状物，眼睑凸出；角膜中央溃疡；出现症状后2～3d 死亡，群发性死亡，死亡率为 5%～50%。慢性型病禽精神沉郁，食欲减退，进行性消瘦，呼吸困难，皮肤、黏膜发绀，常有腹泻，个别病例出现颈部扭曲等神经症状。成禽多呈慢性经过，病程数周，死亡率低。

3. 病变 病禽的肺部和气囊处可见曲霉菌菌落，以及粟粒大至绿豆大黄白色或灰白色干酪样坏死组织所构成的结节，质地较硬，横切面有层状结构，其中心为干酪样坏死组织，内含丝绒状菌丝体；其气管和支气管处也有霉菌结节病灶，严重病例蔓延至肝、心、肾和脾脏等器官。

4. 实验室诊断 确诊需进行微生物学检查和病原分离鉴定。取结节病灶压片直接检查，或者取霉斑表面覆盖物涂片镜检，则可见球状分生孢子，其孢子柄短，顶囊呈烧瓶状，连接在分隔菌丝上。无菌操作取霉菌结节病灶、霉斑和干酪样分泌物接种萨布罗等霉菌培养基，37℃培养，可见圆形丝绒状菌落，再取菌落涂片镜检。必要时将曲霉菌分离株进行感染易感动物试验。

【防控】做好综合性兽医卫生措施，加强饲养管理。严格做好孵化室和孵化器的清洁消毒工作。种蛋入库储存前应严格选蛋，剔除所有破损蛋，经福尔马林熏蒸消毒 20min 后入库存放。保证种蛋库房的清洁卫生以及合适的温湿度。孵化室应定期检查清洁程度，特别是消毒后应检测其消毒效果。育雏室应保持干燥清洁，进鸡前应彻底清扫后再经福尔马林熏蒸，或 0.4%过氧乙酸、5%石炭酸喷雾后密封作用数小时。坚决不使用霉变的饲料和垫料是预防本病的关键措施。梅雨或阴雨季节，要保持垫料干燥，加强通风，每天清洗和消毒喂料器具和饮水器。必要时在饲料中添加适当防霉剂。对于患病的禽群，尽快找出原因并加以排除。制霉菌素、硫酸铜溶液和碘化钾等对本病有一定的防治效果。

十六、念珠菌病

禽念珠菌病，也称为鹅口疮、消化道真菌病、念珠菌口炎及酸臭嗉囊病，是由白念珠菌引起的一种霉菌性传染病，以口腔、咽喉、食管和嗉囊黏膜形成白色假膜或溃疡为主要特征。

【诊断】

1. 流行病学　鸡、鸽、鹅、雉、珠鸡、鹌鹑、孔雀和鹦鹉等多种禽类易感，其中以鸡和鸽最易感；4 周龄以下的幼禽比成禽易感。念珠菌广泛存在于自然界，也存在于健康禽的上消化道。病鸡或隐性带菌鸡经带菌粪便污染垫料、饲料、饮水，经消化道感染。

2. 症状　病禽精神委顿，羽毛松乱，食欲下降，嗉囊胀大，用力挤压时有酸臭气体或内容物从口腔流出；眼睑和口角可见痂皮样病变。严重病例吞咽困难，常不能进食，逐渐消瘦，最终死亡。幼鸽感染后症状严重，有呼吸道症状。

3. 病变　其特征性病变是在口腔、舌面、咽喉黏膜出现白色圆形凸出的溃疡和易于剥离的坏死物及黄白色的假膜，形成典型的干酪样的“鹅口疮”病变；有时也波及肌胃角质膜及肠道黏膜。用力撕脱假膜，可见有红色的溃疡出血面；肠管内有灰白色或红色稀粥样内容物。

4. 实验室诊断　病禽上消化道特征性黏膜增生、溃疡灶及假膜是诊断本病的重要提示；若从病变组织和渗出物中发现酵母样菌体和假菌丝时则可确诊。

【防控】强调环境卫生及定期消毒，尽量消除通风不良、密度过大、氨气浓度过高等应激因素。饮水卫生，避免长期使用抗生素。对患病禽群，可用制霉菌素拌料进行全群治疗，连用 1～3 周。将病禽口腔黏膜假膜或坏死干酪样物刮除，用碘甘油或 5%甲紫涂擦溃疡部，或向嗉囊中灌入适量 2% 硼酸溶液；对患病乳鸽可喂服制霉菌素甘油盐水，或饮水中加入 1∶10 000龙胆紫、1∶1 500 碘溶液或 1∶3 000 硫酸铜溶液。

第二单元　寄生虫病

第一节　蠕虫病

一、禽棘口吸虫病

棘口吸虫病是由棘口科（Echinostomatidae）棘口属（*Echinostoma*）的吸虫寄生于鸡、鸭、鹅等家禽直肠和盲肠内引起的一种吸虫病。其他鸟类、猪、兔、猫和人也可被感染。本病对幼龄鸡危害较大。寄生于鸡的棘口吸虫种类很多，以卷棘口吸虫和宫川米次棘口吸虫多见。

【诊断】

1. 流行病学　棘口科的多种吸虫病属于人兽共患病，在我国各地流行，特别在南方各省，主要原因是食入含囊蚴的生螺肉及贝类。

2. 症状与病变　患鸡消化机能障碍，食欲减退，腹泻，贫血，消瘦，生长发育受阻，严重者因极度衰弱死亡。剖检可见出血性肠炎，许多长叶状虫体附着在直肠和盲肠壁上，引起黏膜损伤出血。

3. 实验室诊断　根据症状、病理变化和粪便检查有无虫卵进行综合判断。

【防治】进行计划性驱虫，粪便无害化处理。

二、前殖吸虫病

前殖吸虫病是由前殖科（Prosthogonimidae）前殖属（*Prosthogonimus*）多种吸虫寄生于鸡、鸭、鹅、野禽及其他鸟类的输卵管、法氏囊、泄殖腔及直肠引起的吸虫病，主要危害雌性禽类。患禽产软壳蛋或无壳蛋，严重的因继发腹膜炎而死亡，在临床上多见于放养的禽，本病呈世界性分布。

【诊断】

1. 流行病学　流行季节与蜻蜓出现的季节相一致，各种年龄的禽类均可感染，常呈地方性流行，以华东和华南地区多见。

2. 症状与病变 前殖吸虫主要危害鸡，特别是蛋鸡，对鸭的致病性不明显。虫体对输卵管黏膜和腺体有损伤，使鸡形成蛋的生理机能受到影响。感染初期，鸡食欲及产蛋均正常，感染月余后，产蛋率下降，逐渐产出畸形蛋、软壳蛋或无壳蛋，随着病情发展，食欲减退，消瘦，羽毛脱落，精神不振，停止产蛋，有时从泄殖腔排出蛋壳碎片或流出水样液体，腹部膨大，肛门潮红，肛门周围羽毛脱落，后期体温升高，饮欲增加，可导致死亡。主要病变是输卵管炎和泄殖腔炎，黏膜增厚、充血和出血，其上可见虫体附着。有的发生输卵管破裂，进一步引起卵黄性腹膜炎，腹腔中可见外形皱缩不整齐和内容物变质的卵子。

3. 实验室诊断 根据症状和剖检病变，用水洗沉淀法检查粪便，发现虫卵即可确诊。

【防治】定期驱虫，在流行地区根据发病季节进行有计划的驱虫。消灭第一中间宿主，有条件地区可用药物杀灭。防止禽类啄食蜻蜓及其稚虫，在蜻蜓出现季节，勿在早晨或傍晚及雨后到池塘边放牧，以防感染。

三、后睾吸虫病

后睾吸虫病是由后睾科（Opisthorchiidae）的次睾属（*Methorchis*）、后睾属（*Opisthorchis*）和对体属（*Amphimerus*）的多种吸虫寄生于家鸭、鸡、鹅、野鸭的肝脏胆管或胆囊内引起的一类吸虫病，临床上多见于放养的家鸭，严重者可引起死亡。

【诊断】

1. 流行病学 放养的禽或用生鱼喂养的禽类多发，主要危害1月龄以上的雏鸭，感染虫数可达数百条。次睾吸虫多见于胆囊，后睾吸虫和对体吸虫则多见于胆管。一般7—9月发病较多。本病在我国分布于东北、天津、江苏、上海、浙江、广东和福建等地。

2. 症状与病变 轻度感染不表现临床症状，严重感染时不仅影响产蛋，而且死亡率也较高。患禽表现食欲减退，逐渐消瘦，在水中游走无力，缩颈闭眼，精神沉郁，两腿发软而卧伏不起。随着病情加剧，羽毛松乱，食欲废绝，眼结膜发绀，有黏液性分泌物，呼吸困难，贫血，消瘦，粪便呈草绿色或灰白色，多因衰竭而死亡。次睾吸虫可引起胆囊肿大，囊壁增厚，胆汁变质或消失，肝肿大，质地坚实，表面有白色小斑点。后睾吸虫和对体吸虫寄生的肝脏有不同程度的炎症和坏死，肝常呈橙黄色，肝功能遭到破坏，胆汁分泌受阻或肝结缔组织增生，细胞变性萎缩，引起肝硬化。

3. 实验室诊断 主要用沉淀法检查粪便发现虫卵。死后剖检，在肝脏发现大量虫体及病变，即可确诊。

【防治】

1. 饲养管理 流行地区不以生的或未煮熟的淡水鱼类作饲料；禽类在流行季节应避免到水塘或稻田放养，以免直接采食到中间宿主；定期进行驱虫。

2. 粪便处理 粪便应堆积发酵处理，杀灭虫卵。

3. 灭螺 结合农业生产进行灭螺。

四、鸭血吸虫病

鸭血吸虫病又名鸭包氏毛毕吸虫病，是由分体科（Schistosomatidae）毛毕属（*Trichobiharzia*）的多种吸虫寄生引起。病原专性寄生于鸟类，终宿主为家鸭、绿头鸭、绿翅鸭、斑嘴鸭、斑背潜鸭和苍顶夜鹭等。鸭血吸虫寄生于鸭的门静脉和肠系膜静脉，中间宿主为椎实螺，多在春末和夏季发病；其尾蚴阶段还会感染人，引起尾蚴性皮炎。

【诊断】

1. 流行病学 在我国分布很广，黑龙江、吉林、辽宁、江苏、上海、福建、江西、广东及四川等地均有报道。鸭血吸虫病的中间宿主为椎实螺，春夏两季大量产卵繁殖于池塘、灌溉沟及路边水沟中；灭螺工作困难，所以感染季节主要在4—10月，高峰在6月，多在春末和夏季发病。

2. 症状与病变 病鸭表现精神沉郁，食欲不振、腹泻、贫血、渐进性消瘦，个别呼吸迫促，体温升高，食欲废绝，严重者死亡。

剖检见病鸭尸体消瘦、贫血，腹水多。肠黏膜发炎，肠壁上有虫卵小结节，肝脏表面凹凸不平，表面和切面有多个灰白色虫卵结节，肠系膜经脉和门静脉血管管壁增厚。剖开静脉血管，可见大量5～10mm乳白色或红色的细小的线状虫体。

3. 实验室诊断

（1）病原学检查 三角烧瓶顶管毛蚴分离法，取250mL三角烧瓶，将玻璃管插入橡皮塞制成顶管。将粪便沉渣倒入三角烧瓶中，加入去氯水至瓶颈，然后用顶管的橡皮塞密封三角烧瓶瓶口。再加去氯水至顶管2/3处，即行孵化，5min后可观察并收集毛蚴。将收集到的毛蚴加10%甲醛固定、离心，经碘液染色后在显微镜下观察到虫体即可确诊。

（2）其他 可采用PCR和ELISA方法对该病进行诊断。

【防治】

1. 灭螺 应结合农业生产施用农药或化肥等杀灭淡水螺，在本病流行区避免到水沟或稻田放养鸭。

2. 药物治疗 治疗可用吡喹酮，也可以用硝硫氰胺。另外，还可用羊角拗苷等。

3. 综合防治 定期驱虫，控制中间宿主，切断生活史环节，加强饲养管理。粪便堆积发酵，消灭螺类。

五、背孔吸虫病

背孔吸虫病是由背孔吸虫寄生于家禽盲肠和直肠内所引起的一种吸虫病。背孔吸虫属背孔科（Notocotylidae）、背孔属（*Notocotylus*），种类繁多，以细背孔吸虫（*N. attenuatus*）最常见。常寄生于鸡、鸭、鹅及野鸭和天鹅，分布很广。

【诊断】

1. 流行病学 本病分布于欧洲、亚洲等国家，我国各地均有分布。成虫在宿主肠腔内产卵，卵随粪便排到外界。遇到中间宿主圆扁螺后，发育为胞蚴、雷蚴和尾蚴。成熟尾蚴在同一螺体内或离开螺体，附着于水生植物上形成囊蚴。禽类因啄食含囊蚴的螺蛳或水生植物而被感染，童虫附着在盲肠或直肠壁上，约经3周发育为成虫。一般经口传播。

2. 症状与病变 由于虫体的机械性刺激和毒素作用，导致肠黏膜损伤、发炎，患禽精神沉郁，行走摇晃、脚软、贫血、消瘦、腹泻，生长发育受阻，严重者可引起死亡。

剖检可见盲肠黏膜损伤、发炎、黏液增多，黏膜面可发现大量叶片状虫体。

3. 实验室诊断

（1）病原学检查　根据症状，结合粪便检查法，如直接涂片法或饱和盐水浮集法等发现虫卵或剖检死禽发现虫体可确诊。

（2）分子生物学检测　常规 PCR、Real-time PCR 等。

（3）免疫学检测　ELISA、胶体金免疫层析法等。

【防治】

1. 药物治疗

（1）可选用氯硝柳胺、硫双二氯酚（别丁）、槟榔煎剂（槟榔粉 50g，加水 1 000mL，煮沸至 750mL 槟榔液），还可用吡喹酮等。

（2）鸭日服陈醋 4mL（舌根投服或拌入 10kg 饲料），后接喂槟榔煎剂加阿苯达唑（20mg/kg）混饲，连喂 2d，疗效更佳。

2. 综合防治　定期驱虫、控制中间宿主、切断生活史环节、加强饲养管理等。注意驱虫后粪便堆积发酵。

六、坏肠吸虫病

坏肠吸虫病是一类寄生于禽类肠道并引起肠道损伤为主的寄生虫引起疾病的总称，包括禽棘口吸虫病、背孔吸虫病、卷棘口吸虫病及球口吸虫病。卷棘口吸虫病是由棘口科、棘口属的卷棘口吸虫（*Echinostoma revolutum*）寄生于家禽和一些野生禽类直肠、盲肠中引起的疾病。球口吸虫病是由球形球孔吸虫（*Sphaeridiotrema globulus*）、单睾球孔吸虫（*Sphaeridiotrema monorchis*）引起，宿主发生严重溃疡性肠炎，致使幼禽成群死亡，主要寄生于宿主小肠和盲肠。

【诊断】

1. 流行病学　卷棘口吸虫的中间宿主是多种淡水螺，主要有折叠萝卜螺、小土窝螺和凸旋螺，一般雏禽及散养家禽会感染该病。球孔吸虫病主要发生在番鸭，发病日龄为 18～20 日龄，发病季节基本都集中在秋季和冬季，多发饲养方式以放牧为主或放牧与圈养结合。

2. 症状与病变　卷棘口吸虫少量寄生时不显症状，严重感染时可引起食欲不振、消化不良、腹泻，粪便中混有黏液、贫血、消瘦和生长发育受阻，可因衰竭而死亡。球口吸虫病部分患鸭表现精神沉郁、吃料减少或废绝，排黄褐色稀粪或黄白色稀粪，肛门常沾有黄色稀粪，随后几天死亡率逐渐升高，7～10d 后死亡率逐渐降低。部分患鸭也会耐过，耐过鸭表现生长速度减慢；两根盲肠肿大非常明显，盲肠表面有不同程度的点状或斑状坏死，切开盲肠可见内容物为黄褐色或黑褐色糊状物，并有一股难闻的恶臭味，盲肠内壁呈现糠麸状坏死，有时在盲肠内也可形成黄色糠麸状阻塞物。小肠有轻度的卡他性炎症，直肠黏膜也有不同程度的充血和出血病变。其他内脏器官无明显的肉眼病变。

3. 实验室诊断　根据流行病学、临床症状和粪便检查初步诊断，剖检发现虫体可确诊。粪便检查用沉淀法。

【防治】

1. 驱虫　卷棘口吸虫驱虫可用硫双二氯酚、氯硝柳胺、阿苯达唑。球口吸虫病使用丙硫苯咪唑进行治疗。

2. 饲养管理　粪便应进行发酵处理，勿以浮萍或水草等作为饲料，以防含有囊蚴的螺夹杂其中被家禽食入，减少感染机会。

七、枭形吸虫病

该病是由枭形科（Strigeidae）、枭形亚科、拟枭形属（*Pseudostrigea*）的吸虫引起的一类寄生虫病。

【诊断】

1. 流行病学 一般来说，枭形科吸虫的生活史需经历 2 个中间宿主和 1 个终末宿主。虫卵随家鸭或鸟类的粪便排出外界后，在适宜的条件下，经 3 周时间孵化出毛蚴，毛蚴在水中钻入第一中间宿主淡水螺体内，进一步发育为胞蚴，并由胞蚴直接发育为尾蚴。尾蚴进入第二中间宿主（如水蛙、鱼类等）的体内结囊。家鸭或鸟类等终末宿主吞食了含有该虫囊蚴的水蛙或鱼类而感染。枭形吸虫主要寄生于鸭小肠，波阳枭形吸虫寄生于鸭直肠。

2. 症状与病变 感染后鸭贫血明显，粪便变稀，鸭喙变苍白，采食量略减少，饮水量增加，感染 5d 后可在粪便中检出椭圆形的黄色虫卵，剖杀可见小肠和直肠均有不同程度的炎症肿大。

3. 实验室诊断 在小肠或直肠处可检出虫体确诊。

【防治】按照寄生虫病的流行情况，有计划地进行定期预防性驱虫。搞好环境卫生，尽可能地减少宿主与感染源接触的机会。清除各种寄生虫的中间宿主或媒介。实行科学化养殖。加强日常饲养管理。

八、嗜眼吸虫病

该病是由嗜眼科（Philophthalmidae）、嗜眼属（*Philophthalmus*）的各种吸虫寄生于家禽眼中所引起的一类寄生虫病，其病原体分布于中国的广东、福建、台湾和江苏等地。常见的虫种为鸡嗜眼吸虫（*P. gralli*）和鹅嗜眼吸虫（*P. anseri*）。

【诊断】

1. 流行病学 终末宿主为鸡、火鸡、鸭和鹅。主要寄生部位在瞬膜和结膜囊。中间宿主为瘤拟黑螺。经调查，福建沿海一带本病的传播媒介是瘤拟黑螺。一年中 5—6 月和9—10 月期间是螺体含有成熟尾蚴最多的季节。这几个月份也是鸡、鸭感染最严重的时期。鸡、鸭是通过吃到有此阳性螺分布的水域中的水生植物和小螺等杂物而受感染。

2. 症状与病变 禽类吞食囊蚴后很快便在眼部发育为成虫。虫体寄生于结膜囊内引起眼部红肿流脓、瞬膜混浊，严重者因失明而不能觅食，逐渐消瘦，在童鸡可造成死亡。剖检病禽，可见弱鸭消瘦，眼结膜出血、水肿，角膜深层有细小点状混浊，结膜内有脓性分泌物，眼内瞬膜下穹隆部结膜均有寄生虫体附着，肠黏膜轻度充血。

3. 实验室诊断 根据临床表现和在眼部找到虫体便可确诊。

【防治】

1. 驱虫 用 95％酒精滴眼可使嗜眼吸虫吸盘失去吸附能力或虫体被固定死亡，虫体能立即随着泪水而排出眼外。少数寄生在较深部位的虫体可再次用酒精滴眼时驱出。

2. 消灭中间宿主 在饲养有家禽的河道沟渠中大力消灭瘤拟黑螺等螺蛳，消灭传播媒介。

3. 加强饲养管理 在流行区，用作家禽饲料的浮萍、河蚬等应用开水浸泡，杀灭其中的囊蚴后再食用。

九、戴文绦虫病

戴文绦虫病是由戴文科（Davaintidae）、戴文属（*Darvainea*）的节片戴文绦虫（*D. proglatina*）寄生于鸡的小肠内所引起的疾病。除鸡外，鸽和鹌鹑也可感染发病。

【诊断】

1. 流行病学 节片戴文绦虫在我国感染率较低。多见于放养的雏鸡，对雏鸡危害严重。

2. 症状与病变 节片戴文绦虫以头节深入肠壁，引起急性炎症。病禽经常发生腹泻，粪中含黏液或带血，精神委顿，行动迟缓，高度衰弱与消瘦，有时从两腿开始麻痹，逐渐发展波及全身以至死亡。病死鸡剖检可见肠黏膜增厚、出血，肠腔内含有大量黏液、恶臭。

3. 实验室诊断 以水洗沉淀法检查发现虫卵或节片或尸体剖检在十二指肠找到虫体确诊。

【防治】禽舍内外定期杀灭蚂蚁和其他昆虫。幼禽和成禽分开饲养，定期检查，定期驱虫。保持禽舍和运动场干燥，及时清除粪便并无害化处理。对新引入的禽，应先驱虫再合群。

十、膜壳绦虫病

膜壳绦虫病主要是由膜壳科（Hymenolepidae）、膜壳属（*Hynenodepis*）的冠状膜壳绦虫（*H. coronula*）和鸡膜壳绦虫（*H. carioca*）寄生于禽类小肠内所引起的疾病，对雏禽危害严重。

【诊断】

1. 流行病学 放牧的水禽多发。冠状膜壳绦虫致病力强，主要危害幼龄水禽，尤其是1～3月龄内的放养水禽感染率高，发病严重，可引起大批死亡，常呈地方性流行。鸡膜壳绦虫寄生多时可达数千条，但致病力不大，对雏鸡的发育有一定影响。

2. 症状与病变 雏禽腹泻，排稀粪或混有血液及黏液，食欲减少，饮水增加。消瘦，贫血，羽毛松乱，行动迟缓，后期偶见痉挛症状，畅饮极度消瘦和渐进性麻痹而死亡。病死鸭剖检可见肠黏膜充血、出血，肠黏膜发炎或形成溃疡病灶。肠腔内有大量虫体寄生，甚至堵塞肠道。

3. 实验室诊断 根据鸭群的临床表现，粪便查获虫卵或节片，剖检病鸭发现病变与大量虫体即可做出诊断。

【防治】对成年禽进行定期驱虫，一般在春秋两季进行，以减少病原对环境的污染。对于放牧的鹅应进行成虫前驱虫，即在早春幼鹅放牧开始后第 18 天，全群驱虫一次。在流行区，水池应轮换使用，必要时可停用 1 年后再用。

十一、鸡蛔虫病

鸡蛔虫病是由禽蛔科（Ascarididae）、禽蛔属（*Ascariidia*）的鸡蛔虫（*A. galli*）寄生于鸡的小肠内引起的一种线虫病。全国各地均有发生，是一种常见寄生虫病。在地面大群饲养的情况下常感染严重，影响雏鸡的生长发育，甚至引起大批死亡，造成严重损失。除鸡外，鸡蛔虫还可感染鹅、鸭，以及火鸡、鹌鹑、鹧鸪等禽类。

【诊断】

1. 流行病学　3～4 月龄的雏鸡易感。1 岁龄以上的鸡有一定的抵抗力，往往是带虫者。不同品种的鸡易感性有差异，肉鸡比蛋鸡抵抗力强；土种鸡比良种鸡抵抗力强。鸡饲料中缺乏维生素 A、B 族维生素时易遭受感染。感染性虫卵也可被蚯蚓摄食，鸡再吃蚯蚓时也能造成感染。

2. 症状与病变　雏鸡发病后表现为精神萎靡，羽毛松乱，双翅下垂，便秘、腹泻相交替，有时有血便，严重时衰弱死亡。成鸡多不表现症状，产蛋鸡可影响产蛋率。幼虫侵入肠壁，形成粟粒大的寄生虫性结节，引起肠黏膜水肿、充血、出血等，甚至使肠黏膜发生萎缩和变性。大量成虫积聚于肠道，引起肠道阻塞、破裂和腹膜炎。

3. 实验室诊断　生前诊断可采用漂浮法粪检查虫卵，或死后剖检小肠部位找到虫体即可确诊。

【防治】

1. 驱虫　雏鸡 2～3 月龄时驱虫一次，冬季再驱虫一次；成年鸡秋末冬初驱虫一次；产蛋鸡产蛋前再驱虫一次。在蛔虫病流行的鸡场，每年进行 2～3 次定期驱虫，对患鸡随时进行治疗性驱虫。

2. 饲养管理　雏鸡与成年鸡应分群饲养，不共用运动场；鸡舍和运动场上的粪便应及时清除，并堆积发酵杀灭虫卵；饲槽和饮水器应每隔 1～2 周用沸水消毒；加强饲养管理，喂以全价饲料，以增强鸡对蛔虫的抵抗力。

十二、鸡异刺线虫病

鸡异刺线虫病主要是由异刺科（Heterakidae）、异刺属（*Heterakis*）的鸡异刺线虫（*H. gallinae*）寄生于鸡、鹅、火鸡、雉鸡、鹌鹑和孔雀等盲肠引起的一种线虫病。各年龄禽均易感，全国各地均有发生。异刺线虫也是黑头病的病原体——火鸡组织滴虫的传播者。

【诊断】

1. 流行病学　任何年龄的鸡均易感，但幼鸡特别易感，放养和地面大群饲养的鸡多发。

2. 症状与病变　严重感染时引起盲肠炎和腹泻，患禽出现食欲不振或消失，消瘦，贫血；成年鸡母鸡产蛋量降低，甚至停止产蛋；幼鸡生长发育不良，逐渐衰弱引起死亡。病死禽尸体消瘦，盲肠肿大，肠壁发炎，增厚，或有溃疡，肠腔内可见白色丝状虫体。

3. 实验室诊断　粪便检查发现虫卵或尸体剖检发现大量虫体可确诊。

【防治】雏鸡与成年鸡应分群饲养。鸡槽等用具最好定期消毒。运动场上的表土应每隔一段时间铲起堆积发酵，另垫新土。保持鸡舍清洁卫生，粪便应堆积发酵。种鸡、蛋鸡应在春季和秋季各驱虫 1 次。

十三、禽毛细线虫病

禽毛细线虫病是由毛细科（Capllaridae）、毛细属（*Capillaria*）的鸽毛细线虫（*C. columbae*）、膨尾毛细线虫（*C. caudinflata*）、有轮毛细线虫（*C. annulata*）和鹅毛细线虫（*C. anseris*）寄生于鸡、鸭、鹅、火鸡、鸽等禽类食道、嗉囊和小肠引起的一类线虫病，严重感染时可引起禽死亡。

【诊断】

1. 流行病学 我国各地都有分布，散养或地面平养的禽类多发。毛细线虫多数为多宿主寄生虫，如膨尾毛细线虫可感染20余种禽鸟，这有助于本病的传播和流行。

2. 症状与病变 禽类轻度感染一般不表现任何症状，严重感染可出现精神委顿、食欲不振、腹泻、贫血、消瘦。寄生于嗉囊的虫体可导致嗉囊膨大，压迫迷走神经，从而引起呼吸困难、引动失调。严重感染时，雏禽和成年禽均可发生死亡。剖检可见寄生部位消化道出血、黏膜肿胀、溶解、脱落和坏死。食道和嗉囊出血，黏膜中有大量虫体。

3. 实验室诊断 根据临床症状，结合剖检病禽，发现虫体和病变或粪便检查发现虫卵即可做出诊断。

【防治】雏鸡与成年鸡应分群饲养，不共用运动场；鸡舍和运动场上的粪便应及时清除，并堆积发酵杀灭虫卵；饲槽和饮水器应每隔1～2周用沸水消毒。在蛔虫病流行的鸡场，每年进行2～3次定期驱虫，对患鸡随时进行治疗性驱虫。加强饲养管理，喂以全价饲料，以增强鸡对蛔虫的抵抗力。

十四、禽胃线虫病

禽胃线虫病是由锐形科（Acuaridae）锐形属（*Acuaria*）和四棱科（Tetrameridae）四棱属（*Tetrameres*）的多种线虫寄生于禽类的腺胃和肌胃内引起的线虫病。放养的禽类多发，特别对雏禽危害大，严重者可致死。我国各地均有分布。

【诊断】

1. 流行病学 锐形线虫主要感染散养与平养的鸡，发病季节与中间宿主的活动季节基本一致。四棱线虫在临床上主要见于散养的鸭与鹅，且以3月龄以上的鸭、鹅多见。

2. 症状与病变 禽类轻度感染时症状不明显，严重感染时出现消瘦、贫血、食欲减退、羽毛松乱、缩头垂翅和腹泻等症状。幼禽严重感染时，死亡率很高。小钩锐形线虫寄生在肌胃的角质层下面，引起胃黏膜的出血性炎症，肌层形成干酪性或脓性结节，严重时肌胃破裂。旋锐形线虫严重寄生时，尸体高度消瘦。腺胃外观肿大2～3倍，呈球状。腺胃黏膜显著肥厚、充血或出血，形成菜花样的溃疡病灶，聚集的虫体以前端深埋在溃疡中，不易从黏膜上分离。四棱线虫寄生在腺胃吸血，致使腺胃黏膜溃疡出血，腺胃黏膜上形成多个丘状突起，组织深处有暗黑色的成熟虫体。

3. 实验室诊断 结合临床症状、粪便检查发现虫卵或尸体剖检发现虫体和病变，即可做出诊断。

【防治】发现病禽，应及时隔离治疗，并对全群禽做预防性驱虫；对流行区的禽，尤其是放牧的禽，应定期驱虫，每年可进行2～3次。成年禽与雏禽应分开饲养，防止雏禽感染。消灭中间宿主。禽舍和运动场的粪便应及时清扫，并做堆积发酵处理。

十五、禽比翼线虫病

禽比翼线虫病是由比翼科（Syngamidae）、比翼属（*Syngamus*）的气管比翼线虫（*S. trachea*）和斯氏比翼线虫（*S. skriabinomorpha*）寄生于鸡、鹅及火鸡、鹌鹑等禽类的气管、支气管和细支气管内引起的线虫病。病禽有张口呼吸症状，故又称开口病。

【诊断】

1. 流行病学　呈地方性流行，主要侵害幼禽。各种野生和家养鸟类均易感，但感染后不表现临床症状。野鸟体内排出的幼虫通过蚯蚓后，对鸡的易感性增强，有助于本病的散布和流行。鸡缺乏维生素A、钙和磷时对气管比翼线虫易感。

2. 症状与病变　2周龄以内的幼鸡症状最严重，感染3～6条虫体即出现症状。本病的特异性症状是伸颈、张口呼吸、头左右摇甩、力图排出黏性分泌物，有时在甩出的分泌物中见有少量虫体。初期食欲减退，消瘦，口内充满多泡沫的唾液。其后呼吸困难，窒息死亡。轻度感染的禽类多能康复，或无明显症状。常因呼吸困难导致窒息死亡，死亡率高达90%以上。尸体消瘦、贫血，气管黏膜上有虫体附着，并被带血的黏液所覆盖，黏膜潮红，有线状出血及肺炎病变。

3. 实验室诊断　结合临床症状，粪便检查发现虫卵或打开口腔发现喉头附近的虫体即可确诊。

【防治】灭蛞蝓、螺蛳、蚯蚓等贮藏宿主。定期清扫鸡粪并进行堆积发酵，杀灭虫卵。禽舍和运动场应保持干燥，经常消毒。发现病鸡及时驱虫并立即改放牧为舍饲。火鸡与鸡分开饲养，防止野鸟进入鸡舍。

十六、鸭龙线虫病

鸭龙线虫病是由驼形目（Camallanata）龙线科（Dracunculidae）的线虫引起的一种鸭寄生虫病，又称鸭腮丝虫病。多发生在初秋至中秋，主要侵害10周龄左右的鸭，发病率和死亡率较高。

【诊断】

1. 流行病学　本病分布于我国的台湾、广东、广西、福建、四川等地。多发生于酷暑炎热的盛夏季节，7—9月的发病率较高。当家鸭放养于被鸭龙线虫污染的稻田、池塘或沟渠中时，雏鸭吞食含有幼虫的剑水蚤之后，幼虫即从蚤体内逸出，进入肠腔，最终到达鸭的腮部、眼周围、胸部和腿部等处的皮下，逐渐发育为成虫。

2. 症状与病变　病鸭的颈部、咽部、眼周围、腿部的皮肤部位长起有拇指大小圆形的结节，触按柔软，似棉球弹性感，病鸭食欲下降，不愿采食、吞咽困难、常抬头空咀、生长缓慢、羽毛松乱、消瘦、体重减轻，有的死亡，不死的成僵鸭。剖检病鸭患部肿块可拉出形状似一团白色的粗线，紧密缠绕，细心分离出虫体，虫体细长，白色半透明、长达25cm，在患部的皮肤上有一个或几个小孔出现时，用手指轻轻按压肿胀部挤出的小滴液体放置玻片镜检，可见到无数活跃的丝虫。

3. 实验室诊断　剖检病死鸭可见尸体消瘦，黏膜苍白，切开患部皮肤内有稀薄血液和白色液体流出。取其液体镜检，可见大量幼虫。切开结缔组织硬结，发现有缠绕成团的虫体，虫体呈线状。患部皮肤和皮下组织发红，其他脏器无明显病变。

【防治】不要在有病原体存在的稻田、沟渠等处放养雏鸭。在有中间宿主滋生并受到病原体污染的水域撒布石灰或石灰氮，以杀死中间宿主和幼虫。发现病鸭并做彻底治疗。由于鸭腮丝虫的中间宿主是剑水蚤，因此，预防本病主要是尽量减少鸭与剑水蚤的接触。

十七、鸭棘头虫病

鸭棘头虫病是多形科（Polymorphidae）多形属（*Polymorphus*）多形棘头虫寄生于鸭科禽类肠道而引起的寄生虫病。本病除鸭发生感染外，其他家禽如鸭、鸡、天鹅及其他野生游禽均可发生感染。寄生于鸭的棘头虫有4种，即大多形棘头虫、小多形棘头虫、鸭细颈棘头虫和腊肠状棘头虫，最常见的是大多形棘头虫。

【诊断】

1. 流行病学 以麻鸭较为多见，肉鸭很少发生。幼鸭危害严重，死亡率高于成鸭。棘头虫常以淡水虾（如钩虾）及水蚤类为中间宿主，鸭吞食含有感染性幼虫的虾类而发病。感染季节多为7—8月。本病分布较广，我国许多省份均有发生本病的报道。

2. 症状与病变 幼鸭严重时表现为贫血、衰竭与死亡。成鸭多无明显症状。患病鸭生长发育不良，精神不振，口渴，食欲减退，消瘦腹泻，常排出带有血黏液的粪便，逐渐衰弱死亡，病程一般5～7d。虫体寄生于鸭的小肠前段，其吻突牢固地附着在肠黏膜上，引起肠道黏膜出血，呈卡他性炎症，有时吻突埋入黏膜深部，穿过肠壁的浆膜层，甚至造成肠壁穿孔，继发腹膜炎，虫体固着部位的肠道黏膜严重出血，并出现溃疡，肠道黏膜可见大量的黄白色小结节和出血点。

3. 实验室诊断 粪便中很少能查出虫卵，诊断性驱虫治疗或急腹症手术检获虫体可确诊。

【防治】加强鸭群的饲养管理，幼鸭与成年鸭应分开饲养。对幼鸭或新引进的鸭，应选择未受污染的水塘或没有钩虾的水塘放养。在多形棘头虫病流行的鸭场，应经常进行预防性驱虫。平时应每年干塘，消灭中间宿主。定期驱虫及加强鸭粪处理。常用的驱虫药效果不佳，病鸭可用四氯化碳驱虫，具有良好的疗效。

第二节 原虫病

一、禽球虫病

禽球虫病是艾美耳属的多种球虫寄生在鸡小肠或盲肠黏膜内引起肠道组织损伤、出血的一种常见原虫病。本病是危害养鸡生产的一种重要寄生虫病，其中寄生在盲肠黏膜上皮细胞内的柔嫩艾美耳球虫的致病力强，主要侵害3～5周龄的雏鸡，又称盲肠球虫；另一种是侵害小肠黏膜的毒害艾美耳球虫，又称为小肠型球虫。

【诊断】

1. 流行病学 球虫的宿主有特异性，即侵袭鸡的球虫不会侵袭火鸡等其他禽类，而感染其他家禽的球虫不会感染鸡。各个品种的鸡均有易感性，1日龄雏鸡对本病也敏感，但因为有母源抗体保护，所以10日龄以内很少发病。15～50日龄发病率和死亡率都很高，成年鸡对球虫也很敏感。病鸡是主要传染源。凡被带虫鸡污染过的饲料、饮水、土壤或用具等，都有卵囊存在。鸡感染球虫的途径主要是食入孢子化卵囊。人及其衣物、用具等可以进行机械性传播等。苍蝇、甲虫、蟑螂、鼠类和野鸟都可成为机械传播媒介。当存有带虫鸡（传染源）并有孢子化卵囊时，就会暴发球虫病。发病时间与气温、雨量有密切关系，通常在温暖的月份流行。室内温度高达30～32℃、相对湿度80%～90%时，最易发病。外界环境和饲

养管理与球虫病的发生有重大关系，天气潮湿多雨，雏鸡过于拥挤，运动场积水，饲料中缺乏维生素 A、维生素 K 以及日粮配备不当等，都是本病流行的诱因。

2. 症状与病变　急性型病程多为 2～3 周，多见于雏鸡。发病初期精神沉郁，羽毛松乱，不爱活动。食欲废绝，鸡冠及可视黏膜苍白，逐渐消瘦，排水样稀便，并带有少量血液。若是盲肠球虫，则粪便呈棕红色，以后变成血便。雏鸡死亡率高达 100%。死鸡消瘦，黏膜和鸡冠苍白或发青。泄殖腔周围羽毛被粪便污染，往往带有血液。

3. 实验室诊断　可用饱和盐水漂浮法或直接涂片法检查粪便中的球虫卵囊。对病死鸡，可刮取肠黏膜镜检有无各发育阶段虫体。

【防治】鸡舍要保持清洁干燥，通风良好，及时清除粪便及潮湿的垫料。饲槽、饮水器、用具和栖架要经常洗刷和消毒，减少感染机会。饲料中应保持有足够的维生素 A 和维生素 K，以增强抵抗力，降低发病率。

二、禽隐孢子虫病

禽隐孢子虫病是由隐孢子虫科（Cryptosporididae）、隐孢子虫属（*Cryptosporidium*）的贝氏隐孢子虫（*C. boaileyi*）、火鸡隐孢子虫（*C. melcagridis*）等寄生于家禽的呼吸系统、消化道、法氏囊和泄殖腔内所引起的一种原虫病。

【诊断】

1. 流行病学　隐孢子虫孢子化的卵囊随感染宿主的粪便排出，通过污染食物和饮水，被禽吞食。亦可经呼吸道感染。大小配子结合形成合子，由合子形成薄壁型和厚壁型两种卵囊，在宿主体内行孢子生殖后，各含 4 个孢子和 1 团残体。薄壁型卵囊囊壁破裂释放出子孢子，在宿主体内行自身感染；厚壁型卵囊则随宿主的粪便排出体外，可直接感染新的宿主。

2. 症状与病变　禽隐孢子虫可引起禽呼吸道、肠道和肾脏的病理变化。呼吸道肉眼病变可见气管、鼻窦和鼻腔有过量黏液，气囊可能有分泌物。组织学观察感染上皮细胞肥大、增生，有巨噬细胞、异嗜细胞、淋巴细胞和浆细胞浸润。纤毛减少或脱落，微绒毛分叉、变钝或萎缩。肠道肉眼病变包括小肠和盲肠膨胀，里面充满黏液和气体。显微病变包括绒毛萎缩和融合，以及隐窝增生，出现炎性细胞浸润。肾脏肉眼可见集合管、集合小管、远端曲小管和输尿管肥大和增生，时常见到炎性细胞浸润。

3. 实验室诊断

（1）病原学检查

①生前诊断：病原诊断主要从患者粪便、呕吐物或痰液中查找卵囊。可采用粪便（或呼吸道排出的黏液）集卵法，在显微镜下可见圆形或椭圆形的卵囊即可确诊。

②死后诊断：刮取死亡病例的消化道（禽法氏囊和泄殖腔）或呼吸道黏膜，做成涂片，用吉姆萨染色或尼氏染色法观察胞浆虫体。也可采用金胺-酚染色法、沙黄-美蓝染色法或金胺-酚改良抗酸复染法。

（2）分子生物学检测　PCR 法已作为研究性实验室常规技术。

（3）免疫学检测　荧光抗体技术、抗原捕获 ELISA 等方法已作为实验室的常用方法。许多健康禽有抗隐孢子虫抗体，血清学检测只有一定的参考价值。

【防治】搞好环境卫生，尽可能地减少宿主与感染源接触的机会。杀灭外界环境中的病原体。实行科学化养殖。加强日常饲养管理。

三、组织滴虫病

组织滴虫病

组织滴虫病是由火鸡组织滴虫（*Histomonas medeagridis*）寄生于禽类的盲肠和肝脏引起的疾病，又称盲肠肝炎或黑头病（Black head disease）。多发于火鸡和雏鸡，成年鸡也能感染，孔雀、鹌鹑、野鸭、鹧鸪、鸵鸟、珍珠鸡等也有本病流行。以肝脏坏死和盲肠溃疡为疾病特征。

【诊断】

1. 流行病学 本病无明显的季节性，但在温暖潮湿的夏季发生较多。在自然感染情况下，火鸡最易感。鸡和火鸡的易感性随年龄而变化，鸡在4～6周龄易感性最强，火鸡3～12周龄的易感性最强。潜伏期7～12d，最短5d，常发生于第11天。以雏火鸡易感性最强。

2. 症状与病变 病禽呆立，翅下垂，步态蹒跚，眼半闭，头下垂，食欲缺乏，腹泻，排出淡黄色或淡绿色的恶臭粪便。急性严重的病例，排出的粪便带血或完全是血液。部分病鸡冠、肉髯发绀，呈暗黑色，因而有“黑头病”之称。病程1～3周。成年鸡很少出现症状。病变主要发生在盲肠和肝脏，引起盲肠炎和肝炎。剖检见一侧或两则盲肠肿胀，内腔充满浆液性或出血性渗出物，渗出物常发生干酪化，形成干酪状的盲肠肠芯，间或盲肠穿孔，引起腹膜炎。肝脏肿大，出现圆形或不规则形状、中央稍凹陷、边缘稍隆起、淡黄色或淡绿色的坏死病灶，大小和多少不定，散在或密布整个肝脏表面。

3. 实验室诊断 用40℃的温生理盐水稀释盲肠内容物，做悬滴标本镜检，发现虫体即可确诊。

【防治】将二甲硝咪唑按0.01%浓度饮水，用作预防；定期驱除异刺线虫；鸡与火鸡、成年禽与雏禽要分开饲养，出现病禽立即隔离治疗。

四、鸡住白细胞虫病

鸡住白
细胞虫病

鸡住白细胞虫病是由住白细胞虫属（*Leucacytozoon*）的原虫寄生于鸡的血液细胞和内脏器官组织细胞内所引起的疾病。在我国南方比较普遍，常呈地方性流行。对雏鸡和童鸡危害严重，常可引起大批死亡；对成年鸡的危害性较小，发病率低，症状轻微，但能引起贫血和产蛋力降低。火鸡、鸭和鹅的住白细胞虫病在我国尚未发现。

【诊断】

1. 流行病学 本病的流行有较明显的季节性，与各地吸血昆虫蚋和库蠓活动的季节相一致。雏鸡和童鸡的感染和发病较严重。成年鸡虽可感染，但发病率低，症状轻微，多数为带虫鸡，是本病的传染源。卡氏住白细胞虫主要分布在东南亚、北美和中国等地区和国家，沙氏住白细胞虫主要分布在东南亚、印度和中国等地区和国家。鸡住白细胞虫病在我国南方的福建、广东相当普遍，常呈地方性流行。

2. 症状与病变 自然感染的潜伏期为6～10d。雏鸡和童鸡的症状明显，发病率与死亡率高。病初体温升高，食欲不振，精神沉郁，流口涎，腹泻，粪呈绿色。本病的特征性症状是死前口流鲜血，贫血，鸡冠和肉垂苍白，常因呼吸困难而死亡。中鸡和成年鸡感染后病情较轻，呈现鸡冠苍白、消瘦、排水样的白色或绿色稀粪，中鸡发育受阻，成年鸡产蛋率下降，甚至停产。死后剖检特征为全身性出血，肝脾肿大，血液稀薄，尸体消瘦，白冠。全身皮下出血，肌肉尤其是胸肌、腿肌、心肌有大小不等的出血点，各内脏器官肿大出血，尤其是肾、肺出血最严重；胸肌、腿肌、心肌和肝脾等器官上出现白色小结节，针尖至粟粒大小，与周围组织有显著的界限。肠黏膜有时有溃疡病灶。

3. 实验室诊断 以消毒的注射针头从鸡的翅下小静脉或鸡冠采血一滴，涂成薄片后，瑞氏或吉姆萨染色，或取内脏器官上的小结节，压片染色，镜检见有虫体即可确诊。

【防治】扑灭传播媒介蚋和蠓。在流行季节，对鸡舍内外，每隔 6d 或 7d 喷洒杀虫剂，以减少蚋和蠓的侵袭。

五、禽毛滴虫病

禽毛滴虫病是家禽、火鸡、鸵鸟、鸽和鹰等的一种原虫病，由禽毛滴虫寄生于禽的消化道上段所引起，分布广泛。本病的特征是喉部有干酪样积聚，常常伴有体重下降。本病在家鸽引起通常所说的“溃疡”，而寄生于鸡、火鸡、鸵鸟和许多野生鸟类时则致病性不同。

【诊断】

1. 流行病学 禽毛滴虫寄生于鼻窦、口腔、喉、食道及嗉囊的黏膜表层，偶尔侵害结膜及前胃的黏膜表层。家禽有严重暴发的报道，而家鸽和野鸽的流行更严重。幼鸽通常因首次尝食成年鸽嗉囊中的鸽乳而感染，并保持终生带虫。在形成足够保护力的免疫之前，受强毒虫株感染时，死亡率可高达 50%。鸡和火鸡的毛滴虫病常常是由鸽传染的，污染的水源或饲料可能是鸡和火鸡感染的最重要的传染源。鹰摄食感染鸟后发病。几乎所有的鸽子都是该虫的携带者。鸵鸟感染可能通过鸽子、患病带虫的其他鸟类污染的饮水、饲料传播。

2. 症状与病变 上消化道感染的病禽表现食欲废绝，精神委顿，嗉囊塌瘪，颈部常伸拉做吞咽状，眼有水汪汪分泌物，闭口困难，口中流出浅绿色至淡黄色黏液，并散发出恶臭味。下消化道感染的病禽表现精神沉郁，食欲下降或废绝，羽毛松乱，步态不稳，呆立喜卧，排淡黄色水样稀粪，体重下降，呈昏睡状，直至死亡。禽毛滴虫侵害口腔、鼻腔、咽、食道和嗉囊的黏膜表层。口腔、鼻窦、咽、食道和嗉囊有凸起的白色结节或坏死性溃疡，并有干酪样分泌物。肝与肺亦常有硬的、白色至黄色的圆形或环形坏死灶。盲肠肿胀，黏膜溃疡，表面有干酪样渗出物，其他肠段也呈典型的炎症变化。

3. 实验室诊断

（1）*病原学检查* 用 40℃的温生理盐水稀释盲肠内容物，做悬滴标本镜检，发现虫体即可确诊。

（2）*分子生物学检测* PCR 技术可用于检测禽类口腔液体、嗉囊、咽部或粪便等样本中的毛滴虫。

（3）*免疫学检测* 感染后存活的禽类往往是毛滴虫的潜在携带者，可利用血清学方法进行筛查。

【防治】由于禽毛滴虫多由成年鸽传递给雏鸽，其他禽类是通过口腔分泌物污染的饲料和饮水传播，因此必须尽一切努力将病禽从大群中隔离出来，防止病禽口腔分泌物污染饮水和饲料。加强卫生管理，杜绝传染源。

六、禽六鞭原虫病

禽六鞭原虫病是火鸡、雉、鹌鹑、鹧鸪、孔雀、鸵鸟、鸽、鸣禽及鸡、鸭等的一种急性卡他性肠炎疾病，以严重腹泻为特征。由火鸡六鞭原虫寄生于上述禽类小肠所引起。3～8周龄的幼禽发病严重，死亡率较高。

【诊断】

1. 流行病学 本病主要通过病鸽的排泄物污染的饲料、饮水经消化道传播。感染的鸽、鸡、鹌鹑、孔雀都可成为传染源。

2. 症状与病变 病禽畏寒，腹泻物呈水样，多泡沫；精神沉郁，翅膀下垂。在病程的后期，病禽的膜泻物呈黄色，病禽扎堆。晚期发生惊厥和昏迷。病变包括卡他性肠炎、肠弛缓和继发性肠膨胀。在小肠上段尤为明显。肠道内容物呈水样，全肠段含有过量的黏液和气体。在显微镜下观察，在肠腺窝内有大量的六鞭原虫。

3. 实验室诊断 用相差显微镜检查十二指肠黏膜刮取物，可观察大量火鸡六鞭原虫。

【防治】消除带虫者；隔离雏禽与成禽，从雏鸡群所在地去除其他种禽宿主，以及饲槽和饮水器的清洁卫生等措施，均可减少传播。

第三节 外寄生虫病

一、禽皮刺螨病

皮刺螨病主要是由皮刺螨科（Dermanyssidae）皮刺螨属（*Dermanysus*）的鸡皮刺螨（*D. gallina*）以及禽刺螨属（*Ornithonyssus*）的林禽刺螨（*O. sylriarum*）和囊禽刺螨（*O. bursa*）等寄生于鸡、鸽、火鸡等禽类的体表引起的一种外寄生虫病。刺螨吸食禽血，严重侵袭时，可使鸡日渐消瘦、贫血，产蛋量下降。本病呈世界性分布。

【诊断】

1. 流行病学 鸡皮刺螨白天藏于隐蔽处，夜间出来叮咬宿主吸血。林禽刺螨与鸡皮刺螨不同，白天及夜间都能在鸡体上发现，因为这种螨能连续在鸡体上繁殖。囊禽刺螨与林禽刺螨生活史相似，也能在鸡体上完成其生活史，但大部分螨卵产于鸡舍内。产蛋鸡群多发，肉仔鸡与雏鸡发生较少。夏秋季节比冬季严重。饲养管理、卫生条件差的鸡场多发。

2. 症状与病变 病禽消瘦、贫血，有痒感，产蛋量下降，皮肤时而出现小的红疹。刺螨大量侵袭幼雏，可引起死亡。还可传播禽霍乱和螺旋体病。

3. 实验室诊断 在鸡体或鸡舍查见虫体后确诊。

【防治】用溴氰菊酯以高压喷雾法喷湿鸡体表进行杀虫，同时用1mg/kg的阿维菌素预混剂拌料饲喂，每周2次，至少连用2周。更换垫草并烧毁。当鸡全部淘汰后，要对鸡舍内的全部用具进行彻底浸泡冲刷，并放在阳光下晾晒，对鸡舍的墙壁和地面进行彻底消毒，同时防止鸟类和鼠类出入。

二、鸡新棒恙螨病

新棒恙螨病是由恙螨科（Trobiculidae）、新棒恙螨属（*Neoschoengastia*）的鸡新棒恙螨（*N. gallinarum*）的幼虫，寄生于鸡、火鸡、鸽等禽类的翅内侧、胸肌及腿内侧皮肤上所引起的一种外寄生虫病，各地均有发生，为鸡的重要外寄生虫病之一。

【诊断】

1. 流行病学　鸡新棒恙螨在大、小鸡均可寄生，多见于放饲后的雏鸡。鸡发病高峰为每年的6—7月，发病率一般为70%～80%，有的高达90%以上。

2. 症状与病变　鸡新棒恙螨幼虫吸取鸡的血液和体液，并由于机械性刺激和毒性作用，使病禽奇痒，皮肤逐渐形成脓肿，出现痘疹状病灶，病灶周围隆起，中间凹陷呈痘胶状，中央可见一小红点，即为幼虫。大量虫体寄生时，腹部和翼下可见痘疹状病灶，病鸡贫血、消瘦、精神不振，头下垂，不食，如不及时治疗，可能死亡。

3. 实验室诊断　用镊子取出病灶中央小红点镜检，见有虫体即可确诊。

【防治】应避免在潮湿的草地上放牧禽类，以防感染。

三、禽 虱 病

寄生于禽类的虱称为羽虱，是禽类体表的永久性寄生虫，常具有严格的宿主特异性，而且寄生部位也较恒定。有虱寄生的禽类可出现奇痒，因啄痒造成羽毛断折、消瘦、产蛋减少，往往给养禽业带来很大的损失。虱呈世界性分布，我国各地均有发现。

【诊断】

1. 流行病学　虱的传播主要是通过禽与禽的直接接触，或通过禽舍、饲养用具和垫料等间接传染。由于羽虱离开宿主仅能存活3～4d，日光照射和高温（35～38℃）能使羽虱很快死亡，因此，虱感染多见于寒冷的季节。

2. 症状与病变　羽虱以羽毛、绒毛及表皮鳞屑为食，使禽类发生奇痒和不安，因啄痒而伤及皮肉，由于羽毛脱落，常引起食欲不佳、消瘦和生产力降低。广幅长羽虱对雏鸡危害相当严重，可使雏鸡生长发育停滞，甚至引起死亡。

3. 实验室诊断　在禽体表发现虱或虱卵，即可确诊。

【防治】在肉用鸡的生产中，更新鸡群时，应对整个禽舍和饲养用具进行灭虱。常用药物有蝇毒灵（0.06%）、甲萘威（5%）及其他除虫菊酯类药物；对饲养期较长的鸡，可在饲养场内设置沙浴箱，沙浴箱中放置10%硫黄粉或4%马拉硫磷粉；对新引进的鸡，经严格检查无虱后，方可并群饲养。对有虱病的禽类，应及时隔离治疗，并对鸡舍、饲养用具等用杀虫药彻底喷洒。

第三单元　营养与代谢障碍

第一节　糖、脂肪、蛋白质代谢障碍

一、蛋白质及氨基酸缺乏症

由于家禽饲料品质低劣、蛋白质含量低，或饲料的搭配不合理、缺乏必需氨基酸，就会出现蛋白质与氨基酸缺乏症。其发病原因主要由饲料中蛋白质不足或氨基酸不平衡引起。常见原因包括：①没有根据家禽的生理需要供给足够的蛋白质和氨基酸。②饲料中一种或若干种成分的氨基酸含量低于标准的含量。③赖氨酸、蛋氨酸、色氨酸三种限制性氨基酸的缺乏限制了机体对其他氨基酸的利用。其他原因还见于疾病过程中家禽采食不足，对蛋白质的消化吸收、转运障碍或消耗量异常增加等。

【诊断】

1. 症状　幼禽表现为生长缓慢，发育受阻，体弱畏寒，精神呆滞，食欲不振，体温略低，常挤成堆，血浆胶体渗透压降低而发生皮下水肿。成年禽表现体重下降，消瘦，蛋鸡产蛋量减少或完全停止，公禽精子活力差，蛋的受精率和孵化率都偏低。成禽病情进展缓慢，抵抗力下降，容易感染其他疾病。蛋氨酸缺乏会使胆碱或维生素 B_{12} 缺乏症加剧。

2. 病变　尸体剖检发现病禽消瘦，皮下脂肪消失，水肿，肌肉苍白、萎缩，胸腔、心包积液。

3. 诊断要点　该病的诊断主要依靠病史调查和临床检查，必要时可做饲料中蛋白质和氨基酸含量的测定。也可进行治疗性诊断，给病禽供给全价营养饲料，观察疾病的恢复情况。

【防治】应根据不同禽类的营养需求，供应足够的蛋白质饲料与氨基酸。在饲养管理中及早发现蛋白质缺乏症，及时补充蛋白质饲料和必需氨基酸，病初效果明显。

二、痛　　风

痛风是由于家禽蛋白质代谢障碍或肾脏受到损伤，引起尿酸盐在血液中大量蓄积，不能被迅速排出体外而引起心包膜、肝、肾等内脏和骨关节出现尿酸盐沉积。引起禽痛风的原因较为复杂，归纳起来可分为两类，一是体内尿酸生成过多，二是机体尿酸排泄障碍。其病理特征为血液尿酸盐水平增高，临床上可分为内脏型痛风和关节型痛风。主要表现为厌食，瘦弱，腿、翅关节肿胀，运动障碍，粪便中含有大量尿酸盐。尸体剖检可见关节表面或内脏有大量白色尿酸盐沉积。

【诊断】

1. 症状

痛风

（1）内脏型痛风　多为慢性经过，病初无明显症状，随着病情进展表现为腹泻、食欲下降、消瘦、贫血、生长缓慢，粪便稀薄并含有大量白色的尿酸盐，呈石灰样，污染肛门及下部羽毛，多因肾功能衰竭，呈现零星或成批的死亡。母鸡产蛋量下降或完全停止。病鸭的症状还表现为不愿下水，或下水后不愿戏水，出水后雏鸭羽毛不易干。

（2）关节型痛风　较少见，一般呈慢性经过，尿酸盐沉积在腿和翅膀的关节腔内，使腿、翅关节肿胀疼痛，活动困难，尤其是趾跗关节。病禽运动迟缓、跛行、不能站立。

2. 病变　内脏型痛风剖检可见内脏浆膜如心包膜、胸膜、腹膜及肝、脾、肠系膜等器官表面覆盖一层白色、石灰样的尿酸盐沉淀物，肾肿大，色苍白，表面呈花斑状。输尿管增粗，内充满石灰样尿酸盐结晶。关节型痛风切开患病关节，有膏状白色黏稠液体流出，关节周围软组织以至整个腿部肌肉组织中，都可见到白色尿酸盐沉着，关节腔内因尿酸盐结晶有刺激性，常可见关节面溃疡及关节囊坏死。

3. 诊断要点　根据病因、病史、特征性症状和病理学检查结果即可诊断。必要时采病禽血液检测其尿酸含量，以及采取肿胀关节的内容物进行化学检查，呈紫尿酸铵阳性反应，显微镜观察见到细针状尿酸钠结晶或放射状尿酸钠结晶，即可进一步确诊。

【防治】

1. 治疗　常用阿托方（苯基喹啉羟酸）治疗，但伴有肝、肾疾病时禁止使用；或用别嘌呤醇（7-碳-8氯次黄嘌呤）。对患病禽使用各种类型的肾肿解毒药，可促进尿酸盐的排泄，对体内电解质平衡的恢复有一定的作用。也可用碳酸氢钠适量拌入饲料或加入饮水中使用，连续数日。

2. 预防　要针对具体病因采取切实可行的措施。首先要考虑日粮中蛋白及钙过剩或维生素A缺乏等情况，合理搭配饲料中的蛋白质，特别要适当调整动物性饲料。避免长期使用磺胺类药物及庆大霉素、卡那霉素等影响肾功能的药物。适当增加饲料中多种维生素的用量，供给充足的饮水及增加户外活动也很重要。本病必须以预防为主，通过积极改善饲养管理，减少富含蛋白的日粮，改变饲料配合比例，供给富含维生素A的饲料或在饲料中加入2%鱼肝油乳剂，可防止或降低本病的发生率。

三、脂肪肝出血综合征

脂肪肝出血综合征又称为脂肪肝综合征，是由高能低蛋白日粮引起的以肝细胞内沉积大量脂肪为特征的家禽营养代谢病。临床上以病禽个体肥胖，产蛋减少，个别肝脏破裂、出血而导致死亡为特征。主要发生于蛋鸡，尤其是笼养蛋鸡，育肥鸡也有发生。

【诊断】

1. 症状　多见于产蛋良好的鸡群。病初无特征性症状，只表现过度肥胖，其体重超过正常体重的25%左右。常由于受到惊吓或抓鸡时造成的肝脏破裂而突然死亡。产蛋率降低，全群产蛋率可由75%～85%突然下降到35%～55%。在下腹部可摸到厚实的脂肪组织。病鸡喜卧，腹大而软绵下垂，冠和肉髯颜色苍白。严重者嗜睡、瘫痪，进而鸡冠、肉髯变冷，可在数小时内死亡。

2. 病变 死亡鸡剖检常可发现肝被膜下和腹腔中充满大量血液及血凝块，腹腔内有大量脂肪沉积，肝脏明显肿大、色泽变黄、质地脆并有油腻感。组织学检查为重度肝脏脂肪变性。

3. 诊断要点 根据病因、发病特点、临床症状及病理变化可做出初步诊断。血液检查，血清胆固醇含量增高达15.65～29.69mmol/L或更高（正常为2.90～8.17mmol/L）。血钙升高，血浆雌激素水平升高。

【防治】本病应以预防为主。调整饲料配方，降低饲料的能量水平；确保日粮中有足够营养成分如蛋氨酸、胆碱、肌醇、维生素E、维生素H及微量元素硒等；重视蛋鸡育成期的日增重，调整饲喂方法，适当限制饲喂量，严格控制体重，不可过肥；不饲喂发霉变质的饲料；减少捕捉等应激因素。

四、脂肪肝-肾综合征

脂肪肝-肾综合征是发生于肉仔鸡的一种以肝、肾肿胀且存大量脂类物质，以病鸡嗜睡、麻痹和突然死亡为特征的一种营养代谢病。以3～4周龄快大型肉鸡发病率最高，11日龄以前和32日龄以后的仔鸡不常发生。生物素缺乏对本病的发生有重要意义。

【诊断】

1. 症状 本病一般见于生长良好的肉仔鸡，发病突然，表现嗜睡、麻痹，麻痹由胸部向颈部蔓延，几小时内死亡，死亡率多在6%之内，个别鸡群可达20%。死后头伸向前方，趴伏或躺卧将头弯向背侧。有些病例可呈现生物素缺乏症的典型表现，如生长缓慢，羽毛生长不良、干燥变脆，喙周围皮炎，足趾干裂等。

2. 病变 剖检以肝、肾病变明显。可见肝苍白、肿胀、色黄，在肝小叶外周表面有小的出血点，有时出现肝被膜破裂，造成突然死亡。肾肿胀，颜色可有各种各样，脂肪组织呈淡粉红色。嗉囊、肌胃和十二指肠内含有黑棕色出血性液体，恶臭。心脏呈苍白色。

3. 实验室诊断 病鸡有低血糖症，血浆丙酮酸、乳酸及游离脂肪酸水平升高，肝糖原含量极低，生物素含量低于0.33mg/kg，丙酮酸羧化酶活性大幅度下降，脂蛋白酶活性下降。

4. 诊断要点 根据发病的日龄、临床症状及病理变化即可做出诊断。另外，应与包涵体肝炎（腺病毒感染）和传染性法氏囊病相鉴别。

【防治】针对病因，调整日粮成分及比例。例如，增加日粮中蛋白质或脂肪含量，给予含生物素利用率高的玉米、豆饼之类的饲料，降低小麦的比例，禁止用生鸡蛋清拌饲料育雏。另外饲料中加入生物素可有效预防本病，日粮中添加胆碱也有预防作用。减少应激因素对预防本病也有积极作用。

第二节 维生素缺乏症

一、维生素A缺乏症

维生素A缺乏症是指家禽体内维生素A或前体胡萝卜素缺乏所引起的以生长发育不良、

视觉异常、上皮角化不全、器官黏膜损害、繁殖机能障碍为特征的一种营养代谢病。维生素A在家禽日粮中是必不可少的。维生素A缺乏症的病变最容易在消化系统、泌尿系统、生殖系统和呼吸系统的上皮表现出来。本病多发于幼禽。

【诊断】

1. 症状　雏禽和初产蛋禽易发生本病。雏禽缺乏维生素A时，一般在6～7周龄发病，若是1周龄内的雏发病，则与种鸡缺乏维生素A有关。雏禽主要表现精神不振，羽毛松乱，逐渐消瘦，生长停滞，步态不稳，两腿无力。本病的特征性症状是，病禽鼻孔和眼中流出灰白色干酪样分泌物，上下眼睑黏合在一起，眼睑肿胀。病程较长的可造成全眼球炎，角膜穿孔，一眼或两眼失明。严重病例可出现神经症状。成年禽发病呈慢性经过，症状与幼禽相似，表现精神不振，食欲不佳，消瘦，羽毛松乱，角膜混浊，眼被分泌物黏着。由于黏膜上皮完整性受损，呼吸道和消化道抵抗力下降，易感染疾病，极易发生鼻炎、支气管炎、肺炎、胃肠炎等疾病。母禽产蛋量明显下降，甚至停止产蛋。维生素A缺乏会使禽蛋的孵化率降低，孵出的雏禽死亡率增高。成年公禽性机能降低，精子数量减少，活力降低，且畸形精子数增多。

2. 病变　剖检可见病禽的消化道黏膜肿胀，鼻腔、口腔、食道和咽的黏膜表面分布很多白色的小结节，可蔓延到嗉囊，以后形成小溃疡，喉头常覆盖一层灰白色易剥落的豆腐渣样的假膜。气管黏膜被一层灰白色鳞状角化上皮代替，鼻腔和鼻窦内充满浆液性或黏液性分泌物。严重病例角膜穿孔，心脏、肝脏、脾脏和肾脏有白色尿酸盐沉着。

3. 诊断要点　通常根据饲料、病史、临床症状和病理变化可做初步诊断，必要时可结合检测血清和肝脏维生素A的含量进一步确诊。也可进行饲料成分分析，以便确诊。用维生素A试验性治疗，疗效显著，可辅助诊断本病。

【防治】改善饲养管理，供给全价日粮，或调整日粮配方，添加足量的维生素A。病禽可喂服鱼肝油，每只每天喂1～3mL，雏鸡则酌情减少；或每千克饲料中加鱼肝油15mL，连喂10～15d；或者在日粮中添加禽用多维。维生素A的治疗剂量一般为每千克体重440IU，治疗时可在每千克饲料中加入10 000IU的维生素A制剂。对患禽维生素A缺乏所致的眼炎可用2%硼酸溶液冲洗，每天1次。

二、维生素D缺乏症

维生素D缺乏症是指由于机体维生素D生成不足或从食物中摄入不足而引起的以钙、磷代谢障碍为主的一种营养代谢病。维生素D缺乏常引起雏禽的佝偻病和成年禽的骨软症。

家禽需要维生素D来维持钙磷的正常代谢，以便形成正常的骨骼、坚硬的喙与爪，以及结实的蛋壳。因此，当日粮中维生素D供应不足、光照不足或消化吸收障碍时，就会发生以蛋壳变薄、变软、易碎以及骨骼、喙变软为特征的缺乏症。

【诊断】

1. 症状　幼雏缺乏维生素D时，最早可在出壳后10～11d出现症状，一般是在2～3周龄时出现明显的症状。表现为生长发育不良，羽毛蓬松无光泽，喙柔软易变形，采食困难，趾爪弯曲，严重的骨骼变形，骨质疏松，易骨折。两腿无力，站立困难，行走时步态不稳，常蹲伏呈企鹅姿势。

产蛋母鸡往往在缺乏维生素D 2～3个月后才出现症状。最先出现产薄壳蛋和软壳蛋数目增加，蛋壳强度下降、易碎；随后产蛋量下降，种蛋孵化率降低；最后产蛋可完全停止。产蛋减少及蛋壳变薄、变软现象周期性发生。重症母鸡表现出蹲伏的姿势，鸡的喙、爪、龙骨变软，长骨易骨折，胸骨弯曲，胸骨与脊椎骨结合处向内凹陷。

2. 病变 病死的雏鸡，最特征的病理变化是肋骨与肋软骨连接处呈串珠样结节，肋骨向后弯曲。成年产蛋鸡或火鸡死于维生素 D 缺乏症时，剖检可见骨骼软而易折断。腿骨组织切片呈现缺钙和骨样组织增生现象。

3. 诊断要点 根据家禽日龄，饲养管理条件（笼养又未添加维生素 D），病史，特征性的临床症状（如爪变软易弯曲、行走吃力、关节肿大、胸骨呈弯曲状、产薄壳蛋和软壳蛋等），结合典型的病理变化（肋骨呈串珠样结节）可做出初步诊断。确诊需测定血清维生素 D 及其活性代谢产物的含量以及将饲料进行成分分析。另外，用维生素 D 制剂进行试验性治疗，疗效显著，可作为有效的辅助诊断方法。

【防治】

1. 治疗 在查明病因的基础上，增加富含维生素 D 的饲料。对产蛋母禽和雏禽的日粮应注意补充富含维生素 D 的饲料。对发病禽，每只口服鱼肝油；或在每千克日粮中加鱼肝油。也可用口服维生素 D 进行治疗，一次大剂量（15 000IU）喂给比在饲料中大量添加效果更快。病重的可逐只肌内注射钙化醇，也可注射维丁胶性钙。必须注意的是，过量维生素 D 会引起中毒。因此，最好根据病禽的体重来确定用药的剂量或遵医嘱。

2. 预防 散养的家禽或开放式鸡舍，只要有足够的光照，一般不会发生维生素 D 缺乏症。对于室内笼养禽，日粮中要添加维生素 D 制剂。配好的饲料不宜储存太久。合理调配日粮，注意日粮中钙磷的比例，一般情况下雏鸡的钙磷比以 1.2：1 为宜，产蛋鸡比例可达 4：1～5：1。此外，将病禽置于光线充足的舍内，或在禽舍中用紫外线照射，可促进自身合成维生素 D。

三、维生素 E 缺乏症

家禽维生素 E 缺乏症是由饲料中供给不足、饲料加工不当、储存时间过长等引起的一种营养代谢病。该病往往与微量元素硒缺乏症并发，统称为硒-维生素 E 缺乏症。

【诊断】

1. 症状与病变 当饲料中维生素 E 缺乏时，主要引起幼禽的脑软化症、肌营养不良和渗出性素质；成年禽无明显临床症状，但母禽生下的蛋孵化率下降，胚胎死亡率升高；公禽维生素 E 缺乏时，睾丸变小，精子数减少，繁殖功能减退。

(1) 雏鸡脑软化症 通常由原发性维生素 E 缺乏而引起。7～56 日龄雏鸡均可发病，但以 15～30 日粮的雏鸡多发。脑软化主要表现为共济失调，姿势异常，步态不稳，头向下或向后挛缩，两腿呈节律性挛缩，无目的奔跑或做圆圈运动，常因衰竭而死亡。剖检可见小脑软而肿胀，脑膜水肿，脑回展平。在小脑表面，经常可见微小的出血点，脑组织中的坏死区呈现绿黄色混浊样的外观。

(2) 肌营养不良 是雏鸡、雏鸭和火鸡因维生素 E 缺乏且伴随有含硫氨基酸缺乏时，引起的肌肉营养障碍。雏鸡约在 4 周龄时出现，主要表现为运动障碍，腿软乏力，站立困难，运步不稳，严重时发生麻痹或瘫痪。剖检见胸肌、腿肌苍白，肌肉纤维特别是胸肌呈淡色条纹，称为白肌病。

（3）雏鸡的渗出性素质　常因维生素E和硒同时缺乏而引起，发生于20～60日龄的雏鸡或育成鸡，其特征是毛细血管通透性增强，血液外渗，临床表现为胸腹部皮下水肿，两腿向外叉开，水肿处呈蓝绿色。重症病例皮下蓄积大量液体，病鸡常因心包膨胀而骤死。剖检可见广泛性皮下水肿，心包积液和心脏扩张，剪开皮下水肿处可流出蓝绿色液体。

2. 诊断要点　根据禽的饲养管理条件，发病特点（幼龄多发、群发性），临床症状（运动障碍、渗出性素质、神经机能紊乱）和病理变化（骨骼肌、心肌典型营养不良性病变、小脑软化）可做出初步的诊断。测定饲料、血液和肝脏中维生素E的含量有助于确诊，也可用维生素E进行治疗性诊断。

【防治】

1. 治疗　查明病因，及时调整日粮，供给富含维生素E的饲料，如青绿饲料、麦芽、谷胚等；也可以补充维生素E和微量元素硒的添加剂。药物治疗：主要使用维生素E制剂，也可以配合硒制剂。可在日粮中添加0.5%的植物油，或每千克饲料添加10mg维生素E；对轻症脑软化的病鸡饲喂维生素E；对渗出性素质的病雏，除了用维生素E外，还应补充硒制剂。对白肌病，同时补充含硫氨基酸（如胱氨酸和蛋氨酸）。

2. 预防　加强饲养管理，饲喂营养全面的全价日粮；在饲料中适量添加维生素E制剂和微量元素硒制剂；注意饲料的保管，避免使用劣质、陈旧或霉变的饲料，尤其是变质的油脂；全价饲料应添加抗氧化剂以减少维生素E的破坏；饲料不宜长期储存，以降低维生素E的损耗。

四、维生素B_1缺乏症

B族维生素缺乏症

维生素B_1缺乏症是指体内硫胺素缺乏或不足所引起的以神经机能障碍为主征的一种营养代谢病，多见于雏禽。谷物、糠麸及青绿饲料中含有大量维生素B_1，家禽一般不会发生缺乏症，发病主要是由于日粮中硫胺素遭受破坏，如新鲜鱼虾和软体动物体内含有硫胺素酶，水禽大量食入会引起本病。饲料长期储存而发霉变质、被蒸煮加热、加工时被碱化处理也能破坏硫胺素。

【诊断】

1. 症状　幼禽日粮中缺乏维生素B_1，10d左右即可出现多发性神经炎的典型临床症状，表现精神委顿，食欲减退，羽毛蓬乱，无光泽，脚软无力，步态不稳，生长不良。特征性的症状是双腿痉挛缩于腹下，躯体压在腿上，头颈后仰呈特异的“观星姿势”，最后倒地不起。严重的会突然倒地，抽搐死亡。成年禽发病缓慢，硫胺素缺乏约3周后才出现症状，病初食欲减退，羽毛蓬乱、无光泽，冠呈蓝色，腿软无力。以后神经症状逐渐明显，肌肉逐渐麻痹，开始发生于趾的屈肌，然后向上发展，波及腿、翅和颈部，致使行动困难，严重的卧地不起。有些鸡出现贫血和腹泻。产蛋禽患维生素B_1缺乏症时，所产蛋的孵化率下降，部分能孵出的雏常出现维生素B_1缺乏症的临床症状；有些因无力破壳而中途死亡。病鸭的典型症状是不愿走动，强迫走动时步态不稳，头常偏向一侧，并出现打转、奔跑、乱跳等症状，常为阵发，一天数次，越发越重，最后死亡。

2. 病变　剖检见病禽皮下广泛性水肿，肾上腺肿大，雌禽比雄禽的病变更为明显，生殖器萎缩（公禽更明显）。

3. 血液学检查　血液中丙酮酸浓度升高，硫胺素浓度降低。

4. 诊断要点 根据饲养管理情况和临床症状（多发性神经炎、角弓反张等）可做出初步诊断，测定血液中丙酮酸和硫胺素的浓度有助于确诊。在生产实际中，治疗性诊断有明显疗效，有助确诊。

【防治】

1. 预防 平时应注意日粮配合，提供富含维生素 B_1 的全价日粮，饲料中添加富含维生素 B_1 的糠麸、酵母、发芽谷物、青绿饲料或添加维生素 B_1；对饲料谷物应妥善保存，防止水浸、霉变、受热或遇碱性物质，消除可能引起本病的各种因素；水禽日粮中水生动物性饲料不宜过多，防止饲料中含有分解维生素 B_1 的酶，或把鱼蒸煮以后再喂；某些药物（如抗生素、磺胺药、球虫药等）是维生素 B_1 的拮抗剂，不宜长期使用，若用药应加大维生素 B_1 的用量。

2. 治疗 发病严重的，可口服维生素 B_1。对神经症状明显的病禽可用盐酸硫胺素注射液皮下或肌内注射，也可以在日粮中添加维生素 B_1。目前普遍采用复合维生素 B 防治本病。

五、维生素 B_2 缺乏症

维生素 B_2 缺乏症是指由于家禽体内核黄素缺乏或不足所引起以生长缓慢、皮炎、腿爪蜷缩、飞节着地等为特征的一种营养代谢病。维生素 B_2 又名核黄素，是禽类生长、发育和蛋孵化所必需的营养物质。成年禽类肠道中一些微生物能合成较多的核黄素，而幼禽的这种能力低，故在幼禽的日粮中要注意添加核黄素。

【诊断】

1. 症状 本病主要发生于2周龄至1月龄的幼禽，缺乏维生素 B_2 1～2周即可发病，表现生长缓慢，羽毛蓬松，皮肤干燥而粗糙。两腿发软，特征性症状是产生“趾卷曲”麻痹症，趾向内蜷曲成拳状，行走困难，两脚麻痹不能站立，强行驱赶则以跗关节着地，常双翅撑地，以维持身体平衡。成年禽维生素 B_2 缺乏，症状不明显，但母禽产蛋量减少，蛋清稀薄，所产蛋的孵化率降低，胚胎死亡率升高，即使不死，雏出壳时瘦小、水肿、脚爪弯曲且蜷缩成钩状。死胚呈现羽发育受损，皮肤表面出现“结节状绒毛”。

2. 病变 剖检病禽可见胃肠道黏膜萎缩，肠壁变薄，肠道里有多量的泡沫状内容物。病死的产蛋鸡可见肝脏增大和脂肪增多。

3. 诊断要点 根据饲养管理情况及典型的临床症状可做初步诊断，测定饲料和血液中维生素 B_2 有助于本病的诊断；利用维生素 B_2 进行诊断性治疗试验，可以确诊。

【防治】

1. 预防 应饲喂富含维生素 B_2 的全价日粮，自配料要注意日粮配合，采用优质的添加剂或预混料。注意选用一些富含维生素 B_2 的饲料，如谷物、动物肝脏粉、酵母、糠麸、青绿饲料、苜蓿粉等，或在每吨饲料中添加2～3g 核黄素。饲料储存时间不宜过长。如有必要可补给复合维生素 B 添加剂或饲用酵母。

2. 治疗 对病禽可用维生素 B_2 治疗，在每千克饲料中添加维生素 B_2 20 mg，连用2周，同时适当增加多种维生素的添加量。也可喂给饲用酵母补充维生素 B_2。严重时应肌内注射维生素 B_2 注射液，或用复合维生素 B 注射液。

六、维生素 B_6 缺乏症

维生素 B_6 又名吡哆素，包括吡哆醇、吡哆醛、吡哆胺三种化合物。维生素 B_6 缺乏症是

吡哆素缺乏引起的以家禽食欲下降、生长不良、骨短粗症和神经症状为特征的一种疾病。

【诊断】

1. 症状　缺乏时，雏鸡、火鸡、鸭缺乏食欲，生长缓慢，发生皮炎、贫血和特征性的神经症状。病禽双脚神经性的颤动，多以强烈痉挛抽搐而死亡。有些病禽无目的乱跑，拍打翅膀，倒向一侧或完全仰翻在地上，头和腿急剧摆动，这种较强烈的挣扎导致衰竭而死。有些病禽无神经症状而是发生严重的骨短粗症。成年禽食欲减退，产蛋率、蛋的孵化率大幅度下降，卵巢、睾丸、冠和肉髯退化。鸭维生素 B_6 缺乏主要表现为贫血。

2. 病变　病死禽皮下水肿，内脏器官肿大。组织学检查出现脊髓和外周神经变性。有些病例呈肝脏变性。

3. 诊断要点　根据发病经过、饲料的分析，结合临床上食欲下降、生长不良、贫血以及特征性的神经症状和病理变化，综合分析后可做出诊断。进行治疗试验和饲料维生素 B_6 的定量分析可进一步确诊。

【防治】根据病因采取有针对性的防治措施，饲喂富含吡哆素的酵母、谷物的种子外皮、青绿饲料和肉类、肝脏等食物。在饲料加工储存过程中，应避免高温处理和暴晒。防止饲料发霉变质。饲料中蛋白质含量高时应提高维生素 B_6 的含量。发病后，口服维生素 B_6。

七、生物素缺乏症

生物素又称维生素 H，是家禽不可缺少的营养物质，广泛分布于动物和植物组织中。动物发病多因供给不足、日粮中陈旧玉米、麦类过多或日粮中含有抗生物素蛋白的干蛋清。

【诊断】

1. 症状　雏鸡对生物素缺乏较为敏感，发病时表现为生长迟缓，食欲不振，羽毛干燥、变脆，趾爪、喙底和眼周围皮肤发炎，以及发生骨短粗症等症状。成年鸡和火鸡缺乏时，种蛋的孵化率降低，胚胎发生先天性骨短粗症。此外，生物素缺乏还可引起肉仔鸡脂肪肝和肾综合征以及肉鸡猝死综合征，并呈现对应疾病的临床症状。

2. 病变　种鸡所产种蛋孵化出的鸡胚骨骼变形，有的鸡胚呈现软骨营养障碍。

3. 诊断要点　根据发病经过、日粮分析、症状及病变综合分析可做出诊断。

【防治】根据病因采取有针对性的措施。发病后，饲料中添加生物素，同时肌内注射或口服生物素，可收到良好的效果。

八、胆碱缺乏症

胆碱又称为抗脂肪肝因子，广泛存在于自然界，动物性饲料（鱼粉、肉粉、骨粉等）以及酵母、糠麸、豆类和油料作物饼粕是其良好来源，并且多数动物体内能够合成足够数量的胆碱，因此一般情况不会引起胆碱缺乏症。

胆碱缺乏症是指由于动物饲料中胆碱缺乏或体内合成不足引起的以消化不良、生长发育受阻、肝肾脂肪变性、禽类骨短粗等为特征的一种营养代谢病。雏禽和营养状况良好的产蛋鸡较为多发。

【诊断】

1. 症状　胆碱缺乏时，禽表现精神不振、厌食、生长发育迟缓、关节肿胀、屈曲不全、消化不良等症状。雏鸡和幼火鸡可见骨短粗症、胫跗关节肿胀、跗骨扭曲、关节软骨移位、跟腱滑脱，行走困难，与锰缺乏症相似。成年禽极易发生脂肪肝，因肝破裂致急性内出血死亡。母禽产蛋量下降，蛋的孵化率降低，即使出壳也形成弱雏。病情发展呈渐进性，体重大者更易发病。

2. 病变 剖检可见肝肿大，色泽变黄，表面有出血点，质脆，有的肝被膜破裂，甚至发生肝破裂，肝表面和体腔中有凝血块。肾脏和其他器官有脂肪浸润变性。雏鸡和生长期的火鸡缺乏胆碱时，肉眼可见胫骨和跗骨变形、跟腱滑脱等。

3. 诊断要点 根据病史，饲养管理情况，临床上骨短粗、生长缓慢等症状，剖检变化（脂肪肝、胫骨、跖骨发育不全等）及饲料中胆碱的测定结果等进行诊断。应注意与营养性肝营养不良和锰缺乏症进行区别。

【防治】查明病因，及时调整日粮组成，供给胆碱丰富的全价日粮，并供给充足的蛋氨酸、叶酸、维生素 B_{12} 等。药物治疗：通常应用氯化胆碱拌料混饲。饲料中添加氯化胆碱、肌醇、维生素 E，连续饲喂，可获良好的预防效果。

九、维生素 B_{12} 缺乏症

维生素 B_{12} 缺乏症是指由于家禽体内维生素 B_{12}（或钴）缺乏或不足引起的，以生长发育受阻、物质代谢紊乱、造血机能及繁殖机能障碍为特征的一种营养代谢性疾病。本病多为地区性流行，钴缺乏地区多发。

维生素 B_{12} 又称钴胺素，是促红细胞生成因子，具有抗贫血作用。维生素 B_{12} 在动物性蛋白中含量丰富，其中以肝脏中含量最丰富，其次是肾脏、心脏、鱼粉；植物性饲料中几乎不含有维生素 B_{12}。维生素 B_{12} 合成过程中，需要微量元素钴和蛋氨酸，因此饲料中缺乏钴和蛋氨酸可造成维生素 B_{12} 合成不足，引起其缺乏。禽类体内合成维生素 B_{12} 能力有限，必须从日粮中补充，如果以植物性饲料为主，易产生维生素 B_{12} 缺乏。

【诊断】

1. 症状 患病雏禽表现食欲降低，生长缓慢，发育不良，贫血，脂肪肝，死亡率增加。成年禽产蛋量下降，种蛋孵化率降低，胚胎发育不良。当同时缺乏胆碱、蛋氨酸时，雏鸡和雏火鸡可能会发生骨短粗症。

2. 诊断要点 根据病史、饲料分析（钴和维生素 B_{12} 含量不足）、临床症状（黏膜苍白、生长不良）以及实验室检测（血液和肝脏中钴、维生素 B_{12} 含量降低）可以做出诊断，但应与泛酸、叶酸和钴缺乏症相区别。

【防治】供给富含维生素 B_{12} 的饲料，如全乳、鱼粉、肉屑、酵母等。药物治疗：常用维生素 B_{12}（氰钴胺）注射液。在种鸡日粮中加入维生素 B_{12} 可使种蛋保持最高的孵化率。对缺钴地区的牧地，应适当施用钴肥，以预防本病的发生。

十、维生素 C 缺乏症

维生素 C 也称抗坏血酸，广泛存在于青绿植物中，并且除了人、灵长类动物及豚鼠以外，大多数动物可以自己合成，因此兽医临床中，较少发生维生素 C 缺乏症。

【诊断】由于家禽嗉囊能合成维生素 C，故较少发生缺乏症。幼禽缺乏维生素 C 时，表现生长缓慢，食欲减退，当病情发展时可表现出血性素质，严重时舌发生溃疡或坏死。母禽产蛋量下降，蛋壳极薄。

【防治】供给富含维生素C的饲料；饲料加工调制不可过久或用碱处理；遇家禽患病时，增加维生素C的供给，防止消耗过多而引起相对缺乏。药物治疗可给予维生素C制剂。

第三节　矿物质（无机元素）代谢障碍

一、钙缺乏症

钙是家禽骨骼和蛋壳的主要组成成分。沉积在骨骼中的钙主要是磷酸钙，但也有一些是碳酸钙，蛋壳则几乎都是碳酸钙。

家禽饲料中钙含量不足、钙磷比例失调（一般是磷多）或维生素D缺乏是钙缺乏性骨营养不良的主要病因，不仅影响生长家禽骨骼的形成、成年母禽蛋壳的形成，而且影响家禽的血液凝固、酸碱平衡、神经和肌肉等正常功能。

【诊断】

1. 症状　幼雏缺钙时常发生佝偻病（见维生素D缺乏症），成年禽缺钙则发生骨软症（见笼养蛋鸡疲劳综合征）。日粮中如果缺钙，雏禽的主要症状是异食、生长发育缓慢、喙与爪较易弯曲、两腿变形外展、肋骨末端串珠状结节等；成年禽发病主要是在产蛋高峰期，表现为蛋壳粗糙、变薄、易碎、产软壳蛋、产蛋量下降或停产，种蛋的孵化率降低，特别是笼养鸡，因不能自由采食砂砾，如不注意补充钙，更易发生钙缺乏症。

2. 实验室诊断　家禽日粮中缺钙，其血清钙浓度变化不明显，发病后期才会降低，但喂给产蛋鸡低钙日粮，在48h内即可出现血钙浓度降低。

【防治】本病以预防为主，主要以补钙为主，辅以补充维生素D，并调整好钙、磷的比例。一般日粮中补充一定量的含钙无机盐饲料，如骨粉、鱼粉、贝壳粉、大理石粉等。在补钙的同时，注意补充维生素D，对笼养蛋鸡要加强光照。缺钙不是很严重的病例，一般都可以康复。一般家禽饲料中添加1%的钙即可，产蛋鸡按3%添加，对产蛋鸡最好饲喂一部分碎块贝壳。如产蛋率大于80%及环境温度高时，产蛋鸡需钙量可多达3.5%～3.75%。

二、磷缺乏症

磷是形成骨骼和牙齿的重要元素，由磷形成的磷酸盐在保持酸碱平衡上起着重要作用。家禽缺磷主要是饲料中有效磷含量不足，如日粮以谷物为主，而没有添加骨粉、鱼粉等饲料或添加量不足。此外，饲料中钙磷比例不当、维生素D含量不足都会影响磷的吸收利用，从而引起磷缺乏症。缺磷时，也发生佝偻病或骨软症。

【诊断】

1. 症状　家禽由缺磷引起的症状与缺钙相似，见雏鸡的佝偻病和笼养蛋鸡疲劳综合征。

2. 实验室诊断　家禽日粮中缺磷，其最初的明显反应是血清无机磷浓度降低，并且出现血清碱性磷酸酶活性明显升高，血清钙浓度轻度上升。

【防治】原则是以补磷为主，注意钙、磷平衡。但要慎用维生素D。补磷时，一般在日粮中添加含磷的骨粉和鱼粉，或者使用磷酸氢钙和过磷酸钙。

三、氯和钠（食盐）缺乏症

氯和钠是食盐的组成成分，是家禽必需的两种矿物质元素。鸡缺乏食盐时食欲不振，采食减少，饲料消化利用率降低，常发生啄癖，雏鸡和青年鸡生长发育不良，成年蛋鸡减产。

【诊断】缺钠会使家禽食欲减退，消化不良，雏禽发育迟滞，体重减轻，异食，产蛋禽产蛋量下降，蛋变小，容易出现啄肛等恶癖。缺钠还会使家禽的饲料利用率降低。此外，缺钠还会引起骨质变软，角膜角化，血浆与体液量减少，进而心脏输出血量减少，动脉压降低，血细胞压积增加等。缺氯会使家禽生长极度不良，雏鸡成活率极低，死亡率高，血液浓缩、脱水，鸽对声音过敏。此外，还出现氯缺乏的特征性神经症状，受惊时突然倒地，两脚后伸，不能站立，几分钟后可很快恢复正常，再受惊时，又出现上述症状。

【防治】让家禽自由选择食盐或在饲料中加入食盐。一般情况下，家禽日粮中食盐添加量（在饲料中所占比例）以0.37%最为适宜（0.25%～0.5%），最高不要超过0.5%，视所用鱼粉的量和鱼粉的含盐量而定，切不可使饲料含盐量过高，否则容易引起食盐中毒。发生缺乏症后，以1%～2%的氯化钠混饲，连用2～3d，效果良好，但饲喂时间不可过长，并要给予充足的饮水。

四、锰缺乏症

锰缺乏症是由于家禽体内锰含量不足引起的一种以生长停滞、骨骼畸形、运动障碍及繁殖机能障碍为特征的疾病。

【诊断】

1. 症状　禽类对锰缺乏比较敏感，幼禽锰缺乏时的特征症状是生长停滞，出现骨短粗症和滑腱症，即胫骨和跗骨变短变粗，跗关节肿大、变形，可见单侧或双侧跗关节以下肢体扭转，向外屈曲；腓肠肌腱从侧方滑离跗关节，使患肢不能站立。严重者跗关节着地移动或麻痹卧地不起，因无法采食而饿死。产蛋禽缺锰时产蛋量下降，蛋壳变薄易破碎，种蛋孵化率下降，胚胎死亡率升高，胚胎发生短肢性营养不良，出壳前1～2d大批死亡，出壳的雏鸡从1日龄开始即有明显的神经症状，头后仰或前伸。

2. 病变　骨骼短粗，骨管变形，骨骺肥厚，骨板变薄，剖面可见密质骨多孔，在骺端尤其明显。

3. 诊断要点　根据病史、临床症状和病理变化可做出初步诊断。在日粮中补充锰进行治疗性诊断。如能配合对环境、饲料和体内锰状态的调查，并进行综合分析，有利于确诊。血液中锰含量对诊断意义不大，肝脏中锰含量亦只有在严重缺锰时才明显下降。血液、骨骼中碱性磷酸酶活性升高，肝脏中精氨酸酶活性升高，可作为辅助诊断指标。本病注意与佝偻病、骨软症和胆碱缺乏症鉴别诊断。

【防治】改善饲养，供给含锰丰富的糠麸等饲料。家禽饲料中大都需要额外补锰，通常每千克饲料中添加0.1～0.2 g硫酸锰，或者在饮水中添加0.01%～0.02%的高锰酸钾，每天更换2次，连用2d，停药2～3d，再用2d，对预防和早期治疗有显著效果。补锰时应注意防止锰中毒，饮水中高锰酸钾浓度不要超过0.02%，且不宜长期使用。已发生骨短粗和滑腱症的，很难完全康复，建议淘汰。

五、锌缺乏症

锌缺乏症是由于饲料中锌含量绝对或相对不足所引起的一种营养缺乏病。其基本特征是生长缓慢、皮肤角化不全、繁殖机能障碍和骨骼发育异常。

【诊断】

1. 症状　成年禽临床症状较轻，主要影响生长率、饲料转化率和产蛋性能，表现为羽毛缺损，产蛋减少，产软壳蛋，孵化率下降，胚胎畸形。严重的锌缺乏常见于雏禽，特别是母禽锌缺乏时孵化的幼禽，表现为生长缓慢，体质衰弱，食欲不振，羽毛发育不良、卷曲，易折损，严重时羽翼和尾羽全无，皮肤角化过度，有鳞屑，表皮增厚，长骨变粗变短，脊柱弯曲，跗关节肿大。

2. 诊断要点　依据低锌和/或高钙日粮的生活史，生长缓慢、皮肤角化不全、繁殖机能障碍及骨骼异常等临床症状，补锌效果迅速、确实，可建立诊断。测定血清、组织锌含量有助于确定诊断。必要时可分析饲料中锌、钙等相关元素的含量。

3. 鉴别诊断　对临床上表现皮肤角化不全的病例，应注意与疥螨性皮肤病、烟酸缺乏症、维生素 A 缺乏症及必需脂肪酸缺乏症等相鉴别。

【防治】饲料中补加锌盐如硫酸锌、碳酸锌和氧化锌。使用时应严格掌握剂量和用药时间，谨防中毒。

六、铁缺乏症

铁是血红蛋白、肌红蛋白和细胞色素以及其他呼吸酶类（细胞色素氧化酶、过氧化氢酶、过氧化物酶）的必需组成成分，其主要功能是将氧转运到组织中（血红蛋白）和在细胞氧化过程中转运电子（细胞色素体系）。因此，铁是家禽的物质代谢、造血、羽毛色素形成等所必需的微量元素之一。此外，铁与机体的抗体产生也有密切关系。

【诊断】

1. 症状　缺铁时产生缺铁性小红细胞低色素型贫血，病鸡精神沉郁，体质衰弱，生长停滞，消瘦，生长发育不良，鸡冠和肉髯苍白，羽毛粗乱，易于脱落。蛋鸡产蛋量下降，有色羽毛鸡的羽毛色素变淡。对传染病的易感性增强。

2. 实验室诊断　血液检查时，明显的变化是红细胞减少，血红蛋白含量降低。

【防治】本病应保证日粮中不同家禽对铁的需要量，尤其对幼禽和种禽。植物性饲料里的含铁量与土壤有关，其差别较大，因此配合饲料的含铁量不是很可靠，故应按家禽的实际需要量的 1/3～1/2 补充铁的添加剂，常用硫酸亚铁。家禽缺铁时，添加量可稍大一些。此外，也可使用碳酸亚铁、氯化亚铁、氯化铁。

七、铜缺乏症

铜主要储存在血液、肝、心和大脑中，对机体具有重要的生物学意义。铜可促进铁在肠道中的吸收并进入骨髓，促进铁合成血红蛋白与细胞生成；可促使无机铁变为有机铁，由三价铁变成二价铁。铜是细胞色素氧化酶、过氧化氢酶、酪氨酸酶、单胺氧化酶及抗坏血酸酶等的组成成分，或为其活性所必需。铜对骨骼的正常发育、羽毛的发育与色素的产生，维持神经系统的正常功能等都具有重要的作用。

家禽常用的饲料中均含有较丰富的铜，其中以油饼类、糠麸类饲料含铜量较高，玉米、稻谷中含量较少。

【诊断】

1. 症状　家禽缺铜时食欲减退，生长不良，羽毛粗乱无光；神经功能呈现异常，反应迟钝，运动失调，腿拖地，有时左右摇摆；产蛋鸡的产蛋量和孵化率都下降。

2. 病变 骨质疏松、脆弱易折断，关节畸形。严重缺铜可引起主动脉破裂，造成出血。

【防治】 要保证日粮中铜的需要量。鸡患铜缺乏症时，可在日粮中添加硫酸铜，喂时应充分混匀，以免中毒。鸡对铜的耐受性比较大，雏鸡饲料中含铜超过 350mg/kg、饮水中含铜超过 150mg/kg 才会出现毒性反应，在正常饲养中不会发生这种情况，但用硫酸铜治疗雏鸡曲霉菌病时需注意这个问题。如硫酸铜用量超过 2%时即会引起中毒，中毒症状表现为流涎、腹泻、呼吸困难、步态不稳，严重者出现痉挛而死。

八、碘缺乏症

碘是形成甲状腺素所必需的成分（甲状腺素约含 65%的碘），而甲状腺素几乎参与所有的物质代谢过程，对家禽的生长发育、繁殖、生产性能等各方面都起着重要的作用。

鸡对碘的需要量是每千克饲料 0.3～0.35mg。一般来说，远离海洋的内陆山区，其土壤、饮水和饲料中含碘量较低，成为缺碘地区。长期生活在缺碘地区的家禽，可能出现碘缺乏症。

【诊断】 可根据临床症状与病变做出诊断。母鸡缺碘，其所产的蛋孵化出的雏鸡，可能出现先天性甲状腺肿；孵化晚期的鸡胚发生死亡，或孵化时间延长、胚胎变小、卵黄囊的再吸收迟缓。缺碘使生长中的鸡生长缓慢，嗜睡，骨骼发育不良，鸡冠缩小，羽毛生长不良。公鸡缺碘，睾丸缩小、精子缺失，性功能减退。产蛋鸡缺碘，产蛋量下降，产软壳蛋。

【防治】 在缺碘地区，日粮中添加 0.37%的碘化盐（每 10kg 食盐加碘化钾 2g），可防止本病的发生。由于碘化钾的稳定性比较差，碘化盐配好后放置时间不可过久。饲料中含碘量如超过 300mg/kg，会导致碘中毒引起产蛋减少甚至停止，蛋的孵化率显著降低。

九、硒缺乏症

硒缺乏症是因硒缺乏致家禽骨骼肌和肌胃变性坏死、幼禽出现渗出性素质和脑软化的一种营养代谢病。由于硒和维生素 E 在机体抗氧化作用中的协同性，且二者的病理变化极为相似，临床上统称为硒-维生素 E 缺乏症。维生素 E 与硒之间的功能在一定范围内是相同的，两者有一定的互补作用，某一方缺乏，另一方补充有余，发病较轻，双方都缺乏时则症状加重。该病具有明显的地域性和群体选择性，主要发生于幼禽。

【诊断】

1. 症状与病变 有关与维生素 E 缺乏共同出现的肌营养不良、雏鸡脑软化症及渗出性素质在维生素 E 缺乏中已有叙述。此外，硒缺乏症尚可表现如下症状。

（1）*胰腺纤维素性增生* 常因先天性缺硒所致。以 6 日龄雏鸡发病率最高，雏鸡饲料缺硒可加速此病发生。患鸡生前无特征性变化而常突然死亡。亚急性发病时，鸡生长不良，羽毛蓬松，血浆中酸性磷酸酶、溶菌酶活性增加，但血浆及胰腺中谷胱甘肽过氧化物酶活性的变化与病的轻重无关。剖检可见，胰腺泡腔扩大，成纤维细胞侵入腺泡腔，原有的腺细胞萎缩而仅留下浓染的细胞核，排成一圆圈结构，圆圈外周为纤维组织所环绕。补硒后 2 周内胰腺结构可恢复正常。

（2）*肌胃变性* 雏鸡出壳后 7～10d 即死亡，表现全身衰弱，抑郁，羽毛蓬松，消化紊乱，发育不良，粪呈暗色并常混有少量未消化饲料，多呈亚急性和慢性经过。病理变化主要

局限于肌胃，可见肌胃角质膜出现由小到大的表层损伤，深层角质膜破坏，并有大量渗出性出血。

（3）肉用仔鸡苍白综合征　本综合征虽然并非单纯缺硒所致，但补硒对防治该综合征有很好的效果。本病主要发生于12～30日龄的肉用仔鸡，50日龄后不会发生，发病率为20%～33%。主要表现为翅羽基部不全断裂，断裂羽毛干垂直，犹如飞机的螺旋桨一般，故又名螺旋桨病。生长良好的鸡突然出现软脚，蹲地啄食，进而两脚瘫痪，完全不能站立，侧卧一侧或两脚一前一后叉开躺卧。其病理变化的特点是肌胃炎，腺胃和肌胃交界处出血，腺胃乳头糜烂出血，肌胃萎缩。本病极易与非典型新城疫相混淆，但用新城疫疫苗紧急接种，死亡更多。

2. 诊断要点　根据地方缺硒病史（所在地区是否缺硒）、发病日龄（幼禽多发）、典型的临床症状（渗出性素质等），结合病理变化可做出初步诊断。必要时，可做谷胱甘肽过氧化物酶活性测定，硒缺乏症时该酶活性降低。用硒制剂防治可得到良好效果可作为辅助诊断依据。为进一步确诊，查明病因，可测定基础日粮、血液或羽毛的含硒量。本病应注意与B族维生素缺乏症、雏白痢、球虫病及新城疫、马立克氏病等进行区别。

【防治】

1. 预防　主要是保证家禽日粮中硒的需要量，尤其在缺硒地区，应在饲料中添加亚硒酸钠。在日粮中保证维生素E和其他微量元素的含量也有助于本病的预防。

2. 治疗　对已发病的家禽，在改善饲养的情况下，可肌内注射或皮下注射亚硒酸钠。也可将禽需要量的硒混入日粮中，注意要混合、搅拌均匀。此外，在饮水中加亚硒酸钠也可收到一定效果。如配合维生素E，疗效更好，特别是对幼禽脑软化病例，必须以维生素E为主进行治疗。也可将硒酵母或其他的含硒添加剂混入饲料或饮水中，使禽自由采食或饮用。但应注意，过量的硒会引起毒性反应，雏鸡每千克体重注射亚硒酸钠10mg，数小时即死亡。饲料中含硒超过5mg/kg时，生长受阻，羽毛松乱，神经过敏，种蛋畸形胚胎增多，含硒达10mg/kg时种蛋孵化率降到零。

第四节　其他代谢病

一、肉鸡腹水综合征

肉鸡腹水综合征又称肉鸡腹水征，是发生于幼龄肉鸡的一种常见疾病，对快速生长的幼龄肉鸡危害更大。本病广泛分布于世界各地，以浆液性液体过多地聚积成腹水，肺淤血、水肿，心脏扩张、肥大，肝脏病变等为特征。

【诊断】

1. 症状　病鸡生长迟缓，反应迟钝，两翼下垂；冠和肉髯发绀或苍白皱缩；呼吸急促、困难，体温正常；腹部胀大下垂，行动蹒跚如鸭步，有的站立困难而以腹部着地，喜躺卧。严重病例鸡冠和肉髯呈紫红色，皮肤发绀，抓鸡时可突然抽搐死亡。最典型的临床症状是腹部膨大，触诊有明显波动感，腹部皮肤变薄发亮。腹水往往发展很快，病鸡常在腹水出现后1～3d内死亡。

2. 病变　腹水综合征病鸡的心脏与体重比值明显增加。特征性眼观病变是腹腔内有100～500mL以上的清亮、稻草色样或淡红色腹水，内有纤维素性半透明胶冻样物或絮状物以及少量细胞成分，主要是淋巴细胞、红细胞和巨噬细胞。腹水的量可能与病的程度和鸡日龄有关。实质脏器的主要病变是心脏体积增大，右心扩张肥大；肾肿大、淤血，有尿酸盐沉着；肠管淤血，管壁增厚；脾脏通常较小；胸腿肌和骨骼肌不同程度淤血和皮下气肿；肝肿大或皱缩，紫红或微紫红，表面不平并常有灰白或淡黄色胶冻样物附着，有的病例可见肝脏萎缩变硬，表面凸凹不平；胆囊充满胆汁；肺呈弥漫性淤血、水肿，副支气管充血，平滑肌肥大，毛细支气管萎缩。

3. 实验室诊断 血常规检查，血红蛋白浓度、血细胞比容和红细胞数升高。白细胞计数，异嗜白细胞和单核细胞增多而淋巴细胞减少。

4. 诊断要点 根据发病情况、临床症状和典型的病理变化不难做出诊断，但要注意与其他传染性疾病（衣原体病、大肠杆菌病等）和非传染性疾病（维生素 E 和硒等营养缺乏症、食盐中毒、霉菌毒素中毒、药物及消毒剂中毒等）所引起的腹水相鉴别。后者除腹水外，还具有其原发性疾病的症状与病变特征。

【防治】 本病应以预防为主。预防措施包括妥善解决防寒和通风的矛盾，控制湿度，搞好卫生，降低有害气体及尘埃浓度，保持舍内空气清新和氧气充足；保持适当的饲养密度，实行早期合理限饲或用粉料代替颗粒料，或于料中添加 0.05%维生素 C 和适量脲酶抑制剂；科学调配饲料，注意各种营养素和电解质的平衡，不喂发霉变质饲料；孵化后期适当向孵化器内补氧；注意呼吸道感染、肺损伤及其他疾病的预防；合理应用药物和消毒剂，以防中毒；开展抗病育种，选育对缺氧和腹水有抗性的肉鸡新品系。

二、肉鸡猝死综合征

肉鸡猝死综合征又称急性死亡综合征或“心脏病发作”“翻筋斗”，最早在美国被称为肺水肿；以生长快速的肉鸡多发，肉种鸡、产蛋鸡和火鸡也有发生。全年均可发病，发病率 0.5%～4%。本病的病因虽尚未清楚，但大多认为与营养、环境、酸碱平衡、生物素、遗传及个体发育等因素有关。

【诊断】

1. 症状 本病以外表健康、体况良好的鸡突然死亡为特征。无明显征兆而突然发病，大多数是在受到惊扰等应激刺激时身体突然失去平衡，向前或向后跌倒，惊厥，翅膀强烈扑动，肌肉痉挛，发出尖叫，多数病鸡往往在出现症状后 1min 内很快死亡。死后出现明显的仰卧姿势，两脚朝天，颈、腿伸直，少数鸡呈腹卧或侧卧姿势。病鸡血中钾、磷浓度皆显著低于正常鸡。

2. 病变 剖检见死鸡嗉囊和肌胃内充满饲料；心房扩张淤血，内有血凝块，心室紧缩呈长条状，质地硬实，内无血液；肺淤血、水肿，肠系膜血管充血，静脉扩张，肝脏稍肿，色淡。

【防治】

（1）加强管理，减少应激因素。防止密度过大，避免转群或受惊吓时的互相挤压等刺激。改连续光照为间隙光照。

（2）合理调整日粮及饲养方式。提高日粮中肉粉的比例而降低豆饼比例，以葵花籽油代替动物脂肪；添加牛磺酸、维生素 A、维生素 D、维生素 E 和 B 族维生素等，可降低本病的发生率。饲料中添加 300mg/kg 的生物素能显著降低死亡率。用粉料饲喂，对 3～20 日龄

仔鸡进行限制饲养，避开其最快生长期，降低生长速度等，可减少发病。鸡群饮水中添加碳酸氢钠可以减低死亡率，同时在日粮中添加碳酸氢钠。

三、缺 水

缺水是指由于各种原因，致使家禽不能摄入足够的水。家禽缺水现象比较常见，但未引起人们普遍重视。

水不仅直接参与机体组织的构成，而且具有运输营养物质及代谢产物、维持机体内环境稳定、促进和参与代谢过程、调节体温等重要生理功能。当家禽严重缺水时，水的上述生理功能发生障碍或被破坏，产生一系列不良后果。脱水和饥饿是雏鸡和雏火鸡第一周最常见的死亡原因。由于细胞内液的吸出，引起细胞皱缩和代谢障碍，细胞外液得不到补充，导致血液浓缩和循环障碍；有害的代谢产物积聚而引起自体中毒。缺水过久，各种消化液分泌减少，影响食欲，引起消化功能障碍。由于散热障碍而使体温升高。

【诊断】

1. 症状 对于短时间轻度缺水的家禽，一般在得到饮水后可不表现出明显症状。而长时间或严重缺水，尤其对雏禽则可表现明显的症状，甚至死亡。鸡体失水 10%时，则可造成死亡。

缺水初期，表现为兴奋性增高，不断鸣叫，张口伸颈，体温升高 1～2℃。如发展下去，由于缺水严重，皮肤干燥、皱缩，眼窝下陷，鸡冠和肉髯呈蓝紫色，精神沉郁，翅膀下垂，有的呈昏迷状态并伴有阵发性痉挛，最后衰竭而死。

幼雏缺水表现为体重减轻，绒毛与脚爪干枯、无光泽，眼凹陷，缺乏活力。一般来说，直接渴死的家禽很少，多数在得到饮水后可以很快恢复正常。但有一部分失水严重的，持续衰弱，抗病力差，造成弱雏或死雏增多。

雏火鸡缺水时，主要表现为虚弱、步态蹒跚、麻痹、抽搐、头颈扭曲、倒地等。

2. 病变 主要病理变化是尸体消瘦，皮肤及肌肉干燥，肌肉颜色变深，嗉囊空虚、干燥，肝萎缩，肾常有尿酸盐沉积等。

【防治】为预防本病的发生，应注意采用以下方面的措施。

种蛋产出后应尽快入孵，一般不超过 5～7d，存放过久不仅孵化率低，且失水也比较多。种蛋保存环境的相对湿度应在 75%～80%。在孵化过程中应控制适宜的温度和湿度。孵化器内的相对湿度要保持在 50%～60%，出雏器内保持在 60%～70%，不宜过于干燥。雏禽出壳后 12～24h 即给予饮水，雏禽出壳时间不齐时，应按先后分批饮水。在育雏期间，育雏室应保持适宜温度，饮水不得中断。在日常管理过程中，应注意温度对饮水量的影响，当气温高于 20℃时饮水量增加；产蛋高峰时饮水量也增多；笼养的比散养的饮水多；由于肉用鸡增重快，饮水量要比蛋用鸡多。因此，在供水时应保证它们的需要。

禽舍内饮水器数量要充足，分布要均匀，饮水器高度应随雏鸡的体高而调整，始终保持比鸡背高 2.5cm。使用自动饮水系统，应经常检修，避免发生故障，保障不断供水。饮水池、管道、饮水器要保持清洁，饮水的水温应适宜，一般与室温相近。

长途运输家禽，装运前要给予充足饮水，运输途中时间长的要中途补水。由于某些疾病会妨碍家禽饮水，要注意防治原发病的发生。

四、笼养蛋鸡疲劳综合征

笼养蛋鸡疲劳综合征又名笼养鸡瘫痪或笼养鸡软脚病，主要发生于笼养产蛋母鸡，而少见于平地散养母鸡。体型大的母鸡群较易发生，而轻型鸡较为少见。本病在高产母鸡中最为普遍，一般转群入笼后几周，产蛋高峰时发生，发病率可达10%～20%。病鸡的主要特征为骨骼结构低劣、骨质疏松，故又称此病为笼养蛋鸡骨质疏松症。此病具有群发性特征，常引起较大的经济损失。病因：一般认为是由于笼养鸡所处的特定环境以及钙磷不足、维生素D缺乏、运动不足等，造成无机盐代谢紊乱。

【诊断】

1. 症状 病初，蛋鸡食欲、精神、羽毛均无明显的变化，产蛋量也基本正常。继续发展时则蛋鸡反应逐渐迟钝，食欲稍减少，产软壳蛋，两腿发软，不能站立，常呈侧卧姿势，并伴有脱水、体重下降，故又称为"笼养鸡瘫痪"。此时如能及时发现，采取措施则可很快恢复。否则症状加剧，骨质疏松，易于变形折断，使病禽躺卧或蜷伏不起，难以接近食槽、饮水器而得不到饲料和水，导致极度消瘦、衰竭而死。由于骨骼变薄、变脆，肋骨、胸骨变形，有的在笼内即骨折，有的在捕捉或转群时出现多发性骨折。肋骨骨折引起呼吸困难，胸骨骨折引起截瘫。尽管鸡严重缺钙，但产蛋量和蛋质量并未下降，直至病的后期产蛋量才明显下降。

2. 病变 剖检时，实质性脏器不见肉眼病理变化。主要病理变化是骨骼变形和骨折，如腿骨、肋骨、胸骨、脊椎等，胸廓缩小，关节呈痛风性损害。镜检可见骨骼疏松，正常骨小梁结构破坏，关节呈痛风性损伤，组织出血性炎症。有的肾盂急性扩张，肾实质囊肿，有尿酸盐沉着。

【防治】

(1) 笼养蛋鸡饲料中磷、钙含量要略高于散养的鸡，钙不低于3.2%～3.5%，有效磷保持在0.4%～0.45%，其他矿物质、维生素C和维生素D等也要满足鸡的需要。由于本病多发生在开产后或产蛋高峰期，因此在产蛋前要保证饲料中上述物质的含量。

(2) 上笼的时间以17～18周龄为宜，在此以前实行散养，自由运动，增强体质。上笼后给予产蛋鸡日粮，经2～3周适应过程，可以正常开产。

(3) 每只鸡占的笼面积应不少于380 cm^2，不要用狭小鸡笼饲养中型鸡。舍温控制在20～27℃，尽量减少应激。

平时要注意观察鸡群，发现病鸡后立即挑出来散养，对这些病鸡和余下的鸡应给予磷、钙含量较高且比例适当的饲料，补充维生素D等。一般轻症的在2～3周内可恢复正常，对已骨折且严重消瘦、衰竭的病鸡应予淘汰。

第四单元 中毒病

第一节 饲料和毒素中毒

一、食盐中毒

食盐（氯化钠）是维持家禽正常生理活动所必需的物质。如果饲料搭配不当，食盐量过多，或是摄食了食盐多的残羹和咸鱼、咸菜等，就会发生中毒。中毒量为每千克体重 1～1.5g。雏禽比成年禽更容易中毒，如雏鸡饮水中氯化钠含量高达 0.7%时，会出现生长迟缓和死亡，含量达 0.9%时，5d 后 100%死亡。当饲料中含盐量达 3%，或鸡、鸭每千克体重食入 3.5～4.5g 时，即可引起中毒死亡。

【诊断】

1. 症状 家禽发生食盐中毒时的病症取决于摄取食盐量。吃入过量的食盐，首先消化道发生刺激性炎症，病禽食欲不振或完全废绝，不安，并发生腹泻；随后病禽烦渴，频频饮水，嗉囊内充满液体。初期病禽极度兴奋，肌肉震颤，雏禽不断鸣叫，继而出现精神沉郁，运动失调，两脚无力，甚至瘫痪等；最后，因衰竭而死亡。

雏鸭发生食盐中毒后，不断地鸣叫，无目的地冲撞，头向后仰，以脚蹬地，胸腹朝天，头颈不断旋转。

2. 病变 剖检时可见嗉囊充满黏性液体，黏膜脱落。腺胃黏膜充血，有时形成假膜。小肠发生急性卡他性肠炎或出血性肠炎，尤其是十二指肠呈现弥漫性点状出血。有时可见皮下组织水肿，肺水肿，腹腔和心包积水。多数病例在输尿管内有盐类结晶沉着。青年鸡常伴发肾炎及心肌出血。鸭有时可见到肝脏淤血，肝叶下缘有出血点等。

3. 诊断要点 根据饲料中加入咸鱼粉、饮水中加入食盐等病史，结合临床症状和病理变化可初步诊断，确诊可调查饲料中氯化钠的含量、测定病禽胃内容物和内脏器官氯离子含量。

【防治】发现中毒后，立即停止喂食盐或含盐多的饲料，供给充足的清洁饮水或糖水，使禽群自由饮用。在中毒早期，灌服植物油缓泻剂可以减轻中毒的症状。为预防食盐中毒，要严格控制饲料中食盐的含量，保证充足的饮水，防止误食含盐高的物质，对雏禽尤应注意。在饲喂咸鱼时，要特别注意食盐中毒问题。

二、鱼粉中毒

鱼粉中毒是因家禽饲喂鱼粉引起的以肌胃糜烂与溃疡为特征的中毒性疾病，又称为肌胃糜烂病。通常是由于饲料中鱼粉饲喂过多而引起的一种肌胃类角质膜丧失保护作用的消化道疾病，常发生于肉鸡的仔鸡，2～3周龄发病最多，3～4周龄死亡率最高。发病鸡食欲减少、精神倦怠，严重病例会出现黑色呕吐物并出现贫血、消瘦，因而，曾被称为“黑色呕吐病”。本病未见特效治疗方法，常以预防为主。

【诊断】

1. 症状 多发生在2～7周龄的肉仔鸡，尤以纯种肉用鸡更敏感。死亡率不等，高者可达10%以上。患病鸡主要表现为羽毛蓬松、食欲减少、精神萎靡、消瘦、贫血，排黑褐色软粪或黑褐色稀粪。细心观察时可见嗉囊部位的皮下肿胀并呈棕黑色，用手触摸可感觉到嗉囊内容物有波动感。将病鸡倒提时，从口中流出棕黑色的液体。有时病鸡因内出血而冠变白，突然倒地抽搐而死。如果发生混合感染或并发其他疾病时，则死亡率升高。病鸡往往在采食一批新批号的饲料后出现，如调换饲料之后，死亡可能又逐渐减少或停止。管理细致时，很容易发现该病与饲料的关系。

2. 病变 剖检病死鸡，鸡肉苍白，贫血。病变主要集中在消化道，尤其是胃和肠。嗉囊扩张，嗉囊、腺胃、肌胃和十二指肠内有米汤样黑褐色稀液；腺胃扩张、胃壁迟缓、黏膜脱落，腺胃与肌胃交界处稍下方至肌胃中后区常见不同程度的糜烂或溃疡；肌胃类角质膜呈暗绿色或黑色，皱襞增厚，表面粗糙，严重者有糜烂病变，肌胃内砂粒减少甚至无砂粒，残食呈暗绿色或黑褐色；十二指肠、盲肠黏膜出血，表面坏死，泄殖腔黏膜充血。

3. 诊断要点 根据患鸡的临床症状和病理剖检变化（尤其是肌胃的病变），并结合饲料中鱼粉的应用情况即可做出临床诊断。

【防治】

1. 治疗 发现该病应立即停止使用原来的饲料或鱼粉。病鸡群饲喂0.05%的硫酸铜或0.1%～0.2%碳酸氢钠可减少死亡。

2. 预防 本病应以预防为主，只要采取有针对性措施便可收到良好的效果。日粮中鱼粉的含量控制在8%以下，或使用无鱼粉全价料。在每千克日粮中补充维生素K 2～8mg、维生素B_6 3～7mg、维生素C 30～50mg、维生素E 5～20mg，有着减弱应激反应和预防的效果。

黄曲霉毒素中毒

三、黄曲霉毒素中毒

黄曲霉毒素中毒是由黄曲霉毒素引起的家禽的中毒病。主要特征是肝脏受损，生长受阻，皮肤苍白，饲料转化率低下，产蛋率下降，免疫应答能力降低，蛋白质、脂肪代谢发生改变。

禽类对黄曲霉毒素很敏感，容易发生中毒。家禽中以雏鸭和火鸡最敏感。不同品种、不同日龄鸭的敏感性不一致，如北京鸭对黄曲霉毒素的耐受性较其他品种的鸭强，雏鸭较成年鸭更敏感，因此，常用雏鸭作为测定饲料中有无黄曲霉毒素的实验动物。

【诊断】

1. 症状 雏鸡多发于2～6周龄，病鸡表现衰弱，食欲减退，生长不良，贫血，排血色稀粪。

雏火鸡表现与雏鸡类似，嗜睡，食欲减退，体重减轻，两翼下垂，脱毛，凄叫，呆立，腹泻，角弓反张，颈肌痉挛，1周后死亡。死时头向后背，脚后伸。死亡率高达50%以上，甚至达80%～90%。

鸭发生黄曲霉毒素急性中毒时，雏鸭精神委顿，衰弱无力，步态不稳，离群呆立，腹泻，粪便呈水样、带泡沫的黄绿色稀便，肢体由于皮下出血而呈紫红色，死时角弓反张。死亡率可达100%。中鸭或成年种鸭中毒时，除有雏鸭的症状之外，主要表现为生长不良，体弱消瘦，体重减轻，羽毛不洁，弓背呆立，产蛋量严重下降或完全停止，平均蛋重减轻，只有50g左右。

2. 病变　剖检时，黄曲霉毒素中毒的特征性病变在肝脏。急性中毒时，肝脏肿大，色泽变淡，有出血斑点，胆囊扩张。肾脏色淡、稍肿大。胰腺有出血点。胸部皮下和肌肉常见出血。在慢性和亚急性病例，肝脏由于胆管明显增生而发生硬化，病程越长肝硬化越明显，肝脏中可见白色小点状或结节性增生病灶，肝脏色泽变黄，质地坚硬，病程超过1年以上的，肝脏上可能出现肝癌结节。心包和腹腔中积液增多。小腿和蹼的皮下有明显的出血。

3. 诊断要点　通常可根据症状、饲喂发霉饲料的病史以及剖检病变做出初步诊断。进一步确诊需测定饲料中的毒素，或将可疑饲料饲喂1日龄雏鸭，根据雏鸭发病与否进行确诊。最后确诊需做霉菌分离鉴定，确定产毒型。常用层析法分离毒素，其中有薄层层析法和柱层层析法，而目前最常用的是高压液相层析法。近年来，还采用放射免疫法、酶联免疫法和单克隆抗体法测定黄曲霉毒素，具有快速、简易、灵敏等特点。

【防治】

1. 治疗　目前尚无切实有效的治疗方法。发现中毒时，应立即停喂发霉饲料，给以碳水化合物含量高、易消化的饲料。减少或不喂含脂肪多的饲料，加强护理，轻者即可恢复。中毒严重时，立即更换饲料，并及早给以盐类泻剂，如硫酸镁，促使中毒家禽排出肠道中的毒素；使用保肝止血药物，供给青绿饲料和维生素A、B族维生素、维生素D等复合维生素，缓解中毒现象；强碱和5%次氯酸钠可使毒力最强的黄曲霉毒素B_1完全破坏。中毒禽的粪便中含有毒素，要彻底清除，集中处理，以免污染禽舍和饲料槽、饮水器及水源等。

禽舍、饲料仓库可用福尔马林熏蒸或用过氧乙酸喷雾消毒，消灭霉菌和霉菌孢子的污染。

2. 预防　黄曲霉毒素耐热，280℃仍不被破坏，又不溶于水，因此，加热、日晒、水洗均不能除去饲料中的黄曲霉毒素，而干燥只能控制霉菌的生长繁殖和产毒。根据上述特点可采取以下预防措施：①作为饲料原料的农作物，不要过熟收获，收获后应尽快进行干燥处理。谷物等原料储存时要保持干燥、通风、低温，防止发霉。各种谷物和饲料的含水量，玉米等不超过12.5%，花生、葵花籽等不超过8%。②坚持不喂发霉的饲料，尤其是不喂发霉的玉米、花生麸、豆饼、花生饼等。③饲料应进行严格的霉菌总数和霉菌种类的微生物学检查。经检查发现有产毒的曲霉、青霉时，该样品原料就不能作为饲料用，尤其不能用作幼雏特别是雏鸭、雏火鸡、雏鸡等幼禽的饲料。④饲料中加入防霉剂，如丙酸盐（丙酸钙、丙酸钠）、山梨酸、龙胆紫等，可抑制霉菌的生长繁殖，防止饲料发霉。⑤饲料库房、饲料加工车间、饲料塔、输送管道及饲料槽（盘）等要经常保持清洁，避免饲料发霉。

四、赭曲霉毒素中毒

赭曲霉毒素中毒是由赭曲霉毒素引起的家禽以食欲减少、体重减轻、肾脏肿大、尿酸盐沉积、肾小管变性和机能损伤并发生免疫抑制为主要特征的中毒病。成年鸡中毒时还引起产蛋率和蛋的孵化率下降。

赭曲霉是产生赭曲霉毒素的主要真菌。食品、谷物、配合饲料污染赭曲霉等产毒霉菌菌株时，均能产生赭曲霉毒素A（OA）。OA是一种强烈的致肾中毒剂，是霉菌毒素性肾病的主要致病毒素，同时可产生主要代谢产物草酸或草酸盐引起肾功能障碍。

【诊断】

1. 症状 亚致死量的OA能引起雏鸡发育不良，生长停滞，反应迟钝，不爱活动，蜷缩，食欲降低，腹泻，重者最后陷于极度衰竭而于22～25h内死亡。

肉用仔鸡中毒时，除上述症状之外，还可发现血浆中的胡萝卜素减少，同时皮肤的色素指标下降，即肉用仔鸡皮肤色素着色不佳。

鹌鹑中毒时，除有急性中毒症状外，还发现有明显的贫血现象。

产蛋鸡群体重大为减轻，育成鸡的性成熟期推迟，饲料利用率下降，产蛋量减少，种蛋的孵化率明显下降，孵出后的新生雏鸡生长速度缓慢。

2. 病变

（1）急性中毒

①雏鸡：急性致死性OA中毒，可见肝脏、胰脏和肾脏苍白，肾肿大，白色尿酸盐在输尿管、肾脏、心脏、心包、肝脏和脾脏中沉积（内脏痛风）。镜检可见以蛋白质和尿酸盐沉积、巨型和异嗜细胞浸润以及肾小管上皮的灶性坏死为特征的急性肾管性肾病；有的肝细胞灶性坏死，随后出现灶性纤维化；骨髓造血抑制，脾脏和法氏囊淋巴细胞空泡变性。

②育成鸡：OA使肉鸡产生骨软症，胫骨易骨折，常见移位。组织学变化以骨髓骨质稀少和妨碍软骨和膜内骨形成为特征。骨样组织形成缺少，骨质疏松。

③母鸡：肾功能减退，肾脏显著肿大，肝脏肿大；嗉囊、腺胃、肌胃黏膜增厚水肿，并充满食物；腺胃乳头出现点状出血，肌胃有轻度溃疡；胸腺、法氏囊萎缩，淋巴器官衰竭，淋巴细胞减少；肾脏功能下降，肾细胞水肿，输尿管上皮细胞坏死性变化严重。

（2）亚急性中毒 火鸡、雏鸭和鸡的亚急性OA中毒时，肝脏和肾脏重量增加，而淋巴器官重量减轻；肾脏苍白，胆汁变白及黏度下降，肠道有卡他性内容物。

3. 诊断要点 赭曲霉毒素中毒的诊断比较复杂。首先要进行临床观察，了解发病与死亡的规律，了解鸡场内是否有曲霉菌病。其次要检验饲料，取样可选用不同的配料和用这些配料制成的配合饲料，进行霉菌总数的检查，分离和鉴定霉菌种类，确定产毒霉菌及其毒素性质。近年来，国内外已开始探索OA的免疫化学分析技术，利用OA的特异性抗体，可从动物体液、谷物、饲料、食品等检出相应的OA。

【防治】赭曲霉毒素常由饲料带入禽舍，有时霉菌污染垫料、饲料、饲料槽等产生毒素，所以在预防上最为重要的是严格防止霉菌污染。为此，配料的原料要干燥，不发霉；配料后要存放在阴凉干燥处，并使输送管道、饲料槽及饲料盘保持清洁；垫料要干燥，鸡舍内通风要良好；必要时饲料中加入防霉剂；每批饲料及其原料要进行检查；做好经常性的清洁卫生工作。发生中毒时应立即撤换饲料。

五、单端孢霉烯族毒素中毒

单端孢霉烯族毒素又称单端孢霉烯族化合物，有70多种类似毒素，是由多种真菌产生的代谢物质。其中T-2毒素、二醋酸蔗草镰刀菌烯毒素（DAS）、雪腐镰刀菌烯毒素（Novalenol）等对禽类毒性较大。禽类发病是由于采食了含单端孢霉烯族毒素的饲料所致。

【诊断】

1. 症状　T-2 毒素中毒时，病禽食欲减少或废绝，鸡冠和肉髯色淡或青紫；病禽姿势异常，头低垂，眼闭合，羽毛逆立，翅膀开张，反应迟钝。在 1～7 日龄雏鸡常见有腿向后向外翻转，失去自主性运动。成年鸡增重减慢。急性中毒时，常在采食有毒饲料后 3h 到 3d 内发病，慢性多为 5d 发病，多数 20d 后死亡。中毒禽多数预后不良。

DAS 中毒时，以骨髓造血器官、脑、淋巴结、睾丸、胸腺损害为主，可抑制机体细胞免疫，使白细胞减少，并强烈刺激消化道，引起皮肤坏死、出血性胃肠炎、结膜炎、角膜炎，小肠黏膜出血、坏死，肝、肾损伤等。

2. 病变　T-2 毒素中毒多为营养不良性消瘦和恶病质，表现广泛出血和损害，小肠、肾出血，肝充血、细胞坏死，口、咽、食道发炎，法氏囊肿胀。

雪腐镰刀菌烯毒素中毒时可见皮炎、出血，白细胞减少，神经紊乱，脑、脑膜、肠道和肺出血，骨髓和中枢神经系统受损。组织学检查见肠道黏膜上皮、胸腺、脾、淋巴结、骨髓细胞变性、分解和坏死。

3. 诊断要点　可根据病史调查、症状、病变进行诊断，确诊需测定毒素或进行产毒霉菌分离培养。

【防治】无特效疗法。怀疑为该类毒素中毒时，立即停止饲喂可疑饲料，同时给予黏膜保护剂和对症治疗，如发生出血性肠炎可试用维生素 K 治疗。

第二节　药物中毒

一、磺胺类药物中毒

磺胺类药物是一类抗菌谱比较广泛的化学治疗药物，能抑制大多数革兰氏阴性细菌，是家禽较常用的药物，广泛应用于家禽某些传染病、球虫病、卡氏白细胞虫病的防治，但在发挥其治疗作用的同时，如果被滥用、用量过大或用药时间过长，均会引起不良作用，并可能引起急性或慢性中毒。

磺胺类药物可分为两大类，一类在肠道内容易被吸收，另一类则不容易被吸收。其中，容易被吸收的磺胺类药物较易引起家禽的中毒。目前，较常使用的这一类磺胺类药物有磺胺噻唑、磺胺嘧啶、磺胺二甲嘧啶、磺胺甲氧嗪、磺胺多辛、磺胺-6-甲氧嘧啶、酞磺胺噻唑、磺胺喹噁啉、磺胺-5-甲氧嘧啶等。

不同种类、不同品种、不同日龄的家禽对磺胺类药物的敏感性差异很大。一般来说，纯种比杂种家禽敏感，雏禽比成年禽敏感。

【诊断】

1. 症状　急性中毒时，主要表现兴奋不安，拒食，摇头伸颈。继而出现共济失调、肌肉震颤、痉挛、麻痹等症状，呼吸迫促，冠和肉髯苍白，严重的迅速死亡。慢性中毒多见于大量用药或长期用药的禽，表现为羽毛松乱，沉郁，食欲减少或不食，渴欲增加，头部肿胀，腹泻或便秘，粪便呈酱油样或灰白色，雏禽生长发育迟缓，死亡率明显增加，产蛋禽产蛋量急剧下降，产软壳蛋、薄壳蛋，蛋壳粗糙，严重贫血、黄疸，并多发生神经炎和全身性出血性变化。有的出现明显的痛风症状或肾功能障碍症状。

2. 病变　常见病变为皮肤、肌肉、内脏器官出血。轻症的鸡骨髓由正常的暗红色变为淡红色，严重时变为黄色；肠道有弥漫性出血斑点，盲肠内有血液，腺胃、肌胃角质层出血；肝肿胀，呈黄色或褐色，并有出血点及坏死灶，胆囊肿大；肾肿大呈土黄色，有出血斑，输尿管变粗，内充满尿酸盐；脾肿胀，有出血性梗死和灰色结节灶；十二指肠黏膜出血，盲肠内充满紫红色或褐色内容物；心肌见有刷状的出血，心肌中的灰色结节区与肝、脾、肾及肺中的病变类似。

组织学检查可见肝、脾、肾及肺有干酪样坏死区，坏死灶的边缘有淋巴细胞和吞噬细胞浸润；周围的淋巴组织发育不全，包膜水肿，有纤维组织形成，并有含铁血黄素的巨噬细胞；早期肝门周围单核细胞浸润，胆管增生，坏死区有含铁血黄素沉积，肝门血管栓塞；肾小管上皮变性、坏死，肾小球增生，肾小囊扩张；肺淤血，肺小叶间和肺实质水肿，间质有单核细胞局灶性浸润；股骨髓窦状隙内的红细胞生成减少，窦状隙下的淋巴细胞生成增加，有时发生含铁血黄素沉着。

3. 诊断要点　主要根据病史调查（是否应用过磺胺类药物，用药的种类、剂量、添加方式、供水情况、发病的时间和经过），结合现场观察临床症状及病禽剖检病理变化，进行综合分析后做出诊断。必要时应对可疑饲料和病禽组织进行毒物检验分析。

【防治】

1. 治疗　发生中毒时，应立即停止使用含有磺胺类药物的饲料或饮水，同时供给充足的清洁饮水。对已见广泛出血的病禽，目前尚无特效药物可救治。轻度中毒的病鸡，可用0.1%碳酸氢钠、5%葡萄糖水代替饮水1～2d，并加大饲料中维生素K和B族维生素的含量，有一定作用。例如，在饲料中添加0.04%～0.05%的维生素K_3或维生素K_4。每只鸡肌内注射维生素B_{12} 1～2μg或叶酸50～100μg，或按每只鸡0.5～1mL计算，将复合维生素B溶液溶入饮水中，连续用药3～5d。

2. 预防　重点在于严格掌握和控制磺胺类药物的使用剂量及用药时间，防止超量，计算、称量要准确，搅拌应均匀，使用时间不宜太长，尤其是对于雏鸡及使用磺胺喹噁啉及磺胺二甲嘧啶时更应注意；对磺胺类药物特别敏感的家禽，应尽量避免使用磺胺类药物。用药期间应补充富含维生素的饲料或多种维生素制剂，如提高饲料中的维生素K、B族维生素的含量，并保持充足的饮水；选择2～3种磺胺类药物联合使用，不但可提高防治效果、减慢细菌耐药性的形成，而且由于用药量相对减少，药物的毒性反应也较轻。

二、马杜霉素中毒

马杜霉素是离子载体类抗生素，生产中被用作抗球虫药，但本品毒性较大，安全范围小，临床上每千克饲料添加7mg以上剂量即可引起中毒。家禽中毒主要是由于对这些药物使用不当，如超过安全剂量使用此类药物；药物与饲料搅拌不匀，局部饲料中药物剂量过大，造成中毒；重复用药，引起中毒。

【诊断】

1. 症状　鸡中毒时表现体重减轻，瘫痪，呼吸困难，蛋鸡产蛋减少。

2. 病变　剖检可见心肌、胃肠黏膜、浆膜、皮下、脑膜出血，脑水肿，肺充血和出血。

【防治】无特效解毒剂，对症治疗有时可以缓解症状。预防中毒的唯一办法是严格按照说明书用量或遵医嘱使用药品，切不可擅自加大用量，即使怀疑预混剂中的有效成分含量，也应先经少数治疗试验取得经验后，再到大群中推广使用。

三、高锰酸钾中毒

高锰酸钾又称过锰酸钾、灰锰氧或PP粉，是一种氧化剂，在家禽中常用其水溶液消毒饮水。高锰酸钾在饮水中的安全浓度为0.01%～0.03%，超过0.03%即可对黏膜产生刺激和腐蚀作用；高于0.2%时极易引起中毒。若饮水中有未溶解的高锰酸钾颗粒，禽类食入极易中毒。

如果高锰酸钾浓度过高（超过2%时），对胃肠道黏膜有激性，肠蠕动加快，病鸡腹泻；高浓度的高锰酸钾还会腐蚀黏膜，使病鸡腹痛不安，很快死亡。成年鸡高锰酸钾的中毒致死量为2g。中毒鸡的特征症状为口腔、舌、咽黏膜呈红紫色、水肿，呼吸困难或有腹泻。

【诊断】

1. 症状 高锰酸钾具有强烈的刺激和腐蚀作用，首先引起消化道黏膜的损伤，吸收入血液后，高锰酸钾可损害肾脏和大脑，且钾离子还可对心脏产生毒害作用，导致死亡。中毒家禽的口腔、舌、咽部的黏膜呈紫红色、水肿，呼吸浅频、困难，流泪，不安，肌肉震颤，常有腹泻，进而站立不稳，呆立嗜睡，昏迷，并常在6～12h内死亡。

2. 病变 主要病理变化为食管、嗉囊、胃肠黏膜呈深褐色，并见有腐蚀引起的溃疡或糜烂，有时见有斑点状出血。严重的嗉囊黏膜大片脱落。慢性中毒病例则可发现锰性脑炎和肺炎变化。

【防治】高锰酸钾中毒无特殊解毒药，发现中毒后立即停止饮用高锰酸钾饮水，供给新鲜饮水，量要充足，轻症者经3～5d可逐渐康复。必要时可在饮水中加入鲜牛奶或鸡蛋清，对消化道黏膜有保护作用。严重中毒的鸡可用过氧化氢冲洗嗉囊后，再灌服牛奶或蛋清，具有一定疗效。

预防措施主要是在平时将饮水中高锰酸钾的含量严格控制在0.01%～0.03%以内。

四、福尔马林中毒

福尔马林为36%～40%的甲醛溶液，常用于禽舍、孵化房、孵化机、种蛋、出壳雏鸡的熏蒸消毒。若使用不当，可导致家禽中毒。

【诊断】空气中的甲醛浓度为20～60mg/m^{3}时可引起家禽流泪和咳嗽，140～200mg/m^{3}时引起家禽中毒死亡。中毒禽表现为流泪、流鼻涕、咳嗽、气管啰音、呼吸困难，最后衰竭而死。剖检主要见呼吸道黏膜充血、出血。

【防治】发现家禽中毒后，立即将病禽移至空气新鲜的地方，轻度中毒者一般不久即可康复。

预防上应注意福尔马林的用量，特别是熏蒸出壳雏鸡时，1m^{3}空间所用福尔马林不得超过15mL，作用时间不超过30min；用福尔马林熏蒸过的禽舍，应于消毒后经通风换气后才可养禽。若熏蒸后的禽舍急于使用，应以氨气中和残留的甲醛气体（按1m^{3}空间用氯化铵5g、生石灰10g，一起加入750mL 70～80℃的温水中，氨气即可挥发）。

五、喹乙醇中毒

我国已明文规定禁止喹乙醇在食品动物生产中使用。过去喹乙醇曾作为饲料添加剂在养禽生产中广泛使用，如果使用量过多或饲喂时间过长，常引起家禽中毒。临床上以胃肠出血、瘫痪、昏迷、失明为特征。

【诊断】

1. 症状 喹乙醇中毒时表现为精神沉郁，采食减少，排稀黑色粪便，蹲伏不动，鸡冠呈紫色，渐进性瘫痪，昏迷，死前扑翅、挣扎、尖叫、痉挛，角弓反张。

2. 病变 剖检可见胃肠道、腺胃壁增厚，肠道不同程度充血和出血，十二指肠出血严重，黏膜和浆膜有大小不等的出血斑；脾和肾肿大、充血、质脆；肝肿大、呈暗褐色、质脆，切面糜烂、多血，胆囊扩大；心肌出血，心包粘连；母禽卵巢变形，小的卵膜有一些黄白色的坏死小点，稍大的卵膜破裂，卵黄溢出。

3. 诊断要点 主要是根据病史调查有过量采食喹乙醇的病史，临床上有排黑色稀粪、瘫痪、昏迷等症状便可怀疑喹乙醇中毒。本病的确诊依赖于动物的饲喂试验和饲料中喹乙醇含量的测定，一般饲喂剂量超过安全饲喂量的6～8倍，即可引起中毒死亡。

【防治】目前对喹乙醇中毒还没有特效治疗药物。发病后即使停止食用原饲料，彻底更换新料，死亡仍可继续发生。发现中毒，立即停药，并给予充足的饮水，在饮水中加1%～2%小苏打、5%葡萄糖和维生素C或多维适量，连服数日，至症状基本消失为止。

第三节 农药及化学污染物中毒

一、有机磷农药中毒

有机磷农药的种类很多，如内吸磷（1059）、对硫磷（1605）、敌敌畏（DDVP）、敌百虫、马拉硫磷（4049）、乐果（Rogor）等，被广泛用于防治农作物虫害。这类农药对家禽有明显的毒害作用，误食以低浓度有机磷农药浸泡过的种子，即可引起家禽急性中毒。此外，残留于农作物中的少量有机磷农药也可引起家禽慢性中毒。

【诊断】

1. 症状 最急性中毒未见任何先兆症状而突然死亡。急性中毒表现为运动失调，盲目奔走或飞跃，瞳孔缩小，流泪，流鼻液和流涎；食欲下降，或完全不食，频频排粪、便血，呼吸困难。病初呈痉挛状，症状逐渐加重至不能行走，卧地不起；鸡冠和肉髯呈紫蓝色；病后期转为沉郁，不能站立，抽搐，昏迷，最终衰竭而死亡。

2. 病变 主要病理变化为皮下或肌肉有出血点；嗉囊、腺胃、肌胃的内容物有大蒜味，胃肠黏膜充血、肿胀、易剥落；喉和气管内充满带气泡的黏液；肺淤血、水肿；腹腔积液；心肌、心冠脂肪有点状出血；肝、肾肿大，质脆，呈土黄色。

3. 诊断要点 依据有接触有机磷农药的病史，临床上呈现以胆碱能神经机能亢进为基础的综合症候群，包括流涎、肌肉痉挛、瞳孔缩小、腹泻、呼吸困难等症状，剖检时肠胃内容物有大蒜味等，一般可以做出初步诊断。必要时进行胆碱酯酶活性测定及有机磷农药的定性检验，加以确诊。

【防治】

1. 预防 为预防有机磷农药中毒，饲料间不能存放农药，选用有机磷杀虫药作为体外杀寄生虫药时，必须严格控制用药浓度和剂量。经有机磷农药喷洒过的禽舍或运动场，应打扫后再让禽群进入。不要在近期喷洒过农药的地区放牧。注意饮水及饲料不要被有机磷农药污染等。

2. 治疗　发生有机磷农药中毒时，应立即将含毒的物品清除，同时可选择下列方法进行治疗。

(1) 经消化道摄入有机磷农药后不久的病例，可切开嗉囊取出内容物，用2%硼酸溶液冲洗干净后进行外科缝合，或灌服1%硫酸铜或0.1%高锰酸钾溶液将残留在消化道的毒物转化为无毒物质。

(2) 解磷定、氯解磷定、双解磷、碘解磷定、双复磷等均为特效解毒剂。解磷定：肌内注射每千克体重0.2～0.5mg，对多种有机磷农药中毒均有效，但对敌百虫、乐果、敌敌畏、马拉硫磷中毒的疗效较差，中毒较久的病例则疗效更差；双复磷：对各种有机磷农药中毒均有显著的解毒效果，剂量为每千克体重40～60mg，肌内注射或皮下注射，然后视情况24～48h内可重复注射一次。

(3) 对症治疗，如肌内注射硫酸阿托品，每只0.2～0.5mL（1mL含量为0.5mg），对各种有机磷农药中毒均有疗效，早期应用，效果更显著，一般于注射后半小时左右，病禽即能起立行走。在饲料中添加维生素C，也有助于病禽的康复。

(4) 对于1605等有机磷农药中毒，喂服1%～2%的石灰水，每只5～20mL，也能将消化道内的残留毒物分解成无毒物质。但敌百虫遇碱则转化为毒力更强的敌敌畏，所以在敌百虫中毒时禁喂碱性物质。

二、呋喃丹中毒

呋喃丹又名克百威、柔螨威、卡巴呋喃，是一种可逆性胆碱酯酶抑制剂。成年鸭口服每千克体重18.8mg的呋喃丹可引起100%死亡。家禽主要经消化道、呼吸道吸收而中毒，经皮肤吸收数量少而缓慢，一般不至发生中毒。呋喃丹主要侵害神经系统，先兴奋后抑制，严重者导致呼吸及循环衰竭。

【诊断】

1. 症状　家禽摄入大剂量呋喃丹时，无任何先兆症状，挣扎几下即死亡。亚急性中毒的病例主要症状为频频吞咽，排灰白色稀粪，走动时步态不稳，继而全身肌肉震颤，双脚麻痹，倒地不起，眼流泪，口流涎，羽毛蓬松，最后逐渐衰竭死亡。

2. 病变　眼观病变主要是咽喉充血，食道和十二指肠出血，肠腔内容物红褐色，脾充血，心冠沟脂肪、心内膜出血。

3. 诊断要点　根据病史调查、临床症状、病理变化，结合排泄物检出特异性代谢产物3-羟基及3-酮基呋喃丹进行诊断。

【防治】发现家禽呋喃丹中毒后，如为经皮肤中毒的，应立即用清水或肥皂水冲洗羽毛和皮肤，阻止皮肤对毒物的再吸收。另外，对中毒的家禽，可肌内注射0.5%的硫酸阿托品，每只0.2～0.5mL，一般注射一次，必要时可隔1～2h后再注射一次，对轻度中毒或中毒早期的病例，有较明显的疗效。

预防上可采取一般防止中毒病发生的措施，应注意做好呋喃丹的保管和使用，在使用呋喃丹杀虫时，对剩余又不能再用的部分应在远离禽场的偏僻地方挖坑深埋；对使用过呋喃丹的农田，应树立标记，禁止家禽放牧，以免中毒。

三、一氧化碳中毒

一氧化碳（CO）是一种无色、无味、无刺激性的窒息性毒气。一氧化碳中毒是由于禽吸入大量一氧化碳并产生碳氧血红蛋白（COHb），造成全身组织缺氧而窒息死亡的一种急性中毒疾病。主要是由于在冬季育雏舍用煤炭或木柴、秸秆等含碳物质取暖，当燃烧不完全时，再加上烟囱堵塞、倒烟或门窗紧闭等使得排烟不畅，导致一氧化碳不能及时排出而引起中毒。此外，管理不善，如一氧化碳工业泄漏等也可引起一氧化碳中毒。

【诊断】

1. 症状　轻度中毒的病禽体内碳氧血红蛋白达到30%，呈现流泪、咳嗽、心动疾速、呼吸困难。此时，如能让其呼吸新鲜空气，不经任何治疗即可康复。若环境空气未彻底改善，则转入亚急性或慢性中毒，病禽羽毛蓬松，精神委顿，生长缓慢，容易诱发上呼吸道和其他群发病。重度中毒的，其体内碳氧血红蛋白可达50%。病禽不安，不久即转入呆立或瘫痪、昏睡，呼吸困难，头向后伸，死前发生痉挛和惊厥。若不及时救治，则导致呼吸和心脏停搏死亡。

2. 病变　尸体剖检可见血管和各脏器内的血液呈樱桃红色，脏器表面有小出血点。病程长的慢性中毒者，心、肝、脾等器官体积增大，有时可发现心肌纤维坏死，大脑有组织学改变。

3. 诊断要点　根据现场调查，有接触一氧化碳的病史，临床见呼吸浅而频，剖检见血液呈樱桃红色等，可做出诊断。必要时可进行实验室诊断，检测血液中的碳氧血红蛋白浓度。

【防治】发现中毒后立即打开所有的门窗或将病禽移至室外，即可逐渐好转。

四、二噁英中毒

二噁英中毒事件在20世纪发生多起。二噁英是一种毒性很大的含氯污染物，共有30种同类物，其中以2，3，7，8-四氯-2-苯基-并-二噁英（TCDD）的毒性最强，因其能损害机体免疫系统功能，故又称为“化学艾滋毒”。

大部分二噁英是化学工业以氯苯为母体生产化工产品过程中的副产品；焚烧生活垃圾和化学废弃物，如塑料、橡胶、秸秆、木材等也能产生二噁英；汽车尾气中含有二噁英；六六六热解、制备三氯苯、纸浆漂白是产生二噁英的重要污染源。

二噁英是已知毒性最强的化合物之一，主要经污染的饲料、饮水和空气进入动物体内。二噁英具有强致癌性、免疫毒性，还能降低动物繁殖功能。

【诊断】

1. 症状　呼吸困难，腹部及皮下水肿，精神萎靡，昏睡。雏鸡症状严重且死亡率高。产蛋鸡死亡较少，但产蛋量下降。四肢麻痹及胃肠功能紊乱，严重者肝功能受损，黄疸，昏迷，甚至死亡。

2. 毒物检测　目前检测二噁英的主要方法是气相色谱与质谱联用。

【防治】目前无治疗方法。应注意加强预防，如加强饲料检测、保护环境、保障食品安全性。

五、杀鼠药中毒

杀鼠药种类很多，有急性灭鼠药和慢性灭鼠药之分，目前我国允许使用的杀鼠药多是敌鼠钠等慢性作用的抗凝血类灭鼠药。家禽中毒多因误食灭鼠药而发生。目前已禁止使用的灭鼠药有氟乙酰胺、氟乙酸钠、毒鼠强、毒鼠硅、亚砷酸、安妥、灭鼠优等。

（一）磷化锌中毒

磷化锌是常用的灭鼠剂，对禽类具有毒害作用，禽中毒致死量为每千克体重7～15mg。当禽类误食毒饵或沾染磷化锌的饲料时，即可引起中毒。

磷化锌进入胃内吸收后，主要损害家禽的内分泌系统、神经系统、造血器官及肝脏、肾脏等，造成这些器官系统的功能障碍。

【诊断】

1. 症状 精神沉郁，结膜潮红，口腔黏膜及咽部溃烂；消化机能紊乱，食欲减退，饮欲增加，腹泻，粪便有大蒜臭味；颈部及腿部肌肉颤抖，共济失调；呼吸困难，心动过速。最后昏迷、抽搐而死。

2. 病变 口腔黏膜溃烂，胃肠黏膜充血、出血、脱落，其内容物有大蒜味；气管内充满白色胶样分泌物和泡沫，肺淤血、水肿；肝淤血、肿胀；肾脏发炎；腹腔内有暗红色渗出液。

3. 诊断要点 根据病史、临床症状、病理变化，并采取胃内容物及饲料进行毒物分析，可做出诊断。

【防治】先用5%碳酸氢钠溶液或0.05%～0.1%高锰酸钾溶液洗胃，然后口服盐类泻剂，静脉注射葡萄糖和生理盐水，同时对症治疗。预防应加强磷化锌的保管和使用，灭鼠时严防家禽误食毒饵。

（二）氟乙酰胺中毒

氟乙酰胺为有机氟灭鼠剂，也可作为内服杀虫剂，毒力强，家禽因误食毒饵或沾染氟乙酰胺的饲料而发生中毒。

氟乙酰胺进入禽体后，主要造成禽体中枢神经系统及心脏的损害，从而引起痉挛、抽搐、心律不齐、心室颤动等症状。

【诊断】

1. 症状 病禽出现典型的神经症状，表现惊厥，离群或横冲直撞，或呈仰卧姿势。兴奋与抑制交替发作，常常是在兴奋过后，全身发抖，呼吸促迫，心跳加快，走路摇摆，流泪，流黏液性鼻液。羽毛松乱，精神沉郁，卧地不起，呈麻痹状。有的出现癫痫样抽搐，头颈扭向后背或伸入腹侧，两脚剧烈划动，翻滚，严重者强直性痉挛死亡。

2. 病变 胸腹部皮下有出血点，腹腔内有多量淡红色腹水；心肌变性，心内、外膜有出血斑点；肝脏肿大、质脆易碎、色淡，切面多汁；胆囊肿大2倍，其中充满黄绿色浓稠胆汁，胆囊壁增厚；肺肿大、质脆，切面多汁，并有坏死灶；十二指肠壁弥漫性出血，内容物呈糊状、红染。

3. 诊断要点 根据病史、临床症状、病理变化，采取剩余饲料或饮水、胃内容物、肝脏或血液为检材，检出氟乙酰胺，即可确诊。

【防治】治疗原则是尽快排除毒物，及时用特效解毒药，并给予对症治疗。具体做法是：经口腔灌服白酒3～5mL，随后灌服清水12～18mL，病禽即呈昏睡状，3h后再重复灌1次；洗胃，给予盐类泻剂，并静脉注射葡萄糖；使用特效解毒药乙酰胺（解氟灵）。

预防措施主要是在用氟乙酰胺灭鼠时，严防禽类误食毒饵。

（三）安妥中毒

安妥，即α-萘硫脲，是常用的杀鼠剂之一。商品为蓝色粉末，通常用其1%～3%的浓度与肉或其他食物混合作为毒饵。禽类常因误食毒饵或沾染安妥的饲料而引起中毒。

安妥可经肠道迅速吸收并分布于全身，对局部组织产生刺激作用，引起胃肠炎；导致毛细血管通透性增加，引起肺水肿，进而造成严重的呼吸衰竭。

【诊断】

1. 症状 精神沉郁，食欲减退，离群呆立，运动失调，衰弱，腹泻；呼吸困难，啰音，张口呼吸，终因窒息而死亡。

2. 病变 心包液增加，肺水肿，肝脏脂肪变性。

3. 诊断要点 根据病史、临床症状、病理变化，并采取胃内容物及饲料进行毒物分析，可做出诊断。

【防治】无特效解毒药。治疗原则是尽快排除毒物，并给予对症治疗。给予含巯基药物（如二巯基丙醇或胱氨酸），有利于防止病情发展。

预防措施主要是在用安妥灭鼠时，严防禽类误食毒饵。

（四）敌鼠中毒

敌鼠又名双苯杀鼠酮钠盐，是一种抗凝血的毒鼠药。纯净的敌鼠是无嗅无味的黄色针状晶体，其钠盐为无嗅无味的淡黄色粉末，市售商品是1%敌鼠钠盐。

【诊断】

1. 症状 中毒一般是慢性经过，中毒禽广泛出血。有些中毒家禽可因内出血而突然死亡。一般病例仅见精神沉郁，冠和肉髯苍白，消瘦，逐渐衰弱，最后可因衰竭而死亡。

2. 病变 主要是皮下、肌肉出血，肝、肾、脾、肠系膜、浆膜上均见出血点。有时因内脏出血而使胸腔、腹腔内积满血液，胃肠黏膜充血、出血和坏死等。

3. 诊断要点 根据现场调查及广泛出血的病理变化，一般可做出初步诊断，确诊有待于对敌鼠的鉴定。对敌鼠的鉴定可用氢氧化钠法、三氯化铁法。必要时可做病禽血凝时间的测定。

【防治】对于中毒后尚未见全身性广泛出血的病例注射维生素K制剂，一般可康复。鸡的剂量是每只每次0.5～2mg，每天1～2次，连用3～5d。

预防应加强对毒鼠药的保管，并由专人投放毒饵，防止家禽误食毒饵。如在田间毒鼠，则应设立标记，严禁禽群到放毒饵的地区放牧。

第五单元 普通病

第一节　饲养管理不当引起的生理疾病

一、肉鸡骨骼畸形

从目前的研究水平看，肉鸡骨骼畸形与肉鸡腹水症、猝死综合征被认为与肉鸡的快速生长相关，即在高营养使肉鸡快速生长的同时，由于某些方面的代谢不平衡引起跛行、骨质缺陷及骨骼畸形。

引起骨骼畸形的原因很多，其中营养缺乏可导致禽的骨骼疾病。由于肉鸡的快速生长对某些营养素的需求量大，故发病率较高，而在生长较慢的品系中则少见。另外，机械损伤等外伤性病因在快速生长的肉鸡中更是普遍存在。饲料、饮水中的有害物质及遗传缺陷等，亦可引起骨质畸形。骨骼畸形随着肉鸡出栏时间越来越短而变得越来越严重，快速生长导致骨、关节、韧带、肌腱等支撑体重与维持体重的组织还未有充分时间的发育，在高体重的影响下不可避免地会出现一系列问题。

【诊断】肉鸡骨骼畸形可表现为以下症状与病变：

1. 慢性疼痛性跛行　许多体重大的肉鸡行走时好像非常疼痛，喜欢坐立，但临床或组织学检查并无明显病变。强迫起立时，蹒跚行走数步，然后便蹲下，现在尚不清楚这种疼痛是否与骨质、肌腱、韧带或肌肉有关。有试验表明，这种跛行可通过在前 2 周白天提供较长的暗环境减慢生长，在最后 4 周延长光照周期加速性成熟并增加活动得到减轻。此外，严重的胫骨软骨发育不良、损伤也可导致类似跛行。

2. 骨角形畸形　骨角形畸形是最常见的肉鸡骨发育异常，最早可在 6～8 日龄时出现，但通常到 3～4 周龄时畸形才明显，并不断发展。病雏跛行，不能采食、饮水，消瘦，或受影响的腿发生废用性萎缩。骨角形畸形似乎与快速生长有关，可能是远端胫跗骨没有足够的时间做出适当调整及定型。大量试验表明，在 10～21 日龄时降低生长速度，并延长白天暗环境休息时间可使病情减轻。此外，B 族维生素及微量元素缺乏可导致类似的畸形。

3. 胫骨软骨发育不良及软骨骨病　胫骨软骨发育不良是软骨细胞增生失败的结果，轻、中度损伤可能出现胫骨近端肿大，但不一定引起跛行；严重的损伤引起鸡在行走时，由于体重作用而胫骨近端软弱无力，出现疼痛性跛行。软弱无力的胫骨近端可能被强大的腓肠肌拉向脊部，导致畸形，或大量软骨形成无血管坏死，发生自发性骨折。无论畸形还是骨折鸡均可能靠跗关节运动，难以采食饮水。

胫骨软骨发育不良与快速生长的关系最为密切，普遍存在于肉用禽，很少见于或不发生于其他禽。肉鸡生长最快的骨板为胫骨近端，胫骨发育不良可能是增生的软骨缺乏专门的营养所致，增加 1,25-二羟胆钙化醇可明显减少发生。因为 1,25-二羟胆钙化醇的生物利用受到生长骨板酸碱平衡的影响，所以饲料中高氯或高磷可加重胫骨软骨发育不良。预防本病或使发病率降低可在饲料中用 $NaHCO_3$ 取代部分 NaCl 并避免 P∶Ca 比例过高。

4. 脊椎前移（卷曲背）　脊椎前移发生是由于第三、四胸椎之间的韧带撕裂并且第四胸椎的前端垂直脱位，后端向上扭转，冲击脊柱，从而使腿软弱无力、不能走动，尾部坐立，两腿伸出，或呈“爬行状”，难以采食与饮水。这种畸形与快速生长相关，多见于母鸡。此外，第四胸椎关节软骨的骨软化可导致对脊柱的冲击，引起类似症状，多见于公鸡。由于发育不成熟以及过重的胸肌使韧带与骨的连接力度不够是脊柱前移的最可能原因。

5. 骨骼分离 剖检快速生长的肉鸡时，将腿从关节上分离，关节软骨常常从股关节囊转节处脱开，暴露出光滑发亮的生长板。这种生长板的分离可发生于有软骨发育不良及骨髓炎的鸡中。活鸡的这一反应是损伤所致，最易发生于抓住鸡的一条腿或固定时。根本原因是肉鸡快速生长没有足够的时间形成结实的组织。

6. 腓肠腱断裂 腓肠腱断裂主要发生在较大肉鸡和种肉鸡，具体分离部位在踝部之上。如果双侧损伤，鸡不能站立，这种情况是体重过大及韧带发育不良之故。由于快速生长可能导致血液供应不足，无血管退化，或韧带不够结实。

7. 其他症状 还有一些多见的骨骼畸形，其共同临床特点是病禽表现急、慢性疼痛，跛行或不能行走，卧地等一系列症状，剖检可发现具体问题所在。

【防治】原则是在降低增重、适当延长出栏时间的同时，改善肉鸡的生存条件，应有一定的空间允许其活动，以增强骨、关节、腱、韧带的作用与功能。这些快速生长性疾病可以通过限饲（但不影响最后体重），使发病率下降或不发病。

二、鸭光过敏症

鸭光过敏症是由于鸭采食了含光敏物质的饲料，鸭体某部位对一定波长的阳光照射敏感所产生的一种过敏性疾病。临床上以无毛部位的上喙、脚蹼出现水疱和炎症为主要病理特征。本病的发病率不高，但病鸭常因上喙变形，采食不足，而影响生长发育。不同种类和日龄的家禽均可发生光过敏症。临床上主要见于白羽肉鸭（樱桃谷肉鸭、北京鸭），尤其是3～8周龄的幼鸭较为多见，危害也最大。

鸭多因采食如灰灰菜、野胡萝卜、多年生黑麦草等含有光敏物质的植物引起致病。有研究报道北京地区发病鸭群与采食含有大软骨草草籽的进口麦渣有关。

【诊断】

1. 症状 病初体温正常，后期体温偏高。主要表现为精神、食欲不振，眼角有黏性或脓性分泌物，上喙失去原来的光泽和颜色，局部发红，形成红斑，1～2d内发展成黄豆至蚕豆大的水疱，水疱液呈半透明淡黄色并混有纤维素样物，脚蹼同时也出现水疱，水疱破裂后结痂，几天后，下喙也呈现棕黄色或暗红色，鸭的上喙进而缩短变形，严重者向上扭转，舌尖部外露，发生坏死，并影响采食。

2. 病变 主要见于上喙和脚蹼上的弥漫性炎症，结痂坏死，变色或变形。有时可见舌尖部坏死，肝脏有散在的大小不等的坏死点，十二指肠呈卡他性炎症。

【防治】鸭群发病后，应立即停止放牧，避光饲养，或停喂含光敏原性植物的饲料。病鸭对症治疗，患部用龙胆紫或碘甘油涂擦，同时合理调配饲料营养物质，加强饲养管理，提高鸭体的抗病力。

三、啄 癖

由于饲养密度过大、营养不平衡、光线过强和疾病等因素引起的啄羽、啄肛、啄趾、啄蛋等恶癖，称为啄癖。本病多发生于集约化养殖场，可发生于所有年龄的鸡。在雏鸡中，常表现为啄食趾部和尾部，而在成年家禽中，泄殖腔、尾部和冠等为最常被啄食的部位。鸡群中一旦发生，很快蔓延到全群。

【诊断】

(1) 啄羽 表现为啄羽、啄翅，病禽或啄自身羽毛，或互相啄食彼此的羽毛，严重时母禽的产蛋量下降。被啄处羽毛稀疏，严重的显露皮肤或出血。此类啄癖在换羽期或缺乏某些必需的营养成分时较多见。

(2) 啄肛 多发生于雏鸡和产蛋期。啄食肛门，以致肛门受伤、出血，有时连直肠也被啄食掉，在肛门区附近形成一个空洞。产蛋鸡肛门因啄伤和产蛋时的挤压而撕裂，或子宫脱出、充血、出血、肿胀、流血，继而局部感染乃至全身感染而死亡。患有白痢的雏鸡，肛门周围羽毛沾满粪块，也常引发被啄。

(3) 啄趾 多发生于幼禽，病禽啄自己或其他禽的脚趾，使脚趾受伤、出血，甚至发炎、溃烂，呈现跛行或卧地不起。多因饲料槽放得太高、饲料槽不足、饥饿而发生啄趾；又如在强弱幼禽混养时，弱禽饥饿而发生啄趾。

(4) 啄蛋 多见于产蛋旺盛的季节。啄蛋的恶癖具有模仿性，一旦养成啄蛋癖后，很容易引起其他家禽的模仿，而且很难纠正，最后整群发生啄蛋。啄蛋恶癖的发生往往由于存在造成禽蛋破裂的因素，如设备不良、垫草不足、采集蛋不频繁以及禽产软壳蛋、无壳蛋等。除可见到啄蛋行为外，还可见到蛋损伤现象。

(5) 食肉癖 啄食体表有创伤、体弱有病或已死亡的鸡的肌肉，以致被啄食的鸡最后只剩下羽毛和骨骼，此类型的啄癖在各日龄的鸡中均可见到。

(6) 异食癖 病禽反常地啄食一些在正常情况下不采食或少采食的异物，如石子、沙砾、垫料、水泥、石灰、砖碎、粪便等。

【防治】

1. 治疗 一旦发现禽群发生啄癖，应尽快调查引起啄癖的具体原因，及时排除。可根据具体原因采取下列措施，以防止啄癖的进一步发展。例如，在日粮或饮水中添加1%～2%的氯化钠，连续2～4d；在饲料中添加生石膏（硫酸钙），每只每天0.5～3.0g；喂服硫酸钠每只每天0.5～1g，连续3d；硫酸亚铁0.5g拌入1kg饲料中饲喂，连续3～7d；维生素B_{12} 10mg肌内注射，连续3～7d。

2. 预防

(1) 改正饲料配方，给予全价营养饲料，并加强管理，不可停料太久或缺水。在饲料和饮水中添加食盐、矿物质和维生素；饲喂燕麦片，或饲料中添加甲硫氨酸或鱼粉等，可以纠正营养因素引起的啄癖。

(2) 改善饲养管理。注意环境卫生，及时调整饲养密度，防止家禽饲养在过度密集的拥挤环境。如果一定要在密集的笼舍内饲养，则要加以适度的断喙。对有啄癖的禽，应尽快挑出，隔离饲养。适度地调整照明度，防止光线过强。及时捡蛋，避免蛋被踩破。

(3) 断喙是防止啄癖最有效的方法。雏鸡7～9日龄时进行第一次断喙，10～12周龄时对母鸡进行修整。产蛋鸡在移入产蛋舍时也可进行断喙。

四、肌胃角质层炎

肌胃角质层炎是由多种致病因素引起的肌胃角质膜糜烂、溃疡的一种消化道疾病，是一种胃溃疡、出血性的疾病，主要发生于10～25日龄肉仔鸡，其次为蛋鸡雏，临床特征为食欲减少、精神沉郁、贫血、消瘦。发病原因与日粮中铜、锌等金属元素含量过高，日粮中鱼粉含量过高或添加劣质腐败鱼粉，以及磺胺类药物中毒、某些传染病等有关。

由鱼粉中毒引起的肌胃角质层炎见“鱼粉中毒”。由磺胺类药物中毒引起的肌胃角质层炎见“磺胺类药物中毒”。

铜中毒病禽由饲料中铜含量过高或误食铜盐引起。日粮中铜含量达 205～605mg/kg 即可引起肉仔鸡发病，中毒后雏鸡表现为肌胃角质膜粗糙和增厚。随着采食量增大及采食含铜过高饲料时间延长，肌胃角质膜明显增厚，是正常厚度的 3～4 倍，粗糙如老树皮样。严重者在腺胃与肌胃入口处，肌胃角质膜暴起，甚至出现肌胃糜烂和角质膜溃疡，角质膜下出血及腺胃黏膜表面附着多量黏液。因雏鸡料含钙量低，可以增加对铜中毒的敏感性。钼与铜在生理上有拮抗作用，日粮中钼缺乏，易造成铜在组织中蓄积，导致慢性中毒。

锌中毒病禽由日粮中锌含量超标引起。日粮中锌含量达 20g/kg 时，成鸡产蛋量下降并开始换羽，雏鸡的肌胃角质膜粗糙，颜色苍白，可出现裂伤和局部溃疡。

鸡感染腺病毒可引起胰腺炎和肌胃角质膜糜烂，呼肠孤病毒感染可引起轻度肌胃角质膜糜烂。腺病毒与呼肠孤病毒协同作用，肌胃角质膜炎更典型。

第二节　外部刺激引起的疾病

应激综合征

应激包括两种情况，即顺应激与逆应激。顺应激指刺激引起的反应是有益的，如长时间光照引起产蛋增加，而弱光可减少肉鸡的能量消耗，促进增重等；逆应激是指刺激引起的反应有害于机体，如惊恐、运输、寒冷、暴热等。通常提到的应激反应就是指逆应激。

引起应激的诱因或应激原很多，除过热、过冷等自然因素外，主要是人为因素，如运输、驱赶、分群、混群、个体抓捕、保定、预防接种等。大多数应激因素因作用时间短、强度小，一般仅引起机体一定范围内的代谢反应，不一定出现临床症状，但有的应激因强度大、作用时间长，可引起明显的症状与病理变化，甚至可使机体死亡。

【诊断】

1. 猝死性应激综合征　受到强烈的刺激后，禽群中个别禽无任何症状而突然死亡，可能主要是因为禽类突然受到惊吓，神经高度紧张，肾上腺素等大量分泌，引起虚脱而猝死。

2. 热应激综合征　当环境温度使机体的中心温度大于生理值的上限时，即发生热应激，严重时可导致禽类死亡，相当于中暑或热射病及日射病。其主要是由于夏季禽在烈日下暴晒或环境温度过高所致。

3. 运输应激综合征　运输应激综合征主要与捕抓、混群造成的恐惧、疼痛、拥挤、相互攻击以及运输途中运动应激、热应激、饥饿、缺水等一系列因素有关。轻度运输应激可使机体抵抗力下降，到新的环境时易患或易感各种疾病。经常发生的长距离异地引种，进场后禽类大批发病甚至因感染某些传染病或激发潜伏期的传染病，最后导致大批死亡属这种情况。

4. 其他应激综合征　包括免疫接种、过强或过长时间光照、环境条件及饲料经常改变等应激因素造成的疾病。

在整个应激过程中，禽类可呈现一系列反应及病理变化。在临床方面，禽类在上述因素的作用下，表现不安、敏感、狂躁或畏缩、颤抖等。随后，禽类的敏感性降低，对刺激反应下降，对环境表现冷漠等。体内的代谢及有关激素水平紊乱。应激后期，肾上腺皮质功能衰竭。剖检变化主要是肾上腺受损出血，胃肠黏膜出血、糜烂乃至溃疡。

【防治】 对于应激的综合治疗，首先应脱离应激环境，让禽类充分休息，提供充足饮水。如果是环境高热，则必须立即进行环境降温，如通风、洒水、喷水。亦可同时应用抗应激药物，如在饮水或饲料中补充维生素 C 等。预防则应针对病因采取相应措施。

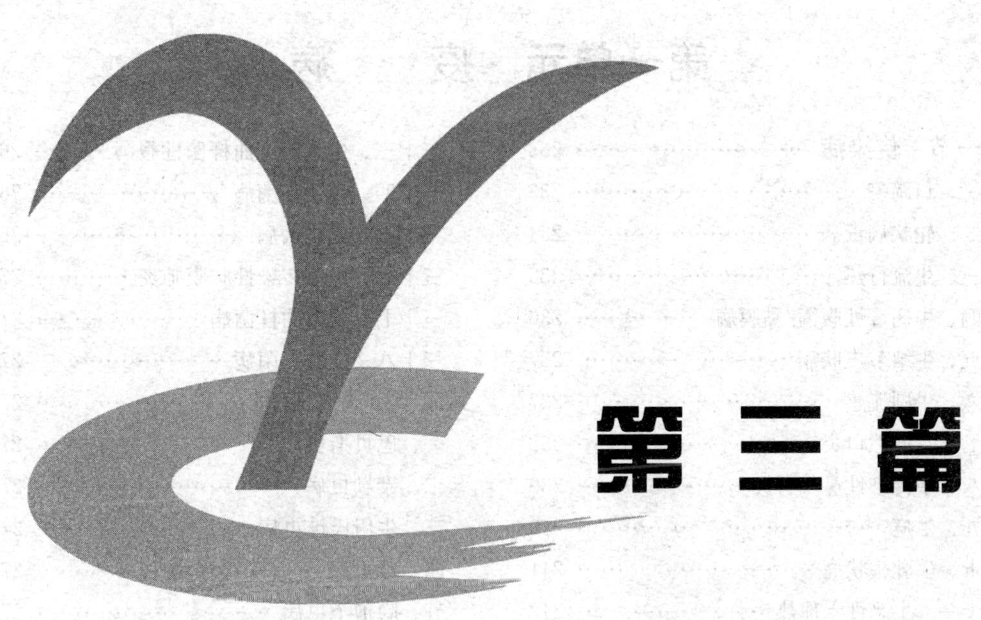

第三篇

牛羊病

第一单元 疫 病

第一节 传染病

一、口蹄疫

口蹄疫是由口蹄疫病毒（FMDV）引起的偶蹄兽的一种急性、热性、高度接触性传染病。临床以口腔黏膜、蹄部及乳房皮肤发生水疱或溃烂为主要特征。本病传染性强，传播速度快，易造成大流行。世界动物卫生组织（WOAH）将其列为必需申报的动物疫病，我国也将其列为一类动物疫病。

【诊断】

1. 流行病学 口蹄疫病毒主要侵害偶蹄兽，牛、牦牛、水牛和猪最易感，绵羊、山羊、骆驼次之，幼龄动物更易感。病毒在水疱皮和水疱液含毒量最高。可通过直接接触和间接接触方式传播，包括通过消化道、受损皮肤感染，特别是通过污染的空气经呼吸道传播更为重要。该病有明显的季节性，一般常发于当年11月到次年2月。在疫区发病率可高达100%。

2. 症状 潜伏期一般1～7d。患病牛、羊体温可升高至40～41℃，食欲减退，流涎，1～2d后在唇内、齿龈、舌面等部位出现黄豆、蚕豆或核桃大小的水疱，但绵羊很少见舌上水疱，仅在蹄部出现豆粒大小的水疱，山羊则主要出现口腔黏膜弥漫性口炎。牛在口腔、蹄冠均可见到水疱。奶牛乳头皮肤也时有水疱出现。妊娠牛可发生流产。犊牛、羔羊有时因发生坏死性心肌炎而突然死亡。

3. 病变 有时在咽喉、气管、支气管和前胃黏膜可见圆形烂斑和溃疡，皱胃和肠黏膜可见出血性炎症；心肌变软，切面有灰白色或淡黄色斑纹，或不规则的斑点，即所谓的“虎斑心”。

4. 实验室诊断

（1）ELISA 在口蹄疫灭活疫苗中因不含有病毒的非结构蛋白抗原3ABC，只有被野毒感染时才会产生针对该抗原的感染性抗体。ELISA可以检测出该感染性抗体。

（2）补体结合试验 以水疱皮制备混悬液作为抗原，用标准阳性血清做补体结合试验，该方法可对病毒进行定型。

（3）中和试验 采用水疱皮制备混悬液，一份直接接种乳鼠，另一份用阳性血清中和后再接种乳鼠，观察乳鼠的反应。

（4）RT-PCR 采用口蹄疫病毒的特异性引物对病料进行PCR扩增。

【防控】

(1) 加强生物安全防控 将科学防控措施落实到养殖的具体环节，严禁从疫区购买动物及其产品，检出有阳性病例的应立即上报疫情，并将全群销毁处理，将场地彻底消毒。

(2) 做好疫苗免疫接种 国内外现有 3 种疫苗，即灭活疫苗、弱毒疫苗、VP1 亚单位疫苗。初生牛犊 90 日龄左右注射牛 O 型和亚洲 I 型口蹄疫联苗，间隔一定时间后注射 A 型口蹄疫疫苗；初免后，间隔 1 个月再用这两种疫苗强化免疫一次，每隔 4～6 个月免疫一次。羊则每年 3 月和 9 月各免疫一次。

(3) 高免血清预防 用口蹄疫高免血清免疫适于紧急预防。

二、轮状病毒病

轮状病毒病是由轮状病毒引起的多种幼龄动物及婴儿的急性胃肠道传染病，以精神委顿、厌食、呕吐、腹泻、脱水为主要特征。

【诊断】

1. 流行病学 该病毒可感染牛、猪、羊、马、小鼠等，主要感染新生和幼龄动物，主要发生于 1～7 日龄的犊牛和羔羊。成年牛、羊大多呈隐性感染过程。病毒存在于病畜的肠道中，随粪便排出体外，污染饲料、饮水，经消化道感染。轮状病毒可以在动物间相互传播，只要病毒在某一种动物中持续存在，就有可能造成本病在自然界中长期传播。本病多发生于晚秋、冬季和早春季节，寒冷、潮湿、饲料质量低劣可诱发本病或加重病情。

2. 症状 潜伏期 18～96h，多发生于 7 日龄以内的犊牛、羔羊。突然发病，精神沉郁，吃奶减少或废绝，体温正常或略高，腹泻，排黄白色或乳白色黏稠粪便，甚至水样稀便或带有黏液和血液的稀便。严重的腹泻会引起牛、羊明显脱水，眼球塌陷，皮肤干燥，被毛粗乱。最后，因心力衰竭和代谢性酸中毒、体温下降而死亡。本病的发病率高，病死率可达 10%～50%。

3. 病变 病变主要限于消化道。肠壁迟缓，胃内充满凝乳块和乳汁。小肠肠壁变薄，半透明，内含大量的气体，内容物呈液状、灰黄或灰黑色，一般不见出血或充血，但有时在小肠伴发广泛性出血，肠系膜淋巴结肿大。

4. 实验室诊断

(1) 病毒分离鉴定 采集感染病例的粪便，采用 MA104 细胞进行病毒分离，利用电镜进行鉴定即可确诊。

(2) 血清学诊断 有 ELISA、荧光抗体技术、离心增强的固相免疫分析、定量乳胶凝集试验等方法。

(3) 分子生物学诊断 有 RT-PCR、反转录-环介导等温扩增法（RT-LAMP）、实时荧光定量 PCR、核酸探针等。

【防控】

(1) 加强环境卫生管理 由于本病主要经消化道传播，所以务必做好环境卫生工作，粪便要勤于清理，在远离生产区的地方集中堆肥发酵。垫草要勤更换，老垫草要进行焚烧无害化处理。在寒冷的季节要加强犊牛的保温工作。

(2) 加强引种管理 严禁从轮状病毒病流行的国家和地区引进牛、羊，新引进牛、羊要先进行隔离饲养至少 1 个月以上，同时要进行轮状病毒检测，阳性或疑似阳性者要淘汰。

（3）做好免疫接种工作 采用灭活疫苗对母牛在产前 6 周和 3 周分别免疫一次，保证犊牛第一时间吃上初乳，通过初乳中的母源抗体来进行前期保护。

三、牛流行热

牛流行热

牛流行热又称三日热或暂时热，是由牛流行热病毒（BEFV）引起的一种急性、热性传染病。主要特征为突然高热、流泪、流涕、呼吸急促、流涎并带有泡沫、消化机能障碍、全身虚弱、僵硬、跛行。

【诊断】

1. 流行病学 牛和水牛最易感，也有牦牛感染 BEFV 的报道。野生的有蹄类动物体内也广泛存在 BEFV 抗体，如大羚羊、羚羊、牛羚、跳羚、黑斑羚、貂羚和鹿等，这些动物可能是 BEFV 的天然贮藏宿主，在本病周期性暴发中发挥着重要的作用。该病主要分布在热带、亚热带及温带地区，以春末至秋初发生为主。病毒主要经蚊子和库蠓等吸血昆虫进行传播。

2. 症状 潜伏期 3～7d，突然发病，体温升高，维持 2～3d 后恢复至正常。流泪、畏光，眼结膜充血，眼睑水肿。呼吸急促，咽喉疼痛，反刍停止。多数病牛鼻中炎性分泌物呈线状，随后变为黏性鼻涕。口腔发炎，流涎，口角有泡沫。有的病牛四肢关节水肿、僵硬、疼痛、跛行。便秘或腹泻。尿液呈暗褐色。妊娠母牛可发生流产、死胎、泌乳量下降或停止。多数病例为良性经过，病程 3～4d，很快恢复。

3. 病变 病变主要在肺部，急性死亡的病例可见有明显的肺间质气肿，或肺充血、水肿。心肌柔软，颜色变淡。肝脏轻度肿大、脆弱。淋巴结充血、肿胀和出血。皱胃、小肠和盲肠呈卡他性炎症和渗出性出血。

4. 实验室诊断

（1）病原学检测 病牛急性发热期的血液，或者是分离得到的白细胞层，经双抗处理后，给乳鼠、乳仓鼠颅腔注射，常能分离到病毒。还可采用 BHK 21 细胞、Vero 细胞分离病毒后进行鉴定。

（2）血清学诊断 有 ELISA、补体结合试验、间接荧光抗体技术和常量及微量病毒血清中和试验。其中，针对病毒 G 抗原位点的单克隆特异性抗体的阻断 ELESA 具有专一的特异性。

（3）分子生物学诊断 有 RT - PCR、荧光定量 PCR、RT - LAMP 等。其中，根据病毒 G 基因序列设计的引物和 MGB 探针所建立的荧光 RT - PCR，能够敏感地检测出阳性样品。

【防控】

（1）切断传播途径 该病主要是由吸血昆虫为媒介而引起的疫病，因此消灭吸血昆虫如蚊、蝇、虻等，防止吸血昆虫的叮咬，是预防该病的关键措施。

（2）做好免疫接种 目前有弱毒苗、灭活苗、G 蛋白亚单位疫苗和重组疫苗。氢氧化铝胶佐剂结合的鼠脑弱毒疫苗，需免疫多次且抗体产量很低。919 株疫苗与氢氧化铝胶佐剂混合，接种 2 次后保护期可达 1 年。G 蛋白亚单位疫苗对牛保护率可达 90%以上。商品化的疫苗株（Tn73）重组获得的疫苗免疫效果更好。

（3）中兽医治疗 可采用荆防败毒散、银翘解毒散等方剂进行治疗。

四、牛病毒性腹泻/黏膜病

牛病毒性腹泻/黏膜病是由牛病毒性腹泻病毒（BVDV）引起的牛的急性、热性传染病。临床以黏膜发炎、糜烂、坏死和腹泻为特征。妊娠母牛感染后，可造成流产、早产或死胎。足月生产的犊牛表现为先天性缺陷、小脑发育不全、共济失调、发育不良。

【诊断】

1. 流行病学 各种年龄、品种的牛皆易感，但以 8～24 月龄的牛最易感，肉牛比奶牛发病率更高。在猪、水牛、骆驼、山羊、绵羊以及部分野生动物（如麋鹿）中也发现有 BVDV 感染。发病牛和携带病毒的健康动物是主要传染源，尤其是持续性感染牛终生散毒。BVDV 主要通过消化道或呼吸道水平传播，如通过唾液、鼻液、尿液、粪便、精液等污染饲料、饮水和器具；其次是垂直传播。病牛的死亡率可高达 90%。

2. 症状 有四种临床类型：亚临床感染、急性感染、持续性感染和黏膜病。犊牛感染后死亡率高。亚临床感染后，病程缓慢，病牛出现的症状不典型或不出现明显的症状，但会持续带毒、排毒，是牛群中的隐患。急性感染的牛出现明显的症状，以发热、精神沉郁、口腔溃疡或糜烂、产乳量下降等为主，剖检显示胃肠黏膜多处有溃疡。持续性感染的牛是指胚胎早期被 NCP 生物型 BVDV 感染，机体免疫系统不能将该病毒进行清除而出现免疫耐受，持续性病毒感染的小牛没有特征性的病理损伤。黏膜病可引起病牛口腔或趾间黏膜溃疡、严重腹泻、脱水等，死亡率几乎 100%，病理变化与急性感染类似。妊娠后期感染 BVDV 会导致流产、分娩死胎、僵尸胎或木乃伊胎。黏膜病和亚临床感染是本病危害最严重的两种类型。

3. 实验室诊断

（1）*病毒分离鉴定* 利用 MDBK 细胞培养 BVDV，观察细胞病变情况，电镜观察可以对 BVDV 进行鉴定。

（2）ELISA 常见的有直接 ELISA、间接 ELISA 和夹心 ELISA 三种。也可采用该方法检测牛奶中的抗原或抗体以确诊是否感染该病。

（3）*分子生物学诊断* 主要有 RT-PCR、qPCR、LAMP、dPCR、nano-PCR 等。临床上主要通过 RT-PCR 法检测牛的血清、乳汁等筛选持续性感染的牛。

【防控】

（1）*持续性感染牛的净化* 由于持续性感染牛是 BVD 最主要的传染源，因此必须做好持续性感染牛的净化方可很好地控制该病。主要是通过对持续性感染牛进行检测与扑杀，之后定期进行检测，维持牛群 BVD 检测结果呈阴性。另外，也要对精液及胚胎进行严格检测。

（2）*加强生物安全管理* 采取多种有效的生物隔离措施，防止 BVDV 通过采购牛、带毒动物、人员流动等方式将病毒传入，增强养殖周边环境的生物安全性，尽量避免 BVDV 向牛群传播。

（3）*疫苗接种* 可以接种灭活苗或基因修饰活疫苗对 BVD 进行预防。目前使用的疫苗有温度敏感性毒株 RIT4350 弱毒疫苗、N^{pro}缺失减毒疫苗、N^{pro}和 E^{rns}双缺失减毒二价疫苗，以及基于 BVDV 重组 E2 蛋白的亚单位疫苗等。

五、牛结节皮肤病

牛结节皮肤病（LSD）又称牛结节疹、牛疙瘩皮肤病、牛结节性皮炎，是由结节皮肤病病毒（LSDV）引起牛的一种急性、亚急性或慢性传染病。主要特征是发热、消瘦、淋巴结肿大、皮肤水肿、局部形成坚硬的结节或溃疡。感染牛乳产量下降，皮张鞣制后具有凹陷或孔洞而导致其利用价值大大降低。发病率为2%～45%，死亡率可达10%。

牛结节皮肤病

【诊断】

1. 流行病学　牛是LSDV的自然宿主，各品种和年龄的牛均易感。天然LSDV感染只有在牛及与其密切相关的（野生）反刍动物（如亚洲水牛和跳羚羊）中出现。主要通过蚊、蝇等媒介生物进行机械传播。此外，动物间也可通过直接接触或摄入已感染动物唾液污染的饲料、饮水传播该病。

2. 症状　该病的潜伏期为7～14 d。病牛临床表现持续高热（40～41℃），消瘦。初期伴有鼻炎、结膜炎、角膜炎等。4～12d后体表皮肤开始出现硬实、圆形降起结节，头部、颈部、胸部、腿部、会阴、乳房、眼睑、口鼻黏膜及尾部尤为突出。结节大小不等，直径5～10mm或更大。泌乳牛可发生乳腺炎，产乳量急骤下降。患病妊娠牛发生流产，公牛暂时性或永久性不育。

3. 病变　最典型的特征是在机体黏膜和内脏器官上可见广泛性结节以及淋巴结肿大等。

4. 实验室诊断

（1）*病毒分离鉴定*　可采集病牛的皮肤结节、淋巴结、血液、乳汁、内脏等样本，接种山羊睾丸细胞、羊或牛肾细胞等，利用透射电镜观察，但从形态上无法与正痘病毒相区分。

（2）*血清学检测*　由于动物感染LSDV或疫苗免疫机体后，主要引起机体的细胞免疫，产生抗体水平较低，且与山羊痘病毒（GTPV）、绵羊痘病毒（SPPV）、痘苗病毒、传染性脓疱性皮炎病毒等均呈现不同程度的交叉反应，血清学方法难以鉴别。

（3）RT-PCR　世界动物卫生组织（WOAH）推荐的荧光定量RT-PCR试剂盒可用于LSDV的检测，可作为诊断牛结节皮肤病的首选方法，与其他痘病毒无交叉反应，可对LSDV进行快速和高通量的检测，种特异性RT-PCR方法可区分SPPV、GTPV和LSDV。

【防控】

（1）*加强疫情监测*　动物防疫部门要做好辖区内的疫情监控，一旦发现病例，应立即扑杀并上报，同时做好同群牛的隔离，进行紧急免疫，对疫点周围的环境进行消杀，消灭蚊、蝇等传播媒介。加强流行病学调查，查明疫情的来源和可能的传播去向，及时消除疫情隐患。

（2）*免疫预防*　通过免疫接种弱毒疫苗（南非Neethling vaccine株）可以获得终身免疫力。大规模的免疫接种，是防控牛结节皮肤病最有效的措施之一。

（3）*加强媒介生物的调查监控*　媒介生物在LSD的传播中扮演复杂且关键的作用，要加强媒介生物的调查、研究和防治，有助于尽早限制LSD的传播。

六、牛副流感

牛副流感又称运输热，是由牛副流感病毒3型（BPIV3）引起的一种急性呼吸道传染病，主要特征是高热、呼吸困难和咳嗽。应激因素如运输、转群、气候变化等容易诱发本病。

【诊断】

1. 流行病学　在自然条件下，易感家畜主要为牛，奶牛较肉牛易感，但绵羊、山羊、猪、马、骆驼等也均可感染，野生物动物水牛、恒河猴、骡鹿等，小羊驼、羊驼、原驼等也可感染，人也感染本病。主要传染源是病牛、带毒牛，病毒随着口、鼻分泌物进行传播。主要是通过水平传播，如咳嗽飞沫经呼吸道感染。也可通过胎盘感染胎儿，引起流产和死胎。BPIV3 单一病原感染牛时不会产生十分严重的影响，只会引起轻微症状或亚临床症状，但如果该病与巴氏杆菌等混合感染或继发感染，会使病牛病情恶化。本病遍及全球，一年四季均可发生，常见于晚秋和冬季。长途运输、天气寒冷、牛体质下降、集约化饲养等应激因素可促使本病的发生。

2. 症状　该病的潜伏期为 2～5d，有些病牛呈现一过性感染，或呈温和表现，如咳嗽、发热、流鼻液等；部分病牛则会体温升高，伴有食欲不振，流黏性鼻液，甚至呼吸困难；妊娠牛会发生流产。

3. 病变　由 BPIV3 单独感染引起死亡的牛，病理剖检变化主要见于肺的尖叶、心叶、膈叶的下侧部，为严重的器质性病变，叶间结缔组织明显，病灶部位触压无弹性，呈深红色。如果继发细菌感染时病变部位可见化脓，切面呈现特异性斑纹；气管内充满大量浆液性渗出物。有些大骨骼肌可在两侧对称地出现 5～10 cm 大小的灰黄色病灶。

4. 实验室诊断

（1）病毒分离鉴定　通常采集患病动物鼻腔分泌物，或病死动物的气管和肺组织接种牛的原代细胞、MDBK、Vero、Hela 和 Hep－2 细胞等进行分离。将感染的细胞涂片后染色，观察细胞核内是否有包涵体，或在电子显微镜下观察病毒粒子。

（2）血清学诊断　病毒中和试验是诊断本病的“金标准”。BPIV3 的 HN 蛋白能够凝集人 O 型、豚鼠和鸡的红细胞，因此可利用血凝和血凝抑制试验对牛副流感进行诊断。多种 ELISA（如间接 ELISA、竞争 ELISA 等）被应用于血清样品的检测。此外，还有荧光抗体技术。

（3）RT－PCR　该方法多用于精液等样品中的病毒 DNA 的检测，如基于 BPIV3 的 gb、HN 和 NP 基因的 RT－PCR 可快速检测病料中的病毒；针对牛呼吸道合胞体病毒、牛传染性鼻气管炎病毒和牛副流感病毒 3 型的一步法多重 RT－PCR 可用于鉴别诊断。

【防控】

（1）搞好饲养管理措施　该病往往是在应激等环境因素下造成的，因此搞好养殖场的管理是防控的关键。尽量自繁自养，避免牛的长途运输和应激，搞好养殖场卫生，坚持消毒工作。对病牛可应用高免血清或者其他辅助手段治疗，能淘汰的尽量淘汰。对健康动物进行病原检测，减少隐性感染牛。

（2）疫苗接种　目前国外有 BPIV3 弱毒疫苗和灭活疫苗，一般采用给 1～5 周龄犊牛进行免疫接种，但我国还没有相应的疫苗。

七、水疱性口炎

水疱性口炎是由水疱性口炎病毒（VSV）引起牛、马、猪和人感染的一种人畜共患的急性传染病，其特征为口腔黏膜、乳头皮肤及蹄冠部皮肤出现水疱及糜烂。

【诊断】

1. 流行病学　VSV主要感染啮齿类动物及牛、猪和马，野生动物中野羊、鹿、野猪、浣熊及刺猬等亦可感染，也能感染人。绵羊、山羊、犬和兔一般不易自然感染。以节肢动物为媒介，如蚊、白蛉、黑蝇，在有蹄类动物和啮齿类动物之间传播。VSV也可通过直接接触和病原体在畜群中迅速传播。病畜和患病的野生动物是主要的传染源；受感染动物的唾液亦可带病毒，携带病毒的唾液和水疱渗出物容易污染设施和环境，形成动物—动物或病原体—动物之间的传播。常呈季节性暴发，一般开始于初夏，到夏季中晚期时疾病开始增多，秋末趋于平息，霜冻前消失。

2. 症状　潜伏期一般为1～7d。VSV主要呈嗜上皮性，症状与口蹄疫类似，但比口蹄疫缓和得多。患病动物早期表现为发热、迟钝、食欲减退、流涎，口腔、乳头、趾间及蹄冠上出现直径0.5cm至数厘米的白色至灰红色水疱，内部充满黄色液体，通常成群聚集。水疱易破裂，露出肉芽组织，呈红色糜烂，周围有刮破的上皮，常在7～10d内痊愈。

3. 病变　有病毒血症和全身感染，组织病理学变化可见淋巴管增生，大脑神经胶质细胞及大脑和心肌的单核细胞浸润。

4. 实验室诊断

（1）病毒分离鉴定　采集感染动物的水疱液、水疱上皮或伤口的黏液或血清，接种于Vero、BHK21和IBRS2细胞中进行分离培养，或用8～10日龄鸡胚进行分离，然后借助电镜进行观察。

（2）血清学检测　琼脂免疫扩散试验、免疫电泳、ELISA等可用于诊断。急性期和恢复期的血清中含有高效价的中和抗体和补体结合抗体，可用补体结合试验（CF）或血清中和试验（SN）来检测抗体的增长情况。WOAH推荐间接夹心ELISA（IS-ELISA）、CF等用于鉴定病毒抗原，液相阻断ELISA（LP-ELISA）、病毒中和试验（VNT）则用于血清学诊断。

（3）动物接种试验　牛和马最敏感的途径是舌皮内接种，猪是接种蹄的冠状带或鼻部。接种后2～4 d可在嘴、乳头和蹄部的上皮组织见到水疱。

（4）分子生物学诊断　主要方法有RT-PCR、多重RT-PCR、巢式PCR、荧光定量PCR等。

【防控】

（1）杀虫　白蛉、蚊子、蠓等节肢动物都是该病传播的重要媒介，因此杀灭这些媒介昆虫对预防该病具有重要的意义。

（2）做好生物防控　目前尚无一种安全有效的疫苗用于本病的预防。一旦发生此病，应立即采取紧急隔离、封锁、消毒等措施。VSV感染恢复动物的血清中具有高效价的中和抗体和补体结合抗体，且对同型病毒的再感染具有坚强的免疫力。

八、牛传染性鼻气管炎

牛传染性鼻气管炎（IBR）又称为坏死性鼻炎、红鼻子病或牛媾疫，是由牛疱疹病毒1型（BHV-1）引起的一种热性、接触性传染病。主要特征以高热、呼吸困难、流鼻液、鼻炎等呼吸道症状为主，伴有结膜炎、流产、乳腺炎、龟头炎。

【诊断】

1. 流行病学　各种年龄和品种的牛都可感染，其他偶蹄动物也可以感染，如绵羊、山羊、水牛和骆驼。20～60 日龄的犊牛最易感，而且病死率也比较高，同时在严寒的季节多发。本病的主要传染源是病牛和带毒牛，隐性感染的带毒牛在腰荐神经节和三叉神经节中长期带毒，当受到应激因素的作用时，潜伏的病毒会被活化，并出现在鼻液和阴道分泌物中。该病主要通过飞沫、空气、精液和接触传播，也可通过胎盘等垂直传播方式侵入胎儿引起流产。

2. 症状 潜伏期为 2～4d。由于该病毒有典型的泛嗜性，能够侵害感染宿主的多种组织和器官，从而表现出不同类型的临床症状。

（1）呼吸道型 病初流浆液性鼻液，发热，厌食和抑郁等。其后，眼睛和鼻子的分泌物会变黏稠并伴发一些呼吸道症状。

（2）生殖道型 一般经交配传染，主要表现为阴茎头包皮炎或脓疱性外阴阴道炎。但大多数感染并不表现症状，而是呈亚临床经过。

（3）脑膜脑炎型 多发于犊牛，前期表现为共济失调，后期呈角弓反张而死亡，病程短，死亡率高。

（4）流产型 多见于妊娠 4～7 个月的牛，一般是感染呼吸道后，病毒经血液循环进入胎膜、胎儿后引起。胎儿感染后 7～10d 即死亡，死后 24～48h 排出体外。流产牛常见胎衣滞留不下、难产。

（5）眼炎型 一般不表现明显的症状，偶尔有角膜浑浊等症状。

3. 实验室诊断

（1）病毒的分离鉴定 可以使用牛肾细胞（MDBK）和犊牛睾丸细胞（BTC）分离 BHV-1，盲传 2～3 代后再进行观察，然后使用特异性 BHV-1 单因子抗血清或单抗与培养上清液进行中和试验确诊。

（2）血清学检测 中和试验是检测 BHV-1 的金标准，BHV-1 只有一个血清型，将样品与病毒的阳性血清混合后，作用于易感细胞，观察易感细胞是否出现病变，从而判定是否为 BHV-1。ELISA 是 WOAH 推荐的诊断方法。此外，还有间接荧光抗体技术。

（3）分子生物学诊断 以 *TK*、*gB*、*gC*、*gD* 和 *gE* 基因为靶标，设计特异性引物，采用 PCR、荧光定量 PCR、核酸探针、基因芯片等技术对 BHV-1 进行检测。

【防控】

（1）实施疫情普查，定期监测 在全国各地进行 IBR 的流行病学调查，摸清国内 IBR 的流行状况，发现阳性病例牛立即进行处理。

（2）严格进口检疫措施 禁止从进行过 IBR 疫苗免疫而血清学流行率较低的国家进口牛及精液或胚胎等。

（3）免疫预防 针对 IBR 的疫苗有弱毒疫苗、灭活疫苗、亚单位疫苗及基因缺失标记疫苗，根据不同需要给牛进行免疫接种。

（4）加强卫生管理 因该病是通过接触进行传播，所以要控制好环境卫生，避免病牛或带毒牛将污染的排泄物污染环境，引起其他牛的感染。

九、牛 痘

牛痘是由牛痘病毒或痘苗病毒引起牛的一种热性、接触性传染病，主要特征是在母牛的乳房部位出现局部痘疹。据 WHO 报告本病现已在全球消失。

【诊断】

1. 流行病学　各种牛均易感，小鼠、豚鼠、家兔和猴等也易感。病牛是最主要的传染源。一般通过挤奶工人或挤奶机传播，犊牛通过吮乳感染，也可通过呼吸道黏膜传播。污染的饲草、饲料、垫草均可作为传播媒介。

2. 症状　潜伏期4～8d。病牛体温轻度升高，食欲减退，多在乳头或乳房及其他少毛或无毛的地方出现红色丘疹。2～3d后形成豌豆大小的圆粒或卵圆形水疱，其上有一凹窝，内含透明液体，渐成脓疱，然后结痂脱落而愈。病程一般3周，但若危及乳腺引起乳腺炎时，则病程延长。

3. 病变　该病无明显的解剖病变。

4. 实验室诊断

(1) *包涵体检查*　可以通过组织病理学检查痘疹的包涵体。

(2) *病毒分离鉴定*　采用鸡胚或组织细胞培养分离病毒，然后通过电镜检查病毒形态。

(3) *动物试验*　可将水疱液给鸡在皮肤接种，痘苗病毒可在接种处发生典型的原发性痘疹，而牛痘病毒则无反应。

(4) *血清学试验*　可采用血凝抑制试验检测病毒的特异性抗体。

(5) *分子生物学诊断*　针对牛痘病毒的基因组序列特征，设计特异性引物进行PCR扩增，有助于确诊。

【防控】

(1) *加强饲养管理*　保持乳房的清洁干燥，发现病牛应及时隔离治疗。

(2) *疫苗免疫*　在牛痘流行时，用痘苗在会阴部划痕或皮内接种于易感动物，可以有效预防本病。

(3) *药物治疗*　对病牛的疱疹溃疡面可用中性油脂或氧化锌、硼酸、水杨酸软膏或抗生素治疗，能够促进愈合。

十、牛乳头状瘤

牛乳头状瘤是由牛乳头状瘤病毒（BPV）引起的一种皮肤、黏膜上皮增生性病变，是一种在世界范围内牛群中广泛存在的感染性疾病，给养牛业带来了巨大的经济损失。

【诊断】

1. 流行病学　不同年龄、性别和品种的牛均可发病。通常情况下，3月龄到2岁之间的牛易发，幼龄牛比年老牛发病多，肉牛比奶牛发病多，圈养牛比放牧牛发病率高，尤其是群饲的青年奶牛。该病主要通过直接接触传染，或通过病毒污染的畜栏、饲槽、缰绳、鼻捻子等用具和物品间接接触而传播，也可通过节肢动物而传播。本病一年四季都可发生，以秋末、冬季较为多发。繁殖、营养、内分泌失调、阳光及免疫系统抑制等因素均可诱发该病，尤其是当与环境性致病因素（欧洲蕨类植物）协同作用，通常会引起恶性病变。

2. 症状　其主要特征是患牛全身皮肤有大小不等呈米粒状、扁平状、蕨状、刺状或菜花状的多型性疙瘩。根据临床症状表现，牛的乳头状瘤一般可分为以下5种类型。

(1) *皮肤纤维乳头状瘤*　该类型病变由BPV2引起，4～18月龄的牛易发病。病牛头、颈、肉垂和肩部的瘤体颜色灰白，直径从几毫米到10cm不等，表面无毛生长，干燥、角化，有宽大基部与皮肤相连，有的呈菜花样，易流血，并带恶臭。

（2）*生殖系统纤维乳头状瘤* 该类型病变由BPV1引起，呈典型的纤维乳头状瘤，主要侵害公牛的阴茎，常在交配时传播，主要发生于成年牛。公牛阴茎纤维乳头状瘤表面光滑，不形成蕨状，通常表现是公牛采精或交配后阴茎出血。

（3）*非典型性皮肤乳头状瘤* 此类肿瘤可在牛群中暴发，并且是持续性的。乳头状瘤外观为扁平的圆形病变，有宽的基部。镜检可见过度角质化的棘皮症，可扩散到真皮浅层。

（4）*乳腺和乳头乳头状瘤* 该类型病变是由BPV1和BPV5感染所致。病牛的乳头和乳腺长出的疣经常是多形性的，不侵害乳管，有肉茎的蕨形乳头状瘤比皮肤纤维乳头状瘤的外形小，有些发生在乳腺的病变往往扩散成扁平状。单独由BPV5引起的乳头状瘤，在乳头可形成米粒状病变，偶尔侵害病牛乳腺，一般可侵害一个或几个乳头，有的呈典型上皮突起的乳头状瘤或纤维乳头状瘤的疣。

（5）*消化系统乳头状瘤* 该类型肿瘤主要由BPV3和BPV4引起，主要侵害牛的食管、前胃、口腔等，无明显症状，偶尔会影响牛嗳气，从而引起迷走神经性消化不良。BPV4引起的消化道损伤有转变为恶性肿瘤的可能。

3. 病变 传染性乳头状瘤通常是多形性的，可分为纤维型和鳞状型。纤维型乳头状瘤常发生在牛的皮肤上，初期形成疣，组织学检查可见病变部位出血、水肿，有肉芽肿反应，1周后，肉芽肿反应变为纤维增殖，成纤维细胞浸润到真皮乳头层替代正常的真皮。发病4～6周后，在纤维增殖区域的浅层出现上皮增殖和棘皮症。一般在60～90d后形成真皮纤维瘤，其上覆有增殖的上皮。鳞状型乳头瘤可发生在病牛的不同部位，表现为病牛表皮增厚。

4. 实验室诊断

（1）*电镜观察* 采取局部肿瘤病料，制备超薄切片或负染标本，电镜观察找到典型的病毒粒子，即可确诊。

（2）*血清学检查* 荧光抗体技术、血凝试验或ELISA等方法可用于诊断。

（3）*分子生物学诊断* 由于BPV分型较多，对组织的特异性也有差异，因此应用分子生物学技术，如PCR对BPV进行型别鉴定是十分必要的。

【防控】

（1）*加强饲养管理* 在饲养过程中要注意观察，早发现早治疗，同时要加强环境消毒，减少传播途径。对病畜采取隔离饲养和治疗，严防病牛混群；病牛用具与健康牛分开，不要混用；全场定期用2%氢氧化钠溶液对牛栏、食具等消毒；严格执行挤奶卫生规程，减少乳头皮肤创伤的发生。

（2）*疫苗免疫* 目前已经研制出了针对BPV2和BPV4的疫苗，可以保护机体免受病毒感染，同时产生病毒中和抗体。但这些疫苗具有型特异性，只能使机体免受同种基因型的病毒感染。

（3）*二氧化碳激光疗法* 对于体表乳头状瘤，一次治愈率可达100%；蕨状、菜花状乳头状瘤，一次治愈率达95%以上。

十一、牛恶性卡他热

牛恶性卡他热是由恶性卡他热病毒（MCFV）引起的一种牛的急性、热性传染病。主要特征为发热、口鼻眼黏膜发炎、角膜混浊及脑炎。属于我国规定的二类动物疫病。

【诊断】

1. 流行病学 水牛和牛具有易感性，尤其是 4 岁以内的牛易感性更强，老龄牛不易感。传染源通常是非洲角马和绵羊，病毒能够在这两种动物体内储存而不引起自身发病，但是能够向体外排毒，引起牛的感染。该病不通过牛与牛之间传播，主要是通过呼吸道、吸血昆虫、隐性感染绵羊等传播。另外，如果妊娠母牛感染发病，会通过胎盘导致犊牛感染。该病的发生没有明显的季节性，全年均可发病，但是冬、春季节多发。

2. 症状 潜伏期通常为 3～8 周。该病在临床可分为不同类型，但以头眼型最常见，其他型常发生于混合感染。

（1）*最急性型* 病牛通常在较短时间内死亡，鼻腔和口腔内的黏膜可见有炎性反应，也可见有一些消化道病变。

（2）*头眼型* 病牛体温升高至 40℃以上，呈稽留热，直到死亡前下降。发病大约 24h 后，口腔黏膜充血、出血，有大量泡沫状唾液，嘴唇和齿龈上有大量灰白色细小丘疹，丘疹破溃后形成溃疡和坏死，或溃疡面逐渐向鼻部发展，导致鼻腔黏膜肿胀和出血。有的由卡他性鼻液转变为纤维素性或脓性带有恶臭气味的鼻液流出，鼻镜也出现溃疡。眼睛流泪或肿胀，有时可见眼睑外翻、结膜炎和角膜炎。全身症状为病牛逐渐消瘦，被毛倒竖，精神不振，呼吸加快加深，心率加快，伴有间歇性咳嗽。食欲严重下降，甚至废绝，反刍停止。病牛站立、步态不稳。最初为便秘，较长时间后变为严重腹泻，排泄物中偶尔可见脱落的肠黏膜和血液。妊娠牛常发生流产。

（3）*肠型* 主要表现为持续性发热，出现持续的腹泻症状，病死率很高。

（4）*皮肤型* 病变主要为皮肤上出现丘疹、疱疹和龟裂等病变。

3. 病变

（1）*最急性型* 心肌、肝、肾及淋巴结肿大，消化道黏膜尤其是皱胃黏膜明显发炎。

（2）*头眼型* 气管和喉头等部位出现充血和出血，有的还会被假膜所覆盖；口腔和鼻腔有坏死和出血；肾脏和肝脏等部位的血管出现淋巴细胞或者单核细胞浸润。

（3）*肠型* 胃肠道有出血点及溃疡点；肝脏和肾脏有不同程度的肿大和出血；心包充血。

4. 实验室诊断

（1）*病毒分离鉴定* 采集病料直接接种在牛甲状腺细胞或者牛胚肾原代细胞中，培养 3～10h后可发现细胞出现病变，然后采用荧光抗体技术进行鉴定。

（2）*血清学检测* 取病牛新鲜血液和病料组织，采用间接荧光抗体技术、免疫过氧化物酶试验或 ELISA，可确定是否感染牛恶性卡他热病毒。

（3）PCR 可采用 PCR 进行特异性片段扩增进行诊断，也可采用 PCR 进行病毒分型。

【防控】

（1）*加强饲养管理* 创造较为洁净的生活环境，提供充足的营养，保证牛舍干燥通风。实行牛羊分群饲养。当发现有患牛后，应严格控制、隔离扑杀、防止扩散，患病动物污染的环境、用具应当严格消毒，避免因环境的接触使健康动物感染。

（2）*中药治疗* 龙胆泻肝散有一定的治疗效果。

十二、牛呼吸道合胞体病毒病

牛呼吸道合胞体病毒病是由牛呼吸道合胞体病毒（BRSV）引起的一种急性、热性呼吸道传染病，主要表现为发热、咳嗽、呼吸困难，呈严重的间质性肺炎。

【诊断】

1. 流行病学 该病主要感染牛，犊牛最易感，断奶犊牛或青年牛多发，也感染绵羊、山羊、猪和马。隐性感染动物是最危险的传染源。本病主要通过直接接触和飞沫传播，病毒通过呼吸道侵入易感牛体内。不同牛群之间较难通过空气传播。恶劣的养殖环境、长途运输和过早断奶等应激会促进本病的发生。该病的发病率与种群密度和年龄结构密切相关，其发病率占牛呼吸道疾病的60%。

2. 症状 本病的潜伏期为2～5d。

（1）温和型 病牛表现体温升高，精神轻度萎靡，但快速恢复。流出少量的浆液性鼻液，并伴有干咳，经过2周左右就能够康复。

（2）急性型 病牛往往突然发病，精神萎靡，食欲减退，体温升高达40～42℃，流涎，并有浆液性鼻液流出，呼吸困难。除了最轻型，一些病牛会出现皮下气肿，尤其是肩峰附近。

3. 病变 常可见肺气肿或肺水肿，间质性肺炎，肺腹侧部异常粘连，支气管和小支气管有黏液脓性分泌物排出，肺背侧部膨胀，肺小叶、小叶间和胸膜呈气肿性损伤，气管和纵隔淋巴结增大、水肿。

4. 实验室诊断

（1）病毒分离 取病死牛带有病变的肺脏组织、气管黏膜、脾脏或血液，接种于牛鼻甲细胞进行分离培养，开始细胞发生融合，晚期往往发生CPE，且容易出现多个合胞体。病变的细胞进行HE染色后镜检，可见核内包涵体。

（2）血清学诊断 主要有病毒中和试验（SNT）、间接荧光抗体技术（IFA）、补体结合试验（CFT）和ELISA等。

（3）分子生物学诊断 主要有RT-PCR、原位杂交法、环介导等温扩增法等。

【防控】

（1）严格引进管理 禁止从疫区引进牛。对引进的牛必须进行相应的检疫，并隔离观察至少1个月，确认健康无病后才能与本场牛群进行混群。

（2）免疫预防 该病可使用弱毒疫苗和灭活疫苗进行免疫接种。犊牛可使用灭活疫苗免疫接种，能够诱导机体产生高水平的中和抗体。弱毒活疫苗一般采取鼻腔免疫。成年牛免疫期可达到6个月以上。带有母源抗体的犊牛保护期不到4个月。

十三、小反刍兽疫

小反刍兽疫是由小反刍兽疫病毒（PPRV）引起的主要感染山羊、绵羊等小反刍动物的一种急性、热性和高度传染性的传染病。主要特征是突然发热、眼睛和鼻腔分泌脓性液体、精神不振、口腔溃烂、呼吸不畅并伴有咳嗽、腹泻，发病率高、死亡率高。

【诊断】

1. 流行病学 潜伏期为 2～7d。PPRV 的自然宿主是山羊和绵羊，其中山羊更容易感染，尤其以 3～8 月龄的山羊最易感，但是不同品种的山羊其敏感性也有很大差异，欧洲品系的山羊更容易感染。牛和猪也易感，但感染本病时多呈亚临床症状。非洲的骆驼、努比亚野山羊、东方盘羊等野生动物也可感染。发病后期含毒量较高的是粪便。通过直接接触或间接方式传播，主要感染途径是呼吸道，接触病畜的分泌物和排泄物，以及通过受精或胚胎移植等也会引起传播。在多雨和干冷季节，多发，并且一旦感染，发病率可达到 100%，死亡率可达 20%～90%，严重时死亡率甚至可达到 100%。

2. 症状

（1）*最急性型* 幼龄羊常发，潜伏期只有 2d，表现为体温急剧上升，发病第一天可看到病畜便秘，但是很快就变成水样腹泻。整个发病过程不会超过 6d，死亡率可达 100%。

（2）*急性型* 发病初期的症状与最急性型相似，潜伏期为 3～4d。发病后期的症状是口腔溃烂，死亡的细胞覆盖着白色的坏死组织，口腔黏膜上覆盖厚厚的干酪样物质。常在发病后的 5～10d 脱水衰竭死亡。

（3）*温和型* 主要表现为短暂的轻微发热，有时会出现大量的分泌物从眼鼻流出，在鼻孔周围结痂，有时出现腹泻。一般经过一段时间就可康复，死亡率较低。

3. 病变 可见结膜炎，口鼻腔黏膜糜烂，严重时甚至可弥漫至硬腭及咽喉部。初期是白色点状的小坏死灶汇集成一片，脱落上皮、浆液性渗出液以及多核白细胞混合组成的黄色浮膜覆盖在上面。黄色浮膜下是红色的糜烂。从口腔舌咽部到网瘤胃交界处都会出现溃疡。皱胃也常有糜烂，糜烂呈红色规则有轮廓的出血。回肠、盲-瓣区、盲-结肠交界处和直肠严重出血，盲-结肠交界的部位出现特征性条状出血或斑马样条纹。病畜的淋巴结和脾脏肿大，脾脏还伴有坏死性病变。肺部用手触摸手感较硬，有暗红色区域，产生支气管肺炎的典型病变，在肺尖叶或者心叶末端出现肺炎灶或者支气管肺炎灶。

4. 实验室诊断

（1）*病毒分离鉴定* 将采集的可疑病料接种于 Vero 细胞、原代羔羊肾细胞、绒猴-B 类淋巴母细胞 B95a 等，观察细胞病变，然后可用 ELISA、病毒中和试验或 RT-PCR 进行进一步鉴定。

（2）*血清学诊断* 利用 PPRV 全病毒抗原或重组 N、H 蛋白制备特异性高、亲和力强的多克隆抗体或单克隆抗体，建立不同的方法检测 PPRV 抗原，如免疫捕获 ELISA、竞争 ELISA、间接 ELISA、胶体金试纸条、病毒中和试验等。

（3）*分子生物学诊断* 最常用的是 RT-PCR、荧光 RT-PCR、PCR-ELISA、RT-LAMP。PPRV 的 N 基因和 F 基因是基因组中比较保守的序列，因此建立分子诊断方法时多选择这 2 个基因片段作为生物学诊断靶标，且能区分 PPRV 与牛瘟病毒。

【防控】

（1）*严防从外引入* 在引种时一定要做好该病的检疫，严禁从该病疫区引进羊。引进羊时，一定要先隔离 2 个月以上，确定无该病后方可入群。

（2）*预防接种* ①牛瘟弱毒疫苗，因小反刍兽疫病毒与牛瘟病毒的抗原性具有相关性，可用牛瘟病毒弱毒疫苗来免疫羊的小反刍兽疫。②小反刍兽疫弱毒疫苗，主要有 Ni-geria 75/1 弱毒疫苗和 Sungri/96 弱毒疫苗。③小反刍兽疫灭活疫苗，是采用感染山羊的病理组织处理后用甲醛灭活后制备的。

十四、蓝 舌 病

蓝舌病是由蓝舌病毒（BTV）引起的传播于绵羊、山羊、牛等反刍动物之间的传染病，主要特征为面部水肿、组织坏死、口腔溃疡等。

【诊断】

1. 流行病学 绵羊最易感，青年羊发病率较高。主要的传染源为病羊和带毒羊，病愈后的绵羊血液能带毒长达 4 个月或者更久时间。牛、鹿、山羊等动物也能感染发病，但无明显症状，为隐性带毒者。该病主要通过昆虫库蠓叮咬传播，也可通过精液、胎盘传播。为非接触性传播。宿主一旦感染 BTV 可终生带毒。此外，食肉动物可以经口传播。蓝舌病的发生具有季节性，多发于湿热的季节，春、秋季为高发季节。初发地区发病率和死亡率特别高，第二次发病时，发病率和死亡率显著降低。

2. 症状 潜伏期为 3～7d。绵羊发病后先发热，高温后体温逐渐正常。病羊精神委顿、厌食、呼吸急促、流涎，有大量浆液性鼻分泌物。脸部器官水肿，并蔓延至颈部和腋下。口腔黏膜、舌头充血、糜烂，严重的病例舌头发绀，致使吞咽困难，口臭。有的患病绵羊蹄冠发炎，导致跛行。有些绵羊还患有蹄叶炎。妊娠羊会流产，或产先天畸形的胎儿。山羊感染后一般不表现出明显的症状，即使表现出症状，也比绵羊要轻得多。牛一般也不表现出症状。

3. 病变 患病绵羊的口腔和食管黏膜出现出血、糜烂、溃疡性变化。咽喉肌肉水肿、淤血，脂肪胶样浸润。胃浆膜、乳头和黏膜皱褶常见到出血点，也可见脱落黏膜，食管则多出现溃疡和糜烂，横纹肌变性和坏死。心脏内、外膜出现广泛出血点，心包积水。肝脏和肺部肿大、淤血，气管内多见到泡沫样血液。淋巴器官肿大，淋巴结充血、肿大和坏死。骨骼肌多见出血和纤维性病变。皮肤有针尖大小的出血点。

4. 实验室诊断

（1）*病毒分离鉴定* 可采用动物试验、鸡胚接种、细胞培养进行病毒的分离，然后采用病毒中和试验或 RT－PCR 方法进行鉴定。

（2）*血清学诊断* 主要包括琼脂凝胶免疫扩散试验（AGID）、ELISA、荧光抗体技术、血凝试验（HI）、过氧化物酶染色法（IPS）、病毒中和试验（VN）等。其中，ELISA 是 WOAH 推荐的检测蓝舌病病毒或者其他感染动物血清的方法。

（3）*分子生物学诊断* 主要包括 PCR、核酸杂交技术、寡聚核苷酸指纹图谱分析等。

【防控】

（1）*严格进口检疫* 对蓝舌病的防控首先应加强检疫，严格控制疫区国家和地区的动物及动物制品进出口，严禁从蓝舌病疫区或国家引进牛、羊等蓝舌病易感动物及动物制品。

（2）*加强管理* 对羊舍定期消毒、驱虫，消灭库蠓，做好圈舍和牧场的排水工作。

（3）*免疫预防* 该病毒具有不同的血清型，所以要选择多价疫苗免疫方可有效，目前有鸡胚弱毒苗、牛胎肾细胞致弱组织苗，每年接种 1 次，可有效防控该病。

十五、绵羊痘和山羊痘

山羊痘和绵羊痘是由山羊痘病毒（GTPV）和绵羊痘病毒（SPPV）感染山羊和绵羊引

发的一种急性、热性、接触性传染病。主要特征为发热，皮肤无毛或少毛部位和黏膜上可见典型的丘疹、水疱和脓疱等，破溃的丘疹和疱疹形成结痂。

【诊断】

1. 流行病学 SPPV 主要感染绵羊，不同年龄、性别、品种的绵羊敏感性不同，羔羊较成年羊更为易感，并且病死率较高。自然条件下，SPPV 具有较高的宿主特异性，但有些分离株既能感染绵羊又能感染山羊，山羊感染后症状较绵羊轻。GPPV 可以感染各种年龄、性别、品种的山羊，欧洲品系的山羊特别易感，发病率和死亡率可接近 100%。主要通过呼吸道、损伤皮肤或黏膜感染。也可通过垂直传播导致妊娠母羊流产。饲养管理人员、护理用具、皮毛及其产品、饲喂的饲料、垫草以及多种寄生虫等都可能成为羊痘的传播媒介。冬季、初春季节由于饲草缺乏成为本病的多发季节。

2. 症状 潜伏期一般为 6～8d。病羊体温升高达 41～42℃，精神不振，食欲废绝，鼻黏膜和眼结膜潮红，有浆液性分泌物，后转为黏液脓性鼻涕从鼻孔流出，呼吸、脉搏增速，寒战。1～4d 内发生痘疹，开始时为红斑，1～2d 后形成丘疹，突出于皮肤表面，坚实而苍白，随后丘疹逐渐扩大，变成灰白色或淡红色、半球状的隆起结节。结节在 2～3d 内变成水疱，水疱内容物逐渐增多，中央凹陷，呈脐状。在此期间，羊体温稍下降。不久水疱变为脓性，不透明，形成脓疱、化脓。如无继发感染，几日内脓疱干瘪为褐色痂块，脱落后遗留灰褐色瘢痕而痊愈。

3. 病变 体表呈现典型的痘斑病变，口唇、舌面、鼻镜、乳房、会阴及尾根无毛处可见大小不等的痘疹，较为严重的有溃疡灶。在前胃或皱胃的黏膜上往往有大小不等的圆形或半圆形坚实的结节，单个或融合存在，严重的引起前胃黏膜糜烂或溃疡，咽和支气管黏膜也常有痘疹，呼吸道黏膜有出血性炎症。有时增生性病灶呈灰白色，圆形或椭圆形，直径约 1cm。气管及支气管内充满混有血液的浓稠黏液。肺部有干酪样结节和卡他性炎症区，淋巴结肿大，结节与腺瘤很相似，多发生在肺的表面，切面质地均匀，但很坚硬，数量不定，性状一致，特别是肺膈叶，甚至有直径达 5cm 的硬块。在这种病灶的周围有时可见充血和水肿等。

4. 实验室诊断

（1）*病毒分离观察* 采集病料处理后，接种于羔羊睾丸细胞进行增殖培养，电镜直接观察病毒粒子。

（2）*包涵体检查* 羊痘特有的组织病理变化是出现嗜酸性包涵体，采取病变组织，用 10%福尔马林固定，苏木精染色，在光镜下观察包涵体，GTPV 为淡青色或紫色，SPPV 为深红色或紫色，周围有明显的晕圈，包涵体内有许多嗜酸性小体。

（3）*血清学诊断* 包括琼脂扩散试验、ELISA、对流免疫电泳、荧光抗体技术、间接血凝试验等。

（4）PCR 该方法是 WOAH 指定的检测羊痘的方法，其中因 P32 基因的特异性，通过设计特异性引物可用于鉴别山羊痘病毒与绵羊痘病毒。

【防控】

（1）*加强引种管理* 严禁从疫区引进羊只以及动物制品（如皮、毛、肉等），对从非疫区新购入的羊只，进行 45d 的隔离观察后，确认无病的羊只才准许进入原有羊群混养。

（2）*免疫预防* 常用疫苗有羊痘鸡胚化弱毒疫苗，每年定期进行尾部内侧皮内注射，免疫期1年。

(3) 中兽医疗法 病羊初期可用藏红花、升麻、葛根、连翘、生甘草，水煎后灌服。或用金银花、板蓝根、蝉蜕、连翘、防风、生甘草，水煎灌服。

十六、山羊关节炎脑炎

山羊关节炎脑炎是由山羊关节炎脑炎病毒（CAEV）引起的成年羊的一种慢性进行性传染病，其主要特征是成年山羊表现为进行性消瘦、关节和黏液囊长期肿胀、间质性乳腺炎或肺炎，羔羊表现脑脊髓炎。

【诊断】

1. 流行病学 山羊最易感，以成年山羊感染居多。自然条件下本病的主要传染源是患病山羊或隐性带毒羊，一旦感染可终生带毒。以消化道传播为主，其次是生殖道；病毒可通过乳汁传递给羔羊，污染的饲草、饲料或饮水等也可作为传播媒介。一年四季均可发病，呈地方流行性。

2. 症状 被CAEV感染后，主要表现4种类型：脑炎脊髓炎型（神经型）、多发性关节炎型、间质性肺炎型和乳腺炎型。

(1) 脑脊髓炎型（神经型） 潜伏期2～5个月，2～6月龄羔羊易感。季节性发病明显，3—8月发病率占全年的80％。病羊精神沉郁，一肢或多肢麻痹。角弓反张或做圆圈运动等神经症状时有发生，有的还会出现面神经麻痹或双目失明。病程从15 d到1年不等，耐过病羊往往留有后遗症。

(2) 多发性关节炎型 多发于1岁以上山羊，病程1～3年，年龄越大、感染时间越长症状越明显。腕关节肿大是主要症状。先是关节周围软组织水肿、疼痛，进而关节肿胀，活动不便，常见前膝跪地膝行。

(3) 间质性肺炎型 此型出现较少。无年龄限制，病程3～6个月。病羊进行性消瘦，咳嗽，呼吸困难，胸部叩诊有浊音，听诊有湿啰音。

(4) 乳腺炎型 病羊乳房坚硬肿胀且泌乳较少，或者乳房变软，但是这2种症状只导致产乳量较少。

3. 病变

(1) 脑脊髓炎型（神经型） 主要病变发生于中枢神经，偶尔在脊髓和脑的白质部分有局灶性淡褐色病区，严重病例可见脑软化。

(2) 多发性关节炎型 关节周围软组织水肿，重症病例软组织坏死、纤维化或钙化，关节液呈黄色或粉红色。关节囊增厚，关节腔扩张，滑膜可见结节状增生物。镜检可见肥大型慢性滑膜炎，滑膜细胞增生，纤维素沉着，邻近结缔组织可见坏死和钙化。

(3) 间质性肺炎型 肺脏呈灰色，轻度肿大且质地较硬，切面有大叶性或斑块状实变区。镜检可见细支气管和血管周围有淋巴细胞、单核细胞或巨噬细胞浸润，甚至形成淋巴小结。肺泡上皮增生，肺泡壁肥厚，叶间结缔组织增生，邻近细胞萎缩或纤维化。

(4) 乳腺炎型 乳房血管、乳导管周围及腺叶间有大量淋巴细胞、单核细胞和巨细胞渗出，间质常发生灶状坏死。

4. 实验室诊断

(1) 病毒分离鉴定 采集病变的组织如小脑、关节滑膜、肺脏等以及发生炎症的关节囊中的渗出液或者乳汁、血液等，制作超薄切片，负染后观察，可发现颗粒较大的 CAEV；将病毒接种于山羊的关节滑膜细胞中，观察合胞体的形成。

（2）*血清学诊断* 目前常用的血清学方法有琼脂糖凝胶扩散试验（AIGD）、ELISA、放射免疫沉淀试验（RIPA）。

（3）PCR 针对 CAEV 的 P25 基因设计特异性引物，可对 CAEV 进行特异性扩增。

【防控】

（1）*加强引种与饲养管理* 加强引种检疫可以很好地避免 CAEV 跨地区传播。即使是同一地区不同场区之间进行种羊贸易，也要做好隔离检疫。净化饲养环境，降低饲养密度，定期对场区消毒，成年母羊和羔羊分群饲养。

（2）*加强对羊场的疾病监测* 定期对羊场进行 CAEV 病原检测，对感染 CAEV 的羊及时隔离并扑杀，同时对羊圈进行彻底清洗消毒。

十七、羊传染性脓疱皮炎

羊传染性脓疱皮炎又称羊口疮，是由传染性脓疱皮炎病毒（ORFV）引起的绵羊、山羊的一种急性接触性传染病。主要特征是口唇、舌鼻等部位形成红斑、丘疹、水疱、脓疱和疣状痂皮。羊群感染后发病率高达 90%。

【诊断】

1. 流行病学 绵羊、山羊最易感，尤其是羔羊和 3～6 月龄幼羊更敏感。人和猫、犬、犊牛、家兔等也可感染。病羊和带毒羊是本病的主要传染源，病羊的唾液、脱落的痂皮含有大量病毒，病毒污染的饮水、饲料、圈舍等均可成为传播媒介。主要通过皮肤或黏膜损伤接触传播。多发于气候干燥的夏、秋季。

2. 症状 潜伏期为 3～8d。临床上一般分为唇型、蹄型和外阴型。

（1）*唇型* 病羊先在口角、上唇或鼻镜出现散在的小红斑，逐渐变为丘疹和小结节，继而成为水疱或脓疱，破溃后结成黄色或棕色的疣状硬痂。若为良性，经 1～2 周痂皮干燥、脱落后康复。严重者患部继续发生丘疹、水疱、脓疱、痂垢，并互相融合，波及整个口唇周围及眼睑和耳郭等部位，形成大面积龟裂、易出血的污秽痂垢，痂垢下伴以肉芽组织增生，痂垢不断增厚，整个嘴唇肿大、外翻，呈桑葚状隆起。

（2）*蹄型* 通常于蹄叉、蹄冠或系部皮肤上形成水疱、脓疱，破裂后成为由脓液覆盖的溃疡。若继发感染则发生化脓、坏死，常波及基部、蹄骨，甚至肌腱或关节。病羊跛行，长期卧地。

（3）*外阴型* 该型较少见。病羊排黏性或脓性阴道分泌物，在肿胀的阴唇及附近皮肤上发生溃疡，乳房和乳头皮肤上发生脓疱、烂斑和痂垢，公羊则为阴囊鞘肿胀，出现脓疱或溃疡。

3. 实验室诊断

（1）*病毒分离鉴定* 采集病羊口唇痂块，无菌处理制成悬液，接种于羊睾丸细胞，然后利用电镜进行观察。

（2）*血清学诊断* 可采用中和试验、反向间接血凝试验、琼脂扩散试验、ELISA、荧光抗体技术等进行检测。

（3）PCR 采用常规的 PCR 方法对病料或分离病毒进行特异性扩增即可确诊。

【防控】

(1) 加强饲养管理　注意保护皮肤和黏膜，防止发生外伤而感染，尤其是口腔黏膜，应将饲料中带刺的原料拣出。禁止从疫区引种，做好圈舍的消毒。

(2) 免疫预防　采用羊口疮弱毒苗对7日龄以内的羔羊进行股内侧皮肤划痕接种，免疫期1年，可有效预防该病。

(3) 药物治疗　首先用0.1%～0.2%高锰酸钾溶液清洗创面，再涂2%甲紫、碘甘油、冰硼散。

(4) 血清治疗　应用病愈羊血清可进行紧急预防或治疗。

(5) 中药治疗　可用贯众、甘草、木通、桔梗、赤芍、生地、花粉、荆芥、连翘、大黄、丹皮，研末加蜂蜜，开水冲后灌服。

十八、炭　疽

炭疽

炭疽是由炭疽芽孢杆菌引起的一种急性、热性、败血性人兽共患传染病，主要特征为高热，口、鼻孔、肛门等天然孔出血。

【诊断】

1. 流行病学　绵羊、山羊、马、牛、鹿最易感，各种家畜和人均可感染，无年龄差异。患病动物是主要传染源，病死动物的器官、组织、血液，以及污染的土壤、草场、水源、饲料等均可为疫源地。主要通过消化道、呼吸道及皮肤伤口传染，也可由吸血昆虫传染。本病发生有一定的季节性，多发于6—8月。

2. 症状　根据病程可分为最急性、急性和亚急性三种类型。

(1) 最急性型　羊突然发病，全身战栗，行走摇摆，站立不稳，迅速倒地，磨牙，呼吸困难，可视黏膜发绀。在濒死期和死后可见天然孔出血，口鼻流出泡沫样血液，且不易凝固。

(2) 急性型　病羊体温升高至40～42℃，精神沉郁，食欲减退或废绝，瞳孔放大，恶寒战栗，脉搏细弱，呼吸困难，可视黏膜呈蓝紫色，并有出血点。初期便秘，后期腹泻并带血。尿液呈暗红色，有时混有血尿。濒死期体温急速下降，呼吸高度困难，唾液及排泄物呈暗红色，肛门出血，全身痉挛。

(3) 亚急性型　一般病程2～5d，在颈部、胸前、腹下及直肠、口腔黏膜等处出现炭疽痈，迅速肿胀增大，初期硬、热、痛，后期逐渐变冷、无热、无痛。

3. 病变　尸体迅速腐败，尸僵不全，天然孔内有暗红色至黑色不易凝固的血液，黏稠似煤焦油。可视黏膜呈紫色并有出血点。皮下、肌间、胸膜、肠系膜、肾周围的结缔组织、咽喉部等处的病灶周围有黄色胶冻样浸润，并有出血点。肝脏显著肿大2～5倍，被膜紧张易破裂，脾髓呈暗红色，软化如泥或糊状，脾小梁与脾小体模糊不清，也有的呈局限性肿胀、软化及出血。肾脏肿胀、质软且脆。全身淋巴结肿胀，呈黑红色，切面湿润呈褐红色并有出血点。

4. 实验室诊断

(1) 涂片镜检　采集病死动物的耳血涂片，美蓝染色后镜检，若见带有荚膜的革兰氏阳性大杆菌，菌体呈竹节状，即可确诊。

(2) 血清学诊断　可采用炭疽沉淀试验、荧光抗体技术、ELISA等进行检测。

（3）PCR　可针对炭疽芽孢杆菌的毒力基因 P^{X01} 或 P^{X02} 设计特异性引物，扩增后电泳可呈现特异性大小的条带。

【防控】

（1）*严格处理病死羊*　发现患病或可疑动物应立即隔离，同时上报主管部门。圈舍要立即用20%漂白粉溶液或2%氢氧化钠溶液连续消毒3次，再用20%石灰水刷墙，热氢氧化钠溶液泡用具。病死动物的粪便、垫草及剩余草料全部焚烧处理。

（2）*免疫预防*　本病流行地区，每年按计划接种炭疽Ⅱ号芽孢疫苗，免疫期1年。

（3）*治疗*　青霉素、土霉素和金霉素对本病均有较好的疗效。对皮肤炭疽可在其周围皮下注射普鲁卡因和青霉素。也可用中药方剂血芨拔毒散、紫草散、消癀散、黄柏散等治疗。

十九、布鲁氏菌病

布鲁氏菌病（又称布氏杆菌病、地中海弛张热、马耳他热、波浪热或波状热，简称布病）是由布鲁氏菌引起的一种人畜共患传染病。主要特征为生殖障碍，妊娠母畜流产，且长期不孕；公畜睾丸炎和附睾炎，严重影响生殖性能。

【诊断】

1. 流行病学　羊、牛、猪对该病最易感，母羊比公羊、成年羊、幼龄羊发病多。患病动物是最主要的传染源，患病动物的乳汁、精液、脓汁以及流产胎儿、胎衣、羊水、子宫和阴道分泌物等均可成为传染源。该病主要通过消化道、呼吸道或受损皮肤、黏膜等途径传播，也可垂直传播。

2. 症状　潜伏期为14～180d，妊娠母羊多于妊娠3～4个月时流产，在流产前2～3d，体温升高，精神不振，食欲减退，阴唇潮红肿胀，流出黄色黏液或血样黏性分泌物，流产胎儿多为弱胎或死胎。流产后阴道持续排出黏液性或脓性分泌物，易发生慢性子宫内膜炎，发情后屡配不孕。公羊睾丸先肿大后变小。

3. 病变　病变主要发生在生殖器官。胎盘绒毛膜下组织呈黄色胶样浸润、充血、出血、水肿、糜烂和坏死。胎衣增厚，部分或全部呈黄色胶样浸润，其中有部分覆有纤维蛋白或出血斑。皱胃中有淡黄色絮状物；皮下和肌肉间发生浆液性浸润；脾脏和淋巴结肿大；肝脏中有坏死灶。公羊可发生化脓性、坏死性睾丸炎和附睾炎，睾丸出血、肿大，后期萎缩。

4. 实验室诊断

（1）*涂片镜检*　取胎衣、绒毛膜渗出物或胎儿内容物、水肿液或病变组织等涂片，孔雀石绿染色后镜检，可见布鲁氏菌呈红色，其他菌呈绿色。

（2）*血清学诊断*　可采用凝集试验、ELISA、荧光偏振分析技术、补体结合试验、变态反应、胶体金免疫层析技术和荧光免疫层析技术等进行检测。

（3）PCR　利用布鲁氏菌保守基因BCSP31、IS711等设计引物进行特异性扩增，不仅可以区分布鲁氏菌与其他病原菌，还可以用于区分布鲁氏菌的种。Bruce-ladder PCR是WOAH推荐的诊断方法。

【防控】

（1）*免疫预防*　目前有布鲁氏菌弱毒疫苗对于疫区可以进行免疫预防，免疫期为1～1.5年。

（2）加强检疫 通过检疫，对发病动物或可疑动物及时隔离、治疗或扑杀。对病死动物圈舍进行彻底消毒。

（3）治疗 一般情况下，不对患病动物进行治疗，一经确诊应做无害化处理。对于昂贵动物，可在隔离条件下治疗，用0.1%高锰酸钾溶液等消毒冲洗阴道和子宫，必要时用磺胺类药物和抗生素辅助治疗。

二十、大肠杆菌病

大肠杆菌病是由产毒素性大肠埃希氏菌引起的一种急性传染病，主要特征是剧烈腹泻、败血症。以血清型 O_{78} 型最为常见。

【诊断】

1. 流行病学 一般2～7日龄幼龄羔羊或犊牛最易感。患病牛羊和带菌者为主要传染源，污染的饲草、饲料、饮水和垫料均可为传染源。主要通过消化道和呼吸道传播。冬、春季易发，畜舍潮湿、污秽易引发本病。

2. 症状 本病分为两种类型：肠炎型和败血型。

（1）肠炎型 主要症状是腹泻。病初体温升高至40～41℃，出现腹泻时体温下降。粪便稀薄，呈液体状，带有气泡，恶臭，起初为黄色，继而变为淡灰白色，含有乳凝块，严重时混有血液。患病牛羊腹痛、弓背、虚弱，严重脱水，衰竭，卧地不起。有时出现痉挛，治疗不及时，可在24～36h内死亡。

（2）败血型 病初走路摇晃，精神沉郁，吮乳能力下降，体温升高至41～42℃，呈明显的腹式呼吸。随后病情加重，患病牛羊不能站立，体温下降，腹泻，虚脱，粪便呈黄色，并有血液。

3. 病变

（1）肠炎型 主要为急性胃肠炎症状。病死幼畜尸僵完全，全身淋巴结肿大，尤其是肠系膜淋巴结，外观黑紫色，切面多汁；肝肿大，质脆，表面有点状出血；胃内乳凝块发酵，肠黏膜充血、出血和水肿，肠内混有血液和气泡，前胃积食、膨胀，大网膜出血，皱胃黏膜有出血斑；肠系膜水肿，并有散在出血点；腹水增多呈橘红色，且恶臭。

（2）败血型 肠、腹腔和心包有不同程度的积液，并有纤维素样渗出物；心脏表面血管淤血，心冠和心外膜有出血点或出血斑，心房和心室内积血；肺表面有大量的出血点，边缘出血、坏死似肝变样；脑膜血管呈树枝状充血，且有出血点；肝肿胀、淤血，切面多汁或充血；空肠肠管胀气，肠壁变薄，肠黏膜易刮落，并有充血、出血或水肿。

4. 实验室诊断

（1）病原分离鉴定 无菌采取病料，在伊红美蓝琼脂培养基上培养可形成紫黑色带金属光泽的菌落。镜检可见两端钝圆、单独或成对排列的革兰氏阴性中等大小杆菌。

（2）血清学诊断 利用产毒素性大肠杆菌多糖抗原，采用ELISA检测O型血清抗体，可以确诊。

（3）PCR 直接检测某一产毒素性大肠杆菌某一特殊基因序列。

【防控】

（1）加强妊娠母畜的管理 保证母畜饲料营养均衡，定期运动，保证胎儿健壮，抗病力强。做好临产前的卫生管理。

(2) 加强新生幼畜的管理 搞好环境卫生，哺乳前用 0.1% 的高锰酸钾擦拭母畜的乳房、乳头和腹下。让幼畜吃到足够的初乳，同时做好幼畜的保暖工作。

(3) 免疫预防 目前有两种疫苗，是由大肠杆菌 O78：K80 制备的灭活疫苗和弱毒疫苗，免疫期 6 个月。

(4) 治疗 对临床上常用的抗菌药物如硫酸新霉素、头孢噻呋、硫酸卡那霉素或卡那霉素、环丙沙星、庆大霉素、恩诺沙星、土霉素等进行药敏试验，选择敏感药物进行治疗。

二十一、沙门氏菌病

沙门氏菌病是由鼠伤寒沙门氏菌、都柏林沙门氏菌和流产沙门氏菌感染引起的一种传染性疾病。在羊主要是发生羔羊副伤寒和妊娠母羊流产，特征是羔羊血性腹泻和妊娠母羊流产。

【诊断】

1. 流行病学 不同年龄、品种、性别的牛、羊均可感染，其中羔羊和犊牛的易感性较高。家禽及其他家畜也可感染。患病动物和带菌动物是主要传染源，病原菌可以通过粪便、尿、乳汁和流产胎儿、胎衣和羊水排出体外，污染饲料、饲草、饮水、垫草等，经消化道进行传播；也可通过精液、子宫进行垂直传播。畜舍的卫生条件恶劣、潮湿，饲养密度大，长途运输等可诱发本病。

2. 症状 根据临床症状可分为腹泻型和流产型。

(1) 腹泻型 多见于 15～20 日龄的动物，体温升高至 40～41℃，食欲减退或废绝，腹泻，排黏液性带血稀粪，有恶臭，精神委顿，虚弱，低头，拱背，经 1～5d 死亡。发病率 30%，病死率 25%。

(2) 流产型 多在妊娠的最后 1～2 个月发生流产，患病牛羊在流产前体温升高到 40～41℃，厌食、精神沉郁，部分母畜腹泻。流产前数天阴道有分泌物流出。流产率和死亡率可高达 60%。

3. 病变

(1) 腹泻型 组织脱水；皱胃和肠道内空虚，有的有少量半液状内容物，肠黏膜附有黏液，并含有小血块，有的胃、肠黏膜严重脱落，紫、白色相间，有出血性炎症；胆囊肿大，胆汁充盈，黏膜水肿；肠系膜淋巴结肿大、充血；胸腹腔有血性液体；肺脏充血；心内膜和心外膜有弥散性点状出血。

(2) 流产型 多呈急性子宫炎症状，子宫肿胀，内有凝血块及坏死组织，并有渗出物和滞留的胎盘，胎盘水肿、出血。所产胎儿多为死胎或产出后几天内死亡。呈败血症变化，组织水肿、充血、出血；肝、脾肿大，有灰白色坏死病灶。

4. 实验室诊断

(1) 涂片镜检 采集患病动物的病料，制备涂片，染色镜检，可见有革兰氏阴性、两端钝圆、卵圆形的小杆菌，无芽孢和荚膜。

(2) 病原分离鉴定 采集患病动物的病料，接种于 SS、DHL、麦康凯、伊红美蓝培养基，可见无色透明或半透明，中等大小，边缘整齐、光滑、湿润、中心稍隆起的菌落，然后可进行生化鉴定。

(3) 因子血清试验 取沙门氏菌 A～F 群 O 多价因子血清置于干净的玻片上，用接种环钓取三糖铁斜面培养物与血清混合后观察，若发生明显凝集，证明分离菌为沙门氏菌。

(4) 荧光抗体技术 取被检菌液制成涂片、固定，然后将沙门氏菌多价荧光抗体滴加于涂片上，孵育后荧光显微镜下观察，发亮的黄绿色杆菌为沙门氏菌，其他杂菌和杂质为橙黄色荧光。

(5) PCR 根据沙门氏菌基因组上某些特异性片段设计特异性引物进行 PCR 扩增，获得特定大小的片段即可确诊。

【防控】

(1) 加强饲养管理 加强卫生消毒工作，尤其在分娩期，保持饲料和饮水的清洁。使初生动物尽早吃上初乳，并注意保暖。病畜要及时隔离，并对周围环境进行严格消毒。

(2) 治疗 以抗菌消炎、强心止血、补液解毒为主。可选用庆大霉素、土霉素、新霉素、磺胺二甲基嘧啶、青霉素等中的敏感药物；也可选择复方新诺明、鞣酸蛋白、碳酸氢钠。中药治疗可采用郁附败毒汤。

二十二、巴氏杆菌病

巴氏杆菌病是由多杀性巴氏杆菌引起的一种急性、高热性传染病，主要特征为高热、呼吸困难、皮下水肿。

【诊断】

1. 流行病学 牛、羊均可感染，绵羊易感，山羊次之，尤其是幼龄牛、羊易感。患病动物及其排泄物、分泌物均可作为本病的传染源。主要经消化道、呼吸道传染，也可通过吸血昆虫叮咬，经皮肤、黏膜的创伤感染。本病的发生无明显的季节性，一般为散发。饲养环境不佳、气候突变、寒冷、闷热、潮湿、通风不良、饲料突变等均可诱发本病。

2. 症状 根据病程可分为最急性、急性和慢性三种。

(1) 最急性型 多见于哺乳羔羊，突然发病，恶寒战栗，体质虚弱，呼吸困难，可于数分钟至数小时内死亡。

(2) 急性型 病羊精神沉郁，食欲废绝，体温升高至 41～42℃；呼吸急促，咳嗽，鼻孔常出血，有时黏液分泌物中混有血丝或血块。可视黏膜潮红，有黏性分泌物。初期便秘，后期腹泻，有时排混有血液的水样粪便。颈部、胸下部发生皮下水肿。病羊常在严重腹泻后虚脱而死，病期 2～5d。

(3) 慢性型 病程可达 21d。病羊食欲减退，渐进性消瘦。鼻腔流出脓性分泌物，时而干咳，呼吸困难。有时颈部和胸下部发生皮下水肿。有角膜炎。腹泻，粪便恶臭。濒死期机体极度衰弱，四肢发冷，体温下降。

3. 病变

(1) 最急性型 黏膜、浆膜及内脏出血，脾稍肿大，淋巴结肿胀。

(2) 急性型 身体前部皮下结缔组织有出血及胶样浸润，咽喉、气管黏膜肿胀，并有出血点。肺肿大、充血、淤血，有点状出血，有时有深棕红色炎症区，小叶间结缔组织有浆性浸润，偶见有黄豆大或更大的化脓灶。肺门淋巴结肿大、暗红、质脆。心包内有黄色浑浊液体，心外膜有出血点。胃肠黏膜红肿，淋巴结肿大，切面呈湿润的红色。肾淋巴结常有小点出血。心脏有瘀斑。

(3) 慢性型 常见肺部病变，呈灰红色，间有腐烂点。肺胸膜变厚且粘连。有的仅表现极端消瘦和贫血。

4. 实验室诊断

（1）涂片镜检　采集患病动物的病料，制备涂片，染色镜检，可见有革兰氏阴性球杆菌，美蓝染色可见两极浓染的短小杆菌。

（2）病原分离鉴定　采集患病动物的病料，接种于培养基进行培养。鲜血琼脂培养基上可见灰白色、圆形、微隆、半透明、湿润、光滑、边缘整齐、不溶血的菌落；普通琼脂培养基上生长贫瘠，可见透明、露滴状小菌落；在麦康凯培养基上不生长。然后进行形态学、生化或分子鉴定可以确诊。

（3）血清型诊断　采用间接血凝试验和琼脂扩散试验可进行血清型鉴定。

（4）PCR　根据巴氏杆菌基因组某些特异性的片段设计引物进行PCR扩增，获得特定大小的片段即可确诊。

（5）鉴别诊断　本病需要与肺炎链球菌病、羊肠毒血症进行鉴别。

【防控】

（1）加强饲养管理　平时注意饲养管理，搞好环境卫生，避免受寒。经常用5%漂白粉或10%石灰乳对圈舍进行消毒。当有疫情时要及时隔离患病动物或可疑动物。

（2）免疫预防　发病初期，应给全群注射抗巴氏杆菌高免血清。疫区要用巴氏杆菌灭活疫苗进行预防。

（3）治疗　可用盐酸土霉素、庆大霉素、氟苯尼考、盐酸克林霉素、青霉素、恩诺沙星、环丙沙星或磺胺类药物中的敏感药物治疗，同时要也考虑对症治疗。

二十三、结核病

结核病是由分枝杆菌引起的人畜共患的一种慢性传染病，主要特征是在多种组织器官形成肉芽肿或干酪样、钙化结节病变。

【诊断】

1. 流行病学　本病可发生于多种动物，家畜中牛最易感，特别是奶牛，其次是牦牛、水牛，猪可感染，羊则很少感染。患病动物是主要传染源，主要是通过患病动物的痰、粪、尿、奶、生殖道分泌物及体表溃疡物进行传染。主要通过消化道和呼吸道传播，也可通过配种传播。

2. 症状　患病动物体温多正常，有时稍升高。消瘦，被毛干燥，精神不振，多呈慢性经过。咳嗽，流脓性鼻液。当乳房感染时发生硬化，淋巴结肿大。患肠结核时，患病动物有持续性消化机能障碍，便秘、腹泻或轻度胀气。

3. 病变　机体消瘦，黏膜苍白，在肺、肝和其他脏器以及浆膜上形成特异性结核结节和干酪样坏死灶。干酪样物质趋向软化和液化，外面具有一层结缔组织膜是山羊结核结节的特征。原发性结核病灶常见于肺和纵隔淋巴结，可见白色或黄色结节，有时发展成小叶性肺炎。在胸膜上可见灰白色半透明珍珠状结节，肠系膜淋巴结有结节病灶。

4. 实验室诊断

（1）涂片镜检　采集患病动物病变器官的结节内容物涂片，萋-尼氏抗酸性染色后镜检，可见红色、短粗的杆菌。

（2）病原分离鉴定　采集病料接种于罗氏培养基或米氏培养基，可见颗粒状、结节状或菜花状菌落，乳白色或米黄色，不透明。

(3) 血清学诊断　可用血凝试验、补体结合试验、沉淀试验、吞噬指数试验等进行诊断，一般较少使用。

(4) 结核菌素试验　是诊断该病的主要方法，检出率可达95%。

(5) PCR　根据分枝杆菌基因组上某些特异性的片段设计特异性引物进行PCR扩增，获得特定大小的片段即可确诊。

【防控】

(1) 加强检疫　定期对牛、羊进行检疫，发现阳性者应立即扑杀，及时采取隔离、消毒措施。患病动物所产幼畜用1%来苏儿清洗、消毒后隔离饲养，3个月后进行结核菌素试验，阴性者方可与健康动物混养。

(2) 治疗　名贵品种的牛、羊，可用链霉素等药物进行治疗。

二十四、衣原体病

衣原体病是由衣原体引起的牛、羊的一种传染病，主要特征为发热、流产、死产和产出弱羔。

【诊断】

1. 流行病学　该病可感染多种动物，多为隐性经过，家畜中以牛、羊较为易感，也能感染猪。各种年龄的牛、羊均可感染，但以羔羊最为易感。患病牛、羊为主要传染源，可通过粪便、尿液、乳汁、泪液、鼻分泌物以及流产胎儿、胎衣、羊水等排出病原体，污染水源、饲料及环境。本病主要通过呼吸道、消化道及损伤的皮肤、黏膜感染。也可通过精液、子宫传播。蜱、螨等吸血昆虫叮咬也可造成本的传播。

2. 症状　本病的潜伏期和临床症状因动物种类不同而有差别。母羊主要表现为流产型，羔羊主要表现为关节炎型和结膜炎型。

(1) 流产型　潜伏期50～90d。妊娠母羊主要表现为流产、死产和产弱羔。流产主要发生在妊娠的最后1个月，在流产前一般观察不到征兆。母羊流产后胎衣常滞留，病羊排出子宫分泌物可达数天之久。有些病羊可因继发细菌感染，发生子宫内膜炎而死亡。部分病羊体温升高至40～41℃，精神沉郁，少食或不食。大多数母羊泌乳量下降甚至无乳。呼吸困难，时而见咳嗽。首次感染流产率可达25%～35%，以后则流产率下降。流产过的母羊一般不再流产。

(2) 关节炎型　又称多发性关节炎，主要发生于羔羊。病初体温升高至41～42℃。厌食，落群，并有疼痛感，肢关节尤其是腕关节和跗关节肿胀、疼痛，一肢或四肢跛行。随着病情的发展，跛行加重，病羔肌肉僵硬，或弓背而立，个别羔羊不能站立，喜卧，消瘦生长发育受阻，病末倒地抽搐。发病率一般达30%，甚至可达80%以上。

(3) 结膜炎型　又称滤泡性结膜炎，主要发生于绵羊，尤其是肥育羔和哺乳羔。病羊的一眼或双眼均可罹患，眼结膜充血、水肿，大量流泪，角膜混浊、糜烂、溃疡和穿孔。

3. 病变

(1) 流产型　流产母羊胎衣水肿、增厚，子叶红肿，黑红色或土黄色，周围有棕红色渗出物。病死母羊的肺脏呈弥漫性出血，皱胃黏膜出血，脾脏出血、坏死，子宫黏膜出血、坏死。

流产胎儿皮下组织水肿和胶样浸润，皮肤和黏膜有小点状出血。皮下组织、胸腺及淋巴结有出血点。腹腔中有大量的血红色腹水，血管充血。肝充血、肿胀，表面有大小不等的灰白色病灶。肺充血，气管黏膜充血，有散在性出血点。皱胃黏膜弥漫性出血，网胃有散在性出血点。脾脏有出血性坏死灶。

（2）关节炎型　主要病变在关节内及其周围。羔羊关节囊扩张，内含琥珀色液体，关节囊内积聚有炎性渗出物，滑膜附有疏松的纤维素性絮片。关节滑膜变粗糙。有的羔羊胸腹腔内有大量黄色液体，肺水肿，有粉红色萎缩区，尖叶、心叶有实变区。

（3）结膜炎型　结膜充血、水肿，角膜水肿、糜烂、溃疡，眼瞬膜、结膜上可见大小不等的淋巴样滤泡，滤泡内淋巴细胞增生。

4. 实验室诊断

（1）涂片镜检　采集母畜胎膜、流产分泌物及流产死亡胎儿的血液、肝、脾、胸水等病料涂片，革兰氏染色后镜检不见细菌，吉姆萨染色后镜检可见圆形或卵圆形紫红色的病原颗粒。

（2）病原分离鉴定　将上述病料接种于营养琼脂、鲜血琼脂、SS琼脂培养基，未见细菌生长。将上述病料研细处理成悬液接种于鸡胚卵黄囊，收获4d后死亡的鸡胚卵黄囊膜，然后涂片，吉姆萨染色后镜检可见圆形或卵圆形紫红色的病原颗粒。

（3）血清学诊断　可用间接血凝试验、血凝试验、补体结合试验、血清中和试验、ELISA、荧光抗体技术等进行检测。

（4）PCR　根据衣原体基因组上某些特异性的片段设计特异性引物进行PCR扩增，获得特定大小的片段即可确诊。

【防控】

（1）加强饲养管理　消除各种诱发因素，防止寄生虫侵袭，增强体质。发生本病时，流产母畜及其所产弱羔应及时隔离。流产胎盘、产出的死羔应进行无害化处理。污染的圈舍、场地等环境用2%氢氧化钠溶液、2%来苏儿溶液等彻底消毒。

（2）免疫预防　本病流行地区，用流产衣原体油佐剂卵黄囊灭活疫苗对母畜和种公畜进行免疫接种，母畜在妊娠前后1个月内皮下注射，免疫期1年。

（3）治疗　发病母畜可用氟苯尼考、盐酸林可霉素等进行治疗。关节炎型病羔，除用抗生素全身治疗外，可用热敷和消散性软膏治疗。结膜炎型病羊可用2%硼酸水洗眼，再用土霉素软膏或红霉素软膏点眼治疗。

二十五、放线菌病

放线菌病是由致病性放线菌引起的一种慢性传染病，主要特征是局部组织增生与化脓，形成放线菌肿。

【诊断】

1. 流行病学　本病的易感动物主要为牛，不同年龄的牛均有易感性，但处于青年期的肉牛易感性较高，尤其是2～5岁的牛更易发生，羊、马和猪等家畜也可以感染。本病的传染源是发病牛、羊和隐性感染带菌牛、羊，可以通过分泌物、排泄物及唾液向体外排出病原污染周围环境，如牛舍、水源和饲料等。本病的传播途径主要是通过受损伤的皮肤和黏膜感染。本病的发生通常具有一定的季节性，在饲草干枯季节，放线菌病的发病率会显明显升高，常呈散发，有时在局部地区也会出现地方性流行。

2. 症状 根据发病后的临床症状可分为3种类型，即木舌型、肿瘤型和破溃型。

（1）*木舌型* 本型病牛主要表现为舌头肿胀，而且变得坚硬，不断从口中流出黏液，严重影响牛的采食和咀嚼。随着病程发展，病牛舌头肿胀严重，甚至可以占据整个口腔，导致病牛完全不能进食和饮水。有时病变可以延伸到其他部位，如在下颌及腮部出现肿胀，甚至在喉头等部位也出现肿胀。这时病牛出现不同程度的呼吸道症状，如咳嗽或气喘。

（2）*肿瘤型* 有的病牛发病后会出现局部肿胀，尤其是上下颌及颈部皮肤肿胀尤为明显。触诊肿胀部位有疼痛感、发热和波动感，肿胀部位和健康部位具有清晰的界限。如果肿胀出现在咽喉部，会影响病牛呼吸。

（3）*破溃型* 该型通常出现在疾病后期，大多是由肿瘤型转变而来，病牛上下颌肿大，影响呼吸和吞咽功能，渐进性消瘦，肿胀部位出现破溃，流出乳黄色的脓液，逐渐形成瘘管而导致疾病不易治愈。

3. 病变 患病牛、羊组织中可见带有辐射状菌丝的颗粒性聚集物，呈灰色或淡棕色，下颌骨疏松呈蜂窝状，下颌骨与肌层间有黄白色的干酪样渗出物。

4. 实验室诊断

（1）*涂片镜检* 无菌取病料接种于鲜血琼脂培养基，37℃恒温培养24h后，可见有半透明乳白色的圆形菌落。挑取单个菌落涂片，革兰氏染色后镜检，可见具有分枝的细线状菌丝，且长度和大小不一致，由此可以确诊。

（2）PCR 根据放线菌基因组上某些特异性的片段设计特异性引物进行PCR扩增，获得特定大小的片段即可确诊。

【防控】

（1）*药物治疗* 青霉素和链霉素对放线菌有效，可用于治疗。患处可涂擦10%的碘酊，并内服适量的碘化钾。另外，四环素、林可霉素、红霉素等都可用于本病的治疗。

（2）*碘伏分点注射疗法* 患病牛、羊皮肤出现坚硬的放线菌肿时，无须切开，可先用碘伏清洗消毒，再用1%碘伏溶液在肿胀物中心、边缘以及基底处进行分点注射，可使放线菌肿不断缩小，最终完全消失。

（3）*手术治疗* 患病牛、羊软组织发生病变时常采取外科手术将硬结切除，如果已经形成瘘管，则要将瘘管一起切除，对于术后形成的创腔可填塞浸泡碘酊的纱布。同时，创口周围要注射10%的碘仿醚或者2%的鲁戈氏液，严重时可静脉注射10%碘化钠。

（4）*中药治疗* 当归、生地、蒲公英、二花、连翘、赤芍、川芎、果蒌、龙胆草、山枝、甘草，研细末煎水灌服。

二十六、气 肿 疽

气肿疽又称为黑腿病、鸣疽，是由气肿疽梭菌引起的反刍动物的急性、热性、败血性传染病，主要特征是组织坏死、产气和水肿。

【诊断】

1. 流行病学 牛、绵羊易感，山羊发病较少。低湿的牧场、洪水所淹地区，动物的尸体及污染的饲料和饮水，均能诱发传染。本菌寄生于土壤内可存活多年。本菌可形成芽孢，对外界的抵抗力很强，易造成新的传播。本病主要通过伤口和消化道传染，也可通过吸血昆虫叮咬经皮肤传播。在妊娠母羊分娩、公羊去势或羔羊断尾时多经伤口而感染。本病多呈散发，无明显的季节性，但在夏季酷热多雨及吸血昆虫活跃时最易发生。

2. 症状 潜伏期一般1～3d。病畜体温急剧升高至40～42℃，在24h后逐渐下降。精神不振，食欲减退或废绝，眼结膜潮红、充血，呼吸困难，脉搏增加。运动时步态僵硬，常呈跛行，不久在股部、臀部、肩部或胸前肌肉丰满的部位发生气性炎性水肿，肿胀部位发热且疼痛，以后肿胀部中心变冷，失去知觉，产生多量气体。肿胀部的皮肤干燥、紧张，呈紫黑色，触诊患部硬而略有弹性，有捻发音，叩诊呈鼓音。肿胀部破溃或切开后，流出污秽不洁红色带有泡沫的酸臭液体。最后，病羊体温下降，呼吸困难，因败血症而死亡。

3. 病变 尸体迅速腐败而膨胀，四肢伸直，天然孔流出血样泡沫。病变部位的皮下直到深层肌肉组织呈黑红色淤血，有明显的气泡样间质炎性气肿和出血性炎症。剖检时，不时可听到气泡破裂声，切面呈海绵状，多呈灰红色，有暗黑色液体渗出，具有恶臭味，触之有捻发音。全身淋巴结肿大，呈暗紫色，切面外翻，有急性肿胀和出血性浆液性浸润。肺大面积充血、出血、淤血，呈纤维素性肺炎特征。肝肿大，呈暗紫色，质地柔软，切面外翻并有灰白色坏死灶，形成多孔的海绵状。胆囊肿大，胆汁潴留，胆囊壁呈黄绿色。肾呈暗黑色，可见豆粒至核桃大小的坏死灶。

4. 实验室诊断

(1) 涂片镜检 无菌取心、肝、脾或肿胀部位的肌肉或水肿液制备涂片，染色后镜检，可见单在或成链状排列，有芽孢无荚膜，革兰氏阳性两端钝圆的大杆菌。

(2) 细菌分离鉴定 将病料接种于厌氧肉肝汤和血液琼脂平板，培养后挑选典型菌落，再进行纯化培养，然后进行形态学、生化或分子生物学鉴定。

(3) 血清学诊断 常用荧光抗体技术进行检测。

(4) PCR 根据气肿疽梭菌基因组上某些特异性的片段设计特异性引物，进行PCR扩增，获得特定大小的片段即可确诊。

【防控】

(1) 免疫预防 目前有两种疫苗，即气肿疽明矾疫苗和气肿疽甲醛灭活疫苗，皮下注射，免疫期6个月。

(2) 紧急预防 发生本病后，立即对畜群进行检疫，对健康牛、羊立即进行疫苗接种；对疑似病牛、羊先肌内注射抗气肿疽血清，7d后再注射疫苗。同时对畜舍、场地等进行消毒处理，对污染的饲料、粪便、垫草和尸体等要焚烧处理。

(3) 治疗 青霉素、土霉素、磺胺类药物对本病均有较好的治疗效果。在肿胀部位的周围，皮下或肌内分点注射1%高锰酸钾溶液或0.1%的甲醛溶液，可起到治疗作用；或将肿胀部切开，切去坏死组织，用2%高锰酸钾溶液或3%过氧化氢冲洗，并将创口暴露，防止气肿疽梭菌在患部繁殖。

二十七、恶性水肿

恶性水肿是由腐败梭菌引起的一种急性、创伤性传染病，主要特征是局部发生急性炎性水肿和全身毒血症。

【诊断】

1. 流行病学 绵羊、马较多见，牛、猪、山羊也可发生，家兔、小鼠、豚鼠易感，狗、鸡、猫等也会发生。病畜的水肿部位发生破溃时，随水肿液或坏死组织排出大量病原体，污染环境从而造成传染。主要通过伤口感染，也可因去势、咬伤、断尾、接产等而感染；外科手术、助产器具等消毒不严，污染了细菌芽孢也可感染发病。本病一般呈散发，病程短急，死亡率高。

2. 症状 伤口周围出现气性炎性水肿，并迅速扩散蔓延。肿胀部位初期有热痛，后期消失，触之柔软，有轻度捻发音。随着水肿的迅速发展，全身症状加剧，表现高热稽留，呼吸困难，脉搏细数，多数在1～3d内死亡，死前精神沉郁，臀部肌肉震颤，步态不稳，轻微腹泻。因分娩感染的母羊，两后肢弥漫性水肿、呈暗褐色，会阴水肿，阴道黏膜潮红、肿胀，并排出污秽不洁、暗褐色恶臭分泌物，肿胀迅速蔓延至腹下、腹部、乳房，以至发生运动障碍和全身症状。

3. 病变 发病局部弥漫性水肿，尤其腹部皮下有污黄色液体浸润及胶冻状水肿，并含有腐败酸臭的气泡。肌肉外观呈暗褐色，含有气泡，切面流出大量的带泡沫的白色液体。胸腔、心包积液，肺尖叶呈间质性气肿、水肿及肝变，有大小不等的出血斑及出血点。腹腔积有淡黄色及红褐色带泡沫样的液体。脾肿大，表面有出血点，切面多孔。小肠、空肠黏膜出血。肝肿大，表面有白色或淡黄色病灶，切面流出略带泡沫的血水。胸腺、肝门、肺门及肠系膜淋巴结呈暗灰色水肿。有的病例网胃、瓣胃黏膜出血，尤以皱胃出血明显。

4. 实验室诊断

（1）涂片镜检 无菌取肝、坏死组织或胸水、腹水分别进行涂片，革兰氏和瑞氏染色后镜检，可见单个、两个相连及少数3～4个短链排列、有荚膜的革兰氏阳性大杆菌，有的菌体中央有芽孢，肝表面触片可见大量长丝状菌体。

（2）细菌分离鉴定 将病料接种于葡萄糖琼脂培养基，分别进行有氧和厌氧培养，有氧条件下无菌生长，厌氧条件下可见呈半透明、淡灰色、微隆起的菌落形成，菌落有不规则的网状分支从中央向四周延伸，边缘不齐，微溶血。取菌落涂片，染色后镜检，可见革兰氏阳性、细长的棒状大杆菌。

（3）动物试验 将坏死组织研磨制成乳剂，皮下注射接种小鼠，死亡后观察是否有典型的恶性水肿病变。

（4）PCR 根据腐败梭菌基因组上某些特异性的片段，尤其是毒力基因，设计特异性引物进行PCR扩增，获得特定大小的片段即可确诊。

【防控】

（1）加强饲养管理 预防各种外伤是预防本病的关键所在，一旦有外伤出现，应立即治疗，避免病情恶化。日常饲养中的常规手术，如断尾、去势等，要严格按照外科手术的操作要求进行。保证动物饮用水源、饲料洁净无污染物；及时清扫舍内残留污物，定期进行消毒工作，严禁在低洼潮湿处放牧。对患病动物应立即进行隔离治疗，患畜排泄物及渗出物要及时清理干净，同时使用漂白粉或者氢氧化钠溶液进行彻底消毒处理。死亡的病畜，严禁食用，一律做焚烧等无害化处理。

（2）治疗 病程短的往往来不及治疗。对病程长的，可进行患部冷敷，或将水肿部位切开，清除腐败组织和渗出液，用0.1%高锰酸钾或3%过氧化氢溶液充分冲洗，然后撒上抗菌药物粉末，用浸润过氧化氢溶液的纱布填塞，并用青霉素、链霉素全身治疗，同时配以强心、补液治疗。

二十八、破伤风

破伤风又称强直症、锁口风，是由破伤风梭菌经创伤感染后而引起的一种急性、中毒性传染病，主要特征是牙关紧闭、局部或全身肌肉持续性强直和阵发性痉挛。

【诊断】

1. 流行病学 各种动物均有不同程度的易感性，其中以马、驴、骡最易感，羊、猪、牛次之，实验动物以鼠最易感，人有较高的易感性。在易感动物中，不分年龄、品种、性别均可发生，但幼龄动物更易发，产后牛、羊也易发。破伤风梭菌广泛存在于自然界中，特别是土壤中。本病必须通过伤口进行传染，无季节性，多为散发。

2. 症状 潜伏期1～2周，最短1d。成年牛、羊病初症状不明显，只表现不能自主卧下或起立。病的中、后期出现特征性症状，表现为四肢逐渐强硬，呈高跷步态，开口困难，牙关紧闭，流涎，瞬膜外露，瘤胃臌胀，腹泻，角弓反张，全身僵直。病畜易惊，但奔跑中常摔倒，摔倒后四肢仍呈"木马样"，急于爬起，但无法站立。母畜的强直症多发生于产死胎或胎衣停滞之后，幼畜多因脐带伤口感染，病死率很高，体温一般正常，死前可升高至42℃。

3. 病变 本病无特征性病理变化。

4. 实验室诊断

（1）涂片镜检 无菌取伤口内部的脓汁或坏死组织涂片，革兰氏染色后镜检，可见无荚膜，单个或有的呈短链状的阳性梭状杆菌，菌体细长，两端钝圆，直或稍弯曲。有时可见圆形或椭圆形的芽孢，位于菌体的末端，使细菌呈鼓槌状。

（2）细菌分离鉴定 将病料接种于普通培养基上厌氧培养，可见稍凸、略透明、似小蜘蛛的小菌落。在血液葡萄糖琼脂平板上可形成光滑透明、露珠状或小蜘蛛状的菌落，菌落周围有狭窄的β溶血环。在厌氧肉肝汤中可见黏稠灰白色沉淀，并使肝片或肉片软化呈玫瑰色，并有特殊的焦皮味或咸臭味。

（3）动物试验 将坏死组织研磨制成乳剂，给小鼠尾根注射，另外用注射破伤风抗毒素小鼠作为对照，若仅试验组小鼠出现尾部僵直，后腿肌肉强直性痉挛，即可确诊。

（4）PCR 根据破伤风梭菌基因组上某些特异性的片段，尤其是毒力基因，设计特异性引物进行PCR扩增，获得特定大小的片段即可确诊。

【防控】

（1）加强护理 发生外伤时，应立即用碘酒消毒。去势或剪脐带时也要严格消毒。对感染创伤进行有效的防腐消毒处理。

（2）免疫预防 临产前1个月肌内注射破伤风类毒素，可使机体产生抗体，也可使仔畜通过初乳获得被动免疫。早期应用破伤风高免血清，可一次分点肌内注射，或皮下、静脉注射，可在体内保留2周。

（3）治疗 用25%硫酸镁注射液肌内注射，可缓解肌肉痉挛，也可静脉缓慢注射，防止病畜呼吸中枢麻痹而死亡。或大剂量肌内注射青霉素、链霉素。同时，要配以对症治疗，如镇静、缓痉、强心。或用破伤风抗毒素治疗，配合静松灵，效果更佳。中药治疗可用防风散或千金散，胃管投服。

二十九、李氏杆菌病

李氏杆菌病是由单核细胞增生性李氏杆菌所引起的一种慢性或者急性人兽共患传染病，主要特征是神经系统紊乱、面部麻痹、转圈运动、妊娠母畜流产。

【诊断】

1. 流行病学　多种动物均可感染，其中以绵羊、山羊、牛和猪较易感。患病动物、带菌动物是最危险的传染源，耐过羊、老鼠是本病的疫源；污染的青贮饲料也可引发本病。羊多发于2～4月龄及断奶前后1个月的羔羊。该病主要通过消化道、呼吸道、眼结膜及受损的皮肤传染，也可通过媒介动物，如蜱、蚤、蝇等传播。该病多发于4—5月或10—11月。

2. 症状　潜伏期为3～30d，根据临床表现可分为以下三型。

（1）败血型　该型主要见于1～3月龄的羔羊。发病后于3d内因败血症而死亡。

（2）神经型　该型主要见于1～12月龄的羔羊和青年羊，3日龄内的羔羊也有的发病。1～12月龄羊：病初体温升高0.5～1.5℃，呈稽留热或弛张热，有的温差倒转。病羊精神极度沉郁至昏迷，食欲极差。有的眼睛发炎，视力减退，眼球突出。多数病羊呼吸次数增加，心率加快。多在发病1～3d出现神经症状，有的羊咀嚼、吞咽困难，有时于口颊一侧积聚多量没有嚼烂的草料；有的一侧或两侧鼻孔流出黏性分泌物；有的表现头颈伸直，四肢僵硬，共济失调，似破伤风，但无全身强直和应激反应。

3日龄内羔羊：多表现为截瘫症状，后肢不能站立，腱反射阳性。口涎增多，可视黏膜苍白。尿呈棕黄色，氨味、膻味极大。病羔多在7d内衰竭、昏迷而死亡。发病中有的病羊表现颈向一侧弯转或角弓反张，流浆液性鼻液。有的病羊眼斜视，头颈歪向一侧做转圈运动。有的无目的地乱走，如遇有障碍物以头抵靠而不动。有的表现一时性的颜面神经麻痹。

（3）流产型　该型主要见于成年羊。病羊表现短暂体温升高，流泪和鼻液，食欲减退，精神委顿。妊娠母羊可发生流产、死胎以至产后死亡，流产多发生于产前3周。

3. 病变

（1）败血型　支气管、肝门及肠系膜淋巴结增大、水肿而湿润，切面有小出血点。肺充血、水肿。心脏扩张，心肌柔软，心内、外膜有点状出血，心包液增多，心室及心房聚积有血凝块。肝、肾发生变性，并有多处出血。肝、脾及深层肌肉可见化脓性坏死灶。

（2）神经型　大、小脑的脑沟变浅，血管高度扩张、充血，呈树枝状，脑髓变软，脑回有针尖大出血点，有的皮质部有坏死灶。脑脊液增多并混浊，脑膜严重充血，皮质部呈局限性出血灶及灰色坏死灶。个别羔羊肝表面有绿豆大、灰白色坏死灶，心内膜有大小不一的出血点。

（3）流产型　流产母羊出现广泛性子宫内膜充血、出血和水肿，子叶坏死，胎衣滞留，胎儿呈败血症。

4. 实验室诊断

（1）涂片镜检　无菌取濒死期病畜的脑脊髓液、血液及肝涂片，染色后镜检，可见革兰氏阳性、两端钝圆的小杆菌，多单个存在，很少成双排列，无荚膜、芽孢。

（2）细菌分离鉴定　将病料接种于鲜血培养基，可见露滴状、浅灰蓝色、圆形、光滑、透明的菌落，有β溶血带。接种于亚锑酸钾鲜血琼脂培养基，可见黑色细小菌落，并有β

溶血。

(3) 动物试验　将培养的肉汤肌内注射家兔或眼结膜囊内点眼，若注射兔36～72h后死于败血症，点眼兔于18～30h发生严重化脓性结膜炎、角膜炎，3～5d亦死于败血症，剖检家兔可见脑膜充血，即可确诊。

(4) PCR　根据李氏杆菌基因组上某些特异性的片段设计特异性引物进行PCR扩增，获得特定大小的片段即可确诊。

【防控】

(1) 加强饲养管理　饲养管理过程中，必须注意精粗饲料比例合理，要坚持以粗料为主，适当补充精料。要确保含有足够的维生素、矿物质，尤其是注意补充钙，避免缺钙。禁止单一饲喂青贮饲料。

(2) 治疗　可以使用丁胺卡那霉素、舒巴坦钠、阿莫西林、氨苄西林以及增效磺胺等能透过血脑屏障的药物。若有神经症状，可肌内注射苯巴比妥。

三十、副结核病

副结核病是由副结核分枝杆菌（MAP）引起反刍动物的一种慢性、消耗性、接触性传染病，主要表现是间歇性腹泻、进行性消瘦、肠黏膜增厚并形成皱襞。

【诊断】

1. 流行病学　反刍动物是副结核病的自然宿主，牛、绵羊、山羊、鹿及骆驼等对该菌均易感，妊娠及泌乳母牛最易感。实验动物如小鼠、大鼠、豚鼠、家兔等都可感染，其中鼠类最易感，人也可以感染。患病动物及亚临床带菌者是主要传染源。消化道传播是该病最常见的传播途径，主要是食入被临床病例或亚临床带菌者排出的粪便，或由于向体外排菌污染的食物而感染；也可通过母体胎盘和公畜精液在群体间进行传播。

2. 症状　该病的潜伏期较长，通常为2～5年。发病牛、羊早期体温正常或略有升高，食欲正常，但不长膘。表现为精神不振，呆立低头。间歇性或持续性腹泻，粪便稀软不成形，表面有灰白色、黏液样物质附着。无毛或少毛部位皮肤灰白干燥。后期排水样稀便，消瘦，脱毛，可视黏膜苍白，喜卧、昏睡，食欲减少，臀部两侧呈凹陷状，肋骨显露。妊娠母畜后期多流产，或母子同时死亡。产后母畜泌乳量下降或无乳。公畜性欲下降。

3. 病变　皮下脂肪耗尽，肌肉色淡、萎缩，筋膜明显增生。血液稀薄，凝固不全。有呼吸困难的病畜肺淤血、水肿，肺尖叶、心叶或膈叶及心叶、尖叶交界处有紫红色灶状病变，质地稍硬，肺组织间质增宽。胃幽门处有红色圆形溃疡灶。空肠、回肠、盲肠和结肠等增厚，黏膜形成明显的皱褶。肠系膜淋巴管扩张呈绳索状，肿大。肠系膜及盲肠、结肠浆膜面灰白色，呈树枝状充血。肝脏边缘稍钝，淡黄无光。

4. 实验室诊断

(1) 涂片镜检　无菌取病变肠道的黏膜刮取物和淋巴结切面等病料涂片，分别做革兰氏和萋-尼氏抗酸性染色，镜检可见革兰氏阳性、无荚膜、无芽孢、成丛或成团的短杆菌，抗酸染色呈红色。若巨噬细胞胞质内能见到这样的细菌，即可确诊。

(2) 血清学诊断　可用补体结合试验、琼脂扩散试验、ELISA进行检测。

(3) 动物试验　取肠系膜淋巴结肉汤增菌液接种于1.5月龄的仔兔腹腔内，3周后剖检，可见腹膜、肠浆膜有谷粒大小的副结核结节，即可确诊。

(4) 皮内变态反应 用副结核菌素或禽型结核菌素 0.2ml 注射于尾根皱皮内或颈中部皮内，48h 和 72h 各观察一次，皮厚超过 8.0mm 以上者为阳性，4.0～7.0mm 为疑似阳性，4.0mm 以下为阴性。

(5) PCR 根据副结核杆菌基因组上种特异性的 IS900 基因片段设计特异性引物进行 PCR 扩增，获得特定大小的片段即可确诊。

【防控】

(1) 加强检疫管理 引进牛、羊前必须进行检疫，防止引入本病。对于发生过副结核的假定健康牛、羊，要进行定期副结核菌素变态反应检测，且要逐个检疫，每隔 3 个月检测一次，连续检测 3 次，均为阴性的方可认为是非 MAP 感染动物。对于阳性动物要进行隔离、扑杀、无害化处理，并对畜舍环境及用具进行消毒处理。

(2) 治疗 目前还没有特效疗法，最好对病畜采取扑杀处理。

三十一、牛传染性胸膜肺炎

牛传染性胸膜肺炎（CBPP）又称牛肺疫，是由丝状支原体丝状亚种（*Mmm*）引起牛的一种亚急性或慢性、接触性传染病，主要特征是高热、呼吸困难、腹式呼吸、咳嗽弱而无力、流浆液或脓性鼻液。

【诊断】

1. 流行病学 该病主要侵害牛，不同年龄、性别及品种的牛都易感，尤以老龄及幼龄牛最易感。该病的主要传染源是病牛和带菌牛，康复的牛可成为长期带菌者。自然条件下该病大多通过病牛与健康牛间的相互接触而进行传播；可通过病牛呼出的气体进行传染；病牛的乳汁和子宫渗出物以及尿液也可传播该病；被病原污染的饲料以及饮水等也可造成间接传播。

2. 症状 患 CBPP 的牛可分为最急性型、急性型、亚急性型和慢性型。自然感染的潜伏期从数天到多半年不等。

(1) 最急性型 死于典型的呼吸系统疾病。

(2) 急性型 发病初期常表现为严重肺炎。动物体温中度升高，精神沉郁，厌食，反刍异常。咳嗽通常持续很长时间，轻咳或干咳。有时体温会升高到 40～42℃，由于行动困难而俯卧。后期由于疼痛常呈弓形站立，头颈伸直，四肢外展。

(3) 亚急性型和慢性型 在亚急性期症状只有一些轻微症状，不同地区的牛症状略有不同，非洲地区的具有典型流行状况和病变，死亡率在 10%～70%之间；但是在欧洲发病率并不高，死亡率也低，甚至不死亡，感染牛多数呈现慢性感染，是典型的地方性流行病。

3. 病变 病变限于胸腔和肺脏，通常是单侧发生。胸腔含有大量的清澈的棕黄色的液体，其中包含着一些纤维素碎片，或在胸腔和肺脏表面有干酪样沉积物。肺脏呈红色、灰白色，或黄色肝变样，其实质出现特有的大理石样外观，有时候伴随胸腔和胸壁的粘连。在慢性和长期病例中肺脏还会发生坏死。

4. 实验室诊断

(1) 涂片镜检 无菌取病死牛气管分泌物和肺部病变组织、心血、胸腔液等病料涂片，瑞氏或吉姆萨染色后镜检，可见革兰氏阴性的细小菌体，呈球状、杆状和丝状。

(2) 病菌分离鉴定 无菌取上述病料接种于选择性培养基厌氧培养 3～5 d，可见白色、稍凸、露滴样的菌落。取菌落涂片、染色后镜检，可见双球状、短链状、梨状、逗点状或球杆状等多形性菌体，有丝状体形成。

(3) 血清学诊断 主要有ELISA、补体结合试验（CFT）、玻片凝集试验（SAT）、琼脂扩散试验（AGP）、被动血凝试验（PHA）和微量凝集试验（MA）。应用较多的是ELISA、CFT、SAT。

(4) PCR 根据丝状支原体丝状亚种基因组上特异性的脂质膜蛋白 P72 基因或其他片段设计特异性引物进行 PCR 扩增，获得特定大小的片段即可确诊。

【防控】

(1) 做好引种管理 我国已于 1996 年消灭了本病，因此预防重点是防止病原从国外传入。引种时一定要做好检疫工作，一旦发现病牛应立即隔离扑杀，无害化处理，并用 2%的来苏儿溶液或 10%～20%石灰乳对污染场地进行消毒。

(2) 做好紧急处理工作 当暴发本病时，可采用两种策略：一是屠宰所有病牛及与病牛接触的牛，方法简单有效，但成本较高；二是屠宰病牛，并给受威胁的牛或假定健康的牛接种疫苗，目前 WOAH 推荐的疫苗是 T1-44。

三十二、传染性角膜结膜炎

传染性角膜结膜炎又称流行性眼炎、红眼病，是由多种病原引起反刍动物的一种急性、地方流行性传染病，主要表现是畏光、流泪、眼睑肿胀、结膜和瞬膜充血发红、角膜溃疡，可形成角膜翳。

【诊断】

1. 流行病学 本病主要侵害反刍动物，山羊不分性别和年龄均易感，但幼畜易发。绵羊、牛、水牛、骆驼等也可感染。患病动物是主要传染源，可通过分泌物如鼻液、泪液、奶和尿等进行传染；也可通过眼结膜间接接触感染，蚊蝇类可成为本病的传播媒介，气候炎热、刮风、尘土等因素均有利于本病的发生和传播。本病主要发生于天气炎热的夏季，传播迅速，多呈地方流行性。

2. 症状 潜伏期一般 3～7d。病初患眼畏光、流泪，眼睑肿胀。结膜潮红，血管舒张，并有黏液性或脓性分泌物。2～3d 后角膜混浊，有一黄白区，表面有黄色沉着物，发生结膜炎或轻微的角膜炎并可在短期内恢复。病重者由于眼内压升高，角膜凸起，呈尖圆形，间有破裂形成溃疡，角膜周围血管成树枝状充血，有时可发生眼前房积脓或角膜破裂。虹膜粘连，晶状体可能脱落，多数病例初期为一侧患病，后为双眼感染。一般无全身症状，很少有发热的现象，但眼球化脓时常伴有体温升高，食欲减退，精神沉郁和泌乳减少等。发病率 60%～90%，多数可自然康复。

3. 病变 镜检可见结膜固有层纤维组织明显充血、水肿和炎症细胞浸润，纤维组织疏松，呈海绵状。上皮变性、坏死或程度不等的脱落。角膜有明显炎症细胞，但角膜内无血管。

4. 实验室诊断

(1) 涂片镜检 无菌取病畜的眼结膜和鼻黏膜分泌物涂片，革兰氏、吉姆萨等染色后镜检，可见衣原体、支原体、立克次氏体等不规则的细小颗粒。

（2）病菌分离鉴定 采集病料制成悬液，若怀疑是衣原体和立克次氏体，用5～7日龄鸡胚卵黄囊分离培养；若怀疑是结膜支原体，用支原体专性培养基分离培养。

【防控】

（1）加强饲养管理 本病往往是病原体与紫外线共同作用所致，所以应避免强烈的日光照射。注意保持圈舍干燥、通风。定期消毒，保持干净卫生。

（2）治疗 先用2%～5%硼酸水冲洗患部，拭干后再用3%～5%弱蛋白银溶液滴入结膜处治疗。或用红霉素、四环素眼膏点眼。或用青霉素、2%可的松软膏。发生角膜浑浊或角膜翳时，用1%～2%金霉素眼膏涂抹，或用竹管将三砂粉吹入病眼中治疗。病情严重者除抗菌消炎，还要消浊散翳，可采用普鲁卡因自家血疗法：抽取病畜静脉血与普鲁卡因、青霉素、地塞米松混合，封闭注射于上、下眼睑皮下，隔日1次，连用3次。

中药治疗：处方一，胡黄连水煎液点眼，主治角膜翳。处方二，黄连水煎液点眼，主治各种眼红肿、炎症。

三十三、牛空肠弯曲杆菌性腹泻

牛空肠弯曲杆菌性腹泻又称牛冬痢，是由空肠弯曲杆菌引起牛的一种急性肠炎，主要特征是突然发病、传播迅速、排棕色稀便和出血性腹泻。

【诊断】

1. 流行病学 各种年龄的牛均可发病，但成年牛病情较重。本病主要通过污染的饲料和饮水，经消化道传播。患病牛、带菌牛及其他动物是主要传染源，人和动物及用具可机械性地传播本病。本病呈地方流行性，寒冷、潮湿的不良气候和不洁、通风不良的饲养管理条件均可促进本病的发生。

2. 症状 潜伏期3d，病牛突然发病，可迅速使20%的牛发生腹泻。2～3d后，病情可波及80%的牛。病牛排恶臭水样棕色稀粪，粪便中常混有血液。大多数病牛呼吸、脉搏、体温和食欲正常，少数病情严重，出现明显的全身症状。乳牛产乳量下降50%～95%。大多数病牛于3～5d内恢复，很少死亡。腹泻停止后1～2d，产乳量逐渐回升。犊牛病初体温升高至40.5℃，腹泻物呈黄绿色或灰褐色，2～3d后粪便中出现大量黏液和血液，后期呼吸困难，可于发病后3～7d死亡。

3. 病变 一般无特征性剖检病变。腹泻稍长的病牛，胃黏膜充血、水肿、出血，覆有胶状黏液，皱褶部出血明显。肠内容物常混有血液、气泡，恶臭，呈稀水状。小肠黏膜充血，在皱褶基部也有出血，部分肠黏膜上皮脱落。直肠也有同样变化。肠系膜淋巴结肿大。肝脏、肾脏呈灰白色，有时有出血点。心肌脆如煮肉状，心内膜常有出血点。

4. 实验室诊断

（1）涂片镜检 无菌取直肠的排泄物涂片，革兰氏染色后镜检，可见革兰氏阴性无芽孢杆菌，细长，呈弧形、S形、海鸥展翅状，或轻度弯曲似逗点状。

（2）病菌分离鉴定 取腹泻粪便直接接种于改良Camp-BAP琼脂培养基，在N_2、CO_2和O_2混合气体条件下培养，再进行形态学鉴定或生化鉴定。

（3）血清学诊断 可采用试管凝集试验、间接血凝试验、补体结合试验、ELISA等方法进行检测。

（4）PCR 根据空肠弯曲杆菌毒力基因*CDT*、*cheY*、*flaA*和*racR*设计特异性引物，通过 PCR 技术对样品基因组进行扩增，获得特定大小的片段即可确诊。

【防控】

(1) 加强饲养管理　应加强饲养和卫生管理，定期消毒畜舍和周围环境。病牛应隔离治疗，其粪便、垫草、垫料要及时清除，发酵处理，圈舍、用具要彻底消毒。

(2) 治疗　一般可选用四环素、庆大霉素、复方新诺明，并辅以补液、补盐等对症治疗。

本病尚无特效疫苗用于预防。

三十四、坏死杆菌病

坏死杆菌病是由坏死杆菌引起的多种畜禽和野生动物共患的一种慢性传染病，主要特征是口腔黏膜、体表皮肤、皮下组织发生坏死性炎症，常可转移到内脏器官形成转移性坏死灶。

【诊断】

1. 流行病学　牛、羊等多种家畜和野生动物均易感，禽易感性较小，实验动物中兔、小鼠易感，豚鼠次之。患病和带菌动物是本病的主要传染源，通过损伤的皮肤和黏膜感染；新生动物可经脐带感染。本病多发于低洼潮湿地区，常发于炎热多雨季节，一般呈散发或地方流行性。卫生条件差、圈舍污秽、饲养密度大、蹄部损伤及吸血昆虫叮咬等都可诱发或促使本病的发生。

2. 症状　潜伏期为数小时至 2 周，因家畜受侵害组织和部位不同而有不同的病名，即坏死性口炎和坏死性蹄炎。

(1) 坏死性口炎　又称白喉，多见于羔羊和犊牛。潜伏期 4～7d，病畜体温可达 41℃，精神沉郁，食欲减退，流鼻液、流涎、腹泻。特征性症状是颊部、舌、齿龈、硬腭等部位口腔黏膜发生坏死，出现糜烂或溃疡，表面覆盖有灰黄色或灰白色坏死组织(伪膜)。伪膜脱落后露出鲜红色的粗糙糜烂面或溃疡面。若坏死发生在咽喉部，则可引起吞咽和呼吸困难。

(2) 坏死性蹄炎　又称腐蹄病，多见于成年牛、羊。病初蹄冠、趾间和蹄踵肿胀、发热、疼痛，之后坏死、溃烂，病畜跛行。坏死还可蔓延至腕关节至跗关节之间。严重者蹄匣脱落，病畜卧地不起。坏死灶内可见黄色恶臭脓汁。更严重者可因继发败血症而死亡。

3. 病变

(1) 坏死性口炎　病畜可见鼻腔、咽喉、气管有坏死灶。有的病例可在肝脏、肺脏发现针头至豌豆大小不等的坏死灶，质地较硬，外围有红晕，常凸出于脏器表面。

(2) 坏死性蹄炎　病畜可见肝脏、肺脏和前胃有转移性坏死灶。分娩母牛可发生坏死性子宫炎。

4. 实验室诊断

(1) 涂片镜检　皮肤坏死者可刮取病健交界处组织，口腔黏膜可取黏膜覆盖物及唾液涂片，石炭酸-复红或碱性美蓝染色后镜检，可见着色不均匀、佛珠样长丝状菌体。

(2) 细菌分离鉴定　采集病死牛、羊的肝、脾等病变组织，接种于兔或小鼠皮下，然后从死后的实验动物脏器病变处采集病料，进行细菌分离、生化鉴定或分子鉴定。

【防控】

(1) 加强饲养管理 避免皮肤、黏膜损伤，若有外伤应及时处理。及时清理粪尿，保持畜舍、环境、用具的清洁卫生。及时修蹄，防止拥挤、顶伤，不在泥泞、潮湿的地方放牧。

(2) 治疗 对腐蹄部位先用20%硫酸铜、5%甲醛、0.1%高锰酸钾溶液或3%来苏儿充分清洗消毒，清除渗出物、脓汁和坏死组织，创面处理可选用3%～5%过氧化氢溶液、0.1%高锰酸钾溶液和福尔马林溶液。处理后患蹄涂以10%碘酒和鱼石脂。也可在蹄底患孔内塞入水杨酸粉，创面涂抹5%甲紫，软组织涂抗生素软膏。若发生转移性病灶，应进行全身性治疗，可用青霉素、磺胺嘧啶、四环素、金霉素等。

三十五、羊梭菌病

羊梭菌病是由梭菌引起的羊的一种急性中毒性传染病，不同的梭菌引起的疾病不同，主要有羊黑疫、羊猝狙、羊肠毒血症和羊快疫四种疾病。

(一) 羊黑疫

羊黑疫又称传染性坏死性肝炎，是由B型诺维梭菌引起羊的一种急性高度致死性毒血症，主要特征是肝脏呈实质性坏死灶，羊皮外观呈暗黑色。

【诊断】

1. 流行病学 绵羊、山羊最易感，1岁以上的绵羊，尤以2～3岁绵羊最易发；猪、牛偶尔发生。病羊为本病的传染源，可通过本菌污染的土壤、牧草、饲料或饮水传播，主要通过消化道传染。多发生于夏末和秋季。

2. 症状 羊突然发病，在数小时内绝大多数病羊死亡，不易见到明显症状。病羊食欲废绝，反刍停止，精神不振，离群或站立不动，呼吸急迫、流涎，体温可升高到41.5℃左右。磨牙、呼吸困难，呈俯卧姿势昏迷而死，病死率几乎100%。

3. 病变 尸体迅速腐败，皮下静脉显著充血发黑，羊皮呈暗黑色。胸部皮下组织常水肿，皮下结缔组织中含清亮胶样液体，暴露于空气中易凝固。肠腔、腹腔和心包积液，左心室内膜下常有出血。皱胃幽门部和小肠充血和出血，肠淋巴结水肿。肝脏肿胀，有黄白色坏死灶，病灶被一个出血性的带状物包围。

4. 实验室诊断

(1) 涂片镜检 取肝脏坏死灶边缘的正常组织作为病理材料进行抹片，染色后镜检，可见粗大、两端钝圆、革兰氏阳性大杆菌。

(2) 病菌分离鉴定 取病料划线接种于葡萄糖鲜血琼脂培养基上，严格厌氧培养48h后，可见菌落浅薄透明、形状不规则，边缘呈细线状散开，易蔓延生长。但一般较难分离。培养物染色镜检可见细菌芽孢。

(3) 动物试验 以肝脏病变组织制作悬液，取上清液给豚鼠肌内注射，豚鼠死后，可见注射部位有出血和水肿，其腹部皮下组织有胶冻样浸润，透明无色或呈玫瑰色。

(4) 毒素检测 可用卵磷脂酶试验，该法检出率及特异性均较高。

另外，还可用荧光抗体技术进行诊断。

【防控】

(1) 加强饲养管理 羊圈要保持干燥，不在低洼潮湿地放牧。病死羊一律焚烧或深埋。

(2) 做好紧急处理工作 当暴发本病时，应将羊群移于高燥地区，可用抗诺维梭菌血清进行预防。

(3) 免疫预防　在产羔前1个月注射羊四联苗，能够预防羊快疫、羊猝狙、羊肠毒血症和羔羊痢疾。5—6月注射羊快疫-羊肠毒血症-羊猝狙-羔羊痢疾-羊黑疫五联苗，免疫期6个月。

(4) 治疗　病程缓和的可用青霉素，或磺胺类药物与青霉素配合治疗。发病早期可静脉或肌内注射抗诺维梭菌血清。对全群羊进行驱虫，可口服阿苯达唑，3 d后再注射碘硝酚。

(二) 羊猝狙

羊猝狙又称C型肠毒血症，是由C型产气荚膜梭菌引起羊的一种毒血症，主要表现是急性死亡、腹膜炎和溃疡性肠炎。

【诊断】

1. 流行病学　各年龄羊均易感，主要以1～2岁、膘情较好的绵羊最易感，山羊较少发病。病羊和带菌羊是传染源，接触被本菌污染的饲草、饲料及饮水均可感染。该病主要通过消化道传染。多发于冬、春季节，常呈地方流行性，常见于低洼、沼泽地区。

2. 症状　病羊开始表现为精神委顿、厌食、离群卧地，体温升高。排不成形的软粪便，有的死前腹泻，有的呕吐。中、后期，病羊急起急卧，腹痛剧烈，呻吟磨牙，口吐白沫，侧卧，头向后仰，全身颤抖，四肢乱蹬。出现症状后1～4h内即死亡。

3. 病变　胸腹腔未见积液，肺呈紫黑色、充血、肿大、弹性不良。心脏发紫，两心耳呈紫黑色而肿大。十二指肠和空肠黏膜严重充血、溃烂，有的肠段可见溃疡。瘤胃高度充气，胃表面血管清晰，呈紫红色，瓣胃小而硬。肝脏肿大、变硬、边缘钝圆。胆囊空虚而缩小，紧贴于胆沟内。两肾呈紫黑色。脾脏不肿大，色泽正常。

4. 实验室诊断

(1) 涂片镜检　取肝脏等病料抹片，革兰氏染色后镜检，可见多量短而粗、两端钝圆，单在、成对或呈短链状的革兰氏阳性杆菌。

(2) 病菌分离鉴定　取病料接种于葡萄糖鲜血琼脂培养基上，厌氧培养24h后可见灰白色、小圆形、中间隆起、不透明的菌落，周围有溶血环。染色镜检可见两端钝圆，单在、成对或呈短链状的革兰氏阳性杆菌。

(3) 肠内容物毒素试验　取肠内容物，加入生理盐水，混匀离心，取上清注射小鼠，若1h左右死亡，证明内容物中有毒素。然后将C型和D型产气荚膜梭菌定型血清与上述等量上清液混合，于37℃中和40min，再分别静脉注射小鼠，观察小鼠的成活情况，若C型血清中和组小鼠健活，D型血清中和组小鼠均于注射后1h死亡，表明该毒素为C型。

【防控】

(1) 加强饲养管理　防止羊受凉感冒，禁止饲喂冻结饲料或大量蛋白质、青贮饲料。避免清晨放牧，发病后立即更换牧场。

(2) 做好紧急处理工作　当暴发本病时，应将羊群移于高燥地区，可用抗C型产气荚膜梭菌血清进行预防和治疗。病羊应立即隔离治疗，对病死羊一律焚烧或深埋。圈舍、用具用0.1%百毒杀溶液全面消毒。

(3) 免疫预防　每年按免疫程序注射羊快疫-羊猝狙-羊肠毒血症三联疫苗，或羊快疫-肠毒血症-羊猝狙-羔羊痢疾-羊黑疫五联苗，免疫期6个月。

(4) 治疗　病程缓的可用青霉素或磺胺类药物治疗，配合强心、镇静等对症疗法。

（三）羊肠毒血症

羊肠毒血症又称软肾病、类快疫、毒血症，是由D型产气荚膜梭菌在羊肠道大量繁殖产生毒素引起羊的一种急性散发性传染病，主要特征是急性毒血症、死后肾组织软化。

【诊断】

1. 流行病学 各种品种、年龄的羊均可感染，绵羊更易发，山羊较少发生，尤其是1岁左右和膘情好的羊更易发。本菌为土壤常在菌，也存在于污水中。羊采食了被本菌污染的饲草、饲料或饮水等均可发病。本病主要通过消化道或伤口感染。一般呈散发性流行，常于夏、秋季节发生。

2. 症状 羊只突然发病，几乎无任何症状，通常在出现症状时便很快死亡。分为两种类型：一种以抽搐为特征，倒毙前四肢出现强烈的划动；肌肉抽搐，眼球转动，磨牙，流涎，随后头颈抽搐；一般2～4h内死亡。另一种以昏迷和安静死去为特征，早期症状为步态不稳，然后倒卧，流涎，上下颌摩擦“咯咯”作响，继而昏迷，角膜反射消失；有的病羊发生腹泻，排黑色或深绿色稀粪，多出现血便；常在3～4h内安静死亡。

3. 病变 肾脏表面充血，实质松软，呈泥状，稍加触压即碎烂。肝脏肿大，胆囊肿大。肺脏充血、水肿。小肠黏膜充血、出血，严重的整个肠壁呈血红色，肠内有血红色内容物，有的肠黏膜有溃疡。全身淋巴结肿大、充血。胸腺有针尖大小的出血点。胸腔或腹腔积液。心包液增多，心外膜有出血点。

4. 实验室诊断

（1）*涂片镜检* 取病死羊心血、肝、脾、肺等病料抹片，分别用革兰氏染色、瑞氏染色后镜检，可见散在、两端钝圆、革兰氏阳性短粗大杆菌，也可见位于中央或一侧的较大芽孢。瑞氏染色可见菌体周围有淡粉色的荚膜。

（2）*病菌分离鉴定* 取病死羊肝、肾等病料接种于普通琼脂、鲜血琼脂培养基上，厌氧培养24h后可见灰色、圆形、中间隆起、湿润的大菌落。在血琼脂培养基上形成圆形或圆盘状、中央隆起的勋章样大菌落，并有双重溶血环。

（3）*动物试验及肠毒素试验* 取病死羊病料处理成混悬液，注射小鼠，若8h后小鼠昏迷而死，取肝、肾抹片染色镜检可见上述典型的产气荚膜梭菌。用A、B、C、D型产气荚膜梭菌定型血清与病料上清中和后再分别注射小鼠，若注射A、C型血清加肠内容物上清液混合物的小鼠和只注射肠内容物的对照组小鼠均先后死亡，只有注射D、B型血清加肠内容物混合物的小鼠存活，说明肠内容清液与D型、B型血清发生中和反应，鉴于B型血清能中和所有产气荚膜梭菌的外毒素，若是成年羊可判断为D型产气荚膜梭菌感染。若是新生羔羊，则可能是B型产气荚膜梭菌感染。

【防控】

（1）*加强饲养管理* 避免羊喝不洁净的水，不采食过多嫩草及精料。合理营养，适当补喂食盐和微量元素。定期驱虫、消毒。羊舍保持干燥，做好保暖工作。

（2）*做好紧急处理工作* 当暴发本病时，应将羊群移于高燥地区，可用抗D型产气荚膜梭菌血清进行预防和治疗。

（3）*免疫预防* 每年按免疫程序注射羊肠毒血症菌苗，或羊快疫-羊猝狙-羊肠毒血症-羔羊痢疾四联疫苗，免疫期6个月。

（4）*治疗* 急性病例无治疗意义。病程稍长的羊可注射产气荚膜梭菌抗毒素血清，内服土霉素类药物。也可内服硫酸镁等轻泻剂；肌内注射青霉素；灌服10%的石灰水。同时结合强心、镇静等对症治疗。

（四）羊快疫

羊快疫是由腐败梭菌引起的主要危害绵羊的一种急性传染病，主要特征是突然发病、病程短、死亡快、皱胃出血性和坏死性炎症。

【诊断】

1. 流行病学　绵羊易感染，山羊次之，尤其以6～18月龄的绵羊最易发病。病羊、带菌羊为该病的传染源。本菌是自然界常在菌，存在于土壤、污水、人畜粪便和饲料中，可通过消化道感染。本菌也是羊肠道内的平时常在菌，但不发病，当机体免疫力下降时才能引起发病。常发生于秋、冬和早春，当气候剧变、阴雨连绵时易发生。

2. 症状　急性病羊突然发病，往往未见症状就突然死亡。病程稍长的病羊精神沉郁、虚弱，不食或食欲废绝。有的病羊离群卧地，不愿走动，强迫行走时运动失调；有的表现兴奋不安，跳跃运动；有的四肢痉挛，咬牙，流涎；有的口流带泡沫的血样唾液，有的腹部膨胀，腹痛，排粪困难，里急后重；有的腹泻，粪便带血，或粪团变大、色黑，有时排油黑色或深绿色稀便。有的体温正常，有的可升高至42℃，有的口鼻流血，眼结膜潮红、充血，呼吸困难。病羊后期多呈极度衰竭、昏迷，并有磨牙现象，数小时内痉挛或昏迷而死，少有痊愈者。

3. 病变　皮下组织有出血性胶样浸润；胸腔、腹腔和心包内积有大量淡红色液体，暴露于空气后可形成纤维素性絮块；肺充血，气管、支气管内有泡沫样液体；心外膜出血；皱胃尤其是胃底部黏膜有大小不等的出血点和出血斑，并在黏膜表面有坏死灶，黏膜下组织水肿，甚至坏死和溃疡；瘤胃、网胃、瓣胃黏膜脱落；肠黏膜尤其是十二指肠黏膜充血或呈弥漫性出血，严重的可发生溃疡和坏死，肠内容物充满气泡；肝肿大似水煮样，质脆，表面有出血点。胆囊肿大，充满胆汁。脾肿大、色深。淋巴结肿大，切面出血。

4. 实验室诊断

（1）*涂片镜检*　取病死羊肝、脾或血液做触片或抹片，革兰氏染色后镜检，可见革兰氏阳性的粗大杆菌，单个或2～3个相连，有的呈长丝状，有的有卵圆形芽孢，芽孢大于菌体。

（2）*病菌分离鉴定*　取病死羊肝、肺、脾等病料接种于葡萄糖鲜血琼脂培养基上，厌氧培养36～48 h后可见细小、扁平、灰白色、半透明的菌落，菌落边缘有树枝状突起，周围有溶血环。挑取菌落染色镜检，可见上述典型的腐败梭菌形态。

（3）*动物试验*　取病死羊肝脏加生理盐水制成乳剂，然后给豚鼠注射，常于24h死亡，注射部位呈淡红色或深红色水肿，有时呈胶冻状。取肝被膜涂片、染色后镜检，可见上述典型的腐败梭菌形态。

【防控】

（1）*加强饲养管理*　羊场应选择在背风向阳、排水良好的较高的干燥处。避免吃冰冻饲料，注意防寒保暖。合理营养，适当补喂食盐和微量元素。定期驱虫、消毒。

（2）*免疫预防*　每年春、秋两季各注射1次羊快疫-羊肠毒血症-羔羊痢疾三联疫苗，或羊快疫-羊猝狙-羊肠毒血症-羔羊痢疾-羊黑疫五联疫苗，免疫期6个月。

（3）*治疗*　急性病例无治疗意义。病程稍长的羊可给予对症治疗，以强心、抗菌、补液为原则。可选用青霉素肌内注射，内服磺胺嘧啶。或用氨苄西林钾、葡萄糖、地塞米松静脉注射；必要时可加安钠咖。另外，全群灌服10%生石灰水溶液。

三十六、山羊传染性胸膜肺炎

山羊传染性胸膜肺炎（CCPP）又称山羊支原体性肺炎，俗称烂肺病，是由丝状支原体山羊亚种（*Mccp*）和绵羊肺炎支原体引起山羊的一种高度接触性传染病。主要特征是发热、咳嗽、浆液性和纤维蛋白性肺炎、胸膜炎。

【诊断】

1. 流行病学　该病在自然条件下一般见于山羊，尤其是奶山羊，各个年龄段的山羊均可感染，但以3岁以下的山羊最易感。病羊是本病的主要传染源，发病羊的肺组织以及胸腔渗出液内均含有大量的病原菌，可通过呼吸、咳嗽等将病原菌大量排出体外。病原菌在康复羊的肺脏内存活，可长期排菌而成为该病的主要传染源之一。羊在营养物质缺乏、自身抵抗力下降以及各种应激因素的影响下可加剧或激发该病的暴发。该病可通过空气传播。寒冷、潮湿以及羊群饲养密度过大等因素均有利该病的传播。该病一般呈地方流行性，一年四季均可发生，但冬、春季节饲料不足，羊群体质瘦弱时较易发生。

2. 症状　该病的潜伏期长短不一，短的3～6d，长的3～4周。根据病程的长短可将该病分为最急性型、急性型和慢性型3种类型。

（1）最急性型　发病初期可表现出明显的体温升高，病羊呼吸急促，发病后数小时便可表现出典型的肺炎症状，肺部叩诊呈浊音，听诊时肺泡呼吸音减弱，严重者肺泡呼吸音消失；全身可视黏膜发绀。一般发病后4～5d内病羊便可因高度呼吸困难而窒息死亡，严重的病例甚至不超过24h。

（2）急性型　该型病例比较常见，病羊初期体温轻微升高，流浆液性鼻液，随后频繁的咳嗽，在清晨或傍晚尤为严重；经4～5d，鼻液由浆液性转变为铁锈色，并黏附于口、鼻、唇等四周。病羊喜卧不爱运动；妊娠母羊易发生流产，并伴有乳腺炎症状。病程一般为4～7d，长的可达1个月，死亡率可达50%～70%，幸存者则转为慢性型。

（3）慢性型　多由急性型病例发展转归而来，多发生于夏季炎热季节，症状不明显，仅可见病羊有间歇断续的咳嗽；被毛蓬乱，精神沉郁，并伴有轻度的体温升高，一般不会超过40℃，如果饲养管理不当或与急性病接触时极易发生死亡。

3. 病变　病变一般仅局限于胸腔各内脏器官，打开胸腔时可闻到腐败性臭味，胸腔各脏器呈灰色、白色或黄灰色；有浆液性或纤维素性胸膜肺炎，胸腔积有淡黄色清亮或混浊液体，积液长时间暴露于空气中则形成纤维蛋白凝块；肺脏病变最明显，心叶、尖叶以及膈叶均出现肝变，呈紫红色，充血、水肿，质地硬实，缺乏弹性，切面呈典型的大理石样病变，肺小叶间质增宽，小叶界线明显；心包积液，心肌松弛、变软；气管及纵隔淋巴结充血、肿大，切面多汁，并有出血点，病程较长者则淋巴结萎缩、变硬。急性病例还可见肝、脾肿大，胆囊肿胀，肾肿大，被膜下有点状出血。

4. 实验室诊断

（1）涂片镜检　无菌采取病死羊气管分泌物和肺部病变组织、心血、胸腔液等病料涂片，瑞氏或吉姆萨染色后镜检，可见紫色、细小的革兰氏阴性细菌，呈球状、杆状和丝状等。

（2）病菌分离鉴定　无菌取上述病料接种于选择性培养基厌氧培养3～5d，可见白色稍凸、露滴样的菌落。涂片、染色后镜检，可见双球状、短链状、梨状、逗点状及球杆状等多形性菌体，有丝状体形成。

（3）血清学诊断　主要采用酶联免疫吸附试验（ELISA）、补体结合试验（CFT）、玻片凝集试验（SAT）、琼脂扩散试验（AGP）、被动血凝试验（PHA）和微量凝集试验（MA）。应用较多的是 ELISA、CFT、SAT。

（4）PCR　根据丝状支原体山羊亚种和绵羊肺炎支原体基因组上特异性的 *arcD* 基因设计特异性引物进行 PCR 扩增，能够将 *Mccp* 与支原体簇其他的株系区分开。

【防控】

（1）加强饲养管理　禁喂过期、霉变、变质的饲料、饲草。羊舍要干燥、通风，合理安排饲养密度，冬季要做好保暖。引进羊时应严格检疫，并先隔离 1 个月，证明健康时方可混群。发生本病时要严格检疫，做好隔离、封锁、消毒和治疗工作。

（2）免疫预防　先确诊是由哪种支原体感染的，然后使用山羊传染性胸膜肺炎或绵羊肺炎支原体氢氧化铝疫苗，皮下或肌内注射，免疫期 1 年。

（3）西药治疗　可选用红霉素、泰乐菌素、泰妙菌素、头孢噻呋钠、卡那霉素、恩诺沙星等抗菌药物进行治疗。

（4）中药治疗　可用方剂清肺散治疗。

三十七、羊弯曲杆菌病

羊弯曲杆菌病又称弧菌病，是由胎儿弯曲杆菌肠道亚种引起妊娠母羊流产的一种高度接触性传染病，主要特征是暂时性不育、发情期延长及流产。

【诊断】

1. 流行病学　成年母羊最易感，未成年羊稍有抵抗力，公羊也可感染。病羊是最主要的传染源。病原除存在于流产胎盘及胎儿胃内容物外，还可存在于感染羊的血液、肠内容物及胆汁中，并能在肠道和胆囊中繁殖。病羊流产后病菌仅局限于胆囊中而成为传染源。本病可以通过消化道传播；也可垂直传播。本病呈地方流行性，在一个羊群流行 1～2 年或更长时间后，可停 1～2 年，然后再度流行。

2. 症状　母羊从妊娠的第 2 个月开始零星流产，至第 4～5 月时发生大批流产，产出死胎、死羔或弱羔。母羊流产前一般无明显流产征兆，仅可见阴道流出少量淡棕色分泌物，阴门略显肿胀。流产前精神委顿，排尿次数增多。一般在 24h 内产出死亡胎儿或活力极弱的胎儿，胎水较混浊。流产后阴道排出黏性或脓性分泌物，有的流产后数月常见流褐色黏稠分泌物，胎衣不久排出，极少滞留。流产母羊体温多正常或略高，大多数很快痊愈。少数母羊由于死胎滞留而发生子宫炎、腹膜炎或子宫脓毒症，最后死亡。

3. 病变

（1）流产母羊　子宫黏膜充血、出血、水肿，有的黏膜可见坏死灶或化脓灶，并有多量棕褐色分泌物。胎膜水肿，绒毛叶充血、出血，有大小不等的坏死区。其他器官正常。

（2）流产胎儿　皮下水肿，尤以前胸和腹壁明显。胸、腹腔积有淡红色、紫红色或黑红色液体；实质器官变性，有大小不等、弥散性、灰黄色或灰白色的坏死灶。心包内积有少量液体，心脏扩大、质软，冠状沟脂肪有针尖状出血点。肺轻度充血和水肿，有局灶性肉样变。肝脏肿胀，边缘钝圆，质脆，多为土黄色，表面有散在的针尖至针头大的灰白色坏死点或坏死灶，且病灶中间凹陷。脾肿大，边缘较钝，有的有灰白色坏死点。肾表面有少量出血点，包膜易剥离，切面边缘外翻、光亮多汁。膀胱黏膜有出血点。肠系膜淋巴结肿大，结构模糊。胃、肠黏膜充血、出血，胃内容物呈黄色或血红色。

4. 实验室诊断

（1）涂片镜检　首选流产胎儿胃、肠内容物，也可取肝、脾、心血等病料涂片，革兰氏染色后镜检，可见豆形、S形、球形等大小不一的革兰氏阴性纤细弯曲杆菌。

（2）病菌分离鉴定　无菌取上述病料接种于鲜血琼脂培养基厌氧培养 3～4 d，可见长出表面光滑、边缘整齐、淡灰白色、露珠样、圆形稍凸起、不溶血的菌落。然后挑取培养物进行染色镜检。

（3）PCR　根据弯曲杆菌基因组上特异性片段设计特异性引物进行 PCR 扩增，获得特定大小的片段即可确诊。

【防控】

（1）做好病羊管理　一旦发现流产羊，必须立即采取隔离措施，并及时予以治疗。同时对流产胎儿、胎衣等进行焚烧或掩埋，流产畜舍要及时消毒，粪便、垫草等也要及时清除并无害化处理。流产后的母羊要隔离 15～30d 再混群。

（2）免疫预防　在本病流行地区，可用本地分离株制备弯曲杆菌多价灭活疫苗进行免疫，可有效预防流产。

（3）治疗　可选用四环素、氟苯尼考、庆大霉素、卡那霉素、红霉素等进行治疗。

三十八、皮肤真菌病

皮肤真菌病又称羊钱癣或脱毛癣，是由皮肤真菌引起的一种慢性、传染性皮肤病。病原真菌主要包括毛癣菌属的疣状毛癣菌、须毛癣菌和小孢霉菌属等，最常见的是疣状毛癣菌。主要表现是局部皮肤脱毛，界限明显的圆形癣斑，其上覆有硬皮鳞屑。

【诊断】

1. 流行病学　山羊和绵羊均可感染，不同年龄和性别的羊都可发生，但以幼羊较易感。患病羊是该病的主要传染源。病原存在于患羊皮肤表皮的鳞屑内、毛囊内、毛根周围及毛上，可以通过直接接触进行传染。羊舍内污染的墙壁、饲养用具、饲养员的手和衣服均可成为传播媒介。本病无明显季节性，全年均可发生，但高温潮湿的夏季和湿冷的冬季易发。

2. 症状　病羊一般无明显的全身症状，也无明显的痒觉。个别病羊食欲减退。发病部位主要见于头部，耳部最严重，其次是眼眶、鼻梁等处，偶尔可见于背、腰、腹下、股内侧、后肢外侧与会阴部等处，但一般不侵害四肢下部。病初皮肤上有米粒大小的结节，上面覆有灰白色鳞屑，然后逐渐向外扩展，羊毛脱落，呈圆形或椭圆形，耳朵边缘常呈不规则形，鳞屑互相粘连后，形成一厚层干痂。后期干痂可自行脱落，呈光滑、淡红色秃斑，其周围被毛极易拔掉。

3. 病变　病变主要在皮肤表面。病变区毛发脱落，向外隆起，上面覆有一层灰白色石棉状鳞屑，易刮掉。严重者耳朵癣斑融合在一起，形状不规则，背腹面都长有癣斑，甚至整个耳被癣斑覆盖。病变部位与健康皮毛界限清晰，病变坏死部位大小不一，坏死毛呈灰白色、易碎，刮去坏死、病变的皮肤有龟裂出血。

4. 实验室诊断

(1) 涂片镜检 用75%酒精棉球消毒后，在病健交界处用手术刀刮取病变皮肤癣斑上的鳞屑镜检，可见分支的菌丝体和呈梭形、卵圆形的孢子。

(2) 病菌分离鉴定 取上述病料，经70%酒精处理杀死杂菌后，再以无菌生理盐水洗涤后接种于沙博劳氏培养基，室温下培养1周可见灰色略淡黄的石膏粉状菌落。培养物抹片镜检，可见圆形的小孢子。

(3) 毛发荧光性检测 将感染毛发在紫外线灯下照射，毛发出现绿色荧光，特别是与癣斑交会处的毛发尤为明显。

【防控】

(1) 加强饲养管理 羊舍要保持干燥卫生，饲养密度适宜；进羊前要用3%热氢氧化钠溶液彻底消毒；每周定期用2%氢氧化钠或0.3%过氧乙酸溶液消毒羊舍及用具；购入新羊时要加强检疫。

(2) 治疗 将病羊隔离，先用热水刷洗患部，局部剪毛，刮去鳞屑，再选用以下药物治疗：4%石炭酸碘溶液、水杨酸混合软膏、克霉唑软膏、鱼石脂和百虫灵混合药剂等。

第二节 寄生虫病

一、巴贝斯虫病

巴贝斯虫病

牛巴贝斯虫病是由双芽巴贝斯虫（*Babesia bigemina*）、牛巴贝斯虫（*B. bovis*）寄生于牛的红细胞内引起的一种急性、热性、蜱传性血液原虫病，特征是高热稽留和血红蛋白尿，因此该病又称为蜱热病或红尿热，在热带和亚热带地区的牛群中常呈季节性流行。

【诊断】

1. 流行病学 犊牛的发病率高、死亡率低，成年牛的发病率低、死亡率高。本地牛易感性低，纯种牛和外地引进的牛易感性高，病情重，死亡率高。双芽巴贝斯虫在我国的传播媒介主要是微小扇头蜱。双芽巴贝斯虫和牛巴贝斯虫均可经胎盘传播。本病的流行时间与蜱的活动时间一致。虫体出芽生殖大量破坏红细胞及虫体的毒素作用可使牛出现严重症状，双芽巴贝斯虫感染引起的症状往往比牛巴贝斯虫感染严重。双芽巴贝斯虫病多发生于放牧牛群，而舍饲牛群的发病率低。牛的巴贝斯虫病具有季节性和地区性，主要见于春末、夏季和秋季，尤其多见于6—9月。

2. 症状与病变 潜伏期为1～2周。病初表现为高热稽留，体温可达40～42℃。食欲减退或消失，反刍迟缓或停止，病牛迅速消瘦、贫血，黏膜苍白和黄染。最明显的症状是出现血红蛋白尿，尿液颜色由浅红色变为棕红色至黑红色。重症如不及时治疗，可在4～8d内死亡，死亡率可达50%～80%。剖检可见尸体消瘦，血液稀薄，内脏和脂肪黄染，肝脾肿大，膀胱膨大并积存多量红色尿液。

3. 实验室诊断

(1) 病原学检查 采集牛耳静脉血，制作血涂片，吉姆萨染色，显微镜下观察虫体形态特征。

(2) 分子生物学诊断 采集牛的耳静脉血，直接进行血液基因组DNA的提取和PCR

扩增及测序，可对巴贝斯虫的感染情况和种类进行准确鉴定。

(3) 免疫学诊断 间接荧光抗体技术（IFA)、ELISA 等可用于染虫率低的带虫牛的检出和疫区的流行病学调查，也可用于辅助诊断，但这些方法的特异性和敏感性有待提高。

【防治】

(1) 灭蜱 采取有效措施消灭牛体、牛舍及草场内的蜱。澳大利亚已研制出第二代微小扇头蜱基因工程疫苗，已在加拿大获准生产。

(2) 药物预防 当牛群中已出现病例或向疫区引入易感牛时，可采用咪唑苯脲进行药物预防。

(3) 虫苗免疫 国外有应用抗巴贝斯虫弱毒疫苗、分泌抗原虫苗给易感牛免疫接种的报道。

二、泰勒虫病

泰勒虫病

牛、羊的泰勒虫病是由泰勒属（*Theileria*）的多种泰勒虫寄生于牛、羊的巨噬细胞、淋巴细胞和红细胞所引起的一种蜱传性血液原虫病。寄生于我国牛体内的主要是环形泰勒虫（*T. annulata*）和瑟氏泰勒虫（*T. sergenti*），也有小泰勒虫（*T. parva*）和突变泰勒虫（*T. mutans*）的报道；寄生于我国羊体内的有尤氏泰勒虫（*T. uilenbergi*）、吕氏泰勒虫（*T. luwenshuni*）和绵羊泰勒虫（*T. ovis*）。本病在我国主要流行于东北、西北和华北等地区，呈地方性流行。

【诊断】

1. 流行病学 犊牛发病率高，纯种牛和外地引进的牛易感性高。绵羊的发病率一般高于山羊。环形泰勒虫的传播媒介主要是残缘璃眼蜱，其主要在圈舍内生存，因此舍饲动物的环形泰勒虫病发病率高。瑟氏泰勒虫的传播媒介主要是长角血蜱，其主要生活在山野和农区，因此瑟氏泰勒虫病主要发生于放牧动物。我国羊的泰勒虫的主要传播媒介为青海血蜱和长角血蜱。泰勒虫病具有很强的季节性，其流行时间与蜱的活动时间一致，主要见于春末、夏季和秋季。牛的泰勒虫病多见于5—8月，羊的泰勒虫病多见于4—6月。

2. 症状与病变 牛、羊的症状和病变相似。主要表现高热稽留，患病动物迅速消瘦，体表淋巴结肿大，皮肤和黏膜出血。剖检病变主要包括全身性出血点和出血斑；全身淋巴结肿大；皱胃黏膜肿胀、出血、糜烂和溃疡。

3. 实验室诊断

(1) 病原学检查 采集牛、羊的末梢血液制作血涂片，吉姆萨染色后镜检，观察红细胞内的配子体（戒指体)；淋巴结穿刺液涂片染色后镜检，观察裂殖体（石榴体或柯赫氏蓝体）。

(2) 分子生物学诊断 采集牛、羊末梢血液或淋巴结穿刺液，直接进行血液基因组DNA 的提取和 PCR 扩增及测序，可对泰勒虫的感染情况和种类进行准确鉴定。

(3) 免疫学诊断 间接荧光抗体技术（IFA)、ELISA 等可用于个体或群体感染检测，但这些方法的特异性和敏感性有待提高。

【防治】

(1) 灭蜱 采取有效措施消灭牛、羊的体表、棚舍及草场内的蜱。

(2) 药物预防 当牛、羊群中已出现病例或向疫区引入易感牛羊时，可采用咪唑苯脲等进行药物预防，发病季节可应用三氮脒、咪唑苯脲等对羔羊进行药物预防。

(3) 虫苗免疫　在流行地区可用国产裂殖体胶冻细胞苗对牛、羊进行免疫接种。

三、牛伊氏锥虫病

牛伊氏锥虫病是由伊氏锥虫（*Trypanosoma evansi*）寄生于牛的血液、脑脊液、淋巴液等引起的一种原虫病。在我国山东、河南、浙江、江苏、安徽、湖北、广东、云南等地散在发生。

【诊断】

1. 流行病学　牛、水牛和牦牛的易感性较低，多为慢性感染，呈带虫状态，少数急性发作而死亡。伊氏锥虫主要由虻和吸血蝇类等吸血昆虫机械性传播，也可经胎盘、经病原体污染的饲料或器械传播。本病的流行具有一定的季节性，发病季节与吸血昆虫的出现时间一致，长江流域的发病时间是5—10月。

2. 症状与病变　牛的伊氏锥虫病呈慢性经过，但有时也会表现为温和性症状或无症状。症状主要为间歇热、贫血、消瘦、腹部水肿及后肢麻痹。妊娠水牛易发生流产。体表淋巴结轻度肿大。剖检可见病牛尸体消瘦，血液稀薄，在胸前、腹下等处出现皮下水肿，为胶冻样浸润。脾脏肿大，有出血点。瓣胃和皱胃黏膜上有出血点，小肠有出血性炎症。心脏肥大，心肌炎病变明显，心内外膜有出血斑点。肝脏肿大、淤血。

3. 实验室诊断

(1) 病原学检查　采集耳静脉或其他部位血液，制成压滴标本，镜检；或采集末梢静脉血制成血涂片，吉姆萨或瑞氏染色后镜检；或采集抗凝血进行离心集虫后制备压滴标本或血涂片，镜检。

(2) 动物试验　采集可疑病牛的血液0.2～0.5mL，接种于小鼠等试验动物的腹腔，从第3天起，每天采集尾尖血，镜检病原。

(3) 免疫学诊断　常用胶乳凝集试验、间接血凝试验（IHA)、ELISA、琼脂扩散试验等。这些方法虽具有诊断价值，但不能有效区分现症感染或既往感染。

(4) 分子生物学诊断　可利用PCR或DNA探针技术对该病进行诊断。

【防治】对牛伊氏锥虫病的防控必须坚持“预防为主、防治综合”的原则，抓好消灭病原、扑灭虻蝇和保护牛群三个环节。搞好环境和牛舍卫生；尽可能消灭虻等吸血昆虫；做好定期检疫和引种检疫。在吸血昆虫活动季节使用喹嘧啶等药物进行预防。

四、球虫病

牛、羊的球虫病是由艾美耳属（*Eimeria*）和囊等孢属（*Cystoisospora*）的多种球虫寄生于牛、羊胃肠道所引起的一种急性或慢性消化道原虫病，对犊牛和羔羊的危害大。

【诊断】

1. 流行病学　各品种的牛均易感，各个年龄段的牛均可感染，2岁以内的犊牛发病率高，并易造成死亡。各个品种的山羊和绵羊均易感，1岁以内的羔羊极易感，时有死亡。球虫卵囊抵抗力强，主要经口感染，成年带虫和临床治愈牛、羊是主要感染源。该病多发生于春、夏、秋季较温暖的时间，尤其多发于在潮湿、多沼泽的牧场上放牧的牛、羊。由于饲料、饮水、垫草或泌乳牛、羊乳房污染卵囊也会引起羔羊、犊牛感染，因此冬季舍饲期间也可发生本病。此外，更换饲料、应激、发生传染病或其他寄生虫病也会诱发球虫病的发生。

2. 症状与病变　牛球虫病的潜伏期为2～3周，犊牛发病一般为急性经过，病程常为10～15d，也有的犊牛发病后1～2d死亡。病初精神沉郁，被毛松乱，体温略高或不变，粪便稍带血液；约1周后，体温升高（40～41℃），粪便带血，混有纤维性薄膜，有恶臭；后期粪便黑色，几乎全为血液，体温下降，在极度贫血和衰弱时会发生死亡。急性耐过牛可转为慢性，症状消失，但往往生长发育不良，泌乳牛产乳量下降。剖检病变主要在盲肠、结肠和小肠后段，肠黏膜肥厚，有卡他性或出血性炎症，肠系膜淋巴结肿大和发炎。在肠黏膜涂片中可见大量球虫卵囊或各个发育阶段的虫体。

羊球虫病依感染球虫的种类、感染强度、羊只年龄、机体抵抗力以及饲养管理条件等的不同而取急性或慢性经过。病羊会出现腹泻、贫血、消瘦，影响生产性能。羔羊感染致病性球虫卵囊后轻者以排软便（似牛粪样，呈软块状，黏结成团）和稀粪（粪便为稀水、糊状，极少数呈棕色、黄色或煤焦油样，粪中混有血液、黏膜或上皮，有恶臭）为主。严重感染羊发病初期体温升高，后下降，时有死亡，死亡率约为10%，多雨年份羔羊患球虫病死亡率后可达90%。绵羊球虫病的主要病变在盲肠和结肠，不同种类寄生时会在胃肠道的不同部位出现病变，寄生部位的肠黏膜涂片中可见到大量球虫卵囊或各个发育阶段的虫体。山羊球虫病的主要病变在小肠，尤其是空肠病变明显，从浆膜外可见到肠壁中有大小不一的黄色小斑点，在肠黏膜上可见白色突出小斑点、突起斑、平斑和息肉等；有些病羊盲肠有出血点。

3. 实验室诊断　生前诊断可采集牛、羊的粪便，采用饱和盐水漂浮法浮集球虫卵囊，利用显微镜进行观察；病死牛、羊可采集球虫寄生部位肠黏膜进行涂片，显微镜观察球虫卵囊或各个发育阶段的虫体（裂殖体、配子体等）。

需要注意的是，牛、羊带虫普遍，单纯观察到卵囊不能确诊，需要结合流行病学、临床症状、剖检病变等综合进行诊断。

【防治】应采用隔离、保持卫生和药物预防等综合性措施进行牛、羊球虫病的防控。成年牛、羊与幼龄动物分群饲养，保持圈舍、运动场等干净整洁，保持饲草和饮水卫生，经常擦洗哺乳牛、羊乳房，及时清除粪便并集中进行无害化处理。在温暖潮湿季节或流行区的畜群可使用氨丙啉、莫能菌素、尼卡巴嗪等进行药物预防。

五、隐孢子虫病

牛的隐孢子虫病是隐孢子虫属（*Cryptosporidium*）的微小隐孢子虫（*C. parvum*）、安氏隐孢子虫（*C. andersoni*）、牛隐孢子虫（*C. bovis*）及瑞氏孢子虫（*C. ryanae*）等寄生于牛的胃肠道所引起的一种消化道原虫病。该病不仅给牛产业造成巨大的经济损失，也是一个严重的公共卫生问题，会危害人的健康和生命。

【诊断】

1. 流行病学　病牛和向外界排卵囊的带虫牛是传染源。隐孢子虫卵囊对外界环境的抵抗力很强，在潮湿环境中能存活数月；对大多数消毒剂有明显的抵抗力，只有50%以上的氨水和30%以上的甲醛作用30 min才能杀死卵囊。牛的主要感染方式是经口摄入被粪便中的卵囊污染的饲草和饮水，也可经空气传播。各种品种的牛均易感，据报道，我国牛的平均感染率为27%，其中奶牛的感染率为13.1%，犊牛感染率高达80%。

2. 症状与病变 牛感染隐孢子虫后的症状与牛的品种、年龄、免疫状态及所感染隐孢子虫的种类有关。一般情况下，牛的隐孢子虫感染常不表现症状或仅表现为急性、自限性疾病。犊牛感染隐孢子虫会出现腹泻，未断奶犊牛发生腹泻并伴随昏睡、食欲不振、发热、脱水、体况差、进行性消瘦，甚至死亡，粪便带血和含大量纤维素。牛病程2～14d，死亡率16%～40%。病变主要包括脱水、消瘦，小肠远端肠绒毛萎缩、融合，表面上皮细胞转生为低柱状或立方形细胞，肠细胞变性、脱落、微绒毛变短、萎缩、崩解和脱落。肠系膜淋巴结水肿。肠黏膜固有层中的淋巴细胞、浆细胞、嗜酸性粒细胞和巨噬细胞增多，呈现典型的肠炎病变，在这些病变部位可发现大量的隐孢子虫发育阶段各期的虫体，如卵囊、裂殖体等。此外，随粪便和尿排出卵囊的腹泻犊牛的输尿管里或肺脏也可见到隐孢子虫。

3. 实验室诊断

（1）*病原学诊断* 生前诊断主要从牛的粪便中查找卵囊，用漂浮法收集粪便中的卵囊，漂浮液可用饱和蔗糖溶液，用放大至400倍的光镜或1 000倍的油镜查找卵囊；或粪样涂片，用改良酸性染色法染色后镜检，隐孢子虫卵囊被染成红色；或采用荧光抗体技术检查，隐孢子虫卵囊显示苹果绿的荧光，容易辨认。死后可刮取病变部位的肠黏膜涂片染色，或制作病理切片，或制成电镜样本，鉴定虫体以诊断。

（2）*分子生物学诊断* 可利用巢式PCR等分子生物学技术检测牛的隐孢子虫感染，并可对感染隐孢子虫的种类、基因型和亚型进行鉴定。

（3）*动物试验* 对可疑的病例也可采用动物接种试验加以确诊。

【防治】目前尚无用于防控隐孢子虫病的有效药物或疫苗，只能从加强养殖场环境卫生和提高机体免疫力来控制隐孢子虫病的发生。对病牛要隔离治疗，严防其排泄物污染饲料和饮水，以切断粪-口传播途径。牛的粪便集中无害化处理，防止污染饲草和饮水。加强水和饲料管理，对饮水进行消毒并定期监测。

六、弓形虫病

牛、羊的弓形虫病是由刚地弓形虫（*Toxoplasma gondii*）寄生于牛、羊体内所引起的一种人兽共患原虫病。急性感染导致流产、产弱胎或死胎等繁殖障碍；慢性或隐性感染引起生长发育受阻，出现消瘦、贫血、体况及免疫力下降等。我国将其列为三类动物疫病。

【诊断】

1. 流行病学 牛、羊多为隐性感染，绵羊、山羊感染弓形虫后，组织中的包囊可终生寄生于其体内。患病和带虫牛、羊的血液、乳汁、肉、内脏及其他分泌物中均可能含有弓形虫速殖子，成为传染源。弓形虫可垂直传播，流产胎儿体内、胎盘和羊水中也可有弓形虫的存在，可成为传染源。猫（以及其他猫科动物）是弓形虫的唯一终末宿主，感染弓形虫的猫科动物可随粪便排出卵囊，污染饲料、饮水或食具等，成为传染源。牛、羊感染弓形虫是否发病取决于虫株毒力、感染数量、感染途径及宿主的抵抗力。引起牛、羊发病的直接原因是虫体毒素的直接作用、有毒分泌物引起的变态反应以及虫体繁殖大量破坏细胞的综合作用。

2. 症状与病变 自然感染弓形虫的牛有的不表现症状，有的只出现流产，也有的母牛发生急性致死性弓形虫病，出现神经症状、发热、呼吸困难、极度衰弱等。1～6月龄的犊牛会出现呼吸困难、咳嗽、打喷嚏、发热、高度沉郁、磨牙，可在2～6d内死亡。

成年羊多呈隐性感染，妊娠母羊会发生流产、死产，流产常见于正常分娩前4～6周，流产组织中可见弓形虫速殖子；死产羔羊皮下水肿，体腔积液，脑部可见泛发性非炎症性小坏死点。

急性发病牛、羊可出现全身性病变，淋巴结、肝、肺和心脏肿大，并有出血点、淤血和坏死灶。

3. 实验室诊断 发病牛、羊采集发热期的血液、脑脊液、眼房液、尿、唾液及淋巴结穿刺液，死亡牛、羊采集心血、心、肝、脾、肺、脑、淋巴结及胸腹水，流产胎儿采集胎儿和胎膜等，作为病料用于诊断。

（1）病原学检测 可将急性死亡动物的肺、肝、淋巴组织制成涂片，用吉姆萨或瑞氏染色后镜检；也可采集腹水等体液离心集虫后镜检。

（2）分子生物学诊断 PCR和DNA探针技术已用于牛、羊弓形虫病的诊断，检测靶基因包括*B1*基因、529bp重复序列、*P30*（*SAG1*）基因及18S rRNA基因等。

（3）动物试验 病料进行研磨处理后接种于小鼠腹腔，观察小鼠是否出现症状以及腹腔液内是否有虫体。

（4）血清学诊断 常用方法包括间接血凝试验、间接荧光抗体技术、ELISA等，目前国内已有商品化的诊断试剂盒可供使用。

【防治】磺胺类药物对急性弓形虫病有很好的治疗效果，与抗菌增效剂联用疗效更好。预防措施包括禁止在牛、羊养殖场及草场饲养猫，防止饲料、饮水被猫的粪便污染；屠宰废弃物熟化后方可用作饲料；死于或怀疑死于弓形虫病的尸体应焚烧或深埋；对牛、羊群定期进行弓形虫病的流行病学监测，及时淘汰阳性动物；在流行区域进行药物预防及免疫接种预防，国外已有商品化的弓形虫活疫苗用于绵羊的免疫接种。

七、牛新孢子虫病

牛新孢子虫病是由犬新孢子虫（*Neospora caninum*）寄生于牛的中枢神经系统、肌肉、肝及其他内脏所引起的一种原虫病，对牛的危害大，是牛流产的主要原因之一，对养牛业造成较大的经济损失。

【诊断】

1. 流行病学 本病呈世界性分布，我国多地均有报道。传染源主要是犬和感染犬新孢子虫的母牛，牛可通过摄入被犬粪便污染的饲料、饮水或饲草而感染（水平传播），也可由母牛经胎盘传播给犊牛（垂直传播）。母牛流产主要发生在妊娠后3～9个月，尤其是后5～7个月。一年四季均可发生，呈散发性或地方性流行。

2. 症状与病变 一般情况下，感染牛不表现临床症状。发病母牛会出现流产、胎盘自溶、流产胎儿变软或产木乃伊胎或弱犊。流产胎牛发生自溶，体腔严重积液和皮下水肿，各器官组织出血、细胞变性及炎性细胞浸润，以中枢神经系统、心脏和肝脏的病变为主。发病新生犊牛出现共济失调、运动障碍等神经症状。

3. 实验室诊断

（1）病原学检测 病原分离较为困难，成功率很低，直接从病料涂片检查病原成功率更低。一般新孢子虫包囊多集中在流产胎牛神经组织中，可利用特异性抗体进行免疫组织化学染色进行病原鉴定。

（2）分子生物学诊断　设计特异性引物，利用 PCR 检测脑、肺、肝、体液或福尔马林固定组织中的犬新孢子虫。

（3）血清学诊断　方法包括间接荧光抗体技术、ELISA 等，目前国外已有商品化的诊断试剂盒可供使用。

【防治】 目前尚无治疗新孢子虫病的特效药。现已有商品化的新孢子虫病灭活疫苗，但应用范围较窄，只在少数国家小部分应用。防控本病的措施主要是淘汰病牛和血清抗体阳性牛，禁止可能感染有犬新孢子虫的内脏用于动物饲料，防止犬的粪便污染牛的饲料和饮水等。

八、片形吸虫病

片形吸虫病

片形吸虫病是由肝片形吸虫（*Fasciola hepatica*）和大片形吸虫（*F. gigantica*）寄生于牛、羊的肝脏和胆管所引起的一种生物源性蠕虫病。本病常呈地方性流行，给牛、羊养殖业造成了较为严重的经济损失。我国将本病列为三类动物疫病。

【诊断】

1. 流行病学　温度、水和中间宿主淡水螺（椎实螺）是片形吸虫病流行的重要因素。虫卵的发育、毛蚴和尾蚴的游动以及淡水螺的活动与繁殖都与温度和水直接相关。肝片形吸虫广泛分布于全国，大片形吸虫主要分布于南方。多呈地方性流行。久旱多雨的温暖季节多发，急性病例多见于夏、秋季节，慢性病例多见于冬、春季节。长时间在潮湿地带放牧的牛、羊多发。绵羊对再感染抵抗力弱，牛被感染后可产生较强免疫力。

2. 症状与病变　临床症状与虫体寄生的数量、毒素作用的强弱及动物机体的状况有关。牛寄生 250 条成虫，羊寄生 50 条成虫时，就会表现出明显的临床症状。幼畜敏感。对绵羊危害最大，可造成大批死亡。

急性片形吸虫病由童虫移行引起，多发于绵羊。患羊食欲大减或废绝，精神沉郁，可视黏膜苍白，红细胞数和血红蛋白含量显著降低，体温升高，偶尔有腹泻，通常在出现症状后 3～5d 内死亡。慢性片形吸虫病由成虫寄生引起，患羊表现渐进性消瘦、贫血、食欲不振、被毛粗乱，眼睑、颌下水肿，有时也发生胸、腹下水肿。叩诊肝脏的浊音界扩大。后期，可能卧地不起，终因恶病质而死亡。

牛的症状多取慢性经过。成年牛的症状一般不明显，犊牛的症状明显。除出现类似羊的症状以外，往往表现前胃弛缓、腹泻、周期性瘤胃臌胀。严重感染者亦可引起死亡。

急性病理变化包括肠壁和肝组织的严重损伤、出血、肝肿大。其他器官也因幼虫移行出现浆膜和组织损伤、出血，"虫道"内有童虫。黏膜苍白，血液稀薄，血中嗜酸性粒细胞大量增加。慢性感染引起慢性胆管炎、慢性肝炎和贫血现象。肝脏肿大，胆管如绳索一样增粗，常凸出于肝脏表面，胆管壁发炎、粗糙，常在粗大变硬的胆管内发现有磷酸（钙、镁）盐等沉积，肝实质变硬。

3. 实验室诊断

（1）病原学检测　粪便检查多采用水洗沉淀法和尼龙筛兜集卵法来检查虫卵，亦可用饱和硫酸镁漂浮法。片形吸虫的虫卵较大，易于识别。急性病例，可在腹腔和肝实质等处发现童虫，慢性病例可在胆管内检获多量成虫。

(2) 免疫学诊断 ELISA、间接血凝试验、胶体金技术等近年来均有使用，不仅能诊断急性、慢性片形吸虫病，还可诊断轻微感染，用于动物群的片形吸虫病普查。

【防治】

(1) 治疗性驱虫 可用于驱除片形吸虫的药物较多，如硝氯酚、阿苯达唑等对成虫有效，溴酚磷、三氯苯达唑、碘硝酚腈等对成虫和童虫均有效。

(2) 定期预防性驱虫 北方每年驱虫 2 次（即冬末春初和秋末冬初）；南方终年放牧，每年可驱虫 3～4 次；对驱虫后的粪便进行无害化处理。

(3) 消灭中间宿主淡水螺 利用食螺鸭等消灭淡水螺；结合农田水利建设，改造牧场，填平无用水洼；化学灭螺，如用五氯酚钠、氯硝柳胺、茶子饼、生石灰、硫酸铜等。

(4) 防止牛、羊感染囊蚴 不要在低洼、潮湿、多囊蚴的地方放牧；保持牛、羊的饮水卫生，用自来水、井水；保持牛、羊的饲草卫生，从流行地区运来的新鲜牧草需经暴晒后再使用。

九、血吸虫病（日本血吸虫、东毕吸虫）

牛、羊的血吸虫病是由分体科、分体属（*Schistosoma*）的日本分体吸虫（*Schistosoma japonicum*）和东毕属（*Orientobilharzia*）的吸虫寄生于牛、羊的门静脉和肠系膜静脉的小血管所引起的一种吸虫病。日本分体吸虫病又称日本血吸虫病，是一种人兽共患寄生虫病，对人的危害大，我国将其列为二类动物疫病。东毕吸虫尾蚴也可感染人，引起尾蚴性皮炎，但其成虫不寄生于人。

【诊断】

1. 流行病学 日本分体吸虫病流行于长江流域及其以南的多个省份，宿主谱广泛，耕牛的感染率最高，牛的感染率远高于水牛，且年龄越大，阳性率越高，水牛相反，耕牛是重要的保虫宿主；钉螺是日本分体吸虫的唯一中间宿主，一般钉螺阳性率高的地区，分体吸虫的感染率也高；凡有病人及阳性钉螺的地区，就一定有病牛。感染季节为接触疫水的季节，常见于夏、秋季，病人、病畜的分布基本与当地水系分布一致。感染途径包括经皮肤钻入、吞食和经胎盘感染。流行需要三个必要因素，即虫卵入水、毛蚴钻入钉螺和尾蚴遭遇终末宿主。日本分体吸虫主要通过被动扩散在具备流行条件的地区流行。

东毕吸虫在我国南北方均有分布，尤其多见于东北、西北和内蒙古。各年龄的牛、羊均易感，一般成年动物的发病率高于幼龄动物，外地引进的牛、羊发病率和感染强度高于本地品种，且感染后的症状更明显。牛的感染率高于水牛，山羊高于绵羊。中间宿主为椎实螺。本病的流行有一定的季节性，一般 5—10 月感染流行，牛、羊在低洼地放牧、水中吃草或饮水时经皮肤感染。

2. 症状与病变 日本分体吸虫病的临床症状与动物的种类、年龄、营养状况和免疫力有关。牛的症状一般较水牛明显，犊牛症状较成年牛明显。犊牛大量感染可呈急性经过，出现食欲不振、精神沉郁、体温升高（40～41℃）、贫血、水肿、消瘦、衰竭甚至死亡。轻度感染牛症状不明显，食欲和精神尚好，但表现生长发育不良、消瘦、时有腹泻，使役能力下降；母牛表现不孕或流产；奶牛出现产奶量下降。羊感染后的症状较犊牛轻。病变主要为内脏出现因虫卵沉积形成的虫卵肉芽肿或结节，尤多见于肝和肠壁。肝脏肿大、表面粗糙，肝萎缩、肝硬化和腹水增多。肠壁粗糙肥厚，可见虫卵结节，尤其是直肠。在门静脉和肠系膜静脉可见成虫虫体。

牛、羊的东毕吸虫病常呈慢性经过，症状和病变与日本分体吸虫病相似。

3. 实验室诊断

（1）病原学检测　可进行粪便虫卵检查、虫卵毛蚴孵化，刮取牛直肠黏膜检查虫卵结节，剖检死亡牛、羊检查虫体或虫卵结节。

（2）血清学诊断　可采用环卵沉淀试验（COPT）、间接血凝试验、ELISA、胶体金试纸条等，一般不用于效果评价，有辅助诊断价值。

（3）分子生物学诊断　环介导恒温核酸扩增技术（LAMP）等分子生物学技术已开始用于该病的诊断。

【防治】目前推荐用于治疗血吸虫病的药物为吡喹酮。尚无疫苗可用于血吸虫病的预防。需采用人和动物同步的综合性预防措施防控血吸虫病。检测和治愈病畜和病人，控制传染源；对粪便进行发酵处理，阻止虫卵入水；杀灭中间宿主；杀灭鼠害；预防人和牛羊感染，防止其接触尾蚴，做好防护措施，安全放牧；定期驱虫；加强健康教育。

十、其他吸虫病（歧腔吸虫、阔盘吸虫、前后盘吸虫）

除了片形吸虫病、血吸虫病外，危害牛、羊的吸虫病还有歧腔吸虫病、阔盘吸虫病和前后盘吸虫病。歧腔吸虫病是由歧腔科、歧腔属（*Dicrocoelium*）的矛形歧腔吸虫（*D. dendriticum*）和中华歧腔吸虫（*D. chinensis*）寄生于胆管或胆囊所引起。阔盘吸虫病是由歧腔科、阔盘属（*Eurytrema*）的胰阔盘吸虫（*E. pancreaticun*）、腔阔盘吸虫（*E. coelomatioum*）等寄生于胰脏的胰管内所引起。前后盘吸虫病是由前后盘科的多种吸虫寄生于瘤胃壁（成虫）或皱胃、小肠、胆管、胆囊（幼虫移行）所引起的一种较为严重的疾病，有时会引起死亡。

【诊断】

1. 流行病学　歧腔吸虫病在我国主要分布于西南、东北、华北、西北和内蒙古地区，南方全年可发，北方春秋感染、冬春发病；随动物年龄的增加，感染率和感染强度也逐渐增加。虫卵在土壤和粪便中可存活数月。歧腔吸虫的第一中间宿主为陆地螺，第二中间宿主为蚂蚁，虫卵和在第一、二中间宿主体内的各期幼虫均可越冬并保持感染性。

牛、羊的阔盘吸虫病呈全国性分布，但以东北、内蒙古等地的牧区流行严重。阔盘吸虫的第一中间宿主为陆地螺，第二中间宿主为草螽或针蟀，羊是其最适宜的终末宿主，感染率高，牛的感染率相对较低；主要发病季节是夏、秋季，尤以秋季为甚。

前后盘吸虫在我国各地普遍存在，感染率高，感染强度大；以椎实螺、扁卷螺或淡水螺为中间宿主；在有水的环境和多雨的年份易发，南方可常年发生，北方主要发生于5—10月。

2. 症状与病变　歧腔吸虫和阔盘吸虫的致病作用主要是虫体的机械性刺激和毒素作用，多数牛、羊症状轻微或不表现症状，严重感染时会表现出严重的症状。一般表现为慢性消耗性疾病的特征，如精神沉郁、食欲不振、渐进性消瘦、可视黏膜黄染、贫血、颌下水肿、腹泻、行动迟缓、喜卧等。严重感染的病例可导致死亡。

前后盘吸虫成虫一般危害轻，严重感染时会影响胃的功能。主要致病阶段为童虫移行，引起出血性胃肠炎或黏膜坏死以及纤维素性肠炎，表现为顽固性腹泻，粪便呈粥样或水样，常有腥味，有时混有血液。

3. 实验室诊断　采用水洗沉淀法检查粪便中的虫卵，死后剖检发现虫体即可确诊。

【防治】治疗可用吡喹酮、氯硝柳胺等药物。预防采用综合性措施，包括定期驱虫、控制中间宿主、切断生活史环节、加强饲养管理等。最好在秋末和冬季进行定期驱虫，粪便堆积发酵，防止虫卵污染草场和饲养场地；消灭螺类和蚂蚁；在干燥的牧场放牧；饮用自来水、井水或流动的河水，保持水源的清洁。

十一、莫尼茨绦虫病

莫尼茨绦虫病是由莫尼茨属（*Moniezia*）的扩展莫尼茨绦虫（*M. expansa*）和贝氏莫尼茨绦虫（*M. benedeni*）寄生于牛、羊的小肠内引起的一种绦虫病。该病是牛、羊最主要的寄生蠕虫病之一，我国各地均有发生，多呈地方性流行，对羔羊和犊牛的危害尤为严重，严重感染可以造成大批死亡。

【诊断】

1. 流行病学　本病呈世界性分布，我国各地均有报道，我国北方尤其是广大牧区严重流行，每年都有大批牛、羊死于本病。主要危害羔羊和犊牛。随着年龄的增加，牛、羊的感染率和感染强度逐渐下降。莫尼茨绦虫在牛、羊体内寄生期限一般为 3 个月。本病的流行有明显的季节性，这与莫尼茨绦虫的中间宿主——地螨的分布、习性有密切关系。

2. 症状与病变　主要引起犊牛和羔羊发病，症状明显，成年牛、羊一般无临床症状。羔羊和犊牛临床表现食欲减退，饮欲增加，精神不振，营养不良，发育受阻，消瘦，贫血，颌下、胸前水肿，腹泻，或便秘与腹泻交替，重者因恶病质而死亡；虫体的毒素作用可引起幼畜的神经症状，如回旋运动、痉挛、空口咀嚼等，出现神经症状的病羊往往以死亡告终。

剖检可见尸体消瘦、肌肉色淡，胸腹腔渗出液增多；有时可见肠阻塞，甚至破裂，肠黏膜受损出血；小肠黏膜卡他性炎症，肠扩张，充气，重者肠黏膜上有小出血点；小肠内有绦虫。

3. 实验室诊断

（1）生前诊断　仔细观察患病羔羊或犊牛的粪便中是否有节片或链体；若无节片或链体，应用饱和盐水漂浮法检查粪便中的虫卵；若无节片、链体或虫卵，应用驱虫药物进行诊断性驱虫。

（2）死后诊断　根据剖检病变（肠阻塞、肠破裂）及小肠中的虫体可做出诊断。

【防治】治疗可用阿苯达唑、吡喹酮、氯硝柳胺等药物。预防主要根据流行病学因素进行。

（1）预防性驱虫　应在早春或秋末（11—12 月）进行两次驱虫；羔羊和犊牛应在春季放牧后 4～5 周进行“成虫期前驱虫”，间隔 2～3 周，再驱虫一次；流行区的成年牛、羊应进行定期预防性驱虫。

（2）加强粪便管理　粪便应集中发酵处理，尤其是驱虫后的粪便，杀灭其中的虫卵，防止其污染草场。

（3）加强饲养管理　避免在地螨活动的高峰期放牧，实行轮牧。

（4）中间宿主监测　检测和监测草场中阳性地螨。

十二、曲子宫绦虫病与无卵黄腺绦虫病

牛、羊的曲子宫绦虫病与无卵黄腺绦虫病分别是由曲子宫属（*Helictometra*）的盖氏曲子宫绦虫（*H. giardi*）和无卵黄腺属（*Avitellina*）的中点无卵黄腺绦虫（*A. centripunctata*）寄生于牛、羊的小肠所引起。这两个病原致病作用较轻，常与莫尼茨绦虫混合感染，但严重感染时，亦可引起牛、羊，尤其羔羊、犊牛的死亡。曲子宫绦虫病与无卵黄腺绦虫病的诊断和防控可参照莫尼茨绦虫病。

十三、脑多头蚴病

脑多头蚴病又称脑包虫病，是由多头带绦虫（*Taenia multiceps*）的中绦期幼虫——脑多头蚴寄生于牛、羊的大脑和脊髓所引起的一种人兽共患寄生虫病，主要引起牛、羊的神经机能障碍。该病严重危害羔羊和犊牛，尤其是2岁以下的绵羊最易感，往往导致死亡。

【诊断】

1. 流行病学 本病呈世界性分布，我国各地均有报道，尤其多见于西北、东北和内蒙古的牧区。本病呈地方性流行。牛、羊是脑多头蚴的中间宿主，绵羊羔最易感，感染源主要是终末宿主犬，尤其是牧羊犬。多头带绦虫虫卵对环境因素有很强的抵抗力，可在自然界存活很长时间，但阳光直晒和高温很容易杀死虫卵。

2. 症状与病变 感染脑多头蚴的牛、羊表现典型的神经症状和视力障碍。脑多头蚴寄生部位与患病牛、羊头颈歪斜的方向和转圈运动方向一致，与视力障碍和蹄冠反射迟钝方向相反。脑多头蚴寄生于大脑正前部，牛、羊头下垂，直线前行，或头抵障碍物呆立不动；寄生于大脑半球，牛、羊向患侧转圈；寄生于大脑后部，头高举，后退，可能倒地不起，颈部肌肉强直；寄生于小脑，表现知觉过敏，容易悸恐，蹒跚，平衡失调，痉挛；寄生于腰部脊髓，引起渐进性后躯及盆腔脏器麻痹，严重病例最后因贫血、高度消瘦或重要的神经中枢受损害而死亡；多处寄生时表现综合性症状。脑多头蚴囊体大时，牛、羊局部头骨变薄变软、皮肤隆起。

3. 实验室诊断

（1）*生前诊断* 可采用X线、超声波等影像学技术进行诊断，也有采用ELISA和变态反应诊断本病的报道。

（2）*死后诊断* 在寄生部位发现脑多头蚴即可确诊。

【防治】在头部前方大脑皮层寄生时可手术摘除或穿刺治疗，寄生在头后部及深部时则难以手术治疗。早期可选用阿苯达唑、吡喹酮进行治疗。预防主要阻断该病在牛、羊与犬之间的循环。

（1）对犬进行定期驱虫，粪便进行无害化处理。

（2）捕杀野犬、狼、狐等终末宿主，防止虫卵污染养殖环境。

（3）防止犬食入感染脑多头蚴的牛、羊的脑和脊髓。

（4）流行区的牛、羊可采用血清学方法进行监测，用药物进行早期阻断治疗。

十四、棘球蚴病

牛、羊的棘球蚴病又称包虫病，是由棘球属（*Echinococcus*）绦虫的中绦期幼虫——棘

球蚴寄生于牛、羊的肝、肺及其他组织器官内所引起的一种寄生虫病，对绵羊的危害大。棘球蚴也能寄生于人体，严重危害人（尤其牧民）的健康和生命，是一种人兽共患病。我国将其列为二类动物疫病。

【诊断】

1. 流行病学 本病呈世界性分布，尤其在牧区多见。我国有20多个省份报道发病，以西北、内蒙古、西藏、四川牧区发病率最高，新疆和青海流行最严重。绵羊的感染率和死亡率最高。犬科动物是棘球蚴/棘球绦虫的终末宿主，牛、羊是中间宿主。在牧区，牧羊犬和野犬是主要传染源，牛、羊因摄入被犬粪便中的孕节或虫卵污染的牧草、食物或饮水而感染。棘球绦虫卵对外界环境的抵抗力强，耐低温、高温及化学物质，但阳光直射很容易杀死虫卵。

2. 症状与病变 棘球蚴的致病作用包括机械性压迫、毒素作用和过敏反应，其症状的轻重取决于棘球蚴的大小、数量及寄生部位。棘球蚴主要寄生于肝和肺，引起感染组织的萎缩和功能严重障碍。代谢产物吸收引起的局部炎症和全身性过敏反应会造成牛、羊死亡。绵羊对棘球蚴最敏感，死亡率高，主要表现消瘦、被毛逆立、脱毛、咳嗽，甚至倒地不起。严重感染的牛表现消瘦、衰弱、呼吸困难或轻咳，剧烈运动时症状加重，产奶量下降。死后剖检可在寄生部位发现粟粒大小至足球大小的棘球蚴囊。

3. 实验室诊断

（1）生前诊断 可采用X线等影像学技术进行诊断，也可采用ELISA、间接血凝试验等血清学技术辅助诊断。

（2）死后诊断 在寄生部位发现棘球蚴即可确诊。

【防治】早期治疗可选用阿苯达唑、吡喹酮等。本病的防控关键在于管好犬。

（1）对犬进行定期驱虫，采取“犬犬投药、月月驱虫”的防控策略，对驱虫后的粪便进行无害化处理。

（2）妥善处理牛、羊内脏，防止犬食入感染的牛、羊内脏，尤其是肝和肺。

（3）保持牛、羊饲草、饮水、养殖环境的卫生，防止被犬的粪便污染。

（4）捕杀野犬、狼、狐等终末宿主，防止虫卵污染养殖环境。

（5）使用EG95重组蛋白疫苗或DNA疫苗给牛、羊免疫接种。

（6）对疫区，尤其是牧区人群加强健康教育。

十五、牛囊尾蚴病

牛囊尾蚴病又称牛囊虫病，是由牛带绦虫（*Taenia saginata*）的中绦期幼虫——牛囊尾蚴寄生于牛的咀嚼肌、舌肌、心肌和腿肌等部位引起的一种寄生虫病。牛带绦虫寄生于人的小肠，是一种重要的食源性人兽共患病。

【诊断】

1. 流行病学 本病呈世界性分布，其发生和流行与牛的饲养管理、人的粪便管理和人摄食生牛肉的饮食习惯密切相关。人是牛带绦虫的唯一终末宿主，牛是主要的中间宿主，水牛、瘤牛和牦牛也是中间宿主。牛带绦虫虫卵对外界环境的抵抗力较强。牛因吞食被虫卵污染的饲料、饮水或饲草而遭受感染，犊牛较成年牛易感，也有发现经胎盘感染的犊牛。

2. 症状与病变　自然感染牛囊尾蚴的牛一般不表现临床症状。人工感染试验发现，发育中的牛囊尾蚴在牛体内移行期间有明显的致病作用，初期表现体温升高、虚弱、腹泻、食欲不振、呼吸困难和心跳加速等，有时发生死亡。屠宰可见牛囊尾蚴多寄生于咬肌、舌肌、心肌、肩胛肌、颈肌及臀肌等，也可见于肺、肝、肾及脂肪等处。

3. 实验室诊断

（1）生前诊断困难，可采用 ELISA、间接血凝试验等血清学方法或 PCR 等分子生物学方法诊断。

（2）死后尸体剖检在寄生部位发现牛囊尾蚴即可确诊。

【防治】治疗可选用吡喹酮和阿苯达唑。预防要切断该病在牛与人之间的循环。加强牛肉的卫生检验工作，感染胴体进行无害化处理；加强牛的饲养管理，管理好人的粪便，防止牛食入被人粪便污染的饲草和饮水；加强宣传教育，改变人食生牛肉的饮食习惯；做好牛带绦虫患者的普查与驱虫。

十六、牛犊新蛔虫病

牛犊新蛔虫病又称牛犊弓首蛔虫病，是由弓首科、弓首属（*Toxocara*）的犊弓首蛔虫（*T. vitulorum*）（又称牛新蛔虫或牛弓首蛔虫）寄生于犊牛小肠所引起的一种寄生线虫病，临床以肠炎、腹泻、腹部膨大为特征。初生犊牛严重感染可引起死亡，对养牛业的危害较大。

【诊断】

1. 流行病学　本病呈世界性分布，我国多见于南方各省。该病主要发生于 5 月龄以下的犊牛，1～2 月龄的犊牛受危害最严重，可经口、胎盘、哺乳感染。虫卵抵抗力强。患病和带虫的小牛是母牛的传染源。

2. 症状与病变　病牛精神委顿，食欲不振，吮乳无力或停止吮乳，贫血，消瘦，腹痛，腹泻，粪便带大量黏液或血液，衰竭死亡。病变可见小肠黏膜损伤、出血和溃疡。

3. 实验室诊断　通过检查粪便中的虫卵或小肠内的虫体确诊。

【防治】治疗可采用左旋咪唑、阿苯达唑、伊维菌素等药物，尽早治疗，保护犊牛健康，减少虫卵对环境的污染。加强饲养管理，对垫草和粪便进行堆积发酵。犊牛和母牛隔离饲养。定期进行预防性驱虫，对 15～30 日龄的犊牛进行驱虫，母牛产前 2 个月进行驱虫，每年春秋两季进行驱虫。

十七、捻转血矛线虫病

捻转血矛线虫是毛圆科危害最严重的线虫，主要寄生于牛、羊的皱胃，偶见于小肠，主要以宿主的血液为营养来源，引起贫血及贫血综合征。捻转血矛线虫对羊的致病力很强，严重感染常引起大批死亡，是放牧羊和圈养羊危害最严重的寄生虫之一。

【诊断】

1. 流行病学　捻转血矛线虫是直接型发育史，产卵多，每条雌虫每天产 5 000～10 000 枚卵，虫卵发育需要合适的温度、湿度和氧气。第三期幼虫的活动和生存受季节影响，从而影响到动物的荷虫量和流行季节。第三期幼虫对干燥和寒冷等环境条件有很强的抵抗力，可以越冬，在不利条件下可存活超过一年（休眠）。感染性幼虫有背地性和向光性。羊对捻转血矛线虫有“自愈现象”，表现为皱胃黏膜水肿，不利于虫体继续生存，使原有的和新感染的虫体被排出。“自愈现象”没有明显的特异性，如捻转血矛线虫引起的自愈现象可引起皱胃内其他线虫或肠道线虫排出体外。捻转血矛线虫常和其他毛圆科线虫混合感染。消化道线虫病常引起春季放牧羊群出现“春季高潮”，导致大批羊的死亡，其原因是第三期幼虫能够过冬以及夏秋季在动物胃肠内发育受阻的幼虫春季开始活跃。

2. 症状与病变　病羊表现高度营养不良，渐进性消瘦；贫血，可视黏膜苍白；下颌和下腹部水肿；腹泻和便秘交替。最后可因衰竭死亡，死亡多发生在春季。胃肠黏膜发炎、充血、出血，胃壁有结节。

3. 实验室诊断

（1）生前诊断　采用饱和盐水漂浮检查粪便中的虫卵，但虫卵特征性不强，可进行幼虫培养，对第三期幼虫进行鉴定；可利用 ITS2 对虫卵进行分子鉴定；也可利用实时定量 PCR 定量检测粪便中的虫卵量。

（2）死后剖检　在寄生部位发现大量虫体而确诊。

【防治】治疗可采用左旋咪唑、阿苯达唑、伊维菌素等药物。预防措施包括加强饲养管理、定期驱虫、检测粪便虫卵、粪便堆积发酵、划地轮牧或畜间轮牧等。国外也有成功应用致弱的第三期幼虫（X 线或紫外线照射）接种牛、羊进行免疫预防的报道。

十八、其他毛圆科线虫病（马歇尔线虫、奥斯特线虫、细颈线虫、毛圆线虫、古柏线虫等）

除了捻转血矛线虫，寄生于牛、羊皱胃和小肠的毛圆科线虫还有马歇尔线虫、奥斯特线虫、细颈线虫、毛圆线虫、古柏线虫等。毛圆科各属线虫常混合感染，所引起的疾病的诊断和防控与捻转血矛线虫病相似，但危害比捻转血矛线虫病轻。

十九、食道口线虫病

牛、羊的食道口线虫是由盅口科、食道口属（*Oesophagostomum*）的线虫寄生于牛、羊的大肠（主要是结肠）所引起的一类线虫病。由于某些种类的幼虫可在寄生部位的肠壁上形成结节，该病又称为结节虫病。

【诊断】

1. 流行病学　寄生于羊的主要是粗纹食道口线虫和哥伦比亚食道口线虫，寄生于牛的主要是辐射食道口线虫，感染性幼虫为披鞘第三期幼虫。哥伦比亚食道口线虫、辐射食道口线虫的幼虫可在肠壁的任何部位形成结节。本病主要发生在春、秋季，且主要侵害羔羊和犊牛。

2. 症状与病变　患畜初期表现为持续性腹泻，粪便呈暗绿色，很多黏液，有时带血。便秘和腹泻交替进行，渐进性消瘦，下颌水肿，最后可因机体衰竭而死亡。肠壁有典型结节病变，结节在浆膜面破溃可引发腹膜炎。大肠壁有灰绿色结节，有小孔，结节内有长 3～4mm 的幼虫和黄白色或灰绿色泥状物，有的发生坏死或钙化。

3. 实验室诊断　检查粪便中的虫卵或剖检查找虫体。

【防治】可参考捻转血矛线虫病。

二十、仰口线虫病

牛、羊仰口线虫病是由仰口属（*Bunostomum*）的牛仰口线虫（*B. phlebotomum*）和羊仰口线虫（*B. trigonocephalum*）寄生于牛、羊小肠（主要在十二指肠）内造成以严重贫血为主要特征的一种消化道线虫病。该病广泛流行于我国各地，对牛、羊的危害很大，可引起死亡。

【诊断】

1. 流行病学　在较为潮湿的草场放牧的牛、羊流行较为严重。一般秋季感染，春季发病。虫卵对寒冷和高温抵抗力弱，感染性幼虫在夏季草场可存活2～3个月，在春、秋季存活时间更长，严寒的冬季对幼虫有杀灭作用。感染性第三期幼虫经皮肤感染。牛、羊对仰口线虫能产生一定的免疫力。

2. 症状与病变　患畜表现进行性贫血，消瘦，水肿，顽固性腹泻；羔羊和犊牛的症状更加明显；幼畜发育受阻，出现神经症状；感染量达1 000条即可引起死亡。剖检可见病死牛、羊消瘦、贫血、水肿，皮下浆液性浸润，血凝不全；肠黏膜发炎，出血，内容物呈褐色或血红色。

3. 实验室诊断　检查粪便中的虫卵或剖检查找小肠内的虫体。

【防治】可参考捻转血矛线虫病。

二十一、肺线虫病（网尾线虫、原圆线虫）

牛、羊肺线虫病是网尾科或原圆科的线虫寄生于牛、羊的肺部所引起的一类线虫病。网尾科线虫大，又称为大型肺线虫，包括寄生于牛的胎生网尾线虫（*Dictyocaulus viviparus*）和寄生于羊的丝状网尾线虫（*D. filaria*）；原圆科线虫小，称为小型肺线虫。

【诊断】

1. 流行病学　网尾线虫不需要中间宿主，对热和干燥敏感，但可以耐低温；成年羊的感染率高于羔羊，但主要危害羔羊。原圆科线虫需要以螺或蛞蝓为中间宿主，第一期幼虫生存能力强，耐干燥和低温，在中间宿主体内可存活2年，但阳光直射可迅速杀死幼虫。

2. 症状与病变　轻度感染不表现临床症状。重度感染患畜可出现支气管炎或支气管肺炎。患病羔羊病初表现剧烈咳嗽，流含有黏稠分泌物的鼻液，呼吸困难，食欲不振，贫血，渐进性消瘦，甚至死亡。原圆科线虫的虫卵和幼虫可引起灶状支气管性肺炎。剖检死亡牛、羊可见支气管炎或支气管肺炎，肺边缘萎缩，临近萎缩区有气肿区；在支气管和细支气管内可见虫体。

3. 实验室诊断　生前可采用贝尔曼法（Baerman's technique）分离第一期幼虫而确诊，必要时还可进行剖检查找虫体。

【防治】治疗可选用左旋咪唑、阿苯达唑、伊维菌素等药物，并进行对症治疗和支持疗法。预防措施包括保持草场干燥，避免潮湿；定期驱虫，可在秋末和春季驱虫两次；粪便进行无害化处理；轮牧。国外有采用X线或紫外线灭活第三期幼虫进行免疫接种的报道。

二十二、牛吸吮线虫病

牛吸吮线虫病俗称牛眼虫病或牛寄生性结膜角膜炎，是由吸吮属（*Thelazia*）的多种线虫寄生于牛、水牛的结膜囊、瞬膜（第三眼睑）下及泪管等眼部组织所引起的一种线虫病。在我国普遍流行，可使牛出现结膜和角膜炎，多发生糜烂和溃疡，不及时治疗会导致失明。

【诊断】

1. 流行病学　牛吸吮线虫以蝇类为中间宿主，其流行与蝇类的活动季节密切相关。温暖地区蝇类常年活动，牛吸吮线虫病常年流行，但多流行于早夏和晚夏。各年龄牛均易感，但成年牛比小牛的感染率和感染强度高。牛眼内越冬的雌虫是第二年春季流行的主要来源。

2. 症状与病变　病初结膜潮红、充血、肿胀、流泪；结膜炎加重后，眼内流浆液性或脓性分泌物，常使眼睑黏合；角膜炎继续发展可引起糜烂和溃疡，角膜穿孔，失明等。

3. 实验室诊断　在眼内发现虫体确诊。

【防治】治疗可选用伊维菌素等药物。预防措施包括在流行地区的秋冬季进行计划性驱虫；蝇类活动开始时，检查牛只，及时治疗病牛；平时加强饲养管理，搞好环境卫生，及时清除粪便和垃圾，减少蝇类滋生场所；做好灭蝇、灭蛆和灭蛹工作；重流行区可在牛的眼部加挂防蝇帘。

二十三、毛尾线虫病

牛、羊毛尾线虫病又称毛首线虫病或鞭虫病，是由毛尾属（*Trichuris*）的多种线虫寄生于牛、羊的大肠（主要是盲肠）所引起的一类线虫病，严重感染可造成死亡。

【诊断】

1. 流行病学　毛尾线虫的生活史是直接发育史。虫卵抵抗力强，分布广泛。含第一期幼虫的虫卵为感染性阶段。主要危害犊牛和羔羊。一般夏季易于感染，秋、冬季出现症状。

2. 症状与病变　轻者无明显症状，重者消瘦、贫血，腹泻，甚至排水样血便，发育缓慢，羔羊、犊牛可因衰竭而死亡。剖检可见盲肠及结肠慢性卡他性炎症；重者盲肠黏膜出血性坏死、水肿和溃疡。

3. 实验室诊断　漂浮法检查粪便中的特征性虫卵，或死后剖检在大肠查找虫体。

【防治】治疗可选用多拉菌素、伊维菌素、左旋咪唑等药物。预防措施包括定期驱虫、加强饲养管理、及时清理粪便；保持饲料、饮水、圈舍和运动场的卫生等。

二十四、类圆线虫病

牛、羊的类圆线虫病是由类圆属（*Strongyloides*）的线虫寄生于犊牛或羔羊小肠内所引起的一种线虫病。在我国，牛、羊小肠内常见的类圆线虫是乳突类圆线虫（*S. papillosus*）。

【诊断】

1. 流行病学 寄生于牛、羊体内的类圆线虫均是雌虫，行孤雌生殖，未见雄虫寄生的报道。主要危害羔羊和犊牛。皮肤感染是主要途径，也有经母乳、胎盘或口感染的报道。温暖潮湿的环境利于虫体存活和发育，在夏季和雨季，卫生不良时，感染更普遍。未孵化的虫卵在适宜环境中能维持 6 个月以上的发育能力，感染性幼虫在潮湿的环境中可存活 2 个月。

2. 症状与病变 少量寄生时症状不明显，但影响生长发育。严重感染会引起体温升高、消瘦、咳嗽、贫血、呕吐、腹痛、腹泻，甚至死亡。死后剖检可见小肠，尤其是十二指肠扩张，内含白色液状物，刮取黏膜压片镜检可见大量虫体。

3. 实验室诊断

（1）病原学检查 检查粪便中的虫卵或幼虫。

（2）免疫学诊断 ELISA 等方法可用于辅助诊断。

【防治】治疗首选噻苯达唑，也可用阿苯达唑、左旋咪唑等药物。预防措施包括搞好畜舍和运动场卫生；经常检查并及时治疗患病牛、羊；及时驱虫，尤其是妊娠母畜和哺乳母畜，防止传播给幼畜，粪便无害化处理；成年动物与幼龄动物分开饲养等。

二十五、羊脑脊髓丝虫病

羊脑脊髓丝虫病（又称腰痿病）是由指形丝状线虫（*Setaria digitata*）和鹿丝状线虫（*S. cervi*）的幼虫（童虫）侵入羊的脑或脊髓的硬膜下或实质内引起的一种线虫病。

【诊断】

1. 流行病学 山羊最易发生，绵羊次之。本病有明显的季节性，与蚊子的活动季节一致。本病的流行与海拔的高低成反比。在牛多、蚊多的地区，羊距牛圈较近或混养时，发病率较高。

2. 症状与病变 症状分为急性型和慢性型两类。

（1）急性型 发病突然，神经症状明显，羊在放牧时突然倒地不起，眼球上旋，颈部肌肉强直、痉挛或歪斜，有兴奋、骚乱、空嚼及咩叫等。

（2）慢性型 较为多见，病初病羊无力，步态踉跄，多发生于一侧后肢，也有两侧后肢同时发生的，病羊可存活，但多遗留臀部歪斜及斜尾等症状。当病情加剧时，病羊两后肢完全麻痹，呈犬坐姿势，不能起立，但食欲、精神正常，直至长期卧地。发生褥疮的羊食欲下降，逐渐消瘦，直至死亡。本病的一个特征性组织学变化是在脑脊髓神经组织的虫伤性液化灶中，经常见有大型色素性细胞，为吞噬细胞。

3. 实验室诊断 生前诊断比较困难，粪便中很难见到虫卵。可采用牛指形丝状线虫提纯抗原进行皮内反应试验。

【防治】本病如已出现症状则难以治愈。乙胺嗪对未出现症状或出现早期症状的羊有一定的效果。预防措施包括控制传染源，羊舍建在地势较高、通风干燥的地方，流行季节尽量避免动物混养；进行牛群微丝蚴普查，消灭病原；杀灭蚊、蚋等中间宿主，切断传播途径；流行地区的羊在流行季节前进行药物预防。

二十六、牛浑睛虫病

牛浑睛虫病是由马丝状线虫（*Staria equina*）的童虫寄生于牛的眼前房中引起的一种线虫病。

【诊断】

1. 流行病学 牛浑睛虫病与马脑脊髓丝虫病一致，多出现于牛和马混养的地区。

2. 症状与病变 患牛畏光、流泪，角膜和眼房液轻度浑浊，瞳孔散大，视力减退，眼睑肿胀，严重者引起失明。

3. 实验室诊断 对光观察患眼，见虫体在眼前房内游动即可确诊。

【防治】治疗采用角膜穿刺术取出虫体。预防同脑脊髓丝虫病。

二十七、蜱　　病

牛、羊的蜱病是主要由硬蜱科的硬蜱属、革蜱属、扇头蜱属、璃眼蜱属、血蜱属和花蜱属的种类寄生于体表引起的一类体表寄生虫病。

【诊断】

1. 流行病学 硬蜱一般在温暖季节活动，在自然界或宿主身上越冬。各种蜱均有一定的地理分布区，与气候、地势、土壤、植被及动物区系有关。

2. 症状与病变 硬蜱的危害表现为直接危害和间接危害。直接危害包括夺取营养；吸血时造成羊皮肤局部损伤、水肿、出血、痛痒，局部皮肤肥厚；继发细菌感染，引起局部化脓和蜂窝组织炎等；唾液中的毒素可导致牛、羊出现神经症状或麻痹；影响采食、休息；硬蜱密集寄生的患病牛、羊严重贫血，消瘦；部分妊娠动物流产，犊牛、羔羊和分娩后的母畜死亡率高。间接危害是作为多种病原体的传播媒介，传播多种传染病和寄生虫病。

3. 实验室诊断 在牛、羊体上发现硬蜱即可确诊，可在实验室进行种属鉴定。

【防治】

(1) 灭蜱

体表灭蜱：手工、器械法灭蜱；化学药物灭蜱（20%杀灭菊酯乳油 2 000～3 000 倍稀释，喷淋、药浴；氟苯醚菊酯，背部浇注；1%～3%敌百虫，喷淋；伊维菌素、阿维菌素，皮下注射）。

畜舍灭蜱：使用杀灭菊酯等拟除虫菊酯类药物喷洒畜舍和运动场。

消灭自然界中的蜱：牧场轮牧；牧场喷洒杀蜱药剂；消灭无经济价值的宿主，如啮齿动物。

(2) 适时检测和监测 引进牛、羊时，对蜱及蜱传病进行检测；对畜群进行蜱及蜱传病的监测。

二十八、螨病（疥螨、痒螨、蠕形螨）

螨病是由疥螨科、痒螨科和蠕形螨科的螨寄生于动物的表皮、体表和毛囊内所引起的一类体外寄生虫病，危害牛、羊的主要是疥螨和痒螨，以剧痒、接触感染、皮炎和消瘦为特征。

【诊断】

1. 流行病学 螨是不完全变态发育，生活史包括卵、幼虫、若虫和成虫。疥螨是咀嚼式口器，寄生于表皮内；痒螨是刺吸式口器，寄生于体表。螨病通过患病动物和健康动物直接接触传播，也可通过污染虫体的畜舍和用具而间接传播。螨对外界环境有一定的抵抗力，可存活数天至3周。螨病主要在秋末、冬季和初春流行，夏季不适合螨的存活与繁殖，少数螨躲在耳壳、蹄踵、腹股沟或被毛深处，到冬季时重新活跃并致病。幼龄动物易患，发病较严重；成年动物有一定的抵抗力，呈现"带螨现象"，可成为传染源。

2. 症状与病变 牛、羊螨病主要表现剧痒，结痂，皮肤脱毛、增厚、弹性降低，消瘦。疥螨病多发生于山羊，痒螨病多发生于绵羊、牛和水牛。疥螨病和痒螨病初发部位不同，疥螨病多发于皮肤薄、被毛短而稀少的地方，如眼圈、鼻梁、嘴巴周围、耳部等处；痒螨病多发于被毛长而稠密之处，如颈前、背部、臀部等处，尤其在绵羊更是如此。疥螨病患部渗出物少；痒螨病患部渗出物多。痒螨病比疥螨病更易引起脱毛。痒螨病患部皮肤皱褶形成不明显，而疥螨病患部由于皮肤增厚严重，皱褶形成明显，甚至有时形成龟裂。

3. 实验室诊断 从健康与病患交界处的皮肤采集病料，采用热源法、直接涂片检查法或浓集法等检查螨确诊。

【防治】治疗可采用敌百虫、双甲醚、溴氰菊酯等进行涂擦、喷淋或药浴，也可肌内注射伊维菌素。预防措施包括定期进行牛、羊群检查和灭螨处理；保持畜舍和运动场清洁、干燥、通风、透光、不拥挤，定期消毒；引种时仔细检疫；患畜隔离治疗，圈舍彻底消毒。

二十九、羊狂蝇蛆病

羊狂蝇蛆病又称羊鼻蝇蛆病或羊鼻蝇蚴病，是由羊狂蝇（*Oestrus ovis*，或称羊鼻蝇）的幼虫寄生于羊的鼻腔及其附近的腔窦所引起的一种寄生虫病。该病呈现慢性鼻炎症状，主要流行于我国北方广大牧区。

【诊断】

1. 流行病学 羊狂蝇属于完全变态发育，包括幼虫、蛹和成蝇。成蝇终生不食，寿命2～3周，出现于每年5—9月，尤多见于7—9月。第一期幼虫产于羊的鼻周围，在我国北方产一代，在温暖的南方可产2代。第一期幼虫进入鼻腔发育为第三期幼虫，寄生于羊的鼻腔、额窦、鼻窦或脑。绵羊的感染率高于山羊。

2. 症状与病变 成蝇袭击产幼虫可使羊群处于应激状态，可能发生外伤。幼虫移行和寄生可造成黏膜损伤和炎症，羊鼻腔流浆液性、黏液性或脓性液体。严重感染，羊表现呼吸困难、消瘦，甚至衰竭。当幼虫累及脑膜时，会表现神经症状，运动失调，做旋转运动，最终死亡。

3. 实验室诊断 尸体剖检发现羊狂蝇幼虫确诊。

【防治】本病的治疗以消灭鼻腔内的第一期幼虫为主要措施，在成蝇活动季节，可选用大环内酯类、敌百虫、氯氰碘柳胺等药物。预防措施包括在春季杀灭从患羊鼻排出的第三期幼虫，阻止其落地化蛹；在成蝇活动季节使用杀虫剂杀灭成蝇，使用含有杀虫剂的软膏涂抹鼻周杀灭第一期幼虫。

三十、牛皮蝇蛆病

牛皮蝇蛆病（或称牛皮蝇蚴病）是由牛皮蝇（*Hypoderma bovis*）和纹皮蝇（*H. lineatum*）的幼虫寄生于牛的背部皮下组织所引起的一种慢性外寄生虫病，对我国的养牛业危害较为严重，造成了较大的经济损失。

【诊断】

1. 流行病学 牛皮蝇和纹皮蝇的发育是完全变态发育，包括幼虫、蛹和成蝇，整个发育过程约需1年。成蝇终生不食，寿命5～6d。本病主要流行于我国的东北、西北、华北、西南等地区。在青藏高原地区，本病是长期制约牦牛饲养业的主要疫病之一。

2. 症状与病变 成蝇在夏季袭击产卵可使牛群发生外伤或流产，影响牛的采食和休息，牛表现消瘦。幼虫移行造成组织损伤，幼虫寄生可造成局部结缔组织增生和炎症。寄生部位继发细菌感染会形成化脓性瘘管，第三期幼虫释出后可形成瘢痕。幼虫的毒素作用可造成贫血。患牛表现消瘦，肉的质量和产量、产奶量、皮革质量均下降。

3. 实验室诊断 局部皮肤发现拇指大的瘤状突起，并有一通向外界、直径0.1～0.2 mm的孔；结缔组织囊内发现第三期幼虫即可确诊。

【防治】杀灭从患牛排出的第三期幼虫，阻止其落地化蛹；在成蝇活动季节使用杀虫剂（如伊维菌素、蝇毒灵）杀灭成蝇和第一期幼虫。

三十一、虱　病

牛、羊的虱病是由虱亚目和食毛亚目的多种虱（血虱和颚虱）寄生于牛、羊体表所引起的一种外寄生虫病。虱亚目虱吸食牛、羊的血液；食毛亚目虱又称毛虱，食用牛、羊的毛。

【诊断】

1. 流行病学 血虱具有一定的宿主特异性，寄生部位相对固定，如绵羊足颚虱寄生于足的近蹄部。血虱主要是直接接触感染，也可经管理用具或褥草传播。秋冬季，血虱易流行。在饲养管理和卫生条件差的牛、羊群中，虱病较为严重。毛虱也具有一定的宿主特异性和部位特异性。

2. 症状与病变 虱寄生引起皮肤发痒，造成皮肤损伤，还会继发细菌感染；影响牛、羊采食和休息。患畜表现消瘦，发育不良，影响生产性能。

3. 实验室诊断 在牛、羊体表发现虱即可确诊，在实验室可进行种属鉴定。

【防治】治疗选用菊酯类、有机磷类、大环内酯类等药物。预防措施包括经常刷拭畜体；保持畜舍干净、通风，定期消毒；定期检查畜体，进行隔离杀虫处理；引进牛、羊时彻底检查无虱后再合群等。

第二单元 普通病

第一节 内科器官系统疾病

一、咽 炎

咽炎又称为咽峡炎或扁桃体炎，是指咽黏膜、黏膜下组织和淋巴组织的炎症。按病程可分为急性咽炎和慢性咽炎；按炎症的性质可分为卡他性咽炎、蜂窝织性咽炎和格鲁布性咽炎等类型。

【诊断】

1. 病因 原发性咽炎常见于机械性、温热性和化学性刺激，主要包括受寒、感冒时机体防御能力减弱，以及链球菌、大肠杆菌、巴氏杆菌、坏死杆菌以至沙门氏菌等条件致病菌内在感染；早春、晚秋气候剧变，或车船长途运输的情况下，容易引起咽炎的发生。继发性咽炎常伴随于重症口炎、食管炎、喉炎、流感、炭疽、巴氏杆菌病、口蹄疫、恶性卡他热等传染病。

2. 症状　头颈伸展，吞咽困难，流涎，呕吐或干呕，流出混有食糜、唾液和炎性产物的污秽鼻液。沿第一颈椎两侧横突下缘向内或下颌间隙后侧舌根部向上做咽部触诊，病畜表现疼痛不安并发弱痛性咳嗽。咽腔视诊可见软腭和扁桃体高度潮红、肿胀，有脓性或膜状覆盖物。蜂窝织性和格鲁布性咽炎，伴有发热等明显或重剧的全身症状。慢性咽炎病程缓长，咽部触痛的症状轻微。

【防治】

（1）预防　搞好饲养管理，保持圈舍卫生，防止受寒、增强防御机能；对于咽部邻近器官炎症应及时治疗；应用胃管、投药器时，应细心操作，避免损伤咽黏膜。

（2）治疗　原则是加强护理，消除炎症。给予柔软易消化的饲料和清洁饮水。对重症病畜可静脉注射10%～25%葡萄糖。病的初期，咽部先冷敷，后热敷，也可用樟脑酒精、鱼石脂软膏或止痛消炎膏涂布。重剧咽炎宜用10%水杨酸钠溶液静脉注射，同时用青霉素肌内注射。

二、食管阻塞

食管阻塞又称食道梗阻，是由于吞咽物过于粗大和/或咽下机能紊乱所致发的一种食管疾病。各种动物均可发生，多发生于牛、马。按阻塞程度，可分为完全阻塞和不全阻塞。按发生部位可分为咽部食管阻塞、颈部食管阻塞和胸部食管阻塞。

【诊断】

1. 病因　阻塞物除日常饲料外，还有马铃薯、甜菜、萝卜等块根块茎或骨片、木块、胎衣等异物。原发性阻塞常发生在饥饿、抢食、采食受惊等应激状态下或麻醉复苏之后。继发性阻塞常伴随于异嗜癖。

2. 症状　通常是采食中突然发病，停止采食，精神紧张，躁动不安，头颈伸展，张口伸舌，呈现吞咽动作，大量流涎，甚至从鼻孔逆出。因食道和颈部肌肉收缩，可引起反射性咳嗽，呼吸急促。这种症状虽可暂时缓和，但仍可反复发作。

由于阻塞物的性状及其阻塞部位的不同，症状也有所区别。一般来说，完全阻塞时，采食、饮水完全停止，表现空嚼。颈部食管阻塞时，外部触诊可感阻塞物；胸部食管阻塞时，在阻塞部位上方的食管内积满唾液，触诊能感到波动并引起哽噎运动。用胃导管进行探诊，当触及阻塞物时感到阻力，不能推进。

牛、羊食管完全阻塞主要症状是唾液过度分泌，不能进行嗳气和反刍，迅速发生瘤胃臌气、流涎和呼吸困难。阻塞的食管会阻止唾液的吞咽和瘤胃内气体的排出。患牛表现为痛苦不堪，头向前伸和明显而频繁的吞咽，由于唾液积聚在咽部，还会出现咳嗽。瘤胃臌气的程度与阻塞出现的时间长短和阻塞物的性质有关。不完全阻塞时，无流涎现象，尚能饮水，无瘤胃臌气现象。

3. 诊断要点　根据病史和大量流涎、头颈伸展、呈现吞咽动作等症状，结合食道外部触诊、胃管探诊或用X线检查等可以获得正确诊断。

【防治】

(1) 预防 要加强饲养管理，合理调治饲料。块根类饲料应切碎，豆饼要泡软，饲喂要定时定量。块根类饲料要集中堆放，料房门要关严，以防偷吃。

(2) 治疗 原则是润滑管腔，缓解痉挛，清除阻塞物。首先用水合氯醛等镇痛解痉药灌肠，并以1%～2%普鲁卡因溶液混以适量液状石蜡或植物油灌入食管。然后依据阻塞部位和阻塞物性状，选用疏导法、压入法、挤出法、手术法等疏通食管。

三、前胃弛缓

前胃弛缓

前胃弛缓是前胃（瘤胃、网胃、瓣胃）的神经肌肉接头感受性降低，平滑肌自主运动性减弱，内容物运转受阻（迟滞）所发生的一种消化障碍综合征。其特征是食欲减退，反刍障碍，前胃运动减弱乃至停止。本病主要发生于舍饲的牛、羊。

【诊断】

1. 病因 前胃弛缓的病因比较复杂，一般分为原发性和继发性两种。

原发性前胃弛缓的发病原因与饲养管理不当和自然气候环境条件的改变关系密切。包括长期饲喂营养差、难消化的稻草和秸秆，使消化机能单调和贫乏；饲料霉败变质；精料饲喂过多且饲草不足；饮水不足，难于消化饲草；误食化纤、塑料等异物；矿物质与维生素缺乏；应激反应；犊牛断奶、饲料突变、受寒感冒、预防注射、环境污染等。

继发性前胃弛缓常作为症状性消化不良，显现于下列各类疾病。包括创伤性网胃腹膜炎，迷走神经胸支或腹支受损伤，腹腔脏器粘连，瘤胃积食，瓣胃秘结，皱胃阻塞、溃疡或变位，以及肝脏疾病等；口腔、舌和牙齿疾病，采食咀嚼障碍；或因肠道疾病以及外产科疾病等，通过反射性抑制作用而引起前胃弛缓；营养代谢障碍及中毒性疾病，如骨软症，生产瘫痪、酮血症、牛产后血红蛋白尿病、有毒植物和化学毒物中毒等；受到感染与侵袭，如流感、结核病、牛肺疫、布氏杆菌病、前后盘吸虫病、肝片吸虫病、细颈囊尾蚴病、血孢子虫病和锥虫病等。此外，还有医源性因素，如长期内服大剂量磺胺类或抗生素类制剂，使瘤胃内菌群共生关系遭到破坏，消化功能发生紊乱。

2. 症状 前胃弛缓有急性和慢性两种病程类型。急性前胃弛缓表现食欲减退或废绝；反刍缓慢或停止；瘤胃收缩的力量弱、次数少，瓣胃蠕动音亦稀弱；瘤胃充满内容物，触诊背囊感到黏硬，腹囊则比较稀软，奶牛的泌乳量下降。其原发性的，即所谓单纯性消化不良，体温、脉搏、呼吸等生命体征多无明显异常，血液生化指标亦无明显改变，经过2～3d，只要饲养管理条件得到改善，给予一般的健胃促反刍治疗即能康复，甚至不治而愈。其继发性的，即所谓症状性消化不良，除上述基本症状外，还显现相关原发病的症状，相应的血液生化指标亦有明显改变，一般性健胃促反刍治疗多不见效，病情复杂而重剧，病程1周左右，预后慎重。

慢性前胃弛缓表现食欲不定，有时正常，有时减退或废绝。常常虚嚼、磨牙、异嗜，舐墙啃土，或采食污草、污物。反刍不规则、无力或停止；嗳出气有臭味。瘤胃和瓣胃蠕动音减弱。瘤胃内容物呈液状（瘤胃积液），冲击式触诊瘤胃可听到振水音。便秘与腹泻相交替。粪便干小或糊状，气味腥臭，附黏液和血液。病程数周，病情弛张。全身状态愈益增重，精神委顿，被毛竖立，逐渐消瘦，最终出现鼻镜干燥、眼球下陷、卧地不起等脱水和衰竭体征。

【防治】

(1) 预防　注意改善饲养管理，合理调配饲料，不喂粗硬、霉败、冰冻等质量不良的饲料，变更饲料时应循序渐进；严禁为追求高产而片面增喂大量精料和糟渣类饲料；适当运动，以增强抵抗力。

(2) 治疗　原则是加强护理，除去病因，增强瘤胃机能。病初宜禁食 1～2d，多饮清水，适当运动。可先用清水反复洗胃，将瘤胃内大部分内容物洗出之后，灌服缓泻、制酵剂；或皮下注射新斯的明。病牛食欲废绝时，可静脉注射 25%葡萄糖液；发生酸中毒时，可静脉注射 5%碳酸氢钠液。

存在继发瘤胃臌气的病牛，可灌服鱼石脂、松节油等止酵剂；伴发瓣胃阻塞时，除按前胃弛缓处治外，还应按瓣胃阻塞处理。

防止脱水和自体中毒，当病牛呈现轻度脱水和自体中毒时，应用 25%葡萄糖注射液，40%乌洛托品注射液，20%安钠咖注射液，静脉注射。此外，还可用樟脑酒精注射液（或撒乌安注射液）静脉注射；并配合应用抗生素。

四、瘤胃积食

反刍动物瘤胃积食又称急性瘤胃扩张，中兽医叫宿草不转或瘤胃食滞，是因前胃的兴奋性和收缩力减弱，采食了大量难以消化的粗硬饲料或易臌胀的饲料，在瘤胃内堆积，引起瘤胃容积增大，内容物停滞和阻塞，引起瘤胃运动和消化机能障碍，形成脱水和毒血症的一种严重疾病。

【诊断】

1. 病因　主要是过食，由于贪食了大量易于膨胀的青草、苜蓿、马铃薯等，特别是在饥饿时采食过量的谷草、稻草、秸秆等含粗纤维多的饲料，缺乏饮水，难以消化，从而引起积食；长期舍饲的牛、羊一旦换成可口的饲料，常常造成采食过多；体质虚弱，产后失调，或因长途运输，机体疲劳，导致前胃消化机能减退而发病；采食过量谷物饲料如玉米、小麦、等，大量饮水，饲料膨胀而引起积食；过食新鲜麸皮、豆饼、酒糟以及豆渣、粉渣等糟渣类饲料，也可导致本病发生。

当饲养管理和环境卫生条件不良时，牛、羊容易受到各种不利因素的刺激和影响，如过度紧张、运动不足、过于肥胖或因中毒与感染等，产生应激反应，引起瘤胃积食。在前胃弛缓、创伤性网胃腹膜炎、瓣胃秘结以及皱胃阻塞等病程中，也常常继发瘤胃积食。

2. 症状　病情发展迅速，常在饱食后数小时内发病，症状明显。病畜发病后出现腹痛，表现不安，目光凝视，拱背站立，回顾腹部或后肢踢腹，间或不断起卧。食欲废绝，反刍停止，空嚼、磨牙，时有努责，鼻镜随着病情的加重而逐渐干燥。瘤胃蠕动音减弱或消失；触诊瘤胃，病畜不安，内容物坚实，有的呈粥状；腹部膨胀，瘤胃背囊上层有气体，穿刺时可排出少量气体和带有臭味的泡沫状液体。病畜便秘，粪便干硬，色暗；间或发生腹泻。心跳、呼吸随着腹围的增大而加快，出现呼吸困难，心跳疾速，可达 120 次/min。

直肠检查可发现瘤胃扩张，容积增大，充满坚实或黏硬内容物；有的病例内容物呈粥状，但胃壁显著扩张。瘤胃内容物 pH 一般由中性逐渐趋向弱酸性；后期，纤毛虫数量显著减少，瘤胃内容物呈粥状，有恶臭味时，提示继发中毒性瘤胃炎。

晚期病例，病情恶化，奶牛、奶山羊泌乳量明显减少或停止。腹部胀满，瘤胃积液，呼吸急促，心悸动增强，脉搏增快；皮温不整，四肢下部、角根、耳鼻的温度下降甚至出现厥冷，体温下降至35℃以下，全身颤抖，机体衰竭，眼球下陷，黏膜发绀，发生脱水与自体中毒，呈现循环虚脱，卧地不起，陷于昏迷状态。

3. 诊断要点 根据有过食的病史，腹围增大，瘤胃内容物多且较坚硬，呼吸困难、腹痛等症状，比较容易诊断。但需与前胃弛缓、急性瘤胃臌气、创伤性网胃炎、皱胃阻塞、牛黑斑病甘薯中毒等疾病进行鉴别。

【防治】治疗原则是增强瘤胃蠕动机能，促进瘤胃内容物排出，创建或改善瘤胃内微生物环境，防止脱水与自体中毒。一般病例，首先禁食1～2d，并进行瘤胃按摩，可口服适量的人工盐和小苏打或酵母片。清肠消导，牛可用硫酸镁（或硫酸钠）、液状石蜡（或植物油）、鱼石脂、酒精、常水混合后灌服。应用泻剂后，可皮下注射毛果芸香碱或新斯的明，以兴奋前胃神经，促进瘤胃内容物运转与排除。也可静脉输注促反刍液（10％氯化钙注射液、10％氯化钠注射液、20％安钠咖注射液），以改善中枢神经系统调节功能，增强心脏活动，促进胃肠蠕动和反刍。及时应用青霉素或土霉素内服，以抑制瘤胃内容物酵解产生乳酸。当继发瘤胃臌气时，应穿刺放气，或投服制酵剂，以免窒息。当血液碱储下降、酸碱平衡失调时，先内服碳酸氢钠，再用碳酸氢钠注射液或乳酸钠注射液静脉注射。对危重病例药物治疗无效时，应及早施行瘤胃切开术，取出内容物，并用1％温氯化钠溶液冲洗。必要时，接种健康动物瘤胃液，促进机体康复。

五、瘤胃臌气

瘤胃臌气是指因前胃神经反应性降低和收缩力减弱，采食了容易发酵的饲料，在瘤胃内微生物的作用下，异常发酵，产生大量的气体，引起瘤胃和网胃急剧膨胀，膈与胸腔脏器受到压迫，呼吸与血液循环障碍，严重时发生窒息现象的一种疾病。临床上以突然发病，反刍、嗳气障碍，腹围急剧增大，呼吸极度困难等症状为特征。瘤胃臌气按病因分为原发性瘤胃臌气和继发性瘤胃臌气；按病的性质分为泡沫性瘤胃臌气和非泡沫性瘤胃臌气。

【诊断】

1. 病因 原发性瘤胃臌气主要由于采食大量易发酵的饲草或饲料，造成产气与排气不平衡导致的。特别是由舍饲转为放牧的牛、羊群，开始在繁茂草地上放牧的1～3d内较为多见。多数病例发生于采食过程中或食后24～48h内，多在下午或夜间发病，常因窒息而死亡。继发性瘤胃臌气通常是由于瘤胃内生理性或病理性产生的气体向外排出受阻而引起，常继发于前胃弛缓、迷走神经性消化不良、创伤性网胃炎、瓣胃阻塞、食管阻塞、食管痉挛等疾病。

泡沫性瘤胃臌气主要是由于反刍动物采食了大量含蛋白质、皂苷、果胶等物质的豆科牧草，生成稳定的泡沫所致。非泡沫性瘤胃臌气又称游离气体性瘤胃臌气，主要是采食了易产生一般性气体的牧草等引起。

2. 症状 急性瘤胃臌气通常在采食不久或在采食过程中发病。腹部迅速膨大，左肷窝明显凸起，严重者高过背中线，反刍和嗳气停止，食欲废绝，表现不安，回头观望。腹壁紧张而有弹性，叩诊呈鼓音；瘤胃蠕动音初期增强，常伴发金属音，后减弱或消失。呼吸急促，甚者头颈伸展，张口呼吸，呼吸数增至60次/min以上；心悸、脉搏增快，可达100次/min以上。使用胃管检查时，非泡沫性臌气患畜从胃管内排出大量酸臭的气体，臌胀明显减轻；而泡沫性臌气时，仅排出少量泡沫性气体，不能解除臌胀。若不及时诊治，病的后期，患畜心力衰竭，静脉怒张，呼吸困难，黏膜发绀；目光恐惧，出汗，站立不稳，步态蹒跚，甚至突然倒地，痉挛、抽搐，因窒息和心脏停搏而死亡。

慢性瘤胃臌气多为继发性瘤胃臌气，患畜病情弛张不定，瘤胃中度臌气，常为间歇性反复发作。经治疗虽能暂时消除臌胀，但极易复发。

【防治】

（1）预防　加强饲养管理，防止贪食过多幼嫩多汁的（尤其是未开花的）豆科牧草，适当限制在牧草幼嫩茂盛和霜露浸湿的牧地上的放牧时间，尤其是舍饲转为放牧时，应先喂些干草或粗饲料；切忌过多饲喂豆科牧草，若要饲喂最好在收割稍干后饲喂，并控制饲喂量。

（2）治疗　原则是及时排除气体，理气消胀，健胃消导，强心补液，恢复瘤胃蠕动，适时急救。以去沫消胀为目的，宜内服表面活性药物，如二甲基硅油、消胀片；也可内服松节油、液状石蜡或菜籽油。当药物治疗效果不显著时，应立即施行瘤胃切开术，取出其内容物。为了排出瘤胃内易发酵的内容物，可用盐类或油类泻剂，如内服硫酸镁或硫酸钠、液状石蜡。为了增强心脏机能，改善血液循环，可用咖啡因或樟脑油。恢复瘤胃机能，可酌情选用兴奋瘤胃蠕动的药物；或在排除瘤胃气体或瘤胃手术后，取健康牛的瘤胃液进行接种。

六、牛创伤性网胃腹膜炎

牛创伤性网胃腹膜炎是由于金属异物（针、钉、铁丝等）混杂在饲料内，被采食吞咽落入并刺伤网胃和腹膜，导致以顽固性前胃弛缓、瘤胃反复臌气、网胃区敏感性增高为特征的前胃疾病。

【诊断】

1. 病因　因饲料保管与加工不当，饲养粗心大意，对饲料中的金属异物的检查和处理不细致。牛舌舌面粗糙，采食快，不咀嚼，异物可随饲草囫囵吞咽。金属异物最常见的是饲料粉碎机与铡草机上的螺丝钉，还有碎铁丝、铁钉、缝针、别针、注射针头、发卡等。

2. 症状　典型的病例主要表现消化紊乱，网胃和腹膜的疼痛，以及包括体温、血象变化在内的全身反应。

（1）消化紊乱　食欲减少或废止，反刍缓慢或停止，有时出现异嗜。瘤胃蠕动微弱，轻度臌气。粪量减少、干燥，呈深褐色至暗红色，常覆盖一层黏稠的液体，有时可发现潜血。慢性局限性网胃腹膜炎的病例，间歇性轻度臌气，便秘或腹泻，久治不愈。

（2）网胃疼痛　典型病例精神沉郁，拱背站立，四肢集拢于腹下，肘外展，肘肌震颤，排粪时拱背、举尾、不敢努责，每次排尿量亦减少。呼吸时呈现屏气现象，呼吸抑制，做浅表呼吸。用力压迫胸椎、脊突和胸骨剑状软骨区，病牛发出呼气呻吟声。病牛立多卧少，一旦卧地后不愿起立，或持久站立，不愿卧下，也不愿行走。站立时，常采取前高后低的姿势，头颈伸展，两眼半闭，不愿移动。牵病牛行走时，不愿下坡、跨沟或急转弯，在砖石或水泥路面上行走时止步不前。当卧地起立时，因感疼痛，极为谨慎，起时前腿先起，卧下时后腿先卧，肘部肌肉颤动，甚至呻吟和磨牙。

（3）全身症状　当呈急性经过时，病牛精神较差，表情忧郁，体温在穿孔后第 1 天到第 3 天升高 1℃以上，以后可维持正常，或变成慢性，不食和消瘦。若异物再度转移，导致新的穿刺伤时，体温又可能升高。有全身明显反应时，呈现寒战，浅表呼吸，脉搏达 100～120 次/min。乳牛泌乳量显著下降。急性弥漫性网胃腹膜炎的病例，上述全身症状更加明显。

3. 诊断要点　根据临床症状和病史，结合金属探测仪及X线透视检查，一般即可确诊。但一些个体差异较大，即使用金属探测器检查，仍有一定局限性。此外，泌乳期酮病、皱胃变位、瘤胃酸中毒以及子宫炎、肾炎、心肌炎等应逐一排除，才能做出诊断。

【防治】

（1）预防　杜绝饲草、饲料中混有金属异物，对混入饲草、饲料中的异物可用磁铁吸出来，也可给牛佩带磁铁牛鼻环或向牛网胃投入预防性特制磁铁。

（2）治疗　清除牛网胃内的金属异物：将患牛站立保定，用开口器打开口腔并固定好，用导管将吸铁器投入胃内，然后牵牛自由活动约15min，再缓缓取出吸铁器，经过3～4次的反复吸取，即可将游离在网胃内或与网胃壁结合不紧密的金属物全部取出。

手术疗法：当上述治疗方法无效时，可作瘤胃切开术。从切口伸入手臂，探查和取出网胃内异物。

七、瓣胃阻塞

瓣胃阻塞是指前胃弛缓，瓣胃收缩力减弱，内容物充满、干燥所致的瓣胃阻塞和扩张。中兽医称为“百叶干”。本病多发于耕牛，奶牛也较常见。

【诊断】

1. 病因　原发性瓣胃阻塞主要因长期饲喂泥沙含量多的糠麸、粉渣、酒糟等饲料，或甘薯蔓、花生蔓、豆秸、青干草、紫云英等含粗纤维多的坚硬饲料而引起，铡草过短时更易引起本病。其次，放牧转为舍饲或饲料突然变换，饲料质量低劣，饲料中缺乏蛋白质、维生素以及微量元素，或者因饲养不正规、饲喂后缺乏饮水以及运动不足等都可引起瓣胃阻塞。

继发性瓣胃阻塞常继发于前胃弛缓、瘤胃积食、皱胃阻塞、皱胃变位、皱胃溃疡、腹腔脏器粘连、生产瘫痪、黑斑病甘薯中毒、牛产后血红蛋白尿病、牛恶性卡他热和血液原虫病等疾病。

2. 症状　病的初期，前胃弛缓，食欲不振或减退，粪便干燥成饼状。瘤胃轻度臌气，瓣胃蠕动音减弱或消失。触诊瓣胃区（右侧第9肋间肩关节水平线上），病牛退让，表现疼痛。叩诊瓣胃浊音区扩大。

随着病程的进展，全身症状逐渐加重。鼻镜干燥、龟裂，磨牙、虚嚼，精神沉郁，反应减退；呼吸疾速，心搏亢进，脉搏数可达80～100次/min。食欲、反刍消失。瘤胃收缩力减弱。瓣胃区域穿刺感到阻力加大，瓣胃不显现收缩运动。直肠检查，肛门括约肌痉挛性收缩，直肠内空虚，有黏液和少量暗褐色粪便。

晚期病例，瓣叶坏死，伴发肠炎和全身败血症，体温上升至40℃左右，病情显著恶化。食欲废绝，排粪停止，或仅排少量黑褐色粥状粪便，附着黏液，具有恶臭。呼吸次数增多，心搏动强盛，脉搏增至100～140次/min，脉律不齐。尿量减少，呈深黄色或无尿。尿呈酸性反应，比重高，含大量蛋白质，有尿蓝母及尿酸盐。微血管再充盈时间延长，皮温不整，末梢冷凉，结膜发绀，眼球塌陷，显现脱水和自体中毒体征。体质虚弱，神情抑郁，卧地不起，大多死亡。

【防治】

（1）预防　避免长期使用混用泥沙的糠麸、糟粕饲料喂养，铡草喂牛时不要将饲草铡得过短，适当减少坚韧粗纤维饲料的饲喂量；在冬、春季节，应加喂富含维生素、蛋白质和矿物质的饲料；注意运动和饮水，以增进消化机能；发生前胃弛缓时，应及早治疗，以防止本病的发生。

（2）*治疗*　原则是增强前胃运动机能，促进瓣胃内容物软化与排除。病的初期，可用硫酸钠或硫酸镁与水 8～10L（或液状石蜡、植物油）混合后内服。为增强前胃神经兴奋性，促进前胃内容物运转与排除，可同时应用 10％氯化钠溶液、20％安钠咖注射液，静脉注射。氨甲酰胆碱、新斯的明、盐酸毛果芸香碱等拟胆碱药，应依据病情选择应用，但妊娠母牛及心肺功能不全、体质弱的病牛忌用。对重症病例，可采用瓣胃注射治疗。也可采取瓣胃冲洗疗法即施行瘤胃切开术，用胃管插入网瓣孔并冲洗瓣胃，经冲洗疏通后，病情随即缓和，效果良好。

病牛伴发肠炎或败血症时，应根据全身状态，首先用氢化可的松、生理盐水，静脉注射。同时用 10％硼葡萄糖酸钙溶液或撒乌安注射液静脉注射。并注意强心补液，以纠正脱水和缓解自体中毒。

八、皱胃变位与扭转

皱胃变位与扭转是指高产奶牛皱胃的生理解剖位置发生改变的疾病，分左方变位和右方变位两种，临床上以左方变位较多见。左方变位即皱胃变位，指皱胃移到瘤胃和网胃的左侧与肋弓之间，可向前扩展到膈肌和网胃，或向后扩展到最后肋骨或进入左侧肷窝。右方变位即皱胃扭转，指皱胃以顺时针方向扭转到瓣胃的后上方。

【诊断】

1. 病因　皱胃变位与扭转的病因主要与皱胃弛缓和机械性转移两方面有关，分娩是促进因素。皱胃弛缓时，皱胃机能不良，导致皱胃扩张和充气，容易因受压而游走变位。造成皱胃弛缓的原因包括一些营养代谢性疾病或感染性疾病，如酮病、低钙血症、生产瘫痪、牛妊娠毒血症、子宫炎、乳腺炎、胎膜滞留和消化不良，以及饲喂较多的高蛋白精料或含高水平酸性成分饲料，如玉米青贮等。此外，由于上述疾病可使病畜食欲减退，导致瘤胃体积减小，促进皱胃变位的发生。

皱胃机械性转移是指皱胃有机会从原来的位置移到左方和在右方扭转。分娩是主要促进条件，由于子宫在妊娠后期将瘤胃向上抬高并向前移位，使得皱胃活动空间增大。当母牛分娩时，腹腔这一部分的压力骤然减去，于是瘤胃恢复原位下沉，致使皱胃被挤压到瘤胃左方或右后方，置于左腹壁与瘤胃或肝脏与腹壁之间。此外，爬跨、翻滚、跳跃等情况也可能诱发此病。

2. 症状

（1）*左方变位*　本病多数发生于母牛分娩后，少数发生在产前 3 个月到分娩之前。临床中常发现病牛分娩 2～3d 后开始拒食。病初呈现慢性消化机能紊乱症状，前胃弛缓，食欲减退，厌食精料，可食少量优质干草。反刍和嗳气减少或停止，瘤胃蠕动减弱或消失，有的呈现腹痛和瘤胃膨胀，排粪迟滞或腹泻。

随着病程的发展，呈现出本病的典型症状：病牛常患有酮病，脱水，且粪便减少、糊状或稀薄。左腹肋弓部膨大，听诊可听到与瘤胃蠕动不一致的皱胃蠕动音。如在左侧最后 3 个肋骨的上 1/3 处叩诊，可听到明显的钢管音，冲击式触诊可听到液体振荡音。直肠检查，瘤胃背囊右移，瘤胃与左腹壁之间出现间隙，有时在瘤胃的左侧可摸到膨胀的皱胃，拨动皱胃可判断其粘连程度。

(2) *右方变位* 呈急性发作，突然发生腹痛，呻吟不安，后肢踢腹，背腰下沉或呈蹲伏姿势。心跳加快，100～120 次/min，体温偏低或正常。常拒食贪饮，瘤胃蠕动消失，粪软色暗，乃至黑色，混有血液，有时腹泻。由于皱胃扩张，右腹肋弓部膨大，冲击式触诊可听到液体振荡音，叩诊最后两个肋骨，可听到明显的钢管音。直肠检查，在右侧腹部可摸到膨满而紧张的皱胃。常伴发脱水、休克和碱中毒，轻者 10～14d、重者 2～4d 即可导致死亡。

3. 诊断要点 主要从以下几个方面诊断：多发生于分娩后；食欲时好时坏；左侧最后 3 个肋骨间显著膨大；在左侧或右侧最后几个肋骨处叩诊可听到钢管音；病牛酮体升高；直肠检查瘤胃背囊右移，背囊的外侧部压力降低。

应注意与原发性酮病、创伤性网胃炎和盲肠扩张等疾病鉴别诊断。

【防治】

(1) *预防* 此病多发于产后，因此严格控制妊娠后期母牛精料的进食量，保证充足的优质干草，并注意增加运动。注意日粮配方的合理性，及时补充维生素和钙、磷等矿物质，保证母牛维生素和矿物质的平衡。应该注意剔除饲料中的各类异物，如泥沙、杂物等。对优质干草少的牛场，可在日粮中添加碳酸氢钠；对户养及无运动场的牛场，要增加运动场或奶牛驱赶运动。预防奶牛胎衣不下、产后瘫痪、子宫炎等疾病的发生。

(2) *治疗* 皱胃左方变位有 3 种治疗方法，即药物疗法、滚转疗法和手术整复法。皱胃右方变位一经确诊，应及时手术整复并配合药物治疗。

药物疗法：常作为治疗单纯性皱胃左方变位的首选方法。常口服缓泻剂与制酵剂，应用促反刍剂和拟胆碱药物，以增强胃肠蠕动，加速胃肠排空，促进皱胃复位。

滚转疗法：是治疗单纯性皱胃左方变位的常用方法，运用巧妙时，可以痊愈。

手术整复法：上述方法无效，尤其是皱胃与瘤胃或腹壁发生粘连时，必须进行手术整复。

九、皱胃阻塞

皱胃阻塞也称为皱胃积食，是由于皱胃内积聚过多的粉碎饲料和泥沙，导致机体脱水、电解质平衡失调、碱中毒和进行性消瘦为特征的严重疾病。

【诊断】

1. 病因 原发性皱胃阻塞是由于饲养管理不当而引起，特别是在冬、春季节缺乏青绿饲料，用谷草、麦秸、玉米秸秆、高粱秸秆或稻草铡碎喂牛，常引起发病。饲喂磨碎的谷物精料，也常常引起皱胃阻塞。此外，由于消化机能和营养代谢机能紊乱，发生异嗜，舔食砂石、水泥、毛球、麻线、破布、塑料薄膜等异物可引起机械性皱胃阻塞。犊牛有的因大量乳凝块滞留而发生皱胃阻塞。

继发性皱胃阻塞，常常继发于前胃弛缓、创伤性网胃腹膜炎、皱胃溃疡、皱胃炎，腹腔脏器粘连、小肠秘结以及肝脾脓肿、犊牛腹膜炎等疾病。

2. 症状 发病初期，食欲不振，反刍减少、短促或停止，有的病畜则喜饮水；随着病情进一步发展，病畜精神沉郁，被毛逆立，食欲废绝，反刍停止，鼻镜干燥或干裂；瘤胃和瓣胃蠕动音消失，肠音微弱，里急后重，粪便有黑色血丝和呈棕褐色；右侧中腹部到后下方呈局限性膨隆，在肋骨弓的后下方皱胃区做冲击式触诊，则感触到皱胃体显著扩张而坚硬，病牛躲闪和蹴踢。发病 1～2 周后，瘤胃多空虚或积气、积液，继发瓣胃阻塞。当瘤胃大量积液时，冲击式触诊，呈现震水音；病的后期，病牛全身机能下降，精神极度沉郁，鼻镜干燥，眼窝凹陷，心率达 100 次/min 以上，呈现严重的脱水和自体中毒症状。

直肠检查直肠内有少量粪便和成团的黏液，混有坏死黏膜组织。

犊牛和羔羊的皱胃阻塞，表现为消化不良综合征。特别是犊牛，由含有大量酪蛋白乳所形成的坚韧乳凝块而引起的皱胃阻塞，持续腹泻，体质虚弱，腹部膨胀而下垂，用拳抵压腹部冲击触诊时，可听到一种类似流水的异常音响。

3. 诊断要点 原发性皱胃阻塞依据长期饲喂粗硬细碎草料或有异嗜的生活史，腹部视诊、触诊发现右肋弓后下方局限性膨隆，粪便的特殊性状，即可确诊；继发性皱胃阻塞，应依据生活史、病史和病程，进行综合分析，加以仔细鉴别。

【防治】

（1）预防 科学饲养，要注意精粗比。粗饲料加工粉碎时不宜过细，喂时要补充一些多汁饲料、青绿饲料。保证有充足的清洁饮水。清除饲料中的泥沙，饲喂块根类饲料时应将泥沙冲洗干净。

（2）治疗 原则为消积化滞，防腐止酵，缓解幽门痉挛，促进皱胃内容物排除，防止脱水和自体中毒。

在病初，可用硫酸钠、液状石蜡（或植物油）、鱼石脂、酒精、水，混合后灌服。皱胃注射 25%硫酸钠溶液、液状石蜡、乳酸，或皱胃注射生理盐水。在病程中，为了改善中枢神经系统调节作用，提高胃肠机能，增强心脏活动，可应用 10%氯化钠溶液、10%安钠咖溶液，静脉注射。当发生自体中毒时，可用撒乌安注射液或樟脑酒精注射液，静脉注射。由于皱胃阻塞多继发瓣胃秘结，药物治疗效果不佳时，及时施行瘤胃切开术，取出瘤胃内容物，然后用胃管灌注温生理盐水，冲洗皱胃。

十、皱胃溃疡

皱胃溃疡包括黏膜浅表的糜烂和侵及黏膜下深层组织的溃疡，因黏膜局部缺损、坏死或自体消化所致。各种反刍动物均可发生，牛常见。

【诊断】

1. 病因 原发性皱胃溃疡的病因包括饲料粗硬、霉败、质量不良，饲养方式突变或犊牛采食异物等所致的消化不良，长途运输、惊恐拥挤、妊娠、分娩等应激因素也可引发。因而本病多发于精料育肥的肉牛、妊娠分娩的奶牛以及断奶之后的犊牛。

继发性皱胃溃疡通常见于皱胃炎、皱胃变位、皱胃淋巴肉瘤以及血矛线虫病、黏膜病、恶性卡他热、口蹄疫、牛羊痘疹和水疱病、病毒性鼻气管炎等疾病的经过中。

2. 症状 症状表现取决于溃疡的数量、范围和深度。依据是否并发出血和穿孔，大体分为 4 种病型。

（1）糜烂及溃疡型（Ⅰ型） 皱胃内出现多处糜烂或浅表的溃疡，出血轻微或不伴有出血，无明显的全身症状。

（2）出血性溃疡及贫血型（Ⅱ型） 皱胃内的溃疡范围广，至少深及黏膜下，损伤了胃壁血管，但未贯通浆膜层。此型是最常见的临床病型，表现为突然厌食，轻度腹痛，心动过速（90～100次/min），产乳量急剧下降。特点是慢性腹泻和黑粪，持续性出血，溃疡不能愈合，渐进性消瘦，直至死亡。

（3）溃疡穿孔及局限性腹膜炎型（Ⅲ型） 临床表现为不规则发热，厌食，反复发作，前胃弛缓或臌气，以及隐微的腹痛、呻吟、不愿走动、运步拘谨等腹膜炎症状，叩诊剑状软骨的右侧时有压痛感。

（4）溃疡穿孔及弥漫性腹膜炎型（Ⅳ型） 此型最不常见。临床表现为发热，全身肌肉震颤和出汗，呼吸促迫，心动过速，结膜发绀，脉搏细弱以至不感于手，肢体末端厥冷。随着病情的进展，体温下降，动物躺卧并在6～8h内死亡。

【防治】治疗原则是镇静止痛，抗酸止酵，消炎止血。病情较轻的Ⅰ型和Ⅱ型病例，应保持安静，改善饲养，给予富含维生素A、蛋白质的易消化饲料，如青干草、麸皮、大麦、胡萝卜等，避免刺激和兴奋，减少应激感作。为减轻疼痛和反射性刺激，防止溃疡的发展，应镇静止痛，可肌内注射2.5%盐酸氯丙嗪溶液。为中和胃酸，防止黏膜受侵蚀，宜用硅酸镁或氧化镁等抗酸剂，使皱胃内容物的pH升高，胃蛋白酶的活性丧失。为保护溃疡面，防止出血，促进愈合，犊牛可口服碱式硝酸铋。对出血严重的Ⅰ型病畜，应着重制止出血，可应用维生素K制剂、1%刚果红溶液，静脉注射；亦可用氯化钙溶液或葡萄糖酸钙溶液加维生素C，静脉注射。对Ⅲ型病畜，应按创伤性网胃腹膜炎实施治疗，应用各种抗生素，并限制活动，以免炎症扩散。对Ⅳ型病畜，及时采取手术疗法。

十一、肠 炎

肠炎是指肠道黏膜及其深层组织的炎症。牛和羊均有发生。

【诊断】

1. 病因 引起本病的原因可分为饲养性和传染性两类。饲养性病因常见于饲喂发霉变质精料与干草，酸败的牛奶、豆腐渣、酒糟，冰冻的块根饲料，久置存放或经雨淋的青草、白薯秧等；饲草质量低劣，内混泥沙；误食了经农药浸泡的种子或采食有毒植物等。传染性病因常见于大肠杆菌病、沙门氏菌病、巴氏杆菌病、传染性病毒性腹泻、副结核病、恶性卡他热、犊牛球虫病等疾病过程中。

2. 症状 牛发生原发性急性肠炎时，突然发生剧烈而持续性腹泻，排出水样粪便，内混有黏液、假膜、血液或脓样物，具恶臭味。食欲、反刍停止，但饮欲增加。精神沉郁，腹痛，摇尾或踢腹，喜卧而不愿站立，体温升高到40～41℃，皮温不均，耳根、角根及四肢末端变冷。严重时呈现出明显脱水和酸碱平衡紊乱，精神沉郁，眼球下陷，呼吸、心跳增快而微弱，四肢无力，肌肉震颤，起立困难，体温下降，全身衰竭死亡。

羊发生肠炎时病初粪便变形，不成固有的圆球形，而成马粪样或牛粪样，随后变为粥状，排粪次数大为增加。山羊有时可以见到臌气。病势严重时，粪便呈稀水状，混有黏脓或血脓，病羊饮食显著减退，脉搏次数增多，精神萎靡不振。在慢性病例，病羊食欲不定，时好时坏，或食量持续减少，常有异食癖而喜舔舐厩舍墙壁或泥土。

3. 诊断要点 通过病史调查、饲养管理情况分析，结合病畜呈现连续而剧烈腹泻及重剧的全身症状，可做出初步诊断。

【防治】

（1）预防 加强饲养管理，喂给优质饲料，合理调制饲料，不突然更换饲料，及时治疗容易继发胃肠炎的原发病。

（2）治疗 原则是消除炎症，清理胃肠，预防脱水，维护心脏功能，缓解酸中毒，增强机体抵抗力。

消除炎症：肌内注射庆大霉素、环丙沙星等抗菌药物。牛亦可用0.1%高锰酸钾溶液或磺胺脒（琥珀酰磺胺噻唑、酞磺胺噻唑）、碱式硝酸铋，内服。

清理胃肠：可用液状石蜡（或植物油）或硫酸钠（或人工盐），配合鱼石脂、酒精，内服；也可内服药用炭或鞣酸蛋白。

扩充血容量，纠正酸中毒：根据脱水情况，估算补液的量及补充氯化钾、碳酸氢钠等物质的量，及时补液。纠正酸中毒，可静脉注射5%碳酸氢钠液。

病牛羊恢复期，为促进食欲，恢复胃肠机能，可酌情选用健胃剂，如内服龙胆酊、稀盐酸。

十二、肠 便 秘

肠便秘又称肠秘结、肠阻塞，是因肠运动分泌机能紊乱、内容物停滞，致使某段或某几段肠管发生完全或不全阻塞的一组腹痛病。肠阻塞可分为完全阻塞和不完全阻塞或小肠阻塞和大肠阻塞。

【诊断】

1. 病因 饲养管理不当常是本病发生的主要原因。如长期饲喂未经加工或加工不良的富有粗纤维的饲料，包括花生蔓、老苜蓿、甘薯蔓、豌豆蔓、麦秸、谷草、玉米秸等；或饲喂过多未经煮泡的精料，如玉米、高粱、豆饼、豌豆等；或饲喂受潮、发霉、变湿而柔韧切铡不够碎、腐烂的饲草饲料时；或气候突变机体处于应激状态；或食盐不足；或饮水不足等。

2. 症状 肠便秘的共同症状包括口腔潮红或发绀，干燥，有口臭，舌苔黄厚；腹痛，排粪量少，多数停止，肠音减弱或消失。直肠检查常常可摸到形状不同、大小不一、硬度不等的秘结粪块。

不同肠段肠便秘各有其临床特征。小肠便秘主要症状是腹痛剧烈、口臭，往往口鼻反流粪水，常常继发胃扩张，羊可在体外摸到粗大的肠段。大肠便秘多为完全阻塞，易继发肠膨胀，腹痛剧烈。直肠检查可摸到呈椭圆形或圆形如拳头大小的坚硬粪球。

3. 诊断要点 根据临床检查，大体上可以推断出疾病性质和发病部位。若确定诊断，必须结合直肠检查进行综合分析，必要时需做剖腹探查，可明确诊断。应注意与肠变位、肠痉挛等腹痛病进行鉴别。

【防治】

（1）预防 加强饲养管理，按时定量饲喂，防止过饥、过食；合理搭配饲料，防止单一；禁喂坚硬或不易消化的饲料；对慢性消化系统疾病要及时进行治疗。

（2）治疗 原则是疏通肠道和通便，止痛镇静，减压排气，强心补液。疏通肠道和通便的方法很多，常用的有内服泻剂、捶结和直肠按压法、深部灌肠、开腹按压等。止痛镇静可刺三江、分水、姜牙等穴位，或用30%安乃近溶液皮下注射，或用5%水合氯醛酒精注射液静脉注射。当继发胃肠膨胀时，应及时减压排气，用胃管导气，或穿肠放气。

强心补液的目的在于维护心脏机能、缓解脱水和防止自体中毒，在重症病例和便秘后期尤应注意。常用复方氯化钠注射液或5%葡萄糖盐水和10%安钠咖溶液静脉注射。或用6%低分子右旋糖酐溶液缓慢静脉注射。在出现酸中毒时，要及时给予碳酸氢钠注射液。

十三、肝　　炎

肝炎是以肝细胞变性、坏死和肝组织炎性病变为病理特征的一组肝脏疾病。按病程有急性和慢性之分。

【诊断】

1. 病因　致发肝组织坏死和炎症的原因很多很杂，主要包括细菌（如链球菌、葡萄球菌、坏死杆菌、分枝杆菌、沙门氏菌、化脓放线菌、弯曲杆菌、梭状杆菌及钩端螺旋体等）、病毒（如牛恶性卡他热病毒等）、寄生虫（如弓形虫、球虫、肝片吸虫、血吸虫等）、霉菌毒素（如镰刀菌、杂色曲霉菌、黄曲霉菌等产生的毒素）、植物毒素（如羽扇豆、蕨类植物、野百合、春蓼、千里光、小花棘豆、天芥菜等有毒植物）、化学毒物（如砷、磷、锑、汞、铜、四氯化碳、六氯乙烷、氯仿、萘、甲酚等）、自身代谢产物等。

2. 症状　消化不良，粪恶臭且色淡，可视黏膜黄染，肝浊音区扩大并有压痛；精神沉郁、昏睡、昏迷或兴奋、狂暴；鼻、唇、乳房等处皮肤红、肿、瘙痒或有溃疡；体温升高或正常，心动徐缓，全身无力，并有轻微腹痛或排粪带痛。实验室检验，血清胆红素增加，转氨酶活性升高；凝血酶原减少，血凝时间延长；尿色发暗，有时如油状，病初尿胆素含量增多，尿中含有蛋白质、肾上皮细胞及管型。

3. 诊断要点　可根据病史和临床症状做出初步诊断，但应与急性胃肠卡他、急性肝营养不良、肝硬化相鉴别。

【防治】本病的防治要点是除去病因，保肝利胆。除去病因在大多数情况下是治疗原发病，而许多原发病本身是很难治愈的。常用的疗法包括：静脉注射25%葡萄糖溶液、5%维生素C溶液和复合维生素B溶液；服用蛋氨酸、肝泰乐等保肝药；内服人工盐等盐类泻剂，配合鱼石脂等制酵剂，以清肠利胆；有出血倾向的可用止血剂和钙制剂；狂躁不安的，应给予镇静安定药等。

十四、肝 脓 肿

肝脓肿又称化脓性肝炎，是肝脏直接或继发感染化脓菌所导致的一种疾病。本病多发于肥育牛或饲喂高比例精料的牛。脓肿多位于肝的左叶，单发性脓肿常靠近肝门部。致病菌大多为化脓放线菌、坏死杆菌和大肠杆菌。

【诊断】

1. 病因　常见病因包括尖锐异物经腹壁或网胃直接刺入肝脏，感染化脓菌；或在瘤胃酸中毒、慢性瘤胃炎、瘤胃溃疡等胃肠道疾病以及化脓性脐静脉炎、肺坏疽、化脓性腮腺炎、腺疫等化脓性疾病的经过中，化脓菌经血液、淋巴、胆管等途径，转移或蔓延至肝脏。

2. 症状　临床表现因脓肿的大小、部位及形成的速度而异。局限性肝炎时，表现与创伤性网胃腹膜炎类似的症状，轻度腹痛，排粪带痛，肝浊音区扩大，触诊疼痛；多数病例，体温升高，呈不规则弛张热，可视黏膜黄染，逐渐消瘦，消化不良顽固不愈，且白细胞总数尤其中性粒细胞增多，核型左移。当脓肿压迫肝静脉以至后腔静脉时，则因血流障碍而引起肝淤血和腹水；或因形成血栓以致肺动脉栓塞而引起肺出血。脓肿破溃而脓汁进入血流时，可引起急性致死性过敏反应，表现荨麻疹和呼吸窘迫（肺水肿）综合征等。

【防治】肝脓肿如已形成一般难以救治。预防本病，可调整日粮中精料的比例，或连续投服一定量的四环素，可减少慢性瘤胃酸中毒及其继发的肝脓肿的发生。

十五、鼻　　炎

鼻炎是指鼻腔和鼻窦黏膜的急性或慢性炎症，以浆液性、黏液性、脓性或血性鼻液，喷嚏，鼻黏膜充血、肿胀，敏感性增高，张口呼吸，吸气性呼吸困难等为特征。按病程可分为急性鼻炎和慢性鼻炎；按病因可分为原发性鼻炎和继发性鼻炎。

【诊断】

1. 病因　原发性鼻炎主要是由于受寒感冒、吸入刺激性气体和化学药物等，如畜舍通风不良，吸入氨、硫化氢、烟雾以及农药、化肥等有刺激性的气体；或动物吸入饲料或环境中的尘埃、霉菌孢子、麦芒、昆虫；使用胃管不当或异物卡塞于鼻道，对鼻黏膜造成机械性刺激。过敏性鼻炎也是原发性的，是很难确定病因的特异性反应。

继发性鼻炎主要见于流感、传染性胸膜肺炎、牛恶性卡他热等传染病病程中。在咽炎、喉炎、副鼻窦炎、支气管炎和肺炎等疾病过程中常伴有鼻炎症状。

2. 症状　急性鼻炎主要表现打喷嚏，流鼻液，摩擦鼻部。鼻黏膜潮红、肿胀，敏感性增高。病畜体温、呼吸、脉搏及食欲一般无明显变化。鼻液初期为浆液性，继发细菌感染后变为黏液性，鼻黏膜炎性细胞浸润后则出现黏液脓性鼻液，最后逐渐减少、变干，呈干痂状附着于鼻孔周围。下颌淋巴结肿胀。急性单侧性鼻炎病畜抓挠面部或摩擦鼻部，提示鼻腔可能有异物。初期为单侧流鼻液，后期呈双侧性，或鼻液由黏液性变为浆液血性或鼻出血，提示肿瘤性或霉菌性疾病。

慢性鼻炎病程较长，临床表现时轻时重，有的鼻黏膜肿胀、肥厚、凹凸不平，严重者有糜烂、溃疡或瘢痕。

牛的“夏季鼻塞”常见于春夏时节牧草开花时，突然发生呼吸困难，鼻孔流出黏液脓性至干酪样的大量橘黄色或黄色鼻液。打喷嚏，鼻塞，动物因鼻腔发痒而摇头，在地面擦鼻或将鼻镜在篱笆及其他物体上摩擦。严重者两侧鼻孔完全堵塞，表现呼吸困难，甚至张口呼吸。

急性原发性鼻炎一般在1～2周后，鼻液量逐渐减少，最后痊愈。慢性或继发性鼻炎病程可达数周或数月，有的病例长时间未能治愈而发生鼻黏膜肥厚，病畜表现鼻塞性呼吸音。

【防治】

（1）预防　对原发性鼻炎主要是防止受寒感冒和其他致病因素的刺激；对继发性鼻炎应及时治疗原发病。

（2）治疗　原则是消除病因，镇痛消炎，对症治疗。轻度的卡他性鼻炎可自行痊愈。病情严重者可用温生理盐水、1%碳酸氢钠溶液、2%～3%硼酸溶液、1%磺胺溶液、1%明矾溶液、0.1%鞣酸溶液或0.1%高锰酸钾溶液冲洗鼻腔。冲洗后可用萘甲唑啉药水滴鼻或涂以青霉素或磺胺软膏，也可向鼻腔内撒入青霉素或磺胺类粉剂。

当鼻黏膜严重充血、肿胀时，为促进局部血管收缩并减轻鼻黏膜的敏感性，可用可卡因、0.1%的肾上腺素溶液加蒸馏水混合后滴鼻。亦可用2%克辽林或2%松节油进行蒸汽吸入。对体温升高、全身症状明显的病畜，应及时用抗生素或磺胺类药物进行治疗。

十六、肺充血和肺水肿

肺充血是指肺毛细血管内血液过度充满，分为主动性充血（动脉性充血，流入肺内的血液量增加，流出量正常）和被动性充血（静脉性充血，流入肺内的血液量正常或增多，流出量减少）。肺持续充血，血液的液体成分渗漏到肺泡、支气管、肺间质，即发展为肺水肿。本病可发生于各种家畜，多见于牛。

【诊断】

1. 病因 主动性肺充血主要由于炎热季节，动物过度奔跑，车船运输，吸入热空气或刺激性气体等，使机体过分受热或兴奋，代谢机能增强，耗氧量增多，心脏功能加强，血液由右心室大量压入肺动脉，肺循环血容量增加，以致肺毛细血管过度充满而发生。

被动性肺充血主要发生于失代偿性心脏病，如心肌炎、心脏瓣膜病、某些传染病、严重胃肠病以及中毒病等所引起的心力衰竭。患畜长期横卧，血液停滞于卧侧肺脏，称为沉积型肺充血。

肺水肿由肺充血持续作用所引起。

2. 症状 肺充血和肺水肿是同一病理过程中的前后两个不同阶段，症状有许多相似之处。病畜突然发病，惊恐不安，呈高度混合性呼吸困难，鼻孔开张，头颈伸展，呼吸用力，甚至张口呼吸，两前肢叉开站立，肘部外展。呼吸数剧增，达60次/min以上。眼结膜充血或发绀，眼球突出，头部及体表静脉怒张。主动性肺充血时，脉搏加快而有力，第二心音亢进，体温升高达39～40℃，呼吸浅表、增数、无节律。听诊肺泡音粗厉，但无啰音。肺叩诊音正常或呈过清音，肺的前下部，可因沉积性充血而呈半浊音。被动性肺充血，体温常不升高，伴有耳、鼻及四肢末端发凉等心力衰竭体征。

肺水肿时，两侧鼻孔流出多量浅黄色或白色甚至粉红色的细小泡沫状鼻液。胸部听诊，肺泡音微弱而出现广泛的捻发音、小水泡音、中水泡音以至大水泡音。胸部叩诊，前下区肺泡充满液体呈浊音或半浊音；中上部肺泡内既有液体又有气体，呈鼓音或浊鼓音。

X线检查，肺野阴影一致加深，肺门血管纹理显著。

3. 病程及预后 主动性肺充血和肺水肿，心、肺状况大多良好，及时治疗，短时间内即可痊愈，个别病例可拖延数天，重剧病例死于窒息或心力衰竭。被动性肺充血发展较慢，病程取决于原发病。一旦出现肺水肿，病情发展虽慢，但源于左心衰竭，预后不良；重剧肺水肿，发展迅速，大多因窒息而死。

【防治】治疗原则是保持病畜安静，减轻心脏负担，制止液体渗出，缓解呼吸困难。

缓解肺循环负荷：主动性肺充血、水肿的病畜，颈静脉大量快速泻血，有急救功效。被动性肺充血、水肿病畜，可行氧气吸入。

制止渗出：可应用钙剂，静脉注射10%氯化钙溶液或20%葡萄糖酸钙溶液。因低蛋白血症引起的肺水肿，要限制输注晶体溶液，应用血浆或全血提高胶体渗透压。因血管渗透性增强引起的肺水肿，可适当应用大剂量皮质激素，如泼尼松静脉滴注。因弥散性血管内凝血引起的肺水肿，可应用肝素或低分子右旋糖酐溶液。因过敏反应而引起的肺水肿，通常使用抗组胺药与肾上腺素。

抗泡沫疗法：支气管内如存留泡沫，可用20%～30%酒精溶液雾化吸入，呼吸困难随即缓和。也可应用二甲基硅油消泡沫气雾剂。

十七、肺泡气肿

肺泡气肿是指在致病因素作用下，肺泡发生过度扩张，超过生理限度，最终引起肺泡壁弹性降低，肺泡腔内充满大量气体，甚至肺泡隔破裂的一种疾病。依病程分为急性肺泡气肿和慢性肺泡气肿。

【诊断】

1. 病因　急性弥漫性肺泡气肿主要发生于剧烈运动，持续性咳嗽，长期挣扎和嚎叫等紧张呼吸所致。特别是老龄动物，由于肺泡壁弹性降低，更容易发生。呼吸器官疾病引起持续剧烈的咳嗽也可发生急性肺泡气肿。慢性支气管炎使支气管管腔狭窄，也可发病。另外，肺组织的局灶性炎症或一侧性气胸使病变部肺组织呼吸机能丧失，健康肺组织呼吸机能相应增强，可引起急性局限性或代偿性肺泡气肿。

慢性肺气泡肿多由急性肺泡气肿治疗不当转化而来，如慢性支气管炎、毛细支气管卡他性炎症、重度肺炎及其他呼吸道疾病，因呼气性呼吸困难和痉挛性咳嗽导致发病。肺硬化、肺扩张不全、胸膜局部粘连等均可引起代偿性慢性肺泡气肿。

2. 症状

（1）急性肺泡气肿　在活动过程中突然发生呼吸困难，结膜发绀，气喘，胸外静脉怒张。胸部听诊，初期肺泡呼吸音增强而粗厉，以后减弱。胸部叩诊呈鼓音，肺叩诊界后移。

（2）慢性肺泡气肿　发展缓慢，病初症状不明显，仅在运动时容易疲劳出汗。病势进一步发展，出现呼吸困难，且呼气性困难更明显，表现为呼气延长，呈两段呼吸，腹肌强烈收缩，沿肋骨弓形成喘沟。严重呼气困难，呼气时腰背拱起，肷部及肛门突出。胸部听诊病变部肺泡呼吸音减弱或消失，而健康部肺泡呼吸音代偿性增强。并发支气管炎时，可听到明显的啰音，同时发生弱而短促的咳嗽，肺动脉第二心音增强。胸部叩诊呈鼓音，肺叩诊界后移。随着病情的增重，出现心悸亢进，黏膜发绀，并发支气管炎时，体温可能升高。慢性肺泡气肿常能持续数月、数年，在气候、饲养管理情况良好时，症状可能稍见改善。

【防治】

（1）预防　对支气管炎和肺炎病畜应及时治疗，防止继发本病；对恢复健康的病畜，加强饲料管理，禁喂霉败饲料，预防农药中毒和某些传染病的发生。

（2）治疗　目前尚无理想的办法。急性肺泡气肿，应除去病因，充分休息，保持安静，及时治疗原发病，防止转为慢性，疾病可很快恢复。慢性肺泡气肿主要采取对症治疗。牛高度呼吸困难时，可皮下注射1%硫酸阿托品；并发支气管炎时，可应用抗生素和磺胺类药物以及止咳祛痰药物。

十八、间质性肺气肿

间质性肺气肿是指肺泡、漏斗和细支气管发生破裂，气体窜入肺小叶间质而发生的一种肺病。以突然呈现呼吸困难和皮下气肿为特征。本病可发生于各种动物，但以牛最为常见。

【诊断】

1. 病因　常因吸入刺激性气体、肺脏被异物刺伤以及肺线虫损伤所致。亦可继发于流行性感冒、某些中毒病（如对硫磷、栎树叶、白苏和黑斑病甘薯中毒）以及腺瘤病和产气荚膜梭菌病等疾病。

2. 症状 常突然发病，迅速呈现呼吸困难，甚至窒息危象，病畜张口伸舌，惊恐不安，脉搏快而弱，但体温一般不高。胸部叩诊音高朗，呈过清音；肺表面有气囊时，叩诊呈鼓音；肺界一般正常。继发于急性肺泡气肿者，则肺界后移，听诊肺泡呼吸音减弱，可听到碎裂性啰音及捻发音。肺组织被压缩而实变的部位，可听到支气管呼吸音。颈部和肩部最先出现皮下气肿，迅速蔓延至全身皮下，触诊有捻发音。

3. 病程及预后 病程缓急取决于病因和原发病。重症者经数小时或 1～2d 窒息死亡。慢性经过可长达 4 周左右。

【防治】尚无根治办法。关键在于除去病因和治疗原发病。轻症病例，破裂肺泡可愈合，皮下气体可被吸收，可不治而愈。

十九、支气管肺炎

支气管肺炎又称卡他性肺炎或小叶性肺炎，是定位于肺小叶的炎症。以肺泡内充满由上皮细胞、血浆与白细胞等组成的浆液性细胞性炎症渗出物为病理特征。

【诊断】

1. 病因 不良因素的刺激：因受寒感冒，饲养管理不当，某些营养物质缺乏，长途运输，物理因素、化学因素的刺激等，使机体抵抗力降低，特别是呼吸道的防御机能减弱，导致呼吸道黏膜上的条件致病菌大量繁殖以及外源性病原微生物入侵感染引起。能引起支气管肺炎的病原有嗜血杆菌、坏死杆菌、副伤寒杆菌、沙门氏菌、大肠杆菌、链球菌、葡萄球菌、流感病毒等。

血源感染：主要是病原微生物经血流到达肺脏，先引起间质的炎症，尔后波及支气管壁，进入支气管腔，即经由支气管周围炎、支气管炎，最后发展为支气管肺炎。也可先引起肺泡间隔的炎症，然后侵入肺泡腔，再通过肺泡管、细支气管和肺泡孔发展为支气管肺炎，常见于化脓性疾病，如子宫炎、乳腺炎等。

继发性病因：继发或并发于许多传染病和寄生虫病的过程中，如传染性支气管炎、结核病、牛恶性卡他热、副伤寒、肺线虫病等。

2. 症状 病初呈急性支气管炎的症状，表现干而短的疼痛性咳嗽，逐渐变为湿而长的咳嗽，疼痛减轻或消失，并有分泌物被咳出。体温升高 1.5～2.0℃，呈弛张热型。脉搏频率随体温升高而增加（60～100 次/min）。呼吸频率增加（40～100 次/min），严重者出现呼吸困难。流少量浆液性、黏液性或脓性鼻液。精神沉郁，食欲减退或废绝，可视黏膜潮红或发绀。

胸部叩诊，当病灶位于肺的表面时，可出现一个或多个局灶性的小浊音区，融合性肺炎则出现大片浊音区。听诊病灶部，肺泡呼吸音减弱或消失，出现捻发音和支气管呼吸音，并常可听到干啰音或湿啰音；病灶周围的健康肺组织，肺泡呼吸音增强。

血液学检查，白细胞总数增多，达（1～2）$\times 10^{10}$ 个/L；中性粒细胞比例可达 80%以上，出现核左移现象。X 线检查，表现斑片状或斑点状的渗出性阴影，大小和形状不规则，密度不均匀，边缘模糊不清，可沿肺纹理分布。

3. 诊断要点 根据临床症状可做出初步诊断，X 线检查可确诊。类症鉴别应注意细支气管炎和纤维素性肺炎。

【防治】

(1) 预防 加强饲养管理，避免淋雨受寒等诱发因素；供给全价日粮；健全完善免疫接种制度；减少应激因素的刺激，增强机体的抗病能力。

(2) 治疗 治疗原则是消炎，制止渗出，祛痰止咳，促进渗出物吸收，对症治疗。

抗菌消炎常用抗生素和磺胺类药物，如青霉素、链霉素、红霉素、林可霉素、四环素等，肌内或静脉注射。咳嗽频繁，分泌物黏稠时，可选用溶解性祛痰剂；剧烈频繁的干咳、无痰咳时，可选用镇痛性祛痰剂。制止渗出可静脉注射10%氯化钙溶液，也可用10%安钠咖、10%水杨酸钠溶液和10%乌洛托品静脉注射。

呼吸困难时，可用0.3%过氧化氢生理盐水静脉注射。体温过高者，可用复方氨基比林或安痛定注射液肌内注射。

二十、大叶性肺炎

大叶性肺炎

大叶性肺炎是支气管、肺泡内充满大量纤维蛋白渗出物的急性肺炎，常侵及肺的一个或几个大叶。临床上以高热稽留、铁锈色鼻液、大片肺浊音区和定型经过为特征。

【诊断】

1. 病因 本病主要由病原微生物引起，但真正的病因仍不十分清楚。多数研究表明，主要由肺炎链球菌引起，并且常见于一些传染病的病程中，如牛的传染性胸膜肺炎主要表现大叶性肺炎的病理过程。巴氏杆菌可引起牛、羊发病。此外，肺炎杆菌、金黄色葡萄球菌、绿脓杆菌、大肠杆菌、坏死杆菌、沙门氏菌、溶血性链球菌等在本病的发生中也起着重要作用。

继发性大叶性肺炎见于出血性败血症、流行性支气管炎和犊牛副伤寒等，在临床上常呈非典型经过。

受寒感冒，饲养管理不当，长途运输，吸入刺激性气体，使用免疫抑制剂等均可导致呼吸道黏膜的防御机能降低，成为本病的诱因。

2. 症状 病畜精神沉郁，食欲减退或废绝，反刍停止，泌乳量减少。体温迅速升高至40℃以上，呈稽留热型，6～9d后渐退或骤退至常温。脉搏加快（60～100次/min），一般初期体温升高1℃，脉搏增加10～15次/min，继续升高2～3℃时，脉搏则不再增加，后期脉搏逐渐变小而弱。呼吸迫促，频率增加（60次/min以上），严重时呈混合性呼吸困难，鼻孔开张，呼出气体温度较高。黏膜潮红或发绀。初期出现短而干的痛咳，溶解期则变为湿咳。疾病初期，有浆液性、黏液性或黏液脓性鼻液，在肝变期流铁锈色或黄红色的鼻液。

【防治】

(1) 预防 隔离病畜，饲养管理人员及厩舍和用具进行严格的消毒，病畜痊愈后单独饲养一段时间。新纳入的或外来的牛、羊，先隔离检查和饲养，证明无病后方可混入健康群饲养。

(2) 治疗 治疗原则同支气管肺炎。早期应用新胂凡纳明效果很好，静脉注射。此外，可配合应用大量的抗菌药物如土霉素、四环素和磺胺类药物，效果很好。为减少渗出和消除水肿，可用10%氯化钙溶液、50%葡萄糖溶液混合静脉注射。疾病末期为促进渗出物吸收和排出，可使用利尿剂和祛痰剂。当脉搏极度频数而微弱时，可皮下注射樟脑油或安钠咖等。给病畜提供营养丰富、富含维生素和易消化的饲料，如病畜拒绝采食，可用胃管投入营养物或营养灌肠，并给予清洁饮水。

二十一、异物性肺炎

异物性肺炎又称吸入性肺炎，是因误咽食物、呕吐物或药物，腐败性细菌侵入肺脏所引起的一种坏疽性炎症。临床上以呼吸极度困难，流污秽恶臭、含弹力纤维的鼻液为特征。各种动物均可发生，病死率极高。

【诊断】

1. 病因　本病主要起因于异物误咽或吸入，常发生于下列情况：咽炎、咽麻痹、破伤风、生产瘫痪、咽壁脓肿、咽后淋巴结肿大、食管阻塞等伴有吞咽障碍的疾病；经口鼻投药，药液进入气管；或经口灌服松节油、福尔马林、酒精等刺激性药物，因呛咳而误咽（呛肺）；卡他性肺炎、大叶性肺炎以及鼻疽、结核等传染病经过中，肺炎病灶继发感染腐败菌；坏死杆菌病、褥疮、化脓性蜂窝织炎等疾病，腐败栓子血行转移造成肺血管栓塞；肋骨骨折、胸壁透创、网胃尖锐异物损伤肺组织，带入腐败菌而感染。

2. 症状　病畜全身症状重剧，精神高度沉郁，体温一般可升高至40℃以上，呼吸疾速而困难，腹式呼吸，湿性痛咳，脉搏细数，节律不齐。病情严重时，白细胞可比正常增多2.5倍。主要症状是呼出气呈腐败臭味。轻微的咳嗽时在鼻侧才能闻到，严重的弥散于整个厩舍。两侧鼻孔流出污秽不洁的灰绿色或灰褐色恶臭鼻液，咳嗽或低头时，鼻液量增多。

镜检鼻液，可见到肺组织崩解产生的弹力纤维。浅在的病灶，叩诊呈局限性浊音、金属音或破壶音（肺空洞）。病灶很小或深在的，叩诊无变化。病灶部听诊，有支气管呼吸音及水泡音。空洞形成并与支气管相通的，可听到空瓮性呼吸音和金属性大水泡音。X线检查，可见局限性阴影，当空洞内含有脓汁、气体和组织分解产物时，阴影总体呈类圆形，并显有上界水平的液状内含物。

3. 诊断要点　根据呼出气呈腐败臭味，两侧鼻孔有污秽恶臭的鼻液，内含小块肺组织和弹力纤维，胸部检查确认肺空洞体征的存在，即可确定诊断。但应与腐败性支气管炎、支气管扩张、鼻副窦坏疽相区别。

【防治】

（1）*预防*　胃管投药时要确保胃管插入食管后再灌入药液；呼吸困难或吞咽障碍的病畜，尽可能不采取经口给药；麻醉或昏迷的动物在未完全苏醒前，不能进食或灌药；经口灌药时，应尽量使头部放低，并配合吞咽。

（2）*治疗*　原则是迅速排出异物，抗菌消炎，制止肺组织的腐败分解，对症治疗。将患畜置于前低后高的地方并将头放低，注射兴奋呼吸的药物，并及时皮下注射2%盐酸毛果芸香碱注射液，促使异物排出。抗菌消炎和制止肺组织腐败分解，应使用大剂量抗生素或磺胺类药物，气管内注射普鲁卡因溶液和抗生素，效果更好。制止渗出，可静脉注射氯化钙或葡萄糖酸钙。为预防自体中毒可静脉注射樟脑酒精葡萄糖溶液。此外，还可采取解热镇痛、强心补液、调节酸碱和电解质平衡、补充能量等治疗措施。

二十二、脑膜脑炎

脑膜脑炎是软脑膜及脑实质发生的炎症，并伴有严重脑机能障碍的疾病。分为原发性脑膜脑炎和继发性脑膜脑炎。

【诊断】

1. 病因 原发性脑膜脑炎，一般起因于感染或中毒，感染主要是病毒感染，如疱疹病毒（牛）及慢病毒（绵羊）等；其次是细菌感染，如链球菌、葡萄球菌、沙门氏菌、大肠杆菌、化脓放线菌、变形杆菌、昏睡嗜血杆菌、单核细胞增多性李氏杆菌等。中毒性因素，如铅中毒、食盐中毒及各种原因引起的严重的自体中毒也可引发本病。

继发性脑膜脑炎多系邻近部位感染蔓延引起，如颅骨外伤、角坏死、龋齿、额窦炎、中耳炎、眼炎等；还见于一些体内寄生虫病，如普通圆线虫病、脑脊髓丝虫病及脑包虫病等。

2. 症状 因炎症的部位和程度而异。

脑膜刺激症状：以脑膜炎为主的脑膜脑炎，前段颈脊髓膜常同时发炎，由于脊神经背根受刺激，病畜颈、背部皮肤感觉过敏，轻微的刺激或触摸即可引起强烈的疼痛反应和肌肉强直性痉挛，头颈后仰。腱反射亢进。

牛脑膜脑炎：表现为兴奋症状，怒目而视，哞叫、咬牙、摇头，以角抵物，狂躁不安，或乱奔乱跑。有的精神沉郁，呆立不动，呼吸节律异常。还表现脑干后部和小脑机能障碍的症状，如精神沉郁、四肢麻痹、共济失调、头部颤动，眼球震颤，后期角弓反张。

羊脑膜脑炎：常无目的前冲或后退，冲撞障碍物，时常咩叫。

3. 实验室诊断 血液白细胞总数增多，中性粒细胞百分比及绝对值增加。脑脊液白细胞数和蛋白含量增加。

4. 病程及预后 病程 3～14d，病情弛张，时好时坏，大多数死亡，少数转为慢性脑室积水。

【防治】治疗原则为降低脑内压，抗菌消炎，对症治疗。为降低牛脑内压可采用颈静脉放血，随后静脉输注 5%葡萄糖生理盐水和 25%～40%乌洛托品液。也选用脱水剂如 25%山梨醇液、20%甘露醇液等快速静脉注射，效果更佳。

抗菌消炎可用青霉素和庆大霉素静脉注射。也可静脉注射甲氧苄氨嘧啶。

当病牛羊狂躁不安时，可用溴化钠、水合氯醛、盐酸氯丙嗪等镇静剂；心机能不全的，可用安钠咖、氧化樟脑等强心剂。

二十三、中暑（日射病及热射病）

中暑是因日光和高热导致的动物急性中枢神经系统机能严重障碍性疾病。可分为日射病和热射病。

【诊断】

1. 病因 在高温天气和强烈阳光下驱赶和奔跑等常常引起日射病。厩舍拥挤、通风不良，或在闷热（温度高、湿度大）的环境中，以及用密闭而闷热的车、船运输等可引起热射病。家畜体质衰弱，心脏功能、呼吸功能不全，代谢机能紊乱，皮肤卫生不良，出汗过多，饮水不足，缺乏食盐，以及在炎热天气从北方运往南方的家畜，适应性、耐热能力差，都易促使本病的发生。

2. 症状 大多数动物，体温超过 40℃时，即表现精神沉郁，运步缓慢，步态不稳，呼吸加快，全身大汗，行进中主动停于树荫道旁，寻找水源。体温达 41℃时，精神高度沉郁，站立不稳，有的可呈现短时间的兴奋不安，乱冲乱撞，强迫运动，但很快转为抑制。出汗停止，皮表烫手，呼吸高度困难，鼻孔开张，两肋煽动，或舌伸于口外，张口喘气。心悸如捣，脉搏急速，可达 100 次/min 以上。当体温超过 42℃时，多数病畜昏睡或昏迷，卧地不起，意识丧失，四肢划动，作游泳样动作，呼吸浅表急速，节律紊乱，脉搏微弱，不感于手，第一心音微弱，第二心音消失，血压下降，脉压变小。结膜发绀，血液黏稠，口吐白沫，鼻喷白色或粉红色泡沫（肺水肿或肺出血），在痉挛发作中死亡。

【防治】治疗原则是消除病因，加强护理，促进机体散热，缓解心肺机能障碍。

（1）消除病因和加强护理　应立即将病畜移至阴凉通风处，若病畜卧地不起，可就地搭起遮阴棚，保持安静。

（2）降温疗法　不断用冷水浇洒全身，或用冷水灌肠，口服 1%冷盐水，可于头部放置冰袋，亦可用酒精擦拭体表。体质较好的牛可泻血 1 000～2 000mL，同时静脉注射等量生理盐水，以促进机体散热。

（3）缓解心肺机能障碍　对心功能不全的牛羊，可皮下注射 20%安钠咖等强心剂。为防止肺水肿，静脉注射地塞米松。当病畜烦躁不安和出现痉挛时，可口服或直肠灌注水合氯醛黏浆剂。若确诊病畜已出现酸中毒，可静脉注射 5%碳酸氢钠。

二十四、牛创伤性心包炎

创伤性心包炎是由于尖锐金属异物刺伤心包所致的一种急性、亚急性或慢性化脓腐败性炎症。

【诊断】

1. 病因　创伤性心包炎是由于尖锐异物刺伤心包而引起的。常发生于牛，尤其舍饲的乳牛，是创伤性网胃腹膜炎的一种继发病，特称牛创伤性网胃-心包炎。

2. 症状　病初主要表现为发热，脉率加快，心律失常，逐渐出现心包摩擦音。心区触诊有时可感到心区震颤，病牛敏感疼痛。随着病情的发展，心包腔内积聚多量渗出物，心包摩擦音减弱或消失，心音遥远，第一心音和第二心音均减弱。如果心包腔内积液的同时还存在气体，则可听到心包拍水音。病的后期，颈静脉、胸外静脉怒张，颈静脉阴性搏动明显，腹下水肿，脉搏微弱，脉率显著加快，结膜发绀，呼吸困难。X 线检查可发现刺入异物的致密阴影，心膈间隙消失，心包扩大和出现液平面，肺纹理增粗。

3. 诊断要点　根据病史，心包有摩擦音或心包拍水音、心区敏感疼痛、颈静脉高度怒张等主要症状可做出初步诊断。根据 X 线检查结果可确诊。

【防治】

（1）预防　加强饲养管理工作，防止饲料中混杂金属异物。对已确诊为创伤性网胃炎的病畜，尽早实施瘤胃切开术，取出异物，避免病程延长使病情恶化，刺伤心包。

（2）治疗　原则是加强饲养管理，积极治疗原发病，排出心包积液，减轻心脏负担，辅以对症治疗。宜尽早实施手术疗法。

为了减轻心脏的负担，可用心包穿刺法，排液后注入含青霉素、链霉素、胃蛋白酶的溶液。对于严重心律失常的动物，可选用硫酸奎尼丁、盐酸利多卡因等药物。有充血性心力衰竭的动物，可试用洋地黄制剂、咖啡因等药物。

二十五、肾　炎

肾炎是指肾实质（肾小球、肾小管）或肾间质发生的炎性病理过程，临床上以肾区敏感有疼痛、尿量减少及尿液中出现病理产物，严重时伴有全身水肿为特征。

【诊断】

1. 病因 肾炎的病因目前尚未彻底阐明，但认为本病的发生主要与感染、中毒及变态反应有关。

感染因素：继发于某些传染病的过程中，如口蹄疫、结核病、败血症、羊的败血性链球菌病、牛病毒性腹泻等。此外，也可由邻近器官炎症转移蔓延而引起，如子宫内膜炎等。

中毒因素：外源性毒物主要是有毒植物、霉变饲料、农药和重金属（如砷、汞、铅、镉、钼等）、有强烈刺激性的药物（如斑蝥、松节油等）；内源性毒物包括重剧胃肠炎、肝炎、代谢性疾病、大面积烧伤或烫伤时所产生的毒素、代谢产物或组织分解产物等。

诱发因素：动物营养不良和受寒感冒，均可成为本病的诱因。另外，肾间质对某些药物（如二甲氧青霉素、氨青霉素、先锋霉素、噻嗪类及磺胺类药物）呈现超敏反应，可引起药源性间质性肾炎。

慢性肾炎，原发性原因基本上同急性肾炎，但病因作用持续时间较长，性质比较缓和，症状较轻。临床上慢性肾炎以继发性居多，继发性病因常为急性肾小球肾炎治疗不当而转为慢性。值得注意的是，慢性肾小球肾炎常可在受凉或不及时治疗或治疗不当、感染的情况下病情加重，呈现急性肾小球肾炎的发病过程。

2. 症状

（1）急性肾炎　病畜精神沉郁，体温升高，食欲减退，消化紊乱。肾区敏感、疼痛，病畜不愿运动，站立时腰背拱起，后肢叉开或齐收腹下。强迫行走时，行走小心，背腰僵硬，运步困难，步态强拘，小步前进。外部压迫肾区或进行直肠检查时，可发现肾脏增大，敏感性增高，表现站立不安，拱腰，躲避或抗拒检查。频频排尿，但每次尿量较少，尿色浓暗，密度增高，严重时无尿。尿中含有大量红细胞时，尿呈粉红色至深红色或褐红色（血尿）。尿中蛋白质含量增加。尿沉渣中可见透明颗粒、红细胞管型、上皮管型以及散在红细胞、白细胞、肾上皮细胞、脓细胞及病原菌等。

（2）慢性肾炎　其症状基本同急性肾炎，但病程较长，发展缓慢，且症状不明显。病初表现易疲劳，食欲不振，消化紊乱及伴有胃肠炎，病畜逐渐消瘦，血压升高，脉搏增数等，主动脉第二心音增强。疾病后期，眼睑、颌下、胸前、腹下或四肢末端出现水肿，重症者出现体腔积水，后期可出现全身水肿。尿量不定，尿中有少量蛋白质，尿沉渣中有肾上皮细胞、红细胞、白细胞及各种管型。血中非蛋白氮含量增高，尿蓝母增多，最终导致慢性氮质血症性尿毒症。病畜倦怠、消瘦、贫血、抽搐及出血倾向，直至死亡。典型病例主要是水肿、血压升高和尿液异常。

（3）间质性肾炎　初期尿量增多，后期减少。尿液中可见少量蛋白及各种细胞。有时可发现透明及颗粒管型。血液肌酐和尿素氮升高。血压升高，心肌肥大，第二心音增强。大动物直肠检查和小动物肾区触诊，可摸到肾脏表面不平，体积缩小，质地坚实，无疼痛感。

【防治】

（1）预防　加强管理，防止家畜受寒、感冒，以减少病原微生物的侵袭和感染。注意饲养，保证饲料的质量，禁止喂饲有刺激性或发霉、腐败、变质的饲料，以免中毒。对急性肾炎患畜，应及时采取有效的治疗措施，彻底消除病因，以防复发或慢性化，或转为间质性肾炎。

（2）*治疗* 原则是清除病因，加强护理，消炎利尿，抑制免疫反应，对症疗法。药物治疗主要为消除炎症、控制感染、抑制免疫反应和利尿消肿等。将病畜置于温暖、干燥、阳光充足且通风良好的畜舍内，并给予充分休息，防止受寒、感冒。为缓解水肿和肾脏的负担，对饮水和食盐的给予量适当地加以限制。

二十六、尿毒症

尿毒症是指肾功能衰竭发展到严重阶段、代谢产物和毒性物质在体内蓄积而引起机体中毒的全身综合征。临床上常发生在泌尿器官疾病的晚期，可出现神经、消化、循环、呼吸、泌尿和骨骼等系统的一系列特征性症状。牛、羊均可发生。

【诊断】

1. 病因 尿毒症为继发综合征，主要是各种原因引起的急性或慢性肾衰竭，或者是由慢性肾炎、慢性肾盂肾炎等各种肾脏疾患所引起。

2. 症状 临床上将尿毒症分为真性尿毒症和假性尿毒症两种类型。

真性尿毒症：主要是因含氮产物如胍类毒性物质在血液和组织内大量蓄积。病畜表现精神沉郁，厌食，呕吐，意识障碍，嗜睡，昏迷，腹泻，胃肠炎；呼吸困难，严重时呈现陈-施二氏呼吸，呼气有尿味；还可见到出血性素质、贫血和皮肤瘙痒现象。血液非蛋白氮含量显著升高。

假性尿毒症：是由其他（如胺类等）毒性物质在血液内大量蓄积，致使脑血管痉挛引起的脑贫血，故又称抽搐性尿毒症或肾性惊厥。临床上主要表现为突发性癫痫样抽搐及昏迷，病畜呕吐，流涎，厌食，瞳孔散大，反射增强，呼吸困难，并呈阵发性气喘，卧地不起，衰弱而死亡。

本病若治疗不及时，或方法不当，预后不良。

3. 诊断要点 根据症状、病史调查、血液和尿液的检验结果进行综合判断，可做出诊断。

【防治】 治疗原发病，加强饲养管理，减少日粮中蛋白质和氨基酸的含量，补充维生素，是防止尿毒症进一步发展的重要措施。为缓解酸中毒，纠正酸碱失衡，可静脉注射碳酸氢钠。为纠正水与电解质紊乱，应及时静脉输液。为促进蛋白质合成，减轻氮质血症，可采用透析疗法，以清除体内毒性物质。

二十七、尿道炎

尿道炎是指尿道黏膜及其下层的炎症，以尿频、尿痛、经常性血尿等为特征。

【诊断】

1. 病因 主要是尿道细菌感染。如导尿时，导尿管消毒不彻底，无菌操作不严密；导尿操作粗暴，尿结石的机械刺激及药物的化学刺激，损伤尿道黏膜，再继发细菌感染；包皮炎、子宫内膜炎等蔓延至尿道。

2. 症状 表现疼痛性尿淋漓，尿液呈断续状排出。公畜阴茎勃起，母畜阴唇不断开张，黏液性或脓性分泌物不时自尿道口流出。尿液浑浊，混有黏液、血液或脓液。有时排出坏死、脱落的尿道黏膜。触诊阴茎肿胀、敏感，视诊尿道口红肿。探诊尿道，动物疼痛不安，导尿管难以插入。

【防治】避免刺激尿道，保持畜体和垫草的清洁卫生，轻症可自愈；重症可参照膀胱炎的局部处置和全身疗法。尿潴留而膀胱高度充盈的，可施行阴茎切除术或膀胱穿刺术。

二十八、膀 胱 炎

膀胱炎是膀胱黏膜表层或深层的炎症。各种动物均可发生，牛多发。

【诊断】

1. 病因

细菌感染：病原体主要是化脓放线菌和大肠杆菌，其次是葡萄球菌、链球菌、绿脓杆菌、变形杆菌等，经血行或尿路感染。

理化损伤：导尿管过于粗硬，插入粗暴，膀胱镜使用失当，损伤膀胱黏膜。膀胱结石、膀胱内新生物、尿潴留时的分解产物，以及松节油、甲醛等强烈刺激性药物的刺激。

邻接蔓延：肾炎、输尿管炎、尿道炎，特别是母畜的阴道炎、子宫内膜炎等，极易蔓延至膀胱而引起本病。

2. 症状 急性膀胱炎主要表现排尿异常，尿液变化，痛性尿淋漓等典型症状。病畜一直表现为排尿姿势，疼痛不安，频频排出少量尿液或点滴流出。因膀胱颈肿胀、膀胱括约肌挛缩而引起尿潴留时，病畜呻吟不安，公畜阴茎频频勃起，母畜阴门频频开张。经直肠触压膀胱，病畜疼痛不安，膀胱一般空虚；但尿液潴留时膀胱充盈。

尿液变化：尿液浑浊，放氨臭味，混有多量黏液、凝血块、脓液、纤维蛋白或坏死组织。尿沉渣中含有多量红细胞、白细胞、脓细胞、膀胱上皮细胞和磷酸铵镁结晶，并有多量散在的细菌。

【防治】

（1）防腐消毒　施行膀胱冲洗。导尿管排出膀胱内积尿后，用微温生理盐水反复冲洗，再用药液冲洗，常用1%～3%硼酸液、0.1%高锰酸钾液、0.1%依沙吖啶液、0.01%新洁尔灭液等。为止血收敛，可用1%～2%明矾液等。

（2）抑菌消炎　膀胱冲洗后注入青霉素，效果较好。也可用尿路消毒剂，如呋喃妥因或乌洛托品等。同时采取全身抗菌疗法，绿脓杆菌感染用青霉素或依沙吖啶；变形杆菌感染用四环素；大肠杆菌感染用卡那霉素或新霉素。

二十九、膀胱麻痹

膀胱麻痹是指膀胱肌肉丧失收缩力，导致不能随意排尿和尿液潴留的一种膀胱疾病。

【诊断】

1. 病因 核性及核下性膀胱麻痹，见于荐部和腰部脊髓炎症、挫伤、肿瘤；核上性膀胱麻痹，见于胸部脊髓和脑部疾病（脑膜炎、脑震荡、生产瘫痪等）；肌源性膀胱麻痹，见于重剧膀胱炎。

2. 症状 症状随病因类型而不同。脊髓性麻痹，排尿反射减弱或消失，膀胱充满时才被动地排出少量尿液。直肠内触诊，膀胱高度充满。兼发膀胱括约肌麻痹时，排尿失禁，即尿液不自主地呈滴状或线状排出，触压膀胱空虚，导尿管极易插入。

脑性麻痹时，在膀胱内压超过膀胱括约肌紧张度时，才排出少量尿液。直肠触诊膀胱高度膨满，按压膀胱时尿呈细流状喷射而出；停止压迫排尿即止，导尿管插入并不困难。

肌源性麻痹时，病畜虽频作排尿姿势，但排出尿液不多。直肠触诊膀胱膨满，无疼痛表现，按压膀胱时可被动地排出尿液。

【防治】为排除积尿，防止膀胱破裂，可进行导尿。也可应用神经兴奋剂，如0.1%硝酸士的宁皮下注射或百会穴注入。另外，可采用电针疗法（感应电疗法），效果显著。

三十、尿 石 症

在尿中呈溶解状态的盐类物质，析出结晶，形成的矿物质凝聚结构，称为尿石或尿结石；尿石刺激尿路黏膜并造成尿路阻塞，称为尿石症。

各种动物都可罹患尿石症，多发于去势公畜，尿道结石最常见。

【诊断】

1. 病因 引发本病的原因尚未完全阐明。

饲养管理不良：饲料钙含量过高，饮水不足，尿液浓缩，盐类浓度过高，容易析出结晶而形成尿石。

尿钙过高：如甲状旁腺功能亢进，肾上腺皮质激素分泌增多，过量地服用维生素D等。

尿液理化性质改变：尿液的pH改变，可影响一些盐类的溶解度。尿液潴留，其中尿素分解生成氨，使尿液变为碱性，形成碳酸钙、磷酸钙、磷酸铵镁等尿石。酸性尿易促进尿酸盐尿石的形成。尿中柠檬酸盐含量下降，易发生钙盐沉淀，形成尿石。

维生素A缺乏：可使中枢神经调节盐类形成的功能发生紊乱，尿路上皮角化及脱落，促进尿石形成。

尿中黏蛋白、黏多糖增多：日粮中精料过多，或育肥时应用雌激素，尿中黏蛋白、黏多糖的含量增加，有利于尿石的形成。

肾及尿路感染发炎：可损伤尿路上皮并脱落，有利于尿石形成。

2. 症状 牛、羊的尿道结石多发于公畜，以坐骨弓、S状弯曲和龟头结石为主。基本症状包括精神沉郁，姿势异常，运步时出现高抬腿动作，小心前进，不愿快步奔跑；站立时拱背缩腹，拉弓伸腰，表现各种假性腹痛症状，如呻吟、磨牙、踢腹、起卧等。突出症状是排尿异常，表现排尿量减少，排尿困难，频频做排尿姿势，叉腿，拱背，缩腹，举尾，阴茎抽动，努责，嘶叫，线状或点滴状排出混有脓汁、血凝块的红色尿液，尿液的始末红色尤显。严重的尿道阻塞，全然无尿排出，发生尿潴留。牛、羊包皮尖端的毛丛上，常附有沙粒状物质。

直肠检查，膀胱膨大，充满尿液。膀胱颈口及尿道阻塞时，导尿管探诊受阻，可感知尿石的存在。会阴部的尿道结石，有时可以摸到。尿路造影检查，可确定尿石阻塞的部位。

膀胱已经破裂的，直检膀胱空虚或摸不到膀胱，同时排尿动作停止，疼痛表现消失，腹部下侧方迅速膨大，冲击式触诊有震水音，腹腔穿刺有大量液体流出，呈淡黄色或红色，有尿臭味，往往混有沙粒样物质。

【防治】

(1) *尿路冲洗* 用导尿管插入尿道或膀胱，注入清洁的水，反复冲洗。适用于粉末状或沙砾状尿石。

(2) 手术疗法　对用保守疗法不能治愈的尿石症，可施行尿道切开或膀胱切开术，将尿石取出。

(3) 饮用磁化水　饮水通过磁化器后，pH 升高，溶解能力增强，不仅能预防尿石的形成，而且可使尿石疏松破碎而排出。水磁化后放入木槽中，经过 1h，让病畜自由饮用。

(4) 对于易发尿石症的地区，应检查动物饲料、饮水和尿石的成分，找出尿石形成的原因，合理调配饲料，尤其是钙磷比例应保持在 1.2∶1 或 1.5∶1 的水平，并注意供给充足维生素 A。

第二节　营养代谢病与中毒病

一、奶牛酮病

奶牛酮病是高产母牛产犊后 6 周内最常发生的一种以糖类和挥发性脂肪酸代谢紊乱为基础的代谢病。根据症状和酮体含量可分为临床酮病和亚临床酮病。健康牛血清中的酮体含量一般在 1.2mmol/L 以下，而亚临床酮病母牛在 1.2～3.44mmol/L 之间，临床酮病母牛一般都在 3.44mmol/L 以上。

【诊断】

1. 病因　有原发性和继发性病因。任何由于摄入糖类不足或营养不平衡，由于机体的生糖物质缺乏，引起能量负平衡，产生大量酮体，都可引起原发性酮病。某些特殊营养物质如钴、碘、磷缺乏等也可能与酮病的发生有关。

奶牛高产：母牛在产犊后的 4～6 周出现泌乳高峰，但其食欲恢复和采食量的高峰在产犊后 8～10 周。因此，在产犊后 8 周内食欲较差，能量来源本来就不能满足泌乳消耗的需要，假如母牛产乳量高，势必加剧这种能量负平衡。

日粮中营养不平衡和供给不足：饲料供应过少，品质低劣，品种单一，营养不平衡，或者精料过多，粗饲料不足，引起能量负平衡，能产生大量酮体而发病。

母牛产前过度肥胖：母牛产前过度肥胖，严重影响产后采食量的恢复，同样会使机体的生糖物质缺乏，引起能量负平衡，产生大量酮体而发病。

一些能使食欲下降的疾病，如子宫炎、乳腺炎、创伤性网胃炎、皱胃变位、生产瘫痪、胎衣不下等，都可引起继发性酮病。继发性酮病约占酮病总数的 30%～40%。

2. 症状　临床酮病奶牛的身体、乳汁和呼出气体会有特殊气味，酷似醋酮或氯仿。还会过度流涎，不断舔食，异常咀嚼运动，肩部和腹胁部肌肉抽动。精神淡漠，对刺激无反应。有些病例，1～2d 内还可出现机敏和不安症状，重者可围绕牛栏以共济失调的步伐盲目徘徊，或是不顾障碍物向任何方向猛力冲撞，这些神经症状通常在出现不食以后就变得比较缓和。亚临床酮病病牛没有典型的症状，通常表现为采食量下降。

3. 诊断要点　根据高产母牛产后减食、神经过敏症状及呼吸气息的特殊气味，可以做出初步诊断。根据血酮浓度升高、血糖浓度下降及注射葡萄糖立即见效，可以确诊。但对亚临床酮病，主要依靠血酮浓度测定来诊断，凡血酮浓度超过 1.2mmol/L 即可确定为酮病。

【防治】

(1) 预防　加强饲养管理，注意饲料搭配，不可偏喂单一饲料。妊娠后期和产犊后，应减喂精料，增喂优质青干草、甜菜、胡萝卜等含糖和维生素多的饲料。适当运动，及时治疗前胃疾病。

(2) *治疗* 补糖可用25%～50%葡萄糖溶液静脉。如同时肌内注射胰岛素则效果更好。补充产糖物质，可使用丙二醇、丙酸钠乳酸钠。激素疗法，可应用氢化可的松或醋酸可的松，肌内注射或静脉注射。解除酸中毒，可静脉注射5%碳酸氢钠液或内服碳酸氢钠。

二、奶牛肥胖综合征

奶牛肥胖综合征又称脂肪肝病，是指干乳期过于肥胖的母牛产犊后能量负平衡，体脂动员所致发的一种以肝脏脂肪蓄积和脂肪变性为病理特征的围产期代谢性疾病。多见于产乳量高的2～6胎经产牛。

【诊断】

1. 病因 主要是干乳期饲喂过度而使母牛在妊娠后期和产犊时过于肥胖。因不孕而长期干乳的母牛以及散放饲养的牛易于发胖。促发因素是妊娠末期子宫在腹腔中占据的容积增大，使得母牛采食量减少，从而引起能量负平衡。

2. 症状 肥胖母牛常于产犊前表现不安，易兴奋，行走时运步不协调，粪少而干，心动过速。如在产犊前两个月发病者，患牛常有较长时间（10～14d）停食，精神沉郁，躺卧、俯卧在地，呼吸加快，鼻腔有明显分泌物；粪便少，后期呈黄色稀粪、恶臭；病程为10～14d，最后呈现昏迷，并在安静中死亡，死亡率很高。

3. 病变 尸体剖检，心、肾、骨盆周围及网膜有大量脂肪蓄积，而皮下脂肪枯竭，肾周脂肪坏死。肝脏肿大，呈灰白色，切面多脂，质地脆弱。组织病理学检查，肝脏呈弥漫性脂肪沉积或肝小叶中央区脂肪沉积。肝细胞肿胀，空泡变性，胞质内有大量脂滴，使大部分细胞受损。窦状隙狭窄，肝脂肪含量与窦状隙容量呈负相关。

4. 生化检查 血清或血浆游离脂肪酸、胆红素、β羟丁酸含量及谷草转氨酶、乳酸脱氢酶（LDH）活性增加，胰岛素含量降低；白蛋白减少，γ球蛋白增加，白蛋白/球蛋白比值变小。肝脏活体组织检查，肝脂总量＞100mg/g，甘油三酯＞50mg/g，甲苯胺蓝染色脂肪＞20%，油红O染色脂肪＞24%。肝脂肪含量与症状的轻重及肝脏功能的改变密切相关。

5. 诊断要点 本病的群体诊断依据干乳期母牛肥胖，而新产犊母牛消瘦，围产期疾病发病率增加等情况进行综合判断。个体诊断主要依据病史、临床特征和肝脏机能检查。血液生化学检查和肝活体组织检查有助于亚临床脂肪肝的检出。

【防治】

(1) 预防 关键在于避免干乳期饲喂高能量饲料而导致过于肥胖，维持产犊后旺盛食欲。泌乳早期，应保持日粮中含有适当比例的低降解蛋白。肥胖母牛，可于产前20d在日粮中添加胆碱，直至分娩；也可于产前3～5d，静脉注射25%葡萄糖溶液，直至产犊。

(2) *治疗* 原则是控制脂肪动员，纠正能量负平衡。常用治疗方法有：内服胆碱；静脉注射25%葡萄糖溶液；日粮中添加烟酸等药物。

三、牛血红蛋白尿病

牛血红蛋白尿病是一种发生于高产乳牛的营养代谢病。多发于产后母牛，临床上以低磷酸盐血症、急性溶血性贫血和血红蛋白尿为特征。

【诊断】

母牛产后血红蛋白尿病

1. 病因 低磷酸盐血症是本病的一个重要因素，与以下3种因素有密切关系：①饲料中磷缺乏。②某些植物引起红细胞溶血，如甜菜块、燕麦、多年生黑麦草、苜蓿以及十字花科植物等。③铜缺乏促进本病的发生。奶牛产后大量泌乳，体内铜大量丢失，当肝脏铜贮备空虚时，即发生巨细胞性低色素性贫血。水牛血红蛋白尿病的发病原因主要是由于饲料中磷缺乏造成低磷酸盐血症，寒冷是发病的诱因。但是，并非所有低磷酸盐血症的母牛都会发生临床血红蛋白尿，但发生临床血红蛋白尿的母牛一般都伴有低磷酸盐血症。

2. 症状 红尿是本病最突出的特征，甚至是早期唯一的病征。最初1～3d内尿液逐渐由淡红向红色、暗红色直至紫红色和棕褐色转变，以后又逐渐消退。这种尿液做潜血试验，呈强阳性反应，而尿沉渣中很少或不见红细胞。

病牛产乳量下降，但几乎所有的病牛体温、呼吸、食欲均无明显变化。随着病程进展，贫血加剧，可视黏膜及皮肤变为淡红色或苍白色，并黄染，血液稀薄，凝固性降低，血清呈樱桃红色。循环和呼吸也出现相应的贫血体征。

临床病理学的主要表现贫血、血红蛋白尿症、低磷酸盐血症。红细胞比容、红细胞数、血红蛋白含量等红细胞参数值下降，黄疸指数升高。血清无机磷浓度降至4～15mg/L。病牛的红细胞中能发现海恩茨小体。尿液中无红细胞，呈深棕红色，中度浑浊。

3. 病程及预后 急性病例可在3～5d内死亡，或者转入2～8周的康复期。有的末端（趾、尾、耳和乳头）皮肤会发生坏疽。绝大多数患病奶牛和水牛及时用磷制剂治疗，可望痊愈。

4. 诊断要点 本病的发生常与分娩有关，根据有红尿、贫血、低磷酸盐血症等表现，饲料中磷缺乏或不足，磷制剂疗效显著，不难诊断。但应注意与其他溶血性疾病鉴别，如细菌性血红蛋白尿、巴贝斯虫病、钩端螺旋体病、慢性铜中毒、酚噻嗪中毒、洋葱中毒等。

【防治】

（1）预防 日粮营养标准应按母牛需要量供应，给予全价饲料；对缺磷的土壤要增加施磷肥；控制有溶血毒性植物饲料的饲喂量，并要与其他饲料配合饲喂。

（2）治疗 应用磷制剂治疗，同时补充如豆饼、骨粉等富含磷的饲料。

四、母牛趴卧不起综合征

母牛趴卧不起综合征又称母牛倒地不起综合征，是指母牛分娩前后因不明原因而突发起立困难或瘫痪。本病不是一种独立的疾病，而是某些疾病的一种临床综合征。一般认为，凡是经一次或两次钙剂治疗无效或疗效不完全的趴卧不起母牛，都可归属为这一综合征。

【诊断】

1. 病因 高产母牛分娩阶段的内环境代谢过程极不稳定，不仅可发生以急性低钙血症为特征的生产瘫痪，而且常同时伴有低磷酸盐血症、轻度低镁血症和低钾血症。因此，常因生产瘫痪诊疗延误而不全治愈，或因存在代谢性并发症而趴卧不起。趴卧不起超过6～12h，就可能导致后肢有关肌肉、神经的外伤性损伤，而使“趴卧不起”复杂化。部分病例（约10%）还伴有急性局灶性心肌炎。

2. 症状　一般都有生产瘫痪病史。大多经过两次钙剂治疗，精神高度抑制及昏迷等特征症状消失，但是后遗“趴卧不起”。病牛常反复挣扎而不能起立。通常精神尚可，有一些食欲和饮欲，体温正常，呼吸和心率亦少有变化。不食的母牛，可伴有轻度至中度的酮尿。卧地日久的母牛，可有明显的蛋白尿。心搏超过 100 次/min 的，在反复搬移牛体或再度注射钙剂时可突然引起死亡。

3. 诊断要点　病因诊断很困难。要首先确定“趴卧不起”与生产瘫痪的关系。然后用腹带吊立牛体，对后肢骨骼、肌肉神经进行系统检查，包括直肠检查及 X 线检查，并测定血清钙、磷、镁、钾含量，查找病因。如血镁浓度偏低（0.4mmol/L，即 1mg/dL 以下），侧身躺卧，头向后弯，感觉过敏，四肢强直和搐搦，可怀疑为低镁血症；血磷浓度偏低（0.97mmol/L，即 3mg/dL 以下），精神、食欲尚佳，单纯钙剂治疗无效，可怀疑为低磷酸盐血症；血钾浓度偏低（3.5mmol/L 以下），反应机敏，但四肢肌肉无力，前肢跪地“爬行”，可怀疑为低钾血症。最后通过药物治疗，验证诊断。

【防治】

（1）预防　可参照产后瘫痪的预防措施。在平时加强饲养管理的基础上，对妊娠母牛从分娩前 1～2 周起，将其饲养在宽敞产房待产，绝对不要在牛舍内拴系饲养待产。从分娩前 2～8d 开始，肌内注射维生素 D_3，有明显减少本病发生的效果。

（2）治疗　由于本病病因及病性等尚不十分清楚，治疗只能实行对症疗法。

首先，应用 25%葡萄糖酸钙注射液缓慢静脉注射。若病牛症状无明显改善时，可隔 8～12h 后再用药 1 次。必要时结合乳房送风疗法（限于无乳腺炎病牛），疗效较为明显。

应用上述药物治疗无效的病牛，可改用磷制剂、镁制剂等治疗。当怀疑伴有低磷酸盐血症时，可用 20%磷酸二氢钠溶液静脉或皮下注射，加复方生理盐水 1 000mL，缓慢静脉注射；怀疑有低钾血症时，可用 5%氯化钾注射液加 5%葡萄糖注射液缓慢静脉注射；怀疑有低镁血症时，可用 20%～25%硫酸镁注射液静脉注射。对神经、肌肉和骨骼等继发性外科损伤或各种并发症，应酌情采取各自相应对症疗法。对病牛进行治疗的同时，也必须加强护理，防止发生褥疮。

五、羊妊娠毒血症

绵羊妊娠毒血症是由于妊娠末期母羊体内糖类及挥发性脂肪酸代谢异常而引起的一种营养代谢性疾病，以酮血、酮尿、低血糖和肝糖原降低为特征。主要发生于妊娠最后 6 周的怀单胎、双胎及多胎的母羊，以双胎和多胎妊娠羊居多，故又称为双羔病。在饲草不足、营养缺乏的情况下，常以暴发方式发生。

【诊断】

1. 病因　主要病因是饲草质量低劣和妊娠后期采食减少。妊娠母羊特别是肥胖母羊的营养状态极易受采食量的影响。腹腔蓄积过量的脂肪及不断增大的子宫使消化道容积变小，采食减少，导致营养缺乏。饲料供应过少，品质低劣，饲料单一，维生素和矿物质缺乏，营养不平衡，饲喂低蛋白、低脂肪和低糖饲料，使机体的生糖物质缺乏，容易发病。

2. 症状　本病呈散发或群发。病羊有的消瘦，有的肥胖。病初，患羊精神沉郁，离群独处，不愿走动，食欲减退或废绝；粪便干小，被覆黏液或带血；对外界刺激反应减弱。随着疾病进展，出现神经症状，运动失调，步样蹒跚，头部肌肉颤动，耳、唇抽动，瞳孔对光反应减退，眼保护性反射消失，有的发生强直阵挛性抽搐。后期，病羊常取异常姿势，颈部伸展，头高举后仰，呈观星状，磨牙，虚嚼。最后卧地不起，头屈于肋腹部，陷入昏迷状态，3～4d后死亡。有的病羊可因胎儿死亡而病情缓解，如不流产，则可因胎儿腐败而发生败血症，使病情再度加重。病羊常发生难产，但产羔后不治亦可恢复。羔羊大都发育不良，适应能力弱，多于生后不久死亡。

实验室检查，病初血糖含量低于1.4mmol/L，血中脂肪酸、甘油三酯、酮体含量增加，常见有酮尿。血浆皮质醇含量亦增加。酸中毒和肾功能衰竭病例，血液pH下降，血清尿素氮含量增加。

3. 诊断要点　根据病史、临床表现可做出初步诊断，确诊需进行血液和尿液检查。

【防治】

(1) 预防　首要措施是为妊娠母羊提供充足的营养。妊娠中期测定血糖可发现早期病羊。配种后90d血糖含量低于正常值的，可视为危险羊，应加强饲养管理。妊娠最后几周，血浆β羟丁酸含量可作为评价体内脂代谢的依据，超过0.8mmol/L提示营养缺乏，应加喂饲料。配种时过于肥胖的母羊，妊娠头2个月应限制采食量，使体重逐渐减少20%，其后再逐步增加日粮定额。

(2) 治疗　关键在于增加采食量和补充生糖物质。病羊应补饲燕麦等谷物饲料；在采食量尚未恢复正常之前，投服50%甘油或丙二醇；静脉或肌内注射同化类固醇。

六、青草搐搦

青草搐搦，是以兴奋、痉挛等神经症状为特征的矿物质代谢性疾病。临床病理学以血镁浓度下降，且常伴有血钙浓度下降为特征。

【诊断】

1. 病因　本病是由于极为复杂的无机物代谢异常，特别是镁代谢障碍引起的。常见病因包括土壤中镁缺乏和钾过多，导致牧草中矿物质含量不平衡，饲料中镁含量不足或摄入不足。季节、天气、品种、年龄和泌乳等因素对本病的发生也有影响。在迅速生长的春季草场放牧或青绿禾谷类作物田间放牧，可引发本病。这可能因植物含镁低而含钾高，钾又和镁竞争吸收，因而引发低镁血症。

2. 症状　临床上根据病程不同，分为超急性型、急性型、亚急性型和慢性型。

(1) 超急性型　病畜突然仰头惨叫，盲目疾走，随后倒地，呈现强直性痉挛，2～3h内死亡。

(2) 急性型　病畜突然停止采食，惊恐不安，耳朵煽动，甩头、惨叫，肌肉震颤，有的出现盲目疾走或狂奔乱跑。行走时步态踉跄，前肢高抬，四肢僵硬，易跌倒。倒地后，全身肌肉强直，口吐白沫，牙关紧闭，眼球震颤，瞳孔散大，瞬膜外露，间有痉挛。脉搏疾速，可达150次/min，心悸，心音强盛，甚至在1m之外都能听到亢进的心音。体温升高达40.5℃，呼吸加快。

(3) 亚急性型　病程3～5d，病畜食欲减退或废绝，泌乳牛产乳量下降。病牛常保持站立姿势，频频排粪、排尿，头颈回缩，频频眨眼，对声响敏感，受到剧烈刺激时可引起惊厥。行走时步样强拘，肌肉震颤，后肢和尾僵直。重症病例有攻击行为。

(4) 慢性型　病畜呆滞，反应迟钝，食欲减退，泌乳减少。经数周后，呈现步态强拘，后躯踉跄，头部尤其上唇、腹部及四肢肌肉震颤，感觉过敏，施以微弱的刺激亦可引起强烈的反应。后期感觉丧失，陷入瘫痪状态。

实验室检查，突出而固定的示病性改变是低镁血症，血清镁含量低于0.4mmol/L，大多为0.20mmol/L以下，重者可低于0.04mmol/L；脑脊液镁含量往往低于0.6mmol/L，尿镁含量亦减少。常见的伴随改变是低钙血症和高钾血症。由于血镁下降幅度大于血钙，Ca/Mg比值由正常的5.6升高至12.1～17.3。

3. 诊断要点 在寒冷、多雨的初春和秋季，在人工草场上放牧的牛、羊群呈现兴奋痉挛等神经症状，可怀疑本病，最终诊断需根据血镁含量的测定结果。

【防治】

(1) 预防 合理调配日粮，日粮中镁含量（以干物质计算）至少应达到0.2%。母牛每天日粮中以补充40g镁（相当于60g氧化镁中的含镁量）为宜，宜与谷类精饲料混合饲喂。在发病季节，可在精饲料中补充氧化镁，亦可将其加入蜜糖中做成舔剂。

(2) 治疗 针对病性补给镁制剂和钙制剂有明显效果。羊通常将氯化钙和氯化镁溶解在蒸馏水中缓慢地静脉注射。还可将硫酸镁溶解在20%葡萄糖酸钙溶液中，在30min内缓慢地静脉注射，均可取得较好疗效。也可用20%硫酸镁溶液，多点皮下注射，可使血镁浓度很快升高，效果很好。应用25%硼葡萄糖酸钙和5%次磷酸镁混合液（1∶1）缓慢静脉注射，效果更好。

七、维生素A缺乏症

维生素A缺乏症是因维生素A长期摄入不足或吸收障碍所引起的一种慢性营养缺乏病，以夜盲、干眼症、角膜角化、生长缓慢、繁殖机能障碍及脑和脊髓受压为特征。各种动物均可发生，常发于牛。幼畜和妊娠、泌乳母畜多见。

【诊断】

1. 病因 维生素A缺乏主要有以下4种原因：

饲料中维生素A原或维生素A含量不足：舍饲牛、羊，长期喂饲秸秆、劣质干草、米糠、麸皮、玉米以外的谷物以及棉籽饼、亚麻籽饼、甜菜渣、萝卜等维生素A原含量贫乏的饲料。牧畜一般不易发生本病，但在严重干旱的年份，牧草质地不良，胡萝卜素含量不足，长期放牧而不补饲，也可使体内维生素A贮备枯竭。幼畜肝脏维生素A的贮备较少，对低维生素A饲料较为敏感，犊牛、羔羊都可发病。

饲料收割、加工、储存不当：如饲料在有氧条件下长时间高温处理或烈日暴晒，或者存放过久、陈旧变质，其中的胡萝卜素受到破坏，长期饲喂便可致病。饲料中存在干扰维生素A代谢的因素，磷酸盐含量过多可影响维生素A在体内的储存；硝酸盐和亚硝酸盐过多，可促进维生素A原和维生素A分解，并影响维生素A原的转化和吸收；中性脂肪和蛋白质不足，维生素A吸收不完全，转运维生素A的血浆蛋白合成减少。

机体对维生素A的需要增加：见于妊娠、泌乳、生长过快以及热性病和传染病的经过中。

继发性缺乏：胆汁中的胆酸盐可乳化脂类形成微粒，有利于脂溶性维生素的溶解和吸收。胆酸盐还可增强胡萝卜素加氧酶的活性，促进胡萝卜素转化为维生素A。慢性消化不良和肝胆疾病时，胆汁生成减少和排泄障碍，可影响维生素A的吸收。肝脏机能紊乱，也不利于胡萝卜素的转化和维生素 A 的储存。

2. 症状 牛、羊突出的临床表现是夜盲、干眼症、失明和惊厥发作。干眼症仅见于犊牛角膜和结膜干燥，角膜肥厚、浑浊。有的流泪，有结膜炎，角膜软化，腹泻；由于脑脊液压力升高，可见步样蹒跚，运动失调。惊厥发作多见于 6～8 月龄的肉用牛。母牛不孕，犊牛先天性缺陷。羊表现为肺炎、尿道结石、角膜结膜炎及夜盲等。

实验室检查，血浆、肝脏维生素 A 含量降低，血浆维生素 A 含量正常值为 0.88μmol/L，临界值为 0.25～0.28pmol/L，低于 0.18pmol/L，可表现临床异常。肝脏维生素 A 和胡萝卜素正常含量分别为 60pg/g 和 4pg/g 以上，临界值分别为 21g/g 和 0.5pg/g，低于临界值即可呈现临床症状。测定肝脏维生素 A 含量比血清含量更能准确地评价体内维生素 A 的状态。维生素 A 缺乏牛的结膜压片检查，无核上皮细胞增多，由正常的 14%～29% 增加到71%～81%。

3. 诊断要点 根据病史特征性临床表现，维生素 A 治疗有效等，可建立诊断。但应注意与李氏杆菌病、病毒性脑炎、低镁血症、急性铅中毒、食盐中毒等类症进行鉴别。

【防治】

（1）*预防* 主要在于保证饲料中含有足够的维生素 A，多喂青绿饲料、优质干草及胡萝卜等。也可肌内注射维生素 A，妊娠母畜需在分娩前 40～50d 注射。

此外，青饲料要及时收割，迅速干燥，以保持青绿色。谷物饲料贮藏时间不宜过长，配合饲料要及时喂用，不要存放。

（2）*治疗* 应用维生素 A 制剂。

八、佝偻病

佝偻病是指生长期幼畜骨源性矿物质（钙、磷）代谢障碍及维生素 D 缺乏所导致的一种营养性骨病。以骨组织（软骨的骨基质）钙化不全、软骨肥厚、骨骺增大为病理特征。临床表现为顽固性消化紊乱、运动障碍和长骨弯曲变形。犊牛、羔羊最为多发。

【诊断】

1. 病因 先天性佝偻病起因于妊娠母畜体内矿物质（钙、磷）或维生素 D 缺乏，影响胎儿骨组织的正常发育。后天性佝偻病主要病因是幼畜断奶后，日粮钙和/或磷含量不足或比例失衡，维生素 D 缺乏，运动缺乏，阳光照射不足。

日粮钙、磷缺乏或比例失衡是佝偻病的主要病因。饲料和/或动物体维生素 D 缺乏也是佝偻病的重要病因。断奶过早或罹患胃肠疾病时影响钙、磷和维生素 D 的吸收、利用；肝、肾疾病时维生素 D 的转化和重吸收障碍，导致体内维生素 D 不足；甲状旁腺功能代偿性亢进，甲状旁腺激素大量分泌，磷经肾排出增加引起低磷血症，都可引发佝偻病。

2. 症状 先天性佝偻病幼畜生后即衰弱无力，经过数天仍不能自行起立。扶助站立时，腰背拱起，四肢不能伸直而向一侧扭转，前肢系关节弯曲，躺卧时呈现不自然姿势。

后天性佝偻病发病缓慢。病初精神不振，行动迟缓，食欲减退，异嗜，消化不良。随病势发展，关节部位肿胀、肥厚，触诊疼痛敏感（主要是掌和跖关节），不愿起立和走动。强迫站立时，拱背屈腿，痛苦呻吟。走动时步态僵硬。由于血钙水平低，神经肌肉兴奋性增强，出现低血钙性搐搦。病至后期，骨骼软化、弯曲、变形。面骨膨隆，下颌增厚，鼻骨肿胀，硬腭突出，口腔不能完全闭合，采食和咀嚼困难。肋骨变为平直以致胸廓狭窄，胸骨向前下方膨隆呈鸡胸样。肋骨与肋软骨连接部肿大呈串珠状（念珠状肿）。四肢关节肿大，形态改变。肢骨弯曲，多呈弧形（O形）、外展（X形）、前屈等异常姿势。脊椎骨软化变形，向下方（凹背）、上方（凸背）、侧方（侧弯）弯曲。骨骼硬度显著降低，脆性增加，易骨折。

【防治】

(1) 预防 主要措施是饲喂全价饲料，保证充足的维生素D，钙、磷含量及其比例正确(2：1)。必要时补充富含维生素D和矿物质的饲料。哺乳动物不宜过早断奶，及时驱虫，对胃肠炎进行有效的治疗，同时增加光照。

(2) 治疗 原则是消除病因，促进钙、磷吸收与沉积。补充维生素D常用维生素AD注射液，内服或注射，注意用量以免引起中毒。同时每天应保证有充足的阳光或紫外线的照射。补充钙、磷可选用维丁胶钙、葡萄糖酸钙、磷酸二氢钠等，或在饲料中添加磷酸钙、氧化钙、磷酸钠、骨粉、鱼粉等。

九、硒和维生素E缺乏症

硒和维生素E缺乏症主要是由于机体硒和维生素E含量不足引起的一种营养缺乏症。临床上以跛行、腹泻、猝死等为特征，病理学特征为骨骼肌、心肌和肝脏等组织变性、坏死。牛、绵羊、山羊均可患病。

【诊断】

1. 病因 饲料（草）中硒和、维生素E含量不足是发生本病的直接原因。饲料中的硒来自土壤，因此土壤硒含量低是本病的根本原因。当饲料中硒含量低于0.05mg/kg，或饲料加工、储藏不当，维生素E被破坏，动物就会发生本病。低硒土壤具有地区性，我国东北、华北、西南都有缺硒地区。饲料中的不饱和脂酸可以促进维生素E被氧化破坏，因此其含量过高可以造成维生素E缺乏。羔羊和犊牛生长发育迅速，代谢旺盛，对营养物质需求量高，因此对硒缺乏更敏感。

2. 症状 硒缺乏症的共同性症状包括：骨骼肌疾病所致的姿势异常及运动功能障碍；顽固性腹泻为主症的消化功能紊乱；心肌病所造成的心率加快、心律不齐及心功不全。牛、羊不同年龄的个体，临床表现有差异。犊牛、羔羊主要表现为典型的白肌病症状群：发育受阻，步样强拘，喜卧，站立困难，臀背部肌肉僵硬。消化紊乱，伴有顽固性腹泻。心率加快，心律不齐。成年母牛产后胎衣停滞与硒缺乏有关。

3. 诊断要点 依据临床症状，结合特征性病理变化，参考病史及流行病学特点，可以确诊。对幼龄牛、羊不明原因的群发性、顽固性、反复发作的腹泻，应给以特殊注意，可进行补硒治疗性诊断。取心猝死结局的病例，经病理剖检而确诊。临床诊断不明确的情况下，可通过对病畜血液及某些组织的硒含量或谷胱甘肽过氧化物酶活性测定，土壤、饲料（草）硒含量测定，进行综合诊断。

【防治】

(1) 预防 在土壤缺硒地区饲养的牛、羊或饲用由土壤缺硒地区运入的饲料（草）时，必须补硒。可直接投服硒制剂；或将适量硒添加于饲料、饮水中喂饮。

(2) 治疗 0.1%亚硒酸钠溶液肌内注射，配合注射醋酸生育酚，效果确实。

十、铜缺乏症

铜缺乏症又称晃腰病，是由于动物体内铜含量不足导致的一种营养缺乏症，主要发生于反刍动物。我国宁夏、吉林等省、区已相继报道有牛、羊、鹿的铜缺乏症发生，应予重视。

【诊断】

1. 病因

(1) 原发性铜缺乏　长期饲喂在低铜土壤上生长的饲草、饲料，是最常见的病因。一般认为，饲料（干物质）含铜量低于 3mg/kg，可以引起发病。3～5mg/kg 为临界值，8～11mg/kg 为正常值。

(2) 继发性铜缺乏　日粮中铜含量充足，但存在干扰铜吸收的物质，引起铜吸收减少。钼与铜具有拮抗作用，饲料中含钼过多，可妨碍铜的吸收和利用。一般认为，饲料中钼含量（干物质）低于 3mg/kg 是无害的，而饲料中铜和钼比例低于 5∶1 时，可诱发本病。饲料中硫酸钠、硫酸铵、蛋氨酸、胱氨酸等含硫物质过多，经过瘤胃微生物作用均可转化为硫化物，形成一种难溶解的铜硫钼酸盐复合物，降低铜的利用。无机硫含量＞0.4%，即使钼含量正常，也可产生继发性铜缺乏。

2. 症状

(1) 运动障碍　是本病的主症，多见于羔羊。病畜两后肢呈八字形站立，行走时跗关节屈曲困难，后肢僵硬，蹄尖拖地，后躯摇摆，极易摔倒，急行或转弯时，更加明显。重症病例作转圈运动，或呈犬坐姿势，后肢麻痹，卧地不起。深色被毛褪色，变为棕色、灰白色，常见于眼睛周围，状似戴白框眼镜。被毛稀疏，弹性差，粗糙，缺乏光泽，弯曲度减小，甚者消失。

(2) 骨骼及关节变化　骨骼弯曲，关节肿大，表现僵硬，触之敏感，跛行，四肢易发生骨折。背腰部发硬，起立困难，行动缓慢。其病理学基础在于赖氨酰氧化酶、单胺氧化酶等含铜酶合成减少和活性降低，导致骨胶原的稳定性和强度降低。

(3) 贫血　铜，尤其铜蓝蛋白是造血所需的重要辅助因子，其主要功能在于促进铁的吸收、运转和利用。长期缺铜，可引起小细胞低色素性贫血。

3. 诊断要点　根据临床症状和病变特征，补铜治疗疗效显著，可做出初步诊断。确诊有待于对饲料、血液、肝脏等组织铜含量和某些含铜酶活性的测定。如怀疑为继发性缺铜症，应测定钼和硫含量。肝（干重）铜含量低于 20mg/kg，血铜含量低于 0.7pg/mL 可诊断为铜缺乏症。

【防治】

(1) 预防　直接给动物补充铜，可在精料中按牛、羊对铜的需要量补给，或投放含铜盐砖，让牛自由舔食。也可口服 1%硫酸铜溶液，或用 EDTA 铜钙、甘氨酸铜或氨基乙酸铜与矿物油混合作皮下注射。

(2) 治疗　治疗措施是补铜。犊牛从 2～6 月龄开始，连续 3～5 周，间隔 3 个月后再重复治疗一次。对原发性和继发性缺铜症都有较好的效果。

十一、铁缺乏症

铁缺乏症是由动物体内铁含量不足引起的一种营养缺乏症。临床上以贫血、易疲劳、活力下降和生长受阻为特征。主要发生于幼龄动物，多见于犊牛、羔羊。

【诊断】

1. 病因 体内铁平衡的维持主要依赖于铁的吸收。原发性铁缺乏症多见于幼畜，主要是因为对铁的需求量大，而自身储存量低、供应不足或吸收不足等。

继发性铁缺乏症是因为铁耗损过多或铁吸收减少。任何动物持续性失血，均可造成铁耗损过多，主要见于感染体内外寄生虫（如虱、圆线虫、球虫等）和患有慢性消化道溃疡，造成慢性失血，铁从体内、体表丢失。铁的吸收除与动物机能状态、食入铁量及其化学形式等有关外，还受日粮中其他各种有机或无机成分的影响，日粮中高水平的磷酸盐可降铁的吸收，含钴、锌、镉、铜和锰过多或用棉籽饼、尿素作为蛋白质补充物，也会干扰铁的吸收。

2. 症状 幼畜缺铁的共同症状是贫血，临床表现为生长缓慢，食欲减退，异嗜，嗜睡，喜卧，可视黏膜苍白，呼吸频率加快。血红蛋白浓度低至 20～40g/L，红细胞数大幅度下降，呈典型的低染性小红细胞性贫血。含铁酶如过氧化氢酶、细胞素 C 活性下降明显。血清甘油三酯、脂质浓度升高，血清和组织中脂蛋白酶活性下降。血清铁、铁蛋白浓度低于正常，铁结合力增加，铁饱和度降低。

3. 诊断要点 根据病史、贫血症状及相应的贫血指标测定（血红蛋白、红细胞和血细胞比容）不难诊断，铁剂防治有效，可确立诊断。本病应注意与自身免疫性贫血、附红细胞体病及铜、钴、维生素 B_2、叶酸缺乏引起的贫血进行鉴别。

【防治】

（1）*预防* 加强母畜的饲养管理，给予富含矿物质、蛋白质和维生素的全价饲料，保证母畜的充分运动。犊牛、羔羊出生后 3～5d 即开始补喂铁剂，或肌内注射铁制剂，如右旋糖酐铁（以元素铁计算）。

（2）*治疗* 原则是加强饲养管理，及时补充铁剂。

补铁是本病治疗的关键措施，可采用内服铁剂和注射铁剂。内服铁剂中硫酸亚铁价廉、刺激性小、吸收率高，为首选药物。为促进铁的利用和吸收常配伍使用硫酸铜。肌内注射的铁制剂有右旋糖酐铁、糖氧化铁和右旋糖酐铁钴等。

继发性铁缺乏病，应积极治疗原发病。调整胃肠机能，补充营养，给予易消化、富含营养的饲料。

十二、锌缺乏症

锌缺乏症是饲料锌含量绝对或相对不足所引起的一种营养缺乏症，基本特征是生长缓慢、皮肤角化不全、繁殖机能障碍及骨骼发育异常。各种动物均可发生。

【诊断】

1. 病因

（1）*原发性缺乏* 主要是饲料中锌含量不足。牛、羊对锌的需要量为每千克体重 40mg，生长期幼畜、种公畜和繁殖母畜为每千克体重 60～80mg。当饲料生长土壤的锌含量低于 10mg/kg 时，极易引起采食这种饲料的动物发病。

（2）*继发性缺乏* 主要是饲料中存在干扰锌吸收利用的因素。已发现钙、磷、铜、铁、铬、碘、镉及钼等元素过多，可干扰锌的吸收。高钙日粮可降低锌的吸收，增加粪尿中锌的排泄量，减少锌在体内的沉积。饲料中 Ca∶Zn＝（100～150）∶1 为宜，如饲料中 Ca 达

0.5%～1.5%，Zn 仅 34～44mg /kg，则容易产生锌缺乏症。饲料中植酸、维生素含量过高也干扰锌的吸收。消化机能障碍，慢性腹泻，可影响由胰腺分泌的“锌结合因子”在肠腔内停留，从而导致锌摄入不足。

2. 症状

(1) 牛　犊牛食欲减退，生长缓慢，皮肤粗糙、增厚、起皱，甚至出现裂隙。皮肤角质化增生和掉毛，受影响体表可达 40%，在嘴唇、阴户、肛门、尾端、耳廓、膝部、腹部、颈部最明显。母牛健康不佳，生殖机能低下，产乳量减少，乳房皮肤角化不全，易发生感染。运步僵硬，蹄冠、关节、肘部、膝关节及腕部肿胀，膝关节软肿，患处掉毛。牙周出血，牙龈溃疡。

(2) 绵羊　羊毛变直、变细，易脱落，皮肤增厚、皲裂。羔羊生长缓慢，流涎，跗关节肿胀。公羊睾丸萎缩，精子生成完全停止。母羊缺锌时，繁殖力下降。

(3) 山羊　生长缓慢，食物摄入量减少，睾丸萎缩，被毛粗乱、脱落，在后躯、阴囊、头、颈部出现皮肤角质化增生。四肢下部出现裂隙、渗出。

3. 诊断要点　依据日粮低锌和/或高钙的，生长缓慢、皮肤角化不全、繁殖机能低下及骨骼异常等临床表现，补锌治疗奏效迅速而确实，可建立诊断，测定血清和组织中的锌含量有助于确定诊断。饲料中锌及相关元素的测定分析，可提供病因学诊断的依据。

【防治】

(1) 预防　日粮中必需含有足够的锌，同时要将钙含量限制在 0.5%～0.62%的范围内，使 Ca：Zn＝100：1。一般日粮中应含锌 40mg/kg，生长期幼畜和种公畜要保持在 60～80mg/kg。日粮中植酸盐多时，应提高锌供应量。

在缺锌地区，饲料中应补加锌，常用碳酸锌或硫酸锌。牛、羊可自由舔食含锌食盐。

(2) 治疗　常用碳酸锌或硫酸锌，可添加在饲料中混饲，也可直接内服或肌内注射。

十三、钴缺乏症

钴缺乏症是因为动物机体中钴不足引起的一种慢性消耗性疾病，以食欲减退、贫血和消瘦为特征。本病以反刍动物，主要是牛、羊多发，6～12 月龄的生长羔羊最易感，绵羊较牛易感。常年发病，春季发病率较高。

【诊断】

1. 病因　土壤缺钴是根本因素，饲草中钴含量不足是直接原因。土壤钴含量低于 0.25mg/kg 的，牧草含钴即不足，但两者的关系并不恒定。牧草中钴含量的多少与其种类、生长阶段和排水条件有关。春季牧场速生的禾本科牧草，钴含量低于豆科牧草。排水良好土壤生长的牧草，钴含量较高。牛、羊长期采食钴含量低于 0.04mg/kg（干重）的饲草，便有可能发病。

2. 症状　反刍动物连续采食低钴牧草 4～6 个月后，逐渐表现症状。初期，反刍减少、无力或虚嚼，瘤胃蠕动减少、减弱，食欲减退；倦怠，易疲劳，逐渐消瘦，体重下降；乳和毛产量明显减少，毛质脆而易折断；出现贫血症状。最终，极度消瘦，虚弱无力，皮肤和黏膜高度苍白。陷入恶病质状态，有的重剧腹泻。母羊则不孕、流产或产下的羔羊瘦弱无力。晚期病羊最突出的症状是大量流泪，以致涌流的泪水使面部的被毛浸湿。病程持续数周乃至 6 个月以上。

3. 诊断要点 依据群体性发病，慢性病程、食欲减退、逐渐消瘦和贫血等临床表现，补钴治疗有效，血清、肝脏钴含量降低，可以做出诊断。

【防治】

(1) 预防 对钴缺乏地区可施用钴盐肥料。对牛，可在饲料中添加钴添加剂混饲。

(2) 治疗 补钴是主要治疗方法，内服硫酸钴，同时配合肌内注射维生素 B_{12}疗效更好。

十四、碘缺乏症

碘缺乏症是因生物学可利用碘不足所引起的一种以甲状腺肿大和功能减退为病理特征的慢性营养缺乏病，又称为甲状腺肿。

【诊断】

1. 病因

原发性碘缺乏：主要原因于碘摄入不足。动物体内的碘来自饲料和饮水，而饲料和饮水中碘的含量与土壤密切相关。土壤碘含量低于 0.2～2.5mg/kg，可视为缺碘。

继发性碘缺乏：一些化学性致甲状腺肿物质可影响碘的吸收以及与酪蛋白的结合。十字花科植物及子实副产品含有阻止或降低甲状腺聚碘作用的硫氰酸盐、过氯酸盐、硝酸盐等。植物致甲状腺肿素、硫脲及硫脲嘧啶可干扰酪氨酸碘化过程。对氨基水杨酸、硫脲类、磺胺类、保泰松、甲巯咪唑、丙硫氧嘧啶等药物具有致甲状腺肿作用。动物如果钙摄入过多，会干扰肠道对碘的吸收，抑制甲状腺内碘的有机化过程，加速肾脏的排碘作用，导致甲状腺肿。

此外，在牛、绵羊、山羊等动物已发现有遗传性甲状腺肿。

2. 症状与检查

牛：繁殖力下降，公畜性欲减退，精液不良；母畜屡配不孕，性周期不正常，产乳量下降，配种次数增加，胎儿吸收、流产，产死胎、弱犊、畸形胎儿。新生犊牛生长缓慢，衰弱无力，出现黏液性水肿，皮肤干燥、角化，多皱褶，弹性差，全身或部分脱毛，骨骼发育不全，四肢骨弯曲变形，导致站立困难，严重者以腕关节触地。有时因甲状腺肿大，可压迫喉部，引起呼吸和吞咽困难，最终窒息而死亡。

羊：成年绵羊甲状腺肿大的发生率较高，其他症状不明显。新生羔羊体质虚弱，全身秃毛，不能吮乳，呼吸困难，触诊可感知甲状腺肿大，四肢弯曲，站立困难，甚至不能站立。山羊的症状与绵羊类似，但山羊羔甲状腺肿大和秃毛更明显。

临床病理学检查：健康反刍动物血清蛋白结合碘、尿碘、乳碘及甲状腺碘含量分别为 0.205～0.512μmol/L、0.512～1.276μmol/L、0.512～0.992μmol/L 和 2～5g/kg（干重）。缺碘时，血清蛋白结合碘含量在0.197μmol/L以下，乳碘为 0.079～0.236μmol/L，甲状腺碘在 1.2g/kg（干重）以下。甲状腺素 T_4 减少，低于 60.0μg/L [正常 (91.0±56.0) μg/L]；T_3 增加，在 4.462μmol/L 以上 [正常 (2.415±1.323) μmol/L]；T_4/T_3 值下降到 40 以下（正常为56±15）。

3. 病变 病理剖检的主要变化为黏液性水肿和甲状腺显著肿大。新生犊牛的甲状腺重量超过 13g（正常的为 6.5～11.0g），新生羔羊的甲状腺重量达 2.0～2.8g（正常为 1.3～2.0g）。镜检可见甲状腺组织增生、肥大和新腺泡形成。

4. 诊断要点 根据流行病学、病史和症状即可做出初步诊断，确诊需要通过饮水、饲料、乳汁、尿液、血清蛋白结合碘和血清 T_3、T_4 等的检测。

【防治】

(1) 预防 可妊娠母羊于产前 2 个月肌内注射碘油，羔羊有保护作用；或于产前 2 个月和 1 个月内服碘剂。饲喂十字花科植物时，饲料中碘的含量应比正常需要量增加 4 倍。

(2) 治疗 内服碘化钾、碘化钠或复碘液（含碘 5%、碘化钾 10%）。亦可喂饲碘盐(20kg 食盐中加碘化钾 1g)。

十五、运输搐搦

运输搐搦是指反刍动物因运输应激，血钙含量突发性降低而引起的一种代谢病，以运动失调、卧地不起和昏迷为特征。

【诊断】

1. 病因 运输过程中饥饿、拥挤、闷热等应激因素是引发血钙含量迅速降低的主要原因。绵羊更易发生低钙血症，短时间的饥饿即可使血钙含量降低，饮水不足则可加重低钙血症。徒步驱赶也可引起本病。

2. 症状 运输途中即可发病，但多半是在到达运送地 4～5d 内显现症状。病初，兴奋不安，磨牙或牙关紧闭，步样蹒跚，运动失调，后肢不全麻痹、僵硬、反射迟钝，体温正常或升高达 42℃。其后卧地不起，多取侧卧，意识丧失，陷入昏迷状态，冲击式触诊瘤胃可闻震水音。病畜可突然死亡或于 1～2d 内死亡。血清钙含量降低，平均为 1.8mmol/L。

【防治】治疗可用 5%葡萄糖酸钙液静脉注射，约有 50%的病例病情可以好转，昏迷的病畜则多于数小时内死亡。

十六、氢氰酸中毒

氢氰酸中毒是家畜采食富含氰苷类植物或被氰化物污染的饲料、饮水后，体内生成氢氰酸，导致组织呼吸窒息的一种急剧性中毒病。各种畜禽均可发生，对含氰苷甙类植物最敏感的动物是牛，其次是羊。

【诊断】

1. 病因 采食富含氰苷的植物是动物氰化物中毒的主要原因，包括高粱和玉米幼苗(尤其是再生幼苗)、亚麻（主要是亚麻叶、亚麻籽及亚麻籽饼）、木薯（特别是嫩叶和根皮部分）、蔷薇科植物（如桃、李、杏、梅、枇杷、樱桃的叶及核仁）、各种豆类（如蚕豆、豌豆、海南刀豆）及牧草（如苏丹草、甜苇草、约翰逊草、三叶草等）。此外，误食或吸入氰化物农药如钙氰酰胺或误饮冶金、电镀、化工等厂矿的废水，亦可引起氰化物中毒。

2. 症状 通常在采食含氰甙类植物的过程中或采食后 1h 左右突然起病，病畜站立不稳，呻吟不安，可视黏膜潮红，呈玫瑰样鲜红色，静脉血色亦呈鲜艳红色。呼吸极度困难，抬头伸颈，迎风站立，甚而张口喘息。肌肉痉挛，首先是头、颈部肌肉痉挛，很快扩展到全身。有的出现后弓反张和前弓反张。全身或局部出汗。体温正常或低下。继而精神沉郁，全身衰弱，卧地不起，结膜发绀，血液暗红，瞳孔散大，眼球震颤，脉搏细弱疾速，抽搐窒息而死。病程一般不超过 2h，重剧中毒者仅需数分钟即可致死。

3. 病变 特征性病变包括尸僵缓慢，病初急宰者血液呈鲜红色，病程较长时呈暗红色，血液凝固不良，可视黏膜呈樱桃红色，胃内充满未消化的食物，散发苦杏仁气味。

4. 诊断要点 根据采食含氰苷植物的病史，结合起病急、呼吸极度困难、可视黏膜和静脉血呈鲜红色、神经机能紊乱、体温正常或低下等综合症候群，以及闪电式病程，一般不难做出初步诊断。确诊需在死亡后4h内采取胃内容物、肝脏、肌肉或剩余饲料，进行氢氰酸定性或定量检验。

【防治】

（1）预防 含氰苷的饲料，最好放于流水中浸渍24h，或漂洗后加工利用。并与其他饲料适当搭配饲喂。

严禁用含氰苷的高粱苗、玉米幼苗饲喂牛、羊，要防止牛、羊进入高粱、玉米地偷吃幼苗。

对氰化物农药，应严加保管，防止污染饲料或被牛、羊误食。

（2）治疗 应立即实施特效解毒疗法。静脉注射1%亚硝酸钠、2%美蓝。其中，亚硝酸钠的解毒效果比美蓝确实，因此常用亚硝酸钠。根据病情进行对症治疗，如注射中枢兴奋剂、强心剂，吸入氧气，静脉注射5%葡萄糖盐水等。

十七、尿素及氨中毒

尿素及氨中毒是由于牛、羊采食尿素之后，在胃肠道中释放大量的氨所引起的高氨血症。

【诊断】

1. 病因

（1）将尿素堆放在饲料的近旁，导致发生误用或被动物偷吃。

（2）尿素饲料使用不当。如将尿素溶解成水溶液喂给时，易发生中毒。饲喂尿素的动物，若不经过逐渐增加用量，初次就按定量喂给，也易发生中毒。此外，不严格控制定量饲喂，或对添加的尿素未均匀搅拌等，都能造成中毒。尿素的饲用量，应控制在全部饲料总干物质量的1%以下，或精饲料的3%以下，成年牛每天以200～300g，成年羊以20～30g为宜。

2. 症状 中毒症状出现的早晚和严重程度与尿素的量和血氨浓度密切相关。

牛在食入中毒量尿素后30～60min出现症状。首先表现沉郁，接着不安和感觉过敏、呻吟，反刍停止，瘤胃臌气，肌肉抽搐，震颤，步态不稳，反复出现强直性痉挛，呼吸困难，出汗，流涎。后期病畜倒地，肛门松弛，四肢划动，窒息死亡。血氨浓度升高，红细胞比容增高，血液pH在中毒初期升高，死亡前下降并伴有高钾血症，尿液pH升高。

3. 诊断要点 根据采食尿素的病史强直性痉挛、呼吸困难、循环障碍等症状表现，新鲜瘤胃内容物有氨臭味，可做出初步诊断并测定血氨浓度，当达到8.4～13mg/L，即可确诊。

【防治】

（1）预防 虽然尿素可代替反刍动物日粮中20%～30%的粗蛋白。但必须用量恰当。一般添加尿素量为日粮的1%左右，最多不应超过日粮干物质总量的1%或精料干物质的2%～3%。添加尿素措施要合理，应将足量的尿素均匀地搅拌在饲料中饲喂。饲喂尿素时既不能将尿素溶于水后饲喂，也不能给反刍动物饲喂尿素后立即大量饮水，以免尿素分解过快而中毒。

(2) 治疗　本病尚无特效治疗药物，一般采取下列处理措施：立即停喂尿素，用食醋或5%醋酸加适量水，给牛灌服。肌肉抽搐时，可肌内注射苯巴比妥。呼吸困难时，可肌内注射盐酸麻黄碱。

十八、疯草中毒

疯草是棘豆属和黄芪属中有毒植物的统称，动物长期采食疯草后可发生以神经症状为主症的慢性中毒，称为疯草中毒或疯草病。

【诊断】

1. 病因　疯草的适口性差，在其他牧草丰盛时，牛、羊并不采食。但各种原因造成的牧草不足时，牛、羊因饥饿而不得不采食疯草，且一旦采食，便嗜好成瘾，以至中毒。牛、羊在春季一般营养状况不良，对疯草特别敏感，很容易发生中毒。

2. 症状　采食疯草初期，牛、羊体重增加快，持续采食，体重反而下降，约经半月后出现中毒症状，如迟钝、步态蹒跚、目光呆滞、凝视、运动失调和神经质（尤其是受刺激时）。各种动物可能表现不同，羊初期表现精神沉郁，反应迟钝，行动步态不稳，后肢拖地或向两侧摇摆。病情严重时，眼半闭，并不断做水平摆动，以致不能吃草。安静时呆立，走路时颈及四肢僵硬，容易倒地，消瘦、贫血。牛精神沉郁，步态蹒跚，无目的徘徊或做转圈运动，站立时特别是前肢呈交叉姿势。高海拔地区放牧疯草的牛还表现右心衰竭，颌下、胸前及腹下水肿，呼吸困难，腹泻，不愿走动，强迫行走会引起突然死亡。此外，中毒母畜不发情，公畜没有性行为，妊娠母畜发生流产。

3. 诊断要点　根据采食史和临床症状，血清谷草转氨酶、碱性磷酸酶和乳酸脱氢酶活性升高，α-甘露糖苷酶活性明显降低，结合内脏、神经细胞胞质空泡化等组织病理学特点，可以做出诊断。

【防治】目前尚无特效解毒药，预防疯草中毒的措施如下：

使用除草剂控制疯草生长：使用除草剂如2,4-D控制疯草生长，使其密度低于危害牛、羊的程度，可定期重复处理。

合理轮牧：草地定期轮流休闲，牧草正常生长繁殖，营养丰富能保证均衡供应，就能避免牛、羊采食疯草而发生中毒。

去毒利用：疯草经水或酸浸泡处理2～3d，可除去大部分毒素，即使连续饲喂2～3个月也不会发生中毒。疯草在盛花期营养价值最高，粗蛋白含量高达18%，此时收割晒干堆放，集中进行去毒处理，既可防止疯草种子成熟、繁殖和蔓延，又可获得大量优质干草，方法简便而易行，效果确实而可靠。

十九、栎树叶中毒

栎树叶中毒又称青杠叶中毒或橡树叶中毒，是栎树林区春季常见病之一。以便秘或腹泻、水肿、胃肠炎和肾损害为特征。

【诊断】

1. 病因　牛栎树叶中毒主要发生于农牧交错地带的栎树林区，此类林区牧场上多有新萌发的丛生栎树林，放牧的牛常因大量采食栎树叶而发病。牛采食栎树叶超过日粮的50%

即可中毒，超过75%则会致死。

2. 症状 牛大量采食栎树叶连续5～15d后中毒。病初表现精神不振，被毛竖立，食欲减少，厌食青草，喜食干草，瘤胃蠕动减弱，尿量减少且浑浊。频频努责，排粪量少，粪便呈柿饼状，干硬、色黑，表面有大量黏液或纤维素性黏稠物及褐色血丝。肩部、股部及臀部肌肉震颤，甚至全身颤抖。中期，精神沉郁，食欲减少或废绝，反刍停止，瘤胃蠕动减弱、无力。体温在正常范围（或逐渐下降），心跳稍增数，有的心音亢进或节律失常。鼻镜少汗或干燥以至龟裂。鼻孔周围黏附分泌物，舌不舐鼻。粪便呈算盘珠或香肠样，有大量黄红相间的黏稠物。尿量增多，清亮。后期尿闭，在阴筒（公牛）、肛门周围、腹下、股后侧、前胸、肉垂等处出现水肿，触诊呈棉花团状，指压留痕。有的病例排黑色恶臭糊状粪便，黏附于肛门周围及尾部。病牛终因肾功能衰竭而死亡。

3. 诊断要点 早期诊断凡符合以下指标者，可考虑牛栎树叶中毒：有采食或饲喂栎树叶的生活史；发病有一定的季节性和地区性；临床检查体温正常，食欲稍减，粪便干燥、色暗黑并带有较多的黏液及少量血丝；尿蛋白阳性。

临床生化检验：尿液淡黄色或微黄白色，有多量沉渣；pH为5.5～7.0，比重下降为1.008～1.017；尿蛋白阳性；尿沉渣中有肾上皮细胞、白细胞及管型等；游离酚升高，可达30～100mg/L，结合酚的比例增大。血液尿素氮（BUN）浓度高达14.28～124.95mmol/L（40～350mg/dL）（正常为5～20mg/dL）；磷酸盐浓度升高（2.4～6.8mmol/L）；钙含量下降（1.75～2.10mmol/L）；挥发性游离酚浓度可达0.28～1.86mg/dL。血清谷草转氨酶和谷丙转氨酶升高。

【防治】 治疗原则为排除毒物，解毒和对症治疗。发现中毒时应立即禁止病牛采食栎树叶或橡树子，供给优质青草或干草。为促进胃肠内容物的排除，可用1%～3%氯化钠溶液瓣胃注射；或用鸡蛋清和蜂蜜混合后灌服；或灌服菜籽油。碱化尿液，促进血液中毒物排泄，可用5%碳酸氢钠静脉注射。

对机体衰弱、体温偏低、呼吸次数减少、心力衰竭及出现肾性水肿者，使用5%葡萄糖生理盐水、林格氏液、10%安钠咖注射液，静脉注射。对出现水肿和腹腔积水的病牛，使用利尿剂。晚期出现尿毒症的病例还可采用透析疗法。肠道有炎症的，可内服或注射抗生素和磺胺类药物。

预防本病最根本的措施是恢复栎林区的自然生态平衡，改造栎林牧地的结构；不在栎树林放牧，不采集栎叶喂牛；改变单一放牧、不补饲的饲养习惯，储足越冬度春的青干草，提高牛的体质。

二十、蕨中毒

蕨中毒是指牛、羊在短期内采食大量蕨类植物所导致的一种以骨髓损害和再生障碍性贫血为特征的急性或慢性中毒病。

【诊断】

1. 病因 病因是牛、羊采食大量有毒的蕨类植物。蕨类植物引起中毒的物质目前还不是很清楚，可能与蕨素、蕨苷、异槲皮苷、紫云英苷等有关。

2. 症状 牛急性中毒一般在采食后2～6周出现出血性综合征。最初表现为精神沉郁，食欲下降，粪便稀软，呈渐进性消瘦。病情急剧恶化时，体温突然升高，可达40.5～43℃，瘤胃蠕动减弱或消失。后期，病牛呈不自然伏卧，回头顾腹或用后肢踢腹，阵发性努责，排出稀软红色粪便。严重者仅排出少量红黄色黏液或凝血块，呈里急后重。可视黏膜和皮肤有斑点状出血，尤其是会阴、股内侧和四肢系部等被毛稀少的部位十分明显。妊娠牛常因腹痛和努责导致胎动或流产。泌乳牛可能排出带血的乳汁。

牛慢性中毒的典型症状是血尿，主要因膀胱肿瘤，表现长期间歇性血尿。尿液淡红色或鲜红色，严重时可见絮片状血凝块。有时尿液颜色转为正常，但显微镜检查仍有多量红细胞，妊娠及分娩等应激因素刺激可重新出现或加重血尿。长期血尿导致病牛贫血，虚弱，渐进性消瘦，泌乳量下降。后期呈恶病质状态。

羊采食蕨类植物可发生永久性失明，瞳孔散大，对光反射减弱或消失。病羊经常抬头保持警觉姿势。主要是视网膜变性和萎缩，血管狭窄。绵羊采食蕨类植物可导致脑灰质软化，表现无目的行走，有时转圈或站立不动，失明，卧地不起，角弓反张，四肢伸直，眼球震颤，周期性强直性惊厥。

血液检验，牛主要表现再生障碍性贫血，突出变化是白细胞总数少于 5×10^9 个/L，其中中性粒细胞明显减少，而淋巴细胞增多。血小板总数减少至（1～2）$\times10^9$ 个/L。红细胞总数降至 3.0×10^{12} 个/L 以下，大小不均，脆性增加；血液维生素 B_1、血红蛋白含量降低。骨髓象变化为骨髓增生减弱，红系、粒系和巨核细胞系均受损害。

3. 诊断要点 根据流行病学调查和采食蕨类植物的病史，结合典型的症状、血液与病理学变化，即可做出诊断。必要时，可进行人工饲喂发病试验。鉴别诊断应注意与炭疽、血孢子虫病、败血型巴氏杆菌病、钩端螺旋体病、草木樨中毒、霉菌毒素中毒、三氯乙烯中毒进行区别。

【防治】

（1）预防 加强饲养管理，尽可能避免到蕨类植物茂密的牧地上放牧；剔除收割饲草及垫草中混入的蕨类植物。

（2）治疗 尚无特效解毒药，多采用综合疗法。给牛输注新鲜全血或富含血小板的血浆。采用抗纤维蛋白溶酶制剂、维生素、止血剂、强肝剂、营养剂、强心利尿剂及胃肠调整剂等进行对症治疗。

二十一、洋葱中毒

洋葱（或大葱）被牛、羊采食后易引起中毒，主要表现为排绯红色或红棕色尿液。

【诊断】

1. 病因 采食了含有洋葱（或大葱）的食物后，如包子、饺子等，便可发生中毒。洋葱所含的 N-丙基二硫化物或硫丙烯能降低红细胞内葡萄糖-6-磷酸脱氧活性，使红细胞溶解。

2. 症状 采食洋葱 5d 内，动物尿液变红，出现食欲不振、心动过速、呼吸急促、步履蹒跚、行动迟缓、结膜黄染黄斑化和瘤胃动力减退等症状。血液红细胞数和血红蛋白含量下降。尿液中血红蛋白含量增加。外周血涂片中可见亨氏小体、嗜碱性斑点、多染红细胞。

【防治】立即停止饲喂含有洋葱或大葱的食物；应用抗氧化剂（维生素 E），通过静脉输液补充营养；给予适量利尿剂，促进体内血红蛋白排出；因溶血引起严重贫血时，可进行静脉输血治疗。

二十二、双香豆素中毒

双香豆素中毒是因动物食入发霉的草木樨干草所导致的以广泛出血为特征的中毒病。各种草食动物均可发病，主要见于牛，犊牛易感性高于成年牛。

【诊断】

1. 病因　草木樨含有香豆素，其并无毒性，但当草木樨干草或青贮料感染霉菌（主要是青霉属、曲霉属和毛霉菌属）后，在霉菌的作用下香豆素转化为具有毒性的双香豆素。动物采食含有双香豆素的草木樨后可发生中毒。

2. 症状　病初仅表现精神沉郁和疲乏。皮下肿胀，鼻腔出血，粪便颜色发黑。皮下组织、肌肉间及浆膜下层都有广泛出血，触诊不痛也不热，无捻发音。意外创伤和外伤处理后患畜常引起严重出血。犊牛较为敏感，1 岁以内的犊牛饲喂发霉草木樨 15d 可引起中毒，3 岁牛平均 57d，老龄牛和泌乳牛不甚敏感。牛表现贫血症状，可视黏膜苍白，软弱无力，步态不稳，心跳加快，呼吸急促，脉搏细弱，运动后心悸、气短更加明显，严重的病畜体温降低。母牛采食发霉草木樨可能不出现临床症状，但其所生牛犊可在出生后几天内因出血而死亡。

3. 诊断要点　根据饲喂霉败草木樨的病史，结合广泛性的出血和特征性的病理变化，即可初步诊断。实验室检验，凝血酶原时间、活化的部分凝血活酶时间和血凝时间明显延长，血浆中凝血因子数量减少，红细胞数和血红蛋白含量降低。饲料中双香豆素含量测定，可为本病的确诊提供依据。

【防治】

（1）*预防*　应仔细处理草木樨干草，如有霉败时不应饲喂动物。

（2）*治疗*　立即停止饲喂发霉干草或青贮，并大量补给凝血因子和维生素 K。对于重症病例应立即实施输血疗法。天然的维生素 K 是双香豆素的最佳拮抗剂，可静脉注射或肌内注射。合成的维生素 K 奏效慢，对急性重症病例不宜应用，但可用于恢复期病畜，以巩固疗效。

二十三、霉烂甘薯中毒

详见“三十五、黑斑病甘薯毒素中毒”。

二十四、瘤胃酸中毒

瘤胃酸中毒是由于突然超量采食富含可溶性糖类的谷物等，瘤胃内急剧产生、积聚并吸收大量乳酸等所导致的一种急性消化性酸中毒。

【诊断】

1. 病因　牛、羊采食或偷食大量谷物，如大麦、小麦、玉米、稻谷、高粱等，特别是粉碎后的谷物，在瘤胃内高度发酵，产生大量的乳酸而引起瘤胃酸中毒。舍饲肉牛、肉羊若不按照由高粗饲料向高精饲料逐渐变换的方式，而是突然饲喂高精饲料时，也易发生瘤胃酸中毒。现代化奶牛生产中常因饲料混合不匀，或搭配不合理，从而使奶牛采食过多精料而发病。

2. 症状　急性瘤胃酸中毒的症状和经过因病型不同而异。

(1) 最急性型　精神高度沉郁，极度虚弱，侧卧而不能站立，双目失明，瞳孔散大。体温低下（36.5～38.5℃），重度脱水（体重的8%～12%）。腹部显著膨胀，瘤胃停滞，内容物较稀或呈水样，瘤胃液 pH 低于 5.0，甚至到 4.0。病畜突然死亡，死亡的直接原因是内毒素休克。

(2) 急性型　食欲废绝，精神沉郁，瞳孔轻度散大，反应迟钝。消化道症状典型，磨牙、虚嚼，不反刍，瘤胃膨满不运动，一般触诊可感到回弹性，冲击式触诊有震荡音，瘤胃液 pH 在 5.0～6.0 之间。脱水体征明显，中度脱水（体重的 8%～10%），眼窝凹陷，血液黏稠，尿少而色浓或无尿。全身症状重剧，体温正常、微热或低下（38.5～39.5℃，有的 37.0～38.5℃）。脉搏细弱（每分钟百次上下），结膜暗红，微血管再充盈时间延长（3～5s）。后期出现明显的神经症状，步态蹒跚或卧地不起，头颈侧屈（似生产瘫痪）或后仰（角弓反张），昏睡乃至昏迷。若不予救治，多在 24h 内死亡。

(3) 亚急性型　食欲减退或废绝，瞳孔正常，精神委顿，能行走而无共济失调。轻度脱水。全身症状明显，体温正常（38.5～39℃），结膜潮红，脉搏加快（80 次/min 上下），微血管再充盈时间轻度延长（2～3s）。瘤胃中等充满，收缩无力，触诊感生面团样或稀软的瘤胃内容物，瘤胃液 pH 为 5.5～6.5，有一些活动的纤毛虫。常继发或伴发蹄叶炎、瘤胃炎而使病情恶化，病程 24～96h 不等。

(4) 轻微型　呈消化不良体征，表现食欲减退，反刍无力或停止，瘤胃运动减弱，稍显膨胀。触诊内容物呈捏粉样硬度，瘤胃液 pH 为 6.5～7.0，纤毛虫活力基本正常。脱水体征不显，全身症状轻微。可见腹泻，粪便灰黄稀软或呈水样。

3. 诊断要点　根据病畜表现脱水，瘤胃胀满，卧地不起，具有蹄叶炎和神经症状，结合过食谷物或含丰富糖类饲料的病史，以及实验室检查的结果，进行综合分析，可做出诊断。必须注意，病程一旦超过 24h，由于唾液的缓冲作用和血浆的稀释，瘤胃内 pH 通常可回升至 6.5～7.0。

【防治】

(1) 预防　给予牛、羊正常的营养均衡的日粮，不随意加料或补料。肉牛、肉羊由高粗饲料向高精饲料的变换要逐步进行，应有一个适应期。耕牛在农忙季节的补料亦应逐渐增加，决不可突然一次补给较多的谷物。防止牛、羊闯入饲料房、仓库、晒谷场暴食谷物及配合饲料。

(2) 治疗　原则是加强护理，清除瘤胃内容物，纠正酸中毒，补充体液，恢复瘤胃蠕动。

手术疗法：重剧病畜（心率＞100 次/min，瘤胃内容物 pH＜ 5）宜行瘤胃切开术，排空内容物，用 3%碳酸氢钠或温水洗涤瘤胃数次，尽可能彻底地洗出乳酸，补充碳酸氢钠。

洗胃疗法：若病畜症状不太严重或数量大，不能全部进行瘤胃切开术时，可采取洗胃疗法，用大口径胃管以 1%～3%碳酸氢钠溶液或 5%氧化镁溶液、温水反复冲洗瘤胃。冲洗完成后，可投服碱性药物（如碳酸氢钠或氧化镁、碳酸盐缓冲剂），补充钙制剂和体液；也可用石灰水洗胃，直至胃液呈碱性为止。

中和抑菌疗法：若在短时间内不能采取洗胃治疗的病畜，可按静脉注射 5%碳酸氢钠注射液，并投服氧化镁或氢氧化镁等碱性药物，再服用青霉素，以促进乳酸中和，抑制瘤胃内牛链球菌的繁殖。

对症疗法：为防止继发瘤胃炎、急性腹膜炎或蹄叶炎，治疗过敏反应和脱水，可静脉注射5%葡萄糖氯化钠注射液、20%安钠咖注射液、40%乌洛托品注射液，肌内注射盐酸异丙嗪或苯海拉明等药物。血钙含量下降时，可用10%葡萄糖酸钙注射液静脉注射。若病牛心率低于100次/min，轻度脱水，瘤胃尚有一定蠕动功能，则只需投服抗酸药、促反刍药和补充钙剂即可。

护理：在最初18～24h要限制饮水量。在恢复阶段，应饲喂品质良好的干草，以后再逐渐加入谷物和配合饲料。

二十五、有机磷农药中毒

有机磷农药中毒

有机磷农药中毒由于动物接触、吸入或误食某种有机磷农药所导致的中毒病，以体内胆碱酯酶钝化和乙酰胆碱蓄积为毒理学基础，以胆碱能神经效应为临床特征。

【诊断】

1. 病因 有机磷农药可经消化道、呼吸道或皮肤进入机体而引起中毒。常见病因为：误食喷洒有机磷农药的青草、庄稼或用药地区的水；配制或喷洒药剂时，粉末或雾滴沾染附近或下风方向的畜舍、草料及饮水，被牛、羊舔吮、采食或吸入；误用配制农药的容器当作饲槽或水桶而饮喂牛、羊；用药不当，如滥用有机磷农药治疗外寄生虫病，超量灌服敌百虫驱除胃肠寄生虫，完全阻塞性便秘时用敌百虫作为泻剂，导泻未成，反而吸收中毒。

2. 症状 病畜表现为胆碱能神经过度兴奋，临床上归纳为三类症候群。

毒蕈碱样症状：当机体受毒蕈碱作用时，可引起副交感神经的节前和节后纤维，以及分布在汗腺的交感神经节后纤维等胆碱能神经发生兴奋，按其程度不同表现食欲不振，流涎，呕吐，腹泻，腹痛，多汗，尿失禁，瞳孔缩小，可视黏膜苍白，呼吸困难，支气管分泌增多，肺水肿等。

烟碱样症状：当机体受烟碱作用时，可引起支配横纹肌的运动神经末梢和交感神经节前纤维（包括支配肾上腺髓质的交感神经）等胆碱能神经发生兴奋；但乙酰胆碱蓄积过多时，则将转为麻痹，具体表现为肌纤维性震颤，血压上升，肌紧张度减退（特别是呼吸肌），脉搏频数等。

中枢神经系统症状：这是病畜脑组织内的胆碱酯酶受抑制后，使中枢神经细胞之间的兴奋传递发生障碍，造成中枢神经系统的机能紊乱，表现为兴奋不安，体温升高，搐搦，甚至陷于昏睡等。

3. 诊断要点 根据病史和临床表现，结合胆碱酯酶活性和病畜的呕吐物、胃内容物的有机磷杀虫剂定性检测，可做出诊断。

【防治】

（1）预防 健全对农药的购销、保管和使用制度，落实专人负责制度。开展经常性的宣传工作，以普及有关农药使用和预防牛、羊中毒的知识。由专人统一安排施用农药和收获饲料，避免互相影响。对于使用农药驱除牛、羊内外寄生虫，要由兽医人员负责，定期组织进行，以防意外的中毒事故。

（2）治疗　应用胆碱酯酶复活剂和乙酰胆碱对抗剂实施特效解毒，双管齐下，疗效确实。胆碱酯酶复活剂，常用的有解磷毒、双解磷、双复磷等，可使钝化的胆碱酯酶复活，但不能解除毒蕈碱样症状，难以救急；阿托品等乙酰胆碱对抗剂可以解除毒蕈碱样症状，但不会使钝化的胆碱酯酶复活，不能治本。因此，轻度中毒可以任选其一，中度和重度中毒则以两者合用为好，可互补不足，增强疗效，且阿托品用量相应减少，毒副作用得以避免。

对症治疗，主要是以消除肺水肿，兴奋呼吸中枢，使用高渗葡萄糖溶液等，提高疗效。

二十六、拟除虫菊酯类农药中毒

拟除虫菊酯类农药中毒是动物因接触、吸入或摄入拟除虫菊酯类杀虫剂而引起的以兴奋、全身肌肉持续性痉挛、共济失调和麻痹等为特征的一类中毒病。

【诊断】

1. 病因　常见原因是：在封闭性较好的环境里使用该类药物喷雾，使生活在其中的牛、羊过多吸入或摄入；饲料、饮水被杀虫剂污染；用拟除虫菊酯药物驱除动物体外寄生虫时，剂量过大，药浴时间过长，用药后不及时清洗畜体和冲洗环境，药液误入口腔等。

2. 症状　中毒症状因动物种属、给药途径、所用载体、剂型的不同而有差异，但以神经症状和消化道症状为主。

牛病初主要表现精神兴奋，狂躁不安，无目的徘徊。食欲减退或废绝，口吐白沫，口色青紫。瘤胃臌胀，反刍、嗳气停止。呼吸急迫。易惊，哞叫，肌肉震颤。后期精神极度沉郁，卧地不起，对外界刺激反应降低，最后可因循环、呼吸衰竭而死亡。

羊表现呼吸急促，心跳加快，步态不稳，肌肉震颤，口吐白沫；短时间迟钝，接着出现全身过度兴奋、惊厥，四肢强直而死亡。严重者病30～60min。病程长者食欲废绝，瘤胃臌气，走路蹒跚。

3. 诊断要点　根据接触拟除虫菊酯类杀虫剂的病史，结合神经系统、消化系统和心血管系统的症状，可初步诊断。确诊需对可疑样品进行毒物分析。毒物分析的方法有化学法（如普鲁士蓝反应法、碘化铋钾试剂显色法）、高效液相色谱法、气相色谱法、薄层色谱法等。

【防治】

（1）预防　应加强拟除虫菊酯类杀虫剂的生产、运输、保管和使用管理，防止药物污染饲料、饮水；禁止动物进入或放牧于使用药物不久的区域；使用该类药物对畜舍灭虫后应对环境通风并彻底冲洗地面、墙壁和用具，禁止带畜用药；畜体药浴杀火体外寄生虫时，应按规定操作，剂量不能过大、时间不能过长，并防止药液进入口腔和眼睛，并应及时清洗烘干被毛（尤其在冬天）。对用剩的药液及药械洗刷液要深埋，不能随意乱洒以免污染水源。

（2）治疗　本病无特效解毒药。对皮肤接触中毒的动物应迅速用清水或2%～4%的碳酸氢钠溶液冲洗；经口染毒者，可采用催吐、洗胃（1%～2%碳酸氢钠溶液）、灌服活性炭和导泻（硫酸镁或硫酸钠）等措施，促进毒物排泄。吸入染毒者应立即移至空气新鲜处，并用甲基半胱氨酸雾化吸入15min。对症治疗，可用安定或苯巴比妥解痉；流涎、腹泻可用阿托品；中枢性肌肉松弛剂美索巴莫（舒筋灵）静脉注射，对缓解神经症状有较好效果，但不宜与安定等催眠药合用。也可用3%亚硝酸钠注射液缓慢静脉注射，以加速毒物分解。辅助治疗可采取补充高渗葡萄糖溶液，使用维生素B_1、维生素B_{12}、ATP和细胞色素C等。

二十七、有机氟（氟乙酰胺）中毒

有机氟中毒是指动物误食氟乙酰胺、氟乙酸钠等有机氟杀鼠药引起的中毒病，以呼吸困难、口吐白沫、兴奋不安为特征。

【诊断】

1. 病因 氟乙酰胺等有机氟杀鼠药可经消化道、呼吸道及皮肤进入动物体内，动物中毒往往是因误食（饮）被有机氟化物处理或污染了的植物、种子、饲料、毒饵、饮水所致。氟乙酰胺在机体内代谢、分解和排泄较慢，可引起蓄积中毒。因氟乙酰胺中毒而死亡的动物，其组织在相当长的时间内仍可使其他动物发生二次中毒。

2. 症状 牛、羊主要表现心血管症状，有突发型与潜伏型两种。突发型无明显先兆症状，摄入毒物9～18h后突然倒地，剧烈抽搐，惊厥，角弓反张，来不及抢救，迅速死亡。潜伏型，一般在摄入毒物1周后经运动或受刺激后突然发作，尖叫，惊恐，在抽搐中死于心力衰竭。

3. 诊断要点 依据接触有机氟杀鼠药的病史，神经兴奋和心律失常为主体的症状，即可做出初步诊断。为确定和验证诊断，应测定血液内的柠檬酸含量，并采取可疑的饲料、饮水、呕吐物、胃内容物、肝脏或血液，做羟肟酸反应或薄层层析，证实氟乙酰胺的存在。

【防治】

（1）预防 加强有机氟杀鼠药的生产、经销、保管和使用严格管理；禁止给动物饲喂被有机氟化合物污染的饲草、饲料、饮水，防止动物误食杀鼠毒饵；因有机氟中毒死亡的动物尸体应该深埋，以防其他动物食入。

（2）治疗 发现中毒后，立即停喂可疑饲料，尽快排出胃肠内毒物，可用0.1%高锰酸钾溶液洗胃（忌用碳酸氢钠），再投给鸡蛋清、碱式硝酸铋，保护胃肠黏膜。

解毒可使用解氟灵（乙酰胺）、乙二醇乙酸酯。解氟灵和纳洛酮合用，疗效较好。严重者可配合强心补液，镇静、兴奋呼吸中枢等对症治疗。

二十八、磺胺类药物中毒

磺胺类药物是一类抑制细菌的合成化合物，兽医临床上广泛用于细菌性传染病的治疗，或将其加入饲料混饲，用于预防牛、羊的球虫病。

【诊断】

1. 病因 主要是因超量或持续服用磺胺类药物所致。

2. 症状 磺胺类药物干扰碘代谢，可度使用可引起甲状腺肿大；还可导致粒细胞缺乏，血小板减少，形成高铁血红蛋白，胚胎发育停止，甚至出现急性药物性休克。还可引起牛周围神经炎。磺胺类药物局部过量应用可抑制伤口愈合。口服磺胺类药物可干扰瘤胃微生物合成B族维生素或肠道合成维生素K。有些磺胺类药物可在肝脏直接对抗维生素K的活性。所有的磺胺类药物都可与血浆蛋白有不同程度的结合。用量过大，则血液中游离胆红素增高，会引起黄疸和过敏反应。由过敏还可引起造血系统功能失调和免疫器官的损害。使机体抵抗力下降，是继发混合感染和死亡的主要原因。此外，磺胺类药物还是碳酸酐酶的抑制剂，过量使用可引起多尿和酸中毒。

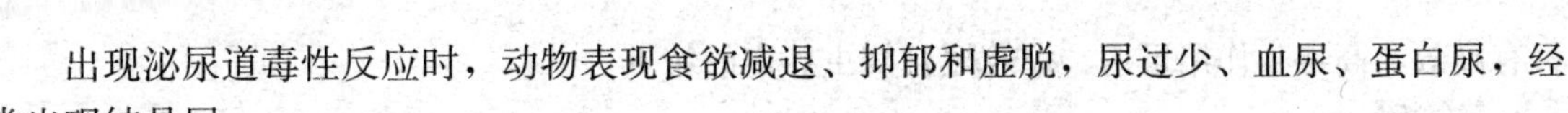

出现泌尿道毒性反应时，动物表现食欲减退、抑郁和虚脱，尿过少、血尿、蛋白尿，经常出现结晶尿。

【防治】

(1) 预防　谨慎使用磺胺类药物。如必须使用时，要严格掌握用药剂量和疗程，连续用药时间不超过1周。在使用此类药物时，应使牛、羊充分饮水，促进药物排出，避免蓄积中毒，同时适当补充维生素K和B族维生素。2～3种磺胺类药物联合使用可提高治疗效果，并且用药量相对减少，药物毒性反应也较轻。

(2) 治疗　发现中毒应立即停药，供给充足的饮水，在饮水中加入0.5%～1%碳酸氢钠或5%葡萄糖。也可在饲料中加0.05%的维生素K，或将日粮中维生素含量提高1倍。

二十九、肉毒梭菌毒素中毒

肉毒梭菌毒素中毒是指牛摄入肉毒梭菌毒素而诱发的致死性食物中毒症。肉毒梭菌毒素经吸收入血后，可随血液流动到达全身组织，其中神经组织和神经肌肉接头处是其主要攻击的靶点。

【诊断】

1. 病因　肉毒梭菌本身无致病力，当肉毒梭菌污染青贮饲料和饲草时，会大量繁殖并产生肉毒梭菌毒素。此外，在饲料饲草生产、加工过程中，如不注意卫生或不能将已污染的肉毒梭菌洗去，都可污染肉毒梭菌引起中毒。

2. 症状　最急性型中毒见不到症状即死亡。牛、羊一般是采食后数小时至十几天出现症状，以无体温反应或体温低于常温为特征。大多数病例出现下颌及舌麻痹。流涎，舌伸出口外，吞咽困难，草料存集于舌根或呈草团状含在口中，不能咽下。有时可见饮水时将水含在口中不能咽下，舌伸出口外，往往收回困难，下垂而呈红色。病畜后期常烦躁不安，或呈昏迷状，并有腹痛现象。有的平静卧地，将头颈弯曲到胸骨侧方，如果站立，仍可运动，但步态强拘，腰背弓起，行走时左右摇摆，颈背僵硬，共济失调。最后卧地不起，四肢划动，做游泳状动作。病畜迅速消瘦，贫血，黏膜充血或黄染。有时瞳孔散大。肠音初期亢盛后期消失，粪便干燥，排粪困难，心跳增强而节律不齐。

3. 诊断要点　通常情况下，取病死牛肠内容物、肝脏、牛血清等，经组织学检测可确定牛肉毒梭菌毒素。由于健牛体内基本没有肉毒梭菌毒素存在，所以实验室条件下自肝脏分离本菌，对于确诊此症有极为重要的现实意义。

【防治】

(1) 预防　加强管理，杜绝饲喂霉变或腐败的饲料。提供营养均衡的饲料，尤其是微量元素要充足，防止出现异食癖。

(2) 治疗　急性病例死亡快，无治疗意义。而中毒较轻、发病较缓的病牛，可第一时间注射多价抗毒素血清，以中和血液中的毒素，只要毒素还未到达神经部位，或还未造成神经肌肉接头组织的破坏，就能阻止病情的发展，机体可逐渐康复。可灌服泻药，或用0.1%浓度的温高锰酸钾溶液对胃肠道进行清洗，促进毒素排出。

三十、阿维菌素类药物中毒

阿维菌素是治疗动物体内外寄生虫并的常用驱虫药物，属于触杀类兼具胃毒的杀虫剂，具有高效、高毒、作用迅速、疗效短且抗虫广谱的特点。

【诊断】

1. 病因　当阿维菌素的用量达到建议用量的 10 倍以上时，可造成阿维菌素中毒。

2. 症状　初期表现为站立不稳，走路摇晃，精神恍惚，心率加快，心音亢进。呼吸加快，甚至急促。对外界反应迟钝，有时挤靠墙角、大树；中期表现为逐渐沉郁，食欲不振。而后出现心率迟缓，心音低沉，呼吸减退，舌麻痹，有时伸出口外，嘴流口水；后期表现羔羊比成年羊一般病情稍重，卧地不起，被毛蓬松、凌乱，沾有污垢。检测体温正常，四肢发软，针刺反应迟钝，甚至昏迷不醒。听诊肺部双侧或一侧有湿啰音。

3. 诊断要点　根据临床症状并结合询问畜主用药情况一般不难诊断。

【防治】由于本病没有特效解毒药，一般采取对症治疗。

强力解毒敏（又称复方甘草酸单铵注射液）是阿维菌素中毒有效的解救药物之一，可尝试使用。

对症治疗，可使用维生素 C，以提高机体抗病能力；使用维生素 B，进行神经系统的保护和营养。

三十一、食盐中毒

食盐中毒是动物因食入过量的食盐，同时饮水又受限制时所产生的以消化紊乱和神经症状为特征的中毒性疾病。除食盐外，其他钠盐如碳酸钠、乳酸钠等亦可引起与食盐中毒一样的症状，因此倾向于统称为“钠盐中毒”。食盐中毒可发生于各种动物，牛、羊的中毒剂量为每千克体重 2.2g。

【诊断】

1. 病因　牛、羊发生本病多因对长期缺盐饲养或“盐饥饿”后突然加喂食盐，特别是喂含盐饮水，未加限制时，极易发生异常大量采食的情况。高产乳牛在泌乳期对食盐的敏感性要比干乳期高得多。夏季炎热多汗，失去大量水分，往往耐受不了在冬季能够耐受的食盐量。全价饲养，特别是日粮中钙、镁等矿物质充足时，对过量食盐的敏感性大大降低，反之则敏感性显著增高。

2. 症状　牛、羊中毒时呈现食欲减退、呕吐、腹痛和腹泻，同时有视觉障碍。最急性者可在 24h 内发生麻痹，很快死亡。病程较长者，可出现皮下水肿，顽固性消化障碍，并常见多尿、鼻漏、失明、惊厥发作，或呈部分麻痹等神经症状。

3. 病变　剖检见胃肠黏膜潮红、肿胀、出血，甚至脱落。脑脊髓各部可有不同程度的充血、水肿，尤其急性病例软脑膜和大脑实质最明显，脑回展平，表现水样光泽。脑切片镜检可见软脑膜和大脑皮质充血、水肿，脑血管周围有多量嗜酸性粒细胞和淋巴细胞聚集，呈特征性的“袖套”现象。

4. 诊断要点　过饲食盐和/或限制饮水的病史；癫痫样发作等突出的神经症状；脑水肿、变性、嗜酸性粒细胞血管袖套等病理形态学改变。必要时可测定血清及脑脊液中的 Na^+ 浓度，当血清和脑脊液中超过 160mmol/L，脑组织中超过 1 800mg/kg 时，就可认为是钠盐中毒。

【防治】无特效解毒药。治疗要点是促进食盐排出，恢复阳离子平衡和对症治疗。

（1）发现中毒，立即停喂食盐。对尚未出现神经症状的病畜给予少量多次的新鲜饮水，以利血液中的盐经尿排出；已出现神经症状的病畜，应严格限制饮水，以防加重脑水肿。

(2) 恢复血液中一价和二价阳离子平衡，可静脉注射5%葡萄糖酸钙液或10%氯化钙液。

(3) 缓解脑水肿，降低颅内压，可静脉注射25%山梨醇液或高渗葡萄糖液。

(4) 促进毒物排出，可用利尿剂（如双氢克尿噻）和油类泻剂。

(5) 缓解兴奋和痉挛发作，可用硫酸镁、溴化物（钙或钾）等镇静解痉药。

三十二、酒糟中毒

酒糟中毒是家畜长期或过量采食新鲜的或已经腐败的酒糟，由其中的有毒物质所引起的一种中毒病。临床上表现腹痛、腹泻、流涎等消化道症状和神经症状。主要发生于牛。

【诊断】

1. 病因 酒糟是酿酒工业在提酒后的残渣，其成分十分复杂，所含有毒物质取决于酿酒原料、工艺流程、储存条件等。新鲜酒糟中的有毒成分主要是乙醇；经发酵酸败后则可产生各种游离酸（如醋酸、乳酸、酪酸）以及各种杂醇（如正丙醇、异丁醇、异戊醇）等有害物质。另外，酒糟因加工储存保管不当而发霉，可使其中含有多种真菌毒素。因此，当突然大量饲喂酒糟，或因对酒糟的保管不严而被偷食，或长期单一地饲喂酒糟，或酒糟的加工储存保管不当而变质，即可造成家畜中毒。

2. 症状 急性中毒的病畜主要表现胃肠炎的症状，如食欲减退或废绝、腹痛、腹泻。严重者可出现呼吸困难，心跳疾速，脉细弱，步态不稳或卧地不起，后期四肢麻痹，体温下降，最终因呼吸中枢麻痹而死亡。慢性中毒主要表现消化不良，可视黏膜潮红、黄染、食欲减退、流涎、腹泻。牛酒糟中毒时的皮肤变化明显，后肢出现皮疹、皮炎（酒糟性皮炎），或皮肤肿胀并见潮红，以后形成疱疹，水疱破裂后形成湿性溃疡面，其上覆以痂皮，在遇有细菌感染时，引起化脓或坏死过程。

3. 诊断要点 有饲喂酒糟的病史；剖检胃肠黏膜充血、出血，胃肠内容物有乙醇味；有腹痛、腹泻、流涎等中毒性疾病的一般临床症状，据此可做出初步诊断。确诊应进行动物饲喂试验。

【防治】治疗应立即停喂酒糟，采取中毒的一般急救措施和对症疗法并加强护理，包括镇静安神，对兴奋不安的病畜及时用镇静剂及安定药，可选用硫酸镁注射液、苯妥英钠片、溴化钠、咪达唑仑等；促进毒物排出，可用1%的碳酸氢钠液内服或灌肠，静脉注射葡萄糖生理盐水、复方氯化钠溶液和5%碳酸氢钠溶液；防止毒物吸收，可内服缓泻剂，如硫酸镁等。

预防措施包括妥善储存酒糟，防止酸败，应干燥后储存，在饲喂前应剔除有害物质；用新鲜酒糟喂家畜，应控制喂量，应由少到多，逐渐增加，而且酒糟的比例不得超过日粮的1/3；对酸败的饲料要进行减毒处理，轻度酸败的要加入食用碱，以中和其中的酸性物质，严重酸败变质的不得用作饲料；改变酒糟的利用方法，利用多菌种混合发酵技术生产生物活性蛋白饲料；长期饲喂含酒糟的饲料时，应适当补充含矿物质的饲料。

三十三、棉籽饼中毒

棉籽饼中毒是因长期连续饲喂或过量饲喂棉籽饼，致使摄入过量的棉酚而引起的家畜中毒病。其临床特征为出血性胃肠炎、肺水肿、神经紊乱等。本病主要发生于犊牛，成年反刍动物对本病有较强的抵抗力，但长期大量饲喂棉籽饼亦可引起中毒。

【诊断】

1. 症状 棉籽饼中毒的共同的特点是食欲下降，增重缓慢，呼吸困难，心脏功能障碍。同时，还可见由于代谢紊乱引起的尿石症和维生素A缺乏症。

牛的急性中毒主要表现为出血性胃肠炎的症状。食欲明显减退或废绝，反刍停止；初期便秘以后腹泻，粪便呈黑褐色且有恶臭味，并混有黏液和血液，迅速脱水；可出现磨牙、呻吟、肌纤维震颤；排尿次数增多并带痛，排血尿或血红蛋白尿，尿沉渣中有肾上皮细胞及各种管型；下颌间隙、颈部及胸、腹下常出现水肿。后期，全身症状加剧，表现明显的肺水肿和心力衰竭。哺乳犊牛还出现明显的痉挛、失明、流泪、不断哞叫等临床表现。

牛的慢性中毒主要表现为维生素A和钙缺乏症的症状，如食欲减少，消化紊乱，尿频，尿淋漓或尿闭，血红蛋白尿，有时出现夜盲症、贫血等。

绵羊棉籽饼中毒主要发生于膘情好的妊娠母羊和幼龄羊。妊娠羊发生流产或死胎，公羊发生尿道结石。急性型病羊偶见气喘，常在进圈或产羔时突然死亡。慢性型病羊消化紊乱，渴欲增加；眼结膜充血，视力减退，畏光；精神沉郁，呆立，伸腰拱背；心搏动前期亢进，后期衰弱，心跳加快，节律不齐；流鼻液，咳嗽，呼吸急促，腹式呼吸，25～55次/min，肺部听诊有湿啰音；腹痛，粪球外附有黏液或血液；四肢肌肉痉挛，行走无力，后躯摇摆；常在放牧或饮水时突然死亡。

2. 病变 全身皮下组织呈浆液性浸润，尤以水肿部位明显，胸腔、腹腔和心包腔内有红色透明或纤维团状的液体。实质器官广泛充血和水肿，有出血点。胃肠道黏膜充血、出血和水肿，肠壁溃烂。血红蛋白浓度下降，红细胞脆性增加，白细胞总数增加。

3. 诊断要点 依据长期或单独饲喂棉籽饼的病史；具有出血性胃肠炎、肺水肿、频尿、血尿、神经紊乱等临床特点，可做出初步诊断，确诊需测定棉籽饼中及血液和血清中游离棉酚的含量。

【防治】本病尚无特效解毒药，重在预防，一旦发生中毒，只能采取一般解毒措施，进行对症治疗。改善饲养，发现中毒，立即停喂棉籽饼，禁饲2～3d，给予青绿多汁饲料和充足的饮水；排除胃肠内容物，用1∶（4 000～5 000）的过氧化氢溶液、0.1%高锰酸钾溶液或3%～5%碳酸氢钠溶液进行洗胃和灌肠，内服盐类泻剂，如硫酸钠或硫酸镁；对出血性胃肠炎的病畜，可用止泻剂和黏浆剂，内服1%的鞣酸溶液、硫酸亚铁；为了保护胃肠黏膜，可内服藕粉、面粉等；解毒，内服铁盐（硫酸亚铁、枸橼酸铁胺）、钙盐（葡萄糖酸钙）或静脉注射钙剂，同时配合补给维生素A、维生素C等。

预防措施包括限量饲喂，牛每天喂量不超过1～1.5kg，妊娠母畜不得饲喂未脱毒棉籽饼。棉籽饼进行脱毒处理，并注意在日粮中补充足量的矿物质和维生素，如在棉籽饼中添加硫酸亚铁，使铁离子与游离棉酚比例为1∶1，以使铁离子与棉籽饼中的棉酚结合降低毒性；将2%的小苏打与棉籽饼混合浸泡24h，取出后用清水冲洗即可；或加热去毒，棉籽饼加水煮沸2～3h即可。

三十四、菜籽饼中毒

菜籽饼中毒是由于家畜采食过量含有芥子苷的菜籽饼而引起的中毒病，临床上通常表现为胃肠炎、肺气肿和肺水肿、肾炎等。

【诊断】

1. 症状 本病分为四种类型：一是以血红蛋白尿及尿液形成泡沫等溶血性贫血为特征的泌尿型；二是以失明及疯狂等神经综合征为特征的神经型；三是以肺水肿和肺气肿等呼吸困难为特征的呼吸型；四是以精神委顿、食欲废绝、瘤胃蠕动停止和便秘为特征的消化型。

牛中毒时，一般先出现血红蛋白尿，很快衰弱，精神沉郁。可视黏膜苍白，中度黄疸，心搏动无力，呼吸加快或困难，体温常低于正常体温；腹痛明显，频起频卧，站立不稳，反刍停止，有时伴发痉挛性咳嗽；有胃肠炎症状，如腹胀，严重的粪便中带有血液；排尿次数增多。若重度中毒，迅速呈现全身衰竭，体温下降，心脏衰弱，虚脱死亡。

2. 诊断要点 主要依据有采食菜籽饼的病史，结合胃肠炎、肺气肿、肺水肿、肾炎等症状建立初步诊断，必要时进行毒物检验和动物饲喂试验加以确诊。

【防治】缺乏特效的解毒方法。轻度中毒的立即停喂有毒菜籽饼，改喂其他饲料后即可恢复。严重中毒的采用对症疗法：停喂可疑饲料，洗胃，然后内服淀粉浆以保护胃肠黏膜，减少对毒素的吸收，也可用0.5%鞣酸溶液洗胃或内服；肌内或皮下注射樟脑磺酸钠注射液；根据病畜状况，必要时可用10%葡萄糖溶液和维生素C以及强心剂进行静脉注射，并补充碘制剂，如甲状腺素片等。

预防措施包括控制饲喂量和菜籽饼脱毒。一般牛日粮中菜籽饼含量应在15%以下，最好先经过少数家畜试喂，种畜和仔畜最好不喂或少喂。

菜籽饼去毒方法很多，如溶剂浸出法、微生物降解法、化学脱毒法、挤压膨化法等。

三十五、黑斑病甘薯毒素中毒

黑斑病甘薯毒素中毒是指牛采食了大量黑斑病甘薯后所致的一种以急性肺水肿与间质性肺气肿，以及严重呼吸困难，后期呈现缺氧及皮下气肿为特征的中毒病。本病主要发生于牛和水牛，绵羊和山羊次之，猪也有发病。

甘薯患黑斑病后可产生毒素。在这些毒素中，目前已知有四种化合物：甘薯酮、甘薯醇、甘薯二醇和甘薯宁，都是耐高温物质，经煮、蒸、烤等高温处理毒性不会被破坏。

【诊断】

1. 症状 本病突出的症状是呼吸困难，牛发生该病俗称“牛喘病”或“喷气病”。通常在采食后12～24h发病。严重病例，初期呼吸快而浅表，超过80～100次/min，以后虽然次数减少，但呼吸运动加深，呼吸声音增强，较远处就能听到如同拉风箱样音响。初期由于支气管和肺泡充血及渗出，可出现啰音。后来由于肺泡弹性丧失，呈现明显的呼气性呼吸困难，造成出气减少与进气不足的现象，发生肺泡气肿。直到肺泡破裂，气体窜入间质，引起间质气肿，听诊肺脏发现爆裂音或磨擦音。然而所有这些异常呼吸音，在临床上往往被强烈的气管和喉头的拉风箱样呼吸音所掩盖，若不仔细听诊，则不易发现。广泛性间质气肿导致病牛皮下（由颈部开始延伸至背部和肩部）广泛性气肿，触诊呈捻发感。病牛鼻翼翕动，张口，伸舌，以后头颈伸长，位置降低，欲努力提高呼吸量，但最终仍不能满足气体交换的需要而发展为严重的发绀和缺氧症。

羊发生本病表现精神沉郁，食欲减退或废绝，反刍减少或停止，瘤胃蠕动减弱或消失，结膜充血或发绀，脉搏可达90～150次/min，心脏机能衰弱，节律不齐，呼吸困难，严重者出现血便，最终因衰竭、窒息而死亡。

2. 病变 牛最特征性的病变是肺肿大 3 倍以上，边缘肥厚、质脆，切面湿润。早期有肺充血、水肿及肺泡气肿，一般可见到间质性气肿，即间质增宽，灰白色透明而清亮，有时间质因充气而明显分离与扩大，甚至形成中空的大气腔。严重病例，在肺的表面还可见到若干大小不等的球状气囊，肺表面的胸膜脏层透明发亮，呈现类似白色塑料薄膜在浸水后的外观。纵隔也发生气肿呈气球状。肩胛、背腰部皮下和肌间积聚大小不等的气泡。此外，还可见胃肠及心脏的出血斑点，胆囊及肝肿大，胰脏充血、出血及坏死。在瘤胃中可发现烂甘薯等。

3. 诊断要点 根据病史、发病季节，并结合呼吸困难、皮下气肿、肺气肿等临床症状和病理变化，不难做出初步诊断。本病易与急性变态反应性肺气肿、柞树叶中毒、对硫磷中毒等混淆，因此病史调查很重要。必要时可应用黑斑病甘薯或其乙醇、乙醚浸出液进行人工复制发病试验。

【防治】尚无特效解毒药，多采取对症治疗。本病的治疗原则主要为排除体内毒物，解除呼吸困难，提高肝脏解毒和肾脏排毒能力。在毒物尚未完全被吸收前，通常采用洗胃或内服泻剂的方法促使毒物排出。洗胃可用温水、1∶（500～1 000）过氧化氢溶液。内服氧化剂 1%高锰酸钾或 0.5～1%过氧化氢溶液。为了提高肝肾解毒排毒功能，可静脉注射维生素 C 和等渗葡萄糖溶液，剂量宜大。有条件可皮下注射氧气。对于价值较高的牛，亦可经鼻管给氧。也可用中药白矾散煎水调蜜内服进行治疗。

本病的根本性预防措施在于禁止用黑斑病甘薯及其加工副产品（如酒精、粉渣等）饲喂家畜。

三十六、马铃薯中毒

马铃薯中毒是由于牛、羊采食了富含龙葵素的马铃薯块茎、幼芽及茎叶等所引起的中毒病。临床上以消化机能和神经机能紊乱、皮疹为特征。马铃薯正常情况下也含有极微量的龙葵素，但不能引起中毒。储存时间过长，阳光下曝晒过久，保存不当而出芽、霉变、腐烂可使龙葵素的含量增高而引起中毒。

【诊断】通常按症状将马铃薯中毒分为 3 种病型：以神经系统机能紊乱为主症的神经型中毒；以消化系统机能紊乱为主症的胃肠型中毒；以皮肤病变为主症的皮疹型中毒，但各型中毒首先表现的症状多为胃肠炎。轻度中毒主要表现为胃肠炎，重度中毒表现神经症状。

【防治】本病无特效治疗药物。发生中毒首先应停喂马铃薯，尽快排除胃肠内容物，采用洗胃、缓泻等措施缓解中毒，同时配合镇静安神、消炎抑菌、强心补液等对症疗法。预防本病主要是避免使用出芽、腐烂的马铃薯或未成熟的马铃薯饲喂动物，必要时应进行无害化处理，并与其他饲料配合后适量饲喂。

三十七、犊牛水中毒

犊牛水中毒是由于犊牛久渴失饮后暴饮大量水，导致机体组织短时间内大量蓄水，血浆渗透压迅速降低而出现的中毒病。其特征为腹痛、排淡红色至暗红色尿液、排水样便、肺部啰音和神经症状。

【诊断】

1. 病因 本病多见于犊牛，先缺水、后暴饮是最常见的发病原因。如长途运输，或因牧场较长时间停水后突然暴饮；或高温季节饮用大量缺盐水；用未洗净的奶桶盛水或突然更换清洁优质水引起暴饮。

2. 症状 犊牛暴饮大量水（1 次可饮 30L）后，表现瘤胃臌胀，约 1h（快的 15min）可排出淡红色、以后逐渐加深变为酱油色的血红蛋白尿。排血红蛋白尿的持续时间为 8～9h，多数犊牛尿量多、尿频。严重病例可突然卧地或起卧不安，呼吸困难，肺部有啰音，从口鼻流出淡红色泡沫状液体，心律不齐，两心音融合。常回头顾腹，排水样便。肌肉震颤，若抢救不及时个别牛则很快死亡。

3. 病变 死后剖检，肾呈深红色，膀胱里充满深红色透明尿液，气管、支气管及肺断面有红色泡沫样液体。

【防治】治疗措施为调节血浆渗透压，可静脉注射 10%氯化钠注射液；为减轻脑水肿和肺水肿，可静脉注射 20%甘露醇和山梨醇。

预防措施包括防止犊牛暴饮，并在水中加少量盐，炎热季节为动物提供充足饮水。

三十八、黄曲霉毒素中毒

黄曲霉毒素中毒是由黄曲霉毒素引起的以全身出血、消化机能紊乱、腹水、神经症状等为特征，以肝细胞变性、坏死、出血、胆管和肝细胞增生为主要病理变化的中毒病。长期慢性小剂量摄入，还有致癌作用。各种动物均可发病，一般幼年动物比成年动物敏感。

【诊断】

1. 病因 黄曲霉毒素（AFT）主要是由黄曲霉和寄生曲霉等产生的有毒代谢产物。动物采食被污染的饲料而发病。本病一年四季均可发生，但在多雨季节和地区（如我国长江沿岸及其以南地区）、温度和湿度又较适宜时，若饲料加工、贮藏不当，更易被黄曲霉菌所污染，增加动物 AFT 中毒的机会。目前已发现 AFT 及其衍生物有 18 种，它们的毒性强弱与其结构有关，其中以 AFTB1 的毒性及致癌性最强，所以在检验饲料中 AFT 含量和进行饲料卫生学评价时，一般以 AFTB1 作为主要监测指标。

2. 症状 由于畜禽的品种、性别、年龄、营养状况及个体耐受性、毒素剂量大小等的不同，AFT 中毒程度和临床表现也有显著差异。

（1）牛 3～6 月龄犊牛对 AFT 较为敏感，死亡率高。成年牛多呈慢性经过，死亡率较低，表现厌食、磨牙、前胃弛缓、瘤胃臌胀、间歇性腹泻、泌乳量下降、妊娠母牛早产和流产等。AFT 中毒也可干扰牛的血液凝固机制，导致皮下血肿的发生。在新生犊牛也可观察到典型的肝损伤，认为是该毒素通过胎盘后呈现毒性作用的结果。

（2）绵羊 由于绵羊对 AFT 的耐受性较强，很少有自然发病。

3. 病变 特征性的病变在肝脏。牛的病变表现为肝脏纤维化及肝细胞癌；胆管上皮增生，胆囊扩张，胆汁变稠；肾表面呈黄色，水肿。

4. 诊断要点 根据饲喂发霉饲料的病史，结合临床表现（黄疸、出血、水肿、消化障碍及神经症状）和病理变化（肝细胞变性、坏死、增生，肝癌等）可做出初步诊断。确诊需对可疑饲料进行产毒霉菌的分离鉴定和 AFT 含量测定，必要时还可进行雏鸭毒性试验。

【防治】本病尚无特效疗法。发现畜禽中毒时，应立即停喂霉败饲料，改喂富含糖类的青绿饲料和高蛋白饲料，减少或不喂含脂肪过多的饲料。一般轻症病例可自然康复；重症病例应及时投服泻剂如硫酸钠、人工盐等，加速胃肠道毒物的排出。同时，采用保肝和止血疗法，可静脉滴注 20%～50%葡萄糖溶液、维生素 C、葡萄糖酸钙或 10%氯化钙溶液。心脏衰弱时，皮下或肌内注射强心剂。

避免使用高 AFT 含量的饲料和防止饲料霉变是预防 AFT 中毒的根本措施。加强饲草、饲料收获、运输和储藏各环节的管理工作，阻断霉菌滋生和产毒的条件，必要时用防霉剂（如丙酸盐）熏蒸防霉。同时，定期监测饲草、饲料中 AFT 含量，不得超过我国规定的最高容许量标准。对重度发霉饲料应坚决废弃，尚可利用的饲料应进行脱毒处理，一般采用碱处理法，也可用物理吸附法。

三十九、铅中毒

铅中毒是指动物摄入过量的铅化合物或铅所导致的急慢性中毒病。临床上以兴奋狂躁、感觉过敏、肌肉震颤、痉挛和麻痹等神经症状（铅脑病），流涎、腹泻和腹痛等胃肠炎症状，以及铁失利用性贫血为特征。

山羊、犊牛和成年牛的铅急性中毒量分别为每千克体重 400mg、400～600mg 和 600～800mg，绵羊和牛慢性铅中毒日摄入量分别为高于每千克体重 4.5mg 和每千克体重 6～7mg。

【诊断】

1. 症状 铅中毒的基本表现包括兴奋狂躁、感觉过敏、肌肉震颤等铅脑病症状，失明、运动障碍、轻瘫以至麻痹等外周神经变性症状，腹痛、腹泻等胃肠炎症以及小细胞低色素型铁失利用性贫血。各种动物的具体症状，因病程类型而不同。

牛铅中毒可分为急性型和亚急性型。急性铅中毒多见于犊牛，主要表现铅脑病症状，病牛兴奋狂躁，攻击人畜；视觉障碍以至失明；对触摸和声音等感觉过敏；全身肌肉震颤，步态僵硬、蹒跚，直至死亡，病程 12～36h。亚急性铅中毒多见于成年牛，除上述铅脑病表现外，胃肠炎症状更为突出，病牛沉郁、呆立，饮食欲废绝、前胃弛缓，先便秘而后腹泻，排恶臭的稀粪，病程 3～5d。

羊以亚急性铅中毒居多，表现与牛的亚急性铅中毒相似。只是消化系统症状更明显，食欲废绝，初便秘后腹泻，腹痛，流产，偶发兴奋或抽搐。

2. 诊断要点 依据铅接触、摄入病史，铅脑病、胃肠炎、铁失利用性贫血及外周神经麻痹等症状，结合测定血 S-氨基乙酰丙酸脱氢酶（ALA-D）活性降低、尿 δ-氨基乙酰丙酸（ALA）排泄增多等建立初步诊断。确诊需依据血、毛、组织中铅含量测定：铅中毒时，血铅含量高于 0.35mg/L，甚至达 1.2mg/L（正常 0.05～0.25mg/L），毛铅含量可达 88mg/kg（正常 0.1mg/kg），肾皮质铅含量超过 25mg/kg（湿重），肝铅含量超过 10mg/kg（湿重），有的可达 40mg/kg（正常肾、肝铅含量低于 0.1mg/kg）。

【防治】慢性铅中毒的特效解毒药为乙二胺四乙酸二钠钙（EDTA Na_2Ca），静脉注射。同时，灌服适量硫酸镁等盐类缓泻剂有较好效果。急性铅中毒常来不及救治而死亡。若发现较早，可采取洗胃（用 1%硫酸镁或硫酸钠溶液）、导泻等急救措施，并及时应用特效解毒药。

四十、铜中毒

铜中毒是指动物因一次摄入大剂量铜化合物，或长期食入含过量铜的饲料或饮水而引起的中毒病。其特征是腹痛、腹泻、肝功能异常和溶血危象。动物中以羔羊对铜最敏感，其次是绵羊、山羊、犊牛、牛等。

【诊断】

1. 症状 羊急性铜中毒时，有明显的腹痛、腹泻，惨叫，频频排出稀水样粪便，有时排出淡红色尿液，呼吸增快，脉搏频数，后期体温下降、虚脱、休克，在3～48h内死亡。

羊慢性铜中毒，临床上可分为三个阶段：早期是铜在体内积累阶段，除肝、肾铜含量大幅度升高、体增重减慢外，其他症状可能不明显；中期为溶血危象前阶段，肝功能明显异常，天冬氨酸氨基转移酶、精氨酸酶和山梨醇脱氨酶（SDH）活性迅速升高，血浆铜浓度也逐渐升高，但精神、食欲变化轻微，此期因动物个体差异，可维持5～6周；后期为溶血危象阶段，动物表现烦渴，呼吸困难，极度干渴，卧地不起，血液呈酱油色，血红蛋白浓度降低，可视黏膜黄染，红细胞形态异常，红细胞内出现海恩茨小体，红细胞比容极度下降，血浆铜浓度急剧升高1～7倍，病羊可在1～3d内死亡。

2. 病变 急性铜中毒时，胃肠炎明显，尤其皱胃、十二指肠充血、出血甚至发生溃疡，间或皱胃破裂。胸、腹腔黄染并有红色积液。膀胱出血，内有红色以至褐红色尿液。慢性铜中毒时，肝呈黄色、质脆，有灶性坏死。肾肿胀呈黑色，切面有金属光泽，肾小管上皮细胞变性、肿胀，肾小球萎缩。脾脏肿大，弥漫性淤血和出血。

3. 诊断要点 急性铜中毒可根据病史，结合腹痛、腹泻、红细胞比容下降而做出初步诊断。饲料、饮水中铜含量测定有重要意义。慢性铜中毒诊断可依据肝、肾、血浆铜浓度及酶活性测定结果。当肝铜含量＞500mg/kg、肾铜含量＞80mg/kg（干重）、血浆铜含量（正常值为0.7～1.2mg/L）大幅度升高时，为溶血危象先兆。反刍动物饲料中铜含量＞30mg/kg，应考虑铜过多。血清AST、ARG、SDH活性升高，红细胞比容下降，血清胆红素浓度增加，血红蛋白尿及红细胞内有较多海恩茨小体，则可确诊，但应与其他引起溶血、黄疸的疾病相鉴别。

【防治】急性铜中毒的羊可用三硫（或四硫）钼酸钠溶液缓慢静脉注射治疗。对亚临床铜中毒及经硫钼酸盐抢救已经脱离溶血危象的急性中毒动物，可在日粮中补充钼酸铵和无水硫酸钠或0.2%的硫黄粉，连续数周，直至粪便中铜含量降至接近正常时为止。

在高铜草地放牧的羊，可在精料中添加钼、锌及硫，不仅可预防铜中毒，而且有利于被毛生长。要用重加工后的鸡粪喂羊，应特别注意不应将喂猪、鸡的饲料用于喂羊。

第三节 外科病

一、脓肿

严重感染后，组织和器官发生坏死、液化，形成局限性脓液集聚，并伴有完整的包膜，称为脓肿。

【诊断】

1. 病因 由于外伤或医源性因素导致的细菌性组织损伤，常见的致病性细菌有葡萄球菌、链球菌、大肠杆菌、棒状杆菌和假单胞菌等。脓肿可发生在浅表组织或深层组织，如深层肌肉、肌间、腹膜下和内脏器官中。

2. 症状　脓肿形成速度较慢，创伤发生后几天出现局限性皮肤肿胀，伴有红、肿、热、痛。触诊肿胀柔软，具有波动感。穿刺可见灰白色或黄色脓液。严重感染可伴有全身性症状，如精神沉郁、体温升高和食欲不振等。

3. 影像学检查　超声检查可见脓肿的回声反射性因细胞含量不同而有所不同。有时可在脓肿中观察到液体旋涡，或由细菌产气形成的混响伪影。

4. 实验室诊断　如应用广谱抗生素治疗后无效果，则应采取脓液进行细菌药敏试验。

【防治】热敷有助于加快脓肿成熟，待脓肿成熟后可选择重力最低点纵向切开脓肿，然后用力挤出浓汁，并用大量生理盐水或稀释后氯已定溶液冲洗脓腔，直至冲洗液澄清，最后按化脓创处理。针对深层脓肿，需要对患畜进行全身性麻醉，摘除脓肿。根据实际情况选择是否装置引流管。最后应用全身性抗生素治疗。

二、蜂窝织炎

蜂窝织炎是指疏松结缔组织内发生的急性弥漫性化脓性炎症。

【诊断】

1. 病因　多与皮肤外伤有关，但多数情况下，由于伤口太小，皮肤无法观察到创口。另外，颈静脉周围漏注强刺激性药物可造成颈部皮下或颈深筋膜下蜂窝织炎。当并发化脓性或腐败性感染时，继发化脓灶。如蜂窝织炎治疗不及时，局部病程可转为慢性过程。此时，皮肤及皮下组织肥厚、弹力消失，成为慢性畸形性弥漫性肥厚，称为象皮症。

2. 症状　局部症状表现为软组织肿胀，伴有红、肿、热、痛，常见于四肢，特别是四肢远端，根据严重程度会出现不同程度的跛行。全身症状主要表现为病畜精神沉郁，体温升高，食欲不振，并出现各系统的机能紊乱。

3. 影像学检查　可利用超声检查跟腱、腱膜和关节囊，用于鉴别脓肿和血肿。

【防治】治疗原则为抑制炎症发展，促进炎症产物吸收，预防感染。对于较小的蜂窝织炎，应对伤口进行大量生理盐水灌洗，并用聚维酮碘消毒伤口。大面积的蜂窝织炎应使用全身性抗生素疗法（青霉素和庆大霉素组合）和非甾体抗炎药。压力绷带有助于减少肿胀。同时牵遛和热敷有助于改善局部血液循环和淋巴循环，加快炎症产物吸收。如发现脓肿，应施行外科手术切开，排除脓液，按化脓创处理。

三、创　　伤

创伤是指因锐性外力或强烈的钝性外力作用于机体组织或器官，造成的开放性机械损伤。

【诊断】

1. 病因　牛、羊常因有刺铁丝网、围栏、灌木丛的尖端造成胸部、腹部及四肢远端的创伤。根据创伤是否感染可分为无菌创、污染创和感染创。

2. 症状　根据致伤物的不同，创伤形态亦不同，表现为创缘平整或不规则，创腔深度不一，伴有或不伴有异物等。依据受伤的部位、组织损伤的程度、血管损伤的状况和血凝情况，会出现不同程度的出血。创口因受伤组织分离和收缩而裂开。触诊受伤部分，患畜表现

疼痛。根据受伤部位和疼痛程度，患畜可能表现出一定的机能障碍。根据创伤是否穿透胸腔、腹腔及其重要器官和关节等，患畜会出现相应的临床症状，如创伤穿透胸腔，患畜表现呼吸困难。

3. 影像学检查　X线影像检查可判断是否存在硬组织损伤，B超检查可判断有无胸腹腔积血和内脏破裂的情况。

4. 实验室诊断　血常规检查可判断患畜的失血和感染情况。

【防治】治疗原则为积极抢救，防治休克，防治感染，纠正水和电解质紊乱，促进创口愈合和功能恢复。创伤治疗的基本方法是彻底清创，保持创口干爽。如创口较大、较深，应考虑使用全身性抗生素疗法。针对污染创和感染创，根据实际情况考虑引流。不建议对污染创和感染创进行缝合处理。由于腕（跗）关节以下部位多为腱、韧带和筋膜等结构，具有血供不丰富、容易行二期愈合和容易受污染等特点，故对于四肢创伤多采用包扎疗法，限制肉芽生长，促进上皮增生。为外伤患畜注射破伤风类毒素，对预防破伤风尤为重要。

四、淋巴外渗

淋巴外渗是指淋巴管破裂导致淋巴液积聚在组织内的一种非开放性损伤。

【诊断】

1. 病因　牛、羊由于外部钝力导致淋巴管发生破裂。常见于皮下结缔组织丰富的区域，如乳房前的腹侧部。

2. 症状　病程缓慢，一般伤后3～5d出现局部肿胀，触诊有波动感。如结缔组织在囊壁增生，触诊则有坚实感。

3. 穿刺诊断　穿刺液呈橙黄色透明液体或伴有少量血液。

【防治】保持动物安静，避免过度运动导致更多淋巴液渗出。较小的淋巴外渗可不切开，利用注射器抽出淋巴液后，注入95%酒精或酒精福尔马林溶液以凝固堵塞淋巴管断端。对于肢端等部位可尝试用压力绷带包扎处理，压迫淋巴管断端，促进闭合，减少渗出。较大的淋巴外渗建议切开排液，用酒精福尔马林溶液冲洗。用上述溶液浸润纱布并将其填充至创腔内填充压迫。待淋巴管完全闭合后，按创伤治疗。

五、关节挫伤和扭伤

关节挫伤是指关节受到钝性外力引起皮肤损伤、皮下组织溢血和挫灭。如外力过大，超越了关节生理活动范围，可造成瞬间过度伸展、屈曲或扭转而发生的关节扭伤。

【诊断】

1. 病因　重度使役、冲撞、误踏深沟、不合理的保定、肢势不良等可造成关节挫伤和扭伤。牛舍卧床垫料太少，缰绳过短，牛在起卧时腕关节碰撞饲槽是常见的原因。当外力过大时，关节周围软组织血管破裂或关节囊破裂可引起关节腔周围出血或关节腔内出血。当关节软骨、骨膜和骨骺受到牵连会形成关节粘连，限制关节活动。擦伤感染能引起关节周围蜂窝织炎、化脓性关节周围炎，化脓性炎症可蔓延至关节内。

2. 症状　轻度挫伤，皮肤脱毛、发红，随后皮下出现淤血，局部肿胀明显，触诊有压痛，患畜出现轻度跛行。重度挫伤，患处出现明显的红、肿、热、痛。关节肿胀初期柔弱而后坚实，穿刺关节腔可见关节液、血液或脓液。患畜不愿运动和出现中度至重度跛行，蹄肢不能负重。如发现关节的可动程度远超过正常活动范围，则提示关节韧带断裂和关节囊破裂严重。损伤黏液囊或腱鞘时，可并发黏液囊炎或腱鞘炎。

3. 影像学检查 X线检查可排除关节内骨折，检查是否存在骨赘等。

4. 实验室诊断 取关节液进行细胞学检查，排除关节内化脓性感染。

【防治】治疗原则为预防感染，制止出血和炎症发展，促进吸收，消炎镇痛，预防组织增生，恢复关节机能。先对患部进行清创处理，避免继发蜂窝织炎。受伤后12h内应进行冷疗和包扎压迫，以减少关节腔周围和关节腔内出血和渗出。待急性炎性渗出减轻后，应转用温热疗法，促进吸收。如关节仍肿胀过度，可实施关节穿刺排出内容物，减轻关节腔内压力。关节内注射醋酸氢化可的松和透明质酸钠有助消炎镇痛。也可使用非甾体类抗炎药，如氟尼辛葡甲胺注射液肌内注射。对于肢势不良、蹄形不正的患畜应进行合理的削蹄。

六、髋关节脱位

髋关节脱位是指股骨头脱出髋臼窝引起运动功能障碍的疾病。

【诊断】

1. 病因 外伤性脱位最常见，以间接外力作用为主，如踏空、摔倒时后肢外伸，配种时用力爬跨和突然倒转等。如髋关节存在解剖学缺陷也可引起脱位，如髋关节韧带薄弱。

2. 症状 根据脱位情况，临床症状各异。牛的髋关节脱位多见上方脱位和前方脱位，偶见内方脱位。前方脱位患畜的股骨头转位固定在关节前方，大转子向前方突出，髋关节变形隆起。站立时患肢外旋，运步强拘。上方脱位患畜的股骨头被异常固定在髋关节上方，大转子向上外方突起。站立时，患肢较健肢短，呈外旋状态，蹄尖向外，运步时呈中度跛行。内方脱位患畜的股骨头进入闭孔内，因此站立时患肢外旋，比健肢短；直肠检查可在闭孔内摸到股骨头。

3. 影像学检查 X线影像检查可排除骨折，可通过斜方投影确诊。

【防治】治疗主要是对髋关节进行整复和固定。牛全身麻醉，侧卧，患肢在上。外转患肢，向股骨头反方向用力牵拉，手抵大转子用力推压复位。整复后，让患畜静卧，保持安静。在患病关节涂1∶5的碘化汞软膏，或向髋关节周围分点注射盐水，加速炎性反应，促进结缔组织增生达到生物固定。如整复不成功，常形成假关节。

七、黏液囊炎

黏液囊发生炎症称为黏液囊炎。黏液囊存在于皮下、筋膜下、韧带下、腱下、肌肉和骨之间及软骨突起部，用于减少运动时组织与骨之间的摩擦。

【诊断】

1. 病因 关节受到外力重创或过度劳损，家畜长期卧于硬地上，黏液囊受到压迫和摩擦均可引致黏液囊炎。为了保护关节，黏液囊会大量分泌黏液。若积液过量，肿胀过大，运步时会出现机械障碍。腕前皮下黏液囊炎又称“腕瘤”，膝盖前皮下黏液囊炎又称“膝瘤”，二者多发于牛。肘头皮下黏液囊炎偶见于牛。

2. 症状 无全身性症状。患部出现界限明显的肿胀，主要位于关节的正前方或侧方，触诊有波动感，初期温热无痛。当黏液囊周围的结缔组织开始增生，肿胀变得坚实。患处皮肤出现局部脱毛，上皮角化增厚。

3. 穿刺诊断　穿刺液为浆液性澄亮液体，混有纤维素凝块。如有脓液排出，考虑化脓性感染。

【防治】治疗原则为去除病因，加强管理，合理运动，增厚卧垫。穿刺排液后注入适量的复方碘溶液或可的松。局部使用压力绷带也有助减少黏液渗出。如黏液囊肿过大，可考虑外科摘除，然后按创伤治疗处理。如发生化脓性感染，应施行全身性抗菌治疗。

八、蹄 变 形

蹄变形是指蹄的形状不同于正常牛的蹄形，主要是由于蹄角质异常生长。

【诊断】

1. 病因　主要原因是饲养管理不当，喂食精料过量，或饲料中钙磷比例不当；其次是未定期或不科学修蹄，以及严重的蹄病导致组织变形。运动场地不平或蹄磨灭不正均可造成蹄变形。

2. 症状　过长蹄（又称延蹄），蹄的纵径过度延伸，蹄角度低，蹄向后坐，体重落于蹄踵；宽蹄，两侧蹄的长度宽度都超过了正常蹄的范围，外观大而宽，蹄角质部较薄，蹄踵部较低，蹄角度变缓；卷蹄，从蹄壁向趾间卷曲，前蹄发生卷蹄时，内侧指向内卷，后蹄发生卷蹄时，外侧指向内卷，严重者以蹄壁着地，蹄尖交叉。

【防治】本病以预防为主。坚持饲喂全价饲料，确保钙磷均衡；加强运动；保持运动地面清洁、干燥和平整；定期查蹄、修蹄、护蹄。如蹄发生变形，则合理削蹄修正。

九、蹄底溃疡

同局限性蹄皮炎。

十、指（趾）间皮炎

指（趾）间皮炎指没有蔓延至深层组织的指（趾）间皮肤炎症。

【诊断】

1. 病因　本病多发于饲养在潮湿环境中的牛，致病原为结节状杆菌和螺旋体。

2. 症状　患蹄的指（趾）间皮肤出现无痛的糜烂或溃疡，伴有白色渗出物，呈湿疹性皮炎，有腐败气味。指（趾）间皮肤角质增生，球部出现角质分离。患畜出现轻度跛行。当泥土、粪便和褥草等进入角质和真皮之间，会进步一加速两者的分离，跛行加重。本病常发展成蹄糜烂和蹄底溃疡。

【防治】保持蹄的干燥和清洁；局部应用防腐和收敛剂，也可进行蹄浴。

十一、指（趾）间皮肤增生

指（趾）间皮肤增生是指（趾）间皮肤和皮下组织的增生性反应。

【诊断】

1. 病因　本病具有遗传倾向，常见于荷斯坦牛和海福特牛。由于指（趾）间韧带松弛，患畜两指（趾）叉开（又称开蹄），该类牛容易患上本病。本病也可继发于慢性指（趾）间皮炎。

2. 症状 患畜可多肢同时发病，但多发于后肢。指（趾）皮肤可见增生。本病通常不引起跛行，除非增生物过大，从指（趾）向蹄底延伸，导致患畜行走时挤压增生物。受到压迫的增生物可能出现坏死、破溃、感染，继而出现跛行。

【防治】 对于小的增生物，清蹄后可用腐蚀法进行治疗。如增生物过大或引起疼痛，则考虑手术切除。术后在伤口上放置抗生素，包扎固定。应保持蹄部干燥洁净。同时要注意加强饲养管理，特别是饲养环境的清洁卫生。

十二、局限性蹄皮炎

局限性蹄皮炎又称为蹄底溃疡，是蹄底和蹄球结合部的非化脓性坏死。

【诊断】

1. 病因 本病的确切原因尚未清楚，但与以下一些因素有关：外伤；亚临床蹄叶炎；饲养管理不良（牛舍潮湿，运动场有石子、瓦砾等异物，患畜长期站立在硬地面，护蹄不良等）。本病多见于后肢的外侧指（趾）和前肢的内侧指（趾）。

2. 症状 清洁蹄底、切削蹄角质可发现病灶。病灶常见于远端趾骨深屈腱处的真皮或蹄底与蹄踵的连接处，压迫时感到变软，局部有压痛。根据蹄底及其真皮损伤程度，局部有出血区和坏死区，可并发化脓性蹄皮炎。根据病的严重程度，患畜出现轻度至重度跛行。患畜不愿活动，患趾不负重。触诊患肢，指（趾）动脉亢进，蹄匣温度升高。如病程较长，患畜长期卧地，进食减少，产奶量下降。

【防治】 清蹄，削减过剩的角质和肉芽组织，然后使用防腐剂和收敛剂包扎。在健趾侧装上木块，以减少患趾负重。如继发深部组织化脓性感染，则按化脓创处理。治疗过程中应该加强饲养管理，将患畜放在松软的地面活动，尽量保持患指（趾）干燥洁净。

十三、蹄叶炎

蹄叶炎是指蹄真皮的弥散性、无败性炎症。

【诊断】

1. 病因 蹄叶炎可分为急性型、亚急性型或亚临床型。急性蹄叶炎在奶牛中少见，多为亚急性或亚临床蹄叶炎。其发病的确切病因尚未明确，牛蹄叶炎病因的经典学说是认为精料饲喂过多，过量的糖类在瘤胃中发酵引起瘤胃酸中毒。革兰氏阴性菌因瘤胃 pH 下降死亡，释放内毒素，使血液循环紊乱而导致本病。母牛发生本病与产犊有关。

2. 症状 急性蹄叶炎患牛精神沉郁，食欲减少，不愿站立和运动。站立时，会把重心移离患肢，弓背。蹄壁/蹄冠触诊发热，趾动脉触诊亢进，蹄检敏感。亚急性蹄叶炎患牛症状较急性轻，步态异常；亚临床蹄叶炎患牛无步态异常，但检查蹄底和白线处可见出血。

【防治】 治疗原则为治疗潜在疾病，消炎止痛，改善循环。治疗可应用消炎止痛剂、抗内毒素疗法、扩血管药、抗血栓疗法等。可用胃管投喂健康牛瘤胃内容物，改善瘤胃菌群生态。合理削蹄和装蹄，缓解蹄部受力。针对亚临床病牛，可改善其饲料配方，避免过量精料，控制运动，保持蹄部清洁，科学修蹄，预防感染。

十四、腐蹄病（坏死杆菌病）

腐蹄病（即坏死杆菌病）又称指（趾）间蜂窝织炎，是指（趾）间及其周围软组织的急性化脓性炎症。

【诊断】

1. 病因 坏死杆菌和产黑色素杆菌引起本病，具有传染性。在雨季或放牧季节可在某些牛场流行，创伤和潮湿的环境容易诱发本病。

2. 症状 患畜感染后不愿运动，1～2d后出现轻度跛行，蹄软组织红肿疼痛，不愿负重，跛行加剧。指（趾）间皮肤出现开裂，伴有深层组织坏死。患蹄发出难闻的特征性臭味。本病多见于后肢。全身性症状包括体温升高，食欲下降，反刍、泌乳减少。

【防治】根据本病的严重情况，可施行局部治疗、全身治疗或两者相结合。早期较小的病灶可通过清洗、修整蹄甲、去除坏死组织，涂抹防腐剂及抗生素即可。对严重的病例应用全身性抗生素。治疗期间应隔离患畜，避免本病继续传播；保持饲养环境干燥洁净。

十五、外周神经损伤

外周神经损伤在动物经常发生，可分为开放性损伤和非开放性损伤。

【诊断】

1. 病因

（1）*外周神经的挫伤或外伤* 常见于患畜跌倒、粗暴保定、起卧碰撞、枪弹冲击，外周神经邻近软、硬组织损伤等。临床上常见肩胛上神经麻痹。

（2）*物理性压迫* 患畜在手术台或硬地面上保定或倒卧过久，包扎不合理、外生骨赘、骨折片或直流的单枪都能压迫神经。临床上常见长时间横卧保定引起的桡神经麻痹。

（3）*神经的牵张和断裂* 当外力作用于机体，引起神经纤维的部分或全断裂。

2. 症状 根据神经损伤的部位和损伤程度，外周神经麻痹导致运动机能障碍，表现为肌腱无力，丧失自主伸缩的能力，关节出现过度伸展、屈曲或偏斜，特异性跛行；感觉机能障碍，表现为感觉减弱或丧失，针刺皮肤疼痛反应减弱或消失，腱反射减退；肌肉萎缩，表现为肌肉凹陷，体积变小。

3. 其他诊断 利用肌电图仪检测外周神经的电活动。

【防治】治疗原则为去除病因，恢复机能，促进再生，防止感染、形成瘢痕和肌肉萎缩。

（1）*保守疗法* 水疗按摩，提高肌肉张力和促进血液循环，可同时配合使用B族维生素促进再生，地塞米松或非甾体抗炎药消除外周神经炎症。局部注射透明质酸酶、链激酶或链道酶可预防瘢痕形成。低频脉冲电疗法、感应电疗法、红外线疗法和针灸疗法均可预防肌肉萎缩。适当的运动有助于肌肉萎缩的恢复。

（2）*手术疗法* 根据神经断裂情况，是否有瘢痕形成等，考虑神经松解术、神经外膜缝接术、神经束膜或束组缝合术、神经内缝合术、神经袖套缝合术或神经移植。

十六、结膜炎与角膜炎

结膜炎是指眼结膜受外界刺激和感染而引起的炎症。角膜炎是指角膜受到外部刺激、外伤或感染引起的炎症。

【诊断】

1. 病因 由于结膜和角膜的解剖结构相近，任一方的炎症都可蔓延至另一方，产生炎症反应。角膜炎多由外伤或异物误入眼内引起。外界的刺激包括机械性、化学性、温热性和光学性刺激。一些传染性病因，如牛传染性鼻气管炎病毒感染可引起犊牛群发生结膜炎；衣原体感染可引起绵羊滤泡性结膜炎；牛恶性卡他热、牛肺疫等能诱发角膜炎。免疫介导性因素可诱发角膜炎。邻近组织的疾病如内囊炎、眼睑疾病、睫毛异常、眼周肿瘤等都可引发本病。

2. 症状 患畜表现畏光、流泪、疼痛，结膜充血、水肿，眼睑闭合，角膜浑浊、缺损或溃疡，伴有眼分泌物。

3. 眼科检查 仔细检查是否有睫毛倒插、眼睑内翻等原发性疾病；用荧光素点眼判断是否发生角膜溃疡。

4. 实验室诊断 用无菌棉拭子涂擦角膜和眼分泌物，进行细胞学检查和相关的病原学分析。如发现细菌，应进行细菌药敏试验。

【防治】首先应注意治疗原发病。对于急性疾病初期使用冷敷，待分泌物变为黏液时，改为温敷。为了促进治愈，可用自家血清点眼。用皮质固醇类药物点眼可抑制炎症（禁用于角膜溃疡病例）。如发生角膜溃疡时，应使用抗生素控制感染。对于陈旧性角膜溃疡病例或深层角膜溃疡，可做瞬膜或结膜瓣遮盖术。如感染无法控制，应施行眼球摘除术避免继发全身性感染。

十七、青光眼

青光眼是由于眼房角阻塞，眼房液排出受阻导致眼内压增高的疾病。见于幼牛和犊牛。

【诊断】

1. 病因 原发性青光眼可能与棉籽饼中毒或前卵裂异常造成的先天性大眼球有关。维生素缺乏和近亲繁殖也有可能造成先天性青光眼。所有能造成眼房液循环或外流阻碍的眼病都可引起继发性青光眼，如外伤、角膜疾病、晶状体疾病、前葡萄膜炎、眼部肿瘤等。

2. 症状 患畜眼部疼痛，出现眼睑痉挛、畏光、溢泪等行为。眼球增大，从侧面观察可见角膜向前突出，眼前房缩小，瞳孔散大，失去对光的反射能力。在暗光下，患眼表现为绿色或淡青绿色。随着病程发展，视神经乳头萎缩凹陷，患畜逐渐失去视力。当两眼失明时，患畜两耳不停转向，步态蹒跚，撞壁冲墙。

3. 眼科检查 眼压计测得眼内压过高［正常为（26.6±6.7）mmHg］。病程后期，角膜从透明变成毛玻璃状。

【防治】目前没有特效疗法，但可采取以下措施：

（1）*高渗疗法* 静脉注射50％葡萄糖溶液或20％甘露醇，以升高血液渗透压，减少眼房液产生。

（2）*应用缩瞳药* 用1％～2％毛果芸香碱溶液点眼。

（3）*使用碳酸酐酶抑制剂* 内服乙酰唑胺。

（4）*手术疗法* 如保守治疗无法降低眼压，可考虑周边虹膜切除术。如眼球继发感染，考虑摘除眼球。

十八、齿　　病

齿病是指牙周炎、齿龈增生、牙髓疾病、龋齿、牙齿发育异常及牙结石等牙齿相关疾病的统称。

【诊断】

1. 病因　影响齿病的全身性因素包括饲养管理失宜和某些全身性疾病，如重金属中毒、某些药物中毒、遗传性疾病、性激素缺乏、维生素C或维生素A缺乏、维生素D过量、颌骨发育异常等；局部因素包括牙齿机械性损伤、食物在牙齿间隙残留、牙菌斑等。

2. 症状　患畜食欲减退，消瘦，被毛粗糙无光泽，咀嚼缓慢且不充分，咀嚼倾向健侧，偶见漏食，消化不良，粪便异常；患畜头部可能出现不对称，触诊可能伴有疼痛。发生牙根脓肿时，有时可见异常的鼻分泌物或皮肤出现瘘管。

3. 口腔检查　观察齿列。成年牛有32颗齿，左右侧分别有4个下切齿，无上切齿，上下侧均有4个前臼齿和3个后臼齿。观察颊部、舌侧黏膜是否存在损伤、溃疡和肿胀，同时注意口腔气味。用大外科探针敲打牙冠和咀嚼面可用于判断是否存在疼痛现象，也可判断牙周袋深度。如怀疑龋齿，用探针检查龋蚀深度。

4. 影像学检查　利用X线影像检查是否存在牙齿发育异常、牙根和齿槽疾病等。

【防治】治疗原则为去除病因，修整牙齿，清理口腔，预防感染，恢复功能。根据具体病因治疗原发病。加强饲养管理，提供均衡和优质的饲料有助预防齿病。定期的口腔检查有助早发现、早治疗。

十九、脐部疾病

脐部疾病包括脐疝、脐尿管破裂和脐尿管囊肿等。脐疝是反刍动物最常见的脐部疾病，多见于幼龄动物。

【诊断】

1. 病因　多为先天性因素，包括脐孔发育不全、脐部不全或腹壁发育缺陷等。如断脐不正确或脐带发生感染，容易继发脐疝，常见的感染细菌有化脓隐秘杆菌、大肠杆菌、变形杆菌、链球菌和葡萄球菌等。

2. 症状　患畜脐部出现球形肿胀物，质地柔软。深部触诊可评估疝孔大小和内容物。多数时候，内容物能推回至腹部。听诊肿物有肠蠕动音。如患有脐带感染或嵌闭性脐疝，患畜出现精神沉郁、发热、腹痛等全身性症状。

3. 影像学检查　X线影像检查有时可见肿物内有气体阴影，提示内容物为消化道。B超检查可有助于鉴定疝内容物。

【防治】

（1）*保守疗法*　适用于疝环较小的（直径<4 cm）脐疝。把内容物推回腹腔，用压力绷带缠绕腹部。协同使用强刺激药膏促进炎症局部组织增生，闭合疝口。金属制疝夹也可用于可复性脐疝治疗。

（2）*手术疗法*　全身麻醉或局部浸润麻醉，患畜仰卧或半仰卧保定。依次切开皮肤和疝囊壁，检查内容物活性，将健康的内容物还纳腹腔，依次缝合结扎疝环、皮下组织和皮肤。术后注意限制患畜活动，术部包扎绷带，防止腹压增高。

二十、腹 壁 疝

腹壁疝是指内脏器官通过腹壁缺口或腹壁解剖学自然孔脱出的病症。

【诊断】

1. 病因 腹壁疝可发生在腹部的任何部位，但牛多见左侧腹壁的瘤胃疝和右侧剑状软骨部的皱胃疝。腹壁疝可分为先天性腹壁疝（如脐疝）和获得性腹壁疝（如创伤性腹壁疝和切口疝）两类。由于腹肌或腱膜受到钝性外力的作用而形成的创伤性腹壁疝较为常见。

2. 症状 腹壁突然出现一个局限性扁平、柔软的肿胀，常具可复性。创伤性腹壁疝触诊疼痛。伤后由于炎性反应和腹水累积，肿胀会变大和变硬。穿刺可流出血清样液体。腹壁疝内容物多为肠管，因此在患病动物肿胀部位听诊可听到肠蠕动音。

3. 影像学检查 利用超声影像探查腹壁缺口和疝囊内的内容物。

【防治】

（1）*保守疗法* 适用于初发的、疝孔小、具可复性的腹壁疝。在疝孔位置安放特制的软垫，用压力绷带缠绕畜体以起到固定填塞疝孔的作用。与此同时，限制动物活动并观察患畜是否出现小肠梗阻的症状。

（2）*手术疗法* 将健康有活力的腹腔内容物推回至腹腔，利用缝线闭合疝环，随后常规缝合皮下组织和皮肤。若疝环较大，腹壁张力大时，可利用筛网或患畜组织瓣闭锁疝环。少数腹壁疝病例发生感染时，应在施行疝修补术前控制感染。做修补术后如发生感染化脓时，应做好局部引流，使用全身性抗生素控制感染。

二十一、直肠脱出

直肠脱出是指直肠末端的黏膜层脱出肛门或直肠的一部分甚至大部分外翻脱出肛门的疾病。前者为不完全性脱出，后者为完全性脱出。常见于6月龄至2岁龄牛或老龄牛。

【诊断】

1. 病因 直肠脱出是多种原因的综合结果，但主要是因为腹腔/盆腔与肛门之间的压力增大和直肠韧带、直肠黏膜下层组织和肛门括约肌松弛所导致。长期腹泻、便秘，病理性分娩或灌肠后引起的努责可诱发本病。黏膜外翻受外部环境刺激，引起努责，患畜盆腔内压升高，形成恶性循环。此外，牛的阴道脱也是本病的诱因。

2. 症状 肛门处可见部分直肠黏膜外翻，若黏膜皱襞不能自行恢复，随着病程发展，黏膜下层高度水肿、肿胀，肛门口处形成暗红色的圆球。如直肠完全脱出，则呈圆筒状下垂物。受外界污染，脱出的直肠表面沾有泥土等污物。由于脱出的直肠受肛门括约肌压迫，导致血液循环障碍，进一步加重水肿，最后黏膜出血、糜烂甚至坏死。

【防治】应及时治疗腹泻、便秘、阴道脱等原发疾病。饲喂容易消化的草料，充分饮水，减少排便时过度用力。对于发病初期或不完全性脱出的病例，可尝试整复与固定。先用温和的消毒液清洗脱出的组织，去除污物或坏死黏膜。尾椎硬膜外麻醉可减少整复过程中的努责和疼痛。把脱出组织浸泡在高渗溶液中有助消除水肿，在脱出组织上涂抹利多卡因凝胶有利于整复。肠管复位后在肛门处进行荷包缝合。患畜不再努责时可拆线。如直肠不易复位，则用剪黏膜法，按“洗、剪、擦、送、温敷”五个步骤进行。当直肠脱出过多或脱出的直肠发生坏死或穿孔的情况，不易复位，则考虑直肠部分截除术。

第四节 产科病

一、持久黄体

周期黄体或妊娠黄体超出正常退化时间而继续保持功能者称为持久黄体。牛和羊周期黄体正常退化时间分别为14～15d和12～14d。周期黄体超过25～30d（除妊娠外）或妊娠黄体产后14～18d仍然未退化者为持久黄体。

【诊断】

1. 病因 不全价饲养，缺乏运动；子宫内膜炎、子宫积脓、子宫积水及子宫复旧不全；冬季饲养及管理不良；高产奶牛易发生。

2. 症状 发情周期停止，长时间不发情（母畜无发情表现），阴道壁苍白，无分泌物流出。

3. 直肠检查 间隔10～14d进行直肠检查，在卵巢的同一位置有同样大小的黄体存在，子宫弛缓、下垂，收缩力降低或张力不全。

【治疗】 消除病因，改善饲养管理。促使黄体消退，可用$PGF_{2\alpha}$及其类似物、氟前列烯醇、氯前列烯醇。临床上最直接有效的药物是$PGF_{2\alpha}$及其类似物。

二、卵巢机能减退

卵巢机能减退是指卵巢机能暂时紊乱处于静止状态，无发情表现，发情周期停止。卵巢机能不全是指母畜有发情表现，但不排卵或排卵延迟，或发情短促，或断续发情，也有些母畜卵巢有卵泡发育但不发情。卵巢萎缩及硬化是指卵巢组织萎缩、质地变硬以及体积变小，卵巢上既无卵泡也无黄体发育。

【诊断】

1. 病因 饲料不充足或不全价，处于饥饿状态；管理与利用不科学，使役过度，哺乳过度，尤其冬末春初时运动、光照不足等；严重的全身性疾病及子宫疾病；衰老，缺乏孕酮；环境与气候突变；激素的平衡发生紊乱，特别是FSH、LH和GnRH。

2. 症状 发情周期延长或长期不循环；无排卵及不形成黄体；卵泡萎缩或交替发育。

3. 直肠检查

（1）卵巢机能减退 卵巢紧缩，表面光滑，形状和硬度无变化，无卵泡，无黄体。

（2）卵巢萎缩 卵巢紧缩、硬固，体积缩小，复检有变化，子宫小，卵巢无卵泡，无黄体。

（3）卵巢机能不全 延迟排卵或不排卵。安静发情或发情微弱，或卵泡交替发育，或间断发情。

【治疗】 改善饲养管理与利用，特别注意增加运动与光照，调整饲料配方，改善营养成分。消除原发病。采用公畜催情、按摩子宫及卵巢、按摩子宫颈管或涂稀碘酊等刺激剂等方法激发卵巢功能。激素疗法，可肌内注射FSH、hCG、PMSG。

三、卵巢囊肿

卵巢囊肿是指卵巢上有卵泡状结构，但其直径超越正常成熟卵泡的大小，且存在时间在

10d 以上，同时卵巢上无正常黄体结构的一种病理状态。它分为卵泡囊肿和黄体囊肿，二者均为卵泡不排卵（卵泡变性）所致。卵巢囊肿最常见于牛和猪，绵羊和山羊也可发生。

卵泡囊肿是指卵泡中的卵细胞死亡，卵泡上皮细胞变性，结缔组织增生，卵泡液未被吸收或增多而形成的囊肿。黄体囊肿是指未排卵的卵泡壁（颗粒细胞）发生黄体化且直径变大而形成的囊肿。

【诊断】

1. 病因 饲养不当，矿物质缺乏，维生素不足（尤其是维生素 A），过酸的青贮饲料；舍饲，缺乏运动，尤其高产、泌乳盛期奶牛第 2～5 个泌乳期，产后 2～3 个月多发；生殖器官炎症，影响 $PGF_{2\alpha}$产生；大剂量使用 PMSG（超 5 000IU）或 FSH 与 LH 比例失调（特别是 LH 量比正常牛少）；与围产期应激有关，双胎分娩、胎衣不下、子宫炎、生产瘫痪，以及卵泡发育过程中气温突变等；荷斯坦牛发病率较高，可能与遗传有关。

2. 症状 卵泡囊肿表现为持续发情，发情期延长，症状强烈，更有甚者表现出慕雄狂症状（公牛相），荐骨凸起，荐坐韧带松弛。黄体囊肿表现为长期不发情。

3. 直肠检查 卵泡囊肿是一侧或双侧卵巢上存在 1～4 个大于成熟卵泡的囊肿样结构（2.5cm≤牛的囊肿样结构直径≤7.5cm），表面光滑，卵巢被膜紧绷，有时有小泡。间隔 7～14d 再检查，囊肿样结构依旧存在者便可确诊。黄体囊肿直检表现卵巢存在囊状物，壁厚，柔软而不紧张。二者的鉴别诊断主要依据临床表现和直检结果，持续发情且卵巢存在囊肿样结构为卵泡囊肿，不发情且卵巢存在囊肿样结构的为黄体囊肿。

此外，还要注意与囊肿黄体的区别：囊肿黄体是卵泡正常排卵后，由于颗粒细胞黄体化不足，导致黄体内形成一个含有液体的腔，大小不等，一般比正常黄体大，但并不影响其分泌孕酮的功能，对发情周期及受孕无影响。

【治疗】

（1）*机械方法* 早期可采用捏破法，用拇指捏破并压迫囊肿处（因易发生粘连现已不适用）。经阴道导入穿刺针，刺入囊肿样结构后抽出囊肿液体（此法目前偶尔使用）。

（2）*激素疗法* 治疗卵泡囊肿，可使用 LH、LH-RH、hCG、GnRH；治疗黄体囊肿，可使用 $PGF_{2\alpha}$或氯前列烯醇。

四、卵巢静止

卵巢静止是指超过性成熟的未经产母畜或超过卵巢复旧期的经产母畜的卵巢上既无卵泡发育也无黄体形成，或者卵巢上有一定程度的小卵泡发育但不能发育至成熟，反复发育—闭锁退化，且无发情表现。

【诊断】

1. 病因 对于未经产母畜主要是垂体分泌的性腺激素不足，尤其是 FSH 和 LH；其次是母畜虽然达到了性成熟，但体重不足或饲养管理不善。对于经产母畜主要是卵巢复旧延迟、子宫复旧延迟和产后护理不当所致。

2. 症状 长期不发情。

3. 直肠检查 卵巢较小，质地较硬或过软，卵巢上既无卵泡发育也无黄体形成。结合长期不发情和直检结果即可确诊。

【治疗】可使用 GnRH、PMSG、FSH，静脉注射。

五、卵巢肿瘤

卵巢肿瘤可分为3种类型：上皮瘤，如乳头状腺瘤、乳头状腺癌、囊腺瘤以及卵巢癌；生殖细胞瘤，如畸胎瘤；性索-基质瘤，如粒细胞瘤、壁细胞瘤及黄体瘤等。奶牛较为多发生，绵羊、山羊较为少见。

【诊断】

1. 病因 目前尚未明确。

2. 症状 一侧卵巢有肿瘤，无明显临床症状，有时发情不明显或不发情，或表现持续发情，甚至表现慕雄狂症状。如为恶性肿瘤，母牛渐进性消瘦。

粒细胞瘤是牛卵巢肿瘤中最为常见的一种，也在绵羊和山羊中有报道。粒细胞瘤一般呈圆形，多形成表面光滑的囊状物；其由卵泡粒细胞产生，通常含有大量的上皮细胞，细胞质丰富，核圆且多位于中心。有的肿瘤中含有充满液体的圆形腔体，有些细胞形成玫瑰花环状。

3. 直肠检查 卵巢肿胀，超过拳头大（其直径通常≥7.5cm，甚至超过10.0cm）。卵巢下沉疑似胎儿，但子宫形态无变化，间隔一段时间再直肠检查，可能卵巢又会继续增大，但不会缩小。

与卵巢囊肿的鉴别：类似之处，卵巢部分（卵泡）肿大，有时表现慕雄狂，有时不发情。不同之处，卵巢囊肿的囊状结构直径<7.5cm；另外卵泡囊肿是交替发生，隔几天再次直肠检查，可发现卵泡囊肿部分有变化，而且在治疗后即可消失；但卵巢肿瘤不会变小或消失。

与持久黄体的鉴别：类似之处，不发情。不同之处，直肠检查，卵巢表面有或大或小突出的黄体，第1次检查后再检查，突出的黄体仍存在，触摸子宫无变化。卵巢不下垂。

【治疗】如一侧卵巢有肿瘤，另侧健康仍有生育能力，可采用手术切除卵巢；如两侧均有肿瘤，已失去繁殖能力，治疗价值不大。

六、睾丸炎

睾丸炎是指因睾丸损伤和/或感染引起的各种急性和慢性炎症，多见于牛、猪、羊和马、驴。

【诊断】

1. 病因 出损伤引起的感染，常见造成损伤的原因为打击、啃咬、蹴踢、尖锐硬物刺伤和撕裂伤等，继之由葡萄球菌、链球菌和化脓放线菌等引起感染，多见于一侧。

血源性感染，是某些全身感染，如布氏杆菌病、结核病、放线菌病、鼻疽、腺疫、沙门氏菌病以及乙型脑炎等，通过血流引起睾丸炎症。另外，衣原体、支原体、解脲脲原体和某些疱疹病毒也可以经血流引起睾丸感染。

炎症蔓延，睾丸附近组织或鞘膜炎症蔓延；副性腺细菌感染沿输精管蔓延，均可引起睾丸炎症。

2. 症状

（1）急性睾丸炎 睾丸肿大、发热、疼痛；阴囊发亮；公畜站立时拱背、后肢广踏，步态强拘，拒绝爬跨。病情严重者体温升高，呼吸浅表，脉搏数增加，精神沉郁，食欲减少。

并发化脓感染者，局部和全身症状加剧。

（2）慢性睾丸炎　睾丸不表现明显热痛症状，睾丸组织纤维变性、弹性消失、硬化、变小，产生精子的能力逐渐降低或消失。

3. 病变　炎症引起的体温升高和局部组织温度增高，以及病原微生物释放的毒素和组织分解产物，都可以造成生精上皮的直接损伤。睾丸肿大时，由于白膜缺乏弹性而产生高压，睾丸组织缺血而发生细胞变性。

4. 检查

（1）急性睾丸炎　触诊睾丸，可发现睾丸紧张，鞘膜腔内有积液，精索变粗，有压痛。

（2）慢性睾丸炎　触诊睾丸，可发现弹性消失、硬化、变小。

【治疗】由传染病引起的睾丸炎，应首先治疗原发病。

（1）急性睾丸炎　应停止使役或运动，使患畜安静休息；早期（24h）内可冷敷，后期可温敷，加强血液循环使炎症渗出物消散；局部涂擦鱼石脂软膏、复方醋酸铅散；阴囊可用绷带吊起；全身使用抗菌药物，局部可在精索区注射盐酸普鲁卡因青霉素溶液。

（2）慢性睾丸炎　病畜生育力降低或丧失，可采取去势。单侧睾丸感染而欲保留种用者，可摘除单侧睾丸。

七、种公畜性机能障碍

种公畜性机能障碍是指种公畜发生性欲缺乏、阳痿、交配困难及精子异常引起的繁殖障碍。性欲缺乏是指正常发育的公畜到初情期时仍无性欲表现，称为原发性性欲缺乏；公畜原有正常性欲，以后性欲减退、消失，称为继发性性欲缺乏，各种公畜均可发病。阳痿是指阴茎不能勃起或虽能勃起但不能维持足够的硬度以完成交配。从未进行性交的阳痿称为原发性阳痿；原来可以交配，后来出现勃起障碍的称为继发性阳痿。交配困难是指阴茎从包皮鞘伸出不足或阴茎下垂导致不能正常交配。精子异常包括精子形态异常、无精症、精子稀少症、死精症和精子凝集。

【诊断】

1. 病因

性欲缺乏：原发性性欲缺乏常见于睾丸发育不全，垂体和丘脑下部功能不全，多为先天性或遗传性疾病。继发性性欲缺乏的主要原因包括：粗暴的管理，采精技术不当，各种全身性慢性疾病，过量使用雌激素、巴比妥、利血平和吩噻嗪等药物。

阳痿：可分为器质性阳痿和功能性阳痿。器质性阳痿的病因包括：阴茎结构异常（阴茎海绵体内血压不足）、内分泌异常（如甲状腺功能亢进、肾上腺肿瘤等）、神经系统损伤以及过量使用雌激素、巴比妥、利血平和吩噻嗪等药物。

交配困难：是由先天性、外伤性和传染性因素引起的“包茎”或包皮口狭窄，妨碍阴茎的正常伸出，或由于海绵体破裂而形成阴茎血肿。

精子异常：各种先天性和后天获得性生殖器官发育不全、损伤和炎症均可诱发本病。

2. 症状

性欲缺乏：反复用发情母畜逗引，公畜缺乏性兴奋的一系列表现。

阳痿：用发情母畜逗引时，公畜出现性兴奋，甚至出现爬跨动作，但阴茎不能勃起或勃起不坚，不能完成交配过程。

交配困难：用发情母畜逗引时，公畜出现性兴奋和爬跨动作，阴茎虽能正常勃起但不能伸出。

精子异常：可以完成正常的交配过程，但配种后的母畜不能受孕。

3. 检查 检查时要注意公畜的年龄、饲养管理条件、体况、阴茎及阴茎周围组织是否有损伤或炎症，包茎、阴茎肿瘤或阴茎粘连，勃起状况，阴茎能否伸出包皮口等。另外，利用显微镜检查精子状况，包括精子的形态、活力及精子量的多少等。

【治疗】

性欲缺乏：对小公牛，可肌内注射盐酸育亨宾或 hCG。

阳痿：原发性阳痿可能与遗传有关，无治疗价值。由疾病所致的阳痿，应从消除病因、改善饲养管理或改换试情母畜着手，并使用丙酸睾酮或苯乙酸睾酮（皮下或肌内注射）、hCG（肌内或静脉注射）、eCG（皮下或肌内注射）治疗。

精子异常：遗传性精子异常无治疗价值。生殖器官损伤和炎症引起的精子异常应采取对症治疗，并使用雄激素和促性腺激素类药物治疗。

八、阴道炎

阴道炎是指阴道黏膜及黏膜下组织的炎症，包括原发性阴道炎和继发性阴道炎两类。

【诊断】

1. 病因 继发性阴道炎多数是由子宫炎及子宫颈炎引起的。原发性阴道炎可能由于下列因素引起或诱发：交配引入细菌、病毒、寄生虫等；流产、难产、助产、胎衣不下、阴道脱出、产后子宫炎、阴门的严重损伤和气膣等；粪便、尿液等污染阴道；用刺激性太强的消毒液冲洗阴道、阴道检查时不注意消毒或器械消毒不严等。引起阴道炎的大多数病原为非特异性的，如链球菌、葡萄球菌、大肠杆菌、化脓放线菌及支原体等；有些则是特异性的，如牛传染性鼻气管炎病毒、滴虫、弯杆菌等。

2. 症状 患阴道炎时，往往从阴门中流出灰黄色的黏脓性分泌物。根据炎症的性质，阴道炎可分为慢性卡他性、慢性化脓性和蜂窝织炎性三类。

慢性卡他性阴道炎：症状不太明显，阴道黏膜颜色稍显苍白，有时红白不匀，黏膜表面常有皱褶或者大的皱襞，通常带有渗出物。

慢性化脓性阴道炎：阴道中积存有脓性渗出物，卧下时可向外流出，尾部有薄的脓痂；阴道检查时动物有痛苦的表现，阴道黏膜肿胀，且有程度不等的糜烂或溃疡。病畜精神不佳，食欲减退，泌乳量下降。

蜂窝织炎性阴道炎：阴道黏膜肿胀、充血，触诊有疼痛表现，黏膜下结缔组织内有弥散性脓性浸润，有时形成脓肿，其中混有坏死的组织块；亦可见到溃疡，溃疡日久可形成瘢痕，有时发生粘连，引起阴道狭窄。病畜往往有全身症状，排粪尿时有疼痛表现。

3. 检查 阴道检查可见阴道底壁有分泌物沉积，阴道壁充血、肿胀。在较严重的病例，阴道壁充血、肿胀剧烈，有时黏膜发生溃疡坏死，在前庭与阴道的交界处更为明显。病情十分严重时，动物出现全身症状。如果阴道炎是由气膣或阴门损伤所引起，可见到阴道中聚积有粪便或者尿液，也有黏脓性分泌物。

【治疗】

（1）冲洗法 可用消毒收敛药液冲洗。常用的药物有 200μL/L 稀盐酸、0.1%高锰酸钾、1：（100～3 000）吖啶黄溶液、0.1%苯扎溴铵、1%～2%明矾、5%～10%鞣酸、1%～2%硫酸铜或硫酸锌。冲洗之后，可在阴道中放入浸有磺胺乳剂的棉塞。冲洗阴道可以重复进行，每天或每 2～3d 进行 1 次。阴道炎伴发子宫颈炎或者子宫内膜炎的，应同时给以治疗。

（2）*手术法*　气膣引起的阴道炎，在治疗的同时，可以施行阴门缝合术。

（3）*抗菌消炎*　全身感染时，采取局部与全身抗感染结合的方法进行治疗。

九、孕畜浮肿

孕畜浮肿即妊娠浮肿，是指妊娠末期孕畜腹下、后肢以及乳房等处发生浮肿（皮下水肿），浮肿面积小且症状轻者，是妊娠末期的一种正常生理现象；相反，则是病理状态。本病多见于马和奶牛，特别是初产奶牛，常出现乳房水肿。生理性水肿一般发生于分娩前 1 个月左右，产前 10d 变得显著，分娩后 2 周左右可自行消退；但病理性浮肿可持续数月或整个泌乳期。

【诊断】

1. 病因　在妊娠末期，因胎儿生长发育迅速，子宫体积增大，腹内压增高，同时乳房胀大，孕畜的运动减少，因而腹下、乳房及后肢的静脉血流滞缓，导致静脉滞血，血液中的水分渗出增多，亦妨碍了组织液回流至静脉内，因此发生组织间隙液体积聚；孕畜新陈代谢旺盛，迅速发育的胎儿、子宫及乳腺也都需要大量的蛋白质等营养物质，若孕畜饲料中的蛋白质含量不足，则使血浆蛋白浓度降低，血浆胶体渗透压降低，组织液回流障碍，导致组织间隙水分增多；孕畜运动不足，机体衰弱，特别是有心、肾疾病以及后腔静脉或乳房静脉血栓形成时，则容易发生水肿；妊娠期间体内抗利尿激素、雌激素及醛固酮等的分泌均增多，肾小管远端对钠的重吸收增强，加之钠、钾食用过量，结果会导致组织内的钠增加和水潴留；奶牛乳房水肿可能还与遗传因素有关，需要观察公牛的雌性后裔和母牛雌性后裔的发病情况。

2. 症状　水肿常从腹下及乳房开始出现，以后逐渐向前蔓延至前胸，向后延至阴门，有时也涉及后肢的跗关节及球节。通常无全身症状，但若水肿严重，可出现食欲减退、步态强拘等现象。乳房过度水肿、增大时，可引起乳房的支持结构垮塌和泌乳量下降。在奶牛需要注意，本病应与急性乳腺炎区别诊断，后者有乳汁理化性质改变，多为某个乳区单独发病，局部充血或淤血、肿胀疼痛、坚硬，常有全身症状。

3. 检查　腹底部水肿一般呈扁平状，左右对称。触诊水肿处其质地如面团，指压留痕，皮温稍低，无被毛部的皮肤紧张而有光泽。

【治疗】

（1）*改善饲养管理*　给予富含蛋白质、矿物质及维生素丰富的饲料，限制饮水，减少多汁饲料及食盐。水肿轻者不必用药，严重的病例，可应用强心、利尿剂。但长时间应用利尿剂（如呋塞米），可导致钙丢失，有发生低钙血症的危险。使用地塞米松时应注意其适应证与用法。

（2）*增强运动*　对于舍饲母畜，尤其是奶牛，应每天做适当运动，擦拭皮肤，按摩乳房，给予营养丰富的易消化饲料。役用家畜在妊娠后期，做牵遛运动，或让它们任意逍遥运动，不可长期拴系在圈舍内。

十、胎水过多

胎水过多为通常发生在妊娠后期的散发性疾病，包括胎盘水肿、胎膜囊积水和胎儿积水等，它们可单独发生，亦可并发，其间也无任何关系。主要特征是尿囊腔或羊膜囊腔内蓄积过量的液体，前者称为尿膜囊积水或尿水过多，后者称为羊膜囊积水或羊水过多。胎盘组织水肿及胎儿积水常由胎膜感染所致。胎儿积水中常见的有胎头积水、腹腔积水和全身积水，它们对妊娠和分娩的危害程度由积水的部位和数量的多少所决定。本病多发于牛，更多见于双胎，多发于妊娠5个月后，绵羊偶有发生。

牛的正常羊水体积为1.1～5L；尿水体积为3.5～15L，平均为9.5L。当发生胎水过多时，牛胎水总量可高达100～200L，绵羊可达18.5L。

【诊断】

1. 病因　羊水过多的真正病因还不是很清楚，可能和羊膜上皮的作用反常有关，但也可能因胎儿发育异常以及遗传因素所致；尿水过多常发生在怀双胎和子宫疾病时，可能与缺乏维生素A、子宫内膜抵抗力降低、非炎症性子宫肉阜变性、坏死有关，母体子宫疾病或患心肾病及贫血等，胎盘数目少也可能是导致发生尿水过多的原因。

胎头积水是由于大量液体在胎儿颅腔内积聚所致，最常见于猪和牛，其发生可能与维生素A缺乏、传染病（如猪瘟）和遗传因素有关；腹腔积水常见于胎儿畸形及发生传染病时。

2. 症状　胎水过多多发生于妊娠期的中1/3和后1/3。牛胎水过多多发于妊娠5个月以后，绵羊多见于怀双羔或三羔时。各种家畜的共同表现是腹部明显增大，发展迅速，病重时腹部很大，其下部向两旁扩展，腹壁紧张，背部凹陷。病畜运动困难，站立时四肢外展，不愿卧下。体温无变化，呼吸快而浅，脉搏快而弱，牛可达80次以上。瘤胃蠕动正常。全身症状随疾病的加重而逐渐恶化，精神萎靡，食欲减退，消瘦，被毛蓬乱。

3. 检查　直检腹内压升高，子宫壁变薄，子宫内液体波动明显。尿水过多时，由于子宫壁紧张，摸不到子叶；胎儿很小，不容易摸到，瘤胃空虚，有时摸不到。病重时，叩诊腹部呈实音，推动腹壁，可感到有液体晃动。

鉴别诊断：注意与母畜腹水、腹膜炎、前胃和网胃扩张、皱胃变位、瘤胃臌气等疾病区分。

【治疗】尽早穿刺，慢速放水。用利尿剂和缓泻剂。给饲精料，限制饮水，增加运动。治疗母体原发病。重症且距分娩尚早者，应立即终止妊娠，实施人工流产。

十一、流　　产

流产是指母畜妊娠期间因受某些因素影响使胎儿或母体的生理过程发生紊乱，或它们之间的正常关系受到破坏，致使妊娠中断。流产发生率较高（奶牛可达10%左右），且在各种家畜及妊娠期各个阶段均可发生，但以妊娠早期较为多见。孕体在胚胎期的死亡称为胚胎死亡，牛是在妊娠42d之前；母体排出胎儿之前胎儿发生死亡称为胎儿死亡，包括产前和产中死亡。如果母体配种后表现为妊娠，但随后没有明显临床症状的情况下发生的流产称为隐性流产。若母体排出不足月的活胎儿称为早产；分娩时排出未经变化的死亡胎儿称为死产。

【诊断】

1. 病因　流产的病因极为复杂，可概括为三类，即普通流产（非传染性流产）、传染性流产和寄生虫性流产。每类流产又可分为自发性流产和症状性流产。自发性流产为胎儿及胎盘发生反常或直接影响而发生的流产；症状性流产是孕畜某些疾病的一种症状，或者饲养管理不当导致的结果。

（1）普通流产

①自发性流产：

胎膜及胎盘异常：无绒毛或绒毛发育不全，使胎儿和母体间的物质交换受抑制，胎儿不能发育。

胚胎过多：猪在胚胎过多时，发育迟缓的胚胎因邻近胚胎的排挤，不能和子宫内膜发生充分的联系，血液供应受到限制，不能继续发育。

胚胎发育停滞：可能是因为卵子或精子有缺陷；染色体异常或由于配种过迟、卵子老化而产生异倍体；也可能是由于近亲繁殖，受精卵的活力降低。

②症状性流产：广义的症状性流产不但包括因母畜普通疾病及生殖激素失调引起的流产，而且也包括因饲养管理和利用不当、损伤及医疗错误引起的流产。

生殖器官疾病：包括局限性慢性子宫内膜炎、阴道脱出及阴道炎、先天性子宫发育不全和子宫粘连等。此外，激素失调也会导致胚胎死亡及流产，如孕酮、雌激素和前列腺素。非传染性全身疾病，如马疝痛及牛、羊瘤胃臌气，牛顽固性瘤胃迟缓及皱胃阻塞。

饲养性流产：饲料数量严重不足或品质不佳，矿物质含量不足，均能引起流产。如缺硒、饲料发霉。

中毒性流产：霉玉米喂牛后可引起流产，有些重金属（如镉、铅）中毒、细菌内毒素也可以引起流产。

损伤性及管理性流产：主要是由于管理及使用不当，使胎儿和子宫受到直接或间接的机械性损伤，或遭受各种逆境的剧烈危害，引起子宫反射性收缩而引起流产。腹壁的碰伤、抵伤、踢伤、跌倒、抢食和争夺卧处均能引起流产。其次，精神性损伤可使母畜精神紧张，肾上腺激素分泌增多，反射性引起子宫收缩。

医疗错误性流产：全身麻醉，大量放血，手术，服用过量泻剂、驱虫剂、利尿剂，服用刺激发情的药物，注射某些可以引起子宫收缩的药物（如氨甲酰胆碱、毛果芸香碱、槟榔碱或麦角制剂），粗鲁的直肠检查、阴道检查、超声波诊断，妊娠后再发情时误配等都可引起流产。

（2）传染性流产　是由于传染病引起的流产。主要通过侵害胎盘及胎儿引起自发性流产，或以流产为一种症状而发生症状性流产。如布鲁氏菌病、支原体病（牛、羊、猪）和衣原体病（牛、羊）等均可引起自发性流产，而钩端螺旋体病（牛、羊、马）、李氏杆菌病（牛、羊）、口蹄疫（牛、羊）和传染性鼻气管炎（牛）等常引起症状性流产。

（3）寄生虫性流产　毛滴虫病（牛）、弓形虫病（羊、犬）、马媾疫（马）等可引起自发性流产。梨形虫病（牛）、贝诺孢子虫病（牛、羊）、新孢子虫病（犬、牛）等可引起症状性流产。

2. 症状　根据发生的时期、原因及母畜反应能力不同，流产的过程及所引起的胎儿变化和临床症状不一样，可分为以下 4 种：

(1) 隐性流产　母畜不表现明显的临床症状。常见于胚胎早期死亡，表现为屡配不孕或返情推迟。妊娠率低，多胎动物表现产仔数少，可能全流产，也可部分流产，部分流产时，妊娠仍可维持。

(2) 早产　产前征兆及分娩过程与正常生产类似，但排出不足月的活胎儿。

(3) 死产　排出死亡而未经变化的胎儿，妊娠早期的死产不易发现，易误认为隐性流产；妊娠前半期死产亦无产前征兆，妊娠后半期死产与早产类似，但产前无胎动且孕脉微弱、子宫颈口开张且黏液稀薄。

(4) 延期流产（死胎滞留）　胎儿死亡后，由于阵缩微弱、子宫颈管不张开或开张不足，胎儿死亡后长期滞留于子宫内，称为延期流产。依据子宫颈是否开张，可分为分为胎儿干尸化和胎儿浸溶（浸渍）两种，发生哪一种主要是看黄体是否萎缩及子宫颈是否开放。

胎儿干尸化（又称木乃伊胎）：妊娠中断后，由于黄体没有退化，仍维持其机能，子宫颈不开张，无微生物侵入，胎儿死亡，未被排出，其组织中的水分及胎水被吸收，变为棕黑色，好像干尸一样。干尸化胎儿可在子宫内停留相当长的时间，母牛常是在妊娠期满后数周，黄体的作用消失后才将干尸化胎儿排出。

胎儿浸溶（胎儿浸渍）：妊娠中断后，由于黄体退化，子宫颈管开张，微生物侵入，死亡后的胎儿的软组织分解，变为液体排出，而骨骼留在子宫中。

3. 检查

(1) 隐性流产　可根据配种后返情正常或延长，大体估测是配种未孕还是隐性流产，但误差较大，应谨慎对待。

直肠检查或影像学检查：在牛配种后1～1.5个月通过直肠检查已肯定妊娠，而以后又返情，同时直肠检查原有的妊娠现象消失；对于中小型动物，交配后经过一个性周期未见发情，或经影像学检查确诊为妊娠，但过了一些时间后又发情，且从阴门中流出的分泌物较多，可诊断为稳性流产。

孕酮分析：妊娠早期，母畜血、奶中的孕酮一直维持高水平，一旦胚胎死亡，孕酮水平即急剧下降。据此，可以通过检测血浆或乳汁中的孕酮水平进行确诊。

早孕因子（EPF）测定：EPF是妊娠依赖性蛋白复合物，在牛、绵羊和猪的血清中都存在。配种或受精后不久在血清中出现，胚胎死亡或排出后不久即消失。它的出现和持续存在能代表受精和孕体发育，可用于早孕或胚胎死亡的诊断。

其他检查：在检查引起隐性流产的病因时，如怀疑哪种病因，可做相应的检查。例如，当怀疑是由于传染病或寄生虫病引起的，应作血清学检查；当怀疑是由中毒引起的，应作毒物分析等。

(2) 临床型流产　排出不足月的活胎儿或死胎、延期流产（死胎滞留）等，其临床症状明显，据此可诊断。

调查材料：为了查清流产的病因，首先应做详细的调查，内容包括流产母畜的数量、胎儿大小与变化、流产母畜的表现、饲养管理及使役情况，是否受过伤害、惊吓，流产发生的季节及气候变化，母畜是否发生过普通病，畜群中是否出现过传染性及寄生虫性疾病，对疾病的防治情况如何，流产时的妊娠月份，母畜是否有习惯性流产等。

病理检查：自发性流产，胎膜及（或）胎儿常有病理变化。对排出的胎儿及胎膜，要细致观察有无病理变化及发育异常。传染性疾病引起的症状性流产，或由于饲养管理不当、损伤、母畜本身的普通病、医疗事故引起的流产，胎膜及胎儿多没有明显的病理变化。

血清学检查：传染性及寄生虫性流产，可在病理学检查的基础上，将胎儿、胎膜以及子宫或阴道分泌物送实验室进行血清学检查。

【治疗】首先应确定属于何种流产以及妊娠是否能继续，在此基础上再确定治疗原则。

(1) 先兆流产　如果孕畜出现腹痛、起卧不安、呼吸和脉搏加快等症状，预示要发生流产。治疗的原则为使用抑制子宫收缩药安胎，可肌内注射孕酮。习惯性流产，在妊娠的一定时间试用孕酮和硫酸阿托品。禁止阴道检查，控制直肠检查次数以免刺激母畜。牵遛母畜，以减少努责。

(2) 难免流产　出现流产先兆，经上述处理后病情仍未稳定，阴道排出物继续增多，起卧不安加剧，子宫颈口已经开放，胎囊已进入阴道或已破水，属于难免流产。应尽快促使子宫内容物排出。若子宫颈口已经开大，可用手将胎儿拉出。若胎儿已经死亡，牵引、矫正有困难，可行截胎术。若子宫颈管开张不大，手不易伸入，可用前列腺素溶解黄体，用雌激素促使子宫颈松弛，然后实行人工助产；对子宫颈口仍不开放或不易取出胎儿的，应施行剖宫产取出胎儿。

(3) 延期流产　对于胎儿发生干尸化或浸溶者，首先可使用前列腺素制剂，继之或同时应用雌激素，溶解黄体并促使子宫颈口开张。向子宫及产道内灌入润滑剂，以便胎儿排出；干尸化胎儿，由于胎儿头颈及四肢蜷缩在一起，且子宫颈口开放不大，可先截胎后取出；对不易经产道取出的，早期施行剖宫产手术。若胎儿浸溶、软组织基本液化，必须尽力将胎骨逐块取净。分离骨骼有困难时，可先将它破坏后再取出。小型动物，因产道较窄，多做剖腹取骨或子宫摘除手术。取出干尸化及浸溶胎儿后，用消毒液或5%～10%盐水抗生素液冲洗子宫；应用子宫收缩药，促使液体排出。在子宫内放入抗生素，并重视全身对症治疗。

(4) 隐性流产　应加强饲养管理，尽可能地满足母畜对维生素及微量元素的需要。妊娠早期，可视情况补充孕酮或hCG。在发情期间，用抗生素生理盐水冲洗子宫。

十二、子宫扭转（子宫捻转）

子宫扭转/捻转是指整个子宫、一侧子宫角或子宫角的一部分围绕自己的纵轴发生的扭转。扭转处多在子宫颈及其前后，位于阴道前端的称为颈后扭转，位于子宫颈前的称为颈前扭转。此病常见于奶牛，羊和马偶有发生。多数是在临产时发生扭转，且多数病例扭转180°～270°，个别病例可达720°；牛颈后扭转多于颈前扭转，向右扭转多于向左扭转。

【诊断】

1. 病因　凡是能使母畜围绕其身体纵轴急剧转动的任何动作，都可成为子宫扭转的直接原因。妊娠末期，母畜如急剧起卧并转动身体，因胎儿重量大，子宫不随腹壁转动，就可发生向一侧扭转。下坡时绊倒，或运动中突然改变方向，也易引起扭转。临产时发生的子宫扭转，可能是母畜因疼痛起卧，或胎儿转变体位时引起的；牛易发是由于牛的起卧姿势，牛卧地时，首先是前躯卧倒，而起立时则是后躯先起，牛无论起卧，都有一个阶段子宫在腹腔内呈悬空状态，故牛易发。

2. 症状　产前发生的扭转，如果不超过90°，母畜无临床症状。超过180°时，母畜有明显的不安和阵发性腹痛，并随着病程的延长和血液循环受阻，腹痛加剧，且间歇时间缩短。如果扭转严重且持续时间太长，子宫坏死，则疼痛消失，但病情恶化。弓腰、努责，但不见

排出胎水。体温正常，但呼吸、脉搏加快。牛、羊常有磨牙。若子宫阔韧带撕裂和血管破裂，发生内出血。临产时的扭转，孕畜可出现正常的分娩预兆与表现，但腹痛不安比正常分娩时严重，产道内无胎膜和胎儿前置器官。

3. 检查 在妊娠期，牛子宫常有45°～90°的扭转。若发生90°～180°的扭转，则逐渐出现临床症状。因此，对妊娠后期表现腹痛症状的母畜，均需作阴道及直肠检查。

（1）子宫颈前捻转 阴道检查，在临产时若扭转不超过360°，子宫颈口总是稍微开张，并弯向一侧。达360°时，宫颈管封闭，也不弯向一侧，子宫颈膣部呈紫红色，子宫颈外口部位红染。产前发生扭转，常需要做直肠检查。直肠检查时，在耻骨前缘摸到软而实的扭转子宫体，阔韧带从两旁向此扭转处交叉，其中一侧韧带位于前上方，另一侧则位于后下方。若扭转不超过180°，后下方的韧带比前上方的韧带紧张，子宫向着韧带紧张的一侧扭转，但两侧子宫动脉很紧。扭转超过180°时，两侧韧带均紧张，韧带内静脉怒张。胎儿的位置靠前。

（2）子宫颈后扭转 阴道检查，在产前或临产时发生的扭转，阴道壁紧张，阴道腔越向前越狭窄，阴道壁的前端呈螺旋状皱褶。螺旋状皱褶从阴道背部开始向哪一侧旋转，则子宫就向该方向扭转。当发生右侧扭转时，右手背朝上伸入阴道内，顺着阴道皱褶缓慢前进，当手指接近子宫颈时手掌发生顺时针旋转；相反，若为左侧扭转，手掌则发生逆时针旋转。扭转不超过90°时，手可以自由通过；达到180°时，手仅能勉强伸入，在阴道前端的下壁上可摸到一个较大的皱褶，阴道腔弯向一侧；达270°时，手不能伸入阴道；达360°时管腔拧闭，阴道检查看不到子宫颈口，只能看到前端的皱褶。直肠检查，情况与颈前扭转相似。

【治疗】临产时发生的扭转，应将子宫转正后拉出胎儿；产前扭转应转正子宫后保胎。对扭转程度小的，可选用产道内或直肠内矫正；对扭转程度较大且产道极度狭窄、手难以伸入产道抓住胎儿或子宫颈尚未开放的产前扭转，常选用翻转母体、剖腹矫正或剖宫产的方法。

（1）产道内矫正 是救治子宫扭转引起难产最常用的方法，主要目的是借助胎儿矫正扭转的子宫。母畜站立保定，前低后高，必要时施后海穴麻醉。手伸入胎儿的扭转侧下方，握住胎儿的某一部分向上向对侧翻转。边翻转边用绳牵拉位置在上的肢体。对活胎儿，用手指抓住两眼眶，在掐压眼眶的同时向扭转的对侧扭转，借助胎动使扭转得以纠正。从产道矫正羊的子宫扭转时，助手可将母羊的后腿提起，使腹腔内的器官前移，然后手伸入产道抓住胎腿向扭转的对侧翻转胎儿。如果扭转程度不大，很容易矫正过来。

（2）直肠内矫正 牛站立保定，前低后高，第1～2尾椎间隙脊髓麻醉。如果子宫向右侧扭转，可将手伸至子宫右下方，向上向左翻转，同时一助手用肩部或背部顶在右侧腹下向上抬，另一助手在左侧由上向下施加压力。向左扭转时，操作方向相反。

（3）翻转母体 是一种间接矫正子宫的简单方法，可用于马、牛、羊，比直肠矫正省力，有时能立即矫正成功。翻转前，如果母畜挣扎不安，可施行硬膜外麻醉，或注射肌松药物，使腹壁松弛。奶牛必须先将奶挤净，以免转动时乳房受损。

①直接翻转母体法：子宫向哪一侧扭转，使母畜卧于哪一侧。翻转时把前后肢分别捆住，后躯抬高。如右侧扭转，则应右侧卧，然后快速仰翻为左侧卧。由于转动迅速，子宫因胎儿重量的惯性，不能随母体转动，而恢复到正常位置。如果翻转成功，阴道前端螺旋状皱褶消失，无效时则无变化；如果翻转方向错误，软产道会更加狭窄。因此，每翻转一次，经

产道或直肠进行一次验证。几次翻转不成功的，可施行剖腹矫正或剖宫产术。

②腹壁加压翻转法：可用于马、牛，操作方法与直接法基本相同。但需另用一长 3m、宽 20～50cm 的木板，将其中部置于被施术动物腹肋部最突出的部位上，一端着地，术者站立或蹲于着地的一端上，然后将母畜慢慢向对侧仰翻，同时另一人翻转其头部，翻转时助手尚可从另一端帮助固定木板，防止其滑向腹部后方，以免压迫胎儿。翻转后同时必须进行产道检查或直肠检查。第一次不成功，可重新翻转。

（4）剖腹矫正或剖宫产　剖腹矫正时大动物仰卧保定，沿腹白线右侧切口。不宜矫正者，改为右侧卧保定，行剖宫产。

十三、阴道脱出

阴道脱出是指阴道底壁、侧壁和上壁的一部分组织、肌肉松弛扩张，连带子宫和子宫颈向后移，使松弛的阴道壁形成折襞嵌堵于阴门之内（又称阴道内翻）或突出于阴门之外（又称阴道外翻），可以是部分脱出，也可以是全部脱出。本病多发生于奶牛，其次是羊和猪，绵羊常发生于干乳期和产羔后，但主要发生于老龄体弱牛、羊的妊娠末期。易产生习惯性阴道脱并发子宫脱。

【诊断】

1. 病因　子宫过度扩张松弛，努责过强，孕牛衰老经产、运动不足、营养不良，胎儿过大，胎水过多及双胎等；拉出胎儿过快，特别是难产时，形成大的负压，使子宫内翻甚至脱出；分娩时过度刺激阴道或子宫，产后努责强烈；过度牵拉胎衣，胎衣不下剥离、胎衣悬挂重物或起立时外露胎衣被踩压等；腹压过高，如发生生产瘫痪而卧地不起等。

2. 症状

（1）轻度阴道脱　指阴道口前方部分阴道下壁突出于阴门外，子宫和膀胱未移位，阴道壁一般无损伤，或有浅表潮红或轻度糜烂。主要发生于产前。病初卧下前庭下壁形成粉红色湿润并有光泽的瘤状物，起立后部分自行缩回。若病因不除可形成习惯性阴道脱。

（2）中度阴道脱　当伴有膀胱和肠道也进入骨盆腔时称为中度阴道脱。临床常见从阴门向外突出的囊状物，病畜起立后，不缩回。由于盆腔内异物的刺激，病情加重（表面干燥或溃疡，由粉红色转为暗红色或蓝色，甚至黑色）。严重时出现穿孔和坏死。

（3）严重阴道脱　子宫和子宫颈后移，子宫颈脱出与阴门外。阴道腹壁可见尿道外口，尿道口外露，排尿不利。触诊有时可摸到胎儿前置部分。产后发病的脱出物体积比产前的小。阴道脱出部分因长期不能缩回，黏膜水肿、淤血、呈紫色，严重时与肌层分离。因摩擦及粪便污染，使阴道黏膜破裂、发炎、糜烂或者坏死。严重时继发全身感染。

3. 检查　触诊外露的阴道壁，判断其内部是否含有肠管及胎儿前置部。

【治疗】

（1）轻度阴道脱出　部分脱出，前低后高站立可自行回缩者，治疗原则是防止损伤发炎、拴尾、斜立、少卧、强体。

（2）中度和重度阴道脱出　完全脱出者应尽早整复并加以固定，防止复发。

①整复及阴门缝合法：对顽固性复发者可做阴道填塞后再做阴门双内翻缝合。

②阴道壁臀部固定法：效果确实，牛、犬均可采用。

③暂时性固定法：用阴门压定器或外阴托带固定阴门。

④永久性性固定法：对重度阴道脱出的病例，可采取阴道侧壁固定法、阴道下壁固定法、阴道黏膜下层部分切除术、阴道周围脂肪切除术和内阴神经切断术。

十四、孕畜截瘫/妊娠截瘫

孕畜截瘫/妊娠截瘫是指在妊娠末期孕畜既无导致瘫痪的局部因素（如腰臀部及后肢损伤），又无明显的全身症状，但后肢不能站立的一种疾病。多发于牛和猪，有地域性和季节性，冬、春季多发。

【诊断】

1. 病因　许多病例的病因很难查清，可能是多种疾病的症状，如营养不良、胎水过多、严重子宫扭转、酮血症、饲料单一、钙磷缺乏或比例不当以及其他矿物质及维生素（如维生素D）缺乏；微量元素不足，如铜、钴、铁等不足，可引起贫血及衰弱而发病。此外，本病与光照不足也存在一定的关联性。

2. 症状　牛一般在分娩前1个月左右出现运动障碍。最初仅见站立时无力，两后肢经常交替负重；行走时后躯摇摆，步态不稳，卧下时起立困难。

3. 检查　后躯无可见的病理变化，触诊无疼痛表现，反应正常。如距分娩尚早，患病时间长，则发生褥疮及患肢肌肉萎缩；有时伴有阴道脱出。通常没有明显的全身症状，但有时心跳快而弱。

注意与胎水过多、子宫扭转、损伤性胃炎、风湿病、酮血症、骨盆骨折、后肢韧带及肌肉断裂等相鉴别，因为这些疾病均可表现后肢不能站立的症状。

【治疗】

（1）补钙、磷　缺钙时，静脉注射10%葡萄糖酸钙或氯化钙，为促进钙吸收可肌内注射维生素D_2；对于缺磷的病例，可静脉注射磷酸二氢钠。

（2）补饲　补饲青料及矿物质、微量元素和维生素（如维生素A/维生素D）等。

（3）增加光照和运动。

（4）穴位注射维生素B_1。

（5）针灸　对百会、后海、汗沟、巴山等穴进行针灸。

（6）防止褥疮　抬牛站立或用吊床，或勤翻身。

十五、难　　产

难产是指由于各种原因而使分娩的第一阶段（开口期），尤其是第二阶段（胎儿排出期）明显延长，如不助产，则母体难于或不能排出胎儿的产科疾病。家畜中以牛最常发生，绵羊怀双胎时难产率明显升高。

【诊断】

1. 病因　分为普通病因和直接病因两大类。普通病因通过影响母体或胎儿而使正常的分娩过程受阻；直接病因直接影响分娩过程的因素。

（1）普通病因

①遗传因素：亲代的隐性基因引起胎儿畸形而发生难产。母体的先天异常也可引起流产，如腹股沟疝、阴道或阴门发育不全等。

②环境因素：多胎动物怀胎数量少，营养过剩导致胎儿体积过大。

③内分泌因素：与生殖有关的激素的比例及浓度异常，如孕酮。

④饲养管理因素：限制母畜运动，营养明显不足或营养过剩，配种过早等。另外，慢性消耗性疾病、寄生虫病等使母畜发育迟缓，骨盆狭小或发育不全，或生殖道幼稚等。

⑤传染性因素：所有影响妊娠子宫及胎儿的传染病均可引起子宫迟缓、胎儿死亡和子宫炎等，造成子宫壁张力和收缩能力受损，子宫颈开张不全，胎儿胎势异常。

⑥外伤性因素：如因腹壁疝、妊娠后期耻骨前腱断裂等影响腹壁难以收缩。

(2) 直接病因　分为母体性病因和胎儿性病因两方面。母体性病因包括产力性病因和产道性病因。

①母体性因素：引起产道狭窄或阻止胎儿正常进入产道的各种因素，如骨盆骨折或骨瘤、阴门发育不全、骨盆内血肿、阴道周围脂肪沉积过多、子宫扭转、子宫积瘤、子宫折叠于骨盆前缘、子宫颈扩张不全、子宫迟缓以及胎膜水肿等。

②胎儿性因素：主要是胎向、胎位及胎势异常，胎儿过大等。

2. 症状　母畜分娩的第一阶段（开口期），尤其是第二阶段（胎儿排出期）明显延长，母体难于或不能排出胎儿。

3. 检查

(1) 了解病史　包括预产期、年龄、胎次、分娩过程、有否助产、胎儿产出情况、预防注射及畜群状况、特殊病史以及繁殖史等。

(2) 母畜检查　包括全身状况、产前预兆、呼吸、脉搏、精神状态、产程、胎水是否排出等。

(3) 胎儿及产道检查　包括胎儿的胎向、胎势、大小、位置、死活等；产道的宽窄、松软、开张、阵缩、润滑等。注意产道的松软及润滑程度，其中液体的颜色、子宫颈的松软及开张程度；骨盆腔的大小及产道有无异常。

(4) 胎儿死活的判断　正生时，手指塞入胎儿口腔并拉扯胎舌是否吸吮和回缩；手指压迫眼球是否敏感甩头；拉扯前肢是否回缩；感觉颈动脉及胎心搏动。倒生时，手指插入肛门有无收缩力，有无胎粪；感觉脐动脉搏动。有任何一种活动均为活胎；全无活动迹象，并有肛外胎粪、大量胎毛脱落、皮下气肿捻发音、胎水黑绿腐臭等可判为死胎。配合B超检查，判断更准确。

【治疗】对于难产采取助产手术治疗。

1. 用于胎儿的助产方法

(1) 牵引术　又称拉出术，是指用外力将胎儿拉出母体产道的助产手术。此法是最为常用的助产手术，其适应证为：子宫迟缓，胎儿未入骨盆腔，而母畜仍在努责时；用矫正术已经矫正了引起难产的原因后；胎儿稍大，母畜阵缩无力，产道轻微狭窄，胎位胎势轻度异常；产道被肿瘤、脂肪阻塞；胎儿倒生，为防止脐带受压而引起胎儿死亡时；实施截胎术后需拉出胎儿；多胎动物子宫中仅剩1～2个胎儿而又很可能发生子宫迟缓时。

(2) 矫正术　是指通过推、拉、翻转、矫正或拉直胎儿四肢的方法，把异常胎向、胎位及胎势矫正到正常的助产术。其适应证为：单胎动物正常分娩时胎儿姿势应纵向（正生或倒生）、上位，头颈及四肢伸直，否则都会发生难产，需要实施矫正术。多胎动物的四肢屈曲或折叠于体侧或体下，也可顺产，也可能发生难产，需要实施矫正术。

①矫正姿势：目的是使胎儿的各种异常姿势恢复为正常姿势。方法包括推动和拉出，各

个方向相反的动作。

②矫正位置：指将胎儿在其纵轴上转动，变成正常的上位，常用的手法是翻转。牛、羊、马胎儿出生时的正常位置是上位，即背部在上。

③矫正方向：指将胎儿在横轴上旋转，把横向或竖向各种异常胎向矫正成正常或倒生时的纵向。

（3）截胎术　将死亡胎儿阻碍排出的部分截断后分别取出或将其体积缩小后拉出的手术，包括皮下法（将皮肤剥开后再截除并保留皮肤盖住断端）及开放法（直接截除不留皮）。

①头部缩小术：适应于脑腔积水，头部过大、双头及双面畸形、头颈侧弯及其他颅腔异常引起的流产。

②头骨截除术：用于胎儿过大且唇部伸入盆腔时，可将胎儿头部锯成上下两半。

③下颌骨截断术：用于牛正生侧位，或矫正了侧位的头颈后，头部仍呈侧位，如无法扭转头，可破坏下颌骨，缩小头部。

④头部截除术：分为肩部前置时的头部截胎术和枕部前置时的胎头截胎术。

⑤头颈部截除术：用于胎儿头部出现侧弯、下弯、上仰时。

⑥前肢截除术：用于前肢切除后提供更多的空间，以利于矫正头部的异常，分为肩部前置时的前肢截除术和正常前置前腿的截除术。

⑦腕关节截除术：用于腕部前置时截去腕部以下部分。

⑧后腿截除术：分为坐骨前置时的后腿截除术和后腿正常前置时的截除术。

⑨跗关节截除术：用于跗部前置时截去跗部以下部分。

2. 用于母体的助产方法　包括剖宫产（剖宫产）术、外阴切开术、子宫切除术、耻骨联合切开术和翻转母体法。

（1）剖宫产术　无法矫正胎儿或施以截胎术无效时，可以采用本法。适应证为骨盆发育不全、骨盆变形以及骨盆狭小、子宫颈狭窄、阴道极度肿胀等。

（2）外阴切开术　适用于阴门发育不全或损伤或扩张不全，即阴门严重阻碍胎儿排出时。

（3）子宫切除术　适用于子宫壁损伤或破裂、子宫脱出无法整复时。

（4）耻骨联合切开术　适用于骨盆狭小。

（5）翻转母体法　适用于子宫扭转。

3. 助产的基本原则　助产手术宜早不宜迟；术前周密检查，根据检查结果和条件制定适宜而详细的手术计划；助产目的明确，基本目的是保证母体健康及其生育力，同时保证胎儿的生命力，争取母子双全，特殊情况下可弃子保母或保子弃母；发挥集体力量，相互配合施术；如遇特殊情况，应说明危险并征得畜主同意和配合后方可施术。

十六、胎衣不下

胎衣不下（又称胎衣滞留）是指母畜分娩后正常时限内（牛 12h、羊 4h）不排出胎膜。奶牛发病率高（可达 40%），常导致子宫内膜炎继而不育。

【诊断】

1. 病因　产后子宫收缩无力，这与饲料单一，缺乏矿物质、微量元素和维生素，运动不足，过肥过瘦，吮乳，多胎、难产、早产等有关。胎盘因素，包括胎盘结构联系较紧密

(牛是子叶型胎盘)，胎盘未成熟或老化，胎盘充血和水肿，胎盘感染发炎而结缔组织增生或粘连。；产后宫颈收缩过早。其他因素，如内分泌因素、遗传因素、环境因素、冷热应激及免疫功能等。

2. 症状 胎衣部分不下是一部分胎膜悬吊于阴门之外；胎衣完全不下是整个胎衣不排出，胎儿胎盘的大部分与子宫黏膜连接。患畜表现弓背和努责，恶露不止，泌乳减少。

3. 检查 阴道检查，胎衣完全不下，在阴道内有不下的胎衣，如发生分解，从阴道排出污红色恶臭的液体。胎衣部分不下，恶露排出时间延长，内含胎衣碎片。

【治疗】

(1) 药物疗法

①子宫腔内用药：子宫腔内投放抗菌药物，如头孢类、土霉素、磺胺类等药物，防止或消除感染；也可使用10%的高渗盐水灌注，促进胎盘分离，胎衣排出。也可投入防腐消毒类药物，如醋酸氯己定和稀碘溶液。

②全身抗生素疗法：肌内注射青霉素、链霉素、长效土霉素等。

③促进子宫收缩：肌内注射雌激素（如苯甲酸雌二醇）和缩宫剂（如催产素）。

(2) 手术剥离法 原则是宜早不宜迟；易剥则剥，难剥不强剥；已腐者不可剥。剥离胎衣后子宫腔投入抗生素，亦可进行全身抗菌消炎。

十七、产褥热

产褥热是指在产褥期内由于生殖道损伤并受病原体侵袭而引起的局部或全身的感染，出现高热持续不退或突然高热寒战，分为产褥性败血症和产褥性脓毒血症两类。

【诊断】

1. 病因 难产救助时产道损伤，产后子宫脱出；胎衣不下，特别是手术剥离胎衣时造成子宫损伤。

2. 症状 食欲废绝，高热不退，呼吸急促，心动过速，结膜充血等，甚至出现败血症的症状。

3. 检查 检查子宫、子宫颈和阴道有无伤口，确定感染部位和严重程度。

【治疗】

(1) 抗感染和退热 全身使用广谱抗菌药物，如肌内注射青霉素、链霉素和磺胺类药物。退热可肌内注射安乃近。同时子宫内投放抗生素。

(2) 纠正水、电解质紊乱 静脉注射糖盐水。

十八、产后截瘫

产后截瘫是指分娩过程中由于后躯神经或骨盆受损，或由于钙、磷及维生素D不足而导致产后后躯不能站立。由于后躯神经或骨盆受损造成的截瘫是损伤性疾病，而由钙、磷及维生素D不足导致的属于代谢性疾病。本病分为神经损伤型和骨盆损伤型。

【诊断】

1. 病因 常见原因是难产时间过长，或强力拉出胎儿，使坐骨神经及闭孔神经受到胎儿躯体的粗大部分（如头和前肢、肩脚围、骨盆围）长时间压迫和挫伤，引起麻痹；或者荐髂关节韧带剧伸、骨盆骨折及肌肉损伤，因而母畜产后不能起立。这些损伤发生在分娩过程中，但产后才发现瘫痪症状。饥饿及营养不良，缺乏钙、磷等矿物质及维生素 D，阳光照射不足，也可导致本病。

2. 症状 病牛分娩后，体温、呼吸、脉搏及食欲、反刍等均无明显异常。后肢皮肤痛觉反应除神经受损者外均正常。产后立即出现后肢不能起立，或后肢勉强站立后，又很快摔倒。

3. 检查 有难产病史或助产史，针刺后肢痛感正常，但母畜不能翻身，有痛苦状者是骨盆损伤型；针刺后肢无痛感，但母畜能自主翻身，无痛苦状者是神经损伤型；针刺后肢痛感正常，母畜能自主翻身的为代谢性疾病（即钙、磷及维生素 D 不足）。

【治疗】

（1）神经损伤型 能治疗，但疗程长，通常需要 10～15d。可使用硝酸士的宁、维生素 B_1、维生素 B_{12}；也可用红外线照射治疗。

（2）骨盆损伤型 治疗困难，花费高，建议淘汰。

（3）钙、磷及维生素 D 不足 补充钙、磷及维生素 D，增加日照时间。

十九、子宫内翻与脱出

子宫内翻是指子宫角前端翻入子宫腔或阴道内；子宫脱出是指子宫全部翻出于阴门之外。二者为程度不同的同一个病理过程。牛的发病率最高，其次是羊和猪。该病多见于产程的第三期，即产后不久或数小时内发生，产后超过 1d 发病的极少。

【诊断】

1. 病因 主要与产后强烈努责、外力牵引及子宫弛缓有关。固定子宫组织的紧张力降低，衰老、经产、营养不良、子宫肌长时间紧张造成子宫弛缓无力（双胎、胎儿过大、过期妊娠）、运动不足；腹内压过高：产后强烈努责、助产时猛烈拉出胎儿，瘤胃臌气、产后瘫痪；人为因素，如外力牵引、强烈刺激阴道、干产时牵引过快过猛。

2. 症状 子宫内翻时，外部症状不明显，但当套叠时，久不自复者，发生淤血、水肿或感染则表现明显全身症状，患畜不安、拱腰、举尾、努责等。牛脱出的子宫较大，有时还附有尚未脱落的胎衣，如胎衣已脱落，可见子宫黏膜表面上有许多暗红色的子叶（母体胎盘）且易出血。

3. 检查 子宫内翻可通过直检发现。注意子宫脱出时应鉴别膀胱是否脱出，肠系膜、卵巢系膜及子宫阔韧带及其血管是否撕裂，黏膜有无坏死等。

【治疗】

（1）整复法 子宫内翻较易整复，子宫脱出应尽早整复，不能整复或严重损伤坏死者可切除。采取前低后高姿势，排空直肠内粪便，防止污染。荐尾间隙硬膜外麻醉，不宜过深，防止患畜卧下。剥离胎衣，清洗子宫和尾根区，抑菌防腐，如用 3%过氧化氢或明矾溶液清洗或浸泡减轻水肿，止血并去除异物及坏死组织。先将子宫内层的腹腔脏器送回，再从基部或尖端开始逐一将脱出的子宫送回阴道内，边送边把已经送回的部分顶住，防止努责时再脱出；全部送回腹腔还原后，投入抗生素，肌内注射缩宫剂及肾上腺素。对于努责不止者可作阴门缝合或阴道壁臀部固定法，5d 后可拆除。预防复发可皮下或肌内注射催产素。如有出血，必须给予止血剂并输液。

（2）脱出子宫切除术 子宫脱出时间太久无法送回，或有严重的损伤或坏死，整复后有全身感染，导致死亡的危险时，可将子宫切除。

子宫内膜炎

二十、子宫内膜炎

子宫内膜炎是指子宫内膜发生的炎症，在牛比较常见，为不育的重要原因之一，但很少影响全身健康情况。引起此病的病原一般是在配种、输精或分娩时到达子宫，有时也可通过血液循环而导致感染。

【诊断】

1. 病因 子宫内膜炎多继发于分娩异常，如流产、胎衣不下、早产、双胎、难产；子宫的其他疾病，如子宫炎、子宫积脓，子宫、子宫颈、阴道及阴门的损伤等。这些疾病常引起子宫复旧延迟、子宫内膜恢复缓慢以及延迟受孕。有些母牛正常分娩之后，子宫也会发生感染，但多数在产后第一、二次发情时即可将子宫的感染消除。阴门损伤有时可引起气膣，尤其在老龄牛更是如此，由于阴道中形成气室，因此粪便、尿液、空气等会进入阴道前端，引起慢性子宫颈炎，进而引起子宫内膜炎。公牛患有滴虫病、弧菌病、布鲁氏菌病等疾病时，通过交配可将病原传给母畜而引起发病。公牛的包皮中常常含有各种微生物，也可能通过输精及自然交配而将病原传播给母畜。

2. 症状 患子宫内膜炎时，尤其是在慢性病例，一般来说病畜的症状不太明显，但发情时可见到排出的黏液中有絮状脓液，黏液呈云雾状或乳白色，而且有大量的白细胞。有时同时存在着子宫颈炎。患子宫内膜炎时，发情周期及发情期的长短一般正常，病畜多数屡配不孕。按炎症症状可分为以下 4 种类型。

（1）隐性子宫内膜炎　无临床表现，子宫无肉眼可见变化，发情正常，直肠检查及阴道检查也无异常，但屡配不孕。

（2）慢性卡他性子宫内膜炎　阴门经常排出一些浑浊的黏液，有时黏膜发生溃疡或结缔组织增生，发情多正常，屡配不孕。

（3）慢性卡他性脓性子宫内膜炎　子宫黏膜肿胀、充血或淤血，上皮组织变性坏死脱落；经常从阴门排出黄褐色或灰白色稀薄脓液或黏稠的脓性分泌物，发情周期不正常，伴有轻度全身症状，逐渐消瘦。

（4）慢性脓性子宫内膜炎　从阴门中排出脓性分泌物，卧下时排出的较多，阴门周围皮肤及尾根部黏附着脓性分泌物，干后变成薄痂。

3. 检查

（1）发情分泌物性状的检查　正常发情时分泌物量较多，清亮透明，可拉成丝状。子宫内膜炎病畜的分泌物量多但较稀薄，不能拉成丝状，或者量少且黏稠、浑浊，呈灰白色或灰黄色。

（2）阴道检查　子宫颈口不同程度肿胀和充血。在子宫颈口封闭不全时，可见有不同性状的炎性分泌物经子宫颈口排出。

（3）直肠检查　慢性卡他性子宫内膜炎患畜，直肠检查可感觉到子宫角稍变粗，子宫壁增厚，弹性减弱，收缩反应微弱。

（4）冲洗子宫回流液检查　隐性子宫内膜炎的子宫冲洗回流液静置 30～60 min，会出现沉淀及絮状浮游物；慢性卡他性子宫内膜炎的冲洗回流液像淘米水；慢性卡他脓性子宫内膜炎的冲洗回流物似面汤或米汤；慢性脓性子宫内膜炎的冲洗回流液似稀面糊，有黄色脓液。

(5) 实验室检查　包括分泌物化学检查、分泌物生物学检查、尿液化学检查以及细菌学检查。

【治疗】治疗原则是抗菌消炎，促进子宫收缩及炎性渗出物排出，活化子宫内膜。

(1) 子宫冲洗疗法　可用于马和驴，牛一般不用此法。用大量的生理盐水（3 000～5 000mL）或含有抗生素的盐水冲洗子宫，当分泌物多时可提高盐水的浓度至5%。

(2) 宫腔内给药　适用动物为牛、猪、犬、猫。给药剂量，育成牛不超过20mL，经产牛25～40mL；在药物选择上，由于子宫内膜炎的病原非常复杂，且多为混合感染，宜选用抗菌谱广的药物，如四环素、庆大霉素、卡那霉素、红霉素、土霉素、金霉素及呋喃类等。

(3) 激素疗法　使用$PGF_{2\alpha}$及其类似物、雌激素和催产素。

(4) 中药治疗　可使用完带汤、行气活血汤或易黄汤。

二十一、产后败血症

产后败血症是局部炎症感染扩散而继发的严重全身性感染疾病，特点是细菌进入血液并产生毒素；产后脓毒血症的特征是静脉中有血栓形成，以后血栓受到感染，化脓软化，并随血流进入其他器官和组织中，发生迁移性脓性病灶或脓肿。有时二者同时发生。此病在各种家畜均可发生，但产后败血症多见于马，而产后脓毒血症主要见于牛和羊。

【诊断】

1. 病因　本病通常是由于难产、胎儿腐败或助产不当，软产道受到损伤和感染而发生，严重的子宫炎、子宫颈炎及阴道阴门炎，胎衣不下、子宫脱出以及严重的脓性坏死性乳腺炎，有时也可继发此病。病原菌通常是溶血性链球菌、葡萄球菌、化脓放线菌和梭状芽孢杆菌，而且常为混合感染。

2. 症状　产后败血症发病初期，体温突然上升至40～41℃，四肢末端及两耳变凉。临近死亡时，体温急剧下降，且常发生痉挛。整个病程中出现稽留热是败血病的一种特征症状。体温升高的同时，病畜精神极度沉郁。病牛常卧地、呻吟，头颈弯于一侧，呈半昏迷状态；反射迟钝，食欲废绝，反刍停止，但喜饮水。泌乳量骤减，2～3d后完全停止泌乳。眼结膜充血，且微带黄色，病的后期结膜发绀，有时可见小出血点。脉搏微弱，90～120次/min，呼吸浅快。病畜往往还表现腹膜炎的症状，出现腹泻，粪中带血，常从阴道内流出少量带有恶臭的污红色或褐色液体，内含组织碎片且恶臭。

产后脓毒血症的症状表现常不一致，但都是突然发生的。在开始发病及病原微生物转移、引起急性化脓性炎症时，体温升高1～1.5℃；待脓肿形成或化脓灶局限化后，体温又下降，甚至恢复正常。在整个患病过程中，体温呈现时高时低的弛张热型。脉搏常快而弱，马、牛可达90次/min以上。大多数病畜的四肢关节、腱鞘、肺脏、肝脏及乳房发生迁徙性脓肿。

3. 检查

(1) 阴道检查　往往从阴道中流出少量污红色或褐色恶臭脓汁，可以查到感染病灶。

(2) 直肠检查　子宫复旧不全，子宫弛缓、壁厚。

【治疗】治疗原则是处理病灶，消灭侵入体内的病原微生物，增强机体的抵抗力。因为本病的病程发展急剧，所以治疗必须及时。

（1）*消除病灶* 可采用局部炎症的处理方法，但绝对禁止冲洗子宫，以免炎症扩散，使病情恶化。可用子宫收缩药和/或前列腺素等药物促进炎症物质排出。

（2）*全身治疗* 及时全身应用抗生素及磺胺类药物，抗生素的用量要比常规剂量大，并连续使用，直至体温降至正常 2～3d 后为止。

（3）*退热* 肌内注射氨基比林或安乃近。

（4）*防脱水和增强机体的抵抗力* 可静脉注射葡萄糖和生理盐水，补液时分别添加 5%碳酸氢钠溶液及维生素 C，同时肌内注射复合维生素 B。

（5）*强心和缩宫* 可以应用强心剂、子宫收缩剂等。注射钙剂可作为败血症的辅助疗法，对改善血液渗透性，增强心脏活动有一定的作用。

二十二、乳腺炎

乳腺炎是指因微生物感染或理化刺激引起母畜乳腺发生的炎症，其特点是乳汁发生理化性质及细菌学变化，乳腺组织发生病理学变化。常见于奶用动物，如奶牛、奶山羊。

【诊断】

1. 病因 引起乳腺炎的病因极为复杂，可由下列一种或多种因素所致。

（1）*病原微生物的感染* 这是乳腺炎发生的主要原因。引起奶牛乳腺炎的病原微生物包括细菌、霉菌、病毒和支原体等，共有 130 多种，较常见的有 20 多种。根据其来源和传播方式，通常分为传染性微生物和环境性微生物两大类。前者主要包括金黄色葡萄球菌、无乳链球菌、停乳链球菌和支原体等，此类微生物定植于乳腺，并可通过挤奶工人或挤奶机传播；后者常见的有牛乳房链球菌、大肠杆菌、克雷伯氏菌和绿脓杆菌等，这些微生物通常寄生在牛体表皮肤及其周围环境中，并不引起乳腺的感染，但当乳牛的环境、乳头、乳房（或通过创口）或挤奶器被病原污染时，病原就会进入乳头池而引起乳腺感染。各种微生物的感染因地域不同而异，其中以葡萄球菌、链球菌和大肠杆菌为主，这三种细菌引起的乳腺炎占发病的 90%以上。

（2）*遗传因素* 奶牛乳腺炎具有一定的遗传性，发病率较高的奶牛，其后代往往也具有较高的发病率。乳房的结构和形态对乳腺炎发生有很大影响，漏斗形的乳头（倾斜度大的乳头）比圆柱形乳头（倾斜度小的乳头）容易感染病原微生物。

（3）*饲养管理因素* 牛舍、挤奶场所和挤奶用具卫生消毒不严格，违反操作规程挤奶，人工挤奶手法不当；其他继发感染性疾病未及时治疗；对已到干乳期的奶牛不能及时、科学地进行干乳；未及时淘汰久治不愈、患慢性临床型乳腺炎的病牛等，都是引发乳腺炎的常见病因。另外，饲喂高能量、高蛋白质日粮虽保证和提高了产奶量，但相对增加了乳房负担，使机体抵抗力降低，亦容易诱发乳腺炎。

（4）*环境因素* 乳腺炎的发生率随温度、湿度的变化而变化。高温、高湿季节，奶牛处于热应激状态，食欲减退、机体抵抗力降低，常常导致乳腺炎发生。牛舍通风不良、不整洁，运动场低洼不平、粪尿蓄积，牛体不洁，常常导致环境性病原微生物在牛体表繁殖，从而引起乳腺炎。

（5）*其他因素* 随奶牛年龄增长以及胎次、泌乳期的增加，奶牛体质减弱，免疫功能下降，增加了乳腺炎发病率；可继发于结核病、布鲁氏菌病、胎衣不下、子宫炎等多种疾病；应用激素治疗生殖系统疾病而引起激素失衡，也是本病的诱因。

2. 症状　根据乳腺和乳汁有无肉眼可见变化分为非临床型（亚临床型）乳腺炎、临床型乳腺炎和慢性乳腺炎三类。

（1）非临床型（亚临床型）乳腺炎　通常又称为隐性乳腺炎。乳腺和乳汁通常无肉眼可见的变化，但乳汁电导率、体细胞数、pH 等理化性质已发生变化，必须采用特殊的理化方法才可检出。大约 90%的奶牛乳腺炎为隐性乳腺炎。

（2）临床型乳腺炎　乳腺和乳汁有肉眼可见的临床变化，发病率为 2%～5%。根据临床病变程度，可分为以下 3 类。

①轻度临床型乳腺炎：乳腺组织的病理变化及临床症状较轻微，触诊乳房无明显异常，或有轻度发热、疼痛或肿胀。乳汁有絮状物或凝块，有的变稀，pH 偏碱性，体细胞数和氯化物含量增加。从病程看，相当于亚急性乳腺炎。这类乳腺炎只要治疗及时，痊愈率高。

②重度临床型乳腺炎：乳腺组织有较严重的病理变化，患病乳区急性肿胀，皮肤发红，触诊乳房发热、有硬块、疼痛敏感，常拒绝触摸。产乳量减少，乳汁为黄白色或血清样，内有乳凝块。全身症状不明显，体温正常或略高，精神、食欲基本正常。从病程看，相当于急性乳腺炎。这类乳腺炎如治疗早，可以较快痊愈，预后一般良好。

③急性全身性乳腺炎：乳腺组织受到严重损害，常在两次挤奶间隔突然发病，病情严重，发展迅猛。患病乳区肿胀严重，皮肤发红发亮，乳头也随之肿胀。触诊乳房发热、疼痛，全乳区质硬，挤不出乳汁，或仅能挤出少量水样乳汁。患畜伴有全身症状，体温持续升高（40.5～41.5℃），心率加快，呼吸增加，精神萎靡，食欲减少，进而拒食、喜卧。从病程看，相当于最急性乳腺炎。如治疗不及时，可危及患畜生命。

（3）慢性乳腺炎　通常是由于急性乳腺炎没有及时处理或由于持续感染，而使乳腺组织处于持续性发炎的状态。一般局部临床症状可能不明显，全身也无异常，但产乳量下降。反复发作可导致乳腺组织纤维化，乳房萎缩。这类乳腺炎治疗价值不大，病牛可能成为牛群中一种持续的感染源，应视情况及早淘汰。

3. 检查　临床型乳腺炎病例根据其乳汁、乳腺组织和出现的全身反应，即可做出诊断。隐性乳腺炎的诊断需要采用一些特殊的仪器和检测手段，并根据具体情况确定标准。

（1）临床型乳腺炎的检查　主要是对个体病牛的临床检查，方法仍然是一直沿用的乳房视诊和触诊、乳汁的肉眼观察及必要的全身检查，有条件的在治疗前可采乳样进行微生物学鉴定和药敏试验。

（2）隐性乳腺炎的检查　根据隐性乳腺炎的特征性变化（即乳汁体细胞数增加、pH 升高和电导率的改变等），采用不同的方法进行诊断。

①乳汁体细胞计数（SCC）：发现乳汁体细胞（巨噬细胞、淋巴细胞、多形核中性粒细胞和少量的乳腺组织上皮细胞）明显上升，每升乳汁含体细胞数超过 50 万个/mL 以上即可确诊。正常状况下，每升乳汁含体细胞数 2 万～20 万个/mL。

②化学检验法：间接测定乳汁细胞数和乳汁 pH 的方法，种类较多。CMT 法简单易操作，检出率高，可以在牛旁迅速做出诊断，乳汁出现沉淀或凝胶为阳性，世界各地广泛使用，是隐性乳腺炎常用的诊断方法。CMT 法检测结果反映出的是乳汁中的体细胞数量。

③物理检验法：乳腺感染后，血乳屏障的渗透性改变，Na^{+}、Cl^{-} 进入乳汁，使乳汁电

导率升高，因此用物理学方法检测乳中电导率的变化，可诊断隐性乳腺炎。乳汁离子浓度测定，Na^{+}、Cl^{-}增加。

④其他检查指标：

pH：正常乳汁 pH 略偏酸，随着乳腺炎性反应加重，牛奶中体细胞数量增多，纤维蛋白溶解酶、碱性乳蛋白酶的活性增高，血浆蛋白进入牛奶中的量增加，血液与牛乳之间的 pH 梯度差缩小，导致牛乳 pH 逐渐升高，趋向于血液 pH。因此，检测乳汁碱性的高低可用于判定乳腺炎症的程度。

ATP：ATP 存在于所有的活细胞中，因此也存在于乳汁中的体细胞中。乳汁 ATP 与体细胞数呈高度正相关，因此可作为检测体细胞数的一种替代方法，用于乳腺炎的诊断。

乳糖：乳腺炎引起组织损伤，分泌细胞酶系统的合成能力降低。由于乳糖的浓度在同一泌乳期内不同泌乳阶段差别很小，因此其变化有助于乳腺炎的诊断。

【治疗】对隐性乳腺炎主要是控制和预防。临床型乳腺炎需选用窄谱敏感抗生素（根据药敏试验选择药物），而不能使用广谱抗生素（在不能查清病原菌的情况下，可先采用广谱抗生素）。

乳腺炎的疗效判定标准包括临床症状消失、乳汁体细胞计数降至正常范围（50 万个/mL 以下）、最好能达到乳汁菌检阴性。

（1）*全身治疗* 全身症状明显时，宜肌内注射或静脉注射大剂量抗生素，以抗感染。

（2）*局部治疗* 可作乳房灌注，根据当地流行病原菌选择敏感药物。临床上一般选用环丙沙星、青霉素、链霉素、氨苄西林、阿米卡星等。乳房灌注时，应先挤尽乳汁，药液注入后，退出乳导管针，轻捏乳头，防止药液流出，并向乳房上部推送药液。

（3）*封闭疗法*

①乳房基底部封闭：即在乳房的前、后两乳区之间与腹壁交界的凹陷最深处正中（乳房悬韧带上）注射 0.5%利多卡因。药液中要加入适量抗生素。

②乳房神经干封闭：在患侧第 3 腰椎横突后缘与背最长肌外缘（距背中线 6～7cm）的交叉处注射 2%～3%利多卡因进行封闭。

③会阴浅神经封闭：在坐骨弓下 3cm 处的会阴筋膜中，注射上述药液封闭阴部神经。

注：对乳腺炎患牛可初期冷敷、中期热敷及鱼石脂外敷。也可肌内注射蒲公英注射液。

二十三、生产瘫痪

生产瘫痪

生产瘫痪亦称乳热症或低血钙症，是分娩前后突然发生的一种严重代谢病，以低血钙、意识抑制、知觉丧失及四肢瘫痪为特征。多发于奶牛，尤其是高产奶牛，奶山羊和猪亦有发生；5～9 岁的 3～6 胎高产奶牛多发，初产几乎不发生此病；奶山羊多发于 2～5 胎产奶高峰期；大多数发生于顺产后的头 3d 之内，尤其在产后 1d 内，亦有在妊娠末期或分娩过程中或产后数天发生者，但较少见。

【诊断】

1. 病因 所有母牛产犊后血钙水平普遍降低，但患病母牛下降更为显著，几乎下降 50%。血磷下降，血钙下降的同时，往往伴随血磷浓度的下降。血糖浓度明显降低。血钙、血磷、血糖浓度的显著下降，主要原因是由于高产奶牛分娩之后，大量的血液物质作为原料合成初乳，其中钙、磷、糖是合成牛奶的主要物质，从而导致血钙、血磷、血糖浓度的下降。

在血钙、血磷、血糖浓度下降的同时，常常伴随肾上腺皮质激素含量的下降；分娩过程中，大脑皮层常常处于高度兴奋紧张状态，产后由高度兴奋即转为深度抑制；同时由于分娩后腹内压突然下降，血液重新分布（主要表现为腹腔器官的被动性充血，以及血液大量进入乳房），造成大脑皮层缺氧，引起暂时性的脑贫血，加深大脑皮层的抑制程度，从而产生意识抑制。

2. 症状　本病根据临床症状，可以分为两种类型。

（1）典型（重型）症状　初期出现兴奋不安、对刺激敏感，继而出现共济失调、肌肉震颤，进一步转入抑制，呈典型卧姿（卧地后，四肢伸直，置于躯干之下，头置于一侧，弯向胸部，不易矫正）、反应迟钝，甚至感觉丧失，对光反射及肛门反射、结膜反射等消失，眼球干燥；吞咽神经麻痹，张口垂舌；出现唾液积聚，呼吸时出现打鼾声；鼻镜干燥，体温下降、末梢冰凉；乃至昏迷不醒，或安静或抽搐而死。整个病程在12～48h内快速发展。

（2）非典型（轻型）症状　占发病病例的大多数。病程缓慢，头颈S状弯曲，沉郁而不昏迷，反射减弱而不消失，能站却站立不稳，食欲废绝，体温下降却不低于37℃。

根据临床症状及防御反射（如对光反射、结膜反射和针刺）程度即可做出诊断。

【治疗】

（1）补钙疗法　用20％～25％硼酸葡萄糖酸钙缓慢静脉滴注。

（2）补磷、补镁、补糖、补肾上腺素　用20％磷酸二氢钠或30％次磷酸钙，25％硫酸镁，25％葡萄糖，氢化可的松或地塞米松，缓慢静脉滴注。

（3）乳房送风疗法　是传统疗法，简便有效，尤其对补钙疗法效果不佳者实用。用乳房送风器连接乳导管，将滤过空气经消毒好的乳头管分别注入四个乳区，使乳房鼓胀迫使乳房血回流，提高血钙、血磷及血容量和血压，同时刺激大脑皮层、消除脑缺血缺氧的现象，解除抑制。

注：生产瘫痪与产后截瘫、孕畜截瘫、妊娠毒血症、酮血病、“水泥地面恐惧症”“爬卧母牛综合征”等有相似之处，可根据发病时间及进程、临床表现、治疗诊断、实验室诊断等加以鉴别。

二十四、产道及子宫损伤

母畜在分娩时，由于胎儿和母体产道的不相适应；或者在手术助产时，由于操作不当，造成软产道不同程度的损伤，统称为产道损伤。常见的产道损伤有阴道与阴门损伤、子宫颈损伤。

分娩和难产时，产道的任何部位都可能发生损伤，但阴道及阴门损伤更易发生。如果不及时处理，容易被细菌感染。

子宫颈损伤主要指子宫颈撕裂，多发生在胎儿排出期。牛、羊（有时包括马、驴）初次分娩时，常发生子宫颈黏膜轻度损伤，但均能自愈。如果子宫颈损伤裂口较深时，则称为子宫颈撕裂。

子宫破裂是指动物妊娠后期或分娩过程中子宫壁黏膜层、肌肉层和浆膜层发生破裂。按其程度可分为不完全破裂与完全破裂（子宫穿透创）两种。不完全破裂是子宫壁黏膜层或黏膜层和肌层发生破裂，而浆膜层未破裂；完全破裂是子宫壁三层组织都发生破裂，子宫腔与腹腔相通。子宫完全破裂的破裂口很小时，又称为子宫穿孔。

【诊断】

1. 病因

（1）阴道及阴门损伤 阴门撕裂、胎儿过大、使用产科器械不慎、胎衣不下等。

（2）子宫颈损伤 子宫颈开张不全时强行拉出胎儿；胎儿过大、胎位及胎势不正且未经充分矫正即拉出胎儿；截胎时胎儿骨骼断端未充分保护；强烈努责和排出胎儿过速等，均能使子宫颈发生撕裂。此外，人工输精及冲洗子宫时，由于术者的技术不过关或者操作粗鲁，也能损伤子宫颈。

（3）子宫破裂 难产时，子宫颈开张不全，胎儿过大、子宫扭转严重以及助产时操作不当等。

2. 症状

（1）阴道及阴门损伤 病畜表现出极度疼痛的症状，尾根高举，焦躁不安，拱背并频频努责。阴门损伤时症状明显，可见撕裂的创口边缘不整齐、出血，周围组织肿胀，阴门内黏膜变成紫红色并有血肿。阴道创伤时，从阴道内流出血水及血凝块，阴道黏膜充血、肿胀、有新鲜创口。阴道壁发生穿透创时，其症状随破口位置不同而异。透创发生在阴道前端时，病畜很快就出现腹膜炎症状，如果不及时治疗，预后不良。如果破口发生在阴道前端下壁上，肠管及肠系膜等还可能突入阴道腔内，甚至脱出于阴门之外。

（2）子宫颈损伤 产后有少量鲜血从阴道内流出，或阴道检查时发现阴道内有少量鲜血。如子宫颈肌层发生严重撕裂创时，能引起大出血，甚至危及生命。子宫颈环状肌发生严重撕裂时，会使子宫颈管闭锁不全，并可能影响下一次分娩。

（3）子宫破裂 努责及阵缩突然停止，子宫无力，母畜变得安静，有时阴道内流出血液；若破口很大，胎儿可能坠入腹腔；也可能出现母畜的小肠进入子宫，甚至从阴门脱出。因大出血而出现全身症状，出现震颤、出汗、心跳和呼吸加快及贫血性休克等。

根据病史，结合临床症状以及阴道和直肠检查即可作出诊断。

【治疗】

（1）阴道及阴门损伤 按一般外科方法处理。新鲜撕裂创口可用组织黏合剂将创缘黏接起来，也可用尼龙线按褥式缝合法缝合。在缝合前应清除坏死及损伤严重的组织和脂肪。阴门血肿较大时，可在产后 3～4d 切开血肿，清除血凝块；形成脓肿时，应切开脓肿并作引流。

（2）子宫颈损伤 用子宫颈双爪钳将子宫颈向后拉并靠近阴门，然后进行缝合。如操作有困难，且伤口出血不止，可将浸有防腐消毒液或涂有乳剂消炎药的大块纱布塞在子宫颈管内，压迫止血。肌内注射止血剂，止血后创面涂 2%甲紫、碘甘油或抗生素软膏。

（3）子宫破裂 子宫不全破裂，取出胎儿后不能冲洗子宫，仅将抗生素或其他抑菌防腐药放入子宫内，每日或隔日一次，连用数次，同时注射子宫收缩剂。子宫完全破裂，如裂口不大，取出胎儿后可将穿有长线的缝针由阴道带入子宫内进行缝合。如裂口很大，应迅速施行剖宫产术。

二十五、新生仔畜溶血病

新生仔畜溶血病是新生仔畜红细胞抗原与母体血清抗体不相合而引起的一种同种免疫溶血反应，又称新生仔畜溶血性黄疸、同种免疫溶血性贫血或新生仔畜同种红细胞溶解病。各种新生仔畜都有发病，但以幼驹和仔猪多发，偶尔见于犊牛、仔兔和仔犬。

【诊断】

1. 病因 本病是由于胎儿的异种抗原在妊娠期进入母体，母体产生的特异性抗体通过初乳进入仔畜血液中，诱发抗原抗体反应造成溶血。胎儿抗原进入母体的原因可能是由于胎盘出血、胎盘受损或发生病灶。

2. 症状 本病虽依畜种不同而症状有所差异，但其共同之处是吃食母体初乳后即发病，表现为贫血、黄疸、血红蛋白尿等危重症状。未吃初乳前一切正常，吃初乳后 1～2d 发病，5～7d 达到最高峰，犊牛吮乳后 11～16h 开始发病。主要表现为精神沉郁，反应迟钝，头低耳耷，喜卧，有的有腹痛现象。可视黏膜苍白、黄染；尿量少而黏稠，轻者为黄色或淡黄色，严重为血红色或浓茶色（血红蛋白尿），排尿有痛苦表现。心跳增速，心音亢进，呼吸音粗厉。严重者卧地不起，呻吟，呼吸困难，有的出现神经症状，阵发性痉挛、角弓反张。最终多因高度贫血、极度衰竭（主要是心力衰竭）而死亡。血液呈现高度溶血，稀薄如水，缺乏黏稠度，呈淡红黄色。红细胞数减少。

根据临床症状及仔畜红细胞与母畜初乳或血清出现凝集反应可确诊。

【治疗】目前对该病尚无特效疗法。治疗原则是及早发现，及早换乳或人工哺乳或代养，及时输血，采取其他辅助疗法。

（1）*立即停食母乳* 实行代养或人工哺乳，直至初乳中抗体效价降至安全范围，或仔畜已远远超过肠壁闭锁期。

（2）*输血疗法* 为了保证输血安全，应先做配血试验，选择血型相合的同种动物作为供血者。若无条件做配血试验，也可试行直接输血，但应密切注意有无输血反应，一旦发生反应立即停止输血。万不得已时可用母体血细胞加生理盐水稀释后输液。

（3）*辅助疗法* 可配合应用糖皮质激素（如地塞米松）、强心、补液。临床上，常将皮质激素、葡萄糖和维生素 C 联合输注。若有酸中毒的表现，可静脉注射 5%碳酸氢钠。注射抗生素，可防止继发细菌感染。

二十六、脐尿管瘘

脐尿管瘘又称持久脐尿管，是由于脐尿管闭锁不全而引起脐带断端或脐孔滴尿或流尿的疾病。主要发生于幼驹，有时见于犊牛。

【诊断】

1. 病因 脐尿管封闭不全：断脐后脐动脉收缩不够、闭锁不全，脐带残端发生感染，犊牛舔舐脐带残端。

2. 症状 仔畜断脐后，有尿液从脐带断端滴出，或仔畜排尿时从脐孔中滴尿或流尿。由于经常受尿液浸渍，脐孔处发炎，久不愈合。

3. 检查 检查脐孔是否有瘘孔，也可经尿道向膀胱内注入美蓝，可见脐孔流出或经尿道排出蓝色的尿液。

【治疗】

(1) 局部消炎处理 脐带断端未脱落的，可用5%碘酒充分浸泡，在紧靠脐孔处结扎脐带。脐带断端脱落的可用5%碘酒或10%福尔马林在患部涂抹，刺激肉芽生长，可自然封闭脐尿孔。如有全身症状，还需全身应用抗生素。

(2) 手术切除瘘管 上述方法无效时，可采取手术切除瘘管，连同脐孔一并切除，缝合膀胱顶部瘘口。

第四篇

犬 猫 病

第一单元 传染病

第一节 病毒性传染病

一、犬瘟热

犬瘟热（CD）是由副黏病毒属的犬瘟热病毒引起的犬科、鼬科和部分浣熊科动物的急性、热性、高度接触性传染病。其主要特征为双相型发热，眼、鼻、消化道等黏膜炎症，以及卡他性肺炎、皮肤湿疹和神经症状。

【诊断】

1. 流行病学 犬最易感，不分年龄、性别和品种均易感。本病主要通过消化道、呼吸道、眼结膜和胎盘进行传播。此外，还能通过风力、鼠类、吸血昆虫等多种因素发生间接传播。多发生于寒冷季节。

2. 症状 潜伏期为3～6d。

(1) 呼吸系统为主，患犬初期表现为体温升高并呈双相热型，鼻端干燥，眼、鼻流浆液性至脓性液体，咳嗽，呼吸加快，肺部听诊有啰音等呼吸道症状（易被误诊为感冒或肺炎）。病犬眼睑肿胀，呈化脓性结膜炎。

(2) 消化系统为主，则表现不同程度的呕吐，初便秘，不久腹泻，粪便恶臭，有时混有血液和气泡。幼犬在腹泻严重的情况下，往往会继发肠套叠，少数病例此时死亡。

(3) 如果病毒进入神经系统，10%～30%的病犬开始出现神经症状，或精神异常、癫痫、转圈；或步态及站立姿势异常；或共济失调和反射异常；或感觉过敏和颈部强直。咀嚼肌群反复出现阵发性颤动是本病的常见症状，终因麻痹衰竭而死亡。即使病愈，也会留下麻痹、瘫痪等后遗症。

上述症状往往多数病例都有，按病情的发展，先后出现呼吸系统症状、消化系统症状和神经系统症状，据此也可以视为病程的前、中、后期。

（4）皮肤症状。有的病犬下腹部和股内侧皮肤上出现米粒大至豆粒大小红点、水肿和化脓性丘疹；或鼻盘上皮部及脚垫的表皮过度增生、角化（又称硬足掌病）。

（5）妊娠犬感染后可出现流产、产死胎和弱仔等症状。幼犬经胎盘感染可在28～42d产生神经症状。新生幼犬在恒齿长出之前感染，可造成牙釉质的严重损伤，牙齿生长不规则。

3. 病变　单纯感染的病犬，早期仅见胸腺萎缩与胶样浸润，脾脏、扁桃体等脏器中的淋巴细胞减少。继发细菌感染的病犬，则可见化脓性鼻炎、结膜炎、支气管肺炎或化脓性肺炎。消化道则可见卡他性乃至出血性肠炎。死于神经症状的病犬，眼观仅见脑膜充血、脑室扩张及脑脊液增多等非特异性脑炎变化。

4. 实验室诊断

（1）*包涵体检查*　组织学检查，包涵体主要存在于膀胱黏膜、靠近肺门部支气管组织上皮细胞和肾盂上皮细胞内。包涵体多数在细胞质内，1个细胞可能有1～10个多形包涵体，呈圆形或椭圆形，直径1～2μm。

（2）*电镜及免疫电镜检查*　常采用磷钨酸（PTA）负染色法、液相免疫电镜和超薄切片法制备电镜样品检查。

（3）*病毒分离培养*　采用CD1509（含SLAM，即犬瘟热病毒的受体）基因转化的Vero细胞系易于分离到病毒。

（4）*血清学诊断*　琼脂扩散试验、协同凝集试验、ELISA、过氧化物酶染色法和病毒中和试验等均可用于病原鉴定或抗体检测。

（5）*基因检测*　RT-PCR已用于检测疑似病例的血清、全血、脑脊液样品中的犬瘟热病毒基因。

【防控】

（1）*疫苗免疫*　目前用于犬的为弱毒疫苗，包括鸡胚成纤维细胞、Vero细胞活疫苗，以及犬用二联、三联、四联、五联和六联苗。其中，我国研制的有狂犬病-犬瘟热-犬副流感-犬腺病毒病-犬细小病毒病犬用五联苗。进口多联苗涉及的病种尚有犬副流感2型、犬钩端螺旋体。幼犬应在6周龄后首次免疫。缺乏母源抗体的幼犬，则在3～4周时首次免疫，二免在15周龄，以后每年加强免疫一次。

（2）*治疗*　病犬尽早应用单克隆抗体和高免血清（皮下或肌内注射），结合使用免疫增强剂（如转移因子、胸腺素等）、抗菌药物、皮质激素类药物、维生素和对症疗法（如输液、输血、强心、解毒、脱敏、退热、收敛、镇痛、止咳等），配合良好的护理，对早期病犬有定疗效。

二、犬细小病毒病

犬细小病毒病

犬细小病毒病（CPV）是由犬细小病毒引起犬的一种高度接触性传染病。本病可分为两种病型：肠炎型以剧烈呕吐、出血性、坏死性肠炎和白细胞显著减少为主要特征；心肌炎型则表现为急性非化脓性心肌炎。本病对幼犬危害较大，发病率和病死率较高。

【诊断】

1. 流行病学　犬最易感，以断奶至90日龄的幼犬多发，且病情严重。4周龄以下或

5岁以上的老犬发病率较低。纯种犬的易感性高于杂种或土种犬。

健康犬摄入污染的食物、饮水，或接触病犬与污染的食具、垫草、器具等均可造成感染。人、虱、苍蝇和蟑螂可成为CPV的机械携带者。犬可将病毒传染给猫，但猫感染后并不表现症状。本病以冬春多发。群居犬发病率高于家庭独居犬，饲养管理条件骤变、长途运输、寒冷、拥挤等应激因素均可促使本病发生。卫生不良、混合感染会加重病情。

2. 症状

(1) 肠炎型 自然感染的潜伏期为7～14d，病初多表现低热（40℃以下），少数有高热（40℃以上）、精神沉郁、不食、呕吐。初期呕吐物为食物，随后伴有黏液或血液。继而腹泻，病初排灰黄色或土黄色的“果冻”样稀便，并混有黏液和假膜，接着排“番茄汁”样血便，并有难闻臭味，同时排便次数增多，排尿量减少，呈茶色。病犬反复呕吐，全身症状急剧加重，呼吸困难，最终死于器官衰竭，整个病程为5～7d。病死率达40%～50%。

(2) 心肌炎型 多见于刚断乳的幼犬，常突然发病，病犬病初食欲、精神尚可，不见明显的肠炎症状。常因急性心力衰竭而死亡，病死率为60%～100%。

3. 病变 肠炎型病死犬消瘦，眼窝深陷，皮肤无弹性。病变主要见于小肠，肠腔多无食糜，肠黏膜呈黄白色或红黄色，弥漫性或局灶性充血、出血。肠壁增厚，黏膜水肿、被覆稀薄或黏稠的黏液。集合淋巴小结及肠系膜淋巴结肿胀、充血、出血。大肠黏膜表面散在有针尖大出血点。

心肌炎型病死犬的心内膜、外膜出血。心肌柔软，颜色变淡，心肌和心内膜有非化脓性坏死灶。肺水肿，局灶性充血和出血，肺表面呈斑驳色彩。肠道内容物稀软，酱油色，腥臭或恶臭。

4. 实验室诊断

(1) 病毒分离 将病料处理后接种MDCK细胞或F81细胞，盲传3代，观察细胞病变及核内包涵体。犬细小病毒PCR诊断试剂盒可以区分强、弱不同的毒株和不同的基因亚型。

(2) 血清学试验 用血凝试验可以迅速检测粪便或细胞培养物中的CPV。我国已有采用单抗和多抗双夹心酶标法的ELISA诊断试剂盒，可30min内检出犬粪便中的CPV。其他如胶体金、生物条形码、荧光抗体技术等，可视条件选择性应用。

(3) 其他检查法 对心肌炎型病犬心电图检查，可见R波降低、S-T波升高。血液生化检查，天门冬氨酸氨基转移酶、乳酸脱氢酶、肌酸激酶活性增高。

【防控】

(1) 预防 国外多倾向使用犬细小病毒灭活疫苗或弱毒疫苗。国内也有单价疫苗、二联苗（犬细小病毒病和传染性肝炎）、三联苗（犬瘟热、犬细小病毒病和犬传染性肝炎）和五联苗（犬瘟热、犬细小病毒病、犬传染性肝炎、狂犬病和犬副流感）生产。疫苗一般要接种2～3次，间隔2～3周。幼犬6～8周龄首免，10～12周龄二免，14～16周龄三免，以后每年加强免疫一次。

(2) 治疗 对肠炎型病犬要尽早并及时治疗，以降低死亡率。可应用高免血清，并同时配合强心补液、抗菌、消炎、止吐止泻、抗休克等对症治疗，同时注意保暖，可提高疗效。在犬腹泻、呕吐期间适当禁食，停喂牛奶、肉类等高脂肪、高蛋白性食物，可减轻肠胃负担，提高治愈率。

心肌炎型病犬病程急、发展迅速，常来不及救治。

三、犬传染性肝炎

犬传染性肝炎又称犬病毒性肝炎，是由犬腺病毒（CAV）引起的一种高度接触性传染病，其特征为肝小叶中心坏死，肝实质和内皮细胞出现核内包涵体。

【诊断】

1. 流行病学　各种性别、年龄和品种的犬对本病均易感。犬腺病毒1型（CAV-1）感染后自然发病且出现有明显症状者仅见于1岁内未进行免疫的犬，发病率和病死率可达25%～40%。主要经消化道传播，还可能经呼吸道和泌尿生殖道传播，此外，可通过胎盘传染，造成新生幼犬死亡。

2. 症状　表现畏寒、流泪、鼻流清涕等类似急性感冒症状。突然发热，呈高热稽留或体温呈双相热变化。病犬高度沉郁，黏膜苍白，脉搏、呼吸加快，食欲不振，渴欲增加，剑突处有压痛。有时牙龈有出血斑。扁桃体肿大。时有呻吟，胸、腹下可见皮下水肿。常见呕吐和腹泻。病死率达25%～40%。有少数犬出现一眼或双眼的角膜混浊，呈浅蓝色，即所谓的“蓝眼病”，2～3d后可不治自愈。

3. 病变　剖检可见腹腔内充满血样腹水，遇空气则凝固。肝肿大，胆囊壁水肿，脾肿大、充血，胸腺出血。体表淋巴结、颈淋巴结和肠系膜淋巴结肿大、充血。主要的组织学变化见于肝和内皮细胞。肝小叶的窦状隙内皮细胞和枯否氏细胞肿胀、变性。在肝、脾、肾、淋巴结和脑血管等内皮细胞内可发现呈圆形或卵圆形的嗜酸性核内包涵体。

4. 实验室诊断

（1）*病毒的分离和鉴定*　可采取发病初期的病犬血液、扁桃体棉拭子或死亡犬的肝、脾等材料处理后接种犬肾原代细胞或继代细胞，观察细胞病变。应用中和试验，可进一步鉴定病毒的型。

（2）*血清学检查*　血凝抑制试验、补体结合试验、琼脂扩散试验、中和试验及皮内变态反应等可用于诊断。

（3）*电镜检查*　用电镜直接检查病犬肝脏中的典型腺病毒粒子。

（4）*PCR诊断*　通过选择基因序列的保守区（如六邻粒蛋白基因）设计出能对所有腺病毒特异性扩增的引物进行PCR，可以区分CAV-1、CAV-2及其他病毒。

【防控】

（1）*免疫预防*　这是防控本病的重要措施。国内外推广应用的是CAV-2弱毒疫苗，接种后14d即可产生免疫力。目前大多是采用多联苗对犬瘟热、副流感、细小病毒性肠炎等病进行联合免疫预防。6～8周龄首免，10～12周龄二免，14～16周龄三免，以后每年加强免疫一次。

（2）*治疗*　症状轻微的病犬，在病初可用高免血清或免疫球蛋白进行治疗。对症治疗主要是补液、保肝，严重病犬可用抗生素或磺胺类药物，防止细菌继发感染。对严重贫血的病犬可采用输血疗法。

四、狂犬病

狂犬病又名疯狗病或恐水症，是由狂犬病病毒引起的人兽共患的自然疫源性传染病，也是所有温血动物共患的一种侵害中枢神经系统的急性传染病。

【诊断】

1. 流行病学 犬是最主要的发病者，其次为猫，偶尔可见牛、猪、马等家畜。病犬是人和家畜主要的传染源，在北美，蝙蝠也是重要传染源。本病传播方式呈现锁链状，主要通过咬伤使病毒随唾液进入伤口而感染，还可以通过消化道、呼吸道、口腔黏膜、皮肤黏膜或唾液感染。有一些动物有可能通过胎盘垂直传播。

2. 症状 典型病例可分为狂暴型（脑炎型）和麻痹型。狂暴型分三期：前驱期、狂躁期和麻痹期。

(1) 前驱期 病犬精神沉郁，常躲在暗处，不愿和人接近或不听呼唤，强迫牵引则咬畜主。食欲反常，喜欢吃异物，吞咽困难，唾液增多。反射兴奋性明显亢进。

(2) 狂躁期 也称兴奋期，病犬狂躁发作时，四周游荡，昼夜不归，高度兴奋，狂暴不安、躲于暗处并常攻击人和动物。兴奋往往和沉郁交替出现，表情极度恐惧、流涎及恐水。

(3) 麻痹期 病犬消瘦，下颌下垂，舌脱出口外，严重流涎，不久后躯麻痹，行走摇摆，卧地不起，最后因呼吸中枢麻痹或衰竭而死。

3. 实验室诊断

(1) 内基小体（包涵体）检查 在动物死后进行，取患病动物的大脑、小脑、延脑等制成压印片标本，经染色镜检，检查特异包涵体，即内基小体。此法快速简单，但不如取脑组织制作切片进行组织学检查准确。

(2) 实验动物接种试验 取发病动物脑组织材料制成乳剂，脑内接种30日龄内的小鼠，小鼠接种后9～11d即表现兴奋和麻痹症状，则可判断阳性。可取死亡后小鼠脑组织作内基小体的检查。

(3) 其他方法 RT-PCR和荧光抗体技术均是检测狂犬病病毒的快速方法。

【防控】

(1) 免疫接种 加强对犬猫的管理，做好疫苗接种工作，特别是做好农村和城市流浪犬、猫的疫苗接种工作。对于经常与犬、猫接触的高危易感人群也要进行预防性免疫接种。

(2) 被咬伤人或动物的处理 发现患病和可疑动物要尽快捕获、扑杀，防止人和其他动物被咬伤。万一被咬伤，必须尽快到附近医院进行处理，包括对伤口挤出污血，用0.1%新洁尔灭反复冲洗，再以75%酒精处理伤口，在伤口周围注射抗血清，立即进行狂犬病疫苗的紧急接种。

五、犬冠状病毒性腹泻

犬冠状病毒性腹泻又称犬冠状病毒病，是由犬冠状病毒引起的一种以犬呕吐、腹泻和脱水为特征的高度接触性传染病。该病对幼犬危害严重，发病率和病死率都很高，对养犬业危害较大。

【诊断】

1. 流行病学 犬不分品种、性别、年龄，均易感，但通常幼犬更易感。该病发病急、病程短、传播迅速，数日内常成窝暴发。幼犬发病率近100%，病死率达50%。

本病主要经消化道传播。以冬季多发，天气突变、卫生条件差、犬群密度大、断奶转舍、长途运输等均是引起发病的诱因。常因犬细小病毒或轮状病毒、星状病毒混合感染，使病情加剧和复杂化。

2. 症状　病初精神沉郁、卧地不动，强行赶走时步态摇摆，食欲剧减或无，鼻镜干燥，主要表现呕吐和腹泻。呕吐出未消化的食物或黄色酸味黏液，持续数天后，出现腹泻，粪便稀粥样后呈水样，粪便颜色为橙黄色、灰色或绿色，常混有黏液或暗黑色血液。后期肛门失禁、眼球下陷、脱水症状明显。幼犬常因急性腹泻和呕吐引起脱水，导致迅速死亡。成年犬很少死亡。

3. 病变　剖检可见胃肠炎。轻度感染不明显。严重病例肠壁菲薄，肠管膨胀，充满稀薄黄绿色或紫红色血样液体。胃肠黏膜充血、出血和脱落。肠系膜淋巴结和胆囊肿大。组织病理学检查主要见小肠绒毛变短、隐窝变深，绒毛长度与隐窝深度之比明显改变，肠黏膜上皮细胞变性或变平，炎性细胞浸润。

4. 实验室诊断

（1）基因诊断　基因探针和 RT - PCR 技术可作为准确快速的诊断方法。

（2）血清学试验　中和试验、乳胶凝集试验、ELISA 等方法也可用于检测血清抗体。

（3）电镜检查与病毒分离　采集病犬新鲜腹泻粪便，离心取上清，负染后电镜观察可发现典型的冠状病毒。必要时，采集粪便和小肠内容物，经处理接种犬原代肾细胞、胸腺细胞，可观察到细胞病变。但此法不适宜作为常规诊断。

【防控】

（1）平时预防　对引进犬实施隔离检疫，加强清洁卫生，定期对犬舍、食具及周围环境进行消毒。对粪便进行消毒处理，防止病毒通过粪便在犬群中传播。幼犬要吃足初乳，以获得母源抗体和免疫保护力。

（2）对症治疗　早期应用犬高免血清或免疫球蛋白，具有较好的治疗效果。对症治疗时，止吐可用维生素 B_6、溴米那普鲁卡因注射液、甲氧氯普胺、止吐灵、呕泻宁等。止血可用安络血、止血敏及氨甲苯酸等。止痛可用阿托品或颠茄酊等。补液可应用乳酸林格氏液，可使用肠黏膜保护剂，如碱式硝酸铋、氢氧化铝。可应用硫酸新霉素防止继发感染。加强保暖等措施可以减少病死率。

六、犬轮状病毒病

本病是由轮状病毒感染多种幼龄犬而引起的一种消化道传染病。临床上以腹泻、脱水和体重减轻为特征。

【诊断】

1. 流行病学　各种日龄的犬均可感染，幼犬发生较多，且症状严重。经消化道传播。冬春寒冷季节较多发生。与消化道其他腹泻病原常混合感染，且加重症状。

2. 症状　以腹泻为主，排水样至黏液样粪便，被毛粗乱，呈现轻度脱水，可持续 8～10d，但体温和食欲无大的变化。少数幼犬因多重混合感染死亡。成年犬感染后，一般呈隐性经过。

3. 病变　局限于消化道，胃壁弛缓，其内充满凝乳块和乳汁，小肠壁菲薄，半透明，内容物呈液状、灰黄色或灰黑色。有时黏膜广泛出血，肠系膜淋巴结肿大。

4. 实验室诊断

（1）组织学检查　可见小肠绒毛变短，隐窝细胞增生，柱状绒毛上皮细胞被鳞状或立方形的细胞所取代。

（2）RT－PCR　单个RT－PCR或多重RT－PCR及荧光PCR技术均可快速、准确做出诊断或鉴定。

（3）其他方法　可用ELISA、荧光抗体技术及琼脂扩散试验等方法检测病毒抗原。电镜检查可观察到具有形态酷似车轮的病毒粒子。

【防控】分娩后尽早吃初乳。发现病犬要立即停止哺乳，放到清洁、干燥和温暖的犬舍内进行隔离和护理，让其自由饮用葡萄糖生理盐水。可用收敛止泻药进行对症治疗，可使用抗菌药、静脉注射葡萄糖生理盐水和碳酸氢钠。

七、犬副流感

犬副流感是犬的主要呼吸道传染病。临床上以发热、流黏性鼻涕、打喷嚏、咳嗽等急性呼吸道症状为主要特征。病理上以卡他性鼻炎和支气管炎为特征。

【诊断】

1. 流行病学　各种类型的犬均可感染，成年犬和幼龄犬均可发生，但幼龄犬病情较重。往往呈突然暴发，传播迅速，并具有很强的传染性。自然感染途径主要是通过飞沫传播。常与其他病原、如支气管败血波氏菌或支原体等混合感染，使病情加重。

2. 症状　临床表现为发热、咳嗽、流涕。初期病犬体温39～41℃，精神沉郁，食欲减退甚至废绝，心跳加快，呼吸急促，其呼吸音粗。流浆液性、黏液性甚至脓性鼻液，结膜潮红，扁桃体红肿，剧烈咳嗽，一般2周左右可好转。若其他呼吸道病原继发或混合感染，则病程延长，咳嗽可持续数周，甚至死亡。11～12周龄的幼犬病死率较高。

7月龄犬感染后可表现后躯麻痹和运动失调等症状。病犬依赖后肢支撑躯体，不能行走。膝关节、腓肠肌反射和自体感觉不敏感。

3. 病变　主要在呼吸道，以卡他性鼻炎和支气管炎为特征。鼻孔周围有黏性或浆液性鼻漏；气管、支气管内有炎性渗出物；气管、支气管甚至肺部有点状出血；扁桃体肿大；脑部感染出现急性脑脊髓炎和脑室积水。整个中枢神经系统和脊髓均有病变，以前叶灰质最为严重。

4. 实验室诊断

（1）病毒分离鉴定　取病犬的咽部拭子、脑脊液、肺、脾、肝及肾等病料，适当处理后接种犬肾细胞，进行病毒分离，盲传2～3代若出现多核合胞体，再用特异性免疫血清进行HI试验，对病毒进行鉴定。

（2）血清学试验　可应用犬副流感病毒特异荧光抗体，在气管、支气管上皮细胞中检出特异荧光细胞。也可采用HI和中和试验检测病初和康复犬的双份血清抗体，进行回顾性诊断。快捷敏感的免疫金标记法和ELISA已广泛用于副流感病毒抗原检测或鉴定及抗体检测。

（3）RT－PCR　应用特异性引物进行RT－PCR，可以替代传统的病毒分离法。

【防控】

（1）预防　应加强饲养管理，注意防寒保暖，避免环境突然改变等应激因素刺激。国外已有预防犬瘟热、犬细小病毒病、犬病毒性肝炎和犬副流感的四联苗。国内已有预防犬瘟热、犬细小病毒病、犬病毒性肝炎、犬副流感、狂犬病的五联苗，可以一针防多病。

（2）治疗　发现病犬应及时隔离治疗，可采用胸腺素、转移因子、高免血清及维生素，来增强机体免疫机能。为防止继发感染，可应用抗生素或磺胺类药物，严重者进行强心、平喘、止咳等对症治疗，以减轻病情，促使病犬早日恢复。重病犬及时淘汰。

八、犬病毒性乳头状瘤

犬病毒性乳头状瘤是由犬乳头瘤病毒感染上皮细胞引起的一种高度接触性传染病。该病主要侵害幼犬的唇、舌、口腔及附近皮肤。大多数为良性，仅少数可转为恶性肿瘤。

【诊断】

1. 流行病学 各种年龄、性别和品种的犬均可感染。病健犬之间主要通过损伤的皮肤传播。以幼犬的易感性最高。成年犬的感染多是由于患免疫抑制性疾病或使用免疫抑制性药物所致。

2. 症状与病变 该病最好发的部位是口腔，常侵害口腔黏膜、唇缘、舌、咽、会厌及周围皮肤，也可发于鼻孔、眼睑、生殖道、四肢等部位。前期出现白色光滑的丘疹和斑块，常多个聚集在一起，最后病灶外观如花椰菜样，并从表面延伸出许多细小的白色叶状体，其表面粗糙。病灶不对称、无规则地散布。当肿瘤数量多、体积较大时，则会影响咀嚼，继发流涎、口臭、口腔出血等症状。多数乳头状瘤 48 周后开始逐渐消退，但有极少数可能会转化为鳞状细胞癌。

3. 实验室诊断

（1）组织病理学检查 可见表皮角化过度且增生，并出现巨大的角质透明蛋白颗粒和中空细胞。在角化细胞内可见嗜碱性核内包涵体。

（2）免疫组化法 检查活检病料，可在上层角化细胞内发现核内乳头瘤病毒抗原。

【防控】

（1）预防 尚无疫苗。隔离患病犬，避免与病犬接触。注意检查种公犬的包皮与阴茎。母犬配种后要检查阴道，发现瘤体及早手术摘除。注意除去免疫抑制性诱因。

（2）治疗 对于影响采食的乳头状瘤及眼型乳头状瘤，可采用手术摘除、冷冻切除和激光切除等方法进行治疗。

九、猫白血病

猫白血病

猫白血病是由猫白血病病毒（FeLV）和猫肉瘤病毒引起的一种恶性淋巴瘤传染病，又称猫白血病肉瘤复合症。一类是白血病，以淋巴瘤、成红细胞性或成髓细胞性白血病为主要特征；另一类主要是免疫缺陷疾病，以胸腺萎缩、淋巴细胞和中性粒细胞减少及骨髓红细胞发育障碍性贫血为主要特征。

【诊断】

1. 流行病学 不同性别、品种的猫均易感，但小于 4 月龄幼猫较成年猫更为易感。本病主要经呼吸道和消化道传播。也可经损伤的皮肤传播。妊娠母猫可经子宫垂直感染胎儿。吸血昆虫如猫蚤等，医源性如针头、器械、废弃物及输血等方式均能传播。本病主要在混群的猫群中流行。

2. 症状

（1）消化道淋巴瘤 也称为腹型。临床上表现为食欲减退，贫血，消瘦，有时呕吐或腹泻，有黄疸、紫斑等症状。此型约占全部病例的 30%。

（2）胸腺淋巴瘤 也称为胸型。胸水增多，引起呼吸和吞咽困难，常使病猫发生恶心、虚脱。该型常发生于青年猫。

（3）多发性淋巴瘤　也称为弥散型。发热，全身多处淋巴结肿大，精神沉郁，消瘦等。此型病例约占20%。

（4）淋巴白血病　初期表现为骨髓细胞的异常增生。肝、脾肿大。临床上出现间歇热，食欲下降，机体消瘦，黏膜苍白。

（5）骨髓肿瘤　肝、脾、淋巴结肿大。

3. 病变　消化道淋巴瘤：在肠系膜淋巴结、淋巴集结及胃肠道壁上见有淋巴瘤，有时在肝、脾、肾等实质脏器有浸润。胸腺淋巴瘤：胸腔有大量积液，整个胸腺组织被肿瘤组织代替。多发性淋巴瘤：肝、脾时常肿大，全身淋巴结肿大。淋巴白血病：可见肝、脾明显肿大，淋巴结和骨髓增大。组织病理学检查，消化道淋巴瘤主要为B细胞瘤，胸腺淋巴瘤和多发性淋巴瘤主要为T细胞瘤。

4. 实验室诊断

（1）病原分离　可采用病猫淋巴组织或血液淋巴细胞与猫的淋巴细胞系或成纤维细胞系共同培养的方法进行病原分离。随后检测培养液中逆转录酶的活性，电镜观察病毒粒子的形态结构，并采用免疫学方法进一步鉴定。

（2）血清学试验　可采用ELISA、荧光抗体技术、中和试验、放射免疫测定法等检测病猫组织、体液中FeLV p27抗原及血清中的抗体水平。对潜伏性感染可以用PCR检测。

【防控】

（1）预防　加强饲养管理，搞好环境卫生。加强检疫、隔离和淘汰，用IFA法进行全群检疫，剔除阳性猫，每隔3个月检疫1次，直至连续2次均为阴性，则视为健康群。国外已有疫苗可使用，必要时可考虑应用。

（2）治疗　可通过血清学疗法治疗猫白血病病毒和猫肉瘤病毒引起的肿瘤，但患猫在治疗期及外表症状消失后仍具有散毒危险。利用放射性疗法可抑制胸腺淋巴瘤的生长，对于全身性淋巴瘤也具有一定疗效。

十、猫泛白细胞减少症

猫泛白细胞减少症又称猫瘟热或猫传染性肠炎，是由猫泛白细胞减少症病毒（FPV）引起猫的一种热性、高度接触性、致死性传染病。临床上以体温升高、呕吐、腹泻、白细胞减少为主要特征。

【诊断】

1. 流行病学　所有猫科动物易感，以体型较小的猫科动物最易感染。以1岁以下（特别是3～5月龄）的幼猫较易感，发病率高，而且成窝性发病。3岁以上成年猫的发病较少（2%），且常无临床症状。本病可通过直接接触及间接接触传播。除水平传播外，妊娠母猫还可通过胎盘垂直传播给胎儿。苍蝇和其他昆虫，污染的衣服、鞋子、手套、食具、寝具及笼子均可成为传播媒介。秋末至冬、春季节多发，尤以3月发病率最高。常呈地方性流行。因各种应激因素，可能导致急性暴发性流行。

2. 症状

（1）幼猫

①最急性型：通常突然死亡，往往误认为中毒。死前休克、低温和昏睡。

②急性型：病猫体温升高至40℃以上，沉郁，厌食，经3～4d后病猫出现呕吐，呕吐物常有胆汁气味，同时常表现为口腔溃疡，出血性腹泻或黄疸，极度脱水。

③亚急性型：病猫发病后，出现委顿、双相热。被毛粗乱，精神不振，厌食，口腔、眼、鼻流出黏性分泌物，顽固性呕吐，呕吐物中含有胆汁呈黄绿色。触摸腹部有腹痛感，腹泻，粪便黏稠样，后期带血，严重脱水，贫血。此时病猫高度沉郁、衰弱、伏卧。幼猫通常在2～3d内死亡，病死率高达90%以上。

（2）妊娠母猫　妊娠早期感染FPV，可造成不孕，胚胎吸收，流产、死胎、木乃伊胎。妊娠晚期感染导致早产或产出小脑发育不全的畸形胎儿，出生时伴有共济失调，表现阵发性痉挛，视网膜发育异常或出现单目或双目失明。

3. 病变　以出血性肠炎为特征。消化道有明显的扩张、水肿，整个小肠肠壁及黏膜面均有程度不同的充血、出血、水肿，严重的呈假膜性炎症变化。肠腔内有血样粪便，恶臭。肠系膜淋巴结肿大、出血、坏死，色泽鲜红或多色相间，呈大理石样。肝肿大，胆囊充满黏稠的胆汁。脾、肺肿大、出血。长骨骨髓变成液状或胶冻状。

4. 实验室诊断

（1）血液学检查　在第2相发热后白细胞数迅速减少（以淋巴细胞和中性粒细胞减少为主）。由正常时血液白细胞15 000～20 000个/mm^3降至5 000个/mm^3以下（表示重症），如降至2 000个/mm^3以下则预后不良。

（2）病毒分离　急性病例宜采取患病动物血液、内脏器官及其排泄物，病死动物则取其脾、小肠和胸腺，接种于猫肾原代或继代细胞（如F81细胞），每天观察有无细胞病变和核内包涵体。

（3）血清学诊断　血清中和试验、HI试验和荧光抗体技术最常用，可对细胞培养物中的病毒进行鉴定。后者还可对患病动物组织脏器的冰冻切片进行检查。也可应用ELISA检测粪便中或消化道内容物中的病毒。可用免疫电镜对病猫粪便中的病毒抗原进行检查。

（4）基因诊断　可用PCR方法直接对样品中病毒DNA进行检测。

【防控】

（1）预防接种　应用猫泛白细胞减少症病毒弱毒疫苗或灭活疫苗定期注射。灭活疫苗可用于妊娠母猫及小于4周龄的幼猫。弱毒疫苗尤其适合于疾病暴发时，可采用鼻内或气雾法接种。小于4周龄的猫可以先用灭活疫苗免疫1次，再用弱毒疫苗免疫。8～9周龄的猫先用弱毒疫苗再用灭活疫苗免疫2次，或弱毒苗免疫至少1次，间隔2～4周，末次免疫在12～14周龄完成。之后每年免疫2次。

（2）治疗　在猫发病的早、中期，皮下注射抗猫泛白细胞减少症病毒高免血清。采用抗病毒、抗菌消炎、抑制消化腺分泌、止吐止泻、支持疗法等综合性治疗措施。补液时可给予抗生素或磺胺类药物，防止继发感染。补液原则是以补盐为主、补糖为辅。

十一、猫传染性腹膜炎

猫传染性腹膜炎（FIP）是由猫传染性腹膜炎病毒引起的猫科动物的一种慢性进行性致死性传染病。本病是由不恰当的免疫应答介导的，其中IgG在发病过程中起着重要的作用。感染本病时主要以腹膜炎、大量腹水聚集（渗出型）或各种脏器出现肉芽肿病变（肉芽肿型）为临床特征。

【诊断】

1. 流行病学　以6月龄至2岁龄的幼猫和老猫发病率较高，尤其好发于群聚饲养的猫群。纯种猫发病率高于一般家猫。本病以消化道感染为主，也可经媒介昆虫传播和垂直传播。怀孕、断奶、移入新环境等应激条件，以及感染猫的自身疾病和猫免疫缺陷病等都是促使FIP发生的重要因素。本病呈地方流行性，发病率一般较低，但一旦感染，致死率几乎为100%。

2. 症状

(1) 湿型（渗出型）　病猫衰弱，食欲减退，体重减轻。在持续1～6周后，胸腹腔有高蛋白的渗出液，可见腹部膨大。此时，易被误认为是妊娠。体温升高，持续在41.1℃，白细胞增多。病程可延续2周到2个月。当腹水大量积聚（有时达2 000mL）时，病猫很快死亡。雄猫可能会阴囊肿大，也可能出现呕吐或腹泻，重者重度贫血。

(2) 干型（肉芽肿型）　主要是眼、中枢神经、肾和肝脏的损伤，几乎不伴有腹水。眼的病变为角膜水肿、眼房出血、角膜混浊、眼前房蓄脓、缩瞳、视力障碍、渗出性视网膜炎乃至视网膜剥脱等症状，患病初期多见有视网膜火焰状出血。中枢神经症状为后躯运动障碍、运动失调、背部感觉过敏、痉挛、性情异常。临床上患本病的猫病死率高达95%。

3. 病变

(1) 湿型　腹水透明无色或呈麦秆色，与空气接触易凝固。在腹膜、肝、脾、肾的表面也附着有颗粒状纤维蛋白。肝表面有直径1～3mm的坏死灶，切面可见坏死深入至肝实质内。

(2) 干型　无胸水和腹水。剖检见有脑水肿的病变。肾脏凹凸不平，有肉芽肿样病变。肝脏也有坏死灶。肝、肾、脾、肺脏、网膜及淋巴结出现结节病变。

4. 实验室诊断　血清中的时相蛋白（结合珠蛋白、血清淀粉样物质A、α-酸性糖蛋白、IgG、IgM）浓度升高。湿型出现典型的胸腔和腹腔积液，积液呈淡黄色、黏稠、蛋白含量高，摇晃时易出现泡沫，静置可发生凝固，含有中等量的巨噬细胞和中性粒细胞等炎性细胞。具有中枢神经系统和眼部病变的患猫，脑脊液和眼房液中蛋白含量升高。

确诊则必须依靠血清学检验和病毒分离。

【防控】

(1) 预防　避免健康猫与病猫的接触。做好环境消毒和清洁，以降低环境中粪便及其他污染物感染的机会。消灭吸血昆虫（如虱、蚊、蝇等）及鼠类，防止病毒传播。由血清Ⅱ型DF2株制备的温度敏感突变株，通过鼻内接种，有预防本病的效果，4月龄以上的猫可应用。

(2) 治疗　多采用支持疗法。用具有抑制免疫和抗炎作用的药物，如联合应用猫干扰素和糖皮质激素，并给予补充性的输液，使用抗生素和抗病毒药物，胸腔穿刺可缓解呼吸道症状，可延长病猫的生命。有典型症状的猫则大多预后不良。

十二、猫艾滋病

猫艾滋病又称猫免疫缺陷病，是由猫免疫缺陷病毒（FIV）感染引起猫最常见的慢性病毒性传染病，以严重的牙龈炎、口腔炎、鼻炎、腹泻、神经系统紊乱及易于继发感染为特征。

【诊断】

1. 流行病学 猫科动物均可感染，但只有猫易感，表现临床症状。成年（5～19岁）猫的感染率较高。公猫感染率高于母猫，流浪猫和野猫高于家养猫，群养猫高于单养猫。

本病主要通过唾液和血液传播，其次是通过伤口，也能通过交配等方式接触传染。妊娠猫可通过子宫垂直传播，母仔间还可通过初乳、唾液传染。

2. 症状

（1）急性期 病的初期，突然发热、精神不振、全身不适、淋巴结肿胀、贫血等。占半数以上的患猫表现慢性口腔炎、齿龈红肿、口臭、流涎，严重者因疼痛而不能进食。另有1/4的猫出现慢性鼻炎和蓄脓症。病猫常打喷嚏，流脓性鼻涕。极少数猫表现为慢性腹泻，个别猫神经紊乱。

（2）无症状期 上述症状消退后，多数患猫进入7个月左右的无症状感染状态，再转入慢性期。

（3）慢性期 大多数患猫呈现贫血、消瘦、体重下降，口腔炎、上呼吸道炎症、胃肠道和泌尿道炎症，有的患猫发生淋巴肉瘤和呈现神经症状等。此外，患猫极度衰竭，如遇外伤或易于混合感染弓形虫、附红细胞体、隐球菌、蠕形螨和耳螨等病原，从而导致菌血症而死亡。整个病程多为2～3年。

3. 病变

（1）口腔黏膜红肿、溃疡，结肠可见亚急性溃疡病灶或肉芽肿，盲肠和小肠特别是空肠可见卡他性炎症。

（2）鼻黏膜淤血，鼻腔蓄积脓样分泌物。

（3）淋巴结肿大，可见滤泡增生。

（4）脾脏红髓、肝窦、肺泡、肾脏和脑组织可见大量未成熟的单核细胞浸润。

（5）脑部常见有神经胶质瘤和神经胶质结节病变。

4. 实验室诊断

（1）血清学方法 以荧光抗体技术、ELISA、免疫印迹法常用，为特异的检测抗体方法。

（2）PCR检测 可作为FIV的定性检测方法。

（3）血液学和生化检验 检测可见持续性白细胞减少（特别是淋巴细胞和中性粒细胞减少），血液中γ球蛋白增多，总血浆和血清蛋白增加，贫血及血小板减少。血清球蛋白、葡萄糖、甘油三酯、尿素和肌酸浓度增加，血清胆固醇减少。全血凝固时间明显延长。用流式细胞仪计数分析外周血淋巴细胞 CD_4^+ / CD_8^+ 比例和 CD_4^+ 细胞计数。

【防控】

（1）预防 保持猫舍和饮食器具清洁，加强消毒，对雄猫实行阉割去势术。病（死）猫要集中无害化处理或焚烧。新购入的猫要隔离并检疫。国外已经研制出多种FIV疫苗，如灭活苗、弱毒苗、DNA载体苗、亚单位苗和合成肽苗等。

（2）治疗 恰当的治疗可延长病猫的生命。经反转录酶抑制剂叠氮胸苷（AZT）治疗后，病猫的临床症状明显改善。猫口服小剂量α-干扰素，可有效防止机体 CD_4^+ T淋巴细胞数量的减少，使 CD_8^+ T淋巴细胞数量增加减慢。猫服用抗氧化剂——超氧化物歧化酶可以使 CD_4^+ / CD_8^+ 比例显著增加。

十三、犬疱疹病毒病

犬疱疹病毒病是由犬疱疹病毒引起犬的一种急性、全身出血性、坏死性传染病，主要特征为幼犬呼吸困难、全身脏器出血坏死、急性致死以及母犬流产和繁殖障碍。

【诊断】

1. 流行病学 犬科动物易感，1～2周龄以内的幼犬最为易感，病死率高达80%。5周龄以上的犬或成年犬症状轻微或呈隐性感染。

本病可通过呼吸道、消化道或泌尿生殖道或间接接触传播，还可能通过胎盘感染。孕犬分娩前后3周，最易发生感染。1周龄幼犬的感染主要因分娩过程中垂直传染，或出生后通过呼吸道由母犬传染。

2. 症状 精神沉郁、厌食或食欲不振，痴呆，无力，排淡黄色或绿色稀便。继之表现为腹痛、呕吐、呼吸困难。具有特征性的症状是口腔、腹下皮肤，尤其腹股沟、母犬的阴门和阴道、公犬的包皮等处，出现红斑，继之形成水疱，皮下水肿。幼犬通常在发病24h内死亡；个别康复犬遗留有神经症状，如角弓反张、癫痫、运动失调等。妊娠母犬可造成流产和产弱胎，久配不孕。公犬可见阴茎和包皮病变，分泌物增多。

3. 病变 胸腔、腹腔有大量红色浆液性液体；脾、淋巴结出血、肿大；肺水肿，肺脏（包括肾脏）表面有较多的米粒大小的灰白色坏死灶，呼吸道呈卡他性炎症；小肠黏膜点状出血；母犬的生殖道感染以阴道黏膜弥漫性小疱疹状病变为特征。怀孕母犬的胎盘和子宫中的胎儿有多发性坏死病变。

4. 实验室诊断

（1）*病毒分离鉴定* 无菌操作采取病死幼犬的肾、肝或肺的病变组织，处理后取上清接种犬肾单层细胞培养物，或利用濒死病犬的肾作带毒细胞培养。感染细胞如变圆脱落，蚀斑形成，可分离病毒。新分离病毒可通过电镜观察、免疫荧光试验或中和试验进行鉴定和确诊。

（2）*荧光抗体技术* 取犬的口腔、上呼吸道和阴道黏膜或死亡动物的肾上腺、肾、脾肝和肺病变组织制成切片或涂片，用荧光抗体技术检测特异性抗原。

（3）*血清学试验* 中和试验、ELISA、补体结合试验均可用于血清抗体检测。

（4）*分子生物学方法* PCR适用于对病料的检测，或证实潜伏的病毒。

【防控】

（1）*预防* 注重综合防治措施，加强饲养管理、定期消毒、防止与外来病犬接触。发现病犬后及时隔离，同时对环境严格消毒。对刚出生幼犬腹腔注射康复犬的血清2mL，或者免疫球蛋白，或通过初乳获得母源抗体。在受威胁地区，在母犬产仔之前对母犬或对新出生幼犬注射干扰素，以减少传染。

（2）*治疗* 对有上呼吸道症状的幼犬保暖、补液和使用广谱抗生素，可缓解临床症状，促进早日康复。使用牛乳铁蛋白、聚肌胞、双黄连注射液有一定的疗效。

十四、猫疱疹病毒病

猫疱疹病毒病又称猫病毒性鼻气管炎，是由猫疱疹病毒1型（FHV-1）引起猫的一种急性、高度接触性上呼吸道传染病，临床上以打喷嚏、流泪、结膜炎和鼻炎为主要特征。

【诊断】

1. 流行病学 所有猫科动物都易感，幼猫发病率可达100%，死亡率可达50%，成年猫死亡率为20%～30%。主要是通过病猫和健康猫鼻与鼻直接接触传播及经呼吸道感染。

2. 症状 病初患猫发生高热稽留数天，高达40℃左右，精神沉郁，食欲减退，随后出现阵发性咳嗽、打喷嚏、流泪、结膜炎，鼻流出的分泌物从浆液性变为脓性。幼猫患病约2周死亡，继发感染死亡率更高。

成年猫感染后出现结膜炎症状，角膜充血；口腔糜烂溃疡，并有臭味，进食困难。个别猫出现慢性角膜炎、结膜炎，重者失明。种猫症状较轻，只表现为咳嗽、流泪、结膜充血、反复打喷嚏。若怀孕猫感染，可经胎盘感染胎儿，甚至造成流产。耐过的猫多转为慢性，以鼻窦炎、溃疡性结膜炎和眼球炎为主要特征。血象变化主要有发病初期可见白细胞（WBC）低于正常值，淋巴细胞减少。

3. 病变 鼻腔、鼻甲骨黏膜、喉头和气管呈弥漫性充血。继之鼻腔和鼻甲骨黏膜坏死，甚至出现溶骨性病变。气管黏膜轻度充血，表面有大量的脓性分泌物。呼吸道黏膜细胞特别是鼻中隔、鼻甲骨和扁桃体黏膜细胞中出现典型的嗜酸性包涵体。慢性病例可见鼻窦炎。肺脏由粉红色变为红色，有不同程度的淤血和坏死，并有少量的出血。

4. 实验室诊断

（1）*血清学诊断* 包括血凝抑制试验、荧光抗体技术和中和试验。病猫眼结膜和上呼吸道黏膜的涂片或切片标本，用FHV-1荧光抗体染色，可作出准确快速的诊断。

（2）*病毒分离* 在急性发热期，以灭菌棉拭子在鼻咽、喉头和结膜等处取样，死后取肺、肾、脾等实质脏器，接种于原代猫肾细胞，进行病毒分离。待出现细胞病变后，可进行中和试验或荧光抗体染色对细胞培养物鉴定。

【防控】

（1）*预防* 加强饲养管理，建立良好的通风环境和消毒措施，注意环境卫生，降低饲养密度，发现病猫及时隔离、消毒，防止接触传播。

（2）*治疗* 对患猫多采取对症疗法和支持疗法，防止继发感染和加强护理。要补充足够的水分和营养物质。注意经常清除患猫鼻腔和眼睛内的分泌物，可使用喷剂或盐水清除。在对患病猫进行补液治疗的同时，可适量加入胸腺素；同时，可给予少量香味食物，如鱼肉、内脏、瘦肉等，有利于患猫康复。

十五、猫杯状病毒病

猫杯状病毒病是猫的一种多发性口腔和呼吸道传染病，又称猫传染性鼻结膜炎。因毒株和动物的抵抗力不同，症状差别很大，有些毒株主要引起口腔或/和上呼吸道感染，有些毒株则会导致肺炎。本病的发生率较高，但死亡率较低。

【诊断】

1. 流行病学 猫科动物均易感，但发病猫多见于8～12周龄。本病主要通过病猫与健康猫直接接触传播。此外，还可通过飞沫或病毒污染的食具、垫料和器具等方式传播。母猫还可垂直传播给后代。

2. 症状　病初发热至39.5～40.5℃。最常见和具有特征性的症状是口腔溃疡，尤其是腭中裂周围和颊部，出现大面积的溃疡和肉芽增生，患猫吃食困难。在舌和硬腭也时常见到这种溃疡，有时在唇、鼻，偶尔在皮肤也可见到。

患猫精神不佳，口流涎，打喷嚏，鼻分泌物增多，眼、鼻分泌物开始为浆液性，后转为脓性，角膜发炎、畏光。如发生肺炎，患猫呼吸困难，肺部有干性或湿性啰音，7～10d后可恢复。有的毒株还可以引起猫的跛行。

3. 病变　表现上呼吸道症状的猫，可见结膜炎、鼻炎、舌炎和气管炎。舌、腭部初为水疱，后期水疱破裂形成溃疡。支气管和细支气管内常有大量的蛋白性渗出物、单核细胞及脱落的上皮细胞。

4. 实验室诊断　病毒分离与鉴定：可采集呼吸道组织或鼻分泌液接种猫原代或传代细胞，观察细胞病变，其特征为核固缩。可用已知抗血清作中和、琼脂扩散、荧光抗体技术或补体结合试验进一步鉴定。注意与猫鼻气管炎病毒引起的细胞病变（合胞体形成）相区分。

【防控】

（1）疫苗预防　猫鼻气管炎-泛白细胞减少症-杯状病毒病三联灭活苗可用于本病的预防。

（2）治疗

①对症疗法：口腔溃疡严重时，可用酒硼散吹患部，也可用棉签涂搽碘甘油或甲紫。鼻炎严重时，可用麻黄碱、氢化可的松和庆大霉素混合滴鼻。对结膜炎病猫可用5%的硼酸溶液洗眼后，再用吗啉胍眼药水和氯霉素眼药水交叉滴眼，也可用金霉素、氧氟沙星等眼药水滴眼。

②中药治疗：银花、连翘、黄连、千里光、射干、豆根、板蓝根、穿心莲、大青叶、甘草，水煎灌服。

③控制继发感染：可用氨苄西林、庆大霉素、卡那霉素等。

第二节　犬埃立克体病

埃立克体专性寄生于各类白细胞和血小板内，是介于细菌与病毒之间的一类革兰氏阴性原核微生物。犬埃立克体病是由犬埃立克体引起犬的急（慢）性传染病，属于人兽共患自然疫源性疾病。蜱叮咬是该病的主要传播方式。

【诊断】

1. 流行病学　该病呈世界性分布，在蜱虫分布较广的热带和亚热带地区流行率较高。

2. 症状　病犬按病程可分为三个阶段：急性感染期、亚临床症状期、慢性感染期。

（1）急性感染期　通常出现在感染之后的10～15d，持续2～4周。感染犬表现为发热、精神沉郁、消瘦、厌食、呕吐、眼睛病变、眼鼻分泌物增多、淋巴结肿大等非特异性症状。血液学检测表现为红细胞和血红蛋白正常，但白细胞和血小板均减少等，同时心肌细胞受损的风险也显著高于其他疾病。

（2）亚临床症状期　一般出现在感染之后的第6～9周。血液学检测表现为再生障碍性贫血、粒细胞减少、血小板减少等。患犬上呼吸道出现出血点或淤血，功能异常。

(3) 慢性感染期 感染犬体内的免疫系统严重受损，骨髓损伤导致多种血细胞数量严重减少，同时由于血小板功能异常导致出血，使患犬死亡。

3. 实验室诊断

(1) 血清学检测 主要有快速试纸条、酶联免疫吸附试验（ELISA）、斑点酶联免疫吸附试验（dot-ELISA）。

(2) PCR 检测 包括普通 PCR、实时荧光定量 PCR 和多重 PCR 技术。多重 qPCR 可实现同时检测 5 种埃立克体病原的诊断。

(3) 其他方法 包括病原体分离、免疫组化和间接荧光抗体技术（IFA），但这些方法专业性较强，且操作极其繁琐。

【防控】

1. 预防 定期驱虫，勤洗澡。

2. 治疗 盐酸多西环素是治疗埃立克体病最有效的药物。患犬一般在用药后 1～2d 退热，且预后良好。另外，广谱抗生素利福平对杀灭埃立克体有一定作用。

第三节 钩端螺旋体病

钩端螺旋体（简称钩体）可分为非致病性钩端螺旋体和致病性钩端螺旋体两大类。钩端螺旋体病是由致病性钩端螺旋体引起的一种人畜共患病和自然疫源性传染病。

【诊断】

1. 流行病学 钩端螺旋体病在全世界各地均有流行。该病在我国降水量充足的长江中下游地区较为严重，是我国重点防治的传染病之一。该病主要发生于犬、猪、牛，马、羊次之。发病动物和隐性带菌动物是本病的主要传染源，鼠类动物可终生带菌成为自然疫源动物。该病可通过直接接触和污染食物或水等途径进行传播。

2. 症状 多数动物呈隐性感染，只有少数急性病例表现症状。急性病例主要表现短期发热、贫血、黄疸、出血性素质、血红蛋白尿、流产、黏膜和皮肤坏死、水肿等。

3. 实验室诊断 根据临床症状和我国南方雨季多发等流行特点可做出初步诊断。通过采集血液、尿液、脑脊液等病料，制片，显微镜观察到菌体进行确诊。目前，快速检测试纸和多重 qPCR 已应用于钩端螺旋体病的临床诊断。

【防控】

1. 预防 该病主要通过疫苗接种进行预防。另外，环境严格消毒、保持清洁和灭鼠可减少该病的发生。

2. 治疗 早期诊断，早期治疗。青霉素类和多西环素类是比较常用的抗生素。联合应用氨苄西林和恩诺沙星进行治疗能取得良好疗效。此外，还可对症治疗，纠正电解质和酸碱紊乱、补液和提供营养。

第四节 细菌性传染病

一、支气管败血波氏菌病

本病是由支气管败血波氏菌引起犬的一种急性高度接触性的呼吸道传染病。支气管败血波氏菌也是引起犬传染性支气管炎（又称犬窝咳）的病原体之一。

【诊断】

1. 流行病学 支气管败血波氏菌病呈世界性分布，夏秋季多发。当犬在高密度环境中饲养时，该病流行率显著升高。本病主要通过直接接触传播和空气传播。

2. 症状 患犬主要表现为阵发性咳嗽、声音嘶哑，并伴有鼻腔分泌物；精神不振，食欲下降，呼吸困难。感染初期体温正常，若继发细菌感染，则体温上升。

3. 实验室诊断

(1) 血常规检查 可见中性粒细胞增多、淋巴细胞减少、嗜酸性粒细胞减少等炎性细胞象。

(2) 支气管镜检查 可见到支气管黏膜充血、变脆，甚至可见大量分泌物。

(3) X线检查 混合感染严重的犬可见病变肺部纹理增粗。

(4) 显微镜观察 采集鼻腔分泌物，镜检可见两极染色、革兰氏阴性的球杆菌，即支气管败血波氏菌。

【防控】一旦发病，应及早隔离病犬，整窝发病还应适当疏散，同时及时治疗，并进行环境消毒。

通过口服和静脉注射抗生素是治疗细菌感染的主要措施。也可使用皮质类固醇药物减轻病犬的临床症状，如地塞米松、泼尼松龙等。

二、布鲁氏菌病

布鲁氏菌病是由布鲁氏菌引起的人兽共患传染病。犬布鲁氏菌、马耳他布鲁氏菌、牛布鲁氏菌、猪布鲁氏菌4个种均可感染犬猫。

【诊断】

1. 流行病学 患病动物（包括羊、牛、猪、犬、猫）是主要传染源。感染布鲁氏菌病的妊娠动物在流产或分娩时排出大量菌体，乳汁中也有少量的布鲁氏菌，阴道分泌物持续排菌时间较长。带菌的公犬和公猫可通过尿液、精液排出该菌。本病主要通过消化道传播，其次是皮肤、黏膜创伤、吸血昆虫叮咬和交配。布鲁氏菌病一年四季都可发生，但发病高峰期主要在春末夏初，且牧区和农牧区多发。

2. 症状 布鲁氏病感染犬或猫后，多为隐性感染。可引起妊娠母犬和母猫的流产，或引起公犬和公猫的阴茎潮红肿胀，睾丸肿大，配种能力下降。

3. 实验室诊断 利用虎红平板凝集试验（RBT）、酶联免疫吸附试验（ELISA）进行初筛，再应用试管凝集试验（SAT）或补体结合试验等方法进一步确诊。

【防控】尚无犬或猫用布鲁氏菌病疫苗，发现阳性犬或猫应加强消毒，实施隔离。患病动物肌内注射和静脉注射氨苄西林钠和链霉素或环丙沙星，口服利福平进行抗菌治疗；口服复合维生素并补充营养，提高免疫力；流产母犬或母猫使用0.1%高锰酸钾溶液冲洗子宫和阴道。

三、破 伤 风

破伤风（又称强直症）是由破伤风梭菌经伤口感染引起的一种急性、中毒性人兽共患传染病。临诊上以骨骼肌持续性痉挛和神经反射兴奋性增高为特征。

【诊断】

1. 流行病学　单蹄兽最易感，猪、羊、牛次之，犬猫偶见。感染常见于各种开放性创伤（如犬的咬伤）、手术污染或产后感染。一年四季均可发生，且多为散在发生。

2. 症状　潜伏期通常为7～14d，个别可在伤后1～2d发病。潜伏期长短与创伤部位有关，创伤距头部越近，组织创伤口深而小，创口污染等，可导致潜伏期缩短。

病犬猫体温正常，神志清楚，反射兴奋性增高，骨骼肌强直性痉挛。随病程发展表现为牙关紧闭，流涎，头颈伸直，四肢僵硬，运动拘谨，有的体温上升。剖检病变不明显，仅黏膜、浆膜有小的出血点。

3. 实验室诊断　用被动血凝分析测定血清中破伤风抗毒素抗体水平。

【防控】

1. 预防　在本病常发地区，对易感动物定期接种破伤风类毒素。对较大较深的创伤，除做外科处理外，应肌内注射破伤风抗血清1万～3万IU。平时注意饲养管理和环境卫生，防止动物受伤。

2. 治疗　主要包括伤口处理，中和毒素，抗菌治疗，止痉挛防窒息，防止和处理并发症。应对创口处进行彻底清创（过氧化氢溶液处理和生理盐水冲洗），在其周围注射普鲁卡因青霉素进行封闭，尽早注射破伤风抗毒素，若已出现症状需要使用镇静解痉药物（如氯丙嗪）进行治疗。

四、肉毒梭菌中毒

本病是由肉毒梭菌（即肉毒梭状芽孢杆菌）产生的剧毒细菌外毒素——肉毒毒素引起的以松弛性麻痹为主症的中毒，具有致命危害。

【诊断】

1. 流行病学　肉毒梭菌中毒在世界各地时有发生，犬猫因食入肉毒梭菌污染的食物而中毒。

2. 症状　肉毒梭菌中毒的临床表现与其他食物中毒不同，胃肠道症状较少，主要为神经末梢麻痹。潜伏期可短至数小时，一般初期为乏力、头痛等非特异性症状，接着出现斜视、眼睑下垂等眼肌麻痹症状；再是吞咽困难、咀嚼困难、口干等咽部肌肉麻痹症状；进而膈肌麻痹，呼吸困难，最终呼吸停止而死亡。

3. 实验室诊断　采集患病动物胃肠内容物和可疑饲料进行毒素检测。

【防控】

1. 预防　禁止食用腐败食物。

2. 治疗　使用针对相应抗原的抗血清或多价肉毒抗毒素解毒，如无抗肉毒血清，可采用支持疗法和对症治疗：催吐或以0.5%高锰酸钾液洗胃，灌肠；静脉滴注5%葡萄糖生理盐水和维生素C等，必要时切开气管吸痰。

第二单元 寄生虫病

蛔虫病

第一节 蠕虫病

一、蛔虫病

犬猫蛔虫病是由犬弓首蛔虫（*Toxocara canis*）、猫弓首蛔虫（*T. cati*）及狮弓蛔虫（*Toxascaris leonina*）寄生于犬猫的小肠内所引起的一类线虫病。蛔虫病在犬猫常见，对幼龄犬、猫危害大。

【诊断】

1. 流行病学 犬弓首蛔虫的感染率在世界各国不等，为5%～80%。小于6月龄的犬感染率高，成年犬较少感染。怀孕犬可传染给胎儿。雌虫非常高产，虫卵对外界环境的抵抗力极强。

猫蛔虫病呈世界性分布，我国各地均有报道。幼猫因摄入母猫乳汁中的幼虫而感染，被感染的贮藏宿主（如蚯蚓等）也是猫感染的重要来源。

2. 症状与病变 犬轻度、中度感染时，虫体移行的肺期不表现临床症状，成虫可导致宿主腹部膨大、发育迟缓、被毛粗乱、精神沉郁、消瘦、腹泻，幼犬可通过粪便排出虫体或呕出虫体；重度感染时，幼虫移行导致肺损伤。大部分死亡病例发生于肺部感染期，经胎盘感染的幼犬出生几天内可发生死亡。

猫蛔虫病临床上表现为食欲不振、大肚皮、被毛粗乱、渐进性消瘦、贫血、呕吐等，幼猫生长发育缓慢。

3. 实验室诊断 粪便或呕吐物中查虫体；漂浮法查虫卵；剖检查虫体。

【防治】治疗可选用阿苯达唑、左旋咪唑等药物。预防措施包括定期驱虫，所有幼犬在2周龄时驱虫，2月龄再驱虫，母犬和幼犬同时驱虫，新购进的犬要驱虫，成年犬隔3～6个月驱虫一次；母猫与幼猫尽量分开人工饲养；保持环境、食具及食物的清洁卫生，及时清除粪便。

二、钩虫病

犬猫的钩虫病是由钩口科的钩口属（*Ancylostoma*）、弯口属（*Uncinaria*）和板口属（*Necator*）的多种线虫寄生于犬猫的小肠（主要是十二指肠）所引起的一类线虫病，以贫血、消化紊乱及营养不良为主要特征，一般主要危害1岁以内的幼犬和幼猫。

【诊断】

1. 流行病学 犬猫钩虫病分布范围广，在我国华东、中南、西北和华北等温暖地区广泛流行。可经皮肤、口、黏膜及胎盘（少见）感染，危害1岁以内的幼犬和幼猫。哺乳幼犬可吮乳感染。成年犬猫带虫不发病。

2. 症状与病变 发病症状取决于感染强度，表现为急性型、慢性型和钩虫性皮炎。急性型主要是幼猫或幼犬短时间大量寄生，表现为贫血、倦怠、呼吸困难，哺乳期幼犬更为严重，常伴有血性或黏液性腹泻。慢性型主要出现于成年犬，感染虫体数量少，表现为轻度贫血、营养不良和胃肠功能紊乱。感染性幼虫大量入侵皮肤可出现钩虫性皮炎，多发于四肢，表现瘙痒、脱毛、肿胀、浮肿、破溃等。剖检病犬猫可见血液稀薄，小肠黏膜苍白肿胀，有出血点，肠内容物有血液，肠黏膜上可见虫体。

3. 实验室诊断 粪便漂浮法查虫卵；贝尔曼法分离幼虫；剖检查虫体。

【防治】治疗可选用常见驱线虫药物。预防措施包括饲喂干净卫生的食物，不喂生食；保持犬猫舍干燥，用硼酸等处理犬猫经常活动的地面；及时清理粪便，无害化处理；在气候较温暖的季节，对犬猫定期检查，及时驱虫；灭鼠，控制转续宿主。

三、毛首线虫病

毛首线虫病又称鞭虫病或毛尾线虫病，是由毛尾属（*Trichuris*）的线虫寄生于犬猫的大肠（主要是盲肠）所引起的一种线虫病，临床以消化吸收障碍及贫血为特征。犬的毛首线虫病主要由狐毛尾线虫（*T. vulpis*）引起，猫的毛首线虫病主要由猫毛尾线虫（*T. felis*）和锯形毛尾线虫（*T. serrata*）引起。

【诊断】

1. 流行病学 毛尾线虫为直接发育型，不需要中间宿主。雌虫产卵量大（每天2 000枚），随粪便排出后在适宜的条件发育为感染性虫卵。虫卵在犬舍内可存活3～4年，是重要的感染来源。

2. 症状与病变 症状与寄生的虫体数量有关。轻度感染的症状不明显或无症状，仅出现间歇性稀便或带有少量黏液的血便。严重感染时，可出现肠炎，虫体充满盲肠，肠黏膜增厚、坏死，便血等。

3. 实验室诊断 粪便漂浮法查虫卵；剖检查虫体。

【防治】治疗可选用常见驱线虫药物。预防措施包括及时清除粪便，保持饮食和环境卫生，定期驱虫。

四、吸吮线虫病

犬猫的吸吮线虫病是由吸吮属（*Thelazia*）的多种线虫寄生于犬猫的眼部而引起的一种线虫病。临床以结膜炎、角膜炎，甚至角膜糜烂、溃疡、穿孔，以致丧失视力为特征，所以该病又称眼线虫病或眼虫病。

【诊断】

1. 流行病学 多种蝇类是犬猫吸吮线虫的中间宿主，因此该病的流行与蝇类的活动季节密切相关。通常温暖而湿度高的季节发病率高，而干燥寒冷的季节少见。在温暖地区常年流行，寒冷地区主要见于夏季和秋季。

2. 症状与病变　症状与寄生的虫体数量有关。可见眼潮红、流泪、角膜混浊、视力下降；眼部奇痒，动物将眼部在其他物体上摩擦；结膜充血肿胀，多量分泌物。严重时，角膜穿孔，水晶体损伤和睫状体炎，甚至失明。虫体常寄生于瞬膜囊、结膜囊和泪管等，偶见于眼前房液。

3. 实验室诊断　在眼内发现虫体即可确诊。

【防治】治疗可选用左旋咪唑等药物，也可局部应用丁卡因、可卡因等治疗，还可在麻醉状态下手术取出虫体。预防可在疫区开春季节进行预防性驱虫；在蝇类大量出现之前对犬猫进行预防性驱虫；保持环境卫生，杀灭蝇类及其幼虫，防止蝇类滋扰犬猫。

五、绦虫病

可寄生于犬猫的绦虫种类繁多，对犬猫危害较大的绦虫有双叶槽科绦虫（如宽节双叶槽绦虫）、复孔绦虫、带状泡尾绦虫等。

【诊断】

1. 流行病学　犬猫的绦虫常以犬猫为终末宿主，以家畜和人为中间宿主。

2. 症状与病变　症状与寄生的虫体数量有关，多呈慢性经过。轻度寄生无症状。重度感染时，犬猫出现精神不振、呕吐、渐进性消瘦、营养不良，有的病犬会出现剧烈兴奋、痉挛或四肢麻痹等。

3. 实验室诊断

（1）生前诊断　仔细观察患病犬猫的粪便中是否有节片或链体；若无节片或链体，应用饱和盐水漂浮法检查粪便中的虫卵；若无节片、链体或虫卵，应用驱虫药物进行诊断性驱虫。

（2）死后诊断　剖检发现小肠中虫体可做出诊断。

【防治】治疗可选用阿苯达唑、吡喹酮等药物。预防措施包括定期驱虫，不喂未经无害化处理的动物肉及内脏，不喂生鱼虾，杀灭蚤和虱等。

六、犬心丝虫病

犬心丝虫病又称犬恶丝虫病，是由犬恶丝虫（*Dirofilaria immitis*）寄生于犬的右心室和肺动脉（偶见胸腔和支气管）所引起的一种丝虫病，以循环障碍、呼吸困难和贫血为特征。人偶尔也感染。

【诊断】

1. 流行病学　犬心丝虫病呈世界性分布，我国各地犬的感染率很高。犬恶丝虫以蚊为中间宿主，因此感染多发生于蚊虫活跃的6—10月，高峰为7—9月。感染与年龄、饲养环境等有关，犬的年龄越大，感染率越高；屋外饲养犬的感染率高于屋内犬。雌虫直接产幼虫，称为微丝蚴，其出现的周期性不明显，但夜间较多。

2. 症状与病变　症状与感染的持续时间和感染强度以及宿主对虫体的反应有关。少量感染一般无症状。严重感染犬出现咳嗽、心悸、心内杂音、呼吸困难，运动后尤甚，末期贫血、消瘦、衰竭，甚至死亡。病犬常伴有结节性皮肤病，出现瘙痒、倾向破溃的多发性结节。患犬可发生心内膜炎、肺动脉内膜炎、心脏肥大及右心室扩张等，死亡虫体还可引起肺

动脉栓塞等。

3. 实验室诊断

（1）生前诊断　可采用改良 Knott 试验、毛细管离心法或离心法检查血液中的微丝蚴。也可采用 X 线、超声波等影像学技术，以及 ELISA 等免疫学技术进行辅助诊断。

（2）死后诊断　剖检发现虫体可做出诊断。

【防治】治疗主要是驱杀成虫和微丝蚴，可选用阿苯达唑、吡喹酮、海群生、伊维菌素等药物。药物预防是本病最有效的预防措施，可采用海群生、伊维菌素、硫乙砷胺钠等；其他预防措施包括杀灭蚊等中间宿主，对疫区的犬定期进行微丝蚴检查，及时治疗。

第二节　原虫病

一、球虫病

犬猫的球虫病主要是由囊等孢球虫属（*Cystoisospora*）的多种球虫寄生于犬猫的小肠和大肠黏膜上皮细胞内所引起的一种原虫病，以出血性肠炎为特征。

【诊断】

1. 流行病学　该病呈世界性分布。各品种的犬猫均易感，主要危害幼犬和幼猫。成年动物带虫，为潜在的传染源。感染途径为经口感染，被卵囊污染的笼具、鼠类、蝇类等在本病传播中发挥重要作用。一般温暖潮湿的季节多发，尤其是卫生条件差的圈舍更易发。

2. 症状与病变　囊等孢球虫致病性低，轻度感染一般无症状。严重感染的幼犬和幼猫感染后 3～6d 出现水泻或排出泥状粪便，有时排带黏液的血便，可出现体温升高、食欲不振或停食、消瘦、贫血、脱水等症状。剖检可见卡他性或出血性肠炎。

3. 实验室诊断　饱和盐水漂浮法或直接涂片法查粪便中的卵囊。

【防治】治疗可选用氨丙啉、磺胺六甲氧嘧啶等药物。预防措施包括药物预防、搞好犬猫舍及笼具的卫生、及时清理粪便等。

二、弓形虫病

弓形虫病是由弓形虫引起的一种人兽共患寄生虫病，临床上多为隐性感染。猫科动物为弓形虫的终末宿主，中间宿主种类繁多，包括猪、牛、羊、犬等多种动物。

【诊断】

1. 流行病学　该病呈世界性分布。猫科动物为弓形虫的终末宿主，其粪便中排出的卵囊会污染饲料、饮水或食具，成为人和动物的传染源。

2. 症状与病变　犬猫感染弓形虫多不表现症状。当感染严重时，表现中枢神经系统、视觉、呼吸、胃肠道症状。犬的症状类似犬瘟热，表现发热、厌食、精神萎靡、贫血、腹泻、早产、流产、运动共济失调等症状。猫表现发热、黄疸、呼吸急促、贫血、运动失调、肠梗阻、脑炎、早产、流产等症状。

3. 实验室诊断　犬猫弓形虫病的实验室诊断参考猪弓形虫病或牛羊弓形虫病的实验室诊断。对于猫，还可采集粪便查弓形虫的卵囊。

【防治】禁用生肉屑饲喂犬猫，防止猫进入畜舍。其他措施参考猪、牛、羊弓形虫病的防控。

三、犬巴贝斯虫病

犬巴贝斯虫病是由巴贝斯属（*Babesia*）的犬巴贝斯虫（*B. canis*）、吉氏巴贝斯虫（*B. gibsoni*）和韦氏巴贝斯虫（*B. vogeli*）寄生于犬红细胞内所引起的一种血液原虫病，以贫血、黄疸和血红蛋白尿为特征。

【诊断】

1. 流行病学　该病呈世界性分布，其流行与媒介蜱的分布和活动季节一致。吉氏巴贝斯虫在我国最常见，对良种犬，尤其是军犬、警犬和猎犬危害大。幼犬和成年犬对该病均易感。

2. 症状与病变　吉氏巴贝斯虫病常呈慢性经过，潜伏期 14～28d，病犬表现精神沉郁、不愿运动，运动时四肢无力，身躯摇晃；体温升高至 40～41℃，呈现不规则热型；出现渐进性贫血，可视黏膜苍白、黄染；尿呈黄色或暗紫色，有时有血红蛋白尿。

3. 实验室诊断　采集外周末梢血液制成血涂片，吉姆萨染色发现虫体确诊；也可采用 PCR 等分子生物学技术进行诊断。

【防治】治疗可选用贝尼尔、咪唑苯脲等特效药。预防关键在于防止蜱叮咬犬，尤其在户外活动时，注意观察和去除犬身上的蜱；引进犬应进行检查和药物预防；法国有商品化的疫苗，但我国尚未使用。

四、利什曼原虫病

利什曼原虫病是由利什曼原虫寄生于犬的网状内皮细胞内所引起的一种人兽共患原虫病。该病是犬临床较为常见的疫病，但猫少见。

【诊断】

1. 流行病学　本病是流行于人、犬及野生动物的重要人兽共患寄生虫病。利什曼原虫的传播媒介为吸血昆虫白蛉。犬是利什曼原虫的天然宿主，在流行区，感染犬是人利什曼原虫的感染来源。

2. 症状与病变　我国发现的犬利什曼原虫病均为全身感染，包括皮肤型和内脏型。犬内脏型利什曼原虫病早期一般无症状，患犬外观健康状况良好。皮肤损害和精神萎靡仅见于该病的晚期。死后剖检可见脾和淋巴结肿大。

3. 实验室诊断

（1）病原学检查　常用的方法有骨髓穿刺检查、皮肤活体检查、培养法和动物接种。

（2）免疫学检测　可采用 ELISA、间接荧光抗体技术、单克隆抗体-ELISA（McAb-ELISA）等检测循环抗体或循环抗原。

（3）PCR 检测　可利用 PCR 检测病变组织（淋巴结、脾脏、肝脏、骨髓等）中的病原 DNA。

【防治】犬猫治疗可试用葡萄糖酸锑钠。预防措施包括对疫区的犬猫进行严格的检疫和处理，通过化学药物、灯光诱杀等防蛉驱蛉措施杀灭和控制传播媒介。

第三单元 真菌病

一、皮肤真菌感染

皮肤真菌感染是由一些嗜毛发真菌引起的传染性皮肤病，又称癣病，主要侵害动物的毛发、表皮等，可感染人。引起犬猫皮肤癣病的主要是犬小孢子菌、石膏样小孢子菌、须癣毛癣菌和马拉色菌。其中，犬小孢子菌最为多见。

【诊断】

1. 流行病学 本病在温暖湿润的环境下多发，多发于幼龄动物，通过直接接触传播。

2. 症状 患病动物主要表现为患部扩散性掉毛，皮屑增多。有时伴有细菌感染，引起皮肤发红、脓疱、丘疹等，多发于犬猫耳面部、四肢、腹部等易抓挠区域，病变处呈扩散性脱毛趋势。

3. 实验室诊断

（1）伍德氏灯检查 伍德氏灯照射下，感染犬小孢子菌的部位会发出绿色荧光。

（2）皮肤样本检查 通过深层刮片或拔毛取皮肤真皮层样本，染色后在显微镜下观察真菌孢子或菌丝。

（3）体外分离培养 包括真菌培养和体外药敏试验，但是这些方法对环境要求严格，且操作极其烦琐。

【防治】

1. 预防 保证充足的营养摄入，保持皮肤干燥和清洁；患病动物需要隔离，污染的环境需要彻底清理消毒。

2. 治疗 脱毛部位较少时，仔细检查全身所有患病部位，涂抗真菌药。脱毛部位广泛时，全身剃毛，用含有抗真菌药的香波清洗全身，清理身上的皮屑和结痂。严重时可使用外用和内服药物同时治疗。常用药物为酮康唑、伊曲康唑、克霉唑和特比萘芬等。持续用药直至真菌检查结果为阴性。应注意真菌的治疗时间较长，治疗不彻底易复发。

二、组织胞浆菌病

组织胞浆菌病是荚膜组织胞浆菌（双相型真菌）感染所引起的人兽共患病，病菌在组织内为酵母型，在室温下为菌丝型。感染途径是动物吸入环境中的小分生孢子后，病原体被单核吞噬细胞吞噬，进入酵母期，之后通过动物血液和淋巴系统入侵全身。

【诊断】

1. 流行病学 荚膜组织胞浆菌呈世界性分布，通常存在于鸟类和蝙蝠的粪便污染的土壤中。马、犬、猫和鼠等皆可感染，但整体上该病较少发生。

2. 症状 组织胞浆菌病最常见的是亚临床感染、肺部感染和弥散性感染。当动物免疫力不足或者患有免疫抑制性疾病时更容易发生临床感染。大多数犬猫感染时出现发热、咳嗽、食欲不振、体重下降、精神沉郁、跛行、黄疸、呼吸困难和腹泻等非特异性症状，其中腹泻是最常见的症状。猫发病年龄主要在 4 岁以下，且猫患白血病时更易感染。骨髓感染的动物主要病变是骨溶解，可能会影响单肢或多肢。

3. 实验室诊断　根据病史和症状进行初诊，当犬猫发生久治不愈的慢性咳嗽或时好时坏的腹泻时应怀疑是组织胞浆菌病；荚膜组织胞浆菌素皮内注射试验有助于确诊；取痰液、血液或肿大的淋巴结涂片，染色后油镜观察，在单核细胞或中性粒细胞内发现多层卵形孢子即可确诊。

注意与结核病、细菌性肺部感染、病毒性肺部感染和其他真菌性肺部感染相鉴别。

【防治】

1. 预防　增强免疫力，避免接触可能污染的土壤。

2. 治疗　伊曲康唑是早期治疗的首选药物，整个治疗周期需要 2～3 个月，最好在症状消失后至少持续用药 1 个月，彻底杀灭真菌。

三、曲霉菌病

曲霉菌病是由曲霉菌属引起的人兽共患病。菌体呈丝状，在特定条件下具有极强的致病性。其中，黄曲霉菌及烟曲霉菌是主要致病菌。在犬猫中，主要发生黄曲霉毒素中毒和犬猫鼻曲霉菌病（该病主要由烟曲霉菌引起）。

【诊断】

1. 流行病学　曲霉菌广泛存在于自然界中，温度和湿度较高的环境非常适合霉菌生长。犬猫食用黄曲霉菌污染的食物而引发中毒；犬猫在生长过程中若长期使用抗生素、肾上腺皮质激素、免疫抑制剂等药物，或患有导致机体免疫力下降的疾病时，容易发生真菌感染，进而引发犬猫鼻曲霉菌病。

2. 症状　黄曲霉毒素中毒时，患病犬猫精神萎靡，食欲废绝，呼吸困难，呻吟，部分出现抽搐、转圈、角弓反张等神经症状。犬猫发生鼻曲霉菌病时，有大量浆液性鼻液，舔鼻次数显著增加，鼻部瘙痒严重、黄斑或结痂，甚至溃疡或脱落，面部变得敏感，产生不明原因的疼痛，食欲降低。

3. 实验室诊断　患病犬猫表现黄曲霉毒素中毒的临床特征时，可采用酶联免疫吸附试验（ELISA）对患病犬猫食物中的黄曲霉毒素含量进行测定。

患病犬猫表现鼻曲霉菌病的临床症状时，取鼻液进行药敏试验，可发现病菌对大量抗生素耐药；鼻腔镜检查可见黏膜溃疡和增生；鼻腔活组织采样，进行细胞学和病理学检查，并结合真菌培养进行综合诊断。主要与肿瘤、细菌感染和其他真菌性感染相鉴别。

【防治】

1. 预防　避免动物食用发霉食物，避免过量使用引起免疫力下降的药物。

2. 治疗　一般轻症只需要立即切断霉菌来源，增强营养支持即可康复；重症病例可饲喂制霉菌素、克霉唑、伊曲康唑、特比萘芬等抗真菌药，及时切断感染源，对症治疗。犬猫鼻曲霉菌病引起鼻腔严重损伤时应进行手术治疗。

四、念珠菌病

念珠菌病是指念珠菌感染皮肤、黏膜和内脏等引起的疾病，属于人兽共患病。

【诊断】

1. 流行病学　念珠菌病在犬猫中较少发生。念珠菌是栖息于黏膜上的正常双相型真菌，属于条件致病菌。当慢性创伤或潮湿引起皮肤损伤，有免疫抑制疾病或长期使用细胞毒性药物或广谱抗生素时，正常念珠菌快速增殖，可引起犬猫耳病、皮肤病、尿道感染等。

2. 症状　损伤涉及黏膜时，黏膜与皮肤结合部发生浅表溃疡，或出现单个或多个经久不愈的黏膜溃疡，上面覆盖灰白色斑点，边缘有红斑。损伤涉及表皮时，出现红斑、溃疡、潮湿有渗出、结痂、不愈性皮肤损伤。损伤涉及尿道时，可发生尿道炎或膀胱炎。

3. 实验室诊断

（1）*皮肤组织镜检*　浅表性皮炎，角质化不全或过度角质化，可见出芽的单细胞真菌，有时伴有角质层中的假菌丝或菌丝。

（2）*真菌培养*　因念珠菌是黏膜上的正常菌群，真菌培养阳性结果应结合组织学检查确认。

【治疗】对于局灶性皮肤损伤或黏膜与皮肤结合处的病灶，其周围区域应剃毛、清洁，并用收敛剂干燥，外用抗真菌药物直至损伤痊愈（需 1～4 周）。外用药物有制霉菌素、两性霉素、咪康唑、克霉唑、酮康唑。

对于口部、尿道及广泛性病损，应使用全身性抗真菌药物（至少 4 周），并在临床症状消失后持续用药至少 1 周。有效药物有酮康唑、伊曲康唑、氟康唑。

预后良好至一般，由是否能发现并纠正潜在因素决定。

第四单元　消化道疾病

第一节 上消化道疾病

一、口 炎

口炎又名口疮，是口腔黏膜的炎症。临床上以流涎、口腔黏膜潮红肿胀、拒食或厌食为特征。按照炎症的性质，口炎类型可分为卡他性口炎、水疱性口炎、溃疡性口炎和霉菌性口炎等。

引起犬、猫口炎的原因很多。卡他性口炎的常见原因是机械损伤，如粗硬、坚硬的食物，各种尖锐的物质（如骨刺、鱼刺、玻璃片、铁丝等）的刺激；其次是物理、化学性原因，如误食生石灰、强酸、强碱及某些消毒剂、防腐剂等。水疱性口炎常由于食入腐败变质食物、口腔创伤，以及缺乏B族维生素等因素引起，也可由卡他性口炎转化而来。溃疡性口炎主要是由于口腔不洁，细菌繁殖使黏膜糜烂。口炎还可由许多传染性病原微生物感染引起，如病毒、霉菌、念珠菌等。免疫缺陷性疾病（天疱疮、狼疮、猫白血病等）和内分泌系统疾病（糖尿病、肾上腺皮质机能亢进等）也可能引发犬、猫发生口炎。

【诊断】

1. 症状 卡他性口炎是口炎发生的初期病症；水疱性口炎病症是在口腔黏膜上出现大小不等的水疱，内含透明或黄色液体，常破溃后形成腐烂；溃疡性口炎病症是在口腔黏膜及齿龈上有糜烂、坏死或溃疡，口流灰色恶臭唾液，若并发败血症或者其他疾病，则预后不良；霉菌性口炎，在口腔黏膜上形成柔软、灰白色，稍隆起的斑点，口角流出浓稠的唾液，口腔黏膜上皮脱落，黏膜下充血。

诊断要点：多数患有口炎的犬猫表现出口腔黏膜红、肿、热、痛，敏感性增高，采食时小心咀嚼，以及拒绝检查口腔等。常有大量唾液流出，唾液黏稠混浊，同时伴有严重口臭或由疼痛引起厌食。

2. 实验室诊断 检查口腔可对该病做出诊断，口腔检查需要在动物麻醉的情况下进行。虽然口炎可通过大体观察病变做出诊断，但应找出潜在病因。病史调查、组织病理学检查和上下颌骨X线检查可作为本病的常规诊断方法。对许多病原微生物感染引起的口炎，可通过病原分离、鉴定来确诊。

【防治】

（1）*治疗* 本病的治疗原则为排除病因、对症治疗。首先排除病因，如拔除刺在黏膜上的异物，修整锐齿，停止口服有刺激性的药物。加强护理：给予液状食物，常饮清水，喂食后用清水冲洗口腔等。用消毒收敛剂冲洗口腔，可选用0.1%高锰酸钾、2%硼酸、3%双氧

水、1%～2%明矾、鞣酸、来苏儿等溶液。口腔黏膜或舌面有糜烂或溃疡时，在冲洗口腔后，用碘甘油或2%龙胆紫或1%磺胺甘油乳剂涂布创面，每日2～3次。彻底清洁牙齿和积极的抗菌治疗（可选用抗需氧菌和厌氧菌的抗生素，应用抗菌溶液清洁口腔，如氯己定）。

（2）预防　对食物要去除铁丝、铁钉及玻璃、砖瓦等锐利物质，防止锐物刺伤犬、猫的口腔。消除和杜绝各种对黏膜的机械性、物理性和化学性的刺激，在日常饲养中添加适量的B族维生素，可有效防止本病发生。

二、牙结石

牙结石又称牙石。犬、猫长期进食相对较软的食物，导致食物对牙齿的物理摩擦作用下降，引起黏性食物残渣附着，在微生物与唾液的长期作用下，钙化形成结石样物质覆盖在牙齿表面而形成牙结石。

犬、猫经常进食的食物软、稀、含糖量较高或含纤维素量少，这种食物的残渣极易黏在牙齿表面，若未及时清除这些食物残渣，长时间就会形成牙菌斑，进而形成牙结石。牙结石的主要成分为磷酸钙。

【诊断】

1. 症状　牙结石一般呈淡黄色、棕色或深褐色，会引起口臭、流涎、牙龈发炎、牙龈出血、牙周感染、牙龈萎缩、咀嚼力下降等。如仍不进行及时治疗，会引起牙齿松动，甚至导致牙齿脱落，严重时表现为食欲减退，甚至停止进食，出现消瘦、营养不良等症状。口腔内会有大量的有害细菌随着全身血液循环进入心、肝、肾脏，还有可能引起消化道、心血管疾病和糖尿病。

2. 实验室诊断　牙结石一般通过视诊，同时配合牙科探针、牙科镜检查即可确诊。

【防治】

（1）*治疗*　牙结石的治疗主要有器械洁牙与超声洁牙两种方法。①洁牙前应对动物实行麻醉，首选气体麻醉，也可使用药物肌内注射麻醉，配合气管插管，以防异物的误吸且方便急救。②动物侧卧保定，保持头低位，使用拔牙钳、止血钳将大块坚硬牙石夹碎移除，使用齿刮刀对牙齿表面进行细致刮磨，除去小的附着物。在洁牙的过程中应使用0.05%氯己定进行冲洗。超声洁牙的过程与器械洁牙基本相似，操作时器械不能长时间接触齿龈，避免齿龈损伤。当一侧齿弓洁牙完毕时，动物换侧保定，进行另一侧的洁牙操作。在进行洁牙的过程中拔除松动严重的牙齿，可配合使用少量碘甘油进行消毒。在洁牙之后，使用专用牙齿研磨膏对齿面进行研磨抛光处理，以延缓结石的复发时间。③在解除麻醉前，仔细清理动物口腔内残留的结石残渣或拔除的牙齿。对于牙周炎较重的应用阿莫西林配合甲硝唑口服。

（2）预防　日常饲喂应避免单一食用精细肉类，可配少量粗糙食物，以增加对牙齿表面的摩擦清洁；定期刷牙。

三、齿龈炎

齿龈炎

齿龈炎是齿龈的急性或慢性炎症，临床上主要以齿龈的充血和肿胀为特征。主要由局部刺激或口腔其他部位的感染蔓延所致，常见的局部因素有牙菌斑、牙结石、牙齿畸形、牙齿破裂和局部刺激，还可继发于传染病（如犬瘟热、钩端螺旋体病）及全身性疾病（如内分泌紊乱、B族维生素或维生素C缺乏、营养障碍）等。猫常因某些引起免疫抑制的疾病如白血病、免疫缺陷症而导致严重的齿龈炎。

【诊断】

1. 症状 单纯性齿龈炎时，出血肿胀仅发生于齿龈边缘，质脆易出血。若病情进一步发展，则肿胀加剧，齿龈下形成溃疡，最后齿龈萎缩，齿根露出大半，并可发展成牙周炎，破坏颌骨内牙的支持结构。若并发口炎时，则疼痛明显，采食和咀嚼困难，大量流涎。

2. 实验室诊断 一般视诊看到动物齿龈黏膜红、肿、出血即可确诊，严重时大量流涎，采食困难，咀嚼困难。

【防治】

（1）*治疗* 用生理盐水等清洗齿龈局部，再涂以复方碘甘油、抗生素或磺胺类制剂。若存在牙菌斑和牙结石时要进行洁牙，有全身症状的病例，还应用抗生素和糖皮质激素肌内注射。

（2）预防 定期刷牙，预防牙结石和龋齿，在一定程度上可预防本病的发生。同时要注意补充维生素，减少食用过硬或过软的食物。

四、牙周炎

牙周炎又称牙周病、牙槽脓溢，是牙齿周围的支持组织、牙周组织（包括齿龈、釉质、牙周韧带和齿槽骨）的一种炎症反应。临床上以进食疼痛、牙龈出血、牙周袋和牙周溢脓、牙齿松动为特征。

齿龈炎没有得到及时治疗，以及牙菌斑、牙结石、咬合创伤等都会引起牙周炎。另外，低钙饮食和全身性疾病（如糖尿病、甲状旁腺机能亢进和慢性肾炎）都可导致本病的发生。

【诊断】口臭，流涎，一般视诊看到齿龈红肿、变软、萎缩，牙根暴露，牙齿松动，齿龈处可见脓性分泌物，或挤压齿龈流出脓性分泌物可确诊。

【防治】

（1）*治疗* 全身麻醉并洁牙，拔除松动的牙齿。可用盐水冲洗齿龈，涂碘酊或0.2%氧化锌溶液。甲硝唑与复方新诺明同时口服，效果良好。若齿龈增生肥大，可采用电烧烙法除去过多的组织。手术后，全身用抗生素、复合维生素B、烟酸等，数日内供给流质食物或柔软的食物，直至齿龈痊愈。

（2）预防 要经常进行口腔检查，定期刷牙。饲喂固体食物，定期给予大骨头或大咬胶，以锻炼牙齿和齿龈。

五、唾液腺及其导管损伤

唾液腺又称涎腺，有大小两种。大的有3对，分别是腮腺、颌下腺和舌下腺，各有导管开口于口腔；小的分布于唇、舌 、颊、腭等部位的黏膜固有层和黏膜下层内。唾液腺及其导管损伤是指唾液腺及其导管由于外力因素或者其他疾病继发导致的唾液腺及其导管产生局部功能障碍及全身炎症反应。动物之间的咬伤、外伤、草刺儿或鱼钩等异物刺激可导致损伤。咽炎、舌炎、口炎等也可继发本病。

【诊断】

1. 症状 感染初期体温升高，颌部活动疼痛。动物常表现流涎、不食和吞咽困难。感染的腺体发生弥漫性或局部性肿胀，严重时脓肿破溃流出脓汁，甚至形成瘘管。耳根部及下颌水肿。腮腺感染时，眼睑肿胀，眼球突出，同侧臼齿侧面的口腔黏膜发炎、肿胀。动物头部僵直，拒绝触摸。

2. 实验室诊断　根据触诊和视诊可做出初步诊断。

【治疗】治疗早期宜消除或缓解炎症，全身给予抗生素。去除异物，若有脓肿形成，可切开脓肿，冲洗脓腔。

六、咽　　炎

咽炎是咽黏膜发炎或者深层组织的一种炎症。临床上，特征症状为流口水、吞咽困难、咽部肿胀敏感等。主要由于机械、化学刺激所致，如吞食过冷或过热的食物，或因异物（鱼刺、骨、刺）刺激损伤咽部黏膜而引起。咽炎多继发于口腔感染、扁桃体炎、鼻腔感染、流感、犬瘟热、传染性肝炎等。

【诊断】

1. 症状　初期采食缓慢，后期采食困难或无食欲。常有空口吞咽、流涎、呕吐和咽部黏膜充血等症状。若疼痛严重，动物拒绝饮水。咽部触诊，敏感性增加，表现躲闪、摇头、抗拒或恐惧。有的患病动物会出现全身症状，乏力，拒食，并发喉炎，频发咳嗽，有时体温升高。咽黏膜充血、肿胀，有点状或条状出血斑，黏膜脱落部位出现红斑。转为慢性时，黏膜苍白，变厚或形成褶皱。下颌淋巴结、咽淋巴结肿胀。

2. 实验室诊断　咽炎多呈急性经过，无并发症时，根据吞咽障碍、咽部肿胀及触压敏感，可以确诊。

【治疗】加强护理，消除炎症是本病的主要治疗原则。对轻症病例，可给予流质食物，并勤饮水。对重症病例，应禁食，静脉补充液体和能量，或行营养灌肠，禁用胃管经口投药。为消除炎症，可用2%～3%的硼酸液蒸汽吸入，配合抗生素或磺胺类药物治疗。

七、扁桃体炎

扁桃体炎是指扁桃体的急性或慢性炎症。扁桃体是咽的淋巴器官，犬的扁桃体表面平滑并形成隐窝。扁桃体炎多见于犬，猫少见。许多物理性和生物性因素，如异物刺激、过热的食物刺激、某些细菌和病毒感染等均可引起本病。此外，邻近器官炎症蔓延也可引起。

【诊断】

1. 症状　急性扁桃体炎，病初表现体温升高，精神不振，厌食，流涎，吞咽困难。常有短、弱的咳嗽，继之呕出或排出少量黏液。打开口腔可见扁桃体表面潮红肿胀，有黏液性渗出物包绕在扁桃体周围。严重时，扁桃体可发生水肿，呈鲜红色并有小的坏死灶或化脓灶，扁桃体由隐窝向外突出。慢性扁桃体炎多由急性炎症反复发作所致。扁桃体表面失去光泽，呈泥样，隐窝上皮组织增生，呈轻度肿胀。

2. 实验室诊断　根据视诊口腔结合临床症状可以确诊。

【防治】

（1）*治疗*　以对因治疗、抗菌消炎为治疗原则。肌内注射青霉素80万U/次，每日2次；局部涂抹2%碘甘油；对采食困难的病犬，可适量静脉滴注5%葡萄糖生理盐水溶液，进行补液；肌内注射复合维生素B和维生素C，各2mL，每日1～2次。

(2) 预防 尽可能避免口腔投药，减少刺激；对反复发作扁桃体炎的犬、猫，在炎症缓和期可施扁桃体摘除术。

八、食 道 炎

食道炎是食道黏膜的表层及深层的炎症。临床上以流涎、呕吐、食道触诊敏感等为特征。可分为原发性食道炎和继发性食道炎。原发性食道炎主要是由于机械性、化学性和温热刺激损伤食道黏膜。继发性食道炎可见于咽或胃黏膜炎症的蔓延，亦可见于食道梗塞、食道痉挛、食道狭窄等使食物滞留于食道的疾病，继发食道炎。使用肌肉松弛类药物、食道周围肿瘤和淤血，以及感染寄生虫等均可导致食道炎。

【诊断】

1. 症状 初期食欲不振，很快表现吞咽困难、大量流涎和呕吐。若犬、猫食道有广泛性坏死性病变可发生剧烈的干呕或呕吐。常拒食或吞咽后不久即发生饮食反流。急性食道炎的病例，由于胃液逆流发出异常呼噜音，口角黏着丝状液体。急性病例严重吞咽困难时，呈食道梗阻样反应。

2. 实验室诊断 轻症者，采食变化不大。重症者，因食道疼痛，吞咽时伸颈抬头，有时食物、唾液、饮水从鼻孔流出，大量流涎和呕吐；触诊食道敏感，常有逆呕动作，有时在呕吐物中混有血液、黏液和伪膜。X线检查不易发现，仅可见胸部食道末端的阴影增粗和部分食道内有气体滞留等。食道造影可发现急性期食道黏膜面不规则，有带状阴影和一过性痉挛。用食道内窥镜可以直接观察食道壁，并可正确判断病变类型及程度。

【治疗】首先，应除去刺激食道黏膜的因素。误食腐蚀性物质和胃液逆流等引起急性炎症时，为缓解疼痛，可口服利多卡因等局部麻醉药；同时，用抗生素水溶液反复冲洗。同时，结合全身抗感染治疗。大量流涎时，硫酸阿托品每千克体重 0.05mg 皮下注射。对有采食能力的犬、猫，应给予柔软而无刺激性的食物。注意要少食多餐。

九、食道阻塞

食道阻塞是指食道被食物团或异物阻塞。临床上，以突然发病和咽下障碍为特征。异物阻塞可分为完全阻塞和不完全阻塞。饲料块（骨块、软骨块、肉块）、混在饲料中的异物（鱼刺）、由于嬉戏而误咽的物品（手套、木球）等，都可使动物发生食道阻塞。饥饿过甚、采食过急或采食中受到惊扰，突然仰头吞咽是发生食道阻塞的常见原因。

【诊断】

1. 症状 不完全阻塞，动物见有不明显的骚动不安、呕吐和哽咽动作，摄食缓慢，吞咽小心，仅液体能通过食道入胃，固体食物则往往被呕吐出，有疼痛表现。完全阻塞及被尖锐或穿孔性异物阻塞时，患病动物则完全拒食，高度不安，头颈伸直，大量流涎，出现哽咽和呕吐动作，吐出带泡沫的黏液和血液，常用四肢搔抓颈部，头部水肿。呕吐物流进气管时，可刺激上呼吸道出现咳嗽。锐利异物可造成食道壁裂伤。梗阻时间长的，因压迫食道壁致其坏死和穿孔时，病犬呈现急性症状，高热，伴发局限性纵隔窦炎、胸膜炎、脓胸、脓气胸等，转归多死亡。

2. 实验室诊断 根据病史和突然发病的特征症状，结合投胃管插至阻塞部不能前进或有阻碍感，可做出初步诊断。颈部食道阻塞时，可通过触诊感知。进一步确诊可通过X线检查：通过投入硫酸钡摄影，可确定阻塞物的性质、形状和位置。

【治疗】先用催吐剂阿扑吗啡 3mg 皮下注射，或行全身麻醉后，在食道内窥镜观察下，取出异物。当阻塞部接近咽喉，且阻塞物比较圆滑时，可用手在颈部将异物向头侧捏挤，将阻塞物经咽部推出。胸部食道内异物经口排除较困难，可行剖腹手术从胃侧牵引摘除。严重衰竭、脱水且食道穿孔的犬，尤其异物压迫食道壁疑似坏死而又无法引出且危及生命时，要实施食道切开术。食道梗阻时间长时，会引起并发症，必须局部与全身大量应用抗生素。

十、食道扩张

食道扩张是指食道管腔的直径增加，可发生于食道全部，或仅发生于食道的某一段。临床上以吞咽困难、食物返流等为特征。食道扩张有先天性和后天性之分。先天性食道扩张是遗传性疾病。后天性食道扩张可发生于任何年龄的犬、猫。大多数病例的原发原因，目前尚不清楚。由于食道运动性减弱而造成的食道扩张，可见于影响骨骼肌的某些全身性疾病，如重症肌无力、甲状腺机能低下、肾上腺皮质机能低下等，也可由于肿瘤、外伤等引起。

【诊断】

1. 症状　临床特征是吞咽困难、食物返流和进行性消瘦。病初，在吞咽后立即发生食物返流。以后随着病情发展，食道扩张加剧，食物返流延迟。有先天性食道扩张的幼犬和幼猫，在哺乳期进食完全正常，在饮食变为固体食物时，才开始发生呕吐。由于食物滞留在扩张的食道内发酵，可产生口臭，并且能引起食道炎或咽炎。动物死亡通常是由于吸入性肺炎及恶病质所致。

2. 实验室诊断　若经常发生食物返流，可怀疑本病。胸部 X 线检查，发现食道扩张。如使用造影剂，可显示食道扩张的程度和病变范围，并有助于排除气管环异常，或发现导致异常的原因。

【治疗】对先天性食道扩张，可对动物进行特殊饲喂，即将动物提起来饲喂。这对早期病例可使其症状自然消失。有人认为，先天性食道扩张是由于食道的神经发育迟缓所致。当将动物提起来饲喂时，食道所受压力较小，不至于发生扩张。提起来饲喂应一直持续到神经机能正常、发育完善为止。诊断治疗越早，预后越好。若至幼犬猫 5～6 月龄时才做出诊断，则预后不良。

后天性食道扩张，如能查出原发病因进行治疗，一般可以消除。但继发于全身疾病的食道扩张，治疗效果不理想。某些病例可行食道肌切开术。给予半流质饮食，实行少量多餐。或将食物置于高于动物的头部处，使其站立吃食，借助于重力作用使食物进入胃内。还可以用复合维生素 B 进行支持疗法。

第二节　胃肠疾病

一、胃内异物

胃内异物指胃内长期滞留异物，既不能被胃液消化，又不易通过呕吐或肠道排出体外，致使胃黏膜遭受损伤，影响胃的消化功能。轻者引起胃炎，严重时还能引起胃穿孔，继发腹膜炎。常见病因有：幼年或成年犬猫在嬉戏、训练时误吞食各种异物，如骨骼、鱼刺、橡皮球、石头、破布、线团、针、钱币、软木塞、玻璃球、绳索、果核、小气球和鱼钩等。此外，犬猫患有某种疾病时，如狂犬病、胰腺疾病、寄生虫病、营养不良、维生素缺乏症或矿物质不足等，常伴有异嗜现象，甚至个别犬生来就有吞食石块的恶习。

【诊断】

1. 症状　病初食欲不振，采食后出现呕吐，精神沉郁，痛苦不安、呻吟，经常改变躺卧地点和位置。时间长则消瘦，体重减轻。触诊胃部敏感，有时在肋下部摸到胃内的异物。

胃内存有异物的动物，根据异物的不同，在临床症状上有较大差异。有的胃内虽有异物，但不表现临床症状，长期不易被发现。此种患病犬在采食固体食物时，有间断性呕吐史，呈进行性消瘦。胃内存有大而硬的异物时，能使动物呈现胃炎症状。尖锐或具有刺激性的异物伤及胃黏膜时，可引起出血或胃穿孔，但此种情况较为少见。

2. 实验室诊断　可根据病史和临床检查，做出初步诊断。小型犬猫腹壁较柔软，胃内有较大异物时，用手触诊可觉察。应用X线摄片可以帮助诊断，必要时投服造影剂，查明异物的大小和性质。

【防治】

(1) 治疗　保守疗法：灌服油类缓泻剂，如液状石蜡或植物油每次5～50mL。可使用催吐剂，0.5%硫酸铜液10～50mL灌服；阿扑吗啡每千克体重40～80mg，肌内或皮下注射。如果胃内有钉、针、鱼钩、别针等小而尖锐的异物时，可投服脱脂棉球（装入胶囊）、小肉块、制成球状的浸牛奶的面包、甲基纤维素、琼脂化合物等，促使异物经肠道排出。如果异物比较大，应用以上方法不能将异物吐出或排出时，应采用手术的方法，将胃壁切开取出异物。

(2) 预防　平时饲喂时，应给予适量的维生素及微量元素，训练与嬉戏时要注意防止误食。

二、胃　　炎

胃炎是胃黏膜的急性或慢性炎症，以呕吐、胃压痛及脱水为特征。胃炎可分为急性胃炎和慢性胃炎两种。临床上以急性胃炎多见，慢性胃炎多见于老龄动物或急性胃炎未能及时治疗发展而来。外源性因素有采食腐败变质的食物、异物机械刺激、服用或误食某些药物和化学物质等；内源性因素有细菌感染、病毒感染、寄生虫感染等；全身性疾病和过敏反应，如尿毒症、肝病、急性胰腺炎、肾炎、休克、脓毒症，甚至应激反应，都可以成为胃炎的发病原因。中枢神经机能失调，影响胃的功能，可能与本病有关。急性炎症因素的长期刺激、胃酸缺乏、营养不足、内分泌机能障碍等，也可引起本病。

【诊断】

1. 症状　经常性急性呕吐、精神沉郁和腹痛是急性胃炎的主要症状。动物拒食，饮水后即发生呕吐。常因腹痛而表现不安，腹部紧张，抗拒触诊前腹部，前肢向前伸展，伏卧于冰凉的地面上。若持续呕吐，则出现脱水、消瘦、电解质紊乱和碱中毒等症状。慢性胃炎主要表现为间歇性呕吐，呕吐物常混有少量血液。患病动物食欲不振，逐渐消瘦，轻度贫血，最后发展为恶病质状态。

2. 实验室诊断　精神沉郁、呕吐和腹痛是本病的主要症状。检查口腔时，常可看到黄白色舌苔和闻到臭味。根据病史、临床症状可初步建立诊断。单纯性胃炎，特别是急性胃炎，一般经对症治疗多可奏效，可作为治疗性诊断。内窥镜检查胃黏膜的变化（充血、肿胀，表面附有黏液或黏膜皱缩、增厚等），即可确诊。胃液检查胃酸减少或缺乏，胃液中含有上皮细胞、白细胞、黏液及细菌是慢性胃炎的特点。临床上，注意与胃内异物、急性胰腺炎鉴别。

【防治】

（1）治疗　以除去病因，保护胃黏膜，止吐，纠正脱水、电解质及酸碱平衡紊乱为治疗原则。适时止吐止泻，清理胃肠内容物，限制饮食，禁食24h以上；少量多次给予饮水，饲喂高糖低脂低蛋白等易消化的流质食物，应少食多餐；对于持久性、顽固性呕吐应镇静止吐；防止机体脱水并维持酸碱平衡。当细菌、病毒感染或继发肠炎时，可选用抗生素和抗病毒药物。必要时肌内注射2～10mg地塞米松，以增强机体抗炎、抗毒素作用。对严重病例，如胃出血或溃疡病例，应用维生素C或止血敏等止血药。

（2）预防　避免摄入腐败变质或难消化的食物；按时接种疫苗，定期驱虫。

三、胃扩张-扭转综合征

胃扩张-胃扭转综合征是一种急性的威胁生命的疾病，其临床特征为胃变位、胃内气体快速积聚、胃内压增加和休克等。胃扭转为一种胃幽门和贲门呈纵轴从右向左顺时针扭转，挤压于肝脏、食道的末端和胃底之间，导致胃内容物不能后送的疾病。胃扭转之后很快发生胃扩张。本病多发于大型犬及胸部狭长品种的犬，雄犬比雌犬发病率高。猫较少发生。病因有食道疾病、胃部韧带松弛、暴饮暴食、进食后运动、胃内气体过量积聚、嗳气功能减弱、贲门功能异常、食道松弛等。

【诊断】

1. 症状　突然表现腹痛，躺卧于地上，流涎，或口吐白沫。由于胃扭转，胃贲门和幽门部闭塞，而发生急性胃扩张，表现腹围增大。腹部叩诊呈鼓音或金属音。腹部触诊，可摸到球状囊袋，急剧冲击胃下部，可听到拍水音。病犬表现脱水，呼吸困难，呼吸急促、浅表，脉搏频数。结膜、口色淡白或发绀，黏膜再充血时间延长。多于24～48h内死亡。

2. 实验室诊断　主要根据临床症状、X线检查或胃导管检查来确诊。注意与单纯性胃扩张、肠扭转及脾扭转相鉴别，通常以插胃导管来区分。单纯性胃扩张，胃导管插到胃内，腹部胀满可以减轻；胃扭转时，胃导管插不到胃内，因而不能减轻腹部胀满；肠扭转及脾扭转时，胃导管插到胃内，但腹部膨胀仍不能减轻，且即使胃内潴留的气体消失，动物仍逐渐衰弱。

【治疗】对胃导管难插至胃或能插入胃导管症状仍不能缓解的动物，应尽早进行剖腹手术，整复和使胃排空，同时应纠正低血容量、抗休克。为避免复发，可进行胃壁固定术。固定部位在距幽门3～5cm胃大弯处，将浆膜肌层和正常腹壁的投影位置进行固定，用丝线将浆膜肌层和腹壁的肌肉扣状或结节缝合固定2～3针。因为胃扭转必然继发脾扭转，所以在胃扭转整复后，应检查脾脏损伤情况，若脾脏出现坏死，必须进行脾摘除术。

四、胃溃疡

胃溃疡是指发生在胃角、胃窦、贲门和裂孔疝等部位的溃疡，是消化性溃疡的一种。临床上主要以精神沉郁、食欲下降、干呕、呕吐为特征，呕吐物可能带血或呈褐色，患病动物可能排出成形的粪便，也可能排出软便甚至稀便，严重的胃溃疡可能导致粪便呈黑色，伴有腥臭味。胃溃疡可由摄入腐蚀性物质或异物、刺激性药物、压力、休克、过敏、感染、癌症、胰腺炎、炎症性肠病、阿狄森氏病、肝脏疾病和肾衰竭等因素造成。当胃的局部血液循环障碍致酸性胃液不能被碱性肠液所中和，局部黏膜被胃酸和胃蛋白酶自体消化时，形成溃疡。临床常见于投服过量的阿司匹林、铅、糖皮质激素类药物，或慢性尿毒症、肝脏疾病等。另外，应激因素与消化性溃疡的发生有密切关系。

【诊断】

1. 症状 动物表现为慢性顽固性呕吐，呕吐时间长，呕吐物中有血，并伴有血便。腹部有压痛，食欲不振，体重减轻。呕吐常发生于采食后。动物可出现贫血，可视黏膜苍白。排出粪便呈深黑色。同时出现脱水，烦渴，频频饮水。溃疡易造成胃肠穿孔，可导致急性腹膜炎而休克死亡。

2. 实验室诊断 临床上呕吐物呈黑褐色，排出煤焦油样便，提示出血性胃溃疡。确诊需要进行X线检查和内窥镜检查，必要时进行活体病理组织学检查。

【治疗】消除病因，保护胃肠黏膜，促进胃黏膜的修复；加强饲养管理，喂给柔软易消化而无刺激的食物；应用抗酸剂保护胃黏膜，减少对胃黏膜的刺激。若用药物无效时，可施行部分胃切除手术，以切除溃疡病灶。

五、幽门狭窄

幽门狭窄是指幽门括约肌肥厚所致的幽门口狭窄，以持续性呕吐为特征。根据发生原因，本病可分为先天性狭窄和后天性狭窄两种。先天性幽门狭窄是由于幽门括约肌先天性增生，或因胃和十二指肠韧带异常发达所致。后天性幽门狭窄常见于幽门炎症、溃疡、肿瘤、胰腺脓肿等疾病，也继发于幽门痉挛、肌变性及胃泌素分泌过多。

【诊断】

1. 症状 先天性幽门狭窄腹部膨大，有食欲，但生长迟缓。一般在离乳期饲喂固形饲料时表现喷射性呕吐，呕吐发生于食后24h内，呕吐物不含胆汁。当饮水或喂食流食时，呕吐不明显。动物持续呕吐，丧失胃液，影响电解质平衡，伴发脱水和代谢性碱中毒，且逐渐衰竭。数日内不排便，或排量少而坚硬。哺乳后可见胃蠕动波。触诊腹部可触及硬块，最后多因异物性肺炎而死亡。后天性幽门狭窄患犬，表现为初期定期呕吐，逐渐转为食后喷射性呕吐，呕吐时间不定。

2. 实验室诊断 患犬以持续性呕吐为特征，根据临床症状及X线检查，可以确诊，但要注意与幽门痉挛相鉴别。X线造影做胃内容物排空时间测定（GET），正常情况下，胃内容物排空时间为60min，如内容物停滞5h以上，可考虑幽门狭窄和幽门痉挛。

【治疗】本病的根本疗法是手术切开幽门肌。保守疗法是采食前20～30min，投予阿托品每千克体重0.05～0.1mg，或食前约30min给予氯丙嗪每千克体重1～2mg。少食多餐也可缓解症状。

六、肠　炎

肠炎是肠黏膜的急性或慢性炎症。临床上以食欲废绝、呕吐、腹痛、腹泻及自体中毒体征为特征。

肠炎按其病因分为原发性和继发性两种类型。原发性肠炎主要是由于采食腐败变质的食

物及病原微生物所污染的食物、饮水，或者误食异物等；饲喂大量难消化的食物后也常发生本病；某些特异性食物的过敏反应常导致急性肠炎；长期使用抗生素引起肠道菌群紊乱常呈现慢性肠炎。继发性肠炎常见于某些传染病：①如病毒性肠炎，如细小病毒病、冠状病毒感染等；②细菌性肠炎，如沙门氏菌、大肠杆菌、变形杆菌和弧菌感染等；③寄生虫性肠炎，如绦虫、蛔虫、弓形虫、钩虫、球虫等感染。另外，饲养管理不当、营养不良、过度疲劳、感冒等因素也可继发本病。

【诊断】

1. 症状与病变　急性肠炎的主要症状是腹泻、腹痛、呕吐、发热和毒血症。病初，主要表现消化不良及粪便带有黏液。当炎症波及黏膜下层组织时，动物呈现持续而剧烈腹痛、腹壁紧张，触诊敏感或抗拒腹检，经常伏卧于凉的地面或以肘及胸骨支于地面，后躯高起，呈“祈祷”姿势，食欲废绝。

慢性肠炎，病变和症状都较急性轻微。由于反复腹泻，动物脱水、消瘦、营养不良，或者腹泻与便秘交替出现，其他症状不明显。病理变化轻者，肠黏膜轻度充血和水肿；严重的呈现广泛性肠坏死，肝、肾实质脏器变性等。

2. 实验室诊断　根据病史和症状易于诊断，但查清病因必须进行实验室检验。例如，检验粪便中寄生虫卵或培养分离病原菌，也可进行内窥镜检查，确定病变类型和范围。

【防治】

（1）*治疗*　治疗原则为抗菌消炎、缓泻止泻、强心补液、防止自体中毒。病原学治疗：病毒性肠炎可采用抗血清治疗，寄生虫性肠炎以驱虫为主，细菌性肠炎选用有效抗菌药物，如庆大霉素、氟苯尼考、氟喹诺酮类、磺胺类等。对症治疗：禁食，补充液体及纠正电解质和酸中毒。呕吐严重时应止吐，可选用胃复安、山莨菪碱、维生素C等。出血，用止血剂。后期应用健胃剂，如胃蛋白酶、乳酸菌素片等。减少肠道蠕动和止泻。可少量应用阿托品、颠茄、溴丙胺太林以减轻肠道蠕动，可止痛及止泻；也可应用氯丙嗪，有镇静作用，并可抑制肠毒素引起的肠黏膜过度分泌，使大便次数及便量减少。

（2）*预防*　不要饲喂腐败变质的食物，做好水源保护、饮水管理和消毒。

七、嗜酸性粒细胞性肠炎

嗜酸性粒细胞性肠炎是一种以周围血嗜酸性粒细胞增多为特征的肠道疾病，肠道有不同程度的嗜酸性粒细胞浸润，病因不明确，与过敏反应、免疫功能障碍有关。

【诊断】

1. 症状　主要表现为上腹部痉挛性疼痛，伴恶性、呕吐、发热，发作无明显规律性，可能与某些食物有关，用抗酸解痉剂不能缓解，但可自行缓解。

2. 实验室诊断　X线钡餐检查正常或显示黏膜水肿。内镜检查可见黏膜充血、水肿或糜烂。活检有嗜酸性粒细胞浸润。

【治疗】本病的治疗原则是去除过敏原、抑制变态反应和稳定肥大细胞，达到缓解症状、清除病变的目的。糖皮质激素对本病有良好疗效，多数病例在用药后1～2周内症状改善，表现为腹部痉挛性疼痛迅速消除，腹泻减轻和消失，外周血嗜酸性粒细胞降至正常水平。

八、肠套叠

肠套叠是一段肠管套入其相连的肠管腔内。临床上以腹痛、血便、腹部肿块为特征。按照发生部位大致可分为回盲部套叠（回肠套入结肠）、小肠套叠（小肠套入小肠）与结肠套叠（结肠套入结肠）等，其中回盲部套叠最为常见。犬猫等肉食类动物，由于生理解剖学特点，在兽医临床上肠套叠现象比较常见，多数继发于急性肠炎或寄生虫病。

【诊断】

1. 症状 多数表现为突然发作剧烈的阵发性腹痛、不安、不停回头顾腹、卧地翻滚、持续性呕吐和排果酱样血便。动物拒食、迅速消瘦、精神沉郁。腹痛初期，动物腹部僵硬，对触诊腹部抗拒。肠套叠靠近胃时，呕吐为早期症状。初期呕吐物中含有肠内容物和胆汁。持续性呕吐导致机体脱水、电解质紊乱和伴发碱中毒，晚期发生尿毒症，最终虚脱、休克而死亡。慢性复发性肠套叠，其发生原因常与肠息肉、肿瘤等病变有关。症状较轻时，可表现为阵发性腹痛，动物逐渐消瘦、体重下降、粪便稀薄呈黑色或略带血丝，并有腹泻久治不愈史。因为有的慢性复发性肠套叠可自行复位，所以发作过后检查常为阴性。

2. 实验室诊断 腹部检查：可在腹部触及腊肠形、表面光滑、稍可活动、具有一定压痛的肿块，常位于右前腹，而右后腹触诊有空虚感。在有条件时可行空气和钡剂灌肠 X 线检查，见空气或钡剂在结肠部位受阻，阻断钡影呈“杯口状”，甚至“弹簧状”阴影。在 X 线照片上见到光密度增加的“香肠状”物体，还可见到由于稀薄气体使套叠肠管形成分层的图像。

【治疗】确诊后应立即进行治疗。对于犬猫肠套叠，早期可行灌肠复位术，是采用空气或氧气、钡剂灌肠复位，疗效理想。一般空气压力先用 8.0kPa（60mmHg）经肛管灌入结肠内，在 X 线透视下再次明确诊断后，继续注气加压至 10.7kPa（80mmHg）左右，直至套叠复位。

肠套叠晚期可采用手术复位：剖腹后，可先在腹腔内，捏住套叠部外层的末端肠管，轻柔挤压，将套入其内的肠管挤出。不要用手牵拉，以免肠管撕裂，如不能挤出时，握住套叠部一侧的健康肠管，将套叠部轻轻引出腹腔外。继而用温生理盐水纱布裹敷，促进血液循环，缓解局部水肿后，再行挤压复位。若套入部因淤血、水肿仍不能挤出时，可在套叠部两层之间注入甘油后再行整复。在手术不能复位而肠管又尚未坏死时，可采取肠侧壁切开术；对肠壁损伤严重或已有肠坏死的动物，可行一期肠切除吻合术。

九、肠梗阻

肠梗阻是肠腔的物理性或机能性阻塞，使肠内容物不能顺利下行，临床上以剧烈腹痛、持续性呕吐及明显的全身症状为特征。该病引起水、电解质平衡失调，酸碱平衡紊乱，肠内毒素的集聚，严重的还可能导致休克。

吞食异物、粪结造成的肠梗阻较为常见，而炎症、肠痉挛等诱发的肠套叠作为肠梗阻的一种，对犬、猫的健康也构成了较大危害。

肠梗阻可分为机械性肠梗阻和功能性肠梗阻。机械性肠梗阻是由于肠管本身、肠腔内外等原因引起肠腔狭窄，影响肠内容物通过所致。功能性肠梗阻是指肠腔没有器质性狭小，而是由于肠壁肌肉运动紊乱而影响肠内容物的顺利通过。

【诊断】

1. 症状　患病动物多表现为精神沉郁，呕吐，排便困难，腹痛，多见呻吟，有的病例可见口腔黏膜潮红，脱水。触诊腹部，十分敏感，硬物梗阻（如石头、果壳）时可感知硬物及梗阻部位，软物（如袜子、塑料袋）梗阻时通过触诊较难确诊。触压时，患病动物疼痛不安，骚动咬人，抗拒触诊。

2. 实验室诊断　影像学诊断：B超检查影像为同心圆者，为肠套叠的典型影像。X线检查对肠梗阻的诊断最为有效，必要时可配合钡餐灌肠造影，对异物梗阻、粪结和肠套叠都有良好的诊断效果。通常需要侧位片、正位片各一张。

【防治】基本原则是除去梗阻原因，调节肠功能失常和全身代谢紊乱。采用保守治疗方法不奏效或病情加重时，需考虑手术治疗。对于暂时不能确诊的病例，应先对症治疗，控制病情。

（1）治疗　保守疗法和手术疗法。对于不完全阻塞采用保守疗法，此法适用于单纯性机械性肠梗阻，如蛔虫阻塞、粪块阻塞，早期肠套叠等。对于粪结性阻塞，先灌服6%～8%硫酸镁或硫酸钠溶液30～50mL或植物油10～30mL，配合腹部按摩或直接将阻塞物压碎，促使内容物排出。也可投服泻剂，促进粪便排出，常用的药物有番泻叶、大黄片、鸡内金等。如阻塞发生于肠管后段，可用大量液状石蜡进行深部灌肠；同时进行输液、消炎、补充营养、纠正酸碱平衡等支持疗法。保守疗法治疗无效时，应尽早进行手术治疗。术部消毒，做腹中线切口；将病变肠管拉出创口外，用敷料隔离，在肠系膜对侧切开肠管，取出肠内粪结或异物；当肠管有坏死、穿孔时，需施肠切除术与断端吻合术，如果肠管机能正常则结节缝合肠管；最后用大网膜覆盖术部肠管，并简单固定。常规关闭腹腔。

（2）预防　针对发病原因注意预防。保证合理科学的饮食及饲养习惯，防止形成异嗜癖，或吞食异物；少饲喂人类食物，吃犬猫专用食物；定期驱虫，防止寄生虫引起的肠梗阻；保持适量的运动。

十、结肠炎

结肠炎是指一种大肠有炎性浸润，以黏膜部位渗出为特征的疾病。临床表现为消瘦、腹泻、腹痛、里急后重等，常反复发作。目前病因还不完全清楚，大部分学者认为主要与免疫反应有关；其次，可能与化学性因素、物理性因素（如骨片、木片等损伤）和感染性因素（如细菌性痢疾、真菌和病毒感染）等有关；再次，精神因素在发病中也可能有一定作用；最后，该病的发生还可能与遗传因素有关。

【诊断】

1. 症状　腹泻是主要症状，粪便量多、稀薄如水、呈喷射状排出，如果结肠黏膜损伤严重，则粪便带血，还会有里急后重的表现，严重会出现贫血和脱水。体温正常或升高，腹痛，消瘦，乏力。早期可见肠黏膜呈弥漫性充血、出血、水肿，黏膜脆性变大，黏膜上有大小不等、形态不一、深浅不同的溃疡。

诊断要点：腹泻为本病的典型症状，粪便稀薄如水，呈喷射状，里急后重，腹痛，多数会有体温升高。

2. 实验室诊断　检查粪便中是否有虫卵或收集粪便进行病原分离；肠道钡剂造影，可确定病变类型、范围及有无并发症；还可进行药敏试验、血液检查和尿液分析，有助于判断疾病所处阶段、制订合理的治疗方案和做出预后。临床上要与细小病毒病、结肠癌、胃肠炎等疾病相鉴别。

【防治】

(1) 治疗　本病的治疗原则是缓解症状，维持治疗，防止复发和并发症，及时补液。给予易消化、高营养的食物，防止饲喂有刺激性食物。根据药敏试验结果选择合理的抗菌药(如庆大霉素、氟苯尼考、氟喹诺酮类和磺胺类等药物)，并给予糖皮质类激素药物（如泼尼松、泼尼松龙等)，对结肠炎有一定的抑制作用。针对腹泻症状，在疾病早期可以使用适量硫酸钠、人工盐内服，炎症明显时选用缓泻剂（如液状石蜡等）达到清理胃肠的目的，还可用活性炭、鞣酸蛋白等药物达到收敛止泻的目的。对于有脱水和贫血的病例，可通过合理补液和输血进行治疗。

(2) 预防　加强饲养管理，提高动物机体免疫力，避免动物误食骨片、木片等杂物，不饲喂有刺激性药物，同时对于感染性因素导致的原发病及时治疗。

十一、便　　秘

便秘是指由于肠道内容物和粪便在肠道内某部位停留过久，逐渐变干变硬，以致排便次数减少、大便干结、肠管扩张等的疾病。本病多发于老龄动物，根据粪块滞留部位分为结肠性便秘和直肠性便秘。病因分为原发性与继发性：①原发性病因见于动物食入骨头、毛发等异物，与粪便形成硬块；摄入食物多为肉、骨头等，缺少粗纤维刺激肠道蠕动，导致便秘；缺乏运动、环境发生变化致使动物不适应等，造成粪便滞留，导致便秘。②继发性病因见于动物患有使肠道及肛门受到压迫或者阻塞的疾病，如肛瘘、会阴疝、骨盆腔狭窄、膀胱积尿和肠道肿瘤等；动物患有骨盆骨折、关节脱位等；控制排便的神经疾病，如脊髓炎、腰部神经损伤等；内分泌疾病和寄生虫病等。

【诊断】

1. 症状　动物患病初期精神正常，饮欲、食欲无变化，随着时间推移，出现精神不振，食欲减弱甚至废绝。动物腹围增大，腹痛，背腰拱起，还有排便困难，里急后重，动物用力努责，但仅排出少量附有血液和黏液的干粪，甚至没有粪便排出。粪块滞留肠段初期见水肿、出血，后期可见溃疡和坏死。

2. 实验室诊断　根据病史、临床症状、直肠探诊和腹部触诊可确诊。直肠探诊敏感，小型犬腹部触诊可以摸到秘结粪块。X线检查可清晰地看到肠管扩张状态和粪块所在位置。

【防治】

(1) 治疗　对于原发性便秘，用手触压粪块并将其捏碎，用温水或温肥皂水灌肠，每次20～200mL。也可用缓泻剂，如液状石蜡10～80mL，或硫酸钠5～30g等。若病期较长，上述措施很难有效，可进行腹腔手术排便。中兽医方面，可针刺大肠俞、天枢、支沟等穴位进行治疗。

(2) 预防　加强饲养管理，不要长期饲喂干性食物，确保饲料中没有异物，动物要适当运动。若发现动物患有易诱发本病的疾病，如肛门狭窄、肿瘤等，应及时进行治疗。

十二、巨结肠症

巨结肠症是指结肠的异常伸展和扩张的病症，常见于猫。根据病因，巨结肠症分为先天

性和继发性两种。先天性巨结肠是结肠本身功能障碍所致，如由于结肠壁的肌层间神经节缺乏或变性，引起痉挛性狭窄，导致结肠平滑肌功能紊乱，或结肠神经节发育不良的神经系统异常等问题。继发性巨结肠常继发于肠梗阻性损伤，如病原微生物入侵、肠道内异物、肠道内外存在肿瘤、骨盆骨折等导致。先天性巨结肠所导致的病变是不可逆的，继发性病因若不及时消除，会有不可逆损伤。长期、顽固性便秘会引起结肠平滑肌功能紊乱，进一步形成巨结肠。

【诊断】

1. 症状　便秘是主要临床症状，常见排便时间延长、里急后重、频繁排便，仅排出少量浆液性或带血丝的黏液性粪便，偶有褐色水样便排出，排便会引发疼痛，会伴随痛苦嚎叫。随着疾病发展，会出现精神沉郁、脱水、厌食、被毛粗乱、体重下降、虚弱、呕吐等症状。腹部隆起，腹部触诊可摸到粗大的肠管。

2. 实验室诊断　根据病史、临床症状、直肠探诊和腹部触诊可确诊。直肠探诊，可摸到硬的粪块或无粪便的扩张结肠。直肠镜可观察到结肠有无先天性狭窄、阻塞性肿瘤及异物等。通过钡剂灌肠、X线检查等，可确定结肠扩张和粪块位置。对于衰竭病例，还可进行血常规检查、生化检查及尿液分析，为后期治疗提供基础数据。

【防治】

（1）*治疗*　轻症者，可进行适当运动，口服泻剂，促进粪便排出。采用食物疗法促进排便，如饲喂粗纤维饲料。用液状石蜡20～50mL灌肠，软化粪便，或用植物油或温肥皂水灌肠。还可运用药物促进结肠运动，如西沙比利等。患病动物易发生反复便秘，可施行手术，对异常增大的结肠段进行切除。对衰竭病例，可先缓解炎症反应，解除脱水症状和补充机体所需营养。

（2）*预防*　加强饲养管理，及时清理粪便，保持环境清洁。加强运动。定期检查，发生便秘或疑似便秘，在兽医师指导下用药，及时治疗。

十三、直肠憩室

直肠憩室是指直肠壁局部向外膨出形成的囊状突出的一种空腔器官壁凸起性疾病，以排便困难至直肠积粪和消化功能紊乱为特征。常见于犬，老龄犬多发。具体发病原因复杂，包括激素分泌失衡（如雌激素过多、雄激素减少），致肌肉松弛无力、缺乏运动、饮食不均衡，以及剧烈外力撞击致使肠壁肌肉层撕裂，由肠黏膜和浆膜形成憩室；老龄动物，损伤神经或尾部肌肉萎缩，也可导致直肠憩室。

【诊断】

1. 症状　顽固性便秘、大便困难、里急后重为本病的主要症状。患病动物频频努责，不排便或仅有少量粪便，体温正常，肛门单侧或两侧有肿胀物，触诊坚实，部分有波动感。

2. 实验室诊断　根据病史、临床症状、视诊见肛门单侧或两侧有肿胀物，触诊坚实，通过直肠探诊可确诊。

【防治】

（1）*治疗*　保守疗法可先将直肠内粪便取出，再注射95%酒精，于直肠憩室侧皮肤处平行于直肠进针，深度略超直肠憩室，边注边拔，直到皮下为止，该酒精刺激疗法主要通过刺激直肠两侧结缔组织使其增生来固定直肠。手术疗法包括褶皱手术法和椭圆切除法两种。前者易操作、损伤小、恢复快，但有易复发的缺点，后者不易复发，适于较大的憩室。

（2）预防 加强平时饮食管理，多喝水，适量食用流食类食物。

十四、直肠息肉

直肠息肉是直肠黏膜表面向肠腔突出的隆起性病变，多分布在直肠下端，呈圆形，大多由黏膜及腺体构成，与肠壁连接。常见息肉类型为炎性息肉、增生性息肉和肿瘤性息肉三种类型。病因目前仍不清楚，可能与病原微生物所致感染和损伤，以及环境因素的刺激等有关。

【诊断】

1. 症状 无痛性便血为主要临床表现，患病动物会有腹痛、腹泻、里急后重和较少出血量的便血等症状。当息肉受到粪便挤压而脱落时，可能会有较多的出血量。息肉数量较多或者体积较大时，由于重力会牵拉肠黏膜，使其与肌层分离而向下脱垂，甚至引发直肠脱垂。直肠探诊可触到质软、如豆大的圆形肿物，有活动性，无压痛。直肠镜检查可见炎性息肉呈红色，增生性息肉呈丘状隆起结节，肿瘤性息肉呈淡红色、有光泽的圆球。

2. 实验室诊断 根据临床症状、直肠探诊和直肠镜检查可确诊。钡剂灌肠检查可确定其位置、数目、大小、性状和范围。组织病理学检查，可确定息肉的性质。

【防治】

（1）治疗 小息肉可用电灼的方法直接灼烧。对于直径1cm左右的息肉，用套扎器置于蒂根部使其脱落。手术疗法适用于较大息肉的切除。

（2）预防 平时饲料营养均衡，增加纤维含量；加强运动，提高动物机体免疫力；定期做检查，以便及早发现息肉并做处理。

十五、直肠脱

直肠脱是指后段直肠黏膜层脱出肛门或全部翻转脱出肛门的疾病。常见于幼龄、老龄和产后动物。原发性病因是幼龄、老龄和产后动物的肛门括约肌和直肠韧带松弛，继发性病因是长期便秘、慢性腹泻、肠炎引起排便困难、呼吸系统疾病引起剧烈咳嗽等，均可能导致直肠脱出。

【诊断】根据临床症状可以确诊。根据脱垂程度，直肠脱分为部分脱垂和完全脱垂。直肠部分脱出，患病动物频频努责，肛门处可见充血的直肠黏膜突出于肛门外。初期，直肠黏膜呈红色，且有光泽，随着时间延长，会发生淤血和水肿，呈暗红色，进一步发展会形成溃疡和坏死。严重时，直肠会全部外翻。

【防治】

（1）治疗 采用手术疗法。首先，清洗整理。如果脱出时间不长，用0.1%的高锰酸钾清洗脱出的肠管及肛门周围。若脱出时间较长，可能会水肿，要先用细针头分点将黏膜中液体排出，再用消毒的剪刀细心清除坏死黏膜。然后复位。在清洗整理好的脱出直肠上涂抹明矾等收敛药，使直肠不易脱出。将动物后肢抬起，把脱出直肠慢慢送入腹部，再往肛门内挤入红霉素软膏。最后，固定。将直肠还纳入腹部后，采用荷包缝合法缝合，留有一定空间，便于排便。肛门周围分点注射70%酒精，引起局部无菌性炎性肿胀，起到固定和防止努责的作用。缝合线在7d后拆除，注意术后护理。幼龄动物可以采用保守疗法，比如针灸和按摩等疗法。

（2）预防 加强饲养管理，保证清洁饮水和干净饲料，避免由病原微生物导致肠道疾病；适时补充营养，增强动物肠道收缩功能；如果动物患有易诱发本病的其他疾病，如长期腹泻、长期咳嗽、便秘、直肠息肉、肠炎等，应及时治疗，防止疾病进一步发展。

第三节 肛门及肛门腺疾病

一、锁 肛

锁肛是一种先天畸形，表现为肛门被一层皮肤覆盖而无肛门孔，有排便障碍的疾病。常见于仔猪，犬偶有发生。妊娠期胎儿原始肛发育不全或异常，以至于肛门处被皮肤覆盖形成锁肛，或直肠与肛门之间被一层薄膜分隔，导致直肠闭锁。关于本病是否与遗传有关，尚不十分清楚。

【诊断】

1. 症状 临床上可见幼犬出生数天腹围逐渐增大，嗽叫不安，频频努责做排粪动作，但不见粪便排出。锁肛幼犬努责时，可见肛门处皮肤膨胀、向后明显突出；而直肠闭锁时，因直肠盲端与肛门之间有一定距离，努责时肛门周围臌胀不如锁肛显著。若不及时进行治疗，动物食欲减退或废绝，最终因衰竭而死亡。但在雌性动物，因多并发直肠阴道瘘，稀粪可经阴道排出，所以症状比较缓和。

2. 实验室诊断 本病发生部位固定，症状明显，容易做出诊断。但要准确了解直肠盲端的解剖位置，需要进行X线检查。

【治疗】锁肛造孔术是治疗本病的唯一方法。具体做法是：①动物全身麻醉或全身镇静配合普鲁卡因肛门局部浸润麻醉，取胸卧位姿势并抬高后躯，肛门周围常规无菌消毒。②在相当于正常肛门的部位切除大小适宜的圆形皮瓣，接着向前分离皮下组织至显露直肠盲端。在充分剥离直肠壁与周围组织联系并牵引直肠盲端尽量向后的基础上，环切盲端排出肠内积聚的粪便。用消毒防腐液彻底冲洗术部，然后将直肠断端与皮肤创缘对接缝合。③术后在肛门周围经常涂擦抗生素软膏，保持术部清洁，防止术部污染，直至愈合，拆除缝线。对锁肛并发直肠阴道瘘者，需先在会阴正中线切开，将瘘管壁与周围组织分离，然后牵引直肠到肛门部，并将直肠断端与肛门部皮肤创缘对接缝合。最后，闭合会阴切口。

二、肛门囊炎

肛门囊炎是指肛门腺囊内的分泌物积聚于囊内，刺激黏膜而发生的炎症。小型犬、猫多发。主要是由于肛门腺管阻塞所致，多见于长期腹泻或长期饲喂高脂性食物引起排软粪，导致肛门腺管阻塞，分泌物无法排出；其次是因为肛门周围组织的炎症蔓延到肛门腺。

【诊断】

1. 症状 临床上可见动物肛门瘙痒、疼痛，常有擦肛动作，有时舔咬肛门部；接近患病动物时，可闻到腥臭味；肛门分泌物稀薄，有时呈脓性或带血；肛门腺肿大，若肛门腺管长期阻塞，可见腺体突出于周围皮肤，有时脓肿可自行破溃、自愈后又破溃，反复发生，最终形成瘘管；肛门指检，可见肛门腺充盈肿胀，触压敏感，分泌物多不能排出；动物排便时表现痛苦，粪便带有黏液或脓汁。

2. 实验室诊断 根据病史、临床症状和直肠探诊可做出诊断。肛门触诊敏感，有时可见患病动物摩擦臀部以缓解瘙痒。

【防治】

(1) 治疗 第一，疏通肛门腺管，排出内容物。如果未化脓，可将手指插入肛门，大拇指在外部施以压力，排除内容物；若肛门囊化脓，可先排出囊内容物和脓汁。第二，局部冲洗及消炎。可用生理盐水或0.1%高锰酸钾溶液将肛门囊冲洗干净，之后向肛门囊内注入青霉素，并在肛门周围皮肤上涂抹红霉素软膏；若复发，则向肛门囊内注入碘甘油，每天3次，连用4～5d，或注入碘酒，每周1次，直至痊愈。第三，可采用手术疗法将肛门腺摘除。如果发生炎症，形成瘘管或肿瘤，则需摘除肛门腺，注意避免损伤肛门内外括约肌。术前禁食24h，用生理盐水灌肠，清除直肠内粪便，将肛门囊内脓汁排出，冲洗并消毒。用探针插入囊内底部沿探针方向切开囊壁，分离肛门囊周围的纤维组织，切断排泄管，使肛门囊游离，摘除。用青霉素生理盐水对创面进行冲洗，创面撒布磺胺粉，从基底部开始缝合，不得留有死腔。术后给予抗生素防止感染，局部涂抗生素软膏。

(2) 预防 加强饲养管理，保证饲料营养均衡。及时清洁肛门周围组织。定期对犬类肛门腺进行清理，防止炎症发生。

三、肛周肿瘤

肛周肿瘤是指发生肛门附近的肿瘤，由会阴内特别的腺体组织引发。常见于未去势的老龄犬类。根据肿瘤的性质，肛周肿瘤可分为肛周腺瘤和肛周腺癌两种。本病最常发生于6岁龄以上的未去势雄犬，雌性犬和青年犬很少发病，与年龄有关，还与雄激素水平有关。

【诊断】

1. 症状 病初，在肛门周围有一些体积小、质地坚实、与周围组织分界清楚的小丘，但会随着病程延长一直变大，最终会引起溃疡、出血和坏死。本病的临床症状很少，有些犬可能表现为不停舔舐肛门周围区域或里急后重。肛周腺瘤和肛周腺癌看上去十分相似。肛周腺癌常为多病灶，且入侵皮下组织并能扩散至淋巴结、肝和肺。

2. 实验室诊断 根据病史、临床症状、触诊和肿瘤标志物化验等确诊。通过组织活检可明确肿瘤的性质。

【防治】

(1) 治疗 手术治疗是治疗本病的主要手段。对患病动物实施去势术，然后对肛周患区剃毛，将直肠中粪便取出，肛门塞入灭菌棉球做无菌隔离，沿肿块切开皮肤，将肿块完整剥离后缝合，术中注意保护肛门括约肌。95%的肛周腺瘤在犬绝育后会自发消退。术后补液、消炎，15d后可拆线。

(2) 预防 加强饲养管理，尽早进行去势手术，定期体检，降低患病概率。若动物患有激素紊乱等疾病，要及时治疗，避免引发本病。

第五单元　肝胆、脾、胰腺及腹膜疾病

第一节　肝胆疾病

一、猫脂肪肝

脂肪肝是一种由于肝脏细胞中出现脂肪沉积，导致其功能受损的内分泌疾病，是猫最常见的肝脏疾病之一。原发性脂肪肝多发于由某些非疾病因素引发厌食和应激的肥胖猫；继发性脂肪肝则是由疾病因素引发厌食及体重快速下降所致，可发生于任何体型的猫。

【诊断】

1. 病因　猫长期厌食是引起猫脂肪肝的直接原因，当一半以上的肝细胞受侵害时，才会表现出临床症状。引起猫厌食的因素复杂，如糖尿病、心肌病、肿瘤、炎性肝胆/肠道疾病、胰腺炎、猫传染性腹膜炎、慢性肾脏疾病，或某些毒物作用于肝脏，以及应激因素、营养因素等，均可引起猫的厌食，并导致脂肪肝。

2. 症状　患猫主要表现为急性（可逆性）肝功能不全及继发的肝内胆汁淤积。患猫通常肥胖，但体重迅速下降，出现黄疸，间歇性呕吐和脱水。严重时发展为肝性脑病，表现为精神沉郁和流涎。另外，脂肪肝患猫伴发胰腺炎时，通常严重消瘦。

3. 实验室诊断

（1）常规实验室检查

①血常规　伴有轻度或中度非再生性贫血。

②血液生化　肝脏相关的生物酶指标数值上升，包括碱性磷酸酶、天冬氨酸转氨酶、丙氨酸转氨酶、γ-谷氨酰转移酶。胆红素以及猫餐前、餐后进行的胆汁酸检测数值也会升高。血液中胆固醇和葡萄糖浓度也可能升高。

③凝血试验　伴发急性胰腺炎的脂肪肝患猫表现为凝血时间延长。

（2）影像学检查

①X线检查　肝脏肿大。

②B超检查 可见弥散性高回声，无局灶性结构性损伤的表现。发生实质损伤时，可能是肝外胆管阻塞或胆管炎引起胆囊或胆管扩张。若可见腹腔积液、胰腺不规则且回声减弱或呈混合型，可能伴发急性胰腺炎。

(3) 细胞学检查 穿刺取样或肝脏活组织取样，染色，可见脂质空泡化肝细胞大量分布，在原发性或特发性脂肪肝中，空泡大小不一，且无明显炎性或其他细胞。

(4) 腹腔镜检查 可见肝脏苍白，触碰易碎，且呈明显的网结构。

根据临床症状和实验室检查可做出确诊。

【治疗】使用食欲刺激剂，如米氮平。食欲刺激后，提供高蛋白饮食可促进康复。若用药后猫仍然无法摄入足够营养，则采用管饲进行营养支持。若已控制原发性疾病且猫食欲恢复正常，脂肪肝会消失。另外，应补充体液和电解质，使用维生素K（若患猫发生凝血不良）。伴有急性胰腺炎的患猫预后慎重至不良。

由于肥胖症和伴发疾病引起猫厌食是重要诱因，应避免猫患此类疾病。

二、急性肝炎

肝炎

急性肝炎是指肝组织急性炎症，以肝细胞变性、坏死为病理特征的肝脏疾病。

【诊断】

1. 病因 导致急性肝炎的原因复杂，通常可由于中毒、感染、侵袭、营养缺乏和循环障碍等因素引起。

(1) 中毒性肝炎 主要有磷、砷、锑、硒、铜、钼、四氯化碳、六氯乙烷、棉酚、煤酚、氯仿等化学物质中毒；千里光、猪屎豆、羽扇豆、杂三叶、天芥菜等有毒植物中毒；黄曲霉、红青霉、杂色曲霉、构巢曲霉、黑团孢霉等真菌毒素中毒。

(2) 感染性肝炎 主要由于细菌或病毒（如犬钩端螺旋体、犬腺病毒Ⅰ型、犬瘟疹病毒等）的感染引起。

(3) 侵袭性肝炎 主要见于肝片吸虫、血吸虫的严重侵袭。蛔虫幼虫的移行也可引起急性肝炎。

(4) 营养性肝炎 主要见于硒、维生素E、蛋氨酸、胱氨酸的缺乏。

(5) 充血性肝炎 充血性心力衰竭时，肝窦状隙内压增大压迫肝实质，引起缺氧，导致肝小叶中心细胞变性和坏死。如心丝虫引起的犬猫的腔静脉综合征，肝腔静脉内有大量成虫阻塞，造成严重的肝被动性充血，可导致急性肝炎、肝衰竭甚至死亡。

2. 症状 急性肝炎通常表现为消化不良，粪便浅淡但臭味大。肝性黄疸，肝浊音区扩大，触诊疼痛。其中，充血性肝炎还表现精神沉郁、嗜睡、昏睡、昏迷或兴奋狂暴等神经症状（肝性脑病症状）。鼻、唇、乳房等无色素部皮肤发红、肿胀、瘙痒，甚至溃疡，表现为光敏性皮炎。体温升高或正常，脉搏和心动徐缓。有的患病动物全身无力，表现轻微腹痛或排粪带痛。

3. 实验室诊断 肝功能检查直接胆红素和间接胆红素含量均升高；尿胆红素和尿胆原均增多，乳酸脱氢酶（LDH）、丙氨酸转氨酶（ALT）、天冬氨酸转氨酶（AST）等反映肝损伤的血清酶类活性增高；血清胶体稳定性试验强阳性。

依据临床表现、肝功能试验等进行诊断。病因诊断较难，应首先做出中毒性、感染性、

侵袭性、营养性、充血性病因的判断，然后逐个确定其具体病因。

【治疗】要点是除去病因，保肝利胆。除去病因，主要指治疗原发病，但许多原发病的治愈较为困难。

根据临床症状进行支持疗法。静脉注射25%葡萄糖溶液、5%维生素C溶液和5%复合维生素B溶液；口服蛋氨酸、肝泰乐等保肝药，口服人工盐等盐类泻剂配合鱼石脂等制酵剂，以清肠利胆；有出血倾向的，可用止血剂和钙制剂；狂躁不安的，应给予镇静安定药等对症治疗。

三、慢性肝炎

慢性肝炎是指肝组织发生慢性炎症的疾病。

【诊断】

1. 病因　原发病因与急性肝炎相同，通常由急性肝炎转化而来。

2. 症状　表现为可视黏膜苍白，逐渐消瘦，长期消化不良；长期炎症影响下发生肝硬化时，则出现腹水；充血性肝炎则伴有慢性充血性心力衰竭及其原发病所固有的症状和体征。

3. 实验室诊断　与急性肝炎相同。

【治疗】与急性肝炎相同。

四、肝 硬 化

肝硬化是一种常见的以肝实质萎缩、间质结缔组织增生为基本病理特征的慢性肝病，是慢性肝病的最后阶段。本病是一种或多种致病因素长期或反复损害肝脏细胞，引起肝细胞呈弥漫性变性、坏死和再生，同时结缔组织弥漫性增生，肝小叶结构被破坏和重建，导致肝脏变硬所致，其病变通常不可逆转。

【诊断】

1. 症状　肝硬化发生缓慢，初期症状不明显；早期症状表现为顽固性消化不良、腹泻与便秘交替发生、消瘦、贫血、黄疸、肝脾肿大、腹水等；晚期触诊肝脏缩小、变硬，表面呈粒状或结节状，一般无疼痛。最后可发展为痉挛、昏睡等神经症状，出血性素质以至肝昏迷而死亡。犬发生呕吐。

2. 实验室诊断　根据临床症状和临床病理变化可以做出初步诊断。超声波检查或肝脏穿刺做组织学检查是最可靠的诊断方法。

【治疗】给予患病动物高蛋白高碳水化合物和富含维生素的食物，禁食脂肪含量高的食物。静脉注射5%葡萄糖、胰岛素、三磷酸腺苷、辅酶A、10%氯化钾等促进肝细胞再生和提高血清白蛋白水平；肌内、皮下或静脉注射泛酸、巯丙酰苷氨酸除去肝内脂肪；对神经异常或肝昏迷的动物，可用谷氨酸钠、精氨酸、鸟氨酸等制剂；口服磺胺类药物，防止肠道氨发酵引起高氮血症。治疗伴发疾病。

五、胆管炎及胆囊炎

胆管炎及胆囊炎是指胆管壁或胆囊壁发生的炎症。

【诊断】

1. 病因　以下原因均可引起胆管或胆囊炎症：细菌感染，结石刺激，寄生虫（如肝片吸虫)，十二指肠炎症蔓延，钩端螺旋体继发。

2. 症状

(1) 急性胆管炎及胆囊炎 动物发热，寒战，轻微黄疸，腹痛，肝脏部触诊疼痛明显。

(2) 慢性胆管炎及胆囊炎 动物表现食欲减退，腹泻或便秘，消瘦，贫血，腹痛，黄疸。当发病时间较长，可能继发肝硬化，则引起浮肿和腹水。

3. 实验室诊断

(1) 急性胆管炎及胆囊炎 血常规检查可见白细胞数及中性粒细胞增多，中性粒细胞核左移；血液生化检查可见血清胆红素和碱性磷酸酶升高。B超检查可见胆管扩张或胆囊肿大，若由结石引起，可见结石声影。

(2) 慢性胆管炎及胆囊炎 B超检查可见胆管壁和胆囊壁增厚。

【治疗】 静脉注射保肝药物，如葡萄糖、维生素等；应用利胆剂，如熊去氧胆酸、消胆胺、人工盐、硫酸镁；应用抗菌药物防止继发性感染，如青霉素、四环素、土霉素，以及磺胺类药物。当患病动物疼痛不安时，应用镇静药物。对于化脓性胆管炎及胆囊炎、胆结石或穿孔，应采取外科手术疗法。另外，保持安静，减少应激，并饲喂有营养、易消化的食物。

六、胆石症

胆石症是胆囊或胆管内发生结石的疾病。根据胆石的成分可分为：胆红素钙石、胆固醇石和混合胆石。胆红素钙石的主要成分为胆红素钙，呈棕黑色，硬度不一，形状不定，有时呈胆泥或胆沙状；胆固醇石的主要成分为胆固醇，常呈单个大的结石，白色或淡黄色，质地柔软；混合胆石的主要成分为胆红素、胆固醇和碳酸钙的混合物，呈黄色和棕褐色，切面呈同心环状分层，胆囊内比胆管常见。在犬、猫中，混合胆石最为常发，胆红素钙石偶尔可见。

【诊断】

1. 病因 一般认为是动物新陈代谢紊乱，胆道系统发生感染性炎症，细菌团块和上皮细胞脱落等形成结石核心物质，并伴有胆汁淤滞。随着胆道系统的工作，胆红素颗粒、胆固醇及矿物盐结晶便沉积在核心物质上，从而形成结石。

2. 症状 消化机能障碍，如厌食、渐进性消瘦和慢性间歇性腹泻等；肝功能障碍，如黄疸。

3. 实验室诊断 表现胆石症临床症状时，通过胆道造影X线检查和B超检查进行确诊。

【治疗】 可采用中西兽医结合的排石、溶石等方法进行治疗。临床上多表现为结石较大，药物作用效果一般，可实施手术取出结石或直接切除胆囊。

七、肝性脑病

肝性脑病是由严重肝脏实质疾病或门体静脉分流异常导致，以代谢紊乱为基础的中枢神经系统功能障碍疾病。

【诊断】

1. 病因 犬常见由门体静脉分流异常引起的肝性脑病。猫常见由肝硬化引起的肝性脑病，尤其是肝炎后肝硬化。少部分见于病毒性肝炎、中毒性肝炎和急性肝功能衰竭阶段。更少见的病因有原发性肝癌、妊娠期急性脂肪肝、严重胆道感染等。此外，多种因素均可诱发犬猫发生肝性脑病，如高蛋白饮食、胃肠出血、低钾血症、氮质血症、碱中毒、全身性炎症或感染，以及猫的精氨酸缺乏症等。

2. 症状　早期非特异性症状包括厌食、呕吐、嗜睡、精神沉郁、恶心、发热、流涎等，常常可逆，但症状渐进性加重，且频率不断升高。后期或促发急性肝性脑病时，患病动物会出现严重的神经症状，如震颤、共济失调、性情改变、转圈、步态不稳、间歇性抽搐、阵发性惊厥、昏迷甚至死亡。

3. 实验室诊断　根据动物的临床症状、实验室检查结果、影像学检查和对治疗的反应进行诊断。引起神经系统症状的代谢性疾病，可以通过血清生化和尿液分析来排除（如尿毒症、低血糖、糖尿病等）；若动物进食后症状明显加重，尤其提示为肝性脑病；B超可见肝门静脉反向血流；血液生化可见门脉短路引起血氨上升，且随着治疗逐渐下降。

【治疗】要点是减少消化道产生脑毒性物质，消除促发因素以及纠正机体酸碱和电解质紊乱，从而恢复神经系统功能。一般患慢性肝性脑病的动物最初先用食物控制，如果症状控制不佳，再用抑制氨产生和肠源性脑毒素的药物进行控制。对于门脉系统异常分流引起的肝性脑病，可通过手术矫正原发病。

第二节　脾疾病

一、脾破裂

脾破裂是指各种致病因素（一般为外伤）作用于脾脏使其破裂的一种疾病，多为腹部闭合性损伤。

【诊断】

1. 病因　一般由外部暴力冲击导致；自发性脾破裂见于病理性脾脏肿大因突然受到冲击引起，如改变体位、打喷嚏、剧烈咳嗽等。

2. 症状　主要表现为腹围增大、腹部疼痛、腹肌紧张、呼吸困难，叩诊腹腔有移动性浊音。大量失血时可视黏膜苍白、心搏加快、脉搏减弱，进而出现休克，抢救不及时可致死亡。脾脏破裂可合并各种腹腔内外的多发性损伤，并引起相应的症状。

3. 实验室诊断　动物的外伤病史、出血症状、腹腔穿刺液为不凝固血液等均为诊断依据。可根据病情选择B超、CT、MRI或腹腔动脉造影等检查来帮助确诊。诊断时应注意排查其他脏器受损情况。

【治疗】脾脏质地脆弱，难以修补、缝合，脾破裂发生后，一般建议全脾切除。考虑到脾脏在机体中的重要作用，在伤情允许的情况下，可作脾脏部分切除术以保留脾脏的一定功能。

二、脾血肿

脾脏组织或血管破裂，血液渗入包膜下称为脾血肿。临床上多由暴力冲击或组织增生导致，发病率低，死亡率高，诊断和治疗难度大。

【诊断】

1. 病因　犬猫的脾血肿一般由机械性外力冲击引起，少部分由非肿瘤性结节性增生或脾脏肿瘤引起血管破裂所致。

2. 症状　早期症状不明显，一般呈渐进性，治疗不及时容易发展为脾破裂。患病犬猫主要表现为呼吸困难，精神沉郁，食欲、饮欲废绝，弓背，腹围增大，有时伴随呕吐。

3. 实验室诊断 B超检查是针对脾脏肿物诊断的主要手段。可结合病史、临床症状、影像学检查对疑似脾血肿的患病动物进行诊断，剖腹探查术可进行确诊。

【治疗】轻度损伤可以保守治疗，治疗措施包括绝对静养、严密监护、液体治疗、使用止血药物、预防性应用抗生素、定期B超复诊等。伤情较严重的病例，尤其是出现脾脏破裂时，施行全脾摘除术，术后使用抗生素和止血药物，预防术后出血，补充能量。

第三节 胰腺疾病

一、急性胰腺炎

急性胰腺炎是胰腺分泌的胰酶消化自身蛋白而引起的急性疾病。

【诊断】

1. 病因 胰液分泌亢进和阻滞并存所致，或胆道系统感染后，其分泌的胆汁破坏胰管表面被覆的黏液屏障引起。

2. 症状 急性胰腺炎引起胰腺水肿，临床表现为突发性上腹剧烈疼痛，呕吐、发热、血压下降，以血、尿淀粉酶升高为特点。病情严重时，出现胰腺坏死和出血、急性休克，引发腹膜炎，甚至猝死。

3. 实验室诊断 诊断胰腺炎有一定难度。在临床上，较为可靠的方法是结合动物病史、临床表现、实验室检测和影像学检查进行综合分析来确诊或排除疾病。实验室检测包括血常规、血液生化、血清胰腺脂肪酶免疫反应和尿液分析。影像学检查包括X线和B超检查。

【治疗】

1. 非手术治疗 轻型胰腺炎及尚无严重感染的病例均应采用非手术治疗。

(1) 胃肠减压和营养支持 早期禁食、鼻胃管减压，全胃肠动力药减轻腹胀，防止呕吐和误吸。当腹痛、压痛和肠梗阻症状减轻后可恢复饮食。除高脂血症患畜外，可应用脂肪乳剂作为热源，快速补充能量。

(2) 补充体液，防治休克 经静脉补充液体、电解质和能量，以维持血液循环稳定和水盐平衡。从而维持血压，改善血液微循环，保证胰腺血流灌注。

(3) 减轻胰腺外分泌的损伤 采用胰酶抑制剂，如受体阻滞剂（西咪替丁）、抗胆碱能药（山莨菪碱、阿托品）、生长抑制素等；采用胰蛋白酶抑制剂。

(4) 解痉止痛 诊断明确者，发病早期可对症给予止痛药（哌替啶）和解痉药（山莨菪碱、阿托品）。

(5) 防止感染 早期静脉注射广谱抗生素以控制重症胰腺炎的胰腺或胰周坏死；肠道应用抗生素以预防因肠道菌群移位造成的细菌或真菌感染。

2. 手术治疗 急性胰腺炎后期，发生脓肿、坏死、假囊肿常并发感染后严重威胁生命。临床上发生继发感染，并发胆道疾病，且非手术治疗未能控制病情时，可采用手术治疗。术式主要通过剖腹清除坏死组织，放置引流管，缝合，术后持续灌洗。

二、慢性胰腺炎

慢性胰腺炎是胰腺分泌的胰蛋白酶消化自身蛋白而引起的慢性疾病。

【诊断】

1. 病因　由于急性胰腺炎反复发作，胰腺受到进行性破坏而发展为慢性胰腺炎。有的动物无明显急性期，发现时即属慢性胰腺炎。

2. 症状　动物表现为腹痛、脂性腹泻、呕吐，有时并发糖尿病。

3. 实验室诊断　与急性胰腺炎相同。

【治疗】与急性胰腺炎治疗的非手术治疗部分相同。

三、胰腺外分泌功能不全

胰腺外分泌功能不全是一种胰腺腺泡消化酶分泌功能障碍的疾病。当胰腺分泌的消化酶（主要是胰蛋白酶、淀粉酶和脂肪酶）不足时，机体对食物吸收功能减退，进而引起消化系统异常。

【诊断】

1. 病因　在人中，该病通常是腺泡选择性萎缩的结果，可能与免疫介导有关。在猫中，该病主要见于急性或慢性胰腺炎反复发生后引起胰腺实质功能衰退或损伤，导致胰酶合成能力下降，或引起胰管阻塞，胰液流出受阻。另外，胰腺切除、胰腺癌、糖尿病等也会引起该病的发生。

2. 症状　患病犬猫的典型表现为食欲旺盛、贪食，甚至有时能发现异食癖和食粪癖，但体重逐渐下降。此外，患病动物还有表现被毛粗乱、大便松散、脂肪痢等症状。

3. 实验室诊断　根据临床症状，特别是营养不良、粪便脂肪油腻和消化不良，提示患病犬猫胰腺外分泌功能不全。多次血液生化检查可见血清胰蛋白酶免疫反应中血清胰蛋白酶浓度下降明显。

另外，对诊断有慢性胰腺炎、伴有体重减轻的糖尿病和腹泻的猫，应增加对胰腺外分泌功能不全的关注。

【治疗】胰腺外分泌功能不全难以治愈，主要通过补充肠内胰酶和提供均衡营养来提高患病动物的生活质量。

第四节　腹膜疾病

一、腹 膜 炎

腹膜炎是腹膜壁层和脏层各种炎症的统称。按疾病的经过，分为急性和慢性腹膜炎；按病变的范围，分为弥漫性和局限性腹膜炎；按渗出物的性质，分为浆液性、浆液-纤维蛋白性、出血性、化脓性和腐败性腹膜炎。临床上以腹壁疼痛和腹腔积有炎性渗出液为其特征。各种畜禽均可发生，多见于马、牛、犬、猫和禽类。

【诊断】

1. 病因　原发性病因包括腹壁创伤、透创、手术感染，腹腔、盆腔脏器穿孔或破裂。

继发性腹膜炎常发生于下列两种情况：邻接蔓延，如子宫炎、膀胱炎、肠炎、肠变位、肠系膜动脉血栓、顽固性肠便秘时，因脏壁损伤，失去正常的屏障机能，腹、盆腔脏器内的细菌经脏壁侵入腹膜脏层和壁层所致。血行感染，如犬诺卡氏菌病、猫传染性腹膜炎等病程中，病原体经血行感染腹膜所致。

2. 症状 犬和猫一般表现为急性弥漫性腹膜炎，临床症状主要表现为：初期（干性腹膜炎）精神委顿，食欲不振，显著发热（高热或中热），反复呕吐。腹壁张力增高并吊起，呼吸浅速呈胸式，脉搏疾速而强硬。触压腹部，表现强烈的疼痛反应。随病情发展，腹腔内蓄积渗出液（湿性腹膜炎），腹痛明显缓和，但发热依旧，脉搏更快。呼吸窘迫，全身状态恶化。腹下部两侧呈对称性腹围增大，腹壁触诊有波动感，腹壁叩诊可确定上界呈水平线的浊音区，随体位而改变。

慢性弥漫性腹膜炎，常为湿性腹膜炎，多系结核病和诺卡氏菌病的临床表现。发热轻微或不发热，多无腹痛，有腹水，腹腔穿刺流出渗出液。结核病的穿刺液浑浊呈灰黄色，诺卡氏菌病穿刺液比较浓稠，呈黄红或棕红色。抹片染色或细菌培养可找到相应的病原体。

3. 实验室诊断 根据临床症状结合血液学检查结果综合诊断。

【防治】

1. 治疗 原则是抗菌消炎，制止渗出，纠正水盐代谢紊乱。

治疗腹膜炎的首要原则是抗菌消炎。腹膜炎常因多种病原菌混合感染而引起，广谱抗生素或多种抗生素联合使用的效果较好。如四环素、卡那霉素、庆大霉素、红霉素、青霉素、链霉素等。可用0.5%～1%盐酸普鲁卡因液以消除腹膜炎性刺激的反射性影响。另外，为制止渗出，可静脉注射10%氯化钙溶液；同时需要纠正水、电解质与酸碱平衡失调。当腹腔渗出液蓄积过多而明显影响呼吸和循环功能时，可穿刺引流。患病犬猫出现内毒素休克危象，应依据情况按中毒性休克施行抢救。

2. 预防 主要在于防止腹膜继发感染，如对腹壁透创，要彻底清洗；腹部手术要严密消毒，精心护理，防止创口感染等。

二、腹腔积液综合征

腹腔积液综合征又称为腹水，即腹腔内蓄积大量浆液性漏出液。它不是独立的疾病，而是伴随于诸多疾病的一种病征。多见于猪、羊、犬、猫等中小型动物。

【诊断】

1. 病因

（1）心源性腹水 出现于能造成充血性心力衰竭的各种疾病，如三尖瓣闭锁不全和右房室孔狭窄，使静脉系统淤血，体腔积液。

（2）稀血性腹水 出现于能造成血液稀薄和胶体渗透压明显降低的疾病，如慢性贫血、肝功能衰竭、蛋白丢失性肾病、蛋白丢失性肠病、严重营养不良、大面积皮肤烧伤等，使蛋白质丢失过多而体液存留引发本病。

（3）淤血性腹水 出现于能造成门静脉系统淤血的各种疾病，如肝硬化、慢性肝炎、肝肿瘤、肝片吸虫病等，因门静脉压升高致使血行受阻，毛细血管内液体渗出而发生腹水。

（4）淋巴管阻塞也会引起腹水 常见于肿瘤压迫、结核病引起的淋巴回流受阻。

（5）机体硒缺乏或不足 使肌组织、肝脏、淋巴器官等受到过氧化损害和微血管损伤，导致渗出性素质，致使腹腔及其他体腔发生积液。

2. 症状　视诊腹部下侧方见有对称性增大而肷部塌陷。当动物体位改变时，腹部的形态也随着改变。触诊腹部不敏感，冲击腹壁有震水音，叩诊两侧腹壁呈对称性的等高的水平浊音，腹腔穿刺有大量液体流出。患畜食欲减退、消瘦，被毛粗乱，便秘，有时便秘和腹泻交替出现，排尿减少。腹水过多时膈肌运动障碍而表现持续性呼吸困难，体温一般正常。

3. 实验室诊断　根据腹围增大，腹部下侧方见有对称性增大而肷部塌陷，叩诊呈水平浊音，触诊有波动或发生震水音，可做出初步诊断。确诊需进行腹腔穿刺液检查，鉴别腹腔积液的性质。也可进行B超检查。检测病原常用PCR等方法。

【防治】

1. 治疗　原则为消除病因，制止漏出，利尿，并排出腹腔液体。关键在于除去病因，治疗原发病，如肾病、慢性间质肾炎、肝硬化、营养不良、心脏衰弱等。为制止漏出，可静脉缓慢注射10%氯化钙或水解蛋白液；促进漏出液的吸收和排出，可应用强心药和利尿药，如洋地黄和双氢克尿噻等，并配合25%葡萄糖、B族维生素、维生素C等。有大量积液时，应采取腹腔穿刺排液，一次排液量不可过大，以防动物发生虚脱。

2. 预防　主要是避免各种不良因素的刺激，特别是注意防止腹腔及骨盆腔脏器的破裂和穿孔；导尿、直肠检查、灌肠、去势、腹腔穿刺及腹壁手术按照操作规程进行，防止腹腔感染；母畜分娩、胎盘剥离、子宫整复以及子宫内膜炎的治疗等都需谨慎，防止本病发生。

第六单元　疝　　气

一、膈　　疝

膈疝和脐疝

膈疝是指腹腔的一些内容物通过横膈上的开口进入胸腔，可分为先天性膈疝（如食管裂孔疝、心包疝、主动脉裂孔疝等）和后天性膈疝（通常是创伤，如车祸、坠楼、咬伤等导致）。

【诊断】

1. 症状　因患病时间和疝入胸腔的器官不同而不同。后天性膈疝急性发生时表现为特征性呼吸困难，症状的严重程度与脱垂器官的体积和胸腔积液程度有关，其他临床症状还有反流或呕吐。不同种类的先天性膈疝临床症状不一样。食管裂孔疝表现为从无到反复出现的胃肠道症状，包括无胃扭转的厌食、干呕、呕吐或胃扩张。横膈心包膈疝是犬猫最常见的膈疝，通常在检查时偶尔发现，肝脏是最常见的疝出器官，可能伴随有胆囊、胃、小肠或网膜的疝出。临床症状取决于疝出器官的多少，最常见的是没有临床症状，当疝出器官发生嵌顿时，可突然出现临床症状，如呕吐、腹泻、厌食、体重减轻、腹部疼痛、咳嗽、呼吸困难等。

2. X线检查　最常见的改变是横膈膜线消失，正常的胸腔解剖结构消失，肺叶、心脏和胸腔纵隔发生移位，可能存在胸腔积液，钡餐检查有助于确定腹腔器官的位置。

食管裂孔疝X线征象表现为在侧位片上，主动脉和后腔静脉之间有一个半圆形软组织密度影像，在背腹位，该软组织影像位于后纵隔内，与肝脏影像重叠；当疝出的胃中有气体时，可以辨认出胃黏膜皱襞，如果胃的大部分疝出并嵌顿，可以看到一个大的充满气体的囊性结构，囊壁周围有薄的软组织边缘。

心包疝X线征象可见心脏轮廓中度至重度增大，左心与横膈重叠，但无心力衰竭相关影像学征象；气管和后腔静脉背侧移位；在心脏位置可发现有腹腔器官影像，如气体、食物或软组织密度的结构。

3. 超声检查 当X线检查结果不能确定时，可进行超声检查，可在胸腔中发现肝脏、脾脏、胃肠道等腹腔器官的影像。

【治疗】待动物病情稳定后进行外科手术修复。

二、脐 疝

脐疝是指腹腔的脏器（网膜、肠道、脾脏等）通过脐孔进入脐周围皮下形成的突起。主要是先天性脐部发育缺陷导致出生后脐孔闭合不全，是犬猫发生脐疝的主要原因；部分脐疝是由于分娩期间母犬/母猫撕咬脐带过程中造成脐带过短，或分娩后过度舔幼崽的脐部，导致脐孔不能正常闭合而发生脐疝。脐部出现大小不一的圆形突出物，触诊无明显红、肿、热、痛。大部分脐疝能还纳腹腔，此时可触及脐孔。犬猫的脐疝多数较小，一般无其他临床症状，精神、食欲和排便均正常，部分雄性犬可能同时存在隐睾。当脐疝的内容物发生嵌顿、粘连时则不能还纳腹腔，此时触诊疝囊硬实且不能触及疝孔。

【诊断】根据脐部出现局限性突出，挤压可明显缩小并能触摸到疝孔即可确诊。对不能还纳腹腔的脐部突起，可以进行X线和超声检查。X线侧位片和超声提示腹壁连续性中断。超声还能鉴别疝内容物的种类。

【治疗】大多数较小的脐疝一般不需要治疗，或者在进行绝育、剖宫产等腹腔手术时顺便进行修补。较大的脐疝如发生粘连、嵌顿则需尽快进行修补。手术过程中应将疝环周围组织切除，以形成新鲜创沿再进行缝合。

三、创伤性腹壁疝

创伤性腹壁疝是指外伤导致腹壁肌肉、腹膜破裂，腹腔内脏器脱出到腹壁皮下。发生在腹侧壁时，其内容物多为肠管和网膜；发生在腹底壁时，其内容物多为子宫、膀胱等。常见的病因是车祸、高处坠落、咬伤等，或在腹腔手术时由于缝线过细、打结不牢靠导致手术部位腹壁开裂。临床症状主要表现为在侧腹壁或腹底部出现一个局限性柔软的肿块，触诊无热、痛，内容物多可还纳，并能触及疝孔。

【诊断】根据病史，肿块能还纳且触及疝孔即可确诊。X线和超声检查能判断疝入的组织。

【治疗】发生腹壁疝时可能同时伴发有其他组织器官的损伤，因此在手术修复前应先进行全面的检查，以评估身体的状况，采取有效治疗措施控制和稳定病情。腹壁疝手术修复方法与脐疝、腹股沟疝类似。

四、腹股沟疝/腹股沟阴囊疝

腹股沟疝是指腹腔器官或组织通过腹股沟环脱出至腹股沟处形成的局限性突起。内容物多为大网膜、肠管，也可见膀胱、子宫甚至脾脏。主要是由于先天性腹股沟环闭锁不全引起，可单侧或双侧发生；多见于犬，少见于猫。母犬多发，而公犬主要表现为疝内容物沿腹股沟管下降至阴囊鞘内形成腹股沟阴囊疝，幼龄公犬常见。

腹股沟（阴囊）疝分先天性和后天性两类。先天性的发生与遗传有关，主要是因腹股沟环缺损或扩大导致，北京犬、沙皮犬、巴吉度犬多发。后天性腹股沟（阴囊）疝常见于成年犬猫，肥胖、妊娠、剧烈运动导致腹压增高，使得腹股沟环逐渐扩大，腹腔器官进入腹股沟管（阴囊）内引发本病。

【诊断】根据腹股沟（阴囊）处出现大小不等的突起，呈半球形、球形或条索状，挤压后能还纳腹腔，且在腹股沟处能触摸到疝孔即可确诊。对不能还纳的肿块，还应结合X线、超声检查，应与血肿、肿瘤、淋巴结肿大、睾丸肿瘤、睾丸扭转和睾丸炎进行鉴别诊断。X线或超声检查显示典型的肠管、网膜、子宫或膀胱影像时有助于做出诊断。

【治疗】确诊后应尽早手术修复，以避免发生粘连和嵌顿。对于腹股沟阴囊疝应同时进行去势手术。

五、会阴疝

会阴疝是指腹腔或直肠经盆腔后直肠侧面结缔组织间隙（盆膈）进入会阴部皮下形成的局部突起，疝内容物多为直肠、膀胱、前列腺、网膜等。可单侧或双侧发生。犬猫均可发生，犬发生率0.1%～0.4%，雄性中老年未绝育犬高发，雄性高于雌性。京巴犬、波士顿㹴犬、柯基犬、拳师犬、贵宾犬、混种犬等好发。发病根本原因是组成盆膈的肌肉变弱无力。盆膈是由外肛门括约肌、肛门提肌、尾骨提肌彼此粘连在一起围绕肛门组成。常见导致盆膈异常的原因有：雌性、雄性激素和松弛素分泌异常；先天性或获得性肌无力或神经性肌萎缩；前列腺炎、膀胱炎、尿路阻塞、结直肠阻塞、直肠偏离或膨胀、肛周炎、腹泻、便秘等引起的盆膈肌劳损。根据疝出内容物的大小及种类，临床症状不同。常见的临床症状包括：单侧或双侧会阴膨胀；便秘、里急后重；排便困难或用力排便；大便失禁；直肠脱垂；痛性尿淋漓或无尿；呕吐、胀气；膨大部位触诊软或硬。

【诊断】根据病史、临床症状和临床检查做出初步诊断。临床检查可见单侧或双侧会阴部肿胀，肿胀处通常可以还纳，患病动物排便困难。直肠检查是判断内容物是否为直肠的简单方法，如感觉直肠向一侧偏移且有大量积粪，即可确诊。如直肠位置未发生改变，可进行X线和超声检查，确定内容物性质。应与肛周肿瘤、肛周腺增生、肛囊炎、肛囊肿瘤、阴道肿瘤等进行鉴别。

【治疗】根据病情可考虑进行保守治疗和手术治疗。保守治疗适用于前列腺增生肥大和直肠偏移积粪的患病动物。口服醋酸氯地孕酮2.2mg/kg，每天1次，连用7d可减少前列腺增生。对排便异常的患病动物，可按0.5～1.0mL/kg，每天2～3次口服乳果糖通便，结合灌肠及手工掏便。

保守治疗无效的病患，应尽早进行手术治疗。术前2～3d应进行肠道排空处理，避免手术过程中粪便污染手术部位。传统的术式是将肛门外括约肌、尾骨提肌和闭孔内收肌直接缝合在一起以闭合疝孔，这种方法通常较容易复发。目前多采用改良后的术式，即在缝合前，先将闭孔内收肌从坐骨部分分离，并向背侧内翻，然后再与肛门外括约肌、尾骨提肌缝合在一起。采用不可吸收线间断缝合。对传统闭合手术失败、疝孔太大、相关肌肉严重萎缩的病患，可采用补片的方法进行无张力修补。

术后应饲喂纤维和水分多的食物，或给予粪便软化剂，以促进排便通畅，减少努责。雄性动物应同时进行去势手术以减少复发。对有严重直肠松弛的病患应同时进行直肠固定术，前列腺和膀胱脱出的动物应同时进行输精管固定术，能有效防止复发。

第七单元 呼吸系统疾病

鼻、喉及支气管疾病

一、鼻 炎

鼻炎是犬猫临床上较常见的上呼吸道疾病，是指由病毒、细菌、真菌、异物、肿瘤及过敏性因素引起的鼻腔黏膜炎症。其主要病理改变是鼻腔黏膜充血、肿胀、渗出、增生、萎缩或坏死等。犬瘟热和猫患上呼吸道病毒病（如杯状病毒病、疱疹病毒病等）时常伴发严重鼻炎，其治疗通常需对原发病进行抗病毒治疗。

（一）急性细菌性鼻炎

主要病原菌是支气管败血博氏杆菌及支原体，可由多种鼻腔疾病引起（如异物、口鼻瘘），是一种继发性并发症。

【诊断】患病动物表现单侧或双侧鼻孔流有黏稠鼻液，有时出现流鼻血，仅依靠其临床症状不能确诊本病。要确诊本病比较困难，因为正常鼻腔也有不同的菌群。

【治疗】根据药敏结果使用抗生素进行治疗。治疗起效后仍需连续用药一周。同时清理鼻孔、加强动物营养。

（二）慢性细菌性鼻炎

原发性细菌性鼻炎在犬猫不常见。当发生慢性感染时应怀疑猫的白血病、猫艾滋病。应与牙病引起的口鼻瘘、硬腭缺陷进行鉴别诊断。

【诊断】爱尔兰狼犬鼻炎综合征常认为是原发性免疫缺陷和慢性继发性细菌感染共同作用导致，其临床症状表现为幼年或年轻动物双侧鼻孔流清亮鼻液，呼吸有杂音，突发性打喷嚏；逐渐地鼻分泌物变浓稠甚至带血，可通过免疫试验进行确诊。

【治疗】至少使用4～6周的特效抗生素进行治疗，虽然能控制病情，但停药后可能会复发。雾化可缓解症状。

（三）真菌性鼻炎

真菌性鼻炎是指真菌感染引起的鼻腔内传染病，犬较猫易发，可引起严重的鼻炎。烟曲霉菌是犬最常见的真菌性鼻炎病原，偶见青霉菌引起；猫真菌性鼻炎较少见，可由新型隐球菌感染导致。

【诊断】主要发生在幼年到中年的长头犬、金毛犬、拉布拉多犬、边境柯利牧羊犬、德国牧羊犬。受感染动物表现为单侧或双侧鼻孔分泌黏液样或黏稠鼻液，偶带血丝，特征性病变为鼻腔无色素沉着或溃疡形成，有时也表现为面部疼痛、面部扭曲。

正常动物和患病动物鼻分泌物中都可能有真菌存在，因此不能仅凭培养结果确诊。X线的特征性变化是鼻小梁消失，额窦的前额骨明显增厚，鼻腔内出现白色斑点样影像；鼻窥镜检查可见真菌斑、受损伤的鼻甲骨，取活组织检查可见真菌存在。

【治疗】口服咪唑类或三唑类药物，或配合外科手术清除增生的组织。酮康唑每千克体重5～10mg，连用6～8周；伊曲康唑每千克体重5～10mg口服，毒性相对较小；恩康唑滴鼻液滴鼻，每天2次，连用7～10d，可达80%～90%的治愈率。

二、喉　　炎

喉炎是指喉黏膜和喉软骨发生的炎症。一般是由上呼吸道感染或吸入刺激性气体、烟雾、异物刺激，或气管插管损伤引起。可继发于犬传染性气管炎和支气管炎、犬瘟热，猫杯状病毒和猫疱疹病毒感染。多引起喉部黏膜或黏膜下水肿，严重时声音沙哑，声门受阻。

【诊断】主要根据临床症状、喉部听诊、喉部触诊出现喘鸣音加重进行诊断，确诊需要用喉镜检查。病初症状轻时主要表现为咳嗽，开始为干咳。喉部触诊、吸入冷空气或有灰尘的空气可引发咳嗽。病情严重时可表现为喉部水肿、吞咽困难、呼吸费力。

【治疗】使用皮质类固醇治疗喉黏膜水肿，氢化可的松为首选药，同时进行全身抗生素治疗。使用呋塞米等利尿药缓解喉水肿和治疗可能出现的肺水肿。通过雾化可以缓解由于吸入干燥空气导致的咳嗽，对疼痛明显的病患使用止痛药。必须尽快确定和治疗原发病。

三、鼻旁窦炎

鼻旁窦炎是上颌窦、额窦及蝶窦黏膜的炎症，临床表现为各鼻旁窦黏膜发生浆液性、黏液性或脓性甚至坏死性炎症，本病可分为原发性和继发性。原发性鼻旁窦炎多因犬、猫机体抵抗力下降时感染病菌所致；继发性鼻旁窦炎通常继发于急性、慢性鼻腔疾病，如鼻炎、流感、放线菌病、面部挫伤、骨折及变态反应等。

【诊断】主要是根据临床症状、放射学检查（特别是CT）、鼻镜检查、鼻活组织检查、深部鼻组织培养。鼻旁窦炎主要症状表现为鼻腔中流出大量鼻液，患病犬、猫呼吸困难，触诊时有痛感、局部肿胀，流出的鼻液起初为浆液性或黏液性的，其后为脓性并有臭味。当患病犬、猫剧烈运动、咳嗽或强力呼吸时，流出的鼻涕增多。如细菌性窦腔黏膜炎症发展到鼻腔黏膜时，则引起鼻炎，并可能通过鼻泪管感染，引起眼结膜炎，发生鼻泪管堵塞。急性严重病例除表现为流出脓性鼻涕外，还可能出现全身症状，体温升高，畏寒或颤抖，惊恐不安，狂躁惨叫。慢性病例主要表现为持续性流出黏液性或脓性鼻液，局部肿胀，无全身性症状和明显的疼痛。流出的鼻液量多少视发病部位不同而异，当患鼻旁窦炎时鼻液量较少，而患上颌窦炎和额窦炎时，则鼻液量较多。

【治疗】根据病因积极治疗原发病。对重症的幼猫或成年猫，需进行补液和补充营养等支持疗法。继发细菌感染的副鼻窦炎需要抗菌治疗 3～6 周；真菌性副鼻窦炎应根据鉴定结果选用抗真菌药。氟康唑（50～100mg，每天 1 次）或伊曲康唑（50～100mg，每天 1 次）口服，可有效治疗猫鼻隐球菌感染。伏立康唑（4mg/kg，每天 2 次）口服对犬鼻曲菌病有一定效果。恩康唑经额窦滴入，有效率达 90%。对药物治疗无效的病例需采用鼻窦切开术进行灌洗。

四、喉麻痹

喉麻痹是一种上呼吸道疾病，常见于犬，猫罕见。在一些大型品种的中老年犬中是常发生的一种后天性喉麻痹，如拉布拉多犬、大丹犬、金毛犬；而在法兰德斯畜牧犬、兰伯格犬、雪橇犬、斗牛犬中则是一种罕见的遗传性先天喉麻痹。

【诊断】主要是根据临床症状做出初步诊断，确诊需要在麻醉时进行喉镜检查。临床症状包括干咳、声音改变、呼吸有杂音，在应激时或用力时出现明显的呼吸困难，有喘鸣音和虚脱的表现。可出现反胃和呕吐，临床病程较缓慢，通常在呼吸窘迫症状出现前可达数月到数年。喉镜检查可见喉头运动消失或呼吸异常，喉头肌组织切片可见神经性萎缩。鉴别诊断包括肌炎、喉返神经或迷走神经肿瘤、炎症、重症肌无力、重度甲状腺功能减退、创伤，以及全身性神经病变。

【治疗】治疗的目的是缓解呼吸道阻塞症状。镇静和使用皮质类固醇对轻症病例有暂时效果，严重阻塞病例需进行气管切开。最确切的治疗是杓状软骨移位、喉室声带切除术和部分杓状软骨切除术、永久性气管造口术。

五、气管支气管炎

气管支气管炎是指气管和支气管的急性或慢性炎症，可分为原发性和继发性。犬传染性气管支气管炎（犬窝咳）常继发于呼吸道系统的病毒感染如犬流感病毒、犬Ⅱ型腺病毒或犬瘟热。寄生虫如奥妙猫圆线虫、嗜气毛线虫、狐齿体线虫及欧氏类线虫也是气管支气管炎常见的感染因素。气管炎可继发于口咽疾病，或与心脏病或非心脏病有关的咳嗽。吸入烟雾或有害化学烟雾也可引起。猫哮喘是幼猫、暹罗猫及喜马拉雅猫常见的病因。慢性支气管炎常感染小型犬，持续咳嗽长达 2 个月，但无明显的肺部疾病。

【诊断】主要根据病史、临床症状并在排除其他原因引起的咳嗽后做出诊断。

1. 症状 痉挛性咳嗽是典型症状，休息后、改变环境或开始运动时最严重。听诊时呼吸音基本正常，严重的病例可能闻及爆裂音，呼气有喘鸣音。体温轻微升高。咳嗽可持续2～3周。猫的哮喘可导致发绀和呼吸困难，并伴有嗜酸性粒细胞增多症。

2. 影像学检查 胸部 X 线检查可见支气管壁增厚，呈支气管病变模式改变；支气管镜检可见支气管中发炎的上皮和黏液脓性分泌物。支气管冲洗可用于细胞学和细菌培养，以鉴定出病原体。

【治疗】对原发病进行治疗。保证休息，在温暖和干净的环境中饲养。可用广谱抗生素对咳嗽进行治疗；干咳时可用可待因治疗；生理盐水雾化和拍打背部可使分泌物松动咳出。

六、猫哮喘

猫哮喘又称为猫慢性支气管炎、猫支气管哮喘及猫过敏性支气管炎。多数是因过敏导致，当猫受过敏原刺激时，5-羟色胺释放出来，导致气管平滑肌收缩，随着病情发展最终会导致支气管扩张及肺气肿。

【诊断】

1. 症状 猫可能表现出明显的哮喘症状，呈母鸡蹲坐状，脖子伸长并紧贴地面，发出粗的喘鸣音，有时也伴随咳嗽症状的出现，随着病情的加重，这种情况在1d内会不断地持续发生，有些则数天发作一次，轻微的甚至数月才发作一次。

2. 实验室诊断

(1) X线检查 拍摄胸腔正侧位X线片，主要表现为肺野间质性浸润，肺纹理增粗，也可能发现右心影像扩大、胃不同程度积气或肺气肿。

(2) 血常规检查 20%～75%的病例血常规检查出现嗜酸性细胞增多的表现。

(3) 心丝虫检查 心丝虫检查主要是为了排除心丝虫感染的可能性，用以做鉴别诊断。

(4) 其他高阶影像检查 如CT等。

【治疗】对急性发作且呼吸困难发绀的患猫需进行氧气疗法，必要时可使用类固醇如地塞米松和气管扩张剂如特布他林；如继发细菌感染需使用抗生素，经验用药为恩诺沙星或多西环素。在发作时也可使用猫专用的吸入剂进行控制。预防主要是避免过度肥胖，避免与过敏原如花粉、猫砂粉尘、尘螨等接触。

七、气管塌陷

犬的气管塌陷是一种渐进性、退行性病变，以气管软骨环形成不完全或弱化而导致气管扁平为特征的疾病。气管塌陷的发生可能与气管支气管炎、喉水肿、肺气肿、肝肿大、左心衰竭和肺心病有关。可能是先天性的，也可能是后天性的，塌陷的位置可能位于胸腔内气管，也可能位于胸腔外气管。气管塌陷最常见于中老年小型犬，如吉娃娃犬、博美犬、玩具贵宾犬、西施犬、拉萨犬、马尔济斯犬、巴哥犬和约克夏犬。原发性软骨异常导致气管环功能减弱，并伴有继发性因素如肥胖、近期进行过气管插管、呼吸系统疾病等，可加剧其临床症状。

【诊断】

1. 症状 临床症状取决于气管塌陷的位置和范围，从轻微的间歇性喘鸣或咳嗽到严重的呼吸窘迫和发绀。气管受压迫如牵拉项圈、兴奋、喝冷水时可诱发咳嗽。吸气时出现持续性的“鹅鸣音”。

2. 影像学检查 支气管镜检查在诊断气管塌陷中非常有用，是支气管塌陷评价的金标准，可分为轻度（气管25%塌陷）、中度（气管50%塌陷）、严重（气管75%塌陷）和完全塌陷（气管100%塌陷）。X线摄影、X线透视，以及CT均可用于明显气管塌陷的诊断，X线检查时侧位片最能清楚显示气管影像，而背腹位可显示气管在塌陷区域的梭形增宽影像，但由于与胸椎影像重叠而使得影像不明显。在头尾位X线片可见塌陷处的气管从圆形变成月牙形影像。塌陷位于颈段气管时，吸气相侧位片上可见颈段气管变窄，而胸段气管增宽的影像；在呼气相可见颈段气管正常，而胸段气管狭窄的影像。颈段和胸段气管都发生塌陷时，在侧位片上仅观察到一条狭窄的气管影像。

【治疗】积极治疗充血性心力衰竭或呼吸系统传染病等并发疾病；控制体重以提高呼吸系统功能；避免患病动物吸入刺激性气体，远离过敏原环境；避免使用项圈，可使用胸背带；使用盐酸阿托品（0.2～0.5mg/kg，每天 2 次）或布托啡诺减少咳嗽；慎用或少用糖皮质激素以避免感染加重；过度兴奋的动物可使用镇静剂；药物治疗无效的动物可使用气管支架进行治疗。

八、肺 水 肿

肺水肿是指肺内组织液的生成速度大于回流速度，导致大量组织液在很短时间内积聚在肺泡和细支气管内，使得肺通气和换气功能严重障碍。肺水肿通常分为心源性肺水肿和非心源性肺水肿：心源性肺水肿主要是由于左心衰竭导致肺毛细血管压增加，从而引起肺水肿。常见的病因有小型犬二尖瓣闭锁不全，大型犬扩张性心肌病和猫心肌病，动脉导管未闭、室间隔缺损，甲状腺功能亢进、贫血等。非心源性肺水肿主要是因血管通透性增加引起的肺水肿，在犬和猫中都不常见。主要有 3 种亚型：①神经源性肺水肿。多见于工作犬，头部受伤或其他因素引起颅内压升高时、癫痫发作，以及幼犬咬电线引起触电等情况。②间质组织压力降低继发的肺水肿。罕见继发于喉麻痹或其他形式的喉阻塞或压迫，斗牛犬由于上呼吸道疾病的高发病率，因此更容易发病。③毒性因子直接作用于毛细血管内皮和肺泡上皮引起的肺水肿，常见于以下情况：严重的病毒或细菌感染；吸入烟雾、二氧化硫或其他有毒气体；血管毒素如蛇毒、内毒素、煤油等，以及激肽、前列腺素、过敏原等血管活性物质；急性呼吸窘迫综合征、脂肪栓塞、尿毒症；肺创伤；吸入酸性胃内容物；吸入盐水或离子碘造影剂的高渗效应。

【诊断】

1. 症状　临床症状表现为急性极度的呼吸困难、呼吸急促，犬坐式呼吸，鼻孔或口中流出带血有泡沫的水肿液，黏膜发绀，肺听诊湿啰音。

2. X 线检查　肺不透明度增加，主要表现为肺泡病变模式，在水肿早期可能表现为无结构的间质病变模式；病变主要分布在尾背侧肺野，肺门周围也是常见的位置，但在颅腹侧较少见，在病情严重的病例，病变区域可向周围扩散，在早期或轻症病患多分布在肺野边缘，右肺通常更严重；与肺炎不同，肺水肿引起的不透明度增加很少伴随有空气支气管征；如果有上呼吸道阻塞，可见胸段气管扩张，肋间隙呈扇贝状，以及可见的上呼吸道阻塞的直接表现；胃扩张。急性心衰肺水肿呈广泛的散落分布，慢性心衰中肺水肿倾向于影响肺门周围和相关的肺叶；非心源性肺水肿病变主要集中在背部肺叶，并能扩展到肺前叶。

【治疗】根据病因选择利尿药并对原发病和并发症进行治疗。呼吸困难的动物需进行吸氧治疗，性情温和的动物可用面罩、鼻腔插管进行吸氧，紧张应激的动物需放在氧箱或重症监护仓进行治疗。使用抗生素防止继发细菌感染，糖皮质激素可预防“休克肺”的发生。

九、肺 气 肿

肺气肿包括肺泡性肺气肿和间质性肺气肿两种形式。肺泡性肺气肿是指终末细支气管远

端的气道弹性减退，导致肺泡过度膨胀和肺容积增大；间质性肺气肿是肺间质间气体存在引起的气肿。肺气肿在犬猫较为罕见，病变部位通常局限于肺周围，可以分为先天性肺叶气肿和获得性肺气肿。先天性肺叶气肿是一种罕见的幼犬先天性支气管软骨异常，导致动态气道塌陷和空气滞留，通常只有一侧肺或一个肺叶受影响，而其他肺叶可能有张力性塌陷，常见于西施犬、杰克罗素犬、巴吉度猎犬和北京犬幼犬。获得性肺气肿通常是由阻塞性细支气管病（如慢性支气管炎、猫哮喘、支气管肿瘤、支气管异物）导致动态气道塌陷和空气滞留引起。据报道，慢性代偿性恶性膨胀可引起大叶性肺气肿。轻度变化常见于患有哮喘的猫，犬和猫很少有明显的变化。变化通常是双侧性的。

【诊断】

1. 症状　临床症状表现取决于原发病的病程。患病动物表现出用力呼吸和渐进性的呼吸困难，听诊有喘鸣音和捻发音，胸壁听诊区扩大。胸膜下区域和间质组织可见大小不一的气泡。

2. X 线检查　X 线诊断需要拍摄吸气和呼气相的 X 线片，肺气肿时在吸气和呼气相的 X 线片中膈肌的位置或肺的不透明度没有区别。水平背腹位或腹背位的 X 线片对诊断肺气肿有帮助，因为下方的肺叶在肺气肿时不会出现塌陷。严重肺气肿呼气相 X 线征象包括：肺透明度增加，肺野增大；血管稀疏但清晰可见；横膈扁平向尾侧移位；肋骨间隙增宽。如果伴有肺叶气肿，则会有以下征象：纵隔向健侧移位并压迫未受影响的肺叶；病变肺叶因膨胀进入对侧胸腔；在侧位片，下侧肺叶因膨胀而不会发生塌陷。

【治疗】是一种不可逆的病变，但针对原发病进行治疗可显著改善症状，发生支气管阻塞时，可给予支气管扩张剂和消炎药。当发生肺大泡时，可进行手术切除。

十、异物性肺炎

异物性肺炎又称为吸入性肺炎，是指由于异物进入肺中导致的以肺炎、肺坏死为特征的肺部感染。因吸入物种类、数量不同，其严重程度不一样。在犬、猫，最常见的原因是喂药或灌食不当导致，在猫鼻饲管或胃食道管喂药过程太快，数量太多也容易引起。手术麻醉过程或麻醉后拔出气管插管刺激喉头时引起呕吐，也是引起犬猫异物性肺炎常见的原因之一。猫吸入一些无味道的刺激物如液状石蜡特别容易导致异物性肺炎；犬患重症肌无力后导致吞咽障碍引起的异物性肺炎是死亡最常见的原因。

【诊断】近期有异物吸入病史是最有价值的诊断依据。患病犬猫通常会发热，临床症状表现为急性呼吸困难，呼吸急促，心动过速，病情严重时可出现黏膜发绀、支气管痉挛的症状。当病情进一步恶化时，患病动物呼出的气体出现恶臭的味道，流脓性、红褐色或绿色鼻涕。听诊有喘鸣音、胸膜摩擦音。

【治疗】一旦确诊应立即使用广谱抗生素进行治疗，禁止使用止咳药。取支气管分泌物进行细菌培养和药敏试验，根据结果选用敏感的抗生素。雾化可促进异物通过咳嗽排出。对呼吸困难的病患，需进行吸氧治疗。维生素 E 等抗氧化剂有一定疗效。

本病重在预防，动物麻醉前需进行 8h 以上的禁食，防止麻醉前后呕吐；喂药和灌食时应让动物自在吞咽，动作轻柔；对喉麻痹、食道扩张、重症肌无力的病患，应避免经口喂食，使用胃食道管或胃管灌食。

十一、肺动脉高压

肺动脉高压（PH）是一种肺动脉内血压升高（收缩压大于 30mmHg）的疾病，肺动脉是肺的主要血液供应来源。肺动脉高压导致流向肺部的血流量和氧气输送减少，以及右心压力增加。肺动脉高压在犬身上比在猫身上更常见，小型犬更常见。犬和猫肺动脉高压最常见的原因包括：慢性肺部疾病（如支气管炎。肺纤维化在小型犬种中很常见）；肺血栓栓塞；肺部寄生虫感染（如犬心丝虫病）；心内或动静脉分流；特发性（原因不明）。

【诊断】可通过病史、临床症状和影像学检查进行诊断。

1. 症状 患病动物是否出现临床症状与疾病所处的阶段有关。中度到严重的肺动脉高压在犬猫中常见的临床症状包括：呼吸急促、呼吸困难；晕厥；运动不耐受；嗜睡；咳嗽；腹水；缺氧等。体格检查可发现第二心音广泛分裂，肺动脉瓣第二心音亢进，肺动脉喷射性喀喇音，右室第三心音，三尖瓣反流杂音和颈静脉扩张。此外，肝淤血和外周水肿也是常见的晚期表现。

2. 影像学检查 初步诊断可通过使用多普勒超声估测肺动脉压力进行评估。确诊需通过右心导管测定肺动脉血压大于 30mmHg，但这种方法在犬猫中较少应用。严重病患用 X 线检查可见肺动脉增大和右心增大。

【治疗】肺动脉高压在大多数病患中是可以治疗的。在一些病患如患有心虫感染或先天性心血管分流病患，肺动脉高压可以通过治疗原发病而完全消除。对继发于慢性肺部疾病或被特发性的肺动脉高压病患，这种疾病是不可治愈的，但可通过改善气道功能的药物（支气管扩张剂），减少气道炎症（糖皮质激素）和降低肺动脉压力（肺血管扩张剂）进行控制。常用西地那非（1mg/kg，8h 口服一次）扩张肺部血管。

十二、肺动脉栓塞

肺动脉栓塞（PE）是指内源性或外源性栓子堵塞肺动脉或其分支引起肺循环障碍的临床和病理生理综合征，其中，最主要、最常见的种类为肺动脉血栓栓塞（PTE）。由于肺部血管普遍血压较低，因此是血栓栓子常见的停留部位。犬猫发生 PTE 后可出现严重甚至致命的临床症状。栓塞发生后除因血流减少外，出血、水肿和支气管收缩也会共同导致呼吸障碍的发生。血栓阻塞和血管收缩引起血管阻力增加，导致肺动脉高压，最终导致右心衰的发生。常见形成血栓的原因包括静脉淤积、湍流、血管内皮损伤和血液黏稠。此外由细菌、寄生虫特别是心丝虫、肿瘤或脂肪也是常见的栓子，可引起肺动脉栓塞。犬 PTE 的发生与蛋白丢失性肾病、犬心丝虫病、心内膜炎、心肌病、坏死性胰腺炎、皮质醇增多症、免疫介导性溶血性贫血、败血症、糖尿病、肿瘤、动脉粥样硬化、创伤及大型外科手术有关；猫的 PTE 多与心肌病和肿瘤有关。

【诊断】根据临床症状、胸部 X 线片、动脉血气分析、超声心动图做出初步诊断。确诊需要进行 CT 血管造影检查、肺血管造影、肺选择性血管造影或核素扫描。选择性血管造影是诊断 PTE 的金标准。

PTE 临床症状无特异性，大多数情况下动物的主要症状表现为急性呼吸窘迫，休息时症状不明显，活动后症状加重，部分动物可发生心源性休克和猝死。听诊时第二心音响亮或分裂，偶尔会听到爆裂声或喘息声。常规的诊断方法不能确诊，如有发生急性呼吸窘迫则必

须高度怀疑，特别是那些有明显呼吸道症状但无明显影像学变化时。

在许多PTE病患中，尽管有严重的下呼吸道症状，但肺部在胸片上表现正常，最常见的影像学变化发生在肺尾叶。在一些病例中，由于出血或水肿引起局灶性或楔形的间质或肺泡病变，导致肺血管影像模糊。因栓塞无血供的肺区域透明度增加；可出现弥漫性间质和肺泡病变、右心增大。有些病例出现少量胸腔积液，超声心动图可显示心脏继发性变化（如右心室增大、肺动脉压增高）、潜在疾病（如心线虫病、原发性心脏疾病）或血栓。

动脉血气分析显示患病动物有轻度或重度低氧血症和低碳酸血症。吸氧后低血氧情况不能改变支持PTE的诊断。

【治疗】 所有疑似PTE的病患都应给予积极的治疗。给缺氧的病患吸氧；输液维持循环血容量，但避免输液过量；使用氨茶碱扩张支气管；用西地那非治疗肺动脉高压。对易发生凝血的病患考虑使用抗凝药物如肝素进行抗凝治疗，防止新的血栓形成。症状严重的PTE病患多数预后不良。

十三、胸膜炎

胸膜炎是指围绕于肺及胸壁内侧的黏膜发炎。胸膜腔是脏层和壁层胸膜之间形成的空腔，正常情况下，胸膜是非常光滑的，肺在呼吸时能够扩张和收缩。当患有胸膜炎时，这些组织就会肿胀和发炎，表面变得不光滑，呼吸时，两层胸膜就相互摩擦，从而产生疼痛感。胸膜炎症可分为干燥性、浆液纤维素性、脓性肉芽肿性或化脓性。干燥性胸膜炎常在炎性胸膜积液之前发生，可因细菌、病毒感染或外伤导致。干燥性胸膜炎的诊断主要是根据患病动物有快而浅的呼吸，不明原因的胸痛、干咳，以及听诊时有胸膜摩擦音。血清纤维素性胸膜炎与犬肝炎、犬钩端螺旋体病、犬瘟热、犬和猫的上呼吸道病毒和寄生虫感染有关，如猫圆线虫病和犬旋尾线虫病。结核病是引起严重浆液纤维素性胸膜炎的罕见原因。脓性肉芽肿性胸膜炎与猫传染性腹膜炎有关。化脓性胸膜炎，又称为脓胸，是胸膜腔细菌或真菌引起的败血症导致的。细菌主要来源于穿透胸壁的伤口，细菌性肺炎，迁移性异物，食道穿孔，颈椎、腰椎或纵隔感染。胸部咬伤常与猫脓胸有关。野犬患有脓胸，常怀疑草芒的吸入和迁移。厌氧菌和诺卡菌最常从脓胸犬中分离出来。诺卡菌和放线菌通常与异物有关。胸膜感染通常是多种微生物混合引起。

【诊断】 根据临床症状、胸部X线检查、CT、心电图和血液检查进行诊断。胸壁疼痛是最典型的临床症状，呼吸、咳嗽或吠叫时疼痛加剧。其他症状还包括呼吸短促、呼吸困难、精神沉郁，偶见咳嗽和发热。中性粒细胞增多伴或不伴左移是最常见的血液学表现。X线检查可见增厚的胸膜指向肺门。对胸腔渗出液进行细胞学检查和细菌分离培养，可鉴别出发病的原因。

【治疗】 必须尽早开始全身抗生素治疗，必要时根据培养和敏感性结果进行调整，预后谨慎。建议联合氨苄西林钠（20mg/kg 静脉注射，每天3次）、恩诺沙星（5mg/kg 静脉注射，每天2次）、克林霉素（11mg/kg，每天2次）进行治疗。

十四、胸腔积液综合征

胸腔积液综合征是以胸腔内病理性液体积聚引起的一种常见临床症候。任何原因导致胸膜腔内液体产生增多或吸收减少，即可引起胸腔积液，可分为渗出液和漏出液。犬猫的纵隔通常是不完全的，因此多数的胸腔积液都是双侧性。漏出性胸腔积液是由体循环静水压增高和血浆胶体渗透压降低引起，最常见的病因是心衰；其次是肝硬化和肾病综合征引起的低白蛋白血症。渗出性胸腔积液是因局部病变使胸膜毛细血管通透性增加，导致液体、蛋白、细胞和其他血清成分渗出，最常见的原因是感染（如诺卡菌感染、结核菌感染、猫传染性腹膜炎、猫传染性鼻炎等）、恶性肿瘤等。

【诊断】根据临床症状、胸部X线检查、CT检查和胸水检查诊断。

1. 症状　常见的临床症状有呼吸困难、呼吸急促，以及严重的呼吸障碍，特别是在紧张和运动后更为明显。患病动物端坐呼吸，不愿躺下。胸部听诊呼吸音减弱，心音模糊，叩诊呈浊音。

2. 影像学检查　胸腔X线检查是确定胸腔积液的首选方法，根据积液量的不同，影像表现也不同。侧位片可见胸膜裂隙（线）增厚，腹侧呈软组织密度均一影像，心脏边缘及横膈模糊，肺影呈扇贝形，肺远离胸壁，肺部分不张，表现为轻至中度间质型病变。胸部CT或超声检查更加敏感，可以检测出少量的积液，也能发现胸腔占位性病变。根据积液成分的不同，超声影像表现为无回声至弱回声的影像。

3. 胸腔积液分析　主要是用来诊断病因，根据积液的颜色可区分血性、乳糜性、脓性和其他类型的胸腔积液。血性积液常见于外伤、凝血功能障碍、肿瘤等；乳糜性常见于外伤、肿瘤、充血性心衰（特别是猫）、心丝虫病、传染病等；脓性常见于诺卡菌、放线菌、结核菌感染；漏出液多见于低蛋白血症如严重的肝病、肾病等。

【治疗】有临床症状的病患应进行胸腔穿刺抽出积液缓解呼吸困难症状。更重要的是治疗引起胸水的原发疾病。慢性、反复发作、有症状的胸腔积液可行胸膜固定术或留置胸腔引流管间断引流。

十五、气　胸

气胸是指气体通过胸壁创口或从肺或后纵隔进入胸膜腔，造成胸膜腔积气的状态。常见病因为胸壁外伤，肺部疾病如肺脓肿坏死、肺肿瘤、慢性肺病，气管或支气管破裂（气管插管或咬伤等）使得气体从肺泡、支气管或气管内进入胸膜腔。其症状可能是轻微呼吸加快，也可能迅速发展为严重的张口呼吸。轻微的气胸在临床上很难诊断，但X线检查对查明潜在的病因是很有价值的。

气胸可分为创伤性气胸和自发性气胸，创伤性气胸又可分为开放性和闭合性气胸。开放性气胸是指胸膜腔与外界相通，气体从外界进入胸膜腔中；闭合性气胸指胸壁未受破坏，气体从体内器官进入胸膜腔中。闭合性外伤性气胸是最常见的气胸类型，通常继发于钝性外部创伤如交通事故等。当胸腔受到突然撞击使胸膜腔内压迅速升高，引起支气管或肺组织撕裂，气体进入胸膜腔导致气胸。开放性外伤性气胸是由胸壁损伤引起，常见的原因有枪伤、咬伤、刺伤或交通事故，吸气时，空气通过伤口迅速进入胸膜腔，使得胸腔压力与大气压力相平衡。此外，医源性因素如胸腔穿刺术、心包穿刺术、支气管镜检查、胸腔镜检查等也可将空气带入胸膜腔内引起气胸。膈肌破裂时，腹腔内的游离气体进入胸膜腔也可引起气胸。纵隔气肿可引起气胸，但气胸不能造成纵隔气肿，如果两者同时发生，应寻找纵隔气肿的原因。

自发性气胸是指在没有创伤或医源性因素时发生的无确切原因的气胸，常见于肺泡或肺大泡破裂。原发性自发性气胸发生时肺组织是正常的，最常见于深胸大型猎犬，特别是西伯

利亚爱斯基摩犬，没有性别倾向，中年犬更常见。而继发性自发性气胸比较常见，多发生于有潜在的肺部病变时，如慢性肺炎、肺气肿、肺肿瘤、肺炎、肺脓肿、肺寄生虫（如肺吸虫、心丝虫病）、迁移性植物异物和哮喘。

【诊断】

1. 症状 患病动物主要表现为呼吸困难和呼吸急促。肺听诊肺音减小，胸壁叩诊为清音。

2. X线检查 X线检查侧位照可见心脏边缘远离胸骨，在心脏和胸骨间透光度增加且未发现肺组织影像；肺边缘与胸壁、横膈和胸椎分离，部分或全部的肺塌陷，塌陷部分肺叶不透明度升高，分离区域不透明度降低且无肺组织影像；有时可能存在胸腔周围骨骼如肋骨、胸骨或胸椎骨折，肺挫伤或肺出血的影像。

3. CT检查 CT检查在评估胸部时比X线摄影更敏感。CT更能识别异常（如肿块、肺叶扭转、血栓栓塞），在开胸手术前确定肿块病变的范围，并能更好地识别自发性气胸患者空洞病变。

【治疗】积极治疗原发病。少量气胸且动物无临床症状时可保守治疗，患病动物静养避免应激，密切监视防止病情突然恶化。对有症状的动物应进行胸腔穿刺，抽出胸腔内的气体。自发性气胸需安装胸导管定期抽出气体。

十六、脓　胸

脓胸是指胸膜腔内脓液积聚，见于化脓性细菌或真菌侵入胸膜腔时。犬脓胸的细菌来源包括支气管肺炎、肺部脓肿、外伤、食道穿孔、化脓性胸膜炎。异物如某些植物的种子，通过肺进入胸腔。最常见于幼年到中年的中大型犬，运动犬和狩猎犬易患此病，雄性比雌性多发。猫的脓胸通常是原发性的，细菌通常来源于口腔。

【诊断】根据临床症状、胸部X线检查和超声检查确定胸腔积液是否存在，是单侧的还是双侧的，通过胸腔穿刺可以做出诊断，穿刺抽出恶臭的脓性积液。

1. 症状 症状可能是急性的，也可能是慢性的。主要表现为呼吸急促、端坐式呼吸、肺音减弱、呼吸时腹部和胸廓不同步、发热、嗜睡、厌食和体重减轻也很常见。动物可能出现败血性休克或表现出全身炎症反应。

2. 积液成分分析 积液进行细胞学检查，可见大量退行性中性粒细胞，有些病例可能会发现肿瘤细胞。脓液进行细菌培养鉴定，常见有类杆菌、链球菌、放线菌。

【治疗】病初使用广谱抗生素治疗，根据细菌培养和药敏试验结果选用合适的抗生素，并与甲硝唑或克林霉素联合使用。放置胸导管排出胸腔脓液，定期用温生理盐水进行胸腔灌洗直到洗出液澄清为止，并在胸腔内使用抗生素。蛋白水解酶可以有效消除胸腔内的纤维素，防止粘连的发生。

十七、乳糜胸

乳糜胸是指乳糜在胸腔内积聚。乳糜来源于胸导管，肠道淋巴管携带富含甘油三酯的液体，经胸导管进入前胸腔的静脉系统。乳糜除含有甘油三酯外，还含有淋巴细胞、蛋白质和脂溶性维生素。胸外伤后胸导管破裂可导致短暂性乳糜胸。但大多数病例的乳糜胸并不是胸导管破裂引起的。引起非创伤性乳糜胸的可能原因包括全身性淋巴管扩张、炎症和淋巴管阻塞。乳糜胸可分为先天性、外伤性和非外伤性三种。先天性乳糜胸一般在老年才出现。外科手术（如开胸）或非手术因素（如被车撞）是常见的引起乳糜胸的创伤性因素。乳糜胸的非创伤性原因包括肿瘤，特别是猫的纵隔淋巴瘤；心肌病、心丝虫病、心包疾病及其他右心衰原因；中央静脉血栓形成、肺叶扭转、膈疝和系统性淋巴管扩张。特发性乳糜胸的病患大多数没有潜在的疾病。乳糜胸可能与纤维素性胸膜炎和心包炎有关，炎症和心包增厚可促进乳糜液的进一步形成。

【诊断】临床症状没有特异性，需通过X线检查和胸水细胞学和生化检查确定为乳糜。一旦诊断出患乳糜胸，就需要进一步的诊断性检查，以确定潜在的病因。

1. 症状 任何年龄的犬猫均可发生乳糜胸。阿富汗猎犬和柴犬可能更常见。主要的临床体征是典型的胸腔积液导致的呼吸窘迫。嗜睡、厌食、体重减轻和运动不耐是常见的症状，某些病例可能只出现咳嗽症状。

2. 影像学检查 胸腔X线检查表现为均一中等密度影像，肺边缘回缩，可见胸膜裂隙线，表现为典型的胸腔积液影像。当发生纤维素性胸膜炎时，肺叶呈贝壳样圆形边界。CT检查比X线检查更敏感，可以更好地发现局部细小病变。淋巴管造影术可用于确定淋巴管扩张、阻塞部位，以及极少情况下从胸导管渗漏的部位。在进行手术结扎淋巴管之前，要进行淋巴管造影。

3. 胸腔积液检查 乳糜胸的胸腔积液为乳白色，应与假乳糜进行鉴别。乳糜苏丹Ⅲ染色呈阳性，加醚类试剂后变澄清，甘油三酯含量高于血清，细胞成分较高，主要为淋巴细胞和脂肪球。

4. 超声检查 主要用于排除心脏和心丝虫引起的乳糜胸。

5. 血液学检查 外周血检查淋巴细胞减少和低蛋白血症。在猫建议监测甲状腺激素浓度。

【治疗】胸腔穿刺抽出积液缓解呼吸困难症状。饲喂高碳水化合物、低脂肪的食物可减少乳糜产生的量，并改变乳糜渗漏的特性。外伤性乳糜胸一般不需要专门治疗，香豆素卢丁（20～50mg/kg，3次/d）可减少乳糜的生成。对保守治疗无效的病例，可进行手术治疗。手术治疗包括胸导管结扎和心包切除术，术前应先进行淋巴管造影，确定胸导管位置，术后再次进行造影，以评估手术效果。也可进行胸膜、腹膜引流术，但引流通常只能持续几个月的时间就发生堵塞。

第八单元 心血管系统疾病

第一节　心 肌 病

一、扩张性心肌病

犬扩张性心肌病（DCM）是一种病因不明的心肌疾病，表现为心脏收缩和舒张功能的异常。而猫DCM通常是由于牛磺酸缺乏引起。左心室扩张是典型的变化，也可伴有右心室扩张，心肌收缩力下降。在收缩末期和舒张末期心室的容积均扩张，导致二尖瓣闭锁不全，继而引发心房扩张。DCM的病因尚不明确，可能的原因有遗传因素、病毒感染、食物中缺乏左旋肉碱、牛磺酸等。常见于大丹犬、杜宾犬、拳师犬、爱尔兰猎狼犬、纽芬兰犬等大型品种。DCM可分为隐匿期、临床前期和临床期3期。隐匿期时超声、心电图无明显异常，无临床症状；临床前期超声和心电图显示扩张型心肌病改变，临床无症状；临床期超声、心电图异常，出现无力、腹围增大、四肢水肿、咳嗽、呼吸急促、晕厥、猝死等临床症状。

【诊断】

1. 症状　疾病早期通常无明显症状，当急性发作时可出现呼吸困难、咳嗽、虚弱无力、运动不耐受、晕厥、腹水等充血性心力衰竭的症状，严重的病例可发生猝死。听诊可表现为无杂音或房室瓣区域有收缩期杂音或奔马律。

2. 实验室诊断

（1）*X线检查*　在隐匿期和临床前期通常无明显变化，或表现为左心增大；在临床期心脏轮廓中度到重度增大，左心房增大，在侧位片中可见气管向背侧移位，气管与胸椎夹角变小，正位片可见左右支气管分叉处的夹角增大；肺野出现不同程度淤血，胸腔积液。

（2）*心电图*　表现为P波时限和振幅异常，PQ间期延长，QRS波高电压；室性或/和房性期前收缩；阵发性心动过速；房颤。猫和爱尔兰猎犬由于出现胸腔积液，会导致心电图电压下降。动态心电图有助于提前发现心电异常，从而帮助早期诊断。

（3）*超声检查*　超声表现为左右心室增大，常伴随有左心房和右心房扩张；心室壁和室间隔收缩和舒张运动程度减弱，M超中可见心肌运动振幅减弱；房室瓣开放程度受限，瓣叶结构无异常，纤维化扩张，EPSS距离增大；猫中如出现左心房扩张则可出现血栓，而在犬则很少出现；可出现心包积液、胸腔积液和腹水；M超中左心室射血分数和收缩期缩短分数下降，EPSS增加，左心室射血时间缩短；收缩期末容积与舒张期末容积比值升高。多普勒检查显示血流速度变慢。

（4）*血液检查*　肾功能指标由于灌注障碍出现异常。猫的血清牛磺酸可能出现下降，肌酸激酶和肌钙蛋白升高。

【治疗】当出现临床症状时很容易发生心源性猝死，预后不良。发生急性心衰时可用正性肌力药物持续静脉滴注；使用降低心脏前后负荷的药物，扩张血管药物，抗心律失常药物，降低心率药物，利尿药等。补充左旋肉碱、牛磺酸或镁等。

二、肥大性心肌病

肥厚性心肌病（HCM）是指心肌局限性或广泛性增厚，引起左心室或左右心室向心性肥厚。HCM早期左心室内径通常无明显异常，随着病情加重，左心室容积开始变小，收缩末期心室内压力增大，左心房所承受的后负荷增加，导致左心房扩张，HCM晚期常出现血栓和房颤。可分为原发性HCM和继发性HCM，原发性HCM是常染色体显性遗传疾病，肌球蛋白和肌节收缩蛋白基因突变是主要致病因素。继发性HCM多是由于甲亢、糖尿病、系统性高血压、肢端肥大症、先天性大动脉狭窄、库欣综合征、肾脏疾病引起的血压升高导致。心尖部是肥厚最先发生的部位，然后向室间隔发展，最后是心肌游离壁。

【诊断】

1. 症状　HCM是猫最常见的心脏病，短毛猫是好发品种，缅因猫常染色体显性遗传致病基因已被发现，而犬较少发生HCM。许多患HCM的猫通常无明显临床症状，随着病情的发展会出现包括食欲减退、体重减轻、胸腔积液、呼吸困难、张口呼吸、四肢特别是后肢疼痛跛行甚至瘫痪，患肢厥冷的临床症状，有时会出现猝死的病例，特别是在有猝死史的群体。

2. 实验室诊断

（1）*X线检查*　病情不同阶段X线表现不同，在正位X线片中可见心脏轮廓正常或明显增大，呈典型“心”型。当继发房室瓣关闭不全时可出现心房增大、肺淤血，严重时出现胸腔积液。当发生左心流出道狭窄时，可出现主动脉增宽。

（2）*心电图*　心电图表现与心肌肥厚程度有关，肥厚程度低时可表现正常。常见变化为R波振幅增大，猫大于0.9mV，犬大于3mV；ST段上抬或压低的心肌缺血表现；可出现心动过速，室性或室上性心律不齐；猫常出现左束支传导阻滞。

（3）*超声检查*　二维超声和M型超声可见左心室或/和右心室壁肥厚，室间隔不对称性肥厚，也可仅表现为心尖部或乳头肌肥厚。心室收缩期末和舒张期末内径变小；严重病例左心室流出道狭窄时可见SAM现象（收缩期二尖瓣叶出现向前运动），左心耳可出现云雾样表现或出现血栓。部分病例可出现少量心包积液或胸腔积液。多普勒超声可见二尖瓣反流信号。

（4）*血液检查*　通过血液学检查排除内分泌疾病、肾脏疾病和代谢性疾病；缅因猫和布偶猫可进行基因测试。

【治疗】预后和疾病的严重程度有关，有效的治疗可以延长生命，未进行治疗的病例可出现猝死；当出现充血性心力衰竭时预后不良。对患HCM但无症状的猫可给予钙离子通道阻断剂，如β受体阻断剂阿替洛尔；出现充血性心力衰竭的猫可以给予呋塞米利尿，出现胸腔积液时应进行穿刺抽出积液；室上性心律不齐可以用普萘洛尔（心得安）或硫氮草酮控制，室性心律不齐可以用普萘洛尔（心得安）或利多卡因控制；当有形成血栓风险时需使用抗凝药和抗血小板凝聚药，可考虑使用阿司匹林25mg/d。

第二节　先天性心脏病

先天性心脏病

一、房室间隔缺损

房室间隔缺损是一种先天性心脏病，可分为房间隔缺损（ASD）和室间隔缺损（VSD）两种。房间隔缺损属于左向右分流型，引起右心房和左心室容量负荷过高导致肺动脉相对狭窄，听诊时可听到3级心脏杂音。常见于拳师犬、德国牧羊犬、巡回猎犬，在猫大多是多发缺陷，很少单独存在。室间隔缺损在犬猫中大多是以单独的先天畸形发生，但也可以与其他心血管疾病如房间隔缺损、动脉导管未闭和法洛四联症同时出现，多发生在室间隔的膜部，对于猫多发现位于主动脉瓣膜下。

【诊断】

1. 症状　ASD的症状与缺损大小有关，大部分ASD很小，不引起临床症状，仅可听诊到心杂音。如果ASD较大或与其他先天性心脏缺陷同时发生，可出现右心或左心衰的症状，包括心率增加、呼吸困难、咳嗽、运动不耐受。猫的ASD更多与其他先天性缺陷同时发生，故更可能出现心衰症状。

大部分VSD很小，但可在体格检查时听诊到明显心杂音。多数轻度VSD犬猫终生无临床症状；但如果VSD较大或与其他先天性心脏缺陷同时发生，可出现左心或右心衰症状。

2. 实验室诊断

（1）X线检查　ASD一般无明显异常，根据严重程度不同可观察到右心增大，肺动脉干增粗。小型缺损的VSD通常无明显异常，中到大的缺损可见左心室或左右心室以及左心房不同程度扩大，肺动脉不同程度突出，肺部血管影像明显。

（2）心电图　ASD大多无明显异常，可能出现心电轴右偏，右束支传导阻滞或房颤。小型缺损的VSD心电图基本正常，中到大的缺损可见明显增高的R波和扩大的QRS波，这是左心肥大的征象。

（3）超声检查　ASD在二维超声下可见右心房和右心室扩大，房间隔处缺损，彩色多普勒可见缺损处湍流。VSD在二维超声下可见不同程度的室间隔缺损，表现为无回声区；M超下可见室间隔运动失调，以及继发心室和心房大小的改变；彩色多普勒可见缺损处湍流和左心向右心的血流。

（4）血液生化检查　多数无明显异常。

【治疗】轻度ASD和VSD通常对动物寿命无影响，无须治疗。严重的ASD和VSD或有心衰表现的病例，可使用利尿剂（呋塞米），血管紧张素酶抑制剂（依那普利），强心剂（匹莫苯丹）。如伴有心律失常可结合使用其他药物。ASD或VSD修补术通常需在可进行开胸术的专科动物机构进行。患犬体型需足够大才可进行此类手术。一些重度ASD和VSD可使用经胸超声引导实施封堵。

二、动脉导管未闭

动脉导管未闭（PDA）是一种先天性心脏病，贵宾犬、德国牧羊犬、边境牧羊犬、查理王猎犬为高发品种，少见于猫，可分为由左向右分流型和由右向左分流型两种。该病是指犬猫出生后连接主动脉和肺动脉间的动脉导管持续存在，在没有其他结构性心脏异常或肺血管阻力正常的情况下，由于出生后动脉压升高，出现主动脉经动脉导管向肺动脉的左向右分流。动脉导管是连接肺动脉与主动脉的正常结构，动脉导管的开放在胎儿循环中是非常必要的。出生后，血氧浓度的升高和前列腺素水平的下降引起动脉导管的关闭，如果不能自行闭合，则会形成动脉导管持续开放的情况。血流动力学变化取决于动脉导管的大小，小的动脉导管未闭很少产生症状，大的动脉导管未闭产生左向右分流，分流的血液通过肺流入左心，导致左心容量负荷增大，进而导致肺淤血。随着时间的推移，大的分流导致左心增大，肺动脉高压和肺血管阻力增加，使左向右分流变为双向分流，接着变为右向左分流，非氧合的静脉血进入体循环，引起缺氧症状，此即为继发性从右向左分流型 PDA；出生后开放的动脉导管同时伴有肺动脉高压时，会导致在降主动脉的右向左分流，此即为先天性右向左分流型 PDA。

【诊断】

1. 症状 左向右分流型 PDA 的临床症状取决于动脉导管未闭的大小，小型动脉导管未闭除心脏杂音外可长期都无临床症状，大的动脉导管未闭可出现脉搏急促、左心功能不全的表现，如负荷能力减低、呼吸急促、咳嗽、心动过速、生长迟缓、营养障碍等。右向左分流型 PDA 由于血液含氧量降低，刺激肾分泌促红细胞生成素，导致红细胞升高，引起血液黏稠度增加，不但加重了组织缺氧，还可引起动脉血栓；其临床症状根据动脉导管的大小可出现呼吸急促、后肢无力、虚弱、抽搐、四肢远端头面部紫绀、激动时晕倒等症状，在犬中是排在第二位的容易发生紫绀的心脏病。心脏听诊典型的左向右分流型 PDA 心音表现为渐强和渐弱的持续性杂音（机械样杂音），在左侧心底部最清晰，有时杂音仅仅局限在心底部；右向左分流型 PDA 大多数时候听不见心脏杂音，第二心音响亮或分裂，当继发三尖瓣闭锁不全时会出现三尖瓣区域收缩性心杂音。

2. 实验室诊断

（1）X 线检查 左向右分流型 PDA 在 X 线片上的变化表现为不同程度的左心增大和左心充血性改变。约 50%的患病动物可观察到主动脉弓、肺动脉干和左心耳，几乎所有的患病动物位于导管附近的降主动脉都有不同程度的扩张，由于分流产生的高血压，导致肺动脉和肺静脉出现扩张，最终可能导致肺水肿。

右向左分流型 PDA 在侧位和背腹位 X 线片上可见右心室增大，在背腹位片上可见肺动脉干明显扩张，而肺血管随着病情的发展可从总体变细到明显增宽，肺野可出现间质性变化。

（2）心电图 左向右分流型 PDA 的大多数病患出现窦性心动过速，有时出现房颤或室性早搏；最常见的心电图异常是左心房增大（P 波增宽）和左心室增大（在Ⅱ、Ⅲ、aVF 导联和左胸壁导联中 R 峰振幅增大）。右向左分流型 PDA 心电图可见右心室增大（Ⅰ、Ⅱ和 aVF 导联上可见 S 波）伴有心电轴右偏，可能会显示右心房增大（P 波增宽）。

（3）超声检查 左向右分流型 PDA 的超声表现与分流大小和患病时间长短及继发性改变有关，大部分会出现左心室扩大，但心室壁厚度正常；左心房增大程度较左心室轻，但当继发二尖瓣闭锁不全时，可出现左心房明显增大；肺动脉干增粗，在主动脉干和肺动脉干之间可见动脉导管，彩色多普勒可显示动脉导管内的层流和肺动脉干内湍流。

右向左分流型 PDA 的超声表现可见左心室和左心房增大，右心室向心性或离心性肥厚，右心房常扩张；在舒张期和收缩期室间隔平坦；肺动脉干明显增宽，动脉导管很难显示清晰；收缩期大部分显示从肺动脉通过动脉导管的层流；常出现肺动脉瓣、三尖瓣闭锁不

全，血流加速；主动脉、二尖瓣通常无异常。

(4) 血液检查　左向右分流型 PDA 无明显异常；右向左分流型 PDA 红细胞增多，血气分析动脉血缺氧，促红细胞生成素含量增高。

【治疗】左向右分流型 PDA 缺损大的动物预后不良，非常小的缺损可以长期生活而无症状。右向左分流型 PDA 预后不良。

左向右分流型 PDA 当存在肺淤血时，采用利尿剂和血管紧张素酶抑制剂。通过外科手术结扎动脉导管，大部分动物能痊愈，但当已经并发充血性心力衰竭时，仅有约 60%的动物能康复。目前也可使用介入治疗的方法将封堵器植入动脉导管内，起到封堵的作用。

右向左分流型 PDA 治疗的目的是降低血液黏稠度，可通过定期放血来治疗。同时配合抗血栓治疗。单纯的右向左分流型 PDA 是关闭动脉导管的禁忌证。

三、持久性右主动脉弓

持久性右主动脉弓是犬在胚胎期主动脉弓发育异常而形成的先天性血管畸形，属于犬先天性发育异常，猫很少发病。在犬的胎儿期，背部动脉通常起于左侧第四鳃状弓，位于食管和气管左侧。若右侧第四鳃状弓像背部动脉一样存在，左动脉导管保留动脉韧带，食管被夹在韧带、心基、肺动脉和气管之间形成一个环状结构，这些异常结构引起食道狭窄，导致犬进食时出现呕吐的症状。

【诊断】

1. 症状　患犬在进食过程中出现反流，由于长期不能正常进食，导致生长发育迟缓，体格瘦弱，当发生误吸时可引起异物性肺炎而出现呼吸困难的症状。在进食后可以在颈部触摸到扩张的食道。一般在断奶后开始出现症状，德国牧羊犬和爱尔兰狸犬多发。

2. 实验室诊断

(1) X 线检查　在心基部头侧可见扩张的食道内有气体、液体和/或食物的影像，气管被扩大的食道压向腹侧，食管造影检查可见心基部前方扩大的食管，在狭窄处有少量造影剂通过。当继发吸入性肺炎时可见肺出现相应变化。CT 血管造影的方法可以清晰显示血管环。

(2) 心电图　无特异性改变。

(3) 超声检查　在二维超声上不能观察到畸形的血管环。多普勒有时出现非常狭窄的反流性层流血液进入肺动脉内。无法用彩色多普勒探查到。

【治疗】治疗的效果与食管扩张的程度和时间有关，早期治疗能有较好的效果。通过手术结扎切除压迫食管的血管环，尽可能清除食管壁的结缔组织，术后采用直立位喂食能减轻食物反流的程度。

四、肺动脉瓣狭窄

肺动脉瓣狭窄是肺动脉狭窄的一种类型，也是最常见的一种。肺动脉瓣狭窄导致肺灌注量减少。由于湍流形成，肺动脉干增粗，右心压力负荷增大导致向心性肥厚。常继发右心流出道出现动力性狭窄，肺动脉瓣或三尖瓣关闭不全，以及卵圆孔永存。比格犬、拳师犬、英国斗牛犬、猎狐㹴犬、吉娃娃犬、萨摩耶犬和英国可卡犬发病率较高，猫较少见。

【诊断】

1. 症状　无特异性。轻度到中度的病例可能无症状。严重狭窄病例可引起运动不耐受、晕倒、昏厥和右心衰竭。在左心基部可听到刺耳的心脏收缩音，心杂音明显时可出现心前区颤抖。股动脉脉搏正常，但可见颈静脉膨胀及有规律的跳动。

2. 实验室诊断

(1) X 线检查　中度和重度狭窄时右心室增大，正位片上肺动脉干扩张；在极重情况下，肺血流量降低（动脉和静脉变窄）。后腔静脉扩张提示回流受阻。

(2) 心电图　中度到重度情况下，在Ⅰ、Ⅱ、Ⅲ和 aVF 导联中出现深的 S 波，心电轴右偏的右心增大表现。

(3) 超声检查　可见右心室壁和室间隔增厚，左心室正常或变小，室间隔变平；肺动脉瓣不同程度的增厚，肺动脉扩张。多普勒超声可见狭窄处附近湍流；根据肺动脉血流速度大小评估狭窄的严重程度。

【治疗】 预后与狭窄严重程度密切相关，可以很好或中等，甚至发展到出现昏迷和猝死。轻度到中度的建议 3～6 个月复查一次，直到动物成年后病情稳定为止，以后一年复查一次。出现腹水时可以使用利尿剂。严重的瓣膜狭窄可使用球囊扩张术，此后长期服用 β 受体阻断剂减少漏斗部的狭窄。

五、主动脉瓣狭窄

主动脉瓣狭窄是指由于主动脉瓣增厚或二尖瓣增厚导致主动脉瓣不能完全打开，使心脏很难泵出血液。对于猫，也可能是瓣膜缘与主动脉壁紧密接触造成的。动物可能在毫无症状的情况下发生心源性猝死，或者存在长期充血性心力衰竭、呼吸困难、食欲不振、体重减轻、疲劳和晕厥等症状。多见于德国牧羊犬等有先天性心脏缺陷的犬，猫相对较少见。

【诊断】

1. 症状　轻度狭窄的动物可能无任何症状，即使正常饮食，也只有中等营养状态，很少出现充血性症状。在左侧第四肋间和左侧颈总动脉附近可听到渐强到渐弱的杂音。严重的狭窄导致心排出量减少，可引起杂音分级降低。可能出现心律失常。猫中可以在左侧或右侧胸骨旁 3/4 肋间听到喷射样杂音。

2. 实验室诊断

(1) X 线检查　通常心脏轮廓无明显改变。严重狭窄的动物可出现主动脉影增宽，左心室增大，甚至失去正常心脏形态。当左心功能不全时才会出现左心房增大以及肺静脉淤血。

(2) 心电图　无特异性。可表现为高尖的 QRS 波；延长及多变的 ST 段、QRS 波变形、左束支传导阻滞；心律失常。

(3) 超声检查　是评估狭窄程度的重要方法。经胸壁超声检查和经锁骨下超声被认为是诊断的金标准。彩色多普勒在狭窄处可见湍流，频谱多普勒可见狭窄处血流速度明显增加；二维超声心动图可见不同程度的向心性或偏心性、肥厚性心肌病（乳头肌、室间隔增厚）；主动脉瓣增厚狭窄，高度狭窄的病例可继发升主动脉部扩张。

(4) 血液生化检查　无特异性，可出现心肌酶的升高。

【治疗】 根据临床症状确定治疗方案。无症状动物需每年至少做一次超声和心电图检查。β 受体阻断剂用于延长舒张期，降低心肌的耗氧量，降低血流速度和压差。利尿剂和正性肌力药物用于改善充血性左心功能不全。环形狭窄可采用球囊扩张术，或手术切除狭窄病变区域。

六、法洛氏四联症

法洛氏四联症是心脏罕见的结构异常，包括肺动脉狭窄（瓣膜型、漏斗型或二者同时存在）、继发性右心肥大、大的室间隔缺损以及主动脉右位骑跨在缺损的室间隔上，可通过来自左右心室的血液。常见于狮子犬、㹴犬、卷尾狮毛犬等品种。由于流出道明显狭窄，出现具有特点的右向左分流型室间隔缺损。在一些情况下机体产生一种酶，引起促红细胞生成素升高。由于静脉血进入体循环，导致缺氧发绀。动物表现为生长缓慢、紫绀、呼吸急促和呼吸困难，不耐运动，不安，晕厥和猝死。

【诊断】

1. 症状 患病动物出现紫绀、呼吸急促、呼吸困难，晕厥。根据分流形式不同出现左心和/或右心功能不全的征象。在6～12月龄时伴有生长障碍。在左侧心基部可以听到肺动脉狭窄导致的由高变低的杂音，偶见心前区震颤。

2. 实验室诊断

（1）X线检查 无特异性变化，可能出现右心增大，心尖变圆，肺动脉干增粗。

（2）心电图 常出现右心增大，心电轴右偏，可能出现右束支传导阻滞等心律失常。

（3）超声检查 可见右心室肥厚增大；室间隔变平，运动异常；室间隔缺损和主动脉骑跨；右室流出道狭窄，肺动脉瓣或漏斗部狭窄。多普勒超声可见室间隔缺损处血流及肺动脉狭窄处血流速度增加和反流。

（4）血液检查 可能出现缺氧和红细胞增多。

【治疗】预后不良。可使用β受体阻断剂，当出现红细胞增多时需进行放血疗法。

第三节 后天性心肌病

一、二尖瓣闭锁不全

二尖瓣闭锁不全又称二尖瓣反流，是指二尖瓣在左心室收缩期间无法完全闭合，导致血流从左心室反流进入左心房。常见的原因包括二尖瓣垂脱、退行性二尖瓣增生、左心室扩张等。可引起心力衰竭、心律失常和心内膜炎等并发症。二尖瓣闭锁不全可是急性的，也可是慢性的。常见急性二尖瓣闭锁不全的原因有二尖瓣腱索断裂、感染性心内膜炎、心肌炎导致左心室急性扩张等；慢性二尖瓣闭锁不全的原因有退行性二尖瓣增生、二尖瓣垂脱、扩张性心肌病、左心室扩张和功能损伤引起的二尖瓣病变等。

【诊断】

1. 症状 急性二尖瓣闭锁不全可引起与低血压、呼吸困难、急性肺水肿、疲劳、虚弱等心脏衰竭、心源性休克、呼吸骤停或心源性猝死的症状。慢性二尖瓣闭锁不全在早期大多数无症状，随着左心房增大、肺动脉压和静脉压升高，以及左心室功能失代偿，症状逐渐恶化，常见症状包括呼吸困难、疲劳（由于心力衰竭）、犬坐呼吸。二尖瓣闭锁不全的主要体征是全收缩期杂音，轻度二尖瓣闭锁不全的收缩期杂音可能短促或出现在收缩晚期。

2. 实验室诊断

（1）X线检查 轻度二尖瓣闭锁不全无明显变化，随着病情的发展，可出现左心房增大，气管上抬，肺野出现不同程度淤血表现，肺水肿，胸腔积液和腹水。

(2) *心电图* 可显示左心房和左心室肥厚，肺性P波，房性期前收缩，房颤，房室传导阻滞。

(3) *超声检查* 二维超声变化与引起二尖瓣闭锁不全的病因有关，可用二维超声检查是否存在瓣膜增生、左心室和左心房是否扩大，是否存在肺动脉高压等；多普勒超声可见二尖瓣存在不同程度的反流信号和肺动脉高压。

【治疗】 对无症状病患不需药物治疗，只需进行临床和心脏超声跟踪，必要时预防心脏瓣膜炎。症状明显的病患，根据临床表现采取不同措施：给予心脏病处方粮，去除肺淤血，降低前后负荷等，必要时使用正性肌力药物、抗心律失常药物、醛固酮抑制剂、支气管扩张剂。出现肺水肿时需用利尿药和吸氧治疗，对于烦躁不安的动物需进行镇静。

二、三尖瓣闭锁不全

三尖瓣闭锁不全又称三尖瓣反流，是指右心室每次收缩时血液通过三尖瓣反流进入右心房的过程，通常继发于引起右室增大的疾病。通常不表现出明显的症状和体征，但严重三尖瓣闭锁不全可引起颈部搏动，全收缩期杂音和右心室诱发的心力衰竭或心房颤动。与其他心脏瓣膜病不同，三尖瓣闭锁不全通常发生在受其他心脏疾病影响的正常瓣膜中。最常见的病因是右心室扩大和血液从右心室流入肺部的阻力增大，如肺气肿或肺动脉高压。其他不太常见的病因包括心脏瓣膜感染（感染性心内膜炎）、三尖瓣先天缺陷、损伤等。

【诊断】

1. 症状 大部分情况下无症状，但当右心房压力升高时可导致颈内有搏动感，肝肿大，四肢末端水肿。患病动物出现运动不耐受、咳嗽、呼吸困难、呼吸急促、虚弱等症状。迷你贵宾犬、吉娃娃犬、可卡犬、腊肠犬、博美犬、雪纳瑞犬、西施犬、查理王猎犬为多发品种。

2. 实验室诊断

(1) *X线检查* 一般正常，但在伴有右心室肥厚或右心室功能不全诱发心力衰竭的重危病例可能出现前腔静脉扩大、右心房或右心室轮廓增大或胸膜腔积液。

(2) *心电图* 通常正常，但在重危犬猫中，可能显示由右心房扩大所致的高尖P波，或出现高R波特征性的右心室肥厚或心房颤动。

(3) *超声检查* 可见三尖瓣闭合不全，有些病患出现三尖瓣增生，部分封闭等结构异常，可出现右心房增大；彩色多普勒检查可见明显反流。

【治疗】 轻度三尖瓣闭锁不全通常不需要治疗。但需对引起三尖瓣闭锁不全的原发基础病如肺水肿、肺动脉高压、肺动脉瓣狭窄或左室、左房病变进行治疗。治疗出现的心房颤动和心力衰竭。严重三尖瓣闭锁不全的病患需手术修补或置换三尖瓣。

三、心肌炎

心肌炎是以心肌兴奋性增高而收缩机能减弱为特征的心脏肌肉局灶性和/或弥漫性炎症。临床上分为急性和慢性心肌炎，以急性非化脓性心肌炎比较常见，而慢性心肌炎实质上是心肌营养不良的过程。心肌炎是犬较罕见的一种心脏病。通常继发或并发于细菌、病毒和寄生虫等传染病。犬心肌炎的病因包括病毒（如细小病毒、西尼罗河病毒、犬瘟热病毒、传染性肝炎病毒）感染、细菌（如链球菌）感染、寄生虫（如锥虫、弓形虫、肝簇虫、犬恶丝虫、巴贝斯虫等）病以及中毒病（如汞、砷、磷、锑、四氯乙烯等的中毒）的经过中。某些血清制剂、青霉素和磺胺类药物过敏，高血钾都可致发本病。心肌炎也可由心包炎或心内膜炎蔓延而来。

【诊断】

1. 症状　急性传染病引起的心肌炎，绝大多数有发热、精神沉郁、食欲减退或废绝。最突出的临床表现是心率增快的程度与体温升高不相符。轻微活动后，患病动物的心率就会明显加快，运动停止后需经较长时间休息才能恢复到运动前的心率。有的心律失常，动脉压下降。当心脏代偿能力下降时，出现第一心音高朗、第二心音微弱、脉搏细弱、发绀、水肿、体表静脉怒张等心力衰竭的表现。除上述症状外，患病犬猫还伴有原发病的症状，最终因心力衰竭而死亡。

2. 实验室诊断

（1）*心电图*　可出现各种类型的传导阻滞，以房室传导阻滞多见，出现早搏、房性心动过速和房颤；ST 段压低，T 波低平，QT 间期延长，R 波低电压。

（2）*血液检查*　白细胞总数升高，心肌肌酸激酶升高。

确诊需要进行病理组织学检查。

【治疗】治疗的原则是减少心脏负担，增加心脏营养，提高心脏收缩功能，根据病因积极治疗原发病。病初不宜使用强心剂，以免心肌过度兴奋而迅速心力衰竭，可进行心区冷敷。后期，心肌收缩机能减退时，应使用20%安钠咖注射液皮下或肌内注射，犬的剂量为0.5～1.0mL。洋地黄制剂是本病的禁用药物，因为它具有增强心肌兴奋性、延缓传导性、延长心肌舒张期的作用，会促使发生心力衰竭，甚至死亡。使用利尿剂和改善心肌营养的制剂，如呋塞米、葡萄糖、ATP 等，治疗心力衰竭。加强护理，给予易消化而含丰富营养的饲料，并限制钠盐的摄入。

四、心包炎

犬猫心包炎是指心包壁层和脏层的炎症。临床上最常见的是引起心包纤维化的缩窄性心包炎。多数继发于病毒性疾病（如猫传染性腹膜炎、流行性感冒、传染性单核细胞增多症等）、细菌性疾病（如结核病、放线菌病、脑膜炎双球菌感染等）、真菌性疾病（如球孢子菌病）、免疫性疾病（如系统性红斑狼疮）及外伤等。

【诊断】

1. 症状　患病动物表现为精神沉郁，食欲减退甚至废绝；因疼痛表现为拱背，肘关节外展，结膜潮红或发绀；多数患病动物出现发热，脉搏细弱，心区触诊敏感，出现躲避检查的表现，强行检查时，动物出现狂吠或呻吟。

2. 实验室诊断

（1）*心脏听诊*　在病初心搏动亢进，而后出现心包摩擦音。当心包内渗出液增加时，心音明显减弱。后期出现右心衰竭的症状，如浅表静脉怒张、皮下水肿、发绀、肝肿大、腹腔积液等。

（2）*心电图检查*　主要表现为 QRS 波电压降低，P 波时限延长，可出现早搏、心房纤颤等，当炎症波及心肌时还可见 S～T 段上抬或压低。

【治疗】将患病动物放在安静的环境中，避免兴奋和运动。给予抗生素或磺胺类药物，积极治疗原发病，同时采用利尿剂以消除水肿。对于心包内有大量积液的患病犬、猫，需进行心包穿刺，以免发生心包填塞。早期施行心包切除术可有效避免病情进一步发展。

五、心内膜炎

心内膜炎通常是细菌感染引起的一种急性或亚急性的疾病。主要是在瓣膜或/和心内膜形成脓毒性血栓，以及菌血症为特征。瓣膜上形成的赘生物很容易破碎并形成栓子，最终出现充血性心衰。以二尖瓣病变为主，也引起主动脉瓣病变。病原菌主要为链球菌、棒状杆菌、变形杆菌、金黄色葡萄球菌和大肠杆菌，罕见真菌感染。4 岁左右的犬猫发病较高。

【诊断】

1. 症状　所有品种犬猫均可发病，病史不清晰，无特异性，可出现体温升高、虚弱无力、出现心脏之外的其他部位感染，长期治疗无效。临床症状与累及的器官有关，出现脓血症和菌血症，出现影响关节和肾小球的继发性免疫介导性疾病。嗜睡、食欲下降、体重减轻、间歇热、跛行、体表有瘀斑形成、呼吸困难、化脓性或非化脓性关节炎。在二尖瓣和主动脉瓣区听诊有收缩期杂音，主动脉瓣区有舒张期杂音。

2. 实验室诊断

（1）X 线检查　可能无明显变化，当发生重度瓣膜闭锁不全时可引起左心室肥大，导致心脏轮廓部分增大，部分病患可能出现肺水肿。

（2）心电图　主要表现为心动过速、房室传导阻滞、室性早搏甚至房颤。

（3）超声检查　二维超声检查可见二尖瓣瓣膜增厚，赘生物形成，瓣膜垂脱，心肌和心包可出现不均匀高回声；彩色多普勒检查可见二尖瓣关闭不全及反流。

（4）其他检查　血常规可能表现为贫血、白细胞升高；生化检查肾功能和肝功能异常；血液培养 50%～80%表现为菌血症，培养结果为阴性不能排除细菌性心内膜炎的存在；对跛行的患病动物可进行关节腔穿刺，关节液检查可表现为脓性或非化脓性关节炎。

【治疗】预后不明确。治疗应选用杀菌性抗生素，用药周期长达 4～6 周，使用剂量应在最小抑菌浓度以上。对抗生素的选择应根据药敏检查结果，在等待药敏结果或培养结果为阴性的动物，应联合使用抗生素，可用氨苄西林和庆大霉素静脉给药，然后用阿莫西林和喹诺酮类如恩诺沙星口服给药 3～5 周。

六、心律不齐

心律不齐又称心律失常、心律不整，是指心脏电传导系统异常所引起的各种症候，泛指任何不正常的心跳或心律问题，包括心跳不规则、过快或过慢的总称。大部分轻症心律不齐无临床症状，严重的心律不齐会导致晕厥、呼吸困难，部分会导致心力衰竭的发生，甚至导致心跳骤停、休克、猝死。心律不齐可分为四大类：期外收缩、室上性心动过速、室性心律失常及心动过缓。期外收缩包括心房期外收缩及心室期外收缩。心室上性心动过速包括房颤、心房扑动，以及阵发性室上性心动过速。室性心律不齐包括心室颤动和室性心动过速。

【诊断】

1. 症状　主要与心律不齐的种类和严重程度有关，轻症的无临床症状，严重的会出现晕厥、呼吸困难、心脏骤停、猝死等临床症状。

2. 心电图诊断　心律失常的诊断主要是通过有十二导联心电图及动态心电图进行诊断，

不同类型的心律不齐心电图表现不一。

【治疗】大部分心律失常都可以有效地治疗，包括药物治疗、放置心脏起搏器以及手术。心动过速的药物包括乙型交感神经阻断剂或抗心律失常药物如普鲁卡因胺，而后者在长期使用有较显著的副作用。心脏起搏器通常用在有症状且药物治疗无效的心动过缓患病动物。抗凝血药用在某些心律不规则（如心房颤动）的病患以降低形成血栓的风险。严重的危及生命的心律不齐需要进行电击治疗。常用的治疗心律不齐的药物有：钠离子通道阻断剂、β受体阻断剂、阻断 K^+ 通道抗纤维颤动药物、Ca^{2+} 通道阻断剂。

七、心力衰竭

心力衰竭又称心功能不全、心脏衰弱，是指由于心脏的收缩功能和（或）舒张功能发生障碍，不能将静脉回心血量充分排出心脏，导致静脉系统血液淤积，动脉系统血液灌注不足，从而引起心脏循环障碍症候群。心力衰竭不是一个独立的疾病，而是心脏疾病发展的终末阶段，绝大多数的心力衰竭都是以左心衰竭开始的，首先表现为肺淤血水肿。根据病程的长短，可分为急性心力衰竭和慢性心力衰竭；根据发病原因又可分为原发性心力衰竭和继发性心力衰竭。急性原发性心力衰竭主要是由压力负荷（运动或训练过度）和/或容量负荷（输液过量）过重导致心肌负荷过重引起；急性继发性心力衰竭多继发于急性传染病（如猫瘟、犬细小病毒感染），以及各种中毒性疾病（如毒鼠药中毒）。慢性心力衰竭又称充血性心力衰竭，主要是由于心脏缺损如室间隔缺损、瓣膜闭锁不全等导致在休息时动物不能维持循环平衡并出现静脉循环充血、血管扩张、肺淤血水肿、四肢远端水肿、心脏增大和心率加快。

【诊断】

1. 症状

（1）*急性心力衰竭*　患病动物表现为精神沉郁，食欲减退甚至废绝；运动不耐受，呼吸急促，黏膜发绀，颈静脉怒张；心率快且亢进，脉搏细数，有时出现心内杂音和心律不齐；随着病情的发展各种症状明显加重，出现肺水肿，肺听诊广泛湿啰音；鼻孔流出细小泡沫状鼻液；心搏动明显，第一心音高朗，第二心音微弱，伴发阵发性心动过速。

（2）*慢性心力衰竭*　病情发展相对就缓慢，病程可长达数周、数月或数年；患病动物精神沉郁，食欲下降，运动不耐受；黏膜苍白或发绀；四肢远端和腹部皮下水肿，按压可出现指压痕；呼吸急促且深；尿量减少，大便正常或腹泻，随着病情的发展可出现明显心杂音、心律失常，组织器官淤血缺氧，可出现咳嗽、呼吸困难和腹水或胸水。

2. 实验室诊断

（1）*X 线检查*　肺不透明度增加，出现肺水肿表现，心脏轮廓可出现增大，后期可出现胸腔积液，腹部可见肝脏肿大，甚至腹水的影像。

（2）*心电图*　心电图变化与病程有关，可出现心动过速、肺性 P 波、QRS 波时限延长等变化。

（3）*超声检查*　超声检查结果与引起心力衰竭的病因有关，可出现室间隔缺损、瓣膜闭锁不全，心脏增大，心肌肥厚，主动脉瓣狭窄，瓣膜反流等改变。

【治疗】治疗的原则是加强护理，减轻心脏负担，缓解呼吸困难，增加心肌收缩力和排血量及对症治疗。急性心力衰竭通常来不及治疗，病程长的可参考慢性心力衰竭进行治疗。

慢性心力衰竭的治疗应在治疗前进行分期，一般可以分为4级，根据不同的分期采取合理的治疗措施。一级心力衰竭是指存在心脏疾病，但未出现心力衰竭的临床症状，这一阶段患病动物心脏可以代偿而不需要进行治疗。二级心力衰竭的动物患有轻度到中度的心衰，在安静状态下也有心衰的临床症状，活动后症状更加明显，其治疗包括控制运动量，避免应激，使用低剂量利尿剂，如每千克体重2mL的呋塞米，也可以使用血管紧张素抑制剂，如依那普利每千克体重0.5mL口服，每天2～3次，出现心律不齐时需使用抗心律不齐药物。三级心力衰竭的动物临床症状明显，即使在安静状态下也能明显出现。治疗期间应严格限制运动，限制钠的摄入，增加利尿药的剂量，严重的病例需要联合使用利尿药，定期检查肾功能、血液电解质浓度，使用血管紧张素抑制。当出现严重的心律失常时，可用地高辛控制室性心动过速。四级是心力衰竭的紧急情况，表现为即使安静状态下也出现呼吸窘迫的症状。治疗时要去除任何的致病因素，动物绝对的静养休息，吸氧，静脉注射呋塞米利尿，对紧张的动物使用镇静剂，使用血管扩张剂如ACE抑制剂或硝酸甘油，使用地高辛或静脉注射多巴酚丁胺提高心搏出量，治疗心律不齐。

八、心包积液

心包积液是犬猫最常见的心包疾病，指心包腔内因各种原因如感染、外伤、肿瘤等出现液体蓄积。当心包内出现急性大量液体蓄积，导致心脏舒张充盈受限，影响心功能时称为心包填塞。先天性心包积液大多数发生在中型和大型犬，如圣伯纳、大丹犬、德国牧羊犬和金毛犬等，多数为良性表现，雄性较雌性发病率高；而中老年犬的心包积液多是感染、心包肿瘤导致，德国牧羊犬常见血管肉瘤，拳师犬、斗牛犬多见心肌瘤。猫心肌病和猫传染性腹膜炎可引起心包积液，而原发性心脏肿瘤较少见，但转移性疾病如淋巴肉瘤较常见。

【诊断】

1. 症状　常见临床症状包括无力、虚弱、运动不耐受、呼吸困难、腹围增大、晕厥以及其他心力衰竭的表现。听诊心音减弱，可出现第三心音和心包摩擦音，心搏动力差；颈静脉膨胀、腹水、肝脾肿大。

2. 实验室诊断

(1) X线检查　心脏轮廓增大呈球形，胸膜腔和腹腔可能有积液，当有大的心肌瘤时可导致气管向尾侧移位。

(2) 心电图　所有心电图波均表现为低电压，电交替，心律不齐，心率正常或心动过速，房颤。

(3) 超声检查　二维超声可见心包腔内有无回声或低回声液体影像，当积液量较多时可出现心脏在心包内摆动的征象；左右心室舒张受限，心室腔变小。多普勒超声可见吸气时右心室血流速度增快，左心室血流减慢，呼气时右心室血流速度减慢，左心室血流加快。

(4) 心包液检查　确定心包积液是渗出液还是漏出液；离心后取沉渣染色后镜检，观察看是否有肿瘤细胞；当怀疑是凝血功能异常时，抽血检查凝血因子是否正常。

【治疗】预后取决于心包积液的原因，肿瘤引起的血性积液预后不良。当发生心包填塞时，应及时进行心包穿刺抽出心包积液，缓解症状。肿瘤引起的血性心包积液在穿刺或进行心包切除术后可能会导致出血变得更严重，因此术前应进行评估。

九、猫动脉血栓栓塞

猫动脉血栓栓塞形成的要素包括局部血管或组织损伤（如心内膜心肌损伤）、血液停滞（心肌收缩力降低时）或凝血功能改变。好发于患肥厚性心肌病的猫，栓塞的位置最常见于主动脉终端（鞍部，因此又称为鞍状血栓），偶见于主动脉右支，罕见于主动脉左支。临床症状与栓塞发生的位置、栓塞严重程度和时间、栓塞附近侧支循环建立的程度以及并发症发展的速度有关。

【诊断】

1. 症状　根据栓塞发生的部位，其症状不同。90%以上的猫会出现腹主动脉鞍部栓塞，最常见的临床症状包括后肢单侧轻瘫，因疼痛导致的嚎叫，患肢触诊股动脉微弱或消失、末梢冰冷、肉垫发绀。部分患猫会出现呼吸困难、呼吸急促、厌食及惊厥等症状。

2. 实验室诊断

（1）*X线检查*　大部分患猫进行胸部X线检查时会表现为心脏轮廓增大，双侧心房扩张，在背腹位/腹背位时呈爱心样外形。可能会出现肺水肿和/或胸腔积液的表现。

（2）*心电图*　心电图检查85%患猫出现心电图异常，包括窦性心动过速、室上性/室性期前收缩、室上性/室性心动过速。

（3）*超声检查*　心脏超声检查时在左心房或左心室中通常会发现烟雾样回声血液影像，左心耳附近可能发现血凝块；95%的患猫左心房通常会出现不同程度的扩张，可能出现心肌肥厚。腹部超声检查大部分患猫会在腹主动脉鞍部发现栓塞影像。

（4）*血液生化检查*　一半的猫出现尿素氮和肌酐升高，肝脏转氨酶在血栓发生后12h开始升高，36h达到峰值；乳酸脱氢酶和肌酸激酶会在极短时间内因广泛的细胞损伤而大幅度升高。血清钾离子因肌肉细胞坏死释放而出现升高。

【治疗】治疗的目标是管理和控制心律不齐；支持疗法，保证营养，保温和防止自残；限制血栓的进一步形成；密切监控患肢变化、心律、血液指标和食欲；预防复发。常用的抗凝药物有肝素、香豆素。药物治疗无效的患猫考虑进行手术移除栓塞。预后通常与患猫心肌病和心衰程度有关。部分患猫通过积极治疗能康复，但仍可能复发。

第九单元　泌尿及生殖系统疾病

肾炎

第一节 肾脏疾病

一、肾炎

肾炎是指肾实质（肾小球、肾小管）、肾间质发生炎性病理变化的总称。临床以肾区敏感、疼痛，尿量减少，尿液中出现病理产物，严重时伴有全身水肿为特征。肾炎按发生部位可分为肾小球肾炎、肾小管肾炎、肾间质肾炎，按病程经过可分急性肾炎和慢性肾炎。

【诊断】主要根据典型的临床症状，特别是尿液的变化进行诊断。

1. 症状

（1）*肾区疼痛* 患犬/猫不愿活动，背腰僵硬，站立不安，抗拒检查。

（2）*排尿次数及尿液成分改变* 频频排尿但尿量较少，严重时会出现无尿现象。取犬清晨尿液为样品进行尿液检查。尿色浓暗，比重增高。有时出现血尿。尿中蛋白质含量增加。尿沉渣可见透明管型、红细胞管型、上皮管型，以及散在的红细胞、白细胞、肾上皮细胞及病原菌等。

（3）*水肿* 病程后期在眼睑、胸腹下、阴囊等处发生水肿。严重时可发生喉水肿、肺水肿或体腔积液。

（4）*心血管综合征* 动脉血压增高，第二心音增强。

（5）*尿毒症* 重症者血中非蛋白氮升高，表现出全身功能衰竭，意识障碍或昏迷，全身肌肉阵发性痉挛。

2. 病史调查 根据既往病史，是否患有某些疾病（弓形虫病、犬恶心丝虫病、钩端螺旋体病、犬传染性肝炎等）、恶性肿瘤、中毒等，能为诊断提供方向。

3. 实验室诊断 必要时可进行实验室检查，通过血液中肌酐、尿素氮含量及肌酐清除率以确诊。注意与肾病区别，肾病无血尿。

【治疗】原则：去除病因，加强护理，消炎利尿，对症疗法。

1. 改善饲养管理 将患犬/猫置于温暖干燥，阳光充足且通风良好的笼舍内，并给予充分休息，防止感冒。病初可施行1～2d的饥饿或半饥饿疗法。急性肾炎的少尿期以及出现水肿的动物适当限制水和无机盐的摄入，可多喂易消化的乳制品补充营养。慢性肾炎的多尿期易造成低钠血症，应注意适当补充食盐。

2. 药物治疗

(1) 消除感染　抗生素宜选用青霉素，如青霉素钾盐或钠盐、氨苄西林。氟喹诺酮类，如恩诺沙星、环丙沙星等。

(2) 抑制免疫反应　肾上腺皮质激素：可选用地塞米松、地塞米松磷酸钠、醋酸可的松。通过肾上腺素的刺激，间接实现肾上腺皮质激素分泌也有一定疗效。

某些抗肿瘤药物：多应用烷化剂的氮芥、环磷酰胺等，抑制抗体蛋白的形成。

(3) 利尿消肿　有明显的水肿时，可酌情选用利尿剂。如呋塞米、双氢克尿噻、乙酰唑胺、甘露醇。利尿的同时注意补钾，如醋酸钾。

(4) 对症治疗　当出现心脏衰弱时，可应用强心剂。如咖啡因、洋地黄毒苷。注意强心剂不可与钙制剂同时应用。当出现尿毒症时，应用碳酸氢钠注射液。当有大量蛋白尿时，应用丙酸睾酮，或苯丙酸诺龙。当有大量血尿时，可用止血敏、维生素K。为抗贫血，可肌内注射维生素 B_{12} 注射液，同时肌内注射含硒生血素，只注射一次。

3. 中药治疗　中医认为肾炎是本虚标实，其中以肾虚为主。故以温补脾肺、宜肾摄精，疏风清热、解毒渗利为治疗之法。代表方剂为六味地黄汤（加味）。兼有肺虚加黄芪、五味子；兼有心虚加麦门冬、薏苡仁；兼有肝虚加当归、白芍；肾虚明显者加枸杞子、杜仲；外感风寒加荆芥、防风；兼有风热加薄荷、金银花；兼湿热者加金钱草、石韦；严重畏寒者加附子、肉桂。

二、肾　病

肾病是肾小管上皮发生弥漫性变性的一种非炎性肾脏疾病。其临床特点为大量蛋白尿，明显水肿、低蛋白血症，但不见血尿和血压升高现象。病理变化以肾小管上皮发生浑浊、肿胀、脂肪或淀粉变性甚至坏死为主要特征。

【诊断】根据临床症状和实验室检查结果做出诊断。

1. 症状

(1) 尿量及颜色变化　肾小管上皮因受损严重发生高度肿胀，且坏死细胞堆积阻塞管腔，导致少尿或无尿，尿浓、色深、比重大。

(2) 蛋白尿及管型　肾小管上皮因变性，致使重吸收功能障碍，尿中有大量蛋白质。尿沉渣中有肾上皮细胞、透明及颗粒管型，但无红细胞管型。

(3) 低蛋白血症及水肿　因蛋白质大量丢失，血浆胶体渗透压下降，体液潴留于组织导致水肿。临床可见面部、四肢和阴囊等处水肿。严重时发生胸腹腔积液。

(4) 其他　病程较长或严重时，病畜常伴有沉郁、厌食、消瘦、口臭、呕吐、腹泻、胃肠道出血。重症晚期出现心率减慢、脉搏细弱等尿毒症现象。慢性肾病在早期阶段没有明显症状，当肾功能丧失75%后，慢性肾病的典型症状才会出现，如可出现尿量增多、比重下降。

2. 血液检查　血尿素氮和亮氨酸氨基肽酶升高，有报道称谷丙转氨酶升高具有参考价值。高磷血症是慢性肾病的主要血液学变化。肾病中后期会出现高血钾症及代谢性酸中毒。

3. 超声检查　超声检查是评估肾脏的首选影像学手段，可提供肾脏大小、形状、内部结构、血液动力学等信息。肾病可导致肾脏萎缩，个别患猫出现典型的髓质环征（皮髓质交界回声增强）。血液动力学指标在发生肾病时会发生明显改变。

注意与肾炎鉴别，肾炎除低蛋白血症、水肿外，尿液检查还可见红细胞、红细胞管型及血尿，且肾区疼痛明显。

【治疗】原则：消除病因，改善饲养，对症治疗。

1. 饲养管理 日粮应降低蛋白质、钠、磷的含量，增加膳食脂肪、可溶性纤维素和B族维生素。建议为患病动物配制相应的肾脏处方粮。

2. 药物治疗

（1）止吐 高胃泌素血症和高胃酸易造成恶心呕吐。可用马罗皮坦或米氮平。

（2）维持电解平衡 出现低血钾症，可在食物中添加柠檬酸钾或葡萄糖酸钾。出现代谢性酸中毒时，在食物中添加柠檬酸钾，或添加碳酸氢钠，间隔8～12h投喂。慢性肾病常并发高磷血症，可用氢氧化铝、醋酸钙。出现低钙血症时，可添加钙剂。

（3）补充蛋白质 可用血管紧张素转换酶抑制剂贝那普利和恩那普利。

（4）补水 脱水的治疗主要通过静脉注射晶体液体进行治疗。液体类型的选择要根据血气分析结果。最常用的是乳酸林格钠注射液。

（5）治疗贫血 肾性贫血的原因包括营养摄入不足及促红细胞生成素（EPO）生成不足。可皮下注射EPO、肌内注射右旋糖苷铁。

（6）降血压 可用钙离子通道阻断剂氨氯地平，钙离子通道阻断剂和血管紧张素转换酶抑制剂可以联合应用。

（7）中药制剂 以活血解毒、养阴清胃、益气血、补脾肾、泻浊湿为纲。代表药物有菟丝子、白术、茯苓、大黄、赤芍等。代表方剂有六味地黄汤、金匮肾气丸和四君子汤。

3. 针灸治疗 主要采脾俞、肾俞、三阴交、足三里、关元、气海等穴。目前兽医临床应用针灸治疗肾病的报道较少。

犬患肾病应用激素类药物常有良好的效果。可用泼尼松、地塞米松。

三、肾结石

肾结石是晶体物质（如钙、草酸、尿酸、胱氨酸等）在肾脏内异常聚积所致的泌尿系统常见病。该病症状取决于结石的大小、形状、所在部位和有无感染、梗阻等并发症。肾结石的患犬/猫大多没有症状，除非结石从肾脏掉落到输尿管造成阻塞。常见症状有腰腹部绞痛、恶心、呕吐、烦躁不安、腹胀、血尿等。如果合并尿路感染，也可能出现畏寒发热等现象。

【诊断】

1. 症状

（1）剧烈疼痛 较大结石在肾盂或肾盏内压迫、摩擦或引起积水致使钝痛，较小结石在肾盂或输尿管内移动，刺激输尿管引起痉挛致使绞痛。剧烈疼痛常使动物排尿困难、恶心呕吐、大汗淋漓等。疼痛常突然发作，可见患犬/猫突然强直、嚎叫。

（2）排尿障碍 患犬/猫不断呈现排尿姿势、尿痛、尿淋漓，结石损伤输尿管上皮可见血尿。

（3）排石史 有时患犬/猫排尿会有细沙样石子排出，或在邻近毛发上附着细沙样物质，手指碾压呈粉末状，是提示结石的有力依据。

2. 实验室诊断

（1）X线检查 X线检查是诊断尿路结石最重要的方法，可直观地了解结石与肾之间的关系。

(2) B超检查　可对肾内有无结石及有无其他合并病变做出诊断，确定肾脏有无积水。尤其能发现X线透光的结石，还能对结石造成的肾损害和某些结石的病因提供一定的证据。但不能分辨肾脏的钙化与结石。

3. 其他　对饲粮的化学组成、饮水来源、饲养方法等情况进行调查，能对建立诊断提供重要线索。注意与其他尿路结石相鉴别，X线检查能很好区分。

【防治】原则：疏通尿道、对症治疗、消除病因、积极预防。

1. 疏通尿道

(1) 对于较小的结石，尚未引起严重的排尿障碍，可通过大量饮水、排石药物和适当运动促进结石自行排出。

(2) 药物难以缓解疼痛或结石直径较大时，应考虑采取外科治疗措施。其中包括体外冲击波碎石治疗、外科手术摘除尿石。若尿路因结石严重受损可进行尿道造口手术，以解除尿液不能排除之急。

(3) 尿闭时间长可行肾穿刺引流紧急排尿。必要时可注射哌替啶镇痛。

2. 对症治疗

(1) 解痉止痛　M型胆碱受体阻断剂，可以松弛输尿管平滑肌，缓解痉挛。肌内注射黄体酮可以抑制平滑肌的收缩而缓解痉挛，对止痛和排石有一定的疗效。钙离子阻滞剂硝苯地平，对缓解肾绞痛有一定的作用。α受体阻断剂在缓解输尿管平滑肌痉挛、治疗肾绞痛中具有一定的效果。

(2) 控制感染　结石引起尿路梗阻时容易发生感染，感染尿常呈碱性，易形成磷酸镁铵结石，刺激黏膜，这种恶性循环使病情加重。除积极取出结石解除梗阻外，应使用抗生素控制或预防尿路感染。

(3) 消除血尿　明显肉眼血尿时，可用羟基苄胺或氨甲环酸。

3. 按不同成分和病因治疗

(1) 高钙尿　原发性高钙尿可使用噻嗪类药和枸橼酸钾，吸收性高钙尿除噻嗪类药、枸橼酸钾外，不能耐受该类药物的需用磷酸纤维素钠，有血磷降低者需改用正磷酸盐。

(2) 高钙血症　当发生高钙血症危象时，需紧急治疗。首先使用生理盐水尽快扩容，使用呋塞米等增加尿钙排泄。二磷酸盐是主要的治疗高钙血症药物，可以有效抑制破骨细胞活性，减少骨重吸收。当患者有症状性或梗阻性肾结石，在无高钙血症危象时，首先处理结石。

(3) 肾小管酸中毒　主要使用碱性药物减慢结石生长和新发结石形成，纠正代谢失调。

(4) 高草酸尿　原发性高草酸尿治疗较困难，可试用维生素B_6，从小剂量开始，随效果减退而不断加量，同时大量饮水，限制富含草酸的食物，可使尿液的草酸水平降至正常。

(5) 高尿酸尿　低嘌呤食物、大量饮水可降低尿内尿酸的浓度。

(6) 高胱氨酸尿　适当限制蛋白质饮食，使用降低胱氨酸的硫醇类药物加以治疗。

(7) 取出结石　根据患病动物情况将结石取出，选择适宜的抗生素控制尿路感染。

4. 预防　日常饲养注意饲粮搭配，一般建议钙磷比维持在1.2∶1或稍高；适当补充钠盐和铵盐；保证充足饮水。

第二节 膀胱及尿道疾病

一、尿道炎

尿道炎是指尿道黏膜的炎症。中医称为“淋病”，多数因外伤所致。雄性犬猫发病率较高，并易复发。

【诊断】临床表现为尿频，尿液断续流出，有疼痛表现。严重时由于膀胱颈黏膜肿胀或膀胱括约肌痉挛性收缩，导致尿闭。尿液浑浊，含有黏液、血液或脓液。触诊或导尿检查时疼痛、抗拒。镜检尿液存在多量白细胞、脓细胞、红细胞，但无管型，无肾和膀胱上皮细胞。尿道逆行造影或X线检查结果可作为重要依据。

注意与膀胱炎区别。尿道炎尿液镜检无管型，无肾、膀胱上皮细胞。

【防治】原则：消除病因、控制感染、冲洗尿道。

1. 抗感染 可选用呋喃妥因、乌洛托品溶液、氨苄西林、庆大霉素、头孢氨苄、恩诺沙星。

2. 清洗尿道 可用0.1%雷佛奴耳溶液或0.1%氯己定溶液。清洗后可向尿道内推注氨苄西林钠注射液。对龟头部损伤后继发的情况，可用温敷、红外线照射治疗。S弯曲部可应用普鲁卡因封闭治疗。

3. 止血 可用止血敏，同时肌内注射维生素K。

4. 预防 对膀胱炎、阴道炎、包皮炎等邻近炎症积极治疗，防止继发感染。动物患尿石症要及早治疗，避免结石刺激尿道。

二、膀胱炎

膀胱炎是指膀胱黏膜及黏膜下层的炎症。按炎症性质可分为卡他性、纤维蛋白性、化脓性、出血性4类。临床特征为疼痛性频尿和尿液中有较多膀胱上皮细胞、脓细胞、血细胞，以及磷酸铵镁结晶。

【诊断】疼痛性频尿是膀胱炎最典型的症状，且尿液浑浊，混有大量黏液、血液或血凝块，有氨臭味。触诊膀胱处十分敏感，膀胱多呈空虚状态。但严重者因膀胱颈黏膜肿胀或膀胱括约肌痉挛收缩，导致尿闭，直肠检查膀胱充盈。此时，患病动物表现为极度疼痛，呻吟不断。

尿液检查可出现大量黏液和少量蛋白（卡他性）；混有大量脓性黏液（化脓性）；含有大量血液或血凝块（出血性）；混有纤维蛋白膜或坏死组织碎片（纤维蛋白性）。尿沉渣检查可见大量白细胞、脓细胞、红细胞、膀胱上皮细胞，以及病原菌。碱性尿液中还可见磷酸铵镁或尿酸铵结晶。

【防治】原则：消除病因、控制感染、促进尿液排出。

（1）*全身应用抗生素* 病初，连用广谱抗生素1～2周。在应用前最好进行药敏试验。未进行药敏试验的可用能在尿道获得高浓度的药物，也可选用呋喃妥因或静脉注射40%乌洛托品进行尿道消毒。

（2）*酸化尿液* 酸性尿液有助于净化细菌。可口服氯化铵。多饮水。

（3）*清洗膀胱* 用温热的0.1%雷佛奴耳溶液、0.2%高锰酸钾溶液或2%呋喃西林溶液，通过导尿管注入膀胱清洗。注意清洗前要先将膀胱内的尿液排干净。

(4) 中医防治　中医认为膀胱炎的病机主要是肾虚，膀胱湿热，气化失司。故要利水、养阴、清热。代表方剂为猪苓汤。

三、膀胱麻痹

膀胱麻痹是由于中枢神经系统的损伤及支配膀胱的神经机能障碍，使膀胱的紧张度减弱或消失，致使尿液不能随意排出而积滞的非炎性疾病。

【诊断】临床上可见患犬/猫膀胱充盈但不能随意排尿，屡有排尿姿势，但不顺畅。无疼痛。通过直肠内或体外按摩膀胱时，有大量尿液排出。这既是诊断膀胱麻痹的有力依据，也是治疗的有效手段。

血常规和血液生化一般不能说明膀胱麻痹，但能反映动物体质的全面情况，如营养不良等。若神经检查发现有神经紊乱，还应查出发生位置。若脊髓受损，可通过脊髓X线平片等方法进行脊髓影像诊断。

【防治】

1. 导尿　急症尿潴留者先行导尿，再用温生理盐水加抗生素冲洗膀胱，以促进膀胱和周边组织的血液流通，加快组织再生恢复。

可应用阿托品松弛尿道括约肌，减轻尿道腺体水肿。也可应用盐酸普鲁卡因，松弛膀胱括约肌，降低血管神经的紧张性，促进血液循环。

2. 药物治疗

(1) 恢复膀胱功能　补中益气汤加减，灌服。

(2) 西药　应用硝酸士的宁注射液、氨基甲酰甲基胆碱，提高膀胱收缩力；也可适当应用抗生素防止感染。

3. 针灸疗法　用双侧肾俞穴、双侧二眼穴的第一背荐孔、第二背荐孔和百汇后海穴组，共4组穴。患犬/猫保定，穴位消毒，将毫针刺入穴位，采用刺激手法直至动物出现针感反应，将电针连接毫针，打开电源。刺激宜逐渐加大，以患犬/猫出现节律性颤抖的最大耐受量为度，通电30min。其间应每隔5min调节电流频率的大小，以防止动物耐受。每天一次，连续5d。

4. 预防

(1) 避免动物过度劳累，给予适当休息时间排尿。

(2) 注意营养，保证神经系统良好发育。

(3) 对尿石症、尿道炎等可能引起尿闭的疾患及早治疗，以免尿液潴留时间长致使膀胱肌过度伸张而弛缓，膀胱收缩力一过性麻痹。

(4) 由脑膜炎、中暑、电击引起的继发麻痹，应积极治疗，消除原发病因。

四、膀胱结石

膀胱结石是由于尿路感染或代谢异常等引起尿液中的盐类结晶析出，并滞留在膀胱逐渐增大的颗粒状物。会继发引起排尿障碍、炎症、尿毒症等症状，公犬/猫常因尿石颗粒增大引起尿道损伤性炎症或阻塞。临床上以排尿困难、阻塞部位疼痛和血尿为特征。中老年犬/猫的发病率较高。

【诊断】

1. 临床检查　患有膀胱结石的犬猫通常表现为精神沉郁、厌食或停食、不愿运动；体温前期一般正常，而后表现症状时体温升高，后期发生尿毒症后体温下降至死亡；临床表现主要是尿少，尿频，无尿，尿淋漓，尿血，病患不断做出排尿姿势，严重者出现排尿困难和痛苦等症状。对患病犬、猫进行导尿，根据其畅通与否初步判断是否有尿道堵塞，若导尿管到一定部位不能前进，则结石可能位于此位置。

2. 影像学检查

（1）*B超检查*　膀胱内出现点状或团块状强回声，后方伴有声影；尿道结石是点柱状强回声，后方伴有声影。

（2）*X线检查*　根据X线对结石的透射性可分为阴性结石和阳性结石。对于阳性结石，可见膀胱内有大小不等的高密度阴影。对阴性结石，X线检查的价值不高。对于X线不能显示的小结石或阴性结石可以采用CT检查。

3. 实验室诊断

（1）*血常规检查*　发生结石病症过程中，可能对膀胱及尿道黏膜造成一定的损伤，引起一定的炎症症状。

（2）*生化功能检查*　表现为尿素和肌酐含量过高。机体无法正常排尿导致尿素升高，肾功能下降导致无法将肌酐有效排出体外。

（3）*尿常规检查*　尿比重升高，尿沉渣镜检可发现结晶体，尿液中还会发现白细胞及蛋白质，尿液呈碱性。

【治疗】尿石症的治疗方法主要包括非手术治疗法和手术治疗法。

1. 非手术治疗法　包括挤压排空法、体外碎石法、药物治疗法、饮食调理法。挤压排空法适用于尿道结石或膀胱结石。动物麻醉后，首先将导管插入尿道，其次向尿道注入适量生理盐水，目的是将膀胱膨胀，然后再轻轻挤压尿道，使尿液和结石从尿道排出；体外碎石法常见的有超声波碎石器，利用此技术将结石击碎后排出体外；药物治疗法是用合适的药物将结石溶解以防止结石的形成；饮食调理法饲喂处方粮或饲喂酸性食物，通过饮食调整尿液pH，促进结石溶解。供给大量水饮用，刺激尿路，通过大量排尿将溶解的结石及残渣排出。治疗细小尿石症，通常利用灌服中药排石冲剂或金钱草水煎液，时间一长结石会被溶解，最终排出体外。尿结石多为湿热蕴结、气化功能失效所致。治宜清热利湿、益气通淋。

2. 手术治疗法　是利用非手术法不能治疗的结石，且已控制犬猫尿路感染的治疗方法，分尿道切开术和膀胱切开术，确定阻塞部位后选择合适术式切开阻塞部位，取出结石，冲洗剩余的结石残渣，常规闭合创口。

五、膀胱破裂

膀胱破裂是指膀胱壁发生裂伤，尿液和血液流入腹腔所引起的以排尿障碍、腹膜炎、尿毒症和休克为主的一种疾病。临床上以不排尿、腹部逐渐胀大为特征。外力撞击、尿液排出障碍、膀胱肿瘤等均可能导致膀胱破裂，患病犬猫表现出极大的痛苦。

【诊断】

1. 临床检查　膀胱破裂的患病犬猫通常表现为精神沉郁，有排尿姿势但无滴尿现象，腹痛剧烈，食欲不振，偶有呕吐，心音偏弱。肉眼观察可视黏膜偏苍白，似有贫血症状。腹

围增大，腹壁紧张性增高，腹部冲击式触诊有波动感，腹部敏感，疼痛。于腹底部消毒后用腹腔穿刺针进行腹腔穿刺后有大量带尿味的混浊或带血色液体流出。导尿管导尿时尿液明显减少，尿液中混有血液。随着病程的进展，可出现呕吐、腹痛、体温升高、脉搏和呼吸加快、精神沉郁、血压降低、昏睡等症状。

2. 实验室诊断

（1）B超检查　腹腔中有大面积的低回声液性暗区，液性暗区内有强回声光点。肾脏、脾脏和肝脏的轮廓及回声无明显异常。膀胱轮廓小，膀胱壁厚薄不均一。

（2）X线检查　腹腔可见大面积灰白色阴影，膀胱、肠管、肝脏、肾脏及脾脏等软组织器官轮廓结构不可见。插入导尿管后向膀胱注入50～100mL空气进行膀胱空气造影，X线片不显示充气的膀胱，可见气体积存在肋膈角部位。注入阳性造影剂后（碘海醇或泛影葡胺，10mL，立即拍照）X线片显示，造影剂沿破裂孔流入腹腔，有时可见明显的破裂部位。

（3）血常规检查　白细胞和中性粒细胞升高，存在腹膜炎；红细胞、血红蛋白和血细胞比容降低，表明失血性贫血。

（4）生化功能检查　腹腔积尿引起肝肾功能指标（肝：谷丙转氨酶、碱性磷酸酶和胆红素，肾：肌酐和尿素氮）升高。

【治疗】膀胱破裂一旦确诊，需要早期进行手术修补，如若延误诊治，预后差，病死率高。早期确诊、及时治疗是治愈本病的关键。手术准备就绪，沿腹白线常规方法打开腹腔，可见腔内存有较多积液。将积液排出腔外后，牵引膀胱至创口外，查找是否存在破裂。如果破裂部位较小且不易发现，可将导尿管插入尿道，注入温度适宜的生理盐水，如有液体从穿透孔溢出即为膀胱破裂部位。用温热的生理盐水将坏死的组织和凝血块小心清理干净后，修剪破裂处膀胱边缘，先用3号可吸收缝合线对膀胱壁浆膜和肌层进行连续缝合，再对浆膜和肌层进行水平褥式内翻缝合。再次将适宜温度的生理盐水注入膀胱内，若无液体渗出则表明缝合较为成功。将膀胱还纳腹腔，用灭菌生理盐水和抗生素充分冲洗腹腔和内脏器官，膀胱内留置双腔导尿管，闭合手术通路。5d后取出导尿管。术后防止感染，7～10d拆线。

六、猫下泌尿道疾病

猫下泌尿道疾病是猫科常见疾病之一，是指在膀胱和尿道发生的疾病统称，包含膀胱炎、膀胱结石、膀胱肿瘤、尿道炎和尿路堵塞等。病因复杂多样，但特征性临床症状相似，通常包括尿频、尿血、排尿困难、痛性尿淋漓、异位排尿等。发病年龄主要在2～6岁，雄性猫的发病率远高于雌性猫。

【诊断】

1. 临床检查　临床上，患猫由于存在个体差异，发病原因及发病部位不同等因素，表现出的症状和其病程存在一定差别，但临床表现十分类似。患病猫通常会表现出来回走动、呻吟嚎叫、躲在角落、频频舔舐自己的生殖器，且表现焦躁不安，排尿频繁、每次尿量减少，排尿行为异常，屡屡呈排尿姿势，但排尿很少或无尿排出，有时会被认为便秘。随着病情的加重，患猫出现尿淋漓、排尿疼痛、尿中带血，甚至无尿。尿闭以后，腹围膨大。腹部触诊时摸到胀大的膀胱。此时如不能及时治疗，病猫表现为精神沉郁、食欲下降或废绝、呕吐、脱水，如阻碍物不及时排除，最后引起尿毒症或肾衰，有时膀胱破裂出现腹腔积液。

2. 实验室诊断

(1) B 超检查　评估膀胱壁厚度、膀胱血块及膀胱结晶等，并与膀胱肿瘤、膀胱结石、膀胱炎等疾病相鉴别。

(2) X 线检查　膀胱结石和尿道结石可观察到大小不等的高密度阴影。

(3) 血液学检查　血检主要包括血常规、血气和生化检查。血常规主要观察白细胞、血细胞比容和血小板等情况，根据这些结果判断患病猫是否出现炎症、贫血等异常情况。血气主要看体内酸碱平衡、钠、钾、血氧饱和度等。生化检查主要看血中尿素氮、肌酐、丙氨酸氨基转移酶等肝肾功能。一般出现尿闭的猫多数会导致急性肾衰。

(4) 尿常规检查　尿检主要观察尿液颜色、pH，是否有结晶、细胞及细菌等。当疾病发生后会导致尿液透明度下降，结晶、细胞和细菌等存在可导致尿液变浑浊，严重的肉眼可见一些漂浮物。在显微镜下可观察到结晶的形态，主要包括鸟粪石结晶、碳酸钙结晶、尿酸铵结晶、无定形磷酸盐结晶和草酸钙结晶等，其中鸟粪石结晶常见于猫下泌尿道综合征。

【治疗】

(1) 保守治疗　主要是针对没有发生尿道堵塞或者堵塞不严重的患病猫。若 B 超提示膀胱壁光滑，尿液内无高回声造影，只需根据血检进行药物治疗。若膀胱内有高回声造影，有排尿困难、血尿、尿淋漓等症状的患病猫，则需要进行导尿。导尿成功后，还需要配合药物进行全身治疗。

(2) 手术治疗　发生尿路堵塞需进行手术治疗。打开手术通路，顺着膀胱肌纤维走向切开膀胱，清理膀胱内的结晶、其他杂质或肿瘤物，用温热生理盐水反复冲洗膀胱和尿道，确保无异物存在后缝合膀胱。若是从阴茎外无法导入的患病猫，可从膀胱内试着向外冲洗尿路；若无法疏通，再考虑尿路再造术，但是该手术后遗症较多，开口大小须合适。

七、尿道狭窄

尿道狭窄是指尿道任何部位的机械性管腔异常狭小，使尿道内阻力增加而产生的排尿障碍性疾病。临床上常见有先天性尿道狭窄、炎症性尿道狭窄和外伤性尿道狭窄，主要症状为排尿困难，会因尿液长期滞留造成尿路反复感染。多见于雄性犬猫。

【诊断】

1. 临床检查　可通过问诊和视诊做出初步诊断。患病犬猫通常表现为排尿困难，尿潴留，尿失禁，渐进性排尿不畅，尿流变细，有时排尿中断，排尿淋漓，甚至不能排尿。可通过尿道探子检查，了解尿道狭窄部位、长度及程度；尿道触诊，沿尿道行程可触及尿道狭窄部位索状变硬；有炎症时，沿尿道压痛，并从尿道口排出脓性分泌物。需要与前列腺增生、尿道肿瘤、膀胱颈挛缩鉴别诊断。

2. 实验室诊断

(1) B 超检查　能清晰地辨明尿道管腔和尿道周围的层次，确定狭窄部位、长度及程度。

(2) X 线检查　尿道造影术确定尿道狭窄部位、长度及程度。

(3) 血液学检查　血尿常规、肝肾功能、电解质进行辅助检查。

【治疗】

1. 非手术治疗　尿道扩张，应定期扩张，预防再次狭窄。调整饮食结构，药物治疗。

2. 手术治疗

（1）*尿道内切开术*　切开狭窄处瘢痕，扩大尿道内径后留置导尿管，适用于狭窄段<1 cm、瘢痕不严重的患者。

（2）*尿道吻合术*　取会阴部切口，切除狭窄段及瘢痕，将尿道两段端端吻合，适用于狭窄段<2 cm 的膜部尿道。

（3）*尿道拖入术*　适用于无法进行尿道吻合的病患。切除狭窄端尿道后，将远端尿道游离，适度拖拽，将远端尿道与近端尿道缝合在一起，用牵引线将其通过膀胱固定于腹壁。

八、尿道堵塞

尿道堵塞是指尿道不通、尿液不能通过尿道排出的现象。可见于膀胱结石、尿道肿瘤、尿道炎和尿道狭窄等犬猫下泌尿道疾病。不及时治疗会导致膀胱破裂或尿毒症。

【诊断】

1. 临床检查　患病犬/猫早期尿道不完全堵塞时，有时呕吐，不愿饮水但有饮欲，难排尿、痛苦和时间延长，尿频，但量少，尿液呈滴状或断续状流出，有时排尿带血，晚上睡觉时不自觉排尿，尿液含有很浓的氨味；尿道堵塞时，呕吐，食欲废绝；发生尿闭、肾性腹痛，患病犬猫频频努责，却不见尿液排出。腹围一般增大不明显，触摸紧张有疼痛感，仔细检查可感到充盈的膀胱而且无法通过人工挤压膀胱进行排尿。

2. 实验室诊断

（1）*B超检查、X线检查*　可用于判断膀胱尿道是否存在异物，以及了解尿道堵塞程度。

（2）*血尿常规、血液生化检查*　可用于辅助检查，寻找尿道堵塞原因并了解疾病的发展状况。若堵塞时间过长导致尿素氮、肌酐过高，则病程发展到严重的地步。

【治疗】为了清除阻塞，恢复患病动物的正常排尿与排毒。应尽快进行导尿，疏通尿道，并针对全身症状进行支持疗法。经过饮食控制和药物治疗，却仍然反复发生尿路狭窄或梗阻或者堵塞严重、无法疏通的，则需要在会阴部进行一个尿道造口手术，以重新建立一个排尿通道。堵塞解除后，通常会产生大量尿液，需要密切检测排尿量。插入尿道导管几天后，视情况将导管摘除，同时持续观察是否有新的阻塞再次出现，直至猫的排尿量恢复正常为止。

第三节　前列腺及睾丸疾病

一、阴囊炎

阴囊炎是指雄性动物外阴部下垂囊状物的炎症。阴囊炎常因阴囊潮湿、阴囊损伤、尿外渗等病理因素引起，其中以阴囊潮湿使各病原菌滋生引起的炎症为主，临床表现以阴囊肿大、发红、发热和疼痛为主要特征。

【诊断】

1. 临床检查　可通过问诊和视诊做出初步诊断。第一，炎症感染会出现全身的不适以及发热症状，引起体温升高，精神沉郁；第二，阴囊炎会导致睾丸外皮肤红肿、变色，触摸患处阴囊敏感疼痛，局部温度高；第三，患病犬猫阴囊部位皮肤刺痒，表现不安，屁股蹭地，喜欢在冰凉的地上趴卧，晚上折腾，发出哼哼声，会不停舔舐阴囊，然后导致病情加重；第四，病情严重的病患阴囊会有波动感，甚至会出现阴囊部位皮肤流脓或者坏死。

2. 实验室诊断

（1）血常规检查　血中白细胞总数升高。

（2）病原学诊断　取阴囊炎症部位，做涂片，革兰氏染色，鉴别感染性阴囊炎与非感染性阴囊炎，指导选择和使用抗菌药物进行治疗。

【治疗】阴囊炎症无特效药，禁止犬猫继续舔舐阴囊，是防止病情恶化的关键。使用抗菌消炎药物，保持干燥，具体要根据阴囊炎的情况而定。应区别阴囊皮炎、阴囊湿疹、阴囊癣症、核黄素缺乏性阴囊炎。若阴囊已经出现化脓感染，需要对阴囊进行清创，以防止全身感染，冲洗干净后涂抹抗菌外用药物。

二、睾 丸 炎

睾丸炎是指睾丸间质和实质的炎症。由于睾丸和附睾紧密相连，炎症常常波及附睾，使两者同时发病。根据病程，可将其分为急性睾丸炎、慢性睾丸炎和特异性睾丸炎三种。急性睾丸炎往往引起睾丸充血，使睾丸变红肿胀，白膜紧张变硬；急性睾丸炎的病原常见化脓菌，因而也称化脓性睾丸炎。慢性睾丸炎多由急性炎症转化而来。慢性睾丸炎病程长，常表现为睾丸体积变小，质地变硬，被膜增厚；伴有鞘膜炎时，因机化使鞘膜脏层和壁层粘连，以致睾丸被固定不能移动。特异性睾丸炎是由特定病原菌，如结核分枝杆菌、布鲁氏菌等引起，病原多源于血源散播，病程多取慢性经过。

【诊断】

1. 临床检查　通过视诊及触诊可做初步诊断。由于睾丸疼痛，犬猫站立时会出现弓背问题，后期肢体运动开始受限，严重时，为了避免疼痛，还会出现后肢张开走路的问题，行走困难，步伐僵硬。一般睾丸炎会出现睾丸红肿、体积明显增大，局部增温、疼痛、阴囊皮肤紧张、发亮的现象；慢性睾丸炎常伴有结缔组织增生，使睾丸质地变硬，表面凹凸不平，一般因鞘膜机化使鞘膜脏层和壁层粘连，以致睾丸被固定不能移动。化脓性睾丸炎时，犬猫精神萎靡不振，体温升高，射出精液内有死精子及脓液，脓肿局部有波动感，穿刺时可有脓液排除。

2. 实验室诊断　血常规检查可发现白细胞升高。

【治疗】

（1）保守治疗　可以利用明矾溶液进行冷敷，在改善症状之后进行热敷。同时，还应在患处涂抹鱼石脂软膏，并在精索根部注射普鲁卡因青霉素。慢性睾丸炎应采用肌内注射广谱类抗生素的方式治疗，如阿莫西林克拉维酸钾，为防止因疼痛而食欲不振，给予口服止痛药，如卡洛芬或美洛昔康。

（2）手术治疗　在出现严重的脓肿及溃烂时，需采用手术切除排脓的方法进行治疗。术后5～7d应用抗生素防继发感染，伤口涂抹红霉素软膏。

三、前列腺肥大

前列腺肥大又称前列腺增生，是与年龄相关的自发性前列腺增生性疾病，是典型的前列腺疾病之一。根据前列腺增生的性质可分为良性前列腺增生和前列腺癌。增生的前列腺挤压尿道，使其发生狭窄，从而出现尿频、尿急、尿潴留等症状，严重时还会引发尿毒症。该病常见于雄性老年犬。病因尚不十分清楚，一般认为可能与激素水平、雌激素与雄激素比例的

改变、品种差异、泌尿系统感染史、糖尿病及性活动强度等因素有关。

【诊断】

1. 临床检查　可通过问诊及视诊做出初步诊断。肠检查和腹部触诊可发现前列腺呈囊状肿大，膀胱潴尿，长期膀胱潴尿会导致膀胱弛缓，严重时还会引发尿毒症；前列腺肥大压迫结肠，引起患病动物里急后重，一般表现为排便困难或便秘，患病动物频频努责，仅排出少量黏液。发病动物步态改变，后肢跛行或运步强拘。全身症状一般不明显。

2. 实验室诊断　对于前列腺组织细胞形态的变化需进行 X 线、B 超、组织细胞学等实验室检查进行确诊。

（1）X 线检查　可见肿大的前列腺位于膀胱后侧，边缘清晰光滑，体积增大，且结肠受压向背侧移位。

（2）B 超检查　声像图显示前列腺体积对称性增大，形态结构接近球形，边缘光滑，病灶局灶性，实质回声粗糙，与周围前列腺实质相比，局部病灶低回声。

【治疗】

（1）药物治疗　可选用 α_1-受体阻滞剂、雄激素抑制剂、芳香酶抑制剂、生长因子抑制剂等药物。周期性间断地给予少量的已烯雌酚能促进前列腺萎缩，但应控制剂量。

（2）手术治疗　手术治疗分为腔内手术和开放手术两类，腔内手术的方法有经尿道前列腺等离子电切术和激光治疗术，开放手术包括开放性前列腺摘除术和去势术。其中，开放性前列腺摘除术是治疗前列腺增生疗效较好的方式，去势术是治疗前列腺增生最有效、最经济、最简便、最实用的方法。大多数病例在去势后两个月内，前列腺的体积即可缩小。

四、前列腺囊肿

前列腺囊肿是指前列腺腺体由于先天性或后天性的原因使前列腺的导管或腺管闭塞，导致前列腺的分泌物蓄积而发生囊性改变。有前列腺潴留性和旁性囊肿两种。前者发生在前列腺的实质，形成大的空腔，腔内充满非脓性液体；后者发生于前列腺的周围，仅一细蒂与腺体相连。典型症状是排尿、排粪障碍，频频努责。本病多发生于老年犬。

【诊断】

1. 临床检查　一般初期囊肿小，无明显临床症状，后期囊肿增大压迫直肠和尿道等邻近器官时才出现临床症状。表现为精神委顿，食欲下降或废绝，排尿、排粪困难并有痛感，尿液呈滴状排出，频频努责。触诊腹部时腹壁较紧张、疼痛，可触摸到骨盆处有肿块，直肠检查前列腺肿大，表面光滑，有的不对称，有波动感，无热无疼。

2. 实验室诊断

（1）穿刺　超声引导下进行犬前列腺穿刺能够看到黄色的血性液体，还有一些前列腺上皮细胞、白细胞以及比较多的红细胞。

（2）B 超检查　靠近膀胱颈附近可见中等回声，内含实质的、有液性腔体占位的前列腺。旁性囊肿内有很大的、无回声结构。

（3）X 线膀胱造影检查　可发现犬膀胱向头侧移位，后上方有球形、均质的软组织密度影像，还可见前列腺或囊肿壁钙化情况。

【治疗】

1. 保守治疗　主要采用抗菌疗法和体液支持疗法。穿刺硬化剂治疗采用 B 超定位，抽净囊内容物，并向其囊内注入生理盐水，反复冲洗，然后向囊腔内注入抽出液体总量1/3的无水乙醇，5min后再抽出无水乙醇，为防止感染可向囊腔内注入适量抗生素冲洗后抽出。

2. 手术治疗

（1）*去势术*　对于小的实质性的囊肿需要通过去势术进行治疗。

（2）*引流*　依据囊肿大小确定引流术。

（3）*囊内网膜填充术*　将前列腺暴露、分离，对其两侧面进行穿刺，将液体排出。

（4）*局部切除旁性囊肿以及修补网膜*　将前列腺暴露、分离，囊肿很容易被发现。

五、前列腺炎

前列腺炎是前列腺受到多种致病因素的作用而表现出的一组临床综合征，主要表现为尿频、尿急、排尿不尽、排尿困难等排尿异常现象。可分为急性前列腺炎和慢性前列腺炎，急性前列腺炎又分为化脓性前列腺炎和前列腺脓肿。一般认为急性前列腺炎多由微生物感染而引起，其病原菌有葡萄球菌、大肠杆菌、链球菌、支原体、变形杆菌、原虫、真菌、病毒等，但以细菌感染最为常见。感染途径主要为尿道上行感染或经血道感染。慢性前列腺炎的病因尚未完全清楚，多由急性前列腺炎转变而来，与自体免疫因素有一定关系。

【诊断】可通过问诊、视诊、触诊等临床基本检查进行初步诊断。

（1）*急性前列腺炎*　全身症状明显，患病动物表现体温升高，食欲减退，出现尿频、尿痛、尿急、血尿、排尿不尽、排尿困难等排尿异常现象，尿道有白色黏液样分泌物溢出。直肠及腹部触诊前列腺表面不平，质地不均匀，可触及炎性结节或波动，有局限性压痛。血常规检查白细胞增多，尿检可见白细胞及细菌。因疼痛导致动物行走缓慢，步态异常，尾根抬起。常伴有急性膀胱炎和尿道炎。

（2）*慢性前列腺炎*　症状基本与急性前列腺炎相同，但症状较轻微，病程较长。

【治疗】主要应用抗菌药物治疗。可根据微生物学检查及药敏试验选用抗菌药物，如喹诺酮类、磺胺类药物、四环素、庆大霉素、氨苄西林。如怀疑支原体、衣原体感染，选用四环素或红霉素。慢性前列腺炎病犬可对其进行按摩，以促进炎症的消散，加强护理，同时配合抗菌药物疗法。

六、隐　睾

隐睾是指睾丸在发育过程中没有下降到阴囊内，出现了异位或下降不全，仍滞留在腹股沟管或腹腔内，这两种情况分别称作腹股沟隐睾和腹腔内隐睾，这两种情况都会导致阴囊内没有睾丸或只有一侧有睾丸，一般单侧性的隐睾比双侧性的多见，且右侧比左侧容易发病。隐睾是一种相对常见的泌尿生殖系统疾病，对种用动物影响较大，会出现无生育能力或生育能力降低。隐睾本身具有一定的遗传性，单侧隐睾动物有可能繁殖后代，但后代隐睾的概率很大。由于温度和血流影响使睾丸发育受阻，隐睾大小明显小于正常睾丸，严重时会使睾丸细胞发生病变形成肿瘤甚至恶性肿瘤。

【诊断】

1. 临床检查　主要通过视诊及触诊进行检查。直接观察及触诊动物阴囊内睾丸的情况即可做出初步诊断。患病动物因体内性激素紊乱，出现雌性化，导致对称性脱毛、皮肤色素沉着及形成色素斑；隐睾肿瘤诱导患病动物出现雌性化以后，前列腺鳞状化增大，囊腔越来越大，最终形成囊肿。临床上可表现为腹部触诊有疼痛感、排便困难、排尿困难或排尿结束后略带少许脓性液体。隐睾癌变时若不及时手术切除病变睾丸，可引起严重的造血功能障碍、贫血、血凝不良等。癌变出现扩散时，可危及生命。

2. 超声检查　通过B超检查以确认隐睾的位置。

【治疗】

1. 保守治疗　当发现有隐睾迹象时，睾丸已降至腹股沟环外，可采用轻轻按摩推拽的方法，每天一次，有助于将睾丸降至阴囊中。同时注射人绒毛膜促性腺激素或促性腺释放激素。保守治疗对于小于4月龄的动物成功率比较高，一般情况对于4月龄以上的动物恢复可能性很小。

2. 手术治疗

（1）腹腔内隐睾手术方法　仰卧保定，全身麻醉。术部剃毛消毒。手术切开定位，进行阴茎旁切开，距耻骨2～5cm，在阴茎旁向前切开3～5cm。将膀胱牵出切口之外，向切开后方牵引，在膀胱颈的背侧，可见到白色的输精管，将输精管向外牵引，可将睾丸和精索一起带出切口外。分别结扎精索和输精管，剪断精索和输精管将睾丸摘除。用同样的方法将对侧的睾丸摘除。

（2）腹股沟内隐睾手术方法　仰卧保定，全身麻醉。术部剃毛消毒。用手固定住睾丸，进行皮肤切开，将睾丸牵引出创口，分别结扎精索和输精管，剪断精索和输精管将睾丸摘除。注射抗生素，防止伤口感染。

第四节　阴道、子宫、卵巢疾病及乳腺疾病

一、阴道炎

阴道炎是阴道损伤、盆腔炎症等所致的分泌物增多，使阴道的正常状态被破坏，病原菌侵入而引起的炎症。临床上主要表现为阴道黏膜出血或肿胀，表面有渗出物，有时阴道排出少量腥臭的暗红色黏液或脓性分泌物，并伴有尿痛、尿急等症状。阴道炎会导致患病动物发情期异常或呈假发情，屡配不孕，繁殖率和生产性能降低。

【诊断】

1. 临床检查　患病动物不定期地从阴门中流出黏脓性分泌物，其分泌物粘在阴门、尾根和臀部周围的被毛上并形成干痂。检查阴道可发现阴道黏膜轻度肿胀，充血或出血，一般无全身症状。阴道黏膜深层有炎症时，患病动物不断努责，从阴门排出污秽红色恶臭的脓性分泌物，且伴有尿频、体温升高、精神沉郁、食欲下降等症状。

2. 实验室诊断

（1）组织活检　阴道黏膜组织活检显示为非特异性淋巴细胞性炎症，有时以化脓性（中性粒细胞）或嗜酸性粒细胞炎症为主。

（2）阴道内分泌物培养　阴道细菌培养可见非典型细菌过度生长（主要为革兰氏阴性菌，且多数耐药，如假单胞菌属），或支原体纯培养。

（3）血常规检查　可见白细胞总数和中性粒细胞数增多。

【治疗】

1. 轻型阴道炎　用0.1%高锰酸钾溶液或0.01%～0.05%的新洁尔灭溶液冲洗阴道。

2. 阴道水肿严重　用2%～5%的氯化钠溶液冲洗，有大量浆液性渗出物时用1%～2%明矾液冲洗。阴道冲洗后局部涂抹消毒剂或抗生素类软膏，如1%的碘甘油、抗生素软膏、磺胺软膏、氯霉素栓等。另外，可根据病情的轻重静脉注射或肌内注射抗生素。

3. 中西结合治疗　中药：蛇床子 30g、花椒 9g、白矾 9g，以上药物水煎，四层消毒纱布过滤药液，冷却至 37℃左右备用；西药：双唑泰栓剂，每枚含甲硝唑 200mg、克霉唑 160mg 及氯己定 8mg，每次 1 粒，连用 5～7d。其后用灭菌注射器抽取适量中药浓缩液，用导尿管徐徐插入患犬阴道 10～12cm 处，反复冲洗阴道，清除异物，后用肠钳（药液浸泡 5min）将双唑泰栓剂缓缓送入阴道深处（后穹隆部）。

二、阴道增生症

阴道增生是指阴道及外阴部黏膜水肿和增生，并向后脱出于阴门内或阴门外的一种外生殖道的一种疾病。阴道增生源于阴道壁上的柄状黏膜。在发情前期和发情期，雌激素分泌过多，以致阴道底壁黏膜水肿、充血、增生过度，隆起向后脱于阴门内或向前突出于阴门外，尿道口前端的阴道底壁黏膜对雌激素反应较前庭部黏膜强，故该部位最常发生增生。一般在休情期增生可退缩，以后又可发生。最常见于第一次发情的母犬。

【诊断】

1. 临床检查　通过视诊和触诊可以做出初步判断。会阴部变硬，阴唇肿胀、充血。增生轻者，在卧地时，阴门开张，增生物可露出于阴门外，增生物的形状大小不一，表面大都光滑湿润，质地柔软，呈粉红色，犬站立时，增生物又缩回到阴门内，随着病程的延长，增生物逐渐增大，较大的增生物多呈舌形或梨形，无论是站或卧地时增生物都垂于阴门之外，表面有数条纵的皱褶，向前延伸到阴道底壁，与阴道皱褶吻合，增生物腹侧终止于尿道乳头，常常引起尿道口的异位，但通常不会引起排尿困难。脱出时间长的由于摩擦，黏膜发绀，表面损伤结痂或掉皮，流红色或淡红色炎性水肿液。

2. 实验室诊断　病理学检查可以确诊。阴道增生物表面的黏膜表层可见含有大量角化细胞和复层鳞状细胞。

【治疗】

1. 保守治疗　如果增生物很小，没有突出于阴门之外，在发情间期一般会消退，不需要治疗。对于突出于阴门外的增生物，表面要涂布润滑剂、抗生素软膏或抗生素/糖皮质激素混合软膏等，以保持清洁、湿润。醋酸甲地孕酮用于发情前期的早期，剂量为每天 2mg/kg，连续给药 8d，在开始使用后 3～8d 内发情会被抑制，下次发情在 4～6 个月之后。

2. 手术治疗　严重增生的情况需要切除阴道增生物，如为非繁殖犬则可施行卵巢子宫全切除，可避免复发。术后 5～7d 应用抗生素防止感染。同时口服醋酸甲地孕酮，连用 7d。

三、阴道脱出

阴道脱出是指阴道壁部分或全部翻出于阴门之外，多见于母犬发情前期和发情期，偶见妊娠后期。主要是由于发情前期和发情期雌激素分泌过多，致使母犬阴道黏膜增生或者充血过度，会阴部组织松弛，从而引起阴道脱出。根据病情的严重程度可分为阴道部分脱出和全部脱出。

【诊断】

1. 临床检查　通过问诊、视诊、触诊等进行临床基本检查。问诊主要询问发病时间、发病前后母犬的全身情况及饲养管理情况，有无本病的既往史，发病后是否经过治疗及治疗方法如何，如有妊娠还需了解预产期。

（1）阴道部分脱出　阴道上壁形成皱襞脱出，初发时脱出部分小，阴门开张，黏膜外露，倒地时症状明显，站立时自动缩回，若以后病因未除，病犬多次卧下或站立，脱毛的阴道壁周围往往有延伸的脂肪，时间稍长，脱出部分增大，站立之后不缩回，脱出黏膜被感染，并有延伸而来的脂肪，黏膜充血、淤血、水肿、损伤，黏膜表面由浅色到暗红色。

（2）阴道完全脱出　红色球状物从阴门脱出，脱出顶端可发现子宫颈口，下壁前端有尿道外口。随着时间延长，球状物充血、淤血，颜色变成暗红色或黑色，严重时球状物发生坏死、穿孔，阴道的脱出部分长期不能缩回。黏膜淤血，变为紫红色，黏膜发生水肿，严重时可与肌层分离，因受地面摩擦及粪尿污染，常使脱出的阴道黏膜破裂。

2. 实验室诊断　阴道刮片进行细胞学检查可以鉴别阴道脱出和阴道肿瘤。

【治疗】

1. 保守治疗　阴道部分脱出，因患病动物起立时常自行缩回，如无损伤一般不必进行治疗，只需加强管理，使其多站立，并取前低后高的姿势，减轻骨盆内压，以防止脱出部分继续增大，避免损伤和感染，将尾拴于一侧，以免尾根刺激脱出的黏膜，同时适当增加自由运动，给予易消化的饲料，并治疗便秘、腹泻等胃肠道疾病。

2. 手术治疗　使用卵巢子宫全切术防止本病的复发，并减少对黏膜造成的损伤。较大的脱出块需要通过外阴切开术，人工使其还原，并用外阴缝合的方法防止脱出复发，直到出现半透明的组织皱缩。当脱出组织严重受损和坏死时，建议切除坏死部分。对没有进行卵巢子宫全切术的脱出部的还原和切除，要求同时进行子宫固定术、膀胱固定术和结肠固定术来防止脱出的复发。

3. 中药治疗　仅用于阴道部分脱出的病例。使用黄芪、党参、白术、柴胡、升麻、熟地、枳壳、陈皮、生姜、大枣、甘草配伍，水煎2次，取汁，一次灌服，每天1次，连服3d。

四、子宫内膜炎

子宫内膜炎指子宫内膜结构发生炎性改变，是影响雌性犬猫繁殖性能的常见疾病之一。此病常发生于雌性犬猫发情、交配、流产和产后。特别是发情后期因生殖激素的原因，子宫易发生病变，到间情期时出现临床症状，且老年犬猫发病率较高。本病的发生不仅仅损害了宫，导致犬猫不育，还可能因不及时诊治引起全身的脓毒血症，导致犬猫死亡。

【诊断】

1. 临床检查　通过问诊、视诊、触诊及听诊进行临床基本检查。

（1）隐形子宫内膜炎　无特殊临床症状，仅于发情期阴门排出较多且略浑浊的分泌物。此外，受孕较困难且容易发生流产。

（2）急性子宫内膜炎　通常出现发热、精神沉郁、少食贪饮、触诊腹壁紧张，偶见呕吐和腹泻。有时外阴可见浑浊的絮状分泌物。

（3）慢性子宫内膜炎　早期无明显临床症状，出现屡配不孕，外阴偶见乳白色浆液性分泌物。病程晚期，出现精神沉郁、少食、多饮多尿、阴道分泌物异常、胃肠道紊乱，触诊发现子宫角明显增粗，外观腹围增大。

2. 实验室诊断

(1) X线检查 对于宫腔内含液性内容物且宫颈闭合状态下的病例，可见腹部子宫区面积增大并呈均匀一致的阴影。但对于宫腔积液较少的病例不能做出准确判断。

(2) 超声检查 可见子宫壁增厚或变薄，对出现宫腔积液的病例可见低回声暗区。

(3) 血常规检查 可见白细胞总数和中性粒细胞数增多。

(4) 生化检查 病程较长，病变较为严重时，常常导致肝肾的代谢发生紊乱，出现碱性磷酸酶、总蛋白、球蛋白指标检测值增高。

(5) 细胞学检查 利用阴道内镜经宫颈插管技术，通过冲洗患病犬猫宫腔收集宫腔液体进行细胞学检查。

【治疗】

1. 保守治疗 使用药物包括抗生素和某些可拮抗孕酮的药物，如前列腺素 $F_{2\alpha}$、氯前列腺烯醇、溴隐亭（多巴胺激动剂）、阿来司酮（孕酮受体阻滞剂）。

(1) 子宫冲洗 用0.1%～0.2%高锰酸钾溶液冲洗子宫，每天1次或隔日1次，直到排出透明的液体为止。为减少渗出物的吸收，还可用5%～10%的高渗盐水冲洗子宫，每天1次。子宫清洗完毕后，向阴道及子宫内注入用生理盐水溶解的青霉素和链霉素溶液，每天1次或隔日1次。

(2) 促进渗出物排出 先肌内注射己烯雌酚，每天1次，连用2～3d，使子宫颈开放。再使用强烈的子宫收缩药物促使渗出物排出，肌内注射缩宫素，每天1次，连用3d。

2. 手术治疗 子宫卵巢切除术是治疗该病最安全有效的方法。

3. 中药治疗 以清热利湿、化瘀散结为原则。土茯苓、蒲公英、丹参、三七、杜仲、川芎、粉萆薢、车前子、夏枯草等药物配伍而成。

五、子宫蓄脓

子宫蓄脓症是发情后期的一种急性或慢性疾病，常见于成年雌性犬猫。该病可引起生殖系统与其他系统的损伤，表现多种临床症状和复杂的病理变化，以子宫出现急性或慢性化脓性细菌感染，伴有子宫腔炎性渗出物积聚为主要特点。子宫蓄脓症的发生与激素和机会致病菌密切相关，孕酮在启动细菌感染中起关键作用。该病的初期，临床表现一般并不严重，但细菌内毒素一旦进入血流会导致低血压，可能引发休克甚至危及生命。

【诊断】

1. 临床检查 通过问诊、视诊、腹部触诊、听诊进行临床基本检查。发病初期一般无明显症状，感染2～4周后出现腹部膨大、厌食和精神沉郁的症状。同时伴有发热、脱水、呕吐、体重减轻、多饮、多尿、心动过速、呼吸急促、触诊腹痛、黏膜异常等。在开放性子宫蓄脓的病例中，常见持续或间歇性黏液、脓性或出血性分泌物从阴道流出；闭锁型子宫蓄脓，子宫显著扩张。

2. 实验室诊断

(1) 超声检查 腹部纵向扫描会发现子宫角增粗，子宫体表现为液性暗区。液体的性质难判断，可能是脓汁、渗出液、血液等，可结合子宫壁增厚、内壁表面的变化等进行判断。

(2) X线检查 正常的子宫在X线下不成像，子宫蓄脓时会出现明显的质地均匀特别大的暗性区域。

(3) 血液检查 白细胞计数轻微或显著升高，中性粒细胞核左移，幼稚型细胞达35%以上。

(4) 阴道抹片 可见大量的中性粒细胞和微生物。

(5) 腹部穿刺 在腹部膨大部进行穿刺，可见脓汁，也可以做抹片。

(6) 尿液检查 尿比重会过低，尿蛋白呈阳性，pH>7.0。

(7) 生化检查 血清尿素氮和血清总蛋白升高，若出现败血症合并脱水，则ALT（谷丙转氨酶）、ALKP（碱性磷酸酶）有可能会升高。

【治疗】

1. 保守治疗 对于开放型子宫蓄脓可用此法，即静脉输液和抗生素的联用。可以向子宫内灌入抗生素（氧氟沙星、甲硝唑等）溶液进行治疗，清洗子宫后可以适量给予清宫药物，1周以后可以做影像学和血常规进行复查考虑是否需要继续清洗，或者选择每天1次或者隔天1次使用高锰酸钾对子宫进行冲洗，直到阴道内液体变成透明为止。子宫清洁完毕后，将抗生素注入阴道内和子宫内，也可肌内注射己烯雌酚扩子宫颈而后使子宫内容物排空。

2. 综合疗法 针对的是封闭式子宫蓄脓。首先要开放子宫颈，可以肌内注射己烯雌酚，每天1次，连用3d即可。子宫颈开放后，要肌内注射缩宫素，进一步促使脓汁排出，必要时要对子宫进行冲洗，连用抗生素消炎抗菌，可以选择肌内注射或是静脉滴注，或是阴道栓剂（甲硝唑），如果经过药物治疗并无明显好转或是治疗时间过长，就可以选择手术治疗。

3. 手术治疗 封闭式子宫蓄脓或是开放型子宫蓄脓采用子宫卵巢切除术都有良好的效果。为去除感染源和防止复发，对于非种用老年雌性犬猫，应尽快进行子宫卵巢切除术。

4. 中药治疗 口服龙胆泻肝汤，或用蛇床子散冲洗阴部。

六、卵巢囊肿

卵巢囊肿是由于生殖内分泌紊乱，导致卵巢组织内未破裂的卵泡或黄体因其自身组织发生变性和萎缩而形成球形的空腔，腔洞内可能充满液体或半固体。大多数犬猫的卵巢囊肿较小，无明显临床症状。卵巢囊肿分为卵泡囊肿和黄体囊肿两种类型。两种类型表现出的临床症状完全不同，最明显的是，患卵泡囊肿的病畜常出现持续发情的症状，而患黄体囊肿的病畜则长期不发情。

【诊断】主要通过临床检查和实验室检查进行诊断。

1. 临床检查 通过问诊、触诊、听诊、视诊等观察犬猫的发情情况。卵泡囊肿出现反常的发情表现，发情周期明显缩短，发情期延长，长时间保持不安的状态，阴道流出黏性分泌物，皮肤左右对称性脱毛等。黄体囊肿主要表现为不发情。

2. 实验室诊断 主要是进行B超检查，出现卵巢囊肿时卵泡直径显著增大，卵巢有多个低回声局限性液性暗区，暗区的边界较为模糊，相连暗区之间的连接处偶见高强度回声的亮斑，且亮斑的厚度较薄。激素测定血清孕酮浓度可以鉴别诊断卵泡囊肿和黄体囊肿。

【治疗】

1. 保守治疗　患该病大部分都为老年犬猫，由于机体衰老，麻醉和手术的风险增大。可采用激素疗法进行保守治疗，调节激素水平，使之趋于正常。激素疗法包括注射孕酮、丙酸睾酮等，但激素疗法治疗的犬猫停药后可能会复发，且反复使用激素类药物很可能产生不良反应。

2. 中药疗法　以活血化瘀，行气止血为治疗原则，处方如下：当归、川芎、芍药、怀牛膝、红藤、紫草、革薢、苏木各 10g，柴胡 12g，枳实 6g，甘草 6g，香附 6g，侧柏叶 10g。2剂，每剂煎汤后分 2d 灌服。

3. 手术治疗　摘除卵巢，能够根治卵巢囊肿。想保留病畜生育能力且经检查发现囊肿只在卵巢一侧的病例，可以用手术的方法只切除一侧卵巢，保留健康的一侧。该侧卵巢在机体正常发育过程中，仍可释放卵了，畜体即可保留繁殖机能。术后静脉滴注止血药和抗感染药物防止出血和感染。

七、假　　孕

假孕是指已达性成熟的未孕犬猫，无论交配与否，发生了与妊娠相似的身体变化和行为改变的现象。各年龄段性成熟雌性犬猫均能发生此病，但多发于 3～5 岁的犬猫，患病犬猫在发情 40d 以后陆续出现腹围增大、泌乳、做窝等症状，一般因内分泌紊乱所致的假孕，在出现围产期征兆 1～2 周之后，其症状即可消失。

假孕可由内分泌紊乱或交配不当引起，或者犬猫患有生殖系统疾患也容易造成假孕，缺乏微量元素的犬猫也容易诱发此病。

【诊断】

1. 临床检查　根据配种记录及临床问诊、视诊、听诊、腹部触诊，即可确诊。患病犬猫被毛光亮，性情更加温和安静，常常对玩具表现母性行为，如哺乳和亲昵。早期有呕吐、腹泻等一过性临床症状。腹部脂肪蓄积，腹部增大，乳房增大，并有乳汁分泌。假孕后期食欲不振或废绝，并有筑窝行为。个别犬猫对外紧张、迟钝、易怒，对自己的玩具却很温情。

2. 影像学检查　借助超声波诊断，可查子宫内无胎儿；借助 X 线检查，可见空怀。

【治疗】轻症者可不治而愈，无须治疗。重症者采用激素治疗，如甲基睾酮，对于常发病的雌性犬猫或者不适合种用的犬猫可行去势术，从根本上杜绝此病的发生。有乳汁分泌、乳房肿胀的犬猫，可使用冷热敷交替的物理疗法，挤出无用乳汁，也可以使用雄性激素或黄体激素来抑制乳腺分泌乳汁、消除肿胀。出现炎症反应的，可以使用抗菌药，如氧氟沙星，按照用量使用。

八、乳 腺 炎

犬猫乳腺炎是犬猫的乳腺受各种病因的影响而发生的一个或多个乳腺炎症的过程。在不同年龄段不同品种的雌性犬猫中都有发生，但最常发生于产后期和泌乳高峰期犬猫，少见于假孕及初次怀孕的犬猫。

【诊断】

1. 临床检查　主要检查体温、呼吸、脉搏的变化，对所有乳房进行检查，看是否对称，触诊温度怎样，乳房大小及乳房颜色。检查乳汁的颜色和气味是否异常。急性乳腺炎病初乳房潮红，肿胀，皮肤坚实，并有热痛。泌乳量减少或者停止。随后患病乳房内形成小肿块，此时体温升高，精神沉郁，食欲减退，从乳房中可挤出稀薄、浑浊含有絮状物或血液的乳汁。可出现发热、精神抑郁、食欲不振等全身症状。发炎部位温热、疼痛、乳房硬肿，压迫时有少量血样或水样分泌物流出，乳汁呈絮状，若为化脓菌感染，可挤出脓液并混有血丝。慢性乳腺炎全身症状不明显，一个或多个乳房变硬，强压亦可挤出水样分泌物。乳腺内结缔组织增生形成硬块，乳腺萎缩，泌乳功能丧失，全身症状不明显。

2. 实验室诊断

（1）血常规检查　白细胞总数明显升高。

（2）血液生化检查　白蛋白（SA）、谷草转氨酶（GOT）、乳酸脱氢酶（LDH）的含量与乳腺的损害程度呈正相关。乳汁显微镜检可直观看出感染情况。

（3）乳腺炎的X线检查　会出现大片状或小片状密度稍高于腺体组织的阴影，边界模糊不清，钼靶X线片上的病灶大小大于临床触诊范围，皮下脂肪层混浊，皮肤增厚。同时钼靶X线对临床表现不典型的非哺乳期乳腺炎能起较好的诊断作用。超声检查可见发炎区域回声普遍增强、粗糙。

【治疗】治疗犬猫乳腺炎的主要原则是抗菌消炎，消肿止痛，手术切除和加强护理。本病治疗越早越好，如果延误治疗很可能因为结缔组织增生变硬而丧失泌乳能力，严重时会继发败血症死亡。

1. 保守治疗

（1）在急性乳腺炎和慢性乳腺炎未发展成肿瘤的时期，主要采取封闭疗法［抗菌药物（青霉素、磺胺类药等）加上局麻药（盐酸普鲁卡因）在炎症周围注射，注射后加以温敷或按摩促进药物在扩散］。此外在封闭治疗时，可选用樟脑软膏或鱼石脂软膏涂抹患处并加以热敷，以减缓肿胀的发展。

（2）在乳房肿胀充盈时，加以按摩或挤压，促使炎性分泌物排出。乳房形成囊肿并有不洁乳汁排出时，需向乳室内注入生理盐水或0.1%的高锰酸钾水冲洗。冲洗干净后向其内注入青霉素、链霉素等抗生素。泌乳多时，人为控制或减少泌乳（常肌内或皮下注射长效己烯雌酚0.2～0.5 mg），可以减低发病风险。

以上两种情况可加以全身抗生素治疗（头孢噻肟钠、阿米卡星）和其他对症治疗措施（补充能量，纠正酸碱平衡障碍，破溃化脓创实施引流等）。

（3）中西疗法结合治疗。宫乳奇效液（金银花、连翘、黄芩、鱼腥草、蒲公英）肌内注射；甲硝唑静脉注射；环丙沙星注射液、甲氧氯普安注射液、复合维生素B混合肌内注射；鱼腥草汤内服或拌食喂服的四步法。

2. 手术治疗

（1）对急性化脓性乳腺炎，在乳房基部以乳头为中心行环行切开，排尽脓汁后，先用过氧化氢溶液冲洗干净滞留的脓汁，再用生理盐水冲洗干净后，放置引流条，涂布冰片散。

（2）对于大面积化脓或坏死性乳腺炎，需把乳房及乳腺组织全部切除，避免引发败血症。

第十单元 血液、内分泌及免疫介导性疾病

第一节 血液系统疾病

一、再生障碍性贫血

血液系统疾病

再生障碍性贫血简称再障，是一组由多种病因所致的骨髓造血功能衰竭性综合征，以骨髓造血细胞增生降低和外周血全血细胞减少为特征，临床以贫血、出血和感染为主要表现，确切病因尚未明确。再障发病可能与化学药物、放射线、病毒感染及遗传因素有关。

【诊断】

1. 症状 症状发展缓慢，除贫血的一般症状外，主要表现在血象变化。出现以血小板减少为特征的再生障碍性贫血，除可视黏膜苍白外，还可见出血斑。

2. 实验室诊断

（1）血液学检查可见红细胞数和血红蛋白含量降低，外周血液中网织红细胞消失。

（2）骨髓穿刺检查，无细胞再生象。

【治疗】本病可以通过去除病因、输血以及应用一些药物（如雄性激素和类固醇激素）刺激骨骼的造血功能进行治疗；可用丙酸睾酮，肌内注射；司坦唑醇内服，同时配合醋酸可的松。

二、缺铁性贫血

铁是合成血红蛋白的必需元素。动物机体由于对铁消化吸收障碍或丢失过多可导致血红蛋白合成减少进而引发缺铁性贫血。

【诊断】

1. 症状 黏膜苍白，嗜睡，瘦弱，运动耐受力下降，黑粪症，便血，腹泻。

2. 实验室诊断 贫血后期表现为小红细胞和血红蛋白过少，血清铁下降，骨髓铁缺乏。

【治疗】纠正失血的根本原因。另外，需要补铁。给予硫酸铁，犬每天 100～300mg，猫每天 50～100μg。当 PCV 恢复正常后，将剂量减少一半，继续补铁。如果血液由胃肠道丢失，可考虑使用注射用铁制剂（葡聚糖铁，10～20mg/kg）。

三、血小板减少症

犬猫外周血液中血小板数量低于 100 000/μL 时称为血小板减少。

【诊断】血小板减少症的主要症状是皮下和黏膜出现瘀点，提示毛细血管或者毛细血管后小静脉出血，通常发生于血管内压增加的部位。出血可见于任何患有血小板减少症的动物。一般是皮下及黏膜出血，如皮肤瘀斑、紫癜、口鼻腔及牙龈出血等，严重者可引起胃肠道大量出血和中枢神经系统内出血，危及生命，长期出血易引起贫血。

【治疗】去除病因、治疗原发病。严重贫血的动物可用富含血小板的血浆或血小板浓缩剂进行治疗。药物依赖型的血小板减少可用清除药物的方法加以解决。

四、凝血因子缺乏症

凝血因子缺乏症是由于凝血因子缺乏或凝血因子形成障碍致使凝血时间延长的一组疾病，临床上以出血不止或难止为主要特征。犬近亲繁殖较多，因而本病发病率较高。

【诊断】

1. 症状 患犬、猫出现不同程度的出血现象，包括自发性出血（深部血肿）或受伤后出血不止、关节囊发生血肿。

轻度出血可由轻微撞击、肌内注射、幼犬换牙等引起。小型手术如去势术、卵巢摘除术、断尾、断脐、剪趾等可能引起重度出血，出现体腔内出血、关节腔出血、肌肉血肿，严重者可发生再发性血尿、血痢，甚至危及生命。

遗传性凝血因子缺乏常出现“仔犬综合征”，如仔犬出生后脐带出血时间延长、同窝犬可见流产、死胎等。基因携带者通常不表现症状，但一般伴随凝血时间延长。血管性假血友病的典型症状是消化道出血、血尿、鼻出血、齿龈出血、体表血肿。但遗传性凝血因子缺乏的患犬、猫一般不出现瘀点或瘀斑，黏膜出血也较少见。

2. 实验室诊断 犬只若出现呼吸困难、腹围增大、跛行、运动不耐受、肿块等，可检测其是否缺乏凝血因子，肝脏疾病和灭鼠剂中毒所致的凝血因子缺乏症较为常见。

凝血功能检查结果中，患病犬、猫常表现为部分活化凝血活酶时间（APTT）、凝血酶原时间（PT）、凝血酶时间（TCT）延长，相应凝血因子活性降低，而血小板数及其功能正常。

患血管性假血友病的犬、猫需测定 V-W 因子。

【防治】

1. 预防 加强饲养管理，避免意外创伤，优化犬舍的结构和内部环境，饲喂柔软易消化的食物，以防硬质食物（如骨头）损伤口腔。

2. 药物治疗 主要运用支持疗法和输液疗法，期间不能使用干扰止血的药物，不能进行外科手术。

对于原发性的凝血因子缺乏症主要进行缺乏因子的补充。对贫血严重的患犬（PCV<

20%）应输新鲜全血 20mL/kg，储存过的血液或冷冻血浆缺乏因子Ⅴ和Ⅷ。贫血不严重的可输冷冻血浆 6～10mg/kg 或凝血因子浓缩物，静脉注射，至出血停止为止。硫酸亚铁 3mg/kg，口服，每天 1 次。叶酸制剂 15mg，肌内注射，每天 1 次，直到血细胞比容正常为止。

也可中西结合治疗，加味四物汤对止血有良好效果。

继发性的凝血因子缺乏症需治疗原发病，同时补充维生素 K_1（1.1mg/kg），隔 12h 1 次，持续 2 周。

本病根治的关键是排查患病犬、猫或基因携带者，避免将其作为种用。

五、白 血 病

白血病是起源于骨髓造血前体细胞的恶性肿瘤，其特征是骨髓中有广泛的幼稚白细胞（白血病细胞）增生，并进入血液浸润破坏其他组织。相对犬来说，猫更多发。

本病根据细胞的起源不同可分为骨髓性白血病和淋巴细胞性白血病，骨髓性白血病又继续分为粒细胞性、单核细胞性、肥大细胞性白血病等；根据病程不同可分为急性白血病和慢性白血病，在骨髓和末梢血液中前者主要存在大量异常原始细胞，后者主要存在异常成熟细胞，原始细胞较少；根据瘤细胞出现在外周循环系统的程度分为白血性白血病（异常增殖白细胞明显增多）、亚白血性白血病（白细胞轻度增多）和非白血性白血病（瘤细胞只在骨髓内增殖但不出现或很少出现在血液中，白细胞数不增多反而可能减少）。

【诊断】

1. 症状　患白血病的犬、猫的一般症状都不具有特异性，主要表现为嗜睡、食欲不振、消瘦、发热、贫血，可视黏膜苍白，多饮多尿，体格检查表现为脾脏、淋巴结肿大。

此外，淋巴性白血病多发于 4 岁以下青年犬，可见体表各淋巴结，如颌下、肩前、膝前、髂内等淋巴结肿大，触诊无热痛、平滑、坚实可移动，剖检肠系膜淋巴结有肿瘤块；腹水增多，逐渐跛行。粒细胞性白血病多见于 1～3 岁犬，还可能出现呕吐、腹泻，肝、脾、淋巴结肿大。肥大细胞性白血病特征变化为皮肤出现结节，直径大多小于 3cm，从躯干逐渐蔓延至四肢及头颈部，可发生溃疡和化脓性炎症。

2. 实验室诊断　根据临床症状结合血象变化、骨髓穿刺结果进行诊断。常出现母细胞危象，即血液及骨髓中出现未成熟的母细胞，慢性骨髓性白血病（CML）多发。

（1）粒细胞性白血病　血象检查，白细胞数逐渐增高可至 4 万以上，比例变化明显，粒细胞可达 70%～90%，其中中性粒细胞占大部分；而淋巴细胞比例显著下降，单核细胞略有增加。

骨髓象检查，异常原始细胞比例剧增，幼稚粒细胞和各种未成熟的粒细胞显著增加，涂片上可见大量的不成熟和不正常的中性粒细胞。

（2）淋巴性白血病　血象检查，红细胞数减少，血色素降低，多染性红细胞和幼稚红细胞增加。白细胞总数显著增加，高达 3 万～6 万个，个别病例正常或减少；比例出现变化，淋巴细胞绝对增加，出现分化型和未分化型淋巴细胞。

骨髓象检查，有异型淋巴细胞和幼稚淋巴细胞出现。

（3）单核细胞性白血病　血象检查，红细胞数轻度减少，白细胞数增加，最高达 8 万个。单核细胞增加，各分化过程的单核细胞皆存在。

骨髓象检查，可见未分化和分化型的各种单核细胞增生，急性单核细胞白血病的单核母

细胞与非红细胞系细胞相等或超出30%。

(4) 肥大细胞性白血病 血象检查，红细胞数稍降低，白细胞数增加，肥大细胞明显增多，特别是在血涂片的毛边处。

骨髓象检查，肥大细胞增多可达70%以上。

【治疗】白血病目前暂无可靠疗法，主要是通过化疗结合支持疗法缓解病情，维持生命。

(1) 联合化疗 静脉注射长春新碱，或口服泼尼松、环磷酰胺、阿糖胞苷。

中西医结合可以扶正祛邪为主，辅以活血化瘀、调理脾胃中药。

(2) 支持疗法 根据病情，给予蛋白合成激素，强心、保肝，给予维生素等，输新鲜全血抑制出血或减轻贫血，也可注射卡介苗等免疫增强剂，以增强机体的免疫力。

(3) 骨髓移植 是现如今治疗白血病最有效的疗法，但常受费用限制，贵重品种犬、猫可考虑此疗法。

(4) 脾脏放疗或切除 对于脾脏极度肿大的患犬、猫，可用X线放疗或进行脾脏切除术。

第二节 内分泌系统疾病

一、甲状腺功能亢进症

甲状腺功能亢进是甲状腺素（T4）和三碘甲状腺原氨酸（T3）分泌过多的一种疾病。临床上以基础代谢增加、神经兴奋性增高、甲状腺肿为特征，一般认为主要与甲状腺肿瘤有关，是猫常见的内分泌性疾病之一，犬少见。

【诊断】

1. 症状 临床表现为进行性消瘦，起初大部分动物还保持良好的食欲，精神状态活跃，不易发现，随着病症的发展出现体重减轻或呕吐、腹泻，排大量脂肪性粪便等症状，易兴奋，具有攻击性。随后表现出喘气、呼吸困难，眼球凸出，流泪，结膜充血，烦躁不安，易疲劳，甲状腺瘤性增生发生在一侧或两侧甲状腺，呈中等程度肿大，手指触诊咽至胸口的颈腹侧，可摸到肿大的甲状腺。

2. 实验室诊断 实验室检测血清中甲状腺素的浓度，血清中甲状腺素>40μg/L或三碘甲状腺原氨酸>2 000μg/L可确诊为甲状腺功能亢进。

【治疗】以抑制甲状腺素的合成、对症治疗、手术疗法为原则。

使用抗甲状腺药物，常用的有丙基硫脲嘧啶、甲亢平。针对心律失常症状，限制患病动物过量运动，补充高能量食物、维生素、钙、磷等。如长期用药无效，可考虑手术切除。术前口服普萘洛尔。放射性同位素碘疗法是安全有效的方法，但必须控制患病动物在特定场所，限制运动。

二、甲状腺功能减退症

甲状腺功能减退是指由甲状腺合成或分泌甲状腺素不足或周围组织对甲状腺素的不应性引起的一种内分泌疾病。以全身发胖、躯干部被毛稀少、嗜睡及不育为特征。本病是犬常见的内分泌病，主要发生于4～6岁的犬，母犬的发病率高，多发于大型和中型的纯种犬。

【诊断】

1. 症状 先天性甲状腺功能减退主要表现为幼犬呆小，骨骼和被毛发育缓慢，皮肤干燥，被毛粗乱，精神迟钝，体温低下，甲状腺肿大。2/3病犬患高胆固醇血病。

后天性甲状腺功能减退，以黏液性水肿和尾部无毛为特征，并且精神萎靡，反应迟钝，四肢无力。头部、眼睑、四肢末端水肿发凉，性欲低下，体躯肥胖。皮肤干燥增厚，毛发蓬乱无光泽，尾部和大腿后面脱毛，有大量色素沉着，有时出现昏迷和癫痫。

2. 实验室诊断 通过放射免疫分析技术测定血清中T3和T4基础总浓度降低，分别低至600μg/L和10μg/L。采用促甲状腺激素（TSH）刺激试验，诊断原发性甲状腺功能低下症；甲状腺活体组织检查是诊断和区分原发性和继发性甲状腺功能低下的可靠方法。

实验室检查红细胞和血红蛋白减少，基础代谢率降到35%左右，甲状腺摄碘率低，而尿中排碘增多。血清蛋白结合碘在25μg/kg以下。

【治疗】采用甲状腺素替补疗法，内服左甲状腺素钠，每天1～2次或内服三碘甲状腺原氨酸，每天3次。对伴有心力衰竭、心律不齐及糖尿病的病症，患病动物应逐渐增加剂量，一般治疗后6周内显效。

三、肾上腺皮质功能亢进症

肾上腺皮质功能亢进症

肾上腺皮质功能亢进是指一种或数种肾上腺皮质激素分泌过多。由于以盐皮质激素或性激素分泌过多为主的肾上腺皮质功能亢进很少见，故肾上腺皮质功能亢进通常是指以糖皮质激素中的皮质醇分泌过多，本病又称为库兴氏综合征或库兴氏样病，是犬最常见的内分泌疾病之一。母犬多于公犬，且以7～9岁的犬多发。

【诊断】

1. 症状 主要表现为多尿、烦渴、垂腹和对称性脱毛。日饮水和日排尿增加，皮肤变薄，弹性减退，形成皱襞，无瘙痒；皮肤两侧色素沉着，呈奶油色斑块状，周围为淡红色的红斑环。患病动物可发生肌肉强直或伪肌肉强直，通常先发生于一侧后肢，然后是另一侧后肢，最后扩展到两前肢。休息或在寒冷条件下，步态僵硬尤为明显。

2. 实验室诊断

(1) 肾上腺皮质功能试验 正常犬安静时皮质醇的含量为每毫升0.1～0.5μg，但皮质醇过量时也在此范围内，所以需采用地塞米松抑制和肾上腺皮质激素刺激的综合试验，区别功能性垂体瘤和肾上腺皮质肿瘤引起的皮质醇分泌过多。给正常犬和患自发性肾上腺皮质增生的病犬肌内注射地塞米松（0.01μg/kg），约8h后，正常犬血浆中皮质醇含量降至0.1μg/mL，但是患功能性肾上腺皮质功能亢进的犬则不表现出抑制。

(2) 血液学检查 淋巴细胞显著减少（$<1.5\times10^9$个/L），嗜酸性粒细胞被破坏而减少。白细胞总数略有上升，中性粒细胞核呈碎片状，碱性磷酸酶含量升高，血清胆固醇含量升高（25～40mg/mL），血糖含量也有所上升。

(3) 尿液检查 尿量大，但相对密度低（<1.015）。

【治疗】本病多采用药物疗法和手术疗法，可单独实施，亦可配合应用。首选药物为双氯苯二氯乙烷，犬每天口服剂量为每千克体重50mg，猫对该药的毒性尤为敏感，不宜使用。此外，还可选用甲吡酮、氨基苯乙哌啶酮等药物。对经超声检查确诊为肾上腺皮质肿瘤的，应实施手术切除。

四、肾上腺皮质功能减退症

肾上腺皮质功能减退是指一种、多种或全部肾上腺皮质激素和盐皮质激素分泌不足或缺乏而引起的疾病，又称为阿狄森氏病。多见于老年犬，猫也有发生。

【诊断】

1. 症状

(1) 急性型　突出表现是低血容量性休克症候群，患病动物大都处于虚脱状态，心动过缓，节律不齐，腹痛，呕吐，腹泻或便秘，脱水明显，体温低下。

(2) 慢性型　病程较长，病情发展缓慢，临床表现不明显。病犬表现肌肉无力，精神沉郁，食欲减退，胃肠紊乱。可见瘦型体质，即消瘦、细长、虚弱无力。多表现为低钠血症和高钾血症，可发生代谢性酸中毒、代偿性呼吸性碱中毒、低氯血症、高磷血症和高钙血症。

2. 实验室诊断　采用促肾上腺皮质激素试验进行实验室诊断。

3. 鉴别诊断　本病需与原发性胃肠道机能紊乱、原发性肾衰竭等疾病进行鉴别。

【治疗】

(1) 急性型　静脉注射生理盐水，补充糖皮质激素，如琥珀酸钠皮质醇和磷酸钠地塞米松，之后肌内注射醋酸脱氧皮质醇油剂，静脉注射5%碳酸氢钠。上述治疗后30min，病情仍然不见好转，可静脉滴注去甲肾上腺素，并观察注射后脉搏及尿量的变化。肌内注射琥珀酸钠皮质醇，每天3次；肌内注射醋酸脱氧皮质醇油剂，每天1次，直至患病动物呕吐停止，自由采食及精神状态正常。

(2) 慢性型　肌内注射琥珀酸钠皮质醇，每天3次；肌内注射醋酸脱氧皮质醇油剂，每天1次，至血清钠、钾含量恢复正常，呕吐停止，能采食；口服氯化钠连续1周；口服氢化可的松，每天2次，连用一周后每天改服药1次；每3～4周肌内注射新戊酸盐脱氧皮质醇，或每天服用醋酸氟氢可的松。

五、甲状旁腺功能亢进症

甲状旁腺功能亢进主要是指在没有其他疾病继发性地刺激甲状旁腺素（PTH）过度产生的情况下，由于PTH不受控制地产生而引发的临床症状。此种症状主要以高钙血症以及骨骼去矿化为特征。按病因主要分为原发性、继发性以及假性。

【诊断】

1. 症状

(1) 骨质疏松　主要是骨质脱钙造成的骨折和骨变形。常见于牙齿松动、跛行以及脊柱弯曲。

(2) 高钙血症　血钙过高造成的神经肌肉功能紊乱，继而引发心跳缓慢、呕吐、腹痛、吞咽障碍、便秘等。

继发性甲状旁腺功能亢进除了有以上症状还出现软骨病特征。

假性甲状旁腺功能亢进主要是由肿瘤分泌类甲状旁腺素引起，症状为贫血、淋巴肿大和肿瘤。

2. 实验室诊断　通过排除血钙过高的继发因素而对动物进行诊断，排查这些因素比鉴别原发性甲状旁腺功能亢进症更容易。此病多发于中年或老年动物：犬 6～13 岁，猫 8～15 岁。雌性动物发病较多。其中暹罗猫和卷尾狮毛犬最易发。

(1) 实验室诊断 甲状旁腺功能亢进症伴有高钙血症和低磷血症。在原发性甲状旁腺功能亢进症中，PTH 过度分泌，血液循环中的 PTH 浓度增加。PTH 实验室检测是一种比较有效的方法，其可以区分低钙血症。PTH 不稳定，检测时需小心处理。

(2) X 线检查 可观察到骨质脱钙，骨折、畸形。骨质呈纤维状或者虫蚀形。

(3) 穿刺检查 对超大的淋巴结进行穿刺以检查细胞学变化，排除淋巴肉瘤和恶性血钙过高。

【治疗】对于原发性甲状旁腺功能亢进症的犬猫，主要运用手术切除甲状旁腺瘤和增生的淋巴结节。手术 12h 后应该静脉注射 10 %的葡萄糖酸钙 10～20mL。

继发性甲状旁腺功能亢进可以通过调节日粮中的钙磷配比来治疗。在高钙血症中，注射 0.9 %的 NaCl 溶液，或呋塞米 2～4mg/kg。如果输液和利尿无效，需要采取更加有效的治疗措施。静脉注射泼尼松龙或降钙素。对于肿瘤引起的假性甲状旁腺功能亢进主要运用手术切除原发肿瘤，放疗破坏淋巴瘤也有明显效果。

六、甲状旁腺功能减退症

甲状旁腺功能减退症是指由甲状旁腺素分泌减少而引起的甲状旁腺功能下降的现象。此症状主要出现在母犬中，并且伴有低钙血症，通常血钙＜2.10mmol/L。

【诊断】

1. 症状 犬通常伴有神经肌肉及行为异常、低钙血症、心动过速或过缓、高热、虚弱、疼痛、食欲不振、腹痛并伴有呕吐、膈痉挛、被毛脱落及牙齿骨骼钙化不全等。白内障是主要的并发症。

2. 实验室诊断 结合可疑的临床症状，并伴有近期甲状腺或甲状旁腺手术史，可以通过实验室检测甲状旁腺素进行确诊。原发性甲状旁腺机能减退时血甲状旁腺素分泌减少，出现血钙过高或者血磷过低，但肾功能正常，血清镁浓度正常或者轻微下降。

【治疗】补钙是主要的治疗手段。静脉注射 10%葡萄糖酸钙，或肌内注射维丁胶性钙注射液。如果心电图监控出现心动过缓、Q－T 间歇过短或 ST 升高，停止输液。如果病犬发生抽搐，立即注射 10 %葡萄糖酸钙，一旦抽搐停止，便按照正常的钙浓度进行输液。注意不要皮下注射氯化钙。如果进行维持治疗，需要口服维生素 D。同时需要低磷饮食，并且口服磷酸盐结合剂，如氢氧化铝。

七、嗜铬细胞瘤

嗜铬细胞瘤是嗜铬细胞的肿瘤，此种肿瘤主要发生在肾上腺髓质，有时也可以沿着交感神经网迁移到肾上腺外。患病动物常常是老年犬，没有明显的性别和品种差异。

【诊断】

1. 症状 嗜铬细胞瘤的临床症状没有明显的特异性，常常容易和其他更常见的疾病混淆。因此，在患病动物死亡之前很少能够诊断出来。病犬常常伴有体重下降和昏睡的症状，同时视网膜出血或心力衰竭也是常见的并发症。慢性症状包括精神沉郁，虚弱，呼吸急促，多饮多尿，躁动不安，抽搐，共济失调，昏厥，皮肤或黏膜潮红，鼻出血等。

2. 实验室诊断

(1) 病理剖检　嗜铬细胞瘤常常在动物死后解剖时偶尔诊断出来的。

(2) 物理检查　通过物理学检查也可以诊断出嗜铬细胞瘤，腹腔有肿块，腹水，后肢水肿，心动过速或者心律失常，视网膜出血，肺泡呼吸音粗厉，同时瞳孔散大。

(3) 实验室检查　常规实验室检查通常表现不一致，血液浓缩，儿茶酚胺可诱发中性粒细胞增多，高血压性肾小球病可引起蛋白尿或者血尿。

(4) 成像诊断技术　成像诊断技术对确诊十分重要。X线成像显示已经钙化的肾上腺肿块取代了邻近的肾脏。尿道造影可能显示出肾脏被肾上腺肿块所代替。静脉造影也可能显示后腔静脉压迫和血栓。腹腔的超声波检查也可以显示肾上腺肿块。CT（计算机断层扫描）或MRI（核磁共振）也是可供选择的用于诊断的成像方法。

【治疗】首选的治疗方法是手术切除。药物治疗是为了在手术之前稳定心血管和代谢状况。用α-肾上腺素阻断剂降低血压，可口服盐酸酚苄明，开始时给予小剂量，以后逐渐增加剂量，直至血压降低至预期水平。β-肾上腺素能阻断剂可以控制心律失常和高血压。普萘洛尔，必须和酚苄明联合使用，以预防严重的高血压。在手术过程中应该注意，大多数肿瘤位于肾上腺内或者肾上腺周围，或靠近主动脉的腹膜间隙内。在切开时，应注意肿瘤血管及其对腔静脉的侵袭力，将腹腔完全暴露，以确定有无转移。非侵袭力的肿瘤通常能够被完整地切除。

八、肢端肥大症

肢端肥大症是指体内生长激素分泌过多，导致结缔组织、骨骼和内脏过度生长，从而引起不协调的临床综合征。病猫通常是中老年的雄性杂种猫。而病犬常常是老年没有做绝育的雄性犬，常常患有与激素分泌过多有关的糖尿病。

【诊断】

1. 症状　在患病早期，患病动物的外形和体型发生变化。首先是面部变宽，皮肤增厚，面部和颈部堆积着许多褶皱，同时体重增加，腹部增大，牙齿间隙增大，吸气时发出声响，心脏、肝脏和肾脏等器官肥大。病猫常常发生心肌病，主要是收缩期杂音，出现奔马律以及淤血性心力衰竭。由于肾小球滤过率增加而导致的心脏肥大，引起多饮多尿的症状。还有一些不常见的症状，如垂体瘤的过度生长而引起中枢神经系统症状，有时有头部压迫，行为迟钝或有厌食的表现。

2. 实验室诊断　患病动物有过长期使用孕酮治疗或者不发情的病史。抗胰岛素糖尿病的动物有典型的肢端肥大症状。

(1) 实验指标检测　实验室检测指标异常，出现高血糖、糖尿、血清碱性磷酸酶或者谷丙转氨酶升高、高磷酸盐血症、高胆固醇血症、高蛋白血症，以及轻度红细胞增多症。放射检测，颈部的软组织结构增大，心肥大。

(2) 成像技术检测　CT（计算机断层扫描）或MRI（核磁共振）检测，垂体部位出现大面积的病变。确定垂体瘤的位置及其大小有助于选择治疗方法。

【治疗】取消孕酮的摄入，其次切除子宫和卵巢减少发情。外科手术治疗：在兽医领域，尚未对垂体瘤外科手术进行评估，可能是外科手术不适合较大的垂体瘤。在动物医疗领域很少使用放射性疗法治疗垂体瘤。

九、甲状腺瘤

在病理研究中，甲状腺良性腺瘤常见，其中甲状腺瘤占30%～50%。然而，良性甲状腺肿瘤通常病灶小，在生活中不容易被发现。偶尔也有一些肿瘤，尤其是囊性肿瘤，可在颈部区域触摸到可移动的卵圆形肿块。但由于压迫周围器官出现的临床症状很少出现。在大多数情况下，只有一个甲状腺叶受累，但双侧受累也有可能。甲状腺瘤主要发生于老年犬（平均年龄为9岁）。

【诊断】

1. 症状　主要症状为病犬颈下区域出现肿物，多为质地坚实、不对称、分叶和无痛性的肿物，位于颈部紧靠甲状腺区域。在疾病后期，当肿瘤压迫邻近器官时可出现如呼吸困难、吞咽困难、咳嗽等临床症状，发生转移时可能出现体重下降或运动不耐受。10%病犬还可出现甲状腺功能亢进的临床症状。

2. 实验室诊断

（1）检测血清甲状腺素（T4）浓度　测定基础甲状腺激素水平，或通过促甲状腺激素（TSH）兴奋实验确定甲状腺的功能。犬患功能性甲状腺瘤所引起甲状腺功能亢进时，血清中T4与游离T4（fT4）升高，血清中TSH浓度检测不出。然而，多数犬的甲状腺瘤为无功能性的，因此，在进行甲状腺功能评价时，多为正常。

（2）诊断影像学　超声波检查颈侧部可证实是否存在肿物，可对肿瘤的性质进行鉴别；可检查是否存在局部肿瘤浸润及严重程度；可检查是否存在肿瘤转移的情况及其位置；可提高通过肿物细针穿刺或经皮活组织检查取得代表性组织的可能性。

（3）活组织检查　甲状腺瘤的确诊必须进行肿瘤活组织检查并做组织学评价，以确定活组织是否来源于甲状腺。由于肿瘤处血管丰富，以及可能存在的慢性弥散性血管内凝血（DIC），可能出现因活组织检查而导致的大出血。

【治疗】

1. 手术　手术切除可彻底治愈甲状腺瘤以及小且包囊清晰并具活动性的甲状腺癌。然而，手术切除是否能彻底治愈取决于肿瘤的大小、局部浸润的组织量以及是否存在肿瘤转移的情况。手术前需进行血液凝集检测，并为手术中可能需要的输液做好准备。

2. 化疗　如果手术切除不成功，原发性肿瘤出现局部浸润或可能出现转移的情况，应考虑化疗。多柔比星静脉注射，每3～6周一次。对于多数犬，多柔比星可防止肿瘤的进一步生长并引起肿瘤收缩，但很少能完全消除肿瘤。结合5-氟尿嘧啶、环磷酰胺和/或长春新碱治疗能够提高多柔比星的疗效。若多柔比星治疗无效或治疗过程中出现复发时，可以考虑用铂类抗肿瘤药物（如顺铂或卡铂）进行治疗。

3. 钴放射治疗　对于多数犬，手术无法完全切除甲状腺肿瘤，不确定是否存在转移时或为缩小浸润或无法切除甲状腺肿瘤时，可以考虑钴远程放射治疗。钴远程放射治疗可单独使用或与手术和化疗结合使用。

十、糖尿病

糖尿病是由于胰岛β细胞分泌机能降低所引起的一种综合征。临床上多以高血糖、糖尿、多尿、多饮、多食和体重减少为主要特征，即“三多一少”。中老年猫、犬易发。

【诊断】

1. 症状　主要症状为烦渴、多尿、贪食、虚弱和体重下降，当病情严重时，所呼出的气体中带有酮臭味。病情进一步发展可见顽固性呕吐和黏液性腹泻，最后陷入糖尿病性昏迷。少数病犬、病猫会发生角膜混浊、溃疡或白内障。如果胰腺实质被破坏，可出现消化机能障碍和胰腺炎的症状。

2. 实验室诊断

(1) *检测尿糖浓度*　根据病犬、病猫的临床症状，并结合尿试纸检测葡萄糖可快速诊断糖尿病。若同时存在酮尿可诊断为糖尿病酮症酸中毒。

(2) *检测血糖浓度*　持续高血糖的存在对于糖尿病的确诊是很重要的。可用简易的血糖仪测定血糖浓度。犬、猫的正常空腹血糖为：犬 3.61～6.55mmol/L，猫 3.89～6.11mmol/L。如果空腹血糖持续高于 9.0mmol/L，即可认为是糖尿病。其中，当猫发生应激时，可出现应激性高血糖，但无糖尿，且血液糖化血红蛋白和果糖胺检验正常，此时不能诊断为糖尿病。

(3) *测定血液中糖化血红蛋白与果糖胺*　检测糖化血红蛋白可以稳定可靠地反映出检测前 2～3 个月的平均血糖浓度水平，而果糖胺的水平可以提供过去 2～3 周平均血糖浓度水平，并且不会受抽血时间、是否空腹或饭后，或者是否在抽血时使用降糖药物等因素的干扰。

【治疗】

1. 食饵疗法　食饵疗法是糖尿病的基本治疗方法，原则是给予低碳水化合物的食物，如肉类、牛奶等，同时补充足量的 B 族维生素，定时定量饲喂，少食多餐。

2. 口服降糖药　对于食饵疗法不能控制的轻、中型糖尿病，可选择用磺脲类与双胍类药物进行治疗。常用的制剂有甲苯磺丁脲、氯磺丙脲、苯乙双胍、二甲双胍。

3. 胰岛素治疗　对于重型糖尿病、糖尿病性昏迷或并发感染者可注射胰岛素进行治疗。胰岛素的给药剂量要根据当日病猫、犬的血糖值和尿糖总量来计算。原则上从小剂量开始，逐渐增加剂量。2～3d 调整一次。

第三节　免疫介导性疾病

一、免疫介导性血小板减少症

免疫介导性血小板减少症（IMT），是引起犬自发性出血最常见的原因，主要是由于外周血中的血小板和/或巨核细胞被免疫介导机制破坏。本症多发于犬，且成年母犬发病率高。

【诊断】

1. 症状　主要表现为原发性凝血缺陷的临床症状，包括出现瘀点、瘀斑以及黏膜出血。口腔黏膜和阴道黏膜有点状出血，皮下出血多见于腹部、腹内侧、四肢等。严重的病例可出现在天然孔和内脏，并常伴有血便、血尿。由于持续出血，可导致病犬出现贫血的现象。

2. 实验室诊断

(1) 血小板计数　用加入乙二胺四乙酸的新鲜血液进行血小板计数，当血小板数低于 2.5×10^4 个/μL时，即可确诊。

(2) 血小板平均体积测定　血小板平均体积过小并且血小板数减少（<20 000个/μL），对于病犬来说是IMT的征兆。随着时间推移，若血小板平均体积没有升高，则表明存在抗骨髓巨核细胞的抗体。

(3) 骨髓细胞学检查　可观察到典型的巨核细胞增多，但偶尔会出现巨核细胞减少并伴有很多游离的巨核细胞细胞核。

(4) Coomb's试验　如果IHA（免疫介导性贫血）伴随IMT发生，即Evan's综合征，则Coomb's试验呈阳性，且通常存在伴有球形红细胞增多的再生性贫血或自体凝集。

【治疗】

(1) 氢化泼尼松疗法　原发性IMT可用氢化泼尼松进行治疗，或与环磷酰胺、硫唑嘌呤、长春新碱或炔羟雄烯异唑协同使用。

(2) 免疫抑制疗法　使用免疫抑制剂量的皮质类固醇（如波尼松，每天2～8mg/kg）治疗。同时联合应用 H_2-抗组胺药（如法莫替丁）。

(3) 环磷酰胺疗法　除了使用免疫抑制剂量的皮质类固醇之外，还可以经静脉或口服环磷酰胺，能够有效地缓解病情。然而该药物不能作为一种维持药物使用，因为长期使用可导致无菌出血性膀胱炎。

(4) 静脉注射长春新碱　一般建议给病犬按 $0.5mg/m^2$ 的剂量经静脉注射长春新碱。

如有需要可以给病犬输新鲜全血、储存血、纯红细胞或血红蛋白溶液以维持机体足够的携氧能力。顽固性IMT的病犬可使用长春新碱、环磷酰胺、人免疫球蛋白或者通过切除脾脏成功治愈。

二、特应性皮炎

特应性皮炎是由变应原物质引起的犬猫变应性皮炎，又叫特应性湿疹，是皮肤科常见的一种慢性、复发性、炎症性皮肤病。特应性皮炎的发生是Ⅰ型超敏反应的结果。犬初发年龄早，通常为1～3岁，头几次发作有季节性，经过若干花粉季节后，病情逐步加剧而变成终年发作。

【诊断】

1. 症状　皮肤红肿、疼痛、剧烈瘙痒，大多为全身性的，但常见于面部、腿部和腋部。以后出现亚急性和慢性皮炎的各种病变（红斑、水肿、丘疹、渗出、结痂等）。猫患特应性皮炎时的临床表现差别很大，典型的临床表现包括瘙痒症、周期性复发的外耳炎、粟粒状皮炎、嗜酸性斑及其他类型的嗜酸性粒细胞肉芽肿、整梳过度以及季节性皮炎等。虽然并非常见，但有些病猫可表现非季节性的特应性或与变态反应相关的呼吸症状。

2. 实验室诊断　主要包括皮肤刮片和细胞学检查，以及皮内过敏原试验。

【防治】

1. 预防　避免过敏原，如灰尘、花粉和尘螨。包括少铺地毯和少放软家具，犬猫的窝内用品应在高温下每周清洗一次，经常吸尘和除尘，给宠物进行洗澡等。另外，体外寄生虫必须定期进行驱虫，使用低过敏原饮食。

2. 治疗　必需脂肪酸对减轻炎症很有用，与抗组胺药联用可产生协同作用。还可应用皮质类固醇药物。

三、免疫介导性溶血性贫血

犬免疫介导性溶血性贫血是由于红细胞表面覆盖有免疫球蛋白或补体导致红细胞存活时间缩短，红细胞在短时间内大量被破坏而产生急性血管内溶血的一种免疫性疾病。这是犬最常见的溶血性疾病，多为再生性贫血。此病多发于2～8岁犬，雌犬比雄犬发病率高，但在猫中不常见。

【诊断】

1. 症状　患病动物一般嗜睡，体弱，精神沉郁，食欲减退至废绝。可视黏膜苍白，呼吸急促，心动过速，肝脾肿大，黄疸有时伴有血红蛋白尿，偶见患病动物在寒冷条件下出现远端部位皮肤发绀，包括耳、鼻、尾尖、阴囊等，甚至坏死，一般为冷凝集病。

2. 实验室诊断

（1）*血液学检查*　红细胞形态呈现多染性，红细胞增多和红细胞大小不均，免疫介导性溶血性疾病病例，自体凝集明显，出现大量球形红细胞则为免疫介导性溶血性贫血。中性粒细胞增多，核左移。单核细胞也增多。

（2）*生化检查*　肝酶指标升高，血胆红素和血红蛋白过多。

（3）*尿常规*　胆红素尿，血红蛋白尿。

【治疗】可选用泼尼松进行治疗，如果出现爆发性溶血、自体凝集反应或对糖皮质激素缺乏反应，应考虑其他免疫机制药物和泼尼松联合使用，如环磷酰胺、硫唑嘌呤。如果出现明显的爆发性溶血或弥散性血管内凝血，可使用肝素。患免疫介导性溶血性疾病的病例，在药物治疗无效或复发的情况下，可考虑进行脾切除，对于贫血危及生命的病例，可输全血或浓缩红细胞。

四、全身性红斑狼疮

全身性红斑狼疮是一种由于不能识别自身组织而引起的非化脓性慢性炎症的自身免疫性疾病，波及猫的皮肤、关节、肌肉、造血系统、肝和肾脏等。一般雌猫发病率高，常预后不良。

【诊断】

1. 症状　主要症状是非微生物性的发热和不适、对抗菌药治疗无反应的持续发热，倦怠无力、好睡不动，食欲下降，消瘦。大多数病猫发生多发性关节炎，特别是腕关节和跗关节，红、肿、热、痛和跛行，运动困难，四肢肌肉和咀嚼肌进行性萎缩，肝脾肿大，部分病猫呈出血性素质。少数病例出现皮肤病变，以及肾、心、肺和中枢神经系统的功能障碍。皮肤损伤为对称性的脱毛、丘疹、鳞屑和结痂，黏膜发生溃疡，病变严重的皮肤发生蜂窝织炎和疖等。

2. 实验室诊断　根据皮肤病变和多器官受损伤所表现的症状和病理变化，可怀疑为本病。实验室检查可发现贫血，血小板减少，白细胞总数减少和Coomb's试验阳性，蛋白尿。

有诊断价值的试验是检查自身抗体，如血液中测出红斑狼疮细胞和抗核抗体，则可以确诊。但应注意的是应用皮质类固醇治疗过的病例，有时查不到红斑狼疮细胞，有些其他炎性疾病也偶尔会发现红斑狼疮细胞，而若在多发性关节炎的关节滑液中发现红斑狼疮细胞，则可进一步证实。抗核抗体试验诊断比红斑狼疮细胞诊断更可靠，而且不受类固醇激素治疗的影响，在临床上最常用的是直接荧光抗体技术。

【治疗】在无细菌感染时，尽量不用抗生素和磺胺类药物，首选糖皮质激素，如泼尼松。若疗效不明显可改用免疫抑制剂，如环磷酰胺、咪唑嘌呤等。每周静脉注射一次长春新碱，可治疗血小板减少症。在用药后无法改善溶血性贫血和血小板减少症状时可考虑手术切除脾脏。

五、食物过敏反应

食物过敏反应又称为食物性变态反应，是犬猫对某种食品或者食品添加剂的免疫介导性不良反应。患有食物过敏的犬猫会出现皮肤症状或消化道症状，或二者同时出现。

【诊断】

1. 症状　犬猫食物过敏反应主要表现为皮肤型和消化道型两种。

皮肤型的主要症状包括瘙痒、脱毛等，犬频繁抓挠、啃咬皮肤或摩擦墙壁、硬物导致皮肤损伤感染。皮肤突发性地起丘疹块，血管性水肿，有结痂，鳞状的痂皮脱落；眼睛、鼻子、面部、耳朵以及唇部等处瘙痒掉毛。猫则表现为采食后皮肤发生血管性水肿，形成荨麻疹，眼、鼻、面及口唇奇痒，被毛粗乱，经搔抓、啃咬后形成溃疡和小结痂。长此以往，可引发慢性感染，继发细菌和/或真菌性皮肤病以及耳内感染。

消化道型则表现为在采食不久后出现呕吐、腹泻、脱水、腹部触痛、食欲废绝、精神不振以及便中带血和黏液等。

混合型症状的患犬/猫同时具备消化道症状及皮肤症状。患犬/猫逐渐消瘦，体重变轻，并且变得虚弱、脱水。

2. 实验室诊断

（1）血常规检查　通过血常规的数据可发现嗜酸性粒细胞急剧上升。

（2）胃组织病理检查　经检查可发现患犬/猫的胃壁中嗜酸性粒细胞、中性粒细胞以及巨噬细胞有明显增加。

（3）饮食检测法　先给犬猫饲喂刺激性较小的食物，排除环境因素发病，然后禁食 3d，然后继续给犬猫饲喂刺激性比较小的食物，连续饲喂 10～14d，然后间断饲喂疑似过敏的食物，若饲喂后引发症状则确诊为食物过敏。

【治疗】首先更换犬猫日粮，停喂可疑食物。治疗可注射糖皮质激素和抗组胺药物。如单纯皮肤型可首次注射地塞米松，每天 1 次，直至病愈；如为消化道型除注射地塞米松外，再注射硫酸阿托品；病情严重的应补液，调整酸碱平衡；对排粪里急后重、粪中有血者，应给予抗菌消炎药。

第十一单元　营养代谢疾病

第一节　糖、脂肪和矿物质代谢紊乱疾病

一、低血糖症

低血糖症是指动物体内储备的糖原耗竭引起的血糖显著降低的一种病症。多发于幼龄和产后动物。幼龄犬猫多因母乳不足、饥饿或胃肠道功能紊乱引起，多突然发病。成年动物低血糖症通常由妊娠母犬猫生育仔数过多或分娩后哺乳导致母体营养不良引起，也可能因患有慢性消耗性疾病如肿瘤而发生。

【诊断】

1. 症状　患病动物精神不振，全身乏力，出现阵发性神经症状、肌肉痉挛、共济失调、失明等典型症状。幼龄犬猫常表现为突然晕倒，被毛逆立，不愿吮乳，皮肤苍白，体温下降，肌肉抽搐，步态不稳，有的表现为四肢呈游泳状划动或四肢僵直，或向外叉开，心跳减慢，甚至全身衰竭直至死亡。成年动物表现为肌肉痉挛、步态强拘，体温升高、心跳加快，尿液酮臭味。

2. 实验室诊断　根据血糖降低和尿液酮体检验呈阳性，可做出诊断。葡萄糖注射疗效显著也可以作为诊断的依据之一。

【防治】

1. 治疗　静脉或腹腔注射10%葡萄糖液，也可口服葡萄糖水，每日4～5次。同时配合肌内注射复合维生素B或氯丙嗪，有解痉作用。若是母畜感染引起，则用消炎药加以治疗。

2. 预防　加强饲养管理，避免环境温度过低；供给全价饲料，确保妊娠期胎儿的正常发育和分娩后有优质乳汁；对体弱或吮乳少的新生动物及时进行人工哺乳。

二、肥 胖 症

肥胖症是指由于机体的总能量摄取超过消耗，剩余部分以脂肪的形式蓄积，导致脂肪组织增加、过剩的一种营养代谢病。犬、猫肥胖多数由过食引起，一般认为体重超过正常值的15%～30%即为肥胖。

营养过剩，是发生肥胖的主要因素，另外，与年龄、性别和品种有关，内分泌机能紊乱，如垂体肿瘤、肾上腺功能亢进、下丘脑功能减退、甲状腺功能减退等都有可能导致肥

胖。呼吸道疾病、肾病和心脏病也易引发肥胖。

【诊断】根据自由采食、运动量少等病史和体态丰盈等临床症状，可做出诊断。

患肥胖症的犬、猫体态丰满，皮下脂肪充盈，用手不易触摸到肋骨，尾根两侧及腰部脂肪隆起，腹部下垂或增宽；食欲亢进或减少，不耐热，不爱运动，行动缓慢，动作不灵活，走路摇摆，易疲劳，易喘，易发生关节炎、椎间盘病、膝关节前十字韧带断裂等骨关节病；患心脏病、高血压、脂肪肝、糖尿病、胰腺炎、脂溢性皮炎、便秘、溃疡、繁殖障碍等的可能性加大，麻醉和手术风险增加；对传染病抵抗力下降；寿命缩短。由内分泌和其他疾病继发的肥胖症，除了上述的一般症状，还有各种原发病的症状表现。血液检查发现，患肥胖症的犬猫血液胆固醇和血脂升高。

【防治】

1. 治疗　①减食疗法，制订限制食物供给的计划。首先是减少食物的供给，可以每天饲喂平时量的60%～70%，分3～4次定时定量饲喂；其次是饲喂高纤维、低能量全价减肥处方食品。②每天进行有规律的中等强度的户外运动。③治疗引起肥胖的原发病。④药物减肥，可用食欲抑制剂、催吐剂等消化吸收抑制剂，用甲状激素、生长激素等提高代谢率。

2. 预防　保证动物食物营养均衡，增加粗纤维，促进胃肠道蠕动，补充维生素，多饮水，促进代谢。保证动物每天有适当的运动，以消耗多余能量。

三、高脂血症

高脂血症是指血液中的脂类，特别是胆固醇或甘油三酯及脂蛋白的浓度升高的一种病症。原发性病因与遗传因素有关，是由于单基因缺陷或多基因缺陷，使参与脂蛋白转运和代谢的受体、酶或载脂蛋白异常所致，或由于环境因素，如饮食、营养、药物等，以及未知机制所致。原发性高脂血症见于自发性高脂蛋白血症、自发性高乳糜微粒血症、自发性脂蛋白酶缺乏症和自发性高胆固醇血症。继发性高脂血症多由内分泌和代谢性疾病引起，常见于糖尿病、甲状腺功能降低、肾上腺皮质功能亢进、胰腺炎、胆汁阻塞、肝机能降低、肾病综合征等。

【诊断】

1. 症状　多数患病犬猫临床症状不明显，常常是在进行有针对性的血液生化检验时被发现的。临床表现为肥胖、不愿活动、体重增加、食欲减退、精神沉郁、乏力，反复腹痛或腹部不适。

2. 实验室诊断　高脂血症是血液中甘油三酯（TG）浓度升高，同时乳糜微粒（CM）或极低密度脂蛋白（VLDL）及胆固醇（CH）也增多。在饥饿状态下，成年犬血清CH和TG分别超过7.8mmol/L和1.65mmol/L，成年猫分别超过5.2mmol/L和1.1mmol/L，即可诊断为高脂血症。临床评估血脂的一种有效的方法是将犬猫禁食12h后测定血浆总胆固醇（TC）、高密度脂蛋白-胆固醇（HDL－CH）和TG水平，将标本放入4℃冰箱过夜，如果是VLDL，血清虽呈乳白色。单纯胆固醇血症，血清虽无肉眼异常变化，但仍是脂血症。高甘油三酯血症时，除TG浓度升高外，血清胆红素、总蛋白、白蛋白、钙、磷和血糖浓度出现假性升高，血清钠、钾、淀粉酶浓度出现假性降低，同时还可能发生溶血，影响多项生化指标检验值发生改变。

【防治】

1. 治疗　主要采用饮食疗法。以低脂低糖食物为主，经过1～2个月食物疗法不见效时，可适当加用一些降脂药物。常用的降脂药有烟酸、降胆灵。中药血脂康对治疗混合性高脂血症效果较好。治疗原发性自发性高脂血症主要饲喂低脂肪和高纤维性食物，继发性高胆固醇血症首先治疗原发病，同时适当配合饲喂低脂肪和高纤维食物。

2. 预防　加强饲养管理，保证食物营养均衡，动物要适当运动，在发现动物患有可引发高脂血症的疾病时，及时治疗。

四、佝偻病

佝偻病是快速生长的幼龄动物因维生素D缺乏及钙、磷代谢障碍所致的一种营养性骨病。本病主要发生于幼龄动物。原发性病因是妊娠动物维生素D摄入不足，或动物缺乏运动和阳光照射不足，影响胎儿的生长发育，动物出生后表现钙化不良的症状。继发性病因是动物患有胃肠道疾病、肝胆疾病、寄生虫疾病等，影响钙、磷和维生素D的吸收与利用；日粮中蛋白性饲料过多，代谢过程中形成大量酸类物质，在肠道与钙形成不溶性钙盐并排出体外，导致钙缺乏；慢性肝、肾疾病，影响维生素D活化；激素分泌失衡，如甲状旁腺机能代偿性亢进，引起低磷血症。

【诊断】根据动物日龄、饲料中营养配比、畜舍阳光照射情况等病史和厌食、消化不良、生长发育缓慢、骨骼发育不良、运动障碍等临床症状，可做出初步诊断。还可结合X线检查进行诊断，表现为关节明显扩大，骨密度下降，骨皮质变薄等。血常规和生化检验有辅助作用，血钙和无机磷含量降低，血清碱性磷酸酶（ALP）活性升高。

【防治】

1. 治疗　对未明显有骨和关节变形的动物应尽早进行药物治疗。可用维生素D或浓缩维生素AD肌内注射，或混在饲料中，同时配合应用钙制剂。

2. 预防　加强饲养管理，饲粮中补充维生素D，保持日粮中钙、磷的含量，并保证钙磷比例在（1.2～2）：1范围内，保证在冬季动物可以照射到足够阳光，也可用紫外线灯照射，照射距离为1～1.5m，每天照射20min。适当补充骨粉、鱼粉等矿物性添加剂及鱼肝油。

五、软骨病

软骨病是指由于饲料中钙、磷缺乏或两者比例不当，或维生素D缺乏而引起的一种营养性骨病。主要见于成年动物。

【诊断】

1. 症状　病初以消化机能障碍和异食癖为主要症状。患病动物食欲减退，消化不良。随后出现运动障碍，具体表现为腰腿僵硬，弓背站立，肘外展，后肢呈X形，步态强拘，单肢或数肢跛行，随着疾病发展，出现消瘦、骨骼肿胀变形、四肢关节肿大、疼痛、骨盆变形等。

2. 实验室诊断　根据病史、临床症状和X线检查，可做出诊断。X线片显示骨质疏松、骨密度降低，生化检验显示血磷降低、血钙正常或升高。

【防治】

1. 治疗 发病早期，针对日粮中钙磷不足和二者比例不当可进行调整，同时补充维生素D，给予适当的阳光照射。缺磷引起的，可静脉注射20%磷酸二氢钠液，或3%次磷酸钙溶液，同时肌内注射维生素D 400万IU。也可用磷酸二氢钠100g，内服，同时注射维生素D。

2. 预防 加强饲养管理，适当运动，给予充足光照，保证饲粮中钙、磷含量及比例在正常范围内，补充维生素D制剂。对于外伤、激素失调等疾病，要及早发现，及早治疗，防止进一步发展。

第二节 电解质紊乱

一、低钙血症

低钙血症是指血液中钙的含量低于正常值的疾病。常见于奶牛、犬、猫等动物。妊娠动物常发，表现为震颤性痉挛、抽搐，运动肌强直等一系列症状。日粮中缺乏钙和维生素D是主要原因，天气突变、长途运输、受到惊吓等应激因素也是本病的诱因。

【诊断】根据病史、临床症状和血钙检验就可做出诊断。

本病易发生于产后母畜。病发前无任何症状，表现为突然发病，烦躁不安，头颈及全身肌肉强直性痉挛或肌肉震颤。四肢僵直，呼吸急促，舌头被咬破，流涎不止，有的心悸亢进，可视黏膜充血，眼球向上翻动，口角常附有白色泡沫。重者昏迷倒地，四肢划动，呈游泳状，体温升高，血钙降低。

【防治】

1. 治疗 补充钙剂是本病的特效疗法。确诊后，应及早补钙，镇静解痉，防止呼吸道阻塞。可静脉注射10%的葡萄糖酸钙溶液、10%的硼酸葡萄糖酸钙溶液或10%的氯化钙溶液。对于持续痉挛的动物，可静脉注射氯丙嗪或25%硫酸镁溶液，可起到缓解作用。

2. 预防 加强饲养管理，在妊娠犬猫生产前补充钙剂，降低发生低钙血症的概率。保证饲粮营养均衡，有足够的钙、磷和维生素D，钙磷比例适当。若动物患有激素分泌失调、低血糖和酮病等也会对血钙造成影响，应及时治疗。

二、低钠血症

低钠血症是血清中钠的含量低于140mmol/L的疾病，也称低钠综合征。根据病因可分为缺钠性低钠血症和稀释性低钠血症。

缺钠性低钠血症是因体内水和钠同时丢失而以钠丢失相对过多所致。肾上腺皮质机能降低、严重腹泻、呕吐、利尿治疗、慢性肾衰竭、肠阻塞、代谢性酸中毒、长期高脂血症等都可造成过多钠丢失；饲料中食盐缺乏、不吸收食盐等造成钠摄取不当；大面积烧伤、急性大出血等造成血浆渗出过多。

稀释性低钠血症是因水潴留引起，但钠在体内含量并不减少。动物患有慢性代谢性低钠，如慢性肾病、肝硬化、慢性消耗性疾病等，慢性充血性心力衰竭，还见于液体治疗（低渗性盐水）、抗利尿激素（ADH）大量分泌或肾衰竭时过多给水等。

【诊断】根据病史和临床症状可做出初步诊断。主要表现有精神沉郁，体温正常或者升高，无口渴，常有呕吐，食欲减退，四肢无力，皮肤弹性减退，肌肉痉挛。严重者血压下降，出现休克、昏迷。

实验室检查血清钠浓度低于 140mmol/L。尿量减少，尿比重正常或增高，尿中氯化物减少或缺乏，即为低钠血症。

【防治】

1. 治疗 静脉注射计算所得的补钠量的 1/3 或 1/2，其余部分视病情改善情况，决定是否再补给。一般血钠浓度上升达 130mmol/L 时，才消除中枢神经症状。低钠血症不要在短期内快速纠正，突然补给过多，细胞内液将突然转移细胞外，有时会诱发肺水肿。对于慢性代谢性低钠主要是排水而不是补钠，可给予利尿剂。严重损伤性低钠时，应先补钠，静脉注射 3%氯化钠溶液。若水毒性低钠，应限制给水，静脉注射脱水剂（如甘露醇、山梨醇）和高渗盐水。

2. 预防 加强饲养管理，保证食物营养均衡，动物要适当运动，在发现动物患有可引发低钠血症的疾病时，及时治疗。

三、低钾血症

低钾血症是血液中钾的含量低于 3.5mmol/L 的疾病。全价日粮中含钾丰富，一般不会缺钾。正常犬、猫从日粮中摄入的钾为 40～100mmol/d。当吞咽障碍、长期禁食或每日摄入钾 15～20mmol 时，可发生低钾血症。

钾丢失过多，分为肾外与肾性丢失两种。肾外丢失指钾从汗腺及胃肠道丢失，见于严重呕吐、腹泻、高位肠梗阻、长期胃肠引流等；肾性丢失指钾经肾丢失，见于醛固酮分泌增加（慢性心力衰竭、肝硬化、腹水等），肾上腺皮质激素分泌增多（应激），长期使用糖皮质激素、利尿剂、渗透性利尿剂（高渗葡萄糖溶液），碱中毒和某些肾疾病（急性肾小管坏死恢复期）等。

【诊断】

1. 症状 患病犬猫精神倦怠，反应迟钝，嗜睡，有时昏迷，食欲不振，肠蠕动减弱，时而发生便秘、腹胀或麻痹性肠梗阻，四肢无力，腱反射减弱或消失，出现代谢性酸中毒，心力衰竭，心律失常。低血钾症还引起低血压、肌无力、肌麻痹和肌痛。尿量增多，肾功能衰竭。严重者出现心室颤动及呼吸肌麻痹。

2. 实验室诊断 结合实验室和心电图检查进行诊断。如血清钾浓度低于 3.5mmol/L，可诊断为低钾血症，并伴有代谢性碱中毒和血浆二氧化碳结合力增高。其心电图 S-T 段降低，T 波低平、双相，最后倒置。

【防治】

1. 治疗 治疗原发病，补充钾盐，如静脉注射 10%氯化钾溶液。细胞内缺钾恢复较缓慢，对于一时无法制止大量失钾的病例，则需每天口服氯化钾。

2. 预防 加强饲养管理，保证食物营养均衡。发现动物患有可引发低钾血症的疾病时，及时治疗。

四、高钾血症

高钾血症是血清中钾的含量高于 5.5mmol/L 的疾病。高钾血症见于以下情况，输入含钾溶液太快、太多，输入储存过久的血液或大量使用青霉素钾盐；肾功能衰竭、有效循环血容量减少及醛固酮分泌减少；远端肾小管上皮细胞分泌钾障碍的少尿期和无尿期，肾上腺皮质机能减退；输入血型不相合的血液或其他原因引起的严重溶血、缺氧、呼吸及代谢性酸中毒、胰岛素分泌减少；脱水、失血或休克所致的血液浓缩。

【诊断】

1. 症状　高血钾对心肌有抑制作用，可使心脏扩张、心音低弱、心律失常，甚至发生心室纤颤，心脏停于舒张期。轻度高钾血症使神经肌肉系统兴奋性升高，主要表现肌肉震颤；重度高钾血症则引起神经肌肉系统兴奋性降低，主要表现肌无力、四肢末梢厥冷、少尿或无尿、呕吐等。

2. 实验室诊断　常被原发病或尿毒症的症状所掩盖，故一般以实验室检查和心电图检查为主要诊断依据。血钾浓度高于 5.5mmol/L，常伴有代谢性酸中毒，二氧化碳结合力降低；心电图检查，T 波高而尖，基底狭窄，P－R 间期延长，QRS 波群增宽，P 波消失。

【防治】

1. 治疗　治疗原则包括纠正病因、停用含钾食物或药物、治疗脱水和酸中毒等。静脉注射 5%碳酸氢钠溶液纠正酸中毒。重危病犬、猫可向心腔内注射碳酸氢钠溶液，除纠正酸中毒，还有降低血钾的作用。静脉注射 25%葡萄糖溶液，加胰岛素，为排除体内多余钾，可口服或灌肠阳离子交换树脂，如环钠树脂，以促进排钾。对肾功能衰竭所致高血钾，可用腹膜透析疗法。为解除钾对心肌的有害作用，可反复静脉注射 10%葡萄糖酸钙溶液或氯化钙溶液，因钙可拮抗钾对心肌的作用。

2. 预防　加强饲养管理，保证食物营养均衡，动物要适当运动，在发现动物患有可引发高钾血症的疾病时，及时治疗。

第十二单元　中毒性疾病

第一节　灭鼠药中毒

常见的中毒性疾病

一、磷化锌中毒

犬、猫主要因为食入含有磷化锌的食物或被磷化锌毒死的动物尸体而中毒。磷化锌为灰色结晶粉末，由锌粉与赤磷加热制成，含磷 24%、锌 76%，在干燥条件下稳定，置于空气中分解释放出有大蒜臭味的磷化氢气体，对老鼠有一定的引诱力，是较为普遍的杀鼠剂。

【诊断】 根据患犬、猫反复呕吐、呕吐物中带血、有大蒜臭味、嗜睡、呼吸迫促、腹痛、颤抖、共济失调等中毒症状，结合其因误食毒死鼠而发病，即可初步诊断。

1. 症状　患犬、猫精神不振，食欲废绝，后出现反复呕吐，呕吐物混有血液，有特异性大蒜臭味，且在暗处发磷光。同时呼吸困难，四肢痉挛，腹痛，腹泻，便中带血，尿少，尿中带血，最后共济失调，站立不稳，全身无力，卧地。末期陷入昏迷，缺氧而死亡。濒死期体温降至 35℃以下。

2. 实验室诊断　确诊需在实验室作磷化氢检验。

【治疗】 本病无特效解毒药，只能对症治疗。首先灌服 5% $NaHCO_3$ 溶液以延缓磷化锌的分解。同时灌服 0.2%～0.5%的硫酸铜溶液催吐，然后用 1∶5 000 的高锰酸钾溶液洗胃。如果有条件，可将中毒的犬、猫放置在氧气罩内休息或吸氧，能明显减轻呼吸困难的症状。另外，可采用强心输液的办法进行支持疗法。

二、敌鼠钠中毒

敌鼠钠又称灭鼠灵，是双香豆素类强力抗凝血性杀鼠药，无臭无味，极易与食物混合诱灭鼠类。犬的中毒致死量为 20～50 mg /kg，若犬误食则易引起中毒，严重的危及生命。

【诊断】 根据接触敌鼠钠病史和广泛性出血症状可做出初步诊断。急性中毒的动物常无前躯症状而突然死亡，尤其是脑血管、心包腔、纵隔和胸腔发生大量出血时，常很快死亡。亚急性中毒者，黏膜苍白，呼吸困难，鼻出血及便血为常见症状，也会出现巩膜、结膜和眼内出血。严重失血时，中毒动物非常虚弱，心跳减弱，心律不齐，行走摇晃。当肺出血时，呼吸极度困难，鼻孔流红色泡沫状液体。如果出血发生在脑、脊髓或硬膜下间隙，则表现轻瘫，共济失调，痉挛，并很快死亡。病程轻长者可能出现黄疸。

确诊必须测定血凝时间和活体血浆中或尸体中香豆素的浓度。

【治疗】 原则：杜绝再次吃入含香豆素类毒饵、止血、维持血容量、恢复肝脏的功能。

肌内注射维生素 K_1，持续 6～7d，然后改为口服维生素 K_1。

对危重的犬猫，有条件的可输给新鲜全血 20～30mL/kg，效果更佳。

三、氟乙酸钠中毒

氟乙酸钠中毒是指动物误食含氟乙酸钠的杀鼠药后，通过“渗入作用”干扰三羧酸循环引起的中毒。氟乙酸钠是一种高效、剧毒、内吸性杀虫与杀鼠剂。临床症状表现为抽搐，惊厥，呼吸困难，心律失常，口吐白沫。

【诊断】

1. 症状 该疾病有一定的潜伏期才会表现出明显症状。当出现明显症状时，短时间内病情会加重。临床上主要表现为中枢神经系统和心血管系统损伤。

犬猫直接摄入毒物后 30 min 出现症状，吞食鼠尸后一般在 4～10 h 发作。表现为兴奋，嚎叫，喜阴暗，心动过速，强直痉挛。持续散瞳，排尿排粪频繁。猫有时会出现心室纤维性颤动。后期对外界刺激反应不敏感，呼吸困难。发病后数小时因循环和呼吸衰竭而亡。

2. 实验室诊断 测定血液柠檬酸含量和对可疑样品进行毒物定量分析。

【治疗】采取及时清除毒物和用特效药相结合的治疗方法。

(1) 清除毒物 及时进行硫酸铜催吐，高锰酸钾（0.05%～0.1%）洗胃，液状石蜡油缓泻来减少毒物吸收。对于皮肤接触则应温水彻底清洗。

(2) 特效解毒 解氟灵（50%乙酰胺），肌内注射，首次用药加倍，间隔 4h 注射一次，直至症状消失为止。

(3) 对症治疗 用葡萄糖酸钙或柠檬酸钙静脉注射来缓解肌肉痉挛。镇静用巴比妥、水合氯醛内服或氯丙嗪肌内注射。兴奋呼吸可用山梗菜碱（洛贝林）、尼可刹米解除呼吸抑制。所有中毒动物均可用 10%葡萄糖、维生素 B_1 0.025g、辅酶 A 200U、ATP 40 mg、维生素 C 3～5g，一次静脉滴注。昏迷抽搐的患犬用 20%甘露醇以控制脑水肿。肌内注射地塞米松，以防感染。中毒严重的动物可适量肌注硫酸镁，同时静脉注射适量 50%葡萄糖溶液，以强心利尿，促进毒物排除。

四、灭鼠灵中毒

见敌鼠钠中毒。

五、氟乙酰胺中毒

氟乙酰胺是一种有机氟灭鼠药，无味、毒力强、不易分解，在体内代谢缓慢，老鼠中毒后常呈兴奋状态，并经常死于窝外。

【诊断】

1. 症状 猫一般表现为兴奋期、重症期和抑制期。兴奋期表现为轻度中毒，兴奋不安，跳上跳下，尾巴翘起，尾毛如刷状，叫声不停，突有响声出现惶恐不安，尖叫狂奔，向前直撞，不避障碍。重症期除以上症状外，还出现心跳加快，呼吸急促，瞳孔扩大，全身抽搐，卧地不起，伸腿扬颈，持续数分钟后症状缓解，以后重复发作。抑制期表现为肌肉松弛，卧地不起，呈昏睡状态。另一个特殊症状为口吐白沫，pH 为 8.0～8.5，反复呕吐。吐出物中有未消化的鼠毛及组织碎块，经测定 pH 为 6.0～6.5，一般症状为不吃、腹泻、便中有鼠毛。病程较长的有脱水现象。体温 35.5～36℃，但消化道有炎症时体温可高达 40℃。

犬中毒还表现为呼吸急促，无法站立，四肢间歇性抽搐，口吐白沫，不时呕吐，呕吐物中带有血丝，心动过速。

2. 实验室诊断 采样进行毒物定量检测方可确诊。

【治疗】

(1) 清除毒物 灌服 0.2%～0.5%硫酸铜溶液。1∶5 000 高锰酸钾溶液洗胃，然后灌服 0.3～1.0 g 活性炭，吸附毒物。

（2）特效解毒　氟乙酰胺中毒特效解药是乙酰胺，它是一种无色、无味的结晶体，在酸或碱中发生水解。

（3）对症治疗　镇静用盐酸氯丙嗪，兴奋呼吸可用尼可刹米，食欲不佳者可用维生素 B_1。腹泻严重者可配用庆大霉素、维生素 C，并饲喂一定量的鸡蛋清。

六、安妥中毒

安妥是一种常用慢性灭鼠药，通常导致鼠在 3d 内死亡，常见犬、猫误食由安妥制作的毒饵引起的中毒。犬对安妥比猫更敏感，成年犬比幼犬更敏感。

【诊断】可根据典型临床症状，安妥接触史初步诊断，也可进一步提取胃内容物进行实验室诊断。

安妥进入犬、猫体内后，主要侵害呼吸系统，常见频繁咳嗽，呕吐，痉挛，鼻腔内流出水样血色分泌物，饮欲增加。听诊湿啰音，心音浑浊。肺水肿症状明显。偶见渗出性胸膜炎，体温下降。中毒后期，可见犬、猫躁动不安，张口呼吸。最终因呼吸困难而窒息死亡。

【治疗】由于安妥目前暂无特效解毒药，又由于肺水肿的快速发展，导致难以催吐。因此通常采用对症治疗，用于排出胸腔积液，消除肺水肿，防止肺部继发感染。

中毒初期，在肺水肿还未发展时，应立即催吐，催吐药物可采用口服 0.4%硫酸铜溶液，而后用 0.1%高锰酸钾溶液洗胃。此外还应保肝，利尿。保肝可使用葡萄糖制剂，利尿可使用呋塞米。在肺水肿症状出现后，应消除肺水肿，制止渗出，可采用 10%葡萄糖酸钙静脉滴注，降低肺部毛细血管通透性。最后，防止肺部继发感染，可肌内注射卡那霉素。

第二节　杀虫剂及除草剂中毒

一、有机氟化物中毒

引起有机氟化物中毒的物质主要有氟乙酰胺、N-甲基-萘基氟乙酸盐、氟乙酸钠等，它们都是剧毒农药，常用于杀灭鼠害和农林蚜螨。犬、猫偶见有机氟化物中毒。

【诊断】可根据典型临床症状、有机氟化物接触史、临近市场有无有机氟化物售卖进行初步诊断。进一步诊断可采用毒物分析，血液生化测定等方法。

1. 症状　有机氟化物进入机体后，主要侵害犬、猫的中枢神经系统。急性发病时可见精神沉郁，排粪排尿频繁，偶见粪尿失禁。此外，发病时，可见患病犬、猫表现兴奋，狂暴，跳跃，喜暗处，呼吸抑制，不久出现倒地，角弓反张，抽搐，片刻安静后又会发作，最终因呼吸衰竭，强直而死亡，病程通常在 1h 以内。

2. 实验室诊断

（1）毒物分析　取胃内容物、可疑饲料、饮水进行有机氟化物定性与定量分析。

（2）血液生化测定　主要测定血液中氟、柠檬酸、血糖含量。有机氟化物中毒时，氟、柠檬酸和血糖含量都会明显升高。

【治疗】对于皮肤接触中毒，可采用温水多次洗涤。对于口服中毒，可采用催吐减缓毒素吸收，导泻加快毒素排出的方法治疗。此外可采用特效解毒。使用解氟灵（50%乙酰胺），肌内或静脉滴注。同时可采取对症治疗：肌肉痉挛可注射葡萄糖酸钙制剂，过度兴奋可使用氯丙嗪肌内注射，解除呼吸抑制可使用尼可刹米。

二、有机磷中毒

犬、猫对有机磷杀虫药比其他动物更敏感。常见的有机磷杀虫剂包括低毒类：敌百虫、乐果、马拉硫磷（4049）等；强毒类：敌敌畏、甲基1059等；剧毒类：对硫磷（1605）、内吸磷（1059）、甲拌磷（3911）、硫特普等。

【诊断】可通过典型临床症状、有机磷杀虫药接触史、胃内容物蒜臭味与血液胆碱酯酶活性降低来诊断本病，此外，条件有限时，还可通过阿托品、碘解磷定、氯解磷定等药物进行治疗来验证诊断。

犬、猫有机磷中毒主要表现为副交感神经过度兴奋，包括三种类型：①烟碱样症状：肌肉发生自发性收缩，肌肉发力困难；②毒蕈碱样症状：唾液分泌增多、呕吐、腹泻、尿频、腹痛、瞳孔缩小、呼吸困难；③中枢神经症状：表现运动失调，惊厥，惊恐，逐渐发展可见癫痫症状。急性中毒表现重度呼吸困难与呼吸衰竭，迅速死亡。轻、中度中毒症状多在接触毒物后数小时内出现，其症状与毒物量的多少、接触途径有关。

【治疗】对于皮肤接触中毒，可用温水多次清洗动物体表防止毒物继续侵害机体。对于口服中毒，若接触毒物小于2h，可采用催吐，口服液状石蜡、活性炭等方法减少毒物在体内的作用。使用特效药物治疗。在确诊情况下，可采用碘解磷定或氯解磷定与阿托品联合疗法，必要时可重复给药。同时对症治疗：急性中毒严重时，应进行吸氧、人工呼吸等措施。腹泻、呕吐严重时，应及时补液。

三、砷及其制剂中毒

砷制剂中毒是指动物误食含砷制剂污染的饲料和饮水，或应用含砷药物不当而引起的中毒。

【诊断】

1. 症状　急性中毒多在采食数小时后发病，表现流涎，呕吐，剧烈腹痛，腹泻，粪便恶臭，或有黏液、血液或伪膜；亚急性中毒在3～5d之内出现水样腹泻，肠黏膜坏死脱落（淘米水样粪便）。随着病情发展，犬出现肌肉震颤，肢体麻痹，后躯瘫痪，卧地不起，血压下降，继而精神沉郁、知觉丧失，乃至昏迷，最终因呼吸及血管运动中枢麻痹而死亡。

2. 实验室诊断　采集可疑食物、饮水等进行毒物分析，提供诊断依据。特征性症状：脱水、红细胞比容增加，尿素氮升高，蛋白尿，出现尿沉渣。测定尿、呕吐物或病畜粪便中的砷含量，也可取死亡动物的肝脏或肾脏。

【治疗】本病无特效疗法，早期可通过催吐排出毒物，减少吸收，如皮下注射0.1%阿扑吗啡，同时可内服硫酸钠，促进毒物排泄。催吐不成时即洗胃，洗胃可用砷解毒剂，催吐洗胃后再服新沉淀的氢氧化铁。上述治疗的同时用巯基络合剂，此外，如有脱水应进行输液等其他对症疗法。

诊疗注意事项：①临床上应与其他容易引起中毒的药物引起的中毒相鉴别。②治疗中应对肾脏功能进行监测，防止药物性胃炎的发生。③患猫在恢复期应喂一些富含蛋白质、维生素的饲料。

第三节　药物中毒

一、士的宁中毒

士的宁中毒是因使用剂量过大而引起动物中枢神经系统异常兴奋，表现以强直性痉挛、角弓反张等为特征的中毒性疾病。

【诊断】

1. 症状　中毒症状在摄入毒物后10～120min之内出现。初期表现敏感、不安、惊恐和紧张。眼球震颤，瞳孔散大，呕吐，可视黏膜发绀，呼吸急促，脉搏细弱、次数增加。进一步发展表现两耳竖直，肌肉不自主地强直性痉挛，呈现角弓反张姿势，呼吸增数和困难，痉挛持续数分钟或间歇性地反复发作，最终由于呼吸肌痉挛、中枢神经麻痹与衰竭窒息而死。

2. 实验室诊断　必要时采集尿液、肝脏和胃内容物进行士的宁含量的检测。

【治疗】本病尚无特效解毒药，主要采取对症治疗，早期阻止毒物吸收。除用阿扑吗啡等催吐剂外，应用0.1%高锰酸钾或0.2%单宁灌服洗胃。为缓解吸收可用活性炭，再投以盐类泻剂导泻。维持水、电解质平衡，纠正酸中毒。

神经症状明显时，给予镇静或解痉剂，用苯巴比妥钠肌内或静脉注射，忌用咖啡因、吗啡类药。尽量使犬、猫保持安静，避免外界环境刺激，必要时可将动物移入暗室。

二、巴比妥类药物中毒

巴比妥类药物是常用的镇静催眠剂，作用因剂量而异，而依次产生镇静、催眠、抗惊厥和中枢麻痹作用，误服或蓄意吞服过量可致急性中毒。

【诊断】

1. 症状　中毒症状与所服药量、药物作用速度等而异。

急性巴比妥类中毒，中枢神经系统高度抑制，瞳孔扩大，角膜、咽及腱反射消失。初期骚动不安，舌、唇、四肢震颤、共济失调、反射延迟，最后进入昏迷。

2. 实验室诊断　采集胃内容物、尿、血等检查，可做出诊断。

【治疗】

（1）急救　立即进行鼻导管给氧，同时静脉滴注葡萄糖盐水和碳酸氢钠，肌内注射尼可刹米或樟脑注射液，也可应用美解眠。同时吸入含有5% CO_2 的气体刺激呼吸中枢。

（2）洗胃　可用大量温水或0.05%高锰酸钾溶液洗胃，以后用硫酸钠导泻，也可给予活性炭。

（3）加速药物代谢　静脉注射葡萄糖盐水和碳酸氢钠溶液，也可使用利尿剂。

（4）碱化尿液　可使长效巴比妥类排泄速率加快3～5倍，中、短效巴比妥类主要经肝脏代谢，碱化血液对排泄影响不大。

三、大环内酯类抗寄生虫药中毒

大环内酯类抗寄生虫药由阿维菌素类和米尔贝霉素类组成，其中阿维菌素和伊维菌素是目前在兽医临床应用中最广泛的两种广谱、高效、低毒的大环内酯类抗寄生虫药物，尤以伊维菌素应用更广泛，对犬、猫的胃肠道线虫、外寄生虫（蜱、虱、螨、蝇蛆等）有强大的驱杀作用。

【诊断】

中毒犬一般在使用大环内酯类抗寄生虫药物6～8 h后出现以呼吸抑制、中枢神经抑制为主的中毒症状，表现为厌食、精神沉郁、步态不稳、共济失调、肌肉无力、卧地不起、流涎、舌脱出口腔，呼吸快而浅，四肢呈游泳状划动，全身表现震颤性痉挛，瞳孔散大，最后全身厥冷，痛觉、听觉、肠蠕动音消失，昏迷至死亡。

【治疗】

（1）预防　阿维菌素类药物仅限于口服和皮下注射，应注意采用正确的给药方式，混饲给药时要注意混匀，严格控制给药剂量和用药间隔。阿维菌素的毒性比伊维菌素高，使用时须注意。伊维菌素可经乳液排出，泌乳犬、猫不宜使用，以防影响幼崽。

（2）药物治疗　本病无特效解毒药，治愈率不高，主要采用对症治疗，兴奋中枢神经、强心、排毒、恢复肌张力。可用活性炭和盐类泻剂促进未吸收药物的排出，肌内注射地塞米松每千克体重1mg，肌内注射尼可刹米、强力解毒敏，静脉滴注5%葡萄糖液、维生素C、肌苷、复合维生素B、10%葡萄糖酸钙、三磷酸腺苷等。

中西医结合可配以甘草绿豆煎汤内服。

四、阿司匹林中毒

阿司匹林中毒是阿司匹林使用剂量过大而引起的以消化机能障碍和酸血症为特征的中毒性疾病，分为急性阿司匹林中毒与慢性阿司匹林中毒。

【诊断】

1. 症状　表现呼吸急促，体温升高，呕吐，食欲降低或废绝，脱水，有的无尿，精神沉郁，肌肉无力，有的呈半昏迷状态。贫血，肺水肿，有的可发生抽搐或痉挛，可能与脑水肿及脑葡萄糖含量降低有关，严重者可死亡。

2. 实验室诊断　可以做血液化验，采取血样测定血液中阿司匹林的精确水平，测定血液的pH和血液中二氧化碳或碳酸氢盐的水平，有助于确定中毒的严重程度。根据过量使用阿司匹林的病史，再结合酸碱平衡紊乱和临床症状，即可诊断。

【治疗】本病尚无特效解毒药，药物未完全吸收可催吐、洗胃，并内服活性炭和盐类泻剂。如果是中度或重度中毒，静脉注射碳酸氢钠溶液可纠正代谢性酸中毒，并可促进酸性代谢产物的排出。补液可促进药物排泄，但应注意肺水肿。必要时，应对发热或癫痫发作等其他症状进行治疗。

第四节　其　他

一、洋葱中毒

洋葱，别名玉葱、圆葱、葱头，为百合科、葱属多年生草本植物，具有独特的风味和丰富的营养，是我国常见蔬菜之一。犬、猫采食一定量的洋葱后易发生溶血性贫血，严重的甚至死亡。

【诊断】

1. 症状　达到中毒剂量后，主要表现为溶血性贫血、血红蛋白尿（尿液呈红色或酱油色）等特征性临床症状，还可能出现食欲下降、精神沉郁、心悸、黄疸、呕吐、腹泻等。

2. 实验室诊断　根据尿检和血涂片出现海恩茨氏小体，再结合血液常规（红细胞数量明显下降，血红蛋白含量、红细胞比容降低，提示贫血；白细胞数量明显升高，淋巴细胞、中性粒细胞含量升高）及血液生化（总胆红素升高，提示黄疸）各数据，可确诊为洋葱中毒。其中血涂片中检查出海恩茨氏小体是确诊本病的确实可行的方法。

【治疗】本病无特效疗法，主要是对因治疗和对症治疗。早期发现应立即停止洋葱饲喂，利用阿扑吗啡等催吐剂进行催吐，排出毒物。治疗应给予抗氧化剂，并注射利尿剂加快排出血红蛋白。同时根据临床症状，抗菌、补液，纠正酸碱平衡紊乱和脱水，健脾消食促进食欲，增强肝功能。对于严重病例，必要时可采取输血治疗。

（1）抗氧化剂：维生素C（2.0mg/kg，肌内注射），维生素E（0.5mg/kg，肌内注射）。

（2）利尿剂：呋塞米（2.2～5mg/kg，肌内注射）。

（3）纠正酸碱平衡紊乱和补液：150 mL乳酸钠林格氏液和0.9% NaCl注射液（静脉注射）。

（4）抗感染：拜有利（恩诺沙星）（5mg/kg，皮下注射）。

二、蛇毒中毒

蛇毒中毒是由于家畜在放牧过程中被毒蛇咬伤而引起，毒汁通过伤口进入动物体内引起以溶血、感觉神经末梢麻痹和休克为特征的急性中毒性疾病。

【诊断】

1. 症状　由于神经毒的作用，使横纹肌松弛并导致外周性呼吸麻痹，咬伤处肿痛较轻，局部麻木，四肢无力，流涎、呕吐，吞咽和呼吸困难，瞳孔散大，驻立不动或卧地不起，全身发汗，肌肉震颤，心脏、呼吸麻痹，昏睡而死。由于血液毒的作用，咬伤处肿痛较为剧烈，伤口有滴血现象，血液不凝。皮肤、黏膜出血，尿血，便血，呕血，血压下降，心律不齐，呻吟，全身痉挛，呼吸促迫，甚至四肢麻痹，不能站立，最后由于心脏衰竭而多在24～30h内死亡。

2. 临床诊断　根据毒蛇咬伤的病史，结合伤口有2个针尖大的毒牙痕，局部水肿、渗血、坏死和全身症状，即可诊断。如伤口有2行或4行均匀而细小的锯齿状浅小牙痕，并无局部和全身症状，多是被无毒蛇咬伤。

【治疗】发现家畜被毒蛇咬伤，应立即结扎咬伤部位的上端，防止毒素蔓延，并沿两个毒牙痕切开伤口，压迫周围组织，迫使毒液外流，进行彻底清洗和排毒。常用3%过氧化氢溶液、0.2%高锰酸钾溶液，或2%氯化钠溶液冲洗伤口，清除残留在伤口内的蛇毒及污物。在肿胀周围或于伤口的上部用0.25%～0.5%盐酸普鲁卡因溶液加青霉素进行深部环状封闭，抑制蛇毒的扩散，减轻疼痛。抗蛇毒血清是中和蛇毒的特效解毒药，在20～30min内静脉注射最好。也可选用中药治疗，常用的中成药有季德胜蛇药、上海蛇药、南通蛇药、广州蛇伤解毒片等。同时对症治疗：补液、强心、防止休克和急性肾衰竭。

诊疗注意事项：对神经症状较明显的蛇毒中毒，忌用巴比妥、氯丙嗪、吗啡等中枢系统抑制剂及箭毒等横纹肌抑制剂；血液循环毒素类蛇毒中毒者忌用肾上腺素及枸橼酸钠等。

三、蜂毒中毒

蜂毒中毒是蜂类蜇伤动物皮肤时，蜂尾部毒囊分泌的毒液注入动物体内而引起的中毒性疾病。

【诊断】

1. 症状　动物被蜂蜇伤多发生在头面部。病初蜇伤部位及周围皮下组织迅速出现热痛和捏粉样肿胀，从蜇伤部位流出黄红色渗出液。轻症者症状不久后即可消失。严重者出现全身症状，表现为精神兴奋，体温升高，有的出现荨麻疹；后期可因溶血而使可视黏膜苍白、黄染，血红蛋白尿，血压下降，神经兴奋转为抑制，呼吸困难，最后因呼吸麻痹而死亡。

【治疗】本病尚无特效解毒药，中毒动物应采取排毒、解毒、脱敏、抗休克及对症治疗等措施。

1. 局部处理　动物被蜇伤后有螫针残留时，应立即拔除残留螫针，对肿胀部位用消毒过的针尖锥刺皮肤，然后局部用2%～3%高锰酸钾溶液、3%氨水、2%碳酸氢钠溶液或肥皂水冲洗，达到排毒消肿的目的。以0.25%盐酸普鲁卡因加适量青霉素进行肿胀周围封闭，防止肿胀扩散和继发感染。

2. 全身疗法　抗应激性反应，可用盐酸氯丙嗪肌内注射，剂量为每千克体重1mg；脱敏、抗休克，可用氢化可的松、地塞米松或苯海拉明等，静脉注射或肌内注射；为防止渗出，可注射0.1%盐酸肾上腺素或钙制剂；保肝解毒，可应用高渗葡萄糖溶液、5%碳酸氢钠溶液，40%乌洛托品及维生素 B_1、维生素C等。

3. 对症治疗　主要采取强心、补液、兴奋呼吸等措施。

第十三单元　神经肌肉系统疾病

第一节　神经系统疾病

一、脊髓损伤

脊髓损伤是指脊髓受到明显损害使神经传导路径被阻断，临床症状通常与病变位置和严重程度有关，主要以感觉障碍、共济失调或瘫痪及病理性反射为特征。本病的发生通常是由先天性发育异常、退行性病变、肿瘤、炎症、外伤、椎间盘突出等引起的脊髓受压、出血或梗死等引起脊髓损伤。

【诊断】

1. 症状　主要表现为患病犬猫疼痛不安、呻吟等。不同部位的脊髓损伤，临床表现也不相同。

（1）第1～5颈髓损伤时，表现为四肢本体反射消失和痉挛性麻痹，四肢反射亢进，深部痛觉反射迟钝或消失，严重者可出现呼吸困难等症状。

（2）第6颈髓至第2胸髓损伤时，表现为四肢本体反射减弱至消失，前肢反射肌肉张力反射减退，后肢肌肉张力反射亢进，四肢深部痛觉减弱至消失。

（3）第3胸髓至第3腰髓损伤时，表现为前肢反射正常，后肢本体反射减弱至消失，膝跳反射亢进，对称性麻痹，后肢深部痛觉减弱至消失。

（4）第4腰髓至第3荐髓损伤时，表现为后肢本体反射减弱至消失，膝跳反射减弱，膀胱和肛门括约肌弛缓，后肢深部痛觉反射减弱或消失。

根据脊髓损伤的程度可确定预后。深部痛觉消失，提示预后不良。

2. 影像和实验室诊断　为确切诊断损伤部位和损伤严重程度，可进行磁共振（MRI）检查。

【治疗】对急性损伤的病患应进行详细评估，及时治疗其他威胁生命的损伤，维持患病动物的血压、灌注及氧合情况。不论手术治疗还是保守治疗都应限制活动，加强饲养管理，减少对脊髓的刺激，如有需要可给予镇静镇痛药物。提供厚的垫子，并定时翻身，以预防褥疮的发生。患病动物能自行站立后，应适当运动，以促进四肢运动机能的恢复。

二、寰枢椎不稳症

寰枢椎不稳症是由于寰椎和枢椎之间的韧带和/或齿突先天畸形或缺失、创伤性骨折所致，导致颈部脊髓受到压迫和撞击而出现损伤。犬猫都可发生因齿突创伤性骨折而引起的寰枢椎半脱位，并出现四肢的急性上运动神经元功能障碍。

齿突的任何一种异常都会出现寰枢椎不稳定的情况。但在患有寰枢椎半脱位的犬中也有24%具有正常的齿突。本病发病原因包括先天或发育异常（如齿突发育畸形、缺失或是缺少横韧带等）和创伤性的寰枢椎半脱位（因外力导致头部过度屈曲，使韧带撕裂、齿突骨折或是寰枢椎背侧椎弓骨折），在任何品种和年龄的犬都可能发生。

【诊断】

1. 症状　临床症状主要表现为第1～5颈椎段脊髓的急慢性损伤症状，表现颈部疼痛（50%～75%），低头，四肢轻瘫，本体反射异常等，罕见瘫痪。临床症状的严重程度取决于寰枢椎导致的脊髓损伤的严重程度。当四肢深部痛觉消失时，提示预后不良。

2. 影像学检查 为明确诊断损伤部位的病因和脊髓损伤程度，可进行X线、CT和磁共振（MRI）检查。

【治疗】 对于寰枢椎不稳定的病患，可参照急性脊髓损伤的病患进行治疗，包括保守治疗和手术治疗。保守治疗可选择使用腹侧施加支持的支架，维持4～8周，期间应加强饲养管理，限制活动，减少对脊髓的刺激，同时给予止痛药。手术治疗的目的是为了稳定寰枢关节，以防止脊髓受到进一步的伤害。手术治疗的效果优于保守治疗，但围手术期的致死率较高。当创伤部位的脊髓被血肿或骨碎片压迫时，应同时实施手术减压。当寰枢椎不稳定病患安全度过手术期后通常预后良好。

三、椎间盘疾病

椎间盘疾病是指椎间盘变性导致临近的脊髓受到震荡、压迫等影响，继而出现以疼痛、运动障碍等为主要特征的疾病。包括椎间盘突出、椎间盘囊肿、椎间盘炎、椎间盘肿瘤等，其中，椎间盘突出最为常见。急性椎间盘突出（汉森Ⅰ型椎间盘突出）在犬可发生于全部脊椎节段（在猫一般只发生于胸腰椎椎间盘），髓核经背侧纤维环急性突出擦伤或压迫脊髓，导致功能障碍。发病高峰年龄段为3～7岁。慢性椎间盘突出（汉森Ⅱ型椎间盘突出）是指椎间盘随着犬只年龄的增长发生纤维样变性，使少量髓核突出进入纤维环，引起椎间盘背侧面圆形屋顶状膨出进入椎管，造成脊髓慢进性压迫症状，常见于老年非软骨营养不良的大型犬，也偶见于小型犬。猫椎间盘疾病很少造成临床可见症状的脊髓压迫，主要发生于老龄猫（平均年龄9.8岁），通常影响后段胸椎和腰椎区域（最常见部位L4/L5）。除椎间盘突出外，当椎间盘上方出现原因不明（推测与静脉窦出血有关）的囊肿时也会出现脊髓功能障碍，表现为疼痛和轻瘫。当椎间盘及周围软骨性椎骨终板出现细菌或真菌感染时会出现椎间盘炎症。当脊髓周围出现肿瘤生长并压迫或浸润脊髓实质经常会造成脊髓功能障碍，脊髓肿瘤可能是原发性或转移性的。

【诊断】

1. 症状 急性疼痛是急性椎间盘突出患犬的最显著特征，突出物压迫神经根和脑脊膜引起疼痛。部分病患表现为触诊脊椎疼痛，但其他神经功能无障碍。椎间盘突出可导致脊髓震荡和压迫，病患表现出不同程度的脊髓损伤，临床症状严重程度取决于脊髓损伤的部位、擦伤和压迫的严重程度。

（1）颈部椎间盘（C1～C5）疾病可引起颈部疼痛，但没有相关神经功能障碍，这些患病动物会在体位发生改变时发出疼痛的叫声并抗拒活动颈部，若发生了明显脊髓压迫会出现四肢的上运动神经元（UMN）症状。

（2）胸腰段（T3～L3）椎间盘疾病通常出现弓背站立的姿势，在移动或被抱起时表现明显疼痛，发抖或惨叫，多数病例会随着节段内脊髓压迫的恶化而表现出典型的进行性UMN症状，本体感受首先消失，之后起立、行走的能力，后肢的自主活动能力，对膀胱的控制能力，以及深痛感受会逐渐消失。若出现深部痛觉消失则表示预后不良。

（3）腰部后段（L3～L7）的椎间盘疾病相对少见（犬10%～15%），可造成腰膨大部位的脊髓损伤，并引起下运动神经元（LMN）症状。

2. 影像学检查 一般神经学检查可以把病变区域定位在特定位置。对定位的脊髓节段进行X线检查，以检查脊椎的疾病，如脊椎终板炎、骨溶解性脊椎肿瘤、脊椎骨折、寰枢

椎脱位等，并查找椎间盘疾病的特征表现，包括椎间隙变窄、椎间孔（形似“马头”）变小或呈云雾状、椎间关节变窄和受影响椎间盘背侧的椎管内出现钙化影像等。许多椎间盘疾病的病例存在多处病变，但X线片很难确定哪一处为活动病变并导致了现有症状。若需确诊应通过脊髓造影或高级诊断影像学（即电脑断层扫描CT或磁共振MRI）来定位脊髓压迫和病变的椎间盘。虽然椎间盘钙化可证实动物存在广泛性椎间盘疾病，但除非矿化的椎间盘向背侧移位至椎管，否则无法证明神经功能障碍是由椎间盘突出引起的。

【治疗】对于椎间盘异常的病例应根据脊髓损伤的部位和症状的严重程度制订治疗方案，当脊髓明显肿胀但无明显的脊髓压迫时，通常与椎间盘疾病引起的脊髓损伤和出血有关，此时推荐的治疗方案为支持治疗和物理疗法，多数仍有深部痛觉的病患可在4周内恢复行走能力。若存在明显的压迫则考虑手术治疗，手术减压可显著提高动物康复的机会和程度。若动物的深部痛觉已经消失，则提示预后不良。

四、颅内损伤

疾病影响到脑部某些特定区域（如前脑、小脑和脑干），甚至可能波及脑部的任何区域，从而导致颅内神经系统功能异常，统称为颅内损伤。常引起神经症状的颅内疾病包括外源性创伤（咬伤、车祸、坠楼等）、代谢异常（肝性脑病、低血糖，严重尿毒症、电解质紊乱、未治疗的糖尿病）、血管疾病（如出血和缺血）、先天发育畸形（如脑积水、无脑回、小脑发育不全）、炎性疾病（如脑炎）、退行性疾病、原发性或转移性脑部肿瘤。

【诊断】

1. 症状　原因不同和脑损伤部位不同，临床表现也不同。常见的临床症状包括精神意识异常（在犬猫大脑皮层病灶，或动物伴有中毒性或代谢性脑病时，动物会出现行为异常、神志错乱、强迫性行为及癫痫发作，侵袭脑干的疾病也会引起严重的沉郁、昏睡和昏迷），辨距障碍（步态通常表现为每个肢体伸展时抬高过度，收回负重时比正常更用力，这提示小脑对运动的频率、移动范围和力量的正常调节缺失）。根据病史分析是否为神经性问题，当确定为神经功能障碍，则提示神经系统的异常。

2. 影像学检查　当一般神经学检查不能确定是神经功能异常时，需要通过临床病理学检查，胸部及腹部X线及腹部超声检查来筛查代谢性疾病、感染或肿瘤性疾病。如果仅为颅内异常，需要结合高阶神经影像（CT、MRI）检查和脑脊液（CSF）化验结果进行诊断。如果检查均为正常，则怀疑退行性疾病。

【治疗】针对不同的病因，治疗方案有所不同。当发病原因为中毒时，治疗上要避免再次接触毒物，预防其继续吸收并加快其排出，因中毒导致的癫痫需要急诊处理。炎性疾病，可进行脑脊液培养，确定病原后针对性药物治疗。脑出血的病患则需要控制其潜在病因，如高血压和凝血功能障碍等，可使用呋塞米、甘露醇等药物控制颅内压力的升高，必要时可进行外科开颅止血和降低颅内压。脑积水可使用乙酰唑胺，单独使用或配合呋塞米，口服，奥美拉唑也可作为辅助用药。如发生癫痫病，则应采用抗惊厥药物。

五、面神经麻痹

犬、猫的面神经分布于耳、眼、上唇和颊部肌肉。当面神经出现功能障碍时称为面神经麻痹。按发病部位可将面神经麻痹分为中枢性和外周性两种。中枢性麻痹常继发于脑炎、脑创伤、脑出血、脑肿瘤以及犬瘟热、疱疹病毒等病毒性传染病；外周性麻痹多见于外伤、面神经炎、中/内耳炎症、鼻咽部息肉等。犬甲状腺功能减退偶尔会引起单侧的面神经功能障碍，但是原因不明。在临床病患中，有75%的犬和25%的猫没有神经学或生理学异常，且无法找到根本病因。

【诊断】

1. 症状　面神经麻痹的临床表现包括麻痹侧的耳下垂、歪斜、上唇松弛、下唇下垂，患侧上眼睑下垂、眼睑反射消失，动物无法完成自主眨眼和对外界刺激做出眨眼反射，同时缺少面神经支配刺激，泪液分泌量下降，可能会引起神经营养性角膜炎，严重者出现角膜溃疡。极少情况下由于面神经侵袭可见疼痛综合征，伴发同侧肌肉痉挛和眨眼减弱。当出现持久性面神经麻痹时，可能出现非疼痛性肌肉萎缩和痉挛。很多由于中/内耳疾病引起的面神经麻痹的犬猫会同时伴有外周前庭症状或（和）霍纳氏综合征。

2. 实验室诊断　根据临床症状可做出初步诊断，特发性面神经麻痹的确诊存在一定困难。只有排除其他病因后才能做出诊断，包括进行完整的临床病理学检查（如血常规、血清生化、尿液分析、甲状腺素水平，同时应评估是否患有内耳或中耳疾病等）以鉴别系统性或代谢性疾病，完整的神经学检查以排除脑干损伤的可能。

【治疗】特发性面神经麻痹目前没有确切有效的治疗手段。可考虑针灸治疗，部分病例可获得好转。对患有中/内耳炎的病例应进行药物治疗，必要时可进行外科干预。如发生干性角膜炎、角膜损伤，需要进行对症治疗。面神经麻痹可能为永久性，也可在2～6周内自然恢复。

六、脑震荡

脑震荡是指头颅在暴力的直接和间接作用下，脑受到过度震荡，出现短暂的意识丧失。主要由于交通事故、坠楼、咬伤等创伤而引起。

【诊断】据病史和发病表现，结合临床症状进行初步诊断。由于脑受到震荡的严重程度不同，临床表现也不尽相同。可出现瞬间昏迷，知觉和反射减退、消失。严重者瞳孔散大，呼吸缓慢，心律不齐，部分病例会出现呕吐，粪尿失禁。一段时间后，动物缓慢苏醒，反射机能逐渐恢复，有可能出现抽搐和痉挛，眼球震颤。必要时可通过X线、CT检查确诊。

【治疗】轻度脑震荡，一般仅表现出短暂的神经性功能障碍，可自行康复。一旦表现出神经症状，且病情趋于严重，应抓紧治疗。治疗原则是加强护理，防止进一步脑出血、脑水肿，降低颅内压，保护大脑皮层，促进脑细胞功能恢复。护理时应抬高病犬的头部，有助于降低颅内压，增加脑脊液的吸收。保持呼吸道通畅并给予氧气吸入，改善脑缺氧，必要时做气管切开和正压通气。为减轻脑水肿，可大剂量静脉滴注皮质类激素，如地塞米松、甲基泼尼松龙等，也可用利尿剂。若出现骚动不安、抽搐等，可用苯巴比妥钠、安定等镇静剂，配合全身支持疗法，以维持血容量和体液酸碱平衡等。对有明显颅骨骨折或/和颅内血肿者，应实施开颅手术，清除血肿，降低颅内压并整复骨折。

七、脑挫裂伤

脑挫裂伤是脑挫伤和脑裂伤的统称。脑挫伤是指单纯脑实质的损伤，此时软脑膜保持完整，若有脑实质损伤伴有软脑膜撕裂称为脑裂伤。交通事故、坠楼、打击伤、踢伤等各种颅脑创伤是脑挫裂伤的主要原因。颅脑创伤使脑组织在颅腔内发生滑动和碰撞，脑组织发生变形和剪应力损伤，以脑组织挫伤和点状出血为主。

【诊断】

1. 症状　脑组织挫裂伤常因瞬时伤害无法被逆转，常在受伤数小时后，神经症状加剧。损伤部位不同，表现症状也不相同，如脑干受损，则体温、呼吸、循环等重要生命中枢都受到严重影响，甚至危及生命，出现昏迷、眼球颤动、瞳孔散大、惊厥、视觉障碍等；大脑皮层和脑膜损伤后，麻痹、意识丧失等。

2. 实验室诊断　应注意的是对颅脑损伤的病患不应一开始就聚焦病患的神经状态，因为许多动物在受伤后会处于低血压休克的状态。应进行最基本的检验项目，包括血容量、总蛋白浓度、电解质浓度和血凝功能等。CT 是严重颅脑损伤的首选影像学检查，可用于显示挫裂伤的部位、程度和有无继发性出血和水肿等表现，根据脑室和脑池的大小和形态间接评估颅内压的高低。MRI 能够呈现 CT 无法显现的微小脑实质损伤。

【治疗】单纯脑挫裂伤一般以内科治疗为主，尽早的合理治疗是降低死亡率的关键。症状较轻者主要予以对症处理、防止脑水肿、密切观察病情和进行颅内压监护，必要时复查 CT 扫描。对于症状严重、处于昏迷状态的病患，除上述治疗外，将动物头抬高 30°，避免颅内压升高。保持呼吸道通畅并维持吸氧，输液以达到适当的脑灌注压。当输液后血压仍然低的病患应考虑使用血管收缩药物，如多巴胺。当有颅内压升高时，应给予渗透性利尿剂。当出现癫痫时应给予苯巴比妥或安定。出现弥散性血管内凝血时应输注新鲜血液。当病情较稳定时，应给予神经功能恢复的药物，如黄体素。当颅内有大量血肿，内科治疗效果很差时应及时开颅清除血肿和破碎的脑组织，并发脑积水时，应先行脑室外引流，待查明病因后再进行相应处理。

八、颅内血肿

颅内血肿是指脑内的或者脑组织与颅骨之间的血管破裂之后，血液集聚于脑内或者脑与颅骨之间，并对脑组织产生压迫。颅内血肿是颅脑损伤中常见且严重的继发性病变。按血肿的来源和部位可将颅内血肿分为硬脑膜外血肿、硬脑膜下血肿及脑内血肿等。颅内血肿常与原发性脑损伤相伴发生，也可在没有明显原发性脑损伤时单独发生。自发性颅内出血的潜在病因目前尚不明确。当怀疑有颅内出血时，需要排查血小板减少症、遗传性或获得性凝血病、DIC、全身肿瘤、引起高血压的疾病。

【诊断】

1. 症状　颅内血肿位置不同，临床表现的神经症状缺失也有差异。前脑和小脑脑实质出血多见于犬，前脑和脑干脑实质出血多见于猫。在最初的 24～72h 可能会因为水肿发生而引起症状恶化，病患意识障碍，常为进行性的血压升高、心率减慢和体温升高。持续出血性血肿较容易出现神经症状的快速恶化，使颅内压升高，甚至死亡。

2. 影像学检查　除了一般神经学结果异常，体格检查、胸部 X 线等均可能正常。在评估急性出血性颅内血肿时，CT 检查可明确定位出血部位、计算出血量、了解脑室受压情况及中线结构移位以及脑损伤、多个或多种颅内血肿并存等情况。

【治疗】颅内血肿的治疗原则为处理诱发因子、治疗继发性颅内问题。对原发性脑损伤的处理除了病情观察以外，急性神经症状的动物必须要测量系统性血压并开展眼科学检查，以查找是否存在高血压相关的出血或视网膜剥离。如果高血压时，短期内可能需要以激进的方式降低颅内压，并评估是否存在潜在性原因，如肾衰竭、肾上腺功能亢进（犬）、甲状腺功能亢进（猫），并进行相关治疗。同时需评估外周血液中血小板数量和凝血功能，以判断持续性出血的风险，若凝血功能异常则需对症进行治疗。尽管有些动物不能恢复至完全正常状态，多数轻微或中等程度症状动物会在开始治疗后的3～10d表现出症状明显改善。对于症状严重、处于昏迷状态的患者，除上述治疗外，重点是处理继发性脑损伤，预防并发症，以避免对脑组织和机体的进一步危害。当颅内有大量血肿，内科治疗效果很差时应及时开颅清除血肿，并发脑积水时，应先行脑室外引流，待查明病因后再进行相应处理。

九、脑 水 肿

脑水肿是指脑组织在致病因素的作用下表现出脑内水分增加、脑容积增大的病理现象。临床上引起颅内压升高，损伤脑组织的颅内或全身性疾病，均可导致本病的发生。常见的神经系统疾病有颅脑损伤、颅内占位性疾病（如肿瘤）、颅内感染（细菌、真菌、病毒等）、脑血管疾病、癫痫发作等。另外全身性疾病如中毒性痢疾、重型肺炎等会导致脑代谢功能障碍的疾病也会导致本病的发生。

【诊断】

1. 症状　脑水肿的临床表现常与原发病变的症状重叠，如脑水肿使颅内压增高，颅内压增高又可加重脑水肿。脑水肿早期表现出血压升高、脉搏与呼吸减慢，若病程持续加重则可能出现癫痫与瘫痪等症状。当脑水肿累及丘脑下部时，可引起丘脑下部损害症状。

2. 影像学检查　CT或MRI扫描是诊断脑水肿的最可靠的方法。患有脑水肿时，CT检查图像可见在病灶周围或白质区域，出现不同范围的低密度区；在T1或T2加权像上，脑水肿区MRI表现为高信号，与CT扫描结果相比更确切。

【治疗】脑水肿属于继发性病理过程，及时解除病因是治疗脑水肿的根本。脑水肿的发生可见于颅脑创伤、坏死、血肿等，治疗措施包括整复凹陷骨折和移除刺入脑内的骨碎片，避免对脑组织的刺激和压迫，清除非外伤性脑内血肿等，将病因清除后，脑水肿逐渐消退。如在短时间内无法明确病因且临床症状逐步加重，应考虑先进行颅内的脱水治疗。根据病情，选用合适的脱水药物，目前常用的药物为20%甘露醇、呋塞米等。

十、脑室积水

脑室积水是颅内脑室系统异常扩张的一种状态，此时脑脊液流动受阻，使脑室和蛛网膜下腔积聚大量的脑脊液，可进一步细分为阻塞型和非阻塞型两种。临床上以意识障碍、呆僵为特征。脑积水病因多种多样，可能为脑室系统阻塞（如脑肿瘤），脑实质缺失导致的脑室扩张（代偿性脑积水），先天性脑积水（有品种倾向性），脉络丛肿瘤导致脑脊液产生过度（罕见），病原（细菌、真菌、病毒等）感染导致的室管膜炎与血管炎继而出现脑脊液流动阻塞。

【诊断】

1. 症状　不同解剖部位的损伤和脑室扩张程度不同导致临床症状各不相同。在颅缝尚未骨化的新生动物中，可发现头特别大，故称大头病。脑水肿可导致颅骨发育异常，神经症状从轻度抑制到严重惊厥性癫痫发作，多数病例早期表现精神沉郁，意识和运动障碍。

后天性的脑水肿，呈现特异的意识、感觉和运动障碍。初期神情痴呆，目光凝滞，可观察到下/外斜视，姿态反常，还可观察到具有攻击性、绕圈、轻瘫，以及癫痫等症状。

2. 影像学检查　脑水肿临床诊断应根据病史及其病情发展过程所呈现的综合表现做出初步诊断。确诊可由影像学检查，对于先天性脑水肿的幼年动物，可经囟门进行超声检查。CT 检查通常有助于判断脑室大小，还可以观察其他的颅内结构。MRI 检查也可以用于评估脑室系统。

【治疗】目前针对脑水肿的治疗有内科治疗和外科治疗两种方案，但对缓解脑水肿的预后尚不明确。内科治疗通常选用糖皮质激素，如泼尼松龙。若脑水肿继发于化脓性脑室周围炎的脑积水病例，则应选用抗生素治疗。颅内压升高时则可用呋塞米、高渗生理盐水、甘露醇等作为紧急用药控制脑脊液的量。若内科治疗 2 周症状未见明显好转甚至恶化，又或者是肿瘤等阻塞性原因造成的脑水肿的病例，通常需要进行外科手术治疗。

十一、脑膜脑炎

脑炎是脑膜和脑实质的炎症。犬猫脑膜脑炎通常与很多因素有关，包括感染性和非感染性因素。感染性因素主要见于细菌（如链球菌、葡萄球菌等）、真菌（如隐球菌）、病毒（如犬瘟热病毒、疱疹病毒、猫冠状病毒等），立克次氏体（如埃利希体）和原虫（如弓形虫）等病原微生物感染。大多数发生于小动物的脑膜炎症候群（60%）无法找出明确的感染性病因。非感染性因素包括肉芽肿性脑膜脑炎，品种特异性脑炎与脑膜炎，杀鼠剂、铅等中毒，均可见非化脓性脑炎的病理变化。

【诊断】根据临床症状进行初步诊断，确诊可进行 CT 和 MRI 检查。

1. 症状　主要表现为精神沉郁，头下垂，反应迟钝，进入昏睡状态。部分犬猫有的认知障碍，无目的地奔走，冲撞障碍物，共济失调，转圈、癫痫样抽搐等。

2. 影像和实验室诊断　确诊可进行 CT 和 MRI 检查，并采集脑脊液进行培养和鉴定。细菌性脑炎，脑脊液中蛋白质含量和白细胞数（中性粒细胞数）显著增加，培养后可见到病原微生物。肉芽肿性脑膜炎，脑脊液蛋白质含量、白细胞数（嗜酸性粒细胞数）增多，并见大量的单核细胞。

【治疗】治疗原则为加强护理、减少应激、抗菌消炎、对症治疗。应将患病动物置于安静的病房内，给以流质或半流质食物。对细菌感染者，应选用易通过血脑屏障的敏感抗生素。对免疫反应引起的脑炎，皮质类固醇药物有较好的疗效。当犬猫出现癫痫样抽搐时可用苯巴比妥或安定等镇静剂控制症状，如有颅内压升高，可静脉滴注甘露醇、呋塞米等降低颅内压。

十二、日射病和热射病

日射病和热射病的统称为中暑。犬猫汗腺不发达，对热耐受性差，当外界环境中的光、热、湿度等物理因素有较大变化时，机体体温调节功能出现功能障碍的一系列病理现象，是一类较常见的环境损伤性疾病。日射病是指犬猫由于长时间的太阳直接照射，阳光中的红外线透过颅骨直接作用于脑膜和脑实质引起头部血管扩张、充血、水肿，甚至出血；阳光中的紫外线损伤脑神经细胞，引起组织蛋白的分解和炎症反应，脑脊液增多，颅内压升高，中枢神经系统功能紊乱。热射病是指犬猫长时间处在闷热潮湿的环境中，动物机体产生的热量不能散发导致体温升高，热量在体内积聚，动物体的体温调节中枢功能障碍而引起中枢神经系统紊乱的现象。

【诊断】根据突然发病的病史，高热等临床症状，易做出诊断。本病以体温升高、呼吸和循环障碍、神经症状为特征。随着病情的急剧恶化，可能出现弥散内血管内凝血，肺充血和肺水肿，胸膜、心包膜和肠系膜有淤血斑及浆液性炎症，脑及脑膜血管出现淤血和出血点，急性肝肾损伤。

【治疗】本病的治疗原则为消除病因、合理降温、抗休克和对症治疗。合理降温，避免进一步损伤是治疗成功的关键。症状较轻的病例可将动物转移至阴凉通风处，给予清凉的饮水，一般可缓解。对于症状严重的中暑犬猫，可通过静脉注射晶体液进行降温，症状严重者可进行灌肠，肌内注射右美托咪定，降低基础代谢，增加机体散热。注意体温降至 39.4℃时，应及时停止降温，避免体温过低，出现虚脱。犬猫发生中暑时可能出现严重的脱水、电解质紊乱而发生休克，同时由于灌流不足和自体内毒素中毒引起急性肝肾损伤、胰腺炎等，故在治疗时应大量输液以缓解脱水导致的休克、水电解质失衡和酸中毒，还应保护肝肾功能，对于出现胰腺炎相关症状的犬猫也应及时治疗。对出现心力衰竭的犬，还应使用强心药，如匹莫苯丹、地高辛等。对伴有肺水肿的病例，可使用地塞米松和呋塞米，以减少渗出和促进液体排出。

十三、脊髓炎

脊髓炎是脊髓实质的炎症，临床上以感觉、运动机能障碍和肌肉萎缩为特征。本病多由犬瘟热、猫疱疹病毒等传染病、细菌毒素、弓形虫病、过敏和创伤等引起。先天性脊柱发育异常、骨软症、椎间盘突出症等多为本病发生的诱因。脊椎骨折以及咬伤、踢伤、车祸、坠楼等引起的脊髓损伤，也可导致脊髓炎的发生。

【诊断】

1. 症状 本病临床表现和椎间盘疾病类似，根据发病部位的不同，症状也各不相同。临床表现发热、精神沉郁、不明原因疼痛、本体反射消失、大小便失禁。若为局灶性脊髓炎，一般表现为患病脊髓节段所支配区域的感觉功能减退和局部营养不良性萎缩，对感觉刺激的反应减弱甚至消失。

2. 影像和实验室诊断 根据突然发生麻痹症状，结合病因分析，可以初步诊断。确诊需进行 MRI 检查和穿刺获得脑脊液进行培养和鉴定。

【治疗】治疗原则为消除病因、控制炎症、促进脊髓神经机能恢复、预防褥疮和肌肉萎缩。使患犬、猫保持安静，减少剧烈活动，避免脊髓的进一步损伤。对原发病要采取相应的治疗措施，如细菌感染所致的脊髓炎可用易于进入脊髓液的药物治疗；为消除炎症和脊髓水肿，可配合使用皮质激素，如氢化可的松、地塞米松；同时给予复合维生素 B 等以促进神经组织修复。为防止肌肉萎缩，对神经功能损伤严重的患犬、猫施以按摩、电针疗法，并及时翻身以预防褥疮的发生。

第二节 肌肉疾病

一、特发性多肌炎

特发性多发性肌炎是一种弥散性骨骼肌炎症，是一种犬较常见的肌肉疾病，多发于大型成年犬，其主要特征为骨骼肌（四肢、躯干和颈部）无力、强直。确切病因不祥。

【诊断】

1. 症状　不同部位的肌肉损伤导致的临床症状各不相同。当损伤部位为运动肌肉时一般表现为肌肉疼痛无力，行走时步态强拘、严重者出现跛行，休息后症状有所改善。当侵害到颈部肌肉时，病犬表现为精神萎靡，吞咽困难，常因食管扩张、返流而引起异物性肺炎。急性发病时，全身症状明显，表现为体温升高、精神沉郁、厌食、嗜睡。不及时治疗转为慢性，出现全身肌肉不同程度萎缩。

2. 影像和实验室诊断　血液学检查可见白细胞轻度增加，血清肌酸激酶、天门冬氨酸酶、乳酸脱氢酶活性升高。胸部 X 线检查，可见食管扩张，同时也可诊断胸腺区域有无异常肿块和异物性肺炎。发病部位肌电显示阳性峰波、纤维颤动电位和异常高频放电。肌肉组织病理学检查常呈局灶性淋巴细胞和浆细胞浸润，肌纤维细胞坏死等病理变化。

【治疗】本病的治疗原则为抗炎、调节免疫功能和防止肌肉萎缩。可选择皮质类固醇药物，如肌内注射泼尼松。如出现异物性肺炎等感染症状，应选用敏感抗生素进行治疗。当诊断为胸腺肿瘤时可进行化疗。为了防止肌肉萎缩可进行局部理疗，如按摩、针灸等。

二、风湿病

风湿病是在风、寒、湿的侵袭下，使肌肉和关节呈现急性或慢性、非化脓性炎症的一种疾病。本病以突然、反复发作，发病部位对称和转移性疼痛为特征。本病的病因至今尚未完全明确。目前普遍认为风湿病是一种变态反应性疾病，可能与溶血性链球菌感染有关。感染呼吸道链球菌可刺激机体产生相应抗体，以后在风、寒、湿的侵袭下机体抵抗力下降时，链球菌再次侵入机体，产生的毒素与体内抗体相互作用，引起变态反应而发病。除溶血性链球菌外，其他抗原（某些细菌蛋白质、经肠道吸收的蛋白质、异种血清等）及某些半抗原物质，也可引起风湿病。

【诊断】

1. 症状　肌肉风湿病主要发生于活动性较大的肌群，如肩臂肌群、背腰肌群、臀肌群、股后肌群及颈肌群。因患病肌肉疼痛，患犬、猫表现步态拘谨，严重时可出现跛行，随活动时间的增加临床症状可减轻或消失。

触诊患病肌群可见肌肉表面凹凸不平而有硬感，因疼痛可出现痉挛性收缩。多个肌群急性发作时，患犬、猫表现为精神沉郁，食欲减退，体温升高，可视黏膜潮红，脉搏和呼吸加快，当出现心内膜炎症状时可听到心内杂音。血液学检查可见白细胞数稍增加。患病部位结缔组织出现胶原肿胀、分裂，形成黏液样或纤维素样变性和坏死，周围伴有炎性细胞浸润；随着病程发展，在上述病变基础上可出现风湿性肉芽肿和瘢痕组织等病理变化。

2. 实验室诊断　目前，本病确诊困难。但可以根据病史和临床症状对本病进行初步诊断，急性发病时发病部位出现浆液性或纤维素性炎症，炎性渗出物积聚在肌肉结缔组织内；而慢性经过则出现慢性间质性肌炎。必要时进行水杨酸钠皮内反应试验、红细胞沉降率（ESR）、C 反应蛋白、血清抗链球菌溶血素测定来辅助诊断。

【治疗】本病的治疗原则为消除病因、加强护理、祛风除湿、解热镇痛及消除炎症。应用解热、镇痛及抗风湿药，水杨酸钠为最常用药物，或应用皮质激素类药物，如氢化可的松、地塞米松、泼尼松等进行治疗。抗链球菌感染，肌内注射青霉素可以明显改善风湿性关节炎症状。

第十四单元　骨及关节疾病

第一节　骨骼疾病

一、骨髓炎

骨髓炎是指骨及骨髓的炎症反应。通常被认为因细菌、真菌、病毒等感染引起本病，但健康犬、猫的骨骼对病原有很强的抵抗力，故发病率不高。临床上多以继发于创伤、异物等导致的细菌感染多见。根据感染途径，骨髓炎可分为血源性骨髓炎和创伤后骨髓炎。根据发病速度的快慢，又可将创伤后骨髓炎分为急性和慢性创伤后骨髓炎。

血源性感染常发生在长骨的干骺端，系机体其他部位病原微生物通过血液循环转移到相应骨组织引起的感染。这可能与干骺端的微血管不连续有关，细菌容易通过不完整的基底膜，且这一区域缺乏白细胞的转运，使感染不容易得到控制。感染的骨组织因失去活性及坏死而缺血。

创伤后骨髓炎表现为犬、猫等因创伤（咬创、深刺创、枪伤、开放性骨折、骨矫形手术等）导致病原微生物接种于骨组织而出现感染，也可经由骨周围软组织的化脓性炎症蔓延引起。

【诊断】

1. 症状　血源性骨髓炎常表现败血症，伴有持续性或间歇性体温升高、食欲不振、嗜睡等。感染的位置常出现局部热、痛、肿胀明显。创伤性骨髓炎的症状随发病部位和严重程度不同。通常表现为局部肿胀、疼痛和发热。严重者可出现跛行症状。

2. 影像和实验室诊断　X线检查可确定病变位置、大小，诊断的金标准为患病部位的活检和病原培养。对血源性骨髓炎的病患应进行连续的血液培养。

【治疗】治疗原则为发生骨髓炎的部位进行引流、清创和大量盐水灌洗。急性骨髓炎应全身大剂量应用广谱抗生素，必要时应进行病原微生物培养以制订治疗方案。持续用药3～4周后应再次进行放射影像检查，评估对治疗的反应、骨头的完整性等。至炎症消退后再用药1～2周。若继发于骨折内固定感染，感染严重者应拆除植入物，如患肢炎症无法有效控制，可考虑从病灶远端截肢。

二、骨 膜 炎

骨膜因创伤或长期受到反复刺激等造成的应力性骨膜损伤，或化脓性细菌侵袭造成的感染性骨膜损伤而出现的炎症反应，称为骨膜炎。常见于骨膜直接损伤，也可见于动物在长时间运动时骨间纤维韧带及附近的骨膜受到过度牵引导致骨膜炎。创伤后造成化脓性细菌感染也是骨膜炎的常见原因之一。

【诊断】

1. 症状　非感染性骨膜炎全身症状轻微。局部充血水肿、活动障碍，患部压痛明显，长时间发病可导致肌肉萎缩。如病灶接近关节，则关节亦可肿胀，但压痛不显著。只有急性血源性骨髓炎时全身症状严重，可出现发热、食欲缺乏，严重者可出现败血症，亦可出现脑膜刺激症状。

2. 影像和实验室诊断　骨 X 线片、超声检查见患病部位周围组织水肿，结合实验室检查可以诊断。

【治疗】骨膜炎症状主要是关节肿胀，其次是疼痛，功能障碍，肌萎缩。对无菌性骨膜炎可采用激素治疗，如泼尼松。若为感染性骨膜炎应早期给予广谱抗生素治疗。除药物治疗外还应注意功能锻炼和做好日常保健。预后良好。

三、肥大性骨营养不良

肥大性骨营养不良是发生在大型犬快速生长发育期（2～8 月龄）的炎性骨病，又称为干骺端骨病。本病病因尚不明确。长骨干骺端血液供给紊乱导致干骺端出现骨坏死，继发骨膜增生，新骨形成，并环绕干骺端。

【诊断】

1. 症状　主要为不愿站立和跛行，长骨（常见的为桡骨、尺骨）远端骨骺肿大，触诊皮温升高、疼痛。一般两肢对称发病。

2. 影像学检查　根据发病年龄和 X 线检查结果一般可以确诊。

【治疗】本病无特效治疗方法，多采用支持疗法。行走困难、破行时可限制其活动，动物疼痛明显可应用非甾体类止痛药。饲喂营养平衡的日粮，防止营养不良或过剩。

第二节　关节疾病

一、退行性骨关节病

退行性骨关节病（DJD）是一种慢性、进行性关节功能障碍，可引起关节软骨损伤、退化及关节周围组织增生。DJD 可见于任何品种、年龄的犬，外伤和发育性骨病是最常见的病因。虽然根据滑液细胞学检查可确定为非炎性疾病，但 DJD 的临床表现和发展过程都有炎性介质的存在。

【诊断】

1. 症状　DJD 早期临床症状并不明显，动物仅在过度运动后表现出患肢的跛行和关节僵硬，天气的剧烈变化可能会使症状加重。病情较轻的患犬在进行热身运动后跛行症状会减轻，随着病程的发展，纤维化和疼痛导致运动耐受力下降和持续跛行，严重者会出现肌肉萎缩，影响单个或多个关节。

2. 影像和实验室诊断 典型的临床症状可见受损关节疼痛、活动范围减少，屈伸关节时有声响，部分病例会有明显的关节肿胀。DJD 典型的放射学征象有关节积液、软骨下骨硬化、关节间隙狭窄、关节周围形成骨赘和骨重建。诱发因素常见有外伤、支持韧带断裂、身体结构缺陷和先天性畸形。患有 DJD 的犬不发热，没有白细胞增多症和精神萎靡（常见于患有炎性关节疾病的犬）的表现。患 DJD 犬的关节滑液黏度比正常时要低，有核细胞总数正常或轻度升高，有核细胞数量通常至少占 80%，中性粒细胞则很少。急性关节损伤或韧带断裂偶尔会激发更严重的炎性反应，损伤后数天至数周滑液还会有中度的中性粒细胞增多。

【治疗】 DJD 患犬的治疗目的是缓解不适，防止关节进步退化。外科手术有助于稳固关节、纠正畸形和减轻不适，药物治疗不具有特异性，主要用于对症治疗。

二、骨软骨病

骨软骨病是用来描述骨骼未发育成熟的一种软骨生长发育异常的情况。在这个过程中，骨骺和生长板中的生长软骨骨化障碍，软骨细胞死亡、血管新生和骨化，逐渐变成骨头。本病具体发病原因尚不明确，目前普遍认为犬、猫的骨软骨病是可遗传的；激素代谢紊乱机体内有多种激素都会参与骨骼的生长发育，如雌激素、睾酮、甲状腺素等。但激素在本病中的确切作用尚不明确。

【诊断】

1. 症状 临床上根据发病部位和严重程度，骨软骨病分为骺炎、分离性骨软骨病和关节软骨下囊样病变三种类型。在小动物上常见的为分离性骨软骨病。主要发生在肱骨头后缘、股骨远端内外髁、胫骨远端滑车脊和距骨滑车等部位的滑车面上。可多关节同时发病。局部病变表现为骨软骨和软骨下骨分离，关节软骨掀起形成软骨瓣，脱落进入关节腔同时软骨下骨受到侵蚀，表现出关节炎，临床可见不同程度或逐渐加重的跛行和运动不耐受。

2. 影像学检查 在典型病患中，X 线片可见软骨下骨受到破坏，正常轮廓变得扁平或下陷。也可用超声来确认软骨病变以及脱落的软骨瓣、关节积液和新骨的形成。若这些方法都不能准确诊断本病时，可使用 CT 和 MRI 进行确诊。关节镜检查也是常用的检查方法。

【治疗】 本病若症状轻微，且检查不到关节鼠或关节鼠不在临床重要的部位，则可考虑保守治疗。治疗一般采用非甾体类药物，限制活动，补充关节软骨营养品和控制体重。若症状严重则考虑手术治疗。手术可采用传统的关节切开或关节镜治疗。治疗原则为软骨瓣切除和关节鼠移除，并大范围地清洗关节腔以清除颗粒性和可溶性的软骨磨损碎片。

三、肘关节发育不良

肘关节发育不良是一组包含数种导致关节不一致，最终导致肘关节出现退化性关节疾病的症候群，包括喙状突断裂、骨软骨病、鹰嘴突愈合不全、关节软骨异常或关节不一致等疾病。目前普遍认为，肘关节发育不良的相关疾病和先天独立的多基因遗传相关，但具体的基因仍未明确。

【诊断】

1. 症状　肘关节发育不良会导致患肢出现关节炎，从而出现患肢跛行，跛行一般是慢性的且运动后会更严重。

2. 影像学检查　X线、CT检查可诊断相关疾病。

【治疗】对于肘关节发育不良的相关疾病，一般建议手术治疗。

四、髌骨脱位

髌骨是股四头肌连接的膝直韧带下方的骨化结构，是体内最大的籽骨，与股骨远端的滑车一起构成膝关节。正常活动时，髌骨根据膝关节屈伸，可在股骨滑车内上、下滑动。当其超出正常活动范围时临床上称为髌骨脱位，本病多发于犬。本病的发生与遗传和外伤有关。髋关节内翻和股骨颈前倾角度减小可导致本病的发生。以内方脱位较为常见。外伤性脱位临床较为少见。

【诊断】

1. 症状　本病临床症状和髌骨脱位严重程度相关。症状明显时可见行走时跛行，有时呈三脚跳样。在活动过程中，脱位的髌骨有时能自行复位。四级髌骨内侧脱位时，髌骨不能复位或髌骨与股骨假性连接，膝关节屈曲，趾尖向内，小腿向内旋转，股四头肌群向内移位。髌骨外方脱位时，膝关节屈曲，趾尖向外，小腿向外旋转。

2. 影像学检查　根据临床症状、触诊结果进行诊断。X检查可发现股骨、胫骨呈不同程度的扭转样畸形。X线检查可以确诊髌骨脱位，并评估膝关节退化的程度，并制订治疗方案。

【治疗】根据病情分别处理。一级、二级髌骨脱位可考虑给予关节营养品等进行保守治疗。三级、四级髌骨脱位建议手术治疗，手术矫正的重点在于重建股四头肌肌腱的排列和走向，并将髌骨稳定地固定在滑车上。手术的方案包括关节囊重叠缝合术、滑车成形术、胫骨粗隆移位术和股骨矫正切骨术等。外方脱位治疗原则同内方脱位，以加强内侧支持带和松弛外侧支持带为目的。

五、髋关节脱位

髋关节是股骨头和髋臼窝形成的可动关节，当股骨头与髋臼脱离时称为髋关节脱位。以股骨头于脱离髋臼的脱离程度将髋关节脱位分为完全脱位和不完全脱位。完全脱位时，以股骨头脱出方向不同又可分为为前方脱位、背侧脱位、腹侧脱位、后方脱位。临床上以前背侧脱位较多见。本病多由外伤引起，如车祸、跌倒、打斗、强烈牵引后肢等。外伤使得圆韧带和关节囊损伤，从而导致本病的发生。此外，髋关节发育异常也常导致本病的发生。

【诊断】

1. 症状　股骨头前背侧脱位，股骨头脱出于髋臼上方，患肢变短，初期不能负重，后期出现跛行，大转子与坐骨结节之间的距离变长。腹侧脱位时，患肢明显变长、疼痛不能负重。

2. 触诊　触诊结果：将拇指放在坐骨切迹上并外转股骨，若股骨头在正常位置，随着股骨的外转，拇指从坐骨切迹处被推出。如果髋关节处于脱位状态，拇指则不会出现上述动作。

3. X 线检查　通过 X 线检查，一般可以确诊。

【治疗】根据病情分别处理。对于大部分病例建议采用封闭或开放式的复位与髋关节固定，对于某些猫可进行不整复的保守治疗。髋关节脱位不需要急诊手术，但在 72h 内治疗可减少股骨头和髋臼窝的病理变化，且在脱位后 4～5d 会更难复位。当髋关节发育不良导致髋臼窝变浅则不建议进行整复，考虑手术治疗，7kg 以下的犬、猫可进行股骨头切除手术。7kg 以上的犬、猫则考虑进行全髋关节置换。

六、髋关节发育不良

髋关节发育不良是以髋臼变浅、股骨头不全脱位为特征的一种疾病，会导致关节炎，进而出现临床上不同程度的不适。几乎所有品种的犬都可发生，少见于猫。髋关节发育不良确切的病因和致病机制仍不明确，但普遍认为是在犬髋关节发育过程中，股骨头和髋臼窝之间不能维持一致性，髋关节松弛而最终出现髋关节发育异常。

【诊断】

1. 症状　髋关节发育不良的临床症状可以从非常轻微的不适到严重的疼痛。对于严重患犬，在 5～12 月龄时，出现活动减少，急性的单侧或双后肢跛行，“兔子跳”姿势和不同程度的关节疼痛症状，休息后起立、卧下或爬楼梯明显困难。触摸关节疼痛明显。在另一种慢性型髋关节发育不良的患犬中，犬出现临床症状的时间点有极大的差异，退化性关节疾病导致的关节病疼痛更为多见，肥胖可能会加重这一症状。

2. 影像学检查　通过 X 线检查可确诊。超声检查、CT 和 MRI 也被用于髋关节发育不良的诊断。

【治疗】根据病情严重程度不同可分别处理。轻度髋关节发育不良可采用保守治疗方案，严格控制体重，限制剧烈活动，同时可口服关节保健药物，以减少髋关节压力和磨损。若保守治疗效果不佳或重度髋关节发育不良，则应考虑手术治疗。幼年期可进行耻骨联合切开、骨盆两刀切、骨盆三刀切等干预性手术，严重者则考虑髋关节置换。

七、十字韧带断裂

股骨与胫骨之间有四条韧带，分别为与骨头两侧平行的副韧带和位于膝关节内两条彼此交叉韧带。彼此交叉的韧带被称为十字韧带，并依据其与胫骨接触的位置而称为前后十字韧带。前后十字韧带一同发挥作用，限制膝关节向内旋转与过度伸展。前十字韧带断裂的确切原因尚不明确，相关的因素包括不正常的结构和步态、胫骨平台角较大、肥胖等。当膝关节过度承重、创伤性过度伸展、胫骨的过度向内旋转可造成前十字韧带负荷过重，引发急性断裂。后十字韧带单独受损相当罕见，通常和内侧副韧带和/或前十字韧带同时发生，发病原因通常都为创伤。

【诊断】

1. 症状　急性十字韧带断裂时患肢跛行，保持坐姿时患肢向外侧伸出，而非正常坐姿。在前十字韧带部分断裂的病患中，可出现膝关节完全伸直时产生疼痛。慢性十字韧带的病例中可见股四头肌萎缩。

2. 理学检查　突然发病，理学检查弯曲和伸直膝关节出现明显疼痛、不同程度的捻发音。前抽屉试验阳性的病例可初步诊断为前十字韧带断裂，但需要注意的前抽屉试验阴性不能说明前十字韧带没有问题。

3. 影像学检查　所有的病例都应进行膝关节的X线检查，评估常规病例的骨关节炎、评估股骨和胫腓骨的相对位置以及排除骨折或肿瘤等其他问题。个别病例可进行CT等检查，以增加诊断的准确性。

【治疗】对于前十字韧带完全断裂的病例，通常都建议进行手术治疗。目前已有多种技术可稳定前十字韧带缺损的关节，这些技术包括关节囊外固定术、骨切开手术技术（胫骨前楔形关闭切骨术、胫骨平台水平矫形术、前侧楔形关闭切骨术）等。

八、黏液囊炎

骨和软骨突起的部位里面的内膜和外面的结缔组织构成黏液囊。黏液囊分泌黏液以减少摩擦。当黏液囊发炎时，囊内液体增多，囊壁增厚。大中型犬肘部多发。常因受到机械性损伤后引起。

【诊断】

1. 症状　肘部黏液囊发炎时出现边界清晰的圆形柔软肿胀。初期触诊温热、微有痛感。随着渗出液的浸润和黏液囊周围结缔组织增生，肿胀处变得质地坚实，如有病原感染，可继发化脓性炎症。有时，黏液囊渗出物被吸收，黏液囊炎随之消失。一般全身症状不明显。

2. 理学和实验室检查　触诊和黏液囊穿刺检查可以确诊。

【治疗】治疗原则为消除病因、减少渗出、促进吸收、消除积液及预防感染。发病初期穿刺抽出渗出液并加压包扎，以较少渗出和防止肘部继续遭受损伤。感染化脓的病例，尽早切开引流，并进行大量灌洗和应用广谱抗生素进行治疗。若效果不佳，可手术摘除黏液囊并全身应用抗生素治疗以防止感染。

九、关 节 炎

关节炎泛指发生在关节及其周围组织的炎性疾病。通常由炎症、感染、退化、创伤或其他因素引起。感染性关节炎的病原包括细菌、病毒、真菌、支原体、立克次体、莱姆病、利什曼病等。非感染性（免疫介导性）关节炎常见于犬，猫罕见。免疫介导性多关节炎可根据关节损伤的放射学征象为侵蚀性（有损伤）和非侵蚀性（无损伤）两种，侵蚀性关节炎非常罕见，非侵蚀性免疫介导性关节炎是由免疫复合物在滑膜上沉积所引起的。

【诊断】

1. 症状　患犬跛行明显，患病关节肿胀、发热、触诊疼痛。细菌性关节炎患犬常有全身不适、发热和精神沉郁。支原体多关节炎多引起慢性多关节炎，无特异性临床症状，不易与特发性免疫介导性非侵蚀性多关节炎鉴别。

2. 影像和实验室检查　患病关节肿胀、发热，触诊疼痛，X线检查进行初步关节炎的诊断，并进行关节液的穿刺镜检和培养，对相关病因进行区分。

（1）动物患有细菌感染性关节炎时，滑液中有核细胞数会显著增多（40 000～280 000个/μL），其中主要是中性粒细胞（通常>90%）。急性或严重病例的关节滑液白细胞内可见到细菌，中性粒细胞破裂或脱颗粒表现。

（2）支原体感染性关节炎滑液分析表明有核细胞增多，主要为非退行性中性粒细胞。支原体感染的关节液常规需氧和厌氧培养结果为阴性，成功培养支原体需要特殊的培养基，样本也需要特殊处理。在特殊的支原体培养基上分离出病原体才能确诊。

（3）莱姆病感染性关节炎滑液细胞学检查可见中性粒细胞性炎症等。非感染反应性关节炎滑液分析表明 WBC 计数和中性粒细胞比例都升高，但滑液培养为阴性。

（4）免疫介导性关节炎滑液通常黏性下降且混浊，有核细胞计数增多（4 000～370 000 个/μL），且以非退行性变化中性粒细胞为主（通常＞80％）。血液、尿液和滑液细菌和支原体培养结果都为阴性。

【治疗】不同原因的关节炎的治疗方案不相同，但控制体重，适当运动有助于临床症状的改善。治疗原则为消除潜在的疾病或抗原刺激。细菌性关节炎应选择敏感抗生素治疗；支原体感染性可选用多西环素；真菌感染性关节炎则应用抗真菌药物；免疫介导性关节炎则考虑运用激素进行治疗。

第十五单元　眼部疾病

第一节　眼睑疾病

一、眼睑内翻

先天性眼睑内翻常见于纯种犬，通常与眼睑裂过短或过长或眼睑周围皮肤松弛有关，如松狮犬、沙皮犬和圣伯纳犬等容易出现先天性眼睑内翻。

发育性眼睑内翻常见于松狮犬及沙皮犬，在发育时因为本身眼睑皮肤及头颅骨骼发育速度不一而出现的暂时性眼睑内翻。

继发性眼睑内翻常由于眼睑痉挛或者眼周皮下脂肪、液体积聚过多而出现。

【诊断】眼睑皮肤及毛发不停刺激角膜，导致犬出现流泪，眼分泌物等。如果长期眼睑内翻则容易导致角膜血管新生、色素沉着、水肿等。通过外观及临床症状基本可确诊。

【治疗】通常都需要外科手术方式让内翻的眼睑重新向外纠正翻出。对于发育性眼睑内翻，可通过临时缝合皮肤皱褶从而进行纠正。对于继发性或先天性的则需要进行 Y－V 缝合法进行矫正，即距离眼睑缘 1mm 处皮肤开始切一个 Y 形切口，然后通过皮瓣再缝合成 V 形而使内翻的眼睑适当外翻。

二、眼睑外翻

眼睑外翻是指睑裂比眼球长而导致睑缘外翻。通常可见于因眼睑松弛或眼睑过长而引起的眼睑翻出睑缘。眼睑外翻包括：①先天性眼睑外翻；②外伤性眼睑外翻：在眼睑创口愈合后，因为眼睑轮廓肌撕裂而导致没办法完成眼睑闭合的动作；③神经性眼睑外翻：如面神经麻痹等引起的眼睑肌肉松弛，从而出现眼睑外翻，通常见于中大型犬或部分因外伤或神经异常导致。

【诊断】 通过临床症状即可进行诊断。多见于下眼睑，同时可见暴露的结膜充血、水肿，下眼睑部分或全部翻出睑缘。

【治疗】 如为继发性的需要进行原发病治疗，如外伤性的则往往需要进行眼睑缝合后纠正，而神经性麻痹引起的通常需要治疗神经炎症后才能进行纠正。其余先天性的眼睑外翻可以通过V-Y缝合方式进行纠正。术后常规滴妥布霉素等滴眼液进行抗菌消炎。

第二节　角膜及结膜疾病

一、角膜炎

角膜炎

通常由外伤或异物或病原或睫毛等慢性刺激引起。另外，细菌感染、营养障碍、邻近组织病变的蔓延等均可诱发本病。某些传染性疾病和眼部寄生虫也可并发角膜炎。

【诊断】

1. 症状　角膜炎的症状通常为畏光、流泪、眼睑痉挛、疼痛、眼睑闭合、角膜混浊、角膜水肿、角膜组织缺损或角膜溃疡，也有部分角膜炎表现为角膜周围形成新生血管或白色瘢痕。

轻症角膜炎在灯光斜照下可见到角膜表面粗糙不平；外伤性角膜炎在角膜表面可见到伤痕，表面变为淡蓝色或蓝褐色，角膜损伤严重的可发生穿孔，丧失视力。

由化学物质引起的角膜炎，病情较轻时仅见角膜上皮被破坏，形成银灰色混浊；当角膜深层受损则出现深部溃疡；严重时角膜发生坏死、溶解，呈明显的灰白色。

角膜表面形成不透明的白色瘢痕时称为角膜混浊或角膜翳、角膜水肿。角膜混浊可能表现为局限性弥漫性，也有呈点状或线状，一般呈乳白色或橙黄色。新发生的角膜混浊有炎症症状，陈旧的角膜混浊通常没有炎症症状。从侧面视诊，深层混浊时在混浊的表面可见一层薄的透明层，而浅层混浊时则多呈淡蓝色云雾状。

陈旧性角膜炎通常会先在角膜周围出现充血，随着病情的发展，角膜缘出现新生血管向溃疡或炎症位置爬行生长。表层性角膜炎的血管通常来自结膜，呈枝状分布于角膜面上，可看到其来源；深层性角膜炎的血管来自角膜缘的毛细血管网，呈刷状，自角膜缘伸入角膜内，看不到血管来源。

由细菌感染引起角膜炎，角膜的一处或数处呈暗灰色或灰黄色浸润，后即形成脓肿，破溃后便形成溃疡。

犬传染性肝炎恢复期常见单侧性间质性角膜炎和水肿，呈蓝白色角膜翳。

2. 实验室诊断　对角膜表层损伤，利用荧光素染色法或用直接检眼镜观察可查出角膜病变部位和形态，有条件时可使用裂隙灯显微镜进行检查。必要时，做角膜神经知觉检查和泪液分泌功能检查等。对细菌性或真菌性角膜溃疡，做微生物的培养及药物敏感试验，更有助于诊断和治疗。

【治疗】 去除引起角膜炎的病因；将患病犬、猫放在光线暗淡的房间内或遮盖眼部；用3%硼酸溶液清洗患眼，然后向眼内滴入抗生素眼药水或涂布抗生素软膏。

促进角膜混浊的吸收可采取下列措施：向患病犬、猫患眼滴入等份的甘汞和乳糖；自家血点眼或自家血眼睑皮下注射；1%～2%黄降汞眼膏涂于患眼内。犬、猫角膜炎可使用妥布霉素眼药水、阿米卡星滴眼液等。

疼痛剧烈时，可用10%颠茄软膏或5%狄奥宁软膏涂于患眼内或使用局麻滴眼液如奥布卡因、丙美卡因滴眼液等；水肿严重时，用5%氯化钠溶液每天3～5次点眼。

对直径小于2～3mm的角膜撕裂，可用眼科无损伤9-0缝针和可吸收缝线进行缝合。对新发虹膜脱出的病例，可将虹膜还纳展平；脱出超过48h的或感染严重的病例，可用灭菌的虹膜剪剪去脱出部分，再用第三眼睑覆盖固定予以保护；溃疡较深或后弹力层膨出时，可用附近的球结膜做成结膜瓣，覆盖固定在溃疡处。但是，上述情况在不能控制感染时，应行眼球摘除术。

为促进角膜创伤的愈合，可用0.1%玻璃酸钠滴眼液点眼。

可用青霉素、普鲁卡因、氢化可的松或地塞米松进行患眼球结膜下或上、下眼睑皮下注射，对小动物外伤性角膜炎引起的角膜翳效果良好。但是，不能用于角膜溃疡或角膜穿孔的病例。

中药成药如拨云散、决明散、明目散等对慢性角膜炎有一定疗效。

传染性肝炎引起的角膜炎应同时治疗原发病。

二、结膜炎

犬、猫结膜炎由多种因素导致，①机械性因素：结膜外伤、各种异物落入结膜囊内或粘在结膜面上；牛泪管吸吮线虫多出现于结膜囊或第三眼睑内；眼睑位置改变以及笼头不合适等；②化学性因素：如各种化学药品或农药误入眼内；③温热性因素：如因过于靠近热源导致结膜热灼伤；④光学性因素：如眼睛未加保护，遭受夏季日光的长期直射、紫外线或X线照射等；⑤传染性因素：多种微生物经常潜伏在结膜囊内；⑥免疫介导性因素：如过敏等；⑦继发性因素：本病常继发于邻近组织的疾病、严重的消化系统疾病及多种传染病，眼感觉神经麻痹也可引起结膜炎。

【诊断】

1. 症状 结膜炎的症状包括畏光、流泪、结膜充血、结膜浮肿、眼睑痉挛、渗出物及白细胞浸润。

卡他性结膜炎是临床上最常见的病型，表现为结膜潮红、肿胀、充血，流浆液、黏液或黏液脓性分泌物。包括急性型和慢性型两种：①急性型：轻症结膜时穹隆部稍肿胀，呈鲜红色，分泌物较少，初似水，后变为黏液性。重度结膜炎可见眼睑肿胀、热痛、畏光、充血明显，甚至见出血斑。炎症可波及球结膜，有时角膜表面也见轻微混浊。若炎症侵入结膜下时，则结膜高度肿胀，疼痛剧烈。②慢性型：常由急性转来，症状往往不明显，畏光很轻或见不到。充血轻微，结膜呈暗赤色、黄红色或黄色。长期发病病例，结膜变厚呈丝绒状，有少量分泌物。

化脓性结膜炎常见眼内流出大量脓性分泌物，上、下眼睑常被粘在一起。化脓性结膜炎常波及角膜而形成溃疡，且带有传染性。

2. 实验室诊断　细菌、支原体和衣原体性结膜炎最初通常为单眼发病，间隔一定时间可波及对侧眼，且一般广谱抗生素治疗有效；病毒性结膜炎常见于犬瘟热、猫传染性鼻气管炎；由于其他严重眼病和全身性疾病常导致结膜炎的发生，因此，如果结膜炎的病因难以确定或对因治疗效果不明显，可做进一步的眼部和全身性检查。

【治疗】

（1）去除病因。若是症候性结膜炎，则以治疗原发病为主。

（2）将患病动物放在光线暗淡的房间内或装眼绷带，但分泌物量多时不可装置眼绷带。

（3）用3%硼酸液冲洗患眼。

（4）病患的急性卡他性结膜炎充血显著时，初期冷敷；分泌物变为黏液时，则改为温敷，再用0.5%～1%硝酸银溶液点眼（每天1～2次），并在点眼后10min用生理盐水冲洗。若分泌物已见减少，可改用收敛药，如0.5%～2%硫酸锌溶液（每天2～3次），或2%～5%蛋白银溶液、0.5%～1%明矾溶液、2%黄降汞眼膏。疼痛显著时，可用下述配方点眼：0.5%硫酸锌0.05～0.1mL、0.5%盐酸普鲁卡因0.5mL、3%硼酸0.3mL、0.1%肾上腺素2滴及蒸馏水10mL；也可用10%～30%板蓝根溶液点眼；还可用0.5%盐酸普鲁卡因液2～3mL，青霉素或氨苄西林5万～10万U，再加入氢化可的松2mL（10mg）或地塞米松磷酸钠注射液1mL（5mg），做球结膜下注射或眼睑皮下注射。

犬、猫结膜炎一般使用妥布霉素眼药水、红霉素眼膏、金霉素眼膏等。

（5）慢性结膜炎以刺激温敷为主。局部可用较浓的硫酸锌或硝酸银溶液，或用硫酸铜棒轻擦上、下眼睑，擦后立即用硼酸水冲洗，然后再进行温敷。也可用2%黄降汞眼膏涂于结膜囊内。中药川连1.5g、枯矾6g、防风9g，煎后过滤，洗眼效果良好。

（6）病毒性结膜炎可用5%乙酰磺胺钠眼膏涂布眼内。

三、角膜溃疡与穿孔

角膜溃疡或穿孔最常见的原因是异物或外力直接损伤角膜。此外，化学物质的灼伤、眼睑结构异常、睫毛异常或眼睛周围被毛过长、角膜或眼睛本身的疾病（干眼症）等均可引起，也可由全身性疾病引起，如犬传染性肝炎。

【诊断】

1. 症状　角膜溃疡常表现为疼痛、异物感、畏光、流泪。溃疡面在角膜上表现为一白色脓斑。有时溃疡可累及整个角膜，并向角膜深层发展。角膜后可出现积脓，有时在角膜下方形成一个白色的液平面。结膜通常布满血丝。溃疡越深，眼部症状和并发症也越重。

2. 实验室诊断

（1）眼科检查　使用裂隙灯评估溃疡。为清楚地看到溃疡，会使用含黄绿色染料（即荧光素）的眼药水。荧光素染料暂时将角膜中的损伤染色，可以看清楚角膜损伤区域。

（2）微生物培养　用取样拭子刮擦大面积溃疡的表面取样进行实验室培养，以鉴定导致此感染的细菌、真菌、病毒或原虫。

【治疗】

(1) 犬、猫等患病时，须尽快戴上伊丽莎白颈圈。

(2) 用3%硼酸溶液清洗患眼。

(3) 浅层角膜溃疡一般不需药物治疗即可在1～2周内愈合，对于患病犬、猫，在使用抗生素眼药的同时，使用贝复舒滴眼液总眼，促进溃疡和穿孔的角膜生长。

(4) 对角膜愈合差或不愈合的顽固性病例以及深层角膜溃疡或角膜穿孔的病例，则必须进行角膜清创后，采用显微眼科手术技术来修复或重建眼角膜；若并发严重全眼球炎、化脓感染等时，则须实施全眼球摘除手术。

(5) 禁止使用类固醇或糖皮质激素类药物进行局部或全身性治疗。

第三节　其他疾病

一、白 内 障

根据病因白内障分为以下几种：①先天性白内障：由于晶状体及其囊在母体内发育异常，出生后所表现的白内障，现已证实某些犬的先天性白内障为遗传性，但其遗传方式多数未被确定；②外伤性白内障：由于各种机械性损伤致晶状体营养发生障碍时，如晶状体前囊的损伤、晶状体悬韧带断裂、晶状体移位；③症候性白内障：多继发于睫状体炎和视网膜炎；④中毒性白内障：见于家畜麦角中毒时，二碘硝基酚和二甲亚砜可引起犬的白内障；⑤糖尿病性白内障：如犬患糖尿病时，常并发本病；⑥老年性白内障：主要见于8～12岁的老年犬；⑦幼年性白内障：见于马和犬，动物年龄小于2岁，多由于代谢障碍（维生素缺乏症佝偻病）所致。

【诊断】本病的特征是晶状体或晶状体及其囊混浊、瞳孔变色、视力消失或减退。混浊明显时，肉眼检查即可确诊，眼呈白色或蓝白色；病情较轻的，需做烛光成像检查或检眼镜检查。当晶状体全混浊时，烛光成像看不见第三个影像，第二个影像反而比正常时清楚。检眼镜检查时，可见到的眼底反射强度是判断晶状体混浊度的良好指标，眼底反射下降得越多，晶状体的混浊越完全，混浊部位呈黑色斑点。白内障不影响瞳孔正常反应。

【治疗】在早期就应控制病变的发生和发展，针对原因进行对症治疗。晶状体一旦混浊就不能被吸收，只好行晶状体摘除术或晶状体乳化白内障摘除术。

(1) *手术治疗*　晶状体囊外摘除术是在全身和局部麻醉良好的状态下，在角膜缘或巩膜边缘做一个大的切口（15mm），将晶状体从眼内摘出。与晶状体超声乳化相比，其优点是需要较少的器械且术野暴露良好；缺点是手术时容易发生眼球塌陷，术后容易出现玻璃体脱离、视网膜脱离、晶状体周围的皮质摘除困难和角膜切口较大。

晶状体乳化白内障摘除术是用高频率声波使晶状体破裂乳化，然后将其吸出。在整个手术过程中，用液体向眼内灌洗以避免眼球塌陷。这种方法的优点是角膜切口小，术后可保持眼球形状，晶状体较易摘除，术后炎症较轻；缺点是晶体乳化的器械比较昂贵。

术后治疗包括局部应用醋酸泼尼松，每4～6h一次，炎症消退后，减少用药次数，需用药数周或数月；按每千克体重2～5mg，每天2次口服阿莫西林，用药7～10d；局部应用抗菌药物7～14d；若术后瞳孔缩小，可用散瞳剂。

人工晶体植入。目前国外已有用于马、犬、猫的人工晶状体，白内障摘除术后将人工晶状体植入空的晶状体囊内。

晶状体摘除术可使病眼对光反射与视力得到不同程度的恢复和改善，但是必须选择玻璃体、视网膜、视神经乳头基本正常的病眼进行手术，才能达到预期效果。因此，所选病例应首先排除马属动物周期性眼炎并发的白内障以及由于视网膜脱离等引起的白内障。凡经1%硫酸阿托品点眼散瞳而无虹膜粘连，并存在对光反射阳性的白内障进行手术，其视力恢复可有希望；否则，手术预后不良。

(2) *药物治疗*　单纯用药物治疗白内障，疗效不确实，尚未证实药物治疗在白内障逆转方面有明显疗效。

二、青光眼

青光眼是由于眼房角阻塞，眼房水排出受阻致眼内压增高所致的疾病，可发生于单眼或双眼。多见于小动物（家兔、犬、猫），但也见于幼牛（1～2岁）和犊牛。原发性青光眼多因眼房角结构发育不良或发育停止，引起房水排泄受阻，眼压升高；目前已确定至少有42种犬和2种猫易发生原发性青光眼。继发性青光眼多因眼球疾病如前色素层炎、瞳孔闭锁或阻塞、晶体前或后移位眼肿瘤等，引起房角粘连、堵塞，造成眼房水循环或外流障碍，使眼压升高。此外，棉籽饼中毒、维生素缺乏、近亲繁殖、性激素代谢紊乱和碘缺乏等也可引起；犬继发性青光眼最主要的原因是晶状体脱位。先天性青光眼见于房角中胚层发育异常或残留胚胎组织、虹膜梳状韧带狭窄，阻塞房水排出通道。

【诊断】

1. 症状　初期患眼如健眼一样，但无视觉，检查时未见炎症表现，眼内压增高，眼球增大，视力大为减弱，虹膜及晶状体向前突出，从侧面观察可见到角膜向前突出，眼前房缩小，瞳孔散大，失去对光反射能力。

2. 实验室诊断　滴入缩瞳剂（如1%～2%毛果芸香碱溶液）时，瞳孔仍保持散大或者收缩缓慢，但晶状体没有变化。在昏暗环境或阳光下，常可见患眼表现为绿色或淡青绿色。最初角膜可能是透明的，后则变为毛玻璃状（角膜水肿），并比正常的角膜要凸出些。用检眼镜检查时，可见视神经乳头萎缩和凹陷，血管偏向鼻侧，较晚期病例的视神经乳头呈苍白，指侧眼压呈坚实感。

【治疗】目前还没有特效的治疗方法，可采用下述治疗措施。

(1) *高渗疗法*　通过使血液渗透压升高，减少眼房液，从而降低眼内压。静脉注射40%～50%葡萄糖溶液，或静脉滴注20%甘露醇。应限制饮水，并尽可能给予无盐的饲料。

(2) *β受体阻滞剂*　噻吗心安点眼，可减少房水生成，20min后即可使眼压降低，对青光眼治疗有一定效果。

(3) *缩瞳药的应用*　针对虹膜根部堵塞前房角致使眼内压升高，可用1%～2%毛果芸香碱溶液频频点眼。也可用0.5%毒扁豆碱溶液滴于结膜囊内，10～15min开始缩瞳，30～50min作用最强，3.5h后作用消失。

(4) *碳酸酐酶抑制剂*　如乙酰唑胺可减少眼房液产生，每千克体重3～5mg，每天3次，症状控制后可逐渐减量。另有一种长效的乙酰唑胺可延长降压时间达22～30h，但长期服用效果逐渐降低，而停药一阶段后再用则又恢复其效力。内服氯化铵可加强乙酰唑胺的作用。应用槟榔抗青光眼药水滴眼，用槟榔片制成1∶1滴眼液，每10min滴1次，共6次，再改为每半小时1次，共3次，然后，再按病情每2h一次，以控制眼内压。

(5) 手术疗法 角膜穿刺排液可作为治疗急性青光眼病例的一种临时性措施。用药后48h尚不能降低眼内压，就应当考虑做周边虹膜切除术。对另一侧健眼也应考虑做预防性周边虹膜切除术。术后要适当应用抗菌消炎药物，以防止发炎。本手术主要是沟通前后房，使眼后房水通过虹膜上的切口流入眼前房，眼房水便由巩膜上的点切口溢出而进入球结膜下，通过球结膜的吸收，从而保持眼房内的一定压力，可使视力得以恢复。一旦出现神经萎缩、血管膜变性等，治疗困难。

(6) 巩膜周边冷冻术 用冷冻探针（2～25mm）在角膜缘后5mm处的眼球表面做两次冻融，使睫状上皮冷却到－15℃。操作时可选6个点进行冷冻，避开3点钟和9点钟的位置。每一个点的两次冻融应在2min内完成。这种方法可使部分睫状体遭到破坏，从而减少眼房液产生。本手术属于非侵入性手术，操作简便快捷，但手术的作用可能不持久，6～12个月后可能需要再次手术。

三、视网膜炎

视网膜炎可分为外源性和内源性：①外源性视网膜炎见于细菌、病毒、化学毒素伴随异物进入眼内或通过角膜、巩膜的伤口侵入，前房内寄生虫的刺激均可引起脉络膜炎、脉络膜视网膜炎及渗出性视网膜炎。②内源性视网膜炎继发于各种传染病，如流感、犬传染性肝炎、犬瘟热、钩端螺旋体病等，微生物可经血循环转移散布到视网膜血管，导致眼组织发生脓样病灶而引起转移性视网膜炎；或见于体内感染性病灶引起的过敏性反应，发生转移性视网膜炎。

【诊断】 临床症状一般不明显，仅视力逐渐减退，直到失明。急性和亚急性期瞳孔缩小，转为慢性时，瞳孔反而散大。眼底检查，视网膜水肿、失去固有的透明性。初期视网膜血管下出现大量黄白色或青灰的渗出性病灶，引起该部视网膜不同程度的隆起或脱离。渗出部位的静脉常有出血，静脉分支扩张呈弯曲状。视神经乳头充血、增大，轮廓不清，边界模糊，后期出现萎缩。随病变发展，玻璃体可因血液的侵入而变为混浊。后期由于渗出物的压力和血管自身收缩，闭塞而看不见血管。病灶表面有灰白色、淡黄色或淡黄红色小丘。陈旧者常伴有黄白色的胆固醇结晶沉着。视网膜炎的后期，可继发视网膜剥脱、萎缩和白内障、青光眼等。

【治疗】 患病犬、猫放进暗室，佩戴眼部绷带，保持安静。消除原发性病因。控制局部炎症。眼结膜下注射青霉素、地塞米松、普鲁卡因溶液以控制炎症发展。采用全身性抗生素疗法。病情严重的可采取眼球摘除术。

四、第三眼睑腺脱出

第三眼睑腺脱出是最常见的第三眼睑原发性疾病。其发病原因目前并不清楚，但普遍认为是由于第三眼睑腺腹侧-眼眶周围组织之间结缔组织的脆弱性导致。

【诊断】 临床症状通常双眼或单眼发病，3月龄至2岁犬容易出现，其中以美国可卡、京巴犬等品种最为常见，但也有猫和马发生此病。如果不处理，则容易出现干性角膜结膜炎。

【治疗】 通常都是通过外科整复的方法处理，其中以包埋法为主要方式，即在脱出的第三眼睑腺背侧和腹侧两端分别切开结膜，使用5－0或6－0的缝合线把切口褥式缝合在一起，从而把腺体包裹在结膜中。术后常规滴抗菌滴眼液，如妥布霉素滴眼液等。

五、前色素层炎

前色素层炎又称虹膜炎，通常是虹膜及脉络膜等因为损伤或刺激引起的炎症性肿胀。虹膜炎可分为原发性和继发性两种。原发性虹膜炎多由于虹膜损伤和眼房内寄生虫的刺激；继发性虹膜炎继发于各种传染病（如流行性感冒、全身性霉菌病、线虫幼虫迷走性移行、腺疫等），也可能是邻近组织炎症蔓延的结果，如晶状体破裂和白内障。

【诊断】临床症状主要是患眼畏光、流泪、发热、疼痛剧烈。虹膜由于血管扩张和炎性渗出致使肿胀变形，纹理不清，并失去其固有的色彩和光泽。眼前房由于渗出物的积蓄而混浊。由于房水混浊变性和睫状前动脉扩张，角膜营养受影响。因此，角膜呈轻度弥漫性混浊。因瞳孔括约肌痉挛和虹膜肿胀，瞳孔常缩小，并对散瞳药的反应迟钝。由于瞳孔缩小和调节不良，易形成后粘连。虹膜炎时眼内压常下降。

【治疗】应将病患关在昏暗地方，装眼绷带。局部用散瞳药，常用1%硫酸阿托品溶液滴眼，每天点眼6次。对急性期病例可用0.05%肾上腺素溶液或0.5%可的松溶液点眼，也可应用抗生素溶液点眼。疼痛显著时可行温敷。严重病例可结膜下注射皮质类固醇，全身应用抗生素。

第十六单元 耳部疾病

一、耳血肿

耳血肿是耳软骨板内血液的积聚。耳血肿形成的原因还未完全清楚，但许多病例是由于外耳炎疼痛或刺激引起患病犬、猫摇头或挠抓而导致。犬外耳炎多是细菌感染引起，而猫的外耳炎多是由耳螨感染引起。患病犬、猫摇头会引起耳内产生正弦波运动，导致软骨破裂。但有些形成耳血肿的犬、猫并没有并发耳病。有些患病犬、猫的血肿形成与毛细（血）管脆性的增加有关（如库兴氏病）。

【诊断】

1. 症状 打架或其他外伤可引起小动物耳的撕裂。这些伤口可能是浅表性的，仅仅涉及耳一侧外表的皮肤，或引起软骨穿孔波及两侧的皮肤。有剧烈摇头和/或急性或慢性外耳炎病史的小动物应引起注意，但有些耳血肿的小动物先前并没有耳病的病史。体格检查血肿部位最初是充满液体、柔软、有波动感，但最终会由于纤维化而增厚变硬，最终可能呈“花椰菜”样外观。

2. X线检查 X线检查可发现潜在的外耳炎或中耳炎（或两者）的动物是否易患耳血肿。

【治疗】

(1) 药物治疗　对潜在性的耳病要进行治疗。可尝试用针抽吸耳血肿液（也可同时静脉注射皮质类固醇），但用该技术治疗后血肿容易复发。

(2) 手术治疗　手术的目的是除去血肿，防止复发，并且使耳外观恢复正常（消除增厚和瘢痕）。最常用的手术技术包括切去血肿上的组织，抽空血凝块和纤维蛋白，以及在瘢痕组织形成前缝合软骨组织。另外，在愈合的过程中，可选择引流管或插管进行数周的引流。为防止血肿扩大或纤维化，应在血肿发生后立即进行治疗。

二、外耳炎

外耳炎

外耳炎是水平耳道和垂直耳道的上皮以及周围组织结构（即外耳道和耳郭）的炎症。别名游泳耳，指动物游泳或沐浴后发生的外耳炎。

外耳炎常发生于犬（占就诊犬的3.9%～20%）和猫（占就诊猫的2%～6.6%）。外耳炎与其他的皮肤病，尤其是过敏性或免疫介导性皮肤病（如食物过敏性皮炎，特应性、接触性皮肤病）及全身性疾病（即内分泌病，如甲状腺功能减退或支持细胞瘤）有关。细菌、异物、寄生虫（如犬耳螨、犬疥螨、猫疥螨和蜱）、真菌、酵母菌或肿瘤也可引起外耳炎。由耳螨引起的外耳炎占猫外耳炎病例的50%以上。

任何品种或年龄的犬和猫都可能发生外耳炎。长的、下垂耳的犬（如短腿猎犬）和耳道有大量毛发的犬通常易感染此病。在竖耳犬中，德国牧羊犬最易感染此病。长毛犬，尤其是可卡犬，可能有异常性角质化并且耳郭或耳道或两者的皮脂腺分泌增加。皮脂腺和耳黏膜上皮的慢性细菌感染和增生的变化，常会引起瘢痕形成及耳道闭锁。

【诊断】

1. 症状　患有外耳炎的犬、猫可能表现急性或慢性的症状。如果异物卡在耳内，表现的典型症状是摇头和搔抓耳或耳附近的部位。寄生虫感染和急性细菌感染的犬、猫，也常见摇头和挠抓耳。如果患有外耳炎的犬、猫没有发现明显的病因（如异物），则应进行完全的皮肤病检查。

2. 实验室诊断　没有发现特异性的实验室异常。如果怀疑甲状腺功能减退，应进行甲状腺功能的测试。

【治疗】外耳炎的治疗包括鉴别潜在性或永久性的病因，清洁、干燥耳部，并且应用适当的局部或全身性药物治疗（或两者同时）。许多局部试剂可治疗外耳炎，包括抗生素和杀寄生虫药、消炎药和/或抗真菌等多种药物的合剂。

当药物治疗无效或患病犬、猫有增生性瘤或耳道狭窄时，应该考虑采用外耳道手术的治疗方法。如果犬、猫患的外耳炎没有波及中耳，可选择的外科手术治疗方案有外侧耳道切除术、直耳道切除术或全耳道切除术。如果并发中耳炎，可采用外侧耳道切除术结合腹侧鼓膜切开术或全耳道切除术结合外侧鼓膜切开术，术前建议进行术前抗生素治疗。如果患病犬、猫已经排脓，应进行细菌培养，并且在术前给予合适的抗生素进行治疗。如果没有排脓，在术前立即静脉注射抗生素，或在手术期间给药，但必须先进行手术期间的细菌培养。

三、中耳炎、内耳炎

中耳炎是中耳发生的炎症，内耳炎是内耳发生的炎症。

中耳炎的产生可能继发于细菌、酵母菌或真菌感染，肿瘤、外伤或异物也可导致。猫的炎症或鼻咽息肉也是引起中耳炎的原因。引起犬和猫中耳炎最常见的原因是细菌感染，慢性外耳炎末期的犬、猫有超过一半患有中耳炎。对患中耳炎的犬、猫的中耳内分泌物进行培养发现，病原体与患外耳炎犬、猫外耳中的病原体相似（如葡萄球菌属、链球菌属、假单胞菌属、大肠杆菌属和变形杆菌属等）。

继发于内耳炎的中耳炎患病犬、猫大多是中年动物。老龄犬、猫更多发中耳瘤，而青年猫易患鼻咽息肉。目前还不清楚猫鼻咽息肉病有无品种或性别方面的差别，也不清楚犬或猫中耳瘤疾病与品种和性别的相关性。

【诊断】

1. 症状　中耳炎与单一的外耳炎的病患病史和临床症状基本相同。患病犬、猫通常挠抓耳朵，并可能出现过度摇头。耳内可能有臭味，在触碰耳朵或邻近的颅骨时，犬、猫常表现疼痛。由内耳炎引起的前庭病变（面神经麻痹）的临床症状包括睑的反射消失、睑裂增宽、耳和唇下垂、流涎过多、睑痉挛、唇隆起并有皱纹、唇联合向尾侧移位和患侧耳隆凸等。

当犬、猫在进食或张嘴时表现疼痛，要给予充分的重视，尤其是对患有中耳瘤疾病的猫。患有中耳瘤的犬、猫也常出现同侧的面神经麻痹。只有少数病例出现中耳瘤扩散到鼻咽，引起窒息、呕吐、呼吸困难或三者同时出现。患有鼻咽息肉的猫常表现有鼻液、打喷嚏或喘鸣。如果动物并发咽息肉，应该注意犬、猫是否出现吞咽困难和呼吸困难。对中耳炎和外耳炎的患病犬、猫进行体格检查，常可发现明显的外耳道渗出物、增生和耳上皮组织溃疡。大多数中耳炎的患病犬、猫没有发现与内耳或面神经麻痹有关的神经学异常。经过中耳的交感神经干的损伤，会引起霍纳氏（Horner's）综合征，其临床症状表现为上睑下垂、瞳孔缩小、眼球内陷及第三眼睑突出。

2. 影像学检查　X线检查对中耳疾病诊断效果较差，计算机断层扫描（CT）可诊断中耳疾病。

【治疗】中耳炎最重要的治疗方法是除去鼓室内已感染的组织或渗出物、肿瘤、息肉或异物。

应该清理外耳道并且必须治疗并发的中耳炎。急性中耳炎患病犬、猫的治疗包括鼓膜切开术、中耳内容物的培养、冲洗鼓室及局部和全身抗生素疗法。经3～4周治疗后症状仍没有改善，应该考虑施行外侧鼓膜切开术。

根据引起中耳炎的病因选择不同的手术治疗方案。由感染引起的中耳炎的手术治疗包括鼓膜切开术，感染组织或渗出物的培养、引流和长期抗生素治疗。良性瘤或炎性损伤通常可通过鼓膜切开术来切除，但Horner's综合征在猫是常见的，它是该手术的暂时性并发症。水疱瘤常提示预后不良。特别注意的一点是如果患病犬、猫在术前出现神经症状，必须告诫主人这些神经症状可能在术后长期存在。

良性肿瘤预后良好，但由于恶性肿瘤具有转移性，因此手术方法很难治愈。如果只是单纯使用牵引术除去外耳中的炎性息肉，则会复发炎性息肉。如果实施牵引术并结合鼓膜切开术，则炎性息肉很少复发。

第十七单元 皮肤及其衍生物疾病

第一节 寄生虫性皮肤病

一、犬蠕形螨病

犬蠕形螨病是指因遗传的易感性和/或患病犬、猫的免疫缺陷，由蠕形螨属寄生虫引起的一种皮肤病。其临床表现可以从简单的脱毛、疖病、脱屑、斑块或溃疡到严重危及生命的败血症。根据受影响的区域，可分为局部或全身性。如果受影响的犬、猫小于2岁，其往往被称为少年型。成年犬、猫蠕形螨病最常见的原因是由于内分泌问题，用药或恶性肿瘤导致的获得性免疫缺陷。

【诊断】蠕形螨寄生在毛囊的底部或在皮脂腺内。可采用深刮和拔毛发取样进行显微镜检查，发现虫体或虫卵即可诊断；在某些情况下，采用浅表刮或胶带粘贴的方法来检测。

【治疗】局部的蠕形螨病通常不需治疗，但需进行定期的检查，以观察其发展趋势。多数情况下，可用双甲脒药浴或全身使用大环内酯类药物进行治疗。当继发严重的细菌感染时，需使用抗生素进行治疗。

二、疥螨病

疥螨病是由犬疥螨引起的严重瘙痒性皮炎，是犬品种特异性寄生虫。疥螨病是人兽共患寄生虫病，可感染人类，引起一过性、高度瘙痒性皮肤病。

【诊断】

1. 症状 虫体在皮肤无毛囊的部位挖洞穴，引起丘疹/结痂、脱毛、红斑和皮脂溢等特征性临床特征，常见的发病部位在肘部、飞节、眼周和耳缘区，可扩散到整个躯干。

2. 实验室诊断

（1）*皮肤检查* 对病变部位进行中等深度刮片后，通过显微镜检查，但不是每次都能观察到虫体或虫卵。耳缘处病变或皮肤微黄色痂皮处可能是刮片检查的最佳位置。耳郭反射通常是阳性，有瘙痒且对一般治疗无效时应怀疑疥螨感染。需将其与急性过敏进行区分。

（2）血清学测试　可以测定血清疥螨特异性 IgG，从开始感染到 3 周期间特异性 IgG 检测是可靠的诊断方法，并且可以看是否有随时间降低的抗体滴度，以检查治疗是否有效。

【治疗】大环内酯类药物对疥螨感染的治疗非常有效，3 周用一次。应对所有可能被疥螨污染的环境和物品进行清理。疥螨病是一种传染性极强的疾病，因此应对与患病犬、猫一起生活的其他动物进行治疗。

三、姬螯螨病

姬螯螨病是由姬螯螨引起的犬、猫寄生虫病，最常见于刚从宠物店购买的动物。姬螯螨是一种人兽共患寄生虫，可能感染人类。

【诊断】临床症状主要表现为脱屑，在背部和腰部区域有大量的白色脱屑，可能出现瘙痒。由于猫日常的舔毛行为可导致其特征不太明显。

背部有大量特异性的干性皮屑，用放大镜观察时，可见移动的白色虫体。胶带黏住螨虫后用显微镜观察是最佳的诊断方法，可看到虫体，也可能会看到附着在毛发上的卵。

【治疗】定期使用含塞拉菌素或非泼罗尼的滴剂或喷剂（如大宠爱、福来恩等）可有效治疗。对患病犬、猫生活的环境进行消毒可预防其他动物的感染。

四、蚤咬性皮炎

蚤咬性皮炎是指由跳蚤通过叮咬犬、猫引起丘疹和风团。对于敏感或过敏性个体，跳蚤叮咬可激起更加严重的过敏反应。

【诊断】临床症状表现为伴有鳞片状脱毛的丘疹、脓疱性结痂和皮脂溢，患病犬、猫表现出明显的瘙痒，如果不加以控制，则发展成色素沉着和苔藓化，这种情况在犬中更典型，在猫主要表现是粟粒状脱毛，嗜酸性脱毛或对称性脱毛。

病变主要分布在腰、腹股沟、腹部及肛周区域。瘙痒往往突然发作，患病犬、猫常常用其切齿啃咬瘙痒部位，仿佛在寻找跳蚤。春季和夏季跳蚤繁殖的季节发病率最高。当在患病犬、猫身上发现跳蚤或跳蚤的排泄物时即可确诊。

【治疗】要对所有生活在一起的猫进行治疗。跳蚤卵和幼虫常常存在于环境中，因此环境管理对于驱杀跳蚤是至关重要的。可使用多杀菌素或塞拉菌素进行全身跳蚤治疗，也可口服诺普星驱杀。对继发严重瘙痒或皮炎的，可使用苯海拉明止痒，局部或全身抗生素治疗皮炎。对患病犬、猫生活的环境进行跳蚤的驱杀可预防其他动物的感染。

五、犬脓皮症

浅表性脓皮病好发于幼犬和年轻犬的腹部、腋窝和腹股沟区处，可见散发的浅表脓疮。该病往往与青春期前的免疫抑制有关，饲养环境差也有一定的影响。

【诊断】根据病史、发病部位及临床症状做出初步诊断，确诊可以采集脓疱内容物进行细胞学检查，可见中性粒细胞对细菌的吞噬作用。

【治疗】改善犬的生活条件，保持环境的干爽。局部的脓皮症可自愈，不需要进行治疗，对发病范围较广且不能自愈的病犬，可口服广谱抗生素。

第二节 其他疾病

一、湿　　疹

湿疹是指由于擦伤、唾液、眼泪、粪便、尿液等的长期积累，在皮肤皱褶处出现的脓性表皮皮炎。外观上可见红斑、渗出和溃疡，在短头颅品种头面部褶皱处更常见。最常涉及的部位是面部、阴道、趾间和尾部的褶皱。沙皮犬可能发生在皮肤的褶皱中。

【诊断】 根据临床症状和病变部位细胞学做出诊断。取样时可用拭子或玻片按压后染色，用显微镜观察发现细菌或带有大量炎性细胞的酵母菌可以确诊。

【治疗】 恢复皮肤生态系统的平衡，可尝试手术切除多余的褶皱。使用有收敛作用的药物清洗病变部位，严重的病例口服抗生素治疗，首选第一代头孢菌素。收敛剂如乙酸和硼酸，抗菌剂如氯己定和外用抗生素如夫西地酸和莫匹罗星，这些外用药物组合使用通常有效。莫匹罗星应作为保留抗生素，供真正必须使用的病例使用。

二、皮　　炎

皮炎是由于自体损伤导致表皮脓皮病的超急性发作，往往与疼痛或瘙痒有关。有些品种具有患病倾向，如德国牧羊犬、金毛猎犬、拉布拉多猎犬、罗威纳犬、纽芬兰犬、圣伯纳犬和伯恩山犬。

【诊断】 该病临床表现明显，其特点是突然发病、病变部位有炎性渗出、疼痛、患处脱毛。病变部位多在颈部、面部和尾部。

【治疗】 根据病情的严重程度不同治疗方案不同，轻症病患局部用药即可，病情较重的病患需要全身使用抗生素和皮质类固醇治疗。对患处进行仔细清洁，局部使用抗生素药膏。设法确定自残的原因非常重要。

三、毛囊炎

毛囊炎是指累及到毛囊及相邻表皮的浅表皮肤感染，可能是局灶性或多灶性的。在容易发生过敏或内分泌疾病的短毛品种犬中很常见，其特点是被毛呈“蛾蚀”一样的外观。在猫非常罕见，但可能继发于粟粒状皮炎。

【诊断】 细菌、真菌或寄生虫感染都可引起毛囊炎。临床上可胶带粘贴病变部位，或搔刮病变部位进行显微镜检查，取病变部位样本进行皮肤真菌培养，根据检查结果确定毛囊炎的病因。

【治疗】 根据病因进行治疗。细菌性毛囊炎可同时使用抗菌香波和口服抗生素。对顽固性或复发性细菌毛囊炎，应进行药敏试验，选择敏感的抗生素，要注意耐甲氧西林的菌株。对真菌导致的毛囊炎可使用酮康唑、伊曲康唑或盐酸特比萘芬治疗。寄生虫性毛囊炎多为蠕形螨感染导致，可按蠕形螨感染进行治疗。

四、指（趾）间囊肿

犬、猫都可能患该病，病变部位较深，治疗困难。主要原因可能是过敏、寄生虫或外伤导致。某些情况下，指（趾）间囊肿可能是由于病患频繁舔舐，通过自体感染可能导致颌下

脓皮病。德国牧羊犬是最具倾向的品种之一。在一些犬中，趾间疖病可以引发肉芽肿。起初是无菌的，但是随后可能被感染，形成囊肿。

【诊断】 鉴别诊断主要是基于细胞学，以提示细菌类型和是否存在马拉色菌或寄生虫感染，如蠕形螨。

【治疗】 通常需要对患病区域位进行一个多月的治疗和清洗。尽可能确定病因，要保持患病区域的干燥。

五、激素性皮肤病

激素性皮肤病是指由于雌激素分泌过多引起的皮肤病，雌犬和雄犬均可发生。在母犬中较为罕见，一般是由卵巢囊肿、卵巢肿瘤或雌激素治疗导致。往往会导致腹侧、会阴部和腹部的脱毛，可能存在皮脂溢和耵聍耳炎。外阴及乳头增生会很常见。

在公犬中，则常继发于睾丸肿瘤，睾丸支持细胞瘤会产生雌激素，隐睾是一个诱发因素。皮肤的外观特征明显，在躯干、颈部和臀部伴随弥漫性脱毛，且很容易脱落粗毛，皮脂溢和马拉色菌过度生长。雄性乳房发育和线性包皮红斑是异常典型的特征，会吸引其他雄性，且还会出现行为变化。

【诊断】

1. 症状　母犬见外阴肿大，乳头肿大；公犬乳房发育，有雌性化表现。

2. 实验室诊断

（1）*超声检查*　母犬卵巢超声检查可见囊肿；公犬常见隐睾的发生。

（2）*血液激素检测*　对于公犬可检测雌激素水平，但对于母犬则不适用，雌激素水平通常是在正常范围内。

【治疗】 对于母犬，卵巢子宫切除术三四个月后症状改善。公犬可进行隐睾的手术摘除。

六、特应性皮炎

特应性皮炎的临床特点是瘙痒，无病变，然后发展为继发性病变，并由于剥脱和条件细菌和酵母菌感染成为慢性病变。在不同的品种中受影响的身体区域可能不同，但四肢、腋窝和腹股沟、头部、眼周和口周区域受影响最常见。也经常看到复发性中耳炎。皮肤病情一般从红斑性丘疹/脓疱和脱皮，然后趋于苔藓样变，色素沉着和皮脂溢。

目前，这种病变在犬中比猫更好界定。对于猫，则表现为粟粒状皮炎，脸部和颈部侵蚀和溃疡、嗜酸性反应和对称性的脱毛。

【诊断】 根据临床症状进行诊断。必须满足几个标准，才能对其进行诊断。无论是因环境还是食物过敏原引起的特应性皮炎，都应确定其病因，其中可以通过启动食物排除试验进行区分。然后可以进行血清学或皮内反应测试，以确定所涉及的环境过敏原。一些临床过敏性病例血清学或皮内反应阴性，这种情况被定义为遗传过敏样皮炎。血清学试验食物过敏原可具有良好的阴性预测能力，这对于设计食物排除试验是有帮助的。

【治疗】 唯一真正有效的治疗是脱敏疗法。使用环孢素，糖皮质激素，富含 Ω－3 脂肪酸的饮食和抗菌香波治疗也可以控制症状。通过局部使用脂质复合物和植物鞘氨醇产品可以改善皮肤基底物质的质量。如果与食物过敏有关，必须避免使用该食物。

七、过敏性皮炎

过敏性皮炎可能源于过敏反应或非过敏性刺激反应。接触性皮炎主要是由接触过敏物品（如着色剂、塑料、项圈），使用外用药品等引起的。刺激性接触性皮炎是由接触具有化学刺激性的物质（如清洁剂、抗寄生虫药、消毒剂或植物等）引起的。

猫可能由于虫咬/叮导致的过敏反应，常见的是蚊虫叮咬。通常在鼻背部和耳郭处发展为丘疹性红斑病变，后可进展为结痂和糜烂且高度瘙痒。

【诊断】受影响的区域是那些发生接触的部位，且往往是最外露的部分，如阴囊、腿、口鼻、腹部和颈部等。红斑和瘙痒会进一步发展为脱屑、脱毛和皮肤增生。由于病灶会转为慢性，且倾向于发生苔藓样病变和脱屑。

本病较难诊断，需结合临床病史与接触所怀疑的过敏原关联起来才能诊断，但在实际中这通常不能完成。

户外生活的猫在蚊子活动的季节具有患该病的可能性。细胞学和组织学的研究结果显示嗜酸性粒细胞占优势。

【治疗】避免接触过敏原。局部使用皮质类固醇。防止细菌感染和使用低过敏性的洗涤剂。要做好体外驱虫，主要通过改变动物所处的环境或使用适合的驱虫药。

第十八单元　肿瘤疾病

第一节　概　论

一、肿瘤的流行病学

受限于肿瘤疾病的特殊性质，真实的发病率难以获取。每年犬的肿瘤发病率为0.099%～0.804%，猫的肿瘤发病率为0.063%。

特定品种特定肿瘤类别的比例发病率可以用于定量肿瘤发生的情形，但不能取代发病率或患病率。

二、肿瘤的病因

目前普遍认为，肿瘤或癌症的发生是由于控制细胞分裂的基因累积一定量的突变，导致细胞不受控制的生长。这些突变可能是来源于细胞内源性的突变（如DNA复制过程中的错误），也可能来源于环境改变的影响（如紫外线、γ射线等）。一旦调控细胞生长和死亡的基因发生变异，如抑癌基因的失效或是促癌基因活化，就会造成细胞不受控制的生长。

从细胞不受控制的生长到肿瘤的形成，需要具备以下六种特征：

（1）*细胞生长激素的自给自足*　这是细胞能持续生长形成肿瘤的第一步。过量的细胞激素或是异常活化的下游讯息传递路径都会造成细胞不受控制的生长而引发肿瘤。

（2）*对细胞生长抑制讯息的不反应*　当抑癌基因由于突变而失去功能时，肿瘤发生的概率大幅升高。

（3）*逃避细胞死亡*　细胞能通过细胞凋亡、细胞自噬以及细胞坏死三种机制来调控细胞死亡。肿瘤细胞通过细胞凋亡抑制基因的功能缺失或是抗细胞凋亡基因的激活，避免细胞凋亡的发生。

（4）*无限的细胞复制能力*　细胞的永生是肿瘤的重要特征，肿瘤细胞具有过度活化的端粒酶活性，因为能持续维持其染色体末端端粒的完整性，进而延长细胞分裂的次数。

（5）*持续的血管生成*　当肿瘤生长到直径超过3mm时，就需要依赖新生的血管来供应养分。血管内皮生长因子-A及其受体、PDGF-β及其受体及血管蛋白参与肿瘤血管新生。

（6）*肿瘤浸润与转移*　肿瘤细胞通过各种方式，如酵素降解细胞外基质的类似间质细胞侵犯、阿米巴样运动、集体式侵犯等浸润或扩散到周边组织或循环系统中，通过抵抗失巢凋亡和逃避免疫系统，停驻在远端组织，再经过外渗及血管生成形成新的微转移病灶。

三、肿瘤的症状

肿瘤的临床症状表现多种多样，体表肿瘤的症状包括常见的局部组织肿大、破溃、出血等；同机体内肿瘤一样，当肿瘤占位性病变、转移侵犯脏器组织及肿瘤细胞产生小分子物质，往往会造成与肿瘤相关的身体结构或功能的改变，这些症候群称为副肿瘤综合征，包括：

1. 胃肠道系统相关的副肿瘤综合征

（1）*癌症恶病质及厌食*　明显的营养不良及体重消耗是犬猫癌症常见且重要的全身性表现。癌症恶病质及厌食造成的临床表现就是进行性消瘦。

（2）*蛋白丢失性肠病*　肿瘤患畜可能会由于蛋白质合成不足、蛋白质经胃肠道或尿液丢失过多而发生低蛋白血症。胃肠道蛋白丢失增加可能源于胃肠黏膜的损伤（糜烂、溃疡）或是淋巴管阻塞而造成黏膜对于血清蛋白的通透性增加。

（3）*胃十二指肠溃疡*　该副肿瘤综合征常见于肥大细胞瘤，少见于胃泌素瘤。溃疡是由于肥大细胞瘤中过多释放的组胺刺激胃酸分泌增加。与胃十二指肠溃疡相关的临床症状包括呕吐、厌食、出血、腹部疼痛等。

2. 内分泌相关的副肿瘤综合征

（1）*高血钙*　犬高血钙的常见病因是癌症。许多不同种类的肿瘤与高血钙相关，淋巴瘤是高血钙的常见病因（10%～35%的发生率），其他肿瘤包括肛门囊腺癌（>25%）、甲状腺癌、多发性骨髓瘤、骨肿瘤、胸腺瘤、鳞状上皮细胞癌、乳腺癌、黑色素瘤、原发性肺肿瘤、慢性淋巴细胞白血病、肾血管黏液瘤及副甲状腺肿瘤。与高血钙相关的临床症状主要是由于肾脏功能损伤导致，包括多饮多尿、进行性脱水，严重的高血钙也可能会造成便秘、高血压、抽搐、虚弱、沉郁、呕吐、心动过缓，甚至昏迷或死亡。

（2）低血糖　常见诱发动物出现低血糖的肿瘤为胰岛素瘤或肝细胞癌。与低血糖相关的临床症状主要是间歇性的抽搐、虚弱、休克等。

（3）抗利尿激素分泌不足综合征　临床症状少见，主要继发于低钠血症的中枢神经症状如疲倦、厌食、癫痫等。

（4）异位的促肾上腺皮质激素综合征　已报道有原发的肺脏肿瘤或神经内分泌肿瘤，异位产生增加的促肾上腺皮质激素或其类似物，造成肾上腺过度产生皮质醇，出现类似肾上腺皮质机能亢进的临床表现。

3. 血液学相关的副肿瘤综合征

（1）高γ-球蛋白血症　常见发生于浆细胞或淋巴细胞相关的圆形细胞肿瘤，与高球蛋白血症相关的临床症状包括血液黏稠度增加、组织缺氧、出血（血小板凝集不良、血小板被球蛋白包裹）、眼睛异常（视神经乳头水肿、视网膜出血、剥落）等。

（2）贫血　大多数与肿瘤相关的贫血病因是由于慢性疾病、免疫介导性溶血、失血或微血管病变溶血。与贫血相关的临床症状包括黏膜苍白、黄疸、心动过速、心杂音、肝脾肿大等。

（3）红细胞增多症　该副肿瘤综合征并不常见，与之相关的肿瘤包括肾脏肿瘤、淋巴瘤、肺或肝脏肿瘤等。与红细胞增多症相关的临床症状包括中枢神经系统功能异常（癫痫）、脊髓病（猫）、阵发性喷嚏（犬）、黏膜鲜红至发绀、脾脏肿大等。

（4）血小板减少症　常见于患淋巴瘤的动物，罕见于支持细胞瘤的患犬。与血小板减少症相关的临床症状主要表现为表层出血，包括皮肤的淤血斑、黏膜表面出血（如黑粪、便血、血尿、鼻出血）等。

4. 皮肤相关的副肿瘤综合征　急性的双侧对称性脱毛、皮肤潮红、结节样的皮肤纤维化、坏死性皮炎、副肿瘤性天疱疮等。

5. 肾脏相关的副肿瘤综合征　浸润性疾病如淋巴瘤，会对肾脏造成破坏，严重时导致尿崩症、肾炎、蛋白质丢失等。

6. 神经系统相关的副肿瘤综合征

（1）重肌无力　常见于犬的胸腺瘤，也有报告与骨肉瘤、淋巴瘤和胆管癌相关，临床症状主要表现为轻度至严重的肌肉无力、运动不耐受、吞咽困难及巨食管症等。

（2）末梢神经病变　某些患特定的恶性肿瘤的动物有较高的比例出现神经纤维脱髓鞘、髓鞘成球状及轴突退化。

（3）间脑症候群和其他神经肌肉症候群　犬的间脑星状细胞瘤，动物表现为热量摄入增加但极度消瘦。

7. 其他副肿瘤综合征　包括肥大性骨病（典型临床症状包括患肢跛行、疼痛）及发热。罕见的副肿瘤综合征为低血钙和高血糖。

四、肿瘤的诊断

1. 影像学检查　影像学检查广泛运用在肿瘤的诊断、评估、分级、治疗及后续的追踪。目前临床常用的影像辅助检查包括X线检查、超声波扫查、电脑断层扫查、核磁共振扫查，更先进的影像检查如结合肿瘤造影的核子医学检查。

2. 细胞学诊断　细胞学诊断是对肿瘤进行临床初步诊断评估的重要检查技术。某些肿瘤（如淋巴瘤）可能仅凭细胞学评估就能进行诊断及分级。临床上通过各种采样技术（压片、细针穿刺）结合细胞染色（Diff-Quik、瑞氏、吉姆萨染色等），运用显微镜对样本进行细胞学评估。

3. 分子生物学诊断　分子生物学诊断是用以侦测可能影响肿瘤病患的诊断方法，还可以评估预后，预测与评估治疗方法的疗效，判断体细胞或生殖细胞的DNA突变、基因或蛋白质表现改变。

（1）*分析基因的方法*　最早用于评估癌症基因变化的技术多偏于细胞遗传学，后来衍生自聚合酶链反应（PCR）的多种方法及高通量测序法，用于侦测基因缺失、插入及单一核苷酸改变。

（2）*蛋白质分析的方法*　蛋白质的定性或定量分析方法多种多样，包括蛋白质印迹法、免疫组织化学法和流式细胞技术、蛋白质组学等。

4. 组织病理学检查　通过各种活检方法如粗针活检法、钻孔活检法、切创式活检法和切除式活检法，取得组织样本进行显微镜检查。通过组织病理学检查通常能判断肿物的良恶性质、组织学分型、分级及组织边缘。

五、肿瘤的治疗

肿瘤的治疗方法主要包括六大方面：外科手术切除、化学治疗、放射线疗法、免疫疗法、肿瘤分子与靶向治疗、支持及替代疗法。

1. 外科手术切除　外科技术可能运用于疾病的各个过程包括诊断（活检）、治疗型切除、缓解症状、减瘤、弥补其他疗法的不足。

2. 化学治疗　运用具有干扰细胞周期进而影响细胞分裂的抗肿瘤药物对肿瘤病患进行治疗，常见的化疗药物包括烷基化合物类、抗肿瘤抗生素类（如多柔比星、米托蒽醌）、抗代谢物类（如阿糖胞苷、甲氨蝶呤、5－FU）、抗微管类（如长春新碱）等。

3. 放射线疗法　放射线疗法杀死细胞的机制是通过破坏细胞内必不可少的分子（主要为DNA），最终引起细胞死亡。兽医目前常用的高压光子在组织产生康普顿效应，直接或间接对细胞造成伤害。

4. 免疫疗法　活化肿瘤病患的免疫反应能有效启动抗瘤（癌）机制，与化学疗法、放射线疗法或是手术一起使用，能延长患病动物的寿命或提高其生活质量。目前常用的免疫疗法包括移除髓源性抑制细胞、运用生物制剂活化非特异性免疫反应、细胞激素疗法、肿瘤疫苗（活化肿瘤专一性免疫反应）。

5. 肿瘤分子与靶向治疗　基因疗法是将核酸注入细胞内，进而改变疾病过程。主要的应用方式包括利用基因取代技术拯救癌细胞，利用干细胞传送“自杀基因”、基因导向的免疫疗法、化学保护基因的传送、运用病毒载体复制能力破坏癌细胞等。

抑制参与肿瘤生成的信息传递分子，主要包括单株抗体以及小分子抑制物。

抗肿瘤血管新生疗法。毁坏肿瘤的血管供应能导致肿瘤的氧气供应受到阻碍、营养缺乏，最终使癌细胞在缺氧的环境中死亡。

新兴的靶向治疗包括去氧核糖核酸的甲基化、组织蛋白去乙酰基酶、蛋白酶体、热休克蛋白质 90 等。

6. 支持及替代疗法　肿瘤的替代疗法通常是作为辅助治疗的手段，延长动物的生命及改善动物的生活质量。

控制慢性癌症导致的疼痛。治疗方案包括运用止痛药、神经剥除或疲乏治疗、放射线治疗、针灸。

营养管理。定期对肿瘤病患进行营养评估、诱食及辅助性肠道营养支持或非肠道营养支持，有利于改善动物的预后。

安慰治疗。除了有效的治疗及症状管理、支持治疗等减缓动物的不适等措施外，随着疾病的发展，取而代之需要的是支持与鼓励，治疗的重点从癌症的治疗到临终关怀。减缓动物的疼痛，提供安静舒适的环境及主人的陪伴安慰。

第二节　常见肿瘤

一、鳞状细胞癌

鳞状细胞癌是恶性的皮肤肿瘤，发生在鳞状上皮细胞分化恶性病变的部位。对于猫，肿瘤通常发生在 10 岁以上的老年猫。常见于头部缺少毛发的部位，尤其是白色毛发的猫。暹罗猫、喜马拉雅猫、波斯猫等品种发生率低。对于犬，发病的中位年龄为 10～11 岁。拉布拉多犬、金毛寻回犬、巴吉度猎犬、标准贵宾犬有高的皮肤鳞状细胞癌发生风险。

常见的发病因素主要有：①物理性因素：辐射与热损伤能增加发生皮肤鳞状细胞癌的发生风险。长时间暴露于紫外线之中，会增加皮肤癌化。浅色毛发的猫发病率比其他颜色的高 13.4 倍。②病毒感染：已知的能导致发生皮肤鳞状细胞癌的病毒是乳头状病毒。犬持续感染乳头状病毒，可能会发生侵犯型及转移性皮肤鳞状细胞癌。在猫鳞状细胞癌的形成上，乳头状病毒也扮演如同紫外线一样的角色。③免疫性因素：免疫受抑制的动物患皮肤鳞状细胞癌的风险增加。长期接受免疫抑制治疗的犬有发生鳞状细胞癌的可能。

【诊断】

1. 症状　鳞状细胞癌的临床表象多变，呈斑块样至乳突状，或火山口样至蕈状。外观潮红、溃疡或有结痂覆盖。可单发也可多发。可出现较高比例的副肿瘤综合征。猫的鳞状细胞癌，较易发生转移，转移部位包括局部引流区域的淋巴结及肺部。相对于猫，犬较少见转移，但也有发生转移的情况，包括远端的转移（至肺脏、肝脏和骨骼）和局部引流区域的淋巴结转移。

2. 实验室诊断

（1）细胞学检查　可通过对肿瘤进行细针抽吸或直接病灶按压采样，进行细胞学检查。细胞学表现为大的单个或成簇的细胞，细胞形态不一，小体积至中等大小的圆形细胞，细胞核大，核染色质粗糙，胞质嗜碱性，有角化现象。

（2）组织学检查　在进行皮肤病灶采样时，建议采集多个样本，可采取环切钻取或切创式采样，于健患交界处采样。大部分犬猫鳞状上皮细胞癌有较高的角化上皮分化，易与其他皮肤肿瘤区别。显微镜下可见上皮来源的肿瘤细胞以岛状或者小梁样向真皮层侵犯。细胞间有明显的细胞间桥。较外层的肿瘤细胞一般含有较少量嗜碱性胞质，形态近似基底上皮细胞；越靠近中间部的肿瘤细胞外形越大且不规则，核质比变低，细胞质趋嗜酸性染色。偶尔可在肿瘤中央发现层状、致密、嗜酸性染色的角化珠，或在剥落后被中性粒细胞浸润。有丝分裂程度由低至中等。大部分鳞状上皮细胞癌会引起明显的结缔组织增生以及炎症细胞浸润，炎症反应的进程决定了炎症细胞的种类。必要时可进行免疫组织化学检查。

（3）*影像学检查*　主要用于确认局部、区域及远端转移侵犯的情况。

X线检查，确认肺部有无明显转移灶。肺转移的病变表现为弥散性的小的高密度团块，小于0.5cm的转移灶可能无法发现，需要每3个月复查；观察全身骨骼，确认有无远端骨骼转移，表现为局部骨膜反应及骨密度的下降；观察肿瘤局部的骨骼，有无骨侵犯，表现为骨膜不连续反应。

B超检查肝脏有无明显的转移灶，表现为回声升高及不均匀的团块，伴随丰富的血流。

电脑断层扫描CT检查及核磁共振成像MRI检查，确认肿瘤的大小及范围，附近的淋巴结有无增大、密度有无升高、影像信号有无改变等迹象。

【治疗】

（1）*手术治疗*　手术治疗是鳞状细胞癌的主要治疗手段。大范围手术切除在犬和猫上都可以得到控制。手术切除的范围应超过肿瘤组织边界达到正常组织边界。不完全的切除必然导致原位的复发。

（2）*放射治疗*　发生在猫鼻面部的肿瘤，进行放射治疗可获得较好的效果，术后一年的存活率达到60%以上，部分猫达到完全消退且无复发。对犬的鼻面部肿瘤，放射治疗效果不理想，极少数可达到消退，全部病例平均9周即出现复发。

（3）*化学治疗*　对于犬、猫鳞状细胞癌，也可以进行化学治疗。猫的鳞状细胞癌病灶内注射卡铂有显著作用，73%病例能完全消退，1年无疾病生存期达55%。已发生转移的鳞状细胞癌患犬，进行顺铂化疗，转移灶和原发灶均能缩小。此外，还可以使用放线菌素D、博来霉素、咪托蒽醌等进行治疗。

二、纤维瘤与纤维肉瘤

纤维瘤为良性肿瘤，是因成熟的纤维细胞过度增生导致。纤维肉瘤发生于皮肤、皮下组织或口腔，会呈现恶性成纤维细胞的特征，多为局部组织的侵犯，很少有远端的转移，但局部组织侵犯严重时，预后不佳。大部分纤维肉瘤在局部的破坏力强，能侵入深层的组织，如肌腱、韧带，甚至骨头。

纤维瘤在各种动物都可能发生，通常发生在成年或较年长的动物，没有品种和性别的差异。纤维肉瘤容易发生于年长动物。在猫的皮肤肿瘤中约17.4%为纤维肉瘤，好发于皮肤、骨骼和口腔。口腔的纤维肉瘤是猫口腔最常见的肿瘤，是口腔第三常见肿瘤，黄金猎犬和拉布拉多犬是常发品种，常生长在硬腭与上颌骨附近，且容易发生骨骼侵犯和骨骼溶解。在骨骼系统的纤维肉瘤，大型犬的发生率较高，好发在四肢，造成局部组织快速侵蚀，造成骨骼破坏。纤维瘤和纤维肉瘤的发生，均与放射线、创伤、异物、骨头植入物和犬食管线虫病有关。

【诊断】

1. 症状 有结缔组织的地方都有可能发生纤维瘤，尤其是皮肤、皮下组织、鼻道较常见。外观上，纤维瘤边界清晰，与附近的组织基本不粘连，外形呈现圆形或卵圆形，质地上软或硬都有可能，表面可能产生溃疡和二次性感染。

纤维肉瘤来自皮肤或皮下组织，呈现恶性，在局部破坏力强、生长较慢的纤维肉瘤较实质而稍硬，色灰白；生长快的肉瘤更接近肉样，色灰白或粉红，肿块表面可能呈现溃疡灶。

2. 实验室诊断 纤维瘤和纤维肉瘤同属于软组织肉瘤，起源于间质细胞。进行细胞学检查时会有相似的表现而无法区分，需要进行病理组织学检查。

由于胶质纤维的多少与排列的疏密，可使纤维瘤的软硬程度不一，较软的纤维瘤有较多的细胞与较少的结缔纤维，淋巴液与血管也较多。纤维瘤中的结缔组织细胞与胶质的走向不一致，在纤维瘤的结缔组织中，如混有成熟的脂肪、骨、软骨或黏液样结缔组织，而其量又少于结缔组织的一半，则可分别称为脂纤维瘤、骨纤维瘤、软骨纤维瘤、黏液纤维瘤。

纤维肉瘤的组织切片中会见到众多恶性的纺锤样肿瘤细胞及众多不分化和变性的成纤维细胞。纤维肉瘤主要由未成熟的成纤维细胞组成，胶质纤维较少，镜检平均每视野见到异常的细胞比良性纤维瘤的细胞数要多。纤维肉瘤的细胞呈纺锤形或多角形，细胞核呈卵圆形而深染，核仁大而明显，有丝分裂常见。肿瘤细胞有时可形成多核的巨细胞，细胞的排列密集，呈纵横交错，并有可能形成漩涡状。纤维肉瘤血管较多，但血管的形成不太完整。

【治疗】

(1) *手术治疗* 纤维瘤有良好的包被，局部呈局限性生长、不转移，因为是良性肿瘤，手术切除后基本不会复发，预后良好。但如果肿瘤本身太大，或在重要的器官附近生长，导致手术难度大的话，则有可能预后不良。若切除不完全有复发的可能，这类型的肿瘤不会转移。

纤维肉瘤中心部分组织常发生退行性变化、坏死和出血，大多是因为生长过快，营养供给不充足导致。肉瘤的转移率不高，但仍有转移的概率，多是通过血液循环扩散转移，最终转移到肺部和全身，经淋巴系统转移的较少。发生在口腔部位的纤维肉瘤转移率较其他部位高，大约有20%会发生远端转移。如果能够完整手术切除、边界清晰无肿瘤细胞残留，则预后较好，但仍有复发的可能性。

(2) *化学治疗* 纤维肉瘤对化学治疗反应不一，可以使用的药物有多柔比星、达卡巴嗪、长春新碱、环磷酰胺及卡铂等。

(3) *放射治疗* 放射治疗可以作为辅助治疗，加速纤维肉瘤的消退。在骨骼和口腔的纤维肉瘤的预后很差，常有局部复发和远端转移，转移率20%～30%，一年存活率小于20%。

三、犬肥大细胞瘤

肥大细胞的肿瘤化增殖称为肥大细胞瘤，是犬最常见的皮肤肿瘤，占所有皮肤肿瘤的7%～21%。虽然肥大细胞瘤大多发生在年纪较大的犬（平均年龄8～9岁），但也发生在年轻犬。好发率与性别无明显相关性。拳师犬、拉布拉多犬、黄金猎犬、米格鲁犬和巴哥犬较为好发，在混血犬种也较常见发生。某些品种的犬发生率升高，推测可能有潜在的遗传因素，另外，虽然斗牛犬品系有较高风险患肥大细胞瘤，但一般而言较倾向良性。皮肤型肥大细胞瘤多为单发，巴哥犬、黄金猎犬、拳师犬则较易有多发性病灶。

【诊断】

1. 症状　绝大多数的犬肥大细胞瘤发生在真皮及皮下组织，且大多为单一肿瘤，不过11%～14%的犬有多发病灶。肥大细胞瘤60%的病灶发生在躯干、30%～40%的病灶发生在四肢、少数病灶发生在头颈部。分化不良的肥大细胞瘤生长快速且易有溃疡病灶，常会造成明显的刺激。内脏型的肥大细胞瘤在犬上常会先见到原发性的皮肤病灶，在血液中也可以看到许多肥大细胞的肿瘤细胞。在分化不良的肥大细胞瘤转移率高达96%，最常被影响的部位包括局部淋巴结、肝脏和脾脏。临床研究也发现会阴部、阴囊、包皮和脚趾的肿瘤，较恶性且较易发生转移。

临床症状与细胞质内颗粒释放有关，物理性的刺激常会造成肥大细胞脱颗粒引起肿瘤团块和周围组织红肿、荨麻疹。胃肠道溃疡会引起呕吐、食欲缺乏、黑便和腹痛。当细胞质内颗粒大量释放引起明显的过敏反应，组胺和前列腺素的释放会造成低血压性休克；肝素的释放会导致凝血功能障碍，使得伤口出血不止。除此之外，蛋白溶解酶和血管活性胺的释放让伤口的愈合缓慢。

2. 实验室诊断

(1) 细胞学检查　临床上主要以细针抽取做诊断，显微镜下可见圆形的肿瘤细胞胞质内或在背景中看到不等量的嗜铬型颗粒，细胞核呈圆形到椭圆形，除了肥大细胞外还可能看到不等量的嗜酸性粒细胞或者成纤维细胞。分化较差的肥大细胞瘤在细胞学下的颗粒可能也会较少，但仍需靠组织病理学评估恶性程度和预后。

(2) 组织病理学检查　肿瘤细胞呈片状排列，分化良好的肿瘤细胞可看到较多量的嗜铬型颗粒；分化不佳的肿瘤细胞会有较明显的细胞大小不一及核大小不一，细胞质内只有少量或没有嗜铬型颗粒，形态难和其他圆形细胞肿瘤区别。周边组织容易水肿，偶尔可看到顶浆腺管腔扩张且常可见嗜酸性粒细胞的不等量浸润，伴随着不同程度的胶原纤维溶解，形成均质的嗜酸性样的火焰状。组织学上有不同的分级系统，目前最被认可的Patnaik System依据肿瘤细胞的分化程度将第一级肥大细胞瘤定义为分化良好，第二级为中间程度，第三级为分化最差。预后与分级有很高的相关性。组织化学染色可使用甲苯胺蓝将其嗜铬型颗粒染成蓝紫色，其他染色方式包括吉姆萨、亮蓝和阿尔新蓝染色。免疫化学染色可以使用KIT抗体，其分布可能呈现在细胞膜上或细胞质内点状或弥漫性分布。正常的肥大细胞或分化良好的肿瘤细胞的KIT蛋白分布在细胞膜上，当KIT蛋白过度表达时就会出现在细胞质内，相对来说预后较差。目前研究显示，KIT蛋白分布的差异也是预后评估的因子之一。

【治疗】

(1) 手术治疗　手术治疗要求广泛性的切除，切除时边缘距离肿瘤边缘大于2cm，向下切除肿瘤下方的一层筋膜或肌肉。切除不干净，会复发。

(2) 放射治疗　在无法干净切除肿瘤的情况下使用手术配合放射治疗，目前在大部分的病例中可获得不错的控制，由于治疗过程可引起组胺的释放，需要在术前给予糖皮质激素。

(3) 化学疗法　化学治疗主要是糖皮质激素，可在术前给予以缩小肿瘤体积，或是在无法大范围切除时的术后给予消除残存的肿瘤细胞。其他可以使用的化疗药物包括长春新碱、环磷酰胺和洛莫斯汀，通常会和糖皮质激素合用。

(4) 靶向治疗　新型的靶向治疗主要是针对*c-kit*基因的突变而使用伊马提尼或达沙

替尼。

(5) 辅助治疗 辅助治疗主要是针对肥大细胞瘤所释放出来的物质引起的临床症状做缓解。如给予抗组胺药物苯海拉明抗水肿和过敏，用雷尼替丁治疗胃溃疡，还可以使用硫糖铝。当有出血情形时，使用硫酸鱼精蛋白拮抗肝素作用。

四、基底细胞瘤

基底细胞瘤是常见的皮肤肿瘤，来源于最内层的皮肤细胞，这些细胞会不停分化以产生新的皮肤细胞来取代老化的细胞。基底细胞瘤可以分成良性和恶性，良性为基底细胞上皮瘤，恶性为基底细胞上皮癌。

基底细胞瘤一般见于6～9岁的犬和5～18岁的猫，有一定的种属特异性，可卡犬和贵宾犬最为好发，在暹罗猫上也多见，波斯猫上的基底细胞瘤多为良性。基底细胞瘤在猫上常见，占皮肤肿瘤的15%～25%；犬则较少见，占皮肤肿瘤的4%～12%。

【诊断】

1. 症状 基底细胞瘤好发部位在头、颈以及前胸腔附近的皮肤，少部分出现于眼睑和鼻镜上。约90%的肿瘤为良性。临床上患处多为局限性、坚实且无毛，表面可能伴随有部分溃疡，可能同下方皮肤分离且可移动，大小变化大，直径1～10cm。由于通常为良性肿瘤，故生长缓慢，在动物就诊前可能已在身体上存在数月以上。

2. 实验室诊断

(1) 细胞学检查 临床以细针抽吸采样进行初步判定，可见鳞状上皮细胞、纤维细胞、成纤维细胞、中性粒细胞、淋巴细胞、肥大细胞、黑色素细胞以及基底细胞，且细胞可能表现一些恶性特征。看到基底细胞聚集通常代表比较恶性，并可以看到基底样细胞结构，细胞边界明显且有细胞聚集的模式。由于有多种上皮细胞的出现，容易造成误诊，导致细胞学检查的特异性不高。

(2) 病理组织学检查 病理组织学检查是基底细胞瘤的最佳诊断方式，并且可通过细胞凋亡速率、分裂性、增生速度等区别于鳞状上皮细胞癌。

【治疗】手术治疗是基底细胞瘤的最佳治疗方式，进行肿瘤病灶的完全切除，可获得良好的预后，几乎可达到完全治愈的效果。但切除不完整时，肿瘤仍可原位复发。犬的手术后则更少发生原位复发。另外，对于非完全切除的肿瘤，在手术后进行放射治疗或光动力照射治疗，可以达到更良好的治疗效果。

五、腺瘤与腺癌

腺瘤与腺癌起源于具有分泌功能的上皮细胞的异常增殖。常见的腺瘤与腺癌有良性皮脂腺瘤、恶性皮脂腺癌、良性肛周腺瘤、恶性肛周腺癌等。

良性皮脂腺瘤在犬中常见，猫中少见，发生率约占犬皮肤肿瘤的6%，高发年龄为7～13岁，可卡犬、哈士奇犬、迷你贵宾犬是易发品种。猫以波斯猫发病率较高。良性皮脂腺瘤可以是单发或多发，大小通常小于1cm，以头部最常见，皮肤会脱毛，有时会溃疡。

恶性皮脂腺癌在犬猫上都较少见，发生率为0.7%～0.9%，高发年龄为8～15岁，可卡犬、西高地白㹴、苏格兰猎犬、哈士奇犬是好发品种，而猫则无特别好发品种。恶性皮脂腺癌常为单发，常伴随体表脱毛和溃疡，常发部位是头颈部。

良性肛周腺瘤原发于肛周腺，是犬科特有。发生高峰在 8～13 岁，哈士奇犬、萨摩耶犬、松狮犬是好发品种，未绝育公犬有高的发病比例。

恶性肛周腺癌在犬上不常见，发生高峰在 8～12 岁，哈士奇犬、西施及混血犬是好发品种。未绝育公犬发生率 69%，未绝育母犬发生率<5%。

高年龄和高浓度性激素，可能是该类肿瘤发生的因素。具体机理仍未清楚。

【诊断】

1. 症状　良性皮脂腺瘤可发生于身体各处，以头部较为常见，肿瘤剖面呈淡黄色，肿瘤中的黑色素细胞较多，肉眼呈黑色。恶性皮脂腺癌常为单一生长，大小可达 7.5cm，皮肤常见脱毛和溃疡。良性肛周腺瘤发生在肛周腺周围，可单一或多发，不仅肛周腺及尾部可看到肿瘤生长，而且躯干也可能看到，较大的肿瘤常伴随皮肤溃疡，切面为淡棕色，明显分叶状。恶性肛周腺癌的发生部位也在尾部附近，但肉眼难以区分是肛周腺瘤还是肛周腺癌。

2. 实验室诊断　通常可使用细针抽吸或活检进行判读。良性皮脂腺瘤或肛周腺瘤通常与周边组织界限明显，被纤维结缔组织分隔成多叶状，以成熟皮脂腺细胞或肛周腺细胞的分化为主，肿瘤细胞周围可见嗜碱性的梭形细胞包围。成熟皮脂腺细胞呈淡染，由许多脂肪滴组成细胞质，细胞核在中央，有丝分裂象极少。

恶性的皮脂腺癌不成熟细胞居多，且有多形性，肿瘤细胞同样被纤维结缔组织分隔，呈多叶且可于细胞内见到数量不等的脂肪空泡；而恶性的肛周腺癌不具明显的分叶状，由较少细胞质及清晰核仁的分化不良的肛周腺细胞组成。

【治疗】良性的皮脂腺肿瘤和肛周腺肿瘤生长缓慢，早期发现，早期完整大范围手术切除可治愈，预后良好，但如果切不完整，可能会有局部复发。肛周腺肿瘤与雄性激素相关，进行肿瘤切除手术的同时，也须进行公犬去势术。

恶性的皮脂腺癌和肛周腺癌生长速度不一，常以原位周边局部侵犯为主，发生转移较少，转移多是依靠淋巴管转移到周边淋巴结，继而转移到肺脏和其他器官，大范围手术切除肿瘤及周围组织，仍是转移前的有效治疗方法。

六、脂肪瘤

脂肪细胞来源的肿瘤在犬、猫上主要可以分为四种：脂肪瘤、肌间脂肪瘤、浸润型脂肪瘤、脂肪肉瘤。

脂肪瘤是老年犬、猫常见的良性肿瘤，一般发生于皮下，尤其是躯干、臀部和四肢近端。多是单一发生，全身多发的占约 5%。雌犬和去势的公猫似乎有较高的发生概率。

肌间脂肪瘤是皮下脂肪瘤的另外一种形式，发生在犬大腿后侧的肌肉之间，特别是在半腱肌与半膜肌之间。就临床而言，肌肉之间的脂肪瘤似乎生长缓慢、坚实并固着于大腿后侧区域的肿瘤，偶发跛行。

浸润型脂肪瘤是不常见的肿瘤，细胞分化良好。该肿瘤无法通过细胞学或小体积的组织活检来与一般常见的脂肪瘤进行区分。浸润型脂肪瘤是良性的，不会转移，但具有局部的侵犯能力，可侵入邻近的肌肉、筋膜、神经、心肌、关节囊，甚至是骨头，造成肿瘤的边界不清，手术不易切除干净及复发率高的情况。拉布拉多犬、标准雪纳瑞犬、杜宾犬有较高的发病风险。

脂肪肉瘤是老年犬常见的恶性肿瘤，源自脂肪母细胞。脂肪肉瘤不是由脂肪瘤恶性变化而来。犬、猫的脂肪肉瘤根据组织学分为分化良好型、黏液型、多形性型三种。生物学特性近似与其他软组织肉瘤，以局部侵犯为主，少见转移，然而细胞分化越差则转移概率越高。脂肪肉瘤不具有性别或品种好发。好发的部位主要在皮下，特别是躯干和四肢近端的区域，其他如骨骼和腹腔也有机会发生。

【诊断】

1. 症状 脂肪瘤可发生在胸腔、腹腔、脊椎管、阴部和阴道，导致压迫或狭窄而引发临床异常。肌间脂肪瘤可能会引起跛行。浸润型脂肪瘤会引起侵犯区域的机能障碍。脂肪肉瘤具有从皮下往真皮侵犯的特性，在病灶区涵盖至真皮的犬、猫，皮肤可能出现增厚、脱毛和溃疡等非特异性病变。

2. 实验室诊断

（1）细胞学检查 无法单靠细胞学鉴别脂肪瘤和浸润型脂肪瘤，因为两者细针抽吸的结果皆为大量的游离脂肪伴随少数脂肪细胞，使玻片油腻，且常温下不易干燥。由于脂肪在含酒精染色剂中容易被溶解，因此常规的罗曼斯基染色会造成镜下许多空白的区域，其余数量不等、分化成熟的脂肪细胞则散落在背景中。脂肪细胞的特征是胞质干净，小的浓染的细胞核被推挤到细胞边缘。苏丹红和油红染色可用于新鲜未经酒精固定的抹片以确认脂肪的存在。由于脂肪瘤多数不继发二次感染，因此若镜检看到许多炎症细胞与脂肪、脂肪细胞共同存在，则脂肪组织坏死导致的脂肪炎需列入鉴别诊断。

脂肪肉瘤的细针抽吸同样会有玻片的油腻，但程度会视肿瘤细胞分化的程度及细胞和脂肪比例而有所不同。肿瘤细胞的细胞质淡染且边界不清，整个视野下，细胞可能从分化良好的脂肪细胞到恶性、分化较原始的脂肪母细胞都有；细胞质内的空泡也会随着分化越差而逐渐缩小和减少。细胞核大并含有粗糙带状的染色质与明显的核仁。若欲区别细胞质内空泡是否为脂肪滴，可使用苏丹红和油红染色。

（2）组织学检查 脂肪瘤在镜检下可见其由一层细微的结缔组织所包裹，并有少血的胶原纤维和毛细血管支持。肿块内脂肪细胞的形态与正常组织无差异，只是大小变异较多。体积较大的脂肪瘤有可能出现缺血性退化；脂肪细胞的坏死常伴随出血、纤维化及泡沫型巨噬细胞的浸润，坏死的脂肪也可以发生皂化反应，视野中出现淡淡的嗜碱性物质。针对未发炎的脂肪瘤，其主要鉴别诊断为正常的脂肪组织，然而前者缺乏大型血管或神经丛，可借此加以区别。其他亚型的脂肪瘤，则需根据团块内纤维结缔组织或血管丛数量进行细分。

浸润型脂肪瘤的细胞形态和脂肪瘤没有差异，只是其没有包膜，通常成片状浸润在肌肉层或筋膜内，造成肌纤维被一个个独立出来，甚至萎缩。

在三种脂肪肉瘤的亚型中，分化良好的脂肪肉瘤最常见。显微镜下可见小叶状不具包膜的团块从皮下侵犯至真皮。细胞为大的圆形至多边形，成片状排列，不产生胶原纤维基质。细胞质内可观察到大小及数量不等的空泡，空泡较大的肿瘤细胞会造成核异位至细胞边缘，外观似成熟的脂肪细胞，但也有部分会表现脂肪母细胞的特征，细胞质空泡较稀少，细胞核位于中央且有较高的多形性。有丝分裂象一般不高，但多数为不典型有丝分裂。黏液性脂肪肉瘤由数量不等的脂肪细胞、脂肪母细胞、间质细胞、核大量黏液基质构成。在脂肪细胞比例不高或脂肪母细胞胞质内空泡不明显的病例要小心同黏液肉瘤做鉴别。多形性脂肪肉瘤中的细胞及细胞核的形态不典型且多变，易形成多核巨细胞，并有高度不典型有色分裂象。脂肪肉瘤的组织学分型不能代表预后，但回溯性研究显示多形性脂肪肉瘤的转移率更高。

【治疗】对于小的、没有临床症状的脂肪瘤可以不作治疗，仅观察即可。如果肿瘤影响到动物的生活质量，沿着肿瘤边缘进行切除即可达到治疗效果。浸润型脂肪瘤因不具有包膜且局部侵犯的特征，需要考虑进行大范围切除、截肢及术后的放疗，以减少术后复发。脂肪肉瘤和多数软组织肉瘤类似，大范围手术切除配合术前或术后的处理有助于获得较长的无疾病生存期。

七、骨瘤与骨肉瘤

原发性骨肿瘤常见于犬，在猫上少见，包括从各种组成的细胞发展而来的肿瘤。良性的如骨瘤、骨化纤维瘤、血管瘤、软骨瘤等，恶性的如骨肉瘤、软骨肉瘤、纤维肉瘤、血管肉瘤、脂肪肉瘤、骨髓瘤等。犬恶性骨肿瘤发生率远高于良性，又以骨肉瘤最常见，多发生在中老年犬，且大型犬最易发生。

骨肉瘤可根据组织学形态分为多种亚型，占犬恶性骨肿瘤的85%，死亡多是因为极度疼痛而进行安乐或转移导致死亡。在猫上，即使多数骨肿瘤是恶性，但仍可通过广泛切除获得治愈。骨肉瘤较常发生在7岁左右的中老年大型及巨型犬，也有6～24个月龄的报道。发生在肋骨的骨肉瘤平均年龄较低，为4.5～5.4岁。骨肉瘤可发生在中轴骨及四肢骨，以四肢骨的长骨骺骺端区域最常见。好发品种有圣伯纳犬、大丹犬、杜宾犬、罗威纳犬等。未绝育犬也有较高患病率。良性骨肿瘤较少发生，临床上为单一且局限病灶，动物无痛感，大多可治愈。

【诊断】

1. 症状　症状与发病部位有关。发生在四肢骨时，受影响部位会肿胀、疼痛；发生在口腔时，吞咽困难；发生在下颌和眼窝，眼球突出及张嘴疼痛；发生在鼻窦和鼻腔，颜面畸形、鼻分泌物；发生在脊椎时，神经感觉异常。可能会发生病理性骨折。

2. 实验室诊断

（1）细胞学检查　主要用于区分炎性骨病和肿瘤。最常发生的骨肉瘤，细胞可见圆形至纺锤形，有多种恶性细胞特征，巨核、核大小不一、多核仁，细胞质常为深蓝且有丰富的小泡，有时可见粉色斑点颗粒，而背景为淡粉红色的类骨质。

（2）组织学检查　建议术前进行活检确定肿瘤形态。使用活检针采样，皮肤切创尽量小，采样部位为肿瘤中央，避开大血管、神经或关节腔，采集1～2条样本。

（3）影像学检查　用于评估原发骨头的状况和是否有转移。原发处可见到骨皮质溶解、骺骺端骨小梁消失、骨膜增厚。骨肉瘤通常不会跨关节生长。

【治疗】良性骨肿瘤因界限分明，手术切除即可。恶性骨肿瘤除了手术外，还应配合放射治疗和化疗，预后谨慎至预后不良。

八、平滑肌瘤与平滑肌肉瘤

平滑肌广泛存在于身体各处，如胃肠道、泌尿道、生殖系统、气管支气管树、微血管系统、皮肤毛囊竖毛肌、眼睛葡萄膜等。原发性平滑肌肿瘤传统上可分为良性的平滑肌瘤和恶性平滑肌肉瘤。

胃肠道平滑肌瘤是犬胃肠道肿瘤中最常出现的良性非淋巴性间质细胞来源肿瘤，多发生于成年犬和老年犬。好发品种是贵宾犬、吉娃娃犬、德国牧羊犬、拉布拉多犬、金毛犬及米格鲁犬；胆囊平滑肌瘤主要见于犬，其他物种少；泌尿道平滑肌瘤常见于犬，其他物种少。犬的平均发病年龄是12.5岁；生殖道的平滑肌肿瘤多见于雌性，是雌性生殖系统最常见肿瘤，多见于未绝育的老年动物，好发平均年龄为10.8岁。

胃肠道平滑肌肉瘤最常见于犬，是犬胃肠道发生率第二高的恶性肿瘤，平均发病年龄为7岁，常见于德国牧羊犬、贵宾犬。平滑肌肉瘤不常发生于泌尿道系统，主要的发病年龄是中年到老年动物，没有品种及性别特异。

【诊断】

1. 症状　胃肠道平滑肌瘤常在尸体解剖的时候被发现，特别是胃壁。如果肿瘤比较大，且位于食管、幽门、结直肠交界、直肠肛门处，就会有消化道梗阻的症状。泌尿道平滑肌瘤常见膀胱，临床可见血尿及排尿困难。生殖道平滑肌瘤常见于子宫、子宫颈及阴道。若肿瘤过大则妨碍排尿及排泄。发生在子宫颈、阴道及阴户的平滑肌瘤，常见临床症状是外阴分泌物及外阴肿块脱垂。脾脏平滑肌肿瘤多造成非特异性症状，包含厌食、昏睡、呕吐、体重下降及腹泻。若发生于肝脏则可见昏睡、厌食及呕吐。发生在肺脏则可见气道受阻而造成呼吸窘迫。

犬平滑肌肉瘤较好发于肠道，猫好发于小肠。平滑肌肉瘤较易有呕吐、腹泻或伴随出血等消化道功能异常症状，并有可能导致肠穿孔、发热、昏睡、厌食及败血性腹膜炎等。泌尿道平滑肌肉瘤也常发生于膀胱，造成排尿困难及血尿。若发生于输尿管，则有厌食、昏睡及急性腹痛，若肿瘤过大阻塞输尿管，则可见尿毒症、骨盆腔水肿等。生殖道平滑肌肉瘤相关症状同平滑肌瘤，但常见溃疡发生。

2. 实验室诊断　平滑肌瘤通常为单一、无包膜且无侵犯性的肿瘤，由同质的和高致密性的梭状细胞排列组合而成，这些梭状细胞具有明显的细胞界限，核巨大、钝圆。细胞质常呈强烈的嗜酸性，也可见空泡化。细胞排列似正常平滑肌细胞，呈90°纵横交错。

平滑肌肉瘤细胞排列类似于平滑肌瘤，但通常具有侵袭性，细胞形态也呈多形性，核呈梭状、卵形至圆形。平均每高倍镜视野可见1～2个有丝分裂。

【治疗】通常以外科切除为主，但平滑肌肉瘤由于具有局部侵袭性，难以确保完全切除干净，原位复发的可能性更高。

九、血管瘤

血管瘤和血管肉瘤分别是来自于血管内皮细胞的良性和恶性的肿瘤，可发生在许多部位，最常发生于脾脏，其次是右心房、皮肤、皮下组织和肝脏，其他的器官也有报道。

血管肉瘤是一种高度恶性的肿瘤，在犬的发生率高于其他动物。血管肉瘤在犬的恶性脾脏肿瘤占45%～51%，心脏肿瘤占69%，皮肤肿瘤占2.3%～3.6%；在猫上的发生率较低，只占0.5%～2%。血管肉瘤有一定品种好发特性，包括德国牧羊犬、金毛寻回犬、拉布拉多犬。雄性的发病率稍高于雌性。

【诊断】

1. 症状　症状和肿瘤发生的位置有关，可能出现非特异性症状，如精神差、食欲下降、虚弱、昏迷、没有症状的腹围增大、急性血腹、低血压、休克甚至死亡。如果肿瘤发生在右心房，可能出现心包填塞并产生右心衰竭症状，包括运动下降、呼吸困难、胸水和腹水。有腹腔肿瘤的犬、猫，临床异常包括黏膜苍白、毛细血管再充盈时间延长、心动过速、脉搏微

弱、腹腔触诊肿块等。

2. 实验室诊断

(1) *血液学检查*　贫血，红细胞出现异常形态，白细胞以中性粒细胞升高为主，75%～97%病例出现血小板减少。生化检查还可见低白蛋白、低甘油三酯、轻微脂肪肝。

(2) *凝血功能检测*　肿瘤的异常结构易激活凝血机制，动物会有凝血酶原时间延长、部分凝血活酶时间延长、纤维蛋白原下降、血小板下降。

(3) *影像学检查*　胸腔X线检查可帮助评估肿瘤位置及转移变化。发生在心脏的肿瘤，可观察到心脏轮廓变圆，可能伴随后腔静脉扩张；腹腔X线检查可能在前腹腔发现肿物，如果有腹腔积液，图像会模糊。超声检查可观察肿物质地，心脏超声检查可发现心包积液及右心肿瘤。

(4) *病理组织学检查*　肿瘤肉眼下呈斑驳表现，根据不同血管形成的密度可能是白色、红色或深红色，质地因富含空腔而稍微松软。

在显微镜下有不同程度的血管分化，由梭形细胞和结缔组织形成富含血液的典型窦状结构，也可能出现未分化完成的多形性细胞，缺乏血管内皮细胞排列。

皮肤性血管瘤，肉眼为致密、暗红到黑色的团块，有良好的包被且界限清晰；显微镜下可见特征性的扁平血管内皮细胞构成蜂巢状结构，腔内含有数量不等的红细胞，偶尔可见血栓的形成。

【治疗】

(1) *手术治疗*　手术治疗是最主要的方式，需大范围切除，皮肤肿瘤的切除边界与一般肿瘤相同，脾脏肿瘤需要进行脾脏摘除术，腹腔内的其余器官需要彻底探查，如果有怀疑的病灶需要一并切除后进行病理组织学检查。

(2) *化学治疗*　化学治疗主要是作为手术治疗的辅助措施，常用的药物是多柔比星、长春新碱、环磷酰胺、甲氨蝶呤。

(3) *免疫治疗*　免疫治疗也是手术治疗和化学治疗的辅助措施，通过注射组合疫苗而起效，可延长病患的存活时间。

十、犬、猫淋巴瘤

在所有造血淋巴系统肿瘤中，犬淋巴瘤约占85%，猫占50%～90%。

犬淋巴瘤好发于中老年犬，发病中位年龄为6～9岁。常见品种包括拳师犬、巴吉度猎犬、可卡犬、斗牛犬、德国牧羊犬、罗威纳犬及金毛犬等，其中拳师犬特别好发T细胞淋巴母细胞瘤。没有性别的差异。犬淋巴瘤大多被认为是自发性疾病，有研究认为淋巴瘤与免疫调节异常有关；此外染色体异常与肿瘤抑制机制改变可能也与肿瘤发生有关。

猫淋巴瘤有两个好发年龄，一是小于两岁的幼猫，好发纵隔型淋巴瘤；另一是8～10岁的中老年猫。暹罗猫、东方猫是常发品种。雄性比雌性有更高的发生率。猫淋巴瘤可能与病毒感染、遗传与慢性炎症等因素有关。白血病患猫常出现纵隔型与多中心型淋巴瘤，细胞来源多为T细胞；猫免疫缺陷病毒感染后常导致鼻咽部淋巴瘤，多为B细胞来源。慢性炎症也可能与淋巴瘤相关，如炎性肠病。

【诊断】

1. 症状　取决于肿瘤侵犯的部位及严重程度。

（1）犬　多中心型，除了浅表淋巴结肿大外，大多就诊时无显著症状，非特异症状有厌食、体重下降、呕吐、腹泻、呼吸困难、多饮多尿、发热。发生肺部转移的患犬，X线检查见肺部弥漫间质性浸润。

消化道型，症状有呕吐、腹泻、食欲缺乏、体重下降。肿瘤转移导致肠系膜淋巴结、肝脏、脾脏肿大，偶尔还有低蛋白血症。

纵隔型，会造成呼吸窘迫、胸腔积液、运动不耐和吞食返流。部分还有高钙血症及其并发症状，如瘙痒、多饮多尿。

表皮型，临床症状差异较大，类似炎性疾病，最常见广泛性红疹伴随脱屑和局部脱色，其他表现包括局部丘疹、糜烂、溃疡、结节、脱毛。大多数病程进展缓慢，病变全身分布。

（2）猫　消化道型，症状包括呕吐、腹泻、食欲缺乏、体重下降，触诊发现肠道壁增厚或腹腔团块。偶见黄疸，如果病变位于结肠，可能会有血便或里急后重。

淋巴结外型，鼻腔淋巴瘤会有呼吸道症状，如眼/鼻分泌物增加、打喷嚏、呼吸声变大等；中枢神经淋巴瘤可能会造成癫痫、意识改变、瘫痪等；肾脏淋巴瘤会出现肾功能不足、肾脏肿大。

纵隔型，症状有呼吸困难或急促，呼气时胸腔无法压缩，胸腔积液（乳糜样），进食返流。

多中心型，症状有外周淋巴结肿大，并伴随肝脏和脾脏肿大。

2. 实验室诊断

（1）细胞学检查　细胞学检查通常可见大量、形态一致的大型淋巴细胞，伴随淋巴小体、有丝分裂的增多。当大型淋巴细胞大于50%或中大型淋巴细胞数量超过80%时，可以确诊。若为小型淋巴细胞或反应性淋巴细胞，则需要病理学和免疫分型进一步确诊。

（2）病理组织学检查　建议采集腘淋巴结和肩前淋巴结作为诊断样本，避免免疫反应性疾病造成干扰。

（3）免疫分型　肿瘤性增殖时，可见淋巴细胞的免疫分型呈现一致性，全部为T细胞或B细胞。

【治疗】化疗是大多数淋巴瘤的首选治疗措施，特别是多系统被侵犯或诊断为中、高分级恶性的淋巴瘤。对于犬、猫淋巴瘤，复合式药物化疗比单一药物效果好，最常用的方案是CHOP，化疗持续25周。外科手术治疗和放射治疗不是合适的治疗措施。

十一、乳头状瘤

乳头状瘤也称为皮赘，是一种上皮增生性的肿瘤，可以细分为鳞状上皮型和病毒型两种，两者在临床表现上无显著的差异，外观皆为乳头状、菜花样突出，手术切除后预后通常良好。

乳头状瘤是犬、猫较少发生的肿瘤。典型的乳头状瘤通常发生在2岁以下的犬，少数也见于2岁以上。大多数典型的乳头状瘤会在数周或若干个月自行消除。

鳞状上皮型乳头状瘤的发生可能和创伤相关，但详细的致病机制尚不明确。病毒型乳头状瘤已知由乳头状病毒引起，乳头状病毒是一种小的、双股DNA病毒，可以感染多个物种，且具有高的种属特异性，对上皮细胞的亲和力强。现已知由两种乳头状病毒可感染犬，且会产生至少六种不同的临床表现。另外在猫上感染乳头状病毒可观测到有两种不同的临床表现。

【诊断】

1. 症状　典型的乳头状瘤的症状为在皮肤或黏膜上产生单一或多个向外突出的肿块，外观表现为乳头状或菜花样，体积一般较小，通常不超过 1cm 直径。有些肿物的表面会有一层蜡样物质，是由于上皮过度角化堆积形成。典型的乳头状瘤常见部位是脸部、耳部以及四肢，尤其以脸部的皮肤黏膜交界处最多发。除了典型的外生型乳头状瘤，还有一种少见的内生型乳头状瘤，内生型乳头状瘤一般是单发的多个突起且中央凹陷的肿块，通常小于 2cm，多见于腹部，与外生型不同的是，内生型乳头状瘤不会自行消退，且多见于 3 岁以下的动物。

2. 实验室诊断

(1) 细胞学检查　主要见到多量的成熟角化上皮细胞、少量的炎症细胞。

(2) 病理组织学检查　在病理诊断上，外生型乳头状瘤可看到典型多发指状的上皮突起，这些上皮突起为成熟的角化鳞状上皮增生，在指状突起之间分布有过度形成的角质。在消退期的外生型乳头状瘤中，可看到不同程度的炎性细胞浸润，其中也会见到凋亡的角化细胞。内生型乳头状瘤的乳突构造是向内生长的，在病理学上呈杯状的外观，且此杯状结构式由角质和角化不全的细胞向内生长而形成，且常能看到角化细胞内有角质蛋白颗粒，也有可能看到嗜碱性的核内包涵体。

【治疗】外生型乳头状瘤在大多数情况会在数周或若干个月内自行消退，如超过 6 个月未消退或有逐渐增大的情形，可以通过手术完整切除的方式进行治疗，预后通常是良好的。内生型乳头状瘤虽然通常发病缓慢但会渐渐变大，且无法自行消除，需通过外科手术完整切除治疗，预后通常也是良好的。病毒引起的乳头状瘤可能会复发。

十二、乳腺肿瘤

犬的乳腺肿瘤是犬第二常见肿瘤疾病。猫的乳腺肿瘤是猫的第三常见肿瘤，排在皮肤肿瘤和淋巴瘤之后，发病率较犬低。

犬乳腺肿瘤平均发病年龄是 9.5 岁，以混血犬居多，3 岁以下的年轻犬发病少，主要发生在未绝育的中老年犬。犬乳腺肿瘤真正的病因并未明确，通常认为和性激素有关，约 50%恶性乳腺肿瘤具有雌激素受体和孕酮受体。长期给予孕酮抑制发情或治疗皮肤问题，会增加产生乳腺肿瘤的可能性。

猫乳腺肿瘤平均发病年龄为 9 岁，主要发生在未绝育的母猫。目前已经确认的猫乳腺肿瘤风险因子包括年龄、品种和性激素。10～12 岁多发，以暹罗猫为好发。卵巢性激素的影响显著，未绝育母猫的发病率是已绝育母猫的 7 倍。未满 12 月龄绝育的猫，可有效降低 86%发病率。另外，长期使用性激素药物会诱发恶性肿瘤的生成。

【诊断】

1. 症状　犬、猫发生乳腺肿瘤时，会见到乳区有 1 个至多个结节或坚硬团块，单乳区或多乳区同时发生，肿块的大小和生长时间及恶性程度有关。过大的肿瘤可能会出现疼痛、溃疡、炎症、感染、分泌物流出。回流区域的淋巴结可能肿大。当发生肺转移或骨转移时，动物会出现呼吸困难或跛行。

2. 实验室诊断　犬、猫乳腺部位的肿瘤通常要先进行细胞学检查，以排除其他皮肤或皮下肿瘤的可能，确认肿瘤类型。确认了犬、猫发生乳腺肿瘤后，考虑有转移的风险，需要进行影像学检查，判断是否存在肿瘤转移的情况，可通过X线、CT、超声检查淋巴结、肝脏、肺脏和骨骼。再接着进行肿瘤的TNM分期。

乳腺肿瘤根据组织结构和构成细胞成分不同，可分为多种类型，准确地诊断和评估预后，需要进行组织病理学活检。

【治疗】

(1) *手术治疗*　手术治疗是目前乳腺肿瘤最主要的治疗方式，尽可能完整切除肿瘤，必要时进行单侧或双侧全乳区切除，并清除相邻的淋巴结。如未绝育的动物须先进行开腹的绝育手术，再进行乳腺肿瘤切除术，避免肿瘤细胞人为散播。

(2) *全身治疗*　全身治疗属于辅助性治疗，目的在于控制或减缓肿瘤的转移和复发，包括化学治疗、抗雌激素治疗、免疫治疗、放射治疗等。

十三、犬传染性性病肿瘤

犬传染性性病肿瘤是一种具有传染性的组织细胞肿瘤，主要通过性交传染，但舔舐、啃咬或闻嗅肿瘤等也可传播。

由于犬传染性性病主要通过性交传播，因此性成熟且生活在户外的雄犬患病的风险最高。但无论任何品种、任何年龄及性别，所有的犬都有易感性。好发年龄为1岁以上，主要集中在2～5岁。多见发生于外生殖器，但通过舔舐、闻嗅而被感染的动物，可见肿瘤生长在鼻腔、口腔、皮下组织和眼睛。

正常犬的细胞染色体数是78条，而传染性性病肿瘤细胞的染色体数为57～59条，但其中的15～17条染色体有多个着丝点，因此虽然肿瘤细胞和正常细胞的染色体数目不同，但染色体臂的数量却是相似，且大多数的基因也没有明显差异。不过在肿瘤细胞的*c-myc*致癌基因的上游具有一段正常细胞没有的散在重复序列插入，此插入的发生可能会破坏其下游对转录的调控，诱发致癌活性，造成肿瘤的形成。也因为这段基因插入的特殊性，使得此序列可以作为传染性性病肿瘤在PCR诊断上的目标检测序列。

传染性性病肿瘤是一种免疫细胞来源的肿瘤，因此宿主自身的免疫反应是影响此肿瘤行为的重要因素，虽然在肿瘤形成的初期，宿主免疫无法阻止此肿瘤的生长，但等到肿瘤中浸润的淋巴细胞数量达到一定量时，其所释放出的炎性物质浓度足够高，即可突破肿瘤细胞的防御，使肿瘤细胞受到细胞杀伤性T淋巴细胞和NK细胞的攻击而死亡。因此此疾病可依据肿瘤行为的变化分为三个阶段，首先是感染初的渐进期，最初的3～6个月肿瘤慢慢长大；然后进入肿瘤稳定期；随后是肿瘤逐渐缩小的消退期。大多数病犬在发病后3～6个月内会自行痊愈，但如果肿瘤存在时间超过9个月，其自消退的可能性大大降低。肿瘤无法消退的原因主要和免疫抑制及身体状况差有关。

【诊断】

1. 症状　犬传染性性病肿瘤大多在交配后的2～6个月被发现，公犬的肿瘤主要发现于阴茎后半部分，母犬的肿瘤多生在阴唇后部或前庭。肿瘤生长的速度有很大的个体差异，有些肿瘤生长缓慢而无法推测感染的时间点，有些肿瘤生长快以至于在短时间内就已经转移。外观上肿瘤起初只是数个大小1～3mm的丘疹，丘疹逐渐变大融合成结节状、乳头状或菜花状，最后最大可增长至15cm。肿瘤质地坚硬易碎，表面常呈红肿溃疡，有少许浆液血样分泌物渗出。

传染性性病肿瘤的临床症状取决于生长的位置。若是生长在生殖器的肿瘤，可能只造成病犬的不适感，并可观察到血样分泌物从包皮开口或是阴唇流出，长期下来可能会造成病犬贫血，此外虽然此肿瘤通常不会造成排尿不畅，但生殖器溃疡可能引起逆行性尿路感染。如果生长在脸部，则根据不同的位置而引起喷嚏、鼻出血、口臭、牙齿脱落、眼球突出、脸部变形等。局部淋巴结肿大。

虽然大部分肿瘤病灶都只在局部发生，但有5%～17%的犬存在转移情况，可能转移的地方包括淋巴结、皮下组织、皮肤、眼睛、口腔黏膜、肝、脾、腹膜、下丘脑、大脑、骨髓。要注意机械性接触扩散和淋巴、血液循环转移的鉴别。

2. 实验室诊断

(1) 细胞学检查　传染性性病肿瘤是一种圆形细胞瘤，其细胞大小均匀，细胞间离散分布，形状为圆形，细胞质丰富且淡蓝色，细胞核偏于一旁，有时候可看到一个细胞内有两个正在分裂的核，核仁可能为一至多个且周边围绕着核质。肿瘤最大的特征是细胞质中有许多透明的小空泡。如果肿瘤已经开始进入消退期，则在细胞学检查中会发现大量淋巴细胞，由于特征明显，只进行细胞学检查也可以确诊。

(2) 组织学检查　传染性性病肿瘤在组织病理学下呈弥漫性但紧密排列的圆形细胞，细胞质嗜酸性，内有明显的颗粒和空泡，周边有纤维与血管构成的小梁支撑。如果已经进入消退期，就会在肿瘤组织间看到淋巴细胞、浆细胞和巨噬细胞的浸润。

(3) 分子生物学检查　如果是非典型的传染性性病肿瘤，还可以通过PCR检查特征序列确诊。

【治疗】

(1) 化学治疗　传染性性病肿瘤主要是通过化学治疗，每周一次长春新碱，连续3～6周，对90%以上的病犬具有完整和持久的治疗效果。还可以使用多柔比星，每3周给药一次，连续3次。

(2) 放射治疗　放射治疗也能取得不错的效果，单次全剂量照射或者分次治疗，都可以有良好的效果。放疗用于有化疗抗性的肿瘤，或是药物无法分布位置的肿瘤，如脑、眼、睾丸。

(3) 手术治疗　手术治疗效果不佳，复发率高达30%～75%。即使广泛切除仍会复发，且接触就会扩散。

(4) 预后　大多数动物都可以自行消退，即使超过9个月的犬，接受化疗或放疗后，预后都非常良好。

十四、黑色素瘤

黑色素瘤是犬常见的肿瘤，然而在猫上相对少见。黑色素瘤根据预后结局被分为良性和恶性。

良性黑色素瘤来自于表皮、真皮或毛囊的黑色素细胞，多见于犬。犬的良性黑色素瘤较常出现在小于1岁的犬，其次为5～11岁，好发部位是头部及躯干，尤其是深色皮肤，头部以眼睑及口吻部为主；猫的良性黑色素瘤主要发病年龄是4～13岁，较常见于头部尤其是耳郭。良性黑色素瘤不具有性别的差异。

恶性黑色素瘤多见于犬，可发生于3～15岁，但以9～13岁居多，不具有性别差异，好发部位大多分布在口腔、唇部皮肤及黏膜交界处，其次是头部和阴囊的皮肤，还有约8%的是指甲下的肿瘤。该肿瘤多见于苏格兰㹴、雪纳瑞犬、黄金猎犬、杜宾犬。猫的恶性黑色素瘤很少见，一般发生在老年猫，没有性别差异，主要发生在唇部、鼻部、胸部和尾巴的皮肤。

【诊断】

1. 症状 黑色素瘤的外观差异很大，通过外观没有办法区分良性和恶性。肿瘤的大小通常随着疾病的时间发展而变化，小至数毫米的斑块，大至10cm以上的团块都有可能。肿物颜色因色素的数量而变化，黑色、蓝黑色、灰色甚至红色、棕色。肿瘤多位于真皮层，少数会扩展侵犯至皮下组织或深至筋膜。

2. 实验室诊断

（1）细胞学检查 肿瘤细胞的形态多变，可能出现类似圆形细胞、上皮细胞、间质细胞等形态，偶尔还可见多核肿瘤细胞出现，细胞大小不等，核大小不等。散在的肿瘤细胞有圆形至卵圆形的细胞核、大且淡染的核仁，或多或少的灰色细胞质。大部分的肿瘤细胞胞质都有不等量的黑色素颗粒。黑色素颗粒可以是细小灰尘样、点状或粗颗粒状。由于采样制片导致的细胞破裂会令黑色素颗粒在背景中散布。如果肿瘤发生坏死，还可以看到炎症细胞。

（2）病理组织学检查 良性的黑色素瘤，肿瘤细胞可能是散在的细胞或排列成小岛样，位于表皮渗出或真皮，肿瘤细胞多是圆形至多边形，细胞核浓染且形态一致，细胞质含大量黑色素颗粒，有丝分裂少见。

恶性黑色素瘤的肿瘤细胞呈散在或排列成小岛样，除了分布于表皮渗出核真皮外，较大的肿瘤可能会侵犯至皮下组织，没有包膜而且边界不清晰。肿瘤细胞的形态具多形性且分化程度较低。细胞质内含不等量黑色素颗粒，有较大的细胞核及明显的核仁，10个高倍镜视野可见大于3个有丝分裂象。

（3）免疫组织化学染色 在无黑色素形成的黑色素瘤，需要用免疫组织化学诊断，其中Melan-A是最常用的蛋白靶位。

【治疗】良性的黑色素瘤生长速度缓慢，可通过外科手术完整切除，预后良好。恶性黑色素瘤生长迅速，具有致命性，局部侵犯强，也常通过淋巴管转移到邻近淋巴结和肺脏。对化疗的反应不佳，手术治疗仅用于皮肤肿瘤，或通过截肢切除四肢末端的肿瘤。对于位于不易进行手术的部位，如口腔，尽可能地大范围切除结合放射治疗或化学治疗，有助于提高存活率。

十五、支持细胞瘤

支持细胞瘤旧称足细胞瘤，是犬较常见的睾丸肿瘤，而猫少见。支持细胞瘤起源自睾丸的生精小管，患有隐睾的犬尤其常见，约有50%的支持细胞瘤发生于有隐睾的情况，这种肿瘤多见于老年犬，其多为单侧发病。

发生支持细胞瘤的因素有隐睾、年龄、品种等。腹股沟部的隐睾比腹腔隐睾更容易诱发肿瘤。有很多品种易发，包括拳师犬、德国牧羊犬、阿富汗猎犬、喜乐蒂牧羊犬、边境牧羊犬、马尔济斯犬等。

【诊断】

1. 症状　早期的支持细胞瘤多没有临床症状，常在体检时意外发现，睾丸不规则肿大，超过50%的病例出现隐睾。20%～30%的支持细胞瘤病例会有雌激素过多的情况，由于支持细胞能够合成该激素，导致犬出现继发症状，包括雌性化、乳腺增生、泌乳、阴茎萎缩、对称性脱毛、皮肤色素沉积、前列腺鳞状上皮细胞化生等。同时雌激素对骨髓有抑制作用，可能发生不可逆且致命的效应。雌激素对骨髓的影响包括粒细胞生成先增加后减少、血小板减少、非再生性贫血。骨髓的功能障碍会造成严重的再生障碍性贫血，危及生命。其他的症状还可能包括睾丸扭转、疼痛等。

2. 实验室诊断　支持细胞瘤触感坚硬，睾丸内可呈离散的结节或多结节结构。肿瘤通常都比较大，并造成肿瘤变形。肿瘤切面为灰色或白色，伴局部黄褐色或出血，有油腻感。

组织学可将支持细胞瘤分成两种形态：精小管型和弥漫型。肿瘤细胞排列成岛状或管状，且被丰富的成熟纤维结缔组织分隔。与正常的细胞相比，肿瘤细胞呈长形且有小、圆形至长形的细胞核，细胞质有时可见空泡或脂褐素颗粒。精小管型有完整的管腔形成，多层的支持细胞与管壁呈垂直排列。弥漫型则没有正常管腔结构，肿瘤细胞广泛分布且中间夹杂纤维结缔组织。

【治疗】支持细胞瘤可通过外科手术移除，其引起的雌性化会在术后3个月内恢复正常，如果肿瘤没有侵入血管或转移，则预后通常良好。支持细胞瘤的转移率小于15%，转移通常发生在肿瘤大于2cm的情况。可能的转移部位包括淋巴结、肝、脑、脾、肺、肾、眼睛等。

第五篇

马　　病

第一单元 疫 病

第一节 传 染 病

一、马流行性感冒

马流行性感冒（EI）简称马流感，是由正黏病毒科、流感病毒属 A 型马流感病毒引起的一种马属动物急性传染病，以发热、结膜潮红、流浆液性或脓性鼻液、咳嗽、母马流产等为主要特征。迄今马流感病毒仅有 H7N7 和 H3N8 两种亚型。

【诊断】

1. 流行病学 马属动物均易感，以马易感性最高，没有年龄、品种和性别的差异；该病有跨物种传播的可能性。患病马为主要传染源，隐性感染马和康复马仍可带毒、排毒一段时间。以冬、春寒冷季度多发，传染性强，传播迅速。可通过空气传播，也可经污染的饲料、饮水、精液等途径传染。马术比赛等活动可促进传播。本病在马群中发病率高（60%～80%），但病死率低（5%）。

2. 症状 感染未经免疫的马属动物后，潜伏期一般为 7d，已免疫的动物则潜伏期延长。通常 H7N7 所致的疾病相对温和，而 H3N8 所致的疾病相对较重。典型的症状包括发病突然，发热，精神沉郁，四肢无力，呼吸加快，眼结膜潮红，眼部和鼻部流浆液性或脓性分泌物，初期干咳渐变为湿咳，持续 2～3 周，妊娠母马可发生流产。已免疫的马在发病时，会缺乏某种或某些典型症状。

3. 病变 眼观病变为结膜潮红、水肿、外翻，呈砖红色或淡黄色，常出现角膜浑浊；上呼吸道（鼻、喉、气管及支气管）黏膜充血、水肿和渗出，上皮细胞脱落与局灶性糜烂；头、颈部淋巴结肿大；肺脏充血，扩张不全。致死性病例可见化脓性支气管肺炎或间质性肺炎。

4. 实验室诊断

（1）病毒分离鉴定 采集发热早期的鼻液、鼻咽部分泌物或冲洗物，接种 9～11 日龄

SPF 鸡胚，35～37℃孵育 72h 后，收集羊水和尿囊液。用 HI 试验确定 H 亚型，NI 试验确定 N 亚型；也可用 CEF 或 MDCK 细胞分离病毒。通过 RT－PCR、实时 RT－PCR 和多重 RT－PCR 可以快速鉴别病毒亚型。

（2）血清学试验 取急性期和恢复期的双份马血清检测抗体可做出诊断。

【防控】加强流行病学监测和免疫预防，对于新引进的马匹，加强临床监视；要加强血清学监测和免疫接种，疫苗株的选择最好能匹配当地流行株；做好马场间有效的隔离屏障。一旦有马流感疫情发生，应避免其大面积扩散。要迅速隔离发病马匹，利用 RT－PCR 迅速做出诊断，实施全面的生物安全措施，加强消毒；密切监视易感动物，同时加强免疫。加强对马术比赛等活动的监管和流行病学监测。

可以用中草药方剂或针灸进行治疗；也可以用抗流感病毒的药物进行治疗；或者采用中西医结合治疗。同时辅以解热镇痛、止咳平喘等对症疗法。

二、炭 疽

炭疽（Anthrax）是由炭疽杆菌引起的人畜共患的急性、热性、败血性传染病，以脾脏显著肿大，皮下及浆膜下结缔组织出血性浸润，血液凝固不良、呈煤焦油样为特征。

【诊断】

1. 流行病学 自然条件下马、牛、山羊等草食动物易感，可因吞食染菌食物而患病。主要传染源为患病的动物，处于菌血症期的患病动物可通过粪、尿、唾液及天然孔出血等方式排菌，将大量病菌散播于周围环境中；若不及时处理，则污染土壤、水源或者饲养场，当其形成芽孢时，该区域就成为持续的疫源地。炭疽病人的痰、粪便及病灶渗出物均有传染性。本病多发于 4—10 月。

2. 症状 潜伏期一般为 1～5d，最长可达 2 周。马感染后多为急性和亚急性经过，发病急，体温升高，流汗，呼吸困难，黏膜发绀，腹痛剧烈，粪尿带血，喉、颈、肩胛及腹下常可见炭疽痈；炭疽痈初期硬固，有痛有热，呈淡蓝色或红色，进而变为无热无痛，最后中央发生坏死形成溃疡。病马全身战栗，摇晃不支，倒地而死，死后其口、鼻、肛门等处出血。

3. 病变 呈败血症病变，尸僵不全，尸体极易腐败，天然孔流出带泡沫的黑红色血液，黏膜发绀；血液凝固不良；全身多发性出血，皮下、肌间、浆膜下结缔组织水肿；脾脏淤血、出血、水肿，常肿大 2～5 倍，脾髓呈暗红色，粥样软化。

4. 实验室诊断

（1）直接镜检 取外周末梢血液制成血涂片，用瑞氏或吉姆萨染色；若镜检发现单个、成对或 3～4 个菌体相连的短链排列、竹节状有荚膜的粗大杆菌，即可确诊。

（2）分离培养 新鲜病料可直接于普通琼脂或肉汤中培养，污染或陈旧的病料应先制成悬浮液，70℃加热 30min，杀死非芽孢杆菌后再接种培养。对分离的可疑菌株用特异性 PCR 或荧光定量 PCR 可快速确定。

【防控】一旦发现疫情应及时确诊，尽快上报，划定疫点、疫区，采取封锁、隔离等措施。对确诊的和可疑病畜、死畜必须焚毁或加大量生石灰深埋，禁止解剖、食用或剥皮。疫情高发区可进行疫苗接种预防，接种 14d 后马匹产生免疫力，免疫期为 3 年。

青霉素、链霉素及喹诺酮类药物对本病均有良好的治疗效果。抗菌药物联用的效果更好。

三、破伤风

破伤风（Tetanus）又称锁喉风、脐带风、强直症等，是由破伤风梭菌经伤口感染后产生外毒素侵害神经组织而引起的一种急性中毒性的人畜共患病；以骨骼肌或某些肌群呈现持续强直性痉挛和对外界刺激兴奋性增高为特征。

【诊断】

1. 流行病学　各种家畜均易感染，其中单蹄兽易感性最高，无年龄、品种和性别差异。主要传染源是带菌动物，经粪便和创口向外排出大量病菌，从而严重污染土壤等环境。通常是通过各种创伤感染，只要有创伤的地方均可感染。无明显季节性变化，以散发为主。

2. 症状　病初走动不灵活，随病程发展病马牙关紧闭，口腔不断流涎，双耳矗立，举尾，头颈僵直，腰硬如板，腹壁卷缩，站立时四肢强直、开张，形如木马；受到强光、声音、触摸等刺激易表现惊恐不定、多汗，呼吸浅表、增数，心跳加快，体温正常或稍高，不及时治疗病死率高。

3. 病变　病变不明显，仅浆膜、黏膜、脊髓部表面有小出血点；剖检可见肺脏充血、水肿，骨骼肌变性或坏死，四肢和躯干的肌间有浆液性浸润。

4. 实验室诊断

（1）细菌学检查　将病灶部渗出液涂片、染色后镜检，可见鼓槌状革兰氏阳性芽孢杆菌。

（2）动物接种试验　将病料制成乳剂，在小鼠尾根部接种，2～3d后出现典型症状。

【防控】自然界中广泛存在破伤风梭菌，马匹常因剪脐带、去势、外伤等感染。进行外科手术操作应做好消毒工作，保证无菌操作。对马匹的外伤，应及时进行伤口处理，避免或消除感染，必要时注射破伤风抗毒素血清。发病较多的地区或养殖场，每年应给马匹定期接种破伤风类毒素。

治疗措施主要包括伤口处理、中和毒素、抗菌治疗、止痉防窒息、防止和处理并发症等。及时将患病动物移入洁净通风的马厩，保持畜舍安静并给予易消化的饲料和充足的饮水；彻底排出伤口的脓液、异物和坏死组织，用2%高锰酸钾、3%过氧化氢或5%～10%碘酊等消毒药处理创面，同时在创口周围注射青霉素、链霉素；尽早注射破伤风抗毒素，首次注射的剂量可加倍；使用镇静解痉药物进行对症治疗。

四、狂犬病

参见犬、猫传染病中的狂犬病内容。

五、脱毛癣

马脱毛癣又称为马秃毛癣或马皮肤真菌病，是由多种真菌感染引起的一种人畜共患接触性皮肤病，具有高度传染性。本病在湿热的环境中尤为高发。最常见的病原为马毛癣菌和马小孢子菌，其他病原还包括须发癣菌、小孢霉菌和念珠菌等。这些真菌侵染动物表皮及其被毛、蹄爪和角质，引起皮肤癣病。该病病程持久、难以治愈，是动物饲养过程中常发生的传染病。

【防控】

1. 流行病学　各种动物都可感染，牛、马最易感。患病动物是本病的传染源。主要通过直接接触、吸血昆虫以及被污染物品和环境（马鞍等器具、厩舍、土壤等）传播。成熟的孢子可随脱落的皮屑、被毛飘落到环境中，存活长达12个月。本病一年四季都可发生，温热、潮湿的夏、秋两季多发。无年龄和性别偏好，但以幼龄动物较易感。养殖环境卫生条件差、动物营养不良、维生素缺乏、被毛不洁可促进本病的发生。

2. 症状 本病潜伏期的长短依据真菌的种类，特别是马匹机体的抵抗力不同而异，一般为8～30d。发病初期病灶为小的水肿样斑块，常见于面部、耳部、颈部、胸部、背部及腹壁。随后皮肤上逐渐形成一个或多个圆形、椭圆形、轮状或不规则的癣斑。病马瘙痒不安，因舔舐、啃咬、摩擦而使被毛脱落，皮肤形成红斑隆起或痂皮等，严重者蔓延至大部分躯体。若皮肤出现损伤则容易继发细菌性感染。

3. 实验室诊断

（1）涂片镜检 在病灶的边缘刮取被毛、鳞屑、痂皮等组织，置于载玻片上，加数滴10%氢氧化钾溶液，缓慢加热，待标本透明后覆盖玻片，镜检，可见分支菌丝及各种孢子。

（2）病原培养 将病料接种于加有抗生素的萨氏培养基上，在24～37℃下培养1～4周，对生长出的真菌进行分离鉴定。

（3）动物试验 常用家兔，用病料做皮肤擦伤感染，经7～8d出现炎症，脱毛或癣痂者，即为阳性。

【防控】 对病马及时隔离，进行局部或全身性治疗。厩舍用热（50℃）5%石炭酸溶液或热（60℃）5%克辽林溶液消毒。其他防控措施包括：①加强，马场的卫生和消毒工作，饲养人员注意自身的防护，防止感染。②病马及其所生马驹不能留作种用。引种时加强检疫，不从发病马场引种。③患皮肤真菌病及灰指甲的人不能与马接触。④对新购入的马匹，需要隔离检疫30d，经确认健康后方可与原有马匹合群。

六、幼驹大肠杆菌病

幼驹大肠杆菌病是由大肠杆菌的一些致病性血清型菌株引起的幼驹急性传染病，以腹泻、败血症以及肠毒血症为特征。

【诊断】

1. 流行病学 主要发于发生1～2周龄的幼驹。其主要传染源为患病或带菌动物。致病性大肠杆菌多是随粪便排出，污染饲料、饮水及饲养环境等，经饲料或饮水通过消化道感染健康动物。对于哺乳期的幼驹，被污染的乳头是主要的传播途径，通过吮乳而发生感染。本病发生的季节性不明显，但是饲养卫生条件、管理水平及粪便无害化处理效果等多种因素直接影响本病的发生与流行。

2. 症状 妊娠母马大部分未见异常变化，部分马在妊娠后期发生流产。幼驹大部分足月正产，胎衣多不滞留。病驹出生后站立时间延迟，半数以上不能按时站立。四肢关节（主要腕、跗、球关节）多于产后数天内出现一个或数个关节肿胀，用手触摸有波动或压痛。患驹体温偏低，耳、嘴和四肢末端厥冷。多数病驹在出生后4d内发生腹泻，多数在排完胎粪后发生，开始为深黄色粥样便，后变成淡黄色水样便，有恶臭，有的混有血丝。眼结膜多数呈黄染。随着病情的加重，出现呼吸促迫、心跳加快、心律不齐等症状。

3. 病变 黏膜、皮下和浆膜等均可见黄染水肿、淤血及出血，尤以心外膜及脾被膜下最为明显。心脏肿大，心肌变性、脆弱。肝脏肿大，严重变性。脾脏肿大。肺脏淤血、水肿及边缘气肿。肾脏稍肿、淤血，包膜不易剥离。胃肠黏膜大面积糜烂，空肠黏膜充血、淤血。背长肌、股肌及臀肌呈现混浊，黄染如煮熟样。四肢关节肿大，关节腔内有多量的深黄色黏稠液体，周围有胶样浸润及出血。

4. 实验室诊断

(1) 细菌分离培养 无菌操作从病死驹的心、肝、肺、肾、脾、肠淋巴结中采样病料，进行分离培养，普通肉汤内生长良好，24h均匀浑浊，管底有黏稠沉淀物，有壁环。在普通琼脂上生长良好。取分离培养物染色镜检，发现两端钝圆、有运动性的革兰氏阴性短小杆菌即可确定。

(2) 细菌鉴定 可用大肠杆菌因子血清对分离菌株进行血清型鉴定，也可用PCR进行快速鉴定。

【防控】做好综合性防控措施，保证环境的卫生清洁，定期消毒是重要措施。对母马乳头要定期进行消毒，每日清除马厩内的粪便。流行地区可选择与当地血清型匹配的疫苗进行免疫接种。

七、马腺疫

马腺疫也称喷喉、槽结、喉骨胀，是由马链球菌马亚种引起的马属动物的一种高度接触性传染病，以体温升高，颌下淋巴结肿胀及急性化脓性炎症，上呼吸道黏膜卡他性化脓性炎症，全身性脓毒败血症为特征。

【诊断】

1. 流行病学 马属动物中马最易感，其次为驴、骡；幼驹发病率高。患病马匹的鼻液和脓汁中存在大量病原菌，健康马的扁桃体和上呼吸道黏膜也可见到病原菌；部分病畜在康复后能长时间携带和排出病原菌。主要通过直接或间接的接触传染，如动物之间的彼此接触，或通过被病原污染的食物、饮水、圈舍或者料槽、员工衣服等传播，还可经飞沫、交配和创伤途径感染。以春、秋两季多发，呈地方性流行或散发。

2. 症状 潜伏期一般为4～8d。应激、抗抗力下降或者过度使役时更易发生。

(1) 一过性腺疫 体温稍高，鼻黏膜有卡他性炎症，潮红、出血，流浆液性或者黏液性鼻液；颌下淋巴结轻度肿胀。可以自愈。

(2) 典型腺疫 病初精神沉郁，食欲减退，体温突然升高至39～41℃。结膜潮红；流黏性或脓性鼻液；颌下淋巴结肿胀变硬，似鸡蛋大小，周围组织间隙发生炎性肿胀，红肿热痛明显；呼吸加快，心跳过速。若脓肿发生破溃，流黏稠黄色脓汁。随后体温下降，炎性脓肿消退，体况转好。

(3) 恶性型腺疫 当病马抵抗力下降或治疗护理不当，病原菌由化脓灶经淋巴或血液转移到颈前、肩前及肠系膜等多处淋巴结，甚至转移到脑和肺等器官，发生脓肿，进而导致全身性脓毒败血症。此型腺疫体温多呈稽留热，病畜逐渐消瘦且预后不良。

3. 病变 鼻腔黏膜有出血点和脓性分泌物；颌下淋巴结肿胀似鸡蛋大小且出血。恶性型腺疫的肝、脾、肾、肺以及其他脏器有大小不等的脓肿灶和出血点，并有化脓性心包炎、脑膜炎和腹膜炎。

4. 实验室诊断 无菌操作采取病畜的鼻液及脓性分泌物，进行革兰氏染色后镜检，见弯曲长链或串珠样球菌；再用鉴别培养基进行分离培养，经单克隆培养进一步确定病原菌。

【防控】预防措施包括加强饲养管理，改善饲养环境，及时清除粪污；饲喂优质饲料；减少寒冷天气的应激，提高机体抵抗力。尤其是要精心护理幼驹，防止与病畜接触。

流行初期，可通过在饲料中添加磺胺类药物用于预防。对于病畜，可静脉注射青霉素钾、安乃近和地塞米松等，同时观察病畜体况变化；也可考虑中兽医疗法。当淋巴结轻度肿胀且未化脓时，可局部涂抹鱼石脂软膏或樟脑软膏、复方醋酸铅等轻刺激剂；对已破溃的化脓灶可进行局部外科手术处理。

八、马传染性贫血

马传染性贫血（EIA）是由马传染性贫血病毒（EIAV）引起的一种马属动物的持续感染性疾病，其特征包括间歇性发热、贫血、出血、血小板减少、黄疸、水肿、消瘦、进行性衰弱等；在无热期间则症状逐渐减轻或暂时消失。该病为我国二类动物疫病，也是WOAH法定报告疾病。

【诊断】

1. 流行病学 只感染马、驴、骡等马属动物，以马最易感，无品种、年龄和性别差异。其传染源主要为发热期的病马、慢性感染和隐性感染的马，其血液、组织（液）、分泌物和排泄物中含有病毒。主要通过吸血昆虫叮咬途径机械性传播，也经消化道、配种、污染的用具器械等传染，还可经胎盘垂直传播。有明显季节性，以7—9月多发。

2. 症状 潜伏期可短至5d，或长达90d以上，一般为10～30d。可表现为急性型、慢性型和隐性型，呈稽留热和间歇热，也有不规则热型。

（1）急性型 见于新老疫区的流行初期，个别病例突然死亡；体温高至39～41℃，高热1～2周后，经短时降温后再次高热稽留至死亡；症状及血象变化明显；病程不超过1个月。

（2）慢性型 见于流行后期和老疫区，症状明显，反复发作，有间歇热或不规则热，甚至温差倒转现象（午前体温高于午后）；病畜消瘦，虚弱，贫血，黄疸，下肢、胸前、腹下、阴囊等处皮下水肿。症状与血液学指标随体温而变化，尤其是发热期变化明显，心脏机能紊乱，心搏亢进，第一心音增强，心音分裂，心律不齐。

（3）隐性型 外观症状不明显，血清学检测阳性，应激状态下表现症状。

（4）血液学变化 红细胞数减少，常低于500万个/mL，血红蛋白含量可降低至40%以下，血液稀薄、血沉速度加快；白细胞数和白细胞象发生变化，中后期可降至4 000～5 000个/mL，淋巴细胞和单核细胞增加，中性粒细胞相对减少。静脉血中出现吞铁细胞。

3. 病变 以全身败血症变化、贫血、单核-巨噬细胞增生和铁代谢障碍为主。全身浆膜、黏膜有出血点、出血斑；肝肿大，其切面呈槟榔样花纹；淋巴结肿大，切面充血、出血。

4. 实验室诊断 常用的方法有血清学诊断和病原学诊断。血清学试验有琼脂扩散试验、补体结合试验和ELISA等，其中琼脂扩散试验准确可靠，为国际上常用方法。

根据流行病学特点、症状、血液学和病理学结果，凡符合以下条件之一者，即可判为病畜：①体温升高，39℃以上，呈稽留热或间歇热，有明显症状和血液学变化者；②体温38.6℃以上，呈稽留热、间歇热或不规则热型，症状及血液学变化不明显，但吞铁细胞占总白细胞比例大于0.02%，或病理学检验呈阳性；③体温记录不全，但具有明显的症状及血液学变化，吞铁细胞占总白细胞比例大于0.02%，或病理学检验呈阳性；④可疑患畜死亡后，将生前诊断资料结合尸体剖检及组织病理学检查，其病变符合马传染性贫血变化。

【防控】我国于1975年首创马传染性贫血驴白细胞活疫苗，通过采取“养、检、免、隔、封、消、处”等综合性防控措施，该病目前已基本得到有效控制，但仍要贯彻执行《马传染性贫血消灭工作实施方案》。其要点包括：①监测净化，根据国家动物疫病监测计划，对未达标区要做好马传染性贫血监测和流行病学调查，对阳性病例做好扑杀、并按技术规范处理；对达标区和历史无疫区，做好流行病学监测。②检疫监管，加强对马属动物饲养、屠宰、经营、隔离、运输等活动的监督管理；经产地检疫合格后，方可跨省调运。③联防联控，加强区域间、省际联防联控，强化信息沟通与交流，进一步完善马传染性贫血防控协作机制。④宣传培训，加强对基层防疫人员的培训，提高防控技能和防护水平；加强宣传，做到群防群控。

九、马鼻疽

马鼻疽是由鼻疽伯氏菌引起的马、骡、驴等单蹄动物的一种高度接触性的人畜共患传染病，其特征是在鼻腔和皮肤形成特异性鼻疽结节、溃疡和瘢痕，在肺脏、淋巴结等实质脏器内发生鼻疽性结节。本病为WOAH法定报告动物疫病，是我国二类动物疫病。

【诊断】

1. 流行病学　马、骡、驴有易感性，马多为慢性经过，骡、驴感染后多呈急性经过；其感染性有一定的品种差异，而无性别、年龄的差异。犬、猫、骆驼、虎、狮、狼等也曾有感染病例。病畜和带菌畜是重要的传染源，以开放性鼻疽病马的危险性最大。本病可经消化道和呼吸道传播，或经损伤的皮肤、黏膜而传染，个别可经胎盘和交配传染。本病发生的季节性不强，主要呈散发或者地方性流行，传播缓慢，新疫区多呈急性暴发，老疫区常呈慢性经过。

2. 症状　自然感染潜伏期为1周或数月。

（1）急性鼻疽　根据主要症状部位可分为肺鼻疽、鼻腔鼻疽和皮肤鼻疽，三种鼻疽可以相互转化。以支气管肺炎与败血症为主，体温升高至39～41℃，呼吸迫促，食欲减退，精神沉郁；黏膜轻度潮红并黄染；颌下淋巴结肿胀，有痛感；胸腹、四肢下端皮下水肿，部分有关节炎、滑膜囊炎、睾丸炎、胸膜肺炎等。有关节炎时关节肿大形成结节甚至破溃，跛行。红细胞及血红蛋白减少，白细胞增多，血沉加快，核左移，淋巴细胞减少。

（2）慢性鼻疽　多由急性或开放性鼻疽转化而来，也有病马一开始就呈慢性经过。病程长，可持续数月到数年，临床症状不明显。有些病马不断流出少量黏稠脓性鼻液。当机体抵抗力降低时，又可转为急性或开放性鼻疽。

3. 病变　肺表面可见半球状隆起的粟粒大小鼻疽结节；或半透明状散在于肺深部组织内，其周围有红晕；陈旧性结节的周围形成包囊，其中心呈干酪样坏死或钙化。鼻疽性肺炎时，肺脏呈小叶性肺炎变化，可见棕红色肝变区，后期可见中央软化为黄白色乳状，外周组织黄色胶冻样浸润，有的软化成脓肿或空洞，有的病灶硬化。上呼吸道有数量不等的灰色、微黄色结节，其周围黏膜高度肿胀潮红。心脏松弛，右心室扩张明显，心内膜有出血点。肝脏肿大、淤血，肝小叶纹理不清，实质混浊、脆弱。脾脏肿大，滤泡界线不清，红髓呈暗红色。肾脏有散在出血点，皮质切面混浊、纹理不清，肾小体体积增大，肾盂有白色混浊分泌物。淋巴结充血、出血、肿大，切面有渗出物，呈胶样浸润。

4. 实验室诊断　可进行鼻疽菌素点眼试验、血清学试验、变态试验和分子生物学诊断。采用16rRNA基因序列测定能快速鉴别鼻疽和类鼻疽的病原。

【防控】目前鼻疽无商品化疫苗，应采取综合性防控措施，控制和消灭传染源，及早筛检出病马，严格处理病马及分泌物，切断传播途径，搞好环境消毒。

十、类鼻疽

类鼻疽是由类鼻疽伯氏菌感染所致的一种人畜共患地方性传染病，以急性败血症，皮肤、肺、肝、脾、淋巴结等处形成结节和脓肿为特征。马感染类鼻疽的临床症状与马鼻疽相似。

【诊断】

1. 流行病学　多种哺乳动物和人都有易感性，猪和羊较为易感，马和牛的敏感性较低。本病的感染源主要是流行区的水和土壤，其传播途径分别为：①破损的皮肤直接接触含有致病菌的水或土壤，这是本病主要的传播途径；②吸入含致病菌的微尘或气溶胶；③食入被污染的食物；④被吸血昆虫叮咬；⑤通过密切接触、性接触传播。动物和人常呈隐性感染，病菌可长期存在于体内。

2. 症状　缺乏特征性临床症状。急性病例表现体温升高，食欲废绝，呼吸困难。有的有急性肺炎临床症状，有的呈现腹泻及腹痛症状。病马多呈慢性或隐性感染，可出现腹泻、肺炎及脑炎等症状。慢性病例，除上述一般临床症状外，有的在鼻黏膜上出现结节，流黏脓性鼻液。

3. 病变　受侵害脏器主要表现为化脓性炎症。急性感染时，可在体内各个部位发现小脓灶和坏死灶；慢性感染时病变常局限于某些器官，其中最为常见的受侵害器官是肺，其次是肝、脾、淋巴结、肾和皮肤。

4. 实验室诊断

（1）*病原学检查*　细菌呈革兰氏染色阴性，有运动性，形似别针或呈不规则形态。

（2）*细菌分离培养*　无菌操作采集病畜血液加入肉汤中培养，再接种选择性培养基。

（3）*血清学检测*　有间接血凝试验（IHA）、IgM荧光抗体技术（IgM－IFA）、ELISA和胶乳凝集试验等。检测对象是类鼻疽杆菌脂多糖抗体。

（4）*分子生物学诊断*　采用PCR和实时PCR技术可快速鉴别鼻疽和类鼻疽。

【防控】预防本病主要采取严格的防疫卫生措施，防止污染病菌的水和土壤经损伤的皮肤、黏膜感染动物。病畜的排泄物和脓性渗出物依规无害化处理。加强动物及动物产品的检疫，感染的动物产品应高温处理或无害化处理。加强饲料及水源的科学管理。做好马厩及环境卫生工作，并消灭周围的啮齿类动物。从疫源地进口的动物应予以严格检疫，可采用类鼻疽菌素变态反应进行检查，阳性者禁止引进。

对感染类鼻疽的马匹，应尽早根据药敏试验使用敏感抗生素治疗，大多需要大剂量、长疗程的联合治疗，同时辅以对症治疗。

第二节　寄生虫病

一、马圆线虫病

马圆线虫病是由圆线目的多种线虫寄生于马的大肠（主要是盲肠和结肠）引起的一类危

害严重的肠道线虫病。马的圆线虫分布广，感染率高，感染强度大。

【诊断】

1. 流行病学　马圆线虫病呈世界性分布。马圆线虫的未孵化卵对低温和干燥抵抗力弱，虫卵孵化后抵抗力增强，第三期幼虫为感染性阶段，具有背地性和向光性；马经口摄入幼虫而被感染。马在阴雨多雾的清晨和傍晚放牧易感染。

2. 症状与病变　成虫寄生引起卡他性大肠炎、腹痛、腹泻、贫血和明显消瘦。幼虫移行可引起间歇性疝痛。马的圆线虫感染常引起幼驹发育不良，成年马出现慢性肠卡他，使役能力下降。

3. 实验室诊断　成虫寄生期采用漂浮法检查虫卵，当虫卵数大于每克粪便 1 000 个时，应予以治疗；幼虫期需要进行剖检，发现虫体即可确诊。

【防治】治疗可采用伊维菌素、阿苯达唑等驱线虫药物。预防措施包括合理放牧，轮牧，减少载畜量，尽量减少在清晨、傍晚及潮湿的环境下放牧；定期驱虫，制定详细合理的驱虫计划；注意厩舍和环境卫生，粪便集中堆积发酵处理等。

二、马副蛔虫病

马副蛔虫病是由马副蛔虫（*Parascaris equorum*）寄生于马的小肠所引起的一种线虫病，幼驹多见。

【诊断】

1. 流行病学　马副蛔虫病呈世界性分布。幼驹易感，成年马多为带虫。厩舍养殖的马匹感染概率高于放牧马匹。秋、冬季多发。

2. 症状与病变　消化不良，腹围增大，常有腹痛，严重病例出现肠堵塞或穿孔。病马精神迟钝，易疲劳，毛粗干，发育停滞。幼虫移行可引起不可逆的肺功能减退和咳嗽。

3. 实验室诊断　饱和盐水漂浮法检查粪便中的特征性虫卵；马死后剖检发现虫体即可确诊。

【防治】治疗可采用伊维菌素、阿苯达唑等驱线虫药物。在流行地区每年秋、冬季对马匹进行 1～2 次预防性驱虫，妊娠马产前 2 个月驱虫，新出生的马驹 4～8 周龄首次驱虫，以后每 2 个月驱虫 1 次。保持厩舍、饮水、饲料和用具的清洁卫生，粪便无害化处理；母马分娩前，对马厩和乳房、乳头进行彻底清洗。

三、马盘尾丝虫病

马盘尾丝虫病是由盘尾属（*Onchocerca*）的线虫寄生于马的肌腱、韧带和肌间所引起的一种线虫病，可在寄生部位形成硬结。

【诊断】

1. 流行病学　盘尾丝虫的生活史为间接型发育，需要吸血昆虫——库蠓、蚋或蚊等作为中间宿主，其传播流行与季节有关，多在夏季流行。

2. 症状与病变　症状取决于寄生部位，可表现为过敏性皮炎、周期性屈腱炎、跛行、骨瘤、腱鞘炎、滑液囊炎、周期性眼炎、鬐甲肿胀或瘘等。

3. 实验室诊断　患部检出虫体或幼虫；死后剖检发现虫体即可确诊。

【防治】无特效疗法。消除吸血昆虫的滋生，尽量使马匹避免吸血昆虫叮咬。

四、马腹腔丝虫病

马腹腔丝虫病是由马丝状线虫（*Setaria equina*）寄生于马所引起的一种线虫病。马丝状线虫主要寄生于腹腔，也可见于胸腔、盆腔、阴囊等处。

【诊断】

1. 流行病学 马丝状线虫的生活史为间接型发育，需要以伊蚊、库蚊等为中间宿主，致病力不强，呈世界性分布，我国各地均有报道。

2. 症状与病变 一般无症状。有时会出现腹膜炎、贫血，甚至恶病质。有报道童虫寄生于眼内可引起浑睛虫病。

3. 实验室诊断 取外周血检查发现微丝蚴即可确诊。

【防治】治疗可试用枸橼酸乙胺嗪、左旋咪唑、伊维菌素等。消除吸血昆虫的滋生，尽量使马匹避免被吸血昆虫叮咬。

五、马伊氏锥虫病

马伊氏锥虫病是由伊氏锥虫（*Trypanosoma evansi*）寄生于马的血液引起的一种原虫病，以进行性消瘦、贫血、黄疸、高热、心肌衰竭为特征，常伴发体表水肿和神经症状。

【诊断】

1. 流行病学 马属动物最易感，牛、骆驼及其他哺乳动物（如猪、犬、猫）也可感染。该病主要分布于亚洲和非洲，常呈地方性流行。伊氏锥虫由虻、吸血蝇类机械性传播，以纵二分裂进行增殖。此外，可经胎盘传播，也可由手术器械或注射传播。发病季节与吸血昆虫出现的时期一致，每年7—9月流行最严重。

2. 症状与病变 马属动物常急性发作，经过5～11d的潜伏期后，病马呈现间歇热型，体温突然升至40℃以上，稽留数日后短暂间歇，再次发热，多次反复。发热期间表现呼吸急促、脉搏增加，尿量减少，尿色深黄而黏稠；间歇期各种症状缓解。疾病后期出现水肿，常见于腋下和胸前；末期出现神经症状，甚至死亡。

3. 实验室诊断

（1）*血液病原学检查* 可采用悬滴标本、涂片标本和集虫法检查病原。

（2）*动物接种试验* 实验动物常用小鼠，也可用大鼠、豚鼠和犬等。

（3）*血清学诊断* 可采用乳胶凝集试验、间接血凝试验、ELISA等，已有商品化的诊断试剂盒，但不能有效区分现症感染和既往感染。

（4）*分子生物学诊断* 可采用PCR或DNA探针技术，对虫体数量极低的血液标本有很高的检出率。

【防治】参考牛伊氏锥虫病。

六、马裸头绦虫病

马裸头绦虫病是由裸头科（Anoplocephalidae）裸头属（*Anoplocephala*）的大裸头绦虫（*A. magna*）、叶状裸头绦虫（*A. perfoliata*）和副裸头属（*Paranoplocephala*）的侏儒副裸头绦虫（*P. mamillana*）寄生于马的小肠和大肠所引起的一种绦虫病，对幼驹危害较严重。

【诊断】

1. 流行病学　呈世界性分布，我国各地均有发病报道。该病的流行与发生主要取决于寄生在地螨体内的裸头科绦虫的中绦期幼虫——似囊尾蚴。因此，马绦虫病在我国西北和内蒙古牧区常呈地方性流行，有明显的季节性。当秋季牧草水分多，光线昏暗变弱，大量阳性地螨爬上牧草时被马食入，本病发生达到高峰。冬季、初春以及夏季感染率和发病率下降。地螨的寿命达一年半之久，增加了马匹感染的机会。我国西北地区常在5月下旬开始出现本病，7月达到高峰。5～7月龄的幼驹至1～2岁的小马最易感，随年龄增长而获得免疫力。

2. 症状与病变　症状常以慢性消耗性的症候群为主，如消化不良，间歇性疝痛和腹泻等，感染后可出现渐进性消瘦和贫血。本病对幼驹致病力强，叶状裸头绦虫吸盘吸附在回盲瓣附近的肠黏膜上，造成黏膜炎症、水肿；黏膜损伤，形成组织增生的环形出血性溃疡；重度感染时，由于肉芽组织增生，可导致局部或全部的回盲口堵塞，产生严重的间歇性疝痛。一旦溃疡穿孔，便发生急性腹膜炎，甚至死亡。当重度感染大裸头绦虫时，可导致卡他性或出血性肠炎。侏儒副裸头绦虫一般很少有大量寄生的情况，如大量寄生，其致病作用与大裸头绦虫相似。

3. 实验室诊断　粪便中出现节片或镜检粪便发现虫卵或孕节；死后剖检发现肠内大量虫体即可确诊。

【防治】人工种植牧草，改善牧场排水系统等，减少地满的滋生与存在，逐步消除地螨。

科学放牧，改变夜牧习惯，日出前和日落后少放牧，阴雨天尽可能改为舍饲，减少马匹感染绦虫的机会。治疗可使用氯硝柳胺等药物。

七、马胃蝇蛆病

马胃蝇蛆病（又称马胃蝇蚴病）是由胃蝇属（*Gasterophilus*）的多种胃蝇的幼虫寄生于马的胃肠道中引起的一种慢性寄生虫病。患马高度贫血、消瘦、使役力下降，重者衰竭死亡。

【诊断】

1. 流行病学　我国普遍存在，以西北、东北、内蒙古等地区的马匹感染率较高。成蝇夏、秋季活动频繁，雌蝇将卵产于马匹的胸、腹及腿部被毛上，5d后发育成第一期幼虫，被马食入后，在马体内移行发育至第三期幼虫，并寄生于马的胃内，第二年春季发育成熟后随粪入土化蛹，后羽化成蝇。因此，干旱、炎热、管理不良及马匹消瘦有利于本病流行。

2. 症状与病变　成虫产卵骚扰马匹休息和采食，幼虫移行和寄生引起累及组织器官出现相应症状与病变。初期寄生于口腔内会引起口、舌和咽部水肿、炎症甚至溃疡，表现咀嚼、吞咽困难、咳嗽、流涎。后期因移行至胃及十二指肠，引起慢性或出血性胃肠炎，幼虫吸血及虫体毒素导致营养障碍，表现食欲减退、贫血、消瘦，甚至衰竭等。幼虫叮咬部位呈火山口状。此外，由于虫体毒素作用，患马早期可能表现后躯运动神经障碍、脑髓受损等神经症状。

3. 实验室诊断

（1）病原学检查　夏、秋季检查马体被毛上有无胃蝇卵；春季观察马粪便中有无排出胃蝇蛆、蛹等。尸体剖检可在口腔、喉头、胃、十二指肠等处查找不同发育阶段的胃蝇蛆。

（2）免疫学诊断　有应用胃蝇幼虫无菌水浸液进行变态反应诊断的报道。

【防治】治疗可选用精制敌百虫、伊维菌素等药物。在本病严重流行地区，每年秋、冬两季可用兽用精制敌百虫进行预防性驱虫，这样既能保证马匹健康，又能消灭未成熟的幼虫，达到消灭病原的目的。

（1）杀灭体表的第一期幼虫，可用1%～2%敌百虫水溶液，每6～10d重复一次，但药物对卵内的幼虫效果很差。

（2）清除马被毛上的虫卵，可重复用热醋洗刷，使幼虫提早脱离卵壳，并使卵上的黏胶物质溶解，也可以用点着酒精棉球烧燎被毛上的虫卵。

（3）在有条件的情况下，可采取夜间放牧，以防成蝇侵袭产卵。

（4）消灭粪便及环境中的蝇蛆，在患马排出成熟幼虫的季节，应随时摘除附着在直肠黏膜或肛门上的幼虫并予以消灭。也可利用家禽啄食随马粪排出的幼虫，或用化学药剂进行灭杀。

八、螨　　病

马的螨病是由马疥螨（*Sarcoptes equi*）、马痒螨（*Psoroptes equi*）、马足螨（*Chorioptes equi*）和马蠕形螨（*Demodex equi*）寄生于马的体表、表皮和毛囊内等处所引起的一类体外寄生虫病。

【诊断】

1. 流行病学　在马的螨病中，疥螨病最严重，马足螨和马蠕形螨很少见。马瘦弱或抵抗力差时易感染。主要传播途径为接触传播，受污染的厩舍、饮水、食槽、用具等也能传播，也可通过兽医或管理人员的衣物和手传播。主要发生于冬、春季节。

2. 症状与病变　症状以马的瘙痒不安（倚靠物体摩擦、蹭痒啃咬等）和各种类型的皮炎（丘疹、溃疡、脱毛、结痂）为特征。疥螨病病初可见马的头、颈、肩皮肤损伤，长毛保护或低位末梢的部位一般不受侵害。马痒螨病常发部位为鬃、尾、颌间、股内面及腹股沟。马足螨病表现为散发性的后肢系部屈面皮炎。

3. 实验室诊断　参考牛、羊螨病。

【防治】参考牛、羊螨病。

第二单元　普 通 病

第一节 内科病

一、口　炎

口炎是口腔黏膜炎症的统称。

【诊断】

1. 病因 非传染性病因包括机械性损伤（木片、玻璃或麦芒等异物、牙齿磨灭不正或其他机械刺激），温热性和化学性损伤（刺激性药物、有毒植物、误饮氨水等），以及核黄素、抗坏血酸、烟酸、锌等营养缺乏症。传染性因素主要由水疱性口炎病毒导致。

2. 症状 主要表现泡沫型流涎，采食、咀嚼困难，口腔黏膜潮红、发热、肿胀和疼痛。水疱性口炎在口腔和嘴唇可见水疱，水疱破裂后形成溃疡。患畜伴有发热等传染病固有的全身症状。

3. 实验室诊断 取水疱液进行病原学鉴定（ELISA、RT-PCR、病毒分离等）。

【防治】加强饲养管理，去除原发病因。定期做口腔检查和锉牙。用1%食盐水或3%硼酸溶液反复洗涤口腔。如发现口腔黏膜溃烂时，可在溃烂面涂10%磺胺甘油乳剂或碘甘油。

二、消化不良

消化不良又称卡他性胃肠炎，是指胃黏膜表层炎症，并伴有胃肠神经支配失调及消化机能障碍的疾病。

【诊断】

1. 病因 常见于饲料霉败、受冻或含沙石较多，饲喂不当，误食有毒物质或刺激性物质。传染性疾病、寄生虫病和牙齿磨灭不正等也可继发本病。

2. 症状 以胃机能紊乱和肠机能紊乱为主。患畜精神沉郁、嗜睡、食欲减退。急性患畜口腔黏膜潮红，体温升高；慢性患畜病情反复，逐渐消瘦，被毛无光泽，可视黏膜苍白，便秘和腹泻交替发生。腹泻严重者会出现脱水和酸碱平衡失调。

【防治】治疗原则为去除病因，加强管理，清理胃肠，调整胃肠机能。提升饲料品质，选取易消化的饲草。修整牙齿，纠正牙齿磨灭不正。合理使役，适当运动，定时驱虫，保持畜舍清洁。当消化道内容物腐败发酵产生刺激性物质时，可内服液状石蜡，或用硫酸镁或硫酸钠等盐类泻剂。平胃散和健脾散等中兽医方剂有助于调理恢复胃肠机能。

三、胃肠炎

胃肠炎是胃黏膜和/或肠黏膜及黏膜下深层组织发生炎性疾病的总称。

【诊断】

1. 病因 可分为原发性和继发性两类。原发性病因包括食用不良饲料，误食有毒植物或刺激性化学物质，饲养管理不当等。胃肠炎可继发于细菌性、病毒性或寄生虫性感染，肠变位及各种腹痛等疾病。抗生素使用过量也可导致消化道菌群失衡，引起胃肠炎。马驹常见轮状病毒引起的腹泻。

2. 症状 临床上以腹泻、腹痛、脱水、酸碱平衡失调和自体中毒为主要特征。患畜精神沉郁，食欲减少。急性病例伴有高热，慢性病例体重下降，出现便秘或腹泻与便秘交替发生。肠音初期增强，随后减弱或消失。

3. 其他诊断方法 需要根据流行病学调查，血、粪、尿或其他病料的检查，草料和胃内容物的毒物分析等以区分单纯性胃肠炎、传染性胃肠炎、寄生虫性胃肠炎和中毒性胃肠炎。

【防治】治疗原则为消除病因，抑菌消炎，缓泻止泻，补液解毒强心。查明原因，采取对因治疗，同时加强饲养管理。常用黄连素、环丙沙星、磺胺脒等抑制消化道内致病菌的增殖。止泻可用吸附剂和收敛剂。大量的补液有助于纠正患畜脱水情况和酸碱平衡紊乱，常用复方氯化钠、生理盐水或5%葡萄糖生理盐水。如患畜出现代谢性酸中毒，可补充适量的5%碳酸氢钠溶液。

四、胃扩张

胃扩张是指胃部因过量气体、液体或食物导致胃部急性膨胀或持久性胃容积增大，常继发腹痛。

【诊断】

1. 病因 原发性因素包括固有胃病，因剧烈运动过量吞气，大量摄食难以消化和容易膨胀和发酵的饲料，大量饮水，胃蝇蛆侵害等。继发性因素包括肠炎、小肠梗阻和大肠变位等。

2. 症状 患畜烦躁不安，出现刨地、起卧打滚等腹痛表现，有时呈犬坐姿势，伴随干呕。患畜心率加速，局部或全身出汗，呼吸迫促，鼻孔流出酸臭的食糜，可视黏膜苍白或发绀。如胃部破裂还会出现腹膜炎和内毒素中毒等伴有的全身性症状。

3. 胃管插管 如从胃管中排出大量酸臭气体和少量食糜后，症状有所缓解，则表明为气胀性胃扩张。若仅能排出少量气体，腹痛不减轻，则可能是食滞性胃扩张。

4. 直肠检查 在左肾下方可触摸到膨大的胃后壁，随呼吸前后移动，触压紧张而有弹性或呈捏粉样硬度。

5. 其他诊断方法 可利用胃镜和消化道造影成像判断胃部情况。

【防治】治疗原则为加强护理，制酵减压，镇痛解痉，强心补液。加强患畜饲养管理，规律饲喂，合理运动。放置胃管可快速降低胃压，洗胃有助排出酸败食糜，灌服液状石蜡或松节油有助于制酵。静脉注射氟尼辛葡甲胺溶液有助于缓解腹痛。根据患畜脱水情况，避免自体中毒，应合理补充复方氯化钠溶液。

五、肠痉挛

肠痉挛又称肠通、痉挛疝，中兽医称为冷痛和伤水起卧，是由于肠壁平滑肌受到异常刺激而发生痉挛性收缩的一种腹痛病。

【诊断】

1. 病因　常见病因为寒冷刺激，如汗体淋雨，寒夜露宿，采食冰冻饲料，重役后贪饮大量冷水；化学性刺激，如消化不良时，消化道产生刺激性物质；某些肠道疾病继发，如肠道寄生虫病、慢性炎症等提高了壁内神经丛的敏感性，从而导致肠痉挛发生。

2. 症状　间歇性腹痛为特征性临床表现，发作时患畜不安，倒地打滚，腹痛随着发作次数的增加而减弱。听诊肠音增强，两侧肠音高朗。患畜排粪次数增多，但粪量不多，粪便稀软带水。

【防治】治疗原则为解痉镇痛，清肠制酵。可静脉注射非甾体类抗炎药，如氟尼辛葡甲胺，缓解疼痛。针刺分水、姜牙、三江等穴位也能解痉镇痛，之后进行中药治疗，以宽中行气、制酵、消食导滞、降逆为治则。因急性卡他继发的肠痉挛应灌服制酵剂。

六、肠臌气

肠臌气又称为肠臌胀、风气疝，中兽医称肚胀或气结，是因肠管（多指结肠）过度臌胀而引起的一种腹痛病。

【诊断】

1. 病因　常见因吞食过量易发酵饲料发病，如果食后又饮用大量冷水更易发病。过度使役、长途运输等应激因素影响了胃肠分泌和运动机能，导致肠内微生态改变，容易诱发本病。另外，一些疾病如完全阻塞性大肠便秘、大肠变位或结石性小肠堵塞、反应性或肌源性肠弛缓以及卡他性肠痉挛等均可继发本病。

2. 症状　常在采食后 2～4h 发病，表现为间歇性腹痛，随后发展为持续性剧烈腹痛，最后因肠管极度臌胀而陷于麻痹，腹痛减弱或消失。腹痛 1～2h 内，腹围急剧增大，肷窝平满或隆起，右侧尤为明显；触诊呈鼓音。呼吸急迫，心率加快，静脉怒张。

3. 直肠检查　由于肠管充满气体，腹压增高，检手进入困难。经直肠触诊其他肠管有气体弹性反弹。通过直肠检查可找到便秘、变位或梗阻的肠道。

【防治】治疗原则为解痉镇痛，排气减压，清肠制酵。对于初中期病例，实施解痉止痛治疗，配合适量运动有助于气体排出。当病马腹围显著膨大，呼吸困难，应实施急救措施：用细长的针头在右侧肷窝穿刺盲肠或左侧肷窝穿刺左结肠；也可用注射针头在直肠内穿肠放气。用人工盐、福尔马林、松节油与水混合，用胃管投服进行制酵。

七、便　　秘

便秘是因肠运动与分泌机能紊乱，内容物停滞使某段或某几段肠管发生完全或不完全阻塞的腹痛病。本病是马属动物最常见的内科病，也是最多发的一种胃肠性腹痛病。

【诊断】

1. 病因 便秘的病因复杂：①饲料品质不良，如粗硬的饲草、霉败的饲料等；②饮水不足；③摄盐不足；④饲养条件突变，如草料种类、饲喂方法和程序等；⑤气温骤变；⑥其他因素，如牙齿磨灭不正、慢性消化不良、肠道寄生虫病和使用麻醉药等。

2. 症状 患畜食欲减退，里急后重，排粪量减少，粪便干、硬。完全阻塞性便秘呈中等或剧烈腹痛，肠音沉衰或消失，初期排干小粪球，数小时候后，排粪停止；随着病程发展，全身性症状明显加重。不完全阻塞性便秘，多表现轻微腹痛，全身症状不明显。一旦呈现可视黏膜发绀、肌肉震颤、局部出汗等休克危象，提示肠穿孔。便秘可发生在不同肠段，常见在胃部、小肠、小结肠、骨盆曲左上大结肠、盲肠和左下大结肠。不同部位的肠便秘有不同的临床特点，应根据腹痛、肠音、排粪情况及全身症状做出初步诊断。

3. 影像学检查 X线影像检查有助于判断患畜体内是否存在异物、肠结石或沙石等。B超检查也可以评估肠管结构是否发生变化及消化道蠕动情况。

【防治】治疗原则为清除病因，加强护理，镇痛解痉，疏通肠道，补液强心。找出病因，采取对因治疗。加强护理，做适当的牵遛活动，防止病马受凉、剧烈翻滚及撞伤。解痉镇痛适用于完全阻塞性便秘。胃管导胃排液和穿肠放气有助于降低胃肠内压，防止胃肠破裂。分别用静脉输注复方氯化钠溶液和大量灌服温水灌肠，针对小肠便秘和大肠便秘补液，以纠正脱水失盐、酸碱失衡。灌服液状石蜡等泻剂有助于破除结粪，疏通肠道。如腹痛无法控制或病畜发生胃肠破裂，可以考虑外科手术治疗。

八、肺充血及肺水肿

肺充血是指肺毛细血管内血液过度充满。肺水肿是指由于肺充血持续时间过长，血液的液体成分渗漏到肺实质和肺泡。肺充血和肺水肿是同一病理过程的前后两个不同阶段。

【诊断】

1. 病因 原发性肺充血和肺水肿在马很少见。马的肺充血及肺水肿多继发于心源性疾病和非心源性疾病。心源性原因包括心肌炎、心力衰竭和使役过度造成的心输出量增大。非心源性原因包括败血症、弥散性血管内凝血和过敏反应等。呼吸道阻塞引起的肺水肿在马也有报道。

2. 症状 初期呼吸快而急迫，后期发展为呼吸困难，可视黏膜潮红或发绀，流泡沫状的鼻液，静脉怒张，心率加快，体温升高，听诊肺部有广泛性湿啰音。

3. 影像学检查 X线影像检查可用于体型较小的马。B超检查可判断是否存在肺水肿，同时可评估心脏结构和功能。

【防治】治疗原则为保持病畜安静，减轻心脏负荷，制止液体渗出，缓解呼吸困难。对于呼吸极度困难的病畜，颈静脉大量放血和气管切开术有急救功效。用呋塞米静脉注射，有助于降低毛细血管静脉压。根据病因给予相应的药物治疗，如心力衰竭引发的肺水肿应用强心剂，过敏反应引起的肺水肿应用抗组胺药和肾上腺素，血管通透性增强引起的肺水肿应用非甾体抗炎药或皮质激素。

九、支气管肺炎

支气管肺炎又称为小叶性肺炎或卡他性肺炎，主要累及支气管和肺组织，幼龄动物多发。

【诊断】

1. 病因 马红球菌是马驹支气管肺炎的主要致病原。其他致病原还有马链球菌、蛔虫、马疱疹病毒等。

2. 症状 患畜精神沉郁，食欲减退，体温升高，伴有咳嗽，流鼻液，腹泻，呼吸困难，关节肿胀等。叩诊有局灶浊音区，听诊有捻发音。

3. 影像学检查 X线影像表现斑片状或斑点状的渗出阴影，大小和形状不规则，密度不均匀。B超检查可确定是否存在肺脓肿和腹腔脓肿。

4. 实验室诊断 血液学检查发现白细胞和中性粒细胞增多，纤维蛋白原和血清淀粉样蛋白A增高。因腹泻脱水的患畜表现为氮血症和离子紊乱。取肺泡冲洗液进行病原学分析。

【防治】治疗原则为抑菌消炎，祛痰止咳，制止渗出，加强护理。临床上常用红霉素联合利福平治疗。预防应加强饲养管理，避免淋雨受寒、过度劳役和长途运输等诱发因素，增强机体抗病能力。

十、纤维素性肺炎

纤维素性肺炎又称为大叶性肺炎，大多由病原微生物引起，以肺泡内纤维蛋白渗出为主要特征。

【诊断】

1. 病因 由于动物受寒、感冒，吸入有害气体，长途运输，发生应激，机体抵抗力下降，导致呼吸道黏膜病原微生物侵害机体。胸壁透创或食管破裂也可导致胸膜肺炎。多数病例为混合感染，常见的有氧菌为马链球菌、巴氏杆菌、放线菌、克雷伯氏菌、大肠杆菌等，厌氧菌为拟杆菌和梭菌等。继发性纤维素性肺炎见于马腺疫。

2. 症状 患畜精神沉郁，食欲废绝，不愿运动，急性发热，呼吸频率增加，呼吸困难伴有铁锈色鼻分泌物。胸部腹侧水肿是常见的临床症状。听诊胸部背侧呼吸音增强，腹侧呼吸音减弱。叩诊胸部腹侧呈浊音。

3. 影像学检查 X线影像（仅适用于体型较小的马驹）呈现大片密度不均匀的阴影。B超检查可判断是否存在胸腔积液。

4. 实验室诊断 收取气管冲洗液或胸膜积液进行细胞学检查和病原体鉴定。

【防治】治疗原则同支气管肺炎。根据细菌药敏试验选取合适的抗菌药物进行治疗。

十一、中　　暑

中暑是日射病和热射症的统称。日射病是动物头部长期持续受到强烈的日照引起的中枢神经系统机能障碍性疾病。热射病是由于外界气温高、湿度大，动物产热多、散热少，体内积热而引起的中枢神经系统机能紊乱性疾病。

【诊断】本病需要根据发病季节，结合病史和临床症状综合判断。注意跟肺水肿和肺充血、心力衰竭、脑充血等疾病区分。

1. 病因 除了直接的日光照射和湿热环境外，饲养管理及马匹自身的因素也能诱发中暑。在炎热季节中过度使役或饮水不足可能诱发中暑。马匹自身患有无汗症、骨骼肌疾病引起的恶性高热等疾病也可引致中暑。另外，体质肥胖、幼龄和老龄马耐热能力较差。

2. 症状 本病发病急，患马体温升高，大量出汗或无汗。当体温高于41℃时，患马出现神经机能障碍，表现为精神沉郁，四肢无力，肌肉震颤，共济失调，突然倒地。随着病程发展，出现呼吸循环系统机能紊乱：呼吸急促，心率加快，静脉怒张，脉搏微弱，结膜充血，皮肤、角膜和肛门等反射减退或消失，最后因为剧烈抽搐、呼吸麻痹或心力衰竭而死。

3. 实验室诊断 血液学检查常见红细胞比容升高，血清 K^+、Na^+ 和 Cl^- 含量降低，存在呼吸性碱中毒。

【防治】 治疗原则为消除病因，加强护理，降低体温，防止脑水肿，对症治疗。首先，应停止使役或运动，尽快将患马转移至阴凉的环境，保持安静，提供充足的凉水。其次，降低体温是治疗的关键，可利用物理降温法（冷水浴、冷水灌肠、冰块降温等）和化学降温法（注射解热镇痛类药物）。注射20%甘露醇或葡萄糖酸钙有助于控制脑水肿。静脉输注大量的复方氯化钠有助于改善微循环，同时纠正脱水情况，但应配合利尿剂使用，避免加重脑水肿。最后，根据不同的临床症状进行对症治疗，如动物烦躁不安时可使用镇静剂；当动物心脏机能减弱时可使用强心剂，当动物出现呼吸困难时使用呼吸中枢兴奋剂等。

十二、荨 麻 疹

荨麻疹是一种免疫学性或非免疫学性刺激的皮肤过敏反应。

【诊断】

1. 病因 一些非免疫学性刺激因素如光、热、冷、压力等，或一些免疫学性刺激因素如药物、疫苗、昆虫叮咬等，造成皮肤肥大细胞去颗粒及分泌活性成分，如组胺、前列腺素和血小板活化因子。

2. 症状 通常急性发作，出现各型瘙痒疹块或较大的水肿性肿胀。慢性荨麻疹则反复发作。典型的疹块呈平顶的丘疹或结节。严重患马可见皮肤有血清或血水渗出，出现由鼻、咽、喉水肿导致的呼吸困难。但很少发展成低血压、虚脱、胃肠道症状的过敏性休克。

3. 皮肤划痕测试 用钝物在皮肤疹块处划痕并观察皮肤反应，如疹块跟随划痕轨迹扩散，则说明这是由于血管扩张引起的荨麻疹。

4. 实验室诊断 皮肤活检和组织病理学检查可鉴别诊断荨麻疹、脓皮病、天疱疮、皮肤真菌病和血管炎等。

【防治】 尽力找出致敏原，切断与致敏原的接触。治疗可用泼尼松龙，口服、肌内或静脉注射。如患马对泼尼松龙不敏感，可应用快速起效的类固醇药物，如地塞米松磷酸钠，口服、肌内或静脉注射。同时协同使用苯海拉明，口服或肌内注射。长期使用抗组胺药可能有助于预防或治疗不明原因的慢性荨麻疹。

十三、霉败饲料中毒

霉败饲料中的不同霉菌会产生不同的毒素，常见的有马霉玉米中毒，又称马脑白质软化症。

【诊断】

1. 病因　玉米在收获后晒干的过程中，遭受淋雨、潮湿环境或储存不当时，串珠镰刀菌在玉米上生长繁殖，发生霉败，产生伏马菌毒素，马属动物采食霉败玉米后引起中毒。

2. 症状　伏马菌毒素主要影响中枢神经系统。中毒患畜表现兴奋、沉郁或两者交替。急性期患畜表现兴奋，向前猛冲，原地转圈，共济失调等，多在1d内死亡；沉郁型为慢性过程，患畜目光呆滞，唇舌麻痹，吞咽障碍，卧地不起，时发癫痫，一般几天后死亡。该病有时并发肝病症状：结膜黄染，黏膜可见出血点等。

根据病史，结合临床症状和病理变化可做出初步诊断。确诊需要对玉米饲料进行真菌分离和毒素鉴定。

【防治】本病以预防为主，严禁饲喂发霉玉米。若出现症状，主要采取对症和支持疗法，加速排毒，保护大脑机能和降低颅内压。同时对患畜加强护理，保持安静，减少刺激，防止褥疮。

第二节　外科病

一、创　　伤

创伤是指因锐性外力或强烈的钝性外力作用于机体组织或器官，造成的开放性机械损伤。

【诊断】

1. 病因　马匹常因有刺铁丝网、围栏、灌木丛的尖端造成胸部、腹部及四肢远端的创伤。根据创收是否感染可分为无菌创、污染创和感染创。

2. 症状　根据致伤物的不同，创伤形态随之不同，表现为平整或不规则的创缘，创腔深度不一，伴有或不伴有异物等。根据受伤的部位、组织损伤的程度、血管损伤的状况和血凝情况，会出现不同程度的出血。创口因受伤组织分离和收缩引起裂开。触诊受伤部分，患畜表现疼痛。根据受伤部位和疼痛程度，患畜可能表现出一定的机能障碍。根据创伤是否穿透胸腔、腹腔及其重要器官和关节等，患畜会出现相应的临床症状。如创伤穿透胸腔，患畜表现呼吸困难。

3. 影像学检查　X线影像检查可判断是否存在硬组织损伤；B超检查可判断有无胸腹腔积血和内脏破裂的情况。

4. 实验室诊断　血常规检查可判断患畜的失血和感染情况。

【防治】治疗原则为积极抢救，防治休克，防治感染，纠正水和电解质紊乱，促进创口愈合和功能恢复。创伤治疗的基本方法是彻底清创，保持创口干爽。如创口较大、较深，应考虑使用全身性抗生素疗法。针对污染创和感染创，根据实际情况考虑引流法。不建议对污染创和感染创进行缝合处理。由于腕（跗）关节以下部位多为腱、韧带和筋膜等结构，具有血供不丰富、容易行二期愈合和容易受污染等特点，因此对于四肢创伤多采用包扎疗法，限制肉芽生长，促进上皮增生。为外伤患马注射破伤风类毒素对预防破伤风尤为重要。

二、脓　　肿

严重感染后，组织和器官内坏死、液化，形成局限性脓液集聚，并伴有完整的包膜，称为脓肿。

【诊断】

1. 病因　由于外伤或医源性导致的细菌性组织损伤，常见的致病性细菌有葡萄球菌、链球菌、大肠杆菌、棒状杆菌和假单胞菌等。脓肿可发生在浅表组织或深层组织，如深层肌肉、肌间、腹膜下和内脏器官中。

2. 症状　脓肿形成速度较慢，创伤发生后几天出现局限性皮肤肿胀，伴有红、肿、热、痛。触诊肿胀柔软，具有波动感。穿刺可见灰白色或黄色脓液。严重感染可伴有全身性症状，如精神沉郁、体温升高和食欲不振等。

3. 影像学检查　超声检查可见脓肿的回声因细胞含量不同而有所差异。有时可在脓肿中观察到液体旋涡，或由细菌产气形成的混响伪影。

4. 实验室诊断　如应用广谱抗生素治疗后无效果，则应采取脓液进行细菌药敏试验。

【防治】热敷有助于加快脓肿成熟，待脓肿成熟后可选择重力最低点纵向切开脓肿，然后用力挤出浓汁，并用大量生理盐水或稀释氯己定溶液冲洗脓腔，直至冲洗液澄清，最后按化脓创处理。针对深层脓肿，需要对患畜进行全身性麻醉，摘除脓肿。根据实际情况选择是否装置引流管。最后应用全身性抗生素治疗。

三、蜂窝织炎

蜂窝织炎是指疏松结缔组织内发生的急性弥漫性化脓性炎症。

【诊断】

1. 病因　多与皮肤外伤有关。但多数情况下，由于伤口太小，在皮肤无法观察到创口。另外，颈静脉周围漏注强刺激性药物可造成颈部皮下或颈深筋膜下蜂窝织炎。当并发化脓性或腐败性感染时，继发化脓灶。如蜂窝织炎治疗不及时，局部病程可转为慢性过程。此时，皮肤及皮下组织肥厚、弹力消失，成为慢性畸形性弥漫性肥厚，称为象皮症。

2. 症状　局部症状表现为软组织肿胀，伴有红、肿、热、痛，常见于四肢，特别是四肢远端，根据严重程度会出现不同程度的跛行。全身症状主要表现为病畜精神沉郁，体温升高，食欲不振，并出现各种系统的机能紊乱。

3. 影像学检查　可利用超声检查跟腱、腱膜和关节囊，用于鉴别脓肿和血肿。

【防治】治疗原则为抑制炎症发展，促进炎症产物吸收，预防感染。对于较小的蜂窝织炎，应对伤口进行大量生理盐水灌洗，并用聚维酮碘消毒伤口。大面积的蜂窝织炎应使用全身性抗生素疗法（青霉素和庆大霉素组合）和非甾体抗炎药。压力绷带有助于减少肿胀。同时牵遛和热敷有助于改善局部血液循环和淋巴循环，加快炎症产物吸收。如发现脓肿，应施行外科手术切开，排除脓液，按化脓创处理。

四、血　　肿

血肿是指由于各种外力作用，导致血管破裂，溢出的血液分离周围组织，形成充满血液的腔洞。

【诊断】

1. 病因　血肿常见于软组织非开放性损伤。但骨折、刺创、火器创也可以形成血肿。

2. 症状　马的血肿经常发生于胸前、鬐甲、股部、腕部和跗部。血肿的临床特点是肿胀迅速增大，触诊呈明显的波动感，无发热或痛感。穿刺时可排出血液。4～5d 后肿胀周围坚实。本病应注意与脓肿鉴别区分。

3. 影像学检查　超声检查有助于鉴别血肿和脓肿，但结果不具特异性。血肿初期有回声，但随着凝血块的形成，逐渐出现小腔性的液性暗区，而脓肿超声影像根据细胞成分及含量不同而各异。有时可在脓肿中观察到液体旋涡，或由细菌产气形成的混响伪影。

【防治】治疗原则为制止溢血，防治感染，排除积血。可利用压力绷带压迫止血。初期可冷敷，后期热敷。小血肿可自行吸收，较大的血肿则需切开排出积血或血凝块。如果发现继续出血，可行结扎止血。清理创腔后，根据患病部分选择创口缝合、引流疗法或开放疗法。

五、风湿病

风湿病是一组侵犯关节、骨骼、肌肉、血管及有关软组织或结缔组织的疾病。风湿性疾病含义较广，在兽医临床上除风湿病外，还包括以四肢跛行症状为主的类风湿性关节炎。

【诊断】风湿病缺乏特异性诊断方法，在临床上主要依据病史和临床表现加以诊断。一些实验室诊断方法可以辅助诊断。

1. 病因　风湿病/类风湿性关节炎罕见于马，这是一种自身免疫性疾病。病因迄今尚未完全阐明，近年来的研究表明，其为变态反应性疾病，并与溶血性链球菌感染有关。

2. 症状　根据疾病的严重程度，患畜可能出现发热，其他系统也可能受到一定的损伤出现相关的症状。但该病主要影响四肢关节。患畜的关节肿胀、僵硬，最后发生畸形，甚至出现关节粘连。因此，患畜会出现跛行症状。

3. 实验室诊断

(1) 水杨酸钠皮内反应试验　只要白细胞总数有一次比注射前减少 1/5，即可判定为风湿病阳性。

(2) 血常规检查　风湿病病马血红蛋白含量增多，淋巴细胞减少，嗜酸性粒细胞减少（病初），单核白细胞增多，血沉加快。

(3) 纸上电泳法　病马血清蛋白含量的变化规律为清蛋白降低最显著，β 球蛋白次之；γ 球蛋白增高最显著，α 球蛋白次之。清蛋白与球蛋白的比值变小。

【防治】治疗可应用解热、镇痛及抗风湿药，如水杨酸类药物。或用皮质激素类药物，如氢化可的松注射液，达到消炎和抗变态反应作用。也可用中兽医疗法，根据发病部位选取相应的穴位进行针灸。

六、结膜炎

结膜炎是指眼结膜受外界刺激和感染而引起的炎症。

【诊断】

1. 病因　结膜炎是一种非特异性的临床症状，其病因包括：机械性因素，结膜外伤或异物刺激；化学性因素，化学药品或农药误入眼睛；温热性因素，热伤；光学性因素，日照长期直射、紫外线或 X 射线等；传染性因素，眼线虫、马疱疹病毒、马链球菌、马红球菌等；免疫介导性因素，过敏性结膜炎；继发性因素，眼肿瘤疾病（如鳞状上皮细胞癌、淋巴瘤、乳头状瘤等）、邻近组织疾病（如泪囊炎、眼睑疾病、角膜炎、葡萄膜炎和睫毛异常等）

和眼周外伤等。

2. 症状 共同症状是畏光、流泪、结膜充血、结膜水肿、眼睑痉挛、眼分泌物及白细胞浸润。

（1）卡他性结膜炎 表现为结膜潮红、肿胀、充血，流浆液性、黏液性或黏液脓性分泌物，可分为急性和慢性两型。

（2）化脓性结膜炎 常由眼内流出多量纯脓性分泌物，常波及角膜形成角膜溃疡。

3. 实验室诊断 用无菌棉拭子涂擦结膜和眼分泌物，进行细胞学检查和相关的病原学分析。如发现细菌，应进行细菌药敏试验。

【防治】设法找出潜在病因，治疗原发疾病。给患眼带上眼罩，既能遮光又能避免因磨蹭造成的继发损伤。用3%硼酸溶液清洗患眼，清除眼周分泌物。最后对症治疗，广谱抗生素眼药水点眼预防和治疗细菌感染，含皮质醇类药物眼药水有助于消炎止痛（并发角膜溃疡时禁用）。

七、角膜炎

角膜炎是马最常发生的眼病，可分为外伤性、表层性、深层性（实质性）和化脓性等类型。

【诊断】

1. 病因 角膜炎多由外伤或异物误入眼睛引起。角膜暴露、感染、营养障碍和近邻组织病变的蔓延等均可诱发本病。感染多为细菌性或真菌性感染，最常见的细菌感染为革兰氏阴性菌感染。

2. 症状 角膜炎的共同症状是畏光、流泪、疼痛、眼睑闭合、角膜浑浊、角膜缺损或溃疡，伴有眼分泌物。轻的角膜炎不容易直接发现，只有在阳光斜照下可见到角膜表面粗糙不平。

3. 眼科检查 仔细检查是否有睫毛倒插、眼睑内翻等原发性疾病；用荧光素点眼判断是否发生角膜溃疡。

4. 实验室诊断 用无菌棉拭子涂擦角膜和眼分泌物，进行细胞学检查和相关的病原学分析。如发现细菌，应进行细菌药敏试验。

【防治】首先应注意治疗原发病。急性期的冲洗和用药与结膜炎的治疗大致相同。为了促进治愈，可用自家血清点眼。发生角膜溃疡时，应用抗生素控制感染。对于陈旧性角膜溃疡或深层角膜溃疡，可做瞬膜或结膜瓣遮盖术。如感染无法控制，应施行眼球摘除术避免继发全身性感染。

八、牙齿磨灭不正

牙齿磨灭是指马的切齿或臼齿因采撷食物而受到磨损，具有规律性。正常马属动物上下颌骨并非垂直相对，异常的解剖结构或因其他疾病导致的上、下臼齿咀嚼面接触不充分，可造成牙齿磨灭不正，其类型可分为锐齿、过长齿、波状齿、阶状齿和滑齿。如不及时处理牙齿磨灭不正，可继发牙周炎。

【诊断】

1. 症状 严重患畜咀嚼时，会漏出饲草。由于疼痛导致食欲减退，体重下降。粪便中可见消化不完全的草渣。

2. 口腔检查 镇静患畜，装上开口器进行全面的口腔检查。锐齿可导致颊黏膜和舌头外侧发生不同程度的溃疡。

【防治】根据不同的类型进行不同的处理。过长齿，可用齿剪或齿刨打去过长的齿冠，再用齿锉修整。锐齿，可用齿锉修整其尖锐的齿尖，重点打磨下臼齿的内侧和上臼齿的外侧，同时使用稀释氯己定等消毒液冲洗口腔，在溃疡处可涂碘甘油合剂。每年一次的锉牙活动有助于避免牙齿磨灭不正。

九、下颌骨骨折

【诊断】

1. 病因 下颌骨骨折是最常见的一类颌骨骨折，发生部位以沿正中矢状面骨折或齿槽间隙边缘一侧或两侧较为多见。该病多与外伤有关，如被其他动物踢伤，或运动过程中头部发生碰撞等。

2. 症状 根据骨折的程度可出现食欲下降、采食和咀嚼困难、流涎、侧漏饲草、口腔发臭、切齿排列不齐、面部不对称和疼痛等表现各异的症状。如骨折发生在正中联合，则两侧的骨体和下颌支运动；如果骨折发生在齿槽间隙，则下颌骨体齿部下垂；若骨折发生在下颌骨体臼齿部，则局部变形并伴有碎骨片造成的舌、颊组织损伤。

3. 影像学检查 针对下颌骨的X线影像检查可判断是否发生骨折和骨折的类型。

【防治】治疗前，下颌骨简单骨折可采取深度镇静配合局部麻醉（颏神经和眶下神经）；如骨折涉及下颌骨体臼齿部，则建议采取病侧在上的侧卧保定，全身麻醉。首先应对创口进行彻底的外科清理。如发现牙齿松脱或牙齿骨折，应该移除该牙齿。下颌骨体正中联合骨折可在口腔内用金属丝套住两侧的臼齿加以固定。其他情况的骨折可按同理选择相应的牙齿用金属丝固定。其他治疗方法还有采用接骨板或骨髓钉做内固定。

十、腹 壁 疝

腹壁疝是指内脏器官通过腹壁缺口或腹壁解剖学自然孔脱出的病症。

【诊断】

1. 病因 虽然腹壁的任何部位均可发生腹壁疝，但马、骡的多发部位见于膝褶前方下腹壁。腹壁疝可分为先天性腹壁疝（如脐疝）和获得性腹壁疝（如创伤性腹壁疝和切口疝）两类。由于腹肌或腱膜受到钝性外力的作用而形成的创伤性腹壁疝较为常见。

2. 症状 腹壁突然出现一个局限性扁平、柔软的肿胀，常具可复性。创伤性腹壁疝触诊疼痛。伤后由于炎性反应和腹水累积，肿胀会变大和变硬。穿刺可流出血清样液体。腹壁疝内容物多为肠管，因此在患病动物肿胀部位听诊可听到肠蠕动音。

3. 影像学检查 可用超声影像探查腹壁缺口和疝囊内的内容物。

【防治】

（1）保守疗法 适用于初发的、疝孔小、具可复性的腹壁疝。在疝孔位置安放特制的软垫，用压力绷带缠绕畜体以起到固定填塞疝孔的作用。与此同时，限制动物活动并观察患畜是否出现小肠梗阻的症状。

（2）手术疗法 将健康有活力的腹腔内容物推回至腹腔，利用缝线闭合疝环，随后常规缝合皮下组织和皮肤。若疝环较大，腹壁张力大时，可利用筛网或患畜组织瓣闭锁疝环。少数腹壁疝病例发生感染时，应在施行疝修补术前控制感染。做修补术后如发生感染化脓时，应做好局部引流，使用全身性抗生素控制感染。

十一、腹股沟阴囊疝

腹股沟阴囊疝是指公马的腹腔脏器经腹股沟环脱出至腹股沟鞘膜腔内，并进一步下降到阴囊鞘膜腔内的疾病。

【诊断】

1. 病因 腹股沟环过大容易发生疝。先天性腹股沟疝和阴囊疝多见于出生几个月后。获得性腹股沟阴囊疝主要是因腹压增高所致，如公马配种时，两前肢凌空，身体重心后移，腹压增大。剧烈运动也可导致腹内压力增大。

2. 症状 腹股沟阴囊疝内容物可为网膜、小肠、大肠。当疝内容物被嵌闭时，患畜可出现腹绞痛现象；严重者肠道出现坏死，继发全身性症状甚至死亡。当内容物脱出至阴囊时，阴囊一侧增大，皮肤紧张发亮，触诊时柔软有弹性，多为不痛。通过触诊可鉴别诊断阴囊积水、睾丸炎与附睾炎。前者触诊柔软，后两者局部触诊肿胀稍硬，在急性炎症阶段有热痛反应。其次，可通过直肠检查触摸内环的大小及其内容物，患畜站立时，可通过腹股沟环轻轻牵引部分疝内容物回复至腹腔。

3. 影像学检查 利用超声影像探查阴囊里是否有除了睾丸和附睾的其他内容物。

【防治】在发病初期可对患畜进行全身麻醉，行仰卧姿势，尝试通过按摩腹股沟和阴囊，或通过直肠牵引，将疝内容物推回至腹腔进行修复。其他情况下则建议行切开整复手术，并同时行去势术。注意要检查肠管是否有活力。若怀疑肠道坏死或肠道已经坏死，则要果断做肠切除术和端端吻合术。

十二、关节扭伤

关节扭伤是指关节在突然受到间接的机械外力作用下，超越了生理活动范围，瞬间过度伸展、屈曲或扭转而发生的关节损伤。此病常见于马、骡的系关节和冠关节，其次是跗关节和膝关节。

【诊断】

1. 病因 重度使役、急转、急停、转倒、失足踩空、跳跃障碍、不合理的保定、肢势不良、装蹄失宜等可造成关节扭伤。韧带连接骨骼，因此重者能引起关节韧带和关节囊的全断裂以及软骨和骨骺的损伤。关节囊破裂容易引起关节腔内出血或周围出血。韧带附着部的损伤可引起骨膜炎和骨赘。

2. 症状 受伤后马上表现为疼痛，尤其是触诊关节，继而出现不愿运动和跛行（支跛）的现象。如在静息检查时，发现关节的可动程度远超过正常活动范围，则提示关节韧带断裂和关节囊破裂严重。随着病程发展，炎性反应会导致关节肿胀和温热。慢性关节扭伤可继发骨质增生。

3. 影像学检查 X线检查可排除关节内骨折，检查是否存在骨赘等。

4. 实验室诊断 取关节液进行细胞学检查，排除关节内化脓性感染。

【防治】治疗原则为制止出血和炎症发展，促进吸收，消炎镇痛，预防组织增生，恢复关节机能。受伤后12h内，应进行冷疗和包扎压迫，以减少关节腔内出血和渗出。待急性炎性渗出减轻后，应转用温热疗法，促进吸收。如关节仍肿胀过度，可做关节穿刺排出内容物，减轻关节腔内压力。关节内注射醋酸氢化可的松和透明质酸钠有助于消炎镇痛。也可使用非甾体类抗炎药，如氟尼辛葡甲胺注射液肌内注射。对于肢势不良、蹄形不正的患畜应进行合理的削蹄和装蹄。

十三、关节脱位

关节脱位是指关节骨端的正常位置关系，因受力学因素、病理因素以及某些作用，失去其原来的状态。

【诊断】

1. 病因 可分为先天性脱位、外伤性脱位、病理性脱位和习惯性脱位。外伤性脱位最常见，以间接外力作用为主，如蹬空、关节强烈伸曲等；其次是直接外力使关节韧带和关节囊受到破坏；少数情况是先天性因素引起的，如小矮马的膝关节脱位。病理性脱位是关节与附属器官出现病理性异常时，加上外力作用引发的。习惯性脱位是由于关节存在解剖学缺陷而造成的。

2. 症状 突发跛行伴随关节肿胀。视诊可见骨移位导致正常的关节部位出现隆起或凹陷。如髋关节脱位，后肢外旋，跗骨内旋，无法向后伸展后肢；如膝关节脱位，无法伸展膝关节，步行时蹄尖拖拽。触诊关节疼痛，关节活动范围减小，患畜不愿运动。

3. 影像学检查 X线影像检查可排除骨折。可通过正位、侧位和斜方投影确诊髌骨脱位。由于马后肢上方肌肉发达，较难用X线确诊髋关节脱位。

【防治】治疗原则为整复、固定、功能锻炼。整复应当越早越好，避免结缔组织增生加大整复难度。在麻醉状态下进行整复操作容易达到复位效果。四肢下部关节复位后，需用石膏或者夹板绷带固定，让动物安静数周避免倒卧或屈曲关节。3～4周后去掉绷带，通过牵遛运动可逐渐恢复患畜的运动功能。四肢上部关节不便使用绷带固定，则可采用5%灭菌盐水或者自家血向脱位关节的皮下做数点注射，因为周围组织炎症性肿胀可起到生物绷带的作用。

十四、屈腱炎

屈腱炎是马常见的使役性疾病，主要有指（趾）浅屈肌腱炎、指（趾）深屈肌腱炎和系韧带炎。指（趾）浅屈肌腱炎多见于前肢，而指（趾）深屈肌腱炎多见于舞步马和场地障碍马的后肢。

【诊断】

1. 病因 过度的生物力学负载，例如挽驮超载，突然持续性的长时间飞跑以及跳跃障碍物可造成屈腱炎。此外，直接钝力作用于屈腱，屈腱穿透伤，细菌感染，邻近组织的炎症蔓延，肢势不良和装蹄不当等都可引发屈腱炎。

2. 症状 根据腱损伤程度，急性无菌性屈腱炎患畜呈轻度至中度的跛行，局部增温、肿胀及疼痛。如病因不除或治疗不当，急性转为慢性，腱变粗且硬，弹性降低甚至消失，结果导致腱的机械障碍。当腱发生肉芽组织机化，其长度变短，导致关节运动受限。化脓性屈腱炎临床症状比无菌性炎症剧烈。

3. 局部神经阻滞　施行掌骨/跗骨高点位或腱鞘内神经阻滞后，跛行如有改善可提示屈腱炎。

4. 影像学检查　利用超声影响检查，急性屈腱炎可见腱出现核心损伤，纤维丢失；慢性屈腱炎可见腱回声减弱，纤维排列不齐等。高阶影像如磁共振可更精确判断腱损伤情况。

【防治】治疗原则为控制炎性反应，止痛，防止腱束继续断裂，恢复功能，合理使役，矫形装蹄，消除原发因素。对于急性炎症初期，使用冷疗法和非甾体抗炎药可控制炎症发展和减少渗出；亚急性炎症至慢性炎症初期可使用热疗法促进炎症吸收。炎症中后期则可诱发皮肤和皮下组织急性炎症，在白细胞和酶的作用下软化腱的结缔组织。治疗初期应对患畜严格执行静养管理措施，后期可适当运动。当腱发生挛缩时，可考虑行切腱术。对化脓性屈腱炎则按外科感染疗法治疗。

十五、蹄 钉 伤

【诊断】

1. 病因　由于钉蹄不当，造成蹄真皮损伤，可分为直接钉伤和间接钉伤。

2. 症状　检查蹄底，有时可发现蹄钉不在白线外。直接钉伤的患肢在装蹄后马上出现跛行，不愿负重；拔出蹄钉后，可见钉尖带血；2～3d 后，跛行加重。间接钉伤的患肢多在装蹄后 3～6d 出现与运动无关的跛行。触诊蹄部温热，指动脉亢进。检蹄器加压时，特别在蹄钉附近，会出现明显的疼痛反应。如继发细菌感染，可见破溃流脓。

【治疗】装蹄过程中发现直接钉伤，应马上取出蹄钉，向钉孔内注入碘酊消毒，涂敷松馏油，再用消炎抗菌软膏填充缺损部位。如发生化脓性感染，则应扩大创口排脓，用 3%过氧化氢溶液或稀释的氯己定清洗创口。创口上填充浸润碘酊等消毒溶液的灭菌纱布块，包扎蹄绷带。如发展成全身性感染，则应肌内注射抗生素，防止继发败血症。同时应注射破伤风抗毒素预防破伤风感染。

十六、蹄 叶 炎

蹄叶炎是指蹄真皮的弥散性、无败性炎症，可分为急性、亚急性或慢性三类。

【诊断】

1. 病因　本病的确切病因尚未明确。一般认为是精料饲喂过多，过量的糖类导致大肠微生物产生毒素，使血液循环紊乱而导致本病。另外，过度使役和摄入大量冷水也容易诱发本病。本病也可继发于严重的全身性炎性反应、代谢综合征和垂体中间部功能障碍相关的胰岛素调节失衡、食物中毒和疝痛等。

2. 症状　急性蹄叶炎患马精神沉郁，食欲减少，不愿站立和运动；站立时，会把重心移离患肢，若患肢为前肢，则前肢往前伸，重心后移；根据蹄叶炎的严重程度，运动时会出现程度不一的跛行；蹄壁/蹄冠触诊发热，趾动脉触诊亢进，蹄检敏感；疼痛严重时会出现心率加速，出汗。亚急性蹄叶炎患马的症状较急性型的轻。慢性蹄叶炎患马常见蹄形改变：蹄尖、蹄壁变形，蹄壁生长环不规则，蹄底塌陷，蹄踵过高等；趾动脉触诊亢进，运步时跛行程度不一；严重病例可见蹄骨穿透蹄底。

3. 影像学检查　正常蹄骨应与蹄壁平行。X 线影像检查可发现蹄骨移位，蹄骨尖与地面夹角增大。

【防治】治疗原则为治疗潜在疾病，消炎止痛，改善循环，防治蹄骨移位。对于急性患畜应进行运动限制，防止蹄部进一步损伤。其他治疗措施包括应用消炎止痛剂、扩血管药，抗内毒素疗法、抗血栓疗法等。合理削蹄和装蹄，缓解蹄部受力。针对慢性病畜，可改善其饲喂配方，避免过量精料，控制运动，保持蹄部清洁，预防感染。利用X线影像为指导，不断修正蹄的长度和角度。

第三节 产科病

一、流 产

流产是指母畜妊娠期间因受某些因素影响使孕体或母体的生理过程发生紊乱，或它们之间的正常关系受到破坏，致使妊娠中断。

【诊断】

1. 病因 流产多见于年龄较大的母马。导致流产的因素多样，细菌性疾病、病毒性疾病、真菌性疾病、慢性炎症侵害胎儿或胎盘都可引起流产。引起马流产最常见的病毒为马疱疹病毒1型（EHV-1）和马动脉炎病毒（EAV）；常见的细菌有链球菌、大肠杆菌和假单胞菌等。其他因素如孪生、错误用药、孕酮分泌不足等也可以引致流产。

2. 症状 妊娠早期的流产无明显临床症状，母马会重新进入发情期。妊娠中后期的流产，阴门可见异常分泌物，有时可见胎儿流出，胎盘可能流出或留在体内。如母马发生全身性感染，则可见精神沉郁、发热等非特异性临床症状。

3. 影像学检查 经直肠B超可检查母马是否怀有双胞胎，以及检查胎盘质量和胎儿整体情况。

4. 实验室诊断 通过阴道分泌物、子宫冲洗液、死胎和流出的胎盘可以进行病原学鉴定。利用ELISA或RIA可分析血清孕酮浓度。

【防治】细菌性胎盘炎引起的流产，应对子宫进行冲洗并根据细菌培养和细菌药敏试验结果选择相应的抗生素治疗。孕酮水平过低时，可内服烯丙孕素进行治疗。

二、阴道及子宫损伤

产道损伤是指母畜在分娩时，由于胎儿与母体产道不相适应，或者在手术助产、人工输精等操作过程中操作不当，造成的软产道损伤。

【诊断】

1. 病因 阴道和子宫损伤多见于初产母马。由于胎儿过大或阴道开张不够，当保护措施采取不足时，容易造成子宫颈或阴道损伤。难产过程中，胎儿骨骼断端，助产医生的手臂，助产器械等对阴道反复刺激也能引起损伤。子宫破裂可发生在产前或产后。子宫破裂、子宫捻转及难产均与其相关。此外，人工输精和冲洗子宫操作不当也可造成子宫/子宫颈和阴道损伤。

2. 症状 母畜精神沉郁，表现疼痛症状，尾根高举，拱背并频频努责。根据损伤程度，阴门可见少量血水、血凝块或血肿。损伤严重的母畜可能会出血致死。子宫破裂或阴道前端透创可继发腹膜炎，马通常很快死亡。

3. 阴道触诊 通过触诊可判断损伤是否为完全破裂和损伤的大概位置。

4. 腹腔穿刺 通过腹腔穿刺获取腹腔液并进行细胞学检查，判断是否涉及腹膜炎。

【防治】如黏膜发生轻度损伤，一般能自愈。如子宫壁或产道壁发生全层破裂，应先清除坏死组织并采取外科缝合。血肿较大时，可在产后 3～4d 切开血肿，清除血凝块。对于失血过多的母畜应进行补液治疗。缝合后，应用大量生理盐水对子宫或产道进行冲洗。最后对母畜使用全身性抗生素 3～5d，以防止发生腹膜炎及全身感染。

三、新生幼驹孱弱

新生幼驹孱弱是指幼驹可能由于围产期中缺氧引起的神经、消化和肾功能紊乱等一系列生理功能不全，出生后如未及时处理可能在数小时或几天之内死亡；或者是幼驹生下后衰弱无力、生活能力低下而长久躺卧不起等先天性发育不良。

【诊断】

1. 病因

(1) *母畜原因* 妊娠期间饲料中蛋白质缺乏，维生素 A、维生素 B_2 及维生素 E 严重不足，或矿物质（主要是铁、钙、钴、磷）缺乏；产前截瘫；布鲁氏菌及沙门氏菌等感染；慢性胃肠疾病；胎盘疾病或由于腹绞痛、内毒素中毒。贫血等造成的血液供应问题。

(2) *生产因素* 难产，应用全身性麻醉药，脐带捻转或子宫无力。

(3) *胎儿因素* 先天性心脏疾病，呼吸系统疾病，贫血，全身性败血症，双胎，遭受寒冷等。

2. 症状 幼驹出生后卧地不起，软弱无力，心跳快而弱，呼吸浅表而不规则，对外界刺激反应迟钝。精神沉郁，远离母马。出现无法排尿或“望星”神经症状。耳、鼻、唇及四肢末梢发凉，舌头外露，吮乳反射弱甚至缺失。神经系统损伤严重时会出现局部或全身性癫痫。若消化系统受累，会出现腹泻或腹绞痛等症状。

3. 实验室诊断 血液学检查常见低糖血症，出现中性粒细胞减少和氮血症，提示全身性败血症或多器官衰竭。

【防治】治疗原则为保温，人工哺乳，补给维生素和钙盐，并采用强心、补液等支持疗法，控制癫痫，预防败血症。对病驹试行输母马血，并加入 10%氯化钙，可能有效。对于无法吮吸母乳的患驹，应给予足够量的高质量初乳。可用苯巴比妥控制癫痫。马厩内铺上厚的垫料避免患驹二次损伤。针对因肾功能衰竭而无尿的病畜患驹，可静脉注射呋塞米。静脉注射头孢呋噻可预防和治疗败血症。

第六篇

毛皮动物（狐、貉、貂）病

第一单元　疫　　病

一、毛皮动物（狐、貉、貂）传染病

（一）犬瘟热

犬瘟热（CD），是由犬瘟热病毒（CDV）引起的急性、热性、高度接触性传染病。主要临床特征是双相热型，眼、鼻、消化道等黏膜炎症，以及卡他性肺炎、腹泻性肠炎、皮肤湿疹。

【诊断】

1. 流行病学　CDV的自然宿主是犬科、鼬科及浣熊科动物，且易感性极高。另外，可自然感染的动物有偶蹄目猪科、灵长目的猕猴属和鳍足目海豹科等8个科的动物。患犬瘟热的动物、潜伏期带毒动物及患病死亡尸体是主要的传染源。CDV还大量存在于感染和患病动物的鼻、眼分泌物、唾液、血液等，痊愈动物带毒期可长达6个月，但康复动物可获得终身免疫力。该病可通过消化道和呼吸道传播，也可通过眼结膜和胎盘感染。此外，场内的禽类、野鼠、家鼠及吸血昆虫也可起传播作用。该病没有明显的季节性，一年四季均可发生。

2. 症状　根据病程可分为急性型、亚急性型、慢性型和隐性感染型。

（1）急性型　即脑炎型。狐感染后出现咀嚼痉挛、头肌和四肢肌肉痉挛性收缩、麻痹或不全麻痹。银黑狐常突然视觉消失，瞳孔散大，虹膜呈绿色，病程2～3d死亡。病貂会突然发病前冲、滚转、四肢抽搐，尖叫，口吐白沫，癫痫性发作，病程1～3d，转归死亡。

（2）亚急性型　即混合型。病初体温出现“双峰热”，肛门黏膜或外生殖器微肿，眼部出现浆液性、黏液性，甚至化脓性眼眵，口裂和鼻部皮肤增厚，颈部或股内侧皮肤有黄褐色分泌物的皮疹，排黏液性蛋清样、呈黄褐色或煤焦油样稀便，肛门红肿外翻。病程平均3～10d，多数转归死亡。

（3）慢性型　即皮肤黏膜型。患病动物以双眼、耳、口、鼻、脚爪和颈部皮肤病变为主。眼睑有黏液脓性眼眵，鼻面部肿胀，鼻镜和上下唇、口角边缘皮肤有干痂物。四肢趾掌肉垫增厚变硬。皮肤弹力减弱，被毛内有大量麸皮样湿润污秽的脱屑，并有难闻的腥臭味。多为良性经过。

（4）隐性感染型　即非典型经过，多见于流行后期，病貂仅有轻微的一过性疼痛，类似感冒，或仅有轻度皮炎和一些极轻的卡他性症状，能获得较强的终身免疫力，但也成为隐性带毒者。

3. 病变　患病动物全身出现广泛性出血。水貂感染后可见肠系膜淋巴结和肠黏膜中淋巴网状组织肿胀、充血、出血，黏膜易剥离，直肠黏膜多数有带状或条状出血。喉头、气管、肺充血、出血，肺呈大理石状，切面有大量泡沫状血样液体。病貂消化道黏膜出现卡他性变化，肾、心冠脂肪有点状出血，其他脏器如肝、脾、膀胱等均有不同程度的肿胀、充血、出血。

4. 实验室诊断

（1）病毒电镜观察 患病动物的粪便经稀释离心后，用磷钨酸负染，电镜观察可见球形、畸形或长丝状，被覆囊膜，并有纤突的病毒粒子。

（2）包涵体检查 刮取膀胱黏膜上皮制成涂片，甲醇固定，苏木素-伊红染色，镜检可见红色，圆形、椭圆形或多形性，具有清晰边界和均质边缘的包涵体。

（3）胶体金试纸条诊断 用棉签取患病动物的眼屎、鼻液等分泌物，稀释后取上清液进行检测，若呈现1条红线为阴性，2条红线为阳性。

（4）荧光抗体技术 该法是国际通用的诊断CD的方法。取病料制成标本片，滴加犬瘟热荧光抗体，荧光显微镜检查。细胞质呈绿色荧光，细胞核染成暗红色，整个细胞清晰完整为阳性，细胞质呈紫红色或暗黄色，细胞核呈暗红色为阴性。

（5）RT-PCR检测 根据CDV的基因组上核蛋白（N）基因、磷蛋白（P）基因、基质蛋白（M）基因等特异性基因设计引物，采用RT-PCR可用于该病毒的诊断。

【防控】

（1）加强饲养管理 适当采用封闭式饲养，限制外人出入，对新引进的动物应隔离1～2个月，无病时方可混群。采用分群、分地、分散饲养。科学饲料配方，提高机体免疫力。严格消毒制度，加强卫生防疫措施。发现患病动物，尽早隔离治疗。

（2）疫苗免疫 目前国外有CD灭活疫苗和弱毒疫苗，但灭活疫苗免疫保护力不持久。弱毒疫苗接种后免疫期1年，保护率达90%以上。一般幼年动物2个月首免，12月底二免。成年动物每年12月份定群后接种。

（3）治疗 毛皮动物感染CD后可用CD高免血清或康复动物血清治疗。同时用抗生素类药物预防细菌继发感染。

（二）水貂病毒性肠炎

水貂病毒性肠炎（ME）是由水貂肠炎病毒（MEV）引起水貂的一种急性、高度接触性传染病。主要临床症状是剧烈腹泻，具有较高的发病率和死亡率。

【诊断】

1. 流行病学 水貂、家犬、家猫、熊猫、老虎、狮子等哺乳动物均可感染，貂科、犬科、猫科、鼬科等动物易感性较高，不同品种和年龄水貂均可感染，年龄越小越易感。患病动物和隐性带毒动物均为传染源，其中病貂是最主要的传染源，耐过貂可获得较长时间的免疫力，但至少带毒排毒1年以上。该病可通过直接或间接接触进行传播，通过接触病毒污染的饲料、饮水、用具和笼舍感染，也可通过呼吸道感染。该病全年均可发生，其中夏季发病率高于其他季节。常呈地方性、周期性流行。

2. 症状 最急性型病例不表现临床症状，死亡快，病程一般为1d左右。急性型病例表现精神沉郁，食欲减退，饮水增加，不喜动，呕吐、腹泻，排黄色或粉色稀便，体温升高到40℃以上，一般5d内死亡。亚急性型病例症状与急性型基本相似，但比急性型发展稍微缓慢一些。慢性型病例以腹泻为主要特征，食欲下降，身体消瘦，喜卧，被毛粗糙。

3. 病变 病貂病变主要集中在胃肠部位，肠道内容物混有血液或脓性黏液，血管肿胀、充血，最急性型水貂肠内容物呈鲜红色，急性型水貂肠内容物呈黄绿色且稀薄，肠系黏膜明显肿大，肠壁肿胀、充血，伴有多处纤维样坏死病灶。脾脏肿胀，无光泽有淤血，表面有色斑。慢性型水貂脾脏肿大、表面有色斑，肝脏质地变脆、颜色变淡，肠壁变薄，肠黏膜粘连、脱落。心脏肿大，心脏内膜有出血。胃有气体，表面有出血点。

4. 实验室诊断

（1）电镜观察　取病貂粪便或组织病料，研磨制成悬液，离心，取上清液，用0.5%磷钨酸溶液负染，电镜观察是否有MEV。

（2）血凝和血凝抑制试验　MEV具有凝集红细胞能力，能够与恒河猴或猪红细胞发生凝集。但MEV中存在一种毒株MEV-S不能与任何红细胞发生凝集，所以用该方法时要结合其他方法方可确诊。

（3）血清学检测　主要有荧光抗体技术、ELISA、病毒中和试验等。

（4）分子生物学检测　可用核酸探针技术、胶体金免疫层析技术、PCR技术等对病毒基因组某片段进行检测。

【防控】

（1）加强饲养管理　水貂饲养必须做好分窝管理，分窝前对笼具进行检查补修，并用0.3%的过氧乙酸消毒。做好环境卫生工作，要每天清洗笼具，保持干燥，地面用20%漂白粉溶液消毒。粪便用3%～5%氢氧化钠溶液消毒后再发酵。做好灭鼠和灭蚊蝇工作，饲养人员禁止接触各种猫、犬等。保证营养均衡。

（2）疫苗免疫　每年6月接种水貂病毒性肠炎灭活疫苗，种貂配种前30d接种，仔貂分窝时接种。皮下注射，免疫期6个月。

（三）水貂阿留申病

水貂阿留申病（AMD）又称病毒性浆细胞增多症、γ-球蛋白增多症，是由阿留申病毒（AMDV）引起水貂的一种慢性、接触性、进行性传染病。主要临床特征是终生病毒血症、淋巴细胞增生、γ-球蛋白异常增加、肾小球肾炎、血管炎和肝炎等。

【诊断】

1. 流行病学　水貂最易感，且不同性别、年龄和品系的水貂均可感染，其中具有阿留申基因型的水貂最易感，发病率和死亡率均较高，其他品系的水貂多呈隐性感染。狐、浣熊、臭鼬等也可感染。该病的主要传染源是病貂和潜伏期带毒貂。通过尿、粪便和唾液排出体外，污染环境、饲料、饮水、食具等，经消化道和呼吸道感染，饲养员和兽医也是传染的主要媒介；也可通过蚊、虻的叮咬传播。病貂也可通过胎盘传染给仔貂。该病有明显的季节性，冬季的发病率和死亡率较其他季节高。病毒传入貂群开始呈隐性，继而呈地方流行性，有时呈暴发式流行。

2. 症状　该病的潜伏期一般为60～90d，长的可达1年以上。病貂食欲时好时坏，貂体逐渐消瘦，严重病貂体重急剧下降。口腔、齿龈、软腭、硬腭和舌根有大量出血点和出血斑。内脏器官尤其是消化道出血。排煤焦油样粪便。贫血症状典型，口腔黏膜、眼结膜和阴道黏膜苍白，脚趾明显苍白贫血。高度口渴，有“暴饮”症状和伏水盒上啃冰现象。如侵害神经，表现抽搐、痉挛、共济失调、后躯麻痹。2～3d死亡。

3. 病变　该病主要侵害患病水貂肾脏，可见肾肿大、充血，呈红色后变灰褐色或淡黄褐色。表面有斑点状出血，间有灰白色坏死灶。慢性病例肾略肿，灰黄色，包膜难剥离，隆起部为土黄色颗粒、无光；凹陷部分为乳白色、圆形小点，皮质切面为乳白色小点。脾、淋巴结肿胀。肝呈土黄色，或有灰白色斑点，质脆。胸腺体积缩小。病理组织可见浆细胞增生，尤其在肾、肝、脾和淋巴结的血管周围发生明显的浆细胞浸润。在浆细胞中可见免疫球蛋白组成的圆形 Russell 小体。另外，在肾小管、肾盂、膀胱及胆管上皮样细胞和神经细胞内也可见到该小体。

4. 实验室诊断

(1) 病毒分离鉴定 采取病貂的血液、尿液、粪便及脾、淋巴结等病料，研碎、离心，取上清接种于猫肾细胞，培养后采用电镜负染，观察病毒粒子形态。

(2) 血清学诊断方法 主要有血清电泳法、碘凝集试验、间接荧光抗体技术、对流免疫电泳、淋巴细胞酯酶标记、补体结合试验等。其中碘凝集试验、对流免疫电泳效果较好。

(3) PCR 检测 根据 AMDV 基因组的 *VP2* 基因中的保守序列设计特异性引物进行 PCR 扩增，电泳出现特异大小条带即可确诊。也可针对其他基因片段设计引物进行 PCR 检测。

【防控】

(1) 加强饲养管理 保证给予优质、全价和新鲜饲料，提高机体免疫力。做好定期消毒工作。建立定期检疫、隔离和淘汰制度。

(2) 实施抗 AMD 病育种 通过杂交育种方法，消除 AMDV 受体，提高水貂对阿留中病的抵抗力。

(3) 治疗 目前还未有疫苗可以使用，也无特效药进行治疗。但有使用聚肌胞苷或多聚肌苷酸，同时使用青霉素、复合维生素 B 及肝制剂，再加板蓝根注射液，有较好的治疗效果。

(四) 水貂出血性肺炎

水貂出血性肺炎（MHP）又称假单胞菌病或绿脓杆菌病，是由铜绿假单胞菌（绿脓杆菌）引起貂的一种高度致死性传染病。主要临床特征是急性死亡、呼吸困难、鼻孔出血、肺部弥漫性出血和肝样变。

【诊断】

1. 流行病学 幼貂容易感染该病，发病率高达 90%以上，老龄貂发病率低。病貂及带毒貂是主要的传染源，可通过污染铜绿假单胞菌的肉类饲料和患貂的粪便、尿、分泌物、污染的水源和环境而传染发病。主要通过消化道和呼吸道传染。该病没有明显的季节性，一般呈地方流行性。一般冷热不均，气候多变的情况下，致使机体抵抗力下降，容易诱发该病的发生。

2. 症状 精神高度沉郁，体温升高，运动失调，呼吸困难，多呈腹式呼吸，濒死期从鼻腔流出血样液体，有的发出尖叫。本病发病急、死亡快，死亡前常无任何症状。通常病程不超过 24h。

3. 病变 气管内有大量血样泡沫。肺叶水肿，呈黑红色，肝样变，手感硬实，切面有大量血液流出。肠系膜淋巴结肿大、紫红色，胃肠黏膜出血等。胸腔有出血性渗出液。支气管淋巴结充血、肿大。胸腺布满大小不等的出血斑点。心肌弛缓，冠状沟周围有出血点。脾肿大 2～3 倍。呈桃红色，有出血点。组织学变化可见肺有大叶性、纤维素性、出血性、化脓性和坏死性炎症变化。尤其在小动脉、小静脉周围可见有铜绿假单胞菌集聚。

4. 实验室诊断

(1) 涂片镜检 无菌操作取新鲜病死水貂肺脏、肝脏、脾脏、肾脏分别进行制作抹片，革兰氏染色，镜检可见革兰氏阴性、单个、成双或呈短链状的中等大小杆菌，无荚膜和芽孢。

（2）病原分离鉴定　无菌取病料接种于普通琼脂培养基或十六烷三甲基溴化铵琼脂培养基，培养后可见圆形、光滑、湿润、扁平、中央隆起的中等大小的菌落，培养基呈蓝绿色，开盖后有特殊的香味。将其纯培养物分别接种于血液琼脂、肉汤培养基和假单胞菌琼脂 B 培养基上，培养后在血液琼脂培养基上，菌落呈灰褐色，周围有 β 型溶血环；在肉汤培养基表面可见菌膜，且培养基呈淡绿色，随培养时间延长，则绿色加深；在假单胞菌琼脂 B 培养基上呈绿色。

（3）PCR 检测　根据铜绿假单胞菌基因组上的毒力基因（如 *exoT*、*plcH*、*algD* 等）设计特异性引物进行 PCR 扩增即可确诊。

【防控】

（1）加强饲养管理　定期通风，保持干燥，减少细菌繁殖，冬季保持养殖舍温暖，夏季凉爽。定期用 1∶2 000 新洁尔灭或 0.5%～1%的醋酸消毒。在水貂换毛期间要保证营养充足，提高机体免疫力。一旦发病，要采取隔离措施治疗。

（2）疫苗免疫　可用美国的铜绿假单胞菌灭活疫苗 P-vactm 或肉毒梭菌-犬瘟热-水貂肠炎-PA 四联疫苗、肉毒梭菌-PA-水貂肠炎三联疫苗免疫。我国研制的铜绿假单胞菌多价灭活疫苗，免疫期 5 个月，保护率可达 80%以上。

（3）药物治疗　可以选用黏菌素、庆大霉素、卡那霉素、头孢噻肟钠或头孢哌酮等治疗。

（五）狐貉阴道加德纳氏菌病

狐貉阴道加德纳氏菌病，是由阴道加德纳氏菌感染引起的一种繁殖障碍性疾病。主要临床特征是泌尿生殖系统感染、空怀或流产。

【诊断】

1. 流行病学　本病以狐狸最易感，不同品种、性别和年龄的狐均可感染，其中成年狐的感染率明显高于幼狐，母狐的感染率高于公狐。另外，新养殖场的感染率高于旧养殖场，配种后期感染率明显上升。貉、水貂及犬也可感染。实验动物小鼠、地鼠、豚鼠和家兔对本病不易感。病狐是最主要的传染源。本病主要通过交配传染和孕狐传染给胎儿，也可通过患病动物的尿、粪便污染的饲料和饮水而传染。本病没有明显的季节性，以狐狸发情较为旺盛的时期发病率高。

2. 症状　本病主要引起泌尿生殖系统症状，母狐出现阴道炎、子宫炎、子宫颈炎、卵巢囊肿、肾周围脓肿等；公狐出现包皮炎和前列腺炎等症状，性欲减退或丧失交配能力，如通过交配母狐即可传染给母狐。病情严重者表现食欲减退，精神沉郁，卧在笼内一角，典型特征是尿血（葡萄酒样），后期体温升高，最后发生败血症而死亡。

3. 病变　病变主要集中在生殖系统，其他系统器官无明显变化。生殖系统主要呈现一系列非常明显的炎症变化，子宫黏膜充血、出血、肿胀、坏死，子宫内有发育不全的胎儿等。有的病狐还会发生胃肠炎等继发感染。

4. 实验室诊断

（1）涂片镜检　取病母狐阴道内分泌物或者流产胎儿、胎盘等进行涂片、染色。镜检可见革兰氏阴性球杆菌或小杆菌，排列呈多态状，没有荚膜、芽孢和鞭毛，不运动。

（2）病原分离鉴定　取上述病料分别接种于普通培养基和血液培养基，普通培养基上不生长，血液培养基上生长的菌落为灰白色、凸起、半透明，形状如露滴状。

（3）*血清凝集试验*　采集病狐的趾静脉血，用阴道加德纳氏菌抗原做平板凝集反应，结果为阳性；另外，取健康没有流产和空怀病史的狐狸的血液做凝集反应进行对照，结果全部为阴性，则可判定患有狐阴道加德纳氏菌病。

【防控】

（1）*加强检疫工作*　对该病应以预防为主，首先要及时淘汰已感染此病的狐狸、中晚期流产的母狐和睾丸发生肿胀的公狐及貉等动物，然后对全部的种狐、貉等进行平板凝集试验检测，筛选阳性个体进行隔离饲养，所在场地进行严格消毒。

（2）*疫苗免疫*　目前使用的是狐阴道加德纳氏菌铝胶灭活疫苗，每年免疫 2 次，保护率为 92%，免疫期为 6 个月。在首次使用前对全群进行检疫，对健康个体进行接种，病狐则进行治疗痊愈 1.5 个月后再免疫，对于病情严重的则要及时淘汰。

（3）*药物治疗*　选择敏感度高的抗生素，如氟苯尼考、庆大霉素、红霉素、氨苄西林等，在配种前 20d 按照每千克体重 6～15mg 的氟苯尼考用量对病狐治疗，每天 1 次，连用 7d，同时肌内注射 1mL 的加德纳氏菌病的灭活苗，可预防配种时发生感染。

（六）狐貉脑炎

狐貉脑炎，是由犬Ⅰ型腺病毒（CAV-1）引起的急性病毒性传染病，主要临床特征是肝炎、单侧或两侧眼睛颜色变为蓝色及有神经症状。

【诊断】

1. 流行病学　各年龄、各品种的狐、貉均可感染，尤以 3～6 月龄狐、貉最易感。犬、狼、豺、猫、浣熊、黑熊和山犬等均易感染。也可感染人，但不引起临床症状。病狐、隐性感染狐、康复狐、带毒猫和犬传染性肝炎患犬及康复犬是本病的主要传染源。本病主要通过患病动物唾液、尿、粪等污染的饲料、饮水、用具和周围环境，经呼吸道、消化道、损伤皮肤和黏膜感染易感动物，尿液污染环境是本病最危险的传播途径。也可经胎盘和乳汁感染胎儿。本病常呈地方性流行，无明显季节性，但在夏、秋季多发。

2. 症状　临床表现为急性、亚急性和慢性 3 种经过。急性者表现拒食，反应迟钝，体温升高达 41℃以上，呕吐，渴欲增加，病程 3～4d，最后昏迷而死。亚急性者表现精神沉郁，站立不稳，步态摇晃，后肢无力，体温呈弛张热，消瘦，可视黏膜苍白、黄染，后肢不完全麻痹或麻痹。个别病狐出现一侧或双侧性角膜炎，眼睛颜色变为蓝色，角膜混浊。脉搏无节律、软弱。患病动物兴奋和抑制交替出现，有攻击性。病程可达 1 个月，最终死亡或转为慢性经过。慢性者病症不明显，常出现食欲减退或暂时消失，有时还出现胃肠障碍，腹泻和便秘交替出现，进行性消瘦，有短时间的体温升高。

3. 病变　急性病例内脏器官出血，常见于胃肠黏膜和浆膜，偶有骨骼肌、膈肌和脊髓膜有点状出血。肝肿大、充血，呈淡红色或淡黄色。慢性病例肠黏膜上和皮下组织有散在的点状出血。实质器官脂肪变性，肝肿大、质硬，带有豆蔻状纹理。

4. 实验室诊断

（1）*病毒分离鉴定*　采集发病初期动物的血液、粪便、扁桃体棉拭子或死亡动物肝脏、脾脏制成悬液，取上清液过滤后接种于犬 DK 细胞，然后将细胞培养物负染进行电镜观察。

（2）*血清学检测*　可采用微量补体结合试验、微量血凝和血凝抑制试验、交叉中和试验、琼脂扩散试验、荧光抗体技术、免疫标记技术。

（3）PCR 检测　选择 CAV－1 的基因序列保守区（如六邻粒蛋白基因）设计引物，扩增出所有的腺病毒；根据 CAV－1 E3 区和保守区域的基因序列设计一对通用引物，可以将 CAV－1 和 CAV－2 明显区别，在相同条件下分别能扩增出 508bp 和 1 030bp 的条带。

【防控】

（1）加强饲养管理　首先将病狐貉和疑似病例隔离治疗，并对周围环境及用具进行彻底消毒，地面用 10%～20%漂白粉进行处理，对患有此病的养殖场定期进行严格的检查和防疫，建立兽医卫生制度，平时注意消毒和隔离，严禁犬及其他动物进入，患有此病的成年狐和幼仔及与其接触的同窝狐，不能留为种用。种狐应隔离治疗，痊愈后再观察 1 个月，确定无病症经接种疫苗后方能进场继续饲养。

（2）疫苗免疫　当前国内养殖场采用自家苗进行预防：仔狐一般于分窝后 2～3 周接种犬传染性肝炎Ⅰ型弱毒活苗或多价联苗，以后每半年加强免疫 1 次；种狐配种前 30～60d 免疫 1 次，或接种狐脑炎犬肾传代细胞活疫苗和犬瘟热、细小病毒性肠炎和脑炎三联活疫苗，也可取得良好的免疫效果。

（3）治疗　自然患病的康复狐、貉可获终生免疫。发病早期可应用高免血清或 γ-球蛋白，以抑制病毒繁殖和波扩散，同时辅以补液和抗菌药物避免电解质紊乱和继发细菌感染。

（七）伪狂犬病

伪狂犬病（PR），是由伪狂犬病病毒（PRV）引起家畜和多种野生动物共患的急性传染病，主要症状是持续瘙痒、自咬、兴奋不安、神经麻痹等。

【诊断】

1. 流行病学　患病动物、带毒动物是该病主要的传染源，其鼻液等分泌物及其排泄物中含有大量病毒，也是本病重要的传播媒介。猪是本病的主要宿主，主要是通过污染的饲料、水、空气经消化道和呼吸道传播。本病没有明显的季节性，但以夏秋季节多见，呈暴发流行，死亡率较高。

2. 症状　患病毛皮动物拒食，流涎和呕吐，精神不振，在笼舍内转圈、行动迟缓、呼吸加快、体温稍增高。典型症状为眼裂及瞳孔高度收缩。患病毛皮动物开始症状轻微，而后剧烈用前脚掌挠抓颈、唇、颊部的皮肤。由于患病毛皮动物兴奋状态的持续奇痒加剧，挠痒的动作越来越频繁。发痒和挠抓的病狐发出尖叫声，常倒下打滚、起立、侧卧、提起前爪，咬笼子、食具等物品，四肢麻痹或不全麻痹。出现临床症状 1～8h 后，患病毛皮动物在昏迷中死亡。有些患病毛皮动物呼吸困难，浅表呼吸或呈腹式呼吸，可视黏膜青紫色。严重患病毛皮动物呈犬坐式，前肢叉开、伸颈，口、鼻流出大量泡沫状血液，这种病例很少出现瘙痒症状。

3. 病变　皮下组织及肌肉肿胀、浸润，常伴有撕裂。肚腹膨胀，腹壁紧张，尸僵不明显。血液呈黑色，凝血不良。心脏扩张，心肌呈煮肉状，冠状血管充血。胃充满气体，胃黏膜充血。肠道充满气体或食物，肠黏膜充血。肺出血，呈暗红色或淡红色。肝稍肿大，呈深红色或黄褐色，硬度松软。肾脏有点状出血。胆囊黏膜有出血点。脾脏肿胀，呈深红色。甲状腺水肿，呈胶质样，有点状出血。大脑血管充盈，脑实质稍呈面团状。浆液性脑膜炎及大脑神经细胞变性。

4. 实验室诊断　同“猪伪狂犬病”。

【防控】同“猪伪狂犬病”。

（八）肉毒梭菌中毒

肉毒梭菌中毒是由于食入肉毒梭菌毒素而引起的急性中毒性传染病，主要临床特征是运动中枢神经麻痹和延脑麻痹，发病率不高，但病死率很高。

【诊断】

1. 流行病学　鸭、鸡、牛、马、水貂较易感，山羊、绵羊、鹿、骆驼次之，猪、犬、猫、兔少见，但人工感染豚鼠、小鼠、兔和猫时都易感，且无年龄、性别差异。潜伏期内动物、患病动物及康复动物都不能成为传染源，只有肉毒梭菌毒素才是本病的传染源。本病的传播媒介是污染的饲料和饮水，通过消化道摄入毒素是最主要的自然传播途径。本病多发生在夏秋季节，一般呈散发，温度在肉毒梭菌中毒中起重要作用。

2. 症状　潜伏期4～20d，病程取决于动物的种类和食入毒素的剂量。超急性病例未见前期症状即突然死亡。急性病貂常卧于小室或笼内不起，痉挛抽搐，触诊无任何反射动作，死前全身麻痹，昏迷，病程不超过24h。亚急性和慢性病例往往表现精神萎靡不振，运动不灵活，随即躺卧，不能站立，四肢不全麻痹，肌肉松弛无力，爬行困难；有的出现咀嚼吞咽障碍，常见病兽流涎和口吐白沫；有的发生鸣叫，濒死期表现排便失禁，眼球突出，瞳孔散大，于昏睡中死亡。

3. 病变　该病无特征性病理变化。一般可见尸体营养良好，咽喉和会厌的黏膜有灰黄色被覆物，黏膜有出血点。胃肠黏膜有卡他性炎症和点状出血，肺充血、水肿，心内外膜有时可见点状出血，脾微肿，肝、肾充血。

4. 实验室诊断

（1）*毒素检查*　取可疑饲料或胃肠内容物制成悬液后取上清分两份，其中一份高温灭活，然后同时注射小鼠或豚鼠，若1～4d出现流涎，病肢麻痹，最后死亡等，则说明样品中含有毒素，然后再做进一步鉴定。

（2）*血清学试验*　可采用中和试验、血凝抑制试验、荧光抗体技术和琼脂扩散试验等。

【防控】

（1）*加强饲养管理*　本病防控的关键是防止饲料腐败、发霉、酸败。禁止用过期、眼观不正常的饲料饲喂动物，可疑饲料必须经高温、熟制后饲喂。夏天吃剩下的食物要及时清除。当出现发病时，应立即查明毒素来源并予以清除。患病动物的粪便可能含有大量肉毒梭菌，应及时清除和消毒。

（2）*疫苗免疫*　可用肉毒梭菌C型菌苗进行免疫，免疫期1年。

（3）*药物治疗*　该病往往来不及治疗即死亡。但早期应用抗毒素有一定的疗效，在未确定毒素型时，可用多价抗毒素，确定型别的可用同型抗毒素。对个体较大的皮毛动物可用大量的盐类泻剂，或进行洗胃和灌肠，促进毒素排出。同时进行强心、补液、解毒等对症治疗。

（九）巴氏杆菌病

巴氏杆菌病，又称出血性败血病，是由多杀性巴氏杆菌引起畜禽和野生动物的一种多发性急性、出血性、败血性传染病。主要临床症状是急性病例主要表现为败血症和炎性出血，慢性病例表现为皮下组织、关节、各脏器的局灶性化脓性炎症。

【诊断】

1. 流行病学　该病原对多种动物和人均有致病性，家禽及兔、水貂等毛皮经济动物最易感。带菌的鸡、鸭、鹅、犬、猪等都是该病的传染源，不同动物的巴氏杆菌病可相互传染。紫貂、水貂、银狐、蓝狐、貉等巴氏杆菌病一般由多杀性巴氏杆菌引起，多为群发，死亡率很高。该病多发于秋季，以冷热交替、气候剧变、闷热、潮湿、多雨的时期发病较多。

2. 症状　水貂巴氏杆菌病流行初期多为最急性或急性经过，患病幼貂突然散发死亡；或以神经症状开始，病貂癫痫性抽搐尖叫，虚脱出汗，休克而死。胸型病貂以呼吸系统症状为主，表现呼吸频数、心跳加快，幼病貂鼻孔有少量血样分泌物，有的头颈水肿，眼球突出。病程一般为2～3d，随后死亡。肠型病貂以消化道症状为主，食欲废退、腹泻、稀便带血，眼球凹陷，通常在昏迷或痉挛中死去。慢性经过的病貂精神不振，食欲不佳或拒食、呕吐，常卧于小室内不活动。被毛无光泽、消瘦、鼻镜干燥、腹泻，如不及时治疗，3～5d或更长时间死亡。

狐、貉发病多呈急性经过，主要临床症状是突然发病，食欲不振，精神沉郁，鼻镜干燥，有时呕吐和腹泻，在稀便中混有血液和黏液，可视黏膜黄染。病狐消瘦，有的出现神经症状，痉挛尖叫和不自主地咀嚼，口吐白沫，常在抽搐中死亡。一般病程为0.5～3d，个别的5～6d死亡，死亡率为30%～90%。流行初期发病率不高，经4～5d细菌毒力迅速增强，死亡率显著增加。最急性经过的病例临床上往往看不到任何症状而突然死亡。

3. 病变　最急性死亡的患病动物营养状态良好，病理变化不明显。皮下充血、淤血、色暗、紫红色，可视黏膜（眼、口）充血、淤血。亚急性死亡的病兽病理变化比较明显，有的头部、腹股沟部、颈部皮下水肿，轻度黄染，末梢血管充盈，浅表淋巴结肿大，胸腔有少量黄色黏稠的渗出液。胸腔有出血点，心肌弛缓，心包膜和心内、外膜有出血点，乳头肌呈条状出血。膈肌充血、出血。大网膜、肠系膜充血、出血；脾脏肿大，折叠困难，边缘钝圆；肝脏充血、淤血、肿大，切开有多量褐红色血液流出，质脆，有的黄染。肾脏皮质充血、出血，切面混浊，肾包膜下有出血点。肠系膜淋巴结肿大。甲状腺肿大。

4. 实验室诊断

（1）涂片镜检　取尸体心血、肝被膜和脾脏等压片或涂片，经美蓝、瑞氏或吉姆萨染色后镜检，观察有无两极浓染的卵圆形小杆菌进行确诊。

（2）病原分离鉴定　取上述病料接种到普通琼脂培养基上，培养24h后可见圆形菌落，镜检可见两极浓染的卵圆形小杆菌。

（3）动物接种　取病料培养物接种小鼠，可使其在24h后致死，剖检可见败血性症状，取病料进行镜检可见两极染色的短杆菌。

（4）PCR检测　根据多杀性巴氏杆菌基因组上特异性基因片段设计特异性引物，利用PCR技术进行检测，电泳可见特异性条带即可确诊。

【防控】

（1）加强饲养管理　搞好养殖场内的卫生，保护环境干燥，注意垫草的更换，避免毛皮动物与其他动物混养于一个场地，以防相互感染。发现病兽应立即隔离治疗，对可能污染的饲料、饲草、饮水、场区等彻底消毒。

（2）免疫预防　定期接种疫苗（毛皮动物专用），但其免疫期特别短，仅为3～6个月，所以在毛皮动物养殖中并没有普遍应用。另外，也可采取药物预防，隔一段时间投1次药。

（3）治疗　使用青霉素20万～40万U肌内注射，3次/d；或用恩诺沙星注射液按0.05～0.1

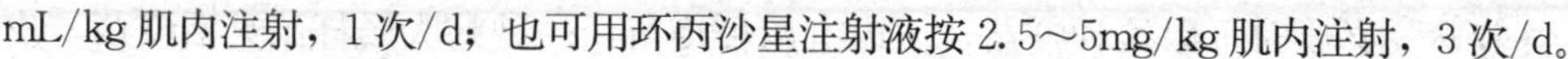

mL/kg 肌内注射，1 次/d；也可用环丙沙星注射液按 2.5～5mg/kg 肌内注射，3 次/d。

（十）大肠杆菌病

大肠杆菌病是由多重血清型的致病性大肠杆菌感染主要引起幼龄毛皮动物的一种常见的传染病，主要临床症状是严重腹泻，败血病症状，侵害呼吸系统和中枢神经系统。

【诊断】

1. 流行病学　在自然条件下，10 日龄以内的银黑狐和北极狐最易感，1 月龄的仔貂和当年幼貂最易感，幼貂发病多为断奶前后，发病率 28%以上，致死率可达 81.3%，成年和老年貂很少发病。病兽和带菌兽是主要的传染源，被患病动物的粪便、尿液等污染的饲料、饮水是本病的主要传播媒介。该病多呈暴发流行，其流行有一定的季节性，北方多见于 8—10 月，南方多见于 6—9 月。

2. 症状　潜伏期取决于动物的抵抗力、病菌的数量、毒力以及动物的饲养管理条件。北极狐和银黑狐的潜伏期一般为 2～10d，水貂的潜伏期为 1～3d。患病仔兽表现不安、尖叫、被毛蓬乱、发育迟缓、腹泻、尾和肛门污染粪便。轻按压腹部时，常从肛门排出黏稠度不均匀的绿色、黄绿色、褐色或淡黄白色液状粪便，且有未消化的凝乳块等。发病 1～2d 后，仔兽精神萎靡，常在小室内，不出来活动，母兽常把患兽叼出，放在笼网上。日龄大的仔兽感染后，表现食欲下降甚至废绝、消瘦、不愿活动，持续性腹泻，粪便呈黄色、灰白色或暗灰色，并混有黏液。重症病例，排便失禁。

3. 病变　病死兽胃肠呈卡他性或出血性炎症变化，尤以大肠明显，肠壁变薄，黏膜脱落，肠管内有少量气体和黄绿色、灰白色黏稠液体，混有血液。黏膜充血，有出血点。肠系膜淋巴结肿大、出血，呈暗红色，切面多汁。肝脏呈土黄色，被膜有出血点。肾脏呈灰黄色或暗白色，包膜下出血。急性病例脾脏一般无明显变化，亚急性和慢性病例脾脏都有不同程度的肿大和充血、淤血。心脏、心内膜有出血点或条纹状出血。肺脏有轮廓不清的暗红色的水肿区，切面有淡红色泡沫样液体流出，气管内有少量泡沫样液体流出。

4. 实验室诊断

（1）*涂片镜检*　取病死兽的心血、肺、肝、肾分别进行涂片或触片，革兰氏染色，镜检可见两端钝圆、单独或成对排列的革兰氏阴性中等杆菌。

（2）*病原分离鉴定*　取上述病料分别接种到普通琼脂平板、麦康凯琼脂平板、血液琼脂平板，培养后，在普通琼脂平板上长出表面光滑、湿润、隆起、边缘整齐、灰白色的圆菌落，在麦康凯平板上长出中等大小红色菌落，在血液琼脂平板上的菌落未见溶血环。挑取菌落染色后可见上述形态的菌体。

（3）*血清型鉴定*　将纯化的菌株制成菌悬液，经高温高压破坏其 K 抗原，然后与大肠杆菌 O_1～O_{16} 群多价定型血清在玻片上混合，若 30s 内出现明显凝集者为阳性，即可定型大肠杆菌。

（4）*PCR 检测*　根据大肠杆菌基因组上特异性毒力基因设计特异性引物，利用 PCR 技术进行检测，电泳可见特异大小的条带即可确诊。

【防控】

（1）*加强饲养管理*　做好怀孕母兽的营养均衡，临产母兽及新生仔兽的卫生和消毒工作；仔兽吮乳前用 0.1%的高锰酸钾溶液擦拭母兽乳房，及早吃到初乳。对有病的仔兽，及时进行隔离，对其接触的畜舍、用具进行严格消毒。

（2）免疫预防　必要时可以接种疫苗，国内有两种疫苗：一种是大肠杆菌灭活疫苗，皮下注射，免疫期 6 个月；另一种是弱毒疫苗，气雾免疫，免疫期 6 个月。

（3）治疗　可以通过药敏试验选择合适的抗生素治疗。另外，也可通过微生态制剂进行防治。

（十一）布鲁氏菌病

布鲁氏菌病是由布鲁氏菌引起的一种人畜和毛皮动物共患的慢性传染病。主要临床特征是生殖系统发炎、流产、不孕、睾丸炎、关节炎等。

【诊断】

1. 流行病学　银狐、蓝狐、水貂等动物均易感染，成年兽的感染率和发病率高于幼年兽。流产母兽排出的恶露分泌物和胎儿是最危险的传染源，也可通过饲喂污染的牛、羊内脏及下脚料和来源不明的生全羊羔及乳制品等感染。该病主要经消化道和接触传染，也可通过病兽的精液传染。

2. 症状　患病母兽的主要症状是流产，体温呈弛张热或波状热，或产下弱仔兽，食欲减退，个别病兽出现化脓性结膜炎。患病公兽出现睾丸炎，性欲下降，配种能力降低。狐布鲁氏菌病是隐袭性疾病，除有流产症状外，其他临床症状不明显。

3. 病变　妊娠中、后期死亡的母兽，子宫内膜有炎症或有糜烂的胎儿，外阴部附着有恶露，淋巴结和脾脏肿大，其他器官充血、淤血，公兽有的出现睾丸炎。

4. 实验室诊断　同牛羊传染病中“布鲁氏菌病”。

【防控】

（1）做好生物防控　严格执行兽医卫生防疫制度，严禁患有布鲁氏菌病的动物进入养殖场，不饲喂来历不明的生肉类。定期对狐场进行检疫，检出布鲁氏菌病阳性狐，应及时隔离或淘汰。患病狐即使治愈后体内仍可带菌，必须将其隔离饲养。

（2）免疫预防　利用牛羊的布鲁氏菌病疫苗进行免疫。

（十二）产气荚膜梭菌病

产气荚膜梭菌病是由产气荚膜梭菌引起的一种急性传染病，主要临床特征是突然发病死亡，重度出血性肠毒血症。

【诊断】

1. 流行病学　不同年龄不同品种的各种动物均可感染。患病动物和带菌动物均是该病的主要传染源，随粪便排出的病原体污染饲料、饮水、环境等，可经消化道或创伤传播本病。本病多发于夏初至秋季，呈散发。

2. 症状　急性病例突然发病，几乎无任何临床症状。病程稍缓的在喂食后很快口吐白沫、唇舌发紫，腹胀，精神沉郁，鼻孔流出无色液体，抽搐，最后昏迷而死。

3. 病变　病死兽胃肠胀气，有出血斑或出血点，黏膜溃疡、脱落；肠系膜淋巴结水肿、出血或坏死、肺出血性坏死、淤血，气管内有大量泡沫；心内膜、肾和肝有出血斑，脾出血、质脆易碎。

4. 实验室诊断

（1）病原分离鉴定　取病死兽的肝脏、肺脏或肾等，接种于相应培养基厌氧培养，普通营养琼脂培养基上可见灰色、圆形、中央隆起、湿润的大菌落；鲜血琼脂培养基上可见圆形或圆盘形、中央隆起的勋章样大菌落，并有双重溶血环；乳糖卵黄琼脂培养基上可见菌落周

围能形成乳白色混浊圈。挑取单菌落染色镜检可见两端钝圆、单个或成对排列的革兰氏阳性大杆菌。

(2) 动物试验及肠毒素检查试验　取病死兽肝、肾，剪碎研磨，制成混悬液，取上清液肌内注射小鼠，若小鼠不食不动，昏迷而死，取肝、肾抹片染色镜检可见上述典型的产气荚膜梭菌菌体形态。若上述上清液注射小鼠后死亡，取上述病死兽回肠内容物上清液，分别与A、B、C、D、E型梭菌定型血清混合，充分中和，再分别给小鼠尾静脉注射，同时做阳性对照。没有死亡组则可判断即是其对应的血型梭菌。

【防控】

(1) 加强饲养管理　避免喝不洁积水，合理营养，适当补喂食盐和微量元素，定期消毒。

(2) 做好紧急处理工作　当暴发本病时，可用抗产气荚膜梭菌血清进行预防和治疗。

(3) 免疫预防　按免疫程序注射产气荚膜梭菌菌苗，免疫期6个月。

(4) 西药治疗　急性病例治疗无意义。病程稍长的可注射产气荚膜梭菌抗毒素血清，口服土霉素类药物。肌内注射青霉素，每天2次，直到痊愈。也可灌服10%的石灰水，同时结合强心、镇静药物治疗。

(5) 中药治疗　苍术、大黄、贯众、龙胆草、玉片、甘草、雄黄，加水煎汤，给病兽灌服，然后再口服一定量的食用油。

(十三) 沙门氏菌病

沙门氏菌病又称副伤寒，是由沙门氏菌属不同菌株引起不同动物沙门氏菌病的统称。主要特征为病兽发热、腹泻、败血症、肝脾肿大。

【诊断】

1. 流行病学　在自然条件下，毛皮动物中银黑狐、北极狐、海狸鼠等易感，而水貂、紫貂等抵抗力较强。患病动物是最主要的传染源，被病菌污染的动物性饲料，尤其是肉类饲料最容易引发本病发生。一旦水貂出现免疫机能下降，则很容易暴发本病，继而在很短的时间内感染整个养殖场，出现大规模死亡，造成严重的经济损失。本病的发生呈现一定的季节性，炎热季节易发，6—8月是本病的高发期，发病对象大多是幼龄兽。

2. 症状　沙门氏菌病的自然感染潜伏期为3～20d，人工感染的潜伏期为2～5d。临床上有急性型、亚急性型和慢性型三种类型。

急性型：病兽拒绝采食，前期精神异常亢奋，紧接着进入沉郁状态。体温41～42℃，持续不退，在临死时才逐步下降。病兽双眼流泪，行动时背部拱起，速度缓慢，间有呕吐、腹泻等症状，持续5～10h后在昏迷中死亡，个别2～3d死亡。

亚急性型：主要表现为胃肠机能高度紊乱，体温升高到40～41℃，精神沉郁，呼吸频繁，食欲丧失。病兽被毛蓬乱无光泽，眼睛下陷无神，有时出现化脓性结膜炎。病兽很快消瘦，腹泻，个别呕吐。四肢软弱无力，在高度衰竭的情况下，7～14d死亡。

慢性型：病兽出现消化机能紊乱、食欲减退、腹泻、进行性消瘦，贫血，眼球无神塌陷，有的病兽还有化脓性结膜炎、被毛蓬乱无光泽。病兽很少运动，行动不稳，在高度衰竭的情况下，经3～4周死亡。

3. 病变　病兽可视黏膜、皮下组织肌肉、脏器都有程度不同的黄染。胃空虚或有少量食物和黏液，胃黏膜增厚并有皱褶，间有充血，有些病例胃黏膜有散在的出血点。肝脏明显肿大，呈暗黄色或土黄色，切面外翻，有黏稠的血样物。胆囊增大、充盈，内有浓稠的胆汁。脾脏肿大6～8倍，纵隔、肛门及肠系膜淋巴结肿大，质地柔软呈灰红色或灰色，切面多汁。肾脏微肿，呈暗红色、灰红色或稍带淡黄色，肾包膜下有弥散性的出血点。膀胱内部空虚，黏膜有出血点。在慢性病例中，心肌呈煮肉样变性，脑实质水肿，侧脑室内有出现多量脑脊液。

4. 实验室诊断 同牛羊传染病中“沙门氏菌病”。

【防控】同牛羊传染病中“沙门氏菌病”。

（十四）葡萄球菌病

葡萄球菌病是由葡萄球菌引起多种动物感染的化脓性传染病。主要临床特征是皮肤和组织器官化脓性炎症，肝脏肿胀、呈土黄色。

【诊断】

1. 流行病学 该病具有广宿主性，毛皮动物和家畜均可感染。动物对葡萄球菌的易感性，与表皮或黏膜创伤、机体抵抗力、葡萄球菌污染的程度以及动物所处的环境有密切关系。葡萄球菌的致病成分主要是毒素和酶，其中重要的有溶血毒素、杀白细胞素、肠毒素、血浆凝固酶、溶纤维蛋白酶、透明质酸酶等。皮肤创伤是该病主要传播途径，直接接触和空气也可传播。本病一年四季均可发生，以雨季、潮湿时节发生较多。

2. 症状 由于病原侵害的部位不同，其症状也不完全相同。若侵害体表，可引起感染局部发炎化脓，导致蜂窝织炎、脓肿等。若抵抗力差，可转移至内脏引起器官脓肿。若感染呼吸道，可引起气管炎、肺炎或脓胸等。日龄较小的动物感染后可引起全身感染，导致菌血症。

3. 病变 病死兽心内膜有出血点，脾稍肿大，肝脏肿胀，呈土黄色，并伴有灰白色粟粒状坏死灶，气管和支气管内含有出血性黏液，其他脏器无明显肉眼病变。

4. 实验室诊断

（1）涂片镜检 采集未破溃脓肿处的脓汁，或病变器官（如肝、肺、肾等），涂片染色、镜检，能够发现革兰氏阳性球菌，呈葡萄串状或短链状排列，即可确诊。

（2）病原分离鉴定 将以上病料接种于普通琼脂平板和鲜血琼脂平板进行培养，在普通琼脂平板上可见圆形、隆起、边缘整齐、湿润、灰白色、不透明的菌落，在鲜血琼脂平板的菌落周围有溶血环，培养72h菌落均变为金黄色。然后挑取单菌落进行染色镜检，能发现上述形态的球菌。

（3）分子生物学检测 针对金黄色葡萄球菌的毒力基因设计特异性引物进行PCR扩增，若能够获得特异性大小的条带即可确诊。

【防控】

（1）加强饲养管理 清除圈舍中的尖锐物品，避免刮伤皮肤引起感染，对出现外伤的动物及时用碘酊溶液消毒处理。分娩断脐时要严格消毒。

（2）西药治疗 可选择恩诺沙星、庆大霉素、环丙沙星、卡那霉素等敏感药物进行治疗。

（3）中药治疗 可用解毒消肿散，双花、连翘、地丁、蒲公英、黄连、黄芩、黄柏、黄白药子、黄芪、花粉、甘草、生地，研末开水冲调后灌服。

（十五）链球菌病

链球菌病是由链球菌属中β-溶血性链球菌引起多种动物和人的传染病，也是幼龄毛皮动物如水貂、狐、貉等常见的败血性传染病，主要临床症状是引起各种化脓和败血症、浆液性肺炎、咽喉及下颌淋巴结肿胀等。本病分布广，发病率和死亡率很高，对养殖业危害很大。

【诊断】

1. 流行病学　水貂、紫貂、狐及家畜对本菌都易感。该菌广泛分布于水、空气、土壤及动物与人的肠道、呼吸道、泌尿生殖道中。感染和痊愈的动物及无症状带菌动物均是传染源。一般经消化道、呼吸道及各种外伤而感染。经病原菌污染的饲料、饮水等被毛皮动物经消化道食入后感染；病原体还可通过损伤的皮肤、黏膜侵入机体；污染的笼舍、用具等是本病的传播媒介，动物机体因各种因素导致抵抗力下降时，可促进本病的发生和发展。

2. 症状　毛皮动物感染本病后潜伏期为6～15d，不同发病类型临床症状不同，有急性败血症，脏器形成脓肿，发生关节炎、肺炎、胸膜炎、子宫内膜炎、心内膜炎和乳腺炎的等，甚至有的侵害中枢神经系统，最终以脓毒败血症致动物死亡。

（1）急性型　突然拒食，精神沉郁，被毛蓬乱，步履蹒跚，呼吸促迫，鼻孔扩张，鼻镜干燥，结膜发绀，有时呕吐，但很少发生腹泻，多数兴奋性增强的病例伴有突然倒下、痉挛症状，2～3min后又逐渐恢复正常，数小时后再次发作时动物死亡，病程多为数小时至1～2d，通常死于败血症。

（2）亚急性型　多脏器发生转移性脓肿，精神萎靡，食欲废绝，但有饮欲，动物体温升高，心力衰竭，进行性消瘦，病程多为5～10d，最后极度衰竭死亡。

（3）慢性型　病原常侵害动物四肢关节，常见于仔兽，病初关节肿胀、疼痛，站立不稳，嘶哑尖叫，后期患肢形成多个瘘管，排出脓性物，病兽卧地不起，体温升高，精神沉郁，食欲减退或废绝，被毛蓬乱。

3. 病变　最明显的病理变化是各器官组织有大小不等的脓肿和出血，包括脑炎、卡他性肺炎和肠炎，慢性经过时机体消瘦、贫血、黏膜发绀。急性病例可见卡他性肺炎，气管黏膜充血、出血。消化道黏膜充血、出血。心肌柔软，呈暗红色，内有血凝块，心外膜有点状出血。脾肿大，紫红色，被膜粗糙，并有出血点。肝肿大，充血，有小米粒样坏死灶。肾肿大，灰褐色，有出血点和淤血斑，有的有化脓性坏死灶。有的膀胱表现化脓性炎症。全身淋巴结肿大、出血。脑血管充血。妊娠母兽患子宫内膜炎弥漫性充血、出血，胎儿均为死胎。关节内、肺脏、胸膜、腹膜等有化脓性渗出物，并在肺、肝、肾等脏器出现转移性脓肿。

4. 实验室诊断　参考“猪链球菌病”。

【防控】参考“猪链球菌病”。

（十六）水貂星状病毒病

水貂星状病毒病是一种由星状病毒引起的自限性神经系统疾病，发病率0.1%～2%，病死率1%。断乳前后的水貂和幼年水貂发病率高，一般整窝发病。

【诊断】

1. 症状　病貂头部震颤、步态不稳、共济失调，后期发展为后肢麻痹。头部若震颤剧烈将无法进食，体温升高、消瘦，一般病程1周左右。病貂一般转归良好，个别因无法进食或神经病变而死亡。此外，星状病毒也与水貂断乳前腹泻有关。

2. 实验室诊断 确诊需要进行根据星状病毒设计特异性引物，然后进行 PCR 检测。

【防控】可使用针对该病毒的重组蛋白疫苗进行预防。

（十七）嗜血支原体病

嗜血支原体病又称附红细胞体病、红皮病、黄疸性贫血病，是由嗜血支原体寄生在多种动物及人的红细胞表面、血浆及骨髓内而引起的一类人兽共患病。主要临床特征是溶血性贫血、黄疸、繁殖障碍等，但感染的成年动物病死率很低。

【诊断】

1. 流行病学 嗜血支原体的宿主范围广泛，包括家畜（绵羊、牛、山羊、猪、马、驴、骡、骆驼）、伴侣动物（犬、猫）、野生动物（羊驼、日本鬣羚、蝙蝠）和人等。通常情况下不交叉感染，具有相对宿主特异性。本病多发生于高热、多雨且吸血昆虫繁殖滋生的夏秋两季。该病的发生与饲养管理、应激及外界环境变化密切相关。处于应激状态、圈舍空气污浊、饲养密度较高、天气恶劣、饲养管理差、更换饲料及并发感染其他疾病时，可导致嗜血支原体病的暴发、病情加重或病死率增加。由于嗜血支原体寄生于血液内，且多发生于夏秋季，因此，该病主要是经吸血节肢动物进行传播，常见的有猪虱、蚊、蠓、蜱和螨等。除通过媒介传播外，也可垂直传播、血液传播、接触性传播和消化道传播等。

2. 症状 动物感染嗜血支原体后，多数呈隐性经过。不同种类的动物其嗜血支原体病的潜伏期不同，一般 2～45d。患兽体温升高、食欲减退、精神不振、黏膜黄染、贫血及淋巴结肿大等。

3. 病变 主要体现在血液上，血液稀薄，红细胞减少，血红蛋白含量下降，淋巴细胞及单核细胞增多等。

4. 实验室诊断

（1）涂片镜检 可采用血液压片、血液涂片染色、显微镜检和电镜观察，临床上主要采用压片镜检和染色镜检，但这种方法假阳性较高。电镜观察可以观察嗜血支原体形态、结构和被感染的红细胞形态等，依此确诊。

（2）血清学检测 主要有荧光抗体技术、补体结合试验、间接血凝试验和酶联免疫吸附试验等。

（3）分子生物学检测 常用 PCR 法、DNA 探针杂交技术、原位杂交技术等。

【防控】本病多为隐性感染，常采用综合性防控措施。

（1）消除传染环节 加强生物风险管理和兽医卫生，及时杀灭蚊蝇等吸血昆虫。

（2）治疗 急性感染时可用 20%的长效土霉素或 5%的多西环素注射液。对发病的出生不久的贫血幼兽，可注射“牲血素”，2 周龄时再注射“牲血素”。在常发地区和流行时节，对病兽群饲料中添加四环素类抗生素或砷制剂预防。

二、毛皮动物（狐、貉、貂）寄生虫病

（一）螨虫病（疥螨病、痒螨病、蠕形螨病）

疥螨病和痒螨病是分别由疥螨科的疥螨和痒螨科的痒螨寄生于宿主体表而引起的慢性皮肤病。二者均可通过直接或间接接触感染。两者属于专性寄生虫。在一般条件下从卵发育至成虫疥螨需 8～22d，痒螨需 10～12d。蠕形螨病是由蠕形螨科的蠕形螨（脂螨/毛囊虫）寄生于兽体的毛囊和皮脂腺内而引起的一种寄生虫病。大部分毛皮动物都会感染，如黑线姬

鼠、狐等。

【诊断】

1. 流行病学 目前在我国狐、貉群中广为传播的螨虫病主要是由疥螨和痒螨引起的。多在秋末、冬季和初春发病。传播快，一只可使全群感染。幼兽更容易患痒螨病，发病也较严重。蠕形螨多为接触传染，多发生于幼毛皮动物，成年动物少见。

2. 症状与病变 毛皮动物感染疥螨后，精神萎靡，食欲减退，脱毛。病变部先是小结节，后发展为小水疱。破溃后形成结痂，奇痒。患兽坐卧不安，常抓挠患部，严重者，常咬尾部，撕拽患部毛皮。食欲减退，迅速消瘦，严重者死亡。

痒螨（耳螨）病多发于耳根、背、臀等密毛部位或耳壳内，部分耳壳内有豆腐渣样的结痂。病兽坐卧不安，常抓挠耳部。当螨虫侵入鼓膜时，严重感染会出现神经症状。

蠕形螨病初仅见毛囊周围红润，丘状突起，随后由于细菌感染而产生小脓肿，造成脱毛，皮脂溢出，并有银白色液性的皮屑脱落，造成鳞片型或脓疱型皮肤病变，严重时，螨可侵入病狐的淋巴结或其他组织中，若不及时治疗，常可引起死亡。

3. 实验室诊断

（1）*病原学检查* 在病变皮肤拔取毛发，或用手术刀背面刮取病变部位的皮肤直至出血，或用胶带粘贴在病变处后撕下，放置载玻片上，加 2 滴液状石蜡，或加 10%氢氧化钠溶液加热溶解，显微镜下观察到虫卵或者成年虫体，即可确诊。

（2）*分子生物学检测* 采用毛拭子的 PCR 分析、实时定量 PCR、LAMP 法、巢式 PCR 法等。

（3）*免疫学检测* 采用 ELISA 等。

【防治】

（1）可用辛硫磷、二嗪农（螨净）和溴氰菊酯（倍特）等进行药浴。药浴前应给动物饮足水，防止误咽中毒。

（2）伊维菌素、碘硝酚皮下注射。

（3）刮去患部皮肤渗出物及其周围的污垢和痂皮，以肥皂水或 0.2%温来苏儿水洗刷，然后涂 5%浓碘酊涂擦患部，每隔 1～2d 涂擦 1 次，直到痊愈为止。

（4）对污染笼具、食具等用杀螨药刷洗消毒，采取严格检疫等综合防治措施。

（二）貂跳蚤病

本病是由蚤（俗名跳蚤）寄生于体表引起的外寄生虫病。临床上表现不安、啃咬、摩擦，患部有红斑。特别是低洼潮湿的沿海和沿湖地区饲养的水貂、狐及其他毛皮动物都可受到跳蚤的侵袭，并对农场工作人员造成困扰。寄生于毛皮动物的蚤主要是犬栉头蚤，但在水貂身上发现一种特殊的蚤，称为水貂蚤。

【诊断】

1. 流行病学 一般为接触传播，3—5 月为危害的高峰期，即发生在寒冷季节，主要危害产仔和哺乳期。此外，已证明跳蚤是阿留申病毒的传播媒介。

2. 症状与病变 蚤通过叮咬和分泌含毒性的唾液刺激，引起动物强烈瘙痒，病兽变得不安、啃咬或搔抓。一般在耳郭下、肩胛、臀部或腿部附近产生一种急性散在性皮炎斑，在后背部或阴部产生慢性非特异性皮炎。被毛有损伤、体况消瘦，严重者可出现贫血和营养不良。

3. 实验室诊断

（1）*病原学检查*　在患病区毛根处寻找目标，用显微镜观察到蚤虫体即可确诊。

（2）*分子生物学检测*　PCR、实时荧光定量 PCR 等。

（3）*免疫学检测*　间接血凝试验、ELISA、免疫层析法等。

【防治】将蝇毒磷药粉散布毛根，也可用溴氰菊酯溶液涂擦蚤寄生部位。在用药的同时，小室（产箱）要消毒，垫草要更换。敌敌畏适量喷洒场地、墙壁。搞好棚舍内卫生，保持干燥。

（三）球虫病

球虫病是由艾美耳科艾美耳属球虫引起的寄生虫病，是毛皮动物常见病，主要发生在断奶的幼狐，在环境卫生不良和饲养密度较大的养狐场常严重流行，造成幼狐发育缓慢，严重者腹泻死亡，病狐和带虫的成年狐是主要的传染源，传染途径是消化道。狐摄入污染的食物和水，或吞食带虫卵的苍蝇、鼠类均可感染。水貂球虫病在毛皮动物中可引起严重的经济损失。球虫病是麝鼠的常见寄生虫病，以腹部膨大和肠胀气为特征。

【诊断】

1. 流行病学　本病一年四季均可发生，在高温、高湿、春夏之交的梅雨季节更为多见。不同日龄兽均可感染，幼龄最易感。病幼兽是主要传染源，其卵囊通过粪便污染环境，经口传播。

2. 症状与病变

（1）*貂*　幼貂感染后，表现为精神沉郁，食欲不振，消化不良，腹泻，粪便稀薄混有黏液，颜色由淡红色、绿色变成煤焦油样，被毛粗乱、无光泽、易脱落，进行性消瘦，多数因全身器官衰竭死亡。成年貂临床症状不明显，病程为 4～10 周。肉眼见肝脏有黄色的结节性坏死灶。有的小肠黏膜出血，呈斑点状，从浆膜层就能看到。肠腔和胃黏膜有条状的出血带，膀胱黏膜苍白有出血点。

（2）*狐*　患病狐表现腹泻，粪便稀薄、混有黏液，粪便中带血。精神沉郁，食欲不振，消化不良，被毛粗乱、无光泽，消瘦、贫血、生长发育停滞，最终因全身器官衰竭而死。成年狐抵抗力较强，常成带虫者。剖检发现肝脏肿胀、黄染、质脆，并伴有脾脏肿胀，肠管肿胀、增厚，其内充满气体和黏稠的淡红色内容物。此外，小肠上可见大量的淡白色斑点。

（3）*麝鼠*　患病麝鼠消瘦，被毛蓬乱、缺乏光泽，萎靡不振，食欲减退或拒食，眼、鼻分泌物增多。尾部多被黏稠粪便污染，腹部膨大下垂。患病鼠通常取腹卧姿势，头向后仰，痉挛而亡。剖检发现直肠内容物凝固成干硬栓子状，表面带血。直肠黏膜上有白色圆形凸起。整个小肠呈卡他性炎症，黏膜水肿、充血；盲肠臌气。肝脏上散在粟粒大小的白色坏死灶。

3. 实验室诊断

（1）*病原学检查*　可用饱和盐水浮集法进行生前诊断。可结合剖检见小肠黏膜卡他性炎症，病灶处常发生糜烂，呈慢性经过，且在小肠黏膜层内可发现白色结节，用显微镜检查其内充满球虫卵囊；粪便中可发现大量卵囊及裂殖体，即可确诊。

（2）*分子生物学检测*　PCR、实时荧光定量 PCR、套式 PCR、高分辨熔解曲线分析技术、环介导等温扩增技术、纳米 PCR、电子微阵列技术、限制性片段长度多态性聚合酶链反应等。

（3）免疫学检测 ELISA、直接或间接血凝试验等。

【防治】

（1）磺胺类药是治疗本病最有效的药物，也可用氨丙啉拌料或口服百球清。佳灵三特注射液也可对本病进行治疗。

（2）麝鼠的治疗可用磺胺嘧啶钠与氯苯胍口服。

（3）本病可通过控制幼貂、幼狐等食入孢子化卵囊的数量进行预防，使动物能产生免疫力而又不致引起临床症状。改善饲养管理，增强机体抵抗力；搞好笼舍、食槽水槽及场地卫生，定期消毒，驱虫；粪便要堆积好进行发酵，无害化处理等。

（四）旋毛虫病

旋毛虫病是由旋毛虫感染寄生引起的寄生虫病，也是人兽共患寄生虫病，临床上以消化紊乱、呕吐、腹泻、肌肉肿胀等为特征。通常在猪、犬和以肉食为主的毛皮动物中多发。1963年，我国人工驯养的紫貂，曾因生喂含有旋毛虫的兔肉和带有旋毛虫的肉类饲料而发生旋毛虫病，造成多例死亡。幼虫主要在肌肉形成囊包，并可生存多年，最终钙化。

【诊断】

1. 流行病学 旋毛虫病广泛分布于世界各地，在我国分布也很普遍，在贵州、云南、湖北、河南、辽宁、黑龙江、吉林、西藏、甘肃等地都有过旋毛虫病的报道。家畜中感染病例多见犬和猪。也可感染人类、牛、猫、狐狸、黄鼠狼、鲸、狼和貂等。该病主要经消化道感染。

2. 症状与病变 轻度感染无明显症状，患兽身体无疼痛表现，食欲不振，慢性消瘦，消化紊乱，呕吐，腹泻。重度感染分两个临床阶段。但在感染5～6周以后，临床症状一般都消退。

（1）肠阶段 指吞食含旋毛虫的肉后1周，发生非特异性肠炎，表现腹泻、轻度腹痛、恶心和呕吐。

（2）肌肉阶段 感染后约1周，产出的幼虫侵入全身肌肉。表现厌食，消瘦，水肿，呼吸困难和嗜酸性粒细胞增多。由于肌肉损伤发生相应的症状，如僵硬、肿胀、呼吸、咀嚼、吞咽、运动困难等。病貂不愿意活动，营养不良，抗病力下降，严重的引起死亡。同时肌肉里的幼虫排出代谢产物和毒素，导致病兽不愿活动，营养不良，抗病力下降。

3. 实验室诊断

（1）病原学检查 生前不易发现，死后剖检见尸体消瘦，皮下无脂肪沉着，筋膜下和背部肌肉里有罂粟粒大的黄白色小结节散在。剪取背最长肌有小结节的肌肉组织或膈肌，剪碎放于载玻片上，压片置于低倍显微镜下观察，见呈盘香状蜷曲的虫体，即可确诊。

（2）分子生物学检测 随机扩增多态性DNA、PCR等。

（3）免疫学检测 免疫层析法、ELISA、凝集试验等。

【防治】

（1）用噻苯达唑、苯并咪唑和阿苯达唑治疗旋毛虫病效果较好。

（2）综合防治措施。犬肉或犬的副产品一定要严格检查，应采样镜检，或无害化高温处理后再喂动物。为保证高温处理肌肉深层达到100℃，应把要高温处理的肉切割成小块，放入−30℃以下冻结1周，然后再煮熟后喂，以便彻底杀灭虫体。在处理毛皮兽和取皮、胴体加工时应严格注意，防止感染人。

第二单元　普通病

一、内科病

（一）黄脂肪病

黄脂肪病又称脂肪组织炎和黄膘病，是以全身组织脂肪发炎、渗出、黄染、肝小叶出血性坏死、肾脂肪变性为特征的脂肪代谢障碍病，也可以说是脂肪酸败慢性中毒病。此病是皮毛动物饲养业中危害较大的常发病，不仅直接引起水貂、狐、貉等大批死亡，而且在繁殖季节，导致母兽发情不正常、不孕、胎儿吸收、死胎、流产以及产后无乳；公兽利用率低、配种能力差。该病年均可发病，但以夏季、夏末秋初及冬毛期尤为突出。

【诊断】

1. 病因

（1）饲喂脂肪氧化酸败的饲料　主要原因是动物性饲料（如肉、鱼、屠宰场的下脚料）中脂肪氧化、酸败。因为动物性脂肪，特别是鱼类脂肪含不饱和脂肪较多，极易氧化、酸败、变黄，释放出霉败酸臭味，分离产生鱼油毒、神经毒和麻痹毒有害物质。这些脂肪在低温条件下也在不断氧化酸败，因此冻储时间比较长的带鱼等含脂肪比较高的鱼类饲料更容易引起水貂急、慢性黄脂肪病。

（2）维生素缺乏　由于饲料不新鲜，抗氧化剂、维生素添加不够（如维生素 E 缺乏），也是发生本病的原因之一，因此有人将黄脂肪病也列为维生素 E 缺乏症。

2. 症状　一般多以食欲旺盛、发育良好的幼龄兽先发病，尤其是采食能力强的小公兽，通常发生在 7—9 月间。最急性病例不显任何症状，突然死亡；急性病例，初期食欲下降、精神沉郁、不愿活动，可视黏膜黄染，后躯麻痹，强行驱赶时站立困难，最后发生痉挛，昏迷而死，死前多排出红褐色尿液。亚急性和慢性病例，多伴发胃肠炎、腹泻、排黏稠煤焦油样黑色稀便，病程 1 周左右，常在昏迷中死亡。成年兽多为慢性病例，经常出现剩食、消瘦、不愿活动、尿湿等症状，易与阿留申病混淆。

3. 检查　触诊病兽的鼠蹊部，脂肪硬结发板（有生牛脂感或硬猪板油感），缺乏弹性，手感呈硬的片状、绳索状或条块状；该病只有通过剥皮后才能确诊，剖检见皮下脂肪组织黄染多汁，有渗出液，胸、腹腔有水样黄褐色或黄红色胸腹水。肝脏肿大，呈土黄色或红黄色，质脆易破裂，切面混浊；肾肿大、被膜紧张，光滑易剥离，切面混浊，肾实质黄染（呈灰黄色或污黄色）；胃肠黏膜有卡他性炎症。

【防治】

1. 治疗

（1）立即停喂变质霉败的动物性饲料　停喂变质的鱼、肉类，更换新鲜的动物性饲料。调整饲料成分，添加抗氧剂及维生素，如硒制剂、维生素 E 及氯化胆碱等。

（2）药物治疗　肌内注射维生素 E 或复合亚硒酸钠维生素 E 注射液 0.5～1.0mL，复合维生素 B 注射液 1.0～2.0mL，每日 1 次，食欲恢复后，可隔日 1 次，直到脂肪硬结消失。对于体温升高者，可肌内注射青霉素 10 万～20 万 U，持续给药 7～10d。

2. 预防

（1）注意饲料质量，发现脂肪氧化变黄或变酸的鱼、肉饲料要及时处理。

（2）注意维生素 E 的补给。

（二）狐、貉自咬症

自咬症是狐、貉等食肉目毛皮动物的一种常见病、多发病，一般呈慢性经过，呈定期兴奋，在兴奋期间病兽自咬身体某一部位，形成外伤，造成外伤感染化脓，严重者吸收中毒，严重影响狐、貉的生长发育和毛皮质量，是毛皮动物养殖业中威胁较大的一种常见疾病。一般多发生于夏、秋两季，仔兽与成兽均有发病，但以仔兽居多。

【诊断】

1. 病因　该病的病因尚不完全清楚，有的认为是营养性疾病，也有人认为是病毒性感染发病，但传染源主要是患病的母兽。

（1）营养因素　维生素或微量元素等缺乏。

（2）环境因素　如通风不好、光照不足、外界噪声干扰等。

（3）人为因素　如饲养人员及陌生人员引起的应激反应。

（4）疾病因素　如皮肤寄生虫病、肛门腺堵塞症、慢性疾病等。

2. 症状　自咬症发生一般多呈慢性经过，在发病前 1 周即可见到患兽神经质，精神紧张，两眼发直放光，双耳竖起，采食急剧，大口吞咽，不时东张西望，自觉地或不自觉地在笼舍内做转圈运动。高度兴奋，啃咬自己的大腿内侧、尾根、后肢、髂部及臀部等处皮毛；兴奋过后呈沉郁状态，躺卧，眼半闭，对周围事物不敏感或呈睡眠状态。

3. 检查　剖检：尸体一般比较消瘦，后躯大腿内侧毛污秽不洁，肌肉呈绿色症状，大腿内侧自咬部位溃烂；内脏器官多数呈败血症变化，实质脏器充血、淤血或出血，黏膜出血；脑的病变较明显，血管充盈，脑实质有空泡变性和弥漫性脑膜脑炎变化，呈“海绵脑”。

【防治】

1. 治疗

（1）隔离饲养　对发生自咬症或疑似自咬症的病兽及时调群隔离，放到专门的场地安静饲养，专人饲喂用具、笼舍要消毒，并保持安静，防止生人进入。

（2）药物治疗　盐酸氯丙嗪片或安眠片，每次 2 片，每片 0.25mg，每天一次，连续 6d，隔 3～5d，再继续服用。中草药合欢皮 10g、枣仁 5g、远志 10g 煎水浓缩口服，每天一次，连续 6d。

（3）制止咬伤　在患兽颈、躯干部套上用胶合板硬纸板做成的颈圈，使患兽头部不能扭转自咬身体后部，直至喂到打皮季节。

（4）外伤处理　对咬破的皮肤、肌肉要按创伤处理，咬伤部位用过氧化氢溶液涂擦，软化结痂，去掉污物和痂皮，再涂以碘酊或甲紫溶液，除了一般外科处理外，咬伤部位要注意防苍蝇，喷洒低浓度的防虫药物，以防苍蝇产卵生蛆。

2. 预防　坚持预防为主，早期发现，及时控制。

（1）建立种兽卡　记录种兽来源、生长发育情况、生产能力及血缘关系等。全面分析自咬症发病分布、时间、原因，对已发生自咬的种兽及家族后代都要彻底淘汰打皮，不再留种用。

（2）*保持养兽场安静*　减少环境噪声和剧烈的外界刺激、严禁大声喧哗和其他响动，舍内光线要适宜，通风要好。

（3）*全价饲养*　加强饲养管理，饲喂新鲜、优质、营养全面的饲料，给足动物性蛋白质饲料、矿物质、微量元素和维生素，严禁饲喂腐败变质的蛋白质饲料。

（4）*注意消毒*　已发生过自咬症的种兽用过的笼箱、用具等可用火焰喷灯或3%来苏儿及时消毒，场内的粪便及时清理，堆积发酵消毒，防止交叉感染。

（三）尿湿症

尿湿症是水貂等皮毛动物泌尿系统疾病的一个症候，而不是单一的疾病。有很多疾病出现尿湿症，如肾炎、膀胱炎、尿结石、阿留申病、黄脂肪病等。多发生于40～60日龄的幼貂。

【诊断】

1. 病因　饲养管理不当、饲料品质不佳引起的代谢病和泌尿器官的原发或继发症。

2. 症状　病兽后躯被毛被尿液浸渍，公兽的下腹部及脐部，母兽的会阴部、腹部及后肢股内侧被毛湿漉漉，严重的尿湿部位脱毛，皮肤变红及湿疹，皮肤变硬，粗糙，排尿不直射，淋漓，走路蹒跚，如不及时治疗将造成死亡。

3. 检查　结合病因、临床症状及剖检结果可以做出诊断，由于引起尿湿的疾病较多，故剖检变化不一。

【防治】

1. 治疗

（1）*对症对因疗法*　根据原发病的不同，可采取对症疗法和病因疗法。

（2）*防止感染*　可用青霉素、土霉素、链霉素等抗生素，勤换垫草，肌内注射复合维生素B和维生素E注射液。尿湿部位用过氧化氢溶液或高锰酸钾溶液擦洗，对缓解局部症状有益。

2. 预防　经常检查笼舍，及时发现、及早治疗，保持笼舍卫生。

（四）腹泻

毛皮动物腹泻是一种常见病、多发病、流行病，是许多疾病过程中的一种表现，该病存在确诊难、用药难、易反复、难治愈的特点。

【诊断】

1. 病因

（1）*饲料因素*　换料腹泻又称饲料源性腹泻，多发生在由吃乳到吃料阶段（20日龄左右），以及30～40日龄间大量吃料阶段，俗称“换肚子”腹泻，即换肚子不适应引起的腹泻。饲料污染、过食及长久采用高蛋白水平饲料导致动物消化不良引起腹泻。

（2）*天气因素*　恶劣气候和温度骤变等产生应激反应，直接或间接引起腹泻的发生。

（3）*病毒因素*　由于病毒引起的消化道黏膜炎症和毒素刺激引发腹泻，如犬瘟热和病毒性胃肠炎。

（4）*病菌因素*　常见的主要有大肠杆菌、巴氏杆菌和沙门氏菌等的造成腹泻。

（5）*其他因素*　包括中毒反应，如食盐中毒等，某些维生素缺乏，某些寄生虫侵袭，以及惊吓等应激反应等，均可引起毛皮动物发生腹泻。

2. 症状 发生腹泻的毛皮动物大多精神沉郁、食欲减退，被毛粗乱，体温改变。腹泻时间久的，体形消瘦、弓腰、眼凹陷，严重的出现神经症状，如抽搐、肢体麻痹、瘫痪等，甚至导致死亡。

3. 检查 检查排泄物的性状、颜色及内含物：根据引起腹泻原因不同，排泄物可出现各种类型，性状有稀薄粥样、油样、水样；颜色可呈现灰色、白色、绿色、红色、黑色等；排泄物可是未消化的饲料，可混有脓汁、肠黏膜、血液等。

【防治】

1. 治疗 由于引起腹泻的原因复杂，原则上可采用对症对因治疗、防止继发感染、调整胃肠机能、防止脱水、保护肝脏等措施。

（1）由饲料引起腹泻 以助消化为主，对于幼兽可添加优质酸奶，对于初期换料，全价膨化饲料最好采用煮熟或用添加抗生素等方式消毒灭菌，减少过高的蛋白水平饲喂时间。

（2）因天气变化引起腹泻 做好防暑降温以及冬季保暖工作，在笼舍上方加盖遮阳网避免冰雹大雨直接砸击笼顶，以减少天气对毛皮动物的刺激。

（3）由病原微生物引起的腹泻 使用抗菌消炎止泻药，如庆大霉素、乙酰甲喹等。

2. 预防

（1）对于病原引起的腹泻 及时注射疫苗加以防控。

（2）对于饲养管理引起的腹泻 加强饲养管理，减少应激反应。

（五）肺炎

肺炎多由支气管炎发展而来，过劳、感冒、物理和化学因素的刺激，气候多变，长途运输等因素，使机体衰弱，抵抗力下降，诱发肺炎，如肺炎球菌、葡萄球菌、链球菌等均是肺炎的非特异性病原体。

肺炎按其炎性渗出物的性质可分为纤维素性肺炎、出血性肺炎、化脓性肺炎和坏疽性肺炎，按其发展范围可分为大叶性肺炎、小叶性肺炎、粟粒性肺炎、间质性肺炎、支气管肺炎、真菌性肺炎、寄生虫性肺炎、吸入性肺炎、异物性肺炎等，按疾病的经过可分为急性肺炎、慢性肺炎和恶性肺炎。

1. 急性支气管肺炎 也称为卡他性肺炎，是肺小叶或小叶群的炎症。各种动物均可发生，而以幼弱及老龄动物多发，早春、晚秋气候多变的季节多发。

【诊断】

（1）病因

①多为感冒、支气管炎发展而来 由呼吸道微生物——肺炎球菌、大肠杆菌、链球菌、葡萄球菌、铜绿假单胞菌、真菌、病毒等引起。

②过度寒冷 小室保温不好，引起幼兽感冒，貂棚内通风不好，潮湿，氨气浓度过大都会促进急性支气管炎的发生发展，不正规的投药误咽引起异物性肺炎，犬瘟热、巴氏杆菌病都能继发本病。

③饲养管理不正常 饲料不全价都可导致动物抵抗力下降，也能引发支气管肺炎和大叶性肺炎。

（2）症状 病兽精神沉郁，鼻镜干燥，可视黏膜潮红或发绀，常卧于小室内，蜷曲成团，体温升高至39.5～41℃，弛张热，呼吸困难，呈腹式呼吸，每分钟呼吸达60～80次，食欲废绝。日龄小的仔兽，多半呈急性经过，看不到典型症状，叫声无力，长而尖，吮吸能力差，吃不到奶。腹部不胀满，很快死亡。成年貂、狐、貉都有本病发生，多数由于不坚持治疗而死亡。病程8～15d，死亡率很高（特别是小仔兽）。

（3）检查　叩诊岛屿状浊音与听诊啰音以及捻发音为特征，听诊和叩诊在水貂身上很难实施，狐、貉勉强可以听到病区有捻发音。对仔兽诊断更加困难，往往呈急性经过，主要根据剖检变化进行诊断，剖检：急性经过的尸体营养状态良好，口角有分泌物，剖开胸腔，肺充血、出血，尤以尖叶最为明显，肺小叶之间有散在的肉变区（炎症区）。切面暗红色，有血液流出，支气管内有泡沫样黏液；心扩张，心室内有多量血液；器官黏膜有泡沫样黏液。

【防治】

（1）治疗　本病的治疗原则是加强饲养管理，抑菌消炎，祛痰止咳及制止渗出与促进渗出物的吸收和排出。

①抑菌消炎　应用抗生素和磺胺类药物，如青霉素、氨苄西林、链霉素、庆大霉素、阿莫西林、复方新诺明等。按药品使用说明书用药。

②祛痰止咳　可用复方甘草合剂、可待因、氯化铵、远志合剂等。

③制止渗出与促进吸收　狐、貉可静脉注射10%葡萄糖酸钙注射液5～10mL。

（2）预防　预防本病，提倡用小室饲养，小室内要保持有干净的垫草并要求干燥洁净，防止动物感冒。

2. 大叶性肺炎　又称为纤维素性肺炎，是肺脏的一个大叶，甚至一侧肺脏或全部肺脏的急性炎症过程。本病多见于马、牛、羊、猪等，毛皮动物也有发生，只不过是在临床上不易区别，因为这些动物体型太小，野性又强，不好做听诊、叩诊或其他辅助检查。

【诊断】

（1）病因

①感染性肺炎　主要由肺炎双球菌、巴氏杆菌及链球菌引发。此外，动物体内源、外源的病原微生物，如铜绿假单孢菌、大肠杆菌、坏死杆菌、沙门氏菌、支原体、葡萄球菌等对本病的发生也起着重要作用。

②非感染性因素　主要是由于大叶性肺炎是一种变态反应性疾病，同时具有过敏性炎症，这些炎症在预先致敏的机体中或致敏的肺组织中发生。

③其他因素　诱发本病的因素甚多，受寒感冒、长途运输、通风不良、吸入刺激性气体等应激因素均可诱发本病。

（2）症状　大叶性肺炎来势急剧，病情严重，病发时体温迅速升高到40～41℃，甚至更高，高热稽留不退，并维持至溶解期（渗出物液化为液体的时期）为止，呼吸困难，黏膜充血、黄染。咳嗽短促，为间歇性粗厉的痛咳，但到溶解期，咳嗽则变为流利而湿润。在肝变初期鼻中有铁锈色或黄红色鼻液流出。

（3）检查　根据本病定型经过，病兽高热稽留，频频短咳，每一时期特征的叩诊和听诊音的变化并结合微生物检查不难确诊。叩诊：在肝变初期，肺部叩诊有大片浊音区；在充血和渗出期，叩诊呈过清音；肝变期叩诊音为半浊音或浊音；至溶解期，凝固的渗出物逐渐被溶解吸收和排出，故重新出现相应叩诊音。听诊：在充血和渗出期，出现肺泡呼吸增强和干啰音，随后出现湿啰音或捻发音，肺泡呼吸音减弱；肝变期肺泡音消失，支气管呼吸音增强；至溶解期，渗出物被液化和排出，支气管呼吸音逐渐消失，而湿啰音则逐渐减弱、消失，出现捻发音，最后捻发音又消失而转为正常呼吸音。X线检查可见有较大面积的阴影，更有助于诊断。

【防治】

（1）治疗

①抗菌消炎 应用抗生素和磺胺类制剂，常用的抗生素有青霉素、链霉素及广谱抗生素，常用的磺胺类制剂为磺胺二甲基嘧啶。

②退热 对于有高热者，肌内注射安痛定或安乃近。

③补液 对拒食体弱者，皮下注射10％葡萄糖和复合维生素B、维生素C进行补液。

（2）预防 措施：不喂劣质饲料，保证动物居住环境清洁干燥，及时消除粪尿，防止产生刺激气味，保证饲料全价营养，加强活动，提高动物对疾病的抵抗能力。

3. 出血性肺炎 多由假单胞菌引起，水貂和毛丝鼠多发，详见第一单元“水貂出血性肺炎”。

（六）结石病

结石病通常是指尿结石又称尿石症，是尿路中盐类结晶析出所形成的凝结物（结石）嵌入泌尿道而引起尿道黏膜发炎、出血和排尿障碍的一种泌尿系统疾病。毛皮动物的尿石症多发于幼龄水貂的育成期，而狐、貉等其他毛皮动物少发或不发。多发生在6—8月的炎热潮湿季节；断奶后幼兽多发，公兽多于母兽。

【诊断】

1. 病因

（1）甲状腺功能亢进 体内矿物质代谢紊乱，分泌物中钙盐浓度升高而致。

（2）钙、磷比例不当和维生素A缺乏 盐类代谢功能紊乱，维生素A缺乏导致上皮细胞脱落，加速结石形成。

（3）饮水缺乏 气候炎热，尿液变浓，盐类浓度过高。

（4）泌尿系统感染或长期使用磺胺类药物 使泌尿道受损，引起组织坏死，尿中细菌和炎性产物积聚形成结石核心，而使盐类结晶易于沉积。

（5）液体理化性质的改变 尿中盐类胶体和晶体平衡失调，促使沉淀发生。在碱性环境中易形成磷酸钙、碳酸钙、磷酸铵镁结晶。

2. 症状 病兽表现精神不振，后肢叉开行走，排尿呈滴状；有时排血尿，尿道口附近被毛浸润，触诊膀胱膨胀，压之敏感，可摸到细碎结石。公兽结石多位于阴茎骨后；慢性病例表现步态不稳，后肢麻痹。

3. 检查 根据临床症状及剖检结果可以做出诊断，必要时采用X线检查。剖检：肾脏和膀胱内发现大小不等坚硬、光滑、淡黄色的结石；肾肿大，被膜下有斑点状出血，溃疡状，尿液黏稠，伴有炎症、出血。

注意：应与肾炎、尿道炎、膀胱炎加以区别。

【防治】

1. 治疗

（1）利尿抗菌消炎 双氢克尿噻按0.5mg/kg（体重计）内服；青霉素钠20万U，注射用水2～3mL，一次肌内注射，2次/d，连用3～5d。也可用土霉素等。

（2）调整尿液酸碱度 添加食醋或喂服氯化铵，可降低磷酸钙、磷酸铵镁结晶形成。

20%氯化铵液1～2mL，混于料中饲喂，连服3～5次，停药3～5d再投药3～5次。

（3）中药疗法　海金砂10g、金钱草30g、鸡内金20g、石苇20g、茵陈20g、滑石20g（或金钱草20g）、石苇10g、栀子10g，粉碎，适量内服。

（4）手术取石　外科手术取石。

2. 预防

（1）合理搭配日粮　增加肉类、脂肪、牛乳、蔬菜比例，避免钙、磷比例过高，补充维生素A。增加多汁料或增加饮水量，喂给新鲜西瓜皮。

（2）断奶后调节日粮　适当增加鲜牛奶、食用醋及给足饮水，根除和控制尿路感染可有效控制本病发生。

（七）胰腺炎

胰腺炎是指胰腺腺泡与腺管的炎症过程，是因胰蛋白酶的自身消化作用而引起的疾病。可分为急性及慢性两种。急性胰腺炎：胰酶被激活后对胰腺本身及周围组织发生消化作用而引起的急性炎症；慢性胰腺炎是慢性、持续性或反复发作性的病变，以胰腺广泛纤维化、局部病灶坏死与钙化为其病理特征。

【诊断】

1. 病因

（1）长期饲喂高脂肪饲料　饲喂高脂肪食物，使机体肥胖，易发急性胰腺炎。动物患有高脂血症时，胰脂酶分解血脂产生脂肪酸而使胰腺局部酸中毒和血管收缩，也可引发本病。

（2）胆道疾病　如胆道寄生虫、胆石嵌闭、慢性胆道感染、肿瘤压迫、局部水肿、黏液淤塞等，致使胆管梗阻，胆汁逆流入胰管并使胰蛋白酶原激活为胰蛋白酶，而后进入胰腺组织并引起自身消化。

（3）胰管梗阻　如胰管痉挛、水肿、胰石、蛔虫、十二指肠炎及其阻塞，或迷走神经兴奋性增强引发胰液分泌旺盛等，致使胰管内压力增高，胰腺腺泡破裂，胰酶逸出而发生胰腺炎。

（4）胰腺损伤　如腹部钝性损伤，被车压伤或腹部手术等损伤了胰腺或胰管，使腺泡组织的包囊内含有消化酶的酶原粒被激活，而引起胰腺的自身消化并导致严重的炎症反应。

（5）并发于某些疾病　传染病，如犬传染性肝炎、钩端螺旋体病；寄生虫病，如弓形虫病；中毒病、腹膜炎、胆囊炎、败血症等，此外，病毒、细菌或毒物经血液、淋巴液而侵害胰腺组织引起炎症。慢性胰腺炎可由急性胰腺炎未及时治疗转化而来，或急性炎症后又多次复发成慢性炎症，以及邻近器官，如胆囊、胆管的感染经淋巴管转移至胰腺，致使胰腺发生慢性炎症。

2. 症状

（1）急性胰腺炎　主要表现为突然发作的急剧腹痛（急腹症）、呕吐、发热、腹泻且粪便中常混有血液，若溢出的活性胰酶累及肝脏和胆囊，则出现黄疸。腹部有压痛，前腹部有时可触及到硬块，腹壁紧缩少数病例有腹水。急性胰腺炎坏死出血型病情危重，很快发生休克、腹膜炎，部分患兽发生猝死。

（2）慢性胰腺炎　病程迟缓，缺乏特异性症状。主要表现厌食，周期性呕吐、腹痛、腹泻和体重下降。由于胰腺外分泌功能减退，粪便酸臭，且存有大量未消化脂肪。患病动物有时因食物消化与吸收不良，而出现贪食。血压降低，血、尿淀粉酶升高为特点。

3. 检查

（1）急性胰腺炎 依据临床资料进行综合分析与判断，具体如下：

①实验室检查 血液中淀粉酶与脂肪酶的活性同时升高，白细胞增多与核左移，血液浓稠，脂血症、低钙血症，一时性高糖血症。

②X线检查 腹前部密度增大，右侧结构模糊，十二指肠向右侧移位且其降支中有气体样物质存留。

③B超检查 可见胰脏肿大、增厚，或显示假性囊肿形成。

（2）慢性胰腺炎 胰腺发生纤维变性时，血中淀粉酶和脂肪酶不升高。X线检查可见胰腺钙化或胰腺内结石阴影。B超检查可显示出胰腺内有结石或囊肿等。

【防治】

1. 治疗

（1）急性胰腺炎

①禁食禁水 在最初的24～48h内，为避免刺激胰腺的分泌，禁止通过口给予食物、饮水和药物，病情好转时可喂给少量肉汤与易消化食物。

②抑制胰腺分泌和止吐 应用抗胆碱药抑制胰腺分泌和止吐，常用硫酸阿托品0.03mg/kg（体重计），肌内注射，3次/d。但应限制在24～36h内使用，以防出现肠梗阻。

③抗休克 为防止疼痛性休克发生，需肌内注射哌替啶；此外，皮质激素对治疗休克也有一定作用，可用氢化可的松注射液，用生理盐水或葡萄糖注射液稀释后静脉注射。

④纠正水及电解质紊乱 为恢复机能及胰脏的正常血液循环，可用5%葡萄糖液和/或复方氯化钠液、维生素C等静脉注射，注意适量补钾。

（2）慢性胰腺炎 应饲喂高蛋白、高碳水化合物、低脂肪饲料，并混饲胰酶颗粒，可维持粪便正常。缩聚山梨醇油酸酯与日粮混饲，可增进脂肪吸收。对于胰内分泌机能减退时，可用胰岛素治疗，此种病例一般预后不良。另外，依据病情实施对症治疗。在病情逐渐恶化或反复发作，出现假性胰腺囊肿或胆总管梗阻引起黄疸时，可用外科手术治疗。手术方式主要是剖腹清除坏死组织，放置引流管，便于以后持续灌洗，然后将切口缝合。

2. 预防

（1）合理搭配日粮，不饲喂过油、过咸的食物，控制脂肪的摄入量，尽量定时定点定量饲喂。

（2）控制原发病，如传染病、寄生虫病等，防止诱发胰腺炎。

（八）中暑（日射病及热射病）

中暑是日射病和热射病的统称，指在暑热天气、湿度大及无风环境中，患病动物因体温调节中枢功能障碍、汗腺功能衰竭和水、电解质丧失过多而出现相关临床症状的疾病。中暑包括日射病和热射病，二者的病因及症状不同。

1. 日射病 日射病是由动物头部，特别是延髓或头盖部受烈日照射过久，脑及脑膜充血而引起的。

【诊断】

（1）病因 炎热的夏季烈日照射头部和躯体过久，毛皮兽体温迅速增高，破坏脑内循环，脑膜和脑血管扩张，充血，发生脑水肿，并常出现脑微血管破裂，引起脑出血，致使神经中枢部分功能遭到破坏，直至危害生命中枢（呼吸和心跳），导致麻痹而死。日射病多发于夏日中午12时至下午2—3时，兽棚遮光不完善或没有避光设备的兽群中。

（2）症状　发生于夏日中午日光最强最热的时刻，受烈日直射或斜射，通风不良，突然发病，水貂、狐和貉的精神沉郁，步样摇摆，甚至呈晕厥状态，有的发生呕吐，头部震颤，呼吸困难，全身痉挛，尖叫，最后在昏迷状态下死亡。

（3）检查　根据发病的季节和时间、临床症状及剖检可以确诊。剖检：尸体营养状态良好，脑及脑膜血管高度充血和水肿，脑切开有出血点或出血灶；胸腔比较干燥，充血、淤血；心扩张，肺充血，有的出现肺水肿；肝脏、脾脏及肾脏出现充血、淤血，个别的有出血点。

【防治】

（1）治疗

①及早抢救　发现后立即把病兽放到阴凉处，头部施行冷敷或冷水灌肠。处于休克状态的病狐应输液5%葡萄糖生理盐水100～150mL，2.5%盐酸氯丙嗪注射液1～3mL，20%安钠咖1～2mL，静脉滴注。心脏功能不全的狐、貉可皮下注射20%樟脑油0.5～1mL。水貂可皮下注射5%葡萄糖生理盐水10～20mL，分多点注射。狐可静脉注射5%～10%葡萄糖注射液。

②遭受烈日直射的部位或养殖场内降温　往地上浇凉水，或向毛皮兽笼舍喷凉水降温。

（2）预防　进入盛夏，养殖场内中午要有专人值班，降温防暑喷水，受光直射的部位要做好遮光，多给毛皮兽饮水。

2. 热射病　热射病是毛皮兽在室外温度比较高、湿热，空气不流通的环境下，体温散发不出去而蓄积，体内缺氧所引起的疾病。多发于长途车、船、飞机运输和气候闷热、空气不流通的笼舍或产箱内。

【诊断】

（1）病因　局部空间小，气候闷热，空气不流通，动物体温散发不出去，过热而死。

（2）症状　出现体温升高，血液循环衰竭及不同程度的中枢神经功能紊乱，缺氧，呼吸困难，大汗淋漓，可视黏膜发绀，流涎，口咬笼网，张嘴而死。接近分窝断奶时刻由于产箱（或小室）内湿热，母仔同时死在窝内。

（3）检查　根据发病的季节和时间、所处的环境及死亡的状态可以确诊。剖检变化同日射病。

【防治】

（1）治疗　发现此情况立即把病兽散开，放在通风良好的阴凉处，可给予强心、镇静药治疗。

（2）预防

①运输　长途运输种兽要有专人运送，并应在夜间凉爽时候起运。

②及时通风换气　天热时饲养员要经常检查产仔多的笼舍和产箱，必要时把小室盖打开，盖上铁丝网通风换气以防闷死，产箱内垫草要经常打扫更换。

（九）维生素A缺乏症

在毛皮动物机体内，由于维生素A缺乏或不足引起以上皮样细胞角质化，视觉障碍和骨骼形成不良为特征性的一种疾病和干眼症，称为维生素A缺乏症。维生素A具有防止夜

盲症和干眼症、促进骨骼牙齿的正常生长发育、保护上皮样细胞完整，增强毛皮动物的免疫力和对疾病抵抗力的作用。

【诊断】

1. 病因

(1) 饲料中维生素A的缺乏或不足，达不到动物体的需要量。

(2) 日粮中维生素A遭到了破坏、分解、氧化、流失和吸收障碍等，如饲料储存过久或调制不当，脂肪酸氧化。

(3) 动物本身患有慢性消化器官疾病，严重影响了营养物质的吸收和利用。

(4) 混合料中添加了酸败的油脂、油饼、骨肉粉及陈腐的蚕蛹粉等，使用氧化的饲料，使维生素A遇到破坏，导致维生素A缺乏。

2. 症状

(1) *狐狸*　患本病的早期症状为神经失调，抽搐和头向后仰，此时病兽失去平衡倒下。微小的外界刺激引起病兽高度兴奋，沿笼子旋转或奔跑，极度不安，步履蹒跚。个别病例神经性发作持续5～15min。仔兽常常出现腹泻，粪便内混有大量黏液和血液。维生素A不足时，会造成大批动物出现肺炎症状，生长停止和换齿延迟；导致成年狐繁殖障碍，母狐不发情或发情不规律，易流产，死产，空怀率增高，公狐性欲低下，少精、死精、配种能力不强；个别的发生干眼症。

(2) *水貂*　发生维生素A缺乏症时，除发生神经症状外，表现出干眼症。同时出现消化道、呼吸道和泌尿生殖道黏膜上皮角化，机能紊乱，腹泻、尿结石和肺病等。特别是母兽表现性周期紊乱，发情不正常，发情期拖延，怀孕期发生胚胎吸收。出现死胎、烂胎、仔兽体弱。公兽表现性欲降低，睾丸缩小，精子形成发生障碍。

(3) *貉*　维生素A缺乏表现抽搐，头向后仰，运动失调，对外界刺激敏感。

3. 检查　结合血液、肝脏和饲料内维生素A测定，就可作出确诊。如可疑也可进行治疗性诊断，在饲料中添加鱼肝油，如症状明显好转，则为维生素A缺乏症。剖检：尸体比较消瘦，表现为贫血，仔兽有气管炎、支气管炎。幼兽常见胃肠炎变化，胃黏膜常有溃疡灶，肾脏和膀胱常有结石。

【防治】

1. 治疗

(1) *消除病因*　日粮中给予足量中性脂肪（补加鲜肝10～20g）。

(2) *补充维生素A*　狐每天内服15 000IU；水貂和紫貂每天内服3 000～5 000IU；成貉10 000IU，每天2次，幼貉每天内服2 500～7 500IU。

2. 预防　在饲料中必须添加鱼肝油或维生素A浓缩剂，每天每千克体重250IU以上。在日粮内补给动物鲜肝及维生素E具有良好作用，后者能防止肠内维生素A的氧化。鱼肝油必须新鲜，酸败的禁用，合理组配日粮，注意加工方法，力求避免饲料中维生素A被破坏。否则，不但不起治疗和预防作用，反而有害。

（十）维生素C缺乏症

维生素C缺乏症（肉食动物仔兽红爪病），是肉食毛皮动物仔兽多发病。维生素C也称抗坏血酸。维生素C缺乏，引起骨生成带破坏，毛细血管通透性增强和血细胞生成障碍，毛皮动物（水貂、狐、貉）新生仔兽表现为“红爪病”。

【诊断】

1. 病因　日粮中维生素C缺乏或不足：长期不喂青绿的蔬菜类或不加含维生素C多的饲料，特别是在母兽妊娠中后期，饲料不新鲜，又不喂一定量的蔬菜很容易引起维生素C缺乏。

2. 症状　四肢水肿是新生仔兽红爪病的主要特征。母兽病例步态不稳，行走有痛感，关节变粗，指（趾）垫肿胀，患部皮肤高度充血、淤血、潮红，齿龈出血。进一步发展为指间破溃和龟裂，偶见尾巴水肿，变粗，皮肤高度潮红。患病仔兽尖叫嘶哑无力，声音拉长，不间断地往前爬（乱爬），头向后仰，仿佛打哈欠，吸吮能力差，甚至不能吸吮母兽乳头，导致母兽乳房硬结发炎、疼痛不安，叼着病仔兽在笼内乱跑，甚至将仔兽吃掉。

3. 检查　根据临床症状、剖检特点及饲料分析可诊断，毛皮动物出生后1～5d，应特别注意检查仔兽。剖检：刚生下2～3d的仔兽尸体，脚爪水肿，充血、出血，肿胀，胸腹部和肩部皮下水肿和黄染（胶样浸润），胸、腹部肌肉常常出现泛发性出血斑，新生仔兽内脏出血严重，母兽子宫出血，子宫黏膜出血，子宫角坏死；胃肠黏膜、肺、肝、肾弥漫性出血；心脏、脾脏出血。

【防治】

1. 治疗

（1）消除病因　改善饲养管理，日粮中添加蔬菜（蔬菜煮熟或高温易破坏维生素C；天气热可添加包被维生素C，每袋兑料150kg）。

（2）仔兽红爪　5%维生素C溶液5～10滴，每只每天2次，也可肌内注射维生素C注射液0.5mL，直至水肿消退为止。

（3）抗生素　有继发感染时，用抗生素治疗。

2. 预防　首先要给怀孕哺乳母兽全价平衡的饲料，同时补足维生素A、维生素B_1、维生素B_2、维生素C和维生素H。保证饲料新鲜，不喂长期储存质量不佳的饲料，日粮中要有一定量的蔬菜，在饲喂储存3个月以上的动物性饲料时，要加倍补给青料和维生素C添加剂。

（十一）硒和维生素E缺乏症

动物硒和维生素E缺乏症是机体内缺乏硒和维生素E所引起的以肌营养不良、肝营养不良、脂肪组织炎等为主要特征的营养代谢病。

硒缺乏症又称“白肌病”，是一种幼兽多发的地方性、营养性、代谢性疾病。常呈地域性流行，临床上以骨骼肌、心肌组织发生变性坏死、运动障碍和急性心脏机能紊乱为特征。维生素E是硒的协同剂，两者可相互促进吸收。维生素E又称生育酚，具有抗氧化、抗衰老、促进生殖的作用，毛皮动物维生素E缺乏或不足会引起毛皮动物不发情、不妊娠。

【诊断】

1. 病因

（1）土壤里缺硒，造成当地的饮水和饲料中缺硒。

（2）饲料（日粮）中硒和维生素E的补给不足或缺乏。

（3）饲喂含过量不饱和脂肪酸的饲料或饲料质量不佳。毛皮动物采食含有大量不饱和脂肪酸的动物性饲料（肉、鱼、乳等）和各种油脂饲料（鱼油、猪油、黄豆油、玉米油等），尤其是储存过久、库温过高者，均会使不饱和脂肪酸氧化成酸败脂肪。过量不饱和脂肪酸消耗大量的抗氧化剂维生素 E 和硒，而且脂溶性维生素 E 受到氧化脂肪的破坏，从而引起硒或维生素 E 相对缺乏。

(4) 应激反应，如棚舍潮湿、寒风侵袭、暴雨淋漓、惊吓、预防注射、捕捉以及剧烈运动和疫苗反应，均可能诱发本病。

2. 症状

(1) 硒缺乏　急性型：常不见任何明显症状而突然死亡。慢性型：病兽精神沉郁，很少活动，拒食，体重减轻，被毛蓬乱无光。有的可视黏膜黄染。一般体温正常，个别稍增高。最后出现腹泻，粪便呈黑褐色，并混有血液。步态强拘，个别病例后肢麻痹或痉挛发作，出现不自然的尖叫。在轻度缺乏硒和维生素 E 情况下的水貂，易发生亚临床的硒-维生素 E 缺乏症，除步态轻度强拘外，其他表现正常，如不注意观察，易被忽视，但在化验检查时，血浆谷丙转氨酶活力显著增高。母貂不孕、流产、烂胎、死胎、干乳；种公貂睾丸发育不良，致使不能参加配种。本病随时均可发生，在 8—10 月较为严重。

(2) 维生素 E 缺乏　病兽主要表现生殖机能遭到破坏，繁殖障碍，脂肪炎；母兽发情期拖延、不孕、空怀率高，在怀孕期间常表现流产或死胎；仔兽生命力弱，精神萎靡、虚弱、无吮乳能力，死亡率高。公兽表现性功能下降，无配种能力，精液质量不佳，精子生成机能障碍，往往营养好的毛皮动物在秋季突然死亡；育成期幼兽易出现急性黄脂肪病，突然死亡。另外，维生素 E 缺乏是水貂脂肪组织炎的重要原因之一。在腹股沟部皮下可以摸到片状或成串状硬固的脂肪块，黏膜发黄。严重病例有胃肠炎，排沥青样粪便，膀胱内有红褐色尿液。另外，公兽精液生成发生障碍，配种没劲；母兽发情延迟，发情不明显或久配不孕。

3. 检查　根据兽群的临床症状（运动障碍、呼吸困难、腹泻、心衰等）和繁殖情况（不孕、流产、烂胎、死胎等）可以作出初步诊断。剖检：可见黄脂肪病的病理变化（详见黄脂肪病）以及肌肉营养不良，呈煮肉样外观，有的有黄白色斑点，股部肌肉色淡明显。肝肿大，质地脆弱，色调不均，交叉成花状斑。心肌纤维肿胀变性，有条状灰白色病灶，壁薄质软，心包液增加，心腔扩大，血液凝固不全，心内外膜有出血点。有条件的可对饲料作分析测定。

【防治】

1. 治疗

(1) 消除病因　改善饲养管理，更换质量不良饲料，在饲料中投给全面平衡的多种维生素及新鲜的动物性饲料、豆油等。

(2) 饲料中补硒和维生素 E　饲料中可添加亚硒酸钠、维牛素 E 添加剂。正常情况下，日粮中维生素 E 需要量为 0.1mg/kg，每天一次。

(3) 注射维生素 E 或亚硒酸钠维生素 E 合剂　维生素 E 5～10mg/kg，0.1%亚硒酸钠水溶液 0.5～1.5mL，或亚硒酸钠维生素 E 合剂，复合维生素 B 注射液 0.5～1.0mL，每天 1 次。青霉素 10 万～20 万 U，或 10%磺胺嘧啶钠 1mL，分别肌内注射，直至病情好转，食欲恢复。

2. 预防　日粮中补充硒和维生素 E，在产前产后分别肌内注射亚硒酸钠维生素 E 合剂各一次，在毛皮动物配种期和妊娠期，必须排除有脂肪氧化的饲料，保证给予新鲜、脂肪含量适中的饲料，视饲料的质量适当添加一定量硒和维生素 E，可以防止本病的发生。

（十二）B 族维生素缺乏症

B 族维生素包括维生素 B_1（硫胺素）、维生素 B_2（核黄素）、维生素 B_3（烟酸）、维生素 B_4（胆碱）、维生素 B_5（泛酸）、维生素 B_6、维生素 B_9 或 B_{11}（叶酸）、维生素 B_{12}（钴胺素）、维生素 H（生物素）和胆碱等 10 多种水溶性维生素，临床上主要有维生素 B_1、维生素 B_2、维生素 B_6、叶酸和胆碱等会引起缺乏症。

【诊断】

1. 病因　①长期饲喂过度煮熟的饲料；②妨碍其吸收或破坏 B 族维生素的合成，如慢性腹泻、炎症、肝病等；③胎数过多的母兽；④动物生长发育过快，导致相对缺乏，如快速生长发育的幼兽；⑤长期大量使用抗生素和磺胺类药物。

2. 症状　B 族维生素缺乏症的共同症状是消化机能障碍、消瘦、被毛蓬乱无光、少毛、脱毛、皮炎、跛脚、神经症状、运动机能失调以及生长缓慢等。

（1）维生素 B_1 缺乏　主要表现食欲减退，大群剩食，身体衰弱，消瘦，步态不稳，抽搐痉挛，昏睡，运动失调，母兽产仔率下降，公兽失去配种能力，仔兽发育停滞。

（2）维生素 B_2 缺乏　全身代谢发生紊乱，生长发育缓慢，逐渐消瘦、衰弱、食欲减退；神经系统活动被破坏，动物步态不稳、后肢轻瘫，心脏功能衰弱、处于昏迷或抽搐状态；皮肤干燥、表皮角质化、被毛粗糙、无光泽、颜色变浅、绒毛红褐以及皮肤代谢紊乱造成被毛脱落。维生素 B_2 为正常繁殖母兽所必需，缺乏时母兽不发情，长期不足会使其永远丧失生育力，其所生的仔兽很大部分先天畸形，上颚裂开出现三瓣嘴、四肢骨短、骨髓发育不正常。幼兽维生素 B_2 缺乏，吃得较多但生长发育不良，仔兽出现无毛或在哺乳期出现灰白色绒毛。5 日龄仔兽完全无被毛及具有肥厚脂肪皮肤，腿部肌肉萎缩，运动功能衰弱，全身无力，晶状体混浊，呈乳白色。一旦器官功能受损，出现后肢不完全麻痹、脂溢性皮炎，或者全身脂肪黄染。

（3）维生素 B_3 缺乏　临床上以神经系统机能障碍和胃肠功能紊乱为特征。表现食欲消失，口腔炎，并伴发消耗性腹泻和肠炎。仔兽生长迟缓，表皮角化。出现步态不稳、癫痫、麻痹等神经症状。

（4）维生素 B_4 缺乏　临床表现生长缓慢甚至停滞，仔、幼兽发育不良，胫骨粗短，跗关节周围针尖状出血和肿大，关节软骨变形、瘫痪，母兽缺乳，有的出现脂肪肝。

（5）维生素 B_6 缺乏　引起繁殖功能障碍、贫血、生长发育迟缓，肾脏受损。本病发生在毛皮动物繁殖期，公兽出现无精子；母兽空怀，胎儿死亡；仔兽生长发育迟缓，食欲不佳，上皮角化，棘皮症，小细胞性低色素性贫血，精神萎靡，易发生尿结石，毛细血管通透性降低。狐出现四肢麻痹；鼻、尾出现红斑，尾尖坏死，有抽搐现象，死亡率明显增高。

（6）叶酸缺乏　临床表现为可视黏膜苍白，贫血，衰竭，腹泻，出血性胃肠炎，换毛不全，被毛褪色，毛绒质量低劣；多数仔、幼兽因贫血而死，血液稀薄，血红蛋白降低；被毛褪色和皮炎。

（7）维生素 B_{12} 缺乏　狐表现为血液生成机能障碍，出现贫血症状，可视黏膜苍白；水貂因出现肝脏脂肪变性，表现为消化不良，食欲丧失，发育迟缓，消瘦衰竭，贫血症状少见。如果在妊娠期发生本病，仔兽的死亡率增高，母兽吃仔兽数增多，这是临床上的特征性症状。

3. 检查　根据临床症状和日粮的分析可作出诊断。

【防治】

1. 治疗

(1) 消除病因　改善饲养管理，供给富含 B 族维生素的饲料，或饲料中添加复合维生素 B 添加剂。

(2) 注射复合维生素 B 注射液　早期可以用维生素治疗；采用每天肌内注射复合维生素 B 注射液 0.5～1.0mL，连用 3～5d。

2. 预防　应注意保持日粮组成的全价性，供给富含 B 族维生素的饲料。在大型饲养场，用干料饲喂时，目前普遍采取补充复合维生素 B 添加剂的方法。

（十三）有机磷农药中毒

有机磷农药中毒是指接触、吸入或误食了某种有机磷农药后发生的以腹泻、流涎、肌群震颤为特征的一种中毒病。

【诊断】

1. 病因

(1) 采食时，误食喷洒过有机磷杀虫剂不久的蔬菜、牧草等。

(2) 误食了拌过或浸过有机磷杀虫剂的种子等。

(3) 用量不当。

(4) 水源有机磷污染。

2. 症状　急性中毒发病时间与毒物品种、剂量和侵入途径密切相关。经皮肤吸收中毒，一般在接触 2～6d 内发病，口服毒在 10～120min 内出现症状。一旦中毒症状出现后，病情迅速发展。

(1) 毒蕈碱症状　又称 M 样症状，症状出现最早，临床表现先有恶心、呕吐、腹痛、多汗、尚有流泪、流涕、流涎、腹泻、尿频、大小便失禁、心跳减慢和瞳孔缩小。支气管痉挛和分泌物增加、咳嗽、气急，严重出现肺水肿。

(2) 烟碱样症状　又称 N 样症状，面、眼睑、舌、四肢和全身横纹肌发生肌纤维颤动，甚至全身肌肉强直性痉挛。常有全身紧束和压迫感，而后发生瘫痪。周围性呼吸衰竭。血压增高、心跳加快和心律失常。

(3) 中枢神经系统症状　疲乏、共济失调、烦躁不安、抽搐和昏迷。

3. 检查　结合临床症状和病史可作出初步诊断，正确诊断应结合测量血液中的胆碱酯酶活力、尿中有机磷的分解毒物，或取饲料及胃内容物进行化验分析方可确诊。

【防治】

1. 治疗

(1) 消除病因　立即停止喂、饮疑似有机磷农药污染的饲料和水，将动物移到通风良好的地方。

(2) 皮肤中毒　立即用 1%肥皂水或 4%碳酸氢钠溶液迅速清洗皮肤。

(3) 经口中毒　1%～2%碳酸氢钠溶液反复洗胃（敌百虫中毒时禁用）；或 0.1%高锰酸钾溶液洗胃（硫磷中毒时禁用）。同时用以下方法处理：注射硫酸阿托品，水貂 10mg/kg，狐 30～50mg/kg；葡萄糖或生理盐水静脉缓慢注射，20%葡萄糖液 10～20mL，皮下分点注射。

(4) 特效解毒　肌内注射特效解毒药，解毒药目前有两类：一类是 M 样受体拮抗剂，如阿托品；另一类为胆碱酯酶复活剂，如解磷定、氯解磷定和双复磷等。

2. 预防 ①认真保管好农药；②禁止动物进入喷洒过农药的田地或蔬菜地；③在除寄生虫和灭蝇时，按规定的用量使用有机磷农药。

（十四）阿维菌素类药物中毒

阿维菌素类药物中毒是在驱虫过程中由于用药剂量过大、重复给药间隔过短、给药途径错误或某些动物超敏感而引起的中毒现象。

【诊断】

1. 病因 常因用药剂量过大、重复给药间隔过短、给药途径错误引发中毒。

2. 症状 药物注射3～4h后，中毒动物立即表现步态不稳，8～12h后卧地不起，四肢肌肉松弛，无力，呈游泳状运动，腹胀，食欲废绝，头部出现不自主颤抖，呼吸加快，心音减弱。中毒严重者在24～36h内死亡；中毒较轻者症状可逐渐减轻，肌肉张力逐渐恢复，精神逐渐好转而康复。

3. 检查 根据临床症状和用药情况可以确诊。

【防治】目前尚无特效解毒药，以催吐、补液、强心、利尿为治疗原则。

（1）*减少吸收和促进排泄* 经口服中毒的，可催吐（硫酸铜）、泻下（盐类泻剂）或吸附（活性炭）。

（2）*促进肝脏解毒* 可使用复方甘草酸铵、肌苷、维生素C和葡萄糖注射液等。

（3）*对症治疗* 心动过缓用阿托品，昏迷不醒用毒扁豆碱，过敏休克用肾上腺素等。

（4）*支持疗法* 强心、补液、补充能量以及解痉挛等。

（十五）食盐中毒

食盐是毛皮动物不可缺少的营养物质，当日粮中加盐过多或调配不当以及饮水不均，则易引起食盐中毒。

【诊断】

1. 病因 ①食物中食盐含量过多；②动物饮水量不足。

2. 症状 以神经兴奋为主，毛皮动物出现口渴，兴奋不安，剧烈呕吐，从口鼻中流出带有泡沫样黏液，鼻镜干燥；可视黏膜发绀，瞳孔散大，并有剧烈腹泻，随即消瘦虚弱；全身肌肉震颤，叫声嘶哑，有的翘起尾巴，做圆周运动；进而发生运动障碍，运动失调，四肢麻痹，排尿失禁，呼吸困难，心跳减弱。

3. 检查 剖检：尸僵完全，口腔内有少量的食物及黏液，肌肉暗红色、干燥；胃肠黏膜充血、出血和肥厚，肺、肾和脑血管扩张，肺水肿；心包积液，个别病例心外膜、心内膜有点状出血。

【防治】

1. 治疗 尚无特效解毒药，以排钠利尿、恢复阳离子平衡及对症治疗为原则。

（1）*消除病因* 停喂停饮含盐的饲料和水。

（2）*对症治疗* 轻者喂清水、牛奶或糖水即能缓解；重者出现心衰、呼吸困难者，肌内注射尼可刹米0.3mL。兴奋性异常者可使用氯丙嗪镇静。

（3）*强心剂* 皮下注射10%樟脑油0.2～1.0mL，10%葡萄糖5～20mL。

（4）*缓解脑水肿降低颅内压* 静脉注射20%山梨醇液。

（5）*利尿* 可使用双氢克尿噻。

2. 预防 ①添加食盐必须称准数量；②食盐必须搅拌均匀；③喂食后必须给予充足的

饮水；④饲喂咸鱼咸肉等含盐食物时必须浸泡清洗后饲喂。

（十六）黄曲霉毒素中毒

黄曲霉毒素中毒是指动物采食了被黄曲霉毒素污染的饲料，引起以消化功能紊乱、便血、黏膜和浆膜出血、黄疸、肝功能障碍和神经症状的一种中毒病。

【诊断】

1. 病因　饲料发霉变质：饲料加工储存不当，受潮、霉变和变质。

2. 症状　急性病例精神萎靡，食欲降低，甚至废绝，步态蹒跚，黏膜苍白、黄染时可见腹围增大，触诊有波动感，穿刺时有多量淡黄色至棕红色腹水流出。哺乳母貂易发生缺乳。少数病貂出现呕吐，体温正常。粪便干燥，呈绿色或黄色糊状，有时带血，尿呈茶色。有时出现神经症状，后躯麻痹，有时发生痉挛，阵发性抽搐。抓挠笼子，在笼子里转圈，并发出尖叫声，常在 2d 内死亡。慢性病例，食欲不振，被毛粗乱，渐行性消瘦，拱背蜷腹，粪便干燥。1 周后出现神经症状，兴奋、狂躁、驱赶时抓咬笼壁，步履失去平衡，常在 2 周左右死亡。

3. 检查　剖检：尸体血液凝固不良，皮肤、皮下脂肪、浆膜及黏膜有不同程度的黄染，耳根部尤为明显；腹腔、胸腔积液有大量淡黄至橙黄色或污秽混浊的液体；肝肿大，呈黄绿色或砖红色，被膜下点状出血，质地脆；胆囊扩张，胆汁稀薄；胃肠内容物呈煤焦油状，肠内有暗红色凝血块；胃肠黏膜充血、出血、溃疡、坏死；肾脂肪囊黄染，有点状出血；膀胱黏膜出血、水肿；心包积液，心脏扩张；脑及脑膜充血、出血。检查饲料质量，如发现饲料霉变，并结合流行病学、临床症状及剖检变化即可确诊。

【防治】

1. 治疗

（1）*消除病因*　发现毛皮动物黄曲霉毒素中毒时，应立即停喂被黄曲霉污染和含有黄曲霉毒素的饲料，同时采取排毒保肝措施。

（2）*药物治疗*　皮下注射 25%葡萄糖溶液及维生素 C 和维生素 K，或者口服葡萄糖 15g，维生素 C 300mg，维生素 K 3mg，肝乐 0.1g 或肌醇 125mg，1 次/d，连服 7d。妊娠期母貂每次可注射维生素 K 10mg，产仔前母貂每次给 6mg，连续 7d，重症病例投以盐类泻剂，静脉注射 25%葡萄糖溶液和维生素 C 制剂，有心衰症状的可注射安钠咖等强心剂。

2. 预防　饲喂毛皮动物的谷物类饲料必须储放在干燥低温的地方。谷物类饲料必须经过严格选择，发现霉变应严禁使用，以免黄曲霉毒素中毒。

（十七）蓝狐大肾病

蓝狐大肾病即肾肿大，俗称“大肾病”，是蓝狐幼崽开食（20 日龄左右）断奶分窝前后，以消化不良、生长停滞及肾脏肿大为主要病症的一种疾病。主要发生于蓝狐、银狐，貉也有发生。该病发病具有窝发性。

【诊断】

1. 病因　病因还未完全确定，目前认为：①不全价饲养或不平衡；②近亲繁殖等遗传因素。

2. 症状　食欲减退，饮水量增加，消化不良，腹围增大，粪便稀软，生长受阻或减退，被毛蓬乱不光泽，随病程进展肾肿大（可达正常肾脏的 2.5～4.0 倍），眼球萎缩直至失明，死亡率 60%以上。发病时一般一窝中出现 1～2 只，随后整窝狐狸发病。

3. 检查 剖检：眼结膜、口腔黏膜苍白；脾脏个别有点状或小片状出血；特征病变为肾脏苍白、肿大，比正常大 2～4 倍，质地硬，有的肾皮质出血；膀胱多数眼观正常。根据以上情况，结合实验室检测情况，排除犬瘟热、细小病毒病及阿留申病、细菌感染等疾病，则可确诊。

【防治】

1. 治疗 目前蓝狐大肾病并没有特效药和具体的治疗方法，有时候用药反而会加剧病情，加速发病个体的死亡。由于此病的发病原因还未完全确定，因此对患病狐应及时淘汰，以免造成饲料的浪费。

2. 预防 对于该病要以预防为主，养殖户要加强防范意识，避免使用携带此病基因的种狐，严格管理配种记录，将分窝仔狐的母狐对应清楚，如果发现有仔狐患病，则要立即将母体种狐淘汰；另外，不能将此母狐产下的健康仔狐留为种用；加强狐场的消毒杀菌工作，防范大肾病的发生。

（十八）僵貉病

僵貉病是指仔貉生长发育受阻、生长停滞甚至萎缩，从分窝断乳至育成期不达正常标准的，俗称“僵貉”。

【诊断】

1. 病因 ①饲料搭配不合理，营养不全价；②母貉奶水不足；③母貉产仔过多或产仔中体形较小；④患病未痊愈；⑤真菌皮肤病末期，易形成僵貉病；⑥近亲繁殖，先天生理缺陷；⑦母貉有叼幼仔恶习；⑧仔貉育成前期，由于骨折、摔伤和互相咬伤等外伤使其生长受阻，形成僵貉病。

2. 症状 生长缓慢或生长停滞、个体瘦小、吃食量少，精神萎靡，毛发蓬乱，到育成期体重仅能达到 2.5～3.5kg，到出栏时只能取残次皮，商品价值极低。

3. 检查 根据生长速度及体重体态即可诊断。

【防治】

1. 治疗

（1）消除病因 仔貉断乳后，饲喂全价饲料。

（2）优化母貉 剔除产仔多、产仔不齐和奶水不足的母貉（先天奶水不足可注射催奶药，每次每只 50～100g）。

（3）护理患病仔貉 ①单独喂养，少食多餐，全价饲料，加喂牛奶、豆浆（每天每只不超过 100g）和鸡蛋（每天每只不超过 5g），另外每天喂酵母片 3～5 片。②用 250μg 的维生素 B_{12}、肌苷 1mL 混合肌内注射 7d。

（4）对于患其他疾病的仔貉要加强治疗 如疥螨等寄生虫病、传染病以及慢性消耗性疾病等。

2. 预防 ①对于产仔多的母貉，要把一部分仔貉调出代养；②仔貉断乳后，饲喂全价饲料；③不要近亲繁殖；④淘汰老貉或产仔不整齐的青年母貉。

二、外科病

（一）脓肿

脓肿是急性感染过程中，组织、器官或体腔内，因病变组织坏死、液化而出现的局限性脓液积聚，并有一完整的包膜，称为脓肿。常见的致病菌为金黄色葡萄球菌。

【诊断】

1. 病因

（1）各种机械性、化学和物理性的病因引起的各种创伤。

（2）对化脓性链球菌、葡萄球菌的抵抗力降低，如维生素 B_{12}、维生素 B_2 的缺乏等。

（3）刺激性药物漏于皮下亦可引起脓肿。

2. 症状　脓肿常见于四肢、腹部、颈部及面部等处，大小不一，按发生部位分为浅在性和深在性脓肿。

（1）浅在性　发生于皮下、筋膜下及表层肌肉组织内。浅在性热性脓肿初期局部肿胀无明显界限，触诊坚实，热痛明显。随后肿胀的界限逐渐清晰，由于炎性细胞死亡，组织坏死、溶解、液化而形成脓汁，肿胀部位中央逐渐软化并出现波动，浅在性寒性脓肿有明显的局限性肿胀和波动感，但无热无痛；自溃排出脓汁。

（2）深在性　深在性脓肿发生于深层肌肉、肋间、骨膜及内脏器官。因部位较深，局部肿胀界限不明显，常于肿胀部位皮下出现炎性水肿，触诊时有疼痛反应并有指压痕。

3. 检查　根据临床症状可做出初步诊断，必要时穿刺取脓汁镜检，以见到大量细胞核变性、已经死亡的白细胞及化脓菌等确诊。

【防治】

1. 治疗

（1）促进炎症消散　在脓肿初期，可用消炎、止痛及促进炎症产物消散吸收的方法。在局部肿胀处涂擦樟脑软膏或醋酸铅散。

（2）手术排脓法　在脓肿后期，采取手术排脓。常用的手术方法有：

①抽出法　用注射器将脓腔内的脓汁抽出，然后用生理盐水或0.1%高锰酸钾溶液反复冲洗脓腔，最后向腔内注入青霉素溶液。

②切开法　脓肿出现波动后，即可切开。切口选在波动明显且容易排出内容物的部位。用3%过氧化氢溶液或0.1%高锰酸钾溶液冲洗脓腔，最后在脓腔内加入消炎粉或青霉素粉，缝合切口，必要的可以放入纱布条做引流。同时肌内注射青霉素20万～40万U。

（3）对于脓肿数量多且出现全身症状的，可用氨苄西林钠3g、地塞米松磷酸钠15mg、维生素C 1.0g溶于5%葡萄糖溶液1 000mL中，静脉注射，1次/d，连用3d。

2. 预防　防止各种理化刺激对皮毛动物体表造成创伤，加强日常管理，提高动物免疫力，给患病动物注射药物时应防止外漏而造成皮肤损伤。

（二）结膜炎与角膜炎

眼结膜炎与角膜炎对毛皮动物来说发生的概率不算高，但也偶有发生。

【诊断】

1. 病因　引起结膜炎和角膜炎的病因很多，多与细菌、病毒、寄生虫感染及全身性感染有关，如犬瘟热并发结膜炎；也常见于异物和有害气体的刺激，如垫草中灰尘，兽场笼舍下粪尿蓄积过多氨气，往笼舍下撒生石灰粉等都可引起结膜炎和角膜炎。

2. 症状　病兽两眼畏光，流泪，病初为浆液性透明液体，病情严重的则可发展为脓性结膜炎，分泌物黏稠呈黄白色，黏附在眼的周围，眼睑肿胀，结膜充血，炎症可波及角膜，引起角膜混浊等。

3. 检查 视诊观察眼部病变及结合临床症状即可诊断。

【防治】

1. 治疗

（1）清洗及滴药 用1%～2%硼酸水或生理盐水清洗眼的分泌物后，再滴入市售的各种眼药水。

（2）对因治疗 对于寄生虫引起的眼病，滴一般眼药水无法根治，必须要用驱虫药物，芬兰狐的眼炎很有可能是寄生虫引起，可用1%敌百虫溶液滴入患狐眼中。

2. 预防 ①注意保持环境卫生，及时清理粪尿；②按时驱虫；③控制细菌病及病毒病的发生。

（三）齿病

【诊断】

1. 病因

（1）齿磨牙不正。主要是由咀嚼习惯而引起的。

（2）齿裂，采食时吞入坚硬异物而引起的疾病。

（3）龋齿，因食物残余在口腔内，在微生物作用下产酸腐蚀齿质而引起的齿病。

（4）牙周病，由于齿龈感染而引起的牙周炎或牙根炎，可形成齿根脓肿、齿糟骨膜炎等症状。

（5）互相啃咬，或因舔食笼内锐利物体，或因吃到尖锐骨片刺伤口腔等，而引起口腔或齿龈炎症。

2. 症状 患狐不愿进食，围着食盆转，想吃又不能吃，或吃少时，流涎，黏膜发炎潮红。重者精神萎靡，体温升高。

3. 检查 保定患兽，用大外科镊子扒开口腔，根据临床症状确诊。

【防治】

1. 治疗 齿病大部分采用手术治疗。牙龈炎是一种常见病、多发病，平时一定要注意动物采食时的神态变化，做到及时发现及时治疗。营养的缺乏，特别是维生素C和B族维生素的缺乏，也可继发本病，要注意按时补给。对慢性患兽常常采用西药治疗，肌内注射一些消炎药物，一般5～6d才能痊愈。

2. 预防 饲养人员要随时观察皮毛动物群的动态，注意保持笼舍完好，以防狐、貉、貂被咬伤或刺伤。

（四）直肠脱出

直肠脱出，又称脱肛，是指直肠末端黏膜层脱出或直肠全层脱出于肛门之外，不能自动缩回的一种疾病。狐易得此病。

【诊断】

1. 病因 主要是由于胃肠炎而引起的腹泻、便秘，导致肛门括约肌松弛，腹内压升高，直肠损伤等，这些情况均能引起直肠脱出。

2. 症状 直肠黏膜连同直肠壁全层呈香肠样柱状物突出于肛门外，不能自行缩回。刚脱出的黏膜呈鲜红色、有光泽、湿润，时间长了黏膜水肿坏死，变为暗红色或紫黑色，无光泽、坏死、破溃；病兽表现痛苦，精神不振。有时舔舐脱出的直肠，食欲减退；脱出物时间长了会坏死，污秽不洁，附有异物，如不及时治疗，很容易感染死亡。由于脱出的直肠摩擦笼网和被同居动物咬伤，有时会使全部肠管脱出腹腔。

3. 检查　根据直肠黏膜脱垂发生部位和直观特征的临床表现，极易做出诊断。

4. 鉴别诊断　单纯性直肠脱出和伴有套叠现象直肠脱出，触压早期脱出肠管，单纯性直肠脱出空虚，而伴有套叠现象直肠脱出坚实。此外，也可采取 X 线钡餐造影检查，能够对肠套叠做出准确诊断。

【防治】

1. 治疗

（1）清创　病初可用微温的 0.1%高锰酸钾溶液冲洗脱出的肠管，清除异物。

（2）整复　如果脱出部分的黏膜水肿，冲洗之后用消毒的针头穿刺水肿部位的黏膜使其水肿液排出后，再用 2%～3%明矾水冲洗，局部处理干净后，用手指肚压脱出端逐渐整复，送回肛门腔内；为防止复发，再度脱出，可用 95%乙醇加等量 2%的利多卡因封闭后海穴，也可用梅氏缝合法，也可在肛门周围进行荷包缝合，治愈后将缝线拆除。

2. 预防　防止胃肠炎的发生，发现腹泻要及时治疗，不要拖延时间。胃肠炎和长期腹泻是继发脱肛的主要原因，特别是幼兽腹泻极易引起脱肛。

三、产 科 病

（一）流产

流产是指母兽妊娠期间因受某些因素影响使胎儿或母体异常而导致妊娠的生理过程发生扰乱，或它们之间的正常关系受到破坏而导致的妊娠中断。流产是皮毛动物多发的常见病之一。

【诊断】

1. 病因　引起毛皮动物流产的原因很多，其最主要原因是饲养管理上出现了漏洞，如饲料不全价、缺乏某些维生素和矿物质、不新鲜、轻度发霉变质，饲料突变，大群拒食，外界环境不安静以及传染病、寄生虫病等诸多因素，都可引起流产。特别是妊娠中、后期由于胎儿比较大，胎儿死亡，不能被母体吸收，就出现流产。

2. 症状　毛皮动物多发生隐性流产，看不到流产胎儿，但有时在笼网的地面上能看见残缺的胎儿，恶露。母兽剩食，食欲不好，银狐和蓝狐发生流产时，触诊腹部可摸到子宫角内有硬固和不蠕动的胎儿。

3. 检查　根据妊娠兽的腹围变化以及外阴部附有污秽不洁的恶露和流出不完整的胎儿可以确诊。

【防治】

1. 治疗　对已发生流产的母兽，要防止发生子宫内膜炎和自体中毒。

（1）药物治疗　肌内注射青霉素，连用 3～5d；对于食欲不好的，可肌内注射复合维生素 B 或维生素 B_1 注射液；对于不完全流产的母貂，为防止继续流产和胎儿死亡，常皮下注射维生素或孕酮。剂量可按说明书计算。

（2）已引起子宫内膜炎的治疗　可用 0.02%～0.05%高锰酸钾溶液反复冲洗子宫，冲洗之后根据情况向子宫内注入抗菌防腐药液，或者直接放入抗生素制剂（如土霉素、青霉素、链霉素、四环素等）。

2. 预防　在整个妊娠期饲料要保持恒定，新鲜全价。养殖场内要安静，清洁卫生，不要有其他动物进入养殖场。防止意外爆炸惊扰及鞭炮声。

（二）狐貉难产

难产是指因产力、产道、胎儿或其他因素导致分娩的开口期或产出期时间延长，单靠母体力量不能正常排出胎儿的病理过程。分为母体性难产（产力性难产和产道性难产）和胎儿性难产两种类型，是毛皮动物产仔期的一种常见疾病。

【诊断】

1. 病因　①激素分泌失调：雌激素、垂体后叶素及前列腺素分泌失调；②妊娠母兽过度肥胖或营养不良；③母兽的子宫收缩无力，产道狭窄和胎位胎势异常、胎儿肥大等原因都可导致难产。

2. 症状　一般认为母兽已到预产期并已出现了临产征兆，时间已超过 24h 仍不见产程进展，视为难产。母兽表现不安，来回走动，呼吸急促，不停地进出产箱，回视腹部，努责，排便，有时发出痛苦的呻吟声，后躯活动不灵活，两后肢拖地前进，从阴部流出分泌物，病兽不时地舔舐外阴部，有时钻进产箱内，蜷曲在垫草上不动，甚至昏迷，不见胎儿产出。

3. 检查　根据母狐、貉产期已到，并具备临产表现，又不见有胎儿产出，阴道有血污或湿润等可以确诊。

【防治】

1. 治疗

（1）*药物催产*　当母兽发生难产时，检查胎势正常后，肌内注射催产素 5～15μg，以加强子宫的收缩能力，促进胎儿的分娩。间隔 20～30min 再肌内注射 1 次。如果在使用催产素 2h 后仍不见效果，要进行人工助产或剖宫产。

（2）*人工助产*　先用消毒液洗外阴部，然后用液状石蜡或温肥皂水润滑产道，用手指或器械伸入产道，将胎儿拉出。

（3）*剖宫产*　在施行催产和助产无效的情况下，应进行剖宫产手术。

（4）*术后护理*　术后将母狐、貉放在温暖、清洁、安静的笼舍里，并喂给全价饲料。肌内注射青霉素。对食欲不好的狐、貉，可肌内注射维生素 B_1。对产后流血的，可肌内注射麦角制剂。伤口处应经常涂擦碘伏，以防感染。

2. 预防　①避免过早配种；②做好育种工作，避免近亲繁殖；③保证母兽的营养需要；④加强运动；⑤避免应激性刺激。

（三）乳腺炎

乳腺炎又称乳房炎，是乳腺受到物理、化学、微生物刺激，感染病菌而发生的一种炎性变化。

【诊断】

1. 病因

（1）*病原微生物感染*　病原微生物是导致毛皮兽乳腺炎的主要原因。在毛皮动物中，常见感染致病菌主要是葡萄球菌和链球菌，并且常呈混合感染。

（2）*诱因*　机械性损伤、乳汁积滞、应激等都是诱发该病的重要因素，如笼舍破损、垫草粗硬；母兽乳头与笼面的长期摩擦；母兽泌乳量低，仔兽抢吮而咬伤奶头等外伤，都会对乳头皮肤或黏膜造成损害，为病菌侵入乳腺创造了条件。母兽泌乳过多，仔兽吃不完或仔兽死亡时，乳汁在乳腺内积滞酸败，导致病菌的大量繁殖，增加了发病机会。此外，惊吓、倒笼、气候骤变等应激因素也可诱发该病。

2. 症状　母兽表现为不安，常在笼内徘徊而不进小屋，拒绝给仔兽哺乳，有的把仔兽叼出小室；食欲逐渐减退或废绝，严重时精神沉郁，拒食，喜喝水。由于仔兽不能及时哺乳常发出“吱吱”声，发育迟缓，被毛蓬乱，消瘦，甚至饿死。

3. 检查　视诊乳房红肿，有的存在伤痕、破溃、化脓，流出黄红色脓汁，触诊乳房基部常有硬结，发热；有的慢性病例，由于结缔组织增生，乳房呈硬肿状。

【防治】

1. 治疗

(1) *局部治疗*

①炎症初期　乳房红肿、硬结尚未化脓时，首先要用按摩或用较大日龄仔兽吸吮的方法排出乳房中积滞的乳汁。对有硬结的，应采取先冷敷后热敷的方式促进炎性物质的吸收，为达到快速消炎、控制感染的目的，可肌内注射青霉素、链霉素等消炎药物，最好边敷边按摩，直到乳房基部发软为止。

②封闭疗法　肿胀明显时要进行乳房封闭疗法，即用利多卡因、普鲁卡因等麻醉药物，配合类固醇药物在痛点、病区、神经干等部位进行注射。在毛皮兽的临床治疗上，一般是用0.1%普鲁卡因5mL稀释青霉素或链霉素，在乳腺炎症周围的健康部位进行多点注射封闭。

③手术法　对局部化脓者，则采取手术切开排脓，用雷佛奴耳或过氧化氢等清创并涂以消炎药物；同时肌内注射抗生素。对乳房坏死者，切除坏死组织，涂以消炎软膏。

(2) *全身疗法*　对于出现全身症状者，在局部治疗的同时，可根据病情配合相应的抗生素、葡萄糖、碳酸氢钠、维生素等进行全身治疗。

2. 预防

(1) *消灭病原*　产前要进行严格的消毒。对食槽、笼具、饮水器等要彻底消毒，产房内的垫草、粪便、废弃物应送往远离养殖场的地方进行无害化处理（如发酵），以消灭散布于环境中的病原微生物，从源头上防止该病的发生。

(2) *避免机械损伤*　要及时修补破损的笼具，清除笼舍内的异物、选用柔软垫草；同时，在产仔期和哺乳期要保持舍内安静，以防惊吓所致外伤，减少乳房感染的机会。

(3) *多观察、及早发现病兽*　产后要经常观察母兽的哺乳行为和产仔情况，发现异常及时处理。

(4) *加强饲养管理*　在乳腺炎高发的泌乳期，要按“多投精喂，保持安静，供足饮水”的方法来加强护埋，保证动物健康，增强其抗病能力。

（四）子宫内膜炎

子宫内膜炎是指在分娩过程或产后，病原微生物通过开放的子宫颈进入子宫，引起子宫内膜发生炎症的过程，狐时有发生，不仅造成繁殖障碍，严重者还可造成母狐死亡。

【诊断】根据病因病史、临床症状及剖检即可诊断。

1. 病因

(1) *分娩及难产时，消毒不严*　将病菌直接带入子宫使其发生感染。不正确的助产，引起产道损伤为细菌侵入和繁殖开放了门户，极易发生子宫内膜炎。

(2) *产后外阴松弛，阴唇外翻*　黏膜与水泥、粪尿、垫草及尾根接触，病菌上行蔓延，从阴门、阴道、子宫颈侵入子宫内。

（3）精液污染　采精时公兽外阴消毒不严格、采精室内灰尘、毛屑过多，伴随采精过程精液被污染；精液稀释过程中相关器械和稀释液被污染。

2. 症状　母兽产后 2～4d 出现拒食，精神沉郁，鼻镜干燥，不安，易惊，体温升高，弓背、努责，常做排尿姿势，常从阴道排出浆液性或化脓性分泌物，有时混有血；在配种后 15～20d，外阴流出灰黄色或绿色的脓样分泌物，体温升高，拒食。

3. 检查　剖检见生殖道内有血色性病变、腥臭，子宫肿大充血，内含浆液性或化脓性分泌物或大量黄、褐色腐败物。

【防治】

1. 治疗　貂和狐的子宫内膜炎在发现以后马上用抗生素治疗可以治愈。但发展到子宫化脓、蓄脓则治疗难度加大。由于毛皮动物体型小，清洗子宫困难，不便施治。

（1）抗菌消炎　宫内注入抗生素：可用人工输精器向子宫内注入少量含有抗生素的液体，任其自然排出。同时，肌内注射庆大霉素或氨苄西林。

（2）补液　静脉注射 5%葡萄糖生理盐水 100～150mL 效果更佳。

（3）促进子宫分泌物的排出　每日肌内注射一次小剂量的垂体后叶素（催产素），便于子宫内分泌物排出。

（4）冲洗阴道　可以用 0.1%的高锰酸钾溶液冲洗。

2. 预防　做好饲养管理，改善养殖场的卫生条件，及时清除小室内和笼网上的积粪；在配种、分娩及接产助产时要严格消毒，预防子宫内膜炎可采取人工授精，人工授精的操作要规范，采集精液及稀释精液时注意环境卫生和器械消毒。

第七篇

鹿　　病

第一单元 疫 病

第一节 传染病

一、口蹄疫

口蹄疫是由口蹄疫病毒引起偶蹄类动物（猪、牛、羊、鹿等）的一种急性、热性、高度接触性传染病，以成年动物的口腔黏膜、蹄部和乳房皮肤发生水疱和溃烂，幼龄动物以心肌炎而导致高死亡率为特征。WOAH将其列为必须报告的动物传染病，我国将其列为一类动物疫病。

【诊断】

1. 流行病学 口蹄疫病毒的易感宿主有30余种，但以偶蹄类动物易感性最高，家畜中以牛猪、羊发生较多，鹿不分年龄、性别和品种均可感染，尤其是仔鹿更易感。鹿的疫情一般与家畜的疫情有密切的关系。本病具有高度接触传染性，主要经消化道、呼吸道和损伤的皮肤黏膜传播。本病的季节性不明显，但冬季似乎更多发生。

2. 症状与病变 病初急性发热，体温40～41℃，食欲不振、精神沉郁、反刍停止、流涎。1～2d后口腔黏膜（舌面、唇内、齿龈、颌）出现蚕豆至核桃大小、白色的水疱，水疱增大可汇成一片。此时口温增高，从口角流出大量泡沫状黏液。水疱破裂后形成糜烂。乳房皮肤也有水疱、烂斑，部分动物在鼻咽部也有水疱，影响到呼吸。病鹿的蹄冠、趾间皮肤表现红、肿、热、痛，继而发生水疱、糜烂，如无细菌感染则1周左右痊愈，继发细菌感染则蹄部出现蹄匣脱落。但也有的鹿在恢复时突发急性心肌炎死亡，其心包膜有弥漫性或点状出血，心肌松软似煮肉样，心室肌肉出现坏死，切面有灰白色或淡黄色斑纹，称为“虎斑心”。肝脏与肾脏也呈同样病变，肠黏膜发现溃疡病灶，瘤胃有无数细小或单个的坏死性溃疡。本病发生于3—4月时，还可发现母鹿大量流产和胎衣滞留，发生子宫炎与子宫内膜炎，产出的仔鹿也迅速死亡。

3. 实验室诊断 采集未破裂或刚破裂的水疱皮或者水疱液，也可采集咽部分泌物及血清，将病料（血清除外）浸入50％甘油磷酸盐缓冲液（pH 7.2～7.6）中密封低温保存。

（1）*病毒分离鉴定* 一般通过细胞培养，也可采取乳鼠或豚鼠腹腔接种的方法分离病毒。采用微量补体结合试验、食道探杯查毒试验、RT-PCR进行病毒鉴定。

（2）*血清学诊断* 可采用补体结合试验（CFT）、病毒中和试验（VN）、液相阻断ELISA（LPB-ELISA）、琼脂凝胶试验（AGID）、反向间接血凝试验等方法。其中ELISA可以检测病料或血清，可以用于直接鉴定病毒的亚型，并且能与水疱性口炎病毒（VSV）和水疱病病毒（SVDV）进行鉴别。反向间接血凝试验适合于养殖场兽医室或基层兽医站使用。

（3）*分子生物学诊断* 主要是利用RT-PCR进行病毒检测和血清型鉴定。

【防控】

（1）*日常预防措施* 严禁由疫区购买饲料或引进鹿，并随时密切注意周围其他畜群健康状况。

（2）*疫苗接种免疫* 鹿免疫接种一般使用口蹄疫A、O型灭活疫苗，应接种与当地流行毒株同型的疫苗。

（3）*发生疫情时的扑灭措施* 鹿场一旦确诊发生本病，必须立即上报疫情，划定疫点、疫区和受威胁区，采取隔离、封锁等措施。禁止人、动物和物品的流动，扑杀疫区内的患病动物和同群动物，并进行无害化处理，对污染的环境进行严格消毒。

二、布鲁氏菌病

布鲁氏菌病是由布鲁氏菌引起的包括鹿在内的多种动物和人共患的传染病。鹿布鲁氏菌病以关节炎和滑液炎，母鹿发生流产、不育和乳腺炎，公鹿发生睾丸炎、附睾炎为特征。鹿对流产布鲁氏菌（牛布鲁氏菌）、马耳他布鲁氏菌（羊布鲁氏菌）、猪布鲁氏菌均易感。

【诊断】

1. 流行病学 鹿的易感性随年龄增加而增高，性成熟以后最高，母鹿的易感性高于公鹿。受感染的妊娠母鹿在流产或分娩时将大量病菌随着胎儿、胎水和胎衣排出，阴道分泌物以及乳汁也含有病菌。鹿头胎流产为多。本病的传播途径有消化道、呼吸道、生殖道及皮肤黏膜。吸血昆虫也能传播。本病发生的季节性不明显。

2. 症状 本病呈慢性经过，初期症状不明显，日久可表现精神沉郁，食欲减退，渐进性消瘦，生长缓慢或停滞，淋巴结肿大。妊娠母鹿发生流产，发生于妊娠后5～7个月，流产胎儿大多数为死胎。母鹿阴道流出污褐色带恶臭味的脓性分泌物，胎衣滞留子宫时可引起子宫内膜炎。公鹿出现阴囊下垂，一侧或两侧睾丸及附睾肿大，逐步变硬，严重者可能发生坏死，有触痛。部分病鹿膝关节或腕关节、跗关节肿大，有的肿大关节破溃。仔鹿可能出现后肢麻痹，行走困难。

3. 病变 睾丸和附睾皮下脓肿，黏液囊炎或关节炎，化脓性腱鞘炎。母鹿流产胎盘绒毛膜上有纤维样化脓性渗出物，绒毛膜下组织胶样浸润、充血和出血。胎衣可能增厚。流产胎儿有肺炎病灶，皱胃中有黄色或白色黏液和絮状物，胃肠浆膜上附有絮状纤维蛋白。流产胎儿可见干尸化。公鹿睾丸和附睾有炎症、肿大，实质有大小不等的坏死和化脓灶。有的病鹿发生乳腺炎、脾脏肿大、关节肿大及组织增生。

4. 实验室诊断

（1）*涂片检查与细菌分离* 取流产胎儿的胃内容物、肺、肝和脾以及流产胎盘、羊水等病料涂片，经柯兹洛夫斯基鉴别染色，镜检发现红色细菌可做出作初步诊断。将病料划线接种含10%马血清的马丁琼脂培养基进行细菌分离培养，确定为可疑菌后进行纯培养，再进一步用阳性血清做玻片凝集试验鉴定。

（2）血清凝集试验 是布鲁氏菌病诊断和检疫的常用方法，我国常用虎红平板凝集试验和试管凝集试验，前者用于初筛，阳性者用后者做复核试验。

近年来，不少新方法被用来诊断本病，如间接血凝试验、抗球蛋白试验、荧光抗体技术及聚合酶链反应（PCR）、荧光偏振试验等。

【防控】

（1）日常预防措施 做好新购进鹿的严格检疫，应隔离观察1个月，无病者方可合群饲养。以后要做好疫病监测，一年两次定期检疫，发现流产等症状者立即淘汰或隔离，并对污染的环境及用具等进行严格消毒。

（2）检疫与淘汰 对污染鹿群要坚持检疫，淘汰阳性鹿，直至全群阴性。

（3）做好免疫接种 给鹿接种用羊布鲁氏菌5号（M5）弱毒苗，可采用注射、口服或气雾等方法免疫。

三、结核病

结核病是由分枝杆菌引起的慢性人畜共患病，其特征是在各种组织和器官中形成结核性肉芽肿，随后形成结核性结节和干酪样坏死或钙化结节。从病鹿体内曾分离出牛分枝杆菌、结核分枝杆菌和类似禽分枝杆菌类似菌。

【诊断】

1. 流行病学 本病可通过接触受感染的动物直接传播，或通过摄入受污染物质而间接传播，经呼吸道、消化道及生殖道传染。在家畜中，奶牛最易感，其次是牦牛、水牛、驯鹿。病程缓慢，往往数月或数年才能发展到致死。该病可全年发生和流行。密集饲养、环境潮湿、营养不良及各种动物混饲等因素，有利于本病的传播。

2. 症状 鹿有肺结核、乳房结核、淋巴结核等多种病型。在发病初期，症状不明显。患肺结核时食欲和反刍无明显变化，但容易疲劳，追赶时易发生呛咳，呼吸次数增多甚至张口呼吸。听诊肺部有湿性啰音或胸膜摩擦音。随后出现食欲下降，弓背，不爱运动，被毛粗乱无光泽，日渐消瘦、贫血，体表淋巴结肿大等现象。

乳房发生结核时，可见乳房上淋巴结肿大，乳腺肿胀，可触及坚实硬块。肠道发生结核，常有腹痛，腹泻与便秘交替发生，腹泻时粪便呈半液状，混有黏液、脓液甚至血液。患纵隔淋巴结核时，淋巴结肿大，甚至压迫食道妨碍反刍，引起顽固性慢性瘤胃臌胀。患颌下淋巴结核时淋巴结明显肿胀，多为开放性的，流出脓血，经久不愈。

3. 病变 尸体消瘦，剖检可见在不同的脏器有许多突出的白色结核结节，大小不等，大的如蛋黄，小的如米粒，呈灰白色，坚硬，切开时有沙粒感。切面坏死，内容物呈黄白色干酪样，脓汁无臭味。多无钙化，有的坏死组织溶解软化，形成空洞。

4. 实验室诊断

（1）细菌染色镜检 对开放性肺结核的诊断具有实际意义。取病灶、痰液、尿液、粪便等病料，直接涂片后用Ziehl-Neelsen染色法染色，镜检可见红色成丛杆菌。

（2）结核菌素试验 分为皮内试验和点眼法。通常是采用牛结核菌素皮内注射，72h后在注射部位测量皮肤厚度，以检测注射部位的肿胀程度。但在鹿用卡尺测量皮肤厚度难度较大，因此多用点眼反应。每次试验点眼2次，间隔3～5d，点眼后3h、6h、9h观察反应的程度。

（3）γ干扰素体外检测法 采用γ干扰素体外释放试验。

【防控】预防鹿的结核病多用卡介苗。无论对仔鹿还是成鹿免疫，保护率均高于99%。接种鹿无不良反应。仔鹿出生后24h内首免，二免和三免分别在第二年和第三年的5月完成。

本病一般不予治疗，应及时淘汰病鹿。对于优良品种或珍贵种鹿，可选用异烟肼、链霉素、利福平和乙胺乙醇配合联用治疗，一般需持续3～6个月。

四、产气荚膜梭菌病

鹿产气荚膜梭菌病又称肠毒血症，是由产气荚膜梭菌引起鹿的一种急性出血性传染病，以败血症、剧烈腹泻和肠道重度出血为特征。

【诊断】

1. 流行病学 2岁以下幼鹿及膘情好的鹿多发。本病呈散发或地方性流行，一年四季均可发生，常见于夏季。

2. 症状 多呈最急性经过，往往见不到明显的症状即突然死亡。仅见突然减食、粪便带血、惊恐、口吐白沫，死前鸣叫，很快倒地痉挛或昏迷而死。病程在数小时之内，致死率为100%。

急性型表现精神沉郁，采食减少或不食，体温升高，鼻镜干燥，可视黏膜发绀，呼吸促迫，反刍停止，站立不稳，离群独卧，肌肉震颤，腹部增大或腹痛不安，排带有黏液和血液的稀便，甚至肛门失禁、剧烈腹泻。濒死期常发生角弓反张，最后昏迷而死。病程一般在1～3d。

3. 病变 剖检尸体一般营养良好，尸僵不全，腹部明显膨大，肛门外翻。皮下组织呈出血性胶样浸润，胸腔和腹腔有多量暗红色血样液体。心内膜、心外膜有出血点。肺水肿、充血。肝、脾肿大、质脆。肾脏肿大，质软如泥状，皮质和髓质界限不清。小肠出血，血液充满肠管，肠黏膜弥漫性出血，黏膜易脱落。肠系膜淋巴结肿大，切面多汁。

4. 实验室诊断

（1）病原学检查 刮取病变肠黏膜涂片，革兰氏染色后镜检，常见到大量形态一致的革兰氏阳性杆菌。取病变肠内容物接种于鲜血琼脂培养基上，37℃厌氧培养24h，形成浅灰色、有光泽的菌落，菌落周围有双层溶血环，内层清晰透明完全溶血。取纯培养物进行生化试验做进一步鉴定。

（2）肠内容物毒素检查 取死亡的鹿小肠内容物，稀释后离心取上清过滤，60℃加热30min，取0.2～0.5mL静脉注射小鼠。另取一部分滤液直接给小鼠注射，作为不加热组对照。对照组小鼠在5～10min内迅速死亡，加热组试验鼠不发生死亡，可证明肠内容物中存在毒素。

（3）分子生物学诊断 可通过PCR、多重PCR等方法检测细菌毒素基因，也可用Western blot等方法检测细菌的毒素表型。

【防治】

（1）预防 首先要加强饲养管理，如改造潮湿低洼地块，圈内换土或改铺成水泥地面；

尽量在高岗、山坡等干燥地段放牧，适当减少青嫩富有蛋白质的饲料等，不要突然变换饲料。常发本病的地区，鹿群每年要免疫接种鹿产气荚膜梭菌灭活苗或羊快疫、猝狙和肠毒血症三联苗，或肠毒血症、巴氏杆菌二联苗进行预防。发病季节可用土霉素、金霉素等药物预防。有疫情时可群体口服小苏打＋敌菌净片或小苏打＋磺胺脒片。

（2）*治疗*　本病多呈急性死亡，因早期诊断困难，易延误治疗时机。药物治疗以制酵、消炎和止血为主。病程稍缓的成年鹿，用0.5％福尔马林溶液、10％石灰水上清液或0.5％高锰酸钾溶液灌服，以抑制瘤胃发酵。消炎可用链霉素、卡那霉素或氟苯尼考等药物肌内注射。

五、鹿恶性卡他热

鹿恶性卡他热是由疱疹病毒科恶性卡他热病毒引起的鹿等偶蹄动物的一种急性、热性、高度致死性传染病，以持续性发热、呼吸道和消化道上皮发生卡他性-黏脓性炎症、角膜混浊、神经机能紊乱、淋巴结肿大、全身性单核细胞浸润和脉管炎为特征。

【诊断】

1. 流行病学　梅花鹿、黑鹿和麋鹿最易感，红鹿、中国水鹿、驼鹿、驯鹿等均易感，马鹿有一定抵抗力。发病以3岁以上的鹿为主。绵羊常为无症状感染，持续多年，然后传播于红鹿及其他鹿种，甚至使麋鹿等感染。病毒主要经呼吸道和消化道传播，也可能经唾液、黏液、灰尘或受污染的运输工具、设备、饲料等间接传播。本病一年四季均可发生，更多见于冬季和早春。发病主要与绵羊分娩有关，并且与分娩绵羊的胎盘或胎儿接触的鹿群更易发病。一般呈零星散发，有时呈地方流行性。病死率高，可达60％～90％。

2. 症状　病鹿主要表现为停食、困倦无力，放牧时离群落后，两耳下垂，体温正常或稍低（39.5℃以下）。常见肠型，即倒伏时见排水样粪便，甚至血便。也有头眼型，从眼、鼻流出黏液性分泌物，严重者嘴唇发生溃疡。有的出现阴唇水肿，会阴及阴部可见溃疡。

3. 病变　死亡病鹿主要病变是出血性肠炎，肠内充满血液，肠壁有出血性坏死灶，在各肠段均有病变。心包液增多，心、肺有散在的出血点。淋巴结肿大。肝脏有灰白色病灶。肾水肿明显。

4. 实验室诊断

（1）*病毒抗原或基因检测*　用特异性血清或单克隆抗体对采取的病料（血液、活体或病尸淋巴结或其他感染组织）进行荧光抗体技术或免疫组化法鉴定。PCR技术可对病毒DNA进行检测和鉴定。

（2）*血清学诊断*　WOAH推荐间接荧光抗体技术、免疫过氧化物酶试验、病毒中和试验和ELISA。

【防治】

（1）*预防*　加强口岸检疫和运输检疫，严禁从有本病的国家和地区引进角马、绵羊等自然宿主及其冻精、胚胎。动物园和养殖场引进鹿时，必须经血清学试验检测为阴性，并隔离观察，证明无病后方可利用。控制本病有效的措施是将鹿、水牛等易感动物与角马、绵羊生活区域严格隔离，避免角马、绵羊与牛、鹿等混群饲养或放牧，防止互相间的传染。

（2）*治疗*　发现病鹿可实施对症治疗，以减少死亡。可试用皮质类固醇类药物（如地塞米松）、抗生素（如氨苄西林、普鲁卡因青霉素）、点眼药物（如阿托品溶液、倍他米松新霉素混合液）治疗，以缓解临床症状；也可试用中兽医方剂龙胆泻肝汤灌服。

六、坏死杆菌病

鹿坏死杆菌病是由坏死杆菌感染引起的慢性传染病，又称鹿小蹄病、鹿坏死性肺炎和腐蹄病等，以蹄部、皮肤、消化道黏膜、内脏发生坏死性病变为特征。

【诊断】

1. 流行病学 所有畜禽和野生动物均有易感性，常见于鹿、牛、羊、马、猪和鸡。经损伤的组织和黏膜感染，还可经血流而散布至其他器官和组织，形成继发性坏死病灶。新生仔畜可经脐带感染。该病一年四季均可发生，营养不良、卫生条件差、梅雨季节或配种的秋季多发。鹿圈内地面凹凸不平，公鹿顶斗、仔鹿断奶分群互相践踏，易造成蹄部和四肢外伤而感染。饲料粗糙，易伤及口腔黏膜，为坏死杆菌侵入造成了条件。鹿一般呈散发。

2. 症状

（1）腐蹄病 病初体温变化不明显，全身症状较轻，主要症状是跛行，可见蹄叉、蹄冠部发红、肿胀，有热、痛感。继而化脓坏死，常侵害蹄软骨韧带、肌腱、关节和滑液囊，有时局部溃疡形成瘘管，流出黄白相间恶臭液体，严重时造成蹄匣脱落。脓肿蔓延至球节之上时，小腿肿粗。有时可见坏死性乳腺炎。

（2）坏死性口炎 病初厌食、发热、流涎、有鼻汁、气喘。在舌、齿龈、上腭、颊、喉头等处黏膜上附有假膜，呈粗糙、污秽的灰褐色或灰白色，剥脱假膜，可见其下露出不规则的溃疡面，易出血。发生在咽喉者，有颌下水肿，呼吸困难，不能吞咽，蔓延至肺部或转移他处或坏死物被吸入肺内，常导致病鹿死亡。

3. 病变 患部肿胀坏死，切面流出恶臭、污秽的脓汁。侵害肝脏时，有大小不等的坏死灶。侵害肺脏时，引起坏疽性肺炎，肺与胸膜粘连。

4. 实验室诊断

（1）直接镜检 自坏死组织与健康组织交界处（体表或内脏病灶）无菌法采取病料作涂片，以石炭酸复红染色后镜检，可见呈颗粒状染色的长丝状菌或细长的杆菌。由肝脏采取病料分离培养和涂片镜检，如检出坏死杆菌，即可诊断为本病。

（2）分子生物学诊断 根据16S rRNA基因设计引物，进行PCR检测，可以对坏死杆菌病做出准确诊断。

【防治】

（1）预防 平时要保持畜舍及放牧场地的干燥，避免造成蹄部、皮肤和黏膜的外伤，一旦出现外伤应进行外科消毒处理。必要时，对全群进行10%硫酸铜或10%福尔马林药物浴蹄。

（2）治疗 鹿群一旦发生本病，应及时隔离治疗。局部治疗时先剪毛消毒，扩创，清除坏死组织和骨质碎片，彻底清创，用生理盐水反复冲洗干净，然后塞入去腐生肌散，用碘甘油封住创口，进行外科包扎。同时，要根据病型不同配合使用氟苯尼考、头孢噻呋钠进行全身治疗，有较好疗效。从创口清除出的坏死组织要严格消毒和销毁。

七、鹿慢性消耗病

鹿慢性消耗病又称疯鹿病，也称朊病毒病，是鹿科动物（麋鹿、黑尾鹿、白尾鹿等）发生的一种传染性海绵状脑病，其临床特征和病理变化是进行性消瘦、中枢神经细胞退行性变化和脑干灰质空泡化。

【诊断】

1. 流行病学 自然宿主有白尾鹿、黑尾鹿、麋鹿，其中3～5岁的成年鹿多发，表明潜伏期较长，但也有不足1岁的鹿发病的病例。本病主要经污染的饲料、饮水等方式水平传播，也可经过胎盘传播。

2. 症状与病变 病鹿精神沉郁，头耳低垂，表情淡漠，不爱活动，消瘦，机能降低。厌食，饮水和排尿增多，唾液增多、流涎，磨牙，头部震颤，无目的的走动，知觉过敏，共济失调。麋鹿有兴奋和神经质的表现。死于本病的鹿皮下和内脏脂肪呈黄色凝胶状，骨髓严重萎缩或缺乏。

3. 实验室诊断 鹿感染后不产生抗体，也无免疫反应，只能在死后采取脑组织进行病理学检查，或通过基于延髓样品中朊病毒蛋白（PrP）的免疫学检测（细胞免疫化学检查、免疫印迹、组织印迹、ELISA等）及基因分析等方法进行诊断。

（1）脑组织病理学检查 取疑似病死鹿的脑组织进行常规病理学检查，看大脑灰白质有无本病典型的空泡形成。

（2）PrP^{sc}检测 通过蛋白印迹试验（Western blot）、ELISA或免疫组织化学（IHC）等方法从神经组织和淋巴结内检测到PrP^{sc}可确诊本病。

【防治】我国尚无该病，主要防控措施是不从国外引进鹿及其冻精、冻胚等各种鹿产品。不给鹿饲喂含动物蛋白的饲料。对野生和圈养的鹿实行长期监控。一旦发现有临床表现的病鹿尽快进行隔离，并尽快确诊。一经确诊，全群淘汰。

八、鹿流行性出血热

流行性出血热是由流行性出血热病毒引起的鹿、牛等动物的一种热性传染病，以全身各器官组织广泛充血、出血和水肿为特征。

【诊断】

1. 流行病学 易感性与鹿的品种、年龄和饲养条件有关。白尾鹿易感性高，黑尾鹿和其他品种的鹿（包括杂交鹿）易感性较低，马鹿不易感。1岁以内的鹿和成年鹿病死率较高；舍养鹿比放牧鹿的感染率高。本病主要由变翅库蠓传播，其发生与库蠓的分布、习性及活动密切有关。本病多在夏季流行，呈地方流行性或流行性。

2. 症状 最急性病例症状不明显，突然昏迷、休克后死亡。急性病例，往往突然发病，体温升高至40～41℃，厌食、委顿、虚弱，流涎、流鼻液，心跳加快、呼吸困难。眼结膜和口腔黏膜呈暗红色或蓝紫色。有的病例舌体肿胀、发绀，呈"蓝舌"样。蹄冠、蹄部出血，跛行。有时面部、颈部水肿。体温呈复相升高，病初处于病毒血症时体温升高，死亡前呈败血症时体温再次升高。一般在出现症状8～48h内昏迷、休克后死亡。

3. 病变 最急性病例常见不到病变。急性病例呈现败血性病变，肝、脾、肾、肺、消化道及其他器官、组织广泛出血、水肿。部分慢性病例出现胃肠炎和蹄叶炎的病变。

4. 实验室诊断

（1）病毒分离培养 采集刚死亡动物的外周血液、脾脏等组织制成组织悬液，接种鹿胚胎肾细胞、HeLa细胞或BHK-21细胞。新泽西株可在HeLa细胞培养中生长，并产生细胞病变，并可以被同源抗血清所中和；南科达他株可在鹿胚胎肾细胞培养中生长，也可能在仓鼠肾细胞中生长。

（2）血清学试验　琼脂扩散试验、荧光抗体技术、补体结合试验和病毒中和试验是常用的血清型方法。其中，将病料组织悬液给乳鼠脑内接种，乳鼠发病并100%死亡，再分离病毒，以不同型的抗血清采用中和试验予以鉴定，该方法简便可靠。值得注意的是，流行性出血热病毒不感染绵羊，但在补体结合试验中与蓝舌病病毒有交叉反应。

【防控】加强动物检疫，非疫区不从存在该病的国家和地区引进种鹿及其胚胎和精液，杜绝病原传入。加强兽医卫生监督管理，平时防止吸血昆虫的叮咬或侵袭。此外，在流行区可以考虑接种流行性出血热灭活疫苗。一旦发现本病病例，立即采取隔离、消毒措施。

九、鹿茸真菌病

鹿茸真菌病是由真菌感染或继发细菌混合感染所引起的一种传染病。本病可传染给人类，发生体癣、股癣、手足癣等皮肤癣病，存在公共卫生隐患。

【诊断】

1. 流行病学　本病仅发生于生茸期公鹿，呈散发、偶发性流行。各年龄的生茸公鹿均可发病，以三叉茸和畸形茸（怪角茸）多发。有白皮茸和痂皮茸两种病型，前者发病率低、病程长，呈渐进式发展，最长可伴随整个生茸期；而后者病发病率高、传播快，发病季节为鹿茸萌发和快速生长期，一般在5—8月集中发病。

2. 症状与病变　鹿茸瘙痒，茸皮上出现大量形状不一的干性病灶，呈梅花开放样。病初有少量圆形、边缘整齐的丘状小疱，小疱逐渐扩大、破溃，形成结痂，痂中含大量茸毛，去掉痂皮后，留下黑红色底面。此病灶只侵害到真皮，在鹿茸大挺的中部多见，嘴头少见。

3. 实验室诊断　茸皮病变部位用75%酒精消毒，用小刀刮取结痂、茸皮等制片镜检或培养鉴定。

【防治】

（1）预防　搞好舍内外清洁卫生，饲养密度适当，通风良好，排水通畅，防止积水。发现病鹿及时隔离，对圈舍进行严格消毒。

（2）治疗　使用抗真菌药物治疗，如皮康霜软膏、克霉唑软膏、灰黄霉素软膏、硫酸铜软膏、复方鞣酸软膏局部涂擦，同时内服灰黄霉素、酮康唑、制霉菌素、两性霉素B等药物。

第二节　寄生虫病

一、鹿巴贝斯虫病

鹿巴贝斯虫病是由巴贝斯虫属的原虫寄生于鹿的红细胞中而引起的一种血液原虫病，主要表现高热、贫血、黄疸、营养不良等症状。

【诊断】

1. 流行病学　因主要经硬蜱传播感染，因此本病的流行具有明显的季节性和地区性。每年4—6月和9—10月是硬蜱繁殖、发育和活动的高峰期，所以鹿群在6月和9月常是发病高峰期，放牧鹿群以及仔鹿感染率更高。

2. 症状与病变　发病仔鹿多呈急性经过，病程快，一般2～3d即死亡。发病初期体温升至 40～42℃，食欲减少或废绝，呼吸急促，精神沉郁。发病后期病鹿迅速消瘦，贫血，黏膜苍白或黄染。病死鹿尸体消瘦，全身淋巴结肿大，肝脾和胆囊肿大，血液稀薄，凝固不全。

3. 实验室诊断 病原检查应采集外周抗凝全血，吉姆萨染色后镜检，在红细胞内发现梨籽形、圆形、椭圆形虫体就可以确诊。也可采用 PCR、ELISA 等方法进行诊断。

【防治】预防本病的重点是清除鹿体表、圈舍及环境中的蜱。在蜱活动的季节，鹿群尽量避蜱放养或用杀虫药喷洒灭蜱。可用 3%漂白粉溶液或 15%的新鲜石灰溶液进行鹿舍灭蜱。发病仔鹿治疗可以肌内注射贝尼尔，同时应加强护理，并进行强心、补液、消炎等对症治疗。也可选用硫酸喹啉脲、咪唑苯脲等特效药物进行治疗。

二、鹿泰勒虫病

鹿泰勒虫病是由泰勒属的原虫寄生于鹿的巨噬细胞、淋巴细胞和红细胞内所引起的一种血液原虫病，主要引起鹿高热、贫血和体表淋巴结肿大。

【诊断】

1. 流行病学 主要病原为环形泰勒虫（*Theileria annulata*）和瑟氏泰勒虫（*Theileria sergenti*），传播和流行与硬蜱关系密切，因此主要于 5—8 月在我国西北、华北、东北等地区流行。1 岁以内的鹿多发，且病情较重，病死率高。

2. 症状与病变 本病多呈急性经过。病初表现高热稽留，体温高达 40～42℃，采食、饮水减少或废绝，体表淋巴结肿大，呼吸增数。后期迅速消瘦，严重贫血，肌肉震颤，卧地不起，多在发病后 1～2 周内死亡。病变可见皱胃黏膜有明显出血点，并有黄白色坏死结节。肝、脾、肾等实质脏器肿大、出血。肺水肿或气肿，表面有大量出血点。

3. 实验室检查 早期取淋巴结穿刺液涂片，吉姆萨染色后镜检，可在淋巴细胞和巨噬细胞内发现泰勒虫的裂殖体，大小约 8μm，内含大量深染的裂殖子，即柯赫氏蓝体，又称石榴体；中后期采耳静脉血涂片，吉姆萨染色后镜检，可在红细胞内发现深染的多形性虫体，大小约 2μm。也可采用 ELISA、PCR 等方法进行诊断。

【防治】预防本病主要是及时消灭鹿体表、圈舍及环境中的硬蜱；可用 0.2%～0.5%敌百虫水溶液喷洒鹿舍墙壁，以消灭幼蜱；在发病季节，每月进行药物驱虫以减少蜱的叮咬。治疗可选用贝尼尔、磷酸伯氨喹啉等药物。

三、鹿弓形虫病

鹿弓形虫病是由刚地弓形虫（*Toxoplasma gondii*）寄生于鹿的多种组织及有核细胞引起的一种寄生虫病，广泛分布于世界各地。

【诊断】

1. 流行病学 猫（猫科动物）是弓形虫唯一的终末宿主，弓形虫在其体内会发育成大量卵囊，并随粪便排至外界环境中，污染牧场、圈舍、饲草等，成为鹿感染本病的主要因素。其他带有包囊的动物也能够传播本病。鹿因经口食入被弓形虫卵囊、包囊、滋养体（速殖子）污染的饲草、饲料、饮水等而感染。

2. 症状与病变 病鹿神经症状明显，初期拒食、少饮、兴奋，对外界刺激敏感；中期趴卧不起，后躯麻痹，两后肢摇摆不定，最后躺卧不起，出现游泳样运动；后期大便干燥，濒死期体温升高至41℃，大小便失禁，经1～2h死亡。剖检可见肠系膜淋巴结水肿；肝、胃、脾等实质器官萎缩；脑膜下有血肿，脑出血，脑脊液混浊；皮下各处有形状不同、大小不一的出血性胶样浸润或坏死。

3. 实验室检查　用病鹿腹腔脏器涂片，经美蓝染色后镜检，发现有半月状弓形虫滋养体，即可确诊。分子生物学方法以及免疫学方法在本病的诊断中应用也较为普遍，目前有多种商品化诊断试剂盒可供使用。

【防治】预防措施包括鹿舍应经常保持清洁，定期消毒；严格限制猫类进入，防止其排泄物对鹿舍、饲草料和饮水的污染；尽可能地消灭鼠类，防止其他动物和鹿的接触。治疗可选用长效磺胺类药物，如磺胺嘧啶、甲氧苄啶等。

四、鹿球虫病

鹿球虫病是由艾美耳属的球虫寄生于鹿肠道引起的一种原虫病。以急性肠炎、血痢等为特征，对2岁以内的小鹿危害较大。

【诊断】

1. 流行病学　各种品种、年龄的鹿对球虫均易感，2岁以下的感染率最高，成年鹿一般对球虫具有较强抵抗力，但都可能是带虫者，成为传染源。流行季节多为春、夏、秋季；感染率和感染强度依不同球虫种类及各地的气候条件而异。传染源是病鹿和带虫成年鹿，球虫卵囊随鹿的粪便排至外界环境，污染牧草、饲料、饮水、用具和环境，鹿经口食入孢子化卵囊而感染。但饲料、环境的突然改变，长途运输，断乳和恶劣的天气和饲养条件差等均可成为本病发生的诱因。

2. 症状与病变　本病潜伏期为15d左右，其严重程度与感染球虫的种类、感染强度、鹿的年龄、抵抗力及饲养管理条件等多种因素相关。急性球虫病的病程为2～7d，慢性经过的病程可长达数周。病鹿主要症状为腹泻，甚至排血便，精神不振，食欲减退或消失，体重下降，可视黏膜苍白，粪便中常含有大量卵囊。球虫寄生量特别大时可引起死亡。剖检可见肠道出血，肠黏膜有白色、黄白色圆形或卵圆形结节，粟粒至豌豆大，常成簇分布。十二指肠和回肠有卡他性炎症，有点状或带状出血。

3. 实验室检查　使用饱和盐水漂浮法检查粪便中的球虫卵囊；剖检寄生部位各发育阶段的虫体。

【防治】预防措施包括圈舍保持清洁和干燥，饮水和饲料要卫生，注意尽量减少各种应激因素；由于成年鹿常常是球虫病的传染源，因此最好将幼鹿和成年鹿分开饲养；饲料和饮水中可添加低浓度的抗球虫药进行预防。治疗可选用氨丙啉、磺胺二甲基嘧啶或磺胺六甲氧嘧啶等抗球虫药物。

五、鹿新孢子虫病

鹿新孢子虫病是由犬新孢子虫（*Neospora caninum*）寄生于鹿的组织和细胞中引起的一种原虫病。本病广泛分布于世界各地，主要危害是引起妊娠鹿的流产或死胎。

【诊断】

1. 流行病学　新孢子虫在终末宿主——犬及犬科动物体内发育形成卵囊，并随粪便排至外界环境中，鹿主要因经口食入被卵囊污染的水、草料等感染，也会因食入含新孢子虫组织包囊的动物组织而感染。本病流行广泛，全年均可发病，但春末至秋初发病率较高，常造成散发性或地方性流行的流产。

2. 症状与病变 由于大量速殖子寄生于心肌的单核细胞中，导致心肌炎，常常发生心力衰竭而导致动物死亡。感染的妊娠母鹿发生流产或死胎等。病变主要集中在中枢神经系统和骨骼肌中，出现脑膜脑炎、脊髓炎、心肌炎以及坏死性肺炎等。

【防治】预防措施包括禁止犬及犬科类动物进入鹿场及其周围环境，以减少新孢子虫卵囊污染；淘汰病鹿和抗体阳性鹿。目前尚未有治疗本病的特效药物。

六、鹿蜱病

鹿蜱病是由硬蜱科和软蜱科的多种蜱寄生于鹿体表所引起的一类体外寄生虫病。

【诊断】

1. 流行病学 硬蜱的分布与气候、地势、土壤、植被和宿主有关，其活动有明显的季节性，活跃于一年中温暖的季节。软蜱在冬季活动，白天隐藏于畜舍或树皮、石块下，夜间爬到动物身体上吸血。

2. 症状与病变 蜱吸血可引起皮炎、皮疹、水肿和出血，重度感染时鹿表现为消瘦、贫血、发育受阻、生产力下降。由于虫体的刺咬及分泌的神经毒素可导致运动纤维传导障碍，严重感染者可出现肌肉麻痹，也称为“蜱瘫痪”。蜱还能传播多种传染病和寄生虫病。

3. 实验室诊断 在鹿体表仔细查找蜱，在实验室根据形态学进行种类鉴定。

【防治】预防本病的重点是消灭鹿体表、圈舍和周围环境中的蜱，根据实际情况，可采取手工摘除、药浴、涂抹药物以及牧场隔离、清除灌木杂草、化学药物喷洒等措施。药浴、涂抹药物可用0.1%～0.5%敌百虫溶液，也可用伊维菌素皮下注射，具有较好效果。

第二单元 普通病

第一节　内 科 病

一、后躯麻痹

后躯麻痹是因机体铜缺乏引起的鹿以及其他动物（如牛、羊）发生的一种代谢性疾病，临床表现为后躯摇摆的运动失调，故又称“晃摇病”或“蹒跚病”。

【诊断】

1. 病因　本病是由于某些地区土壤、饲料中含铜量低，使机体缺铜而产生的一系列病理变化所致。但机体缺铜更多的是由于饲料中有高含量的钼和硫等拮抗元素而导致。机体缺铜引起的病理变化有脊髓脱髓鞘以及大脑、中脑、延髓的某些多极神经元和脊髓灰质的中间联络神经元和腹角运动神经元变性、坏死。这些变化正是临床上动物出现运动失调的原因。

2. 症状　患鹿病初易疲劳，卧多立少，随群奔跑时常常落后。症状加重时出现明显的后躯摇晃，运动失调。当患鹿由快跑而突然停住时，产生两后肢向一侧碎步偏转，甚至臀部移向前方。患鹿意识清楚，体表各部分感觉正常，后躯发育无明显障碍，外形正常。肌肉、韧带、骨骼及关节眼观无异常变化。全身被毛粗乱、欠光泽，褐色变淡，尤其是眼睛周围，形成白眼圈。颈侧及胸腹下往往变成灰白色。口色淡，舌下淤血，结膜及其他可视黏膜呈青白色。无并发症时，体温、呼吸、饮食及排粪、排尿无异常。

本病病程较长，一般为1～2年，在饲养管理条件优越的情况下，部分病鹿可以存活3年以上。在此期间，母鹿不易受孕或易于流产，公鹿产茸量降低，部分茸发育不良。随着病情发展，运动障碍日益严重，常常在行进中瘫痪坐地。患鹿经过休息重新站立行走，但步履蹒跚，运动艰难，很快又失去平衡而坐地。这样常造成肢体损伤。由于病鹿运动障碍、无力抢食而逐渐消瘦、衰弱，最终因全身衰竭或并发其他疾病而死亡。如不加治疗未见病情好转或痊愈的病例。

3. 病变　组织病理学检查，可见脊髓两侧对称性脱髓鞘，大脑额叶深层椎体细胞、中脑红核和延脑前庭的多极神经元及脊髓灰质的中间联络神经元和腹角运动神经元的变性、坏死，肝、脾等脏器有含铁血黄素沉着。

4. 实验室诊断　临床上铜缺乏症的诊断有一定的难度，可根据以下各项检查综合判断：土壤中有效态铜低于0.2mg/kg，饲料中含铜量低于3mg/kg，饲料中钼含量超过3mg/kg，或饲料中硫酸盐含量超过1.5%均可引发铜缺乏症。血液和肝的铜含量降低。血浆铜蓝蛋白活性降低。

【防治】预防本病应注意饲料和饮水，保证饲料中的铜含量，使鹿不发生铜的缺乏。还要从改良饲料地的土壤着手，在土壤中施入磷、钾肥的同时，还要施入硫酸铜肥料。广泛使用依地酸铜钙和蛋氨酸铜等铜剂也可防治铜缺乏症。本病的治疗原则是补铜，一般选用硫酸铜口服，视病情轻重，每周一次，连用3～5周。也可用甘氨酸铜皮下注射。或将硫酸铜按0.5%比例混于食盐中，让病鹿舔食。铜与钴合用，效果更好。

二、仔鹿缺硒病

仔鹿缺硒病又称仔鹿白肌病，是一种急性或亚急性的非传染性疾病，主要以骨骼肌纤维、心肌纤维发生变性、坏死，色泽变浅，呈煮肉样外观为特征。

【诊断】根据鹿场周围其他家畜常发本病，而鹿场饲喂鹿的饲料中未添加过含硒添加剂，症状和病变特征，抗生素、磺胺类药物及抗风湿药物治疗无效以及病料镜检和培养无菌等可做出。

1. 病因 本病直接病因是饲料中的硒含量不足，但植物性饲料生长地区土壤中硒含量低是导致本病的根本原因。维生素 E 不足也是促进本病发生的一个重要因素。硒是维持鹿正常生长发育所必需的微量元素。维生素 E 能够保护生物膜不被氧化降解，从而防止渗出性素质病的发生。

2. 症状 病初仔鹿活动逐渐减少，继而站立困难，起立时四肢叉开，头颈向前伸直或头下垂，腰部肌肉僵硬，全身肌肉紧张，步态蹒跚，多数呈现跛行。呼吸急速，体温正常，粪便变稀，有特殊酸臭味。疾病后期心跳加快，节律不齐，最终因心肌麻痹及高度呼吸困难而死亡。

3. 病变 患病仔鹿肌肉颜色较健康者淡，如鱼肉样颜色。肌肉病变左右对称性出现。心脏扩张，心肌色淡，心冠脂肪变性，呈透明胶冻样。肝脏肿大，颜色较淡，大面积脂肪变性，呈黄、红、灰相间的花纹状，质脆。

【防治】在配种和妊娠期，母鹿饲料中必须排除有脂肪氧化的可疑饲料，保证给予新鲜饲料，可以有效预防仔鹿发生本病。对初生仔鹿用 0.1%亚硒酸钠预防注射也可获得良好的效果。亚硒酸钠为有毒药品，使用时要防止仔鹿中毒。根本预防措施是不饲喂缺硒地区生产的饲料，或在饲料中添加含硒添加剂。对发病仔鹿，可用 0.1%亚硒酸钠治疗，效果显著。

三、瘤胃积食

瘤胃积食是瘤胃充满异常多量的饲料后，容积急剧增大导致胃壁扩展而紧张，失去其固有的生理性蠕动机能，陷于麻痹状态，引起饲料停滞的疾病。本病是鹿的常见病。

【诊断】本病症状特别明显，故易于诊断。

1. 病因 主要病因是饲料食入过多，特别是过干的或粗纤维、体积大而不容易消化的饲料。此外，采食容易膨胀的大豆以后又大量饮水；饥饿后过量喂饲；饲料变换急剧等，也是瘤胃积食的病因。有时瘤胃弛缓、瓣胃阻塞，也可继发瘤胃积食。

2. 症状 本病常发生于大量采食后不久，病鹿腹部显著增大，左侧肷窝充满，甚至突出，精神沉郁，嗳气、反刍明显减少以至停止。鼻镜干燥，屡作伸腰姿势，头频频回顾或呆然凝立，呼吸急速而浅表，目光迟钝，眼球突出，黏膜发绀，脉搏增数，体温一般正常。触诊瘤胃时硬度坚实或呈捻粉状，用拳头按压后留痕，恢复较慢。叩诊瘤胃时呈浊音，但若产生气体时上方发鼓音。听诊瘤胃时，蠕动音病初期强盛，以后减弱或消失。如及时治疗，一般预后良好，轻症者经 1～2d，重症者经 5～10d 可以恢复。但严重的瘤胃积食，常见瘤胃压迫肺脏、心脏及血管，引起血液循环障碍、窒息死亡。

【防治】

1. 治疗 在病初 1～2d 可采用饥饿疗法，但必须经常给予少量饮水，每天不得少于 6～8 次（如瘤胃已产生大量气体，则要限制饮水）。病鹿恢复后数日内，可喂给少量的青绿多汁饲料，以后逐渐恢复正常的饲养。为促进瘤胃运动，可将硫酸钠和酒石酸锑钾溶解于水中内服，也可用液状石蜡加温水内服；或皮下注射 3%毛果芸香碱，可促进瘤胃蠕动，但妊娠母鹿或有心脏衰弱或肺淤血时禁用；静脉注射 10%氯化钠溶液也有很好的治疗效果。心脏衰弱时，可皮下注射樟脑油或咖啡因等强心剂。如上述疗法无效可，施行瘤胃切开术，取出瘤胃内积食。

2. 预防　预防措施包括建立合理饲养管理制度，尽量做到定时定量的饲喂，防止鹿贪食及饥饿；容易膨胀的饲料，要先充分蒸煮或用水完全泡软后再饲喂；运动要充足；每天按需要量喂给食盐，可促进胃肠的消化机能。此外，在长期饲喂干草后变换为多汁饲料时饲喂量应由少到多，循序渐进地替换。

四、急性瘤胃臌胀

急性瘤胃臌胀是因鹿采食了大量易发酵的饲料，迅速产生大量气体而引起瘤胃急剧臌胀的疾病。本病为鹿常见疾病，成年鹿与仔鹿都能发生，仔鹿病程更急，死亡率也较高。

【诊断】根据采食后不久发病及出现的临床症状，容易做出诊断。

1. 病因　本病常见于经过一个较长时间的干草期或长期饲料不足之后，突然喂以大量青草、豆科植物、薯藤、豆饼、多汁块根饲料以及浸泡过久的黄豆或豆饼、豆腐渣等情况。此外，食道梗塞、瘤胃积食等，可继发本病。在放牧饲养的鹿群，本病有成群发生的特点。

2. 症状　本病多出现于进食数小时后，病情发展十分迅速，首先引人注意的症状为腹围急速增大，鹿采食、反刍与嗳气完全停止。病鹿弓背、举尾、烦躁不安。左侧肷窝因瘤胃膨胀而突出，可视黏膜发绀，眼角膜充血，血管怒张，眼球突出。触诊腹壁紧张并且有弹性。叩诊时瘤胃部呈现高朗的鼓音。听诊瘤胃蠕动音病初增强，以后逐渐减弱或完全停止。呼吸频率不断增加，60～100 次/min，常张口伸舌，呈现气喘状态。听诊心脏，心搏频率明显增加，120～150 次/min，呼吸音粗厉。体温一般正常或稍高。

本病病程通常较短，若不迅速抢救，常常在数小时内由于窒息、二氧化碳中毒或脑出血而死亡。如能及时救治，大多数病例都能治愈。

【防治】

1. 治疗　迅速排除瘤胃内气体，制止胃内容物继续发酵产气，并恢复瘤胃的正常运动机能，必要时可给予强心剂以改善心脏机能状态。

为了排除瘤胃内气体及制止继续发酵，可给予鱼石脂或福尔马林，以温水灌服。对腹围显著膨大、呼吸高度困难的危急病例，应立即进行瘤胃穿刺，放出气体后向瘤胃内注入制酵剂。在放气时，应该间断放气，以免腹压突然下降而招致急性脑贫血，引起虚脱。在对症治疗的同时，可静脉注射 5%葡萄糖生理盐水或复方生理盐水，以维持体内水电解质的平衡。

在气体已大部分消除，心脏和呼吸机能障碍现象减轻后，为排除胃内积食，恢复瘤胃机能，可内服人工盐或硫酸钠。病鹿基本恢复常态后 2～3d 内应予减食，暂时不给精料，仅给予少许青饲料及淡盐水，以后逐渐恢复正常饲喂。

2. 预防　为防止发生本病，容易发酵的饲料不要过多饲喂；不要喂发酸霉烂的饲料，夏天浸泡豆饼时不要泡得过早，以防酸败导致本病的发生。

五、肠　　炎

肠炎是鹿广泛发生的疾病之一，其病因十分复杂，以肠道深层组织发生炎症为特征。圈养鹿比放牧鹿发病多，在雨季及潮湿环境尤其多见。

【诊断】根据饲料及饲养特点以及临床症状，可做出诊断，传染性病因需根据微生物学

检查才能确定。

1. 病因 原发性肠炎常是由于饲喂品质不良（如发霉变质、杂质多、冻结）的饲料，饮用不洁的饮水引发。有毒植物或化学药物也能引起本病。继发性肠炎最多见于急性胃肠卡他、瘤胃积食、瘤胃臌胀等疾病的过程中，也可继发于某些传染病，如鹿巴氏杆菌病、炭疽等。各种能降低鹿体抵抗力的因素（如感冒等）是肠炎发病的诱因。

2. 症状 鹿的肠炎病程较短，通常经过急速，短者2～3d，最长不超过5～7d。如不及时处理常导致死亡。病鹿突然出现不适，食欲锐减，精神沉郁，被毛逆立粗乱，鼻镜常见干燥，体温在40℃以上，反刍停止。腹部卷缩，触诊敏感，听诊时胃肠音沉衰，可视黏膜潮红充血。在患病初期多便秘，粪便干硬而色深暗，并混有多量灰白色黏液。随着病情的发展，粪团除混有黏液外，并见血液、假膜以及坏死组织，气味恶臭。后期转为腹泻，排出稠状恶臭污秽色粪便，常有腹痛。如病程稍长，可出现里急后重，排便时弓背、举尾、作努责状，最后体温下降，衰弱而死亡。

3. 病变 肠的大部分黏膜充血或有点状出血、斑块状出血，肠管内有灰白色黏液和灰黄色纤维素性假膜，肠内容物恶臭。有的严重病例并见肠壁有坏死病灶或溃疡形成。

【防治】

1. 治疗 实行1～2d饥饿或半饥饿疗法，但此时要多饮温水，然后饲喂柔嫩的青绿饲料以及半流质饲料，如米汤、稀粥等，逐渐转为正常饲养。

（1）杀菌消炎 一般可内服磺胺脒。重症者可内服头孢菌素，或选用喹诺酮类药物，治疗效果较好。

（2）缓泻 适用于排粪迟滞或排出粥样恶臭粪便的情况。常用药物是硫酸钠或人工盐加克辽林或鱼石脂，加入温水中内服。对胃肠弛缓的重剧病例，可用无刺激的油类泻剂，如液状石蜡。

（3）止泻 用于积粪已基本排出，粪的臭味不大而仍腹泻不止时，常内服0.1%高锰酸钾液；或用木炭末和水制成悬浮液内服；或用鞣酸蛋白、碱式硝酸铋、碳酸氢钠，加入淀粉浆内服。

（4）补液、解毒、强心 补液常用复方氯化钠或生理盐水，补液数量根据脱水的程度确定，开始腹泻时就补液疗效显著。为了增强解毒机能，补液时可加入5%碳酸氢钠或40%乌洛托品。

（5）维持心脏机能 肌内注射20%安钠咖注射液。若心力衰竭时，为了急救常肌内注射0.1%肾上腺素液或25%尼可刹米。

（6）止血 肠道出血时，可静脉注射10%氯化钙溶液；肌内注射1%仙鹤草素液或止血敏。

2. 预防 注意饲料及饮水卫生，建立合理饲养制度。本病有时由胃肠卡他发展而来，故对有轻度消化不良症状的患鹿应及时治疗处理。对有传染病疑似病例应迅速隔离观察和处理，并对鹿场进行消毒。

六、支气管肺炎

支气管肺炎又称小叶性肺炎，是支气管与肺小叶发生的炎症。

【诊断】

1. 病因 受寒感冒，吸入刺激性气体，饲养管理失调，使机体抵抗力下降，肺炎球菌及其他病原微生物乘虚而入，可导致本病发生。此外，本病也继发于结核病等传染病，或由上呼吸道炎症蔓延所致。

2. 症状 精神沉郁，食欲减退，呼吸困难，体温升高到40℃以上，呈弛张热型。胸部听诊可听到捻发音，进而听到干性啰音或湿性啰音。血液变化较明显，白细胞数增多，幼稚型、杆状核和分叶核中性粒细胞增多。

3. 病变 主要发生在肺尖叶、心叶和膈叶前下部，发病的肺小叶肿大呈灰红色或灰黄色，切面出现许多散在的实质病灶，大小不一，形状不规则，支气管内能挤压出黏液性或黏脓性渗出物，支气管黏膜充血、肿胀、严重者病灶互相融合，可波及整个大叶，形成融合性支气管肺炎。

【治疗】治疗原则是消除炎症，祛痰止咳，制止渗出，促进炎性渗出物吸收。消炎可内服磺胺噻唑，或静脉注射10%磺胺噻唑钠，或内服长效磺胺；抗生素可选用青霉素和链霉素。祛痰止咳，可内服氯化铵或复方樟脑酊。呼吸困难时，可肌内注射氨茶碱。为制止渗出和促进炎性物质吸收，通常静脉注射10%氯化钙或乌洛托品。为防止自体中毒，可静脉注射撒乌安注射液。

七、大叶性肺炎

大叶性肺炎又称格鲁布性肺炎或纤维素性肺炎，大多由病原微生物引起，以肺泡内纤维蛋白渗出为主要特征。临床表现为高热稽留、流铁锈色鼻液、大片肺浊音区及定型经过。

【诊断】根据临床症状、剖检病变、听诊和叩诊、X线检查可做出诊断。

1. 病因 肺炎链球菌、链球菌、绿脓杆菌、巴氏杆菌等可引起鹿的大叶性肺炎；当动物受寒感冒，吸入有害气体，长途运输时，机体抵抗力下降，呼吸道黏膜的病原微生物即可致病。

2. 症状 精神沉郁，食欲废绝，结膜充血、黄染；呼吸困难，呼吸频率增加，呈腹式呼吸；体温升高，可达41～42℃，呈稽留热型，脉搏增加。典型病例的病程明显分为4个阶段，即充血期、红色肝变期、灰色肝变期和溶解期，在不同阶段症状不尽相同。充血期胸部听诊呼吸音增强或有干啰音、湿啰音、捻发音，叩诊呈过清音或鼓音；在肝变期流铁锈色鼻液，大便干燥或便秘，可听到支气管呼吸音，叩诊呈浊音；溶解期可听到各种啰音及肺泡呼吸音，叩诊呈过清音或鼓音。

3. 病变

（1）*充血期* 肺脏略增大，富有一定弹性，病变部位肺组织呈褐红色，切面光泽而湿润，按压流出大量血样泡沫，切取一小块投入水中，呈半沉于水状态。

（2）*红色肝变期* 肺脏肿大，质地变实，呈暗红色，类似肝脏，所以称为肝变，切取一小块投入水中，完全下沉。

（3）*灰色肝变期* 病变部呈灰色（灰色肝变）或黄色肝变，肿胀，切面为灰黄色花岗岩样，质地坚实如肝，投入水中完全下沉。

（4）*溶解期* 病肺组织较前期缩小，质地柔软，挤压有少量脓性混浊液流出，色泽逐渐恢复正常。

【治疗】本病的治疗基本上同支气管肺炎，主要是抗菌消炎，制止渗出，促进渗出物吸收。因本病发展迅速，病情加剧，在选用抗菌消炎药时，要特别慎重，最好先做药敏试验再选择，并且不要轻易换药。可选用四环素类药物，效果显著。也可静脉注射氢化可的松或地塞米松，降低机体对各种刺激的反应性，控制炎症发展。大叶性肺炎并发脓毒血症时，可用10%磺胺嘧啶钠溶液、40%乌洛托品溶液、5%葡萄糖溶液，混合后静脉注射。对症治疗，静脉注射10%氯化钙或葡萄糖酸钙溶液以促进炎性产物吸收；强心使用安钠咖；利尿用呋塞米；咳嗽剧烈时应止咳。

八、栎树叶中毒

栎树叶中毒是指动物大量采食栎树叶后，引起的以瘤胃弛缓、便秘或腹泻、胃肠炎、皮下水肿、体腔积水以及血尿、蛋白尿、管型尿等肾病综合征为特征的中毒病。

【诊断】

1. 病因　动物大量采食栎树叶，栎树叶中含有毒成分高分子栎丹宁，其在胃肠内经生物降解产生毒性更大的低分子多酚类化合物（包括没食子酸、邻苯三酚、间苯二酚、连苯三酚），通过胃肠黏膜吸收进入血液循环并分布于全身器官组织，从而发生毒性作用。

2. 症状　自然中毒病例多在采食栎树叶5～15d发病。病鹿首先表现精神沉郁，食欲、反刍减少，厌食青草，喜食干草。瘤胃蠕动减弱，肠音低沉，很快出现腹痛综合征（磨牙、不安、后退、后坐、回头顾腹以及后肢踢腹等）。排粪迟滞，粪球干燥，色深，外表有大量黏液或纤维性黏稠物，有时混有血液，粪球常串联成念珠状或算盘珠样，严重者排出腥臭的焦黄色或黑红色糊状粪便。鼻镜干燥或龟裂。病初排尿频繁，量多，清亮如水，有的排血尿。随着病情进展，饮欲逐渐减退以至消失，尿量减少，甚至无尿。疾病后期，会阴、股内、腹下、胸前、肉垂等部位出现水肿，触诊呈捏粉样。腹腔积水，腹围膨大而均匀下垂，病畜虚弱，卧地不起，出现黄疸、血尿、脱水等症状，最终死亡。体温一般无变化。妊娠鹿可见流产或胎儿死亡。

3. 实验室诊断　尿蛋白试验呈强阳性，尿沉渣中有大量肾上皮细胞、白细胞及各种管型。尿液中游离酚含量升高，可达30～100mg/L。血清尿素氮、挥发性游离酚含量升高，血清AST、ALT活性升高。

【防治】

1. 治疗　本病的治疗原则为排除毒物、解毒和对症治疗。为促进胃肠内容物的排除，可用1%～3%氯化钠溶液瓣胃注射；或用鸡蛋清、蜂蜜混合后灌服；或灌服菜油。碱化尿液，促进血液中毒物排泄，可用5%碳酸氢钠静脉注射。对机体衰弱，体温偏低，呼吸次数减少，心力衰竭及出现肾性水肿者，使用5%葡萄糖生理盐水、林格氏液、10%安钠咖注射液静脉注射。对出现水肿和腹腔积水的病鹿，用利尿剂。晚期出现尿毒症的还可采用透析疗法。为控制炎症可内服或注射抗生素和磺胺类药物。

2. 预防　根本措施是恢复栎林区的自然生态平衡，改造栎林区的结构，建立新的饲养管理制度。在发病季节里，不在栎树林放牧，不采集栎树叶喂鹿，不采用栎树叶垫圈。鹿采食栎树叶数量占日粮的50%以上即可引起中毒，超过75%即中毒死亡。应控制鹿采食栎树叶的量。

第二节　外科病

一、脓　　肿

脓肿是鹿非常多见的一种外科病，仔鹿或成年鹿均可发生，但以成年公鹿发病最为常见。脓肿通常为慢性经过，是一种局限性的化脓性炎症。在某些病例，因脓肿溃破及化脓菌侵入皮下疏松结缔组织可导致蜂窝织炎及组织坏死。

【诊断】

1. 病因 鹿的脓肿常常发生于体表，主要是受昆虫咬螫、机械性损伤、坏死杆菌病和脱毛癣等因素的影响，皮肤的完整性遭到破坏，屏障机能减退，结果使葡萄球菌和链球菌等化脓性细菌侵入而发生化脓性炎症。公鹿在配种季节争偶时互相顶撞、锯茸、打耳号、保定等情况下，也易发生体表的损伤，进而感染化脓性细菌发展为脓肿。

2. 症状 脓肿为一个充满脓液的囊腔。囊腔内脓液有时稀薄，有时浓稠，多数为凝乳样，呈黄色、黄绿色或灰黄色。镜检时，在脓液中可以见到多量细胞核变性、已经死亡的中性粒细胞，以及化脓菌等。

鹿的体表脓肿最常见于面部、角的基部、头后部、颈部、腹侧、四肢等部位。脓肿大小不一，可自葡萄至鸭蛋大，有的甚至更大，一般柔软、有弹性，手压有波动感，无热无痛。突出于皮肤上较大的脓肿易于发现，病程较久的脓肿因溃破并由于组织增生，其硬度增加，波动感消失。内脏的脓肿一般由血源性与淋巴源性感染转移而形成，常见于肝、肺、肾、脾以及其他器官组织。

脓肿可发生穿孔与破溃，当脓液向体表排出时，对机体多无重大影响，但如向闭锁的体腔（如胸腔与腹腔）溃破，则可引起腹腔与胸腔的化脓性炎症。仔鹿由于抵抗力低，化脓性细菌侵入淋巴和血液循环并大量繁殖时，可引起后果严重的脓毒败血症。

【防治】

1. 治疗 体表脓肿可先进行切开排脓处理，但应注意切开脓肿时不要损伤周围健康组织，以防扩大感染。用3%过氧化氢溶液或0.1%高锰酸钾清洗脓腔，如为蜂窝织炎则应除去坏死组织，然后涂以鱼石脂软膏，较大囊腔可填以松焦油纱布条做引流，切口不要缝合。病灶周围最好采用封闭疗法，用0.5%普鲁卡因加青霉素，沿肿胀周围分几点做包围注射。当脓肿数量较多且出现全身症状时，可将磺胺嘧啶混于饲料中喂服，还可肌内注射青霉素等抗生素。

2. 预防 注意避免鹿的体表受伤，皮肤保持清洁。体表发生损伤时应及时处置。保持鹿场卫生，定期灭虫除害，减少螫刺昆虫对鹿的骚扰。

二、创　　伤

创伤是由于各种原因，造成动物体软组织发生开放性的机械性损伤，并伴有皮肤、黏膜或较深层组织的完整性破坏的病理过程。创伤多见于公鹿，母鹿与仔鹿则较少；公鹿发生创伤多见于锯茸季节和配种季节。

【诊断】

1. 病因 各种机械性、化学性和物理性的病因，都能使动物体发生创伤，在鹿以机械性因素引起的创伤最为多见。

公鹿在锯茸季节，由于保定不当，常常发生机械性创伤，主要是由于在保定及锯茸过程中使体躯的某一部分受到机械力的作用所致。公鹿在配种季节，由于互相争偶经常发生角斗，常在体躯各部位发生程度不同的创伤。

鹿在受到惊扰时能快速疾驰，故当鹿圈与运动场各处停放有障碍物时，也有可能对鹿造成机械性创伤。

2. 症状　创伤种类较多，症状不尽相同，其中共同的主要症状如下。

（1）疼痛　是因为局部皮肤、黏膜神经末梢受到创伤刺激所致。如创伤达于深层组织，损伤刺激粗大的神经干时，疼痛更为明显。严重的创伤因剧烈的疼痛甚至能使鹿发生休克。

（2）出血　是各种创伤均有的症状。体表或皮下组织的毛细管性出血危险性较小；小静脉性出血血液流出缓慢，血色暗红，易于自行凝固及止血；动脉性出血时，流血如喷泉样，止血不易，短时间内能丧失大量血液；实质器官出血，止血困难，外表不显症状，但见血压逐渐下降，心跳及脉搏微弱，黏膜苍白，如不及时救治，最后可陷于昏迷或死亡。

（3）创口裂开　是由于受损伤组织的收缩所致，其大小决定于受伤部位，创口的方向、长度和深度以及软组织的弹性等。

（4）功能障碍　发生创伤的部位因局部疼痛、血液循环障碍，随后发生物质代谢紊乱，进而出现功能障碍。

（5）全身反应　创伤面积过大，由于组织崩解产物作用或创伤继发感染时，可见动物体温升高，食欲锐减，反刍停止。严重的创伤可引起急性心脏血管功能障碍，出现休克症状。

【防治】

1. 治疗

（1）创伤止血　根据创伤发生的部位、种类和出血程度，除以压迫、钳压、结扎等方法止血外，还可外用止血粉，在创面撒布。

（2）全身性止血　可用10%氯化钙液、10%枸橼酸钠液、维生素 K_3、1%仙鹤草素注射液、凝血质注射液等。

（3）清洁创围　先用灭菌纱布将创口盖住，剪除创围被毛，用温肥皂水或消毒液将创围清洗干净，注意勿使洗刷液流入创内，然后用5%碘酊进行创围消毒。

（4）清理创腔　除去覆盖物，用镊子仔细除去创内异物，反复用生理盐水或防腐液洗涤创内，直至洗净为止。然后用灭菌纱布轻轻地吸蘸创内残余的药液和污物。外科处理彻底后，创面整齐又便于缝合的创伤，可不必上药，也可在创面上涂布碘酊，或在创内注入0.25%盐酸普鲁卡因液（含适量青霉素），然后进行缝合。对深创可向创内灌注5%碘酊。对明显污染的创伤，可向创内撒布碘仿磺胺粉（1∶9）、青霉素粉、三合粉（高锰酸钾、氧化锌、卤碱粉各等份，研成细末）；或用中药方芩膏生肌散、去腐生肌散，创内撒布。

对组织损伤严重或污染严重的创伤，为了预防感染，应及时注射破伤风类毒素、青霉素或链霉素。

2. 预防　加强锯茸期和配种期的鹿群管理。改进配种方式，采用单公群母的配种方法，不参加配种的公鹿与母鹿隔离饲养，防止公鹿因争偶发生机械性创伤。

此外，要及时清除圈舍、运动场内的杂物，以消除可以导致创伤的各种因素。

三、骨　　折

由于各种原因致使骨骼的完整性遭到破坏称为骨折，通常伴有软组织的损伤。鹿的骨折多发于肋骨和四肢骨。

【诊断】根据临床症状，结合发病原因，一般不难确诊。有条件时，可应用X线进行检查，不仅能确诊骨折部位，而且还可了解到骨折的状态，更有利于正确的治疗。

1. 病因 鹿的骨折多因急剧的外力作用导致，如冲撞、跌倒等。配种期公鹿的互相追逐角斗、机械保定时过度挣扎最易发生骨折。

2. 症状 根据皮肤的完整性是否受到破坏，骨折可分为闭合性与开放性两种。前者一般不并发感染，后者常发生组织化脓、坏死以至骨髓炎等。按骨骼的损伤程度不同，骨折可分为完全骨折、不完全骨折与粉碎性骨折。

骨折最明显的症状是机能突然发生障碍。例如四肢骨骨折时，患肢由于失去支撑作用，立即不能运动与负重。

局部肿胀或变形也是一个重要症状。这是由于骨折患部软组织受到损伤，尤其是血管破裂发生出血和进一步产生炎症渗出现象所致。开放性骨折时因创缘裂开，骨折的断端有软组织时，摩擦音则没有或不明显。

【防治】

1. 治疗

（1）整复　主要是将骨折断端位置恢复原状，以保证骨折有愈合和恢复的可能。整复应尽早进行，为了减少患鹿的痛苦和消除反射性痉挛，应施全身麻醉或局部麻醉。整复时一方在肢体远端，沿肢体长轴进行牵引，另一方于肢体的近端牵引，当对正骨骼断端时，即使其与之连接。为避免整复后的骨折和关节再次错位，牵引患肢的助手，应一直牵引到固定绷带装完为止。

（2）固定　整复后为了保持正确的位置，限制骨折部的活动，使断端能较快地愈合或恢复，必须进行固定，最常采用的是石膏绷带。整复固定后，可结合必要的药物进行辅助治疗。

对开放性骨折，为防止感染，可使用抗生素或磺胺类药物。严重骨折，尤其是开放性骨折并伴有局部化脓与坏死时，可考虑施行截肢术。

2. 预防 预防骨折最重要的是防止鹿只惊群，为此应掌握鹿群的生活习性，在饲养管理过程中要保持安静，进入鹿圈时，应事先给予信号，以防鹿只惊恐不安。防止狗及其他动物进入鹿圈内惊扰鹿群。配种季节要对公鹿严加看管，防止冲击性顶撞。管理人员不要用棍棒、石块击打鹿。

四、直肠穿孔

直肠穿孔主要见于配种期的公鹿，是公鹿间由于性兴奋互相爬跨，致使阴茎机械地损伤或贯穿直肠壁的一种外科病，常见于瘦弱受欺的鹿。母鹿也有因公鹿误配而发生直肠穿孔，但比较少见。

【诊断】

1. 病因 配种期性兴奋，致使公鹿间经常互相爬跨，鹿圈通常较小，受欺公鹿无躲避回旋余地，配种方式不当又无人看管均易发生本病。

2. 症状 仅轻度损伤直肠黏膜而肠壁没有穿孔的病例，可见病鹿精神委顿，食欲锐减，时有弓腰，肛门紧缩或有努责动作，偶有新鲜血液自肛门流出，排粪困难。直肠组织重度损伤者，形成严重充血、出血与水肿，还常伴有直肠脱出。当发生直肠穿孔时，小肠与肠系膜易经直肠壁创口从肛门脱出。直肠肠壁因受重创而发生坏死的病例，则迅速继发腹膜炎，病鹿体温明显上升，食欲与反刍废绝，呼吸频率和脉搏加快，最后常归于死亡。

【防治】

1. 治疗 直肠肠壁轻度受损伤出血，尚能排粪的病鹿，通过单独饲养和给予消炎药物治疗，一般都能痊愈。重度损伤、严重出血伴有直肠脱出，不能排粪便者，应进行直肠检查，找到创口后进行手术缝合：全麻后实行左侧横卧保定，在右侧由髋结节到最后的肋骨的水平线中点，距腰椎横突 2～3cm 处向下垂直切开长 10cm 的皮肤切口，并依次切开浅筋膜、皮肌、筋膜，钝性分离腹肌，切开腹膜。开腹后把脱出于直肠外面的部分经直肠创孔还纳于腹腔内，将穿孔的直肠部分拉近切口，洗净创缘，缝合直肠壁创口，最后缝合腹膜及腹壁切口，涂布碘酊。肌内注射青霉素、链霉素。病鹿留在单圈内，注意术后护理。

2. 预防 配种期以前，即锯完头茬茸以后，对不参加配种的公鹿实行减料饲养。配种期间，加强对公鹿的管理，发现有可能被爬跨的公鹿，立即分出来。每个圈公鹿数量不能太多；避免公鹿在配种期互相串圈。

五、蹄叉腐烂

蹄叉腐烂是蹄叉真皮的慢性化脓性炎症，伴发蹄叉角质的腐败分解，是鹿的常发蹄病。本病多为一蹄发病，有时两三蹄，甚至四蹄同时发病。后蹄多发生。

【诊断】

1. 病因 蹄叉角质不良是发生本病的原因。护蹄不良，厩舍和鹿场不洁、潮湿，粪尿长期浸渍蹄叉；在雨季，鹿经常处于泥水中，均可引起角质软化。鹿长期舍饲，运动不足，不合理削蹄，影响蹄叉的功能，进而导致蹄叉腐烂。

2. 症状 开始可见蹄叉中沟和侧沟有污黑色的恶臭分泌物。如真皮被侵害，立即出现跛行，尤其是在软地或沙地行走时明显。运步时蹄尖着地，严重者呈三足跳。检蹄器压诊表现疼痛，蹄叉侧沟或中沟向深层探诊则高度疼痛。

【治疗】将患鹿饲养在干燥的鹿舍内，保持蹄部干燥和清洁。采用外科治疗措施进行治疗，并配合装蹄疗法辅助治疗。

六、腐 蹄 病

鹿趾间部位的化脓性及坏死性炎症称为腐蹄病，也称为趾间腐烂。引起趾间腐烂的病原菌除一般化脓菌外，还有坏死梭杆菌、产黑色素杆菌、节瘤类杆菌、化脓放线菌和类白喉杆菌等。

【诊断】

1. 病因 长期被粪尿、污泥浸泡使趾间皮肤组织膨胀；由于干燥造成趾间皮肤龟裂；干土、冻土块、尖石、木竹碎片、枝杈及灌木茬损伤趾间皮肤；趾间部、蹄冠部周围固着大量泥巴、粪便等造成厌氧环境，助长厌氧致病菌的繁殖；过长蹄、变形蹄在负重时，易使趾间皮肤超生理性紧张造成拉伤，出现龟裂；白色蹄具有易感本病的遗传因子。

2. 症状 趾间红肿热痛，皮肤隆起，或有龟裂、溃疡，覆盖灰黄色脓汁和坏死组织，恶臭，常出现疣状物。严重病例，患部周围、皮下组织及蹄冠部肿胀。当向深部扩散时，易侵害邻近的腱、指（趾）关节，此时病鹿体温升高，重度跛行，食欲不振，体重急剧下降。如治疗不当，可因败血症而死亡。有的病鹿趾间皮肤损伤很小，但在深部组织可见大的坏死灶，甚至形成窦道。

【防治】

1. 治疗　首先用2%来苏儿或福尔马林溶液清洗患蹄，除去趾间坏死组织，涂布杀菌剂（碘酊等）或腐蚀剂（5%硫酸铜等），经数日坏死组织脱落。内服硫酸锌，可取得满意效果。存在窦道时，按窦道进行外科处理。有疣状物时，应进行切除。深部组织感染伴有全身症状时，全身应用广谱抗生素。严重病例可做截趾术。大群发病用3%福尔马林或3%硫酸铜溶液蹄浴1h，有良好防治效果。

2. 预防　除去牧场上的各种致伤原因，保证鹿舍和运动场干燥和清洁。更为有效的措施是用硫酸铜或甲醛浴蹄。

第三节　产 科 病

一、睾 丸 炎

睾丸炎是指因损伤、感染等引起公鹿睾丸的各种急性和慢性炎症。

【诊断】

1. 病因　因打击、啃咬、蹴踢、尖锐硬物扎刺和撕裂等造成的睾丸损伤继发感染；睾丸附近组织或鞘膜炎症蔓延，全身感染性疾病病原经血流均可引发睾丸炎症。附睾和睾丸紧密相连，常同时感染和互相继发感染。

2. 症状　根据临床症状，可将睾丸炎分为急性和慢性两种。

（1）急性睾丸炎　睾丸肿大，发热，疼痛；阴囊发亮；患畜站立时拱背，后肢广踏，步态强拘，拒绝爬跨；触诊可发现睾丸紧张，鞘膜腔内积液，精索变粗，有压痛。病情严重者体温升高。并发化脓感染者，局部和全身症状加剧。在个别病例，脓汁可沿鞘膜管上行进入腹腔，引起弥漫性化脓性腹膜炎。

（2）慢性睾丸炎　睾丸不表现明显热痛症状，其组织逐渐纤维变性，弹性消失，硬化、变小，产生精子的能力降低或消失。

炎症引起的体温升高和局部组织温度增高，以及病原微生物释放的毒素和组织分解产物，都可以造成生精上皮的直接损伤。睾丸肿大时，由于白膜缺乏弹性而产生高压，睾丸组织缺血而引起细胞变性。各种炎症损伤中，首先受影响的主要是生精上皮，其次是支持细胞，只有在严重急性炎症情况下睾丸间质细胞才受到损伤。单侧睾丸炎症引起的发热和压力增大，也可以引起健侧睾丸组织变性。

【治疗】对于继发性睾丸炎要配合原发病的治疗，在此主要介绍自发性睾丸炎的治疗。急性睾丸炎病鹿应安静休息，早期（24h内）可冷敷，后期可温敷，加强血液循环，促使炎症渗出物消散。局部涂擦鱼石脂软膏、复方醋酸铅散。阴囊可用网状绷带吊起。全身使用抗生素。可在精索区注射盐酸普鲁卡因青霉素溶液。

无种用价值者可去势。单侧睾丸感染而欲留作种用者，可考虑尽早将患侧睾丸摘除。已形成脓肿摘除有困难者，可从阴囊底部切开排脓。

二、种公鹿性功能障碍

种公鹿性功能障碍是指公鹿不能与母鹿进行正常的交配活动，主要是器质性障碍，包括阴茎勃起障碍、交配障碍、射精障碍、性唤起障碍等。

【诊断】

1. 病因 先天性原因和营养不良导致种公鹿生殖系统发育不全；饲养员操作不当或种公鹿爬跨等导致生殖系统损伤。

2. 症状 性欲障碍，包括性欲低下或没有性欲；阴茎勃起功能障碍，指阴茎不能达到和维持充分的勃起以完成配种；交配障碍，指不能正常完成交配；射精障碍，包括不射精、延迟射精、逆行射精、射精无力、早泄和痛性射精等。其中，不射精症是指阴茎能正常勃起和交配，但是不能射出精液，或是在其他情况下可射出精液，而在阴道内不射精。逆行射精是指阴茎能勃起和进行交配，并随着性高潮而射精，但精液未能射出尿道口外而逆行经膀胱颈反流入膀胱。性唤起障碍，指持续性或反复用母鹿刺激或采精动物不能获得和维持足够的性兴奋，表现为主观性兴奋、性器官及身体其他部位性反应的缺失。

【防治】

1. 治疗 对于生殖系统因损伤出现的炎症要消炎并促进修复；加强营养，增加运动，促进生殖系统发育和性功能提高；持续或反复用母鹿刺激；给公鹿肌内注射丙酸睾酮。

2. 预防 加强种公鹿的营养，保证其生殖系统发育完全。加强种公鹿选种，淘汰没有治疗价值的患鹿。治疗生殖系统尤其阴茎损伤和有炎症的种公鹿，让其恢复正常性功能。

三、流 产

流产即妊娠中断，是胚胎或胎儿与母体之间的正常生理关系受到破坏的病理现象，胎儿或被吸收，或排出死胎，或排出妊娠期不足的胎儿，有时死胎在子宫内发生干尸化、浸软分解或者腐败。

【诊断】

1. 病因

(1) 饲养不当及饲料营养问题 饲养不当使母鹿瘦弱，抵抗力降低，代谢功能减弱，胎儿缺乏营养，容易发生流产；饲料中缺乏维生素 A、维生素 D、维生素 E、钙和磷；饲料腐败、发霉、过酸，酸败的油饼和酒糟类容易引起鹿中毒；采食过多的三叶草或者苜蓿等容易腐败、发酵的饲料而引起急性瘤胃臌气。

(2) 管理不当 平时缺乏运动的鹿群突然进行急剧运动；母鹿的腹部受到冲撞或压迫等，诱发子宫收缩。

(3) 母鹿患病 母鹿罹患发热性疾病、某些传染病（如布鲁氏菌病）、呼吸道疾病、生殖器官疾病等，容易引起流产。

(4) 胎儿异常 畸形胎儿、脐带水肿或扭转、胎膜水肿、胎水过多、胎盘畸形等可引起流产。

(5) 其他原因 全身麻醉、大量失血、内服大量泻药、注射子宫收缩药物等。

2. 症状 由于引起流产的原因、时期及母鹿机体反应能力的差异，则有不同的症状和结果。

(1) 隐性流产 妊娠时间短，胚胎死亡后发生液化而被母体吸收，看不到明显的症状，只发现该鹿的发情周期有所延长。

(2) 早产 妊娠后期的流产，排出妊娠期不足的活胎儿，类似正常分娩的症状。如果采取保温措施和实行人工哺乳，胎儿也能成活。

（3）排出死胎　也称为小产，最为常见，通常发生在妊娠后期。由于胎儿较大，而胎势、胎向改变不充分，有时伴发难产。

（4）胎死宫中　表现乳房增大，能挤出初乳，产乳量减少，乳汁变成初乳性质，在腹部看不到胎动所引起的跳动；直肠检查触摸不到胎动。

（5）干尸化（木乃伊）　胎儿死亡后，子宫颈紧闭，死胎因组织中的水分被吸收而变干，体积缩小，组织致密，类似干尸。外表妊娠症状逐渐消失，不发情，到预产期又不分娩。直肠检查感知子宫膨大，内有硬的固体物，既无弹性又无波动感。

（6）胎儿浸软分解　胎死宫中以后，没有细菌侵入而发生腐败，胎儿的软组织被分解为液体而排出，而骨骼则没有分解和消失。母鹿妊娠现象不再增强，也不发情，从阴道排出黄褐色或白色浓稠的渗出物，有时含有碎骨片及组织片。直肠检查或者B超检查可发现子宫内的骨片，捏挤子宫感到骨片互相摩擦。

（7）胎儿腐败　由于腐败细菌通过开张的子宫颈口而侵入胎儿体内，其软组织腐败分解，产生大量气体，胎儿的体积明显增大。母鹿精神沉郁，食欲废绝，体温升高，阴道检查时，有污红色恶臭的液体。如果把子宫颈扩张，触摸胎儿，有捻发音，胎儿皮肤脱毛。

【防治】

1. 治疗　根据流产发生的时期采取相应的措施。

（1）有流产预兆时，用药物制止努责和阵缩。皮下注射1%阿托品；或者肌内注射黄体酮。此外，可以内服以补气、养血、固肾、清热、安胎的中药。如果胎儿、胎衣已经排出，没有并发症，可按产后母鹿进行护理；如果胎儿已经死亡但又排不出时，则按照助产方法把胎儿从子宫内拉出来。

（2）胎儿干尸化和浸软时，因诊断困难，无从治疗。

（3）胎儿腐败时，首先灌注0.2%高锰酸钾溶液，反复冲洗子宫，然后再向子宫内灌注38℃的肥皂水，设法取出胎儿。如果取不出来，可考虑剖腹取胎。实际生产中，应淘汰病鹿。

2. 预防　加强母鹿群的饲养管理，给予营养全面的配合饲料，保证蛋白质、能量、维生素及矿物质、微量元素等营养物质的含量。青贮饲料中不能含有冰块，不饲喂霉变、腐败的饲料。苜蓿等牧草应适量添加，防止发生瘤胃臌气。经常检查和维修母鹿舍，避免惊吓等刺激母鹿群，定时作驱赶运动。对鹿群坚持进行布鲁氏菌病的检疫筛查。对已经流产的胎儿、胎衣做病理检查，必要时进行病原检查，及时从大群中剔除阳性鹿。

四、难　　产

难产是指母鹿由于本身或胎儿原因所引起的胎儿不能顺利通过产道的一种分娩性疾病，其原因是多方面的。

【诊断】

1. 病因　难产多见于产道狭窄和胎儿畸形，初产母鹿产道开张不完全，成年母鹿娩力减弱也会发生难产。但是多数情况下，饲养管理、卫生条件的不合理是造成难产的主要原因。如母鹿在圈养条件下，往往由于运动不足和过于优良的饲料条件，使体况过肥，胎儿过大，是比较常见的难产类型。相反，饲料的质劣而量少，甚至饮水不足，这种情况的难产也是常见的。此外，胎儿位置的异常和姿势的改变，致使母鹿正常分娩过程遭到破坏，也是引起难产的主要原因之一。这是因为母鹿固有生物学特性是胆小易惊，尤其在分娩过程中更需要一个比较安静的环境条件。母鹿和一般的家畜分娩过程不同之处，就在于开口阵缩期表现不如家畜那样安静，往往在圈内不时走动或奔跑（所谓的“遛障子”），这是分娩过程的开始，有的鹿第一个羊水破了或胎儿的前置部分已露出阴道口（多半是蹄子露出）还在走动，此时如突然遭到意外惊扰，就会导致产程紊乱，使正常的胎势、胎位发生变化，将要进入骨盆的胎儿又退回子宫或停止进入骨盆，造成分娩障碍。

2. 症状

（1）胎水流出后母鹿频频努责，经3～4h不见胎儿任何部分。这种情况多见于母鹿产道狭窄，胎儿过大，胎位、胎势异常，胎头压在胸下，胎儿头颈扭转，胎儿的四个蹄子和腹部向着产道（腹位）或背部、臀部向着产道（背位）。

（2）只见胎儿鼻端或头与一前肢。多发生于另一前肢肩、肘或腕关节屈曲。

（3）两前肢腕关节已娩出外阴而不见胎头，多见于侧头位或胸头位。或两前肢一长一短而不见胎头，多见于肘关节屈曲。或只见一个前肢而不见胎头，多见于肩关节屈曲。

（4）两后肢（蹄底朝上）飞节或1条腿飞节已娩出外阴，但产程不见进展，往往是胎儿的臀尖卡在盆腔的上缘或1条后腿屈曲。

（5）阴道流出黄褐色污秽黏液，母鹿频频努责，不见胎儿的任何部分，此种情况多半是死胎、胎儿腐败并伴有母鹿精神沉郁等症状。

确切的诊断是进行产道内探摸检查。方法是把可疑难产母鹿拨入保定装置内（助产箱或较狭小的夹道内）。助产者把手伸入产道内仔细检查阴道、子宫颈开张程度、子宫是否扭转、胎儿位置姿势等。

【防治】

1. 助产　当前应用的方法多为站立保定。保定时，将鹿赶入助产箱内，待稳定之后进行助产。梅花鹿的助产箱是长110～120cm、宽40cm、前高80cm、后高130cm、内壁光滑的木箱，在后门中央留一助产小门，小门为长方形，长50cm、宽30cm，小门的底边距箱底40cm。

（1）*胎头位置不正的助产*　助产时首先把两前肢绑上产科绳，再摸清胎头的位置，然后把胎儿的腿全部推回子宫内，再用拇指与食指扣住胎儿眼窝，其余三指托住下颌，随母鹿努责把胎头拉入骨盆腔，再分别拉出胎儿的两前肢，最后一手握住两前肢系部，一手在产道内扣住胎儿的两眼窝拉住胎头，之后两手均匀用力地随着母鹿的努责拉出胎儿。在胎儿较大，母鹿产道较狭窄，母鹿阵缩能力微弱乃至助产者操作时间较长，手已无力，拉出胎头困难时，最好利用助产绳，套在胎儿脑后，则可顺利拉出。助产绳使用方法是：用绳导将绳沿着胎儿鼻端、额部至耳后，使助产绳套在耳后颈部，然后在胎儿下颌部打一个活结，牵动产绳末端和肢蹄，一齐拉出胎儿。

（2）*飞节弯曲的助产*　先把胎儿屈曲的后肢拉直，拉的方法是手伸入子宫深部，握住胎儿后蹄拉直，或握住趾骨把后肢拉直。有时可用产科梃把飞节往上推回，则拉直飞节较为省力，当两后肢伸直以后，就可以随母鹿的努责拉出胎儿，当胎儿髋关节一进入骨盆，就要一鼓作气稳而快的拉出胎儿，不宜停顿，以免盆骨压迫脐带造成胎儿窒息。腕关节、肘关节屈曲，整复较容易，只要把弯曲的肢体姿势矫正，就可以把胎儿拉出。

（3）*肩关节弯曲的助产*　单侧肩关节弯曲在胎儿较小的情况下拉住另侧前肢和胎头也可

以拉出胎儿；胎儿较大或产道过窄则助产困难，必要时可以剖腹取出胎儿。

(4) 横腹位助产　先用产科绳绑好两后肢，在用手或产科梃推入胎儿前躯的同时，由助手牵绳拉两后肢，使胎儿变为倒产侧胎向。如果胎头及两前肢靠近产道，可推入后躯，拉胎头及两前肢使之变成正产侧胎向。

(5) 横背位助产　如果后躯靠近骨盆入口，一面推入前躯，一面将胎儿臀部拉向产道，再将后肢拉正，拉出胎儿。如果前躯靠近骨盆入口，就应拉胎头及两前肢，推入后躯，再将胎头及前肢拉正，拉出胎儿。

(6) 纵腹位助产　如果胎头及两前肢大部分进入产道时，将其分别用产科绳绑好，助产者可用手将胎儿后肢用力推入子宫内，同时由助手拉绳就可拉出胎儿。如果胎头及两后肢位于骨盆入口处则可用产科绳绑住两后肢，然后一面推胎头及前肢，一面拉两后肢，可使胎儿变为倒产的下胎向。

(7) 纵背位助产　先用助产套套住胎头，用绳绑好两前肢，由助手牵拉，助产者用手将胎儿后躯推入子宫，使成下胎向。如果后躯靠近骨盆入口，应拉两后肢，推前躯，使成倒产，拉出胎儿。胎儿过大或畸形、羊水流失而助产困难时，补救办法是向产道内注入滑润剂如液状石蜡或肥皂水，有时会有利于助产。

骨盆腔过于狭窄时，为了获得活的胎儿，应当尽快施行剖宫产。胎儿水肿、气肿是由于助产过晚而引起的，在大部分情况下，需要经过肢解才能完成助产。

2. 预防　妊娠母鹿营养水平要适当，特别在妊娠后半期应适当增加多汁饲料而减少精料，避免母鹿过肥和胎儿过大。但饲料也不能过于低劣致使母鹿消瘦，应使其保持适中的体况，并要保证运动充足。母鹿临产前要创造一个安静的环境，杜绝陌生人参观，喂料、清扫圈舍、拨鹿、换圈等工作都要事先给予信号，以免惊群。

五、胎衣不下

母鹿分娩仔鹿后，胎衣在第三产程的生理时限内未能排出，就称为胎衣不下或胎膜滞留。胎衣不下可以引起母鹿的子宫内膜炎和子宫复旧延迟，从而导致不孕。

【诊断】根据症状与发病经过，本病易于诊断。但病因的诊断，特别是继发于布鲁氏菌病的，应结合流行病学资料和血清反应，才能确诊。

1. 病因　引起鹿胎衣不下的原因有很多，与产后子宫收缩无力及胎盘构造、未成熟或老化、充血、水肿、发炎等有关。但主要由以下两种因素引起：

(1) 继发于布鲁氏菌病，这类患鹿在流产、甚至如常分娩时常有胎衣不下现象，有的胎衣滞留于子宫内可达 20d 之久，这是由于绒毛膜与子宫内膜的炎症所引起的。

(2) 非传染性因素引起的鹿胎衣不下也是比较多见的，其中包括饲养管理失宜、鹿群年龄老化、过度肥胖、激素分泌紊乱、胎儿过大和妊娠期运动不足等。

2. 症状　胎衣不下分为部分不下和全部不下两种类型。

胎衣全部不下即整个胎衣不排出来，胎儿胎盘的大部分仍能与子宫黏膜连接，仅见一小部分胎膜悬于阴门之外。胎衣部分不下即胎衣的大部分已经排出，只有一部分残留在子宫内。鹿场常见呈带状的胎衣从患鹿的外生殖器脱出，常下垂至跗关节。脱出的胎衣呈暗褐色，污染泥土，污秽不堪。由于在微生物作用下发生组织腐败，散发恶臭气味，产生大量有毒物质，后者被母鹿吸收易发生中毒。

严重病例可见腹部紧缩，弓背，产道不断努责，并流出多量脓性渗出物和腐败性絮状物。

【治疗】 治疗原则是：要尽早采取治疗措施，防止胎衣腐败吸收；促进子宫收缩，局部和全身应用抗生素消炎；在条件适合时可以采取手术疗法剥离胎衣。

鹿场发现母鹿产后5h内胎衣不下时，应及早采取治疗措施。保守疗法为皮下注射垂体后叶素以加强子宫收缩，促进胎衣娩出。同时内服硫酸钠或硫酸镁，或静脉注射10%氯化钠溶液。还可以皮下注射麦角新碱，其作用时间较长。

在一切保守疗法不能使胎衣排出的情况下，可施行手术疗法进行胎衣剥离。鹿应行机械保定或药物保定。为防止感染，特别是感染布鲁氏菌病，术者应注意个人防护。剥离胎衣后可用0.1%高锰酸钾溶液冲洗子宫，冲洗结束后用虹吸法将子宫内的液体尽量全部吸出，然后把两颗金霉素或四环素胶囊（每颗250mg）放入宫腔内。每日冲洗子宫1次，至冲洗后排出的液体透明无脓污为止。

对于具有全身症状的病例，应肌内注射抗生素或磺胺类药物，并施行对症疗法。

六、子宫内膜炎

子宫内膜炎为子宫黏膜的急性炎症，常发生于母鹿产后及发情后数天之内。如不及时治疗，炎症易于扩散，引起子宫浆膜或子宫周围炎症，并常转为慢性炎症，最终导致长期不孕。

【诊断】

1. 病因 分娩后或发情期由于子宫颈口开张，细菌侵入，鹿自身机体不能及时自动清除病菌而引起该病。在母鹿产仔时发生难产、死胎、胎衣不下、子宫脱等疾患时也容易发生该病。

2. 症状 根据炎症过程有急性、慢性之分。

（1）*急性子宫内膜炎* 多发生于产后及流产后，表现为黏液性或黏液脓性炎症。母鹿体温增高，食欲减少，有时出现努责及排尿姿势，从生殖道排出絮状分泌物或脓性分泌物。子宫颈外口肿胀、充血，常含有上述分泌物。直肠检查时子宫角增大、疼痛，呈面团样硬度，有时有波动。

（2）*慢性子宫内膜炎* 发情周期不正常，或屡配不孕。躺卧或发情时从生殖道流出较多的混浊带有絮状物的黏液或混有脓汁的分泌物。子宫颈外口流血、肿胀，有时有溃疡，附有上述分泌物。母鹿常常精神不振，食欲减退，并见日益消瘦，体温有时升高。

【防治】

1. 治疗

（1）对急、慢性黏液性炎症病例，用1%温生理盐水反复冲洗子宫，直至排出液透明为止，然后排净冲洗的液体。最后向子宫内注入溶于生理盐水的青霉素及链霉素。每日冲洗1次，连续2～4次，可收到良好的效果。若患鹿体温过高，应该先进行降温处理，待体温正常后再清洗子宫，防止出现脓毒血症。

（2）对于病情持久的慢性病例，可用3%～5%高渗盐水冲洗子宫；也可用3%过氧化氢溶液冲洗，经过1～1.5h后，再用1%生理盐水冲洗干净，再注入抗生素。以上两法一般只用1次，必要时可用第2次。

(3) 对于黏液脓性及脓性炎症病例，可用碘盐水（1%盐水 1 000mL 中加 2%碘酊 20mL）冲洗。也可用 0.05%呋喃西林溶液或 0.1%雷佛奴耳溶液冲洗。

(4) 当子宫内分泌物腐败带恶臭时，宜用 0.5%来苏儿或 0.5%高锰酸钾溶液冲洗，但次数不宜过多。以后视情况，采用其他药液冲洗。

(5) 在冲洗子宫之后，肌内注射头孢菌素，可连用数日。

2. 预防 圈舍要保持清洁、干燥，并定期消毒，难产助产时应严密消毒；加强对分娩母鹿的看管，早期发现死胎，及时助产；助产后如母鹿产道已被污染，应当立即冲洗和注入青霉素油剂或土霉素油剂。